工程机械作业理论论文集

——孙祖望学术团队论文汇编

孙祖望 主编

人民交通出版社股份有限公司
China Communications Press Co.,Ltd.

内 容 提 要

作业理论是长安大学工程机械学科教学与科研的重点研究方向。本书汇集了孙祖望教授带领的学术团队30多年来在这一方向上的研究成果，涵盖了对铲土运输机械、土壤稳定机械、沥青和水泥混凝土搅拌设备、摊铺设备、压实机械、沥青路面养护机械作业理论的研究，从工程材料、施工工艺、施工设备综合技术的角度论述了这些机械工作装置与施工介质相互作用的作业过程。

本书可作为高等院校工程机械专业的大学生和研究生的参考用书，也可供从事工程机械的科研、设计和应用的工程技术人员参考使用。

图书在版编目(CIP)数据

工程机械作业理论论文集 ：孙祖望学术团队论文汇编 / 孙祖望主编. — 北京 ：人民交通出版社股份有限公司, 2017.11

ISBN 978-7-114-13980-2

Ⅰ. ①工… Ⅱ. ①孙… Ⅲ. ①工程机械—操作—文集 Ⅳ. ①TU6-53

中国版本图书馆CIP数据核字(2017)第159794号

Gongcheng Jixie Zuoye Lilun Lunwenji

书　　名：**工程机械作业理论论文集**——孙祖望学术团队论文汇编
著 作 者：孙祖望
责任编辑：周　凯
出版发行：人民交通出版社股份有限公司
地　　址：(100011)北京市朝阳区安定门外外馆斜街3号
网　　址：http://www.ccpress.com.cn
销售电话：(010)59757973
总 经 销：人民交通出版社股份有限公司发行部
经　　销：各地新华书店
印　　刷：北京市凯鑫彩色印刷有限公司
开　　本：880×1230　1/16
印　　张：47.75
字　　数：1404千
版　　次：2017年11月　第1版
印　　次：2017年11月　第1次印刷
书　　号：ISBN 978-7-114-13980-2
定　　价：220.00元

一、20 世纪 50 年代留苏时期

为适应新中国公路建设的需要，我国在 20 世纪 50 年代中期派出了第一批工程机械专业的留苏研究生。

莫斯科国立列宁图书馆是研究生汲取知识的重要源泉

在学生宿舍阅读书籍

在红场上留影

二、20 世纪 60 ~ 70 年代

此期间，在黄河工程机械厂、宣化工程机械厂进行了多种型号履带推土机牵引性能的试验研究。在此基础上为本专业开设了“工程机械理论与性能”课程，编写了“工业履带拖拉机理论与性能”教材，这是国内第一本系统阐述履带推土机作业理论和牵引性能特点的书籍，并成为历年来编写本专业《工程机械底盘理论与性能》教材的基础。

1978 年编写的《工业履带拖拉机理论与性能》和历年来出版的《工程机械底盘理论与性能》教材

为讲授“工程机械理论与性能”课程备课

三、20 世纪 80 年代

20 世纪 80 年代初，在推土机牵引性能研究的基础上开拓了推土机牵引动力学的研究，并组建了以“工程机械作业理论、动态性能与作业质量控制”为研究方向的学术团队。1985 年由机械工业部重矿局、机械工业部试验场、交通部公路研究所、吉林工业大学、同济大学、西安冶金建筑学院、黄河工程机械厂、宣化工程机械厂、彭浦工程机械厂等有关部门领导、专家组成的“履带推土机牵引动力学及试验方法”课题研究成果评审会对研究成果给予了很高的评价。

在学校试验场上进行推土机动态牵引性能的试验

“履带推土机牵引动力学及试验方法”课题组为评审会提供的研究报告

20 世纪 80 年代中期，主持了由性能、动力传动、液压、测试四个实验室组成的工程机械中心实验室的建设，性能实验室建立的（108 ×7.8 ×2.5）m 实物试验土槽迄今仍是国内最大的土槽试验设施。在“工程机械作业理论与动态性能”研究方向上的大量硕士、博士研究生在这里完成了他们学位论文的试验研究工作。

研究生在土槽中进行旋转刀具切削土壤的试验

四、20 世纪 90 年代

为更好地吸收国外先进经验，使本专业的学术水平与国际接轨，通过组织国外知名学者来校讲学，访问美国、欧洲、日本著名学术团体和工程机械企业，进行了广泛的学术交流。在总结自身经验和吸取国外先进理念的基础上，提出了工程机械学科要重视土、机、电相结合和工程材料、施工工艺、施工设备相结合的两类综合技术以及培养复合型人才的发展思路。

1987 年瑞典压实技术专家 Forssblad 博士在学校讲学

1990 年访问莫斯科汽车公路学院时，代表学校邀请该校建筑与筑路机械教研室主任俄罗斯功勋科学家 Баловнев 教授(右二)来校讲学

1998 年美国国家沥青技术中心主任 Brown 博士应邀来西安讲学

1999 年访问美国国家沥青路面协会(NAPA)

研究团队在 20 世纪 90 年代开展的一项重要研究课题是振荡压实技术的研究。在土槽模拟试验基础上提出的振荡轮与滑板连耦—脱耦的二自由度动力学模型是目前应用最为广泛的振荡轮与地面相互作用的数学模型。根据这一模型开发的振荡压实试验样机成为多名硕士、博士研究生的重要试验设施。在团队多年来研究成果的基础上,2013—2014 年与徐工集团工程机械股份有限公司合作,根据我国半刚性沥青路面的特点,开发了 XD132OS 大吨位振荡压路机,现场试验的结果表明其性能远优于同吨位的振动压路机,完全可满足碾压上、中、下面层压实质量的要求,这一成果为振荡压实技术应用于半刚性沥青路面的面层压实开拓了新的领域。

博士研究生杨东来与学校团队开发的振荡压实试验样机

研究生马学良博士论文的试验研究工作于 2007 年利用振荡压实试验样机在广东斗门工地进行

2014 年与徐工合作开发的 XD132OS 大吨位振荡压路机在广东高速花东段工地进行现场试验

五、21 世纪

2001 年从教学岗位上退休后，一直从事道路材料、施工工艺、施工设备综合技术的研究工作，承担了稀浆封层、橡胶沥青、泡沫沥青、排水路面、超薄罩面等施工与养护新技术的研究与推广应用工作，仍活跃在施工现场和学术交流的论坛上，这些研究与实践经验的总结反映在近些年来出版的两本著作中。

2007 年在江苏常熟通港路橡胶沥青路面的施工现场

2011 年在广东增城石屑封层应力吸收层的施工现场

2009 年在第四届中国沥青国际峰会上演讲

2014 年和 2017 年出版的两本著作

作业过程的研究与技术创新

——代序

作业过程是工程机械区别于其他机械最为本质的属性，也是某一种工程机械区别于其他工程机械最为本质的属性。工程机械通常都是由发动机、动力传动系统、操作控制系统、工作装置以及机架、底盘等钢结构装置组成的。除了工作装置外，其他都是通用的机械系统，但它们的工作参数、特性要求则是由工程机械的作业过程来确定的，作业过程与这些通用机械系统的关系是个性与共性的关系。从哲学的概念来说，这是矛盾的共同性与矛盾的特殊性之间的关系，或者说是普遍矛盾与特殊矛盾之间的关系。事物之所以能区别出不同的类别，正是由其特殊矛盾体现出来的。从这一意义上说，作业过程的好坏，或者说作业过程进展的质量是决定工程机械性能优劣的最关键、最核心的技术。

在现代科学技术迅速发展的今天，多种学科技术的相互浸透是技术发展的总趋势。在工程机械，尤其是路面与压实机械的技术发展中，这种多科学技术相互渗透的趋势主要表现在两大类综合技术的形成与发展上：体现在机器内部的关系上是土木、机械、电子的一体化综合技术；体现在机器外部关系上，则是工程材料、施工工艺、施工设备的一体化综合技术。而将这两大类综合技术联系起来的中间环节正是机器的作业过程，如下图所示。

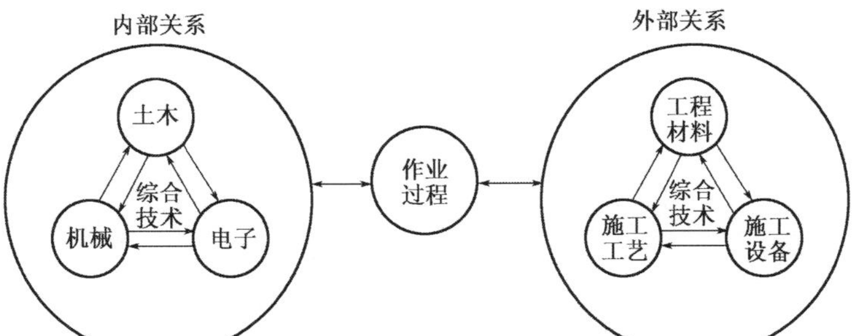

路面与压实机械发展中的两大类综合技术

因此，作业过程的研究与开发就成为工程机械技术发展中最为关键的技术环节，而通过对工程机械作业过程的研究而形成的创新技术则通常会成为该类工程机械最为关键的核心技术。

现如今，多种学科技术高度相互渗透，在工程机械的技术发展中会引进许多当代的高新科技，在这一过程中同样需要许多创新性的技术劳动，它们在技术上的特点主要是根据工程机械的特殊要求使这些引进技术个性化，可以称为应用性的技术创新。而在研究作业过程基础上产生的技术创新则有可能成为原创性的技术创新，所谓原创性的技术创新是指那些对机械所采用的施工工艺、工作原理、作业过程、质量控制以及设备结构上的全新变革，伴随着生产效率、机器性能、作业质量的重大提高。

综观路面与压实机械近 20 余年的发展，推动路面与压实机械技术进步的动力主要来源于三个方面：

(1)公路建设与更新改造的强大需求和对路面使用性能日益提高的要求，推动着路面与压实机械向着更好的作业质量、更高的作业效率的方向发展。

(2)可持续发展战略和对经济与环境、人与自然和谐发展的要求推动着路面与压实机械向着以资源节约、再生利用、环境保护为标志的绿色筑路技术的方向发展。

(3)现代高新科技的快速发展与向传统产业的渗透与改造推动着路面与压实机械向智能化、无人化、信息化的方向发展。

在这些动力的驱动下，路面与压实机械在世纪之交的20年内出现了许多重大的技术创新。在应用性的技术创新方面出现了机器技术状态的远程诊断与养护系统、压实质量的实时监测与自动控制系统、摊铺作业的三维定位与找平系统、道路施工的现场信息管理系统等等，其中最有代表性的是由欧盟基金支持、德法英等5个国家7个研究单位参与开发的，集GPS定位技术、远程通信技术、现场施工信息采集与控制技术、计算机辅助工程与信息管理系统于大成的计算机集成道路施工系统(Computer Integrated Road Construction，CIRC)。CIRC系统有两个子系统：CIRPav(计算机集成道路摊铺)和CIRCOM(计算机集成道路压实)分别对应于沥青路面施工的摊铺作业与压实作业，并包含了四个方面的内容：

(1)GPS技术在道路施工中的应用。

(2)机器运转参数与技术状况的采集、处理，异常情况的诊断、计划养护等机械运转状态的管理。

(3)施工作业参数的采集、处理，作业过程的质量控制与管理。

(4)机器运转状态和施工作业过程的远程管理。

CIRC系统是在多种学科的技术支持下开发形成的，虽然目前还只是概念型的机型，上述四方面的内容还在继续发展和完善化，但已充分体现了土木、机械、电子相结合的技术特征。

在研究路面与压实机械作业过程基础上形成的原创性技术方面则出现了一系列具有革命性变革的新技术，诸如新型的连续式搅拌工艺与双滚筒沥青搅拌设备、不间断摊铺工艺与带二次搅拌功能的转运车、“热铺层上接热铺层”(Hot on Hot)的薄层路面摊铺工艺与双层沥青摊铺机、振荡压实技术与振荡压路机、连续冲击压实技术与非圆形滚轮压路机等等。这些技术创新最大的特点是建立在对工程材料、施工工艺、施工设备综合研究的基础上开发形成的，充分体现了材料、工艺、设备相结合的技术特征。

路面与压实机械近20年的技术进步很好地佐证了上述两大类综合技术在技术创新中的重要作用，以及研究机器作业过程的重要意义。

长安大学工程机械学科自1983年在定位自己的发展方向时就确立了以研究工程机械的作业过程作为重点学科的发展方向。工程机械的作业过程有两个鲜明的特点，一个是负荷急剧变化的特点，另一个是对作业质量有严格要求的特点。前者主要体现在各类以切削工程材料作为主要作业过程的工程机械上，例如铲土运输机械、挖掘机械、路拌式土壤稳定机械、路面铣刨机械等，此类机械作业过程对机器性能的影响主要表现在生产效率与能量消耗上，亦即单位时间的作业量和单位作业量的能耗上。对作业质量有严格要求的特点则主要反映在各类路面与压实机械上，此类机械在机器性能上的第一位要求是机器作业的效果，亦即机器作业的结果能否获得规定的施工质量要求。工程机械学科在定位作业过程的研究重点时，确立了以机器与工作介质相互作用的动力学和作业过程的质量控制作为两个主要的研究方向。在研究过程中强调了以土、机、电相结合，材料、工艺、设备相结合的综合技术作为基本的研究思路，在研究方法上则始终将数学模型与物理模型相结合、理论分析与试验研究相结合作为基本的研究方法。

本论文集汇编了工程机械学科在上述两个重点研究方向上，学科梯队的成员以及硕士生与博士生所取得的研究成果，这些研究工作也可以说是长安大学工程机械学科建设发展的一个历史见证。虽然所涉及的研究领域，如今在技术上已经有了许多新的进展，但是将工程机械作业过程的研究作为本学科建设的战略性研究方向，以及论文集中所反映的两大类综合技术相结合的基本研究思路和理论分析与试验研究相结合的基本研究方法仍然有着现实的指导意义。我衷心希望长安大学的工程机械学科建设能坚持自己在专业教学和科研方向上的特色，在前人的基础上继往开来不断创新，继续以工程机械作业过程的研究作为战略性的发展方向，走出一条有鲜明特色的学科建设道路。也希望有兴趣阅读本论文集的读者能在工程机械作业过程研究的基本思路和方法方面获得某些启迪和帮助。

在编辑本论文集时，作者要特别感谢原西安公路交通大学筑机系的老师以及教研室与梯队同事们多年来的支持和帮助。在这里还要特别提到工程机械中心试验室的王恒褫、张义甫、张志友、韩天锡、徐卫民、张昕、寻曙等老师，本论文集中的研究成果实际上也包含着他们的辛勤劳动，在此谨代表论文集的作者们向他们表示衷心的感谢。

在此还要感谢为出版这本论文集做了大量收集、整理、编辑工作的老师和同学。胡永彪、张新荣、杨东来诸君主持了论文集的整个编辑出版工作，工程机械学院的研究生参与了论文收集、格式转化、图表绘制、公式编辑、图表编排、版面整理等许多具体的编辑工作，他们是：孟凡为、汪学斌、梁鑫宝、冯春华、倪丹、张文祥、吕维江、刘晨敏、王朋辉、陈勇、赵飞、谢俊清、刘红平、陆鹏震、孙宗升、周乾龙、冉宝山、孙配芳、刘世伟、蔡顶春、韩杰、郭英训、谢敏、薛金刚、刘彦峰、王晓君、邱涛。

最后，还要特别感谢人民交通出版社股份有限公司的校友韩敏总编和赵蓬主任，正是由于他们的大力支持，本论文集才能得以顺利出版。

在汇编各杂志刊登的论文时发现原稿上有许多印刷错误，在校对时已一一作了改正。

孙祖望

2017 年 1 月 5 日

目　录

第一篇　综　述

第二篇　土方运输机械工作装置与土壤的相互作用和牵引动力学

第三篇　土壤稳定机械理论与计算及其工作过程的动力学

第四篇　沥青混合料搅拌设备的性能和成品料的生产质量控制

第五篇　沥青混合料的摊铺工艺与作业质量控制摊铺机工作过程的运动学与动力学

第六篇　压实技术和压实质量控制

第七篇 路面施工技术与质量控制

第八篇 沥青路面的养护与维修技术

第一篇　综　　述

抓住西部大开发的机遇加速我国路面与压实机械工业的发展

孙祖望

（本文刊于《工程机械》杂志 2000 年第 S1 期）

20 世纪 50 年代初期和 20 世纪 60、70 年代，我国曾先后进行过不同程度的西部开发。而这一次的西部大开发与以往不同，中央的思路是清晰的，完全是在可持续发展战略的指导下进行的，并且把西部大开发的重点首先放在了基础建设、农业以及对生态环境的建设上。基础建设中交通是一个重要部分，公路建设则占了很大的比例。交通运输部全国 30 年公路网规划中，西部地区公路网的密度，只有东部沿海地区的 1/5。西部大开发开始后，交通运输部重新调整了全国公路网的建设规划。据不完全资料显示，西部 10 个省的公路建设里程数要翻 2 ~ 3 倍。以陕西省为例，过去陕西省规划的高速公路和一级公路总长大约 1000km。到目前为止，陕西省现有的一级公路与高速公路总长 500km 左右，实际上也只有从宝鸡—潼关这一条横穿关中平原的高速公路，其他都是一级公路，数量也不是很多。调整规划后，陕西省高速公路和一级公路建设，到 2010 年大概要建成 3000km，其中 2000km 高速公路，1000km 一级公路，比以前要翻几倍之多。

除了 3000km 的高速公路和一级公路以外，还要建二级和二级以下的公路，全省 10 年公路建设约需资金 1500 亿元。投融资的渠道除了国家拨款外还有很多方式，包括地方自筹、国外借款、发行股票及 BOT 方式等，但要完成全省公路建设规划，1500 亿左右的建设资金是不可少的。如此大规模的基础设施建设，尤其从公路建设角度来看，西部大开发确实为我们国家的路面与压实机械提供了一个很好的发展机遇，因为高等级公路的建设必须依靠先进的机械设备。

1　目前国内的路面与压实机械只能满足部分公路建设的需要

中国作为一个开放的国家，特别在加入 WTO 后，市场是开放的、准入的。西部大开发的机遇不仅属于国内民族工业，同样也面向国外的路面与压实机械工业。大好的机遇与严峻的竞争并存，作为国内企业，该如何把握？

我们国家经过 50 年的经济建设已经取得了很大的发展。从路面与压实机械来看，从无到有，从事这个行业的企业已经有 400 多家，近 200 多个品种，年产量 2 万多台套，但是路面与压实机械行业四大机种的发展很不平衡。

1.1　黑色路面施工设备

沥青混合料搅拌设备和沥青路面摊铺机发展得最好。从满足高等级公路建设的要求上看，20 世纪 80 年代中期，这两类设备基本上还是靠进口，现在随着市场需求量的增长，国外产品进口数量的绝对数字在上升，但所占比例在下降。目前搅拌、摊铺设备国产数量与进口数量各占 50% 左右。二级以下公路的建设，靠国内设备已基本能够满足需求。

专用于沥青路面的压实机械，我国起步较晚，“九五”期间才列入国家项目，目前主要还是靠进口，美国英格索兰公司的压路机占了国内市场的很大份额。在土石方的压实机械中，国产约占 70%，居主导地位。

1.2 底基层、基层施工设备

底基层、基层施工设备因其要求相对较低,稳定土搅拌的路拌或厂拌设备,国产设备占优势。特别是厂拌设备,主要以国产设备为主。路拌设备除大功率设备外,一般220kW的设备主要由国内提供。基层摊铺设备的情况则相对差一些。20世纪80年代后期,国家公路部门就曾呼吁,要生产专用的稳定土摊铺设备。由于路面机械行业的敏感性不够,没有得到重视。当时有些企业认为沥青混合料摊铺机既然能摊铺稳定土,何必要发展稳定土摊铺机呢?

实际上,沥青材料与土石方材料,在材料性质上特别是摩擦特性及材料抵抗变形的阻力上有很大不同,在温度120°左右的沥青混合料中,沥青是一种润滑剂,它的摩擦系数和混合料抵抗法向变形的阻力与砂石料相比要小得多。用摊铺沥青的设备摊铺砂石料,磨损将会非常严重。沥青摊铺机的螺旋分料器的摩擦角比较小,有相当一部分功率要消耗在摩擦损失上。就像普通紧固用的螺丝,采用螺距小的细牙螺纹,而机床上的丝杠或千斤顶传动用的螺纹,螺距则要大得多。因此,用于摊铺基层设备的螺旋分料器的直径要比沥青混凝土摊铺机的大得多。水泥摊铺机的螺旋分料器的直径与螺距就很大。另外,摊铺砂石料时,对熨平板的材质等都有不同的要求。如果用沥青摊铺机来摊铺砂石料,一个工期就要更换一套熨平板,加上基层对于平整度的要求相对来说没有沥青路面高,本来无需采用高精度的熨平板,这就造成更大的浪费。

镇江路面机械厂抓住了这个机遇,1995年将稳定土摊铺机推向市场,徐州工程机械厂去年也已经开始生产。由此看来基层施工的摊铺机虽然发展相对较晚,但有很大的发展余地。

1.3 白色路面施工设备

白色路面施工设备发展远不如前两类。首先缺乏大容量的搅拌设备。修公路需要连续流水作业的施工工艺,以保证路面具有良好的平整度质量。如果一天摊铺宽度7~8.5m、厚度20~30cm、长度600~700m的水泥路面,就要求搅拌设备的供应量为300m^3/h左右。而现在生产的搅拌设备,因为以前主要用于建筑施工,容量较小。近几年容量虽然已经发展到100m^3/h,而实际能力也只达到80m^3/h左右。因此亟须发展更大容量的水泥搅拌设备。水利建设中,修建大水坝同样需要更大容量的搅拌设备,国内外崛起的新型连续式搅拌设备应该说可以较快地满足容量扩大的需要。

白色路面摊铺设备的供货情况就更差一些,基本上靠进口。黄河工程机械集团在"八五"期间就已将样机开发出来了,但没有形成量产。现在国内镇江路面机械厂与Powersave公司合作,已经售出了两三台;徐州工程机械集团与西安公路学院合作开发出了样机;天津工程机械厂也正准备上马白色路面摊铺机。但这些均在起步阶段,还不能形成气候。

白色路面施工机械的摊铺是一条龙作业,其中需要用到许多配套机械。比如布料机;路缘、隔离带、边沟等专用机械;路面摊铺完成后的养生机械,如拉毛、纹理机械等一整套专用机械。

1.4 养护设备

养护设备有上百种的品种。过去由于养护体制上的关系,道路的养护由道班管理。小的道班负责25km、大的道班负责50km的道路养护,如果使用高性能、高生产率的现代化的养护机械就很不合算。国外道路的清扫大多由清扫公司承包,全部采用20~30t的大容量清扫车,一个公司只需几十个人。国内养护维修行业也要走向市场化、专业化,这些都是属于发展中的行业。当然,目前我国的高速公路建设还在初期,大量的养护工作还不多,但再过5~10年高速公路的养护将成为热点。

我们行业的发展不应只看眼前还要看长远,各种机种要平衡发展。现在我们国家的工业还处在一种不规则的竞争格局,如果有一种产品能够获利,大家就一哄而上。由于技术含量都在同一水平上,互相抄袭,就会造成恶性竞争。装载机就是很典型的例子,有的企业有3.5亿元的产值,而利润只有600万元,原因就在于各个厂家都在生产大同小异的产品。这几年黑色路面的搅拌设备的生产厂家也不下20家,西安筑路机械厂这样的大型企业,搅拌设备的利润率也在逐年下降,这是我们行业发展过程中特别需要注意的问题,路是很宽的,不要都挤在同一种产品上。

2　国外路面与压实机械情况

20 世纪的最后 10 年是国外路面与压实机械技术发展最活跃的 10 年,出现了很多新的机种及全新的、技术含量很高的机械,而且材料和施工工艺的新发展带来了路面与压实机械重大的突破性的改革。

2.1　材料工业的发展

随着交通量的日益增大,尤其是重载交通的增加,美国和欧洲的一些发达国家,材料工业特别是沥青材料工业发展较快,主要是改性沥青和改性乳化沥青,从施工到养护都出现了很多品种。比如封层施工中,传统的施工工艺是撒一层沥青、再撒一层砂子的石屑封层。改性乳化沥青发展起来后,就出现了微表封层这样效果很好的封层技术。水泥路面上覆盖沥青层也是一个大的趋势,它需要解决反射裂缝、两层之间的粘接问题;另外柔性桥梁,如斜拉桥、悬索桥变形比较大,路面和桥面如何接合等问题都促进了沥青材料的发展。于是沥青材料的物理改性、化学改性,又引出了一大批新的沥青材料的制备设备,而且是增加了整整一个系列的新品种。

2.2　施工工艺的发展

交通流量加大,重载车辆增多,也使路面破坏形式由以过去的疲劳破坏为主,演变成了现在以车辙、水损害和低温裂缝为主的早期病害。这些早期病害的发生与沥青混合料在生产和施工过程中的变异性有很大关系。国外对离析问题十分重视,这几年采用的连续不间断摊铺是一种新工艺,摆渡车采取二次搅拌的方法,较好地解决了混合料的材料离析和温度离析问题。

2.3　沥青路面的专用压实机械

国外这几年,发展了一系列专用的沥青路面与压实机械,包括振荡压路机、高频振动压路机等。振荡压实机械可以用来碾压非常难压的路面,如沥青玛碲脂碎石(SMA)、排水型 OGFC 路面材料以及按美国 Superpave 系统设计的混合料。这些材料可以增强路面的抗滑和抵抗水平推力的能力,减少车辙。但从压实角度来讲,这些材料又属于压实性能很不好的材料。为了更好地利用压实能量,防止出现施工裂缝,需要在振动压实的同时还有搓揉的作用,振荡压路机的出现正是适应了这一新的工艺要求。

非圆形的冲击碾压机械也开始运用于路基压实,效果不错。这也是一个概念上的变化,过去的压路机滚筒都是圆的,现在是三角形、四角形或五角形的,完全是一种全新的概念。

国外大量基础建设的重建工程,公路、地下管道、桥梁的重建,造成大量废弃的水泥混凝土、沥青混凝土无处倾倒而形成公害。为了做到材料的再利用,再生机械的发展也很快。如沥青搅拌设备方面的双滚筒、三滚筒、燃烧器伸到滚筒里的连续搅拌设备,都在快速地发展。

3　抓住机遇,加速发展

目前的国产机械,虽然在鉴定书上常注明性能达到了国外 20 世纪 90 年代末期先进水平或中期水平。实际上,我们瞄准或对照的机型是国外作为成熟产品推出已有 4 ~ 5 年的产品,再加上产品的开发时间,还要向前推 4 ~ 5 年。所以说,我们的水平从技术性能上至少要比国外先进水平差 10 ~ 15 年,而在可靠性、外观质量、工艺水平上落后的时间还要长。

我国工程机械产品的开发大体上经历了 4 个历史阶段:最初始阶段是拿国外产品的照片来模仿;到后来发展到测绘样机;20 世纪 80 年代后期是引进技术;20 世纪 90 年代就是引进加仿造。这条路走到现在是该结束的时候了,而加强技术创新,开发出具有自己的知识产权和独特技术的产品是振兴民族工业的必由之路。如果我们有了一定的基础,还继续按老路走下去,就只能处于落后地位而最终丧失竞争力。

西部大开发将会给我们民族工业带来很好的机遇,但是如果我们抓不住,这个机遇就会落到国外厂商的手里。特别在加入 WTO 后,有两条政策对我们的影响最大。第一是减税。国产设备价格优势将下降。第二是知识产权保护。抄样机、测绘都将行不通。当然可能会有几年的缓冲期,但过了这几年,这条路终究还会成为死胡同。因此，在世界经济全球化的大趋势下，如果没有竞争的实力，西部大开发的庞大市场将会拱手让给别人。西部大开发中，拉动内需与外需比例至少应为50%，现在许多外国企业都在这两年的公路建设中获得了很大的收益，进口设备的数量在成倍地增长。面对这样严峻的形势，我们需要从战略上进行深思。

希望国内的厂商紧紧抓住西部大开发的机遇，花大力量在技术水平的提高上，使国产工程机械在西部大开发中发挥出强大的优势。

我国筑路机械行业发展状况分析

孙祖望

（本文刊于《建筑机械》杂志 2000 年第 3 期）

1　我国筑路机械行业发展的基本状况以及与世界同行的差距

1.1　路面机械的范畴

从"筑路机械"名词本身的含意来说，它包括所有路基和路面的施工作业机械。由于修筑路基作业的施工机械主要是挖掘机械、铲土运输机械、土石方压实机械等通用的施工机械，因此在使用筑路机械这一名词时实际上往往指的是修筑和养护维修路面用的各种专用机械设备。这类施工机械统称为路面机械，它包括底基层、基层施工机械、黑色（沥青）路面施工机械、白色（水泥）路面施工机械、养护维修机械四大类，每类机械根据不同的施工工序或作业内容又可以分成若干个机种，而每一个机种根据不同的作业方式则还可以分成若干更小的机种。

1.2　我国路面机械生产的基本状况

我国路面机械的研制、开发从 20 世纪 60 年代开始起步，经过几十年的努力，特别是"六五""七五""八五"三个五年计划的发展，路面机械工业已经有了相当的基础和实力。可以说对于二、三级公路的修筑，机械化施工的设备已经可基本立足于国内，在高等级公路施工机械方面也有了重大的突破。但是上述四大类路面机械的发展是不平衡的。

发展状况最好的是黑色路面施工机械，此类设备的两个主要机种：沥青混合料搅拌设备和沥青混凝土摊铺机械已经形成了一定的系列，也有较多的品种和型号可供选择。以西安筑路机械厂为例，在沥青搅拌设备方面，生产有 30 ~ 240t/h 共 4 个品种 10 个型号产品；在沥青摊铺机方面，西安筑路厂生产有铺宽从 2.5 ~ 9.5m 共 8 个品种 10 个型号的产品，徐州工程机械厂生产有铺宽 4.5 ~ 12.5m 共 11 个型号产品，陕西建设机械厂则生产有铺宽为 2.5 ~ 12m 的沥青摊铺机。

其次是基层、底基层施工机械，此类机械设备的两个主要机种：稳定土厂拌设备和路拌设备也已形成了一定的系列产品。例如，新津筑路机械厂生产有 $100m^3/h$、$200m^3/h$、$300m^3/h$、$400m^3/h$、$500m^3/h$ 共 5 个品种的稳定土厂拌设备，镇江华通公司生产有 $200m^3/h$、$250m^3/h$、$280m^3/h$ 及 200t/h、300t/h、400t/h 共 6 个品种的多用途搅拌设备。在稳定土路拌设备方面，国内已有从 75 ~ 400hp[1] 等 5 个等级近 20 个型号的产品。在稳定土摊铺机械方面，镇江华通和徐工已经开始生产，但还不能满足市场的需要。

第三是养护维修机械，此类机械品种繁多，这些年来也生产了一些具有一定水平的养护维修机械，例如徐州工程机械厂生产的稀浆封层机、镇江华通公司等生产的沥青路面养护车、500mm 和 1000mm 铣宽的沥青路面冷铣刨机、四川公路机械厂引进德国蔡特曼技术生产的多功能工程机械、天津扫地王公司生产的清扫车等。虽然数量不少的小型养护机具在国产路面机械的品种中占了很大比例，但不论在功能上还是在质量上都还难于满足高等级公路维修养护作业的需要。在某些领域例如旧料再生设备方面，则基本上处于空白状态。

---

[1] 1hp = 745.7W。

白色路面施工机械的发展是最为缓慢的，水泥混凝土摊铺机在“八五”期间才开始起步，国产间歇式水泥混凝土搅拌设备的最大容量只有 100m^3/h，远远不能满足与进口的大型滑模式水泥混凝土摊铺机相配套的要求。

1.3 我国路面机械发展水平与国外同行的差距

我国路面机械工业的发展虽然取得了很大成绩，但与国外同行来比仍然存在很大的差距。这些差距主要表现在以下几个方面：

（1）品种少，成套性差，型号不全，没有形成系列，用户选择的余地少。从国外黑色路面与白色路面施工和养护维修机械的成套性来看，我国的路面机械不论在品种和机型上都还存在着相当多的空白。例如在基层和底基层施工机械中，还缺少路基和底基层的整平机械，集料和稳定剂撒布机械虽有几家工厂在试制，但效果并不佳。集料的制备机械仍是一个薄弱环节，新型的沥青混合料转运机械在我国还是一个空白，改性沥青的加工和生产设备也才开始起步。整个的白色路面施工机械的生产基本上处于起步阶段，欠缺的品种就更多，首先是缺少铺宽 9 ~ 12m 的滑模式摊铺机和相应的布料机，以及 100 ~ 300m^3/h 的水泥混凝土搅拌设备。在养护维修机械方面，路面再生回收设备完全处于空白状态，高等级公路的日常养护和维修方面也还欠缺高效能、高质量的专供高等级公路用的机型。

（2）性能差。国产的路面机械虽然也有数十个品种数百个型号，但性能上能满足修筑高等级公路的为数不多。以沥青混合料搅拌设备为例，我国生产这一产品的工厂有 30 余家上百个型号，1996 年交通部筑路机械测试中心对 17 家企业抽检了 17 个型号的产品，其中沥青含量误差能满足高等级公路标准的只有两个型号。国产路面机械技术性能的实际水平除了近几年从国外引进的一些型号外，大量的产品还处在国外 20 世纪 60 ~ 70 年代的水平，尤其在高新技术的含量上（实时监测、自动控制和智能化）差距更大。

（3）可靠性差、寿命低。早期故障率高，平均无故障工作时间短，耐磨件、易损件的寿命短，这一直是国产路面机械的一个突出问题，也是用户经常抱怨、对国产设备存有戒心的主要原因。

（4）基础部件的质量差。基础零部件质量不过关是造成国产机械质量低、可靠性差的重要原因，特别是液压件和传动部件，几十年来虽然曾多次引进生产技术，但质量仍难于与国外产品媲美，这就使主机制造厂的选择余地很小。此外，主机的制造工艺水平也存在着较大差距。

（5）产品的技术含量低、创新性差、缺乏自己的独特技术，这方面应该说是国产路面机械与国外相比最根本的差距。我国路面机械的研制开发工作大体上经历了仿造、测绘、引进三个阶段，经过几十年的发展，路面机械行业在发展创新方面仍然存在着很大的缺陷，概括起来可以说是“三重三不重”，即重引进，不重消化、吸收；重消化图纸，不重视与掌握关键技术有关的研究；重技术装备等硬件，不重视设计思路、理论和方法等软件。这些年来许多企业都购置了数控切割、加工中心、焊接机械手等先进的技术装备，也配备了不少计算机和工作站，但很少下功夫去研究和掌握别人的设计思路、是从什么角度来考虑提高设备的性能和可靠性的，以及产品质量控制的方法等。许多计算机和工作站只是用来绘图和打印文字资料，于是计算机辅助设计成了计算机辅助制图。由于存在这些问题，也就很难谈得上在引进、消化、吸收的基础上去进行创新了。

考察一下国外许多路面机械技术发展的历史就会发现，世界各国生产路面机械的著名厂商都在不断地推出新机型，淘汰旧产品，而且每隔一段时期就会有一些重大的新技术推出。正是不断地追求技术进步，才使他们的产品处于强有力的竞争地位并保持着自己技术领先的竞争实力。在这里可以举出许多生动的例子，德国 HAMM 公司、日本酒井公司推出的振荡压路机和南非 LANDPAC 公司推出的非圆形压路机在压实技术方面是一个重大的突破；被意大利 MARINI 公司和美国 ASTEC 公司作为 20 世纪 90 年代革命性的新产品推出的燃烧器伸入滚筒中部的滚筒式搅拌设备和双滚筒搅拌设备，使连续式搅拌工艺产生了一次重要的技术飞跃；美国 BARBERGREEN 公司推出的沥青混合料转运机械改变了混合料输送的传统程序；CMI 和 WIRTGEN 公司 20 世纪 90 年代推出的中置式、前后轮独立转向、全轮驱动的铣刨机。在这些新技术中有不少技术，例如振荡压实技术、双滚筒连续搅拌工艺等都是在深刻研究了机器与物料相互作用的作业过程之后才推出的,它们在机器的作业工艺方面提出了革命性变革。在进入 20 世纪最后几年时,国外许多主要路面机械制造企业都将路面机械的智能化、自动化、机器人化作为 21 世纪技术进步的目标,可以预期,振幅、频率无级可调,带有压实质量实时监测,在工作参数调节方面具有自适应、自学习能力的智能型压路机将首先出现。实际上,BOMAG、DYNAPAC 等公司已经在这方面做了大量工作,例如智能型的压实控制系统等。在摊铺机方面,传统的模拟量控制自动找平系统已经开始被数字量控制所代替,而且控制的不仅仅是路基不平带来的干扰,还有供料数量、摊铺速度、材料特性的变化带来的干扰,行驶的直线性、转弯半径和超高量的自动控制也将进一步向智能化的方向发展。而国产路面机械在机电一体化方面的水平与之相比差距是很大的。

2　交通筑路机械行业如何面对国际、国内市场的竞争

2.1　路面机械的特点

在分析市场形势时,首先了解一下路面机械在技术和使用方面的特点将是有益的。路面机械是工程机械中一个特殊的门类,与通用的工程机械相比,它们有着一些独特的技术特点,以及由此而带来的技术发展和生产上的特点。了解这些特点对分析路面机械的发展趋势有着重要的意义,这些特点可以归纳为:

(1)路面机械专用性和多样性的特点。

路面的施工和养护作业都是由许多不同的工序组成的,每一工序都有着自己的特殊要求,需要专门的机械设备来完成,因而形成了路面机械在功能上的专用性和品种上的多样性,而不可能做得像土方机械那样具有较大的通用性、广泛性和万能性。正是这一特点,决定了路面机械多品种、小批量的生产方式,也决定了路面机械制造厂基本上属于中、小型生产企业,不可能出现像 CAT、小松这样的大型和超大型的土方机械制造企业。在世界上员工数量达到 1000 ~ 2000 人的路面机械厂就算是大企业了,通常多是几百名员工的中型厂,小企业常常只有几十名员工。

(2)路面机械在技术开发路线上的特点。

路面机械专用性和多样性的特点以及小批量多品种的生产方式导致了世界上多数路面机械的制造企业将技术开发的重点放在作业工艺、工作装置和控制系统的创新上,而对于发动机、传动部件、行走装置等基础部件,则尽可能采用现成的成熟的产品,在总体设计上主要是要解决系统和各部件之间的合理匹配和组合。多数企业生产手段的装备重点是在金属结构、装配和电气车间方面,加工车间的装备处于次要的地位。

(3)路面机械强调作业性能的特点。

与通用的土方机械不同,路面机械除了在生产能力、能源消耗上的要求外,还有一个作业质量的要求,而且机器作业质量的要求是衡量其性能优劣的首要指标。正是这一特点决定了路面机械在技术发展中必须走土机结合、机电结合的道路。

(4)路面机械在技术发展中土机结合的特点。

路面机械的作业对象是土壤、稳定材料、沥青混合料、水泥混凝土等筑路材料,机器通过与材料之间的相互作用,按照一定的施工工艺来实现某种施工过程。这种机器与作业对象之间的相互作用过程,通常称为作业过程。不同的材料性能、不同的施工工艺决定着机器作业过程的不同特点。因此路面机械的发展与材料性能、施工工艺之间有着十分密切的联系。许多新机种的出现、新的作业过程的发展都与筑路材料的新发展、施工工艺的新突破直接相关,而成为推动路面机械技术进步的重要动力。

(5)路面机械在技术发展中机电结合的特点。

路面机械在技术发展中另一个鲜明的特点是比一般的工程机械更迫切地要求获得机电一体化技术的支持,这同样是由于对路面机械作业质量日益提高的要求而引起的。因此,在工程机械行业中,它是接受现代高新科技的渗透和改造步伐最快的一个机种。

(6)路面机械在技术发展中更多地受可持续发展战略制约的特点。

路面机械中属于材料工业的一部分，例如集材生产工业、热沥青混合料工业、水泥混凝土工业等都带有大量消耗能源和资源以及污染环境方面的问题，因而节约资源、废料回收利用、保护环境等可持续发展战略的要求对路面机械的发展起着重要的制约和导向作用。

2.2 市场竞争形势的分析

随着我国公路建设进入了一个高速发展的新时期，而且预期将持续至21世纪的20~30年代，路面机械的市场需求保持相对旺盛的局面还会持续相当长的一个时期。同时由于我国路面机械发展晚、基础薄，因此将为国内市场的开拓留有相当大的余地，这些都是市场景气的一面。但是也应看到当前国内外市场竞争的不利一面：首先是由于前几年国产的路面机械不能满足高等级公路建设的需要，国内高等级公路施工机械的市场几乎全部为进口设备所占领，国产的机械设备要挤进这一市场就必须在性能价格比上具有更大的优势。其次是由于国内一些机械部门的不景气，许多企业纷纷进入路面机械工业，而盲目重复发展的结果必然造成市场份额的分散化，交通筑路机械工业要保持自己的市场份额必须要具备更大的技术优势和价格优势。应该说我国交通筑路机械工业在面对国内的市场竞争方面还是有一定优势的，首先是这些企业离用户近、比别的部门更了解公路施工的技术要求，其次是交通部门一些骨干企业在几十年的生产实践中已经积累了较多的经验，在掌握路面机械产品的关键技术方面也比其他部门更具有优势，但是也应该看到，在生产条件和生产管理方面与部外的一些大企业相比仍然存在着一定的差距，所以部内的企业必须要有居安思危的思想，不能盲目地乐观。

2.3 交通筑路机械面对国内外的市场竞争可能采取的对策

(1)充分利用全行业的技术优势来改善和增强自己的竞争实力，可以在自愿的基础上组织科研院校与企业建立联合体。在科学试验的基地方面，应该充分利用交通运输部筑机测试中心已经具备的实验研究条件。

(2)组织集约化的企业集团，扩大产品的覆盖面，加强市场的竞争力，以便更好地适应路面机械品种多、批量小的特点，而能柔性地满足市场多方面的需求，以保证在市场竞争中取得东方不亮西方亮的效果。

(3)加强企业技术开发中心的建设，改善企业在前期研究、中间试验和出厂试验方面的装备状况，提高企业自主开发的能力。

(4)掌握世界路面机械发展的大趋势，加强新技术的跟踪研究，重视技术储备的战略作用。

(5)加强企业的技改投入，改善企业生产条件。

我国路面与压实机械面向21世纪的展望

——发展对策与技术创新

孙祖望

(本文刊于2002年《第一届全国公路科技创新高层论坛论文集》)

1 我国路面与压实机械面向21世纪的形势

1.1 历史的回顾

我国路面与压实机械是一个起步较晚、相对年轻的行业。虽然路面与压实机械的开发、研究早在20世纪50~60年代就已开始,但真正意义上的发展是20世纪80年代。通过"六五"和"七五"两个五年计划,路面与压实机械在数量和品种上都有了较大发展,到20世纪80年代末每年生产的各类路面机械达万余台套,而各类压路机的年产量约为4500台。进入20世纪90年代,我国开始进入一个公路建设的高潮时期,路面与压实机械发展的重点开始转向高等级公路的施工设备。国家在"八五"和"九五"期间组织了一批路面与压实机械方面的重点攻关或技术引进项目,使我国适用于高等级公路的施工设备在技术水平上踏上了一个新的台阶。

从以上简要的历史回顾中可以看到经过几十年的努力,特别是20世纪80~90年代20年的发展,我国路面与压实机械工业已经有了相当的基础和实力,可以说修筑二、三级公路的施工设备已可立足于国内,高速公路机械化施工的主要机种,例如搅拌设备、摊铺机、压实机械等也都已形成了国产化的系列。

但是在看到成绩的同时,也应看到我国路面与压实机械的发展水平与国外同行相比还存在着较大的差距。从产品的差距来看主要表现在品种、系列、规格上的差距,还有技术性能上的差距,可靠性、寿命上的差距和制造工艺和外观质量上的差距。在技术性能上大体相差10~15年,在可靠性、寿命和其他方面大体相差20~30年。而最大和最根本的则是在技术创新和开发能力上的差距,这里不仅有开发手段、资金投入上的差距,而且存在着体制、观念、政策、人才等一系列更深层次上的问题。

1.2 面向21世纪形势的特点

进入21世纪后,我国路面与压实机械行业面临着一些对今后的发展会产生重大影响的因素,这里既有很大的机遇,又蕴涵着严峻的挑战。

(1)在世纪之交国家提出了两项重大的战略决策,即推行积极财政政策扩大内部需求和开发西部的战略决策。这两项政策将在相当长的时期内刺激我国公路建设的加速发展,并将为路面与压实机械提供良好的市场前景。

(2)随着我国加入WTO和全球经济一体化的趋势,中国市场进一步对外开放和进一步融入国际市场是不可避免的。这是一把双刃剑,一方面我们将更方便地引入国外的资金、先进技术、管理经验,并为企业的国际化经营提供有利条件;另一方面,我国巨大的潜在市场不仅为我国,同样也为外国提供了极大的机遇。因此路面与压实机械良好的市场前景不仅是面对本国的,同样也是面对世界的,而随着市场准入和国民待遇的逐步到位,国产设备的价格优势会逐步削弱。

(3)行业内部之间的竞争处在一种初级而无序的状态。由于普遍看好路面与压实机械的市场前景，大批企业涌入这一行业中来。在急功近利思想的指导下许多企业领导往往急于求成，而不愿意下功夫去开发技术水平更高的产品。在这样的指导思想下，最简单的办法就是去搞一套现成的图纸来生产目前市场看好的产品。为了达到这一目的，可以有很多办法，例如到现有的生产企业中高价挖走技术骨干、将别人的机器拆开后进行测绘，甚至采取一些非法手段来获取他人的技术等等。这样做的结果导致众多的企业生产着技术雷同的产品，大家都想在同一块蛋糕上切一刀或啃一口。这种盲目发展和低水平重复的结果必然使低价竞争成为企业之间主要的竞争手段，从而导致某一产品的市场迅速饱和而利润率的大幅度下降，呈现出某种恶性竞争的局面。以沥青搅拌设备为例，在20世纪90年代中期生产120~160t/h以上的沥青搅拌设备的工厂还寥寥无几，能生产240t/h左右的设备的工厂更是只有一两家，但目前的生产厂家已激增至数十家，仅无锡一地生产沥青搅拌设备的大小企业就有30余家。与此同时，一台240t/h的沥青搅拌设备的售价从最初的1100万元左右下降至目前的700万~800万元，降价幅度达30%以上。

(4)在引进技术与资金的合作方面，国外厂商的策略也在变化。在总结多年来在中国投资的经验教训后，外商与中国工程机械企业的合作已经从早期的转让技术、技贸结合等形式而更多地转变为在中国设立合资或独资的企业，以便更好地利用中国的廉价劳动力和减少产品的运输费用，从而大幅度地降低产品的生产成本。面临国外企业大举进入中国市场的形势，国产机械将进一步丧失在价格方面的优势。

1.3 我国路面与压实机械工业的发展正处在一个重要的转折时期

我国路面与压实机械工业经过数十年的发展已经有了一定的基础与实力，但同时也存在着一些亟待解决的深层次问题，诸如：产品技术上的雷同；行业缺乏创新精神；盲目发展、低水平的重复导致价格上的恶性竞争；国内市场竞争缺乏诚信原则；没有同行之间的磋商和引导机制；在政策和法律方面对知识产权保护力度薄弱以及人才素质上的缺陷等。可以预计，在进入21世纪后的新形势下，这些问题将会更加明显地暴露出来。我国路面与压实机械的发展历史已经到了一个重要的转折关头，在面临严峻的竞争压力下如果能迫使我们成功地解决这些深层次的问题，那么我国的路面与压实机械工业将在技术水平和质量上跨上一个新的台阶，成为一个有竞争力的伙伴而屹立于世界同行之中，反之则会逐步走向衰落而将中国公路建设迅速发展而形成的大好市场拱手让给国外的同行。

2 我国路面与压实机械发展对策的思考

面向21世纪，这里既有良好的市场前景和更加开放的国际环境等有利的因素，同时也面临着国内外更为严峻的竞争压力与冲击。如果我们的企业能正视形势、善于应对、趋利避害，就可以赢得一个发展和壮大自己的大好时机。以下是面对21世纪新形势下发展对策的一些思考。

(1)我国路面与压实机械工业应该从世界经济的大环境出发，尽快地融入国际市场。中国的企业应该立足于与国际接轨的经济环境和面向世界的战略高度来考虑自己的发展，这里有着两层意思：一是可以从信息、技术、人才、零部件的配套等方面更好地利用开放的国际环境，尽可能地吸收先进的施工工艺、制造技术、高品质的零部件，使我国产品的技术水平和质量提高一个档次，在产品的可靠性和寿命方面大大缩短与国际知名品牌的差距；二是从国际市场的大范围内来经营和销售自己的产品，充分利用WTO为我国产品进入国际市场带来的好处，更好地发展和开拓面向国外的出口市场。

(2)为改变目前盲目建设、分散重复的局面，一方面要加快行业重组、整合形成具有更大竞争力企业集团的进程，另一方面，中小企业应在市场竞争中根据自身的特点重新定位，形成行业合理的分工。

(3)加强行业引导，充分发挥行业协会的作用，建立企业之间的磋商机制。企业之间的竞争应该建立在共同的游戏规则之上，恶性的价格竞争只会对整个行业带来灾难性的结果。企业之间不仅是竞争对手，同时也是共同发展的伙伴，因而需要有一定的磋商机制。在这方面，行业协会可以充分发挥自己的独特作用。

(4)加强企业技术创新和自主开发的能力。技术创新能力薄弱是我国企业与国外同行之间最根本的差距，增强技术创新能力是提高行业竞争力的唯一出路。近几年来大家都在谈论技术创新的问题，讨论较多的是企业没有自己的研究开发基地、技术创新的投入不足、缺乏先进的开发研究手段等物质方面的问题。但是创新能力薄弱不仅存在着物质上的问题，而且还有精神上的问题。现在对于技术创新物质手段上的差距已经是行业的共识，而对于行业缺乏创新精神的原因、我们急需什么样的技术创新，甚至在对技术创新、自主知识产权这样一些概念的理解上，都还存在着不一致的认识。

随着技术创新物质手段的改善，阻碍企业技术创新能力发挥的深层次问题将会更明显地暴露出来。这些问题主要反映在观念、体制、创新的重点、人才的素质和政策法律等方面，而它们的解决需要政府决策部门、企业领导、技术创新的主体——工程技术人员一致的认识和共同的努力，因而往往难度更大，需要的时间更长。下文将对行业缺乏创新精神从更深的层次上作一些探讨。

3 解决行业技术创新薄弱的深层次问题，从根本上提高我国路面与压实机械的技术创新能力

3.1 缺乏原创新的技术是行业缺乏创新精神的主要标志

在我国路面与压实机械的发展过程中，不能说没有自己的发明创造，也有一些较为重要的技术创新，但从总体上来说缺乏原创性的创新技术。如果说技术创新薄弱是我们与国外同行最根本的差距，那么在技术创新方面最根本的差距则是缺乏原创性的技术。所谓原创性的技术创新是指那些在技术上具有突破性的、革命性的创新，它们通常表现在对机器所采用的施工工艺、工作原理、作业过程以及设备结构上的全新变革，伴随着重大的经济和社会效益，因而将对某一机种产生深远的、划时代的影响。

3.2 20世纪末期国外路面与压实机械原创性新技术的举例

20世纪末期是路面与压实机械技术进步十分活跃的时期，出现了一系列革命性的技术创新和突破，以下是一些实际例子。

(1)沥青混合料连续式搅拌工艺的革命性突破和双滚筒搅拌设备。

20世纪的60年代，美国发明了将干燥与搅拌合为一体的滚筒式热拌沥青混合料连续生产工艺，这是对传统的间歇式搅拌工艺的挑战。早期的滚筒式搅拌设备在投入使用后，并没有达到最初构想时所期待的好效果。虽然经过20世纪70年代的努力，滚筒式搅拌设备在技术上已经有了一系列重大的改进，但始终未能从根本上解决诸如蓝烟和沥青老化、集料级配和粉料损失、燃油热量不能充分利用等技术问题。20世纪80年代开始的再生技术的热潮促使人们的思维离开了原来滚筒式搅拌设备干燥与搅拌一体化的发展思路，而开始构想能否将间歇式搅拌设备的搅拌缸搬到滚筒式搅拌设备上来。在20世纪80年代末90年代初，出现了一系列新构想的连续式搅拌工艺，从而使连续式搅拌设备在美国市场上占有了统治地位，其中最为突出的是美国ASTEC公司发明的双滚筒搅拌设备。这种搅拌设备是按照一种全新的连续式搅拌工艺来构思的，它巧妙地将间歇式和滚筒式搅拌设备的优点融合在一起，利用两个滚筒之间的夹层形成一浅盆形的搅拌区，安装在烘干筒外壁上的桨叶可以产生一种强制搅拌的过程，同时又能充分利用烘干筒壁的辐射热与进入夹层的再生料进行热交换，从而使再生料的比例提高到50%～60%。双滚筒搅拌设备自20世纪80年代末问世以来在美国市场上表现出色，使ASTEC公司的市场占有率达到了40%左右。

(2)沥青路面的连续不间断摊铺工艺和混合料转运车。

传统的沥青路面摊铺工艺是由自卸卡车将热沥青混合料运至摊铺现场，并由自卸卡车将混合料卸入摊铺机料斗输送至熨平板前方，然后铺设至路面上。这一工艺有以下一些缺点：

搅拌设备、自卸卡车与摊铺机匹配不好就会导致停工待料，既影响摊铺机的生产率，又不利于摊铺作业的质量；满载的自卸卡车和空车交替时，要求卡车与摊铺机司机的操作能很好地协调配合，如配合不好而出现摊铺机料斗缺料、卡车与摊铺机碰撞等操作不当的情况，均会影响松铺层的摊铺质量；要求自卸卡车的数量有足够的储备，通常现场至少应有三辆以上的卡车在等待卸料；热沥青混合料在装卸和

运输过程中容易出现材料和温度的离析，为今后沥青路面的使用留下隐患。

20 世纪 90 年代美国出现了一种新的所谓连续不间断的沥青路面摊铺工艺，它利用一个中间转运车作为混合料供应的缓冲环节，自卸卡车不必排队向摊铺机料斗卸料，而只需卸入转运车料斗中即可，在储料仓的下部有一个二次搅拌装置将输送给摊铺机的混合料重新搅拌均匀。

美国 ROADTEC 公司生产的转运车，以及与之配套使用的无料斗与刮板输送器的摊铺机，直接将转运车的混合料卸至螺旋分料器的前方，这种方式可使材料在摊铺过程中的离析降至最低限度。在经历了 10 年左右的推广应用，如今在美国已有 20 余个州强制规定承包商必须采用这种新工艺来铺筑沥青路面。

(3)振荡压实技术与振荡压路机。

在压实机械方面作为一种原创性技术的例子，首先可以举出振荡压实技术与冲击碾压技术。振荡压实技术是用一种全新的思路来考虑振动压实工艺的，这就是利用激发被压材料颗粒发生水平振动，它与垂直振动一样可以削弱颗粒之间的联系，使之重新排列而变得更加密实，这就从根本上克服了垂直振动会给上部机架以及周围和下层建筑结构带来的有害振动，还可以充分利用振动能量和节约能源。这种水平振动是由振荡压路机振荡轮的摆振运动来激发的，振荡轮的摆振运动还会产生一种附加的搓揉作用，从而使被压表面更加光整、致密，又不会压碎铺层的集料。这一技术是瑞典 Geodynamik 的 H. Thurner博士发明的，并于20 世纪的 80 年代正式公布，而在 90 年代由德国的 HAMM 公司和日本的酒井公司作为商品推向市场，这一技术目前已被广泛应用于 SMA、OGFC 等骨架嵌挤结构的热拌沥青混合料的压实中和桥面铺装等不希望对建筑结构产生有害振动的场合。

(4)冲击碾压技术和非圆形冲击压路机。

冲击压实能产生良好的深度压实效果，但通常重型冲击压实机械都是单次冲击，每次冲击的间隔较长，因而生产效率很低。冲击碾压技术的构思也是一种富有创新的思路，在冲击压实技术上的突破就是利用滚碾的方式将间歇的单个冲击变成连续的多次冲击，它综合了滚碾、冲击与搓揉作用的特点，大大提高了冲击频率与生产效率，并利用牵引过程中产生的强力搓揉压力来强化碾压的效果。非圆形冲击压路机是南非国家运输与道路研究所(NITRR)的 Clifford J. M. 发明的，在 20 世纪 70 年代申请了专利，经过 20 余年的努力，终于由南非的兰派公司将它转化为一个成熟的产品而推向世界。非圆形冲击压路机特别适合于路基高填方的压实、原地基压实和黏性土壤的压实，我国在 20 世纪 90 年代后期引入这一技术，受到了广泛的欢迎。

3.3 造成行业缺乏创新精神的原因分析

企业之间的竞争能否导致技术上的不断创新和发展是市场竞争是否成熟的标志之一。显然，我国路面与压实机械行业总体上还处在技术上以模仿他人为主，以价格竞争作为主要手段的低级阶段，存在着一系列深层次的因素影响着激发行业的创新精神，可以举例如下：

(1)在计划经济时期形成的产品开发体制和模式仍然影响着人们对技术价值的看法。这种科研体制和开发模式有两个主要特点：一是科研任务、计划和资金由主管部门下达，科研成果则无偿地提供生产企业使用；二是技术的来源主要依靠复制别人的技术。在这样的体制和模式下，一方面导致人们习惯于技术的无偿占有，缺少商品技术的概念，所以中国目前技术市场上的价值和价格往往是脱节的；另一方面，企业的领导和技术人员习惯于复制别人的技术，知识产权的观念十分薄弱，在采用各种方法来获取他人的技术时，并没有感到有什么不妥或者受到良心的谴责。这就是造成目前国内许多产品技术雷同、缺乏个性在观念上的原因。由于复制别人的技术是获取技术最为简单的办法，因而谁也不愿意下苦功夫去搞技术创新，而在技术市场上也就很难有合理的价位和出现重大的技术创新。这些都会影响中国科技人员技术创新的积极性。

在观念上的另一个误区是许多技术人员认为将国外的产品模仿得惟妙惟肖，甚至连外形都一样这就是达到了世界先进水平，某些产品将国外不同品牌产品的特点集中在自己的样机上，认为这就是技术创新和国际领先水平，实际上往往反而弄得不伦不类，丧失了自己品牌的个性。

(2)在计划经济下,我国产品的开发和应用研究集中在少数几个中央级的科研单位内,企业没有自己的研究开发中心。科研体制改革以后,主管科研所的中心作用削弱了,企业自己的研发中心又没有建立。新产品的开发模式长期以来是以模仿国外品牌的技术为主,这就导致了忽视应用研究对技术创新的重要支撑作用。

(3)我国的路面与压实机械行业起步较晚,在发展初期主要以开发产品为主,本学科的应用研究水平相对较低,这就使得新产品的开发缺乏强有力的理论支撑。路面与压实机械是一种以作业质量作为首要性能的机种,它的发展与工作介质和施工工艺有着十分密切的关系。如果没有对材料、工艺和设备的综合研究,就很难对机械有重大的创新和突破。这也是我国路面与压实机械缺乏技术创新精神的重要原因。

(4)人才素质上的缺陷也是导致行业创新精神不足的一个原因。这里存在着两方面的问题,一方面,高校培养的人才专业面过窄而缺乏复合型人才的素质;另一方面,生产企业的人才结构不尽合理。一个企业的开发部门不仅需要机械、电气电子技术方面的人才,而且还需要土木施工方面的人才,人才的综合性是技术上做出创新和突破的重要条件,这一点往往是许多中国企业领导认识不足的一个问题。

(5)政策导向和知识产权保护力度不足在很大程度上抑制了生产企业和工程技术人员的技术创新积极性。如果设想一个企业花了很大的精力和投入开发了一个在市场上受欢迎的新产品,但2～3年之后同类产品很快充塞市场,那么还有谁愿意来充当这个先驱者呢?同样,一个人花费了很大的劳动发明了某种有前景的技术,但很快被别人改头换面抄袭而去,那么谁还有积极性去搞技术创新呢?在国外,一个企业如果侵犯了别人的知识产权,在诉讼中败诉的话,其赔偿的力度通常是很大的,甚至会导致该企业破产。目前我国虽然已经有了不少相关的法律,但在实际执行中力度却很低,一场官司下来花费了很大精力、拖延了很多时间,即使胜诉了,得到的补偿也很有限,何况还会有种种法律之外的因素在起作用。这种情况不解决,就必然会影响行业技术创新的积极性。

4　结语

面对21世纪激烈的竞争形势,最根本的对策是增强我国路面与压实机械行业的技术创新能力,从而从根本上提高行业的竞争实力。提高行业的技术创新能力涉及法律保护、政策导向、舆论宣传、人才培养、科研体制的改革、企业开发研究手段的改善和资金投入等多方面的因素,需要各方面的共同努力才能取得成效。

(1)进一步完善知识产权的立法,使之与国际的先进水平接轨,加强知识产权保护的力度。

(2)政策与舆论的导向应大力提倡竞争中的诚信原则,应该使激烈的竞争转化为激发技术创新的动力,而不是促使人们去采取不正当竞争手段来获取他人的技术成果。

(3)改革现有的企业开发体制,加速企业研发中心的建设,改善研究开发的手段,加大资金投入的力度,并使之充分发挥作用。

(4)企业应将创新的重点放在主机上,充分重视应用研究对技术创新的理论支撑作用,加强材料、工艺、设备三者综合技术以及机电液一体化技术的研究。

(5)进一步优化企业开发部门的人才结构,有关高校应更多地注意学生创新素质和复合型人才的培养。

加强核心技术的创新

——我国筑路机械发展的根本出路

孙祖望

（本文刊于2002年《第六届国际公路、水运交通技术与设备展学术报告会论文集》）

1　我国路面与压实机械面向21世纪的形势

进入21世纪后，我国路面与压实机械行业面临着一些对今后的发展会产生重大影响的因素，这里既有很大的机遇，又蕴涵着严峻的挑战。一方面，我国路面与压实机械工业经过数十年的发展已经有了一定的基础与实力；世纪之交国家提出的两项重大的战略决策，即推行积极财政政策扩大内部需求和开发西部的战略决策将在相当长的时期内刺激我国公路建设的加速发展，并将为路面与压实机械提供良好的市场前景；随着我国加入WTO和全球经济一体化的趋势，我们将更方便地引入国外的资金、先进技术、管理经验，并为企业的国际化经营提供有利条件。另一方面，也存在着一些亟待解决的深层次问题，诸如：产品技术上的雷同；行业缺乏创新精神；盲目发展、低水平的重复导致价格上的恶性竞争；国内市场竞争缺乏诚信原则；没有同行之间的磋商和引导机制；在政策和法律方面对知识产权保护力度薄弱以及人才素质上的缺陷等等。可以预计，在进入21世纪后，在中国市场进一步对外开放和国外工程机械大企业大举进入中国独立设厂的新形势下，这些问题将会更加明显地暴露出来。我国路面与压实机械的发展历史已经到了一个重要的转折关头，在面临严峻的竞争压力下如果能迫使我们成功地解决这些深层次的问题，那么我国的路面与压实机械工业将在技术水平和质量上跨上一个新的台阶，成为一个有竞争力的伙伴而屹立于世界同行之中，反之则会逐步走向衰落而将中国公路建设迅速发展而形成的大好市场拱手让给国外的同行。

2　我国路面与压实机械产品开发模式的历史发展

回顾近30年的发展历程，我国路面机械的发展大体上可以10年为期，划分为三个阶段：大规模引进国外技术的时期(20世纪80年代中期～20世纪90年代中期)；在消化、吸收国外技术基础上的扩展时期(20世纪90年代)；从复制国外技术逐步迈向自主创新的时期(进入21世纪后)。与这三个阶段相应的是产品开发的三种模式：样机测绘；技术引进；从仿制性的自主开发向创新性的自主开发的过渡(图1)。

新中国成立初期，在西方技术封锁的条件下，我国工程机械的研究开发主要来源于苏联的技术。到了20世纪80年代初，开始更多地了解西方发达国家的工程机械，当时借鉴西方技术可能采取的方法是买进一台样机解体后进行测绘，然后进行样机试制。

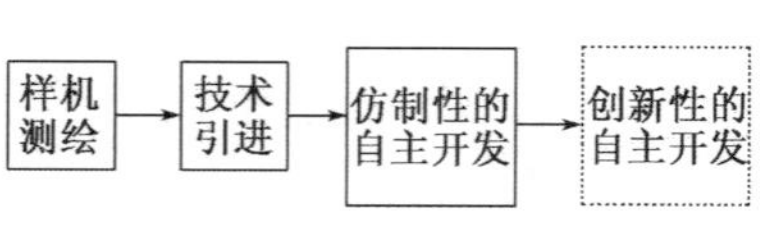

图1　我国路面与压实机械产品开发模式的历史进程

20世纪80年代中期～90年代中期，我国路面机械开始大规模地引进国外技术，使得我国路面与压实机械不论在品种还是技术水平方面都跨上了一个新的台阶。20世纪90年代，中国的公路建设进入了一个以建设高等级公路为主的新时期。中国的路面机械工业在大规模引进国外技术的基础上，迅速形成了产品系列，大大改善了企业的生产条件，建立了规模化的生产体系，奠定了我国路面机械工业向现代化发展的基础。

进入21世纪后，在国家政策的倡导下，我国路面机械工业开始步入了自主开发的新阶段，新产品的技术含量和新技术的应用方面取得了很大成绩。但是从总体上来看，我国路面机械的核心技术主要还是来源于国外，尤其是缺乏原创性的技术创新。国内企业目前的自主开发主要还属于仿制性的自主开发。如何从复制他人技术和仿制性的自主开发过渡到创新性的自主开发和原创性的技术创新，是我国路面机械工业在新时期中必须解决的问题，也是唯一可选择的发展道路。

3 什么是核心技术和核心技术的创新

我国路面机械工业在从仿制性自主开发向创新性自主开发过渡的过程中，在认识上需要弄清楚以下几个问题：核心技术与引用技术的关系；什么是核心技术；什么是原创性的技术创新；原创性技术创新与应用性技术创新的关系。

路面与压实机械的核心技术是指在机械整个生命周期各阶段中为解决该阶段的特殊矛盾而产生的独特的个性化的技术。按生命周期的不同阶段，路面与压实机械的核心技术可分为：设计核心技术、制造核心技术及应用核心技术。

在进行核心技术的创新活动中，通常需要借助于许多交叉学科中的先进技术，这些技术可以称为引用技术。在引用技术的应用过程中同样需要付出创造性的劳动，这样的技术创新可称为应用性技术创新。

比应用性技术创新更为困难，层次也更高的是原创性技术创新。所谓原创性的技术创新，是指那些在技术上具有突破性、革命性的创新，伴随着巨大的经济和社会效益，并将产生深远的、划时代的影响。对于路面与压实机械的开发来说，它通常表现为对机器所采用的施工工艺、工作原理、作业过程、质量控制以及设备结构上的全新变革，伴随着生产效率、机器性能、作业质量的重大提高。

作业质量是路面与压实机械首要的性能要求，它不仅与机器本身有关，而且与工作介质的材料特性、施工工艺有着密切关系。工程材料、施工工艺、机器设备三者形成的综合技术是路面与压实机械作业理论的基础，作业理论将为机器作业过程和质量控制的重大技术创新提供强大的理论支撑。创造原则上全新的作业过程与机械设备，通常是深入研究介质材料、施工工艺、机器设备三者之间相互作用的物理、力学本质的结果。

在应用性技术创新方面同样可以出现重大的技术创新。应用现代信息技术将机械化施工和养护作为一个系统来实现智能化，就是路面与压实机械另一个在应用技术领域内可能出现的个性化的重大技术创新，并可成为应用性的核心技术。

如图2所示，展示了核心技术与引用技术、原创性与应用性技术创新在机械生命周期各阶段中的关系。

4 路面与压实机械核心技术的发展趋势

4.1 世纪之交推动世界路面机械发展的基本动力

科学技术的发展归根到底要取决于生产发展、社会进步的需求，取决于人类对物质文明、精神文明不断增长的追求。20世纪最后十余年是路面与压实机械科技进步十分活跃的时期，出现了一系列革命性的技术创新和突破。总结这段时期路面机械科技进步的发展趋势，可以看到推动这一领域不断发展的主要动力来源于以下三个方面，而且这些因素在21世纪可以预见的将来仍将成为推动路面与压实机械不断进步的强大动力。

(1)公路建设与更新改造的强大需求以及对路面使用性能日益提高的技术要求是推动未来路面与压实机械科技进步的基本动力。

现代公路交通的需求，一方面是高速重载，另一方面则是安全、舒适。对现代公路交通功能“快速、安全、舒适、高效”的追求，对路面材料和施工工艺的不断发展、创新产生了强大的刺激作用。这种压力转移到路面机械上，就形成了推动其科技进步的强大动力。

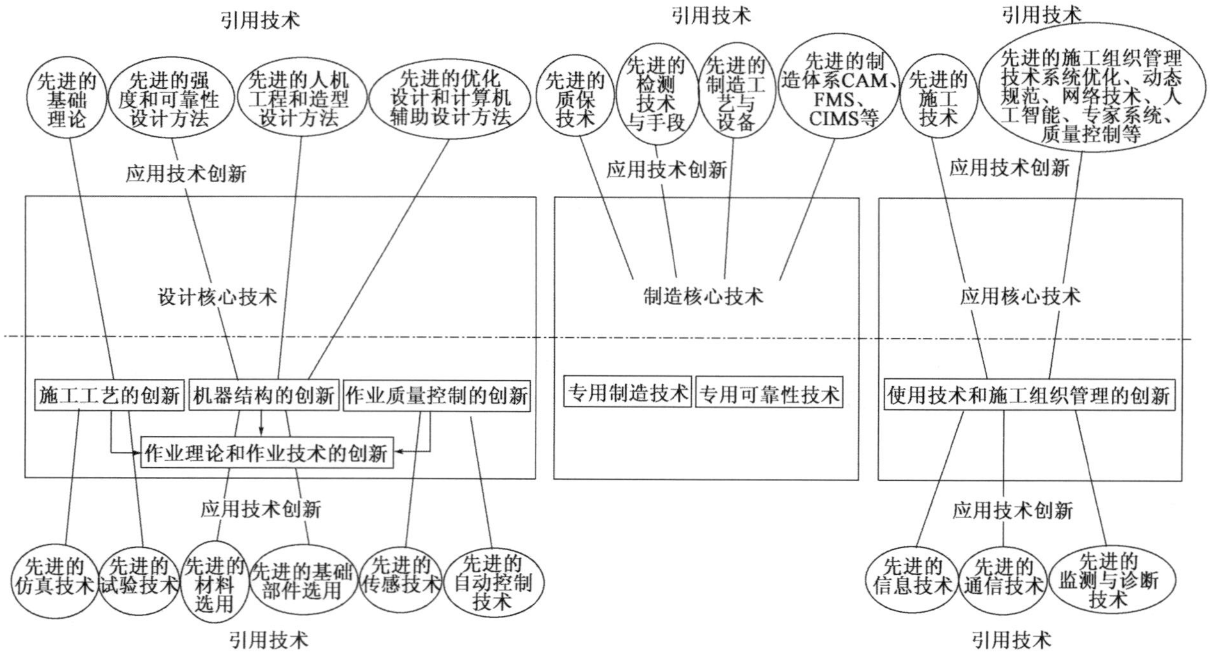

图2　核心技术与引用技术、原创性与应用性技术创新的关系

(2)可持续发展战略对经济与环境、人与自然和谐发展的要求推动着路面机械向资源节约、能源节约、环境保护以及资源的再生利用的方向发展。

集材生产、热沥青混合料生产等筑路材料工业一直存在着能源消耗大、污染环境方面的问题,因而节约能源、防止污染的技术一直是这些设备技术进步的追求目标。更为严重的问题产生在路面的翻修工程中,路面翻修过程中大量的废弃物面临着两方面的社会问题:环境污染和浪费资源。因此,任何一个国家的公路建设发展到一定的阶段,提出废旧路面的回收和再生要求是必然的。筑路材料主要来源于矿山和石油资源,它们的回收利用不仅与环境和资源保护的要求有关,而且会直接产生巨大的经济效益。特别是沥青材料,主要来源于石油工业,是一种价格昂贵的资源,它直接与世界能源的需求相关,因此自20世纪70年代的石油危机以来,沥青路面的再生技术一直是人们关注的热点。

中国的高速公路建设起步较晚,大规模的路面翻修时期尚未到来,但是沥青路面的翻修和再生的高潮预计在5年之内就会到来。因此,各种沥青路面的再生技术和设备作为近期和中期的技术储备是非常值得中国路面机械制造业关注的一个发展方向。目前,除了热拌再生技术在国外已经比较成熟外,其他各种沥青路面和水泥路面的再生技术都还处在不断完善和发展之中。可以预期,未来路面再生技术还会不断地获得创新和突破,因为推动这一发展的原动力来自人类社会进步的要求和巨大的利益驱动,而且这两方面的因素是长期起作用的。

(3)现代高新科技的快速发展推动着路面与压实机械向智能化、无人化、机器人化的方向发展。

如前所述,由于对作业质量日益提高的要求,路面与压实机械对实时监测、自动控制、人工智能等高新技术的应用有着迫切的需求,而高新科技的迅速发展也需要扩展自己的应用领域,因而近十年来高新科技在路面与压实机械领域内的应用获得了迅速的扩展。可以期待在未来的发展中,路面与压实机械将成为工程机械中率先进入智能化、无人化、机器人化领域的机种。

4.2　近十年来世界路面与压实机械核心技术的发展

20世纪末是路面与压实机械技术进步十分活跃的时期,出现了一系列革命性的技术创新和突破,它们主要表现在以下几方面:

(1)施工工艺的创新导致设备的变革。

(2)作业过程的智能化控制。

(3)信息化施工、养护系统的发展。

施工工艺的重大创新导致设备的革命性变革可以举出许多例子:连续式搅拌工艺的革命性突破和双滚筒、三滚筒搅拌设备;沥青路面的连续摊铺工艺和混合料转运车;非圆形冲击碾压技术和冲击式压路机;振荡压实技术和振荡压路机等等。

作业过程的智能化控制促使生产效率、作业质量的极大提高,最典型的例子是智能化压路机的开发。在20世纪90年代Bomag公司开发了VARIOCONTROL和VARIOMATIC两款智能化压路机,分别用于土壤压实和沥青混合料压实,它们可以实现使振动能量随着压实进程受控地输入被压材料。进入21世纪后,碾压过程的智能化控制技术日趋成熟,欧洲的一些压实机械企业,如HAMM、AMMANN等都推出了自己的智能化压路机。

在信息化施工、养护管理系统方面,20世纪90年代出现了许多施工机械的计算机辅助应用软件,主要包括两大类:

一类是某一分项工程(例如挖方、填方、土方压实工程)机群优化配置系统。用户输入工作量、现场条件、材料特性、施工期限、要求质量等工程参数以及材料、折旧、人工等成本要素通过机群的优化配置,给出不同配置方案的比较,提供施工工艺和各种机械使用参数的选用建议,以及成本—效益的分析等。

另一类是机械设备的故障诊断和养护维修管理系统。它帮助用户进行机械技术状况恶化的预测和故障的诊断。用户还可输入机械的运转条件、使用履历、成本条件等参数,通过这一系统确定保养维修方案、计算所需费用,并预测下一次大修的周期和预计的费用,判断机械是否应该报废。

信息化施工、养护管理系统的进一步发展是将施工组织管理的计算机辅助技术与机械作业过程的自动化、智能化结合起来,实现施工技术的信息化、计算机辅助工程化(CAE)和远程通信化。这一发展趋势的典型例子是由欧盟委员会组织的由5个国家的7个的研究单位和大学参与的“计算机集成道路施工”系统(Computer Integrated Road Construction, CIRC)。

5　国产机械在核心技术发展上的差距

国产机械在核心技术上与国外路面与压实机械一流企业的差距主要表现在以下两方面,它们在很大程度上影响着国产机械的竞争力。

5.1　缺乏原创性技术是国产机械在技术创新方面最根本的差距

造成行业缺乏创新精神的原因可以从以下几方面来分析:

(1)观念上的原因和误区:

①习惯于无偿占有技术,导致技术的价值与价格之间的脱节。

②习惯于模仿和复制技术,导致知识产权观念的薄弱。

③对“技术创新”和“国际水平”在概念上存在误区。

(2)体制和开发模式上的原因:

①主管科研所的中心作用削弱了,而企业自己的开发研究中心又没有建立。

②开发模式上长期以模仿国外产品为主,忽视自主开发能力的建设。

③长期忽视应用研究,导致技术创新缺乏强有力的理论支撑。

(3)人才素质和结构上的原因:

①高校培养人才专业过窄,企业和技术人员自身又不重视继续教育和综合素质的培养,导致复合型人才的欠缺。

②企业人才结构的不合理,缺少机、电、土多学科人才的综合。

(4)政策导向和法律保护方面的原因:

①政策和舆论导向对竞争中的诚信原则宣传不够,对竞争中的不公正现象批判不足。

②知识产权的法律保护力度过弱。

5.2 国产机械可靠性差是用户最不满意的差距

经过多年技改项目的实施，中国不少大型工程机械企业的装备水平已完全可以与国外公司媲美，许多产品的基础部件全部是国际化配套的，不少企业都通过了 ISO 的质量认证并正在推行 CIMS 的管理体系，在上述情况下国产机械的可靠性为何仍与国外产品有较大差距，值得深思。国产机械的可靠性问题长期得不到解决的原因是否可以从人和物两方面的因素来考虑？

（1）人的因素：

①缺乏敬业精神。

②缺乏熟练的高素质技术工人，据上海的统计：140 万名技术工人中，高级技师与技师所占比例仅为 1.2%，高级工人为 5.05%，中级工人为 36.4%。

（2）物的因素：

①缺乏中间试验和出厂试验的手段。

②缺乏将早期故障消灭在出厂之前的保障体系。

6 结语

面对 21 世纪激烈的竞争形势，最根本的对策是增强我国路面与压实机械行业的技术创新能力和提升国产机械的可靠性，从而从根本上提高行业的竞争实力。

提高行业的技术创新能力涉及法律保护、政策导向、舆论宣传、人才培养、科研体制的改革、企业开发研究手段的改善和资金投入等多方面的因素，需要各方面的共同努力才能取得成效。

企业应将创新的重点放在主机上，充分重视应用研究对技术创新的理论支撑作用，加强材料、工艺、设备三者综合技术以及机电液一体化技术的研究。

企业应将质量保证体系建设的重点放在解决国产机械的可靠性问题上，重视中间试验和装配整机的最终调试试验，将早期的故障消灭在产品出厂之前。

摊铺机械和摊铺技术的发展与展望综述

孙祖望

［本文为英格索兰（中国）道路学院教材］

1　历史的回溯

1.1　沥青路面施工的历史发展与早期的沥青混合料摊铺机

在很早的远古时代已经有了人类应用沥青的记录，这是在美索不达米亚和印度河谷的考古中发现的。早在7000多年前，人类已经知道用天然沥青作为防水材料，古代的埃及人也曾用沥青作为防腐剂来制作木乃伊。用沥青来修筑道路在历史上最古老的记载，可追溯到公元前625～公元前604年的巴比伦王国时代。当时巴比伦国王那波帕拉沙尔（Nabopolassar）和他的儿子尼布甲尼撒二世（Nebuchadnezzar Ⅱ）对其首都巴比伦城进行了大规模的建设。在考古发掘中，发现在一块砖上刻的铭文，记载着用沥青砌砖铺筑王宫内城到伊斯达尔门（北门）“Procession Street”大道的情况，这是一条在节日时举行宗教仪式列队行进的大道。但是使用沥青混合料来修筑道路却是近代的事，1852年在法国用天然沥青混合料修筑从Paris到Perpignan的公路是近代沥青路面的最早记载。在美国，第一条沥青路面诞生于1870年，这是一位比利时化学家DeSmedt发明的，他在美国新泽西州的Newark市的市政府前铺设了一条街道。美国的沥青路面修筑虽晚于欧洲，但发展却很快。这要归功于美国总统格兰特，他在1876年委任了一个小组来研究是否可以在Newark试验路的基础上在华盛顿修一条沥青路。在得到肯定的建议后，于1876年在华盛顿动工修筑了著名的宾夕法尼亚大道（图1），共铺设了45000m^{2}的沥青路面。此项工程仍由DeSmedt监造，在当时是一项很大的工程，从此沥青路面在美国得到了很快的推广应用。

a)　　b)

图1　早期沥青混合料的铺设方式

a）早期的卸料；b）美国华盛顿宾夕法尼亚大道最早的摊铺

由于铺设沥青路面需要大量的沥青和砂石混合料，所以热沥青混合料的搅拌设备几乎诞生于同一时期。第一台将干燥、筛分、配料和搅拌组合在一起的间歇式搅拌设备制造于1870年。而当时沥青混合料的铺设是用人工来进行的。从19世纪后期到20世纪初期的五六十年时间内,沥青路面的应用已经比较广泛,沥青混合料的搅拌设备也日趋完善,已经具备了现代间歇式搅拌设备的雏形,在压实设备方面蒸汽机驱动的压路机也相继出现,但是混合料的铺设仍然主要依靠人工和撒布箱来进行(图1)。

直至1931年,美国Barber-Green公司在圣路易斯道路展览会上首次展出了该公司研制的沥青混合料摊铺机后,才开始了沥青摊铺机的历史发展进程。这一机器行走在预先设定的轨道上,由一台现场拌和设备牵引前进,用螺旋分料器摊平混合料并像平地机那样用刮板将混合料刮平(图2a)。几乎在同一时间,Blaw-Knox公司也推出了被称为“Ord”的沥青混合料摊铺机,这是一种轨道式的摊铺机,但是自行式的,在摊铺机的前方则是预先搅拌好的热沥青混合料(图2b)。

a)

b)

图2 第一代沥青混合料摊铺机

a)1930年Barber-Green制造公司的第一台沥青混合料摊铺机;b)Blaw-Knox公司制造的第一台沥青混合料摊铺机

真正意义上带浮动的熨平板的现代沥青摊铺机的雏形是Barber Green公司在1934年推出的BG-79型摊铺机(图3),该机包含刮板输送器,可将混合料输送至螺旋分料器前方,然后由铰接在履带总成上的大臂拖动一浮动熨平板来整平和压实混合料。在随后的年代里,这一机型得到了不断的改进,生产了BG-879型(1936年)、BG-879A型(1940年),到20世纪40年代奠定了沥青混合料摊铺机的基本结构形式:即由牵引主机和熨平装置两部分组成,主机上除了行走、牵引装置外,还装有受料斗、刮板输送器、螺旋分料器负责将沥青混合料输送至熨平装置的前方,而由浮动熨平板来完成热沥青混合料的摊铺作业。这一基本的结构形式成为当时世界上生产沥青摊铺机的标准机型,而且一直沿用至今。

从20世纪50年代至70年代,这30年的时间是沥青混合料摊铺机在技术上不断进步和发展的时期。在这一时期的技术发展进程中具有重大意义的突破可举例如下:

(1)在20世纪50年代沥青摊铺机的生产迅速扩展至美国、欧洲和日本,形成了轮胎式、履带式及各种基本摊铺宽度和加长宽度的系列,具备了现代摊铺机的各项基本功能,即克服摊铺阻力所必需的牵引能力;从自卸卡车上接受混合料,并有控制地将其输送至熨平装置前方的能力;利用浮动的熨平装置对热沥青混合整平和预压实的能力;调节铺层厚度的能力。在这一时期,沥青摊铺机的技术特点是机械传动、离合器控制、杠杆操作和依靠手动调节熨平板仰角来控制铺层厚度。图4是1953年Blaw-Knox公司制造的第一台轮胎式沥青混合料摊铺机,图5a)是20世纪50年代摊铺机的典型传动系统示意图,图5b)则为此类摊铺机熨平板仰角(铺层厚度)调节装置。

20世纪50年代末,美国Kansas州公路局的一位工程师发明了一种手动控制的调平装置(图6),它由一安装在大臂近铰点处作为偏差指示器的标尺和基准弦线组成,标尺与基准线的相对位置指出熨平板仰角的变化,使熨平板时时跟踪基准线就可实现纵坡的控制,操作人员根据指示器上显示的偏差值来手动调节熨平板的仰角,使之尽可能保持恒定不变,这是现代自动调平装置的先驱。

图3 现代沥青摊铺机的雏形
(Barber Green 公司 1934 年)

图4 1953 年 Blaw-Knox 公司制造的第一台
轮胎式沥青混合料摊铺

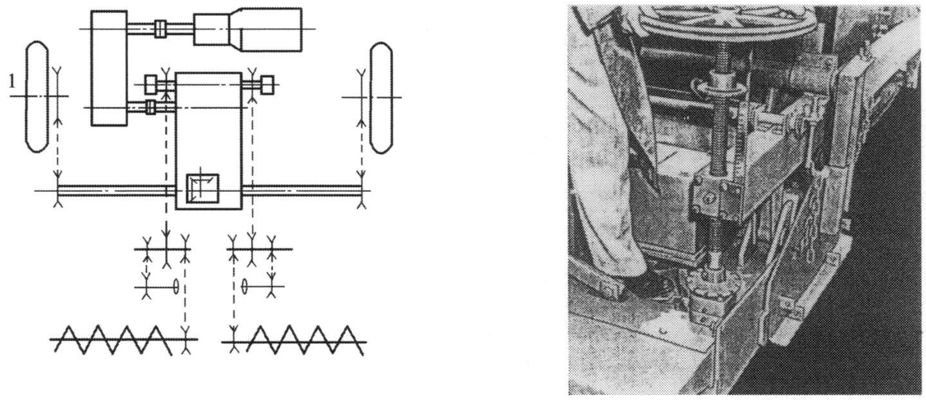

a) b)

图5 20 世纪 50 年代摊铺机的传动系统示意图和熨平板仰角调节装置
a)20 世纪 50 年代摊铺机的典型传动系统示意图;b)摊铺机熨平板仰角(铺层厚度)调节装置

图6 手动控制的调平装置

1.2 20 世纪 60 年代沥青摊铺机的技术进步

20 世纪 60 年代,沥青摊铺机技术进步的重大革新主要表现在以下两个方面:传动系统的液压化和自动调平系统的发明。传动系统的液压化可以说是沥青混合料摊铺机发展进程中一项具有划时代意义的技术进步,它不仅减轻和简化了摊铺机的操作,而且对提高摊铺机的性能和引入机电一体化技术都具有深远影响。首先,液压传动可以方便地使摊铺速度、给料和分料速度(亦即混合料的供给量)不受负荷的影响而保持恒定不变，从而大大改善了摊铺作业的质量；其次，液压技术的引入使摊铺机各个系统的数量化无级调节成为可能，从而为摊铺机各系统的自动化控制奠定了基础。

最先发展的摊铺机自动化技术是熨平板的自动调平系统，图7是自动调平系统的原理图，它由传感器、调平控制器和调平油缸（执行机构）组成。在原理图中，传感器是用来感受仰角偏差信号的，调平控制器是用来将偏差信号转变成改变仰角的控制量，调平油缸则是根据控制量的大小来执行纠正仰角偏差的机构。当作用在浮动熨平板上的各外力处于平衡状态时，熨平板具有一稳定的仰角，当由于摊铺机行走的支承表面凹凸不平或其他外界条件的变化而破坏了熨平板外力的平衡关系时，熨平板的仰角就会增大（或减小），从而使传感器接收一偏差信号，而控制器则给出一纠正偏差的控制量（液压系统流量），导致调平油缸向下（或向上）运动，而促使熨平板仰角恢复至原来设定的数值，通过这样的调节使熨平板摊铺出来的松铺层表面尽可能地与基准线保持平行。

在上述控制原理的三个环节中，对调节精度影响最大的是调平控制器的控制精度，因此摊铺机自动调平系统的技术进步主要也是围绕着控制器的不断改进和完善发展的。20世纪50年代末发明的人工调平系统的控制器实际上就是人，人的眼睛观察到偏差信号后，通过大脑给手发出一操作信号，由手工操作熨平板的仰角调节机构（执行机构）来纠正由于外界干扰而引起的仰角变化。这种原始的“自动调平系统”不仅由于人的反应能力有限，调节的精度很低而不会获得很好的摊铺平整度，而且操作人员也会由于频繁地转动操作把手和高强度的劳动而十分疲劳，见图6。

最早出现的自动调平控制器是开关式的控制器，由它组成的控制系统通常称为开关控制系统，其工作原理如图8所示。系统的工作特点是只能检测有无偏差信号，而不能检测偏差的大小，并以“开”“关”的方式间断地进行调节。此时调平油缸的调节流量是恒定的，它只与偏差信号的有无相关，而与偏差信号的大小无关。开关控制系统虽然结构简单、工作可靠，但控制精度较差。开关控制最大的缺点是死区大而容易产生振荡，因而它的稳态和动态调节误差都比较大，从而限制了松铺层平整度的进一步提高。

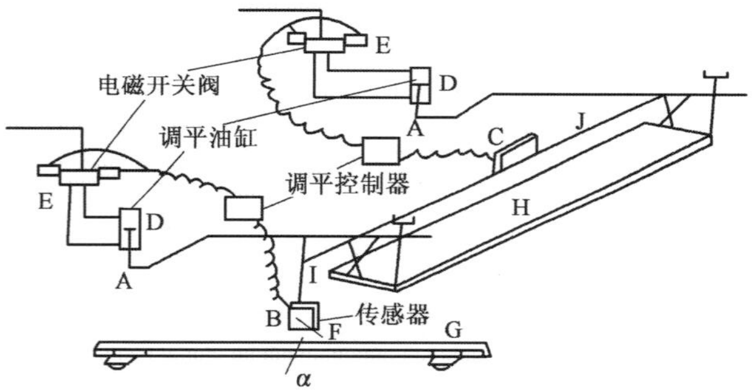

图7 熨平板自动调平系统的原理图

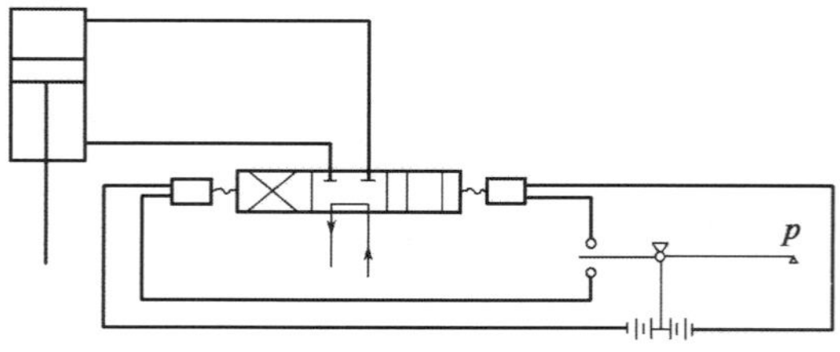

图8 开关式的自动调平控制器

1.3 20世纪70年代沥青摊铺机自动化的发展

由20世纪60年代开始的沥青摊铺机液压化、自动化进程在进入70年代后得到了全面的发展，20世纪70年代堪称沥青摊铺机全面液压化、自动化的年代，不仅是熨平板的自动调平系统，而且摊铺速度的控制、混合料流量的控制、包括刮板输送器和螺旋分料器的控制也都实现了液压化和自动化，这一重大的技术进步大大提高了摊铺作业的质量。如图9所示的日本三菱公司在20世纪70年代推出的全自动全液压的MF-90型沥青混合料摊铺机是当时最典型的例子。

在自动调平技术方面，为了克服开关式控制器的缺点，自动调平装置一直在向两个方向发展。一方面，随着液压控制技术的发展，在摊铺机的自动化控制中开始引入电液伺服和电液比例控制技术，例如图9所示的MF-90。它们是一种连续比例式的调节方式，输给调平油缸的控制流量是按偏差信号的大小成比例地连续进行的，因而没有死区，也不会在零偏差附近发生振荡。它不仅在自动调平系统中采用了电液伺服控制（图10），而且在行走系统和混合料的流量控制中也采用了电液伺服控制技术。电液伺服控制和电液比例控制虽然大大提高了控制的精度,但对它们有较高的使用要求,其造价也高。

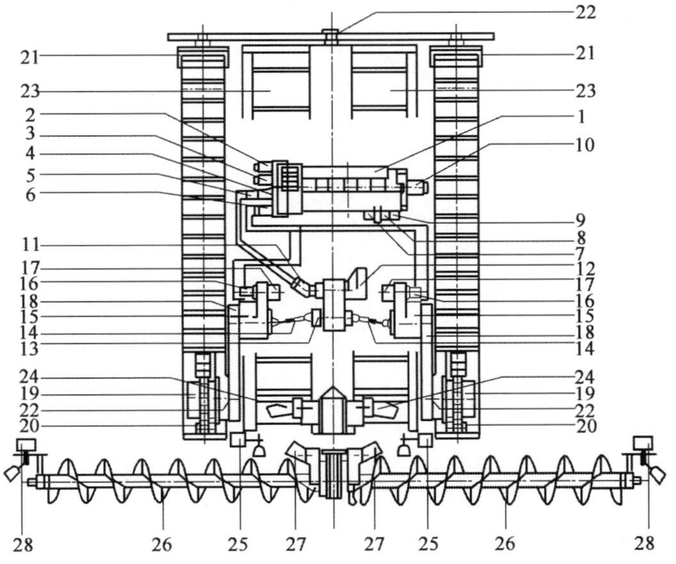

图9　日本MF-90型沥青混合料摊铺机的全自动全液压控制系统

1-发动机;2、3-左右履带行走机构变量泵;4-刮板输送器变量泵;5-熨平板振动系统变量泵;6-螺旋送料器变量泵;7-油路补油泵;8-辅助工作系统(料斗翼板、斗门、熨平板提升)定量泵;9-自动找平系统定量泵;10-发动机起动机;11-行走机构高速挡液压马达;12-高速挡齿轮箱;13-传动轴连接器;14-传动轴;15-左右低速挡齿轮箱;16-左右行走机构低速挡液压马达;17-左右电磁测速传感器;18-左右行走机构链轮箱;19-左右轮边减速器;20-左右履带驱动轮;21-左右履带;22-前梁;23-左右刮板输送器;24-左右刮板输送器液压马达;25-左右刮板输送器拍板式料位传感器;26-左右螺旋送料器;27-左右螺旋送料器液压马达;28-左右螺旋送料器拍板式料位传感器

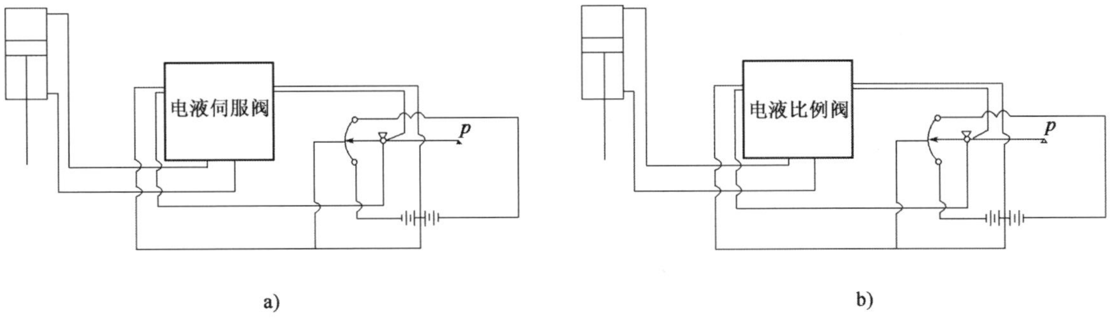

图10　电液伺服控制和电液比例控制原理图

a)电液伺服阀控制;b)电液比例阀控制

另一方面,开关调节方式结构简单、价格低廉、可靠性高的优点仍然吸引着人们探索改进开关式控制性能的可能性。这一追求导致在20世纪70年代出现了一种新的被称为比例脉冲式的调平控制器。比例脉冲调节方式的原理是在正、负偏差接近死区的一定区域内以脉冲的方式向调平油缸供给控制流量,而且这一脉冲控制流量是与偏差信号的大小成正比的。比例脉冲调节方式、比例连续调节方式和开关调节方式的调节特性的比较见图11。

比例脉冲调节可以有两种方式:脉宽比例调节和脉频比例调节。前者是利用脉宽调制技术(PWM)来实现的,它控制流量的脉宽与偏差信号成正比(图12a)。后者是利用频率调制技术(FM)来实现的,控制流量的脉冲宽度一定,但其频率与偏差信号的大小成正比(图12b)。比例脉冲调平控制方式在性能价格比的优势,使它成为世界各国沥青摊铺机上自动调平系统应用最为广泛的形式。

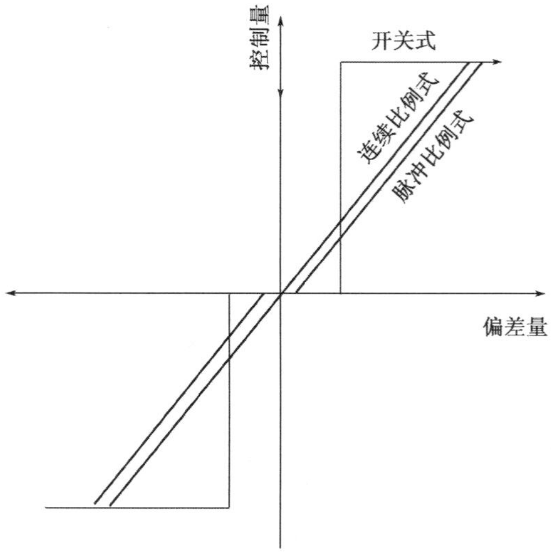

图 11　比例脉冲调节方式、比例连续调节方式和开关调节方式的调节特性

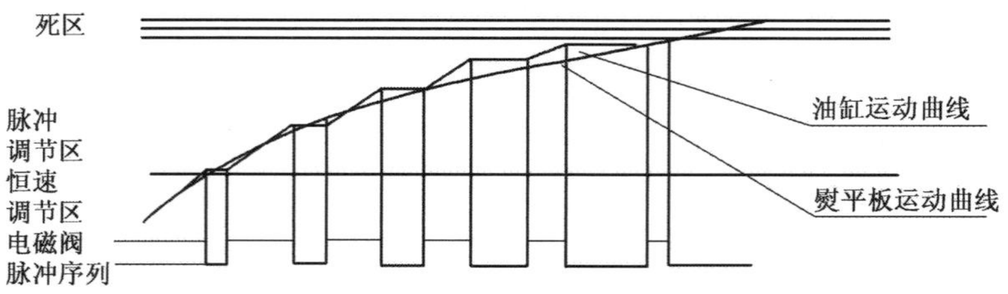

a)

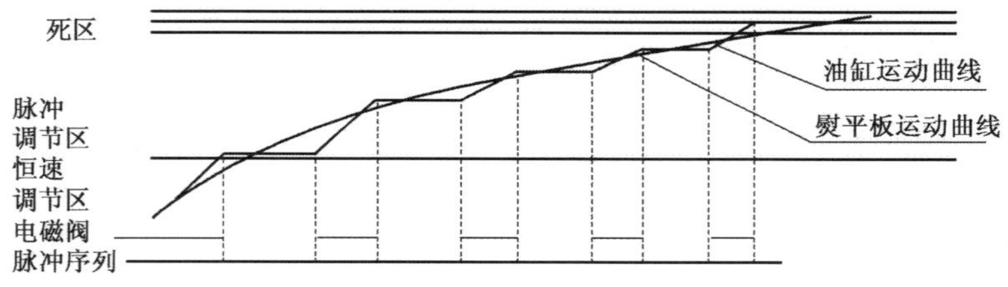

b)

图 12　比例脉冲调节原理图

a)脉宽比例调节;b)脉频比例调节

为了控制混合料的供给和输送量,在 20 世纪 70 年代已经在摊铺机上安装了刮板输送器和螺旋分料器的转速自动控制系统。图 9 展示了日本 MF-90 型的混合料流量自动控制的原理。在图 9 中,刮板输送器和螺旋分料器是由液压马达驱动的,混合料的料位由安装在刮板输送器出口处的两个拍板式传感器(左右边)和安装在螺旋分料器两端的两个拍板式传感器(左右边)来感受,并以此来控制刮板输送器和螺旋分料器的马达转速,以便使混合料的流量保持一适当而恒定的数值。

在 20 世纪 70 年代初期,标准的熨平装置是由夯锤与振动熨平板组成的,它的预压密实度大体上为 80% 左右,在随后的年代中,欧洲特别是以德国 VÖGELE 和 ABG 为代表的一些厂商开始开发高密实的熨平板,这一进程一直延续到整个 20 世纪 80 年代,而美国则沿着高速摊铺的施工工艺的方向发展,甚至取消了夯锤而只留下振动熨平板。

2　现代的沥青混合料摊铺机

20 世纪的 80 ~ 90 年代是现代沥青摊铺机在技术上日臻成熟的时期。摊铺机从 20 世纪 50 ~ 70 年代的 30 年间,经过技术上的不断革新,其基本结构和基本功能已经保持稳定,在随后的 20 世纪 80 ~ 90

年代里虽然技术上还在不断发展，但大多只涉及局部的改进。这时期的技术进步体现在对技术上日臻完善的追求。

2.1　现代沥青摊铺机的技术特点

今天世界上有数以百计的生产沥青摊铺机的企业，它们的产品虽然都有着自己的特点和个性，但是同时也体现出来沥青摊铺机数十年发展所形成的共同技术进步的成果，包括：

(1)左右履带、左右刮板输送器、左右螺旋分料器全独立驱动和全独立控制的方式。

这种方式能最好地满足：摊铺机在直线或曲线行驶的条件下保持恒速摊铺的要求；适当和稳定的混合料供给量；均匀分布在熨平板前方并保持适当而稳定的料位高度。

(2)高附着性能的行走装置。

在履带行走装置方面：加长履带接地长度；三点式悬挂装置容许左右履带台车独立地上下运动，保证了左右履带的均衡着地；无销式的柔性履带能更好地贴合起伏的地面而产生均匀的接地压力，并提供更高的摊铺速度和机动性，见图13。

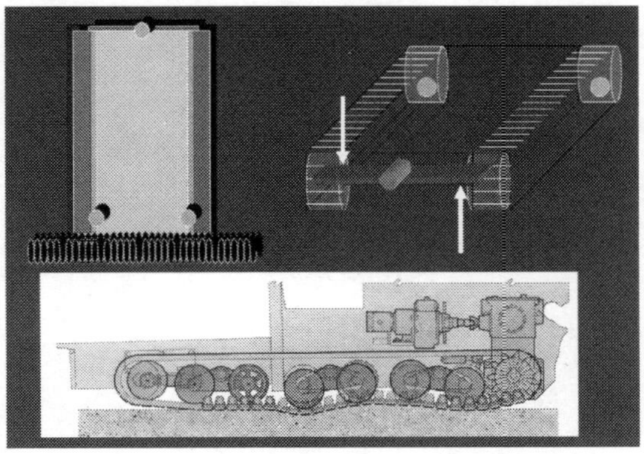

图13　高附着性能的行走装置

在轮胎行走装置方面：前后轮驱动方式可以增加20% ~30%的附着能力；摆动的双轮结构和左右轮的液压调平装置可以使前轮获得更为均衡的支承(图14)。

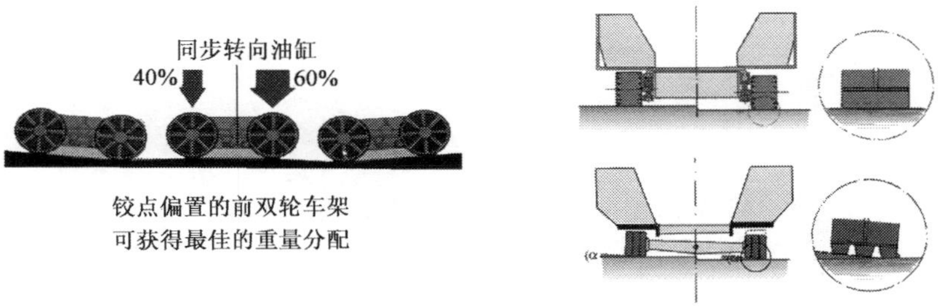

图14　摆动的双前轮和液压调平装置

(3)高性能的全自动控制系统和简单轻便的操作面板。

高性能的全自动调平系统大大缩小了死区，提高了灵敏度，拍板式的料位传感器为非接触式的超声波传感器(图15)所取代。在自动调平系统中，开始引入计算机控制和非接触式的传感器。由于操作控制的自动化，操作面板变得日益简洁轻便。

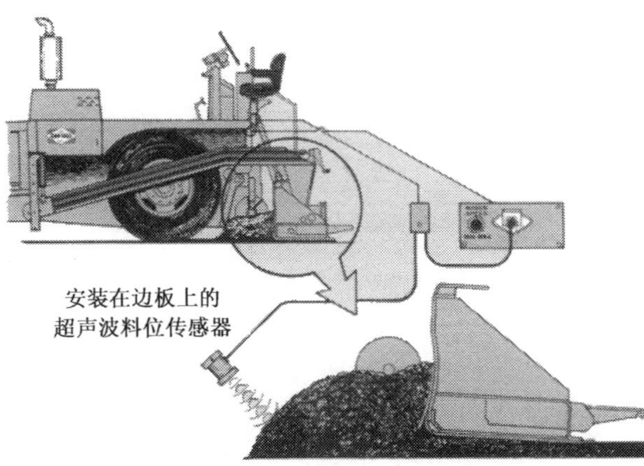

图15　非接触式的超声波料位传感器

(4)高性能的移动式调平基准。

在20世纪70年代的均衡梁式基准的基础上发展了弹性支承和跨越式的超长移动基准(16m),它的平均化处理功能不仅包含机器支承面各基准点的信息,而且还吸收了新铺面层各基准点传递的高程信息(图16)。

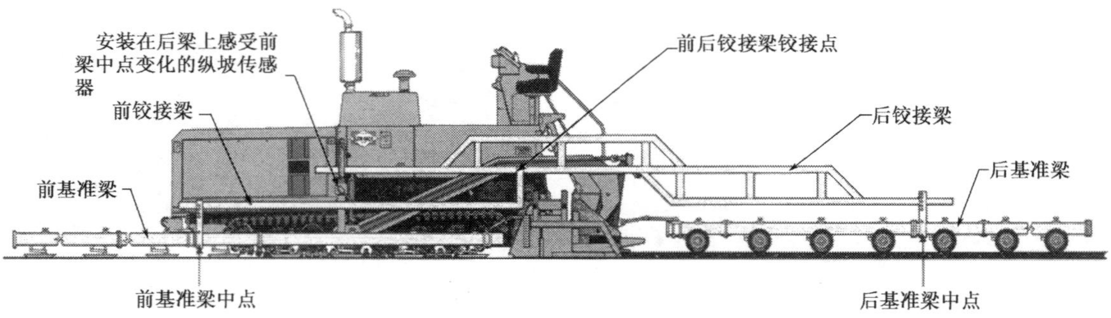

图16　力均衡式移动基准

(5)高性能的熨平板系统。

可伸缩的熨平板和套管伸缩的螺旋分料器提供了变宽度摊铺的可能性(图17)。

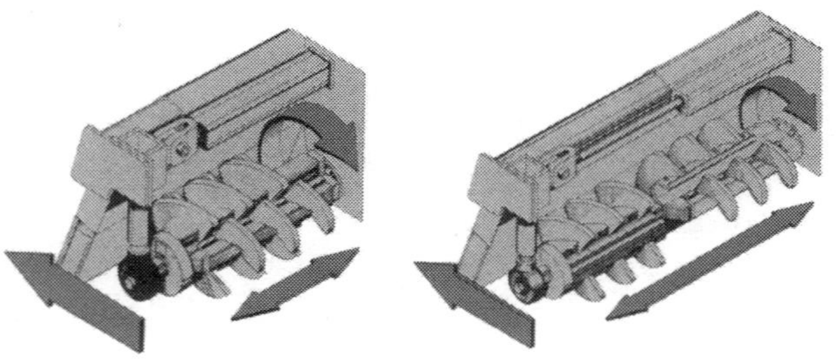

图17　可伸缩的熨平板和套管伸缩的螺旋分料器

各种高密度的熨平板结构追求着更高的预压密实度(图18)。

(6)防滑脱的卡车连接装置。

为了保证自卸卡车与摊铺机在卸料过程中正确的相对位置,避免碰撞与脱开,开发了各种形式的卡车抱轮器(图19)。

2.2　有争议和未解决的问题

虽然现代沥青摊铺机在技术上已经比较成熟,但仍然存在着一些没有解决好或有争议的问题,它们是:

(1)摊铺宽度是否越宽越好。

近30年来,摊铺机最大摊铺宽度呈日益增大的趋势,20世纪70年代最大摊铺宽为9m,80年代增为12m,到了90年代摊铺宽度还有继续增大的趋势,VOGELE公司推出新的2500型,摊铺最大宽度为15m,ABG公司不甘示弱,紧接着推出了525型最大宽度达16m,堪称世界之最大。但这种趋势是否合理,值得商榷。以目前这种依靠螺旋分料器远距离输送混合料的结构,集料的离析是不可避免的,特别是在加宽螺旋分料器的支承处由于结构的原因,螺旋叶片在支承处留有缺口,这将导致粗料的聚集而形成带状的离析带。图20是在某工地拍摄的用12m摊铺机在铺筑下面层(集料最大粒径30mm)时的情况,从图中可明显地看到在4个螺旋分料器支承处的4条离析带。

20世纪80年代后期和90年代初修筑的高速公路大多采用两台摊铺机梯队推进的工艺,只是在以后才较多采用一台摊铺机全幅一次摊铺的工艺，这在国外是很少见到的。因此，关于上述两种工艺孰优、孰差的争议实际上主要发生在中国，而现在国外厂商生产的宽度大于9m的摊铺机也主要是销往中国市场的。现在中国早期用梯队作业方式修建的几条高速公路如沈大路、京津路、济青路等使用时间已达10年左右，但在使用过程都未出现明显的早期车辙。而在1996年通车的太旧高速公路，通车2年时间后就出现了严重的早期车辙，1996年9月通车的沪宁高速公路至1999年年底在不少路段已呈现出明显的早期车辙。它们都是从下面层开始就用12m宽的摊铺机全幅一次摊铺的。虽然造成早期车辙的因素可能很多，但是摊铺过程中造成的离析是否也会是一个重要原因呢，这就值得深思了。

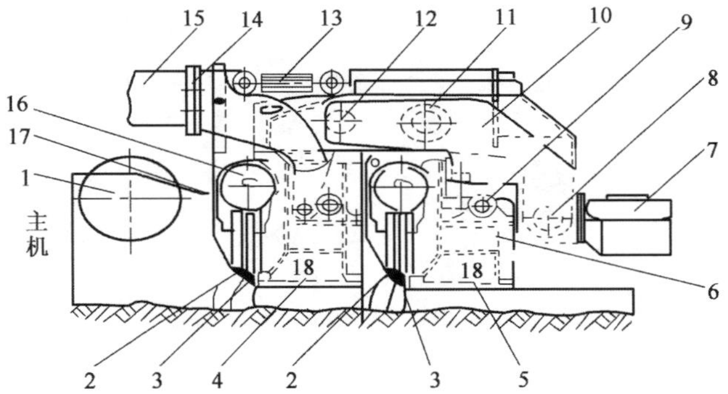

a)

1-螺旋分料器；2-第一振捣梁；3-第二振捣梁；4-基本熨平板；5-左右熨平板；6-熨平板结构件；7-后踏板；8-伸缩支承套管；9-振动机构；10-连接弯板；11-伸缩液压油缸；12-伸缩支承套管；13-厚度调节螺杆；14-连接法兰；15-牵引大臂；16-振捣偏心轴；17-前挡板；18-加热室

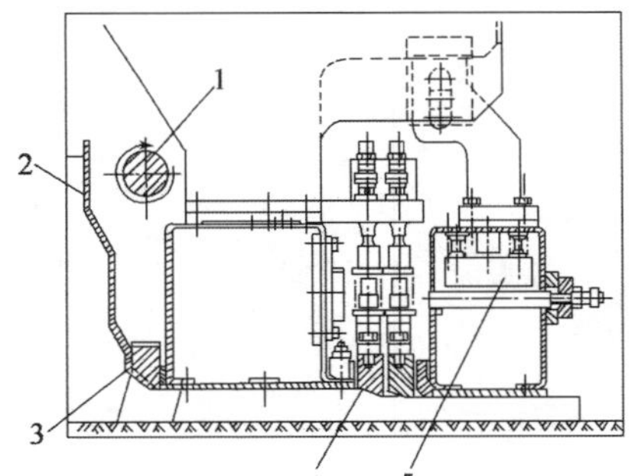

b)

1-振捣偏心轴；2-前挡板；3-振捣梁；4-双压力梁；5-附加垂直振动器

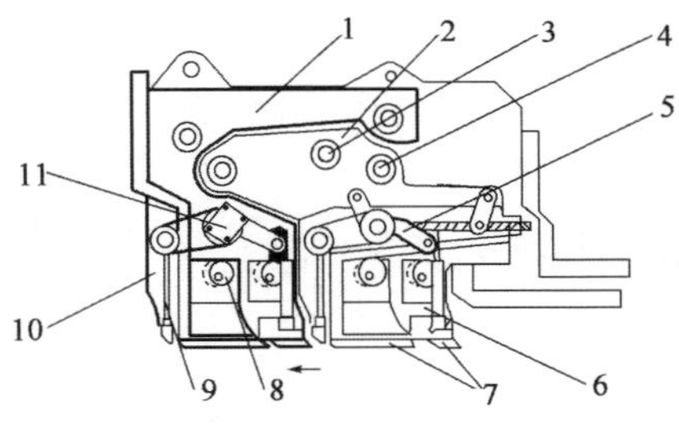

c)

1-基本熨平板；2-液压伸缩熨平板；3-伸缩液压油缸；4-伸缩支承套管；5-二次压实推压臂；6-二次振动压实机构；7-加热系统；8-振动机构；9-振捣梁；10-前挡板；11-皮带传动机构

图18　各种高密度熨平装置

a）双夯锤高密度熨平装置；b）双压力梁高密度熨平装置；c）双振动高密度熨平装置

图19　卡车抱轮器

图20　大宽度摊铺机的材料离析问题

(2)摊铺过程中的预压密实度是否越高越好。

摊铺机的摊铺工艺自20世纪70年代开始就存在着两种完全不同的发展趋势,以德国为代表的欧洲国家向着高密度的方向发展,而美国则向着高速浮动摊铺的工艺方向发展。前者所追求的是所谓"一次成型,取消后续压实"的摊铺工艺,后者的着眼点是高的摊铺生产率和加强浮动熨平的特性。此种工艺优劣的争议至今尚无定论。提高摊铺速度能提高摊铺生产率是没有疑问的,争议的焦点是哪一种工艺能获得更好的摊铺路面的最终平整度。以美国Blaw-Knox公司为代表的观点是充分发挥熨平板自由浮动的特性能更好地获得平整的铺层,而主张高预压密度的观点则认为较高预压密实度能减少压路机在铺层上碾压时的沉陷量,避免出现推移混合料的现象,这些都有利于摊铺路面最终平整度的提高。应该说这两种论点都有一定道理,松铺层的平整度虽然很好,但碾压过程中引起的不平整因素过大,最终仍不能获得十分平整的路面。然而熨平板是依靠挤压熨平板下的混合料而获得上浮力的(图21),如果在熨平板前方的混合料已经十分密实,则熨平板将失去自由浮动的功能,建立在调节熨平板仰角基础上的自动调平也就失去了作用,这种情况对于铺层的平整度显然是不利的。因此,问题很可能是需要确定一合理的预压密实度,这需要做大量的对比试验,但迄今为止还没有看到有关这一问题的试验资料,看来这一问题仍有待于进一步的探索研究。

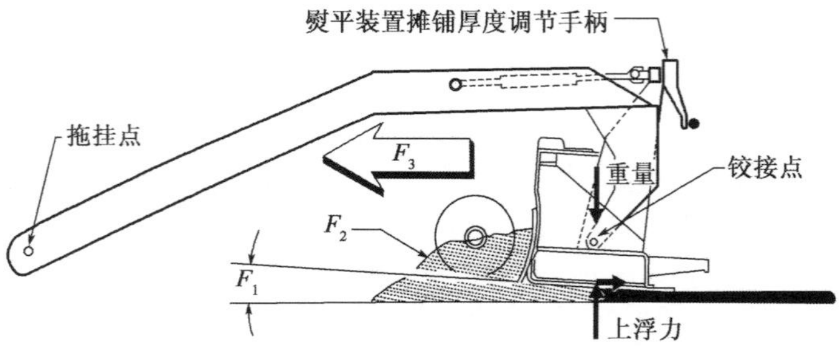

图21　浮动熨平板的工作原理

(3)弯道摊铺技术。

在一些干线道路的交通枢纽工程中,常常需要在多层的互通式立体交通之间用各种匝道来进行沟通,这些匝道的特点是转弯半径小、横坡变化大而超高缓和段又短。急剧的变坡摊铺在沥青路面的施工技术中一直是一个难点,通常需要按事先放样划分的变坡段单位弧长,利用横坡控制器根据设计图纸逐一输入横坡控制值来完成摊铺作业。为了考虑熨平板抬升运动的滞后性,可以适当地提前输入变坡值。利用上述方法进行的弯道摊铺在很大程度有赖于操作人员的经验,超高缓和段的实际横坡与设计图纸相比往往有较大的误差,坡度变化部分的表面平整度也大大恶化。图22是一个变坡摊铺的实例,从图中可以看到变坡段和等超高段的横坡误差是很大的(最大误差达1.0%),这表明现有沥青混合料摊铺机在解决弯道摊铺的功能上仍然存在着需要改进的地方。

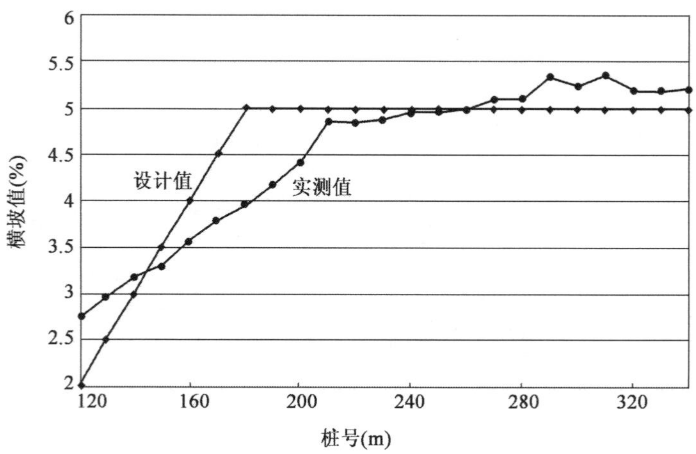

图22　在变坡摊铺中横坡误差的实例

2.3 沥青混合料摊铺机的发展趋势

随着检测、控制、计算机等科技的迅速发展，自20世纪90年代开始，沥青混合料摊铺机进入了一个新的高科技发展时期，这一进程在21世纪还将延续下去。在展望沥青摊铺机的未来发展趋势时，可以指出它的科技进步仍将沿着摊铺工艺的新发展和高科技含量的不断提高这两个基本方向向前推进。前者受制于日益强化的交通量和重交通导致对沥青路面使用性能不断提高的技术要求，后者则受到高科技向传统产业的不断渗透和改造的影响。

2.3.1 摊铺工艺的新发展

(1)不间断摊铺的新工艺。

随着对沥青路面使用性能要求的不断提高，对沥青路面的施工工艺也提出日益严格的要求，为了进一步提高摊铺作业的效率、改善铺层的平整度和解决材料和温度的离析问题。20世纪90年代在美国开发了一种以与摊铺机协同工作的转运车为核心的能保证摊铺机不间断作业的新工艺(图23)。这种新工艺目前已经在美国的许多州获得了推广使用，它的优点主要是：①由于转运车的存在，运料卡车不必排队等候卸载，摊铺机也可避免停工待料，而混合料的输送流也要比自卸卡车均匀而稳定；②由于卡车与摊铺机不直接相连，可避免两者之间碰撞和坡道作业导致的摊铺阻力的变化，行走装置的牵引负荷更加稳定；③长时间的连续摊铺可大大减少铺层的横接缝。所有这些不仅提高了摊铺机的生产率，而且也极大地改善了铺层的平整度。此外，为了解决混合料在卸载和运输过程中可能产生的材料离析和温度离析，在转运车的底部安装有二次搅拌装置，这对于沥青路面铺层的质量也是十分有利的。

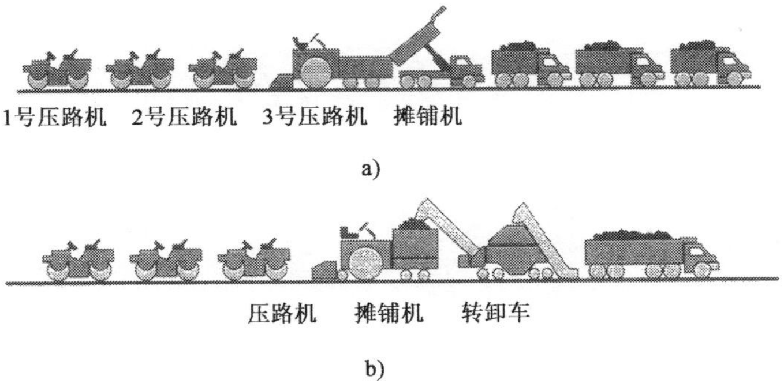

图23 不间断摊铺的新工艺与常规摊铺工艺的比较

a)常规摊铺工艺；b)不间断摊铺的新工艺

值得一提的是，随着新工艺的推广，也出现了一些对现有摊铺机结构进行革新的探索(图24)。

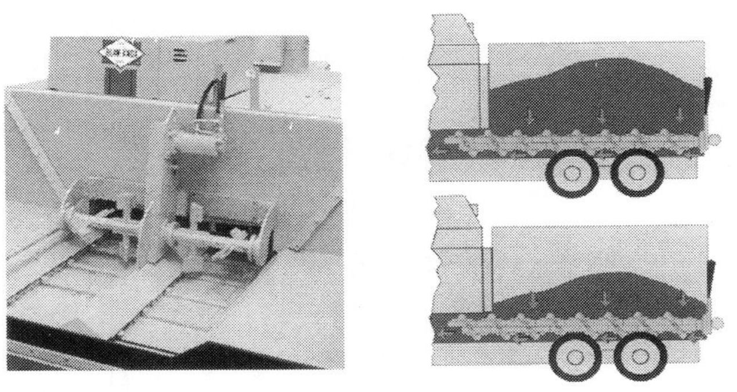

a) b)

图24 安装在摊铺机料斗内的二次搅拌装置

a)装在刮板输送器出口处的二次搅拌器；b)用两根相向旋转的螺旋搅拌并输送混合料

既然摊铺机由转运车连续供料，就不再需要常规摊铺机那样大容量的料斗和刮板输送器，为此美国的 Rood-Tec 公司推出了一种无料斗无刮板输送器的沥青混合料摊铺机(图25)。

图25　美国 Roadtex 的无料斗无刮板输送器的沥青混合料摊铺机

(2)喷洒黏层油和摊铺混合料一体化的新工艺。

在多层结构的沥青路面中,下层路面与上层路面之间通常需要喷洒黏层油以加强两层之间的黏结力,特别是铺设薄层的开级配排水型路面时,通常需要喷洒乳化改性沥青组成的防水黏层。常规的工艺是由沥青洒布车进行喷洒,然后由卡车向摊铺机输送混合料进行摊铺作业,此时自卸卡车需出入并在洒布区内掉头,不仅使黏层粘上车轮带来的泥土等杂物影响与铺层混合料的黏结,而且车轮上粘满沥青还会污染周边的道路。日本的新潟公司于20世纪90年代末推出了一种带乳化沥青喷洒设备的新机型,可以实现喷洒黏层与摊铺混合料的一体化作业(图26)。

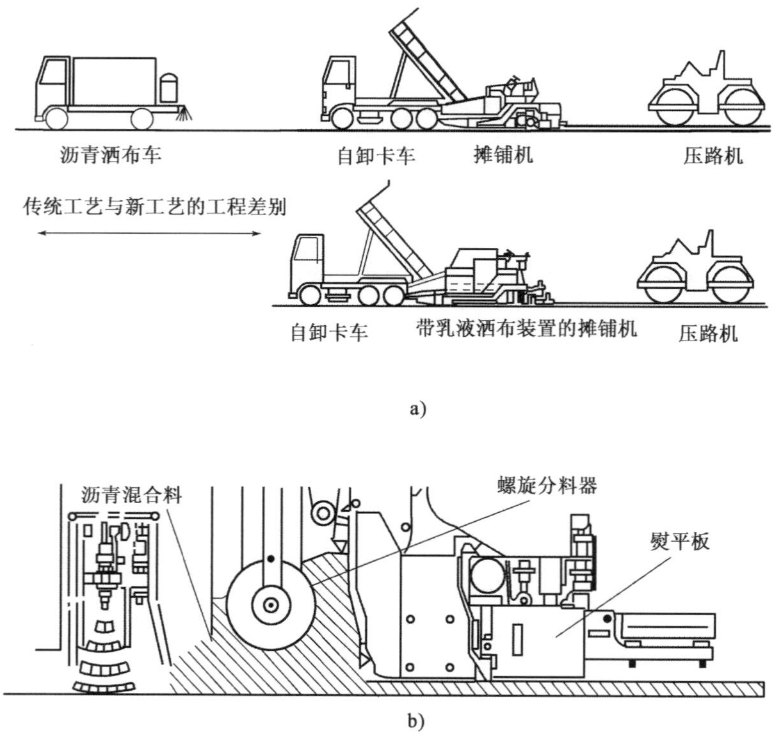

图26　喷洒黏层油和摊铺混合料一体化的新工艺

a)喷洒黏层油和摊铺混合料一体化的新工艺与传统工艺的比较;b)安装在螺旋分料器前方的乳化沥青喷洒装置图

(3)双层摊铺新工艺。

多层结构沥青路面各层混合料的设计是不同,所以通常需要分层进行摊铺和压实。由于每一层的厚度都不大,因而摊铺机和压路机的生产能力往往不能充分地发挥。为了克服上述缺点提高施工效率,欧洲和日本的一些公司正在设想双层混合料一次摊铺的新工艺。图27是日本新潟公司开发的试验样机,它利用两个料斗来分别接受不同的混合料,并用二套刮板输送器和螺旋分料器将它们分别输送至前后布置的下层熨平板和上层熨平板的前方。下层熨平板先将下层混合料摊铺成型,然后上层熨平板再将上层的混合料摊铺在下面层上。虽然这种双层摊铺的新工艺是否有推广的前景还有待于进一步的探索,但至少表明了一种人们不断地探索摊铺新工艺的创新精神。这种摊铺机还容许并列地摊铺两种不同色彩的彩色路面。

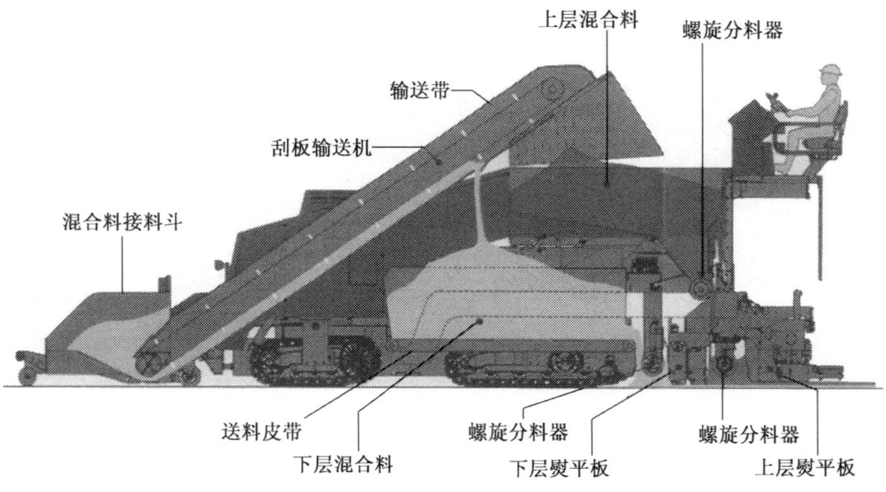

图 27 日本新潟公司开发的双层摊铺机

2.3.2 以计算机为核心的自动化、智能化技术

提高产品的高科技含量是所有产业机械的共同发展趋势,它是由高科技向传统产业的渗透和改造这一总趋势所决定的。对于沥青摊铺机来说,以计算机为核心的高科技化进程是从 20 世纪 90 年代开始的,目前仍在继续发展。可以预期这种高科技化的进程将首先在以下的功能中体现出来:

(1)以计算机为基础的数字式自动调平系统。

用计算机控制的数字式控制器来取代原有的模拟式脉宽调制的控制器,可以进一步减小其死区并提高它的灵敏度。这在技术上并无太大难度,预期在近期内即可在沥青摊铺机上获得推广应用。现有的机型如 BLAW-KONTROL Ⅱ型是在 20 世纪 90 年代初推出的,它的纵坡分辨率可达 0.127mm,横坡分辨率为 0.005%。ABG 公司的新机型 TITAN 525、523 型,也用计算机控制的数字式调平系统取代原有的模拟式控制器。

(2)摊铺机技术状况的实时监测与故障诊断系统。

在采用计算机来控制调平系统的基础上,大都可用来进一步控制摊铺机的各项操纵动作以取代原来庞大的继电器系统,并可进一步扩展为对发动机、液压系统、控制系统等主要总成技术状况的实时监测与故障诊断系统。ABG 公司推出的电子摊铺管理(EPM)系统就是一个实例,它不仅包含了计算机控制的纵、横坡调平系统,而且还具有监测各主要组件、故障诊断、数据传输等功能(图 28)。

此类系统的进一步发展是通过无线通信直接与公司总部的维修中心相连,从而实现远距离的故障诊断。作为一种过渡办法,则可以通过中间载体进行转接以实现远距离的故障诊断。

(3)非接触式的移动基准。

目前广泛使用的跨越式均衡梁有可能被非接触式的移动基准所取代。图 29 是美国 TOPCON 公司推出的非接触式均衡梁。图 30 则是一种激光传输的路面扫描系统。

(4)摊铺过程和作业质量的实时监测系统。

摊铺作业质量的主要参数是松铺层厚度、平整度、纵坡和横坡,实现这些参数的实时监控比监控机器技术状态参数的难度要大得多,预计类似系统的出现还需一段时间。

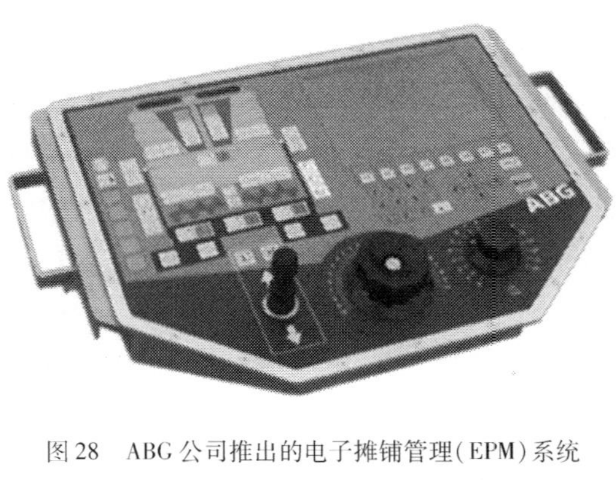

图 28 ABG 公司推出的电子摊铺管理(EPM)系统

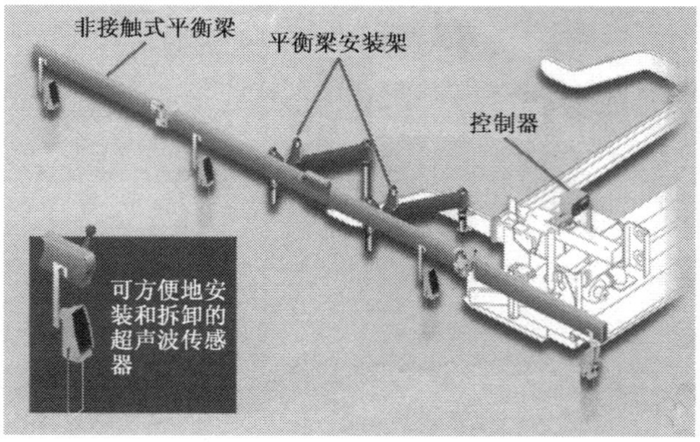

图29　美国TOPCON公司推出的非接触式均衡梁

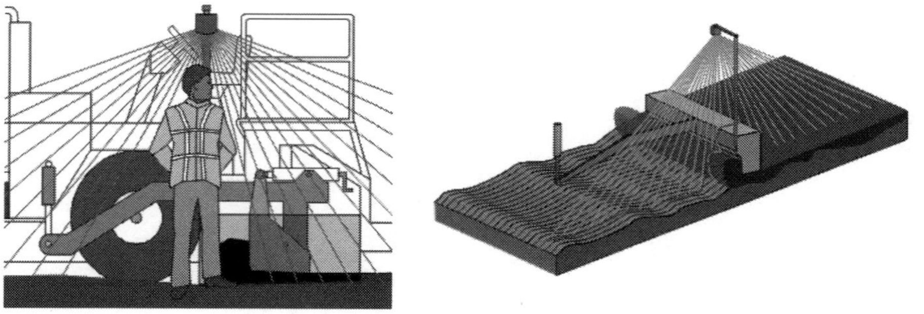

图30　荷兰Roadware公司开发的RSS激光扫描自动找平系统

(5)GPS技术的应用。

GPS技术在施工中的应用是1999年拉斯维加斯展览会的讨论热点。目前利用GPS技术实现无基准弦线的平面定位技术相对容易实现,精确的三维定位难度就比较大。作为一种替代,美国TOPCON公司推出一种激光三维局域定位系统LPS(Local Positioning System),它的进一步发展还可以与GPS系统通过通信实现平面和高程的定位(图31)。

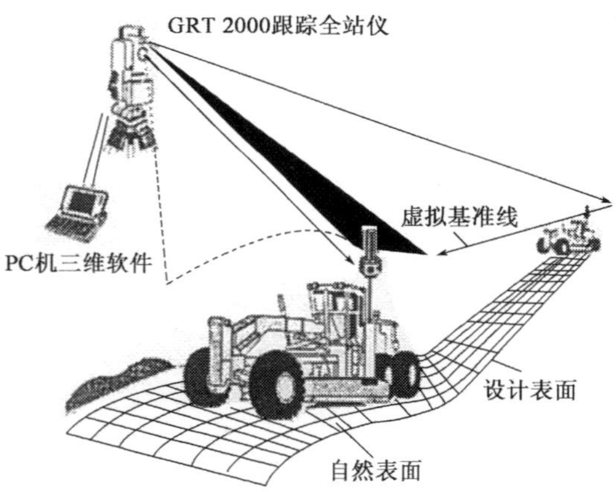

图31　激光三维局域定位系统LPS

(6)弯道摊铺的智能化技术。

按照设计图纸的要求,由计算机输入横坡控制信号实现弯道摊铺的完全自动化在技术上是完全可行的。目前关键的问题是缺乏精确的数字模型来描述变坡摊铺中熨平板与热沥青混合料相互作用的过程。预期在进一步研究熨平板与热沥青混合料相互作用过程的基础上,将有可能解决弯道摊铺的智能化问题。

压实机械与压实技术的发展与展望综述

孙祖望

（本文为英格索兰（中国）道路学院教材，其中部分内容刊于《筑路机械与施工机械化》2004 年第 5 期）

1 历史的回溯

1.1 压实方法与压实技术的起源与早期的压实机械

压实是提高基础材料的强度和稳定性的一种廉价而有效的方法。早在数千年前，人们已经知道了利用压实作为改良土壤的有效手段。

最早出现的压实方法是踩踏、搓揉和捣实，在远古时期的先民们就曾利用畜群蹄足对土壤的踩踏、搓揉和捣实作用来压实水坝和河堤，这是近代羊足碾的起源。夯实、冲击方法也很早就有应用，图 1 是中国古代利用石夯进行堤坝压实的情况，直到今天它在我国农村还有应用，这是近代动态压实方法的起源。

压路机作为压实机械中最主要的机种，同样经历了漫长的发展时期。最先出现的压路机是光轮和羊足碾压路机，这可以追溯到 18 世纪制造的畜力牵引式光轮碾。至于用园石制成的石碾，则在中国可追溯到更为古老的年代。美国是土方压实工程方面的先驱，早在 1904—1906 年堤坝的修筑中，第一台羊足碾就诞生于美国的加利福尼亚州，它同样是畜力牵引的，重型的拖式羊足碾作为黏性土壤压实的主要设备一直使用了很长时间。第一台蒸汽驱动的光轮压路机出现在 19 世纪中叶的法国，这一形式的压路机在公路的修筑方面有良好的工作性能，以至于延续使用了近 100 年的时间（图 2）。第一台内燃机驱动的压路机则诞生在 20 世纪的初期。在 1930 年左右出现了第一台拖式的铲运机，这种装满土的铲运机在填方上行驶时表现出的良好压实效果，启发了人们对轮胎压路机的构思。至 20 世纪 30 年代出现了轮胎压路机的雏形，它们是由拖拉机牵引的，由双车轴多个轮胎组合而成，重 5 ~ 15t，随后出现了自行式的轮胎压路机。

图 1 中国古代利用石夯进行堤坝压实的情况

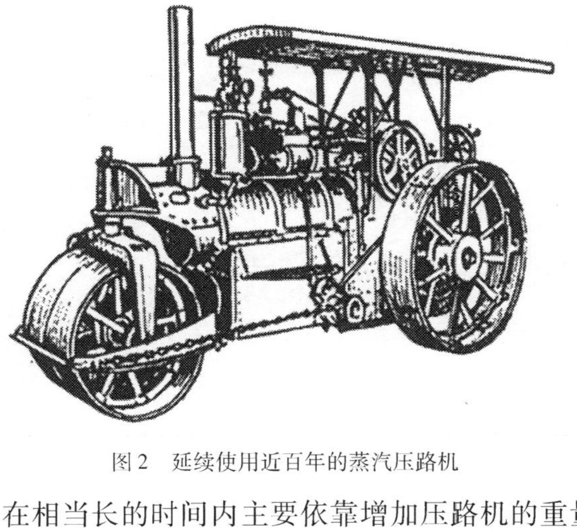

图 2 延续使用近百年的蒸汽压路机

上述压路机都是静作用式的。为了增加压实效果，在相当长的时间内主要依靠增加压路机的重量来实现。第二次世界大战期间，出于军事的需要扩大了机场和道路的修筑，由于车轮负荷的增大，要求更加有效的压实。此时重型的轮胎压路机曾经是机场跑道、路面基层和沥青面层以及堤坝压实的主要设备,用于机场跑道压实的最重的轮胎压路机自重高达200t,50～70t的轮胎压路机也曾广泛应用在飞机场、道路和堤坝的建筑中。

振动压实技术和振动压路机的发展起始于20世纪30年代。振动压实技术和振动压实机械的出现是压实机械发展过程中的一个划时代的革命,从此压实效果的增长不再简单地依靠重量或线压力的增大。首先使用振动压实技术的是德国,这与20世纪30年代初期德国大规模修筑公路网有关。第一台自行式振动平板是安装在推土机上的,重1.5t(图3)。第一台振动压路机是履带式的,自重25t,是20世纪30年代中期在德国的Losenhaus工厂制造的,当时称之为地震机(图4)。

图3　安装在推土机上的自行式振动平板

图4　Losenhaus工厂制造的地震机

第一台自行式和拖式的光轮振动压路机诞生于20世纪40年代,而真正大量投放市场则是20世纪50年代初期。开始发展的振动压路机吨位较小,品种也较少。随着避振材料和结构的日趋完善,振动压路机在20世纪60年代迅速占有了世界压实机械市场的很大份额,其机型也从小型向中、大型的方向发展,同时在品种上出现了拖式振动压路机、轮胎驱动的自行式振动压路机、双轮驱动的串联式压路机、振动轮和轮胎压实联合作用的组合式压路机、手扶式单轮和双轮振动压路机以及羊足式、凸块式的振动压路机等许多不同的品种。到了20世纪60年代末至70年代初,振动压路机在世界压路机市场的销售总量中已占有60%以上的份额,成为生产压实机械厂商的主要产品。

在20世纪70年代压路机发展史上的一项重大变革是迅速而普遍地推广了静液传动和液压控制技术,至20世纪70年代末,机械传动的压路机,特别是在振动压路机上,绝大多数已经被静液传动所取代(图5)。

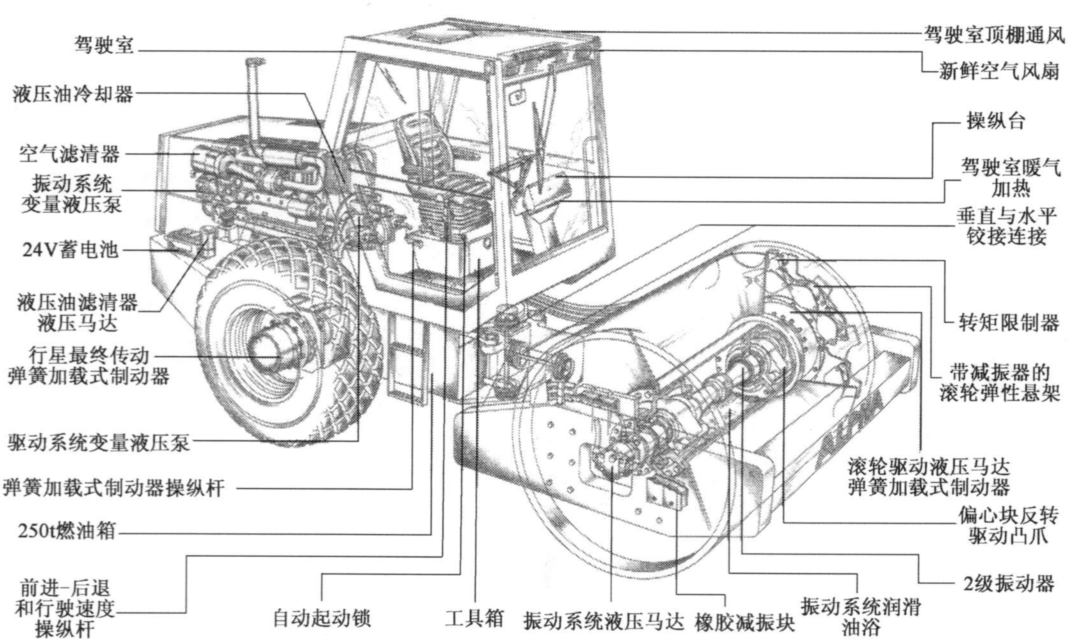

图5　振动、行走、转向全部液压驱动的振动压路机

随着液压控制技术在振动压路机上的应用,振动参数的调节成为可能。在20世纪70年代末期出现了无级调频、有级(双级)调幅式的振动压路机(图6),为压实工作参数的优化调节奠定了基础。

1.2 压实技术和压实机械在20世纪80~90年代的发展

20世纪末的最后10~20年是压实技术和压实机械科技创新十分活跃的时期,在压实方法、压实机械、压实控制、压实理论和压实应用技术方面都有许多重要的技术创新和突破。

1.2.1 压实技术概念的形成与发展

压实技术是一个形成于现代的新概念,压实技术(Compaction Technology)这一术语出现在20世纪90年代。压实技术的概念是从压实方法、手段的含义中引申和扩展出来的,Technology的含义不仅包括方法和手段,而且还包含这些方法和手段的应用。现代压实技术所采用的压实方法可归纳为五种:静压力、搓揉、振动、夯实、冲击(图7)。

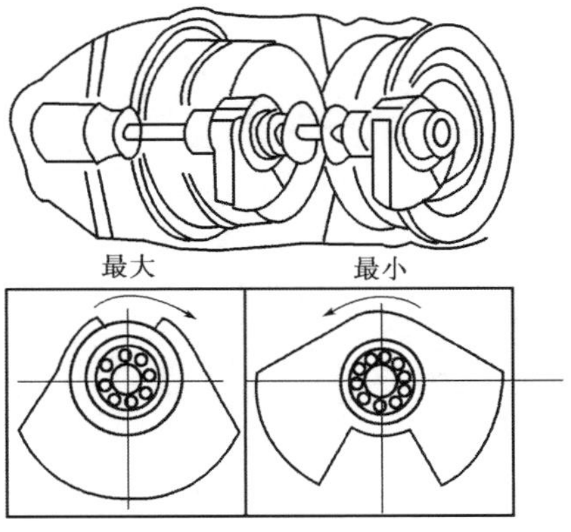

图6 双振幅的偏心机构

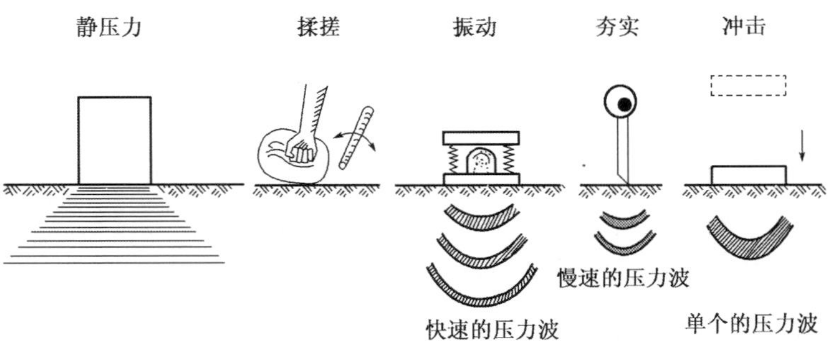

图7 五种基本的压实方法

压实的物理过程就是使土的颗粒发生重新排列而互相靠近,让小颗粒嵌入大颗粒之间的空隙中,同时排出空隙中的部分空气和水。为了使土壤的颗粒重新排列,必须对土壤施加必要的外力和功,以克服其内部阻力,使颗粒发生相对滑移,这是压实的第一个基本条件。

(1)静压力压实原理

静压力压实的原理就是利用对土体施加垂直压力的作用,使土壤内部产生相应的法向应力和剪切应力,当剪切应力达到土壤的抗剪强度时,土壤的颗粒之间就会发生相对滑移而重新排列(图8)。

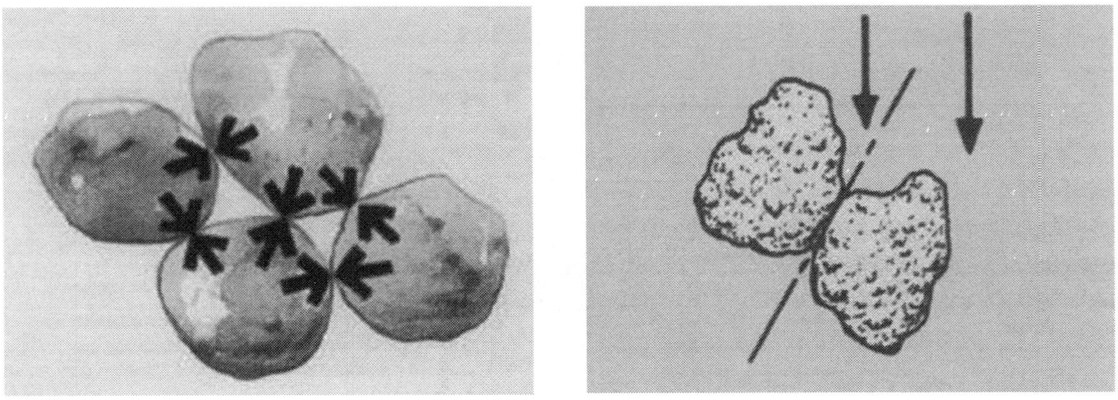

图8 静压力压实的原理

(2)搓揉压实原理

搓是利用对土体施加交变剪切力的作用使土壤颗粒发生相对滑移,重新排列而变得密实(图9)。揉是一种压入作用,它依靠对土体局部施加很大的垂直压力,使压头直接切剪侧面的土壤,破坏压头下方局部土壤与土体之间的联系,使之受到很大的压缩而变得密实(图10)。

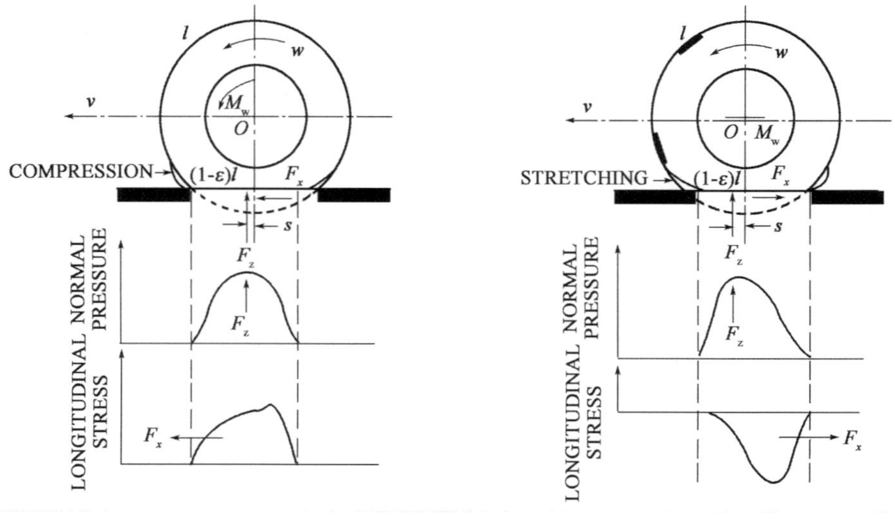

图 9　搓的动作产生交变的剪切应力

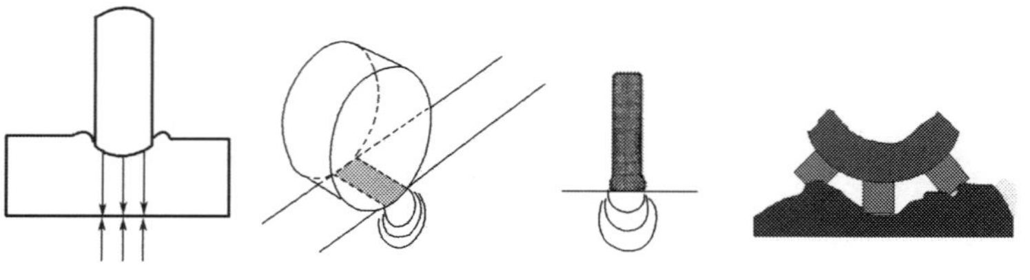

图 10　轮胎和凸块对材料的揉压作用

(3)振动压实原理

振动压实的特征是对土壤施加一系列小振幅高频率的交变力,以激起土壤颗粒之间的相对运动,在垂直压力的作用下,使它们重新排列而变得密实。振动作用能大幅度地减少颗粒之间的内摩擦,对减小黏聚力的作用则相对较小(图 11)。振动能量以压力波的形式传向土壤深部,同样可激起下部土壤颗粒的振动,因而它比同样自重的静作用压路机能达到更好的压实效果和压实深度。振动压实在土壤颗粒处于共振的状态下,将获得最好的效果。

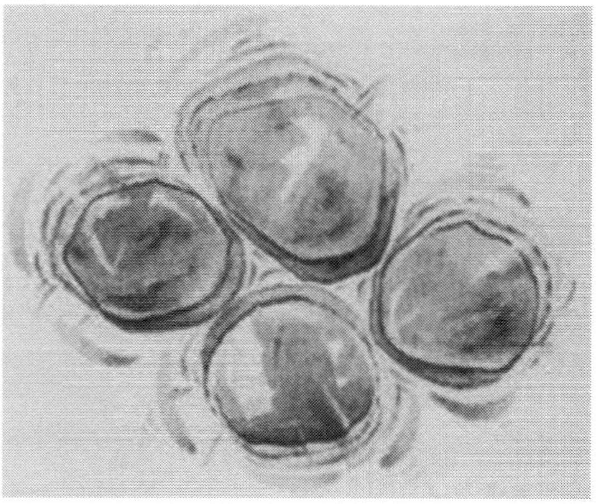

图 11　振动使颗粒运动起来

黏聚力很强的土壤对外部激振作用的响应是土体的整体振动,几乎不产生颗粒之间的相对运动,因此对于黏性土壤,振动压实的作用将大大减弱。

(4)夯实和冲击压实原理

振动、夯实和冲击都属于动态压实的方法,但它们在作用机理上却有很大的差别,因而反映在滚轮或夯锤的振幅和频率范围也是完全不同的。振动压实的机理是希望激起土壤颗粒的相对运动,而并不是依靠冲击来压实土壤,因而振幅很小(0.3 ~ 2mm),而频率则接近土壤的自振频率(20 ~ 33Hz)。夯实和冲击在原理上都是利用动能转化为冲击能来压实土壤,只是在冲程和频率上有所不同,夯实的冲程为 5 ~ 30mm,频率为 8 ~ 20Hz,冲击的冲程可高达数米,而频率则极低,为单个的脉冲(图 12)。

冲击压实的特征是巨大的动能在很短时间内转为冲量而形成瞬时作用的巨大冲击力。巨大的冲击力在土壤中产生很大的剪切应力和法向应力,可有效地克服黏性土壤的内聚力,压缩土体并排出土中的水分和空气。冲击能量所形成的冲击波可传至很深的深度,因而在压实深度上有很大优势。短时间的作用可减少由于土壤“流动”而导致的不稳定,因而可有效地用于饱和含水率的黏土和干砂的压实。

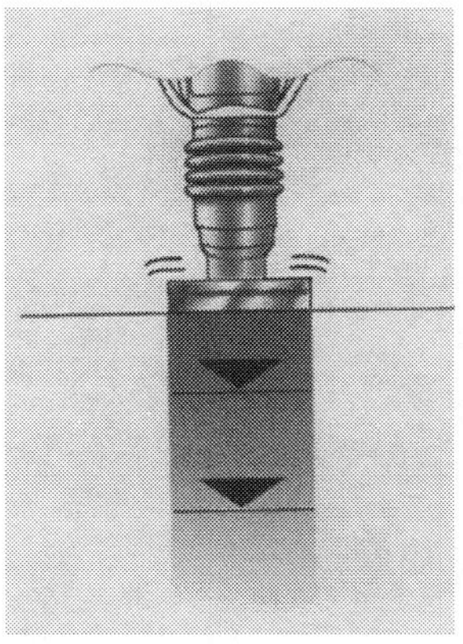

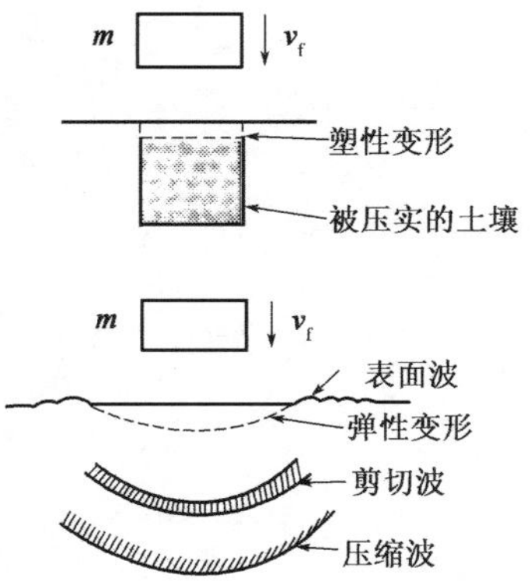

图 12　夯实和冲击的差别

压实技术的概念不仅是压实的方法问题,而且与压实方法的应用有关。压实方法研究如何将外部作用的机械功传递给被压材料,但最终呈现出的压实效果还需取决于以下因素:材料本身吸收压实能量的能力—材料的可压实性;选择何种压实方法或多种压实方法的综合使被压材料获得最佳的压实效果;选用何种设备或多种设备的组合以及运用何种压实工艺来最佳地实现所要求的压实方法。

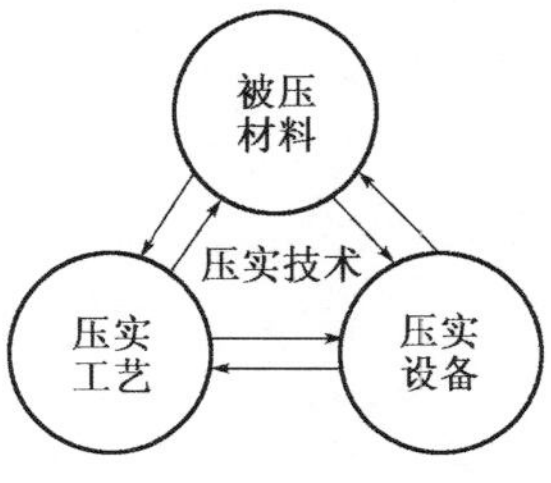

图 13　被压材料、压实工艺、压实设备三方面因素的综合技术

压实技术是一门研究采用何种设备、应用何种方法和工艺使被压材料获得最佳效果的应用技术,它涉及被压材料的性能、压实设备的特性和所用压实方法和工艺的特点,是三者相互影响、相互联系的综合技术(图 13)。

“压实技术”是一个还在继续发展中的新概念,近几年来在压实技术的含义中还融入了压实控制(Compaction Control)、压实管理(Compaction Management)的新内容,体现了压实应用技术的最新发展。压实技术概念的形成与发展本身就是 20 世纪 90 年代压实领域科技进步的一个重要成果。

1.2.2　路基、基层的压实机械

今天在路基路面的压实机械中主力的压实设备仍然是单钢轮振动压路机。此类设备的技术已趋成熟,结构也趋稳定。通常是轮胎驱动、全液压的传动系统,铰接式的转向,双振幅、双频率或频率无级可调的振动系统。用于路基土石填方压实的单钢轮压路机正在日益向重型化方向发展,最大的机型自重可达 30t,为了减小对土壤的水平推移和增加附着牵引力,重型的单钢轮振动压路机通常采取前后轮驱动的方式。在土石填方的压实中,重型的拖式振动压路机也是目前经常使用的,它自重可达 25t 以上。

用于黏性土壤的压实,过去较多采用的是重型的拖式羊足碾,现在较多地被凸块式振动压路机(图 14)所取代。此种压路机综合振动、夯实、搓揉和静压的作用,对黏性土壤有很好的压实作用。另一种用于黏性土壤的压实机械是高速的捣实式羊足(或凸块)压路机,它用加快碾压速度来加强羊足对土壤的夯实和搓揉作用(碾压速度可达 15km/h 左右)。

在路基和原地基的压实中,一个突破性的进展是南非国家运输和道路研究所(NITRR)发明的非圆形冲击压路机。冲击碾压是一种将冲击、搓揉和静力作用结合在一起的方法(图 15),它采用高速牵引(15km/h)的方法提升非圆形滚轮的重心,以积蓄很大的势能和动能,而在重心超过支承点时则以很大能量冲击地面,再加上碾轮静重在滚动过程中克服土壤所做之功,使土壤可以获得巨大的压实能量。同时,在拉起碾轮时,碾轮的冲击面将向前方搓挤土壤而产生强大的搓揉作用,这种搓揉作用可以使土壤中过多的空隙水挤出至地表面,从而使下层土的含水率降低而改善压实的效果。

图14　凸块式振动压路机

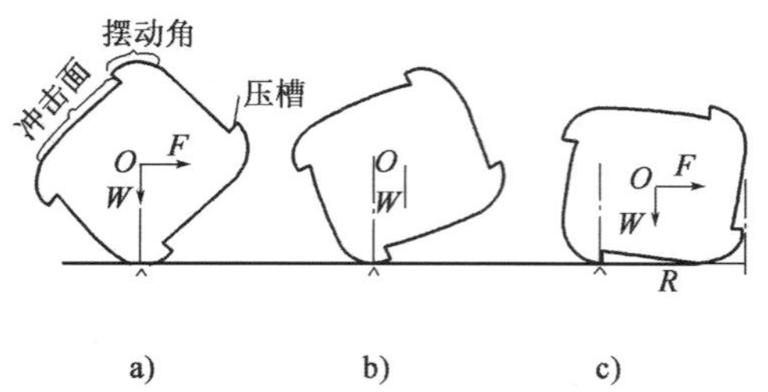

图15　非圆形冲击压路机

对土质不好(如下部松散、有坑洞等)的原地基,不必换土即可做深度压实,在大能量的冲击作用下强度低的软弱部分将下陷,填土后反复冲压可获得高而均匀的压实度,但不适用于含水率很高的软地基。

作为填方压实,可大大增加填层的厚度,一次碾压的层厚可达0.5~0.7m。

对饱和含水率的黏土,不需翻松晾干,利用滚轮在举升过程中,角部对土壤作用的巨大搓揉剪力,可将土中的孔隙水挤出至地表面自然风干。

在压实干砂时,应在干砂上预铺一薄层稍带黏性土的垫层,以便提供牵引和举升滚轮时必需的剪切力并使冲击能量能包容在被压材料之中。

冲击压路机经过多年的实际应用定位于路基的压实,特别是黏性土壤的填方压实。冲击压路机必须在比静碾和振动压路机高得多的碾压速度下工作,因此适用于大面积的压实。由于每次冲击均会留下未压实的区域,因而冲击压路机必须多遍错开作业才能保证必要的压实均匀度。冲击压路机不适用于软地基和基层的压实。

1.2.3　沥青路面与压实机械

对沥青路面与压实质量要求的日益提高和新材料的应用推动着沥青路面的压实技术和设备不断向前发展。沥青路面与压实机械从通用的压实机械中分离出来是20世纪90年代压实机械发展中的一项重大进展。

(1)沥青路面与压实的特点

沥青路面的压实不仅要求高的压实度,而且压实的表面应平整而无裂缝,因而沥青路面的压实不同于土石方的压实而有着一系列的特点:

①热沥青混合料的压实性能与温度有着密切的关系,严格控制碾压温度是获得良好的压实质量的重要因素。

②热稳定性是引起沥青混合料在碾轮作用下发生水平推移的重要原因。一般细集料多、沥青含量

高的材料称为软性混合料，它容易压实，但在高温时容易发生水平推移。粗集料多、沥青含量低的混合料称为硬性混合料，它抵抗水平推移的能力高但较难压实。

对一些特殊级配的混合料，例如间断级配，常常有一个温度的敏感区，通常称为软区，在这一区域材料在碾压时很容易引起水平推移而破坏路面的平整度和降低它的压实度，因此如何尽量减少碾压时发生的水平推移是压实设备和压实工艺两方面都要考虑的问题。

③为了保证压实路面的平整，防止压碎集料和振松表面，避免发生施工裂缝，要求合理地控制振动能量，避免碾轮对路面的冲击，要求采用搓揉的碾压方法来弥合施工中的裂缝。

④碾压时，应防止沥青粘在碾轮上而破坏压实表面的平整度。

⑤在沿着路缘石和弯道进行压实时，要求压路机具有擦边压实的功能以保证路面的边缘同样获得良好的压实。

(2)现代路面压实机械的技术特点

由于沥青路面压实的特殊性，在压实机械的发展进程中逐步形成了一类专门用来压实沥青路面的压路机(图16)。

现代的专用沥青路面振动压路机具有一些共同的技术特点：

①碾压宽度大而线压力低(在23～30kgf/cm)❶。这一特点保证了初压时沉陷量小，不易发生水平推移，有利于平整度的提高，而大的碾压宽度提高了碾压效率，也有助于保持必要的碾压温度。

②碾轮宽而水平转角小。这可以保证前后轮行驶在同一个平面内，同样有利于改善碾压路面的平整度。

③双驱双振的驱动结构和前进倒退时与振动机构的同步换向。这不仅提高碾压的生产率，缩短了碾压时间，而且还大大减少了材料在碾压过程中的水平推移。

④多振幅的调节机构。图17是英格索兰公司生产的八级振幅调节结构，它可以很好地适应不同沥青铺层厚度的需要。

图16　双驱双振的双钢轮压路机

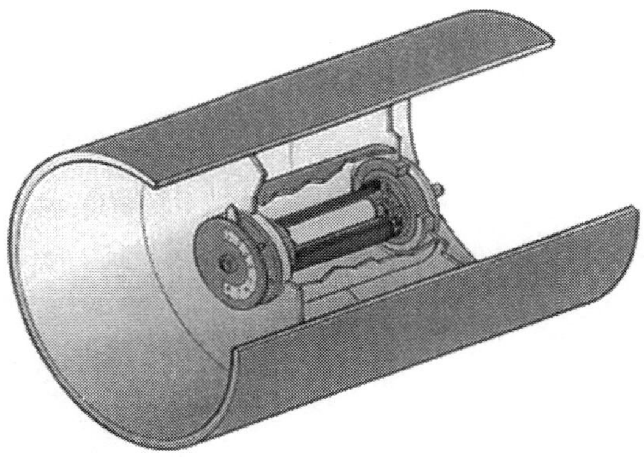

图17　英格索兰公司生产的八级振幅调节机构

⑤自动的行驶—振动控制系统。能保证自动实现“先起步、后起振，先停振、后停车”，从而避免了在前进、倒退、换向时发生由过度振压而造成的压痕。

⑥满足擦边压实要求的技术结构。为满足擦边压实的要求，希望驾驶室有良好的视野，司机能观察到滚轮轮边进行压实作业的情况，最好只用一个滚轮来碾压以便更好地控制擦边压实的工况。为此，现代的沥青路面压路机采取了一系列技术措施：

A.采用蟹脚式的滚轮支承，可避免框架挡住司机的视线(图18)；

B.采用前后滚轮错位的转向装置，可以极大地方便操作人员在转弯处的碾压(图19a)；

---

❶1kgf＝9.8N。

C. 采用剖分式的滚轮结构,可以减小压路机在转弯时的滚轮与材料之间的滑移,从而提高弯道摊铺的碾压平整度(图19b);

D. 采用各种驾驶座椅的活动方式,以便司机能更好地观察钢轮边缘的压实情况,例如使座椅能在±90°范围内转动(图20a);座椅能横向移动至驾驶的左端或右端,并配备两个转向盘,以满足左、右方擦边压实的需要(图20b)。

⑦可调节喷水量的喷雾系统。为了防止沥青材料黏结在钢轮上需适量地喷水,但过量的喷水会导致混合料过早冷却,不利于压实。随着钢轮温度的升高,所需的喷水量也会降低,可调节喷水量的喷雾系统在任何情况下都能保证最佳的喷水量。

图18　蟹脚式的滚轮支承和前后滚轮错位的转向装置

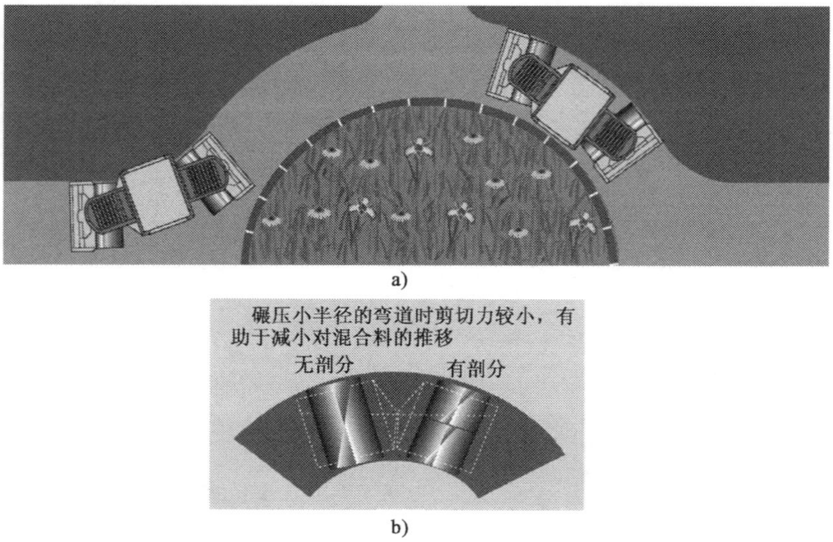

图19　错位与蟹行机构和剖分的滚轮

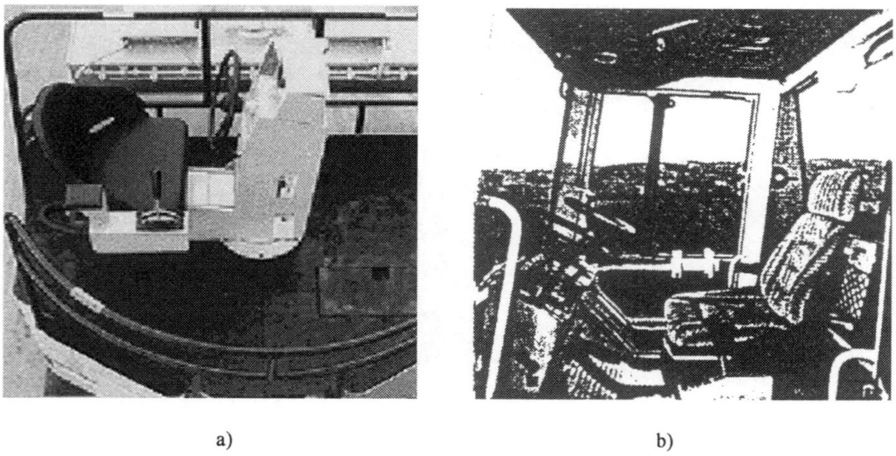

图20　座椅能转动±90°(图a)和座椅能横向移动并配备两个转向盘(图b)的驾驶室

(3)薄层路面的压实——振荡压路机与高频振动压路机

2.5~4cm 的薄层路面是一种应用广泛的路面结构层,它通常用来作为多层结构沥青面层的磨耗层、养护维修中的薄层罩面、桥梁铺装用的路面。薄层路面的压实由于具有以下一些特点,比普通沥青路面更难压实：

①薄层路面的铺层薄、散热快，尤其是在气温较低和风力较大的场合下(例如桥面铺装)，混合料的热量更易失散，因而要求压实设备能有很高的压实效率，以便在较短的时间内将混合料压实到要求的密实度。

②由于铺层薄，在承受较大的冲击力下容易导致表层集料的压碎，特别是对以粗集料为主的嵌挤型结构的混合料(SMA、OGFC、Superpave 等)危害更大，集料的破碎会严重破坏原有的集料级配特性，集料的破碎面上没有沥青黏结将为日后的松散、裂缝、渗水、剥落等病害埋下隐患。

③过度的振动能量会从松铺层下已压实的下承层上反射回来，导致铺层表面振松。

④对于桥面铺装来说，强烈的振动在不同程度上会损害桥梁的结构物(特别是对于柔性桥梁)。

⑤由于薄层路面与桥面铺装在抗车辙、抗疲劳、抗水损害等方面通常有着更高的要求，因而往往会采用一些特殊结构的混合料和改性沥青、橡胶沥青等高性能的黏结剂，这就进一步增加了混合料的压实性能差与薄层罩面和桥面铺装的碾压条件又比较恶劣之间的矛盾。

薄层路面与桥面铺装的压实是压实技术的一个特殊领域，研究薄层路面与桥面铺装的压实技术具有重大的现实意义。为了适应薄层路面压实的特殊需要，国外在 20 世纪 90 年代先后推出了两种供压实薄层路面用的沥青路面与压实新技术：一种是振荡压实技术，另一种是高频振动压实技术。

振荡压实是 20 世纪 80 年代出现的一种新的压实方法和技术。首先提出这一概念的是瑞典的 H. Thurner博士。与传统的振动压路机利用垂直振动的原理不同，振荡压实是利用土力学中交变剪应变的原理，使土壤等工程材料的颗粒重新排列而变得更加密实，从而达到压实的目的。产生这种交变剪应变的方法可以有多种，H. Thurner 提出的方法是利用两根互成 180°的偏心轴来产生按正弦曲线变化的交变扭矩，施加于滚轮上，使它产生一种绕轴心的振荡运动，如图 21 所示。

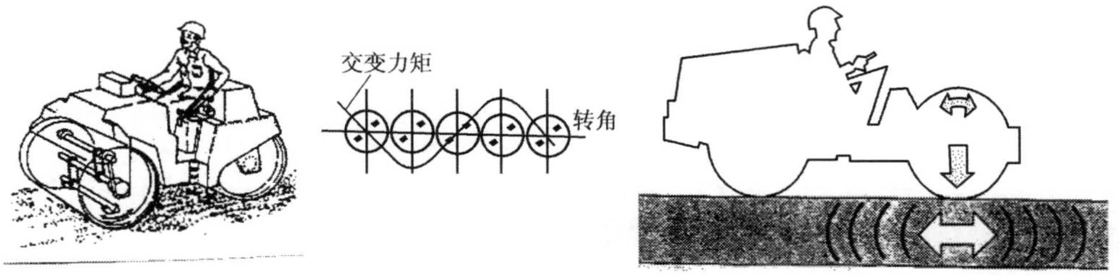

图 21 振荡压路机的工作原理

日本 Sakai 公司采用锥齿轮传动一对与滚轮轴线相垂直的偏心轴，同样可以获得沿滚轮切线方向作用的正弦交变扭矩，并使滚轮对地面产生一种振荡运动，它由圆周方向的水平振动成分 + 轴心方向的振动成分合成而成，其轨迹呈椭圆形，被称为复式水平振荡方式(图 22)。

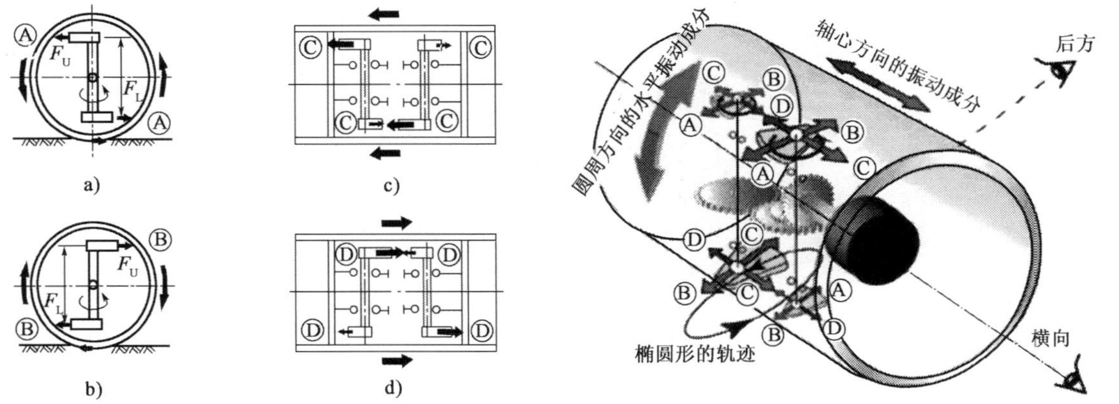

图 22 日本酒井公司水平振动压路机的工作原理

a)振子位置Ⓐ；b)振子位置Ⓑ；c)振子位置Ⓒ；d)振子位置Ⓓ

振荡压实实际上是一种振动与搓揉相结合的压实方法。振动能量是沿着水平方向在某一层面内传播的,因而它在深度方面的压实效果显然不如垂直方向的振动压实。但是在表面层某一深度范围内的压实效果将明显优于振动压实。交变的剪切力使滚轮对地面产生一种类似轮胎压路机的搓揉作用,这种搓揉作用能防止表面的裂缝并使压实表面光滑平整,对于那些难于压实的粗集料开级配的改性沥青路面和碎石沥青玛蹄脂路面(Stone Mastic Asphalt)则有着特殊的效果。此外,由于振荡压实过程进展平缓而无冲击,因而不易压碎集料、能防止面层振松,这些对于路面,特别是薄层路面以及路面厚薄不均匀的场合是十分重要的。至于振荡压实能减少机架和邻近地面的振动、节省压实能量,从而在改善司机工作条件和环境条件、延长机器使用寿命和降低使用成本方面所具有的一系列优越性则是显而易见的。

振荡压实的上述特点使振荡压实技术和振荡压路机在薄层路面压实领域内的发展和应用有着特殊的优势和良好的前景,并被定位于薄层路面与特殊沥青混合料的压实。国内外许多试验的结果都表明与同等级的振动压路机相比,压实效率可提高25% ~30%。此外,振荡压路机在压实RCC路面时的良好效果在国外也是众所公认的。

20世纪90年代以来,振荡压实技术在压实那些难度大的沥青混合料,例如开级配的排水型路面、沥青玛蹄脂碎石路面、间断级配和改性沥青的路面,以及在桥面沥青铺层的压实方面获得了良好和成功的推广应用。丹麦著名的"Great Belt"海峡桥的施工就是一个很好的工程实例,该工程为一18km长的桥梁—隧道复合工程,由两座铁路公路两用桥和一条4.6km长的隧道组成。在两座桥梁中,一座是6.6km长的钢筋预应力混凝土桥,另一座为6.8km长的悬索桥。桥面的铺层由以下结构层组成:在粗糙的混凝土桥面上有两层环氧树脂沥青的黏层,然后是一层15 ~20mm厚的开级配排水层,再加一层粒径0 ~12mm、40mm厚的底面层,以及一层粒径8 ~11mm、厚40mm的磨耗层。要求最低的压实度为98%。这一工程由于铺层薄、散热快,又有海风吹拂,混合料容易冷却而改性沥青材料又难压实,采用多台6吨级的振荡压路机协同作业,仅压实了5遍即圆满地达到了预期效果,经检测压实度为98.8% ~101.6%。

另一种解决薄层路面与压实问题的方案是降低振动压路机的振幅,同时提高振动的频率。振动压路机的振动能量是垂直向下传递给铺层的,因而其压实的深度大,但对于薄层路面来说很容易造成过度压实而压碎集料。造成集料被压碎的原因主要是每个振动周期施加给铺层的振动能量过大而引起振动轮对铺层的冲击。由于每个振动周期的能量是由振幅来决定的,为了减小振动轮的冲击,就必须减小振幅,也即减小每个振动周期的能量,而这样又不能满足增大压实功的要求。但是,施加给铺层的压实能量不仅取决于每个振动周期的能量,也取决于单位时间内提供振动能量的次数,后者则是由振动频率决定的。如果减少振幅而增加频率就有可能在降低滚轮对铺层冲击的同时,保持施加给铺层必要的压实能量。这就是开发高频振动压路机的基本思路。根据Dynapac公司的试验资料,当滚轮的振幅为0.21mm时,它的最佳频率约在70Hz(图23)。

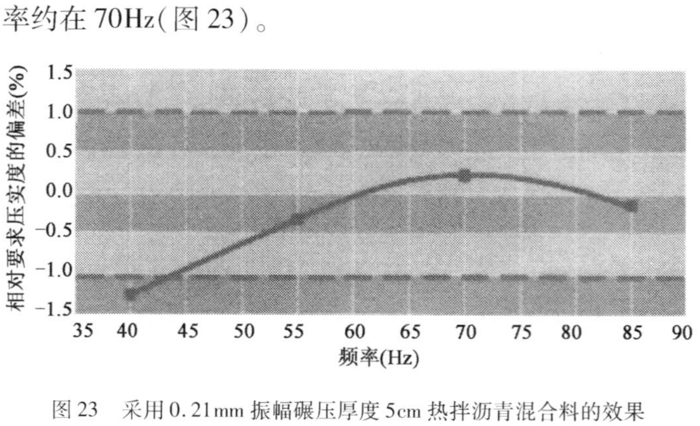

图23 采用0.21mm振幅碾压厚度5cm热拌沥青混合料的效果

高频振动压路机是在20世纪90年代末开发的,目前世界上有三家压路机制造企业生产有多种型号的高频压路机。日本酒井公司生产有SW800、SW850和SW900三种机型,振幅的范围是0.33mm和0.55mm两挡,频率的范围是67Hz、50Hz、42Hz三挡。Dynapac公司生产有CC422HF和CC522HF两种机型，振幅的范围是0.3（0.24）mm和0.7（0.6）mm两挡，频率的范围是62Hz、50Hz两挡。Ingersoll-Rand公司生产有DD-90和DD-110两种机型，振幅的范围是0.29～0.55mm共八个挡位，频率的范围是56Hz、42Hz两挡。

1.2.4　压实控制技术的发展

传统的压实控制方法不能连续进行测量，取样点少而代表性差，费工费时而劳动量大，不能在压实的进程中及时了解压实质量。由于传统方法的这些缺点，人们一直在寻求一种安装在机器上能在压实过程中连续进行测量，不断提供有关基础材料压实信息的压实控制方法和装置。早在20世纪60年代初就有人提出了利用振动部件与基础之间相互作用的动力特性来判断压实进程进展状况的设想。这种方法的原理是建立在如下认识的基础上的：当地面在振动部件的作用下逐步压实时，地面—机器系统的动力特性也在变化，这种变化将指示出地面承压能力变化的相对数值，从而也反映了地面被压实的程度。

最先将这一思想变成实际安装在Dynapac压路机上的一种压实度监测装置是H. Thurner博士在20世纪70年代的一项专利。到了20世纪80年代压实度的实时控制技术有了很快的发展，德国Bomag公司的BTM压实计相继问世。日本铺道公司技术开发部在80年代末研制了一种CDS压实文件记录系统，这一系统中的压实度计其工作原理类似于Dynapac公司的压实计。

进入20世纪90年代后，在压实计实时监测的基础上压实控制进一步向压实信息的实时化处理方向发展。图24是Bomag公司于20世纪90年代后期推出的新款压实度实时监测装置（BTM05），它已不是早期的2个加速度传感器加一Omega表的形式了，它除保留了基本检测原理（图25）外，还加入了行程传感器、微处理器以及微型打印机，后者可以线图的方式打印出相对压实度的瞬时值（图26），也可经平均处理后打印出相应路段的柱状图。

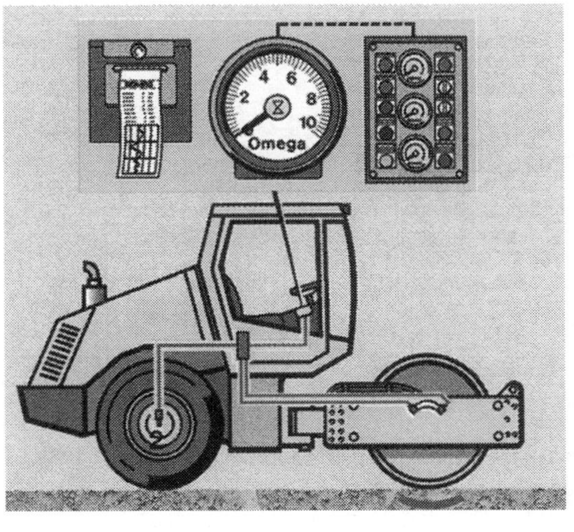

图24　BTM05压实度实时监测装置

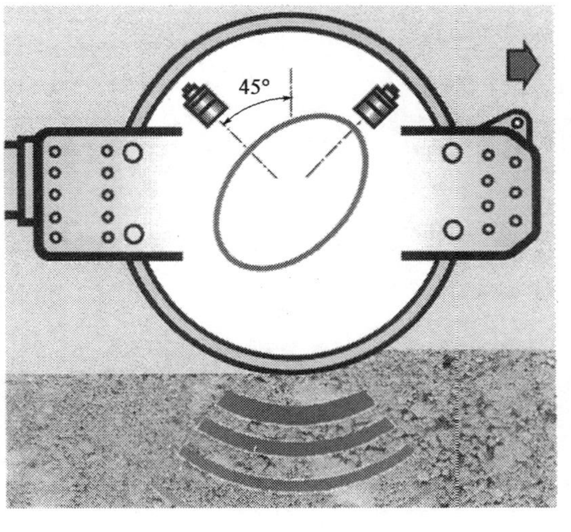

图25　BTM压实计的检测原理

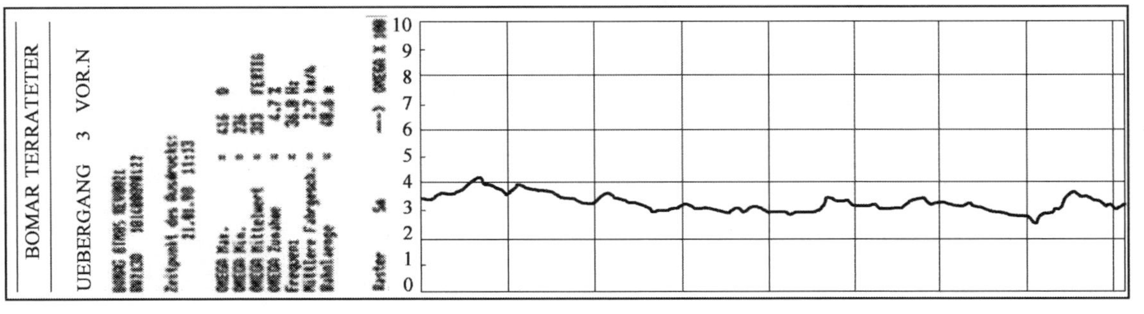

图26　压实度随行程而变化的曲线

压实度实时监测的优点是明显的,它们有:

(1)及时了解压实作业的进展趋势和质量情况。

(2)及时发现薄弱的地点和不均匀的压实区域。

(3)指示出已完成压实的作业区域,以避免过度压实和节约压实费用。

(4)指出压实不足的区域,进行补充压实或对软弱材料重新进行处理。

1.3 压实技术与压实机械科技进步的未来展望

在步入21世纪的未来发展中,压实技术和压实机械的科技进步仍将围绕着强化压实过程、改善压实质量和进一步围绕着现代高科技向传统产业部门的渗透和改造这一大趋势来加强未来压实技术和设备的高科技含量。

1)新的压实技术和压实机械的探索

新的压实技术和压实机械的发展将更有综合研究的特点,即从工作介质的材料性能、力学基础、施工工艺以及机械设备的结构、运动学、动力学参数的综合角度来研究压实机械的作业过程。压实技术的新突破将更有多种压实方法综合作用的特点,即通过静力、搓揉、振动、夯实、冲击等多种方法的联合作用来强化压实过程和改善压实质量。

探索新的压实技术和压实机械方面的一个最新的例子是加拿大Carleton大学的Halim教授和澳大利亚"Pioneer Road Services"公司发明的一种被称为AMIR-HIPAC的沥青路面压实技术。AMIR(Asphalt Multi-Integrated Roller)是一种具有极低接地压力的压实设备。图27a)是AMIR的第一台试验样机,它有两个滚轮,但被两条橡胶带围绕起来,橡胶带与铺层接触的接地面积为$3m^2$,AMIR的压实作用不是依靠大的压力,而是在深入研究热沥青混合料特性的基础上提出利用热沥青混合料中的沥青在很高的温度下所具有的液体流动性和润滑性,可以在很低的比压下使集料颗粒重新排列而变得密实这一全新概念下获得的。图27b)是AMIR的第二轮样机AMIR Ⅱ在试验路的施工现场。图28显示了新的压实设备与常规压实设备现场压实试验结果的对比资料,表明了这一新概念的可行性。

a)

b)

图27 Carleton大学开发的AMIR-1橡胶履带压路机样机和第二轮样机AMIR Ⅱ在试验路上施工

HIPAC(Hot Iron Process Asphalt Compaction)是澳大利亚"Pioneer Road Services"公司在AMIR试验成功的基础上进一步开发的,它设想:如果不仅依靠热沥青混合料自身的热量而且在压实的过程中进一步给被压实材料传送一定的热量,就可能会获得更好的效果。于是,橡胶带为金属带所代替,并增加了一套钢带的加热装置。图29是HIPAC压实机的一台试验样机,在澳大利亚进行的现场试验结果表明HIPAC压实一遍所获得的最大密度相当于AMIR压实4遍的结果,而且这种将熨平和压实集合在一起的方法能大大改善施工中的发裂现象。

以上介绍的沥青路面压实新技术,其适用的范围推广的前景如何,以及它的优势和缺点,都将有待于进一步的实践和时间的检验。这一介绍所要表明的并不在于这一新技术本身,而要强调指出的是希

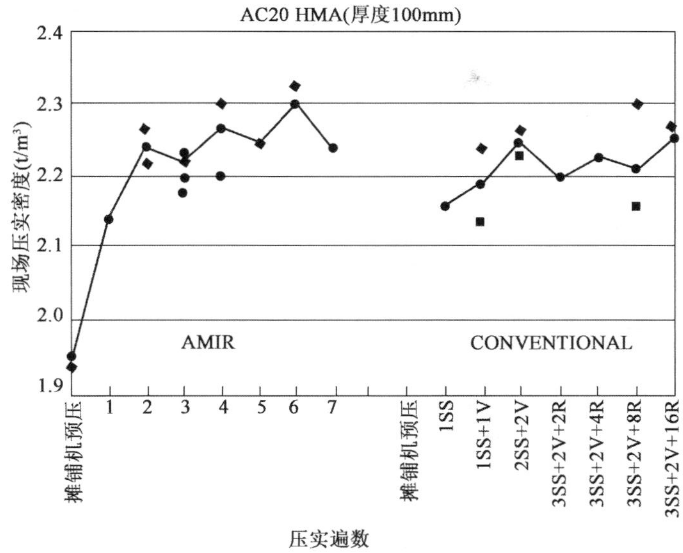

图 28 AMIR 与常规压实设备压实效果的对比

SS-静作用钢轮压路机；V-振动压路机；R-轮胎压路机

望通过这一实例能看到人们在探索新的压实技术和设备方面的创新潜力是没有限制的，同时也表明了在科学技术高度发展的今天，只有在对材料性能、力学基础、压实工艺以及机械设备进行综合研究的基础上，压实技术和压实机械才有可能获得新的突破。

图 29 澳大利亚“Pioneer Road Services”公司开发的 HIPAC 压路机

另一个已在实践中成功应用的例子是日本酒井公司新开发的 GW750 型轮胎振动压路机，这是一种搓揉与振动复合作用的压路机，它具有三挡行驶速度，每挡均为无级调速，四挡激振力，自重 9.1t（图 30a）。由于在搓揉作用的基础上加入了振动能量，大大提高了压实效率，在压实沥青混合料面层和稳定土基层时都取得了良好的效果。当采用三挡和四挡激振力时，其压实度都可高于 25 吨级的普通轮胎压路机（图 30b）。

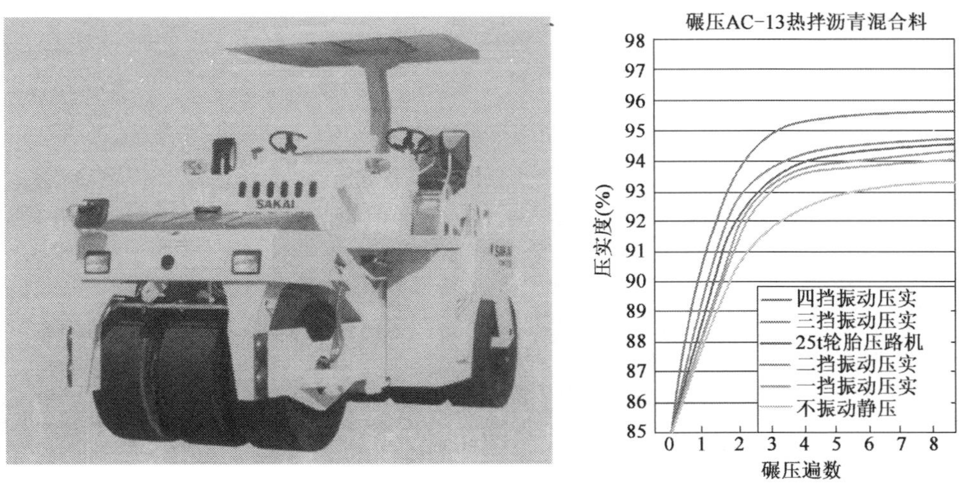

a)　　b)

图 30 搓揉与振荡复合作用的轮胎压路机

2)压实机械的自动化、智能化、机器人化的发展

在所有的筑路机械中,压实机械是向自动化、智能化、机器人化方向进展最快的一个领域,压实过程的实时监控技术、无人化的远距离操纵都已有了很好的进展。在未来的发展中最有可能在近期取得进展的是以下几个方面:

(1)压实管理系统

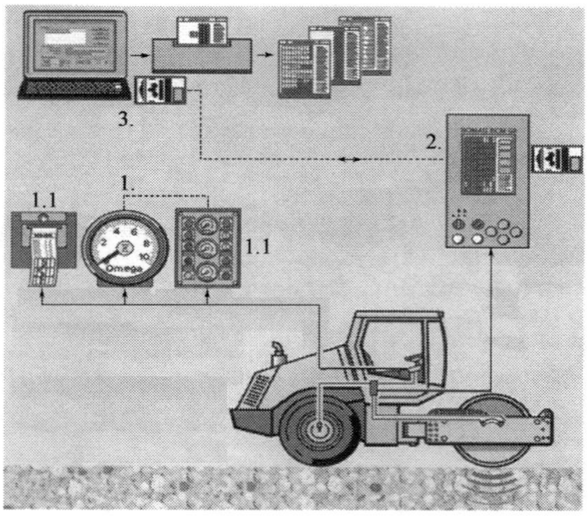

图31 Bomag公司推出的新一代BCM03型压实管理系统

以计算机为核心的压实管理系统原则上应该包括两个部分:压实过程和压实质量的管理和压实机械运转工况的管理(技术状况监测、故障诊断等)。20世纪90年代后期Bomag公司推出了新一代的BCM03型的压实管理系统,它只包括压实过程的管理。图31是BCM03系统的工作示意图,图中2为BCM03,它实质是一个与BTM05系统微处理机(参看图31中的3)相接的专用笔记本电脑,用以替代该公司早先推出的BCM02中的通用笔记本电脑。BCM03带有彩色的显示屏幕,它可以显示出所有压实控制所必需的数据,并可直接给出高分辨率的彩色打印输出(图32),它还带有电子式储存卡,并可以通过读出器与PC机相联而进行进一步的数据处理。

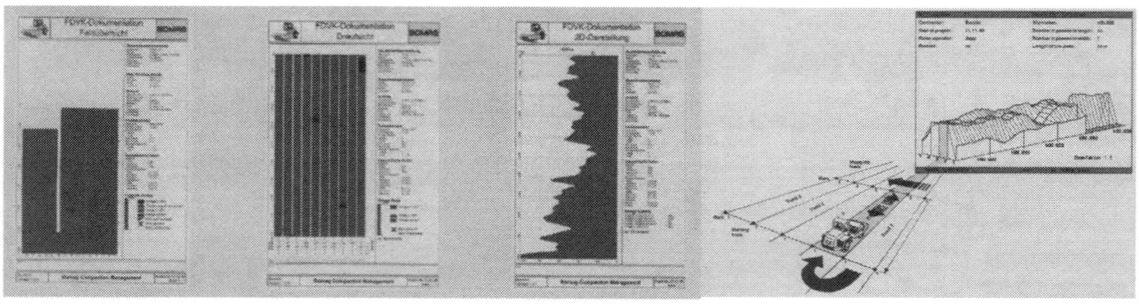

图32 BCM03系统数据处理结果的示例

压实机械的技术状况监测、故障诊断等运转工况方面的管理,由于有许多成熟的技术可借鉴,预期在近期内可望有所进展。运转工况管理系统的进一步发展犹如摊铺管理系统一样,将是实现远距离通信服务的故障分析和诊断功能。

(2)压实过程的计算机仿真和辅助工程系统

压实应用技术在总结实践经验的基础上向计算机辅助工程的方向发展也是20世纪90年代压实技术的一项重要进展。近十年来,压实过程的计算机仿真软件、压实机械的专用CAD软件、压实工作的计算机辅助工程软件如雨后春笋一般已有了很大发展,各主要厂商大多都有自己的专用设计软件包,有些已经开始商品化。下面简要介绍一些这方面的例子。

瑞典Geodynamic技术咨询公司开发了一种振动压实过程的计算机仿真软件。众所周知,建立振动压实的仿真模型最大的困难是土壤振动参数的确定。这一模型的特点是土壤的非线性动力学模型,这一理论模型的建立,允许以土壤最基本的物理力学特性:土壤的密度、弹性模量、泊松比、内摩擦系数作为计算机仿真模型的参数。这一仿真模型允许在不同的土壤条件和不同的机械参数下模拟滚轮与土壤相互作用的动力学特性,对现有振动压路机的压实性能进行评价和对设计的新机型进行性能预测。这一模型的另一个重要功能是可以根据给定的土壤条件对压实作业选用不同的机型和不同的施工工艺,

并对方案进行比较和优化。

Bomag 公司向用户推出了一种名为 CARE(Computer Aided Roller Selection in Earthworks)的土方压实机械辅助使用软件,作为使用压实设备的辅助工具。它可以帮助用户根据压实工程的工作量、现场条件、材料特性、葡氏压实曲线以及所要求的压实度来选择该公司的三种压实机械配置方案,对每种方案均可提供对各使用参数的选用建议,包括碾轮类型(光轮、凸块或光轮—凸块组合)、振幅和频率、最小与最大铺层厚度和铺层数、每层压实带的安排、碾压速度和遍数以及压实生产率和压实时间的确定。

Dynapac 公司推出了土壤压实和沥青路面摊铺压实等两套应用软件:

CompBase(Compaction Base)是一种为土方压实提供专业技术支持的计算机辅助工程软件;PaveComp (Paving Compaction)是一种为沥青路面摊铺和压实提供专业技术支持的计算机辅助工程软件。

CompBase 是 Dynapac 国际压实中心研究开发的用于土壤压实预测的应用软件,它的基础是中心的"经验数据库"储存的超过 20 万个试验数据和现场测试数据。软件可根据用户的施工条件、希望采用的压实设备以及要求的铺层厚度和压实度,预测压实的效率和压实的质量以及所需的压实设备数量。

CompBase 的输入数据包括三个方面(图 33):

①土壤类型与特性:土壤的类型(7 种可选)、土壤的级配特性、细料的含量、黏土的含量、偏离最佳含水率的容许范围。

②压实设备:Dynapac 压实设备的各种机型。

③施工要求:铺层厚度和要求达到的压实度(葡氏或修正葡氏)。

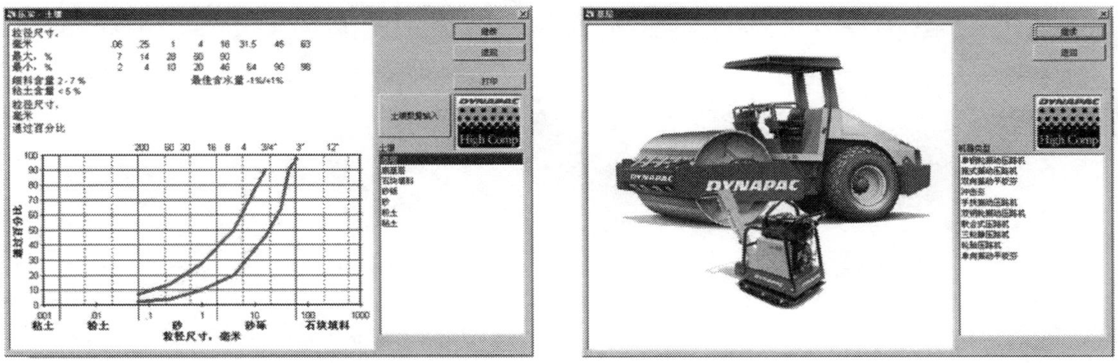

图 33 CompBase 的输入界面

CompBase 的输出结果包括(图 34):

①给定压实深度、振幅和碾压遍数下的压实度。

②给定碾压速度下的生产率和压实时间。

③给定生产率下所需的机器数量。

PaveComp 是 Dynapac 国际压实中心研究开发的用于沥青路面摊铺压实预测的应用软件,它的基础是中心 70 多年的"经验数据库",包括超过 20 万个试验数据和现场测试数据。软件可根据用户输入的应用数据预测所需的摊铺机的机型和工作参数;压路机在初压、复压和终压阶段的最佳组合和工作参数以及压实度、生产率等施工效率和质量方面的数据。

PaveComp 的输入数据包括五个方面(图 35):

①混合料类型与特性:混合料类型(常规 HMA、SMA、Superpave 等),沥青特性(针入度、是否改性),混合料级配特性(额定最大粒径、密度、空隙率、沥青含量),混合料要求达到的压实度(马歇尔)。

②摊铺特性:摊铺速度,摊铺宽度,铺层厚度。

③温度特性:风速,空气温度,底层温度,最高压实温度,最低压实温度。

④压实工艺:选择初压、复压、终压三个压实阶段。

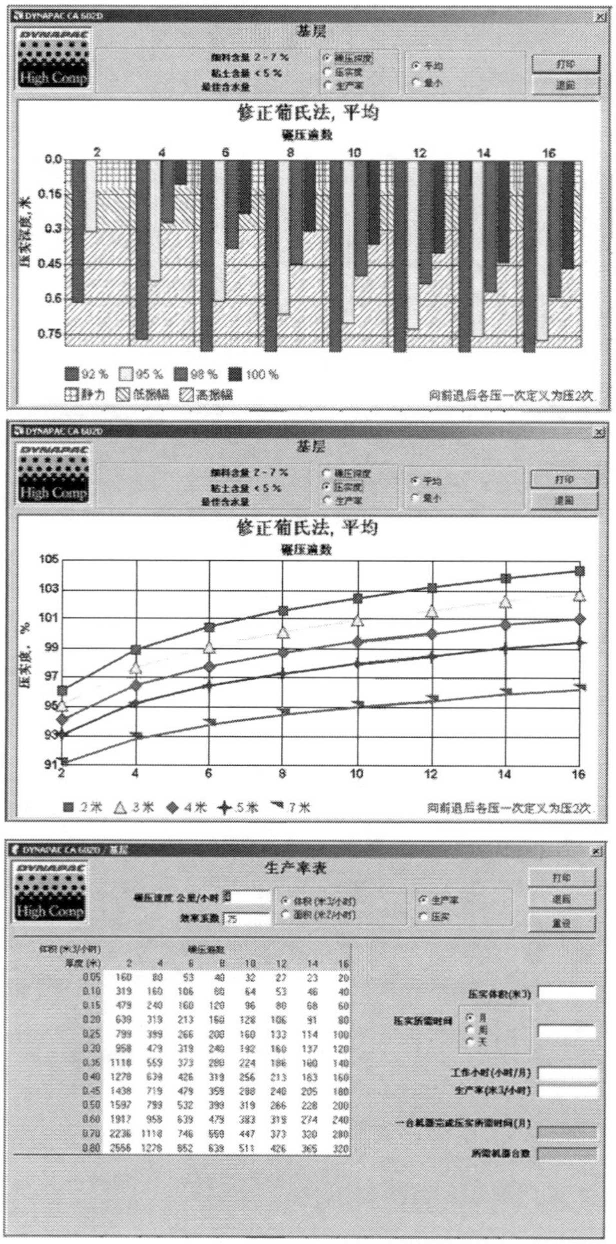

图 34　CompBase 的输出结果

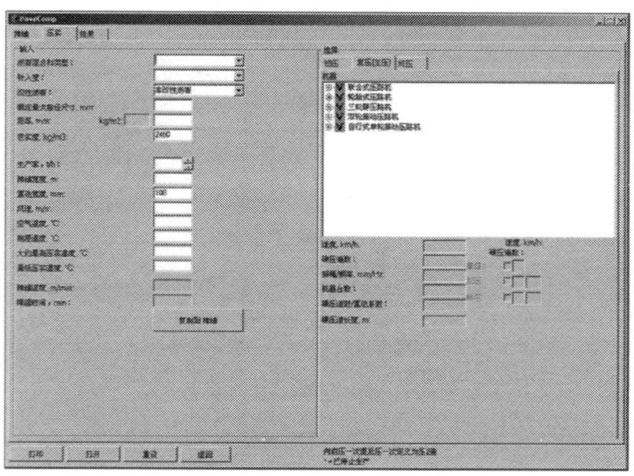

图 35　PaveComp 的输入界面

⑤压路机机型与工作参数：选择压路机机型、振幅、频率、碾压速度、碾压遍数和重叠系数等工作参数。

PaveComp 的输出结果包括（图 36）：

①三阶段的碾压工艺方案：碾压道数量和长度，碾压道重叠系数。

②各碾压阶段的机型与工作参数：初压、复压、终压选用的机型，各机型选用的工作参数（振幅/频率、碾压速度、碾压遍数）。

③与之匹配的摊铺机机型与工作参数：松铺层厚度，摊铺宽度，摊铺速度，熨平板振捣频率。

④降温时间和压实时间。

⑤所需机器数量和生产率。

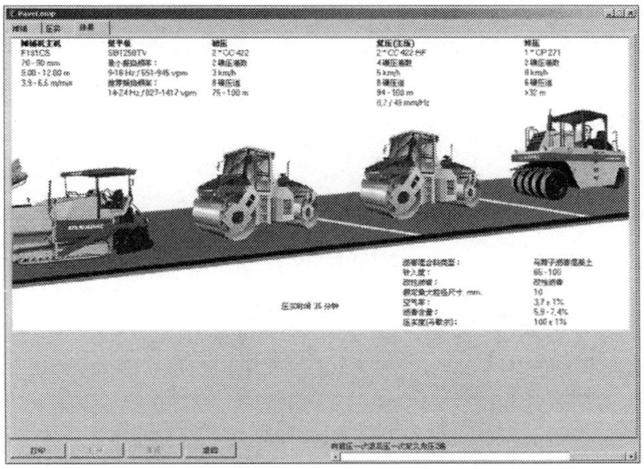

图 36　PaveComp 的输入界面

（3）智能化压实技术

在压实机械智能化发展方面，一个可以预期的目标是将自适应和自学习技术引入压实控制中，并在此基础上实现压实作业的最优控制。此时机器将具有一定的智能，当对某一材料进行压实时，通过一段时间的实践，机器会自动对压实作业的各项参数（频率、振幅、碾压速度和遍数）进行不同组合，并判断其压实效果，从而决定最优控制的方案。当使用条件，例如土质情况变化时，它会不断改变自身的参数，自动适应外部或内部状况的变化，使压实作业始终在最良好的条件下进行。

目前已经有了一些智能化压实的初步尝试。Bomag 公司最新推出的自动压实控制系统就是一种新的探索，这一系统是基于在振动轮与土壤相互作用的过程中，土壤的刚度将随着压实的进展而逐渐变大这一规律来设计的。为避免滚轮跳离地面，在振幅不能调节的情况下振动轮的振幅是按照密实土壤的刚度来确定的，因此在开始压实松土时，由于滚轮的振幅较小而限制了振动能量的提供。为了使振动能量始终能保持在滚轮不致跳离地面的极限状态，振幅应随着土壤刚度的变大而变小，这样就能最大限度地利用振动轮所能提供的振动能量，从而提高压实的效率。在这里，关键的技术是要解决振幅可以在压实进程中进行无级调节的问题。Bomag 公司在土方压实和沥青压实机械上分别推出了振动方向无级可调和垂直激振力无级可调的自动压实控制技术。

图 37 和图 38 是 Bomag 公司的 BVC 型振动方向无级可调单钢轮压路机的调节机构与工作原理。图 39 和图 40 则是 VARIOMATIC 型振幅无级调节的双钢轮压路机的调节机构与实现这种智能压实的工作原理。

（4）无人化和机器人化的发展

压实过程自动化的最终追求是希望实现完全无人操纵，和能在远离现场的情况来指挥和控制整个压实作业的施工过程。现在无人操纵的振动压实机械已经应用在某些特殊的环境如危险地带、水下作业中，但离达到上述目标还会有相当的路程。图 41 是 H. Thurner 博士设想的一种由中央控制室操纵的压实作业的自动化过程，可以作为未来压实施工的一种期望。

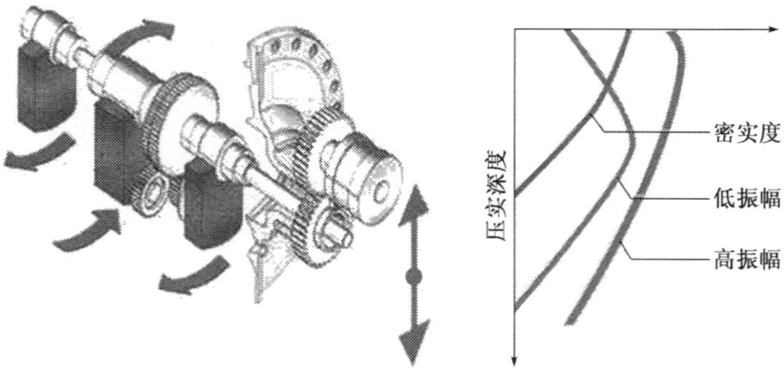

图 37　振动方向的无级调节机构和它解决土壤压实表面振松方面的效果

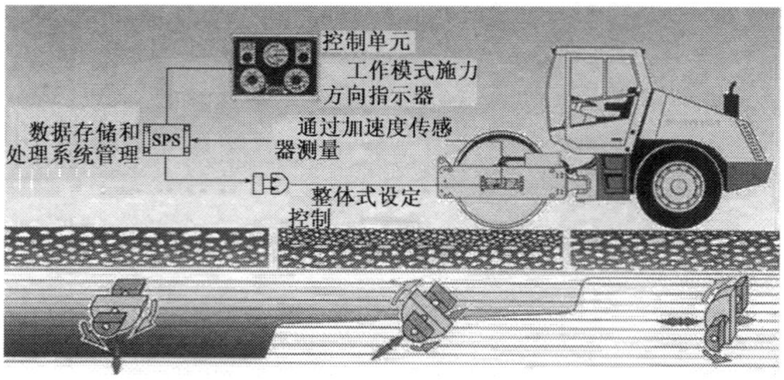

图 38　BVC 型振动方向无级可调单钢轮压路机的工作原理

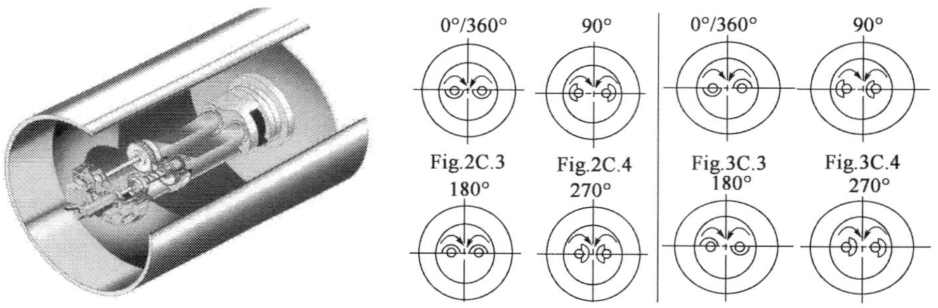

图 39　振幅无级调节的双钢轮压路机的调节机构

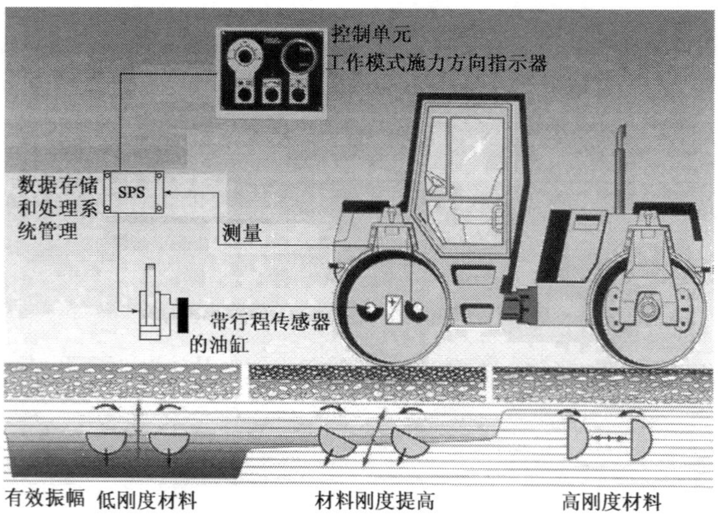

图 40　振幅无级调节的双钢轮压路机实现智能压实的工作原理

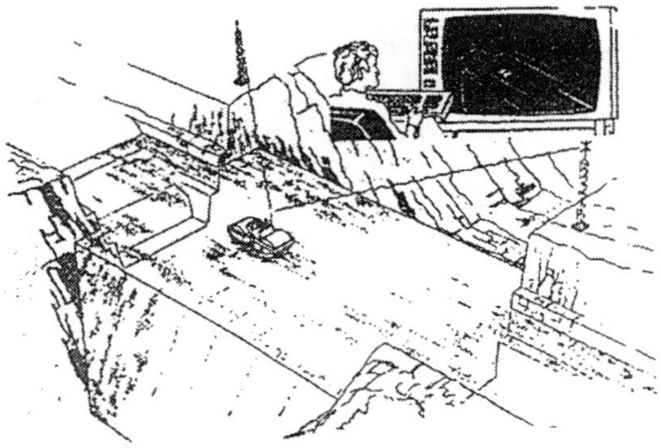

图41 由中央控制室操纵的压实作业的自动化过程

2 沥青路面施工技术的信息化、计算机辅助工程化和远程通信化

将机器的运转和作业过程与施工管理结合起来，是现代机械化施工技术发展的重要趋势。在沥青路面施工技术的信息化、计算机辅助工程化(CAE)和远程通信化中，包含着两方面的内容：一是施工机械技术状况的采集、监测、报警、故障诊断、养护维修等运转工况的管理和远距离通信服务上，二是机器施工作业参数的采集、处理、施工质量的监控等作业过程的质量管理和远距离通信服务上。

运转工况的信息管理系统和远距离通信服务在技术上难度相对较小，因而发展也较快。目前欧洲一些路面机械的大企业，如 Wirtgen、Bomag、Dynapac 大都有自己的远程服务系统。图 42 展示了 Dynapac 开发的远程监控及机器信息中心。从图 42 中可看到，安装在其上的数据采集器通过无线发射装置将数据发送给信息中心，而机器的地理位置则由 GPS 系统传输到信息中心的接收天线上。

随着卫星定位技术和随车计算机技术的发展和进步，以及用户(业主)的需求，人们开始尝试进一步将机器的自动控制与施工作业的信息联系起来，使信息技术(IT)在现代的道路施工中扮演着越来越重要的角色，并随之出现了一些新的技术概念和术语：建筑自动化(Construction Automation)、机械控制与导航(Machine Control and Guidance)、数字化质量保证(Digital Quality Assurance)、工地管理或支持系统(Worksite Management or Support Systems)等。在随后的发展中，它们被归纳为一个更完整的概念——“计算机集成道路施工”(Computer Integrated Road Construction, CIRC)。

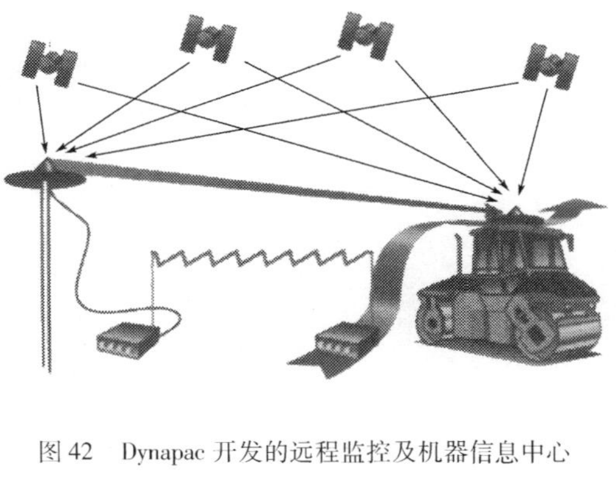

图 42 Dynapac 开发的远程监控及机器信息中心

CIRC 的概念是由欧盟委员会支持的一项英国—欧洲联合基金研究项目“Brite - EuRam Ⅲ”提出的，这一项目由 5 个国家的 7 个研究单位和大学参与完成，为期 3 年(1997—1999)。CIRC 被定义为一种正在形成的交叉学科领域，它将传统的道路施工与现代的信息技术、实时定位与机器控制结合在一起，以便自动地记录和捕捉道路的施工过程，并容许在线地与道路的设计要求进行比较，其目的是以更加自觉的方式建造出更好的道路来。

按照上述定义，CIRC 的研究领域包括以下四个方面：

(1)GPS 技术在道路施工中的应用。

(2)机器工作参数、技术状况的采集、处理、与正常工况的对比、异常情况的诊断等机器工作状态的管理。

(3)施工作业参数的采集、处理、与作业质量要求的对比等作业过程的质量管理。

(4)机器工作状况和施工作业过程的远程管理。

在上述四方面的研究方向中,发展相对较快的是 GPS 技术的应用、运转工况管理系统、对故障分析和诊断的远距离通信服务。技术上难度最大、进展相对较慢的是第三方面的工作,它包含了作业过程的在线监测、作业参数的采集与实时处理、作业质量的过程控制。

进入 21 世纪后,CIRC 发展了两个子系统:CIRPAV(计算机集成道路摊铺)、CIRCOM(计算机集成道路压实)。

现在 CIRPAV 和 CIRCOM 都已有了概念型的样机,并在某些工地上进行了试验,但还只是初步的、有限的作业质量过程控制与管理。图 43 是 CIRPAV 系统的工作示意图,在图中可看到摊铺机熨平板铺层的高程是由一高程定位系统控制的,它由地面部分和机载部分组成。定位系统采集的铺层高程信息传输至机载的处理单元,经按中心站发来的指令实时处理后,一方面对熨平板高程调节系统发出指令,调节熨平板的仰角,另一方面将调节的结果发回中心站。

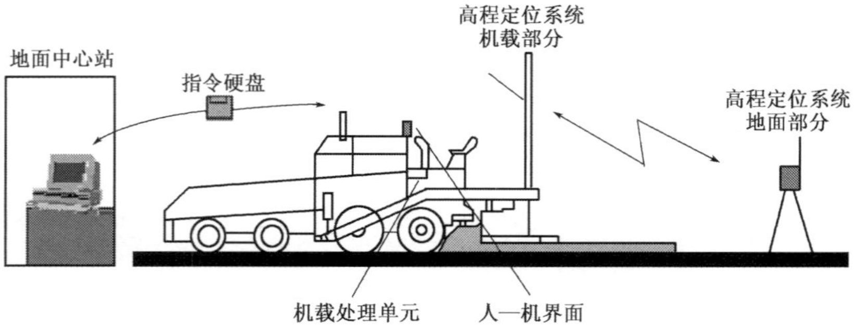

图 43　CIRPAV 系统工作原理的示意图

图 44 则是 CIRPAV 在现场工作的情况,图 45 是安装在机器上的机载处理单元。

图 44　CIRPAV 在现场工作的情况图

图 45　安装在摊铺机上的机载处理单元

CIRPAV 目前能做到的是:

(1)记录摊铺机当前的作业位置。

(2)按设计的要求控制铺层的纵向高程和平整度。

(3)采集和记录已铺表面的纵向高程和平整度。

CIRCOM 的定位系统与 CIRPAV 是类似的,其另一项主要功能是实时检测和处理铺层的压实度。

图 46 是 CIRCOM 的地面定位系统,图 47 则是它的机载的处理单元。

CIRCOM 目前能做到的是:

(1)记录压路机当前的作业位置。

(2)告诉操作手已完成的碾压遍数和正确的碾压速度。

(3)按正确的碾压速度和碾压遍数来控制压实过程,防止漏压或过压。

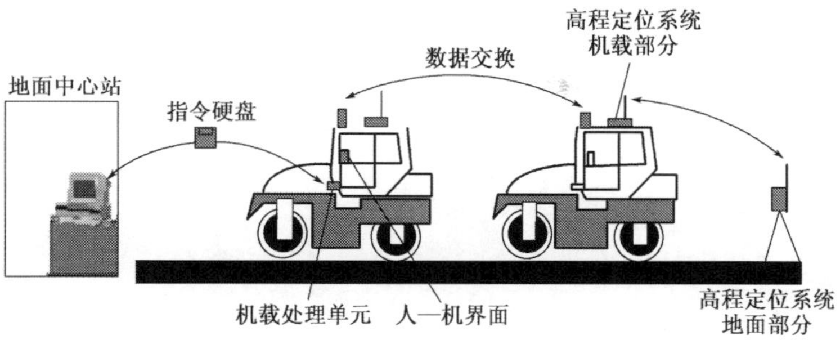

图 46 CIRCOM 的地面定位系统

(4)采集和记录铺层的压实密度。

(5)进行多台压路机的协同控制(图 48)。

图 47 安装在压路机上的机载的处理单元

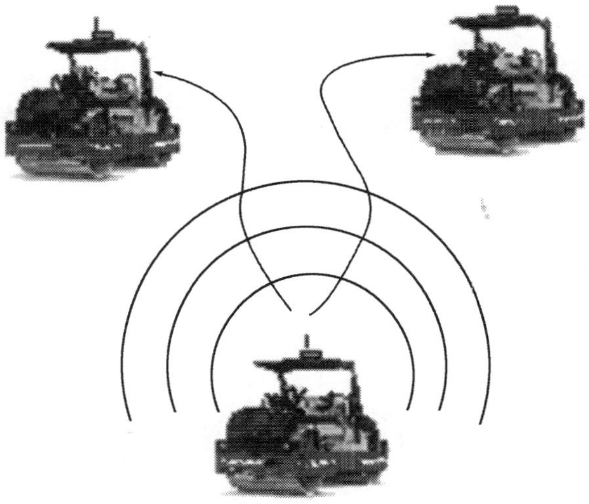

图 48 多台压路机的协同控制

CIRC 的进一步发展是希望实现摊铺机与压路机作业过程的联机远程控制,图 49 是 H. Thurner 博士设想的未来沥青路面摊铺机与压路机协同作业,无人化、智能化、联机远程控制的情景,显然要完全实现上述目标还需假以时日。

图 49 摊铺机与压路机作业过程的联机远程控制

中国路面机械发展30年

孙祖望

（本文刊于《建筑机械》杂志2000年第9期）

回顾近30年的发展历程，我国路面机械的发展可以大体上以10年为期划分为三个阶段：大规模引进国外技术的时期（20世纪80年代中期～90年代中期）；在消化、吸收国外技术基础上的扩展时期（20世纪90年代）；从复制国外技术逐步迈向自主创新的时期（进入21世纪后）。

我国路面机械是一个起步较晚、相对年轻的行业。虽然路面与压实机械的开发、研究早在20世纪50、60年代就已经开始，但是在20世纪60年代初～70年代末的近20年间发展速度却是十分缓慢的，当时生产的主要是供修筑低等级公路（包括砂石路面）和用作养护的小型机具，例如用于贯入式路面和表面处治用的沥青洒布车、小型沥青搅拌设备，在东方红54拖拉机上改装的路拌机和其他养护机具、两轮和三轮的静碾压路机等，如图1所示。在"文化大革命"期间，我国路面机械的发展基本上处于停滞状态，只是由于本行业一些有责任心的科技人员的坚持与努力，仍然研制开发了一些新产品，例如机械式小型沥青混凝土摊铺机、30t/h的沥青混合料搅拌设备、小吨位的振动压路机等。虽然它们为后来的开发研究工作做出了重要贡献，但当时都未形成真正的批量生产。

我国路面机械真正意义上的发展是从20世纪80年代开始的。经历了30年的发展，我国路面机械已经成为我国机械装备业和工程机械制造业的重要组成部分。从产量来看，路面机械几个主要机种的年产量比20世纪80年代初已经翻了几倍，例如沥青搅拌设备年产量已达500台左右、沥青摊铺机1100台左右、压路机10000台左右、平地机4000台左右。从服务的领域来看，在二级及以下等级公路建设采用的施工设备中，国产路面机械已经占有绝大部分，在高等级公路的建设中，也已打破了进口机械一统天下的局面。国际市场占有率也正在迅速扩展，在亚洲、中东、非洲等发展中国家，中国制造的路面机械已经占有一定的市场份额，一些主要的路面机械企业如徐工、华晨华通等出口产品的销售收入已占总收入的30%左右。可以说30年来我国路面机械的发展已经取得了辉煌的成就。

图1　我国现存最早的压路机——"洛阳"牌压路机

1　大规模引进国外技术的阶段

新中国成立初期，由于西方的技术封锁导致我国技术信息十分闭塞，除从苏联引进的技术外，我国技术人员往往只是凭着国外杂志上的图片或看到的机器外貌仿造出一台类似的机器。到了20世纪80年代初，对于工程应用中急需的设备采取买进一台样机解体后进行测绘，然后进行样机试制的方式。这种测绘方式的开发，从表面看缩短了样机设计的时间，但是实际上从样机到成熟产品仍需经历3～5轮的修改，才能进入批量生产，总的试制周期很长，成本较高，往往仍难达到令人满意的效果。20 世纪 80 年代中期～90 年代中期，这 10 年是我国路面机械形成一定规模的第一个重要的发展时期，这一时期的特点是开始大规模地引进国外技术。随着国家改革开放政策的实施，国门逐步打开，与国外企业、技术的接触、交流也逐渐增多，国人开始看到我国工业与国外的巨大差距，国家开始对机械装备业提出了引进、消化、吸收的国策。在这一政策的指导下，“八五”期间通过国家重点科技项目攻关计划和国家重大引进技术消化吸收计划，安排了一批路面机械方面的重点项目，使得我国路面机械发展的重点开始转向高等级公路的施工养护设备。在此期间西安筑路机械厂先后引进了英国 PAKER 公司的 1000 型、M3000 型沥青搅拌设备(图 2)和德国 DYNAPAC-HOS 铺宽 7.25m的 LTY8 型沥青摊铺机和铺宽 7.5m 的 GTLY7500 型高密度摊铺机，如图 3 所示。徐州工程机械厂引进了德国福格勒的 S1502、S1704、S1804 及 S1700、S1800 等几种轮胎和履带式的沥青摊铺机，陕西建设机械厂引进了德国 ABG 公司铺宽 12m 的 411 型沥青摊铺机。镇江路面机械总厂引进了日本新潟的摊铺机制造技术。在压实机械领域内，徐州工程机械厂引进了 CA-25、CA-30、CC221、CC422 四个机型的单钢轮和双钢轮压路机，洛阳建筑机械厂和江麓机器厂则分别引进了德国宝马格和 VIBROMAX 的振动压路机。这样大规模的引进国外技术，使我国路面机械的技术水平得到了很大的提升，产生了跨越式的发展效果，大大缩小了与国外先进水平的差距。在引进国外先进技术的过程中，大批技术人员出国考察、培训，近距离地学习国际先进的产品技术以及大型机械化配套的施工技术等，培养和造就了一大批具有现代化专业知识的技术人才，为我国路面机械行业的快速发展提供了支持。

图 2　我国第一台由西筑引进并消化吸收后创新的 M3000 型沥青搅拌站

图 3　西筑引进生产的沥青摊铺机

2　在消化吸收基础上的技术扩展时期

20 世纪 90 年代，我国开始了大规模的公路建设，国家第一次制订了以五纵七横国道主干线为骨架的国家公路网规划。在我国第一条高速公路沪嘉路和沈大路于 1988 年和 1990 年相继建成通车之后，我国的公路建设进入了一个以建设高等级公路为主的新时期。随着高等级公路的快速发展，我国路面机械工业的发展也迎来了生机勃勃的春天，国家加大了对路面机械科研攻关、技术引进、企业技术改造项目的支持力度。中国的路面机械工业在“七五”“八五”大规模引进国外技术的基础上，在技术上迅速形成了产品系列，在生产工艺上通过一批国家重点支持的技改项目，大大改善了企业的生产条件，建立了规模化的生产体系。在此期间，我国路面机械工业的整体技术水平迅速提高，缩短了与国外先进水平的差距，在行业内形成了一批骨干生产企业，例如西安筑路机械厂通过承担交通部一系列重大技术引进消化吸收项目、出国考察培训等活动，在西安筑路机械厂内培养造就了一大批具有深厚基本功和前沿技术眼光的设计研发人才，近年推出的具有世界先进水平的 J4000 型搅拌设备，是立足于自主研发为主的新产品。我国路面机械产品的数量、品种、质量都有了很大的发展，可以说 20 世纪 90 年代的 10 年奠定

图4　拥有四项专利的洛建百年经典压路机

了我国路面机械工业向现代化发展的基础，如图4所示。

3　面向21世纪的机遇和挑战

进入21世纪后，我国路面机械工业面临着一些对今后的发展会产生重大影响的因素，这里既孕育着很大的机遇，又存在着严峻的挑战。

(1)在新的世纪里，我国公路建设又迎来一个新的高速发展时期。世纪之交，国家提出了两项重大的战略决策即推行积极的财政政策、扩大内需和开发西部的战略决策。进入新的世纪，交通部开始着手制订新的高速公路网规划，包括7条首都放射线9条南北纵向、18条东西横向组成的《国家高速公路网规划》于2004年经国务院审议通过后，于2005年正式颁布实施。国家一系列加强交通基础设施建设的政策和措施将在相当长的时期内刺激我国公路建设的加速发展，并将为路面机械工业提供良好的市场前景。

(2)随着我国加入WTO和全球经济一体化的趋势，中国市场进一步对外开放和进一步融入国际市场。中国巨大的潜在市场不仅为中国同样也为国外企业提供了极大的机遇。路面机械良好的市场前景不仅是面向本国的，同时也是面向世界的。

(3)面对路面机械良好的市场前景，国内路面机械生产企业的布局也发生了重大变化。一些国外路面机械领域的著名企业看好中国的市场前景，纷纷在中国建厂，1997年美国英格索兰公司在无锡设厂生产压路机，这是路面机械行业第一家外商独资企业。一下拉近了与中国用户的距离，在供货周期、售后服务等方面占据了先机。英格索兰设厂的成功，引发了其他外资品牌竞相来中国建厂。1999年戴纳派克在天津武清开发区设立独资工厂生产压路机和摊铺机，随后宝马格在上海、维特根在河北廊坊、卡特彼勒在徐州、安迈和玛连尼在上海先后建立了独资公司，到今天为止，世界上著名的路面机械跨国公司已全部登陆中国。包括沥青搅拌设备、沥青摊铺机、压路机、铣刨机等主要的施工、养护设备领域的大部分世界顶级的制造商，都在中国建立了自己的生产基地。在沥青搅拌设备方面有玛连尼、安迈、日工，在摊铺机方面有戴纳派克、维特根、ABG，在压实机械方面有英格索兰、宝马格、戴纳派克、酒井，在铣刨机和养护机械领域有维特根等等。当年学习模仿的对象如今"同台竞技"。另一方面，国内一些生产通用工程机械的大企业例如柳工、常林、宇通、三一重工、中联重科和一批中小型的民营企业在良好市场前景的吸引下也纷纷进军路面机械行业。这些都将对中国市场的竞争格局产生重大影响，见图5～图8。

图5　徐工生产的双钢轮压路机

图6　柳工在收购江阴交通工程机械厂之后全面进入压路机领域

图7 上海F1赛道,戴纳派克压路机和摊铺机联合作业

图8 三一虽然进入路面机械行业较晚,但已在我国路机行业占据重要地位

(4)由于普遍看好路面与压实机械的市场前景,大批国内外企业涌入这一行业中来,国内的路面机械企业面临十分激烈的竞争局面。一方面,随着中国社会的进步与发展,工资水平的提高,国产设备与外资企业产品相比的价格优势在逐步削弱。另一方面,众多国内企业生产着技术上雷同的产品,使得低价竞争成为各企业之间主要的竞争手段,从而导致某一产品的市场迅速饱和而利润率大幅下降的局面。

4 我国路面机械工业在新历史时期的发展道路

我国路面机械工业经过数十年的发展,已经有了比较坚实的基础和实力,产品的数量、品种、性能都踏上了新的台阶。但是在看到成绩的同时,还要承认与世界先进水平相比仍然存在着差距,不论是在技术性能、可靠性与寿命、外观质量方面还是在品牌认知方面,我国的路面机械还没有进入国际一流水平的行列。

进入21世纪后,我国路面机械工业正处在一个重要的历史转折时期。面临严峻的竞争压力,我国路面机械工业的发展还存在着一些亟待解决的深层次问题。在新的历史时期,如何使中国的路面机械工业成为一个有竞争力的伙伴而跻身于世界一流水平的同行之中,这是值得思考的问题。以下是个人的一些看法,供业内同仁讨论:

(1)我国路面机械工业应该从世界经济的大环境出发,更好地融入国际市场。中国的企业应该立足于与国际接轨的经济环境和面向世界的战略高度来考虑自己的发展,这里有着两层意思:一是可以从信息、技术、人才、零部件的配套等方面更好地利用开放的国际环境,尽可能地吸收先进的施工工艺、制造技术、高品质的零部件,使我国产品的技术水平和质量提高一个档次,在产品的可靠性和寿命方面大大缩短与国际知名品牌的差距;二是从国际市场的大范围内来经营和销售自己的产品,充分利用WTO为我国产品进入国际市场带来的好处,更好地发展和开拓国际市场。

(2)尽快改变由于技术雷同、低水平的重复而导致价格上的恶性竞争。大型企业应更多地在做强、做精上下功夫,树立品牌意识,率先摒弃低价竞争的策略,以技术、质量、服务来赢得市场。中小企业在市场竞争中应根据自身的特点正确定位自己独特的核心业务,同样应将核心业务做精、做强。靠雷同的技术和产品简单的价格优势,最终是不会有出路的。

(3)在市场竞争中要建立同行之间的诚信原则,加强对知识产权的保护力度,倡导依靠自己的智慧和创造力来促进技术进步。

(4)加强企业技术创新和自主开发的能力。进入21世纪以来,国家在各种场合强调了创新对建设社会主义强国的重大意义。我国路面机械企业在技术创新上的差距是与国外同行之间最根本的差距。在激烈的市场竞争下,增强技术创新能力是提高行业竞争力的唯一出路,也是我国路面机械工业在新的历史时期的必由之路。

在国家政策的倡导下,近些年来国内路面机械企业在对技术创新的认识和观念上、在技术创新的资金投入上、研发基地和手段的建设上都有了很大的进步,在新产品的技术含量和新技术的应用方面也取得了很大成绩。但是从总体上来看,我国路面机械的核心技术主要还是来源于国外,尤其是缺乏原创性的技术创新。国内企业目前的自主开发主要还属于仿制性的自主开发,如何从复制他人技术和仿制性的自主开发过渡到创新性的自主开发和原创性的技术创新,是我国路面机械工业在新时期中必须解决的问题,也是唯一可选择的发展道路。相信经过我国路面机械行业同仁们的不懈努力,一定会使中国的路面机械企业屹立于世界一流水平的同行之中。

当代路面与压实机械发展的新趋势

孙祖望

（本文刊于《筑路机械与施工机械化》杂志 2015 年第 1 期）

摘　要：本文讨论了当代推动世界路面与压实机械技术进步的基本动力。在此基础上阐述了路面技术的新发展、绿色道路建设以及现代高新科技对路面与压实机械发展的推动作用。

1　当代推动世界路面与压实机械技术进步的基本动力

要研究当代路面机械的发展趋势，首先要研究当代推动世界路面与压实机械技术进步的基本动力。自 20 世纪 90 年代至今的 20 余年是路面与压实机械发展十分迅速的时期。在此时期出现了许多新技术、新工艺和新设备。纵观路面与压实机械这 20 余年的发展可以发现，推动当代世界路面与压实机械技术进步的基本动力来源于以下三方面：

（1）公路建设与更新改造的强大需求以及路面使用性能日益提高的技术要求推动着路面与压实机械向着更好满足路面新材料、新工艺、新技术的方向发展。

（2）可持续发展战略对经济与环境、人与自然和谐发展的要求推动着路面与压实机械向资源节约、能源节约、环境保护以及资源的再生和利用的方向发展。

（3）现代高新科技的快速发展推动着路面与压实机械向信息化、智能化、无人化的方向发展。

2　路面技术的新发展及其对路面与压实机械发展的推动作用

在 21 世纪前后路面技术的发展中，一个重要的新理念是将路面分成结构性和功能性两大部分。车辆行驶的交通载荷主要由路面的结构性部分来承担，它们应具有必要的耐久性，在长时间内不发生损坏；路面的功能性部分则用来满足车辆平稳、快速、安全行驶等功能性的要求，它们应具有良好的平整度和抗滑性。在上述理念下出现了两大类新的路面技术：长寿命路面和功能性路面。

2.1　长寿命路面及其对施工设备的新要求

长寿命路面是一种设计和施工良好，至少在 40 ~ 50 年寿命内能保持其结构性部分不发生损坏的路面，而所需要进行养护和维修的只是其表面的功能性部分。长寿命路面的好处是：

（1）虽然一次性的建造投资很高，却可以大大降低路面整个寿命周期费用。

（2）由于最大限度地降低了沥青路面的维修养护作业，从而减少了道路使用者的日常费用。

（3）由于减少了路面寿命周期的资源消耗，从而降低了能源消耗、温室气体的排放和对环境的影响。

与寿命 15 ~ 20 年的一般沥青路面相比，长寿命路面在结构上有着以下一些特点：

（1）高质量的表面磨耗层。

（2）具有很强抗车辙能力的联结层。

（3）耐久的抗疲劳破坏的柔性基层。

（4）加强的路基和底基层。

长寿命路面的磨耗层通常为 30 ~ 75mm 高质量的透水性或密实型的热拌沥青混合料，联结层则为

100～180mm 高性能的抗车辙混合料，基层通常采用 75～100mm 高耐久性的抗疲劳材料（图 1）。长寿命路面的这些结构特点将对沥青路面的施工工艺和设备提出更高的要求。

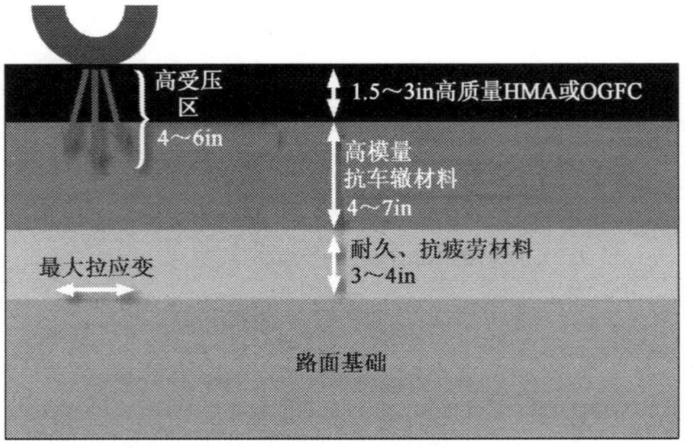

图 1　长寿命路面的典型结构

注："in"为长度单位，1in = 25.4mm。

长寿命路面的沥青层通常要厚达 35～40cm 以上，对路基与基层的强度要求也更高，因而对路基和路面的施工工艺和设备的效率和质量有着更高的要求，这将推动路面与压实机械向着大型化、重型化的方向发展。长寿命路面对原材料的质量、混合料的均匀性、施工中的材料与温度离析、压实质量和压实度的均匀性都提出了更高的要求，这将要求沥青拌和设备有更高的计量——控制精度和搅拌的均匀性，要求混合料运输和摊铺设备具有更高的抗离析能力，要求压实设备能达到更高的压实密度和压实的均匀度，这些都将催生某些新的施工工艺和方法并推动路面与压实机械向作业质量的实时控制和智能化的方向发展。长寿命路面对结构层抗车辙变形和抗疲劳破坏、抗反射裂缝的要求，常常需要采用一些特殊结构的混合料，例如为提高抗车辙的能力常常采用高模量和嵌挤结构的混合料。这将促使发展更加重型的压实设备，为提高混合料抗疲劳破坏和抗反射裂缝的能力，在欧洲常采用浇筑沥青来铺设沥青基层，美国常采用橡胶沥青的应力吸收层等结构，这些都将促使发展某些特殊的路面施工设备。

2.2　功能性路面及其施工性能

随着人们对路面使用性能越来越高的要求，路面除了要满足行车的基本功能外，还希望它能发挥更多的功能而成为多用途的路面。"功能性路面"一词来源于日本，它是指除普通的行驶功能外，还具有某些特殊功能的路面，例如排水性路面、降噪路面、破冰路面、彩色景观路面、弹性橡胶路面、阻燃路面等等。在各种功能性路面中应用最为广泛的是多孔性排水路面（Porous Drainage Pavement）和安静路面（Quiet Pavement）。

多孔性排水性路面是一种细料很少、具有很大空隙率的透水性路面，可以在雨天将路面的积水快速地排至边沟的功能性路面。多孔性排水性路面的优点是可迅速将雨水排出路面，避免车辆在雨天行驶时的"水漂"现象、抑制路表面的溅水与水雾的发生、减轻夜间行车的眩光现象，从而大大降低交通事故的发生率。多孔性排水性路面的另一个重要功能是降低车轮在路面上的滚动噪声。

安静路面是指交通噪声低于 70dB 的路面。沥青安静路面的结构可分为两大类：一类是在密实结构的基础上形成的，另一类是在空隙结构的基础上形成的。密实结构安静路面的降噪机理是建立在路面负纹理表面构造基础上的，负纹理的表面构造大都采用近乎单粒径的集料，由于凸出的阳文面积大而凹下的阴文面积小，可降低车轮在路面上滚动的摩擦噪声和泵气噪声（图 2）。

具有负纹理表面构造的安静路面通常用于城镇、住宅区、冬天容易积雪的道路上，主要的结构形式有：单粒径的 Novachip 路面、单粒径的 MicroSurfacing 和 NovaSurfacing 路面、单粒径的 Stone Mastic Asphalt 路面（降噪 SMA 路面）。

空隙结构的安静路面是在排水性路面的基础上形成的，排水性路面本身就具有良好的降低噪声功能,为增强其降噪效果,出现了双层结构的透水性路面(图3)和橡胶沥青透水性路面。双层透水性路面的上层是由小粒径集料组成的连通孔道,起着消音器的作用,因而可增强透水性路面的降噪效果。橡胶沥青路面则由于其弹性路面的特性,同样也可增强透水性路面的降噪效果。开级配的排水降噪型安静路面通常用于高速、干线公路和市郊道路上,主要的结构形式有:单层和双层的透水性路面、单层和双层的橡胶沥青透水性路面。

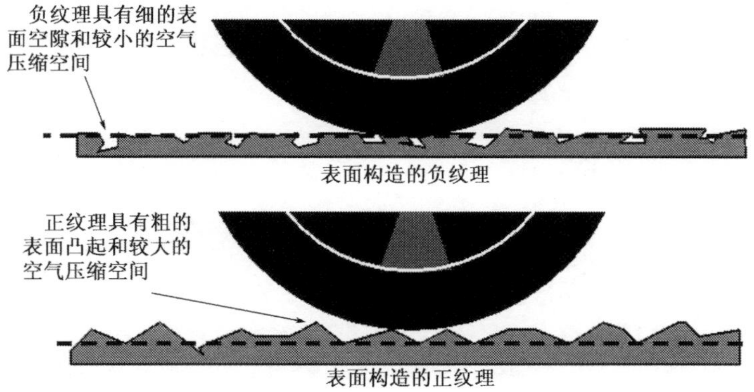

图2　表面构造的正纹理和负纹理

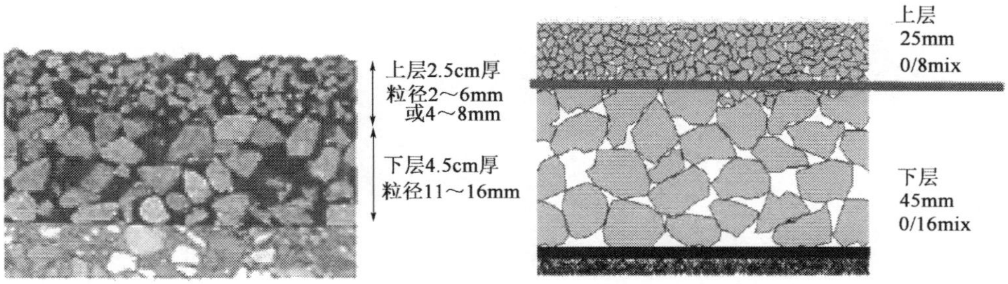

图3　双层结构的透水性路面

图4展示了7种降噪路面相对于常规SMA路面的降噪效果,从图中可看到双层透水性路面的降噪效果明显优于其他类型的降噪路面,尤其是双层结构的橡胶沥青透水性路面的降噪效果为最好。

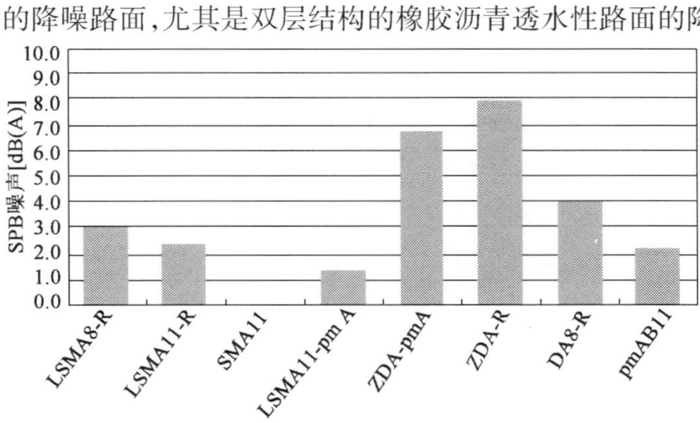

图4　各种降噪路面相对于常规SMA路面降噪效果的比较

SMA-普通SMA路面;LSMA-低噪声SMA路面;LSMA-R-橡胶沥青低噪声SMA路面;LSMA-pmA-改性青低噪声SMA路面;DA-R-单层橡胶沥青透水性路面;ZDA-pmA-双层改性沥青透水性路面;ZDA-R-双层橡胶沥青透水性路面;pmAB-普通改性沥青密级配混合料路面

注:图中代表各种降噪路面的符号意义为:英文字母代表降噪路面混合料的类型;数字代表混合料的公称最大粒径(以mm表示)。例如:LSMA11-R,其中LSMA-R代表橡胶沥青低噪声SMA混合料,11代表混合料的公称最大粒径为11mm。

大多数功能性路面在路面结构上都有一些共同的特点:

(1)多数功能性路面的结构厚度都比较薄,通常属于2.5~4cm的薄层路面。

(2)许多功能性路面都要求采用高黏度的结合料来加强材料之间的黏结力,从而增强路面的耐久性和承载能力。

(3)不少功能性路面由于需要在混合料中添加某些特殊的材料,或由于特殊功能本身的需要往往要求采用开级配或断级配的混合料,在这些混合料中,粗集料起着骨架的支撑作用,通常要比密级配承受更大的载荷作用。

功能性能路面的这些结构特点带来了一系列施工性能上的特殊问题。使用高性能、高黏度的黏结材料,随伴着混合料施工和易性的恶化,增加了混合料摊铺与压实的难度。粗集料多、高黏度、开级配(断级配)的混合料属于一种压实性能较差的硬性混合料,通常要求施加更多的压实功,但是铺层薄、粗集料多的混合料吸收外部能量将其转化为压实功的能力又较差,多余的能量将转化为使集料破碎的功,导致粗集料大量压碎而严重破坏原有的级配特性。因此,一方面是需要更多的外部功使混合料得到充分压实,而另一方面又不能使用高能量的压实设备。薄层路面散热快等不利的碾压条件则加剧了混合料压实性能差,而施加的压实能量又受限制的矛盾。

功能性路面在施工性能上的不利条件对它们的施工工艺和设备提出了一些新的要求和挑战。在常规的设备条件下,功能性路面的施工只能依靠改变相应的施工工艺来适应其不利的施工条件,通常采取的措施有:

(1)通过提高混合料的搅拌、摊铺和碾压温度来降低黏结剂的黏度,通过限制混合料的运输距离和储存时间来减少混合料的热量损失,从而改善高黏度混合料的施工和易性。

(2)关闭摊铺机熨平板的夯实功能,降低熨平板的振动能量,以防止压碎集料和空隙率的变化。

(3)限制振动压路机和轮胎压路机的使用,以避免破坏混合料的设计级配和黏结材料的唧浆、上浮等质量问题。

(4)限制施工季节,避免在初春、深秋较冷的季节施工,以争取较好的气候条件。

采取上述一些措施虽然能缓解和改善功能性路面的施工条件,但是也会带来一些负面的影响。在常规的设备条件下,功能性路面的施工通常会带来更多的环境和施工质量问题。由于提高了施工温度,将大大加剧搅拌设备温室气体的排放,增加能源的消耗,加大烟雾和粉尘的排放。由于碾压方面的困难,则更容易造成压实不足和压实过度等施工质量问题。

2.3 薄层和超薄结构路面在施工工艺和设备上的新发展

为更好适应功能性路面施工性能上的特点,近些年来发展了一系列更加适合于薄层和超薄结构路面的施工工艺和设备,主要有:在摊铺过程中同步洒布黏结材料的工艺及设备;超薄结构黏结层(NovaChip)专用的摊铺工艺及设备;微表黏结封层(NovaSurfacing)专用的封层工艺及设备;适用于碾压薄层和超薄层路面的振荡压路机和高频振动压路机;热碰热(Hot on Hot)的摊铺与碾压工艺及设备。

1)在摊铺过程中同步洒布黏结材料的工艺及设备

在摊铺机上安装有乳化沥青的洒布设备可避免黏层被污染的风险,取消了沥青洒布车有利于提高施工效率、降低施工成本。图5是传统工艺和新工艺的比较,图6则是同步洒布摊铺装置的示意图,图7为Vogele公司的super 1800-3型黏层油同步洒布摊铺机。

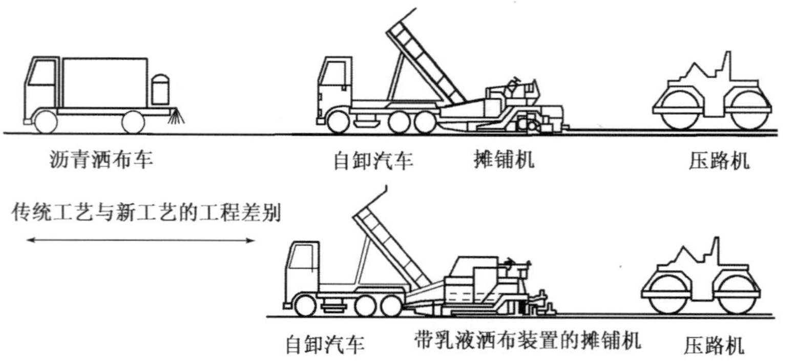

图5 传统工艺和同步洒布摊铺工艺的比较

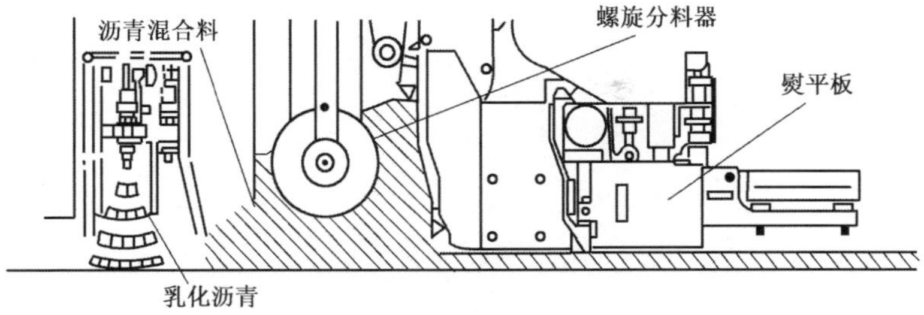

图 6　同步洒布摊铺装置的示意图

图 7　Vögele 公司的 super 1800-3 型黏层油同步洒布摊铺机

2)超薄结构黏结层(NovaChip)专用的摊铺工艺及设备

超薄结构黏结层是在石屑封层的基础上发展起来的,与石屑封层相同的是先在待铺路面上洒一层黏结材料,不同的是敷设在其上的是经沥青拌和后的混合料,而且两者是同步进行的。图 8 是 NovaChip 专用摊铺设备的示意图,图 9 是其在现场作业的情况。

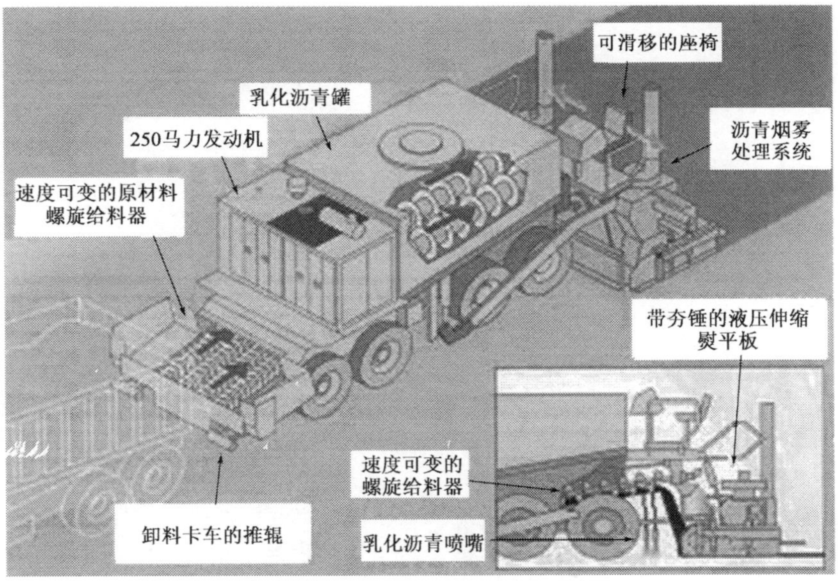

图 8　NovaChip 专用摊铺设备

3)微表黏结封层(NovaSurfacing)专用的封层工艺及设备

NovaSurfacing 是从微表封层(microSurfacing)的基础上发展出来的,其思路与 NovaChip 类似,只是集料与沥青的拌和与摊铺由微表封层机来完成。设备和施工过程如图 10 所示。

4)适用于碾压薄层和超薄层路面的振荡压路机和高频振动压路机

在压实领域内,改进压实技术,使薄层路面和难压的特殊混合料获得更好的压实,就有可能降低对碾压温度的要求,从而可以降低混合料的拌和温度,这也就间接地为减排、节能做出了贡献。

图9　NovaChip 摊铺设备在现场作业的情况

a)

b)

图10　微表黏结封层专用的封层工艺及设备

a) NovaSurfacing 的专用封层设备;b) 在摊铺箱前喷洒乳化沥青

针对薄层路面的压实特点,国外在 20 世纪 90 年代先后开发了两类供薄层路面用的压实新技术:一种是振荡压实技术,另一种是高频振动压实技术。

(1)振荡压实技术与振荡压路机

振荡压实技术起源于 20 世纪的 80 年代中叶而在 90 年代被定位于薄层路面与特殊混合料的压实。振荡压实是利用滚轮摆振产生的水平方向传播的振动波来压实材料的,由于没有垂直方向的冲击,滚轮始终不会离开地面,因而压实过程进展平稳,不会由于过度压实而压碎或振松路面材料。振荡压实的振动能量集中在表层一定深度的层面内(图 11),所以对于较薄的铺层,它的压实效果要优于振动压实。

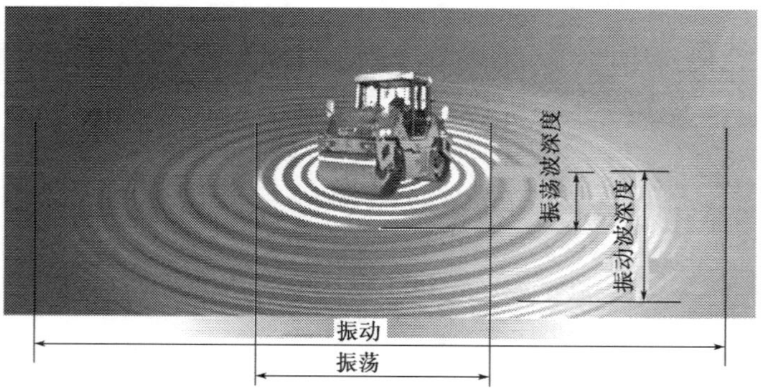

图11　振荡压实的振动能量传播

振荡压路机在改善压实的均匀性方面有着良好的效果,即使在过度压实的情况下也没有振松问题、不会压碎集料,因而特别适合于压实诸如 OGFC 这样的开级配混合料和薄层与超薄层结构的路面。从图 12 中可看到,即使在过度压实的场合仍能保持 80% 以上铺层的空隙率在 3% ~6% 的范围内,而空隙率大于 6% 的比例则为零。

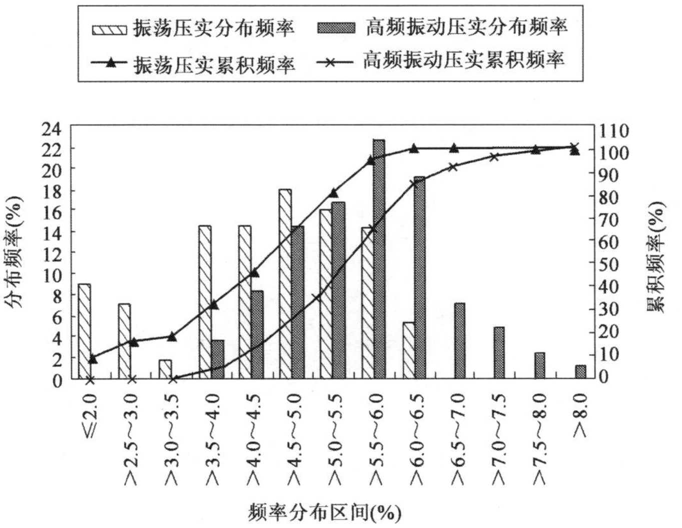

图 12 振荡压路机与高频振动压路机碾压 4.5cm GAC-16 铺层的比较

(2)高频振动压实技术与高频振动压路机

对于薄层路面来说,尤其是对许多压实性能差的硬性混合料,一方面为了获得必要的密实度要求施加更多的压实功,另一方面薄层路面吸收压实能量的能力又较差而不允许使用大能量的压路机。有没有办法来解决两者之间的矛盾呢。在分析施加给铺层的振动能量时,有三个因素影响着施加给铺层的振动能量:一是每个振动周期施加给铺层的振动能,它由振幅来决定;二是单位时间内提供振动能量的次数,它是由振动频率决定的;三是单位铺层长度接受振动能量的次数。造成集料被压碎的原因主要是每个振动周期施加给铺层的振动能量过大而引起振动轮对铺层的冲击,为了减小振动轮的冲击,就必须减小振幅,由此而减小的振动能量,则可通过增加振动频率和调整碾压速度使施加给单位铺层长度总的振动能量保持不变,这就是开发高频振动压路机总的出发点。目前生产高频振动压路机的厂商有日本的 SAKAI、瑞典的 Dynapac 和美国的 IR,图 13 是 SAKAI 的 SW 850 高频振动压路机在宿淮高速公路 22 标段上进行压实性能试验的情况。

5)热碰热(Hot on Hot)的摊铺与碾压工艺及设备

为了解决薄层和超薄结构路面散热快、压实性能差、容易压碎集料、施加压实能量受限制等问题,近些年来在摊铺技术上提出了在热铺层上摊铺热铺层的新概念(“hot on hot”),以便利用下层材料的热量来增大整个铺层的热容量和借用下层结构的强度来增加面层抵抗车轮荷载的能力,并为实现这一概念而开发了双层同步摊铺机和串联式(in-line)摊铺列车。

实验室和现场试验表明,热碰热(Hot on Hot)的摊铺与碾压新技术有着以下一些优点:

(1)由于减小了铺层厚度,可以节省材料费用。

(2)显著地延长可进行碾压作业的时间,从而可以获得高质量的压实。

(3)减少气候条件较差的影响,延长施工的季节。

图 13 SAKAI 的 SW 850 高频振动压路机在进行压实性能试验

(4)有可能降低拌和的温度,因而可减少 CO_2 的排放、节约能源和减少沥青的烟雾。

(5)由于热铺层与热铺层直接接触,没有污染的影响,因而层间的黏结强度得以提高。

(6)提高了整体铺层的热稳定性和抵抗变形的能力。

(7)显著缩短摊铺的时间,节约施工成本。

双层同步摊铺的新技术起源于日本,随后传到了欧洲,但各企业开发的双层同步摊铺机在技术上各有特点。

(1)日本新潟铁工所的双混合料摊铺机

图 14 是新潟的双混合料摊铺机,它的特点是用两个料斗接收来自自卸汽车的不同混合料,然后将它们送到上层和下层熨平板的前方进行摊铺。两种混合料不仅可以上、下层重叠摊铺,也可左右并列摊铺成带状的铺层,后者常用来摊铺不同颜色的彩色沥青路面。

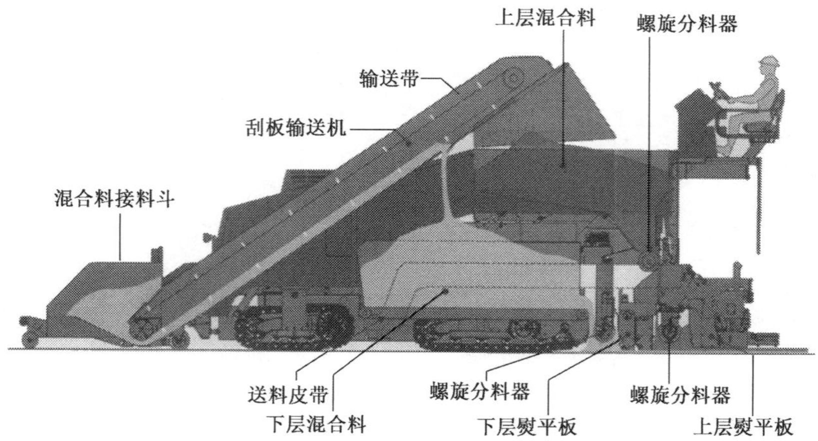

图 14　日本新潟的双混合料摊铺机

(2)Dynapac 的双层摊铺机

Dynapac 的双层摊铺机由一台基础摊铺机和一个磨耗层(上层)摊铺模块组成(图 15)。

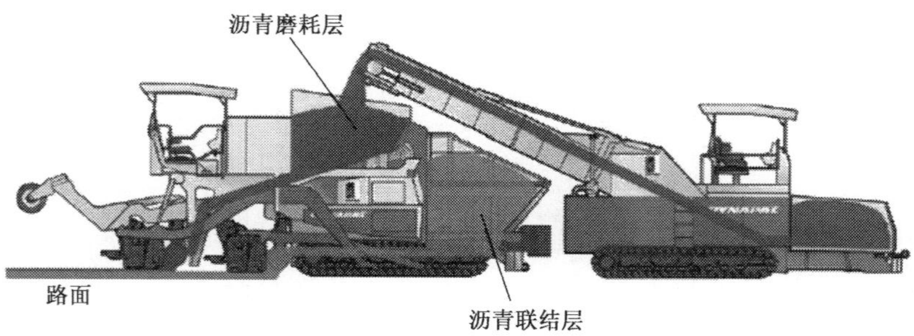

图 15　Dynapac 的双层摊铺机

上层摊铺模块拥有自己的动力来驱动独立的材料输送带,可将料斗中的磨耗层材料送至上层熨平板的前方。基础摊铺机上安装一容量为 45t 的料斗,通过主机的输送带将下层材料送至主机高密度熨平板的前方。上、下两层的混合料分别由两台转运车供给并卸入各自的料斗。

(3)Vögele 的串联式(in-line)摊铺列车

串联式摊铺列车由二台摊铺机和一台材料转运车组成(图 16)。走在后方的是下层摊铺机,为一由 2100 机型改型的专用摊铺机 Super 2100-2 IP,它的特点是带有一特制的高密实度熨平装置,可以使下铺层获得很高的预压密实度,并带有一特大的接料斗(40t)。在下层摊铺机上方安装有专门的转运模块,用来接收并转运上层摊铺机所需摊铺的混合料。材料转运车处在摊铺列车的最后方,它负责轮流为两台摊铺机输送不同的混合料,下层材料卸入主摊铺机的料斗内,上层摊铺用的材料送入主摊铺机上方转运模块的受料斗内，通过输送带，越过主摊铺机，卸入上层摊铺机的料斗内。上层摊铺机走在最前方，它是一标准机型 Super 1600-2 或 1800-2，用来摊铺上层材料，所不同的是料斗的容量加大了（25t），并包装有隔热材料以减少混合料的热量损失。此外，为了避免因履带行走在热铺层上而黏附沥青料，带有专门的履带喷水系统。

图 16　Vögele 的串联式摊铺列车

3　绿色道路建设对路面与压实机械发展的推动作用

"绿色道路"是可持续发展道路建设的一个形象化代名词。可持续发展的道路建设是可持续发展理念在道路建设中的运用，它要求贯彻于从立项、设计到施工、养护整个道路建设和生命周期的全过程，而绿色施工与绿色养护则是"绿色道路"的重要组成部分。

绿色施工与绿色养护是指那些更加符合可持续发展理念、减少环境污染、节约资源与能源、废料再生与再利用的施工与养护技术，以及适用于这些技术的材料、工艺和设备（绿色材料、绿色施工与养护工艺、绿色设备）。

3.1　绿色材料

在传统的沥青材料方面，乳化沥青是最符合绿色材料要求的，但常规的乳化沥青与集料的黏附和裹覆性能很难与热拌沥青相比。因此，改善乳化沥青与集料的黏结性能一直是发展绿色材料的重要方向。近些年来随着表面化学的新进展，出现了一系列新的表面活性剂，例如主动黏附剂、温拌剂、乳化剂等等，大大改善了乳化沥青的黏附性、黏聚性、流动性、破乳时间的可控性，使沥青结合料在冷态的条件下能更好地裹覆在集料上。图 17 是 20 世纪 90 年代末出现并获得广泛应用的一些乳化沥青新材料的例子。近些年来冷态施工黏结材料的新发展则可列举溶剂型冷态施工改性沥青、水性环氧沥青、乳化橡胶沥青等。

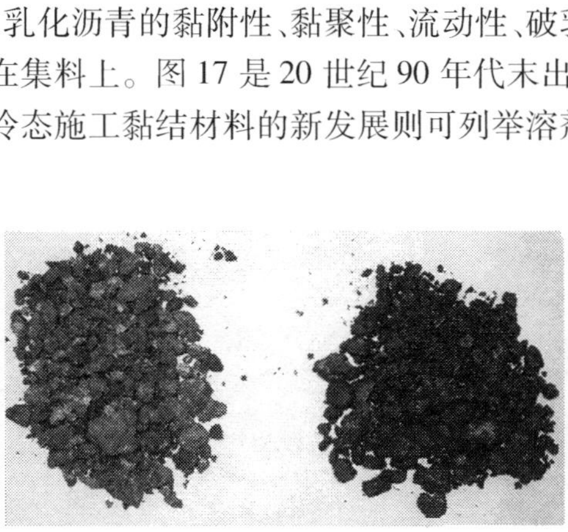

a)

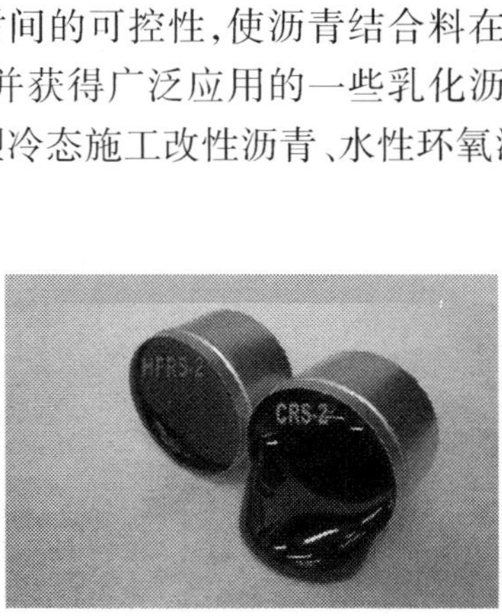

b)

图 17　高性能乳化沥青

a)3% 常规乳化沥青和工程设计的专用乳化沥青；b)高漂浮度乳化沥青

绿色材料发展的另一个重要方向是废旧材料的再生和再利用，其中最有推广价值的是沥青路面的回收材料和废旧轮胎材料。

3.2 绿色施工与养护工艺

绿色施工与养护工艺方面,主要有以下几方面的技术:

(1)冷拌与温拌技术。

(2)冷态的表面封层技术。

(3)冷态坑槽修补工艺。

(4)沥青路面冷再生技术。

沥青混合料的温拌技术是从热拌和冷拌的基础上发展出来的(图18),图19展示了热拌、温拌、半温拌和冷拌温度的范围。

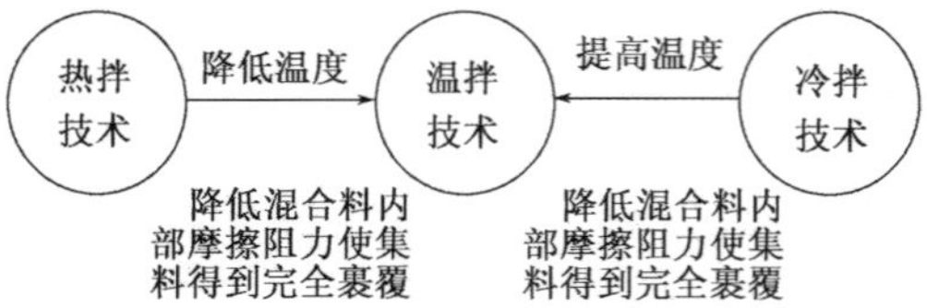

图18 在热拌和冷拌的基础上发展起来的温拌技术

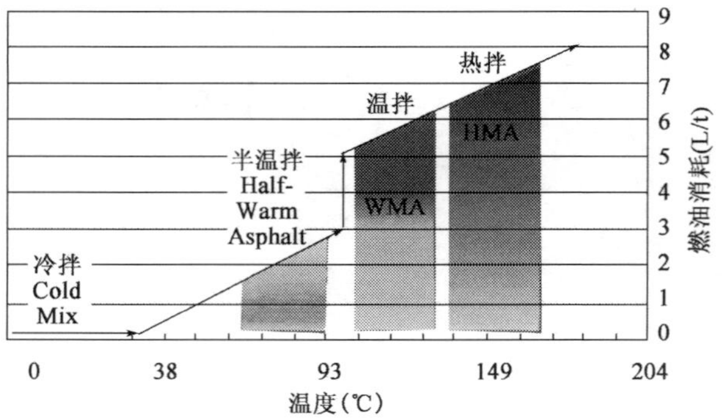

图19 热拌、温拌、半温拌和冷拌温度的范围

沥青混合料的温拌技术是一种界于热拌技术与冷拌技术之间的搅拌技术。冷拌技术的优点是集料与沥青的拌和过程在常温下进行,因而不会由于烘干与加热集料而消耗大量的能源,也不会产生大量的温室气体、烟雾和粉尘,它的缺点是由于拌和是在湿、冷的状态下进行的,因而很难达到像热拌混合料那样的裹覆与黏附质量。热拌混合料能使沥青更好地裹覆和黏附在集料上,但在烘干和加热集料的过程中会产生大量废气和粉尘,特别是生产改性沥青混合料等高黏度的混合料时,成品料的温度可高达170~180℃,这不仅会消耗大量燃料而且会散发出强烈的沥青烟雾,有害于施工人员的健康。沥青混合料的温拌技术就是希望通过降低混合料内部摩擦阻力的方法,能在较低温度下完成混合料的搅拌、摊铺和碾压过程,并获得与热拌混合料同等质量的沥青混合料。

在沥青工业中,采用温拌技术有着一系列重大优点:

(1)降低燃油消耗35%~50%。

(2)减少温室气体排放(主要是二氧化碳)30%~40%。

(3)降低搅拌设备的粉尘和烟雾的排放,减少对环境的污染。

(4)减少沥青混合料在运输、摊铺过程中的烟雾污染,改善施工人员的工作环境,减少对人体健康的损害。

(5)减少沥青在搅拌过程中的老化损失。

(6)改善高黏度混合料的施工和易性,可以在较冷的天气施工,延长施工季节、延长运输距离。

沥青混合料的温拌技术是21世纪以来一项发展十分迅速的新技术,目前各种品牌的温拌技术至少20余种。各种温拌技术按其工作机理和方法的不同,可以分成四大类:矿物泡沫技术(人造沸石);有机降黏剂(人造硬石蜡);化学活性剂(化学手段);泡沫沥青技术。

在上述四类技术中,只有泡沫沥青技术不需要任何添加剂,而主要是从工艺和设备上来解决温拌沥青混合料的技术要求,因而是各类温拌技术中费用最低的一种。泡沫沥青技术虽然不是一种新技术,但应用于温拌沥青混合料则是近十余年之事,目前用来生产温拌沥青混合料的泡沫沥青温拌技术主要有三种方法:WAM Foam;直接泡沫沥青;Low Energy Asphalt。

(1)WAM Foam (Shell & Kolo Veidekke)

WAM Foam是一种利用泡沫沥青来降低沥青混合料颗粒间摩擦力的搅拌新工艺。与常规热拌混合料的搅拌工艺不同,它将胶结料分为软沥青和硬沥青两部分,此时先将软沥青与粗集料相拌和,使粗集料颗粒上均匀地裹覆一层沥青膜,再投入细集料并同时喷入硬沥青和少量的水,使硬沥青泡沫化形成体积增大15倍左右的泡沫沥青作为润滑剂来降低集料颗粒的摩擦阻力,软沥青与硬沥青融合后最终合成的沥青等级应该符合所选择的沥青标号。最终加入粉料一起拌和20s左右,成为泡沫沥青的温拌混合料。图20是WAM Foam泡沫沥青的工作原理,图21是WAM Foam的搅拌工艺时序图。

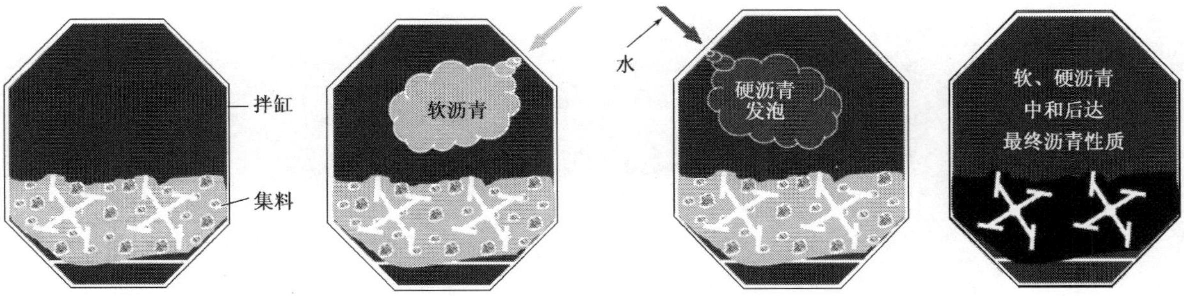

图20 WAM Foam泡沫沥青的工作原理

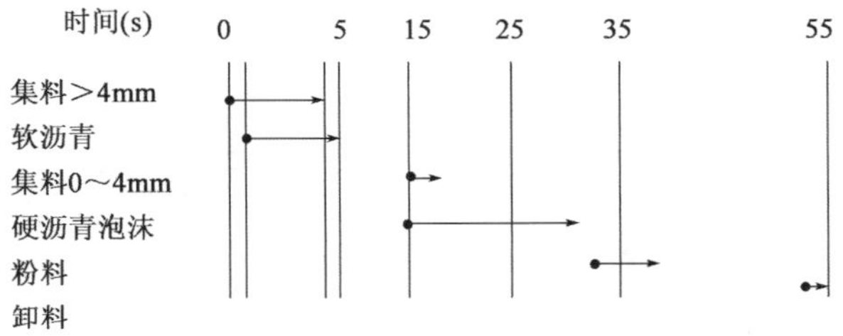

图21 WAM Foam的搅拌工艺时序图

软沥青在胶结料中的比例通常为20%～30%,60℃的黏度应为1500cSt左右,硬沥青通常用针入度为70～90或PG级的58/64－22,占胶结料总量的80%左右。集料应加热至130℃,集料中的粉料应尽可能除去。硬沥青应加温至175～180℃与常温下的水进行泡沫化,水量应为硬沥青重量的2%～5%,混合料的拌和温度为100～120℃。

WAM Foam是一项专利技术,粗集料先与软沥青拌和的好处是可以使集料先裹覆一层均匀的沥青膜,然后使硬沥青逐渐溶解入软沥青,这一过程将一直延续至整个铺筑过程,因而能获得分布良好的沥青膜并在摊铺和碾压过程中保持较低的黏度。WAM Foam技术可以降低沥青混合料的施工温度达40～50℃,沥青混合料的拌和温度为100～120℃,碾压温度为80～110℃,节约燃料30%,减少CO_2的排放30%。

WAM Foam的拌和工艺需要对搅拌设备作相当的改动。首先需设置二种沥青的储存、输送和计量、供给系统,此外,控制系统也应作相应的改动,需要两套独立控制软、硬沥青的硬件和软件系统。图22是为适用WAM Foam的要求而改装的间歇式沥青搅拌设备。

(2)直接泡沫沥青技术

直接泡沫沥青温拌技术是将由泡沫沥青发生装置生产的泡沫沥青取代沥青直接喷入拌缸或连续式搅拌设备的搅拌区内,与矿料在较低的温度下拌和后成为泡沫沥青混合料。此时集料颗粒被泡沫沥青所裹覆,并由于后者的润滑作用而改善了混合料的施工和易性。直接泡沫沥青技术的最大优点是除了水以外不需添加任何添加剂,除了泡沫沥青发生器外,对沥青搅拌设备的改动也是很小的。图23是ASTEC的“绿色双滚筒搅拌设备和它的泡沫沥青发生器”。直接泡沫沥青温拌技术的核心是要在集料颗粒的表面形成微泡沫(Micrescopic Bubbles)的裹覆层(图24)。ASTEC的泡沫沥青温拌技术能使施工温度比常规的热拌沥青混合料降低17～28℃(30～50 ℉),并必须在104℃(220 ℉)前碾压完毕。

图 22　为应用 WAM Foam 对间歇式沥青搅拌设备做的改装

图 23　ASTEC 的"绿色双滚筒搅拌设备和它的泡沫沥青发生器"

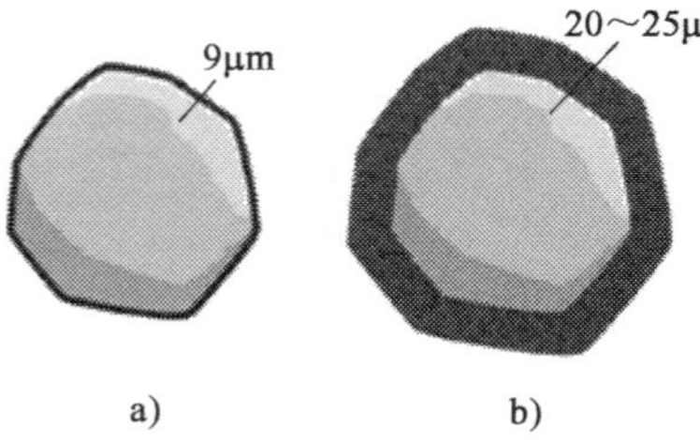

图 24　集料颗粒表面形成的微泡裹覆层
a）常规沥青裹覆；b）微泡沫沥青裹覆

（3）Low Energy Asphalt（L. E. A. ）

L. E. A. 过程的特点是利用细集料中的水分来产生泡沫沥青。它的工艺过程是首先将粗集料加热至 150℃左右，然后用全部沥青用量在常规的温度下与粗集料拌和，并同时加入沥青重量 0.5% 的黏附促进剂于沥青中，当粗集料裹覆好沥青后，加入含水率为 3% ~4% 的冷集料，冷集料中的水分与热沥青相遇而转化为水蒸气，并促使裹覆在粗集料表面的沥青泡沫化，最后泡沫沥青裹覆细集料并通过热平衡使所有的集料获得泡沫沥青的均匀裹覆，此时拌和的温度约为 100℃以下。图 25 是 L. E. A. 过程的拌和工艺顺序。

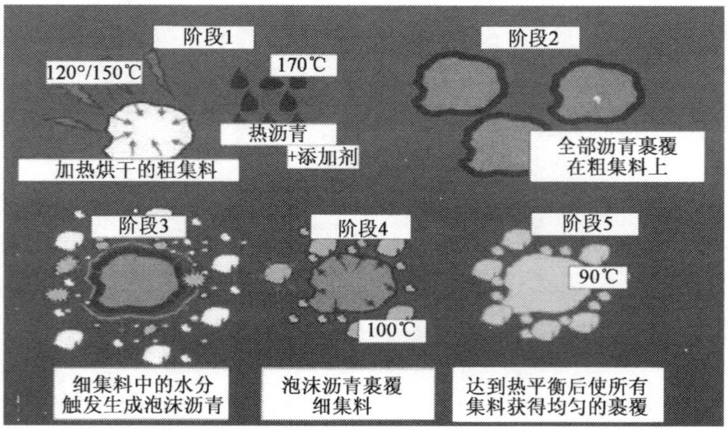

图 25　L. E. A. 过程的拌和工艺顺序

为了实现 L. E. A. 过程，对间歇式沥青搅拌设备需要作以下的改动：

（1）需要增加一套液体黏附促进剂的给料系统。

（2）增加细集料不经烘干筒直接进入搅拌缸的系统。

（3）在细集料的冷料供给系统中，要安装加水用的喷淋和监控装置（图26）。

图26　给细集料加水用的喷淋装置

泡沫沥青温拌技术的进一步发展是解决如何延长泡沫生存期的问题。

冷态的表面封层技术和冷态坑槽修补工艺随着乳化沥青和改性乳化沥青的出现，在20世纪70～80年代就已有了广泛应用，近些年来的发展主要体现在高性能乳化沥青、乳化橡胶沥青、高性能补坑料等新材料的发展上。

沥青路面就地冷再生技术是20世纪90年代出现的相对较新的沥青路面再生技术，它可分为全深度就地复拌技术（Full Depth In-Place Reclamation）和就地冷再生技术（Cold In-Place Recycling）两大类。前者用于路基翻修的场合，后者用于沥青面层翻修的场合。

在各种再生技术中，就地冷再生技术在能耗和温室气体排放方面有着独特的优势。图27和图28展示了各种再生技术的能耗和二氧化碳排放量的比较。

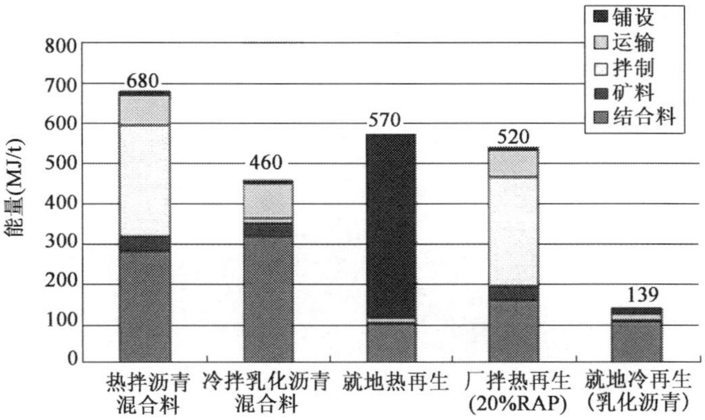

图27　各种再生技术能耗的比较

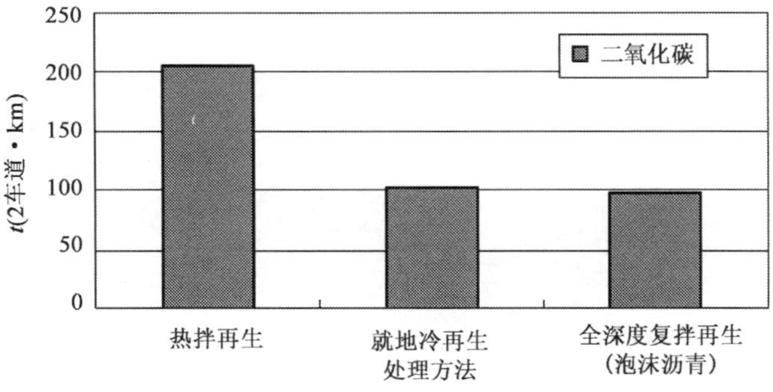

图28　各种再生技术二氧化碳排放量的比较

全深度就地复拌设备是从路拌设备的基础上发展起来的，图29是就地复拌设备的机型。图30则是现场施工作业的情况。

就地冷再生设备是从铣刨机的基础上发展起来的，在铣刨机后方跟随着对铣刨材料进行破碎、筛分和计量、拌和的设备,形成列车式的机组。图 31 和图 32 分别是三列式和二列式的就地冷再生机组,进一步的发展是将所有工序组合在一台设备上的联合机组(图 33)。

图 29　就地复拌设备的机型

图 30　就地复拌设备在现场施工作业

图 31　三列式就地冷再生机组

图 32　二列式就地冷再生机组

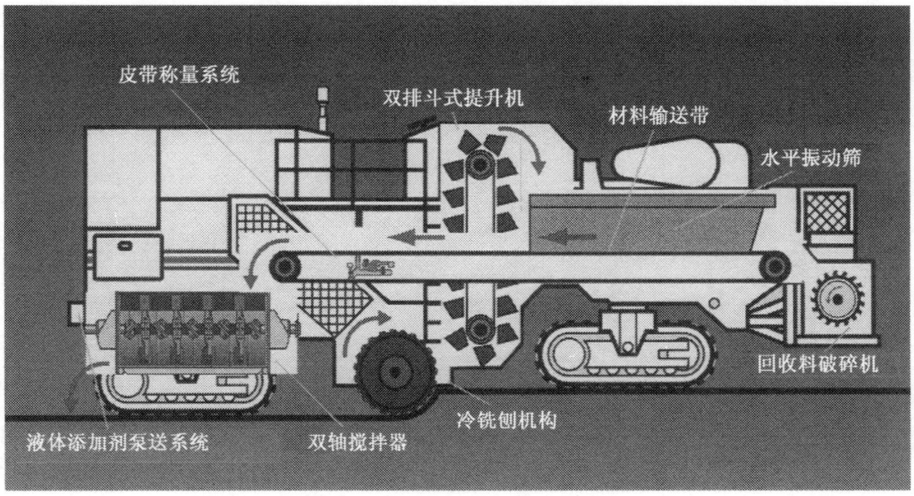

图 33 所有工序组合在一台设备上的就地冷再生机

4 现代高新技术与路面与压实机械的信息化、智能化、无人化

4.1 沥青路面施工技术的信息化、计算机辅助工程化和远程通信化

将机器的运转和作业过程与施工管理结合起来，是现代机械化施工技术发展的重要趋势。在沥青路面施工技术的信息化、计算机辅助工程化(CAE)和远程通信化中，包含着两方面的内容，一是施工机械技术状况的采集、监测、报警、故障诊断、养护维修等运转工况的管理和远距离通信服务上，二是机器施工作业参数的采集、处理、施工质量的监控等作业过程的质量管理和远距离通信服务上。

运转工况的信息管理系统和远距离通信服务在技术上难度相对较小，因而发展也较快。目前欧洲一些路面机械的大企业，如 Wirtgen、Bomag、Dynapac 大都有自己的远程服务系统。图 34 展示了 Dynapac 开发的远程监控及机器信息中心。从图 34 中可看到，安装在其上的数据采集器通过无线发射装置将数据发送给信息中心，而机器的地理位置则由 GPS 系统传输到信息中心的接收天线上。

随着卫星定位技术和随车计算机技术的发展和进步，以及用户(业主)的需求，人们开始尝试进一步将机器的自动控制与施工作业的信息联系起来，使信息技术(IT)在现代的道路施工中扮演着越来越重要的角色，并随之出现了一些新的技术概念和术语：建筑自动化(Construction Automation)、机械控制与导航(Machine Control and Guidance)、数字化质量保证(Digital Quality Assurance)、工地管理或支持系统(Worksite Management or Support Systems)等。在随后的发展中，它们被归纳为一个更完整的概念——“计算机集成道路施工”(Computer Integrated Road Construction，CIRC)。

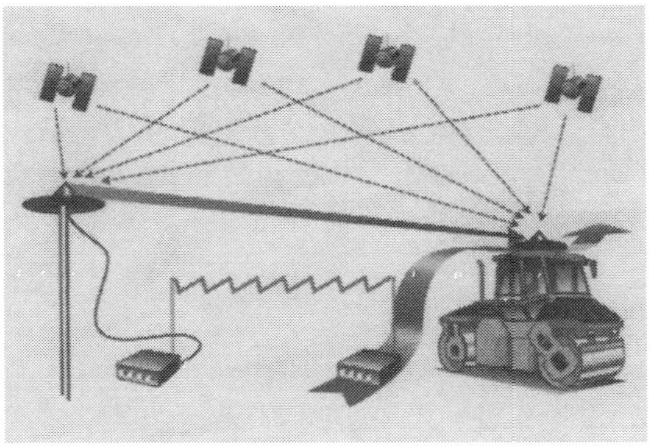

图 34 Dynapac 开发的远程监控及机器信息中心

CIRC 的概念是由欧盟委员会支持的一项英国—欧洲联合基金研究项目“Brite-EuRam Ⅲ”提出的，这一项目由 5 个国家的 7 个的研究单位和大学参与完成，为期 3 年(1997—1999)。CIRC 被定义为一种正在形成的交叉学科领域，它将传统的道路施工与现代的信息技术、实时定位与机器控制结合在一起，以便自动地记录和捕捉道路的施工过程，并容许在线与道路设计要求进行比较，其目的是以更加自觉的方式建造出更好的道路来。

按照上述定义，CIRC 的研究领域包括了以下四个方面：

(1)GPS 技术在道路施工中的应用。

(2)机器工作参数、技术状况的采集、处理、与正常工况的对比、异常情况的诊断等机器工作状态的管理。

(3)施工作业参数的采集、处理、与作业质量要求的对比等作业过程的质量管理。

(4)机器工作状况和施工作业过程的远程管理。

在上述四方面的研究方向中,发展相对较快的是 GPS 技术的应用、运转工况管理系统、对故障分析和诊断的远距离通信服务。技术上的难度最大、进展相对较慢的是第三方面的工作,它包含了作业过程的在线监测、作业参数的采集与实时处理、作业质量的过程控制。

进入 21 世纪后,CIRC 发展了两个子系统:CIRPAV(计算机集成道路摊铺)、CIRCOM(计算机集成道路压实)。

现在 CIRPAV 和 CIRCOM 都已有了概念型的样机,并在某些工地上进行了试验,但还只是初步的、有限的作业质量过程控制与管理。图 35 是 CIRPAV 系统的工作示意图,在图中可看到摊铺机熨平板铺层的高程是由一高程定位系统控制的,它由地面部分和机载部分组成。定位系统采集的铺层高程信息传输至机载的处理单元,经按中心站发来的指令实时处理后,一方面对熨平板高程调节系统发出指令,调节熨平板的仰角,另一方面将调节的结果发回中心站。如果采用多台全站仪,则可进一步对铺层的线形、纵坡、横坡、平整度进行自动控制(图 36)。

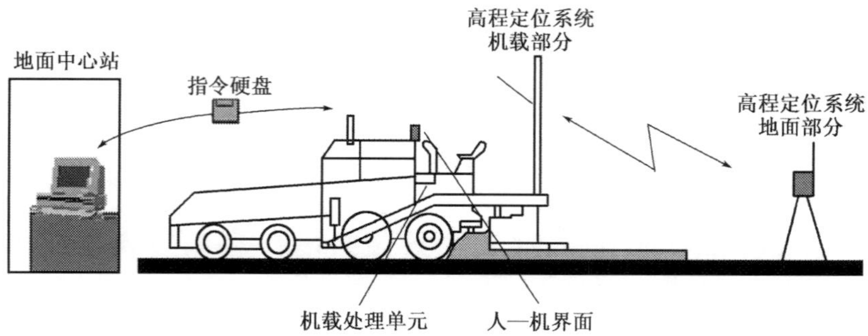

图 35　CIRPAV 系统工作原理的示意图

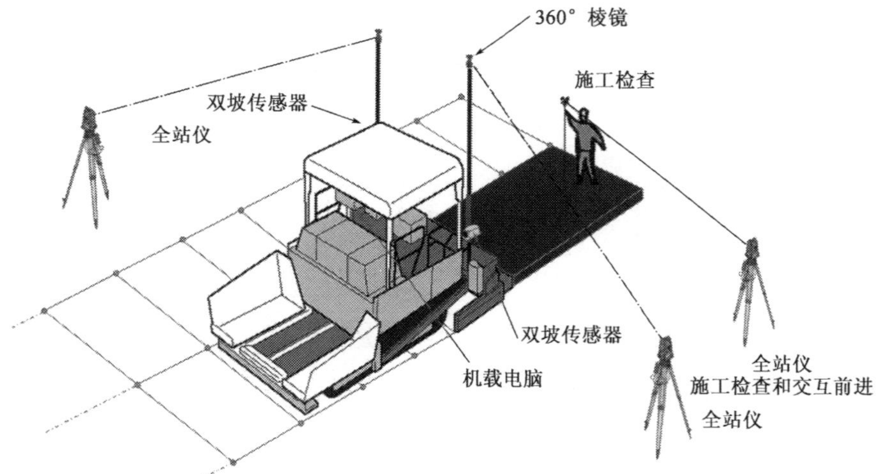

图 36　多台全站仪协同工作

图 37 则是 CIRPAV 在现场工作的情况,图 38 是安装在机器上的机载的处理单元。

CIRPAV 目前能做到的是:

(1)记录摊铺机当前的作业位置。

(2)按设计的要求控制铺层的线形、纵向高程、横向坡度和平整度。

(3)采集和记录已铺表面的线形、纵向高程、横向坡度和平整度。

CIRCOM 的定位系统与 CIRPAV 是类似的，其另一项主要功能是实时检测和处理铺层的压实度。图 39 是 CIRCOM 的地面定位系统，图 40 则是它机载的处理单元。

图 37　CIRPAV 在现场工作的情况图

图 38　安装在摊铺机上的机载处理单元

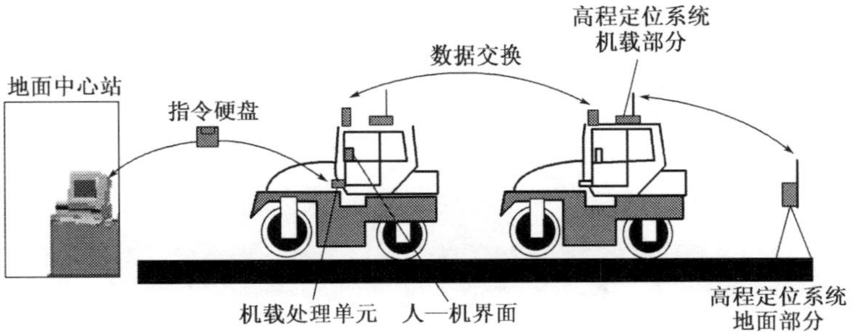

图 39　CIRCOM 的地面定位系统

CIRCOM 目前能做到的是：

(1)记录压路机当前的作业位置。

(2)告诉操作手已完成的碾压遍数和正确的碾压速度。

(3)按正确的碾压速度与碾压遍数来控制压实过程，防止漏压或过压。

(4)采集和记录铺层的压实密度。

(5)进行多台压路机的协同控制(图 41)。

图 40　安装在压路机上的机载的处理单元

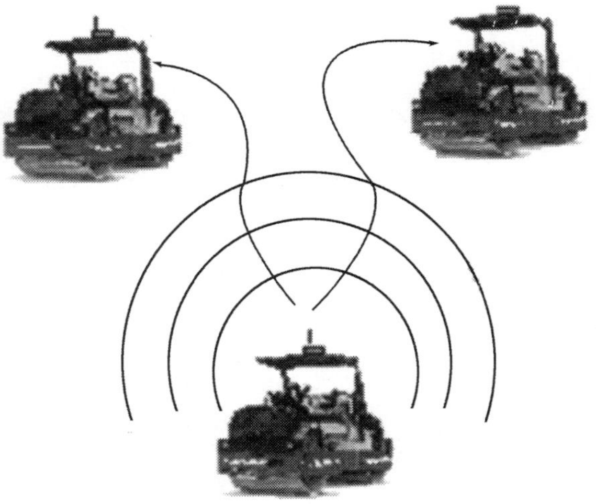

图 41　多台压路机的协同控制

现场作业信息管理系统(Site Information System,SIS)的发展是机械化施工技术在信息化、CAE和通信化方向上近期可能取得进展的主要目标,作业过程的计算机仿真和辅助工程系统也将是作业管理系统未来发展的一个主要亮点。图42是现场作业信息管理系统的一个逻辑模型,SIS安装在机器上,通常由一个“办公室”模块和一个“现场”模块组成,它们可分为以下四个子系统:

(1)作业执行子系统(WE),用以操纵机器和/或工作装置。

(2)操作管理子系统(AFO)是一个对实施操作指令进行决策的模块,它可以由操作手,也可不通过操作手来执行。

(3)临时储存子系统(TDS),用来储存在传送给外部的永久性储存和管理系统之前的临时数据,它们对施工质量的评估是十分重要的。

(4)数据采集与处理子系统是一复合的中介系统,它负责从现实世界获取所需的数据,并按其他子系统的要求对它们进行处理,数据采集与处理子系统还负责根据需要对数据进行可视化处理。

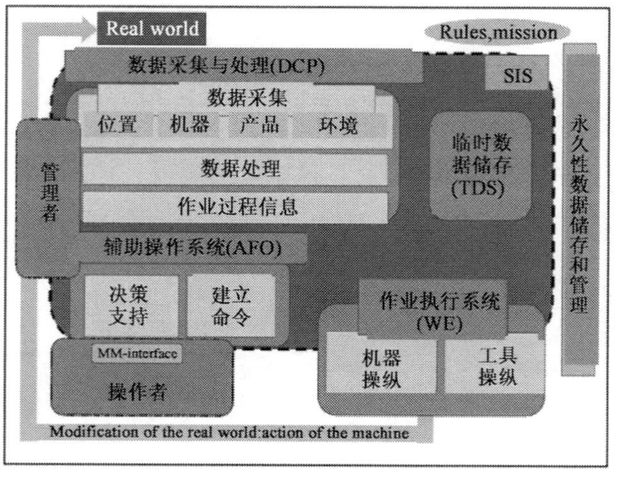

图42 现场作业信息管理系统的逻辑模型

4.2 摊铺与压实的智能化

CIRC第三方面的任务实质上是施工作业的智能化问题,智能压实是智能化施工进展最快、最有现实意义也是推广应用最快的一个领域。CIRCOM已经具备了一定的智能化压实功能,但还处在初级的阶段。更为高级的智能压实是指使压实进程能类似人的大脑那样,对压实作业的环境(被压材料的性能、现场条件等)进行一定的分析,自动提供最佳控制的对策,并在实施的过程中判断压实的效果,进行必要的修正,从而使压实作业始终在最佳状况下进行。机器将具有一定的自学习、自适应的智能,当对某一材料进行压实时,通过一段时间的实践自动对压实作业的各项参数(频率、振幅、碾压速度和遍数)进行调节,并判断其压实效果,从而使压实作业始终在最佳的状况下进行。智能压实的另一个目标是使机器施加给被压材料的能量在任何时刻都能最大限度地为被压材料吸收,而转化为压实功,从而实现压实过程的最佳控制。

在振动压路机上实现智能化压实的基础条件已经成熟:在实现振动能量的受控调节的三个主要参数(振幅、频率、碾压速度)的无级调节中最困难的振幅调节已取得突破性进展;振动压实的近周期和一次简谐振动的研究成果为实现压实进程受控地进行,提供了必要的理论支撑;智能压实应用技术的研究为智能压实的推广应用提供了必要的技术支持。

智能压实应用技术的最新进展是:

(1)建立智能压实测量指标与传统铺层压实质量指标(密度、CBR、PLT、DPI、FWD、LWD等)之间的相关关系和数学模型的研究。智能压实的测量指标直接反映的是路面的劲度,而且是路面的各个结构层(路基、基层、面层)的综合劲度,它与常规的铺层压实质量指标之间的关联关系需要通过大量的实验室和现场的试验研究来确定。

(2)不同品牌压路机的智能压实测量值之间相关关系和建立统一的智能压实测量指标的数据分析模型的研究。

(3)智能压实质量控制和质量保证的规范化和标准化的研究。

美国虽然在智能压实设备的开发方面落后于欧洲和日本,但是在智能压实技术的推广应用方面却发展迅速。近些年来,美国大力加强了智能压实应用技术的研究,在上述各方面的研究中投入了大量的资金和人力。美国联邦公路总局(FHWA)2007 年在交通运输联合基金项目(TPF)中专门列入了"加速实施路基土壤、粒料基层、沥青路面材料智能压实"的研究项目 TPF-5(128),这一项目有乔治亚州、印第安纳等 12 个州的运输管理局参加。在美国已经有 18 个联邦政府和州规范中制订有专门的智能压实的章节。图 43 是 TPF-5(128)项目提出的振动轮与路面路基相互作用的动力学模型。

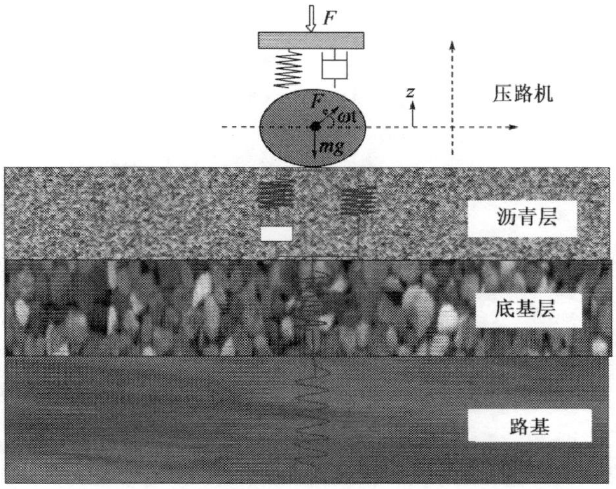

图 43　振动轮与路面路基相互作用的动力学模型

目前已经有了一些智能化压实的初步尝试,Bomag、Ammann、HAMM 等公司都有了在土方或/和沥青压实方面带有自动反馈控制(Auto-Feedback Control)的压路机机型,但还只是简单地根据压实度的增加而逐渐降低振幅和提高频率,还不能做到完全实时地按照与设计压实质量指标的比较进行控制。

4.3　摊铺与压实的无人化

在斜坡、有塌方等危险地段作业时,对机器实行没有司机的远距离操纵是目前已可完全做到的事。更高层次的无人化是建立在智能化基础上的远程控制。CIRC 的进一步发展是希望实现摊铺机与压路机作业过程的联机无人远程控制,图 44 是瑞典 H. Thurner 博士设想的未来沥青路面摊铺机与压路机协同作业,无人化、智能化、联机远程控制的情景,显然要完全实现上述目标还需假以时日。

图 44　摊铺机与压路机作业过程的联机远程控制

第二篇　土方运输机械工作装置与土壤的相互作用和牵引动力学

机械传动式工业履带拖拉机总体参数中有关牵引性能的合理匹配

孙祖望　朱　锦　王恒示

（本文刊于《工程机械》杂志 1977 年第 5 ~6 期）

1　工业履带拖拉机总体参数的合理匹配

总体参数中有关牵引性能（以下简称总体参数）的合理匹配，是工业履带拖拉机总体设计所需解决的一项主要问题。由于推土装置是工业履带拖拉机最基本的作业装置，因此总体参数的选择首先应满足推土作业要求。

工业履带拖拉机在作业时，发动机、传动系、行走机构、工作装置等处在相互联系和制约之中。只有正确地选择其主要参数，保证它们之间的合理匹配，才能充分发挥各总成的性能，从而使整机获得较高的技术经济指标。

过去，在工业履带拖拉机的总体设计中一直沿用农业拖拉机的匹配理论，即发动机功率所决定的额定切线牵引力 P_{KH} 应小于或等于土壤的附着力 P_{φ}，亦即：

$$P_{KH} \leqslant P_{\varphi}$$

注：在农业拖拉机理论中，附着力 P_{φ} 系指与额定滑转率 $\delta=6\%$ 相应的切线牵引力。

对于农业拖拉机来说，为了保证作业各工序间稳定的相对节拍，不允许拖拉机产生很大的滑转。由于履带拖拉机滑转曲线的过渡部分比较急剧，为了避免负荷稍有增大即引起机器完全打滑的情况，农业履带拖拉机的额定滑转率 δ_H 一般取为 5% ~6%。但是对于工业履带拖拉机的绝大部分作业装置来说，上述限制条件是不存在的。过去在工业履带拖拉机的总体设计中也采用了上述匹配理论，其主要依据是希望用 $P_{Kmax} \leqslant P_{\varphi max}$ 的匹配条件来保证发动机能产生的切线牵引力得以全部发挥。然而由于工业履带拖拉机负荷工况的特点，即工作过程的循环作业方式以及工作对象（土石方）的非均质性，工作阻力的变化十分剧烈。在急剧的变负荷工况下，按机器的总体参数 $P_{Kmax} \leqslant P_{\varphi}$ 的条件来匹配，会导致一系列使推土机生产率下降的因素，产生和加剧传动件的磨损。故上述匹配观点在工业履带拖拉机上的合理性是值得商榷的。

首先，上述匹配条件使推土机在遇到突然增大的阻力和超负荷的情况下造成发动机熄火，或司机来不及及时调整铲刀的切土深度而不得不脱开主离器，由于频繁地操作主离合器和调整切土深度，加重了司机的劳动强度和紧张状态，这些最终将导致生产率的下降。

其次，从充分发挥和利用发动机功率的角度来看，由于发动机在变负荷工况下工作时，进、排气过程中气流的惯性、零件的热惯性，以及供油和调速系统的惯性（此点对柴油机来说尤为重要），往往使发动机的实际功率、转矩和比油耗偏离调速特性上的数值。由于“惯性”而引起的“滞后”改变了发动机工作过程的合理组织，破坏了燃料调节系统与发动机工作过程的正确配合。除此以外，变负荷工况还破坏润滑系的正常工作，使发动机零部件承受附加的动荷载，从而加大了机械损失。最终都将反映在发动机动力性和经济性的输出指标上，即实际平均输出功率和平均比油耗会大大偏离它们的额定指标。这样就产生应该如何配置平均阻力矩在发动机特性曲线上的工作点，以便获得最大输出功率的问题（图 1）。

显然，当平均阻力矩的工作点选择得远低于额定转矩时，输出功率必然是较低的。从图1中可以看到，如果将平均阻力矩的工作点沿着调速区段逐步上升，则调速特性上的平均输出功率也随之提高。此时发动机在整个负荷循环中都在调速区段上工作，转速的波动不大（即减速度和加速度不大），因而功率和转矩偏离调速特性的情况并不显著，实际的平均输出功率将随着发动机负载程度的增大而提高。但是当最大负荷超过发动机的额定转矩之后，由于在负荷循环中发动机有部分时间在非调速区段上工作，转速急剧起落，调速特性上平均输出功率的增长开始减慢，而功率和转矩偏离调速特性的情况则由于急剧的减速和加速而逐渐严重。这样，到一定程度时发动机的实际平均输出功率，必然将随着发动机负载程度的提高而下降。由此可见，在变负荷工况下代表发动机负载程度的转矩荷载系数 k（发动机曲轴上的平均阻力矩 $\overline{M}_e$ 与额定转矩 M_H 之比），必然会有一最佳值，在此最佳值下，发动机的实际输出功率将最大。图2是发动机在按推土机的负荷工况进行模拟试验时获得的结果。从图中可以看到，随着发动机负载程度的增大，在开始时发动机偏离静载调速特性甚小，发动机平均输出功率 $\overline{N}_e$ 随着平均阻力矩 $\overline{M}_e$ 之增大而增大。但是当 $\overline{M}_e$ 增至一定程度后，发动机偏离调速特性的程度越来越大，于是在某一 k 值下，可获得最大的平均输出功率。从图中还可以看到，当发动机具有最大输出功率时，发动机的平均输出比油耗也接近它的最佳值。

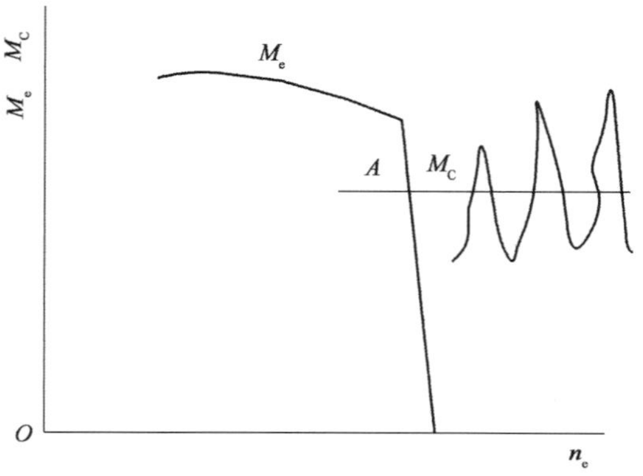

图1 平均阻力矩工作点在发动机特性曲线上的配置
A-平均阻力矩工作点

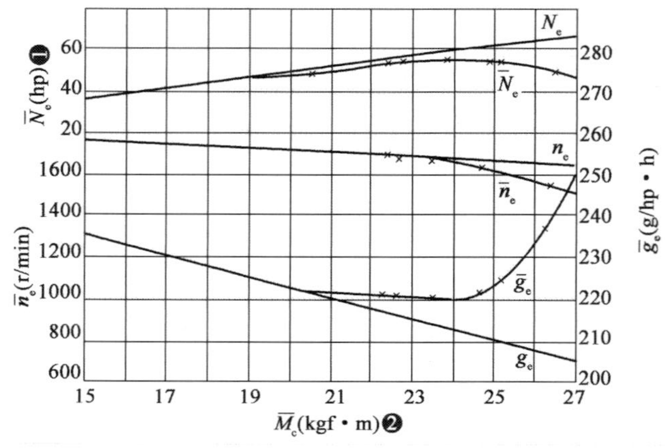

图2 推土机发动机平均输出指标随发动机平均负载程度而变化之关系

以上讨论表明，发动机只有在稳定工况下工作时（输出最大功率即额定功率），其平均阻力矩的工作点才能配置得等于其额定转矩。当阻力矩发生波动时，发动机的最大平均输出功率总是小于它的额定功率的，并且只有在适当配置平均阻力矩的工作点时才能获得这一最大值。随着阻力矩波动程度的加剧，发动机的最佳转矩荷载系数和平均输出功率都将随之减小。试验表明，对于履带式推土机来说，当发动机转矩适应性系数小于1.15时，发动机的最佳负荷程度约为76%。由此可见，没有必要也不应该过分地提高发动机的负载程度。然而当机器的总体参数按 $P_{Kmax} \leq P_{\varphi max}$ 的条件进行匹配时，发动机就有可能因经常地转入非调速区段工作而过分增大它的负载程度。从而使发动机的实际输出功率和比油耗严重偏离其调速特性上的数值，导致平均输出功率的下降和平均比油耗的增大。

最后，上述匹配观点的后果必然将导致机器重量及金属消耗量的增大。此点在设计大功率的工业履带拖拉机时将更为明显地表现出来。

从上述分析中可以得出以下结论：对于工业履带拖拉机来说，总体参数的合理匹配应该保证充分利用发动机的额定功率和发挥机器最大的生产率。从这一观点出发，总体参数的选择应满足下列条件：

❶1hp = 745.7W。

❷1kgf·m = 9.80665J。

1.1　总体参数合理匹配的第一个条件

为了使机器获得较高的生产率,必须保证推土机在遇到突然的超负荷时,首先发生履带滑转而不应导致发动机熄火。当工业履带拖拉机在这样的条件下工作时,履带的滑转起着一种自动的保护作用。它一方面减轻了司机的操作,另一方面自动地保护发动机不致严重超载,使发动机能在最佳的负载系数附近工作,从而保证最大限度地利用发动机的功率。此时推土机将获得较高的平均牵引力和平均牵引功率。因此,总体参数合理匹配的第一个条件可归结为:由发动机所决定的最大(挂钩上的)牵引力 T_{Mmax}应大于由土壤附着条件决定的最大附着牵引力 $T_{\varphi\mathrm{max}}$,亦即:

$$T_{\mathrm{Mmax}} > T_{\varphi\mathrm{max}}$$

1.2　总体参数合理匹配的第二个条件

总体参数合理匹配的第二个条件是从发动机最大功率工况与履带行走机构最大生产率工况相适应的角度提出来的。

众所周知,推土机的工作速度和牵引力不仅取决于发动机的功率,而且受到行走机构与土壤间附着条件的限制。

对于连续作业的机械来说,机器的生产率可用以下关系式表示:

$$Q = 1000qv$$

式中:Q——生产率($\mathrm{m^3/h}$);

q——单位行驶距离的切土量($\mathrm{m^2}$);

v——机器工作速度(km/h)。

由于 q 和牵引力 T 成正比,因此当农业拖拉机进行犁地作业时,作为一种连续作业的机械,机器的生产率是和乘积 Tv,亦即牵引功率成正比的。在这种情况下,希望机器具有最大牵引功率的要求和具有最大生产率的要求是相一致的。因此在参数匹配时,使行走机构的最大牵引效率工况和发动机的额定功率工况相应,就能保证机器获得最大的牵引功率,从而也就保证了机器的最大生产率。

对于主要按循环作业方式工作的工业履带拖拉机来说,生产率不仅取决于牵引功率,而且和牵引力的大小直接有关。实际上,如略去停车、换挡所花费的时间,则推土机的生产率可以用下式表示:

$$Q = \frac{3600q}{t_{\mathrm{F}} + t_{\mathrm{R}}}$$

式中:Q——推土机生产率($\mathrm{m^3/h}$);

q——推土机一次工作行程完成的土方量($\mathrm{m^3}$);

t_{F}——推土机工作行程所需时间(s);

t_{R}——推土机倒退空行程所需时间(s)。

由于 q 与牵引力 T 成正比,而 t_{F} 和 t_{R} 则取决于机器的行驶速度,亦即:

$$q = \alpha T; t_{\mathrm{F}} = \frac{S}{V_{\mathrm{F}}}; t_{\mathrm{R}} = \frac{S}{V_{\mathrm{R}}}$$

所以

$$Q = \frac{3600\alpha}{S} \cdot \frac{1}{\dfrac{1}{V_{\mathrm{F}}T} + \dfrac{1}{V_{\mathrm{R}}T}} = K\frac{1}{\dfrac{1}{N_{\mathrm{T}}} + \dfrac{1}{V_{\mathrm{R}}T}}$$

式中:T——推土机铲掘土壤时的牵引力;

S——工作行程和空行程时推土机的行驶距离;

V_{F}、V_{R}——工作行程和空行程时推土机的行驶速度;

N_{T}——推土机铲掘土壤时的牵引功率;

α、K——比例常数。

从以上关系式中可以看到,牵引力不仅通过牵引功率影响着机器的生产率,而且还通过乘积 $V_{\mathrm{R}}T$

的大小对生产率产生影响。因此，与工作行程速度 V_F 相比，牵引力对机器生产率的影响因素将更大。这就是说，如果将发动机的最大功率工况匹配在行走机构的最大牵引效率工况上，则尽管机器可以获得最大的牵引功率，但是机器的生产率却并非最高。

此点还可在数学上给以更为严格的证明，如求微商$\frac{dQ}{dT}$，则：

$$\frac{dQ}{dT}=\frac{\partial Q}{\partial T}+\frac{\partial Q}{\partial N_T}\frac{dN_T}{dT}$$

由于

$$\frac{\partial Q}{\partial T}=K\frac{V_R N_T^2}{(V_R T+N_T)^2}$$

$$\frac{\partial Q}{\partial N_T}=K\frac{V_R^2 T^2}{(V_R T+N_T)^2}$$

所以

$$\frac{dQ}{dT}=K\left[\frac{V_R N_T^2}{(V_R T+N_T)^2}+\frac{V_R^2 T^2}{(V_R T+N_T)^2}\frac{dN_T}{dT}\right]$$

当 N_T 最大时，$\frac{dN_T}{dT}=0$，此时$\frac{dQ}{dT}=K\frac{V_R N_T^2}{(V_R T+N_T)^2}$。

由此可见，当牵引功率为最大时，$Q=f(T)$之函数处于上升阶段（dQ/dT 为正值），此时生产率 Q 并非最大（图3）。

当 Q 最大时，$\frac{dN_T}{dT}=0$，此时：

$$\frac{V_R N_T^2}{(V_R T+N_T)^2}+\frac{V_R^2 T^2}{(V_R T+N_T)^2}\frac{dN_T}{dT}=0$$

亦即

$$\frac{dN_T}{dT}=-\frac{N_T^2}{V_R T^2}$$

由此可见，当生产率 Q 具有最大值时，函数 $N_T=f(T)$必然处于下降区段（dN_T/dT 为负值），此时牵引功率 N_T 并非最大（图3）。

因此，对于推土机这样的按循环作业方式工作的机械，保证最大牵引功率的匹配点与保证最大生产率的匹配点是不相一致的。当驱动轮功率一定时，履带行走机构最大生产率的工作点显然将落在最大牵引效率的工作点和最大附着力的工作点（履带100%滑转）之间。

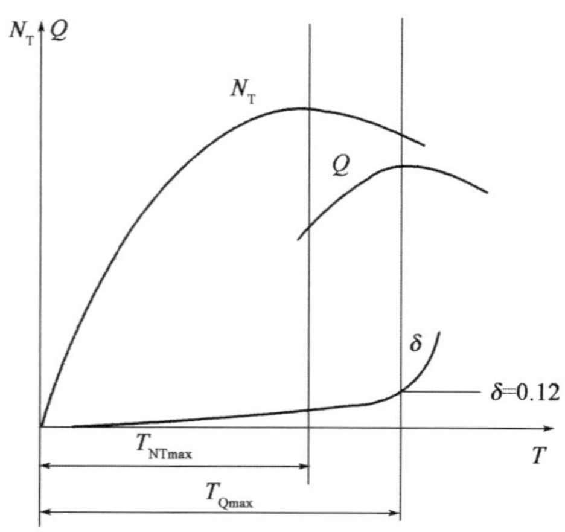

图3　牵引功率 N_T 和生产率 Q 随牵引力 T 而变化的函数关系

研究表明，对于工业履带拖拉机最典型的土壤条件，这一工作点在滑转率 $\delta=12\%$ 附近。因此，对工业履带拖拉机来说，取与最大生产率相应的滑转率作为额定滑转率，即 $\delta_H=10\%\sim15\%$ 是合理的。

根据以上分析，为了使机器获得最大的生产率，合乎逻辑的结论是应该使发动机的最大功率工况与行走机构的最大生产率工况相一致。这就是说，当发动机在最大功率下工作时，履带行走机构应在最大生产率工况下工作。这样，总体参数合理匹配的第二个条件可表达如下：

当发动机在额定功率的工况下工作时，拖拉机行走机构将在额定滑转率工况下工作（$\delta_H=10\%\sim15\%$），此时由发动机功率决定的额定牵引力 T_H 与由行走机构额定滑转

率决定的牵引力 $T_{\delta H}$ 应相等，亦即：$T_H = T_{\delta H}$。

如利用牵引特性曲线来表示这一匹配条件，则图4中的 a-a 线与 b-b 线应重合，而代表最大牵引效率工况的 c-c 线则应在它们的左方。这就是为什么当总体参数匹配合理时，拖拉机的最大牵引功率总是出现在Ⅱ挡上，而Ⅰ挡的牵引功率则稍低于Ⅱ挡的缘故（在Ⅱ挡上，发动机的额定功率工况大体上与行走机构的最大牵引效率工况相应）。

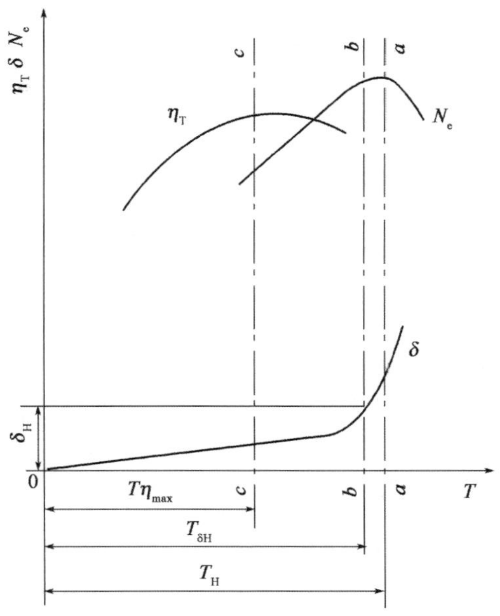

图4　利用牵引特性来评价参数匹配之合理性

a-a-发动机额定功率工况；b-b-行走机构额定滑转率工况；c-c-最大牵引效率工况

拖拉机在这样的匹配条件下工作时，牵引力稍大于额定牵引力 T_H（例如大10%左右），即会引起履带完全滑转，这就便于司机掌握切土深度，使拖拉机尽可能地在接近额定牵引力的范围内作业。此时额定牵引力相当于整个作业过程中的平均最大牵引力，而作业过程的平均牵引力将低于额定牵引力，并大体上与发动机转矩的最佳负载值相当。

1.3　总体参数合理匹配的第三个条件

总体参数合理匹配的第三个条件是从工作装置的容量应与额定牵引力相应的角度提出来的。如前所述，推土装置容量过小，将使拖拉机的额定牵引力不能充分发挥，从而降低机器的生产率；推土装置的容量过大，则将使推土机不能满铲作业或引起履带经常滑转，损失工作速度，同样会导致生产率的下降。因此，推土装置大小的选择应保证铲刀在额定牵引力的作用下，能在5～7m的取土距离内装满铲刀。也就是说，当拖拉机在上述条件下铲掘土壤时，取土阶段末尾所产生的铲土阻力 $\overline{W}_K$ 应小于或等于其额定牵引力 T_H，这一条件可以下述形式表示：

$$\overline{W}_K \leqslant T_H$$

2　TY180履带推土机牵引性能参数匹配中存在的问题及改进

现在以TY180履带推土机作为一实例来讨论工业履带拖拉机总体参数的合理匹配问题。

表1是TY180推土机的原始设计参数。表2则是牵引性能指标的设计值和试验测定值。图5是根据设计参数绘制的Ⅰ挡、Ⅱ挡理论牵引特性，图6则是它的试验牵引特性。

TY180推土机的设计参数　　表1

参数名称	数　值	参数名称	数　值
发动机额定功率(hp)	180	Ⅱ挡总传动比	78.9
发动机额定转速(r/min)	1800	履带板节距(m)	0.216
发动机额定转矩(kgf·m)	71.5	驱动轮啮合齿数	12.5
发动机最大转矩(kgf·m)	85	驱动轮动力半径(m)	0.43
发动机最大转矩转速(r/min)	1400	推土装置高度(mm)	1100
发动机空载最高转速(r/min)	2000	推土装置宽度(mm)	4200
Ⅰ挡总传动比	120.1	推土机使用重量(kgf)	21000

在进行TY180推土机的总体设计时，是按 $P_{Kmax} \leqslant P_{\varphi max}$ 的匹配条件来选择总体参数的。

从表2和图5中可清楚地看到由发动机决定的最大牵引力 T_{Mmax} 小于由附着条件决定的最大牵引力 $T_{\varphi max}$。实际试验也表明，最大牵引力是在接近发动机最大转矩的情况下取得的（图6）。

由于不符合前述合理匹配的第一条件，因而机器在作业时将不能利用履带滑转的自动保护作用，而当推土机遇到突然的超负荷时，发动机存在着熄火的可能。这显然会有碍于充分发挥推土机的技术生产率。

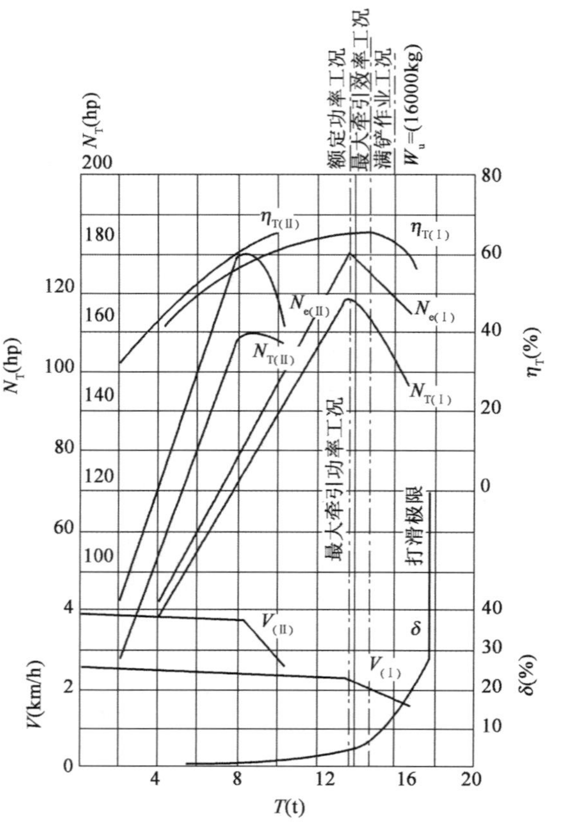

图 5　TY180 推土机的理论牵引特性

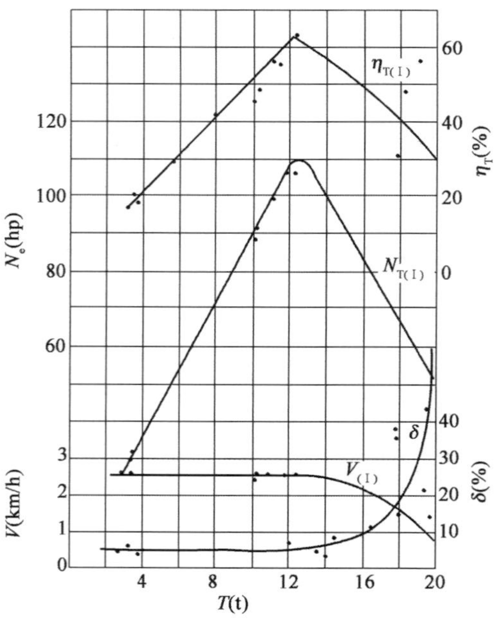

图 6　TY180 推土机的试验牵引特性

从表 2 以及图 5、图 6 中还可以看到，推土机的额定功率工况和最大牵引功率工况以及最大牵引效率工况基本上重合一致。这表明了发动机的额定功率工况是匹配在行走机构的最大牵引效率工况附近的（与之相应的滑转率约为 δ =6%）。因此，推土机的最大牵引功率必然出现在Ⅰ挡上。然而，上述图表却明显地表示出额定功率工况大大偏离与最大生产率相应的满铲作业工况的情况。额定牵引力 T_H 之设计值较满铲作业牵引力小 2210kgf，而 T_H 之测定值则偏离达 4000kgf 之多。由于额定牵引力过低，造成了比值 T_{Mmax}/T_H 过大的情况，曲线 $V=V(T)$ 呈现很长的斜坡。

TY180 推土机牵引性能指标的设计值和试验测定值　　表 2

特征工况 / 指标名称	最大牵引功率工况 N_{Tmax}		最大牵引效率工况 η_{Tmax}		发动机额定功率工况 N_H		满铲作业工况 ($W_k \approx$16000kgf)		发动机决定的最大牵引力工况 T_{Mmax}		附着条件决定的最大牵引力工况 $T_{\varphi max}$		备注
	设计值	测定值	设计值	测定值	设计值	测定值	设计值	测定值	设计值	测定值	设计值	测定值	
滑转率 δ(%)	4.5	4	6		4.5	4	12	16					
牵引力 F(kgf)	13760	12000	14700		13760	12000	16000	16000					
实际速度 V(km/h)	2.32	2.4	2.13		2.32	2.4	1.76	1.7					
发动机功率 N_e(hp)	180		175		180		169	162	16800	≈19000	17850	≈19000	最大牵引功率 118 在Ⅰ挡
理论切线牵引功率 N_{pk}(hp)	140.5		137		140.5		132.5	112					
牵引功率 N_T(hp)	118	109	116		118	109	105	82					

续上表

特征工况 / 指标名称	最大牵引功率工况 N_{Tmax}		最大牵引效率工况 η_{Tmax}		发动机额定功率工况 N_H		满铲作业工况 ($W_k \approx 16000$kgf)		发动机决定的最大牵引力工况 T_{Mmax}		附着条件决定的最大牵引力工况 $T_{\varphi max}$		备注
	设计值	测定值	设计值	测定值	设计值	测定值	设计值	测定值	设计值	测定值	设计值	测定值	
发动机到履带驱动段总效率 η_Σ(%)	78		78.5		78		78.6	69.5	16800	≈19000	17850	≈19000	最大牵引功率118在Ⅰ挡
滚动效率 η_1(%)	88		88.5		88		89.5	87.5					
滑转效率 η_δ(%)	95.5		94		95.5		88	84					
牵引效率 η_T(%)	65.6		66.3		65.6		63	50.5					

在图5上还标明有表示推土机铲土阻力 $\overline{W}_K$ 的直线($\overline{W}_K = 15900$kgf)，它是根据推土机在Ⅲ级土壤上作业，并保证在6m取土距离内装满铲刀的条件计算而得的。$\overline{W}_K$ 之数值大大地超过了推上机的额定牵引力，这表明额定牵引力与推土装置的容量也是不相匹配的。

由于破坏了前述总体参数合理匹配的第二、第三条件，如果要求推土机在作业时保持在低于发动机额定转矩的工况下工作(即在调速区段上工作)，则机器将不能满铲作业。为了保证推土机满铲作业(实际上司机为了提高生产率而希望尽量保持满铲作业是很自然的)，则推土机将转入 $V = V(T)$ 曲线的斜坡上工作，此时发动机在大部分时间内将转入非调速区段工作。这种情况不仅将使发动机因严重偏离其最佳负载工况，而大大降低其实际输出功率，恶化发动机的功率利用系数，而且对发动机的可靠性和寿命也会产生很不利的影响。

表2中所列之数据表明，当推土机在满铲作业的工况下工作时，由于总体参数匹配的不合理，发动机功率减少了11hp(按TY180设计值)和28hp(按TY180测定值，试验样机发动机额定功率为190hp)，而在这一工况下的牵引功率则仅有105hp(按设计值)和82hp(按测定值)。这些数据说明，即使不考虑因变负荷工况而引起发动机输出功率下降的因素，发动机的额定功率也只有58.4%(按设计值)和43.2%(按测定值)被转化为完成有效作业的牵引功率。

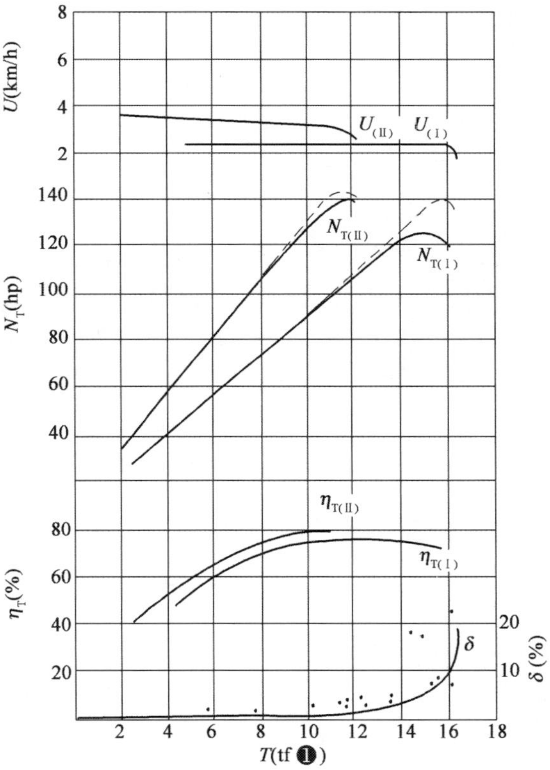

图7　D80A-12推土机试验牵引特性

图7和表3是小松公司相同等级的履带推土机牵引试验的结果。从图7和表3中可以看出推土机的额定功率工况基本上是和额定滑转率工况相一致的，而最大牵引效率工况则在它们的左方。这表明发动机的额定功率匹配在行走机构的最大生产率工况附近(与额定牵引力相应的滑转率 $\delta = 10\%$)。在这种情况下推土机的最大牵引功率出现在Ⅱ挡上。

比较表2和表3所列之数据可以看到，尽管前者的最大牵引力高于后者达1350kgf，但它的额定牵引力却远较后者为小。

注：应该指出，最大牵引力虽然是表示推土机牵引性能的一项指标，然而它并非牵引性能的唯一指标，甚至可以说不是一项主要的指标，因为在最大牵引力工况下推土机是无法作业的。

❶1tf = 9.80665 × 10^3N。

小松公司相同等级的履带推土机牵引试验的结果 表3

特征工况 / 指标名称	最大牵引功率工况 N_{Tmax}	最大牵引效率工况 η	发动机额定功率工况 N_H	满铲作业工况 ($W_k \approx 16000$kgf)	发动机决定的最大牵引力工况 T_{Mmax}	附着条件决定的最大牵引力工况 $T_{\varphi max}$	备 注
滑转率 δ(%)	7	5	10	10	18400	17650	最大牵引功率140在Ⅱ挡
牵引力 F(kgf)	15500	14000	16000	16000			
实际速度 V(km/h)	2.25	2.35	2.1	2.1			
发动机功率 V_e(hp)	179	164	185	185			
理论切线牵引功率 N_{pk}(hp)	151	142	152	152			
牵引功率 N_T(hp)	129	123	125	125			
发动机到履带驱动段总效率 η_Σ(%)	84	86	82	82			
滚动效率 η_f(%)	91.6	91	92	92			
滑转效率 η_δ(%)	93	95	90	90			
牵引效率 η_T(%)	72	75	68	68			

当推土机在同样的满铲作业工况下工作时，两者的牵引功率相差20hp(按TY180设计值)和43hp(按TY180测定值)。其中，发动机至履带驱动段的损失(包括工作油泵、主离合器油泵、转向油泵的空载回路损失，传动系的损失和履带驱动段的损失)分别增大了4.5hp(按TY180设计值)和17hp(按TY180测定值)，履带行走机构的滚动阻力损失分别增大了1.4hp(按设计值)和3.3hp(按测定值)，而由于参数匹配不当则损失了11hp(按设计值)和28hp(按测定值)。

以上的分析表明，TY180履带推土机在总体参数的匹配方面还存在着一定的问题，其牵引性能指标和现代先进的工业履带拖拉机相比也存在着一定的差距。首先是辅助装置、传动系和履带驱动段的消耗过大，三者总效率设计值和测定值分别为0.78和0.695。而参数匹配的不合理则使得TY180的额定牵引力大大低于相同等级工业履带拖拉机的先进水平。

为了改善TY180推土机的性能指标，首先应降低辅助装置、传动系和履带驱动段的消耗。同时，从保证参数的合理匹配出发，通过适当加大发动机功率和调整传动比的办法，使TY180推土机的额定牵引力在$\delta = 10\%$时，达到16tf左右的水平是必要的。

3 对改善工业履带拖拉机总体参数设计方法的看法

分析世界各国工业履带拖拉机的总体参数时，可以发现绝大部分工业履带拖拉机都是遵守$T_{Mmax} > T_{\varphi max}$这一匹配条件的。图8是对世界上目前生产的履带推土机的一些主要机型所作的统计分析。从图中可以看到，发动机功率N_H、最大切线牵引力P_{Kmax}和额定切线牵引力P_{KH}的平均值与推土机机重G之间的函数关系可表达为以下关系式：

$$N_H = 9.25G$$

$$P_{Kmax} = 1.0G$$

$$P_{KH} = 0.8G$$

对于一定的土壤条件来说，推土机的使用重量反映了由附着条件所决定的最大牵引力$T_{\varphi max}$。因此上述关系式实质上表示了推土机的牵引力以及为保证这一牵引力所必需的发动机功率，相对于$T_{\varphi max}$

的储备。

由于 $T_{Mmax}=T_{\varphi max}-fG, T_H=P_H-fG$，如对工业履带拖拉机工作的典型土壤条件取滚动阻力系数 $f=0.07$，附着系数 $\varphi=0.85$，则上述关系式可改用 T_{Mmax} 和 T_H 来表示：

$$T_{Mmax}=0.93G=1.1T_{\varphi max}$$

$$T_H=0.78G$$

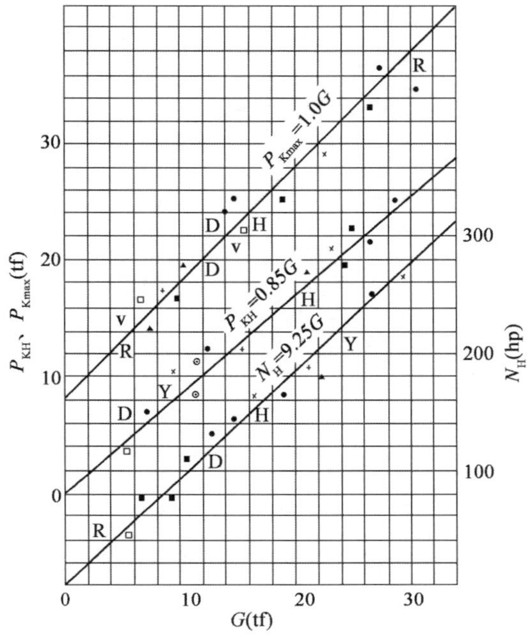

图 8　现代履带推土机的比功率，比最大切线牵引力和比额定切线牵引力

▲-Fiat-Allis；●-Caterpillar；+-Marsball Fowler；×-小松；⊙-Cat-三菱；□-IHC；H-Hanmag；D-Deutz；R-Richard；v-日本车辆；■-三菱重工，日特；▣-岩手富士；Y-日立，早崎

这些关系式表明现代履带推土机（机械直接传动型）的比功率已经提高到了每吨机重 9.25hp 的水平。由发动机决定的最大牵引力 T_{Mmax}，不仅大于附着条件决定的最大牵引力 $T_{\varphi max}$，而且平均约有 10% 的储备。相对额定牵引力 T_H/G 则为 0.78 左右，这一牵引力大体上与 $\delta=15\%$ 相对应。

注：关于附着系数 φ 的定义，目前存在着一些混乱的概念。在农业拖拉机理论中沿用的附着系数是用与 $\delta=6\%$ 相应的切线牵引力与附着重量之比值来表示的，而对工业拖拉机来说，通常用 $\delta=100\%$ 时的牵引力与附着重量之比值来表示。

应该指出，随着材料和工艺水平的提高，这种功率和牵引力的储备仍有进一步增大的趋势。图 9 是美国卡特匹勒公司的工业履带拖拉机比功率 $N_H/G_{拖}$ 和比额定牵引力 $T_H/G_{拖}$ 逐年增长的情况（$G_{拖}$ 为拖拉机的结构重量）。从图中可以看出，至 1980 年该公司工业履带拖拉机的比功率和比额定牵引力的指标可分别达到 13.95hp/t 和 1.18 左右。

在我国工程机械发展的初期，曾广泛地利用农业拖拉机作为供工业用途的履带底盘。然而由于工程机械在施工作业，使用条件和负荷工况方面的一系列特点，农业拖拉机往往不能很好地满足工业用途的各种要求。近年来我国大功率的工业履带拖拉机有了迅速的发展。如前所述在工业履带拖拉机的作业过程中，发动机、传动系、行走机构、工作装置和工作对象（主要是土壤）之间处在相互作用的过程中。因此，机器的基本性能不仅取决于各个总成本身的性能和参数，而且与它们之间的相互配合有着密切的关系。研究这些问题是创造现代化工业履带拖拉机的理论基础，为了使我国的工业履带拖拉机迅速地赶上现代工业拖拉机的先进水平。从工业拖拉机的特点出发，在上述相互作用的关系中来研究机器的使用性能和各总成参数之间的关系，以及它们之间的合理匹配问题，是当前迫切需要进行的理论和试验研究课题。本文所述只是我们对这些问题的一些初步的看法，其中有许多问题还有待于作进一步的探讨和进行更加深入的理论和试验研究。

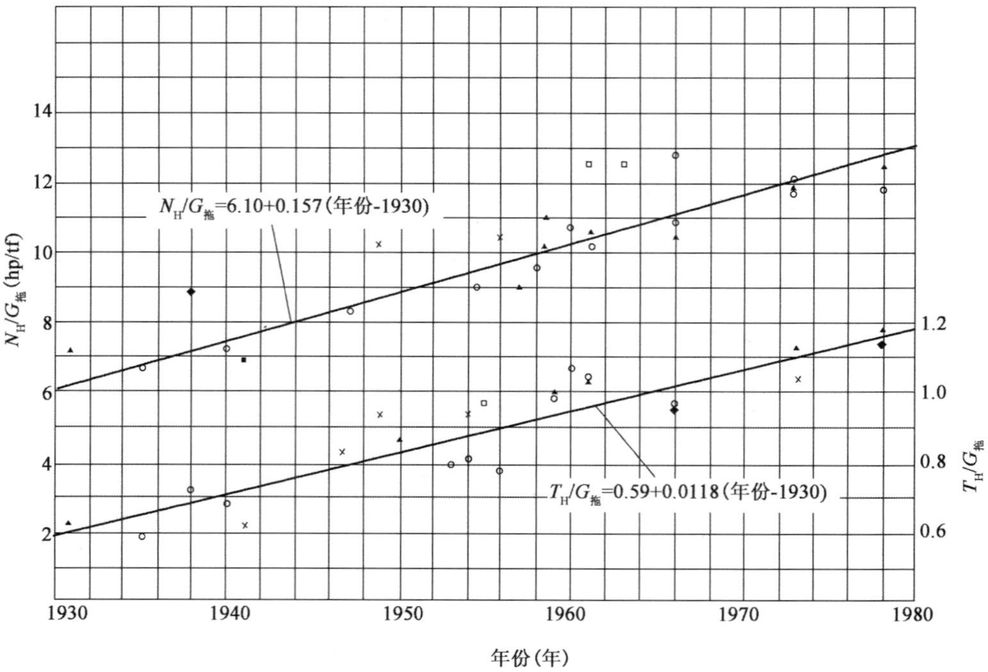

图9　美国卡特匹勒公司的工业履带拖拉机比功率和比额定牵引力的逐年增长情况

×-D6；△-D7；○-D8；□-D9

铲土运输机械动态牵引试验方法

孙祖望

（本文刊于《西安公路学院学报》1983 年第 2 期）

摘　要：铲土运输机械动态牵引性能预测和试验的传统方法是建立在静态条件基础上的，然而在负荷急剧波动的动态条件下，机器的牵引性能会明显地降低。本文讨论了铲土运输机械现场动态试验的方法，并阐明了动态牵引性能数量化指标的计算方法。文中还从方法论的角度讨论了实验室模拟试验和负荷车模拟试验问题。

1　动态牵引性能的概念

铲土运输机械牵引性能预测和试验的传统方法是建立在静态条件基础上的。在牵引计算中，根据稳定运转试验工况测得的发动机外特性和行走机构滑转曲线，即可对机器的牵引性能作出预测，计算它的一系列性能指标，如牵引力、前进速度、牵引功率等。

同样，传统的牵引试验方法（通常称为技术性试验）规定，试验必须在地面状态稳定、附着性能良好的人工跑道上进行，同时要求在性能测试过程中保持稳定不变的牵引负荷。这些要求的出发点是希望尽可能提高试验结果之可比性。技术试验提供了机器某种可能的技术性能，并可以对不同类型和牌号的机器之试验结果作出直接的比较。然而，这一方法虽然较好地克服了试验条件的差异性，同时却大大降低了试验结果的实用性。实际上，用户很难从机器的标准试验结果中获知机器在给定的作业条件下将能发挥怎样的性能。这是因为机器实际作业的工作条件远远不同于人工跑道的标准试验条件。这种差别不仅反映在地面附着条件之差异上，而且在很大程度上是由于水平牵引负荷和垂直工作阻力的急剧变化引起的。实际的测定已经证明，负荷的急剧变化对机器的动力性和燃料经济性有着重大的影响。目前，机器在动态条件下的牵引性能问题正越来越引起人们的重视和兴趣。

动态牵引性能是 20 世纪 70 年代以来形成的一个新概念。所谓动态牵引性能，是指机器在工作负荷不断变化的动态条件下所显示的动力性和燃料经济性。动态牵引性能的理论研究首先要求建立机器动态系统的数学模型，并在此基础上对机器在实际作业条件下的性能进行预测，从而进一步解决牵引参数的合理匹配和最优化问题。从试验研究的角度来看，需要解决如何测定铲土运输机械动态牵引性能的方法问题，以及怎样根据试验数据来建立评价机器动态牵引性能的数量化指标。由于近十多年来随机振动理论和试验技术以及数据处理手段的迅速发展，已经为解决这一问题奠定了良好的基础。

2　动态牵引试验方法

研究机器动态牵引性能的试验方法可分为现场试验、台架模拟试验和负荷车模拟试验三类。

2.1　现场试验

所谓“现场试验”，就是在机器现场作业的条件下，直接测定和记录表征机器动态牵引性能的各项参数之时域函数。

这种方法的特点在于试验是在实际工作条件下进行的，因而试验的结果将最为真实地反映机器的实际作业性能。由于不需要复杂的模拟加载设备，所以此类试验所要求的试验手段也就比较简单。但是由于试验条件很难达到完全一致，因此试验结果的重复性和可比性往往比较差。为了解决这一问题，一方面要求尽可能保证试验条件的一致性,而另一方面则要求同一试验过程必须多次重复进行。为保证试验条件的一致性,除保持土质条件一致外,最主要的是要使机器的作业方法模型化。例如对于履带推土机,可按如图1所示之作业模型进行工作。在图中,整个工作循环被分解为铲刀切入、定深集土、铲刀退出、水平运土、卸土、倒退等工序。在推土机作业时,各工序所占有的水平距离应尽可能保持规定之数值,推土过程中应尽量保持满铲作业和最大的运土量,各工序之速度档位应保持一定。然而,即使在力求严格控制试验条件一致性的情况下,由于这种或那种偶然性因素的影响,试验过程仍然会带有很大的随机性。因此,采用这种方法就必须使同一试验过程重复一定的次数,以便从概率统计特性的角度来描述机器的动态牵引性能。在利用这一方法时,一个重要的问题是:确定最少需要多少试验样本,才能显示出试验总体的概率统计性质。显然,这是一个随机过程的平稳性检验问题。

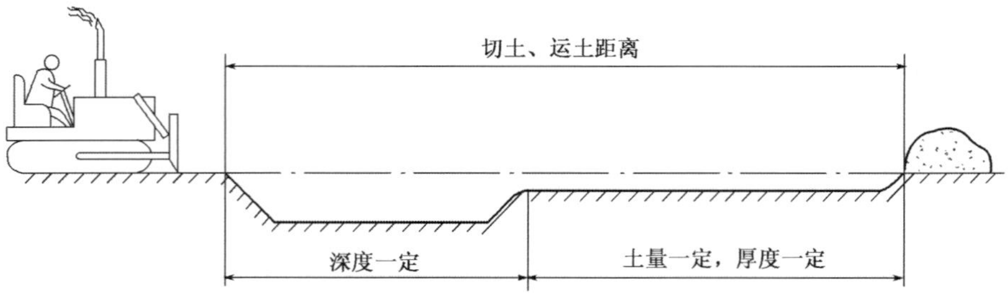

图1　履带推土机的作业模型

从理论上来说,随机过程的平稳性条件是:它的数学期望、方差不随时间 t 变化,而是常数,它的自相关函数不依赖于时间 t,而仅为时差之函数,亦即:

$$E_x(t) = E_x = \text{const}$$

$$D_x(t) = D_x = \text{const}$$

$$R_x(t, t+\tau) = R_x(\tau)$$

式中:　E_x——随机过程的数学期望;

D_x——随机过程的方差;

$R_x(t, t+\tau)$——随机过程的自相关函数。

由于实际上试验总体的数学期望和方差都是未知的(除非试验次数达无限多),因而只能根据试验的现实样本来检验它的平稳性。

通常一个物理随机过程,如果它的系统参数和实验条件基本保持不变,则可视为平稳的,但要确切判断一个随机过程是否平稳,单靠这样的说明是不够的,而需要通过对记录样本的统计分析来加以判别。

这种判别可以采用两类不同的检验方法,即参数检验法和非参数检验法。所谓参数检验法,就是通过若干试验样本来检验随机过程的数学期望、方差和自相关函数之参数估计值是否具有平稳性定义所要求的性质。非参数检验法(轮次法)可以不必假定试验样本之统计参数服从正态分布规律,而是将统计参数按正、负分为互相排斥的两类,并检验正、负次数出现的概率是否趋向于各半。通常采用非参数检验法往往更加简单而有效(轮次法之详细说明可参看有关书籍)。

最后还应该指出,尽管在现场作业条件下所获得的试验结果会带有很大离散性,但是多次重复测量同一过程的试验资料所给出的概率统计特性乃是一切模拟试验的基础,它将为人工模拟机器的负荷工况提供原始的数据和依据,以便在实验室条件下进行更为深入的试验研究。

2.2　实验室台架模拟试验

将现场试验移至实验室台架上加以复现,是现代试验技术发展的一个显著特征。模拟加载的特点是:一方面保持着负荷作用的某种“随机性”;另一方面,同一随机过程又可多次复现,因而不同的机器可以经受完全同一的随机作用,这无疑将有助于改善试验结果之可比性。

实验室试验之明显优点是：

(1)能较好地保证同一的试验条件与负荷工况。

(2)可使某些因素保持不变，而人为地变动某个因素，以便更好地分析它对机器性能的影响。

(3)实验室试验可以采用更为精密的仪器设备，而在现场试验中，精密仪器的使用往往要受到恶劣使用环境之限制。

实验室试验的缺点是不可能做到完全复现现场的使用条件和负荷工况。此外，实验室试验通常需要复杂的试验台架和昂贵的设备投资。

机器动态性能试验台可以是供整机试验用的，也可以是部件和总成(例如发动机、变速箱等)的试验台架。供整机试验用的台架，最常见的形式是转鼓式或履带式试验台。这种试验台是按相对运动的可逆性原理制成的。在试验台上机器将停着不动，而地面则以行驶着的转鼓或履带的形式向机器的后方移动。为了保持机器不向前运动，在水平面内通过测力计将它固结在不动的机架上。机器的有效牵引力即由这一测力计感受，而在转鼓或履带链轮的输出轴上则装有制动装置(各种类型的测功器)，可进行加载和测功(图2)。机器行驶时的风阻力可以利用风洞来模拟，气候条件可以通过人工气候室来实现。这些试验台架的共同缺点是很难人工模拟行走机构与地面的附着和滑转状态。此外，由于转鼓和履带之巨大惯量，要模拟急剧变化的负荷工况也是很困难的。因此，整机性能试验台通常多用来进行稳态的牵引试验，而对于研究机器的动态性能来说，用得更多的是总成试验台架。

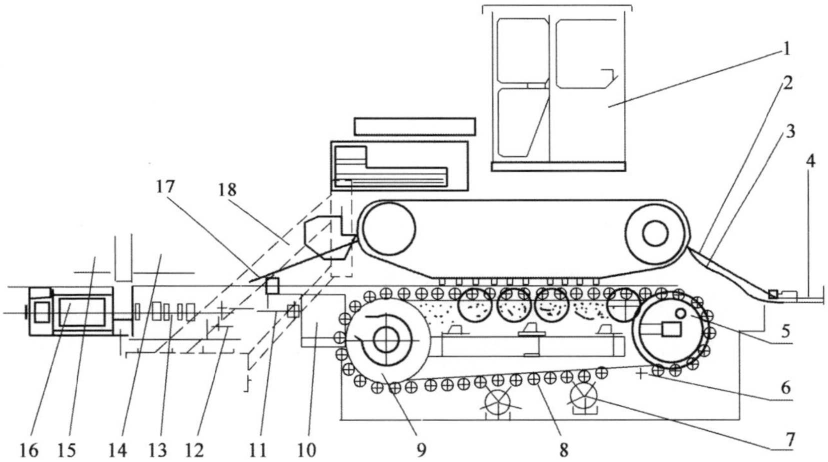

图2　整车性能模拟试验台

1-被试拖拉机；2-牵引绳；3-安全绳；4-拉力计；5-导向轮；6-从动履带；7-托带轮；8-支重轮；9-驱动轮；10-试验台变速箱；11-传动器；12-制动器；13-转矩传感器；14-电机空滤器滤网；15-风扇电机；16-加载电机；17-前固定钢丝绳；18-防撞架

在研制动态性能试验台时，核心的问题是要解决模拟加载系统。一个理想的模拟加载设备应该满足下列要求：

(1)便于实现试验过程的闭环控制。

(2)便于测量数据的自动显示、记录和整理。

(3)满足对功率、转矩、转速等测量值的精度要求。

(4)具有较宽的功率范围。

(5)小的转动惯量和高的响应速率。

(6)满足对所有试验设备的一般要求，例如重量轻、体积小、工作可靠、调整方便、低的设备投资和使用成本等。

在一般的台架试验中，常用的制动加载设备有：

(1)机械摩擦式测功器。

(2)空气测功器。

(3)水力测功器。

(4)电力测功器。

(5)电涡流测功器。

(6)液压测功器。

在上述加载装置中,电力测功器虽然能很好地满足几乎所有上述要求,但却不能很好地满足第五项要求。由于它的电枢具有很大的转动惯量,电力测功器对阶跃输入的响应速率通常是很低的,因而它在机器动态性能试验中的应用,不能不受到很大的限制。

电涡流测功器的转动惯量虽然较电力测功器小,而且在实现自动控制、测量和数据处理方面都能很好地满足要求,然而它的转动惯量相对来说仍然是比较大的,而且由于存在着磁滞现象,同样限制着它在动态试验中的应用。

机械摩擦式测功器和空气式测功器对于几乎所有上述要求均不能很好地满足,因而在机器的动态试验中极少采用。

从惯性小、响应速率快的角度来看,能较好地满足这一要求的是变充量的水力测功器和液压测功器,因而在动态性能试验中,这两类测功器获得了更多的采用。

图 3 是英国 Froude 公司研制的采用闭环电液伺服控制系统的 F0271 型水力测功器(1304bhp/3000 ~ 8000r/min),图 3a)是水力测功器的结构图,图 3b)则是它的主控制系统原理图。控制系统采用了三个反馈控制信号:其一为测功器出水口蝶形转阀位置反馈信号;其二是发动机转速反馈信号;其三是发动机转矩反馈信号。位置反馈信号由安装在蝶形阀转轴上的电位器提供并直接输入控制单元。发动机转速反馈信号由安装在测功器轴端的电磁脉冲传感器提供,并经频率—电压转换器转换成一直流电压信号,然后送入控制单元。转矩反馈信号由安装在测功器秤杆上的应变片负荷传感器提供,并经放大后送到控制单元。控制单元除了输入反馈信号外,还同时输入指令信号。在控制单元中,反馈信号与指令信号进行比较后,得出一个差值信号,它经过相应的放大环节后输给电液伺服阀,推动旋转式液压执行机构,用来控制出水口的蝶形旋转阀,从而改变施加于发动机上的制动转矩。控制系统除了可以由控制仪表板给出设定的指令信号直接进行手动控制外,也可以通过相应的接口与下列任何一种自动程序控制系统相接,并通过它们进行自动控制:

(1)电位器式自动程序控制系统。

(2)穿孔纸带式自动程序控制系统。

(3)磁带式自动程序控制系统。

(4)计算机式自动程序控制系统。

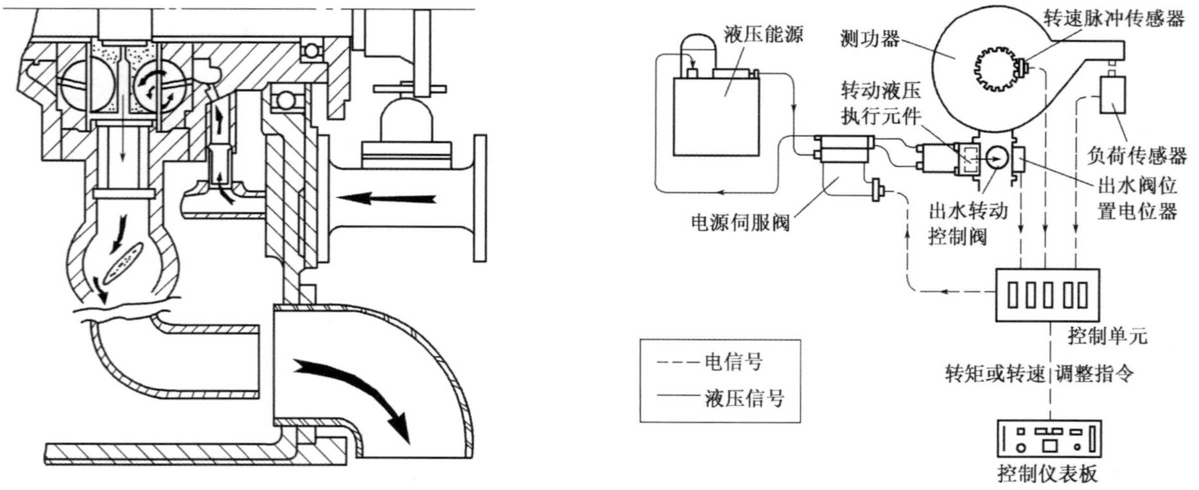

a) b)

图 3 自动控制的可变充量水力测功器

a)F0271 型水力测功器结构图;b)主控系统原理图

作为复现现场作业载荷的模拟加载系统是利用磁带输入来进行控制的。此时，首先要将现场记录下的时域信号进行编辑加工，形成一个理想的循环，作为模拟加载的依据，并将它多重转录在一条1/4″磁带上。于是这一磁带将在控制台上重放，并给出可以直接输入控制单元的指令信号。

在上述系统中，影响系统响应速率的主要是测功器旋转部分的转动惯量和进出水速度的限制。F0271型测功器采用了可变充水量的涡轮型，并在叶轮的结构和材料上采取了一系列措施使转动惯量降低到0.317kg·m^2，因而具有较好的过渡响应特性。当发动机转速为1500r/min时，其转矩的阶跃响应速率为6000N·m/s。

如图4所示，记录的试验曲线显示了上述测功器在模拟一台越野车辆在连续换挡下之起步加速过程时的工作情况。从图中可以看到被试发动机之转速与速度指令信号之间有着很好的吻合关系。在图中还可以看到，为了使发动机转速能紧跟指令信号的变化，测功器蝶形阀的位置也处于时时变化之中，而对发动机施加之制动力矩也发生着相应的变化。

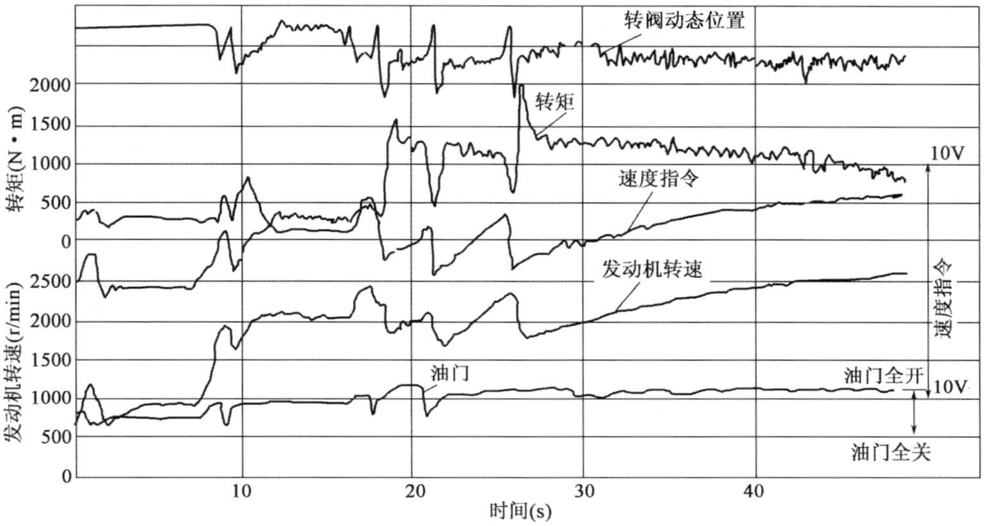

图4　利用F0271型测功器模拟车辆在连续换挡下之起步加速过程所记录的试验曲线

如图5所示是苏联建筑与筑路机械研究所研制的一种液压模拟加载装置的原理图。发动机1通过分动箱4驱动四个液压泵16，作为加载装置。液压泵吸收发动机的机械能，将其转化为液压能，并通过节流阀14的节流作用变成热能而被液体所吸收。液压泵对发动机施加的制动力矩可以由节流阀的开度来调节，而节流阀本身是由凸轮13来控制的。在现场试验中获得的信息经过编辑加工后形成一个典型的工作周期，并以此作为设计凸轮廓线的依据。这样凸轮每旋转一周就完成一个模拟循环，通过凸轮不断旋转将对发动机进行多次重复加载。凸轮可由单独的电机3来驱动，也可以由分动箱4中的齿轮来带动；前者将模拟转矩随时间变化的函数，后者则可模拟扭矩随曲轴转角而变化的函数。液体由于节流而吸收的热量，通过热交换器11的冷却后送回油箱10。发动机的输出转矩由转矩传感器17检测，转速则通过装在曲轴前端的测速发电机21检测，而油泵齿条的位移量则由传感器20检测。这些信号经放大器19放大后送至光线示波器18记录下来。试验台的控制系统是一个开环控制回路，它没有任何反馈信号。因此，保证系统正确模拟指令信号的关键在于设计一个能保证压力管路中的压力与节流阀位置之间保持线性比例关系的节流阀。

液压测功器的惯量较水力测功器更小，在此种系统中影响系统响应速率的，往往是节流阀的动态特性。

如图6所示是利用这一模拟加载装置模拟挖掘机发动机负荷工况的情况。图6a)是控制凸轮的廓线设计，图6b)则是复现的负荷循环与原始的负荷循环之对比。

如图5所示的系统也可以改用闭环控制回路，并采用电液伺服阀来代替凸轮操纵系统。经过这样的改造，上述模拟加载系统的性能显然可获得进一步的改善。

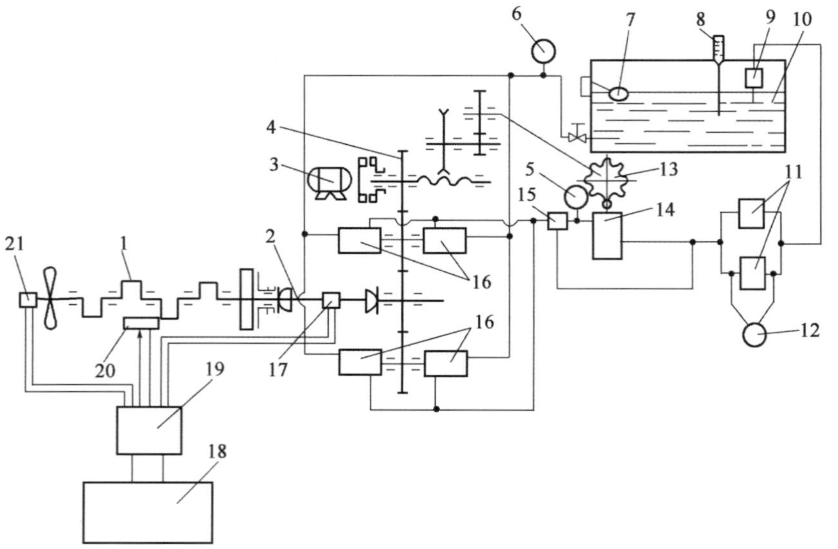

图5　液压模拟加载装置

1-被试发动机；2-传动轴；3-电机；4-分动箱；5-压力表；6-真空表；7-油位指示计；8-油温计；9-滤清器；10-油箱；11-热交换器；12-差压计；13-凸轮；14-节流阀；15-安全阀；16-泵；17-转矩传感器；18-示波器；19-放大器；20-高压泵齿条位移传感器；21-测试发电机

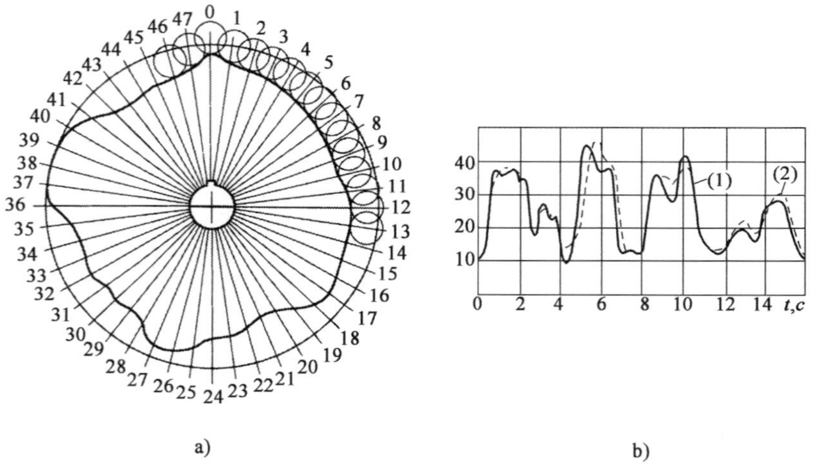

a)　　　　　　　　b)

图6　利用液压测功器模拟挖掘机工作时的发动机扭矩

a)凸轮的廓线设计；b)原始的(1)和复现的试验曲线(2)

2.3　负荷车模拟试验

负荷车模拟试验是指利用模拟加载负荷车来复现机器作业过程的牵引负荷。

台架模拟试验的缺点是不能很好地反映行走机构与地面之间的相互作用。解决这一问题较为理想的办法是在标准试验场地上或实物试验土槽中利用模拟加载负荷车来复现机器作业过程随机变化的牵引负荷。这种方法的优点在于既保持了机器与地面相互作用的真实性，而使用环境(如土质条件等)和负荷工况的随机波动又是可以严格控制和多次复现的。这就较好地解决了现场作业条件的真实性和试验结果的可比性之间的矛盾。

在利用负荷车复现牵引力的随机波动时，最大的困难是如何解决负荷车对动态输入信号的频率响应问题。从保证足够的牵引力出发，负荷车需要一定的附着重量，再加上结构尺寸和强度方面的要求，负荷车通常总具有较大的质量。因此，即使在较低的频率范围内，负荷车的频率响应特性也是比较差的。这一点在机器功率较大的场合，尤将显得突出。

近几年来，在一些国家的专利中可以看到模拟加载负荷车的各种结构方案。虽然这些设想不一定都具有现实的可能性，但至少反映了人们为解决这一问题所做的努力。其中苏联库班拖拉机与农业机械试验科学研究所（Кубниит）提出的解决方案是饶有兴趣的。

这一方法的指导思想是希望用若干不同频率和振幅的谐和振动之合成来代替牵引力的随机波动。此时农业拖拉机的牵引阻力 $P(t)$ 被看成是一个平稳的随机函数，这一函数由不变的牵引阻力 $M[P(t)]$ 和一个随机分量组成：

$$P(t) = M[P(t)] + P_0(t) \tag{1}$$

式中：$M[P(t)]$——牵引力的数学期望（平均值）；

$P_0(t)$——牵引力的随机分量，它是一个中心化了的随机函数。

根据随机振动理论，随机分量 $P_0(t)$ 可以利用傅里叶积分变换为一个频域函数：

$$P_0(t) = 2\int_0^{\infty} [A(\omega)\cos\omega t + B(\omega)\sin\omega t]\mathrm{d}\omega \tag{2}$$

上式是由两个频域函数的分量组成的。它们表示了在圆周频率 ω 取整个 $0\sim\infty$ 的频率域内之全部数值时，各谐波分量之总和，而傅里叶变换分量 $A(\omega)$ 与 $B(\omega)$ 则代表了各谐波分量之振幅随 ω 而变化的情况。对于随机变化的牵引力 $P_0(t)$ 来说，$A(\omega)$ 与 $B(\omega)$ 代表了 $P_0(t)$ 的连续振幅频谱。

对于大多数实际过程来说，振动的能量通常集中在某一频率范围内，而在这一范围之外的振动强度则比较微小。这样，对于某一牵引阻力变化的实际过程，总可以确定出一个频率范围——$0\sim\omega_n$。在这一频域范围内包含着牵引力波动的基本能量，而超过 ω_n 的谐波振动能量则因十分微弱而可以略去不计。

如果将 ω 的数轴分割成 n 份（间隔不一定均等），则可获得一系列频率值 ω_1、ω_2、…、ω_n（图 7）。于是 $P_0(t)$ 的连续振幅频谱就可以近似地用相应的离散振幅频谱来代替，亦即将 $P_0(t)$ 看成是一系列频率为$\frac{\omega_1}{2}$、$\frac{\omega_2+\omega_1}{2}$、…、$\frac{\omega_n+\omega_{n-1}}{2}$的谐和振动分量之总和：

$$\begin{aligned}P_0(t) = 2\Big\{&\Big[\int_0^{\omega_1}A(\omega)\mathrm{d}\omega\Big]\cos\frac{\omega_1}{2}t + \Big[\int_0^{\omega_1}B(\omega)\mathrm{d}\omega\Big]\sin\frac{\omega_1}{2}t + \Big[\int_{\omega_1}^{\omega_2}A(\omega)\mathrm{d}\omega\Big]\cos\frac{\omega_2+\omega_1}{2}t + \Big[\int_{\omega_1}^{\omega_2}B(\omega)\mathrm{d}\omega\Big]\cdot\\ &\sin\frac{\omega_2+\omega_1}{2}t\cdots + \Big[\int_{\omega_{n-1}}^{\omega_n}A(\omega)\mathrm{d}\omega\Big]\cos\frac{\omega_n+\omega_{n-1}}{2}t + \Big[\int_{\omega_{n-1}}^{\omega_n}B(\omega)\mathrm{d}\omega\Big]\sin\frac{\omega_n+\omega_{n-1}}{2}t\Big\}\end{aligned} \tag{3}$$

在式(3)中，各谐和分量之振幅 $A(\omega)\mathrm{d}\omega$ 和 $B(\omega)\mathrm{d}\omega$ 代表了连续振幅频谱图的各个单元面积（图 7 中阴影线所示）。

应该指出，当利用式(3)所代表的周期函数来复现随机函数 $P_0(t)$ 时，两者在振动能量方面是不等价的，而对于复现随机振动来说，更重要的是希望两者在能量上能相等。因此，式(3)中各谐和分量之振幅还应该进一步按振动能量相等的原则来加以改造。

实际上，如果已知牵引力波动的功率谱密度函数 $S_{\mathrm{P}}(\omega)$（图 8），则可以将 ω 数轴分割成若干份（间隔不一定均等）。如能保证功率谱密度函数下方所包含的每一单元面积之 2 倍 $\Big[2\int_{\omega_{n-1}}^{\omega_n}S_{\mathrm{P}}(\omega)\mathrm{d}\omega\Big]$ 与频率$\frac{\omega_n+\omega_{n-1}}{2}$的谐和振动之能量相等，就可满足随机振动与其复现函数之总能量等价的要求。

对于频率为$\frac{\omega_m+\omega_{m-1}}{2}$的谐和振动 $\alpha_m\cos\left(\frac{\omega_m+\omega_{m-1}}{2}t-\varphi\right)$，其振动能量 W_m 可由下式表示：

$$
\begin{aligned}
W_m &= \frac{1}{T_m}\int_0^{T_m} a_m^2\cos^2\left(\frac{\omega_m+\omega_{m-1}}{2}t-\varphi\right)\mathrm{d}t \\
&= \frac{\omega_m+\omega_{m-1}}{4\pi}\int_0^{\frac{4\pi}{\omega_m+\omega_{m-1}}} a_m^2\cos^2\left(\frac{\omega_m+\omega_{m-1}}{2}t-\varphi\right)\mathrm{d}t \\
&= \frac{a_m^2}{2}
\end{aligned}
\tag{4}
$$

式中：T_m——第 m 次谐波之周期（其圆周频率为$\frac{\omega_m+\omega_{m-1}}{2}$）；

a_m——第 m 次谐波之振幅；

φ——第 m 次谐波之相位角。

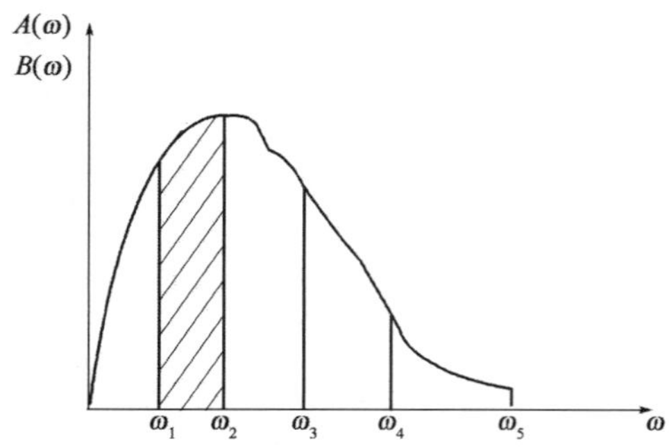

图 7　随机函数的振幅谱图

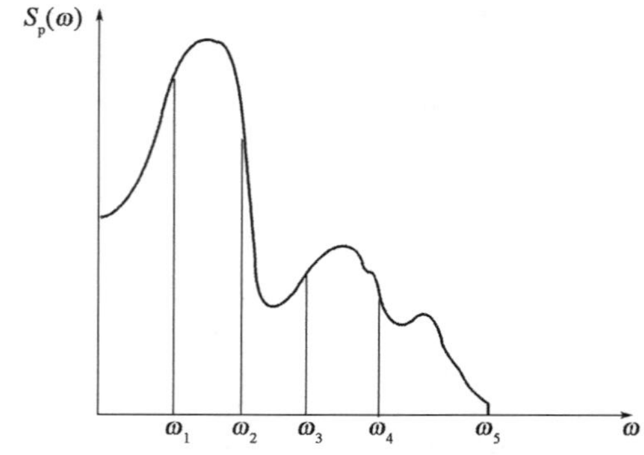

图 8　随机函数的功率谱图

令

$$\frac{a_m^2}{2}=2\int_{\omega_{m-1}}^{\omega_m} S_\mathrm{p}(\omega)\,\mathrm{d}\omega \tag{5}$$

式(5)表达了要求第 m 次谐波之振动能量与功率谱图所表示的随机振动在 $\omega_{m-1}\sim\omega_m$ 频域范围内之振动能量相等的条件。

由此可求出振幅 a_m 为：

$$a_m=2\sqrt{\int_{\omega_{m-1}}^{\omega_m} s_\mathrm{P}(\omega)\,\mathrm{d}\omega} \tag{6}$$

如果将所有谐和分量之能量总加起来，则可以将随机振动及其复现函数之总能量等价条件表达如下：

$$\sum_{m=1}^{n}\frac{1}{T_m}\int_0^{T_m} a_m^2\cos^2\left(\frac{\omega_m+\omega_{m-1}}{2}t-\varphi\right)\mathrm{d}t=\sum_{m=1}^{n}2\int_{\omega_{m-1}}^{\omega_m} S_\mathrm{P}(\omega)\,\mathrm{d}\omega \tag{7}$$

式中：$\omega_0=0$。

如以 $X(t)$ 代表复现的周期函数，其周期用 T 表示，则式(7)可改写为：

$$\frac{1}{T}\int_0^T X^2(t)\,\mathrm{d}t=2\int_0^{\omega_n} S_\mathrm{P}(\omega)\,\mathrm{d}\omega\approx 2\int_0^{\infty} B(\omega)\,\mathrm{d}\omega \tag{8}$$

式(8)之左边为复现函数之均方值 $E_{复}[X^2]$，而式(8)之右边则为随机振动之均方值 $E_{实}[X^2]$。由此可见，满足复现函数与随机振动之总能量相等的要求可以由两者之均方值保持不变来获得。

在文献《Способ Моделирования Эксплуатацион-ной Загруски Колесного Трактора. Тракто-ры иСельхзмашины，1971，No2.》中将牵引阻力波动之随机函数 $P(t)$ 表达为：

$$
\begin{aligned}
P(t) &= M[P(t)]+2\sqrt{\int_0^{\omega_1} S_\mathrm{P}(\omega)\,\mathrm{d}\omega}\cos\left(\frac{\omega_1}{2}t-\frac{\pi}{4}\right)+2\sqrt{\int_{\omega_1}^{\omega_2} S_P(\omega)\,\mathrm{d}\omega}\cos\left(\frac{\omega_2+\omega_1}{2}t-\frac{\pi}{4}\right)+\cdots+ \\
&\quad 2\sqrt{\int_{\omega_{n-1}}^{\omega_n} S_\mathrm{P}(\omega)\,\mathrm{d}\omega}\cos\left(\frac{\omega_n+\omega_{n-1}}{2}t-\frac{\pi}{4}\right)
\end{aligned}
\tag{9}
$$

根据上述原理，苏联国家库班拖拉机与农业机械科学研究所（КУБНИИТ）研制了一台模拟加载负荷车，它是由四个惯性式机械激振器组成的（图9）。每一激振器有两个绕相反方向旋转的偏心质量，它们的布置可以使垂直方向的激振力互相抵消，而合成的激振力则沿着负荷车的纵轴方向作用。偏心质量的转速和偏心距都是可以调整的，而各个激振器之间的相位差则可以利用齿轮之间的啮合位置来调整。

КУБНИИТ 所提供的方法有着一个很大的优点，即当某一频率下的响应发生失真时，可以利用改变相应输入谐波的振幅和相位的办法来加以补偿。上述模拟加载装置的缺点是很难模拟频率很低的振动。在低频的场合下，由于要求很大的偏心质量，以至于实际上无法实现。

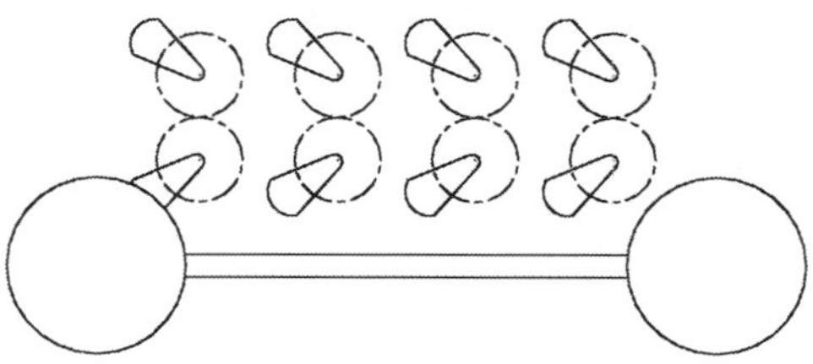

图9 苏联 КУБНИИТ 研制的模拟加载负荷车示意图

苏联国家汽车拖拉机研究所（НАТИ）在 Кубниит 方法之基础上作了改进。НАТИ 采用了五个曲柄连杆机构，它们由负荷车的前进运动通过车轮来带动，并压缩五个刚度不同的弹簧，而形成五个不同振幅、频率和相位的振动过程以及相应的振动力矩。这些振动力矩经过合成后通过车轮与地面的相互作用而形成牵引负荷，施加于被试拖拉机上。各振动谐波之振幅、频率以及它们间的相位差均是可以调节的。图 10 表示了 НАТИ 研制的模拟加载负荷车之工作原理。图 11 则是由这一负荷车复现的牵引阻力波动过程与实际作业中测得的记录曲线之对照。

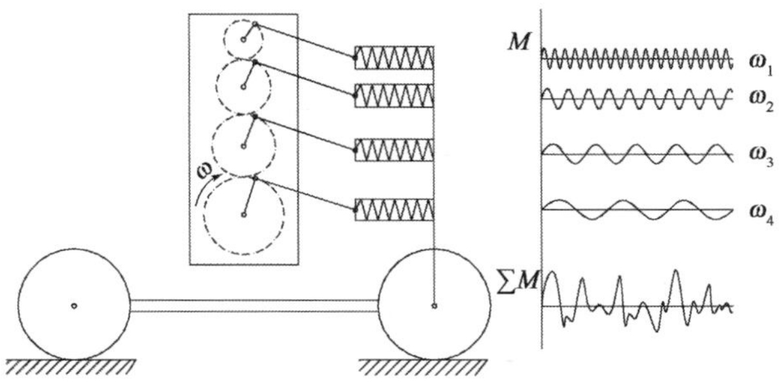

图10 苏联 НАТИ 研制的模拟加载负荷车

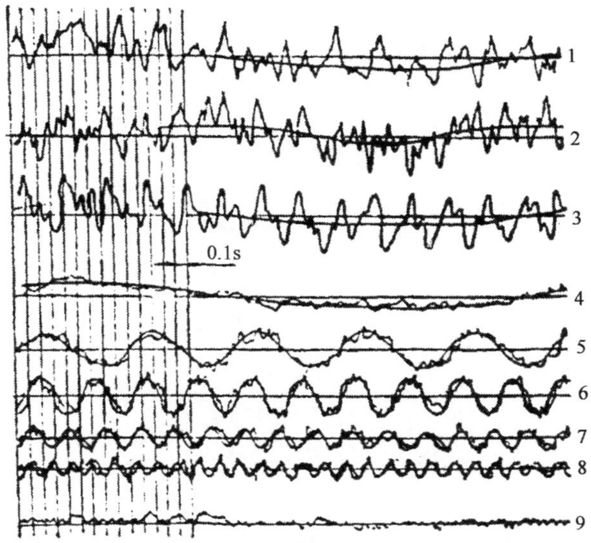

图11 利用 НАТИ 模拟加载负荷车复现牵引阻力

1-现场试验记录；2-复现曲线；3-调整模拟加载装置时的记录曲线；4、5、6、7、8-一、二、三、四、五次谐波（粗线为理论曲线，细线为试验曲线）

应该指出，在复现随机振动时，要求复现曲线与输入信号完全吻合是没有多大实际意义的。这是因为输入信号本身只是随机过程总体的一个样本，而更重要的问题是要使复现函数与随机过程在概率统计特性上是等价的。

从理论上来说，复现随机振动的等价条件可以从幅值域、时差域和频率域来加以描述：

1）幅值域等价条件

（1）复现函数与实际随机振动之数学期望相等：

$$E_{复}[X] = E_{实}[X] \tag{10}$$

这一条件表示两者振动过程的平均值是统计相等的。

（2）复现函数与实际随机振动的标准离差相等：

$$\sigma_{复}[X] = \sigma_{实}[X] \tag{11}$$

这一条件表示两者相对其平均值的离散程度统计相等。对于正态分布来说，这两个条件合在一起表明两者属于同一概率分布函数。

2）时差域等价条件

（1）复现函数与实际随机振动在时差 $\tau=0$ 时的自相关函数相等：

$$R_{复}[0] = R_{实}[0] \tag{12}$$

这一条件表示两者振动过程之均方值统计相等。

（2）复现函数与实际随机振动之自相关函数图形相似：

$$R_{复}[\tau] \approx R_{实}[\tau] \tag{13}$$

这一条件表示两者在时差域上的统计特性是相近的。

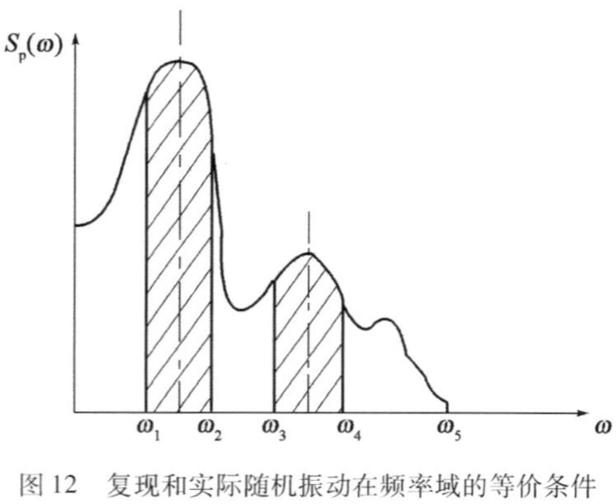

图 12　复现和实际随机振动在频率域的等价条件

3）频率域等价条件

（1）复现函数与实际随机振动之功率谱图上的主要谱峰之频率相等（图 12）：

$$\left.\begin{aligned}\omega_{a复} &= \omega_{a实}\\ \omega_{b复} &= \omega_{b实}\end{aligned}\right\} \tag{14}$$

式（14）表示两者在振动过程中，振动能量较大的几个谐波其频率成分统计相等。

（2）复现函数与实际随机振动之功率谱图上各频率区间所包含的单元面积相等（在划分频率区间时谱峰附近可较密，见图 12）：

$$\int_{\omega_{m-1}}^{\omega_m} S_{P复}(\omega)\,d\omega = \int_{\omega_{m-1}}^{\omega_m} S_{P实}(\omega)\,d\omega \tag{15}$$

式（15）表示了两者振动过程中各频率区间所包含的振动能量是统计相等的，振动能量的分布则是统计相似的。

（3）复现函数与实际随机过程的功率谱曲线下方所包含的总面积相等：

$$\int_0^{\infty} S_{P复}(\omega)\,d\omega = \int_0^{\infty} S_{P实}(\omega)\,d\omega \tag{16}$$

这一条件表明两者振动过程之总能量统计相等。

利用谐波合成的方法通过负荷车来复现机器的牵引负荷为动态牵引试验开拓了良好的前景。但是不论是图 9 还是图 10 的方案，用于大功率机器的动态牵引试验仍然将是困难的。这是因为在上述方案中，各谐波的激振力都并联地作用在负荷车上，并通过负荷车对被试机器进行加载（图 13a），而由于负荷车巨大的质量系统,即使在极低的频率下,也将导致响应的严重失真,以至于无法采用补偿的办法来加以校正。

在大功率机器的场合下,合理的解决方案乃是将各谐波之激振力串联相接(图 13b)。由于通常频率较高谐波其振动能量较小,所需要的激振力也较小,因而加载装置的质量也就可以相应较小,这就为改善加载系统高频区域的动态特性创造了较好的条件。尽管这一设想尚需通过实践的检验,然而从解决大功率模拟加载负荷车的动态特性来看,它的技术方向看来是正确的。

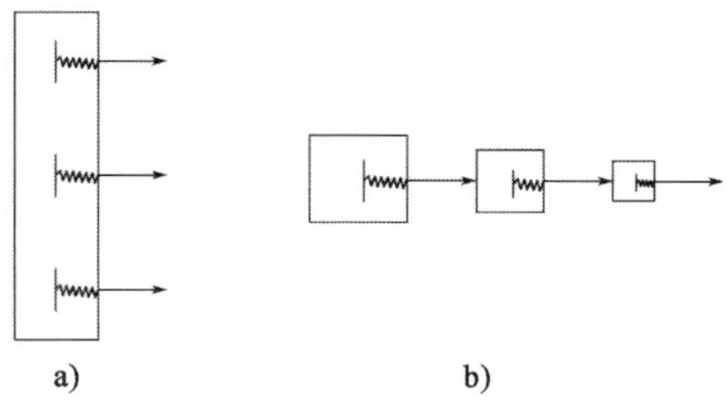

图 13　激振力对负荷车的作用

3　动态牵引性能的评价指标和计算方法

在机器动态牵引性能试验方法的领域内,需要研究的重要问题之一是如何根据试验数据来建立评价机器动态牵引性能的数量化指标以及计算它们的方法。

如前所述,机器动态牵引性能的试验结果通常带有很大的随机性,而对于一个随机函数来说,它的规律性只能通过幅值域、时差域和频率域的概率统计特性来加以描述和评价。从实用的角度来考虑,首先感兴趣的问题是机器在动态条件下究竟能输出多大的牵引功率、消耗多少燃料、发挥多大的生产能力等这样一些实际问题。这些问题将主要涉及试验结果在幅值域内的统计特性。因此,评价机器动态牵引性能的数量化指标将主要根据试验数据在幅值域内的特征来建立。此外,在这些指标中还应包括一些相对指标,以便用来评价机器在动态条件下工作时,其动力性和经济性相对于静态特性下降的程度。根据以上的考虑,评价机器动态牵引性能的指标可归纳如下。

3.1　牵引力和发动机转矩的分布概率密度

概率密度函数是表征随机过程在幅值域统计规律的一项重要特性。虽然它不能直接表示出机器动态牵引性能的数字特征,但却是计算其他许多评价指标的基础。

在计算牵引力分布的概率密度函数时,可将荷载分成若干等级,然后按落入各级荷载的累积时间来计算各荷载等级出现的频度密度 $P(T_i)$(图 14)。

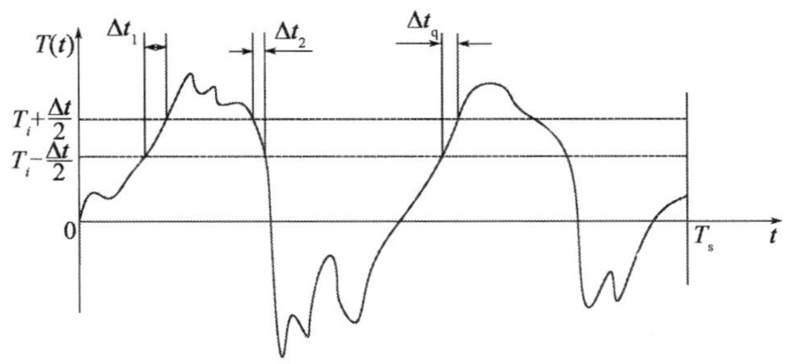

图 14　概率密度函数计算示意图

$$P(T_i) = \frac{\sum \Delta t_q}{T_s \Delta T} \tag{17}$$

式中:T_i——牵引力荷载等级的中值;

T_s——采样时间;

ΔT——牵引力等级的区间宽度;

Δt_q——牵引力 $T(t)$ 第 q 次进入区间$\left[T_i - \frac{\Delta T}{2}, T_i + \frac{\Delta T}{2}\right]$的时间。

根据式(17)可画出频度密度的直方图,并在假设某种类型分布的基础上拟合分布概率密度的理论曲线,同时按给定的置信度根据 X^2 拟合优度检验的原则,对这一假设的可信程度作出检验。

对于发动机输出转矩来说，由于从曲轴输出端检测的转矩包含着发动机、传动系及整个机器在加速和减速过程中的惯性力，因此更为合理的方法是根据供油拉杆的位置来确定。供油拉杆的位移 e 代表发动机每一工作循环的供油量，如果循环供油量与发动机转矩之间的关系保持不变，则发动机发挥的转矩 M_e 可由特性曲线 $M_e = f(e, n_e)$ 来确定（图 15）。显然对于 M_e 来说，这是一个二维分布的问题。如果测得了 e 和 n_e 的时域函数 $e = e(t)$ 和 $n_e = n_e(t)$，则可将 e 和 n_e 的振幅分成若干等级，然后按 $e(t)$ 与 $n_e(t)$ 同时分别落入各自的振幅区间的累积时间来计算 $e(t)$ 与 $n_e(t)$ 的联合频度密度 $P(e, n_e)$（图 16）。

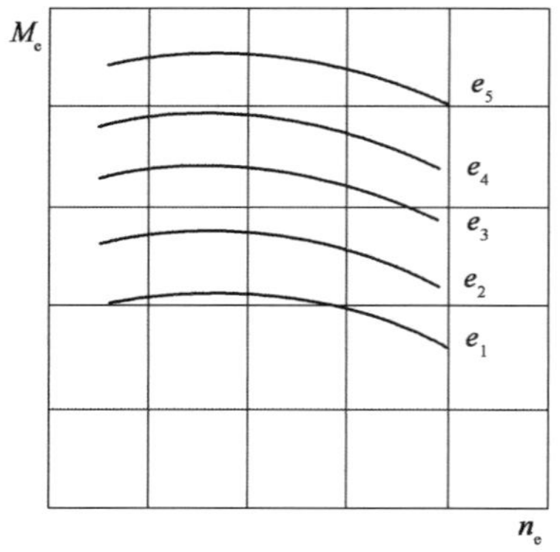

图 15　燃油泵供油拉杆不同位置时的发动机速度特性

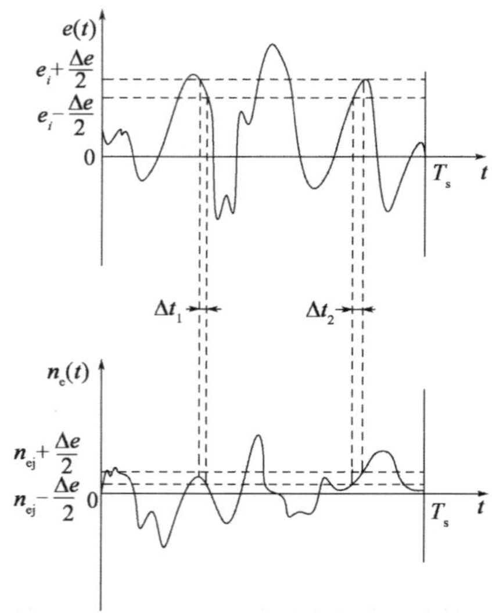

图 16　联合概率密度函数之计算示意图

$$P(e_i, n_{ej}) = \frac{\sum \Delta t_q}{T_s \cdot \Delta e \cdot \Delta n_e} \tag{18}$$

式中：e_i——供油拉杆位移振幅等级的中值；

n_{ej}——发动机转速振幅等级的中值；

T_s——采样时间；

Δe——供油拉杆位移振幅等级的区间宽度；

Δn_e——发动机转速振幅等级的区间宽度；

Δt_q——$e(t)$ 与 $n_e(t)$ 第 q 次同时分别落入各自的振幅区间 $\left[e_i - \frac{\Delta e}{2}, e_i + \frac{\Delta e}{2}\right]$，$\left[n_{ej} - \frac{\Delta n_e}{2}, n_{ei} + \frac{\Delta n_e}{2}\right]$ 的时间。

在式(18)给出的联合频度密度之基础上，可拟合出二维分布的联合概率密度之理论函数，并据此来计算转矩以及以转矩和转速为自变量的函数的数学期望。

文献《履带拖拉机牵引动力学的试验研究》（工程机械，1983）所提供的试验资料表明，发动机供油拉杆位移 e 与转速 n_e 之间存在着很强的相关关系。这说明当铲土运输机械在一定的作业模式下工作时，可以通过曲线拟合的方法获得表示 e 与 n_e 之间统计相关关系的函数表达式 $e = e(n_e)$。这样，从特性曲线 $M_e = f(e, n_e)$ 出发，可导出当机器按给定的作业模型工作时，发动机转矩与转速间的动态特性 $M_e = M_e(n_e)$，这一动态特性带有某种概率统计的性质。于是二维分布的问题被简化为一维分布的问题，亦即当已知发动机转速 n_e 的分布规律后，可据此来计算转矩以及以转矩与转速为自变量的函数的数学期望（转速 n_e 的概率密度函数可按牵引力概率密度函数同样的方法计算）。

3.2　机器牵引力与行驶速度二维分布的联合概率密度

在计算机器的平均牵引功率时，需要知道牵引力与速度的联合密度，它可按照上述确定 $e(t)$ 与 $n_e(t)$ 的联合概率密度相同的方法来计算。如果测定了牵引力 T 与行驶速度 v 的时域函数 $T = T(t)$ 和

$v=v(t)$,则可按下式计算 $T(t)$ 与 $v(t)$ 之联合频次密度(PT_i,v_j),并在此基础上配制联合概率密度之理论函数 $P(T,v)$:

$$P(T_i,v_j) = \frac{\sum \Delta t_q}{T_s \cdot \Delta T \cdot \Delta v} \tag{19}$$

式中:T_i——牵引力振幅等级的中值;

v_j——行驶速度振幅等级的中值;

T_s——采样时间;

ΔT——牵引力振幅等级的区间宽度;

Δt_q——$T(t)$ 与 $v(t)$ 第 q 次同时分别落入各自的振幅区间 $\left[T_i-\frac{\Delta T}{2},T_i+\frac{\Delta T}{2}\right]$、$\left[v_j-\frac{\Delta v}{2},v_j+\frac{\Delta v}{2}\right]$ 的时间。

3.3　发动机的平均转速与平均转速降低系数

在动态条件下发动机的平均转速 $\bar{n}_e$ 表示在给定的采样时间内发动机转速的算术平均值(数学期望),并可按下式计算:

$$\bar{n}_e = \frac{1}{T_s}\int_0^{T_s} n_e(t)\,\mathrm{d}t = \frac{60\sum\theta}{2\pi T_s} \quad (\mathrm{r/min}) \tag{20}$$

式中:T_s——采样时间(s);

$\sum\theta$——在 T_s 时间内发动机曲轴总转角(rad)。

当已知转速 n_e 的分布概率密度函数 $P(n_e)$ 时,n_e 亦可按下式计算:

$$\bar{n}_e = \int_{n_{emin}}^{n_{emax}} n_e P(n_e)\,\mathrm{d}n_e \quad (\mathrm{r/min}) \tag{21}$$

发动机在动态条件下的平均转速相对于静态工况的下降程度,可用发动机平均转速降低系数 K_{n_e} 来评价:

$$K_{n_e} = \frac{\bar{n}_e}{\bar{n}_e^s} \tag{22}$$

式中:$\bar{n}_e^s$——按静态牵引特性中之转速曲线 $n_e^s(T)$ 计算的发动机平均转速。

$\bar{n}_e^s$ 可根据牵引力的概率密度函数 $P(T)$,按下式计算:

$$\bar{n}_e^s = \int_{T_{min}}^{T_{max}} n_e^s(T)P(T)\,\mathrm{d}T \quad (\mathrm{r/min}) \tag{23}$$

3.4　发动机的平均功率与平均功率降低系数

发动机在动态条件下的平均输出功率 $\bar{n}_e$ 可按下式计算:

$$\bar{n}_e = \int_{n_{emin}}^{n_{emax}} N_e(n_e)P(n_e)\,\mathrm{d}n_e \quad (\mathrm{PS}^{❶}) \tag{24}$$

式中:$N_e(n_e)$——发动机功率功态特性。

$N_e(n_e)$ 可按下式计算:

$$N_e(n_e) = \frac{M_e(n_e)n_e}{716.2} \quad (\mathrm{PS}) \tag{25}$$

式中:$M_e(n_e)$——发动机转矩动态特性(kgf·m)。

发动机在动态条件下的平均功率相对于静态工况的下降程度,可用发动机功率降低系数 K_{N_e} 来评价:

$$K_{N_e} = \frac{\bar{N}_e}{\bar{N}_e^s} \tag{26}$$

❶1PS(德)=735.499W。

式中：$\overline{N}_e^s$——按发动机静态功率特性 $N_e^s(n_e)$ 计算的发动机平均功率。

$\overline{N}_e^s$ 可按下式计算：

$$\overline{N}_e^s = \int_{n_{emin}}^{n_{emax}} N_e^s(n_e)P(n_e)\mathrm{d}n_e \qquad (\mathrm{PS}) \tag{27}$$

3.5 发动机功率输出系数

发动机功率输出系数 K_{NH} 表示了发动机额定功率 N_H 中有多大的部分被作为有用功率从曲轴上输出，它可按下式计算：

$$K_{NH} = \frac{\overline{N}_e}{N_H} \tag{28}$$

3.6 发动机平均小时油耗和平均比油耗

发动机在动态条件下的平均小时油耗 $\overline{G}_e$ 和平均比油耗 $\overline{g}_e$ 可按下式计算：

$$\overline{G}_e = \int_{n_{emin}}^{n_{emax}} G_e(n_e)P(n_e)\mathrm{d}n_e \qquad (\mathrm{kg/h}) \tag{29}$$

式中：$G_e(n_e)$——发动机小时油耗动态特性(kg/h)。

$$\overline{g}_e = \frac{\overline{G}_e}{\overline{N}_e} \tag{30}$$

3.7 行走机构平均滑转率与平均滑转率增大系数

机器在动态条件下的平均滑转率 δ 可按下式计算：

$$\overline{\delta} = 1 - \frac{l}{l_T} = 1 - \frac{l}{2\pi r_k n_k} \tag{31}$$

式中：l——当左右驱动轮平均转数为 n_k 时，机器沿水平方向的实际行驶距离(m)；

l_T——在相同的 n_k 下机器沿水平方向的理论行驶距离(m)；

r_k——驱动轮的滚动半径(m)；

n_k——机器在驶过 lm 行程中左、右驱动轮的平均转数(r)。

滚动半径 r_k 可按下式计算：

$$r_e = \frac{l_0}{2\pi n_{k_0}}$$

式中：l_0——当机器处于空载情况下，而左、右驱动轮平均转数为 n_{k0} 时，沿水平方向驶过的实际行驶距离(m)；

n_{k0}——机器处于空载情况下驶过 l_0 行程中左、右驱动轮的平均转数(r)。

机器行走机构在动态条件下的平均滑转率相对于静态条件的增大程度，可用平均滑转率增大系数 k_δ 来评价：

$$k_\delta = \frac{\overline{\delta}}{\overline{\delta}^s} \tag{32}$$

式中：$\overline{\delta}$——按行走机构静态滑转特性 $\overline{\delta}^s(\mathrm{T})$ 计算的平均滑转率。

$\overline{\delta}^s$ 可按下式计算：

$$\overline{\delta}^s = \int_{T_{min}}^{T_{max}} \delta^s(T)P(T)\mathrm{d}T \tag{33}$$

3.8 机器的平均行驶速度和平均速度降低系数

机器在功态条件下的平均行驶速度 $\overline{v}$ 可按下式计算：

$$\overline{v} = \frac{1}{T_s}\int_0^{T_s} v(t)\mathrm{d}t = \frac{\sum l}{T_s} \qquad (\mathrm{m/s}) \tag{34}$$

式中：T_s——采样时间(s)；

$\sum l$——在 T_s 时间内机器的总行程(m)。

当已知速度 v 的分布概率密度函数 $P(v)$ 时，$\bar{v}$ 亦可按下式计算：

$$\bar{v} = \int_{v_{\min}}^{v_{\max}} vP(v)\,dv \qquad (m/s) \tag{35}$$

机器在动态条件下的平均行驶速度相对于静态条件的下降程度，可用机器平均速度降低系数 k_v 来评价：

$$k_v = \frac{\bar{v}}{\bar{v}^s} \tag{36}$$

式中：$\bar{v}^s$——按静态牵引特性中的速度特性 v^s(T)计算的机器平均行驶速度(m/s)。

$\bar{v}^s$ 可按下式计算：

$$\bar{v}^s = \int_{T_{\min}}^{T_{\max}} v^s(T)P(T)\,dT \tag{37}$$

3.9　机器的平均牵引功率和平均牵引功率降低系数

机器在动态条件下的平均牵引功率 $\bar{N}_T$ 可按下式计算：

$$\bar{N}_T = \int_{T_{\min}}^{T_{\max}}\int_{v_{\min}}^{v_{\max}} N_T(T,v)P(T,v)\,dTdv = \int_{T_{\min}}^{T_{\max}}\int_{v_{\min}}^{v_{\max}} \frac{Tv}{75}P(T,v)\,dTdv \qquad (PS) \tag{38}$$

机器在动态条件下的平均牵引功率相对于静态条件的下降程度可用平均牵引功率降低系数 K_{NT} 来评价：

$$K_{NT} = \frac{\bar{N}_T}{\bar{N}_T^s} \tag{39}$$

式中：$\bar{N}_T^s$——按静态牵引特性中的牵引功率特性 $N_T^S(T)$ 计算的平均牵引功率(PS)。

$\bar{N}_T^s$ 可按下式计算：

$$\bar{N}_T^s = \int_{T_{\min}}^{T_{\max}} N_T^s(T)P(T)\,dT \qquad (PS) \tag{40}$$

3.10　机器的平均单位牵引马力比油耗与平均单位牵引马力比油耗增大系数

机器在动态条件下的平均单位牵引马力比油耗 $\bar{g}_T$ 可按下式计算：

$$\bar{g}_T = \frac{\bar{G}_e}{\bar{N}_T} \qquad (g/PS \cdot h) \tag{41}$$

式中：$\bar{G}_e$——在机器动态牵引试验中发动机的平均小时耗油(kg/h)。

机器在动态条件下平均单位牵引马力比油耗相对于静态条件的增大程度可用平均单位牵引马力比油耗增大系数 k_{gT} 来评价：

$$k_{gT} = \frac{\bar{g}_T}{\bar{g}_T^s} \tag{42}$$

式中：$\bar{g}_T^s$——按静态牵引特性中的小时油耗特性 $G_T^s(T)$ 计算的平均单位牵引马力比油耗(g/PS · h)。

$\bar{g}_T^s$ 可按下式计算：

$$\bar{g}_T^s = \frac{1}{\bar{N}_T^S}\int_{T_{\min}}^{T_{\max}} G_T^s(T)P(T)\,dT \qquad (g/PS \cdot h) \tag{43}$$

履带推土机牵引动力学的试验研究

孙祖望　孙树仁　李太杰　陈宜俊　张义甫

（本文刊于《工程机械》杂志 1983 年第 2 期）

1　前言

铲土运输机械牵引性能预测和试验的传统方法是建立在静态条件基础上的。在牵引计算中，根据已知的发动机外特性和行走机构滑转曲线（它们都是在发动机和行走机构稳定运转试验工况下测得的），即可对机器的牵引性能作出预测，计算它的一系列性能指标，如：牵引力、前进速度、牵引功率等，同时确定机器牵引性能参数的最佳匹配和与之相应的生产率。在这些分析中，通常假定机器之滚动阻力和外部牵引负荷是一常数，因而发动机和行走机构的性能可由它们的静态特性来决定。同样，传统的牵引试验方法规定，试验必须在地面状态稳定、附着性能良好的人工跑道上进行，同时要求在性能测试过程中保持稳定不变的牵引负荷。然而，对于履带推土机这样的铲土运输机械来说，机器的实际作业过程是在动态下完成的，这种动态和静态条件的差别主要是：

（1）机器实际作业时的水平牵引负荷和它的作用高度均处于不断波动的状态，并引起切线牵引力的相应波动。

（2）在工作装置上不仅作用有水平方向工作阻力，而且还作用有垂直方向的工作阻力，这一阻力同样是不断变化的。

（3）行走机构的附着重量、接地压力的分布以及压力中心的位置也在不断变化之中。

（4）牵引力的波动将进一步引起发动机负荷的波动，同时引起传动系效率损耗的变化。

（5）在牵引力和附着重量都处在波动的情况下，牵引元件的滑转率同样也将不断地波动。

由于以上这些原因，必然将导致机器在动态条件下的性能偏离静态特性，因而在稳定状态下计算所得及试验测定的牵引特性，将完全不能反映出机器在实际作业中的动态牵引性能。这样，用户实际上很难从机器的标准试验结果或设计资料中得知机器在给定的作业条件下将能发挥怎样的性能。因此，研究在动态条件下机器性能的预测和试验，不仅有助于改善履带推土机的总体设计理论，而且对于机器的合理使用也有着现实意义。

在讨论静态条件下牵引性能参数的匹配时，我们曾经指出，只有正确地选择发动机、传动系、行走机构、工作装置的参数，并保证它们之间的合理匹配，才能充分发挥各总成本身的能力，从而使机器获得较高的技术经济指标。而这种匹配关系主要反映在动力装置的输出特性和行走机构滑移曲线之间的相互配置以及工作装置的铲掘阻力与行走机构滑转曲线之间的相互配置关系上（图 1）。对于动态性能的预测，上述情况显然将同样存在。

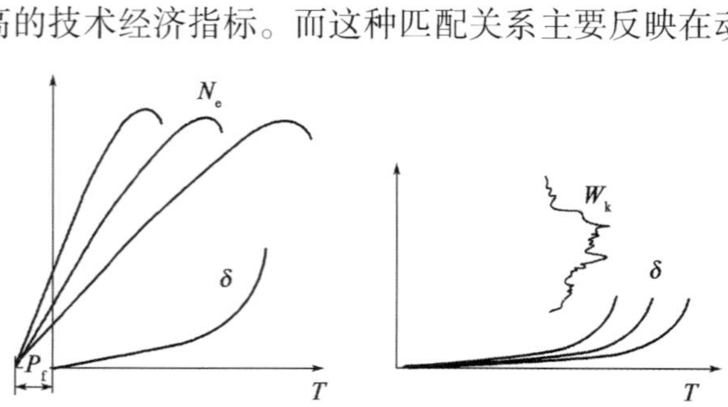

图 1　牵引性能与参数的匹配关系

为了研究履带推土机在实际作业条件下的动态牵引性能，需要在不同的参数匹配关系下对机器的动力参数进行统计测定。第一轮试验选择了我国履带推土机的早期机型——“T_3-100”。这一机型的比牵引力和比功率均较低，因而发动机的负荷程度高而行走机构的滑转程度低，这样的参数匹配关系反映了长期流行于我国工业履带拖拉机行业内的设计理论。

2　试验方法

推土作业试验在土质经过抽样分析的平坦场地上进行，分层取土，挖掘成沟（图2）。

表1列出了土的物理性质的测定值和用动载贯入计测定的代表土壤相对密实度的冲击指数（面积为 $1cm^2$ 的圆形平压头，每次 1kgf · m[1] 冲击功作用下，压入土中10cm时所需之冲击次数）。

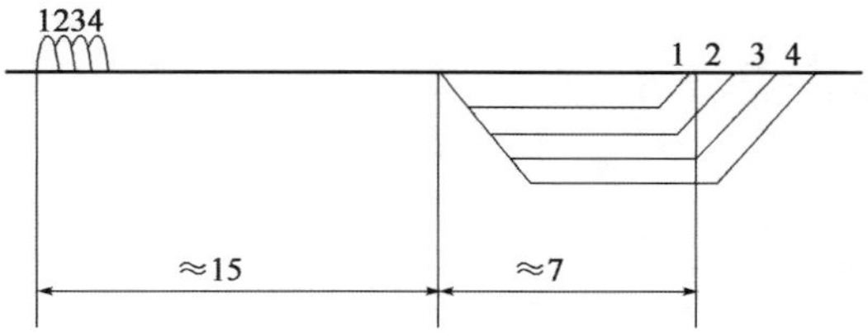

图2　推土作业试验示意图

土的物理性质与动载贯入计的冲击数　　表1

土 的 种 类	含 水 率（%）	湿密度（g/cm^3）	干密度（g/cm^3）	冲　击　数
亚黏土	14.94～19.04	1.79～2.07	1.50～1.75	7～17

推土机在试验前进行了全面的检查和调整，同时对发动机进行了台架试验，并测定了整机的重量参数。图3为台架试验测定的发动机外特性。表2为机器的重量参数。

推土机质量及重心位置　　表2

推土机质量（kgf）	纵向重心位置（mm）（距驱动轮中心）	横向重心位置（mm）（距机器对称纵轴）
13229	1428	右58

在试验时测定了下列参数（图4）：

（1）顶推架左销轴水平和垂直方向支承力 R_{XL}、R_{YL}；

（2）顶推架右销轴水平和垂直方向支承力 R_{XR}、R_{YR}；

（3）铲刀水平和垂直方向提升力 S_X、S_Y；

（4）推土机实际速度 V；

（5）左、右驱动轮转矩 M_{KL}、M_{KR}；

（6）左、右驱动轮转速 n_{KL}、n_{KR}；

（7）变速器输入轴转矩和转速 M_g、n_g；

（8）发动机转速 n_e；

（9）喷油泵供油拉杆位移 e。

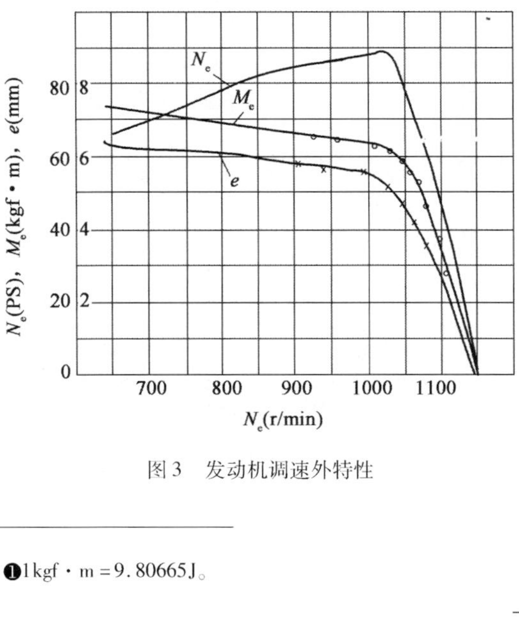

图3　发动机调速外特性

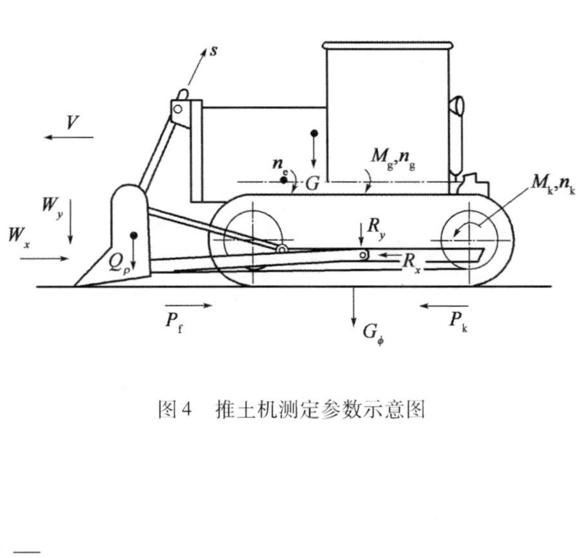

图4　推土机测定参数示意图

[1] 1kgf · m = 9.80665J。

根据上述测定值可进一步确定推土机的牵引力 T 和附着重量 G_Φ：

$$T = R_{XL} + R_{XR} - S_X$$

$$G_\Phi = G_0 + S_Y - R_{YL} - R_{YR}$$

式中：G_0——铲刀自由支承于地面时推土机重量。

为测定上述各项参数，设计了相应的传感器，并按尽可能减少测量误差的要求，仔细地拟订了测试和标定的方法。所有各项参数的电信号最终被记录在两台 SC-16 型光线示波器上。

如图 5 所示是铲土和运土工序中各测定值变化的典型波形图。从图中可以看出在铲土工序中所记录的各项动力参数均处于急剧的变化过程中，在运土工序中它们的变化则相对较为平缓。

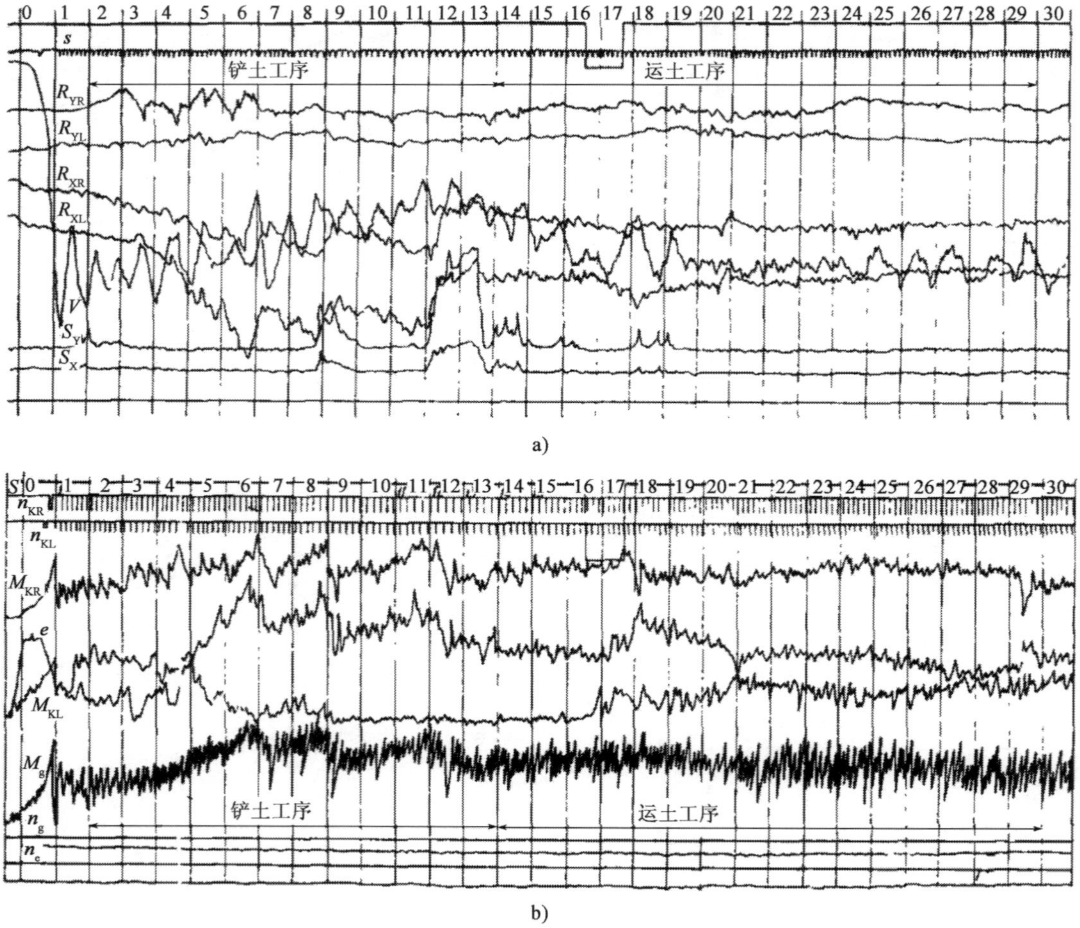

图 5　铲土和运土工序的典型示波图

为了更好地揭示出这些参数不断变化的概率特性，按 0.2s 的取样时间对 20 个工作循环的波形图在幅值城内做了进一步的概率统计分析。

2.1　铲土和运土工序牵引力和附着重量的分布规律

如图 6、图 7、图 8 所示分别表示了铲土工序牵引力、附着重量和运土工序牵引力的频率分布直方图，以及按常态曲线拟合的概率分布特性。表 3 则是这些分布特性的数字特征。

铲土和运土工序牵引力、附着重量概率分布性的数字特征　　表 3

参 数 名 称	算术平均值(kgf)	方差(kgf^2)	标准差(kgf)	离 差 系 数
铲土工序牵引力	6631	6798500	2607	0.393
铲土工序附着重量	12293	390625	625	0.0508
运土工序牵引力	3112	804501	897	0.288

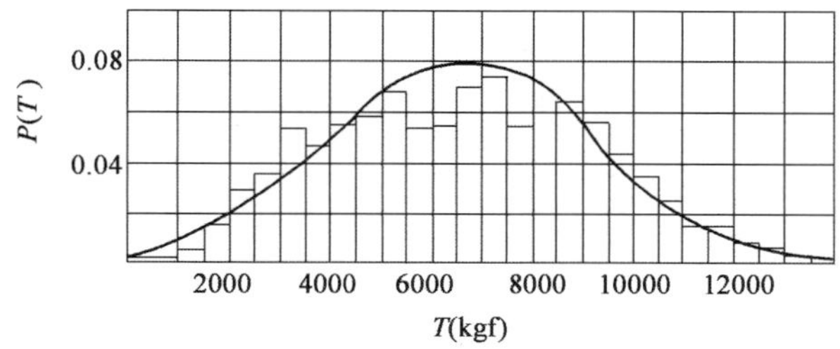

图6　铲土工序牵引力的分布特性

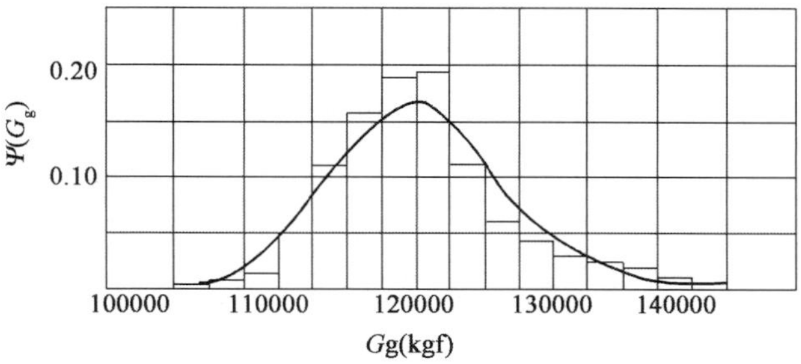

图7　铲土工序附着重量的分布特性

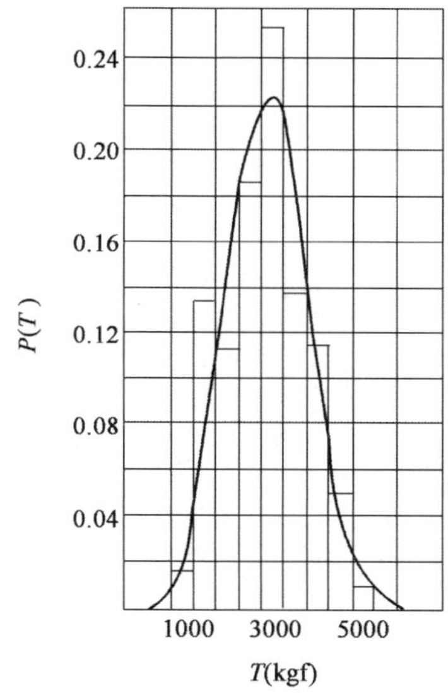

图8　运土工序牵引力的分布特性

从图6～图8中可以看到这些参数的概率分布相当接近于常态分布的规律。

当对比图6和图8以及表3中所列之数值时可以看到，在铲土和运土工序中，牵引力的分布特性有着明显的不同，后者的平均值与离散程度较前者为小。由此可见，通常将这两个工序的牵引力、速度、功率等的波动合并起来考察，显然是不恰当的。

对铲土工序牵引力和附着重量所进行的相关分析表明，二者之间统计联系的相关性是十分微弱的，相关系数($r=0.0645$)大大小于其临界值(表4)。由此可见，铲土工序中的牵引力和附着重量可以看成是两个独立的随机变量，此点显然与铲刀在大部分时间内处于浮动状态有关。

铲土工序附着重量 G_Φ 与牵引力 T 之间的统计相关性　　表4

回归方程 $G_\Phi=a+bT$		相关系数	
a	b	r	临界值(显著度 $p=0.01$)
12396	−0.0155	−0.0645	0.159

2.2　发动机输出转矩、功率与转速间的相关关系

在负荷急剧波动的动态过程中，发动机的输出转矩和转速不可能按台架试验所确定的外特性进行变化，然而波形图上每一瞬时所截取的发动机输出转矩和转速总可以用转矩—转速坐标图上的某一点来代表。这样，在负荷波动工况下发动机转矩和转速之间的相互关系将用一系列围绕在静态特性附近的散点来表示。图9为根据波形图加工所得的发动机转矩和转速之间的相关关系图。如果用两条回归直线分别代表发动机调速和非调速区段转矩随转速而变化的平均统计关系，则可看到各转速下的转矩平均值显然偏低于发动机的静态特性。这就表明不仅由于发动机和传动系的惯性而引起了瞬时输出转矩和转速偏离其静态特性，而且说明在负荷不断波动的工况下，发动机本身的动力性也恶化了。从图中还可以看到，平均转矩低于静态特性的情况主要发生在转速大幅度波动的非调速

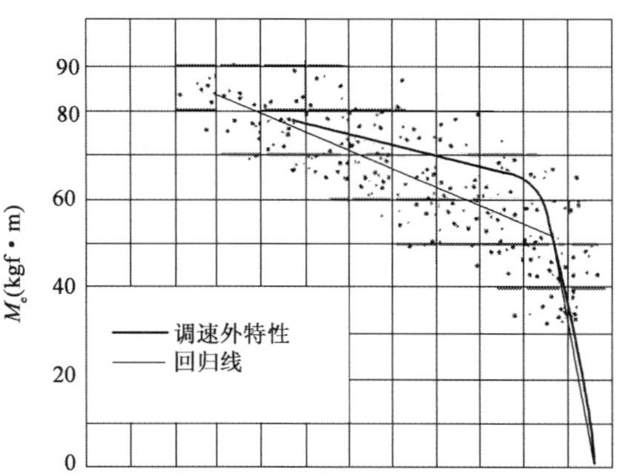

图9　铲土过程中发动机转矩与转速的相关关系

区段，而在调速区段上这种偏离则较小。由此可见，由于 T_3-100 履带推土机的比牵引力过低，因而发动机平均阻力矩的工作点在外特性上配置过高，其转矩负荷系数（平均阻力矩与发动机额定转矩之比）高达 0.98，这就导致发动机经常转至非调速区段上工作，引起转速的大幅度波动，而发动机的动力性则明显下降了。

对铲土过程中发动机转矩和转速相关关系所进行的分析（表 5），表明在负荷波动的工况下发动机的平均转速大大低于它的额定值，而平均输出转矩则低于调速特性上与平均转速相应之转矩值。

铲土工序中发动机转矩、功率、供油拉杆位移、转速以及牵引力之间的统计相关性 表 5

相关关系	发动机调速区段				发动机非调速区段				备注
	回归方程 $y=a+bx$		相关系数		回归方程 $y=a+bx$		相关系数		
	a	b	r	临界值（显著度 $p=0.01$）	a	b	r	临界值（显著度 $p=0.01$）	
$M_e=f(n_e)$	747.0	-0.649	-0.658	0.354	93.8	-0.0398	-0.478	0.166	单位： n_e-r/min M_e-kgf·m N_e-PS e-mm T-kgf
$N_e=f(n_e)$	$N_e=1.04n_e-0.000906n_e^2$		—	—	$N_e=0.131n_e-0.0000556n_e^2$		—	—	
$e=f(n_e)$	53.75	-0.047	-0.762	0.354	12.99	-0.00209	-0.812	0.166	
$n_e=f(T)$	1127	-0.00844	-0.600	0.043	1350	-0.0833	-0.381	0.152	

图 10 是铲土工序中发动机输出轴功率和转速之间的相关关系图。从图中同样可以看到发动机平均功率低于外特性功率曲线的情况，由于发动机的转速大部分是处于额定转速之下，而且各转速下的平均转矩与静态特性相比也有较大的下降，这就导致了发动机平均输出功率的大幅度下降。由表 6 可以看到发动机平均输出功率只有 61.8PS[❶]，它的功率输出系数为 0.69，亦即平均输出功率仅为额定功率之 69%。

铲土工序中各参数之间相关关系的方差分析和离散程度 表 6

相关关系		发动机调速区段							发动机非调速区段							总平均值
		回归线均方差 $S^2_回$	测定值对回归线的偏离		方差比 F	临界值 F_0 ($p=0.01$)	算术平均值 X	离差系数 C_v	回归线均方差 $S^2_回$	测定值对回归线的偏离		方差比 F	临界值 F_0 ($p=0.01$)	算术平均值 X	离差系数 C_v	
			均方差 $S^2_回$	标准均差 $S_回$						均方差 $S^2_回$	标准均差 $S_回$					
$M_e=f(n_e)$	M_e (kgf·m)	12978	141.8	11.9	91.5	7.2	40.5	0.294	14880	197.2	14.0	75.4	6.85	66.5	0.211	62.1
	n_e (r/min)	—	—	18.3	—	—	1093	0.017	—	—	168.6	—	—	686	0.246	755
$N_e=f(n_e)$	N_e (PS)	29860	517.8	22.8	57.7	7.2	62.5	0.364	29252	225	15	130	6.85	61.7	0.243	61.8
	n_e (r/min)	—	—	18.3	—	—	—	—	—	—	—	—	—	—	—	—
$e=f(n_e)$	e (mm)	65.2	0.651	0.788	100.2	7.2	2.79	0.283	40.99	0.0831	0.288	493	6.85	11.56	0.046	10.08
	n_e (r/min)	—	—	17.3	—	—	1093	0.016	—	—	138	—	—	686	0.201	755

❶1PS（德）=735.499W。

续上表

相关关系		发动机调速区段							发动机非调速区段							总平均值
		回归线均方差 $S^2_{回}$	测定值对回归线的偏离：均方差 $S^2_{回}$	测定值对回归线的偏离：标准均差 $S_{回}$	方差比 F	临界值 F_0（$p=0.01$）	算术平均值 X	离差系数 C_v	回归线均方差 $S^2_{回}$	测定值对回归线的偏离：均方差 $S^2_{回}$	测定值对回归线的偏离：标准均差 $S_{回}$	方差比 F	临界值 F_0（$p=0.01$）	算术平均值 X	离差系数 C_v	
$n_e=f(T)$	n_e（r/min）	8240	384.6	19.6	21.3	7.36	1093	0.0178	9929527	56279	237	176	6.85	725	0.327	769
	T（kgf）	—	—	2324	—	—	4407	0.527	—	—	2848	—	—	6902	0.413	6599

从以上对发动机转矩和功率动态特性所进行的分析中可以看到，平均阻力矩之工作点在发动机调速特性上配置过高，将导致发动机经常转至非调速区段工作，从而严重地恶化发动机的动力性和经济性指标。

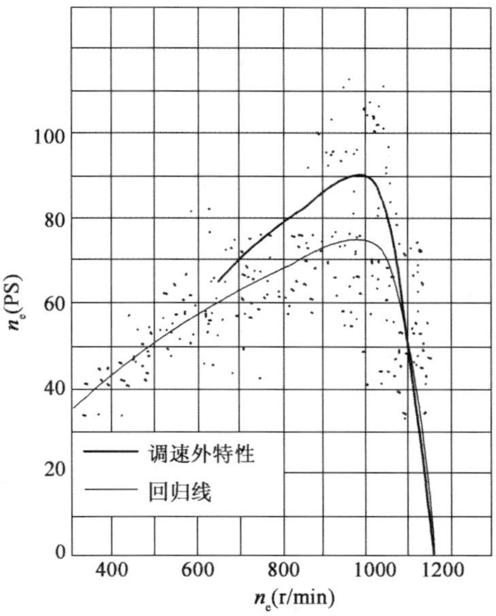

图10　铲土过程中发动机功率与转速的相关关系

2.3　发动机供油拉杆位移与转速间的相关关系

根据记录曲线整理出发动机供油拉杆与转速之间的相关关系图（图11）。对试验数据所进行的相关分析和方差分析表明，与转矩—转速间的相关关系相比，在拉杆位移与转速之间存在着很强的统计相关性，而测定值相对回归线的离散程度也少得多（表5、表6）。这一情况说明有可能利用拉杆位移与转速的关系作为动态牵引性能预测之依据。如供油和调速系统的惯性是造成发动机在负荷变化工况下动力性、经济性变坏的主要原因，亦即柴油机内部工作过程的变化对发动机性能的影响不大，则可利用拉杆位移与转速作为确定发动机瞬时转矩的依据。此时发动机的转矩应该是供油拉杆位移与转速的函数 $M=f(e,n_e)$，这一特性可以由发动机在稳定工况下的台架试验获得（图12）。

2.4　牵引力与发动机转速间的相关关系

如图13所示是以牵引力 T 为自变量的发动机转速与牵引力之间的相关关系图。

图中的两条回归线代表以 T 为自变量的随机函数 $n_e=n_e(T)$ 变化之平均统计关系。以此作为依据，计算铲土过程的平均速度，此时将牵引力看作某一正态分布的随机变量，而平均转速 $\overline{n}_e$ 则作为随机函数 $n_e=n_e(T)$ 的数学期望，可按下式计算（图14）：

$$\overline{n}_e = \int_{T_{min}}^{T_{max}} n_e(T)p(T)\mathrm{d}T$$

式中：$p(T)$——常态分布的密度函数，可以下式表示：

$$p(T) = \frac{1}{S\sqrt{2\pi}}e^{-\frac{1}{2}\left(\frac{T-\overline{T}}{S}\right)^2}$$

其中：$\overline{T}$——牵引力之算术平均值；

S——牵引力之标准差。

将相应之数值代入 $\overline{n}_e$ 的表达式可以求得：

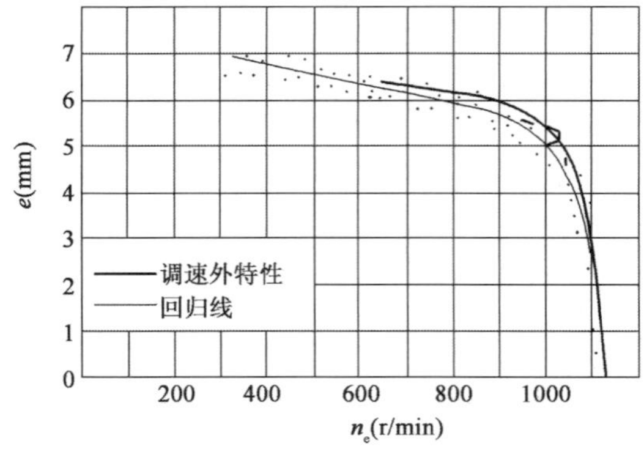

图11　铲土过程中发动机供油拉杆位移与转速间的相关关系

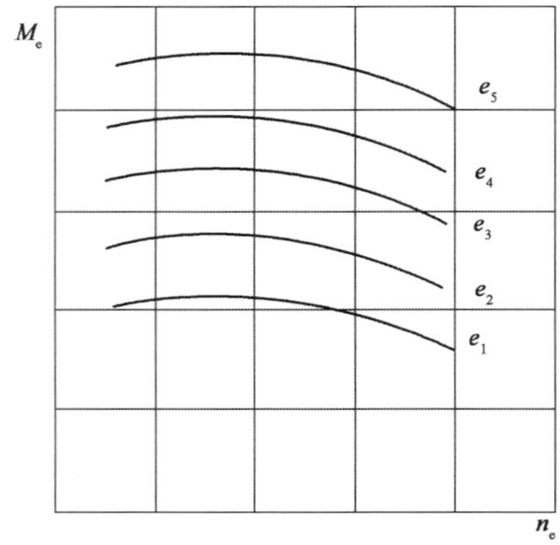

图12　供油拉杆不同位移下的柴油机速度特性

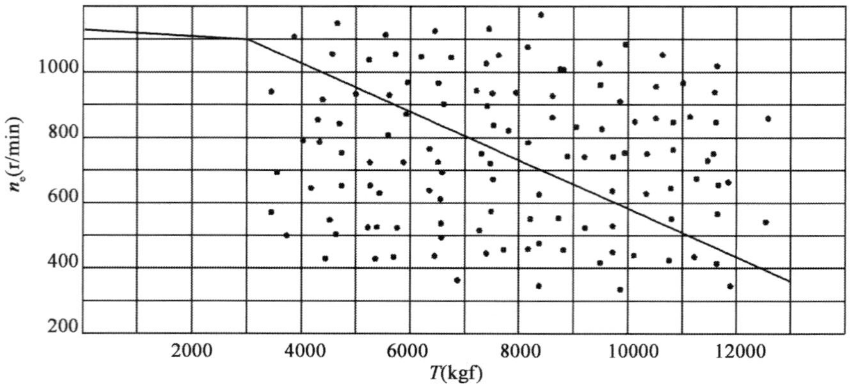

图13　铲土过程中发动机转速与牵引力的相关关系

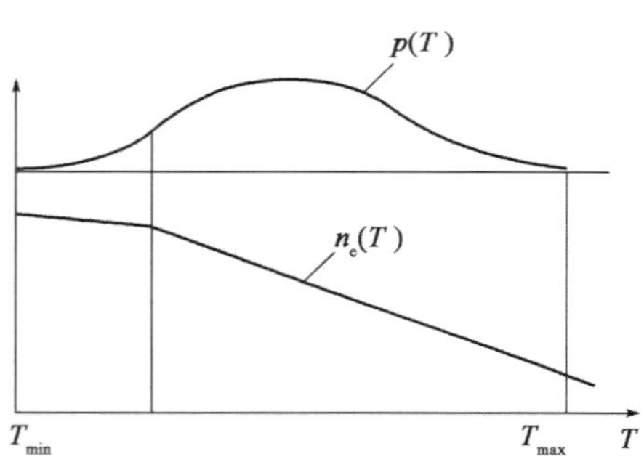

图14　发动机平均转速的计算示意图

$$n_e = \int_0^{3000}(1127 - 0.00844T)\frac{1}{S\sqrt{2\pi}}e^{-\frac{1}{2}\left(\frac{T-\bar{T}}{S}\right)^2}dT + \int_{3000}^{14000}(1350 - 0.0833T)\cdot\frac{1}{S\sqrt{2\pi}}e^{-\frac{1}{2}\left(\frac{T-\bar{T}}{S}\right)^2}dT$$

$$=736(\text{rpm})$$

对照计算结果与表6所列之测定值，可看出二者是相当接近的。

2.5　滑转率与相对牵引力(牵引力系数)间的相关关系

图15是表示铲土过程中滑转率 δ 与相对牵引力 φ 之间相关关系的散布图($\varphi=\varphi\frac{T}{G_\varphi}$)。在图15中还画有按方程 $\delta=A\varphi+B\varphi^n$ 拟合的回归线以及在稳定工况下的试验滑转曲线。从图中可以看到，在动态条件下机器的滑转率及其离散程度都显著地增大了。表7表示了相关关系 $\delta=\delta(\varphi)$ 之回归分析和散布程度的数字特征。

铲土过程中 δ 与 φ 之统计相关性和离散程度　　表7

回归方程 $\delta=A\varphi+B\varphi^n$			回归线均方差 $S^2_{回}$	测定值对回归线的偏离		方差比 F	临界值 F_0 ($p=0.01$)	算术平均值 δ	离差系数 C_v
A	B	n		均方差 $S^2_{回}$	标准离差 $S_{回}$				
0.306	2.14	12	4.285	0.0386	0.196	111	6.85	0.182	1.08

2.6　牵引功率与牵引力间的相关关系

牵引负荷急剧变化对发动机和行走机构工作性能的影响，导致推土机在实际作业时牵引性能指标大幅度下降。图16是根据n_e与T之间的平均统计关系（表5）和δ与φ之间的平均统计关系（表7），按下列关系式绘制的铲土过程的动态牵引功率曲线：

$$V = 0.377\frac{r_k n_e}{i_M}(1-\delta)$$

$$N_T = \frac{TV}{270}$$

式中：V——推土机实际行驶速度（km/h）；

N_T——牵引功率（PS）；

r_k——驱动轮动力半径（m）；

i_M——传动系传动比；

δ——滑转率；

n_e——发动机转速（r/min）。

从图16中可清楚地看到，在动态条件下的牵引功率曲线大大低于在稳定工况下牵引试验所测定的特性。推土机在铲土过程中的平均输出功率的最大值仅有37.2PS，约为发动机额定功率的41.3%。

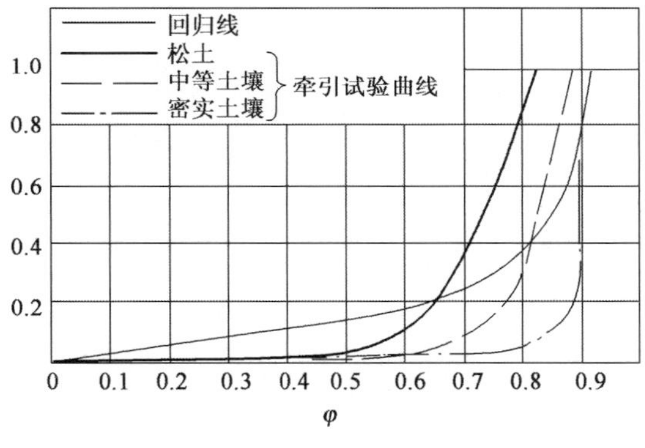

图15　铲土过程中滑转率与相对牵引力的关系

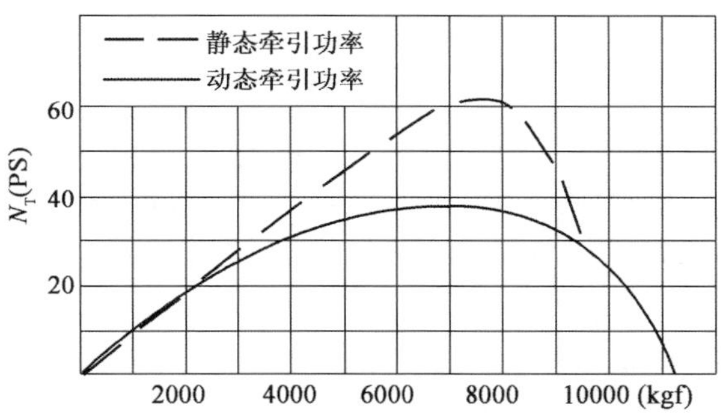

图16　动态和静态条件下的牵引功率

3　结语

（1）当履带推土机进行铲土作业时，机器的牵引负荷和附着重量处于急剧变化之中，这些随机变量的分布特性大体上接近于常态分布规律。在运土工序中牵引力与附着重量之变化比较缓和，其常态分布的特征参数与铲土工序有着明显差别。因此，当计算机器在动态条件下的生产率时，必须对铲土和运土工序分别进行考察。

（2）负荷波动对发动机的动力性、经济性的影响，不仅体现在发动机转速的波动将引起平均转速低于平均转矩工作点在调速外特性上所确定之转速值，而且还表现为每一转速下的平均转矩的降低。当平均转矩工作点在调速外特性上配置过高时，发动机转速将大幅度地波动，同时引起各转速下之平均转矩低于静态特性上相应之转矩值，此时后者的影响是不可忽略的。

（3）在动态条件下发动机和行走机构性能之恶化，将严重地影响推土机的牵引性能指标。此时，建立在静态特性上的牵引性能计算与试验并不能说明机器在作业时的实际性能。因而研究机器的动态牵引性能预测与试验对解决牵引性能参数的最佳化和拟订机器作业的合理规范均有重要意义。

(4)在负荷急剧变化的工况下,柴油机供油拉杆位移与发动机转速之间仍然存在着很强的统计相关性,这一关系可作为动态牵引性能预测的基本依据。

(5)为了进一步揭示出各种因素对推土机动态牵引性能的影响,在台架上分别对发动机与行走机构进行相应的模拟试验是必要的。

推土机的动态性能及其评价方法

孙祖望　李太杰　孙树仁　杨士敏

（本文刊于《工程机械》杂志 1988 年第 7 期）

摘　要：本文的主要内容是负荷波动对推土机动力性和燃料经济性的影响及推土机动态性能的评价方法。分析研究了推土机动态系统的结构模型，在动态下工作时动力性、燃料经济性能恶化的原因，建立了动态性能的评价指标体系及各指标的计算方法；并通过 T180 推土机现场试验，对其动态性能进行了分析和评价。适用于其他循环作业的铲土运输机械。

1　推土机在负荷波动工况性能下降的原因及机器—地面系统的结构框图

推土机是在承受不断变化的外界激励和内部各总成相互作用、相互制约状态下完成作业过程，表现出它在动态条件下的实际作业性能。而它的行驶速度、牵引功率、燃油消耗、比油耗等动力性和燃料经济性指标，则以输出响应的形式反映了机器—地面系统相互作用的最终结果，系统框图见图 1。

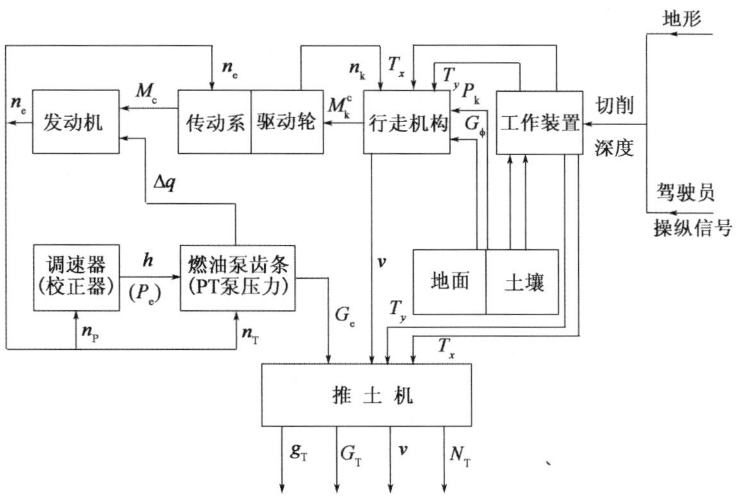

图 1　机器—地面系统框图

推土机作业过程的影响因素可归纳为三类：一是操作工艺因素，主要是铲刀的实际切削深度；二是外部使用因素，如土壤的物理力学特性、杂物的含有量、土质的不均匀性、地面坡度与不平度等；三是各总成技术状态的偶然性变化，如发动机热力过程、传动系效率的变化等。第三类影响因素与前两者相比，由于随机性微小而可视为确定因素。因而，第一、二类影响因素是推土机的主要输入激励。

由于机械传动系各轴系之间频率较高的扭转振动，对发动机动态过程不产生本质的影响，因此图 1 中的传动系被看作一刚性整体，完成传递转矩和转速的作用，其质量可转换到发动机输出轴或推土机直线行驶方向上。这样，对推土机动态性能产生重大影响的主要是工作装置、行走机构和发动等总成的动态过程。

1.1 工作装置

推土机内部动态现象基本来源于铲刀与土壤的相互作用。系统的输入激励为司机操纵铲刀的信号以及机器外部的使用因素，输出参数为水平牵引力 T_x 和垂直负荷 T_y。对这一复杂多输入非线性系统，很难直接测定输入参数和计算输出与输入的关系，但反映系统输入激励的 T_x、T_y 用试验方法确定较易。因此，可将 T_x、T_y 的概率统计特性作为整机动态系统的输入参数。

1.2 行走机构

在静态（稳定）条件下，行走机构—地面系统的输入和输出关系可用滑转特性 $\delta = f(T_x/G_\Phi)$ 来表示。系统输出参数 ν（行驶速度）即为 δ 与驱动轮转速 n_k 之函数：$v = (1-\delta)n_k/r_k$（r_k 为驱动轮动力半径）。

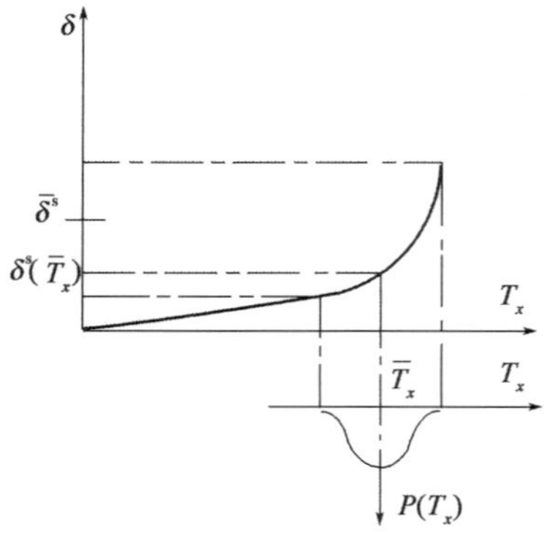

图 2　滑转特性的非线性对 $\bar{\delta}'$ 的影响

在牵引负荷波动条件下，牵引力平均值 $\bar{T}_x$ 与滑转率平均值 $\bar{\delta}$ 不对应。由图 2 可见，当 T_x 发生波动时，即使滑转特性保持其静态特性不变，$\bar{T}_x$ 与 $\bar{\delta}^s$ 也不一致。若已知 T_x 的概率密度函数 $P(T_x)$，则可按 $\bar{\delta}^s = \int \delta^s(T_x)P(T_x)\mathrm{d}T_x$ 计算 $\bar{\delta}^s$。

如 $\delta^s(T_x)$ 为线性函数 $\delta^s = A + B(T_x)$，则：

$$\bar{\delta}^s = \int (A+B)P(T_x)\mathrm{d}T_x = A + B(\bar{T}_x) = \delta^s(\bar{T}_x)$$

当 $\delta^s(T_x)$ 为非线性函数时，$\bar{\delta}^s > \delta^s(\bar{T}_x)$，其差值不仅取决于波动幅度，而且与动态牵引负荷在滑转曲线上的配置位置有关，这种在保持静态特性下发生的动态效应称为第一类动态效应。试验表明，由于行走机构的实际滑转偏离其静态特性，实际平均滑转率 $\bar{\delta}$ 往往远大于 $\bar{\delta}^s$，称为第二类动态效应。产生这种偏离的主要原因是：一是在减速和加速过程中，惯性引起的速度滞后；二是在动态牵引负荷作用下，土壤的剪切强度等力学特性偏离其静态值；三是垂直负荷波动会引起的附着重量变化；四是水平和垂直负荷波动将引起行走机构支承面压力中心和接地面积的变化。

此外，行走机构与地面的相互作用还受到地面坡度、土质不均匀等随机性使用因素的影响，因而动态滑转特性的离散性较大。

行走机构与地面相互作用的动态效应所引起的平均滑转率的增大，是机器行驶速度、牵引功率、比油耗等一系列性能指标变坏的主要原因之一。

1.3 发动机

发动机在阻力矩波动下的动态效应也可分为两类：一是由发动机转矩外特性的非线性引起的，在静态特性不变时仍然存在的第一类动态效应；二是由发动机内部动态过程引起的第二类动态效应。

由图 3 可知，阻力矩 M_c 的波动导致发动机平均转速 $\bar{n}_e^s$ 低于平均阻力矩 $\bar{M}_c$ 在静态特性上的相应转速 $n_e^s(\bar{M}_c)$。其差值与 M_c 波动幅度和 $\bar{M}_c$ 在调速特性上的配置位置有关（图 3）。

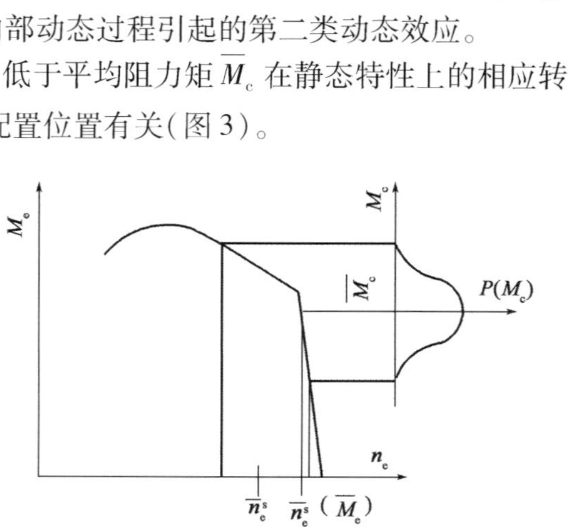

图 3　调速特性的非线性对 n_e^s 的影响

变质调节非增压柴油机的第二类动态效应，主要由负荷波动对燃料调节系统工作的影响而引起。如不考虑负荷波动对发动机热力过程的影响，则发动机转矩取决于每一工作循环的供油量，对于非增压式柴油机的转矩 M_c，只是循环供油量 Δq 和转速 n_e 的函数，$M_c = f(\Delta q, n_e)$。由于循环供油量取决于喷油泵转速和供油齿条的位置 h 或 PT 泵的压力 p_e，因此发动机转矩 M_c 可表达为 $M_c = f(h, n_e)$ 或 $M_c = f(p_e, n_e)$，并由发动机稳定工况下的调整试验获得（图 4）。

综上分析，发动机的输入激励（阻力矩）引起的动态效应归结为发动机转速滞后和燃油供给系统参数偏离其静态值而引起的循环供油量、发动机转速与阻力矩之间的失调，整个系统的输出响应表现为发动机转速、功率、比油耗等性能指标变坏。

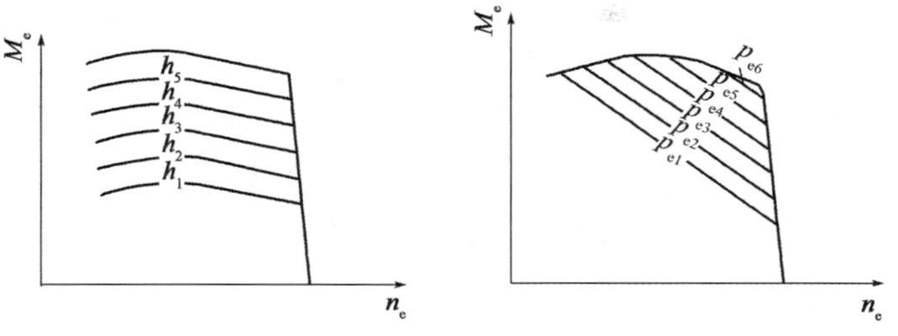

图 4 发动机调整特性

a) 多缸柱塞泵；b) PT 泵

在 NH-220-CI 发动机负荷突变过程中，p_e 值偏离静态特性程度相当大（图 5）。由于发动机的惯性较大，对低频激励尤为敏感。

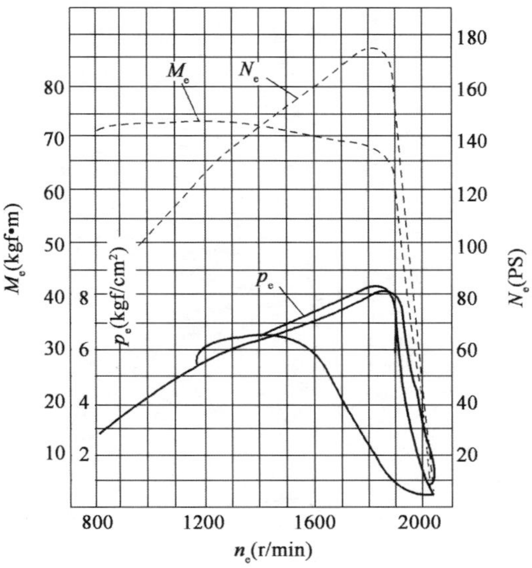

图 5 NH-220-CI 发动机突加突减负荷试验

2 推土机动态性能的评价指标与计算方法

推土机动态性能的评价体系，各项指标的定义及计算方法如下：

2.1 发动机平均转速 $\bar{n}_e$

$\bar{n}_e$ 为在动态条件下，发动机转速试验总体之数学期望或 N 次试验样本的算术平均值。已知概率密度分布函数的估计值 $\hat{P}(n_{ei})$ 时，$\bar{n}_e$ 按下式计算：

$$\bar{n}_e = \sum_{i=1}^{H_n} n_{ei}\hat{P}(n_{ei})\Delta n_e \tag{1}$$

式中：Δn_e、H_n——n_e 分组区间的间隔和数目。

2.2 平均转速降低系数 k_{ne}

k_{ne} 为发动机在负荷波动工况下工作时的平均转速 $\bar{n}_e$ 相对于静态特性 $n_e^s = n_e^s(T_x)$ 上的平均转速 $\bar{n}_e^s$ 的下降程度。

$$k_{ne} = \bar{n}_e / \bar{n}_e^s \tag{2}$$

已知牵引力 T_x 的概率密度分布函数估计值 $\hat{P}(T_{xi})$ 时，$\bar{n}_e^s$ 按下式计算：

$$\overline{n_e^s} = \sum_{i=1}^{H_T} n_e^s(T_{xi})\hat{P}(T_{xi})\Delta T_x \tag{3}$$

式中：ΔT_x、H_T——T_x 分组区间的间隔和数目。

2.3 发动机平均输出功率 $\overline{N}_e$

$\overline{N}_e$ 为发动机动态试验功率总体之数学期望或 N 次试验算术平均值。已知转速 n_e 与燃料供给系统参数 Z（h 或 P_e）的二维概率密度分布函数之估计值 $\hat{P}(Z_i, n_{ei})$ 时：

$$\overline{N}_e = \sum_{j=1}^{H_z}\sum_{i=1}^{H_n} M_e(Z_j, n_{ei}) n_{ei}\hat{P}(Z_i, n_{ei})\Delta Z\Delta n_e \tag{4}$$

式中：$M_e(Z_j, n_{ei})$——稳态调整特性；

ΔZ、H_z——燃料供给系统参数 Z 的分组区间间隔和数目；

Δn_e、H_n——n_e 的分组区间的间隔和数目。

2.4 发动机平均功率降低系数 k_{N_e}

k_{N_e} 为发动机在负荷波动工况下工作时的平均功率相对静态特性 $N_e^s = N_e^s(n_e)$ 上的平均功率 $\overline{N_e^s}$ 的下降程度。

$$k_{N_e} = \frac{\overline{N}_e}{\overline{N_e^s}} \tag{5}$$

已知牵引力 T_x 的概率密度分布函数估计值 $\hat{P}(T_{xi})$ 时：

$$\overline{N_e^s} = \sum_{i=1}^{H_T} N_e^s[n_e^s(T_{xi})]\hat{P}(T_{xi})\Delta T_x \tag{6}$$

式中：$N_e^s[n_e^s(T_{xi})]$——与 $n_e^s(T_{xi})$ 相应的发动机静态特性 $N_e^s = N_e^s(n_e)$ 上的功率；

ΔT_x、H_T——T_x 分组区间的间隔和数目。

2.5 发动机功率输出系数 k_{NH}

k_{NH} 为发动机动态条件下工作时，作为有效功率从曲轴上输出的部分占额定功率 N_H 中之百分比，计算如下：

$$k_{NH} = \overline{N}_e / N_H \tag{7}$$

2.6 平均小时燃油耗 $\overline{G}_e$

$\overline{G}_e$ 为发动机在动态条件下工作时，小时燃油耗的试验总体之数学期望或 N 次试验算术平均值，计算如下：

$$\overline{G}_e = \sum_{j=1}^{H_z}\sum_{i=1}^{H_n} G_e(Z_j, n_{ei}) n_{ei}\hat{P}(Z_j, n_{ei})\Delta Z\Delta n_e \tag{8}$$

式中：$G_e(Z_j, n_{ei})$——发动机的稳态油耗特性。

2.7 平均比油耗 $\overline{g}_e$

$\overline{g}_e$ 为发动机在动态条件下工作时，每一平均输出功率单位小时的平均油耗，计算如下：

$$\overline{g}_e = \frac{\overline{G}_e}{\overline{N}_e} \tag{9}$$

2.8 平均比油耗增大系数 k_{ge}

k_{ge} 为发动机在负荷波动工况下工作时，平均比油耗相对于在静态特性 $G_e^s = G_e^s(n_e)$ 上的平均比油耗 $\overline{g_e^s}$ 之增大量，计算如下：

$$k_{ge} = \frac{\overline{g}_e}{\overline{g_e^s}} \tag{10}$$

$$\overline{g_e^s} = \frac{1}{\overline{N_e^s}}\sum_{i=1}^{H_T} G_e^s[n_e^s(T_{xi})]\hat{P}(T_{xi})\Delta T_x$$

式中：$G_e^s[n_e^s(T_{xi})]$——与 $n_e^s(T_{xi})$ 相应的发动机静态特性 $G_e^s=G_e^s(n_e)$ 上的小时燃油耗；

ΔT_x、H_T——T_x 分组区间的间隔和数目。

2.9　平均滑转率 $\bar{\delta}$

$\bar{\delta}$ 为行走机构在动态条件下的平均速度损失率，计算如下：

$$\bar{\delta}=\frac{E(v_T-v)}{E(v_T)}=\frac{E(v_T)-E(v)}{E(v_T)}\approx 1-\frac{\bar{v}}{r_k\bar{\omega}_k} \tag{11}$$

式中：$E(v_T)$——理论行驶速度的数学期望；

$E(v)$——实际行驶速度的数学期望；

$\bar{v}$——行驶速度 N 次试验之平均值；

$\bar{\omega}_k$——驱动轮角速度 N 次试验之平均值；

r_k——驱动轮滚动半径，由试验测定。

2.10　平均滑转率增大系数 k_δ

k_δ 为在动态条件下，行走机构平均滑转率 $\bar{\delta}$ 相对于波动牵引负荷在静态特性 $\delta^s=\delta^s(T_x)$ 上的平均滑转率 $\bar{\delta}^s$ 之增大程度。

$$k_\delta=\frac{\bar{\delta}}{\bar{\delta}^s} \tag{12}$$

2.11　平均行驶速度 $\bar{v}$

$\bar{v}$ 为推土机在动态条件下行驶速度的试验总体之数学期望，或 N 次试验样本的算术平均值。已知速度 v 的概率密度分布函数估计值 $\hat{P}(v_i)$ 时：

$$\bar{v}=\sum_{i=1}^{H_r}v_i\hat{P}(v_i)\Delta v \tag{13}$$

式中：Δv、H_r——v 的分组区间间隔和数目。

2.12　平均行驶速度降低系数 k_r

k_r 为推土机在动态条件下工作时，平均速度 $\bar{v}$ 相对于波动牵引负荷在静态特性 $v^s=v^s(T_x)$ 的平均行驶速度 $\bar{v}^s$ 之下降程度。

$$k_r=\frac{\bar{v}}{\bar{v}_s^s} \tag{14}$$

式中：$\bar{v}_s^s=\sum_{i=1}^{H_r}v^s(T_{xi})\hat{P}(T_{xi})\Delta T_x$。

2.13　平均牵引功率 $\overline{N}_T$

$\overline{N}_T$ 为推土机牵引功率试验总体之数学期望或 N 次试验样本的算术平均值。已知牵引力 T_x 与行驶速度 v 的二维概率密度分布函数的估计值 $\hat{P}(v_i,T_{xi})$ 时：

$$\overline{N}_T=\sum_{j=1}^{n_r}\sum_{i=1}^{H_T}v_iT_{xi}\hat{P}(v_j;T_{xi})\Delta v\Delta T_x \tag{15}$$

2.14　平均牵引功率降低系数 k_{NT}

k_{NT}为推土机在动态条件下工作时，平均牵引功率 $\overline{N}_T$ 相对于波动牵引负荷在静态特性 $N_T^s=N_T^s(T_x)$ 上的平均牵引功率 $\overline{N}_T^s$ 之下降程度。

$$k_{NT}=\frac{\overline{N}_T}{\overline{N}_T^s} \tag{16}$$

式中：$\overline{N}_{T}^{s}=\sum_{i=1}^{H_T} N_{T}^{s}(T_{xi})\hat{P}(T_{xi})\Delta T_{x}$。

2.15 功率输出系数 k_{NHT}

k_{NHT}为推土机在动态条件下工作时，对外输出有效牵引功率 $\overline{N}_T$ 占发动机额定功率 N_H 的百分比。

$$k_{NHT}=\frac{\overline{N}_T}{N_H} \tag{17}$$

2.16 推土机平均小时燃油耗 $\overline{G}_T$

$\overline{G}_T$ 为推土机动态条件下工作每小时燃油平均消耗量，即等于发动机动态下工作的平均小时燃油耗量。

$$\overline{G}_T=\overline{G}_e$$

2.17 平均比油耗 $\overline{g}_T$

$\overline{g}_T$ 为推土机在动态条件下工作时，每一平均牵引功率单位时间的平均燃油消耗。

$$\overline{g}_T=\frac{\overline{G}_T}{\overline{N}_T} \tag{18}$$

2.18 平均比油耗增大系数 k_{gT}

k_{gT}推土机动态条件下工作时，平均比油耗 $\overline{g}_T$ 相对于波动牵引负荷在静态特性 $G_T^s=G_T^s(T_x)$ 上的平均比油耗 $\overline{g}_T^s$ 之增大程度。

$$k_{gT}=\frac{\overline{g}_T}{\overline{g}_T^s} \tag{19}$$

式中：$\overline{g}_T^s=\frac{1}{\overline{N}_T^s}\sum_{i=1}^{H_T} G_T^s(T_{xi})\hat{P}(T_{xi})\Delta T_x$。

各项动态性指标计算所必需的原始资料有：

(1)发动机台架静态特性：$N_e=N_e^s(n_e)$，$G_e=G_e^s(n_e)$，$M_e=M(h,n_e)$或$M_e=M(p_e,n_e)$。

(2)推土机牵引试验静态特性：$n_e^s(T_x)$，$\delta_s^s(T_x)$，$v^s(T_x)$，$N_T^s(T_x)$，$G_t^s(T_x)$。

(3)推土机动态牵引试验 n_e、T_x、v 的一维概率密度，以及 h 与 n_e 或 p_e 与 n 和 v 与 T_x 的二维概率密度之估计值：$\hat{P}(n_{ei})$、$\hat{P}(T_{xi})$、$\hat{P}(v_i)$、$\hat{P}(h_j,n_{ei})$或 $\hat{P}(p_{ej},n_{ei})$、$\hat{P}(v_j,T_{xi})$。

上述资料的获得，除常规发动机台架试验和推土机牵引试验外，在推土机动态牵引试验中只需测定发动机转速 n_e，燃料供给系统参数 h 或 p_e，推土机水平牵引负荷 T_x 及行驶速度 v。因此，若能在标准试验场地或实物土槽中，利用模拟加载负荷车来复现推土机作业过程的动态负荷，则将在保持行走机构与地面相互作用的试验条件稳定不变，并在"同样的随机输入"条件下测定输出响应 n_e、h 或 p_e、T_x 和 v 的时间变化历程，计算它的各项动态性能指标。这样，既可严格控制试验条件，又能使随机负荷工况多次复现，从而大大提高动态牵引试验结果的可比性，可对不同机型在典型土质条件下的动态性能作出定量分析和比较。此时，只需给模拟加载负荷车输入典型动态牵引负荷，不必使推土机实际作业，因而此方法更适合于对机器进行检测性的动态牵引试验。

3 T180 推土机动态性能评价

根据 T180 推土机现场试验动态测试数据，按本文所述方法，计算 18 项动态性能指标统计值。对试验样本进行数据处理后获得的计算原始资料如图 6 ~ 图 9 所示。

在图 9 中可看到，NH-220-CI 发动机 PT 泵供油压力 P_e 的静态特性和 23 次试验的平均动态特性，后者明显偏离 P_e 的静态特性。

T180 推土机各项动态性能指标按式(1) ~ 式(19)计算，结果见表 1，动态功率分配见表 2。

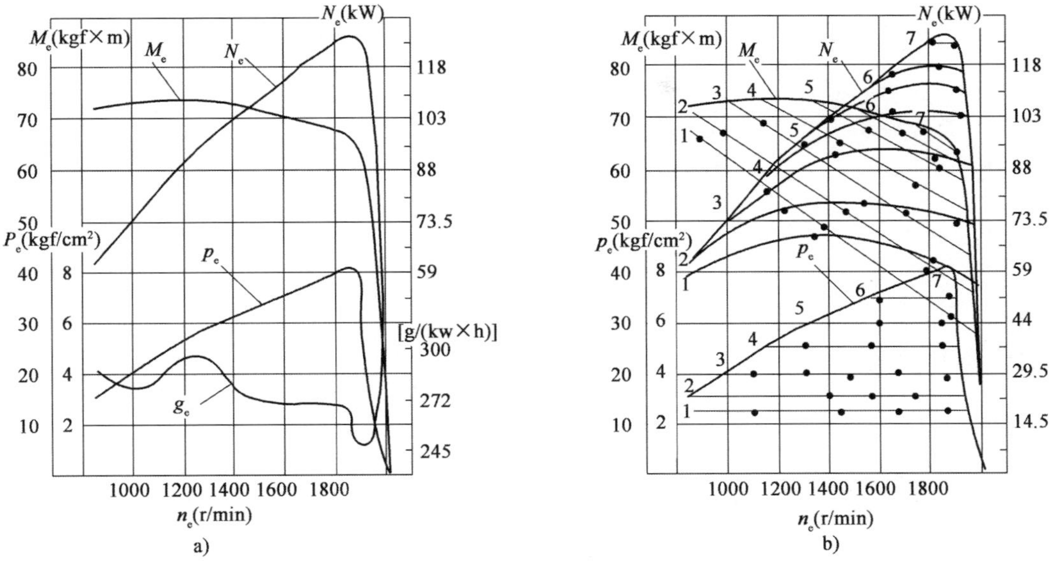

图6　发动机静态特性

a）调速特性；b）调整特性

M_e、N_e-发动机输出转矩与功率；p_e-PT 泵压力；g_e-发动机比油耗；n_e-发动机转速

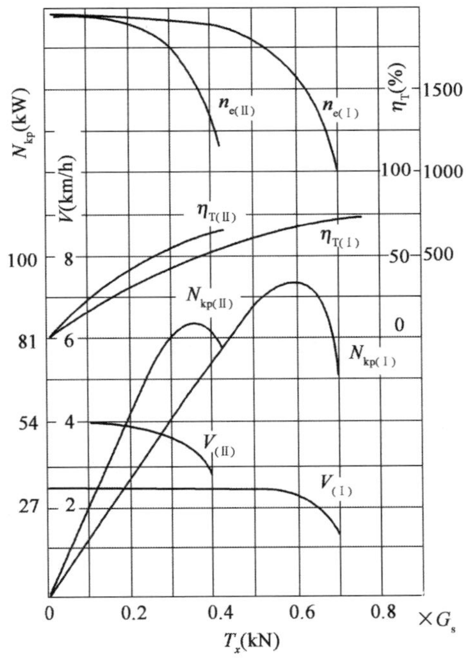

图7　推土机静态牵引特性

N_{kp}-理论切线牵引功率；V-推土机速度；n_e-发动机转速；η_T-牵引效率；T_x-推土机牵引力；G_s-推土机附着重量（G_s = 233kN）

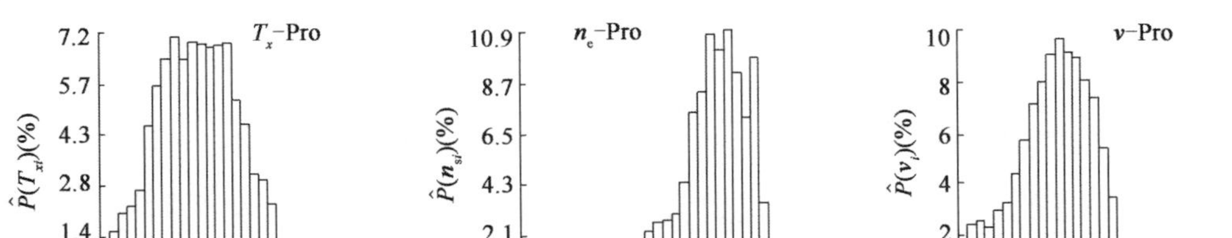

图8　牵引力 T_x、发动机转速 n_e、行驶速度 v 的概率密度

注：牵引力区间 ΔT_x = 9150N；发动机转速区间 Δn_e = 72r/min；行驶速度区间 Δv = 0.185km/h。

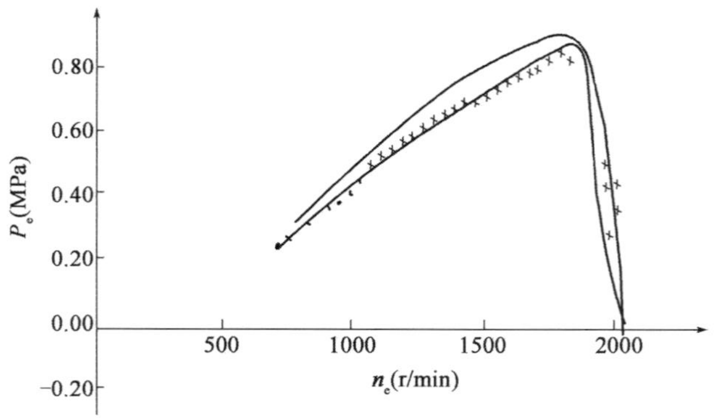

图 9　PT 泵供油压力 P_e 的静、动态特性比较

由表 1、表 2 可见，推土机在动态下工作时的动力性和燃料经济性，以及发动机、行走机构与机器总体参数之间的匹配对推土机动态性能的影响。

T-180 推土机动态性能评价指标　　表 1

指 标 名 称	计 算 值	指 标 名 称	计 算 值
发动机平均转速 n_e(r/min)	1427	行走机构平均滑转率增大系数 K_δ(%)	1388
发动机平均转速降低系数 k_{ne}(%)	77	推土机平均行驶速度 $\bar{v}$(km/h)	1.45
发动机平均输出功率 N_e(kW)	98.5	推土机平均行驶速度降低系数 k_v(%)	74
发动机平均输出功率降低系数 k_{Ne}(%)	86.5	推土机平均牵引功率 $\overline{N}_T$(kW)	45.6
发动机功率输出系数 k_{NH}(%)	77	推土机平均牵引功率降低系数 k_{NT}(%)	70
发动机平均小时燃油耗 $\overline{G}_e$(kg/h)	30.2	推土功率机输出系数 K_{NHT}(%)	36
发动机平均比油耗 $\bar{g}_e$(g/kW·h)	306	推土机平均小时燃油耗 $\overline{G}_T$(kg/h)	30.2
发动机平均比油耗增大系数 k_{ge}(%)	116.6	推土机平均比油耗 $\bar{g}_T$(g/kW·h)	664
行走机构平均滑转率 $\bar{\delta}$(%)	25.4	推土机平均比油耗增大系数 k_{gT}(%)	143

T-180 推土机动态性能试验中的功率分配　　表 2

发动机	额定功率(kW)		127
	按静态特性计算未获充分利用的发动机功率	绝对值(kW)	16.4
		占额定功率的百分比(%)	12.86
	动态过程引起的输出功率下降值	绝对值(kW)	12.3
		占额定功率的百分比(%)	9.6
行走机构	按静态特性计算的平均滑转功率损失	绝对值(kW)	0.88
		占额定功率的百分比(%)	0.72
	动态过程引起的平均滑转功率损失	绝对值(kW)	14.7
		占额定功率的百分比(%)	11.5
推土机	静态牵引试验时的最大牵引功率(kW)		97.4
	按静态牵引特性计算的平均牵引功率下降值	绝对值(kW)	14.7
		占最大静态牵引功率的百分比(%)	15.1
	动态过程引起的平均牵引功率下降值	绝对值(kW)	19.1
		占最大静态牵引功率的百分比(%)	19.6

T180 推土机 Ⅰ 挡铲土作业过程中，明显出现功率不足的现象(样机额定功率 132.5kW，但发动机台架实测功率为 127kW)，表现为发动机经常处于大幅度减速和加速过程中的平均转速降到 1427r/min。由于发动机经常在非调速区段工作，在静态特性上显示功率利用欠佳，发动机内部动态过程引起的动态

效应，又进一步恶化了它的功率利用程度，使它的平均输出功率下降为98.5kW，约占它的额定功率的77%。

在动态试验中，行走机构平均滑转率25.4%，平均滑转功率损失14.7kW，大大超过了静态滑转性的计算值。

发动机、行走机构的工作性能以及与整机共同工作的匹配关系，最终反映到整机动态性能的输出指标上。由于T180推土机参数匹配不够合理，导致发动机和行走机构的动态性能进一步下降，使总机的动力性和燃料经济性大大恶化。从表1、表2可见，T180推土机动态牵引试验的平均速度、平均牵引功率和平均比油耗均劣于静态特性指标，分别为1.45km/h、45.6kW和664g/kW·h。

4　结语

(1)推土机在动态条件下动力性和燃料经济性恶化的基本原因，首先是发动机和行走机构工作性能变坏，也与阻力矩和牵引负荷在发动机调速特性和行走机构滑转特性上的配置有关。

(2)负荷波动对发动机、行走机构和推土机系统产生的动态效应，可分为在保持静态特性不变的条件下产生的和由机器—地面系统内部动态过程引起的两类。

(3)推土机作业中存在大量的随机因素，对机器的动态性能，只能从概率统计角度来评价。本文的评价方法不仅可对推土机的动态性能作概率统计估计，还能表明各因素在推土机总动态效应中所占的比重，从而可提出改进其动态性能的措施。

(4)对T180推土机动态性能的评价和分析，表明改善该机动态性能方面还存在有相当的潜力。

推土机动态性能试验的非平稳随机数据模型和处理方法

孙祖望　张义甫　郭德虎

（本文刊于《工程机械》杂志1988年第10期）

摘　要：本文主要研究推土机动态性能试验数据的计算机处理方法。在分析推土机铲土过程的特性基础上，建立了推土机动态测试的非平稳随机数据模型，利用计算机对幅值域、时差域、频率域进行描述和处理，并讨论了利用参数检验法判别此类数据平稳性的方法。文中所建立的数据模型和方法，亦适用其他循环作业机械动态测试数据的处理工作。

利用试验手段研究铲土运输机械的动态性能，常采用现场试验法。推土机是一种循环作业的铲土运输机械，在司机有意识地控制铲刀切削深度情况下，完成铲土过程，使其动态性能试验数据明显不同于连续作业机械的动态性能试验数据。对此类数据按处理平稳数据所采用的时间平均原则分析，不可能取得有物理意义的结果。因此，根据其作业过程的性质和特点，选择和运用数据处理的一般原理，建立动态测试数据的模型及相应的处理方法，使数据分析具有物理意义的合理解释，是至关重要的。

1　动态性能的现场试验法

在机器现场作业条件下，直接测定、记录其动态性能各参数随时间变化的函数，称为现场试验法。现场试验的显著特点是，试验过程带有很大的随机性。多次重复测量同一过程，可能对机器动态性能给出概率统计的估计，这种概率统计特性将成为人工模拟（物理模拟试验、计算机模拟）的基础。为使试验过程有足够的平稳性，以便在较少试验样本下能充分显示试验总体的概率统计特性，必须严格控制动态性能的试验条件，主要是使机器的作业方式模型化。

推土的现场动态试验按如图1所示的作业模型进行工作。作业循环各工序的水平距离尽可能为规定值，尽量保持满斗作业和最大运土量，各工序的速度挡位应保持一定。

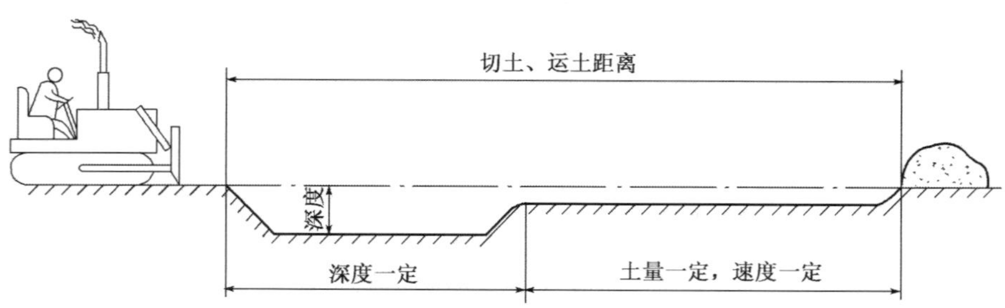

图1　推土机的作业模型

在满足评价动态性能的条件下，测试参数应为最少。我们的试验测定了下列参数：铲刀顶推架支承销推力 R_x、R_y，铲刀油缸提升力 S_x、S_y，发动机转速 n_e，供油齿条位移 h 或PT泵供油压力 p_e，推土机行驶速度 v（图2）。

2　动态测试数据的性质和特点

推土机工作过程包括铲土、运土、卸土、回驶等工序，各工序负荷大小、变化性质、波动程度等都有很大差别，且每工序反复循环进行，无较长时间连续的稳定工作过程。铲土工序负荷随司机操纵铲刀逐渐增加切土深度，当达到最大切深后，司机力图保持一定的切削深度，使之在一定距离内能装满铲刀。因此，负荷变化与司机铲刀操纵之间存在规律性的联系。工作过程中的这些特点反映在各参数（力、转矩、速度、转速等）的动态测试数据上，呈现出某些共同的特点：

(1)试验样本的长度很短，试验样本总体只能靠多次重复试验获得。

(2)铲土工序的随机性更大、需要更多的原始时间历程记录才能满足处理数据的要求。

(3)一般情况下，保持试验条件不变就可能获得平稳的试验数据，但即使对铲土过程严格控制试验条件，也不可能具有平稳数据的性质。

(4)这类非平稳随机数据包含着某种带有确定趋势的分量，将是一种缓慢变化的趋势项，且有可能分离出来。

(5)推土机巨大的质量系统，决定了各项参数动态测试数据的谱长极其有限，它的频率结构属于低通窄带型，缓慢变化的直流分量在整个频谱能量中占主要地位。

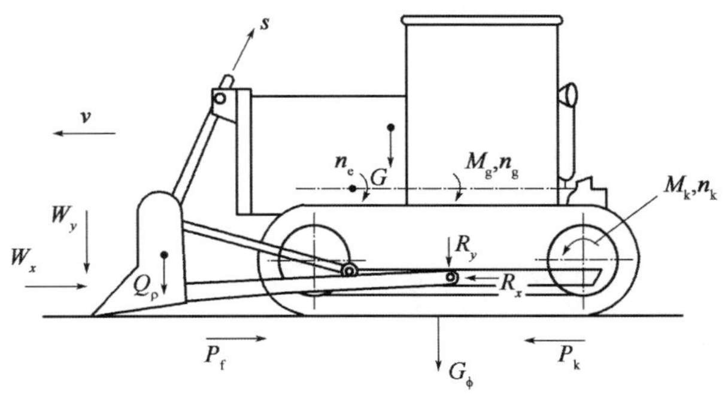

图 2　推土机动态测试参数

3　随机数据模型与处理方法

对平稳（各态历经）的随机数据，通常将原始时间历程分割成 n_d 组，对每组数据做相应处理后进行平均化，来获得有数学期望意义的估计值，称为按时间平均化的原则。

有明显趋势项的非平稳试验数据，可以分解成非平稳确定性分量和平稳性随机分量来进行分析。此时需要通过预处理，采用多项式进行分段拟合，将非平稳性质的缓慢变化趋势项从试验数据的时间历程记录中分离出来。预处理的第一步，是对试验的时间历程样本进行数字离散化处理。设按间隔 h 进行数据采样得 k 个离散数据序列 $\{x(t_k)\}(k=1,2,\cdots,n)$，用如下 M 阶多项式拟合时：

$$\hat{x}(t_k)=\sum_{m=0}^{M}b_m(t_k)^m \quad (k=1,2,3,\cdots,n) \tag{1}$$

满足 $x(t_k)$ 与 $\hat{x}(t_k)$ 偏差平方和为最小的条件：

$$\sum_{k=1}^{n}[x(t_k)-\hat{x}(t_k)]^2=\sum_{k=1}^{n}[x(t_k)-\sum_{m=0}^{M}b_m(t_k)^m]^2=\min \tag{2}$$

求得 $\hat{x}(t_k)$ 后，可按下式计算消除趋势项后试验数据的数字序列 $u(t_k)$：

$$u(t_k)=x(t_k)-\hat{x}(t_k) \quad (k=1,2,3,\cdots,n) \tag{3}$$

经预处理后的动态测试数据原始时间历程记录 $x(t)$ 可分解为两部分：

$$x(t)=\hat{x}(t)+u(t) \tag{4}$$

式中：$\hat{x}(t)$——缓慢变化的确定性函数；

$u(t)$——均值为零的平稳随机数据。

T180 推土机铲土过程牵引力变化的一个典型时间历程记录样本如图 3 所示，可见牵引力变化有一定的规律，在其波动中包含着某种缓慢变化的成分，使测试数据带有非平稳性。将时间历程记录输入 T108 信号分析装置，求取自相关函数的结果，如图 4 所示，从图中可见缓慢变化趋势项使自相关函数出现很大的畸变。如图 5 所示是经预处理后的数据，可见波动明显地趋向于平稳化。

若推土机动态测试数据可分解为如式(4)所示的非平稳数据模型，则：消除趋势项后，$u(t)$ 可以按平稳数据的原则进行处理；$\hat{x}(t)$ 在不同试验历程中不可能完全保持不变，但如驾驶操作严格规范化，则不同试验历程在同一时刻的采样值将围绕某一数值摆动，即在某一时刻采样的样本总体仍然会呈现某种平稳数据的性质。

按照以上设想，拟定了推土机动态性能试验的数据处理模型，如图 6 所示。试验过程的样本集合将分别按时间和试验序次两个坐标轴进行数据处理:在时间轴上,试验数据消除趋势项后,整个时间域内按总体平均原则进行处理;序次轴上,各试验历程将按在某一时刻 t_k 的采样值之总体进行处理。

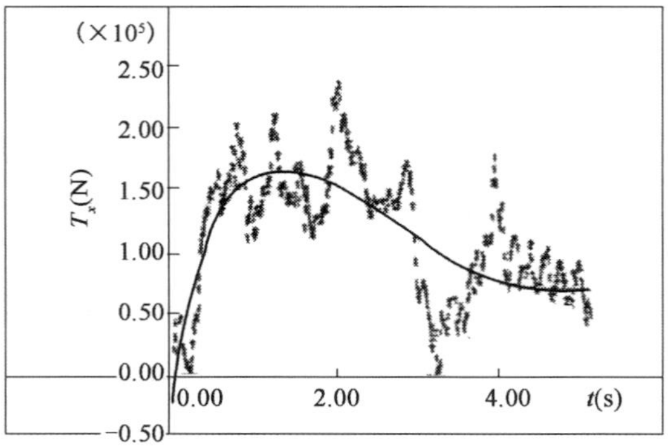

图 3 T180 推土机牵引力时间历程记录样本与拟合曲线

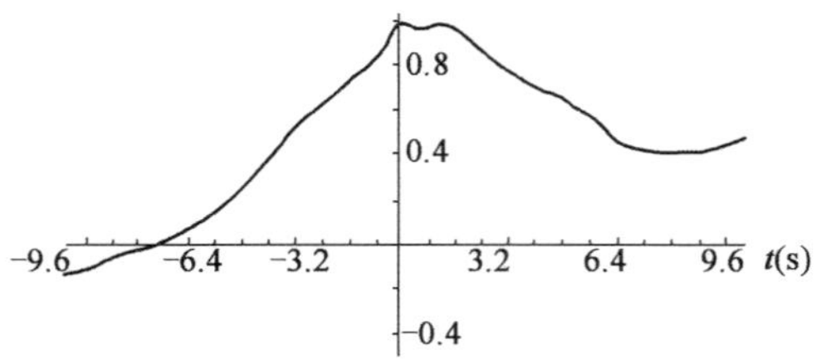

图 4 T180 推土机牵引力原始信号的自相关函数

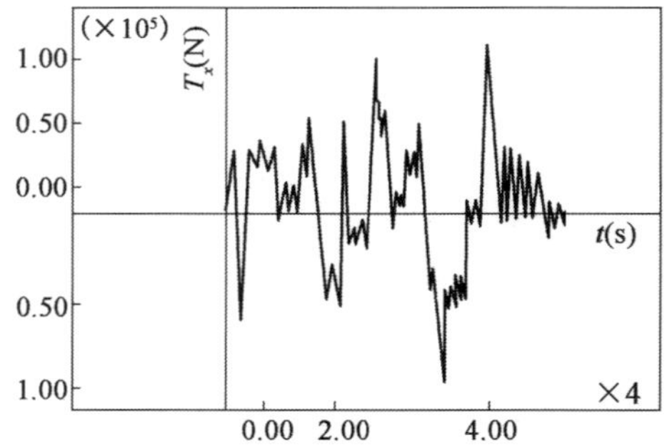

图 5 T180 推土机牵引力的随机分量

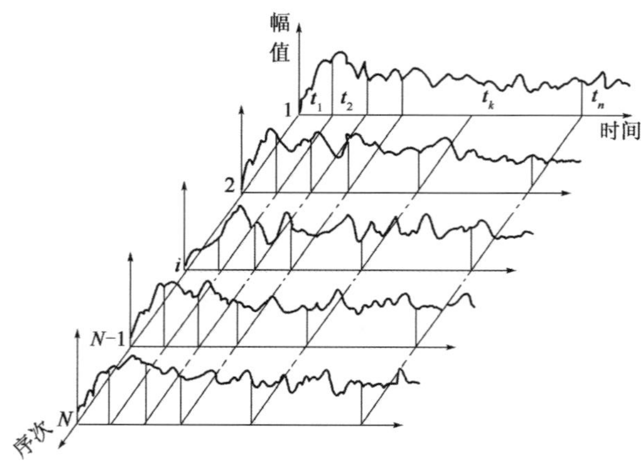

图 6 推土机动态性能试验的数据处理模型

大多信号分析装置都是按时间平均化原则工作,上述模型不能利用专用信号分析仪,需将模拟信号离散化后输入数字计算机进行处理。另外,在有限试验样本情况下,按上述模型处理的结果,只能是总体的某种统计估计值。

4 幅值域、时差域、频率域的处理

4.1 幅值域的处理

在幅值域处理时,确定铲土过程各测量参数的总体在幅值域内的分布特性,计算分布特性的特征统计值,求取平均值、均方值和方差随时间而变化的函数,确定两测量参数之间的线性相关关系。

幅值域处理时,先对测量参数 x、y 的时间历程进行离散化,得到 $N \cdot n$ 的数字序列:

$$\{x_i(t_k)\} \quad (i = 1,2,\cdots,N;k = 1,2,\cdots,n)$$

$$\{y_j(t_k)\} \quad (j=1,2,\cdots,N;k=1,2,\cdots,n)$$

(1)概率密度函数的估计

测量参数 x 在 t_k 处的概率密度估计值 $\hat{p}_k(x)$，x 的试验总体的概率密度估计值 $\hat{p}(x)$，测量参数 x,y 在 t_k 处的联合概率密度估计值 $\hat{p}_k(x,y)$ 及 x,y 的试验总体的联合概率密度估计值 $\hat{p}(x,y)$，按下式计算：

$$\hat{p}_k(x)=\frac{(N_x)_k}{N\Delta x};\quad \hat{p}(x)=\frac{\sum_{k=1}^{n}(N_x)_k}{nN\Delta x}$$

$$\hat{p}_k(x,y)=\frac{(N_{xy})_k}{N\Delta x\Delta y};\quad \hat{p}(x,y)=\frac{\sum_{k=1}^{n}(N_{xy})_k}{nN\Delta x\Delta y} \tag{5}$$

式中：Δx、Δy——x、y 分组区间的宽度；

$(N_x)_k$——x 在 t_k 处的数据值落在 $x\pm\frac{\Delta x}{2}$ 区内的数据个数；

$(N_{xy})_k$——x 和 y 在 t_k 处的数据值同时落在 $x\pm\frac{\Delta x}{2}$、$y\pm\frac{\Delta y}{2}$ 区内的数据个数；

N——试验时间历程记录总次数；

n——在时间轴上的采样值总数。

消除趋势项后的试验样本集合，也可按式(5)计算其概率密度估计值。用计算机按式(5)计算概率密度，是一个一维数组和二维数组的数据分类问题。在估计概率密度函数时，必须正确选择分组区间宽度。宽度过大，则偏度误差很大；宽度减小，则随机误差随之增大。因此，选择分组区间宽度时，根据数据处理经验，综合考虑随机误差和偏度误差，并经多次试作才能确定最佳分组区间宽度值。

从 TY140 推土机铲土过程牵引力的 33 次试验样本集合的频次宽度直方图及正态分布概率密度曲线(图 7a)可见，缓慢变化趋势项的存在使牵引力的分布明显偏离正态分布曲线。消除趋势项后，相同样本集合的频率密度直方图和相应的正态分布曲线(图 7b)，牵引力的分布接近于正态分布。

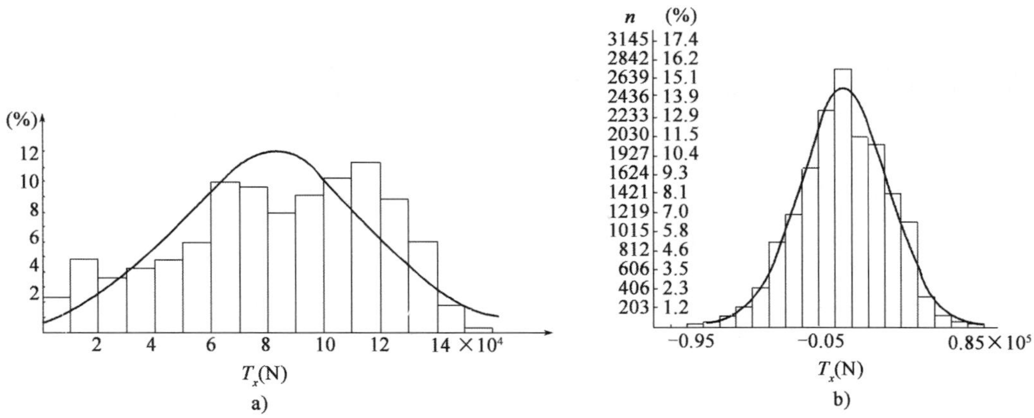

图 7　TY140 推土机牵引力 33 次试验的频次直方图

a)未经处理的原始信号；b)消除趋势项后的信号

(2)平均值、均方值、方差的估计

非平稳随机数据的平均值、均方值和方差都是随时间而变化的。试验次数无限增大时，在铲土过程中某一时刻采样的总体之数学期望，代表了所测量参数在这时刻上最可能出现的平均水平，数学期望本身是随时间变化的函数，则代表了有概率意义的平均化规律。均值 $\bar{x}(t_k)$、均方值 $\bar{x}^2(t_k)$、方差 $D_x(t_k)$、标准离差 $\sigma_x(t_k)$ 的估计值按下式计算：

$$\bar{x}(t_k)=\frac{1}{N}\sum_{i=1}^{N}x_i(t_k) \quad (k=1,2,\cdots,n) \tag{6}$$

$$\bar{x}^2(t_k)=\frac{1}{N}\sum_{i=1}^{N}x_i^2(t_k) \quad (k=1,2,\cdots,n) \tag{7}$$

$$D_x(t_k)=\sigma_x^2(t_k)=\overline{x^2}(t_k)-[\bar{x}(t_k)]^2 \quad (k=1,2,\cdots,n) \tag{8}$$

根据T180推土机的牵引力时间历程，对10次和20次试验数据按总体平均化处理获得的牵引力均值函数见图8，可见经多次平均化处理后，较高频率成分相互抵消，而突出了缓慢化的趋势项分量，代表了铲土过程牵引力变化的平均规律。经10次和20次平均化处理的均值函数比较接近，表明严格控制铲土试验条件，在试验序次轴上仍可具有某种平稳随机数据的性质。

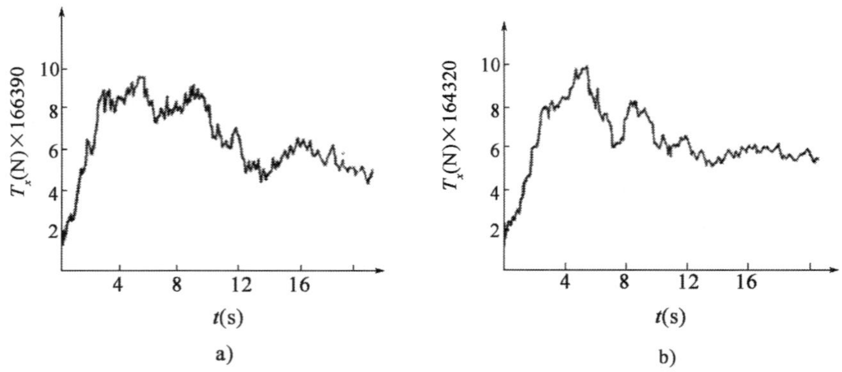

图8　T180推土机牵引力的均值随时间变化的曲线

a)10次平均；b)20次平均

(3)幅值域的相关处理

变量间微小的时间差对谱长很短的随机数据的相关程度无本质影响，幅值域的处理将比时差域更直观地显示两变量间的相关关系。

随机变量x与y的相关系数估计值$\hat{\rho}$，和条件均值的回归方程$\bar{y}=A+B\bar{X}$的系数估计值a、b按下式计算：

$$\hat{\rho}=\frac{\hat{\sigma}_{xy}}{\hat{\sigma}_x\hat{\sigma}_y},a=\bar{y}-b\bar{y},b=\frac{\hat{\sigma}_{xy}}{\hat{\sigma}_x^2} \tag{9}$$

式中：$\hat{\sigma}_x$、$\hat{\sigma}_y$、$\hat{\sigma}_{xy}$——x与y方差和协方差估计值。

按式(9)计算T180推土机牵引力T_x与速度v的回归方程和条件均值，见图9，并标有相关系数$\hat{\rho}$与临界值r。可见动态条件下T_x与v的瞬时值呈现很大的离散性，但它们的条件均值之间仍保持显著的相关性。

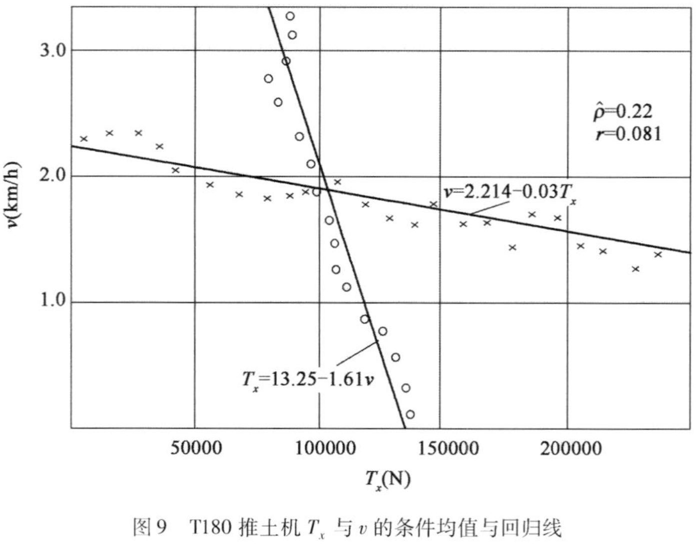

图9　T180推土机T_x与v的条件均值与回归线

4.2　时差域处理

时差域分别按试验序次轴(序差域)和时间轴(时差域)处理。序差域自相关函数的含意与时差域相似,表示在同一时刻不同序次试验数据值之间的依赖关系。消除趋势项后进行时间轴处理。X 的序差域自相关函数 $\hat{R}_x(r)_k$ 与时差域自相关函数 $\hat{R}_x(r)_i$,分别按下式计算:

$$\hat{R}_x(r)_k = \frac{1}{N}\sum_{i=1}^{N-1} x_i(k)x_{i+r}(k), \quad r = -\frac{N}{2}\cdots -1,0,1,\cdots,\frac{N}{2} \tag{10}$$

$$\hat{R}_x(r)_i = \frac{1}{N}\sum_{k=0}^{n-1} x_i(k)x_i(k+r), \quad r = -\frac{n}{2}\cdots -1,0,1,\cdots,\frac{n}{2} \tag{11}$$

式中:r——序差轴与时差轴上的地址序列,序差轴试验样本总数为 $2N$,时间轴采样总数为 $2n$。

为使消除趋势项的时差域自相关函数具有概率统计意义的估计值 $\hat{R}_x(r)$,按下式对 N 个自相关函数进行平均化处理:

$$\hat{R}_x(r) = \frac{1}{N}\sum_{i=1}^{N}\hat{R}_x(r) \tag{12}$$

T180 推土机牵引力时间历程在 $t_k = 5\text{s}$ 处,分别按 12 次、22 次试验样本记录计算得的序差域自相关函数如图 10 所示,不同试验次数计算的自相关函数彼此相近,并以一水平线上下波动,表明序次轴上仍可能存在有某种平稳随机数据的性质。

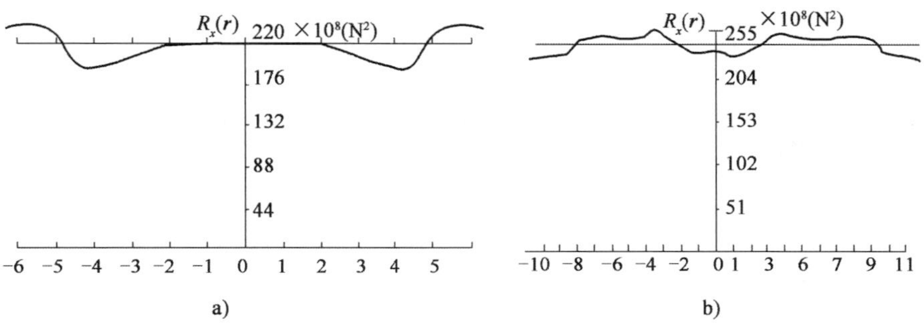

图 10　T180 推土机牵引力在 $t_k = 5\text{s}$ 处的序差域自相关函数

a)12 次试验样本;b)22 次试验样本

牵引力试验数据消除趋势项后在时差域内的自相关函数如图 11 所示,与图 4 相比,可见其自相关函数的畸变被消除了,不同平均次数自相关函数十分接近,消除趋势项的试验数据呈现平稳性的特点。

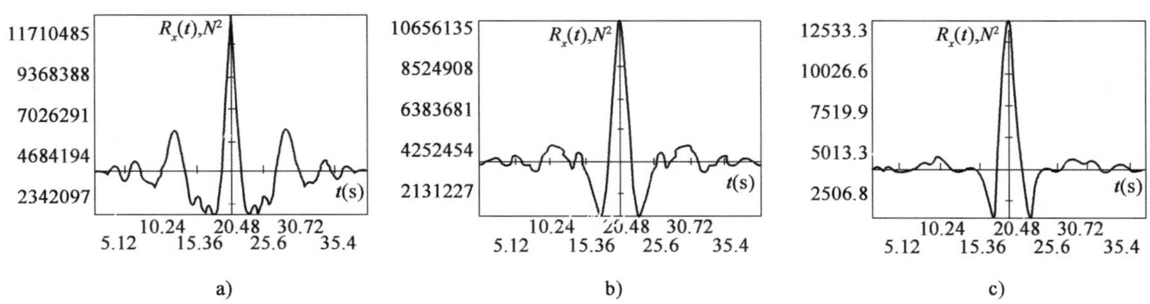

图 11　T180 的推土机牵引力随机分量的自相关函数

a)1 次平均化;b)10 次平均化;c)20 次平均化

4.3　频率域处理

在消除趁势项后进行频域处理。变量 x_i 的单边功率谱密度函数估计值按下式计算:

$$\hat{G}_i(r) = \frac{2}{n\Delta t}[\hat{x}_i(r\Delta f)]^2, \quad r = 0,1,\cdots,\frac{n}{2}-1 \tag{13}$$

式中:n、Δt——时间轴上采样总数和间隔;

Δf——基本频率，$\Delta f = 1/T = 1/n\Delta t$；

r——频率轴上地址序列；

$\hat{x}_i(r\Delta f)$——x_i 时间历程记录样本的离散傅里叶变换，按下式计算：

$$\hat{x}_i(r\Delta f) = \Delta t\sum_{k=0}^{n-1} x_i(k)\mathrm{e}^{-2\pi j\frac{rk}{n}}, \quad r = 0,1,\cdots,\frac{n}{2}-1 \tag{14}$$

从概率统计角度估计谱密度函数 $\hat{G}(r)$，应对 N 个时间历程记录的谱密度计算值进行平均化处理：

$$\hat{G}(r) = \frac{1}{N}\sum_{i=0}^{N}\hat{G}_i(r) \tag{15}$$

T180 推土机的牵引力试验数据消除趋势项后的功率谱图见图 12，可见牵引力波动的频谱结构十分接近，经平均化处理后的频谱图平滑，牵引力呈低频振动特性，谱长很短，振动能量集中在 1.5 ~ 3Hz。

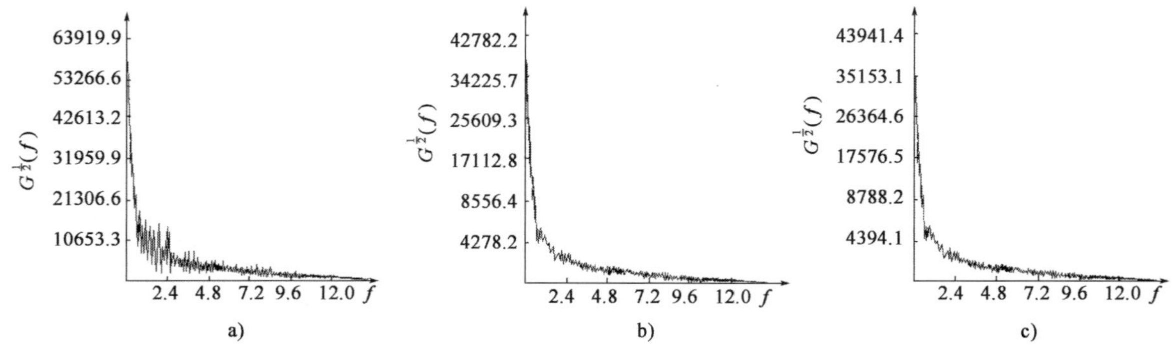

图 12　T180 推土机牵引力随机分量的功率谱图

a)1 次平均化；b)10 次平均化；c)20 次平均化

5　试验次数平稳性检验和最少试验次数

由于偶然因素的影响，常使现场试验有较大的随机性，重要问题是显示试验总体概率统计性质的最少试验样本数，这是随机数据的平稳性检验问题。随机数据平稳性的条件是均值与均方值的数学期望不随时间而变化，自相关函数仅为时差的函数，而不依赖时间 t。如图 6 所示，随机数据模型的均值和均方值是时变函数 $x(t)$、$\bar{x}^2(t)$，自相关函数则是 t,τ 的函数 $R(t,\tau)$。但在严格控制试验条件情况下，某一采样时刻 t_k 的样本总体仍会呈现某种平稳数据性质，其平稳性条件为：$\bar{x}(t_k)$、$\bar{x}^2(t_k)$、$R_x(r)$ 不变（r 为试验次数差）。

通常，物理随机过程的系统参数和试验条件基本保持不变则可视为平稳的，但要对记录样本统计分析才能确切判断随机过程是否平稳。当试验次数较少，样本不能全面反映总体概率统计特性时，样本参数与总体参数之间有较大差异；随着试验次数增加，样本参数 $\hat{\phi}_N$ 逐步逼近其总体参数 ϕ（图 13）。因此，绘出 $\hat{\phi}_N$ 的拟合曲线，便可确定最少需要的试验次数 $N_{\min}$。

实际上，当 N 增加到一定程度时，$\hat{\phi}_N$ 将围绕其期望值 $E(\hat{\phi})$ 在一定范围内波动。设 $\hat{\sigma}_\phi$ 为 ϕ_N 的随机误差，则当$[\hat{\phi}_N - E(\phi)] \leqslant \hat{\sigma}_\phi$时，继续增加试验次数就失去意义了，因它受 $\hat{\phi}_N$ 离散程度的限制。式(16)可作为确定最小试验次数的依据：

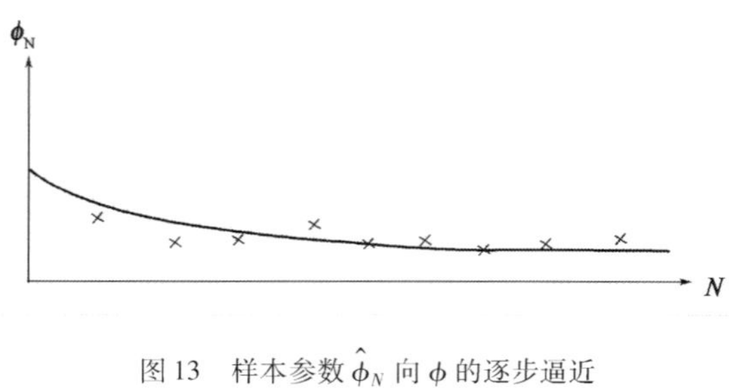

图 13　样本参数 $\hat{\phi}_N$ 向 ϕ 的逐步逼近

$$[\hat{\phi}_N - E(\phi)] \leqslant \hat{\sigma}_\phi \tag{16}$$

T180 推土机牵引力的时间历程记录在 t_k = 5s、10s、15s、20s 处的采样值，按 10 次和 20 次平均化后的均值 $\overline{T}_x$

和均方值 $\overline{T}_x^2$（表1），在不同时刻差异很大，但在同一时刻按不同次数平均化之值却比较接近。在 $t_k=5s$ 处逐步增加平均化处理样本数 N 的牵引力均值 $\overline{T}_x$ 见表2，可见 $\overline{T}_x$ 随 N 增长而有向其总体期望值逐步逼近的趋势。

按10次和20次平均化后的均值 $\overline{T}_x$ 和均方值 $\overline{T}_x^2$　　表1

参　数	平均次数	t(s)			
		5	10	15	20
$\overline{T}_x$,(N)	10 20	156970 157750	115220 101880	101020 90370	80160 88400
$\overline{T}_x^2$,(N^2)	10 20	2460×10^6 2590×10^6	15800×10^6 1320×10^6	1450×10^6 1050×10^6	8350×10^6 9550×10^6

在 $t_k=5s$ 处逐步增加平均化处理样本数 N 的牵引力均值 $\overline{T}_x$　　表2

平均次数	1	5	10	15	20
$\overline{T}_x$,(N)	160900	158120	156970	157040	157750

6　结语

（1）推土机循环作业特点和逐步增加铲刀切削深度的工作方式，决定了铲土过程动态测试数据是一种记录长度有限的包含着某种确定性分量的非平稳随机数据，不能简单地用时间平均化原则进行数据处理。

（2）在严格控制试验条件的情况下，这一非平稳随机过程会显示出某种平稳性。

（3）这种非平稳随机数据，可表达为由一确定性分量与一零值正态分布的平稳随机分量合成的随机数据模型，并可按时间和试验序次坐标轴进行数据处理。

（4）对T180、T140、TY140等履带推土机的动态测试数据表明，数据处理模型及方法完全适用，也适用于其他类型循环作业式铲土运输机械的动态性能试验。

发动机动态性能的模拟试验技术(一)
——发动机负荷随机信号的模拟和复现

孙祖望　卫雪莉　付天益

(本文刊于《汽车运输研究》杂志1988年第4期)

1　前言

将现场试验移至实验室台架上加以复现,是现代试验技术发展的一个显著特征。在外部动力环境的模拟中,最主要的是负荷工况的模拟。模拟试验的特点是一方面保持着负荷工况的某种“随机性”,另一方面同一随机过程又可多次复现,因而不同的试验对象可以经受同一的随机作用。这不仅有助于改善试验结果的可比性,而且能在较好地保证同一的试验条件下,研究不同因素对动态过程的影响(固定某些因素而人为地变动某一因素)。实验室模拟试验的另一重要意义是可以通过输入不同的激励对试验对象的动态系统进行参数的识别。

在发动机动态性能的模拟试验台上可在正弦、阶跃、随机等不同的输入激励下进行一系列范围广泛的试验研究,例如:

(1)研究发动机在不同参数的正弦、阶跃、随机激励的作用下,动力性和燃料经济性的变化。

(2)研究外部负荷在发动机静态特性上的不同配置对发动机和动态性能的影响,以及最优配置的问题。

(3)研究不同转矩和速度适应性系数对发动机动态性能的影响,以及在不同负荷工况下转矩和速度适应性系数的最佳值。

(4)研究飞轮惯量对发动机动态性能的影响,以及在不同负荷波动特性下的最佳值。

(5)研究发动机调速系统和燃料供给系统的动态品质,以及对它们的评价、要求和改善的措施。

(6)研究发动机动态系统的识别问题。

(7)研究发动机在动态条件下的排放和污染问题等。

1984年以来,西安公路学院工程机械中心实验室一直在从事发动机模拟加载试验设施的研制工作,本文将简要地介绍所取得的某些成果。

在研制发动机动态性能的模拟试验台时,最为关键的技术是如何模拟和复现发动机在实际工作过程中负荷工况的随机过程(对于车用发动机,负荷工况是由施加于发动机曲轴上的外部荷载和发动机油门开度共同决定的;对于装有全程式调速器的柴油机,油门在作业时通常是固定不变的,此时负荷工况仅取决于外部荷载),并利用这一人工模拟信号作为输入激励来控制发动机的油门和外部荷载的加载系统,以实现对发动机现场负荷工况的模拟。如图1所示是发动机负荷工况模拟试验系统的原理图,它主要由模拟信号源、外部负荷和油门的加载设备以及控制系统三部分组成。

2　负荷随机信号的模拟和复现

从原理上来说,模拟随机信号的方法可以分为时域模拟、频域模拟和等价模拟三种。等价模拟实际上并不要求所复现的工作过程或环境条件与实际情况在频率域和幅值域内等价,而只要求模拟试验的结果与实际条件下的试验结果等效。这一方法通常用于可靠性和耐久性试验中，对于发动机的动态性能试验并不适用，因而本文不再详述。

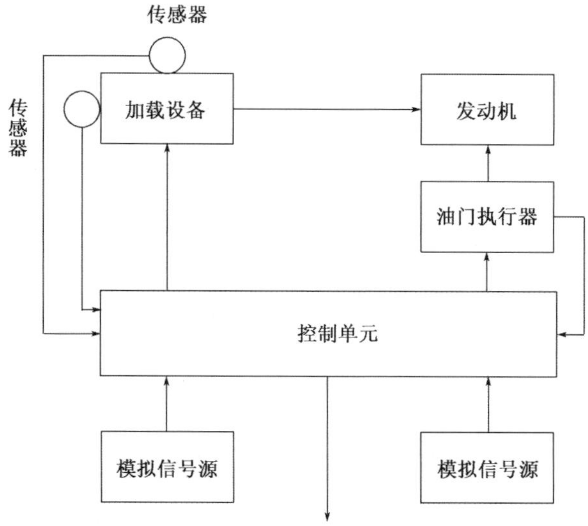

图1　发动机负荷工况模拟试验系统原理框图

2.1　时域模拟

时域模拟或称过程模拟、波形再现，就是复现被模拟负荷的时域过程。时域模拟的特点是简单、直观，可以直接利用在现场试验中由磁带机录制的负荷波动信号，作为加载系统的输入激励，常称为返录试验技术。它的缺点是磁带机只能录制有限的试验样本，且不能考虑试验台和连接装置传递特性的影响，因而不能全面反映实际过程的试验总体，也无法进行均衡调节，在使用上有很大的局限性。

2.2　频域模拟

频域模拟是模拟随机信号时应用最广一种方法，是本文重点讨论的方法。频域拟模并不要求复现信号与被模拟的实际负荷信号在时间历程上绝对等同，而只要求两者在幅值域、时差域和频率域是等效的。实际上，要求复现信号与现场负荷波动信号完全一致并无多大实际意义，因为对于随机过程来说，重要的是两者的概率统计特性是等价的。

对于正态分布的平稳随机过程，复现信号与实际过程等效的必要和充分条件可归结为：

$$G_{复}(\omega) = G_{实}(\omega) \tag{1}$$

式中：$G_{复}(\omega)$——复现过程的单边功率谱；

$G_{实}(\omega)$——实际过程的单边功率谱。

式(1)成立，则可证明不仅在频率域复现过程与实际过程是等效的，而且在时差域和幅值域也是等效的。这是因为：

(1)由于功率谱密度函数与自相关函数互为傅里叶变换，因而两者的自相关函数是相等的：

$$R_{复}(\tau) = R_{实}(\tau) \tag{2}$$

式中：$R_{复}(\tau)$——复现过程的自相关函数；

$R_{实}(\tau)$——实际过程的自相关函数。

(2)由于$\tau=0$时的自相关函数即为随机函数的均方值$\overline{X^2}$，而$\tau\to\infty$时的自相关函数趋近于均值的平方$(\overline{X})^2$，如考虑到方差$\sigma^2=\overline{X^2}-(\overline{X})^2$，则有：

$$\sigma^2_{复} = \sigma^2_{实}$$

对于一正态过程来说，幅值域概率分布特性和过程的性质仅取决于均值$\overline{X}$和离差σ，因而复现过程和实际过程在幅值域内必然是等效的：

$$\overline{X}_{复} = \overline{X}_{实}, \sigma_{复} = \sigma_{实}$$
$$p_{复}(X) = p_{实}(X) \tag{3}$$

式中：$\overline{X}_{复}$、$\sigma_{复}$、$p_{复}(X)$——复现过程的均值、离差和概率密度函数；

$\overline{X}_{实}$、$\sigma_{实}$、$p_{实}(X)$——实际过程的均值、离差和概率密度函数。

频率模拟的优点是它能方便地进行均衡处理，从而更加全面地反映实际过程总体的概率统计特性，并可考虑试验台和连接装置的频响特性，因而可据此对复现过程的功率谱作出修正。频域模拟法在原则上又可分为谐波合成法和滤波均衡法两类。

3 谐波合成法

这一方法的实质是用被模拟信号频率结构的各谐波振动来代替实际的随机过程，在频率域内则表现为用离散的功率谱来代替连续的功率谱。

设已知实际过程的功率谱结构为$G_{实}(\omega)$（图2），则可将ω数轴分割成n份（间隔不一定均等）并获得一系列频率值$\omega_1, \omega_2, \cdots, \omega_n$，如将随机过程看成是一系列频率为$\frac{\omega_1}{2}, \frac{\omega_1+\omega_2}{2}, \cdots, \frac{\omega_n+\omega_{n-1}}{2}$的谐波振动分量之总和，则可近似地用相应的离散功率谱来代替随机过程的连续功率谱。

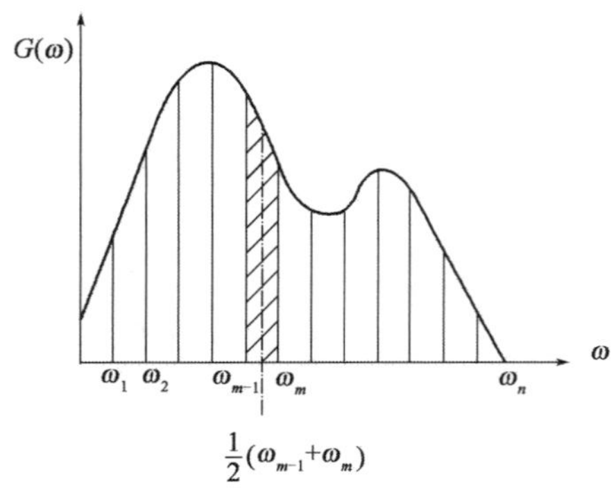

图2 谐波合成法示意图

为了使复现与实际过程的信号在振动能量上是等价的，应使功率谱密度函数下方在$\omega_{m-1} \sim \omega_m$这一频率范围内的振动量（相当于图2中的阴影部分之面积）与频率为$\frac{\omega_m+\omega_{m-1}}{2}$之谐波振动$a_m\cos\left(\frac{\omega_m+\omega_{m-1}}{2}t-\varphi_m\right)$的能量相等。这一条件可表达为：

$$\frac{a_m^2}{2} = \int_{\omega_{m-1}}^{\omega_m} G(\omega)\,\mathrm{d}\omega \tag{4}$$

或

$$a_m = \sqrt{\int_{\omega_{m-1}}^{\omega_m} G(\omega)\,\mathrm{d}\omega} \tag{5}$$

式中：a_m——频率为$\frac{\omega_m+\omega_{m-1}}{2}$的谐波振幅。

显然，当各谐波分量的振动能量与实际过程相应频带的振动能量相等，则复现过程与实际过程之总能量也是等价的，亦即：

$$\frac{1}{2}\sum_{m=1}^{n} a_m^2 = \sum_{m=1}^{n}\int_{\omega_{m-1}}^{\omega_m} G(\omega)\,\mathrm{d}\omega \tag{6}$$

应该指出，采用谐波合成的方法，在满足振动能量等价的同时，复现信号与实际过程信号在振幅谱和频率结构上是不可能等价的。只有当n无限增大时，复现信号与实际过程才能达到完全等价。为了改善上述缺点，可以用若干窄带随机信号代替离散的谐波成分进行合成，这就是模拟滤波均衡法的基本思想。

4 滤波均衡法

滤波均衡法的原理（图3）是：采用一随机信号源，通过滤波器的均衡作用对不同频率段上的输入信号进行不同程度的增强或衰减，亦即对不同频率上的振动能量进行重新分配，使经过均衡的信号达到预定功率谱的要求。滤波均衡法又可以分为模拟式和数字式两类。

图3　滤波均衡法原理图

4.1　模拟式滤波均衡法

如图4所示是模拟式滤波均衡法的原理框图。来自随机信号源的白噪声经过一组并联的带通滤波器将随机信号不向频率成分的分量分配到许多分立的频带内,每个分立的频带有一单独的增益控制,用以增强或抑制各频率成分的振动能量,使之逼近预定的功率谱,以实现均衡处理的要求。来自试验台的反馈信号可通过测量分析设备,例如一组分析带通滤波器将输出信号分配到与均衡滤波器组相对应的各分立频带内,并与预定的功率谱结构相对照。为了简化带通波滤器的结构和提高使用性能,有时在信号进入带通滤波器之前需要进行频率调制,使滤波器能在高频范围内工作。

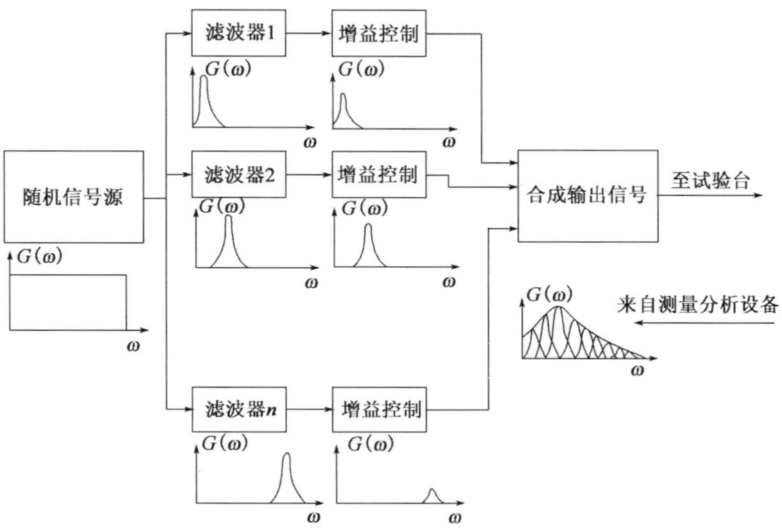

图4　模拟滤波均衡系统示意图

上述多通道滤波均衡系统的调节可以依靠手工进行,也可以自动调节。在自动调节系统内,每个带通滤波器的回路中接有一增益自动控制的电子伺服放大器(AGC),从而使开环控制变为闭环控制。如图5所示是此种自动均衡系统的原理图。随机信号源产生的白噪声并行地接到N个带通滤波器上,将其分解为N个窄带信号,然后分别接到N个电子伺服放大器的输入端上。伺服放大器的输出信号经混合器综合后形成一合成的输出信号,用来控制试验台。而试验台的某一反馈信号(例如转矩信号)又经过N个与均衡滤波器对应的窄带分析滤波器,反馈至N个电子伺服放大器的反馈输入端上。在电子伺服放大器与分析滤波器之间接有一组参考谱电平的调节器,用来设定参考谱的电平。这一电平可按预定功率谱结构的各频带能量分配的相对关系来调节,例如要求为白谱,则可将N个电平调节器的电平设置在相等的位置上。输入伺服放大器的均衡信号和反馈信号经过比较后,即可自动增大或抑低伺服放大器的增益,直至达到参考谱所要求的电平。这样,就形成了一个由参考谱控制的自动均衡的闭环控制回路。

人工多通道滤波均衡系统虽然结构较简单,但由于相邻通道之间相互有影响,所以在调节各通道的增益时需要反复地交替进行,因而,要均衡好一个系统往往要花费很长的时间。自动均衡系统的最大优点是均衡时间很短,另一优点是能自动补偿在实验过程中系统可能发生的动力响应的变化,亦即自动校准调整,以保证对试验对象的加载仍能按预定的功率谱进行。

不论是人工的还是自动的多通道滤波均衡系统,均需一套比较复杂的专用设备。作为一种替代,可以用一台通用的跟踪滤波器代替多通道窄带滤波器,而将不同频带的窄带随机信号录在磁带上,并通过反复的录制和合成来制取满足均衡要求的信号,用来控制试验台。此种方法称为磁带均衡法(图6),对于宽带随机信号可以分两次进行均衡,首先进行窄带均衡,然后再作一次宽带均衡。

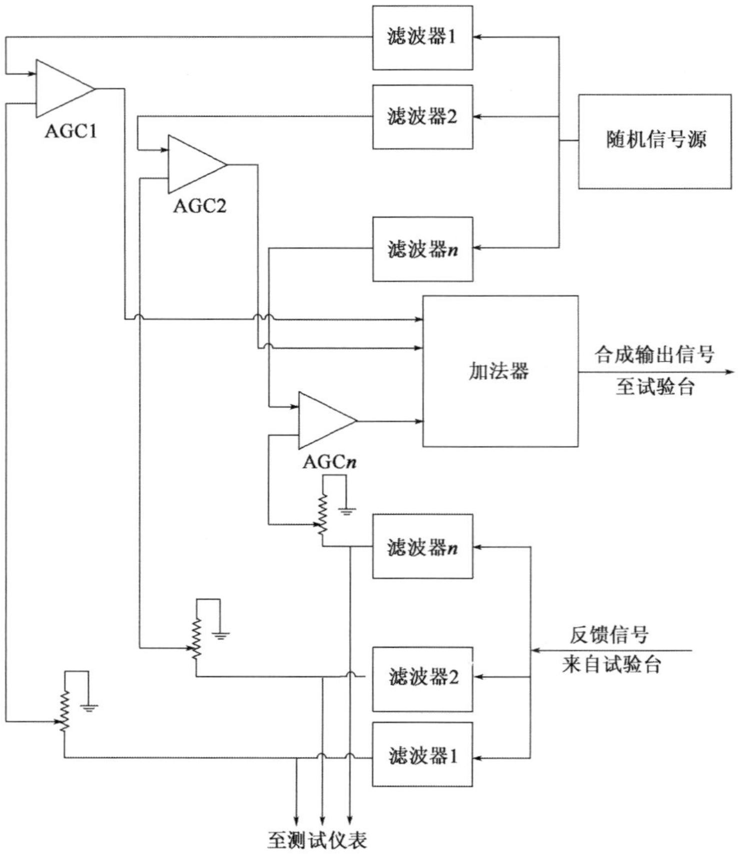

图5　模拟式自动均衡系统原理图

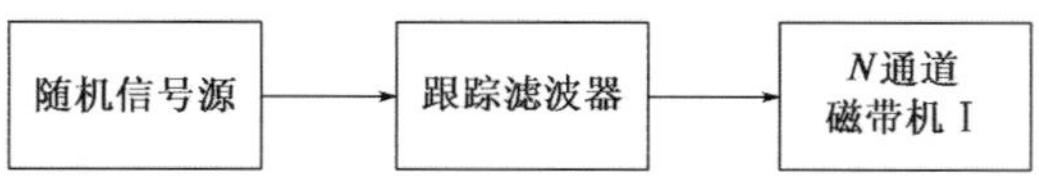

a)

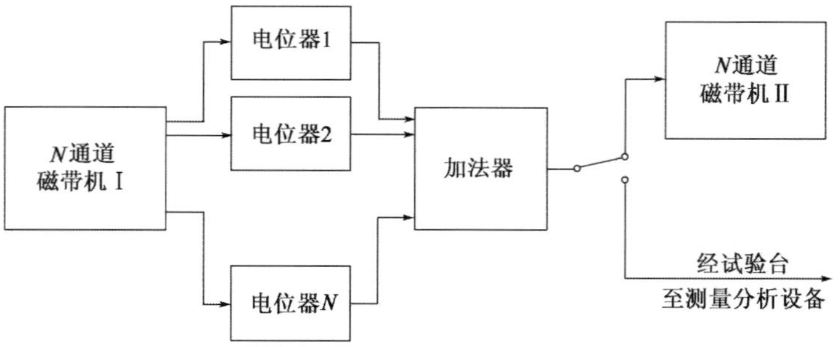

b)

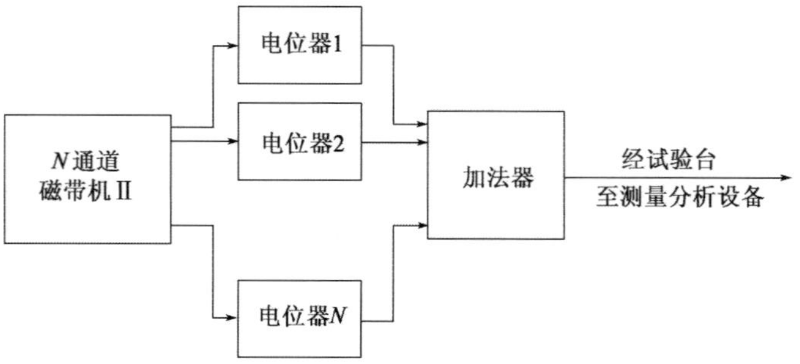

c)

图6　磁带均衡系统示意图

设要求将预定参考谱感兴趣的频段分成 n 条窄带，则可采用两台通道数 $N>\sqrt{n}$ 的磁带机。此时可将整个频段分为 m 段，而每段有 N 条窄带随机信号，因而整个频段共有 $N \cdot m = n$ 条窄带信号。随机信号源产生的白噪声，通过跟踪滤波器，采用逐一调节中心频率的办法，以同样的样本长度首先将第一频段的 N 条窄带随机信号依次录制在磁带机Ⅰ的第一段磁带的 N 道通上；然后以同样的方法将第二频段的 N 条窄带信号、第三频段的 N 条窄带信号、直到第 m 频段的 N 条窄带信号依次录取在磁带机Ⅰ上，形成具有 m 段信号的磁带，每段信号同时录取有 N 道窄带随机信号（图 6a）。

然后将磁带机Ⅰ作为信号源，通过 N 个多圈电位器作为衰减器来调节各窄带信号的增益并经加法器合成后录制在磁带机Ⅱ上（图 6b）。

在完成这一窄带均衡步骤时，首先重放磁带机Ⅰ上的第一段信号，将其 N 道窄带信号合成后送至分析设备测定其功率谱。如不符合要求，可反复调节衰减器，并反复测定功率谱，直至符合所要求的谱型。然后，将均衡好的第一段信号录制在第二台磁带机的第一通道上。重复上述步骤，将第一台磁带机记录的第二段、第三段直至第 m 段信号全部录制在第二台磁带机的 $1 \sim m$ 通道上。

最后将磁带机Ⅱ作为信号源，通过 m 个多圈电位器作为衰减器，并经加法器再进行一次宽带合成（图 6c）。在合成时同样需反复测定合成后的功率谱，并用衰减器反复均衡以达到满意的结果，最后作为输出的合成信号用来控制试验台。

在窄带和宽带均衡的过程中也可以将试验台接入均衡系统，用传感器检测加载信号（例如转矩信号），并将其接至测量分析设备上，使试验台的动态特性直接在均衡系统中得到考虑。这样，不必再用计算试验台传递函数的方法来修正控制试验台的控制谱。如频率的分辨率要求很高，而功率谱的频率范围又很宽，或磁带机的通道数较少时，可通过增加磁带机的数目，反复录制来满足分析频道数的要求。

磁带机均衡法虽然不需专用设备，但均衡的手续繁复，均衡的时间很长，为了获得满意的结果，往往要花费数天的时间，所以不能认为是一种好方法。

对于利用磁带机来控制试验台的方法，还应指出，在随机振动试验中作为返录试验技术的一种发展，对批量生产的产品可以按脱机的方式将均衡和控制过程分开进行。首先根据预定的功率谱 $G_R(\omega)$（参考谱）和试验系统的传递函数 $H(\omega)$，按公式 $G_R(\omega) = G_D(\omega)/|H(\omega)|^2$ 求出输入功率谱 $G_D(\omega)$（驱动谱）；然后在模拟式或数字式均衡控制系统上生成具有驱动谱为 $G_D(\omega)$ 的随机信号 $x(i)$，将其录制在磁带上；最后将磁带机作为信号源，对试验台进行开环控制。

各类模拟式滤波均衡法的共同缺点是：均衡精度低，由于各频带之间的互相干扰，一般只能达到 ±3dB；频率分辨率低而设备复杂，投资费用高，特别是当要求较高分辨率时；系统存在着由漂移而引起的误差；只能作均衡处理用，不能兼作测量分析设备使用。

4.2　数字式滤波均衡法

数字式滤波均衡法的实质就是用数字信号处理的手段来增强信号的某些频率成分，抑制信号的另一些频率成分，从而改变信号振动能量的分布，达到均衡的目的。

如图 7 所示，数字滤波器可看作一受白噪声激励的线性系统，系统输入的谱密度是已知的，系统输出的谱密度是按预定的要求给出的。在已知输入、输出信号的条件下，求解滤波器应具有的传递特性。在此种场合下，三者在时域和频域内的关系分别表现为：

$$y(t) = x(t) \cdot h(t) \tag{7}$$

$$Y(\omega) = X(\omega) \cdot H(\omega) \tag{8}$$

式中：$x(t)$、$y(t)$——输入和输出的时域信号；

$X(\omega)$、$Y(\omega)$——输入和输出信号的频谱；

$h(t)$——滤波器的滤波因子（脉冲响应函数）；

$H(\omega)$——滤波器的传递函数。

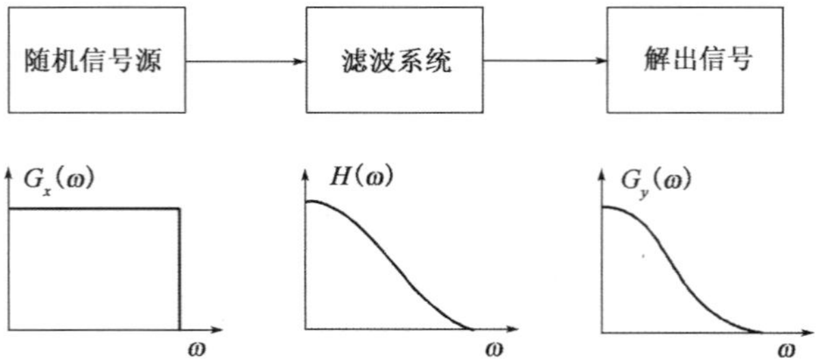

图7　数字式滤波均衡系统示意图

由于通常给出的输出信号是经过多次平均化处理后的功率谱密度 $G_y(\omega)$，则：

$$G_y(\omega) = G_x(\omega)\,|H(\omega)|^2 \tag{9}$$

式中：$G_x(\omega)$、$G_y(\omega)$——输入和输出信号的功率谱；

$|H(\omega)|$——滤波器的振幅频谱(传递函数之模)。

考虑到白噪声的功率谱密度为一常量，如使 $G_x(\omega)=1$，则式(9)可简化为：

$$|H(\omega)|^2 = G_y(\omega) \tag{10}$$

亦即滤波器振幅频谱的平方应等于被模拟随机信号的功率谱密度。

应该注意，$G_y(\omega)$ 与 $y(t)$ 并不相互对应，$G_y(\omega)$ 仅给出了 $y(t)$ 所包含的频率分量的幅值信息，而并没有包含它们的相位信息，亦即 $G_y(\omega)$ 仅保留 $y(t)$ 的振幅和频率信息，而失去了它的相位信息。因而按式(10)求得的 $|H(\omega)|$ 也只能是滤波器传递函数的模，而没有相应的相位谱。但是，当输入为一正态分布的平稳随机信号时，如滤波器为一线性系统，则输出信号同样应服从于正态分布，而且根据给定输出信号的正态分布特性(均值、方差)可求取输入白噪声应具有的正态分布特性。这样，在求取滤波器传递特性时即可借助于输入信号的相位信息，这是数字滤波均衡法的一个很大的优点。

于是，在数字滤波均衡法中设计数字滤波器的问题可归结为根据已知输入白噪声的功率谱密度和给定的正态分布特性来求解适当的滤波因子 $h(t)$，使输出信号的功率谱密度 $\hat{G}_y(\omega)$ 与所要求的 $G_y(\omega)$ 的误差之平方和为最小，亦即：

$$\sum_{\omega=0}^{\omega=\infty}\left[\hat{G}_y(\omega) - G_y(\omega)\right] = \min \tag{11}$$

在数字式滤波均衡法中，作为随机信号源的白噪声可以由专用的模拟式白噪声发生器产生，也可以利用计算机库存的随机数来产生。前者的优点是产生的速度快可以供实时控制之用，缺点是需要专门的硬件设备，增加了试验台的投资；后者的优点是通用、方便，不必添置其他硬件设备，费用小，缺点是要通过工作量很大的计算来产生正态分布的白噪声信号，因而当要求进行实时控制时，则需要配备高速的计算机系统。

与模拟式滤波均衡法相比，数字式滤波均衡法具有均衡精度高、没有因漂移而引起的误差、频率分辨率高、适应性强、使用灵活方便等多方面的优点，在随机模拟试验中代表着均衡技术的发展方向。

如图8、图9所示，是利用计算机库存随机数产生白噪声和采用白噪声发生器作为随机信号源，通过数字滤波方式来模拟推土机发动机负荷随机波动过程的情况。从图中可看到，不论是利用计算机来产生白噪声还是采用白噪声发生器作为随机信号源，它们的均衡精度都高于 ±1dB。所以在一般情况下，采用数字式滤波均衡法其均衡精度可达到 ±1dB。

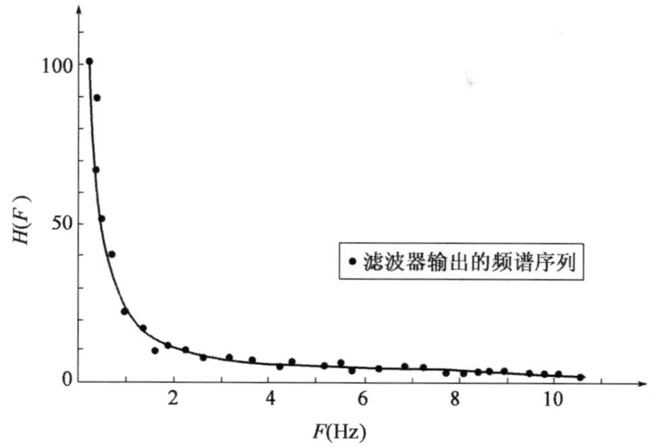

图8　由数字滤波均衡系统(白噪声由计算机产生)模拟的随机信号频谱与实际试验频谱的比较

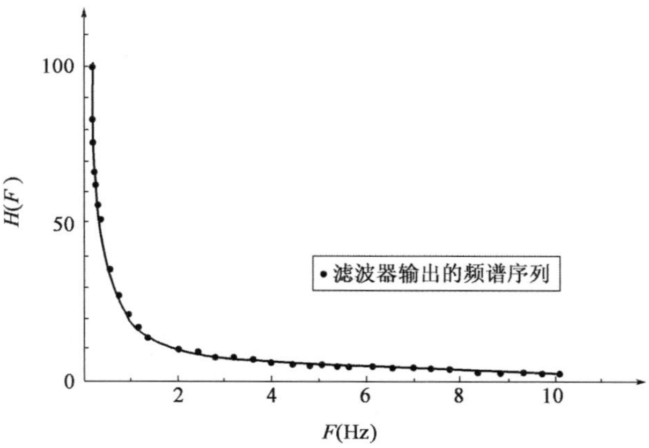

图9　由数字滤波均衡系统(白噪声由白噪声发生器产生)模拟的随机信号频谱与实际试验频谱的比较

5　结语

在随机信号的模拟和复现的各种方案中,数字滤波均衡法具有均衡精度高、频率分辨率高、适应性强、使用灵活方便和投资费用小等一系列优点,因而有着良好的发展前景。尤其适用于模拟正态分布的平稳随机过程。

作为数字滤波均衡系统的白噪声源,可以利用专用的白噪声发生器,也可利用计算机库存的随机数来产生。前者可供实时控制之用;后者通用方便、投资费用小,但难于实现实时控制。

发动机动态性能的模拟试验技术(二)

——模拟加载系统及其控制方式

孙祖望　卫雪莉　付天益

(本文刊于《汽车运输研究》杂志 1989 年第 2 期)

本文之第一部分《发动机动态性能的模拟试验技术(一)》介绍了发动机负荷随机信号的模拟和复现方法,本文之第二部分将讨论如何利用这一人工模拟信号来控制一个加载系统,对并发动机进行模拟加载,以实现现场负荷工况在试验台架上的再现。

1　模拟加载设备

一个理想的模拟加载设备应该满足的要求包括:

(1)高的响应速率和低的稳定误差。

(2)便于实现实验过程的闭环控制。

(3)便于测量数据的自动显示、记录和处理。

(4)满足对测量值的静态精度要求。

(5)具有较宽的工作范围。

(6)满足对所有试验设备的一般要求,例如质量小、体积小、工作可靠、调整方便、设备投资少和使用费用低等。

在各种类型的发动机测功器中能比较全面地满足上述要求的,是变充量的水力测功器和液压测功器,它们的共同特性是惯性小而响应速率高,因而在发动机的动态性能中获得了更多的采用。

如图 1 所示是英国 Froude 公司研制的 F 系列快速响应水力测功器的工作原理图。测功器采用了可变充水量的涡轮型,并在叶轮的结构和材料上采取措施,使转动惯量大大低于一般的水力测功器。主控制系统采用电液伺服控制出水阀的结构,作为反馈控制信号可有三种选择:其一为测功器出水口蝶形转阀位置反馈信号,由安装在蝶形阀转轴上的电位器提供并直接输入控制单元。其二是发动机转速反馈信号,由安装在测功器轴端的电磁脉冲传感器提供,并经频率—电压转换器转换成电压信号,然后送入控制单元。其三是转矩反馈信号由安装在测功器秤杆上的应变片式负荷传感器提供,并经放大后送到控制单元。控制单元除了输入反馈信号外,还同时输入指令信号。在控制单元中反馈信号与指令信号进行比较后,获得一差值信号,经相应的放大环节,再输给电液伺服阀,推动旋转式液压执行机构,用来控制出水口的蝶形旋转阀,从而改变施加于发动机上的制动转矩。控制系统除了可以由控制仪表板给出设定的指令信号直接进行手动控制外,也可以通过相应接口与程序控制式、磁带式和计算机式的自动控制系统相接,并通过由它们输入的信号进行自动控制。

作为复现现场负荷工况的模拟加载系统是用磁带来进行控制的。此时,首先要将现场记录下来的大量时域信号,进行相应的均衡处理,作为模拟加载的依据,并将它转录在一 1/4in❶ 的磁带上;然后将这一磁带在控制台上重放,并给出可以直接输入控制单元的指令信号。

❶1in = 2.54cm。

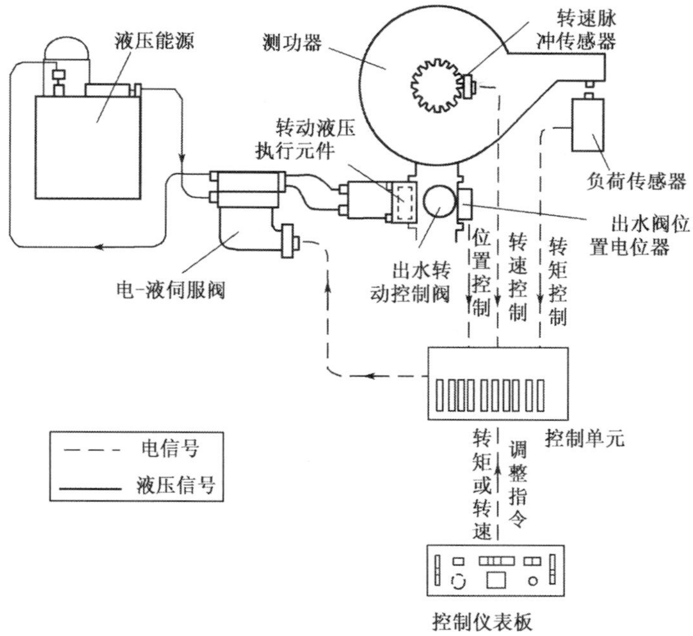

图1　F系列快速响应水力测功器工作原理图

在上述系统中,影响响应速率的主要是测功器旋转部分的转动惯量和进出水速度的限制。由于F系列的测功器转动惯量较小,因而具有较好的过渡响应特性。例如F271型测功器(970kW/3000～8000r/min)的转动惯量只有0.317kg·m^2,当发动机转速为1500r/min时,其转矩阶跃响应速率为6000 N·m/s。

如图2所示是西安公路学院工程机械中心实验室研制的液压测功器原理图。测功器同样采用电液伺服的闭环控制系统。发动机1的曲轴通过分动箱2与作为加载装置的两个液压泵3相连。液压泵吸收发动机的机械能,将其转化为液压能,并通过节流阀4的节流作用变成热能而被液体吸收。液压泵对发动机施加的制动力矩可以由节流阀的开度来调节,而节流阀阀口的形状是按照保证阀芯的位移与压力成正比的原则进行设计的。节流阀本身是由一电液伺服阀5来控制的。作为反馈信号可以选择发动机的转矩、转速、液压泵的压力和节流阀阀芯的位移,它们分别由安装在发动机1与分动箱2之间的转矩传感器7、转速传感器8、安装在液压泵出口处的压力传感器9以及安装在节流阀端头的位移传感器10来检测。作为指令信号,可以利用标准信号源、磁带机、计算机来提供,并经过相应的接口输入试验台的控制系统作为控制信与。指令信号与反馈信号在伺服放大器6内进行比较后,两者的差值经放大后推动电液伺服阀5工作。

对试验台性能所进行的全面测试表明这一试验系统具有足够的控制精度和响应特性,足以满足发动机动态性能试验的要求,达到了预期的各项指标,发动机的转矩控制误差和稳定性小于±0.3%,转速控制误差和稳定性小于±0.5%,频响宽度为0～12Hz,阶跃响应速率12000N·m/s。图3为试验台的等转矩和等转速的控制特性,图4为试验台的频率响应和阶跃响应特性。

2　控制方式

在随机模拟试验中控制技术的核心问题是反馈,按照这一特征,各类随机模拟试验的控制均可分为以下五种方式:

2.1　模拟式开环控制方式

在此种控制方式中,将预先均衡好的模拟信号作为控制信号直接控制试验台的加载系统而没有反馈回路(图5)。作为实例,如采用凸轮曲线控制的液压加载试验台,由经人工多通道滤波均衡或磁带机均衡后直接控制加载设备的试验系统等均可列入这一类型。

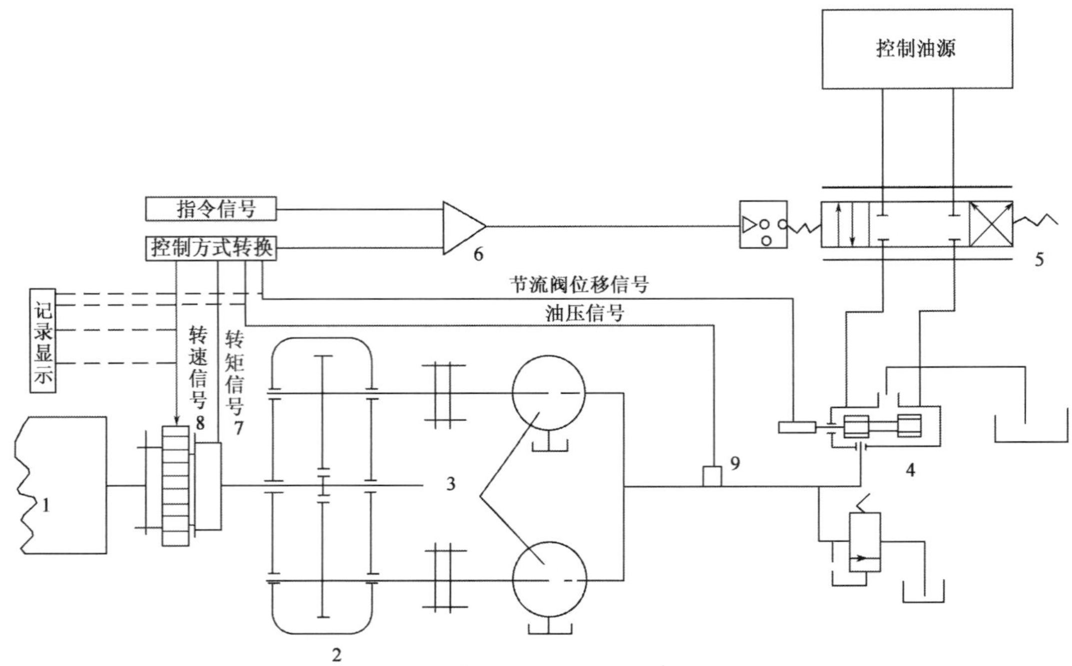

图 2　DM-1 液压测功器工作原理图

1-发动机;2-分动箱;3-液压泵;4-节流阀;5-电液伺服阀;6-伺服放大器;7-转矩传感器;8-转速传感器;9-压力传感器

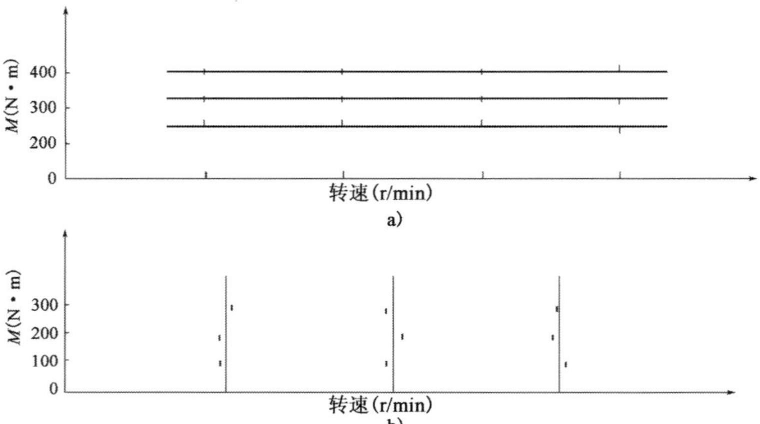

图 3　DM-1 液压测功器的等转矩和等转速控制特性

a)等转矩;b)等转速

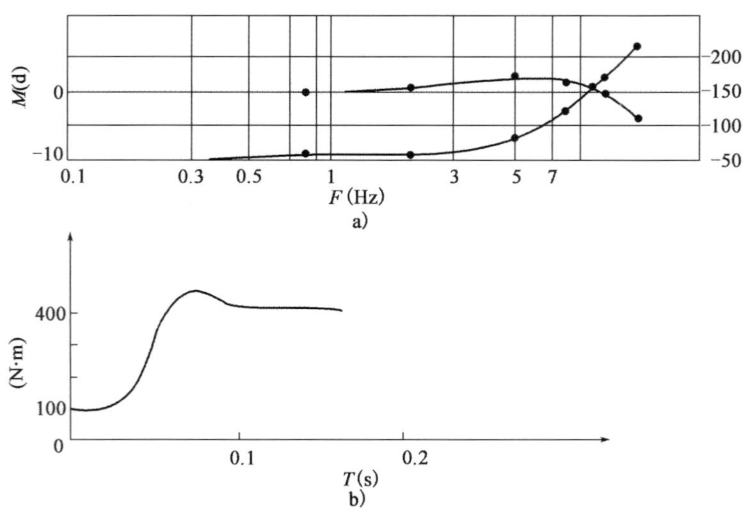

图 4　DM-1 液压测功器的频率响应和阶跃响应特性

a)频率响应;b)阶跃响应

图5　试验台的模拟式开环控制方式

模拟式开环控制方式是一种比较原始的控制方式。虽然可以在均衡处理中考虑试验台系统的传递特性而对输入信号作出某种修正，但由于无法在试验过程中不断修正控制信号，因而不可能达到很高的控制精度。此种方式只有在条件受到限制而不得已的情况下才会被考虑采用。

2.2　模拟式闭环控制方式

采用模拟式自动均衡系统的试验台是此种方式的一个典型实例（图4）。模拟式闭环控制的运算速度快，容易实现实时控制，这是它的最大优点；它的缺点是控制精度低、存在漂移误差、结构复杂等。

2.3　数字式闭环控制方式

数字式闭环控制方式的特点是利用数字计算机通过计算来进行控制。如图6所示为数字式闭环控制系统的工作原理。在试验过程中试验台的响应信号（反馈信号）通过数字计算机的计算获得它的功率谱，然后与给定的参考谱进行比较，如有差别，计算机则按一定的方式修改输入信号的控制谱，然后在新的输入信号作用下使这个差别减小。通过不断的修正、计算，直至响应信号的输出谱与参考谱的误差在允许的范围内为止。

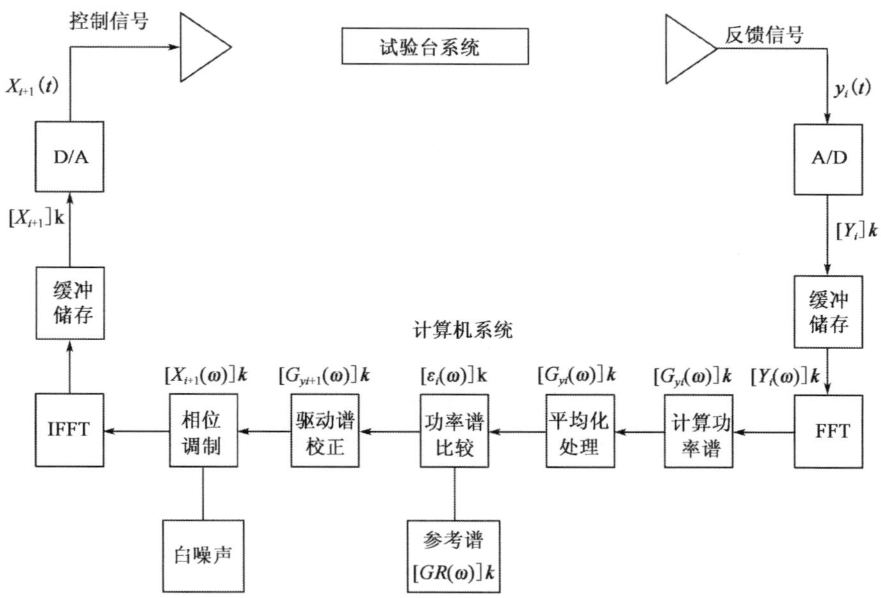

图6　数字式闭环控制系统原理图

这一工作原理可分解为以下步骤：

（1）按要求模拟的功率谱编制参考谱$[G_R(\omega)]_k$输入数字式控制系统。

（2）将$[G_R(\omega)]_k$开方，求取控制信号的振幅频谱$[|Y_0(\omega)|]_k$，亦即：

$$[|Y_0(\omega)|]_k = \sqrt{[|G_R(\omega)|]_k}$$

（3）由于$[|Y_0(\omega)|]_k$只是控制信号的模而没有给出相应的相位信息，因而对不同的相位谱可以获得不同的时域信号。为了使时域激振信号$x_0(t)$为一具有给定正态分布特性和随机相位谱$[\theta_0(\omega)]_k$的信号，可利用白噪声发生器产生一复数序列$[A+jB]_k$，并使：

$$[x_0(\omega)]_k = [|Y_0(\omega)|]_k \cdot (A+jB)_k$$

$[x_0(\omega)]_k$ 即为控制信号的频域表达式——驱动频谱。上述过程称为随机相位调制过程。

(4)对驱动频谱 $[x_0(\omega)]_k$ 作逆快速傅里叶变换(IFFT),即可得到时域控制信号的离散数字序列 $[x_0]_k$。

(5)$[x_0]_k$ 经 D/A 转换器转换成一连续信号 $x_0(t)$,经功率放大后,即可输入试验台的加载系统。

(6)由传感器感受的试验台反馈信号 $y_1(t)$ 经前置放大器放大后,由 A/D 转换器转换成离散数字序列 $[y_1]_k$。

(7)对 $[y_1]_k$ 作快速傅里叶变换(FFT)得一离散的频域信号 $[Y_1(\omega)]_k$(输出频谱),并由此计算出功率谱 $G[y_1(\omega)]_k$。

(8)在对若干 $y_1(t)$ 的样本求取 $G[y_1(\omega)]_k$ 后进行相应的平均化处理,从而获得一平均的输出谱 $\overline{G}[y_1(\omega)]_k$。

(9)将输出谱 $\overline{G}[y_1(\omega)]_k$ 与参考谱 $[G_R(\omega)]_k$ 进行比较,若差别超出规定的误差范围时,则应对控制谱 $[|Y_0(\omega)|]_k$ 进行修改,修改时可采用各种公式,例如令:

$$[|Y_i(\omega)|]_k = [|Y_{i-1}(\omega)|]_k \cdot \sqrt{\frac{[G_R(\omega)]_k}{[\overline{G}_{yi}(\omega)]_k}}$$

对于第一次修改,即 $i=1$,则有:

$$[|Y_1(\omega)|]_k = [|Y_0(\omega)|]_k \cdot \sqrt{\frac{[G_R(\omega)]_k}{[\overline{G}_1(\omega)]_k}}$$

于是就形成了新的控制谱 $[|Y_1(\omega)|]_k$。

将 $[|Y_1(\omega)|]_k$ 输入数字控制系统,就可获得新的输出谱 $\overline{G}[y_2(\omega)]_k$,再与参考谱 $[G_R(\omega)]_k$ 进行比较。这样一直继续重复上述步骤,反复循环,直至两者之差别小于规定的误差范围,亦即:

$$\log[\varepsilon_i(\omega)]_k = \log[\overline{G}_{yi}(\omega)]_k - \log[G_R(\omega)]_k < \pm\varepsilon_R$$

式中:$\log[\varepsilon_i(\omega)]_k$——误差谱;

$\pm\varepsilon_R$——规定的误差范围。

数字式闭环控制方式的优点是:精度高、重复性好,其均衡精度和控制精度都比模拟式控制方式高,不会因漂移而引起附加误差,频率分辨率也比模拟控制方式高,而且容易实现高度自动化,即均衡处理、试验控制、数据分析处理等做到全面自动化。此外,数字式闭环控制方式还具有使用灵活、方便、适应性强等特点。在数字式控制系统中采用人机对话的方式可灵活地输入给定要求的参考谱,方便地修改各种指令、程序和输入数据,并控制整个试验进程。数字计算机还可兼作数据处理之用,配以各种外围设备,如绘图机、打印机、磁带和磁盘驱动器等可方便地输出图形、数据、文件和存储各种试验资料。在相应软件的支持下甚至还可以进行动态过程的优化设计等工作,发展为计算机辅助试验系统(CAT)。由于这些优点,数字式控制系统得到了日益的发展,但是为了实现实时控制,它要求配备高速运算的计算机和相应的外围设备,因而往往需要较高的设备投资。

2.4 模拟式开环闭环混合控制方式

在此种控制方式中,经模拟式均衡处理后的时域信号,将直接或通过磁带转录后,输入一闭环控制的试验系统中去。在这一试验系统中,模拟信号的均衡系统是开环式控制的,而加载装置则是闭环控制的。英国 Froude 公司生产的以磁带机方式控制的模拟加载试验台可作为这一方式的典型实例(图 1)。

这种方式的缺点是由于采用手工模拟均衡设备引起的,因而它带有一切手工均衡处理的共同缺点,它的长处是采用磁带机直接控制,运算速度快,可以实现实时控制的要求。

2.5 模拟、数字式混合控制方式

此种控制方式中,加载装置的反馈和控制系统是模拟式的,输入信号的均衡系统是数字式的,因此

它克服了模拟式均衡设备的各种缺点，而保留了模拟式控制方式速度快、实时性强的优点。这种方式的另一优点是不必采用高速计算机，使用廉价的微型机就能满足要求，它虽然不能达到数字式控制系统那样的高度自动化，但仍然保留着精度高、重复性好和使用灵活方便、可兼供数据处理之用的优点，而投资费用却可大大减少。所以，它对于那些投资有限而又要求达到一定的均衡和控制精度的试验设备，是一种有吸引力的控制方式。

西安公路学院工程机械中心实验室所研制的发动机动态性能试验台采取模拟、数字混合控制的方式取得了良好的效果。加载系统采用液压测功器和电液伺服的模拟式闭环控制原理（图2）。图7是它的计算机均衡处理和数据采集系统。

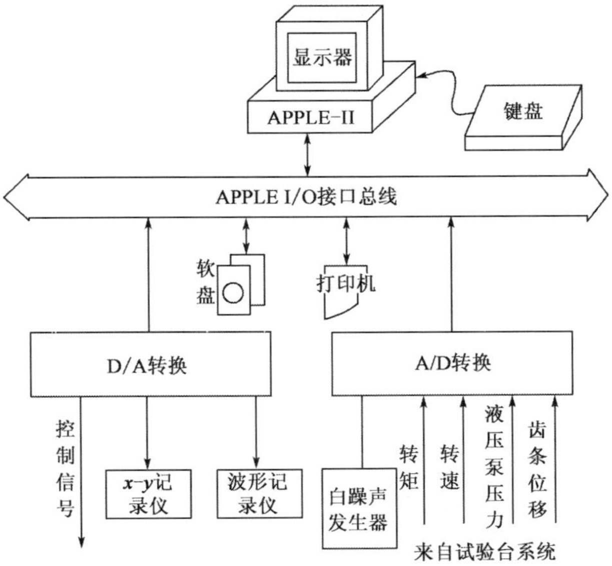

图7　发动机动态性能试验台的计算机控制和数据采集系统

如图8所示是从安装在发动机和测功器之间的转矩传感器上卸下的加载转矩的时域信号与指令信号的对比。图9则是它的输出频谱和参考频谱的对比图形。

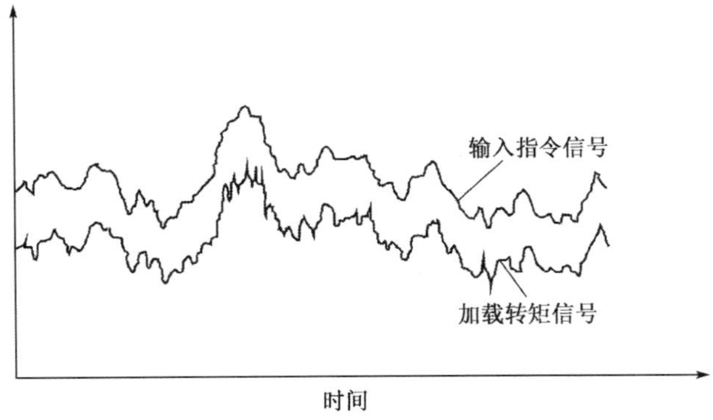

图8　加载转矩的时域信号

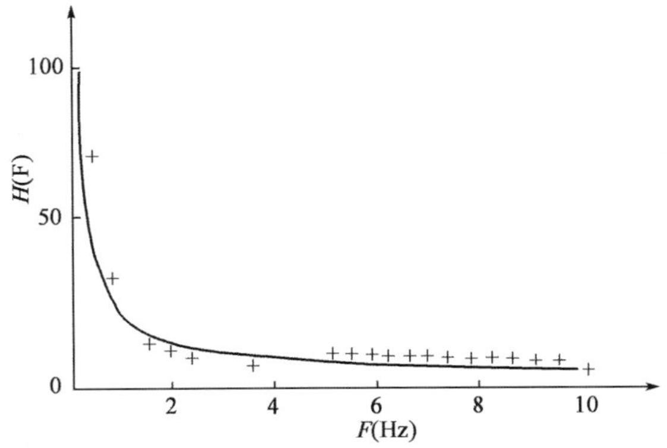

图9　给定参考频谱与发动机转矩输出信号频谱的对比

从图9中可看到，在整个频率范围内误差都没有超过±1.5dB，因此均衡和控制精度完全可满足发动机动态性能试验的要求。所采用的计算机APPLE-Ⅱ是一种廉价的机型，但同样显示出多功能、适应性强的特点。例如，除了模拟随机过程外，还可方便地产生正弦、方波、阶跃等信号，成为一个标准信号源。当配以绘图、打印等外围设备和在软件的支持下，还可以完成发动机动态性能试验的多种数据处理工作。此外，在进一步开发软件的基础上，还可进行发动机动态性能的优化试验，成为研究发动机动态性能的有力手段。当投资条件有可能采用高档的微型机时，在这一试验控制系统的基础上也可方便地改为完全数字式的闭环控制系统。

3 结语

(1)液压测功器作为模拟加载设备,具有转动惯量小、特性曲线刚度大、低速转矩高、便于闭环控制等特点,能较好地满足快速动态响应和自动化试验的要求,因而特别适合于进行转矩模拟加载,尤其适用于工程机械、拖拉机一类承受急剧变化的柴油机之动态性能试验。

(2)数字和模拟混合控制方式兼备了数字均衡方式的精度高、适应性强的优点和模拟控制方式的速度快、实时性强的优点。由于均衡处理、实验控制、数据分析三者是以脱机的方式分开进行的,所以容许采用廉价的低档微型机。这一控制方式虽没有全数字式控制那样高的自动化程度和实时性,但基本上保持了试验台全面自动化和试验过程实时控制的功能。

柴油发动机动态性能的试验研究

孙祖望　吴永平　杨人凤

（本文刊于《农业机械学报》1991 年第 2 期）

摘　要:负荷的急剧变化是工程机械、拖拉机等作业机械负荷工况最重要的特征之一。为模拟实际负荷变化,研制了一种发动机的动态试验系统。本文介绍了在此试验台架上对自然吸气型柴油机所进行的某些试验研究,讨论了各种因素对柴油机动态响应特性的影响,对柴油机动态性能与静态特性进行了对比分析。

1　试验装置与试验方法

西安公路学院工程机械中心实验室研制了一台由模拟加载测功器及其测试、控制系统和计算机均衡控制与数据采集处理系统组成的发动机动态性能自动化试验台。它可以在正弦、阶跃、斜坡等标准信号的激励下对发动机进行动态加载,也可以模拟具有给定频率、幅值域特性的正态随机负荷加载过程(图 1)。其主要技术指标为:最大吸收功率 180kW,最大制动转矩 700N · m,最高转速 2500r/min,频响宽度 0 ~ 12Hz,转矩响应速率 12000N · m/s,转矩响应时间 0.03s,转矩控制误差和稳定度 ±0.3%,转速控制误差和稳定度 ±0.5%。如图 2 所示是试验台转矩控制的频率响应和阶跃响应特性。

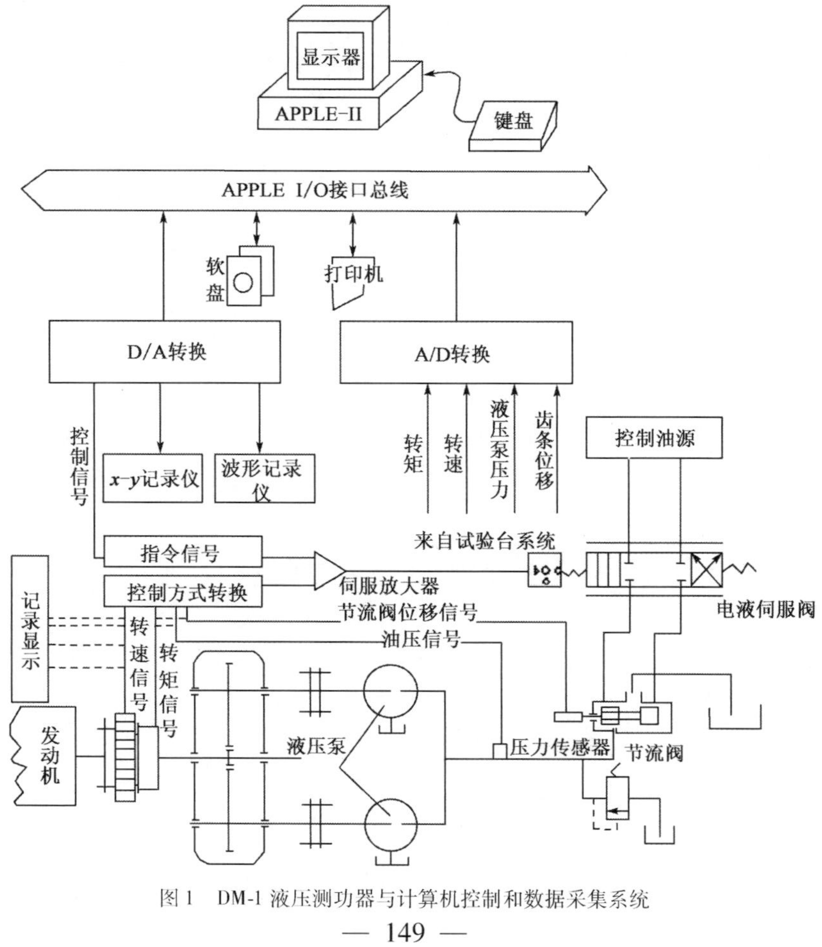

图 1　DM-1 液压测功器与计算机控制和数据采集系统

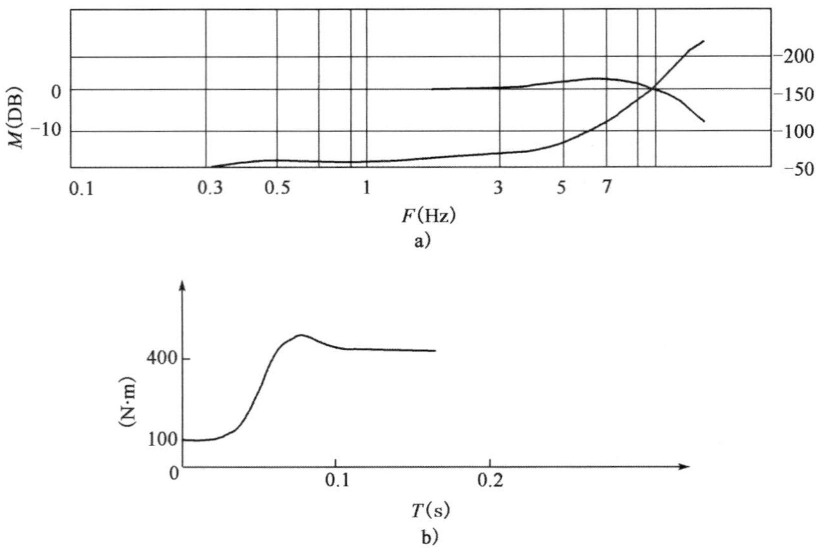

图 2　DM-1 液压测功器的频率响应和阶跃响应特性

a) 频率响应;b) 阶跃响应

试验用发动机为 6135-K13 型柴油机,试验时测定的静态外特性为:标定功率 105kW,标定工况下转速、转矩分别为 2000r/min 和 500N · m,最大转矩 580N · m。由于正弦、阶跃信号是一种完全确定性的信号,在它们的激励下,发动机的动态过程具有很强的规律性和重复性,因而在研究发动机动态系统的响应特性、动态品质、参数识别等问题时,采用这些典型激励,可更为直接和清晰地显示出它们的变化规律。

试验时发动机油门控制保持在最大开度位置,试验台按转矩控制方式工作,正弦和阶跃信号由计算机输入,同时测量加载转矩 M、曲轴转速 n_e、供油齿条位移 h 以及 100g 燃油消耗时间 t_G。由转矩、转速、位移传感器感受的测量信号,经数据采集后存入计算机内存,然后以脱机方式进行相应的处理。试验工况见表 1。

试 验 工 况　　表 1

正 弦 激 励												
平均转矩配置 $\overline{M}$(N · m)			振幅水平 ΔM(N · m)			频率水平 f(Hz)						
450	350	250	50	100	150	0.1	0.2	0.3	0.5	1	3	5

阶跃激励(加载过程)			阶跃激励(卸载过程)		
初始转矩(N · m)	初始转速(r/min)	阶跃负荷幅度(N · m)	初始转矩(N · m)	初始转速(r/min)	阶跃负荷幅度(N · m)
0	2140	580	580	1600	-580
0	2140	400	400	2080	-400

2　柴油机频响特性的试验研究和发动机的动态外特性

如图 3 所示为当平均负荷配置在标定工况附近时($\overline{M}$ = 450N · m)柴油机动态过程的时间历程,从图 3 中可看到,负荷的波动可能导致转速 n_e 和供油齿条位移 h 的急剧波动,而在频率极低的情况下(例如 f = 0.1Hz)表现尤为明显。与此同时,还可看到在转速与负荷之间、供油齿条位移与负荷之间存在着明显的相位滞后,而减速过程的时间则大大超过加速过程的时间(在 f = 0.1Hz 时超过 1 倍以上),这意味着过渡历程的平均减速度大大低于平均加速度。

发动机动态过程在时域中所呈现的这些特点,通过频域的分析将更为清晰且能定量地显示出来。从图 4a) 中的曲线 1 可看到,当负荷配置在标定工况附近时,转速和供油齿条位移的振幅随频率增大而迅速衰减，至 $f=1\text{Hz}$ 时，转速波动幅度仅为 $f=0.1\text{Hz}$ 时的 24%。转速的大幅度波动是由于发动机转至校正区段工作而引起的。此时调速器已不再起作用了，而发动机动态系统的幅频特性明显呈现出一阶惯性系统单调下降的特点。当负荷配置在调速区段时（$\overline{M}=250\text{N}\cdot\text{m}$），转速和供油齿条位移的幅频特性在 0～1Hz 的范围内基本保持不变，随后稍有增大，至 3Hz 后即迅速衰减，呈现出带一定超调的二阶系统的特性（图 4a 中的曲线 2）。幅频特性在发动机不同工作区段所呈现的这些特点，表明了发动机曲轴飞轮系统和调速系统显然具有不同的频响特性。

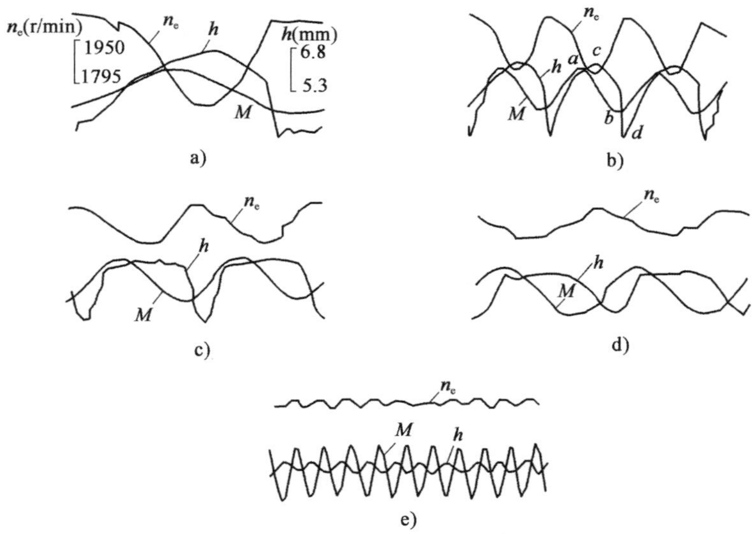

图 3　在正弦激励下发动机动态过程的时间历程（负荷配置在标定工况区段）

a）$f=0.1\text{Hz}$；b）$f=0.3\text{Hz}$；c）$f=0.5\text{Hz}$；d）$f=1\text{Hz}$；e）$f=5\text{Hz}$

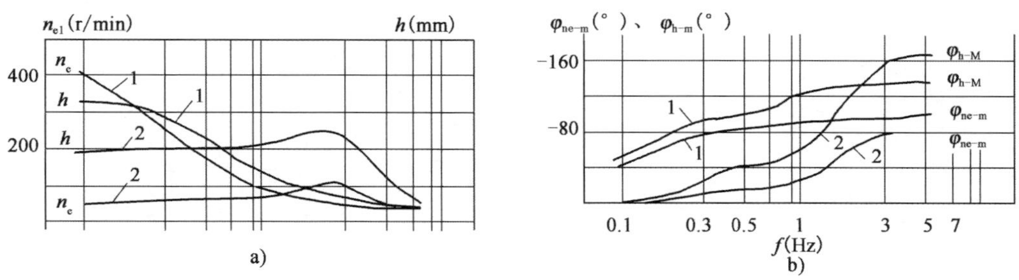

图 4　转速和供油齿条位移的幅频和相频特性

a）幅频特性；b）相频特性

1-负荷配置在标定工况区段；2-负荷配置在调速工况区段

在如图 4b）所示的相频特性中则可看到，当负荷配置在标定工况附近时，即使在频率很低的场合（例如 $f=0.1\text{Hz}$），转速与负荷的相位差仍高达 43°，但供油齿条位移与转速之间的相移却只有 8°。随着频率的增大，转速与负荷、供油齿条位移与转速之间的相位滞后均呈逐渐增大趋势，从而使供油齿条位移与负荷之间的相位差也增大。但当频率增至 1Hz 之后，增长的趋势就趋于平缓了。当负荷配置在调速区段时，在频率极低的场合（例如 $f=0.1\text{Hz}$），转速、供油齿条和负荷三者之间的相移是极其微小的。随着频率的增大，相位的滞后也随之增长，在 $f=0\sim3\text{Hz}$ 这一区间，相移呈急剧增大的趋势，在频率大于 3Hz 后则趋于平缓，这表明在相频特性上同样展示出二阶系统超调的特性。

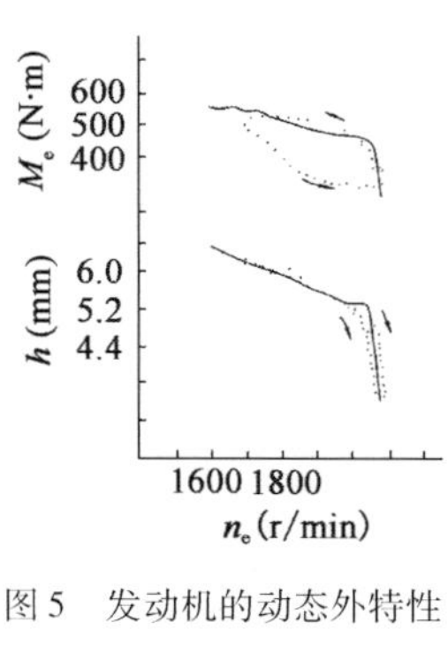

图 5　发动机的动态外特性

发动机动态系统频响特性的这些特点反映在发动机的动态外特性上，就呈现出发动机的输出转矩与供油齿条位移随转速而变化的函数关系在加载和卸载过程中的差异。图 5 是当负荷配置在标定工况附近时发动机的动态外特性。从图中可看到，供油齿条位移与静态特性并无明显差别，它的平均值与静态特性是一致的。但是 $M=f(n_e)$ 的动态外特性在加载和卸载过程却存在着明显的差异，而且它们的平均值大大低于静态特性，这显然是造成发动机在动态条件下性能恶化的重要原因。试验结果还表明：随着频率的增大，动态特性 $M=f(n_e)$ 在加载、卸载过程的差别以及偏离静态特性的程度均在减小，但供油齿条位移的差别和偏离静态值的程度却在增大，尽管此种差别较之转矩与转速间的动态响应显然为小。

3 负荷波动和平均负荷的配置对发动机动力性和燃料经济性的影响

上面讨论的频率响应特性显示了发动机动态系统输入与输出之间的内在响应关系，这种动态效应最终将反映在发动机在动态条件下的外部输出性能上，并可用发动机动力性和燃料经济性平均指标的形式来评价。

一般说来，造成柴油机在动态条件下动力性、燃料经济性恶化的基本原因可归结为由负荷波动本身和由动态系统内部响应引起的两类不同性质的动态效应。前者可以在发动机静态特性的基础上获得，它并不涉及发动机动态系统内部的响应关系，称为第一类动态效应。后者则取决于发动机动态系统的频率响应特性，称为第二类动态效应。

第一类动态效应可以用平均指标的静态特性利用系数 k_s 来评价：

$$k_s = \frac{\overline{I^s}(\widetilde{M})}{I^s(\overline{M})}$$

式中：$\overline{I^s}(\widetilde{M})$——当负荷波动时在静态特性上获得的工作指标的平均值；

$I^s(\overline{M})$——在静态特性上与平均负荷相应的工作指标的数值。

第二类动态效应可用平均指标的动态响应降低系数来评价：

$$k_d = \overline{I}/\overline{I^s}(\widetilde{M})$$

式中：$\overline{I}$——工作指标的实际平均值。

对于自然吸气型的柴油机来说，由于发动机的动态系统是由两部分组成的，因而第二类动态效应对发动机动力性和燃料经济性的影响又可分为来源于曲轴飞轮系统和燃料调节系统两个组成部分。同时，由于两者频响特性的不同将导致它们对动力性和燃料经济性的影响程度在不同频率上的差异。如图6所示曲线表明了当平均负荷配置在标定工况附近时，频率对发动机的各项输出指标存在着明显的影响。在频率极低的区域，$\overline{n}_e$、$\overline{N}_e$、$\overline{G}_e$ 明显低于它们在静态特性上与平均负荷相应的数值，并随着频率增大而逐渐趋向于它们的静态值。这种趋势与发动机的频响特性是完全一致的。

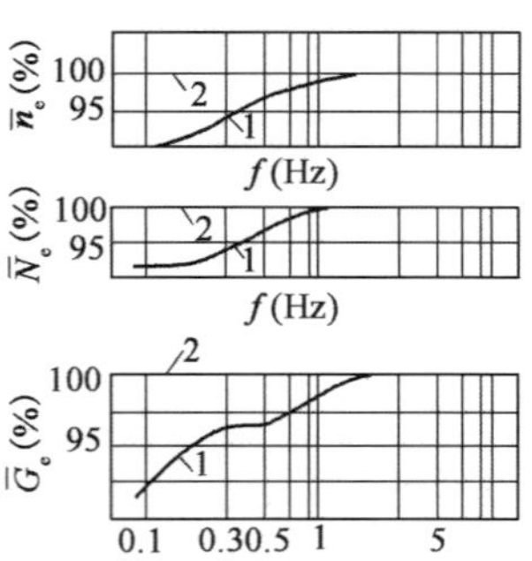

图6 发动机平均工作指标的频率特性
1-负荷配置在标定工况区段；2-负荷配置在调速工况区段

图6还揭示了一个重要的事实，即平均功率、平均油耗等动态性能指标不仅取决于发动机的频响特性，而且与平均负荷的配置位置有关。从图中可看到，当平均负荷配置在调速工况区段时，发动机的平均输出功率和平均比油耗偏离静态特性的数值是很微小的。但随着平均负荷的增大，它们偏离静态值的程度也逐渐明显，当 $\overline{M}=450\text{N}\cdot\text{m}$ 时，平均功率下降10%，平均比油耗增大7%。

应该指出，发动机平均工作指标相对静态特性的偏离值是各类动态效应综合作用的结果。为了区分各类动态效应的影响在总效应中所占的比重，在图7中绘出了按发动机静态特性计算的平均工作指标 $I^s(\widetilde{M})$ 以及根据油齿条位移 h 按供油齿条静态特性计算获得的平均功率 $\overline{N}'_e$（亦即不考虑燃料调节系统的动态响应）随平均负荷配置而变化的曲线。

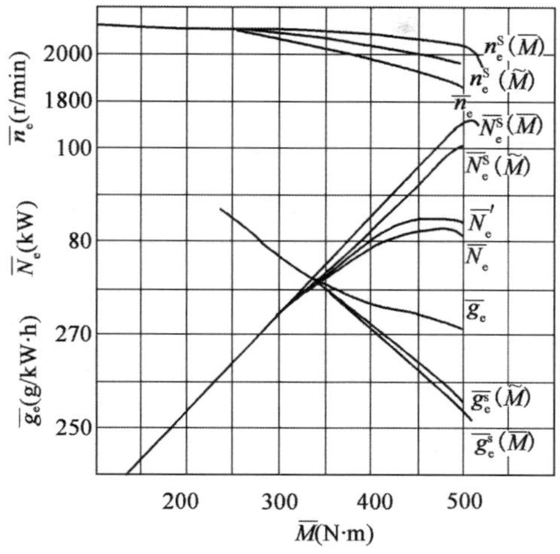

图7　发动机平均工作指标与平均负荷配置的关系

4　发动机的阶跃响应和动态品质的评价

如图8和图9所示为曲轴转速 n_e 和供油齿条位移 h 在阶跃激励下的过渡历程。图中 δ_{n_e} 与 δ_h 分别为 n_e 和 h 的相对值，并按下式计算：

$$\delta I = \frac{I(t) - I(0)}{I(\infty) - I(0)}$$

式中：$I(0)$、$I(\infty)$——各指标过渡历程的初始值与终了值；

$I(t)$——各指标过渡历程的瞬态值。

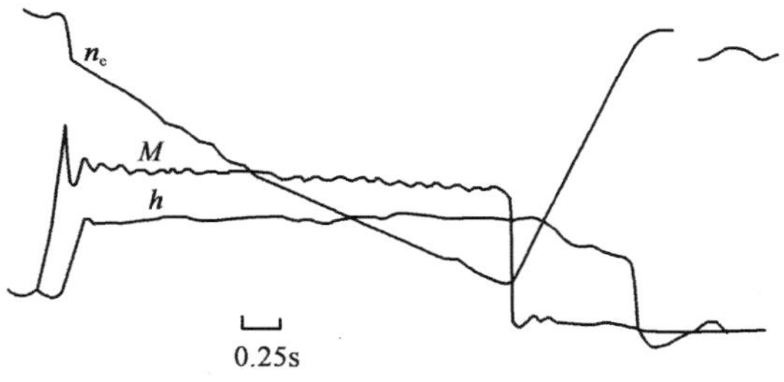

图8　发动机在校正区段工作时的阶跃响应

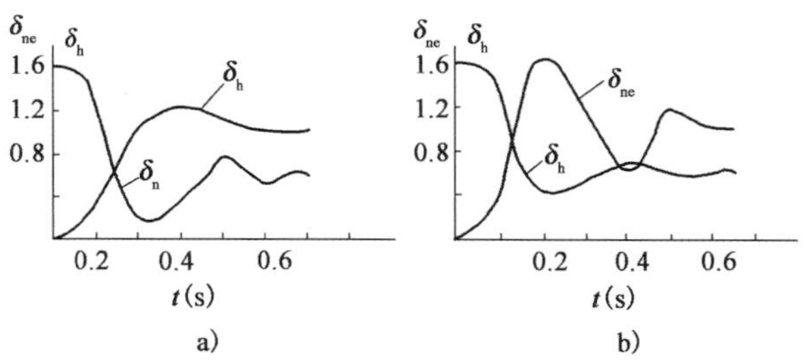

图9　发动机在调速区段工作时的阶跃响应

a）加载工况；b）卸载工况

从图8和图9的对比中可看到过渡历程进展中的明显差别，前者接近为一一阶惯性系统，后者则接近于一二阶系统。由于测功器的转动惯量极小，所以可认为当柴油机在校正区段工作时其动态系统可视为一阶系统，而在调速区段工作时则可视为二阶系统。图8还进一步证实了减速和加速过程在过渡历程时间上所存在的巨大差异，这表明发动机在减速过程的驱动力矩会大大低于加速过程的驱动力矩，从而导致发动机功率利用情况的恶化。

由于阶跃负荷工况是柴油机最为恶劣的工况，发动机在阶跃激励下能产生强烈的动态响应，因而可充分显示出发动机对各种动态负荷的适应能力。如果发动机在这一工况下具有较好的动态品质，则可认为发动机在实际工作中能发挥出良好的动态性能。

为了对柴油机的动态品质作出定量的评价，可采用以下指标：

（1）过渡历程时间 t_k。t_k 值较小，表明发动机的动态品质较好。

（2）过渡历程的平均加速度 $\overline{a}_e$，（$\overline{a}_e = \Delta n_e / t_k$）。这一数值较大，说明系统工作的惯性阻力较小，因而发动机的动态品质较好。

(3)过渡历程的平均功率 $\bar{N}_e$,($\bar{N}_e = \int_0^{t_k} N_e(t)\mathrm{d}t/t_k$)。这一数值较大,说明发动机在过渡历程中的驱动功率较大,因而功率利用较好。

(4)过渡历程的平均比油耗 $\bar{g}_e$,[$\bar{g}_e = \int_0^{t_k} G_e(t)\mathrm{d}t/(t_k \bar{N}_e)$]。这一指标用来评价过渡历程的燃料经济性,这一指标较小,说明发动机在过渡历程中的燃料经济性较好。

5 结语

(1)在动态负荷激励下,发动机在一定的频率范围内将产生明显的动态响应。该动态响应反映在发动机转速和供油齿条位移在幅值域的变化和相对负荷变化的相位滞后上,并有可能导致发动机平均输出功率下降和比油耗增大(第二类动态效应)。

(2)由于动态响应而引起的发动机动态性能的恶化不仅取决于发动机动态系统的频响特性,而且与发动机负荷在调速特性上的配置有关。当负荷配置在标定工况附近时在频率极低的范围内(例如0.1~0.3Hz),发动机的平均输出功率明显低于、而平均比油耗则明显高于按静态特性计算所得的数值。当负荷配置在调速区段时,发动机动态系统的响应对它的平均输出功率没有明显影响。

(3)动态响应对发动机动力性和燃料经济性的影响随负荷配置向标定工况移动而逐渐明显的规律,表明调速特性的非线性不仅对第一类动态效应起着重要作用,而且也是导致第二类动态效应的重要原因。

(4)由于阶跃信号包含着范围宽广的频率成分,发动机在阶跃信号的激励下能产生强烈的动态响应。这种以过渡历程时域形式表示的阶跃响应可充分地显示出发动机动态系统对各种动态负荷(包括频率接近直流分量的超低频成分)的适应能力,因而可作为评价和比较发动机动态品质的基础。

(5)发动机的曲轴飞轮系统与燃料调节系统有着完全不同的频响特性。超低频负荷对曲轴飞轮系统可引起很强的动态响应,但燃料调节系统的响应却很小。因此,有可能对机器作业过程中负荷缓慢变化的趋势项和随机分量按不同的动态系统分别进行计算,从而为简化柴油机动态性能的数学模型提供了基础。

发动机动态性能试验台的研制

冯忠绪 孙祖望

（本文刊于《西安公路学院学报》1986 年第 1 期）

摘 要：理论分析和试验证明，采用电液伺服系统控制的发动机动态性能试验台具有复现发动机野外工作荷载的能力，从而为发动机动态性能的试验研究能在室内进行开辟了途径。本文扼要地介绍了这种原理性试验台架的方案、工作原理、设计原则、控制系统的数学模型及试验台的性能指标等。

1 前言

目前作为发动机评价和使用依据的是发动机的静态特性，它是在负荷稳定不变的条件下获得的。但是，车辆是在各种变负荷工况下工作的，铲土运输机械负荷的波动尤其剧烈。国内外大量的试验研究表明，负荷的波动要引起发动机的动态效应，其输出特性要偏离并低于它的静态值。开展发动机动态特性的试验研究，将会向使用者提供发动机的实际工作性能和合理的使用方法；对发动机的设计、检验也都有现实的意义。

20 世纪 70 年代以来，随着机器牵引动力学这一新的研究领域的开拓，为解决牵引参数最佳化和机器的合理使用问题，研究发动机的动态特性并建立其数学模型就成为亟须解决的课题。国外相继建立了发动机动态性能的试验台架，使发动机动态特性的试验研究得以在室内进行。试验方法的进行和试验装置得以解决，使机器动态牵引参数最佳化的研究取得了可喜的成果。

我国从 20 世纪 80 年代开始，通过推土机整机性能的测试对发动机的动态性能也作了一些初步的研究。为了使研究深化，就必须进一步解决试验手段的问题。

本课题通过创建一小型的发动机动态性能试验台架，从方案、工作原理、设计、试验方法等方面对建立发动机的动态性能试验台架进行了探索。

2 试验台方案及控制原理

模拟加载系统的研制是试验台研制的核心。要求指令信号是电信号，模拟加载装置对任意指令信号都能迅速而准确地跟随，以实现预定荷载的完全复现。

目前，国内常用的测功器有水力测功器、电力测功器和电涡流测功器。水力测功器的转动惯量大，电控它的出水阀开度来模拟变化的负荷，其响应速度很差。电力测功器电框的转动惯量也较大，加之电磁回路中的反应滞后，其响应速度也很差。电涡流测功器虽可在实现自动控制、测量和数据处理方面很好地满足要求，其转动惯量也较电力测动器小，但相对来说转动惯量仍较大，加之电磁回路中的反应滞后，动态响应也不好。

经过多种方案的论证和比较，考虑到国内现有设备状况，本试验台采用电液伺服系统控制的液体节流加载方案。采用该方案的主要原因是：

（1）节流阀阀芯的质量很小（本试验为 0.21135kg），加之设计了结构简单的节流阀，它有理想的跟随性能。

（2）采用电液伺服系统控制，它兼有电子和液压两方面的优点，控制和校正方便，精度高，响应快。

(3)采用闭环控制回路,它有力地抑制了各环节参数变化和油温变化而引起的系统性能波动,保证了荷载复现的精确度。

(4)液压油是一种很好的载热介质,节流后产生的热能可带到方便的地方交换掉。这对工程机械大马力柴油机的功率吸收是必须考虑的因素。

试验台主要由测试系统和模拟加载系统组成,可分别组成转矩控制和转速控制来对发动机加载。位置控制则主要用以测取发动机的静态特性。试验台工作原理如图1所示。

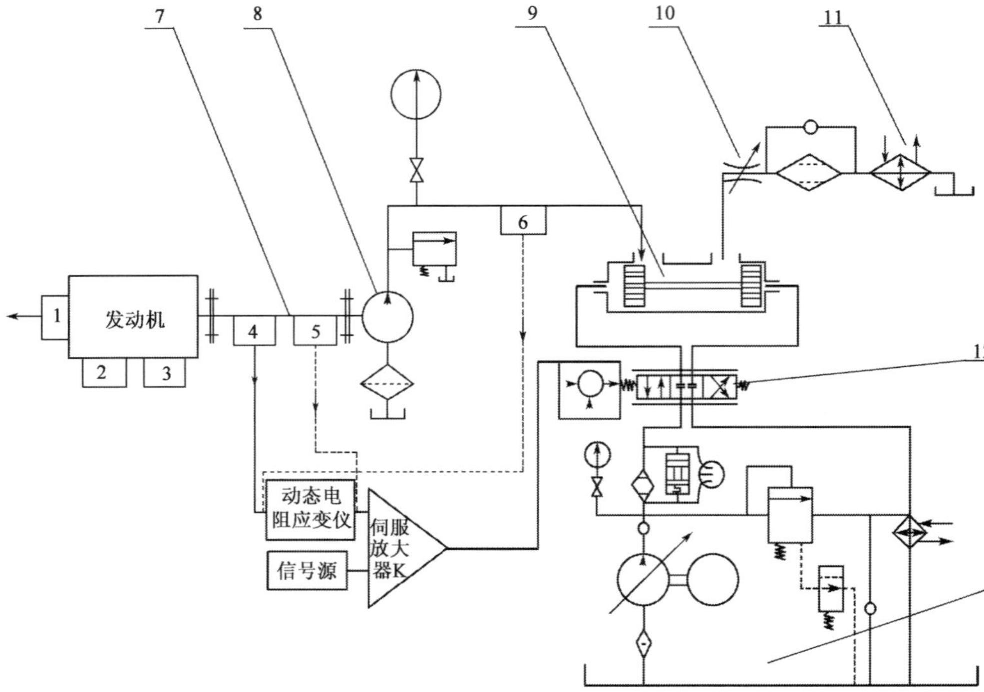

图1　试验台工作原理示意图

1-齿条位移信号;2-排气温度信号;3-燃油消耗称量;4-转矩信号;5-转速信号;6-主油路压力信号;7-传动轴;8-轴向柱塞泵;9-节流阀总成;10-手调节流阀;11-水冷却器;12-电液伺服阀;13-油箱

模拟加载系统主要由信号发生器、伺服放大器、电液伺服阀、液压柜、节流阀、轴向柱塞油泵、信号检测传感器、反馈放大器等组成。由信号发生器输入的指令信号可以是超低频信号发生器输出的标准信号,也可是合成的准周期信号,或是在机器作业现场采集的负荷和转速变化信号。

试验台进行转矩控制时的工作原理是,由信号发生器向伺服放大器输入代表预定载荷的电压信号,经伺服放大器放大后输出电流信号来控制电液伺服阀的开口量,液压柜的控制油就经电液伺服阀进入节流阀的控制腔,调节节流阀阀芯的位置,改变节流阀阀口的开口量,这就改变了主油路的压力和流量,亦即改变了泵和发动机的转速和荷载;转矩传感器检测得到这种荷载变化信号,经反馈放大器放大后输入伺服放大器和指令电压信号相比较,差值信号的存在将使控制系统进一步自动调节,直到复现的荷载值和预定的荷载值相等为止。若由于某种干扰信号的存在使复现的荷载值偏离了设定值,差值信号的出现会迫使系统再调节,保证了复现的荷载值在精确的限度之中。这时发动机输出的转矩、转速、排气温度、油耗、水温、燃油泵齿条位移等参数值,可由相应的传感器检测后进行记录或显示。测试系统的总体布置和电气部分的布置原理如图2所示。

转速控制的原理与上述类同。转速反馈信号是由通过装在传动轴上和测速发电机轴上的齿轮副啮合而得到其模拟量输出的。测速发电机输出的电压信号经分压后,和转速成比例的反馈电压信号与指令电压信号在伺服放大器相比较,差值电压信号经放大后去控制电液伺服阀来调节节流阀阀芯的位置,改变发动机的负荷,从而调节发动机的转速。直到发动机转速与设定值相等,调节过程告一段落。发动机在转速上任何小的变化将在台架负荷上产生一个大的变化。发动机转速的任何改变经常为台架负荷的相应变化所抵消。如此不断相互制约的结果，转速可以在十分精细的限度内得到控制。

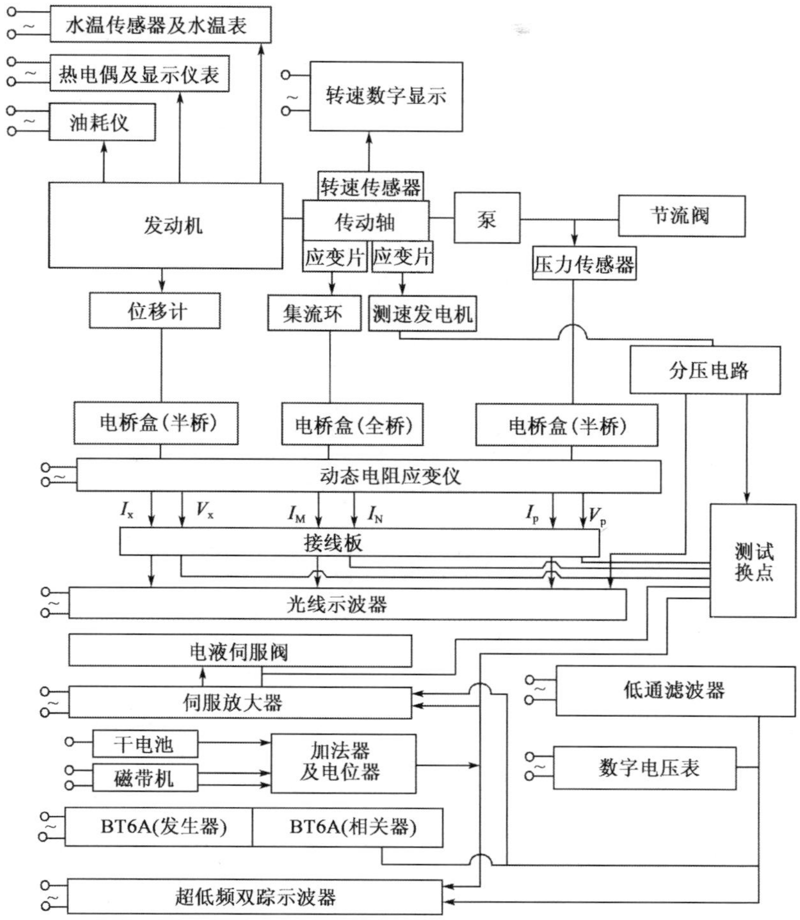

图2　测试电气部分总体布置示意图

3　试验台的设计

测试系统及电液伺服系统的设计曾参考有关资料进行。

节流阀是联系控制油路及主油路的纽带。理论分析和试验均证明，现有节流阀由于结构和位移—压力之间严重的非线性关系导致不能满足系统性能的要求，必须自己设计节流阀总成。试验台工作原理示意图见图1。测试电气部分总体布置见图2。

从结构上来看，若利用现成的通用节流阀，就须采用如图3所示的传统连接方案，若这样，中间环节多，动态响应变差。

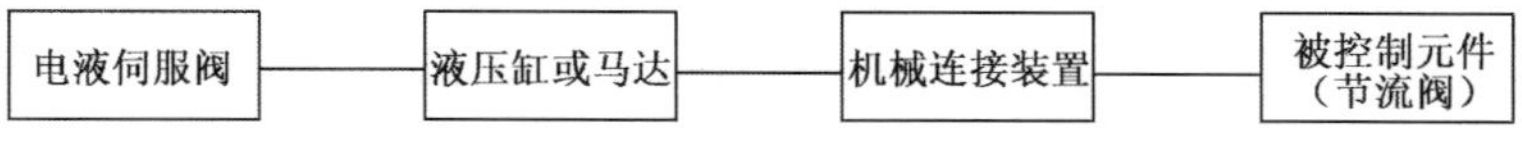

图3　传统连接方案

本试验采用了简化的结构方案，其原理图如图4所示。该方案就是将节流阀阀芯掏空，节流口开在圆周上，主油路来油从其空腔通过，而阀芯两端面和控制油路相通，通过控制阀芯的位置来调节阀口的通流面积大小。这样的结构，使得液压缸、机械连接装置和节流阀合而为一，不仅减少了制造加工量，也保证了整个控制系统的动态性能。

发动机的能量最终是在节流口消耗掉的，因此节流口形状的设计是节流阀设计的另一关键。因为控制系统各元件基本是线性元件，为保证整个控制系统的线性特性，同时为使主油路压力 P 随阀芯位

移 x 的变化均匀，微调性好，通过计算采用如图 5 所示的线性节流口形状。

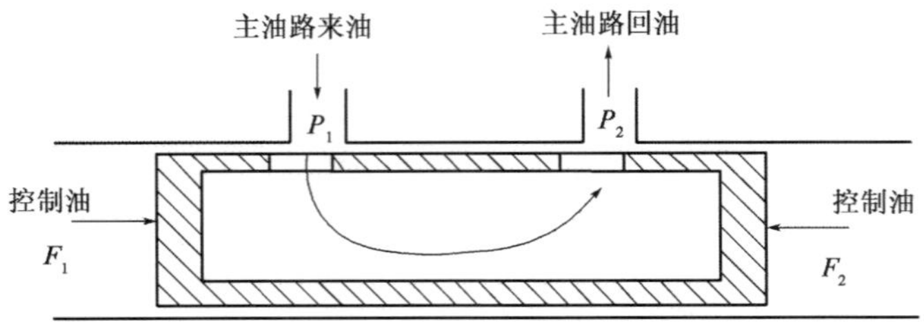

图 4　节流阀原理示意图

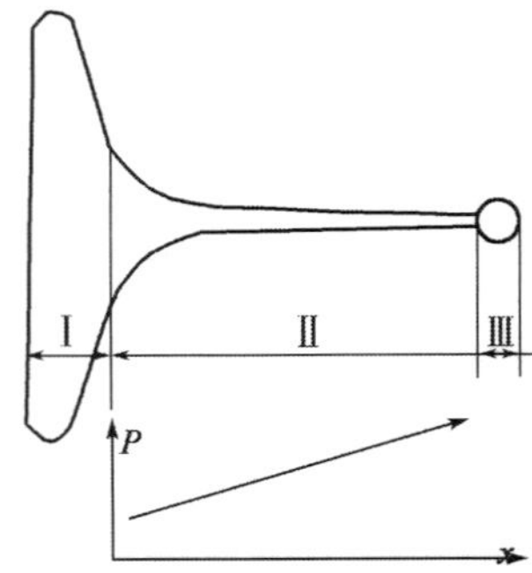

图 5　节流口形状示意图及其节流特性

图 4 中，Ⅰ段是空载段，有大的过流面积；Ⅱ段是根据计算而得到的工作段，面积变化极缓，有良好的微调性；Ⅲ段是超载段，它的较大过流面积有利于工作中脏物的排出，也是工艺口。节流口形状及其特性如图 5 所示。

试验证明，这样的阀口和结构设计是适用的。节流阀设计的较详细介绍将另篇再述。

4　控制系统的数学模型

以上对控制系统定性分析能够成立的前提是系统能够稳定的工作。为分析和改善控制系统的稳定性，复现荷载的快速性及准确性，就必须再对模拟加载系统作定量分析，即必须建立控制系统的数学模型。

数学模型的建立是从理论推导出发的。

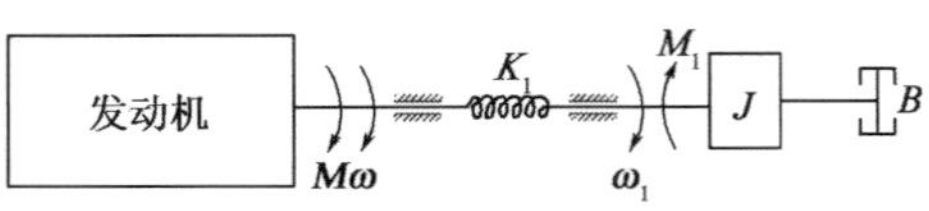

图 6　泵环节的物理模型

4.1　各环节的运动微分方程

(1)泵环节

设发动机输出转矩为 M，转速为速 ω，K_1 为发动机飞轮到泵间传动轴的扭转刚度，则泵环节的物理模型如图 6 所示。

由力的平衡关系可得：

$$M - M_1 = J\dot{\omega}_1 + B\omega_1$$

因为泵的输入转矩：

$$M_1 = \frac{p_1 qa}{\eta_m}$$

所以：

$$\frac{M - p_1 qa}{\eta_m} = J\dot{\omega}_1 + B\omega_1 \tag{1}$$

式中：a——单位换算常数；

J——转化到泵轴上的等效转动惯量（$kg \cdot m^2$）；

B——转化到泵轴上的等效黏性阻尼系数（$m \cdot N \cdot s / rad$）；

η_m——泵的机械效率；

p_1——泵的工作压力（N/m^2，后面直接记作 p）；

q——泵的排量（m^3/rad，$q = 40mL/r = \frac{40 \times 10^{-6}}{2\pi} m^3/rad$）。

(2)节流阀的线性化流量方程

节流阀的流量特性方程是:

$$Q_{\mathrm{L}} = cf\Delta P^{\frac{1}{2}}$$

式中:Q_L——通过节流口的流量($\mathrm{m^3/s}$);

f——节流口通流面积($\mathrm{m^2}$);

c——流量系数$[(\mathrm{m^3/kg})^{\frac{1}{2}}]$;

ΔP——节流口前后的压差($\mathrm{N/m^2}$)。

由于节流后油液回油箱,可设 $\Delta P \approx P$,所以:

$$Q_{\mathrm{L}} = cfP_1^{\frac{1}{2}}$$

设 $f = x_0 \cdot w$,w 为面积梯度,若对流量特性方程在工作点(x_0,p_0)附近予以线性化,可得:

$$\Delta Q_{\mathrm{L}} = -K_{\mathrm{q}} \cdot \Delta x + K_{\mathrm{c}} \cdot \Delta P_1 \tag{2}$$

式中:x——节流阀阀芯位移(m);

K_{q}——流量增益,$K_{\mathrm{q}} = cwP_0^{\frac{1}{2}}$($\mathrm{m^2/s}$);

K_{c}——流量—压力系数,$K_{\mathrm{c}} = \dfrac{c \cdot (x_0 - x) \cdot w}{2 \cdot \sqrt{P_0}}$$[\mathrm{m^5/(N \cdot s)}]$。

(3)泵与节流阀间的流量连续方程式

如图7所示,由流量的连续性可知:

$$\omega_1 q = Q_{\mathrm{L}} + \frac{V}{\beta_{\mathrm{e}}}\frac{\mathrm{d}P_1}{\mathrm{d}t} + \lambda_{\mathrm{c_1}} P_1 + \lambda_{\mathrm{c_2}}(P_1 - F_1) + \lambda_{\mathrm{c_3}}(F_2 - P_2)$$

式中:V——泵出油腔至节流阀进口处的容积($\mathrm{m^3}$);

β_{e}——包括液体、混入油中的空气以及工作腔体、管道的机械柔度等在内的有效体积弹性模数($\mathrm{N/m^2}$);

P_2——节流阀出口处的压力($\mathrm{N/m^2}$);

F_1——节流阀控制油进油腔压力($\mathrm{N/m^2}$);

F_2——节流阀控制油回油腔压力($\mathrm{N/m^2}$);

$\lambda_{\mathrm{c_1}}$——泵出油腔和到节流阀间的平均泄漏系数$[\mathrm{m^5/(N \cdot s)}]$;

$\lambda_{\mathrm{c_2}}$——节流阀进口处阀芯和阀套间的平均泄漏系数$[\mathrm{m^5/(N \cdot s)}]$;

$\lambda_{\mathrm{c_3}}$——节流阀出口处阀芯和阀套间的平均泄漏系数$[\mathrm{m^5/(N \cdot s)}]$。

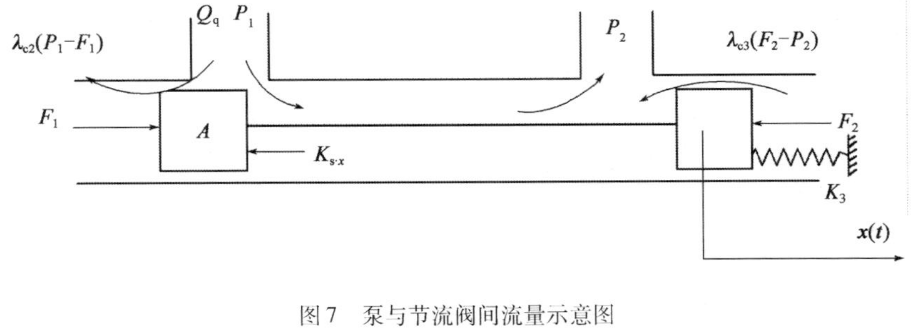

图7　泵与节流阀间流量示意图

因阀芯和阀套间为研配,经计算知泄漏量很小,可忽略节流阀进、出油口处阀芯和阀套间的泄漏不计,则:

$$\omega_1 q = Q_{\mathrm{L}} + \frac{V}{\beta_{\mathrm{e}}}\frac{\mathrm{d}P_1}{\mathrm{d}t} + \lambda_{\mathrm{c_1}} P_1 \tag{3}$$

(4)节流阀阀芯受力平衡方程式

$$m\ddot{x} + (c_0 + f_0 + K_t)\dot{x} + (K_3 - K_s)x = AF_L$$

$$F_L = F_1 - F_2$$

式中：f_0——控制油路回油时阻尼孔产生的等效阻尼系数[(N·s)/m]；

c_0——黏性阻尼系数[(N·s)/m]；

K_t——瞬态液动力产生的等效阻尼系数[(N·s)/m]；

K_3——节流阀阀芯回位小弹簧刚度系数(N/m)；

K_s——稳态轴向液动力等效刚度系数(N/m)；

m——阀芯质量及被节流阀芯推动的油液等效质量之和(kg)。

设 $c_0 + f_0 + K_t = C, K_3 - K_s = K_2$，则：

$$m\ddot{x} + C\dot{x} + K_2 x = AF_L \tag{4}$$

(5)伺服阀与节流阀阀芯间的流量连续方程

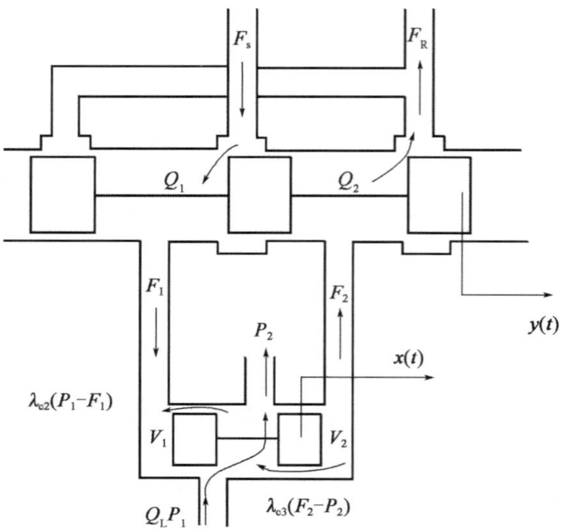

图 8 伺服阀与节流阀阀芯间流量示意图

如图 8 所示，由流量的连续性可得：

$$Q_1 + \lambda_{c_3}(P_1 - F_1) = \frac{dV_1}{dt} + \frac{V_1}{\beta_e}\frac{dF_1}{dt} -$$

$$\lambda_{c_3}(F_2 - P_2) - Q_2$$

$$= \frac{dV_2}{dt} + \frac{V_2}{\beta_e}\frac{dF_2}{dt}$$

$$\because \frac{dV_1}{dt} = -\frac{dV_2}{dt} = A\frac{dx}{dt}$$

$$V_{01} + Ax = V_1, V_{02} - Ax = V_2$$

若令 $Q' = \dfrac{Q_1 + Q_2}{2}$，$F_1 + F_2 = F_s$ 是常数，$V_{01} = V_{02} = \dfrac{V_t}{2}$。同前，忽略节流阀内各处的泄漏不计，则：

$$Q' = A\frac{dx}{dt} + \frac{V_t}{4\beta_e}\frac{dF_L}{dt} \tag{5}$$

式中：V_1——节流阀控制油进油腔的容积(包括进油管道体积)(m^3)；

V_2——节流阀控制油出油腔的容积(包括连接管道体积)(m^3)；

V_{01}——节流阀进油腔初始容积(m^3)；

V_{02}——节流阀回油腔初始容积(m^3)；

F_s——液压柜供油压力(N/m^2)；

A——节流阀阀芯端面积(m^2，$A = \pi \cdot 10m^2$)。

设初始条件为 0，对式(1)~式(5)取拉氏变换：

$$M(s) - P_1(s)\cdot\frac{aq}{\eta_m} = (JS + B)\omega_1(s) \tag{1'}$$

$$Q_L(s) = -K_q \cdot x(s) + K_c \cdot P_1(s) \tag{2'}$$

$$\omega_1(s)\cdot q = Q_L(s) + \left(\frac{V}{\beta_e}s + \lambda_{c_1}\right)\cdot p_1(s) \tag{3'}$$

$$(ms^2+CS+k_2)\cdot x(s)=AF_L(s) \tag{4'}$$

$$Q'(s)=AS\cdot x(s)+\frac{V_t}{4\beta_e}s\cdot F_L(s) \tag{5'}$$

4.2　方块图与传递函数

经测试知，伺服放大器是比例环节，设传递函数为：

$$\frac{I(s)}{\Delta\mu(s)}=K_\alpha \tag{6'}$$

式中：I——输入伺服阀的电流（A）；

$\Delta\mu$——输入到伺服放大器的指令电压信号和反馈电压信号的差值（V）。

因试验台使用的工作频率不超出50Hz，伺服阀环节传递函数取作：

$$\frac{Q'(s)}{I(s)}=\frac{K_{sv}}{1+TS} \tag{7'}$$

式中：Q'——伺服阀输出流量（m^3/s）；

K_{sv}——伺服阀增益 $K_{sv}=Q_0/I_0[(m^3/s)/A]$；

Q_0——伺服阀额定流量（m^3/s）；

I_0——伺服阀额定电流（A，$I_0=30$ mA）；

T——时间常数（s，$T=0.0029$s）。

当供油压力为63kgf/cm² 时，$Q_0=16$L/min，这时：

$$K_{sv}=0.533[(L/min)/mA]$$

设扭矩传感器和动态电阻应变仪组合环节为比例环节，设传递函数为：

$$\frac{\mu_f(s)}{M(s)}=K_f\quad 或\quad \frac{\mu_f(s)}{n(s)}=K_f \tag{8'}$$

式中：μ_f——转矩 M 或转速 n 反馈信号经组合环节放大后的电压值（V）；

K_f——反馈放大系数，通过标定确定。

根据式（1′）～式（8′），可得控制系统方块图如图9所示。

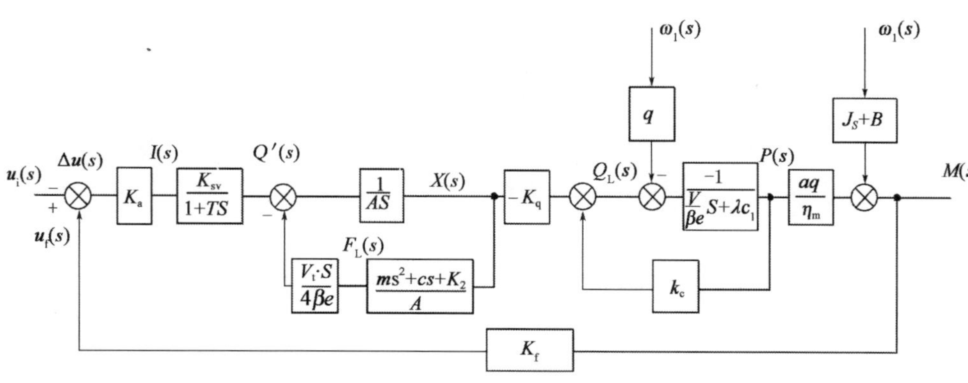

图9　转矩控制时的方块图

对该方块图进行简化，可得到以 u_f 为输入、以 $M(s)$ 为输出的控制系统传递函数。

$$\phi_M(s)=\frac{M(s)}{\mu_f(s)}$$

$$= \frac{K_\alpha \cdot K_{sv} \cdot \frac{aq}{\eta_m}}{\left[AS(1+TS)\left(\frac{V}{\beta_e}S+\lambda c_1+Kc\right)\left(\frac{mV_t}{4\beta_e A^2}\cdot S^2+\frac{CV_t}{4\beta_e A^2}S+\frac{V_t\cdot K_2}{4\beta_e A^2}+1\right)+K_f K_\alpha K_{sv} K_q\frac{aq}{\eta_m}\right]}$$

应该注意的是转速控制时的特殊性。这时控制系统的方块图如图 10 所示。

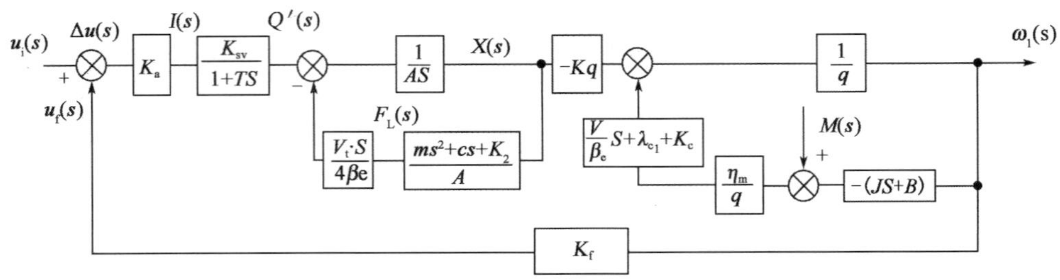

图 10　转速控制时的方块图

转速控制时的传递函数为：

$$\phi_n(s) = \frac{\omega_1(s)}{-\mu_i(s)}$$

$$= \frac{-K_\alpha\cdot K_{sv}\cdot\frac{K_q}{q}}{\left\{(1+TS)\cdot\left[AS+\left(\frac{V_t}{4\beta_e}S+\lambda_{c_2}\right)\left(\frac{ms^2+cs+K_2}{A}\right)\right]\left[\left(\frac{V}{\beta_e}S+\lambda_{c_1}+K_c\right)\frac{\eta_m}{q}(JS+B)\right]+\frac{K_\alpha K_q K_{sv} K_f}{q}\right\}}$$

需要说明的是，转速控制时输入信号和反馈信号的极性设置应和转矩控制时恰好相反。其物理意义是在某一油门位置，发动机的空转转速为最高转速，只有加载才能下降。

试验台建成后，通过实测各环节的频率响应特性、系统的频率响应特性和阶跃响应特性，均表明以上的理论推导是基本合理的。根据实测结果，并结合理论分析，对传递函数的理论关系式进行了简化，方便了工程实用。

如表 1 所示为当开环放大系数 $K=85$ 时，频率响应的实测结果和由简化的数学模型计算结果。

频率响应的实测结果与计算结果的比较　　表 1

频率(Hz)	实 测 值		计 算 值	
	dB	$-\Phi$	dB	$-\Phi$
0.01	18.6	1°20′	18.6	0.04
0.05	18.6	30′	18.6	0.2
0.1	18.5	30′	18.6	0.4
0.5	18.6	2°30′	18.6	2.1
0.8	18.5	3°50′	18.6	3.4
1	18.5	4°30′	18.6	4.2
2	18.5	7°50′	18.6	8.5
3	18.4	13°10′	18.5	12.7
4	18.5	16°20′	18.4	16.8
5	18.2	20°10′	18.3	20.9
6	18.3	25°30′	18.2	25

续上表

频率(Hz)	实　测　值		计　算　值	
	dB	$-\Phi$	dB	$-\Phi$
7	18.1	29°30′	18	29
8	17.7	32°50′	17.9	32.9
9	17.6	36°40′	17.7	36.8
10	17.2	38°40′	17.5	40.5
11	17	43°30′	17.3	44.2
12	16.9	47°	17	47.7
13	16.6	49°50′	16.8	51.2
14	16.1	54°20′	16.5	54.6
15	16	57°10′	16.2	57.8
16	15.5	60°20′	16	61
17	15.2	60°40′	15.7	64.1
18	15.2	60°50′	15.4	67
19	14.8	65°	15.1	70
20	14.5	68°10′	14.8	72.7
21	14.4	72°10′	14.5	75.3
22	14.1	75°10′	14.2	77.9
23	13.9	77°30′	13.9	80.4
24	13.6	81°10′	13.6	82.8
25	13.4	81°30′	13.2	58.1
26	13.2	86°20′	12.9	87.3
27	13	89°	12.5	89.5
28	12.3	95°30′	12.3	91.5
29	12.3	95°20′	12	93.5
30	12.3	91°30′	11.6	95.5

5　试验台性能

5.1　试验台性能的理论分析

根据控制系统的数学模型，曾编制程序利用计算机来分析系统的稳定性、快速性、准确性及频率响应特性。结果表明，系统的稳定性是足够的。理论分析结果和实测结果很相近。

5.2　实测得的试验台性能

(1)频率响应特性

实测开环放大系数 $K=135$ 时的闭环频率特性，频宽为 0～25Hz，在 0～12Hz 幅值衰减不大，相频特性近似呈直线关系(图 11)。因铲土运输机械、拖拉机等机器阻力矩的频率结构属于低通窄带型。因此试验台的频率特性可保证荷载复现。

(2)阶跃响应特性

实测 $K=135$ 时(带超前校正)，阶跃响应的过渡时间为 20ms(图 12)。

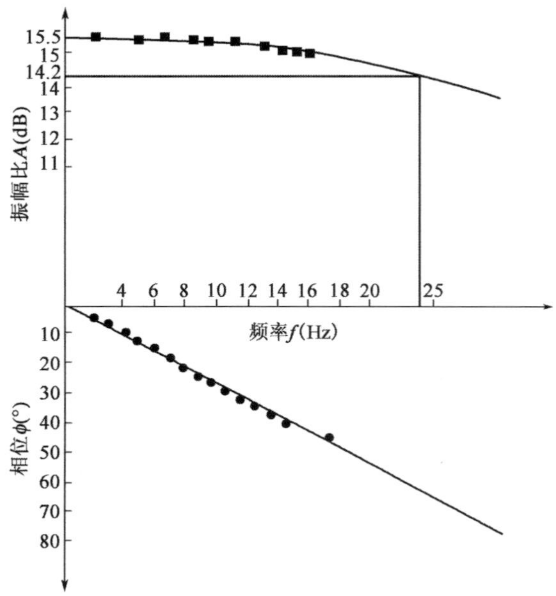

图 11 $K=135$ 时的频率特性的实测结果图

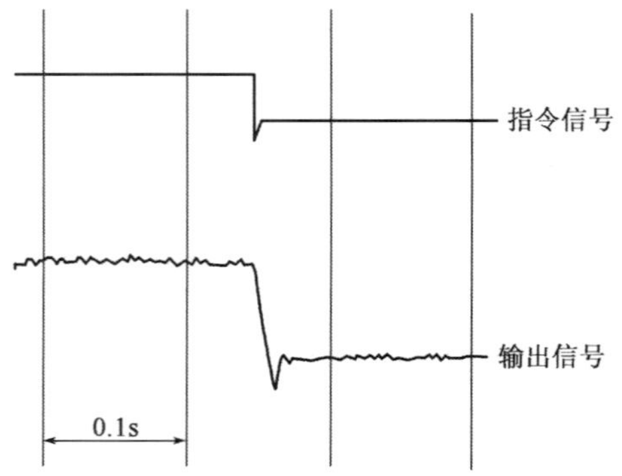

图 12 $K=135$(带超前校正)时阶跃响应记录曲线

(3)复现荷载能力

试验台对正弦波、三角波、随机荷载信号等均具有良好的复现能力(图 13、图 14)。

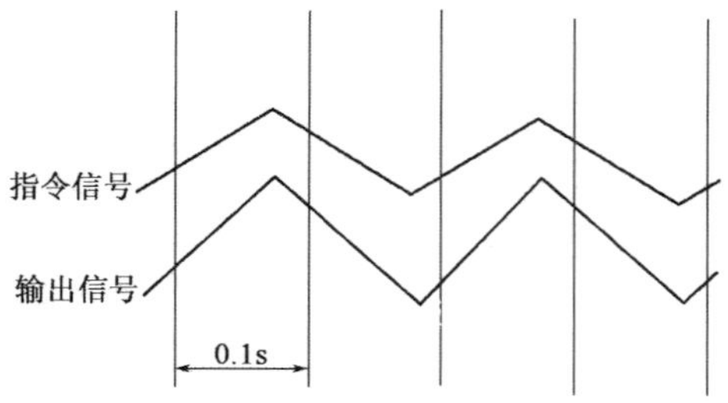

图 13 输入信号为三角波时复现荷载记录曲线

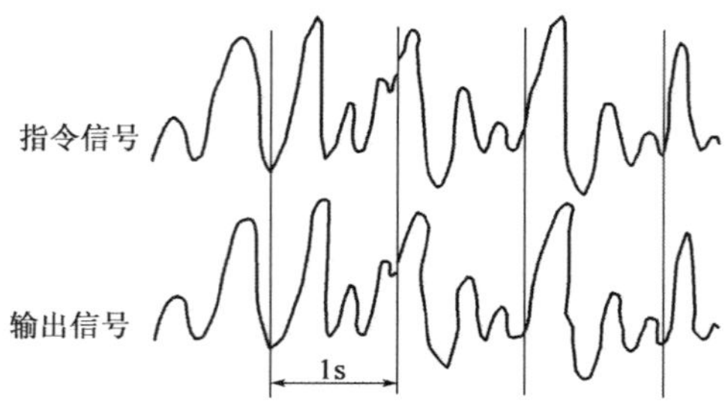

图 14 输入信号为合成信号时复现荷载记录曲线

(4)控制精度

在测试发动机 S195 单缸柴油机的整个转速和荷载变化范围内,等荷载控制的精度为 ±1 %,等转速控制的精度为 ±2%(图 15 ~ 图 18)。

(5)试验台静态测功能力

试验台兼有静态测功能力,静态测功时在平衡工况也具有良好的稳定程度。

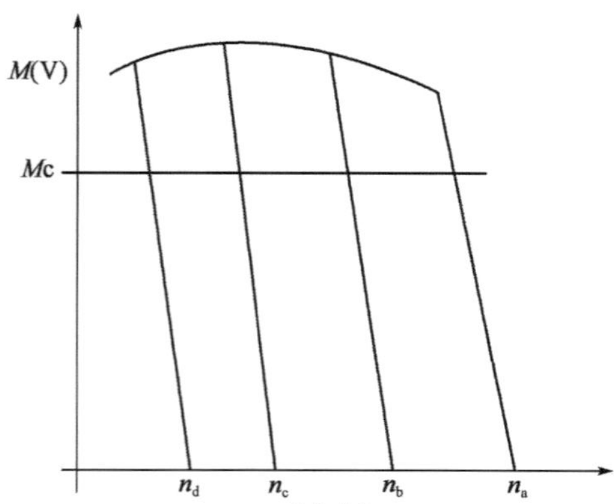

图 15 等负荷控制试验方法示意图

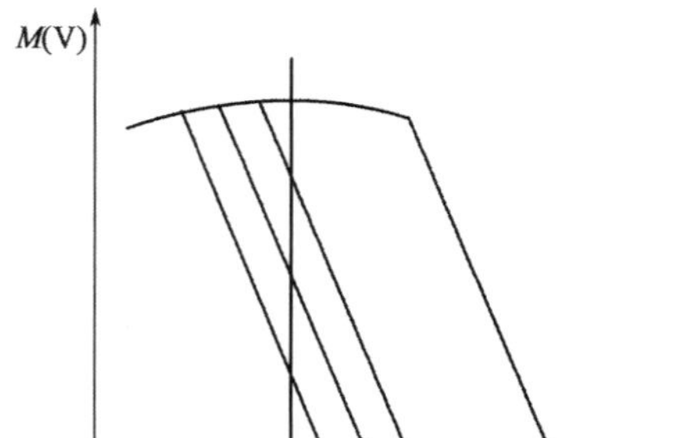

图 16 等转速控制试验方法示意图

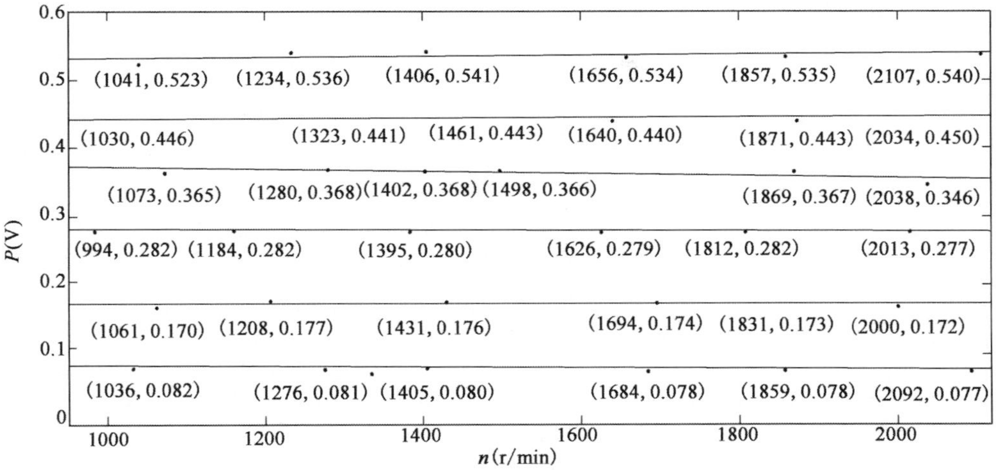

图 17　等负荷控制特性曲线[标定常数 103.28(kgf/cm^2)/V]

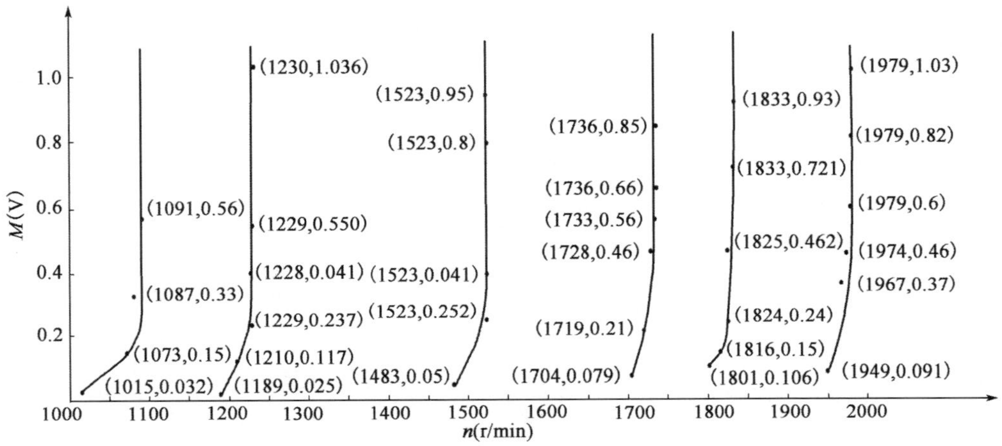

图 18　等转速控制特性曲线

(6)试验台的控制方式

试验台可分别选择转矩、转速信号进行控制。因指令信号是电信号,改变负荷、改变工况容易。由于输入、输出、记录、显示、监视均为电信号,便于计算机控制和数据的现场处理,这为进一步实现发动机测试过程的自动化提供了条件。例如,为研究汽车发动机加速过程的动力性,只需输入不同斜率的斜坡信号即可。

(7)试验台的测功能力

试验台的测功能力为 40hp,改变测试工况,不需机械调节,调整方便,操作简单、安全。

(8)测试发动机动态性能试验结果

在发动机动态性能试验前,对测试发动机(S195 柴油机)的静态特性进行了测定(图 19)。

对包括测试系统在内的试验台性能进行了总体考查,证明试验台可满足使用要求。由试验得到的一组数据列于表 2 中。试验方法如图 20 所示,当输入信号为直流分量时,发动机的阻力矩为常数 M_{ep}。当在该直流分量上叠加正弦信号,则发动机的阻力矩为波动负荷。

由试验数据可看出,在动态条件下发动机的输出功率、发动机的热状态及经济性指标都偏离了静态值;还可看到,由于发动机的惯性大,它对负荷波动的频率很敏感。

除上述试验外,试验台的模拟加载装置也可用于传动系统的性能试验、强度试验,发动机寿命的强化试验,材料性能的试验研究等。

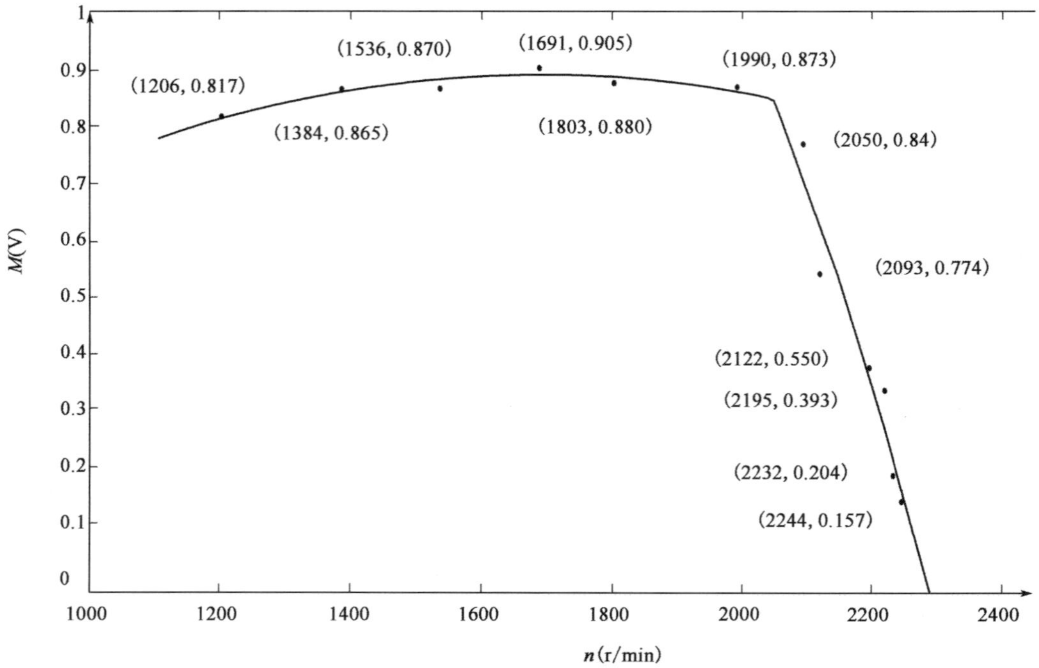

图 19　在试验台上得到的常州产 S195 柴油机静态特性曲线[标定常数 5.1881(kgf·m)/V]

发动机动、静态性能对比试验时得到的一组结果　　表 2

频率(Hz)		转速(r/min)	排气温度(℃)	30g 燃油消耗时间(s)
第一次	$f=0$	2141	350	94
	$f=0.2$	2106	400	84.4
	$f=0.5$	2110	390	88.4
	$f=1$	2126	380	91.5
	$f=3$	2142	360	94.2
第二次	$f=0$	2152	350	93.7
	$f=0.2$	2065	400	81
	$f=0.5$	2097	410	82.4
	$f=1$	2126	400	87
	$f=3$	2144	380	90.4

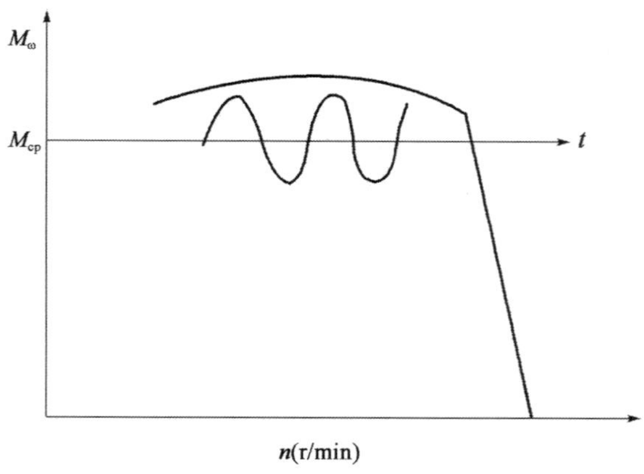

图 20　动、静态特性对比试验方法示意图

6　结语

(1)理论分析和实验均证明,试验台的方案是可行的,控制原理是正确的。

(2)控制系统的数学模型可作为再建大功率试验台的参考。

(3)理论分析和实测都证明,试验台性能可满足使用要求,其主要特点是响应速度快。

(4)控制精度还有待于进一步提高。

数字滤波器在实验室随机信号生成过程中的应用

武雅莉　卫雪莉　孙祖望

（本文刊于《西安公路学院学报》1989 年第 2 期）

摘　要：该文利用计算机库存中的 RND(X)函数，产生白噪声信号，通过设置滤波器的传递函数，从频域、幅值域等效角度出发，模拟任意给定的随机荷载，作为实验室台架模拟的激励荷载。分析了该方法的实用性，阐述了零相位数字递归滤波器的设计方法、计算机程序设计步骤。通过将正弦信号、白噪声信号输入滤波器，获得给定功率谱密度之输出信号的试验，证明了零相位数字递归滤波器设计的正确性。

1　前言

将随机现象的试验从现场移至实验室加以复现是各种随机过程试验技术，例如，发动机动态性能模拟试验、随机振动试验、随机激振下的结构模态试验等共同的发展趋势。在室内进行各种随机过程的试验研究有着一系列现场试验所不具备的优点，也是现代试验技术发展的显著标志。但首要前提是必须有一套满足性能要求的试验设备并解决激励信号的来源问题。本文利用计算机库存中的 RND(X)产生白噪声信号，通过设计零相位数字递归滤波器，可方便地从频域、幅值域等效的角度出发模拟任意给定的随机荷载，此方法简单、灵活，成本低，通用性好，是实验室解决随机激励信号的行之有效的方法，具有很大的理论意义与实用价值。

2　产生具有任意给定功率频谱的随机序列的设计思想

白噪声序列的功率频谱在所有频率范围内都是平坦的，或者在一个特定的频率范围中是平坦的，如图 1 所示。因此，利用白噪声序列产生具有确定的功率频谱的有色随机序列比较方便。在对统计独立的白噪声样本进行滤波时，所得到的功率频谱的形状，或者说所得序列的“颜色”是由滤波器的传递函数决定的。即通过设置滤波器的传递函数将输入信号的功率频谱改变为所需要的功率频谱，如图 2 所示。

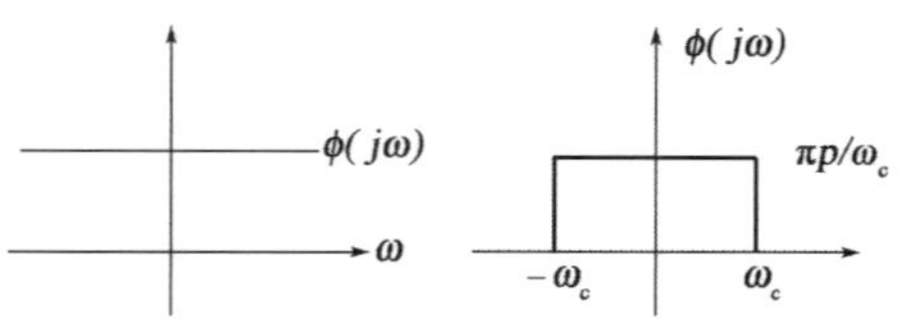

图 1　白噪声频谱（总功率 $=p$）

白噪声功率频谱为 $\phi_{xx}(j\omega)$，序列为 X_n。经过滤波器后[滤波器传递函数为 $H(j\omega)$]，输出序列为 Y_n，Y_n 的频谱 $\phi_{yy}(j\omega)$，则：

$$\phi_{yy}(j\omega) = |H(j\omega)|^2 \cdot \phi_{xx}(j\omega) \tag{1}$$

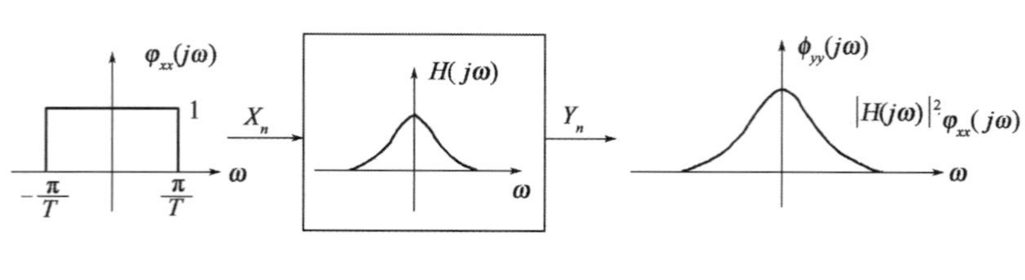

图 2　白噪声经过滤波器产生有色噪声

一般说来,数字滤波算法产生的样本与白噪声样本不同,它所产生的样本是相关的,具有非白色的频谱。

在模拟具有预先确定的功率频谱的随机函数时,使输入序列的功率谱密度在低于半抽样率的频率上等于1是很方便的。即公式(1)中 $\phi_{xx}(j\omega)=1$,则 $\phi_{yy}(j\omega)=|H(j\omega)|^2$,这种情况下模拟随机函数的功率频谱等于滤波器振幅频谱的平方。

$x(t)$ 函数的功率频谱是自相关函数的傅里叶变换:

$$\phi_{xx}(j\omega)=\int_{-\infty}^{\infty}R_{xx}(\tau)\mathrm{e}^{-j\omega\tau}\mathrm{d}\tau$$

$$x(t)\text{的总功率或平均功率}=|x^2(t)|=R_{xx}(0)$$

$$=\frac{1}{2\pi}\int_{-\infty}^{\infty}\phi_{xx}(j\omega)\mathrm{d}\omega$$

$$=\frac{1}{2\pi}\int_{-\pi/\Delta T}^{\pi/\Delta T}\phi_{xx}(j\omega)\mathrm{d}\omega$$

由概率论知:

$$R_{xx}(0)=\sigma^2$$

所以:

$$\sigma^2=\frac{1}{2\pi}\int_{-\pi/\Delta T}^{\pi/\Delta T}\phi_{xx}(j\omega)\mathrm{d}\omega$$

当 $\phi_{xx}(j\omega)=0$ 时,$\sigma^2=\frac{1}{2\pi}\int_{-\pi/\Delta T}^{\pi/\Delta T}\phi_{xx}(j\omega)\mathrm{d}\omega$

$$\int_{-1/2\Delta T}^{1/2\Delta T}\phi_{xx}(f)\mathrm{d}f=\frac{1}{\Delta T}\tag{2}$$

式中:ΔT——抽样间隔;

σ^2——输入样本方差。

综上所述,总的设计思想可用框图表示,如图3所示。

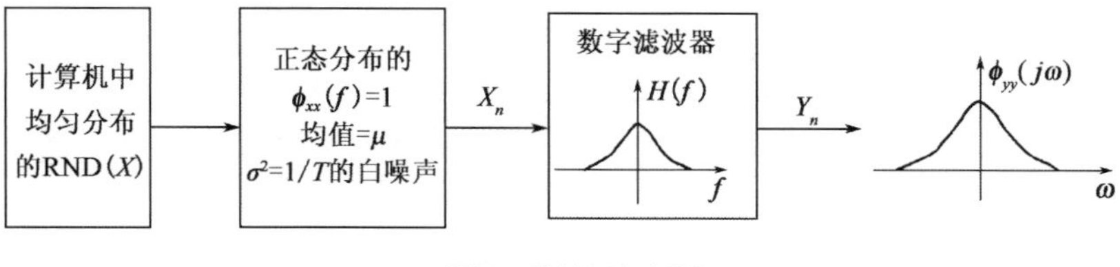

图3　设计思想框图

3　正态白噪声随机序列的产生

由概率论的中心极限定理知道,当 n 很大时,n 个独立的相同分布的随机变量 R_i(均值为 μ_i,方差为 σ_i^2,$i=1,2,\cdots,n$)之和的概率分布接近于正态分布,其均值和方差为:

$$\mu=\sum_{i=1}^{n}\mu_i$$

$$\sigma^2=\sum_{i=1}^{n}\sigma_i^2\tag{3}$$

这就是产生任意正态分布的随机数的理论基础。

$$\mu_i=E[R_i]=\int_0^1 x\cdot 1\mathrm{d}x=\frac{1}{2}$$

$$\sigma_i^2=V[R_i]=\int_0^1[x-E(x)]^2\cdot\mathrm{d}x=\frac{1}{12}$$

所以，当 n 很大时，就有：

$$\sum_{i=1}^{n} R_i \approx N\left(\sum_{i=1}^{n}\mu_i,\sum_{i=1}^{n}\sigma_i^2\right) \approx N\left(\sum_{i=1}^{n}1/2,\sum_{i=1}^{n}1/12\right) \approx N(n/2,n/12) \tag{4}$$

事实上，当 n 取为 12 时，近似的程度已相当好了，因此，取 $n=12$。令任意均值和任意方差的正态分布 $N(\mu,\sigma)$ 随机变量为 x，其均值为 μ，方差为 σ^2。

而令标准正态分布随机变量为 z，则有：

$$z = \frac{x-\mu}{\sigma} \approx N(0,1) \tag{5}$$

使用式(4)的结果，有：

$$z = \frac{\sum_{i=1}^{n} R_i - \frac{n}{2}}{\sqrt{\frac{n}{12}}} \approx N(0,1) \tag{6}$$

将式(5)代入式(6)，有：

$$\frac{x-\mu}{\sigma} = \frac{\sum_{i=1}^{n} R_i - \frac{n}{2}}{\sqrt{\frac{n}{12}}}$$

所以：

$$x = \mu + \sigma \cdot \frac{\sum_{i=1}^{n} R_i - \frac{n}{2}}{\sqrt{\frac{n}{12}}} \tag{7}$$

取 $N=12$，则式(7)化为：

$$x = \mu + \sigma \cdot \left(\sum_{i=1}^{n} R_i - 6\right) \tag{8}$$

式(8)即产生任意均值和任意方差的正态分布随机变量的计算公式。由前所述，产生的正态分布随机序列功率谱密度为 1，则由式(2)知：

$$\sigma^2 = \frac{1}{\Delta T}, \sigma = \sqrt{\frac{1}{\Delta T}} \tag{9}$$

将式(9)代入式(8)得：

$$x = \mu + \sqrt{\frac{1}{\Delta T}}\left(\sum_{i=1}^{12} R_i - 6\right) \tag{10}$$

通过对式(10)产生的随机变量 X 组成的随机序列进行频谱估计，证明了该序列是均值为 μ、方差为 $\sqrt{\frac{1}{\Delta T}}$、功率谱密度为 1 的正态分布白噪声随机序列。

取 $n=5000$，$\Delta T=1\text{s}$，区间数 $M=50$ 形成一随机序列，做其幅值域分布、自相关、功率频谱，如图 4 所示。

4 零相位数字递归滤波器的设计

滤波器有递归型和非递归型两种，由于递归型滤波器能大大提高滤波的计算速度，并可用较低的阶数获得较高的选择性，所用存储单元少，经济且效率高。因此，本文按递归滤波器设计。递归数字滤波器的设计有多种方法，本文采用的是最优化设计方法中的时域最小均方误差设计法。

时域设计法是：设输入信号为 X_t，滤波因子 $h_t=(h_{-m_0},h_{-m_0+1},\cdots,h_{-m_0+m})$，实际输出 $Y_t=h\cdot X_t=\sum_{S=-m_0}^{-m_0+m}\cdot h_tX_{t-s}$，希望输出 $y_d(t)$，则输出误差 $\varepsilon_t=|Y_t|-|Y_d(t)|$，误差能量 $E=\sum_{t=-\infty}^{+\infty}\varepsilon_t^2=\sum_{t=-\infty}^{+\infty}[|Y_t|-|Y_d(t)|]^2$。

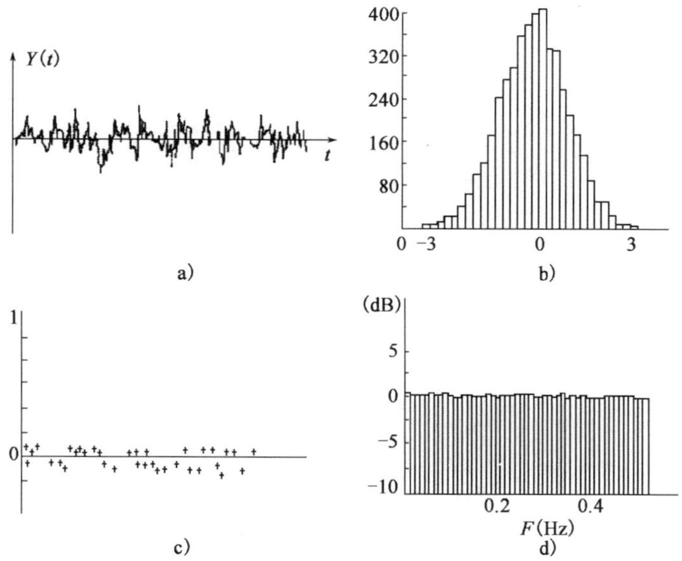

图4　白噪声时域、幅值域、自相关、频谱图

a）时域；b）幅值域分布；c）自相关图；d）频谱图

设计思想是使滤波器实际输出值 $Y(t)$ 与所要求的输出 $Y_d(t)$ 在 $t=t_1$ 各值时均方误差 E 最小。

时域设计有物理可实现递归滤波和零相位递归滤波两种方法。本文设计了一种零相位递归德波器，它比前者复杂，但精度高。

设滤波器输入为 X_t，输出为 Y_t，则递归滤波公式为：

$$Y_t=a_0X_t+a_1X_{t-1}+\cdots+a_nX_{t-n}-(b_1y_{t-1}+b_2Y_{t-2}+\cdots+b_mY_{t-m})=\sum_{j=1}^{n}a_jX_{t-j}-\sum_{j=1}^{m}b_jY_{t-j}\quad(11)$$

式中：m、n——自然数；

a_j、b_j——递归滤波因子。

如何确定 m、n、a_j、b_j 是设计递归滤波器的核心问题。

设输入信号 X_t 的频谱为 $X(f)$，输出信号 Y_t 的频谱为 $Y(f)$，根据时移定理，由式(11)可得：

$$Y(f)=\sum_{\tau=0}^{n}a_\tau e^{-i2\pi\tau\Delta Tf}X(f)-\sum_{\tau=1}^{m}b_\tau e^{-i2\pi\tau\Delta Tf}Y(f)$$

将上式整理得：

$$Y(f)=\frac{\sum_{\tau=0}^{n}a_\tau e^{-i2\pi\tau\Delta Tf}}{1+\sum_{\tau=1}^{m}b_\tau e^{-i2\pi\tau\Delta Tf}}X(f)\quad(12)$$

式中：ΔT——抽样间隔。

由式(12)知，递归滤波的频谱为：

$$H(f)=\frac{\sum_{\tau=0}^{n}a_\tau e^{-i2\pi\tau\Delta Tf}}{1+\sum_{\tau=1}^{m}b_\tau e^{-i2\pi\tau\Delta Tf}}\quad(13)$$

写成 z 变换形式则为：

$$\hat{H}(z)=\frac{\sum_{\tau=0}^{n}a_{\tau}z^{\tau}}{1+\sum_{\tau=1}^{m}b_{\tau}z^{\tau}} \tag{14}$$

零相位递归滤波的频谱、z 变换为:

$$G(f)=H(f)\cdot\overline{H(f)} \tag{15}$$

$$\hat{G}(f)=\hat{H}(f)\cdot\hat{H}\left(\frac{1}{z}\right) \tag{16}$$

$G(f)$ 是由正向递归滤波 $H(f)$ 和反向递归滤波 $\overline{H(f)}$ 串联而成。

反向递归滤波是 $H(f)$ 的共轭滤波,即

$$\overline{H(f)}=\frac{\sum_{\tau=0}^{n}\bar{a}_{\tau}e^{i2\pi\tau\Delta Tf}}{1+\sum_{\tau=1}^{m}\bar{b}_{\tau}e^{i2\pi\tau\Delta Tf}}$$

相应的 z 变换为

$$\hat{H}\left(\frac{1}{z}\right)=\frac{\sum_{\tau=0}^{n}\bar{a}_{\tau}\frac{1}{z^{r}}}{1+\sum_{\tau=1}^{m}\bar{b}_{\tau}\cdot\frac{1}{z^{r}}}$$

体现在时域上,是用 t 以后的 $Y_s(s>t)$ 计算 Y_t,时间在负方向上增长。因此,从式(15)可知,零相位递归滤波方式要分两步:

第一步:把输入信号 X_t 经正向递归滤波得到 u_t;

第二步:把 u_t 经反向递归滤波得到 Y_t。

公式为:

$$u_t=\sum_{\tau=0}^{n}a_{\tau}x_{t-\tau}-\sum_{\tau=1}^{m}b_{\tau}u_{t-\tau}t=T_1,T_1+1,T_1+2,\cdots$$

$$Y_t=\sum_{\tau=0}^{n}a_{\tau}x_{t+\tau}-\sum_{\tau=1}^{m}b_{\tau}Y_{t+\tau}\quad t=T_2,T_2+1,T_2+2,\cdots$$

为了减少递归滤波的计算量,将零相位递归滤波频谱 $G(f)$ 和 $G(z)$ 改写为:

$$G(f)=\frac{\left|\sum_{\tau=0}^{n}a_{\tau}e^{-i2\pi\tau\Delta Tf}\right|^2}{1+\sum_{\tau=1}^{m}b_{\tau}e^{-i2\pi\tau\Delta Tf}}\frac{1}{1+\sum_{\tau=1}^{m}b_{\tau}e^{-i2\pi\tau\Delta Tf}} \tag{17}$$

$$G(z)=\frac{R_a(0)+\sum_{\tau=0}^{n}R_a(\tau)\left(z^{\tau}+\frac{1}{z^{\tau}}\right)}{1+\sum_{\tau=1}^{m}b_{\tau}z^{\tau}}\frac{1}{1+\sum_{\tau=1}^{m}b_{\tau}\cdot\frac{1}{Z^{\tau}}} \tag{18}$$

式中:$R_a(\tau)$——$a_0,a_1,\cdots,a_n$ 的自相关函数,$R_a(\tau)=\sum_{s=0}^{n-\tau}a_{\tau+s}a_s(\tau=0,1,\cdots,n)$。

根据式(18),零相位递归滤波的公式为:

$$u_t=R_a(0)X_t+\sum_{\tau=1}^{n}R_a(\tau)(X_{t-\tau}+X_{t+\tau})-\sum_{\tau=1}^{m}a_{\tau}u_{t-\tau}\quad t=T_1,T_1+1,T_1+2,\cdots$$

$$Y_t=ut-\sum_{\tau=1}^{m}b_{\tau}Y_{t+\tau}\quad t=T_2,T_2-1,T_2-2,\cdots \tag{19}$$

如何求出 $R_a(\tau)$，b_t 是滤波器设计的关键问题。本文采用了一种直接简单的零相位递归滤波设计方法。

已知滤波器的频谱 $D(f)$ 是零相位的，即 $D(f)\geqslant 0$，（给定的模拟谱），相应于 $D(f)$ 的时间函数为 d_t，d_t 具有对称性：$d_t=d_{-t}$。

要设计 $a_0,a_1,\cdots,a_n$ 和 $b_1,b_2,\cdots,b_m$ 或者 $R_a(\tau)$，b_t 使式(17)与 $D(f)=\sum\limits_{t=-\infty}^{\infty}d_t\mathrm{e}^{-i2\pi\tau\Delta Tf}$很接近。

为了使递归滤波具有稳定性，要求多项式 $B(z)=1+\sum\limits_{\tau=1}^{m}b_i z^{\tau}$ 在单位圆内和圆上无根。

如果设 u_t 为物理可实现滤波因子，它的自相关函数 d_t 即：

$$u_t\cdot u_{-t}=d_t \tag{20}$$

u_t 的频谱为 $u(f)$，对应式(20)有：

$$|u(f)|^2=|\sum_{t=0}^{+\infty}u_t\mathrm{e}^{-i2\pi\tau\Delta Tf}|^2=D(f) \tag{21}$$

（只要 $D(f)$、$\ln D(f)$ 在 $\left[-\frac{1}{2\Delta T},\frac{1}{2\Delta T}\right]$ 上可积，理论上这样的 u_t 总是存在的。）

要使零相位递归滤波式(17)近似于 $D(f)$，根据式(21)，只要下面的近似式成立即可：

$$\frac{\sum\limits_{\tau=0}^{n}a_\tau\mathrm{e}^{-i2\pi\tau\Delta Tf}}{1+\sum\limits_{\tau=1}^{m}b_\tau\mathrm{e}^{-i2\pi\tau\Delta Tf}}\approx\sum_{t=0}^{+\infty}u_t\mathrm{e}^{-i2\pi\tau\Delta Tf}$$

将上式左边的分母乘到右边，可以得到时域的近似关系式：

$$a_t\approx b_t u_t$$

将上式两端与 u_t 褶积，可得：

$$a_t u_{-t}\approx b_t u_t u_{-t} \tag{22}$$

上式左端为 $a_t u_{-t}=\sum\limits_{\tau=0}^{n}a_t u_{\tau-t}$。由于 $t<0$ 时 $u_t=0$（因为 u_t 是物理可实现的），所以当 $t>0$ 时，$a_t u_{-t}=\sum\limits_{\tau=0}^{n}a_t u_{\tau-t}$，式(22)右端为 $b_t\cdot d_t=\sum\limits_{\tau=0}^{m}b_\tau d_{\tau-t}$，因此可得：

$$\sum_{\tau=0}^{m}b_\tau d_{\tau-t}\approx 0\quad(t>n) \tag{23}$$

根据式(23)，要选择 $b_1,b_2,\cdots,b_m$，使 $E=\sum\limits_{t=n+1}^{+\infty}\left(\sum\limits_{\tau=0}^{m}b_\tau d_{\tau-t}\right)^2$ 达最小值。

由 $\frac{\partial E}{\partial b_t}=0,1\leqslant i\leqslant m$，得到：

$$\sum_{\tau=1}^{m}b_\tau\left(\sum_{t=n+1}^{+\infty}b_{t-\tau}d_{t-j}\right)=-\sum_{t=n+1}^{+\infty}d_t d_{t-j}\quad j=1,2,\cdots,m \tag{24}$$

令 $\gamma_{\tau j}=\sum\limits_{t=n+1}^{+\infty}d_{t-\tau}d_{t-j}\qquad 0\leqslant\tau\leqslant m,1\leqslant j\leqslant m$

则式(24)变为：

$$\begin{cases}\gamma_{11}b_1+\gamma_{12}b_2+\cdots+\gamma_{1m}b_m=-\gamma_{01}\\ \gamma_{21}b_1+\gamma_{22}b_2+\cdots+\gamma_{2m}b_m=-\gamma_{02}\\ \vdots\qquad\vdots\qquad\cdots\qquad\vdots\qquad\vdots\\ \gamma_{m1}b_1+\gamma_{m2}b_2+\cdots+\gamma_{mm}b_m=-\gamma_{0m}\end{cases} \tag{25}$$

写成矩阵形式则为：

$$\begin{bmatrix} \gamma_{11} & \gamma_{12} & \cdots & \gamma_{1m} \\ \gamma_{21} & \gamma_{22} & \cdots & \gamma_{2m} \\ \vdots & \vdots & \cdots & \vdots \\ \gamma_{m1} & \gamma_{m2} & \cdots & \gamma_{mm} \end{bmatrix} \begin{bmatrix} b_1 \\ b_2 \\ \vdots \\ b_m \end{bmatrix} = \begin{bmatrix} \gamma_{01} \\ \gamma_{02} \\ \vdots \\ \gamma_{0m} \end{bmatrix} \tag{26}$$

求出 $\gamma_{\tau j}$，再将 $\gamma_{\tau j}$ 代入式(25)或式(26)，求解方程可得出 b_j（其中，$j=1,2,\cdots,m$）。

判断所设计的滤波器的稳定性，即判断 $\hat{B}(z)=1+b_{1z}+\cdots+b_m z^m$ 在单位圆内及其上无根。

在求出 $b_1,b_2,\cdots,b_m$ 并且进行了稳定性的判断后，可根据式(17)求出 $R_a(1),\cdots,R_a(m)$。

将式(17)改写为：

$$G(f)=\frac{|\sum_{t=0}^{n}a_\tau e^{-i2\pi\tau\Delta Tf}|^2}{|1+\sum_{t=1}^{m}b_\tau e^{-i2\pi\tau\Delta Tf}|^2}=\frac{\sum_{t=-n}^{n}R_a(\tau)e^{-i2\pi\tau\Delta Tf}}{|1+\sum_{t=1}^{m}b_\tau e^{-i2\pi\tau\Delta Tf}|^2}\approx\sum_{t=-\infty}^{+\infty}d_t e^{-i2\pi\tau\Delta Tf} \tag{27}$$

求 $R_a(0),R_a(1),\cdots,R_a(m)$ 的步骤为：

(1)从 $b_1,b_2,\cdots,b_m$ 出发确定 $(1,b_1,b_2,\cdots,b_m)$ 的反信号 $c_t=(c_0,c_1,\cdots)$。

(2)求 c_t 的自相关函数 g_t：

$$g_t=c_t c_{-t}=\sum_{\tau=0}^{+\infty}c_{t\tau+t}c_t$$

由于自相关函数县有对称性，故只要计算 $g_0,g_1,g_2,\cdots$ 就可以。

(3)求 $R_a(0),R_a(1),\cdots,R_a(n)$：

由于

$$\frac{\sum_{t=-n}^{n}R_a(\tau)e^{-i2\pi\tau\Delta Tf}}{|1+\sum_{t=1}^{m}b_\tau e^{-i2\pi\tau\Delta Tf}|^2}=\sum_{t=-n}^{n}R_a(\tau)e^{-i2\pi\tau\Delta Tf}\cdot\sum_{t=-\infty}^{+\infty}g_t e^{-i2\pi\tau\Delta Tf}=\sum_{t=-\infty}^{+\infty}\nu_t e^{-i2\pi\tau\Delta Tf} \tag{28}$$

(29)

式中：$\nu_t=\sum_{t=-n}^{n}R_a(\tau)g_{t-\tau}=R_a(0)g_t+\sum_{t=1}^{n}R_a(\tau)(g_{t+\tau}+g_{t-\tau})$

根据式(27)和式(28)，要选择 $R_a(\tau)$ 使 $E=\sum_{t=-\infty}^{+\infty}(\nu_t-d_t)^2$ 达最小值。

根据式(29)，$\frac{\partial E}{\partial R_a(\tau)}=0,\ -n\leqslant\tau\leqslant n$

$$\sum_{\tau=-n}^{n}R_a(\tau)\gamma_{gg}(\tau-j)=\gamma_{dg}(j)\quad -n\leqslant j\leqslant n \tag{30}$$

$$\gamma_{gg}(\tau)=\sum_{t=-\infty}^{+\infty}(g_{t+\tau}g_t)$$

$$\gamma_{dg}(\tau)=\sum_{t=-\infty}^{+\infty}(d_{t+\tau}g_t) \tag{31}$$

式中：$\gamma_{gg}(\tau)$——g_t 的自相关函数；

$\gamma_{dg}(\tau)$——d_t 与 g_t 的互相关函数。

由于 $d_t=d_{-t},g_t=g_{-t}$，因而有；

$$\gamma_{dg}(\tau)=\gamma_{dg}(-\tau)$$

由于 $\gamma_{gg}(\tau)$、$\gamma_{dg}(\tau)$ 都是偶函数，所以式(30)中 $R_a(\tau)$ 也是偶函数，即 $R_a(\tau)=R_a(-\tau)$，因此，只要求 $R_a(0),R_a(1),\cdots,R_a(n)$ 就行了。

取式(30)前 $(n+1)$ 个方程，得到：

$$\gamma_{gg}(j)R_a(\tau) + \sum_{k=1}^{n} R_a(k)[\gamma_{gg}(k-j) + \gamma_{gg}(k+j)] = \gamma_{dg}(j) \quad j = 0,1,2,\cdots,n \tag{32}$$

解此方程可求出 $R_a(0),R_a(1),\cdots,R_a(n)$。

当 $b_1,b_2,\cdots,b_m$ 及 $R_a(0),R_a(1),\cdots,R_a(n)$ 求出后，可代入式(27)验证所设计的滤波器传递函数。

5　将正弦函数、白噪声信号通过滤波器验证

本文作为特例，模拟了工程机械 T180 履带推土机的动态随机荷载。

在进行推土机动态性能试验时，对 TY140 和 T180 履带推土机动态测试数据所做的处理表明：

在幅值域，铲土过程中牵引力的波动数值围绕其平均值，呈正态分布；在频域，谱长十分有限，其振动能量则主要集中在 0.15～3Hz 的范围内，呈现了明显的低频振动特性。其分布图、频谱图分别如图 5、图 6 所示。

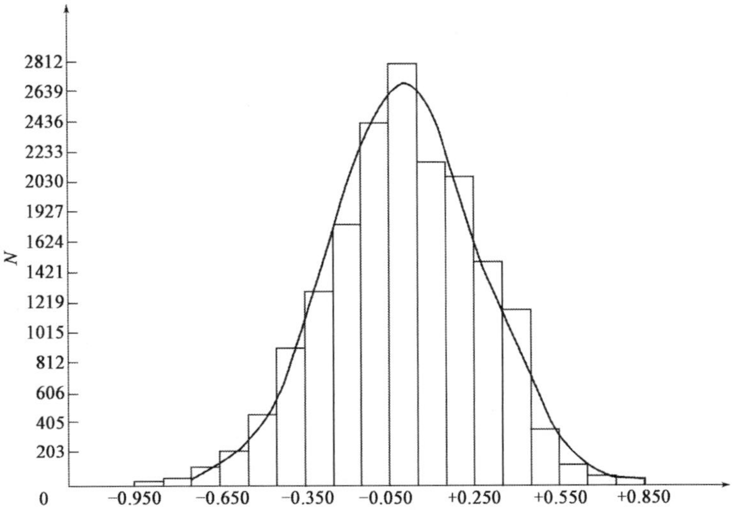

图 5　TY140 推土机牵引负荷随机分量之概率分布特性

根据模拟具有任意给定频谱的随机序列的设计思想，并按照上述滤波器的设计步骤，设计了模拟 T180 履带推土机动态随机荷载的 2 阶、3 阶、4 阶零相位递归数字滤波器。通过验证，证明了 3 阶是满足精度要求的最小阶数字滤波器。

3 阶滤波器的传递函数与给定模拟谱的比较如图 7 所示。

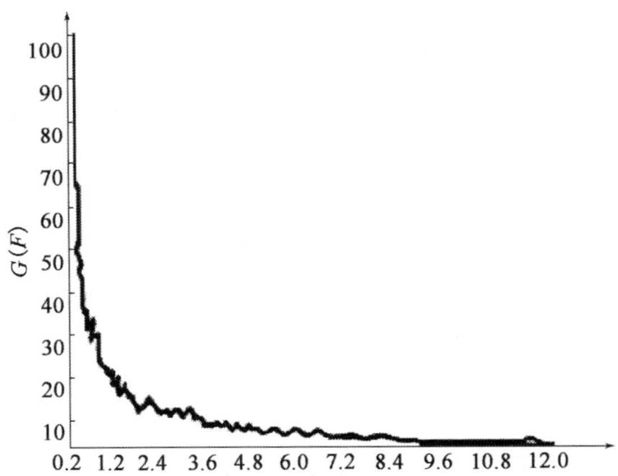

图 6　T180 推土机牵引负荷随机分量的谱密度函数

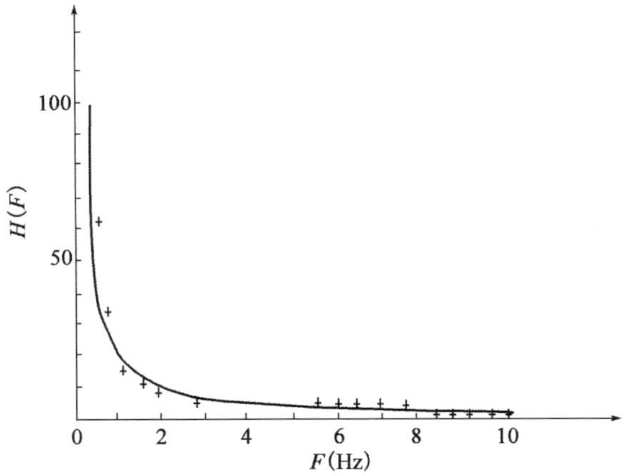

图 7　滤波传递函数与给定谱比较

注：连续曲线代表给定频谱；+代表滤波器传递函数的离散点。

将白噪声随机序列通过所设计的 3 阶滤波器，其输出序列的幅值域分布、频谱图如图 8、图 9所示。

由频谱估计理论知，90% 置信范围约为 2.61dB，而图中误差较大处为 0Hz，1.25Hz，围绕实际频谱值的范围为：

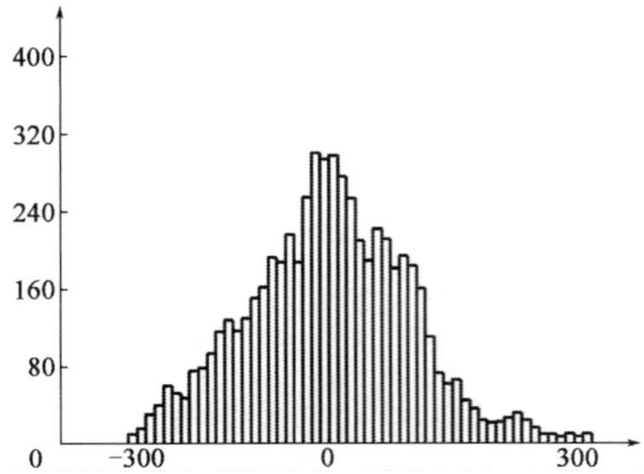

图 8　正态随机序列通过滤波器后的幅值域分布

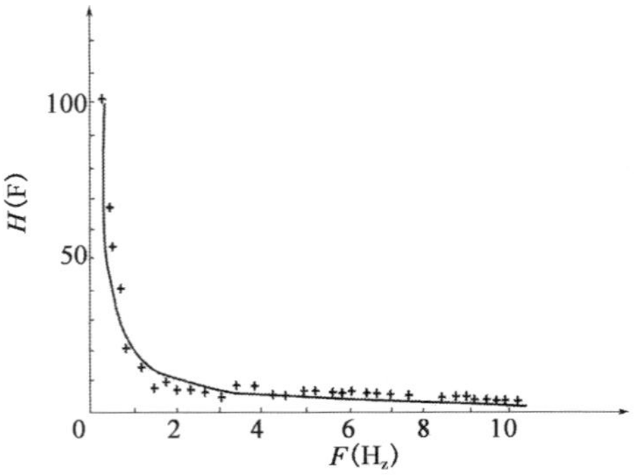

图 9　滤波器输出序列频谱与给定频谱比较

注：连续曲线代表给定频谱；+ 代表滤波器输出序列频谱。

$$\left|10\lg\frac{104.92}{100}\right| = 0.178\text{dB} < 2.61\text{dB}$$

$$\left|10\lg\frac{14.11}{16}\right| = 0.50\text{dB} < 2.61\text{dB}$$

由此可认为经过滤波器输出的随机序列是所要模拟的具有给定频谱的随机序列。

对正弦信号：

$$X(t) = A\sin(\omega t) = A\sin(2\pi ft)$$

当 $A=2$，$f=0.4\text{Hz}$、1Hz、2Hz 时，分别采样后通过所设计的 3 阶滤波器，输出序列 $Y(t)$ 的频谱与所设计滤波器传递函数相符。

将 $X(t)$ 与 $Y(t)$ 进行比较，如图 10 所示。

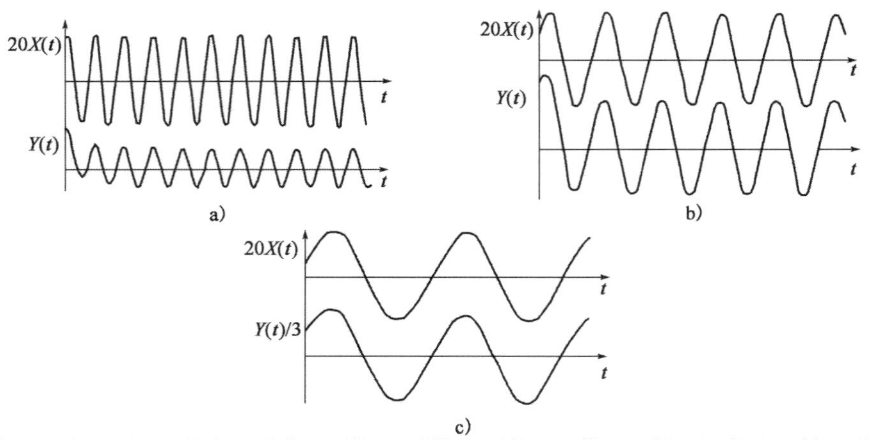

图 10　$X(t)$ 与 $Y(t)$ 的比较

由于滤波器的起动现象或暂态响应，使 $Y(t)$ 在 $t=0$ 附近产生波动。

$Y(t)$ 与 $X(t)$ 的相位滞后不大于 0.5°。产生此误差的原因是：由 $A\sin(2\pi ft)$ 产生 $X(nt)$ 时，数字截断（或舍入）产生误差；滤波器系数为有限字长引起误差。它是在 $Y(t)$ 的算法中，为使每次相乘（系数与样本值相乘）的结果能与原来的字长相配合，需要舍入或截断从而引起的误差。

6　结语

（1）利用白噪声通过数字滤波器来获得给定功率谱密度的输出信号是一种数字式的滤波均衡方法。它可以模拟具有任意频率域和幅值域特性的正态随机过程，其均衡精度一般可以达到 ±1dB 以下，是实验室模拟随机激励信号的一种科学方法，具有很好的实用价值。

（2）上述方法的另外一些优点是灵活、方便，适应性强，投资费用小，利用计算机可对各种标准信号（正弦、方波、阶跃等）进行采样，形成二进制 B 类文件，通过 D/A 转换器抽出，起到标准信号源的作用。计算机本身还可供数据采集和处理之用，兼备控制设备和分析设备的功能。

F35 水力测功器的动态响应特性及其改善方法

揣锦华　韩天锡　孙祖望

［本文刊于《西安公路交通大学学报(自然科学版)》1992 年第 4 期］

摘　要:本文通过对 F35 快速响应水力测功器动态特性的测试,了解该测功器快速响应能力以及提高这一能力的潜力,在分析限制 F35 测功器动态响应特性主要原因的基础上,提出用驱动谱校正法改善测功器动态特性的方案,并在试验中验证了这一方案的可行性。

1　前言

F35 快速响应水力测功器是我院筑路机械系利用世界银行贷款从英国引进的,是世界上有代表性的发动机动态性能测功设备,它具有转动惯性小、响应速度快的特点。Froud 公司将 F35 作为一种供发动机动态试验用的快速响应测功器提供给我院。F35 快速响应水力测功器自 1986 年引进以来,除做过一些静态性能试验外,由于对该设备的动态特性没有很好的掌握,同时该系统没有配备相应的瞬态数据采集与处理系统,试验数据只能由控制柜上的显示仪读出,试验台的动态性能试验的能力一直没有很好的开发和利用。

本文在计算机测试自动化系统的基础上,测试了该发动机试验台动态响应特性,并采用数字式滤波均衡方法,对发动机试验台动态响应特性的改善进行了试验研究。

2　测功器的动态特性

测功器动态特性的测试选择在发动机外特性的调速区段上进行,因为在此调速段上,发动机的转速与负荷的关系基本上是线性的,并且发动机转速变化很小,所以整个试验台的动态响应特性基本上反映的是测功器的跟随特性。

测试该测功器在不同控制方式下的频率响应特性,选择正弦信号为输入信号,正弦负荷完全配置在调速工况上,其中平均负荷 $M = 500\mathrm{N \cdot m}$,负荷波动幅度为 $\Delta M = 400\mathrm{N \cdot m}$。该试验台控制及测量原理如图 1 所示。

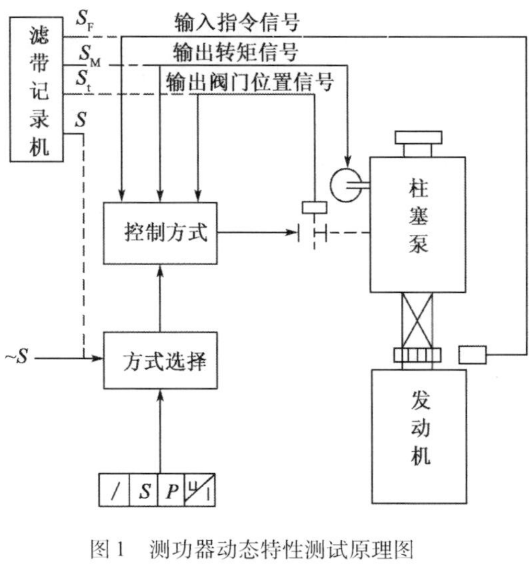

图 1　测功器动态特性测试原理图

图中 S_t 代表输入指令信号,S_F 代表输出阀门位置信号,S_M 代表输出转矩信号,以下相同。

2.1　动态过程的时间历程

动态过程的时间历程如图 2 所示。

从图中可见:

(1)无论测功器是阀门位置控制,还是转矩控制,当输入指令信号 S_t 为正弦信号时,输出信号 S_F 及 S_M 仍为一正弦波,这说明在此工况下,发动机试验台系统是线性的。

(2)当频率很低时($f = 0.01\mathrm{Hz}$),输出阀门位置信

号 S_F 及输出转矩信号 S_M 基本上与输入指令信号 S_t 同步；当频率 f 升高后（$f=0.25$Hz），S_F 与 S_t 基本同步，而 S_M 却滞后 S_t 约 90°。例如，图中 S_F 已到顶点，而 S_M 则需 $T/4$ 时间才达到顶点。这说明无论是阀门位置控制，还是转矩控制，测功器的阀门位置及转矩都跟得上指令信号缓慢变化，当指令信号变化加快时，测功器的阀门基本上可以跟得上指令信号的变化，而转矩则不行。

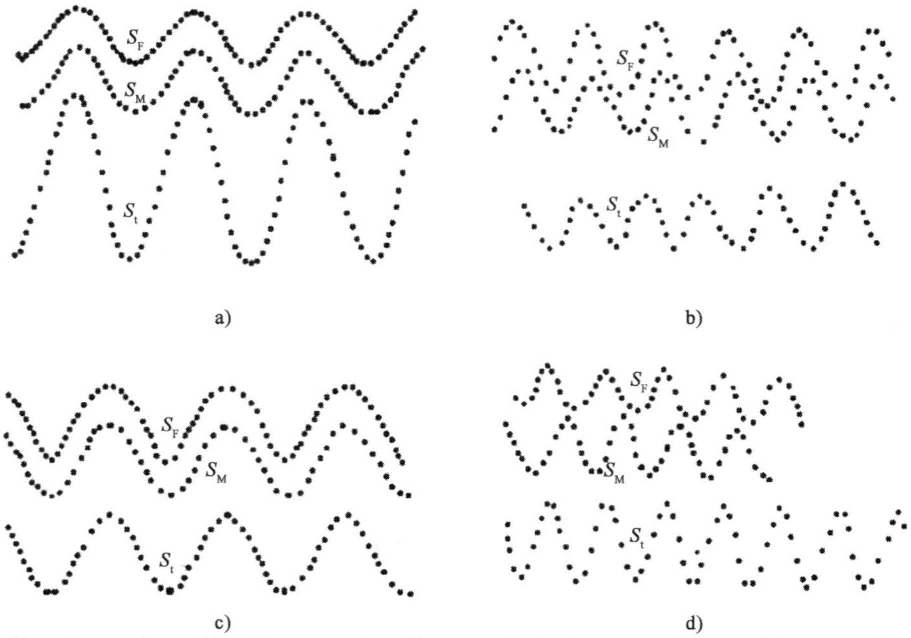

图 2　测功器动态过程的时间历程

a）$f=0.01$Hz 位置控制；b）$f=0.25$Hz 位置控制；c）$f=0.01$Hz 转矩控制；d）$f=0.25$Hz 转矩控制

2.2　动态过程的频率响应特性

如图 3、图 4 所示分别为在调速工况下，测功器阀门位置控制及转矩控制下的幅频特性及相频特性。

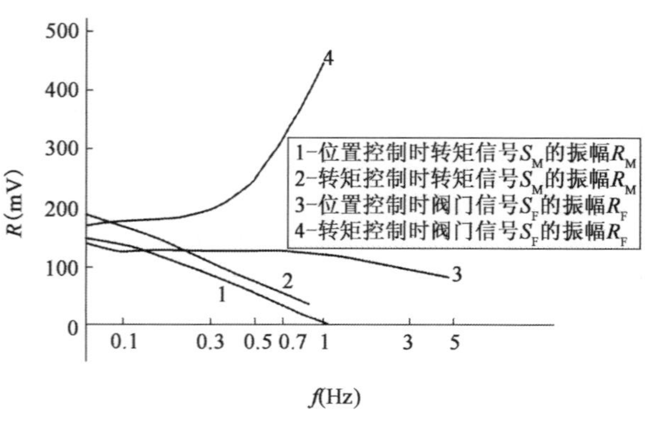

图 3　幅频特性

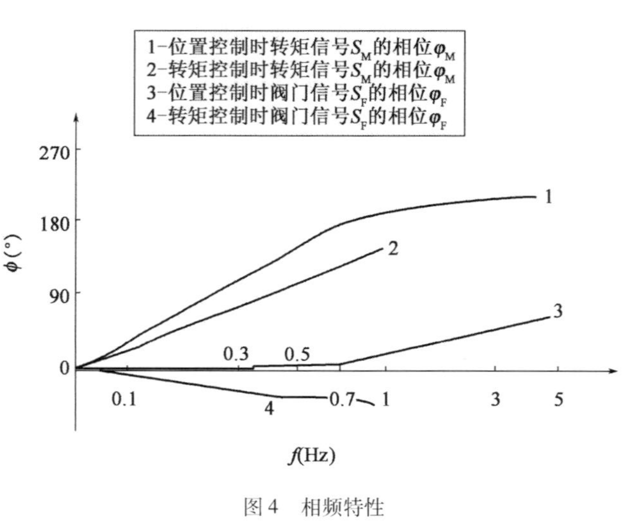

图 4　相频特性

由图 3、图 4 可知：

（1）在测功器阀门位置控制及转矩控制方式下，输出转矩信号 S_M 波动的幅度都随频率 f 升高而衰减，当 $f=0.23$Hz时，S_M 衰减 3dB，相角滞后输入信号约为 90°，这与前面的事实相符。

（2）在测功器阀门位置控制下，输出阀门位置信号 S_F 波动幅度在 $f=1$Hz 前基本上不衰减；$f=1$Hz 后，逐渐衰减，相角变化不大，这说明在此控制方式下，S_F 随输入指令信号 S_t 而变化的频率响应特性比较好。

(3)在测功器转矩控制下，输出阀门位置信号 S_F 波动幅度在 $f=0.30$Hz 前变化不大；但在 $f=0.30$Hz后，随 f 升高，波动幅度增大且增大速率很高，相角变化不大，这样就迫使出水阀门开度加大，以使测功器转矩跟上指令信号变化。

2.3　动态特性与静态特性的比较

如图 5、图 6 所示为测功器阀门位置控制及转矩控制方式下，输出转矩信号 S_M 与阀门位置信号 S_F 之间的动态($f=0.30$Hz,$f=0.50$Hz)、静态($f=0.01$Hz)过程比较。

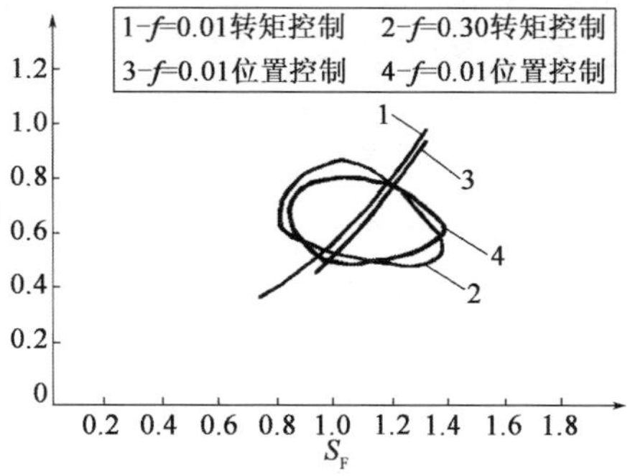

图 5　转矩与阀门信号动态($f=0.3$Hz)与静态($f=0.01$Hz)关系的对比

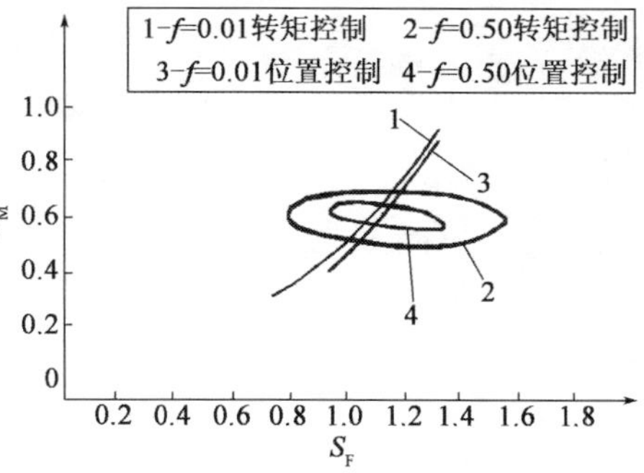

图 6　转矩与阀门信号动态($f=0.5$Hz)与静态($f=0.01$Hz)关系的对比

由图 5、图 6 可知：

(1)在两种控制方式下，动态过程的输出转矩信号 S_M 平均值不随频率变化，并且与静态过程 $S_{M静}$ 平均值一致。

(2)在两种控制方式下，动态过程的输出转矩信号 S_M 都滞后静态过程 $S_{M静}$，并且滞后角度随频率升高而变大，波动幅度则随频率 f 升高而减小，这与前面分析结果一致。

(3)在阀门位置控制下，动态过程滞后静态过程的相角不大。而转矩控制下，随频率 f 升高，动态过程滞后静态过程相角变大，并且 S_F 波动的幅度也随频率 f 增大而变大，这与前面分析的结果是一致的。

3　F35 发动机动态试验台存在的问题和限制其快速响应能力的原因

由以上发动机—测功器系统动态响应试验可以看到，不论是转矩控制，还是出水阀门位置控制，F35 测功器加载转矩 3dB 的频率响应范围是很窄的(0～0.2Hz)，见图 3。

在分析限制 F35 测功器快速响应能力的原因时，应该指出，测功器出水阀门控制系统的频率响应特性(如图 3 曲线 3 所示)显然要比转矩信号的特性好得多(3dB 的频率响应范围为 0～3Hz)。同时考虑到测功器转动惯量本身并不大($0.817\mathrm{kg\cdot m^2}$)，加上传动轴的惯量，估计不会超过 $2\mathrm{kg\cdot m^2}$，对于这一数量级的惯量，不止零点几赫兹的频率响应范围。因此，限制测功器响应能力的只能是充水量的响应速率。由于测功器充水量的变化需要一定的时间，当出水阀门位置的变化速率较高时，如果充水量的变化跟不上阀门信号的变化，两者之间就会存在时间上的差异，从而造成转矩信号的变化滞后于阀门位置的变化。这一点从图 5 和图 6 中可以看出，当频率很低时(例如 $f=0.01$Hz)，转矩与阀门位置的变化是同步的。但是频率稍高(例如 $f=0.3$Hz)，两者之间就明显地显示出不同的情况，这说明转矩的变化(亦即充水量的变化)滞后于阀门位置的变化。这一情况是造成转矩控制系统随频率之增大而逐步失去稳定性的主要原因。当 $f>0.3$Hz 后，随着频率的增大，一方面转矩波动迅速衰减，而阀门位置的振幅却越来越大，至 $f=1$Hz 时，转矩波动已接近于零，整个系统已完全失控，从而导致发动机熄火。

由此可见，利用发动机输出转矩作为控制信号，不仅频率响应范围窄，而且还可能导致整个发动机—测功器系统失去控制稳定性。

显然，上述频率响应范围很难满足工程机械、拖拉机等作业机械动态试验的要求，如不加改进，是无法作为一种快速响应测功设备来提供给发动机和传动系的动态试验使用的。

4 改善 F35 测功器动态性能方案

在分析限制 F35 测功器动态响应性能主要原因的基础上提出用驱动谱校正的方法来改善 F35 测功器动态性能。驱动谱校正法是对不同频率成分的信号在输入时给予不同程度的修正,补偿因系统频率响应能力降低而引起的信号衰减。具体采用的是数字滤波均衡法。

但在应用这一方法时,应该指出,正如上文所述,只有采用阀门位置作为控制信号时,才有可能避免系统控制失去必要的稳定性。

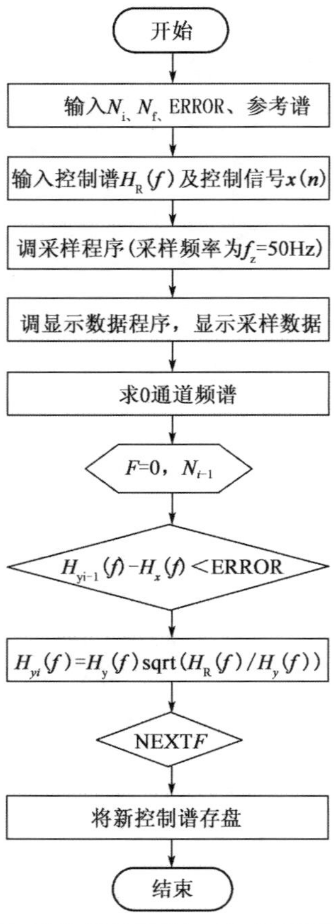

图 7 数字式滤波器均衡程序

数字式滤波均衡法的具体实现步骤为:

(1)根据给定驱动谱求相应的时域控制信号

①根据给定的驱动谱设计数字滤波器。

②滤波白噪声产生有色随机序列。

(2)计算机实时数据采集与控制

计算机数据采集与控制是通过数据采集软件、控制软件及配置的 A/D/A 转换板实现的。

(3)均衡处理

①采用功率频谱估计进行均衡处理的先决条件就是先要求出响应信号的频谱,功率频谱估计采用分段 FFT 法。

②修正驱动谱。

在求得试验台响应信号输出频谱 $Y_i(w)$ 以后,将输出频谱 $Y_i(w)$ 与参考频谱 $G_R(w)$ 进行比较,如果二者之差超出误差范围,则对原来的驱动谱 $Y_{i-1}(w)$ 进行修正,以改变该频率成分的振动能量,修正公式为:

$$|Y_i(w)| = |Y_{i-1}(w)|\sqrt[4]{\frac{G_R(w)}{G_{Y_i}(w)}}$$

用修正后的驱动谱 $Y_1(w)$ 控制发动机实验台,可以得到一新的输出谱 $G_{Y2}(w)$,再与参考谱进行比较。若差别仍超出允许误差范围,则对驱动谱 $Y_1(w)$ 进行再修正,生成新驱动谱 $Y_2(w)$。这样经多次修正、计算,直至两者差别小于允许误差范围,这部分完全用计算机软件实现。

数字式滤波器均衡程序如图 7 所示。

5 试验验证

5.1 正弦信号验证数字式滤波均衡法的可行性

在发动机油门控制、测功器阀门位置控制下,输入指令信号为单频信号,输出响应信号为转矩信号,经该系统均衡处理。结果如图 8 所示。

由图 8 可见,采用均衡处理的方法。对输入信号进行修正,可将发动机—测功器系统 ±3dB 频率响应范围提高到 0~2Hz。

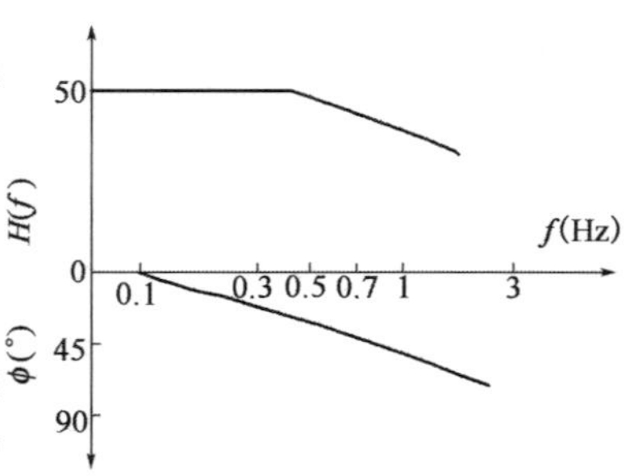

图 8 对单频正弦信号均衡处理后输出响应信号的频率响应特性

5.2 对随机输入信号进行滤波均衡处理试验

试验结果如图 9、图 10 所示。

由图 10 可见,经三次滤波均衡处理后,转矩输出响应频谱在低频时基本上与参考谱一致。这说明经滤波均衡系统修正后,发动机—测功器系统频率响应特性得到一定改善。从图 10 还可看出,转矩输出响应频谱相对参考谱在整个频率范围内的误差都是负误差。可以设想,如果进一步提高驱动谱,使输出响应频谱与参考谱之间,既有负误差,又有正误差,这样发动机—测功器系统的动态性能会更好。

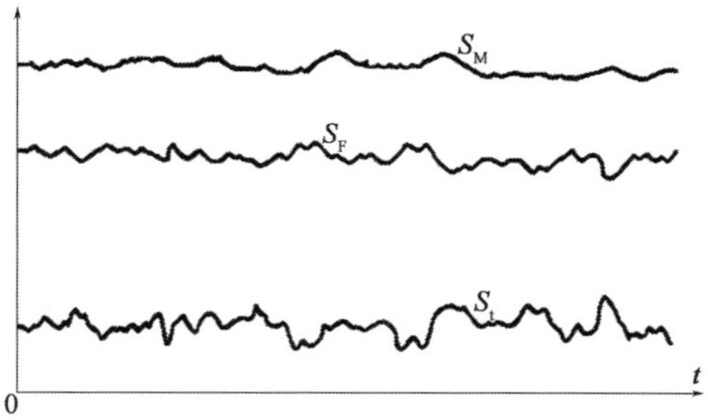

图9　经三次滤波均衡后的时间历程

S_M-转矩信号;S_F-阀门位置信号;S_t-指令信号

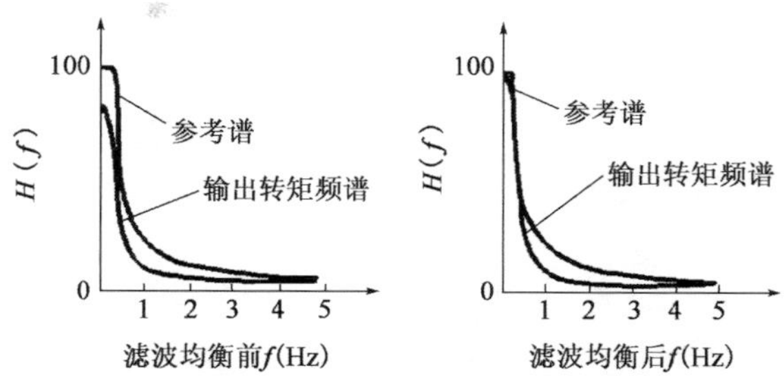

图10　对随机信号均衡处理前(左)、处理后(右)输出响应频谱与参考谱的对比

6　结语

通过对F35变充量水力测功器动态响应特性的分析及数字式滤波均衡法的研究,可以得出以下几点结论:

(1)在常规进水压力($1kgf/cm^2$)下,F35测功器的频率响应范围只有0~0.23Hz,这一范围不能满足发动机动态试验的要求。限制F35测功器频率响应能力的主要原因是进出水量变化的响应速率太低。但是从F35测功器的转动惯量和控制系统的响应能力来看,提高F35测功器的动态响应特性还存在着一定的潜力。

(2)采用驱动谱校正的方法通过滤波均衡对输入信号的不同频率进行不同的修正是提高测功器频率响应范围的有效方法。试验表明,采用这一方法可将F35测功器的3dB频率响应范围扩展到0~2Hz。如果适当地增大测功器的进水压力,则将F35测功器的响应能力提高到4~5Hz是可能的。

最小相位滤波器的设计和应用

卫雪莉　武雅莉　孙祖望

（本文刊于《信号处理》杂志 1992 年第 4 期）

摘　要：本文介绍了发动机动态试验中随机负荷信号的计算机模拟技术，提出了一种采用数字滤波均衡法来复现现场试验中获得的随机负荷信号的方法。和通常狭义的滤波器不同，作为滤波均衡器，令人更感兴趣的是它的过滤带的衰减特性，这就是希望输入信号通过这一过渡带后能获得一组具有给定频谱的输出信号。滤波器的设计归结为：根据已知输入白噪声的功率谱和正态分布特性来求解适当的滤波因子 $h(t)$，使输出信号的功率谱最接近所给定的参考谱。探索了设计二阶、三阶、四阶最小相位滤波器的方法，并在输入正弦、周期、准周期和随机信号的情况下对滤波器的效果作了验证。最后，这一方法在发动机动态试验中进行了转矩随机负荷模拟加载的控制应用，试验结果达到了预期效果。

1　前言

发动机实际作业工况在室内台架上的模拟和复现是发动机试验自动化进程中的一个显著技术特征。动态模拟试验的特点是它一方面保持着负荷工况的某种随机性，另一方面，同一随机过程又可以多次复现，使同一试验对象可以经受完全“同一”的随机作用。这不仅可以改善试验结果的可比性，也可在较好地保证同一的试验条件下，研究不同因素对动态过程的影响，或是通过输入不同的激励对动态系统进行识别。

动态模拟试验的关键技术之一是如何模拟和复现发动机实际工作过程中的负荷工况。对于装有全程式调速器的柴油机，油门在作业过程中一直全开，负荷工况主要取决于外部荷载，因而可利用一人工模拟信号作为输入激励来控制发动机的转矩加载系统，以实现对发动机现场负荷工况的模拟。

2　随机负荷信号的模拟技术

随机信号的复现通常采用频域模拟方法，它只要求复现信号和被模拟信号的概率统计特性是等价的，而并不要求两者在时间历程上绝对等同。

对于正态分布的平稳随机过程，复现信号与实际过程信号的概率统计特性等效的充分必要条件是：

$$G_{复}(\omega) = G_{实}(\omega) \tag{1}$$

式中：$G_{复}(\omega)$、$G_{实}(\omega)$——复现过程和实际过程的单边功率谱。

这就是说，只要 $G_{复}(\omega)=G_{实}(\omega)$，则不仅复现过程在频域中和实际过程等效，并且它们在幅值域和时差域也一定等效。

根据合成和分解的不同原则，频域模拟法又可分为谐波合成法和滤波均衡法两类。

谐波合成法的实质是用被模拟信号频率结构的各谐波振动之和来代替实际的随机过程，在频率域内则表现为用离散的功率谱来代替连续的功率谱，缺点是只有当频率成分趋向于无限时（$-\infty \leqslant f \leqslant +\infty$），复现过程和实际过程的频率结构和概率统计特性才能完全等价。

滤波均衡法的原理是采用一个能量为定值的随机信号源（最好是白噪声），通过滤波器的均衡作用对不同频率段上的输入信号进行不同程度的增强或衰减，即由能量的重新分配使经过均衡的信号达到预定功率谱的要求。滤波均衡法又有模拟方式和数字方式之分。

数字式滤波均衡法的实质是用数字信号处理的手段来增强信号的某些频率成分，抑制信号的另一些频率成分，从而改变信号的振动能量分布情况，实现滤波均衡的目的。

如图1所示，对随机信号的模拟来说，数字滤波系统可看作一线性系统，其输入激励为白噪声（谱密度为一常值），希望输出谱密度能满足预定的要求。问题的实质是在输入、输出信号确定的条件下，采用分解的方法，设计一个线性滤波系统，或者说是求解滤波器应该具有的传递函数。

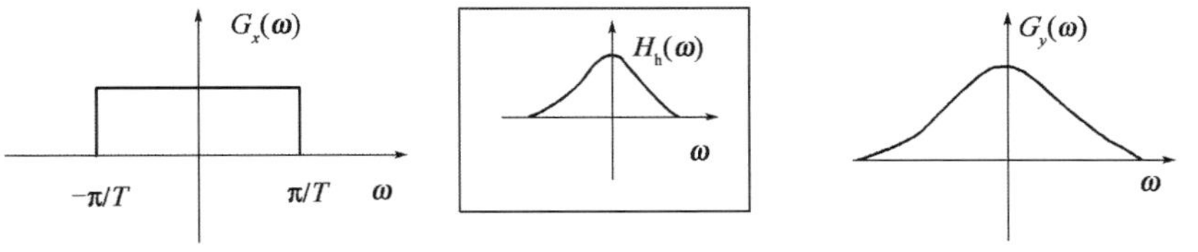

图1　数字式滤波均衡系统示意图

三者在时域和频域中的关系：

$$y(t) = x(t) \cdot h(t) \tag{2}$$

$$Y(\omega) = X(\omega) \cdot H(\omega) \tag{3}$$

式中：$h(t)$——滤波器滤波因子，或称脉冲响应函数；

$H(\omega)$——滤波器的传递函数。

由于通常给出的输出信号是经过多次平均化处理后的功率谱密度 $G_y(\omega)$，则输入和输出信号的功率谱间还存在着如下关系式：

$$G_y(\omega) = |H(\omega)|^2 \cdot G_x(\omega) \tag{4}$$

对于功率谱密度函数为常量的白噪声激励，如果能使 $G_x(\omega)=1$，则上式简化为：

$$|H(\omega)|^2 = G_y(\omega) \tag{5}$$

即滤波器振幅频谱（传递函数 $H(w)$ 的模）的平方应等于被模拟随机信号功率谱密度。

要注意的是这里的 $G_y(\omega)$ 仅代表了 $y(t)$ 所包含的频率分量的幅值信息，它不包含 $y(t)$ 的相位信息，$G_y(\omega)$ 与 $y(t)$ 并不相互对应。因而按式(5)所得的 $|H(\omega)|$ 也仅为滤波器传递函数的模，不能反映它的相位信息。

但是根据正态分布随机信号的性质又知，对于一线性系统，当输入信号满足正态分布时，其输出信号也一定服从正态分布，并且根据给定输出信号的正态分布特性（均值和方差）可以求取输入白噪声应该具有的正态分布特性。这样可借助于输入信号的相位信息求取滤波器的传递特性。

数字滤波均衡法的均衡精度高，频率分辨率高、适应性强、使用灵活方便，不会附加因漂移而引起的附加误差，在随机模拟中代表着均衡技术的发展方向。

3　最小相位数字滤波器的设计

通常狭义的数字滤波器是指使输入信号在某一指定的频带范围内能无衰减地通过，而在其余频带上则不能通过的系统，它的基本形式是低通、高通、带通、带阻四种类型，在设计此类滤波器时，令人关心的只是希望在指定的频带范围内，滤波器的增益尽可能地保持不变，而在这一范围之外则尽可能地下降到零，而对于截止频率至抑制频率这一过渡带则无更多的特殊要求。但是对于本文所涉及的数字滤波均衡器，令人感兴趣的却正是这一过渡带的衰减特性，而希望输入信号通过这一过渡带后能获得一具有给定频谱的输出信号。

此时数字滤波器的设计问题可归结为根据已知输入白噪声的功率谱密度和给定的正态分布特性来求解适当的滤波因子 $h(t)$，使输出信号的功率谱密度 $\hat{G}_y(\omega)$ 与所要求的 $G_y(\omega)$ 的误差的平方和为最小。也即：

$$\sum_{\omega=0}^{\infty}[\hat{G}_y(\omega)-G_y(\omega)]^2=\min \tag{6}$$

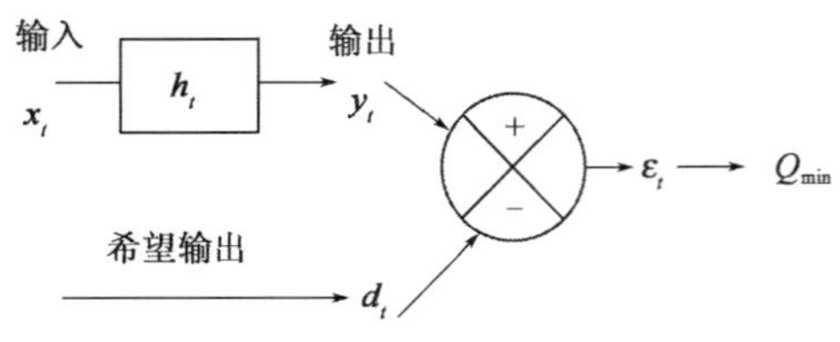

图2　滤波器的数学模型

此处作为随机信号源的白噪声可以由专用的模拟式白噪声发生器提供,也可由微机的库存函数 RND(x)产生,后者通用、简便、不需增添专门的硬件设备,在实时控制要求不是很高的场合使用很方便。

如图 2 所示为滤波器的数学模型。

输出信号 y_t 可以用下式表示:

$$y_t=h_t\cdot x_t=\sum_{s=-m_0}^{-m_0+m}h_sx_{t-s}$$

输出误差:

$$\varepsilon_t=y_t-d_t \tag{7}$$

误差能量:

$$Q=\sum_{t=-\infty}^{\infty}\varepsilon_t^2=\sum_{t=-\infty}^{\infty}(y_t-d_t)^2=\sum_{t=-\infty}^{\infty}\left(\sum_{s=-m_0}^{-m_0+m}h_sx_{t-s}-d_t\right)^2 \tag{8}$$

为使误差最小,必须:

$$\frac{\partial Q}{\partial h_n}=0 \tag{9}$$

$$\frac{\partial Q}{\partial h_n}=2\sum_{t=-\infty}^{\infty}(y_t-d_t)^2x_{t-n}=0, n=-m_0\cdots-m_0+m$$

即

$$\sum_{s=-m_0}^{-m_0+m}h_s\sum_{t=-\infty}^{\infty}x_{t-s}x_{t-n}=\sum_{t=-\infty}^{\infty}d_tx_{t-n} \tag{10}$$

令:

$$r_{xx}(\tau)=\sum_{t=-\infty}^{\infty}x_tx_{t-\tau} \tag{11}$$

$$r_{dx}(\tau)=\sum_{t=-\infty}^{\infty}d_tx_{t-\tau} \tag{12}$$

式中:$r_{xx}(\tau)$、$r_{dx}(\tau)$——x_t 的自相关函数和 d_t 与 x_t 的互相关函数。

于是得:

$$\sum_{s=-m_0}^{-m_0+m}h_sr_{xx}(n-s)=r_{dx}(n) \tag{13}$$

这就是最小平方滤波方程,它也可写成矩阵的形式。

根据实际问题的需要,为了利用输入信号的相位信息来求取滤波器的传递特性,应用最小平方原理设计的递归滤波器可有零相位滤波器和最小相位滤波器两种。前者精度高,输出、输入信号间不存在相位差,但计算比较复杂,不能进行实时控制。后者虽有一定的相位差,但实时控制性很强。

3.1　最小相位信号的确定

确定最小相位信号所用到的数学工具,主要为多项式求根、解陶布利兹方程和快速傅里叶变换 FFT 三种。应根据不同条件选择合适的数学方法,以确定最小相位信号,这是设计最小相位滤波器成败的关键。根据我们的设计要求,给定的是输出信号的功率谱(振幅谱的平方),因而选用振幅谱方法确定最小相位信号。

设最小相位信号为 $d(t)$，其 Z 变换为 $\hat{D}(Z)$，则它和振幅谱$|D(\omega)|$的关系符合下式：

$$\hat{D}(Z)\sum_{t=0}^{\infty}\mathrm{d}(t)Z^{t} = \exp\frac{1}{2\pi}\int_{-\pi}^{\pi}\ln D(\varphi)\frac{\mathrm{e}^{-J\varphi}+Z}{\mathrm{e}^{-J\varphi}-Z}\mathrm{d}\varphi \tag{14}$$

因为任何振幅谱为$|D(\omega)|$的最小相位信号，彼此间只差一个模为 1 的常数，所以只需讨论 $\hat{D}(Z)$ 的最小相位信号 $d(t)$ 即可。

令：

$$\hat{D}(Z) = \mathrm{e}^{\hat{C}(Z)} \tag{15}$$

则：

$$\hat{C}(Z) = \frac{1}{2\pi}\int_{-\pi}^{\pi}\ln|D(\varphi)|\frac{\mathrm{e}^{-j\omega}+Z}{\mathrm{e}^{-j\omega}-Z}\mathrm{d}\varphi = \sum_{t=0}^{\infty}c(t)Z^{t} \tag{16}$$

这样可先通过$|D(\omega)|$计算 $c(t)$，然后从 $c(t)$ 求出 $c(w)$，再从 $c(w)$ 求出 $D(w)$。

$$\because \frac{\mathrm{e}^{-j\omega}+Z}{\mathrm{e}^{-j\omega}-Z} = \frac{1+\mathrm{e}^{-j\omega}\cdot Z}{1-\mathrm{e}^{-j\omega}\cdot Z} = \frac{2}{1-\mathrm{e}^{-j\omega}\cdot Z}-1 = 2(1+\mathrm{e}^{-j\omega}\cdot Z+\mathrm{e}^{j\cdot 2\varphi}\cdot Z^{2}+\cdots)-1$$

$$= 1+2(\mathrm{e}^{j\varphi}\cdot Z+\mathrm{e}^{j\cdot 2\varphi}\cdot Z^{2}+\cdots) \tag{17}$$

$$\therefore \frac{1}{2\pi}\int_{-\pi}^{\pi}\ln|D(\varphi)|\frac{\mathrm{e}^{-j\omega}\cdot Z}{\mathrm{e}^{-j\omega}\cdot Z}\mathrm{d}\phi = \frac{1}{2\pi}\int_{-\pi}^{\pi}\ln|D(\varphi)|\mathrm{d}(\varphi)+\sum_{t=1}^{\infty}\int_{-\pi}^{\pi}\ln|D(\varphi)|\mathrm{e}^{jt\phi}\cdot\mathrm{d}\phi\cdot Z^{t}$$

得：

$$\left.\begin{aligned} c(0) &= \frac{1}{2\pi}\int_{-\pi}^{\pi}\ln|D(\varphi)|\mathrm{d}\varphi \\ c(t) &= \frac{1}{\pi}\int_{-\pi}^{\pi}\ln|D(\varphi)|\mathrm{e}^{j\omega\varphi}\mathrm{d}\phi, t\geqslant 1 \end{aligned}\right\} \tag{18}$$

或：

$$\left.\begin{aligned} c(0) &= \frac{1}{2\pi}\int_{-\pi}^{\pi}\ln|D(\varphi)|\mathrm{d}\varphi \\ c(t) &= \frac{1}{2\pi}\int_{-\pi}^{\pi}\ln|D(\varphi)|\cos t\varphi\mathrm{d}\varphi, t\geqslant 1 \end{aligned}\right\} \tag{19}$$

而：

$$\left.\begin{aligned} c(\omega) &= \sum_{t=1}^{\infty}c(t)\cos t\omega - j\sum_{t=1}^{\infty}c(t)\sin t\omega \\ \mathrm{Re}(\text{实数})\ c(\omega) &= \sum_{t=1}^{\infty}c(t)\cos t\omega \\ \mathrm{Im}(\text{虚数})c\ (2) &= -\sum_{t=1}^{\infty}c(t)\sin t\omega \end{aligned}\right\} \tag{20}$$

由于：

$$\left.\begin{aligned} |D(\omega)| &= \mathrm{e}^{\mathrm{Re}\,c(\omega)}\cdot\mathrm{e}^{J\mathrm{Im}\,c(\omega)} \\ \phi_{\mathrm{d}}(\omega) &= \mathrm{Im}\ c(\omega) \end{aligned}\right\} \tag{21}$$

知道 $D(\omega)$后,确定最小相位信号 d_t 的步骤为:

$\hat{D}(Z)=e^{\hat{C}(Z)}$,对 Z 求微商:

$$\frac{\mathrm{d}\hat{D}(Z)}{\mathrm{d}Z}=\mathrm{e}^{\hat{\varepsilon}(Z)}\frac{\mathrm{d}\hat{c}(Z)}{\mathrm{d}Z}=\hat{D}(Z)\frac{\mathrm{d}\hat{c}(Z)}{\mathrm{d}Z}$$

$$另\frac{\mathrm{d}\hat{D}(Z)}{\mathrm{d}Z}=\frac{d[\sum_{t=0}^{\infty}\mathrm{d}(t)Z^t]}{\mathrm{d}Z}=\sum_{t=0}^{\infty}t\mathrm{d}(t)Z^{t-1}=\sum_{t=0}^{\infty}(t+1)\mathrm{d}(t+1)Z^t \tag{22}$$

同理:

$$\frac{\mathrm{d}\hat{c}(Z)}{\mathrm{d}Z}=\sum_{t=0}^{\infty}(t+1)c(t+1)Z^t$$

$$\therefore\sum_{t=0}^{\infty}(t+1)(t+1)Z^t=\sum_{t=0}^{\infty}\mathrm{d}(t)Z^t\cdot\sum_{t=0}^{\infty}(t+1)c(t+1)Z^t \tag{23}$$

按照褶积公式,上式两边函数的关系为:

$$(t+1)\mathrm{d}(t+1)=\sum_{s=0}^{t}(s+1)c(s+1)\mathrm{d}(t-s)=\sum_{s=0}^{t}(t+1-s)c(t+1-s)\mathrm{d}s,t\geqslant 0 \tag{24}$$

为此可得由 $c(t)$求 $\mathrm{d}(t)$的递推公式:

$$\mathrm{d}(t+1)=\frac{1}{t+1}\sum_{s=0}^{t}(t+1-s)c(t+1-s)\mathrm{d}s,t\geqslant 0 \tag{25}$$

这就是由$|D(\omega)|$,$\mathrm{In}|D(\omega)|$,通过 $c(t)$求出 $\mathrm{d}(t)$的步骤。

3.2 最小相位滤波器的设计

用上述方法求得的最小相位信号 d_t 是物理可实现的(即当 $t<0$ 时 $d_t=0$),其 Z 变换为 $\hat{D}(Z)=\sum_{t=0}^{\infty}d_tZ^t$,今要设计一递归滤波器 $\hat{H}(Z)$去近似 $\hat{D}(Z)$:

$$\hat{H}(Z)=\frac{\sum_{t=0}^{n}a_\tau Z^t}{1+\sum_{\tau=1}^{m}b_\tau Z^t}=\frac{\hat{A}(Z)}{\hat{b}(Z)}\approx\hat{D}(Z) \tag{26}$$

设计采用最小均方误差法。

先确定分母系数 $b_1,b_2,\cdots,b_m$:

$$\hat{H}(Z)=\frac{\hat{A}(Z)}{\hat{b}(Z)}\approx\hat{D}(Z)$$

$$\hat{A}(Z)\approx\hat{D}(Z)\cdot\hat{B}(Z)$$

其时间域关系为:

$$a_t\approx\sum_{\tau=0}^{m}b_\tau d_{t-\tau}(其中\ b_0=1)$$

$\because$ 当 $t>n$ 时,$a_t=0$。

$\therefore$ 当 $t\geqslant n+1$ 时,$\sum_{\tau=0}^{m}b_\tau d_{t-\tau}=0$。 (27)

选择 $b_1,b_2,\cdots,b_m$ 使平方和 $Q=\sum_{t=n+1}^{\infty}(\sum_{\tau=0}^{m}b_\tau d_{t-\tau})^2=\min$，为此 $b_1,b_2,\cdots,b_m$ 必须满足方程：

$$\frac{\partial Q_1}{\partial b_s}=0$$

即

$$\frac{\partial Q_1}{\partial b_s}=\sum_{t=n+1}^{\infty}2(\sum_{\tau=0}^{m}b_\tau d_{t-\tau})d_{t-s}=2\sum_{\tau=0}^{m}\sum_{t=n+1}^{\infty}(d_{t-\tau}d_{t-s})b_s=0\quad S=1,2,\cdots,m \tag{28}$$

令 $r_{\tau s}$ 为 d_t 的自相关函数

$$r_{\tau s}=\sum_{t=n+1}^{\infty}d_{t-\tau}d_{t-s},0\leqslant\tau\leqslant m,1\leqslant s\leqslant m \tag{29}$$

写成矩阵形式，解方程可得 $b_1,b_2,\cdots,b_m$。

矩阵式为：

$$\begin{aligned}
r_{11}b_1+r_{12}b_2+\cdots+r_{1m}b_m&=-r_{01}\\
r_{21}b_1+r_{22}b_2+\cdots+r_{2m}b_m&=-r_{02}\\
&\vdots\\
r_{m1}b_1+r_{m2}b_2+\cdots+r_{mm}b_m&=-r_{0m}
\end{aligned} \tag{30}$$

在此需注意判别 b 多项式是否为最小相位信号，即判别 $b_0+b_1Z^m+\cdots+b_nZ^m=1+b_1Z+\cdots+b_mZ^m$ 的多项式在单位圆内无根，证明多项式是物理可实现的稳定信号。如不是，则需作相应处理，变其为稳定。在此，我们每次判别 b 多项式的根都在单位圆外，是稳定信号。

从 $b_1,b_2,\cdots,b_m$，出发确定其反信号 c_0、$c_1,\cdots$，则：

$$\hat{B}(Z)\hat{C}(Z)=1$$

$$\hat{C}(Z)=\frac{1}{\hat{B}(Z)}=\sum_{t=0}^{\infty}c_tZ^t$$

c_t 的求法可用递推法也可用最小平方法。

递推法公式为：

$$\begin{aligned}
c_t&=0,t<0\\
c_0&=1\\
c_t&=-\sum_{\tau=1}^{m}b_\tau c_{t-\tau},t>0
\end{aligned} \tag{31}$$

最小平方法公式为：

$$\begin{pmatrix}
r_{bb}(0) & r_{bb}(1) & \cdots & r_{bb}(k)\\
r_{bb}(0) & r_{bb}(0) & \cdots & r_{bb}(k-1)\\
\vdots & \vdots & & \\
r_{bb}(k) & r_{bb}(k-1) & \cdots & r_{bb}(0)
\end{pmatrix}
\begin{pmatrix}c_0\\c_1\\\vdots\\c_k\end{pmatrix}=\begin{pmatrix}1\\0\\\vdots\\0\end{pmatrix} \tag{32}$$

式中：$r_{bb}(j)$——b_t 的自相关函数。

$$r_{nn}(j) = \sum_{\tau=0}^{m-j} b_{j+\tau} b_{\tau}, 0 \leqslant j \leqslant m$$

$$r_{bb}(j) = 0, j > m \tag{33}$$

k 可选取为 30 ~ 200。当要求较高时，取 k 为 100 ~ 200；要求低时，取 30 ~ 60。

从 c_t 出发，确定 $a_1, a_2, \cdots, a_n$：

$$\hat{H}(Z) = \frac{\hat{A}(Z)}{\hat{B}(Z)} = \hat{A}(Z)\frac{1}{\hat{B}(Z)} = \hat{A}(Z)\hat{C}(Z) \tag{34}$$

其时间关系为：

$$h_t = \sum_{\tau=0}^{n} a_{\tau} c_{t-\tau} \tag{35}$$

我们要用 h_t 作为 d_t 的近似，所以要选取 $a_1, a_2, \cdots, a_n$，使误差平方和达到最小值。

a_s 必须满足方程： $$Q_2 = \sum_{t=0}^{\infty}(h_t - d_t)^2 = \sum_{t=0}^{\infty}\left(\sum_{\tau=0}^{n} a_{\tau} a_{t-\tau} - d_t\right)^2 = \min$$

$$\frac{\partial Q_2}{\partial a_s} = 0, s = 0, 1, \cdots, n$$

$$\frac{\partial Q_2}{\partial a_s} = \sum_{t=0}^{\infty} 2\left(\sum_{\tau=0}^{n} a_{\tau} a_{t-\tau} - d_t\right) c_{t-s} = 2\sum_{\tau=0}^{n}\left(\sum_{t=0}^{\infty} c_{t-\tau} c_{t-s}\right) a_s - 2\sum_{\tau=0}^{n}\sum_{t=0}^{\infty} d_t c_{t-\tau} = 0, s = 0, 1, \cdots, n \tag{36}$$

矩阵式为：

$$\begin{pmatrix} r_{cc}(0) & r_{cc}(1) & \cdots & r_{bb}(n) \\ r_{cc}(1) & r_{cc}(0) & \cdots & r_{bb}(n-1) \\ \vdots & \vdots & & \\ r_{cc}(n) & r_{cc}(n-1) & \cdots & r_{bb}(0) \end{pmatrix} \begin{pmatrix} a_0 \\ a_1 \\ \vdots \\ a_k \end{pmatrix} = \begin{pmatrix} r_{dc}(0) \\ r_{dc}(1) \\ \vdots \\ r_{dc}(n) \end{pmatrix} \tag{37}$$

此处 $r_{cc}(\tau) = \sum_{t=0}^{n} c_{t+\tau} c_t$，$r_{dc}(\tau) = \sum_{t=0}^{\infty} d_t c_t$ 解方程可得 $a_1, a_2, \cdots, a_n$。当 $b_1, b_2, \cdots, b_m$ 和 $a_1, a_2, \cdots, a_n$ 确定后，就可用递归滤波 $\hat{H}(Z)$ 代替原来的 $\hat{D}(Z)$。

4 验证

所给定的滤波器输出信号的参考谱为模拟 T140 推土机发动机实际试验频谱，经 20 次平均化处理后，此频谱可近似为两端截断的双曲线。分别对二阶、三阶、四阶最小相位滤波器进行了设计，其滤波系数列于表 1。

二阶、三阶、四阶最小相位滤波器的系数 表 1

系数 \ 阶数	二阶	三阶	四阶
a_0	2.013841	1.977475	1.59576
a_1	0.08838152	−0.511307	−0.8947084
a_2	0.3814017	1.054305	0.8955044
a_3		0.08063234	0.04556129
a_4			−0.09395972

续上表

阶数 / 系数	二阶	三阶	四阶
b_0	1.0	1.0	1.0
b_1	-1.481258	-1.481258	-2.111602
b_2	0.1061177	1.006084	2.16249
b_3		-0.5064201	-1.380814
b_4			0.3419441

对这些滤波系数按公式(26)做 DFT 处理所得的 $\hat{H}(Z)$ 与给定参考谱 $D(Z)$ 进行对比，其图形曲线见图 3，其中连续线代表给定的参考谱值，+ 为滤波器的传递函数。

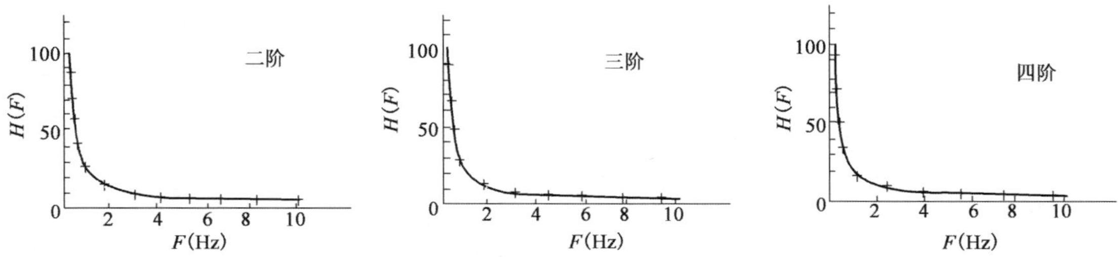

图 3　不同阶数最小相位滤波器的滤波效果

经输入直流量、正弦函数、准周期函数和白噪声随机序列进行验证，效果良好，也在柴油机试验台上进行了计算机控制的试验。试验台为带电液伺服闭环控制系统的液压测功器，制动力矩由加载节流阀开度调节，节流阀本身受电液伺服阀控制，作为反馈信号可以选择发动机的转矩、转速、液压泵压力和节流阀阀芯的位移。验证分两部分进行，发动机不工作时计算机控制节流阀阀位移的试验和当发动机工作时计算机控制节流阀阀芯位移、液压泵油压和曲轴转矩的试验。发动机转矩输出信号频谱与给定参考谱的对比曲线见图 4。两者时域信号的对比见图 5。

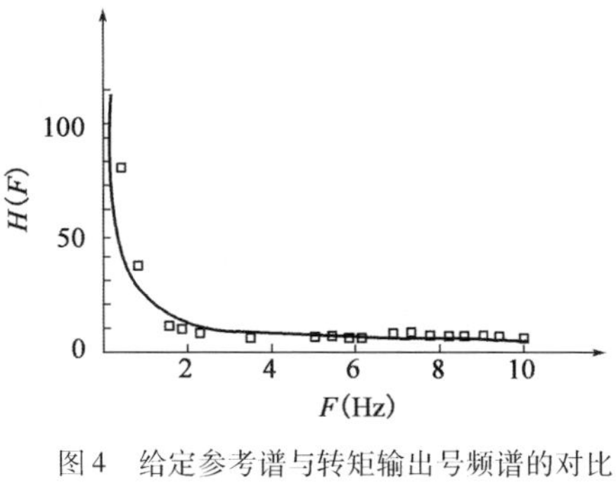

图 4　给定参考谱与转矩输出号频谱的对比

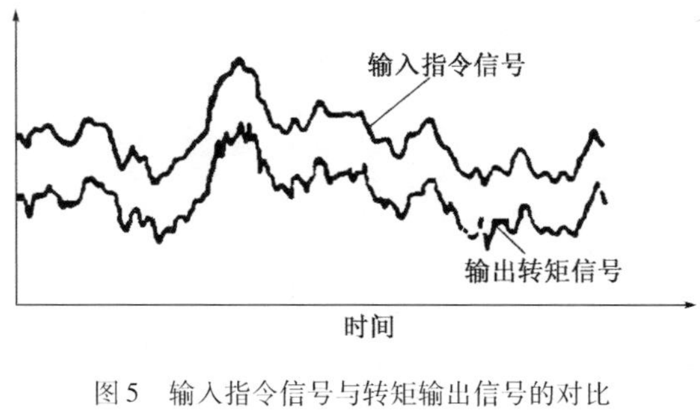

图 5　输入指令信号与转矩输出信号的对比

5　结论

(1) 利用白噪声通过数字滤波器来获得给定功率谱密度的输出信号是一种数字式滤波均衡方法。它可以模拟具有任意频率域和幅值域特性的正态随机过程，均衡精度一般可达 1.5dB 以下，完全能满足发动机动态性能试验的要求。

(2) 采用数字方法灵活、简便、成本低廉，利用计算机库存中的 RND(X) 函数可以产生白噪声序列，利用其他标准函数和软件方法也可产生各种标准信号，也可利用计算机对随机噪声信号源、标准信号发生器进行采样，形成二进制 B 类文件，通过 D/A 转换器输出，起到标准信号源的作用。

第三篇　土壤稳定机械理论与计算及其工作过程的动力学

土壤稳定机械理论与计算

孙祖望　李太杰　陈达刚　姚怀新　谢立扬

（本文刊于《筑路机械与施工机械化》杂志1989年第3期至1991年第3期）

1　概论

利用石灰、火山灰来加固和改良土壤的技术至少已有5000年以上的历史了。由于低廉的成本和提高土壤强度的良好效果，土壤稳定技术在现代基础建筑工程，特别是道路建筑中获得了广泛的应用。在高等级公路的修筑中稳定土已经成为普遍采用的基层和底基层，甚至路基改良的材料。在国外还直接采用沥青稳定土作为路面来修筑乡村道路。

现代的土壤稳定技术无论在添加剂的材料方面，还是在拌和工艺、压实技术和养生、防护技术等方面都有了巨大的发展，其中一项重大的技术进步乃是高性能的现代稳定土拌和设备的开发和运用。

稳定土拌和工艺可分为厂拌和就地拌和（路拌）两种方式。一般认为由专门的稳定土厂拌设备生产的稳定土具有更高的拌和质量。但在施工费用、就地取材（充分利用就地材料）、环境保护（不必掘弃大量废土和采抛好土）以及灵活性和方便性等方面，就地拌和方式则具有更大的优越性。

就地拌和方式最初采用的机械是犁和平地机一类带平移工作部件的机械，依靠反复地堆集和摊铺料堆来达到拌和的目的。利用铲土类工作部件进行就地拌和的工艺，往往需要拌和数十遍才能比较均匀，而且即使在多遍作业的情况下也很难达到高标准的拌和均匀度。此种拌和工艺费工费时，拌和质量得不到保证，现已很少采用。

就地拌和工艺的一个重要的技术进步是采用旋转式部件来完成拌和作业。这种方法早在20世纪40年代就有应用了。最初只是利用农业上的旋耕机来完成拌和工作，它们的旋耕刀的线速度与机器行走速度之比值通常比较小（例如2~5）。即使在这种情况下，与铲刀式工作部件相比，旋转工作部件在拌和质量和生产率方面已经显示出明显的优越性。表1显示了使用平地机与旋耕机拌和水泥稳定土时工作效率的对比。表2是利用犁和农业旋耕机来拌和矿物肥料时在不同深度下的含量分布情况。

注：表1、表2取自 А. Д. Далин, П. В. Павлов《Ротационные Грутообрабатывающие и Землеройные Машины》,1950。

平地机与旋耕机拌和水泥稳定土时所需的拌和遍数　　表1

土壤等级	拌和遍数	
	平地机	旋耕机
Ⅰ~Ⅱ	25~30	2~3
Ⅲ~Ⅳ	35~50	
Ⅴ	40~60	
砾石和碎石	30~40	

犁和旋耕机拌和矿物肥料时不同深度的含量分布 表2

深　度　(cm)	矿物肥料含量百分比(%)	
	犁	旋　耕　机
0~4	0.4	4.5
4~8	0.95	10.55
8~12	2.8	8.85
12~16	6.9	9.8
16~20	13.75	8.14
20~24	12.3	3.3
24~28	12.2	
28~30	1.5	

旋转工作部件拌和工艺的明显优点导致了专用转鼓式土壤稳定机械的发展,并在道路建筑中获得了日益广泛的应用。特别是随着高度自动化、高效率、高性能的现代化自行式土壤稳定机的开发,路拌方式生产的稳定土质量并不亚于厂拌的质量。因而,20 世纪 70 年代以来自行式土壤稳定机械在世界范周内获得了迅速的发展。现代的土壤稳定机是一种带旋转式工作部件(转鼓)的土壤处理机械。它的基本功能是对土壤进行预先翻松(这一工序也可由犁或松土机来完成),然后粉碎土块并将土壤和加入的稳定剂(沥青、焦油、水泥、石灰等)搅拌均匀。表 3 是国外一些主要公司所生产的土壤稳定机的技术特性。

我国最初的土壤稳定机出现在 20 世纪 50 年代末。它们是由农业拖拉机改装而成的,其基本参数大多比较落后。随着我国公路建设的发展,尤其是高等级公路修筑里程的迅速扩展,自行式土壤稳定机械的需求量愈来愈大,新产品的开发也日益增多。表 4 是国内近年来生产的土壤稳定机的技术特性。

在开发我国自行设计的大功率自行式土壤稳定机械时所遇到的主要困难之一,是缺乏一种可靠的、有着一定精确度的性能预测和参数优化的定量分析方法。目前广泛沿用在土壤稳定机械设计中的平均比功法虽然能以简单的方式给出功率计算的方法,但并无严格的理论依据,因此只能获得十分粗糙的功率估计值。由于缺乏一种可靠的预测工作过程功率消耗的方法,导致了现有不同企业生产的土壤稳定机械的各种机型在比功率指标(单位生产率的发动机功率)上存在其巨大的差异,往往拌深、拌宽和工作速度相近的机型,它们的发动机功率却相差很远。

2　转鼓运动学

当土壤稳定机械作业时,它的工作机构——转鼓完成着一种复合的运动,它由转鼓绕其轴线旋转的相对运动和轴线自身移动的牵连运动所组成。

在稳定工作的条件下(即转鼓的角速度 ω 和转鼓轴线移动的线速度 V 为一常值),转鼓上不同半径点所画出的运动轨迹是一组长短幅旋轮线;在半径 $=V/\omega(\lambda=1)$ 上的各点所作的是旋轮线,半径 $<V/\omega$ $(\lambda<1)$ 上的各点画出是短幅旋轮线,半径 $>V/\omega$ $(\lambda>1)$ 上的各点画出的则是长幅旋轮线(图 1)。比值 $\lambda=R/r$ 被称为运动学参数。

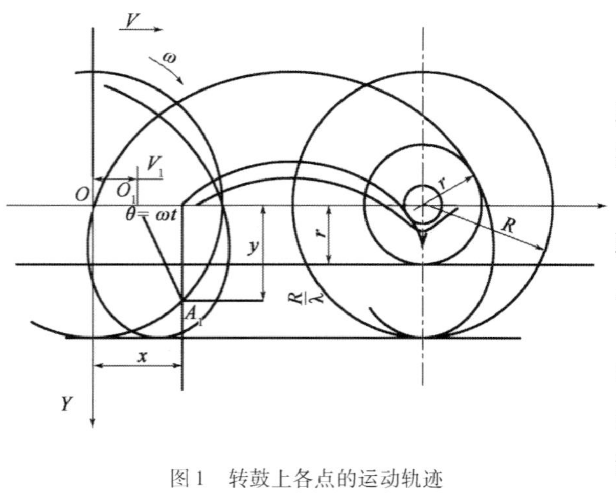

图 1　转鼓上各点的运动轨迹

表 3

国外土壤稳定机性能参数统计表

序号	国家公司（厂）	型号	发动机功率［PS/(r/min)］	拌宽（mm）	拌深（mm）	工作速度（km/h）	行驶速度（km/h）	长×宽×高（mm×mm×mm）	机重（kg）	转鼓直径（mm）	刀排数×每排刀数	转鼓转向	转鼓转速（r/min）	备注
1	日本新泻铁公所	NLM15u-II	80/2400	1500	400	0～3	2.5～9.5	6900×2480×2105	12500				0～65	
2	日本新泻铁公所	NLM15u-I	140/1600	1500	400	0～1	2.5～10.3	7374×2560×2445	17500				0～65	
3	日本新泻铁公所	NLM20-II	230/1800	2000	600	0～1	0～4	8350×2660×2910	12000				0～65	
4	日本新泻铁公所	NLM20	230/1800	2000	600	0～1	0～3.6	7740×2380×2770	17000	1600			0～65	
5	日本新泻铁公所	NLM25	270/2000	2500	600	0～1	0～3.6	7850×3060×2770	18150				0～65	
6	日本铺道	C16M	110	1600	400	0～3.6			12000	1250			76	
7	日本铺道	C20M	140	2000	600	0～0.48		6830×2400×2200	21000	1600			68	
8	日本铺道	C25M	140	2500	600	0～1				1700			68	
9	日本酒井	PM-170	194/1800	1700	400	0～0.9	0～24	8010×2370×3500	15880	1200	21×4			
10	日本酒井	PM-200	245/2000	2000	400	0～1.14	0～26	7940×2340×2390	17250	1200	12×4			
11	日本 Sakai	PM201	85	1900	270	0.9	0.1～19.2							
12	日本小松	GS360	360/2000	2000	400（沥青150）	0～3	0～26	9220×2450×3535	18400	1200	50			
13	日本小松	GS360	360/2000	2000	700	0.6	3.2	9500×3240－－	23090	1240				
14	日本铺道	T20M	125	2000	250	0～0.6			11000	900			120	
15	日本铺道	T17M	110	1700	400	0～0.9				1250			26	
16	日本东京工机	MT46-165	103/2000	1600	300	0～0.55	0～30	6880×2050×2910	8800	900			0～120	
17	日本住友重机	HS20A	185/2300	2200	200	0.1～1.62	0～35	8350×2470×3120	9210	660			120,209	
18	日本 Sumitomo	HS-20	128	2100	200	0.72～1.4	35～50							
19	日本	MRS300	60	900	300	0～3				900			0～90	
20	日本	MRS400	80	1600	400	0～3				1200			0～100	

续上表

序号	国家公司(厂)	型号	发动机功率[PS/(r/min)]	拌宽(mm)	拌深(mm)	工作速度(km/h)	行驶速度(km/h)	长×宽×高(mm×mm×mm)	机重(kg)	转鼓直径(mm)	刀排数×每排刀数	转鼓转向	转鼓转速(r/min)	备注
21	日本	MRS560	100	1800	500	0~4				1420			0~110	
22	日本	MRS600	140	2000	600	0~4				1600			0~120	
23	美国		160	2100	200	1.0~3.7	1.0~3.7							
24	美 Seaman	DTM-47	170	2100	300	1.1~9.3	17.3							
25	美 Seaman	TD-730-JD	130	2100	300	1.0~9.0	17.3							
26	美 Bros	LSPRM-84	320	2130	470	0~13	0-24			1193			110,160,2	
27	美 Bros	LSPRM-84B	140	2150	250	0.9	0~15							
28	美 Bros		150	2150	330	0~5	0~15							
29	美 Bros	LSPRM-8A	316	2438	482	0~0.9	24	8458×4876×3632	11100	1193			110,160,	
30	美国		190	2130	200	1.6~7.8	20							
31	美国		350	2100	430									
32	美国		285	2330	260	0~4	0~24.9							
33	美 Rexnord	HDS	136	1981	267	4	24.1	6700×3320×2400	13700	813	14×6		180,290	
34		HDS-E	138/2100	1981	280	0~4	0~24	7468×2642×2438	7031	813	14×6		180,290	
35		SPDM	302	2311	600	4	15.3	8585×3099×2261	16200	1219	16×8		105,196,3	
36		SPDM-E	318/2100	2311	500	0~4	0~15	8585×3099×2261	17098	1219	16×8		105,196,374	
37	美 Deo stabilizer	642	195+70	1830	600	0.55~3.7	20							
38	美 Deo stabilizer	730	195+70	2140	400	0.55~3.7	20							
39	美国		160	1800	460	1.0~3.7								

续上表

序号	国家公司（厂）	型　号	发动机功率［PS/(r/min)］	拌宽(mm)	拌深(mm)	工作速度(km/h)	行驶速度(km/h)	长×宽×高(mm×mm×mm)	机重(kg)	转鼓直径(mm)	刀排数×每排刀数	转鼓转向	转鼓转速(r/min)	备注
40	美国		160	2400	200									
41	美国		71	1800	200	0.072~0.22								
42	美国	AE~58	150	1590	200	0.1~0.61	0.45~2.54		12500					3 转子
43	美国	LA~38	275	2560	200	0.1~0.6	0.45~2.54		26100					4 转子
44	美国	LA~812	275	2560	300	0.1~0.6	0.45~2.54		26100					4 转子
45	美国	LA~107	320	3130	180	0.1~0.6	0.45~2.54		26800					4 转子
46	美国	LA~127	320	3750	180	0.1~0.6	0.45~2.54		27200					4 转子
47	苏联	Д~530	107	2500	200	0.1~0.87	2.36~10.45		15100	800	60		100~250	
48	苏联	Д~369		2038	200	0.3~0.8				486			265	
49	苏联	Д~531		2060	200	0.1~0.8				700			140~278	
50	苏联	Д~74	164/2100	2400	250	0.112~0.96	40	9450×3000×2663	12700	900	60		250	
51	苏联	Д~13	140	2500	200	0.11~1.16	3.38~11.7			800	30×2		250	
52	苏联 бринек		140	250~15	200	0.26~1.27	1.5~33.4			800	7×6		100~300	
53	苏联 бринек	Д~168		2400	75~250	0.1~16.7		11850×3110×385	24100	800,780			248,89,8	3 转子
54	苏联 бринек	Д~678	220	2380	250	0.09~0.9	35							
55	苏联 бринек	Д~272	135	2000	200									
56	东德		142	2000	220	0.12~0.9	1~3.4		12000					3 转子
57	东德		144	2500	300	0.11~0.96	8.0		29200					3 转子
58	西德 Ringhoffer	SV-180	172	2000	300	0.6~6.0	0.6~6.0							
59	西德 Respecta	HSR-230	198	2000	300	1.05	27	7400×2500×3100	9100	750				
60	西德 Bomag	MPH500	180/120	2085	305	1.158	3.93	7160×2440×2995	8510	945	57		150,290	

续上表

序号	国家公司（厂）	型号	发动机功率[PS/(r/min)]	拌宽(mm)	拌深(mm)	工作速度(km/h)	行驶速度(km/h)	长×宽×高(mm×mm×mm)	机重(kg)	转鼓直径(mm)	刀排数×每排刀数	转鼓转向	转鼓转速(r/min)	备注
61	西德 Bomag	MPH100	304/1200	2005	370,485	1.4	3.93	8535×3050×2565	13850	1220	70		150,280	
62	西德 Bomag	MPH100(再生)	304/1200	2005	305	1.4	3.93	8535×3000×2565	14245	1220	154		150,280	
63	东德	UZF-70	70	1700	200	0.054~30	0.054~30							
64	西德 Ringhoffer		195	1900	270	0~1								
65	英国 Howard		52	1200	250	0.075~0.51	3~21							
66	英国 Howard		60	2000	250									
67	英国 Howard		71	1800	200	0.072~0.22								
68	波兰 Madro	MSG-2000	150	2000	250									
69	捷克	PS-1900	75	1900	270	1.6	20							

国内土壤稳定机性能参数统计表

表4

序号	国家公司（厂）	型号	发动机功率[PS/(r/min)]	拌宽(mm)	拌深(mm)	工作速度(km/h)	行驶速度(km/h)	长×宽×高(mm×mm×mm)	机重(kg)	转鼓直径(mm)	刀排数×每排刀数	转鼓转向	转鼓转速(r/min)	备注
1	中国西安筑机	WB210	160/1800	2100	100~300	0~1	0~5.5	6693×2830×233	15500	1000	12×4		137.164	
2	中国北京公路	LD160B	200/2200	1600	400	0~3.97	0~10	8353×2340×265	13500	1200	10×4		175	
3	中国镇江路面	WBY200	215/1800	2000	400	0~3	0~20	8260×2670×342	13000	1150	14×6		0~150	
4	中国华山冶金	YWB200	225/2500	2000	400	0~1	0~25		12500	1200	80		0~140	
5	中国西安筑机		225/2500	2200	390	0~1				1080	12×6		0~165	
6	中国济宁工程	BT-1900	75	1900	250	0.7~1			17500	800			220	

2.1　刀尖的轨迹

由于刀尖点的半径 R 总是大于 V/ω，所以它画出的为一幅长旋轮线。其轨迹的参数方程可以表达如下：

$$X = \frac{V}{\omega}\theta \pm R\cos\theta = Vt \pm \cos\omega t$$

$$y = R\cos\omega t = R\sin\omega t \tag{1}$$

$$\theta = \omega t$$

$$V = r\omega$$

式中：θ——刀尖向径 R 相对 X 轴的转动角度；

t——向径 R 转过 θ 角所需时间；

ω——转鼓的角速度；

R——刀尖向径；

V——转鼓轴线移动的线速度；

r——幅旋轮线滚动圆半径。

式(1)中的正号表示转鼓作正转(由上至下)的情况，负号表示作反转(由下至上)的情况，下文将以正转为主来讨论土壤稳定机的运动学。

将式(1)消去参变量 θ 或 t，即可获得轨迹方程：

$$x = \frac{V}{\omega}\arcsin\frac{y}{R} + \sqrt{R^2 - y^2} \tag{2}$$

2.2　刀尖轨迹的切线和法线方程

刀尖轨迹上任意一点的切线和法线方程可以通过求长幅旋轮线上该点的斜率来获得(图2)。

设轨迹上一点的切线与 X 轴的夹角为 ψ，则通过该点的切线和法线方程可由对方程(2)求导数获得，如对方程(2)求导数，则：

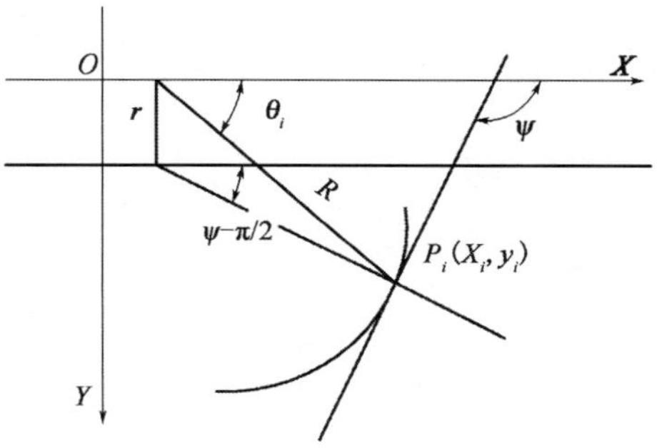

图2　刀刃轨迹的切线和法线

$$\frac{dx}{dy} = \frac{V}{\omega}\frac{1}{\sqrt{R^2 - y^2}} - \frac{y}{\sqrt{R^2 - y^2}} = \frac{r - y}{\sqrt{R^2 - y^2}} = \frac{1 - \frac{R}{r}\sin\theta}{\frac{R}{r}\cos\theta}$$

因此切线的斜率可表达为：

$$\tan\psi = \frac{dy}{dx} = \frac{1}{\frac{dx}{dy}} = \frac{\sqrt{R^2 - y^2}}{r - y} = \frac{\frac{R}{r}\cos\theta}{1 - \frac{R}{r}\sin\theta}$$

过 $P_i(X_i, Y_i)$ 点的切线方程为：

$$y - y_i = (x - x_i)\tan\Psi$$

将 $\tan\psi$ 的表达代入上式，则切线方程可写为：

$$y - y_i = (x - x_i)\frac{\sqrt{R^2 - y^2}}{r - y} \tag{3}$$

或

$$y-y_i=(x-x_i)\frac{\frac{R}{r}\cos\theta}{1-\frac{R}{r}\sin\theta}$$

过 $P_i(X_i,Y_i)$ 点的法线方程为：

$$y-y_i=(x-x_i)\tan\left(\psi-\frac{\pi}{2}\right)$$

考虑到

$$\tan\left(\psi-\frac{\pi}{2}\right)=-\tan\left(\frac{\pi}{2}-\psi\right)=-\cot\psi=-\frac{1}{\tan\psi}$$

将 $\tan\psi$ 值代入上式则法线方程可改写为：

$$y-y_i=(x-x_i)\frac{y_i-r}{\sqrt{R^2-y^2}}$$

或

$$y-y_i=(x-x_i)\frac{R\sin\theta_i-r}{R\cos\theta_i} \tag{4}$$

或

$$y-r=(x-r\theta_i)\frac{y_i-r}{x_i-r\theta_i}$$

2.3　刀具切削刃的几何参数（安装角、切削角、后角）

当已知刀尖轨迹的切线方程后，即可按如图 3 所示确定切削刃的几何参数。

设安装角为刀尖向径 R 与切削刃前平面之间的夹角，为切削角，为刃磨角，为切削刃后角，Δ 为刀尖向径 R 与法线间的夹角。则由图 3 可看出在这些角度之间存在有以下关系：

$$\gamma+\beta+\alpha+\Delta=\frac{\pi}{2}$$

$$\delta=\beta+\alpha=\frac{\pi}{2}-(\gamma+\Delta)$$

$$\Delta=\arctan\frac{\cos\theta}{\frac{R}{r}-\sin\theta} \tag{5}$$

当刀尖沿着轨迹运动时，Δ 角是不断变化的，它的最大值发生在轨迹的法线呈水平位置时（图 3 位置Ⅰ），而在法线呈垂直状时（图 3 位置Ⅲ）其值等于零，当越过法线垂直位置后，Δ 角变为负值。

在式(5)中安装角与刃磨角是不变的，而由于 Δ 值的改变，后角和切削角在切削过程中将是不断变化的。后角和切削角的最小值发生在 Δ 角达最大值的位置（图 3 位置Ⅰ），随着刀刃自上而下的复合运动：和的数值将逐步增大，直至切削过程结束而达到最大。

由图 3 可以看到 Δ_{max}，可由下式求得

$$\Delta_{max}=\arcsin\frac{r}{R} \tag{6}$$

由式(6)可知，当 $R/r=0.3$ 时，$\Delta_{max}=17.46°$，而 Δ 角的变化，亦即切削角和后角的变化范围将达

20°左右。因此当在 $\Delta = \Delta_{max}$ 的位置上，取切削角 $\delta = 30°$，则在切削终了时，δ 角可达 50°左右。为了尽可能避免切削角过大，同时又具有足够大的刃磨角（刃磨角过小将导致刀刃很快变钝），则希望后角能减至最小。α_{min} 通常取决于保证刀具的踵部不至与刀尖的轨迹发生干涉，这一 α_{min} 值可用作图法确定。按照 И. М. Ланов 的建议，α_{min} 可近似地按下式确定：

$$\alpha_{min} = \left(\frac{\pi}{2} - \arctan\frac{r}{\sqrt{R^2 - y^2}}\right) - \arccos\left(\frac{r}{R} + \frac{l}{2R}\right) \tag{7}$$

式中：l——刀翼高度。

2.4　刀刃的速度和加速度

如前所述，土壤稳定机转鼓的运动是一种由转鼓轴线的直线运动（牵连运动）和绕转鼓轴线的旋转运动（相对运动）组成的复合运动。此种复合运动的绝对速度即为沿着切线轨迹方向的速度 V_T，它是牵连速度 V 和相对速度 ωR 的矢量和。由图 4 可知：

$$\begin{aligned} V_T &= \sqrt{(\omega R\sin\theta - V)^2 + (\omega R\cos\theta)^2} = \sqrt{\omega^2 R^2 - 2V\omega R\sin\theta + V^2} \\ &= \omega\sqrt{R^2 - 2rR\sin\theta + r^2} = R\omega\sqrt{1 - 2\frac{r}{R}\sin\theta + \left(\frac{r}{R}\right)^2} \end{aligned} \tag{8}$$

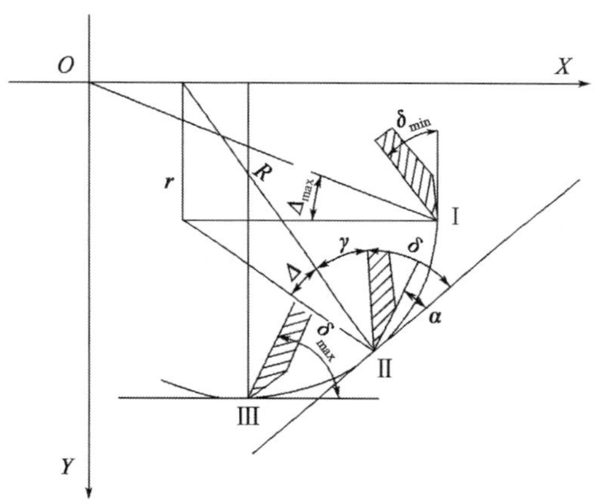

图 3　切削刃的几何参数

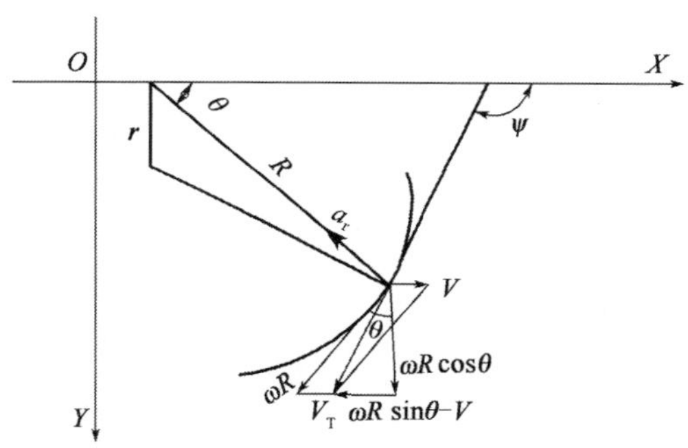

图 4　刀刃的速度和加速度

在稳定运动的情况下，亦即 ω 和 V 均为常值时，刀刃在转鼓圆周方向的相对加速度和牵连运动的加速度均为零，只存在指向转鼓中心的向心加速度，并等于：

$$a_r = \omega^2 R$$

这一加速度在轨迹切线方向和法线方向的分量和分别为（图 4）：

$$a_T = \omega^2 R\cos(\Psi - \theta) \tag{9}$$

$$a_\alpha = \omega^2 R\sin(\Psi - \theta) \tag{10}$$

2.5　相邻轨迹间的法线截距

设在刀刃轨迹 AA 上有一点 $P_i(x_i, y_i)$，其转角为 θ_i（图 5），而坐标为：

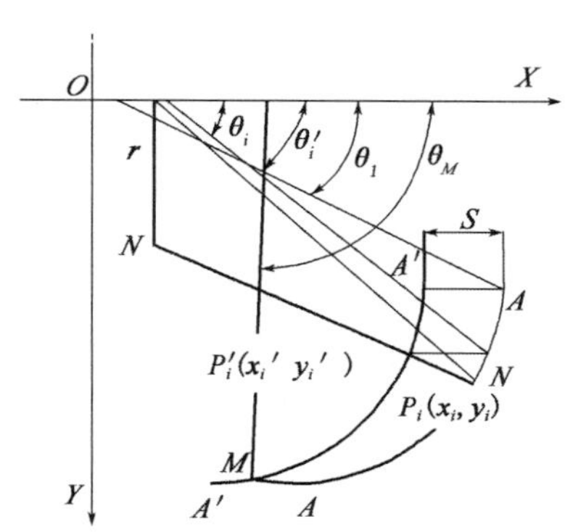

图 5　相邻轨迹间的法线截距

$$x_i = r\theta_i + R\cos\theta_i$$

$$y_i = R\sin\theta_i$$

在 P_i 点处的法线方程为：

$$y - y_i = (x - x_i)\frac{r - y_i}{\sqrt{R^2 - y_i^2}} \tag{11}$$

设前一刀刃所画出之轨迹为 $A'A'$，它与 AA 之间的水平距离为 S(进给)。设 $x'y'$ 为轨迹 $A'A'$ 上任意点之坐标，则 $A'A'$ 之方程可表达为：

$$x' = r\theta' + R\cos\theta' - S, y' = R\sin\theta'$$

它与点 P_i 处的法线 NN 之交点为 P'_i、P_i 之坐标 x'_i、y'_i，可由求解下列联立方程获得：

$$x'_i = r\theta'_i + R\cos\theta'_i - S$$

$$y' = R\sin\theta'_i$$

$$(y'_i - r)(x_i - r\theta_i) = (x'_i - r\theta_i)(y_i - r) \tag{12}$$

上述联立方程可利用对分法在计算机上按给定的精确度求其近似解。

此时可将 x'_i、y'_i 之表达式代入法线方程，并定义为：

$$f(\theta'_i) = (R\sin\theta'_i - r)(x_i - r\theta_i) - (r\theta'_i + R\cos\theta'_i - S - r\theta'_i)(y_i - r)$$

或

$$f(\theta'_i) = (R\sin\theta'_i - r)R\cos\theta_i - (r\theta'_i + R\cos\theta'_i - S - r\theta'_i)(R\sin\theta_i - r)$$

用对分法解 $f(\theta'_i)=0$ 的流程框图见图 6。

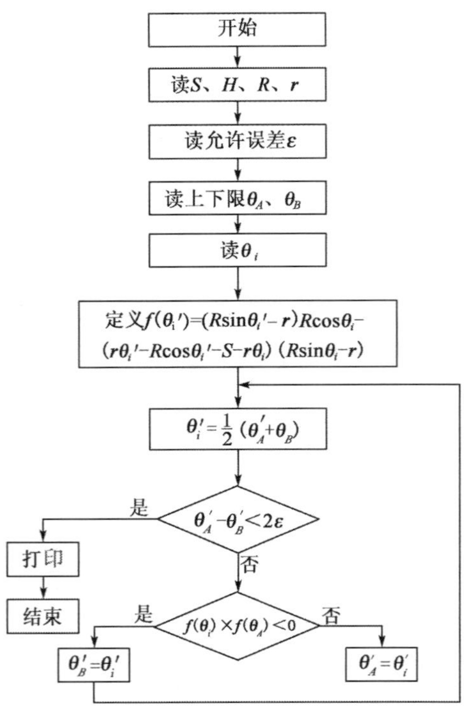

图 6　解 P'_i 的坐标 $x'_iy'_i$ 之流程图

在求得点 P_i 与 P'_i 的坐标后，法线截距 $P_iP'_i$ 即可按下式计算：

$$\overline{P_iP'_i} = \sqrt{(x_i - x'_i)^2 + (y_i - y'_i)^2} \tag{13}$$

2.6　轨迹的弧长与曲率半径

当一质点以 V_T 的速度沿长幅旋轮线运动时，轨迹长度的微小增量 dl 可用下式表示：

$$dl = V_T dt = \frac{V_T}{\omega}dt$$

将 V_T 之表达式(8)代入上式，则：

$$dl = \sqrt{R^2 - 2rR\sin\theta + r^2 d\theta} \tag{14}$$

在转角 θ_1 与 θ_2 之间的轨迹弧长 l 可按下式计算：

$$l = \int_{\theta_2}^{\theta_1}\sqrt{R^2 - 2rR\sin\theta + r^2 d\theta} \tag{15}$$

在转角处的曲率半径 ρ 为：

$$\rho = \frac{dl}{d\theta} = \sqrt{R^2 - 2rR\sin\theta + r^2} \tag{16}$$

2.7　切削过程的工况参数(进给 S、切屑厚度 C、切削宽度 b 和切削速度 V_p)

刀具的水平进给 S 为转鼓转过相当于两相邻刀刃之间夹角的角度时，转鼓轴线前进的水平距离。如 Δt 为转过这一夹角所需的时间，则：

$$S = V\Delta t$$

设在转鼓的一个刀盘上装有 Z 把刀头，则：

$$\Delta t = \frac{2\pi}{Z\omega}$$

因此进给 S 为：

$$S = \frac{2\pi V}{Z\omega} = \frac{2\pi r}{Z} \tag{17}$$

因为在稳定运动时 V 和 Δt 均为常数，所以不论将轨迹的哪一点作为起点，当转鼓转过 $2\pi/Z$ 的角度时，它总是进给一常量 S，亦即两相邻轨迹之间的水平截距是一常量，且等于 S。

在土壤切削理论中切屑厚度被定义为垂直于切削刃轨迹方向量取的由土壤母体表面至切削刃的距离。因此，切削厚度 C 理论上可用切削刃轨迹上任一点至前一相邻轨迹的法向截距来表示（图 5）：

$$C = \sqrt{(x_i - x_i')^2 + (y_i - y_i')^2} \tag{18}$$

切削宽度 b 通常被定义为等于切削刃的宽度，但切削刃所引起的土的母体侧面的破坏宽度将大于切削刃的宽度。按照切屑从工作面分离时其侧面是否与母体存在着联系，切土方式可分为自由切削、半自由切削和封闭切削三种形式。旋转式土壤加工机械的切土方式，对于中间刀盘还是边缘刀盘是不同的，边缘刀盘近于封闭切削，中间刀盘接近于半自由切削，因此，边缘刀盘的切削阻力将比中间刀盘为大。

切削速度 V_p 是切削刃沿着切削表面移动的速度，亦即为切削刃沿着其运动轨迹切线方向的速度。

$$V_p = V_T = \omega\sqrt{R^2 - 2rR\sin\theta + r^2} \tag{19}$$

2.8　轨迹凸起高度

设点 M 为两相邻轨迹之交点，过 M 作一水平线与后一轨迹交于 N 点（图 7），则点 M 与 N 之坐标为：

$$x_M = r\theta'_r + R\cos\theta'_r$$

$$x_N = r\theta'_r + R\cos\theta$$

$$y_M = y_N = R\sin\theta'_r$$

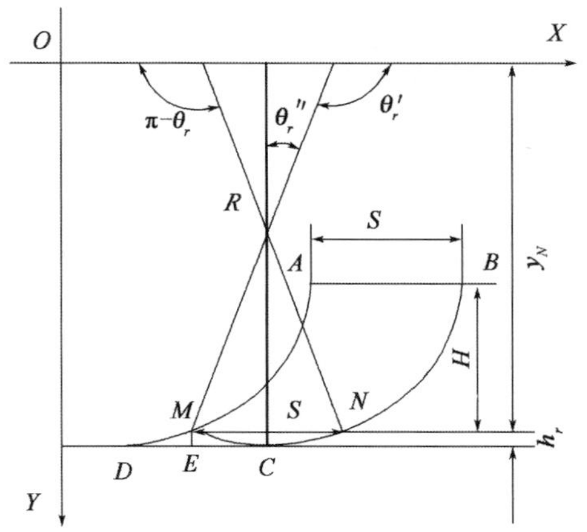

图 7　轨迹凸起高度与切削侧面积

但

$$x_N - x_M = S$$

所以

$$(r\theta_r - r\theta'_r) + (R\cos\theta_r - R\cos\theta'_r) = S$$

由图 7 可知：

$$\theta'_r = \frac{\pi}{2} + \theta''_r, \theta_r = \frac{\pi}{2} - \theta''_r$$

由此可得，

$$-2r\theta''_r + 2R\sin\theta''_r = S$$

当 θ''_r 很小时，可近似地取 $\sin\theta''_r = \theta''_r$，则：

$$\theta''_r = \frac{S}{2(R - r)}$$

凸起高度 h_r 可按下式计算：

$$h_r = R - y_N = R(1 - \sin\theta_r)$$

或

$$h_r = R(1 - \cos\theta''_i) \tag{20}$$

2.9 切屑侧面积

切屑的侧面积 F_{ABCM}(图 7)可按下式计算:

$$F_{ABCM} = F_{ABCD} - F_{MDC} = F_{ABCD} - 2F_{MCE}$$

式中:$F_{ABCD} = SH$

$$F_{MCE} = \int_{X_E}^{X_C}(R - R\sin\theta)\,\mathrm{d}x = \int_{\theta'_r}^{\frac{\pi}{2}}(R - R\sin\theta)(r - R\sin\theta)\,\mathrm{d}\theta$$

$$= \left[(Rr\theta + Rr\cos\theta + R^2\cos\theta + \frac{1}{2}R^2\theta - \frac{1}{4}R^2\sin2\theta)\right]_{\theta'_r}^{\frac{\pi}{2}}$$

$$= Rr\frac{\pi}{2} + \frac{1}{4}R^2\pi - Rr\theta'_r - Rr\cos\theta'_r - R^2\cos\theta'_r - \frac{1}{2}R^2\theta'_r + \frac{1}{4}R^2\sin2\theta'_r$$

由于

$$\theta'_r = \frac{\pi}{2} + \theta''_r$$

则

$$F_{MCE} = R(-r\theta''_r + R\sin\theta''_r) - \left(\frac{1}{2}R^2\theta''_r - Rr\sin\theta''_r + \frac{1}{4}R^2\sin2\theta''_r\right) \tag{21}$$

考虑到

$$-r\theta''_r + R\sin\theta''_r = \frac{1}{2}S$$

则式(21)可写为:

$$F_{MCE}\ \frac{1}{2}SR - \left(\frac{1}{2}R^2\theta''_r - Rr\sin\theta''_r + \frac{1}{4}R^2\sin2\theta''_r\right) \tag{22}$$

由此可得:

$$F_{ABCM} = SH - 2\left[\frac{1}{2}SR - \left(\frac{1}{2}R^2\theta''_r - Rr\sin\theta''_r + \frac{1}{4}R^2\sin2\theta''_r\right)\right] \tag{23}$$

式中:$\theta''_r = \dfrac{S}{2(R - r)}$

3 土壤稳定机械动力学

3.1 旋转式工作部件工作过程的特点和工作阻力的组成

与推土板、松土齿、铧式犁一类的平移式工作部件相比,旋转式工作部件的工作过程有以下重要特点。

(1)与平移式工作部件的切土过程不同,旋转刀具的切削过程不是一连续的进程,而是一间歇工作的周期性过程。在这一间歇切削的过程中,刀具的切土厚度理论上即非一常值,而处于不断变化的状态下。因此,切削阻力在理论上也应该是一从小到大然后从大到小的周期变化函数。作用在转鼓轴上的负荷是由所有同时参与切削的刀具负荷组成的。

(2)当平移式工作部件切土时,刀具切土的几何参数(切削角和后角)一旦安装确定,在整个切削过程是不变的,同时作用于刀具上的切向力的方向也是不变的。在旋转式工作部件工作时,由于刀刃的运动轨迹是一条曲率不断变化的曲线,因此,刀具的切削角和后角以及切向力和法向力的方向都是时时在变化的。

(3)对于旋转式工作部件来说，影响切削阻力大小的因素，不仅有刀具切削的几何参数和工况参数，而且与“切屑”纵断面的形状有关，后者则取决于转鼓的运动学参数 $\lambda(\lambda = R/r)$。因此，与平移式工作部件相比，影响切削阻力的因素更多、更复杂。

(4)旋转式工作部件的切削速度($>5\sim6\text{m/s}$)通常比平移式工作部件($1\sim2\text{m/s}$)要高得多，因而由于在高速切削下使变形区应力增大而产生的附加阻力和使切下的土块具有一定的抛掷速度所消耗的能量和产生的阻力也要大得多。而且这两种动力学阻力是在切削过程中同时发生的，很难在实际过程中将两者分开。

(5)由于切削过程是间断进行的，而刀具的运动速度又比较高，因而刀具在开始切入土体时将由于冲击而产生某种动力学阻力。因此，对于旋转式工作部件来说，关于切削速度对切削阻力的影响，将不像平移式工作部件那样，主要考虑在稳定切削过程中速度的影响，而且还必须考虑速度对附加动力学阻力的影响，而后者所占之比重远较前者为大。

通常将旋转式工作部件在作业过程中的工作阻力分为以下三个组成部分：

①切削阻力——由分离切屑所引起的阻力；

②抛掷阻力——由抛掷土壤团块所引起的阻力；

③摩擦阻力——由将部分土块举升并沿旋转刀具与护罩之间的缝隙拖向前方所引起的阻力。

但是，如前所述，切削和抛掷作用是在同一进程中发生的，很难用实验的方法将切削阻力与抛掷阻力分开。从便于通过实验的方法来分解工作阻力的观点出发，切削阻力实际上可分为两部分：一部分是刀具在静态下从母体分离切屑所需克服的阻力，另一部分是在高速切削的情况下所产生的动力学阻力，而前者可以在切削速度趋近零的情况下，将它从总的工作阻力中分离出来，后者则可以与抛掷阻力合在一起用实验的方法来测定。因此，旋转式工作部件的工作阻力可更为合理地分解为以下三部分：静态切削阻力；动态阻力；土块举升和摩擦阻力。

(1)静态切削阻力

静态切削阻力是在工作速度趋于零的极限情况下分离切屑所形成的阻力。它的大小主要取决于以下因素：土的物理力学性质；刀具的形状与切屑的几何参数(安装角、刃磨角、后角和切削角)；切削的横断面尺寸(切削的厚度和切削宽度)；切削的纵断面形状和尺寸。

(2)动态阻力

动态阻力是由于速度而引起的各种动力学阻力之总和。它可从不加护罩时测得的工作总阻力中减去静态阻力而获得，亦即：

$$P_{\text{d}} = P_{\Lambda} - P_{\text{S}} \tag{24}$$

式中：P_{d}——动态阻力；

P_{Λ}——不加护罩时的工作总阻力；

P_{S}——在相同条件下测得的静态阻力。

动态切削阻力产生在切削过程的不同阶段。当高速运动的刀具开始切入土体时，由于刀具对土壤母体的碰撞，将形成某种冲击型的动态阻力。随后刀具进入稳定切削阶段，此动态切削阻力主要是由两部分组成的，一部分是在高速切削土壤时由于土壤变形的扩散速率跟不上刀具的切削速度而引起变形区应力增大所产生的动态阻力，另一部分则是随拌着切削土壤的同时由于抛掷所切下的土块而形成的抛掷阻力。在切削过程结束后，由于刀具穿过堆积在转鼓后方(正转)的松土，将使抛掷过程继续一段时间，此时在刀具上将仅作用有土壤的抛掷阻力。

(3)土块举升和摩擦阻力

当土壤稳定机械工作时，刀具切下土块的一小部分被沿着转鼓与护罩的缝隙举升和拖带到转鼓的另一侧。在这一过程中需要消耗一部分转鼓的驱动转矩，从而形成了克服土块举升力和摩擦力的阻力

矩 M_f。它可从带护罩时测得的工作总转矩 M'_A 中减去不带护罩时测得的工作总阻力 M_A 后获得,亦即:

$$M_f = M'_A - M_A \tag{25}$$

这部分阻力占总的工作阻力比重很小,并可近似地视为常数。

3.2 旋转工作部件切削过程的受力分析及影响静态切削阻力的因素

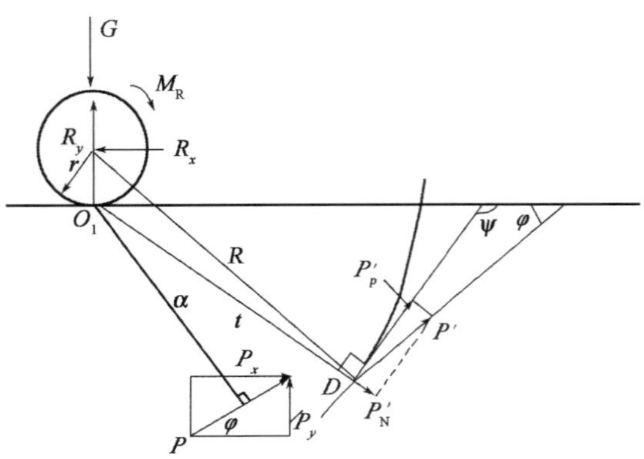

图 8　一把刀具在切削过程中的受力分析

图 8 表示了当只有一把刀具切削土壤时,转鼓在纵向垂直平面内的受力情况。在刀具上作用有切削阻力的合力 P,转鼓轴上的支承反力 R_x 与 R_y,转鼓的重量 G,转鼓轴上的驱动力矩 M_R。设瞬心 O_1 至合力 P 之作用线的距离为 a,刀刃位于轨迹上之 D 点。过 D 点作一平行于 P 力之力 P',使之相对于 O_1 点之力矩为等价,则 P 力可假想为一作用于 D 点的等价切削阻力。P 可沿着 D 点之切线方向(切线与 X 轴之夹角为 Ψ)与法线方向分解为 P'_P 与 P'_N。从图 8 中可写出各力之间的关系式:

$$P_x = R_x \qquad P_y = G - R_y$$

$$P = \sqrt{P_x^2 + P_y^2} \qquad \tan\varphi = \frac{P_y}{P_x}$$

$$P'_P l = M_R - R_x r = Pa \qquad P'_P = \frac{M_R - R_x r}{l}$$

$$P'_N = P'_P \tan(\pi - \varphi - \Psi) \qquad a = \frac{M_R - R_x r}{P} \tag{26}$$

上述这些关系不论是对静态阻力还是对动态阻力都是同样适用的。

影响静态条件下切削阻力的因素可以分为以下四类:①土的物理力学性质;②刀具的型式和切削的几何参数;③切削的横断面尺寸;④切削的纵断面形状与尺寸。

如果研究是针对某种特定的土壤和特定的刀具的,则土的性质与刀具的形式可视为常数。从平移式工作部件的大量试验资料中可以得知,减小切削角 δ 将降低切削阻力。但减小切削角意味着减小刃磨角 β,而过小的刃磨角将导致刀具迅速变钝。因此,通常最佳的切削角宜取 20° ~30°之间,这一点同样适用于旋转式工作部件。如果刀具的安装角使刀具在入土时具有最佳切削角,则在以后的切削过程中切削角将逐渐变大。这一变化过程的特性取决于刀刃的轨迹,亦即取决于比值 R/r 和刀刃在切削过程开始和切削过程结束时所处的角度 θ_1 和 θ_2,参看式(5)。

纵向切削断面的形状与尺寸是由参数 S、H、r、R 决定的,它们通过切屑厚度 C、切削角和后角影响刀具每转阻力的大小,并通过切削弧长影响刀具每转所作之功和每转平均阻力之大小。

当 S、H、r、R 不变时,纵向切削断面是一定的,此时静态切削阻力将仅取决于切削宽度 b 的数值。在 r、R、H 保持不变的情况下,S 的改变将通过厚度 C 的变化而对切削阻力起作用(图 9),此时存在着如何合理选择参数 S 和 b 的组合,亦即切屑的水平断面是宽扁型的($b > a$),还是狭长型的($a > b$)更能保证切削过程的平均阻力为最小。

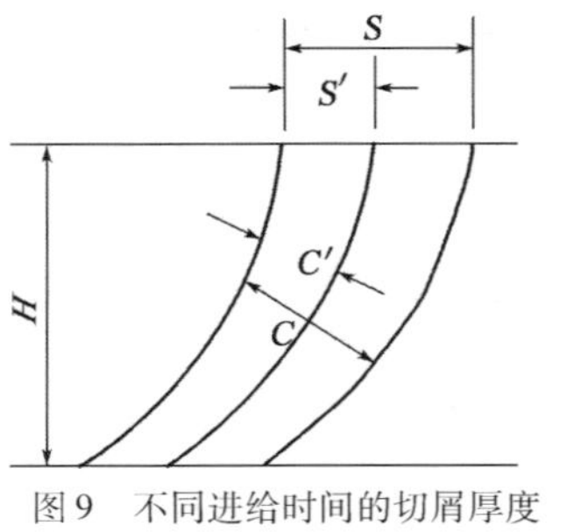

图 9　不同进给时间的切屑厚度

当 r、R、S 保持不变时,减小 H 值意味着缩短切削弧长,从而导致平均切削阻力之减小,实际上如果切削深度 H 从 H_1 变至 H_2 时($H_1 > H_2$),后者所完成的切削进程是与前者完全一样的。所不同的是它仅为前者的后一部分(图 10)。当 R 增大或 r 减小时,切削厚度 C 将减小而切削角 δ 和切削弧长将增大(图 11)。

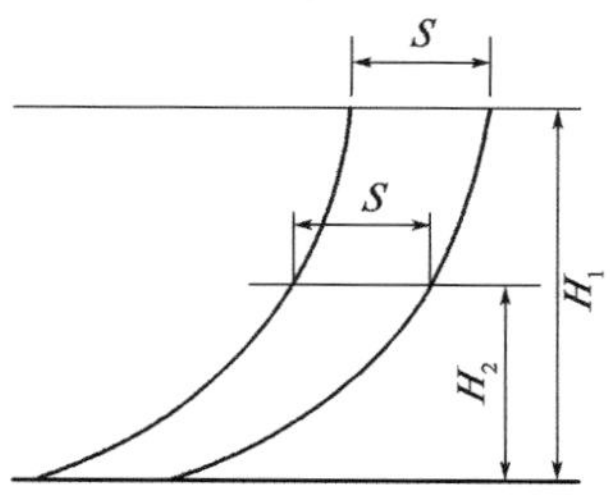

图 10　切屑断面形状与 H 的关系

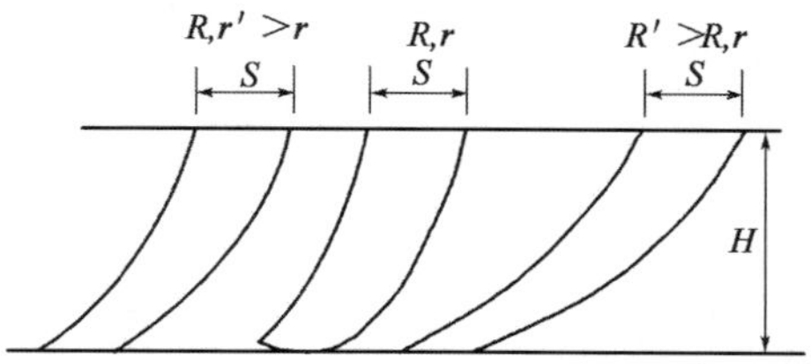

图 11　切屑断面形状与 R、r 之关系

当 S、H、r、R 均按相同比例尺变化时,切削纵断面的形状是按相似规律变化的。此时比例 r/R 和转角 θ 的起始值和终了值是不变的,因此,不同纵断面尺寸的改变将通过切屑厚度和切削弧长的变化影响切削阻力和切削功的大小(图 12)。

在决定切削纵断面形状与尺寸的四个因素 S、H、r、R 中,切削深度 H 通常是给定的主参数,调整其余三个因素与 H 的关系,亦即 S/H、R/H、r/R 可以获得一最佳的组合使单位纵断面所消耗的切削功为最小。

3.3　动态阻力及其影响因素的分析

如前所述,在旋转工作部件与土壤相互作用过程的不同阶段,动态阻力形成的机理和性质是不同的。当刀具以高速撞击土壤母体时,动态阻力形成的机理将受动量和冲量定理的制约。此时,动态阻力主要取决于土的形变模量 E,刀具系统的刚度 K、转鼓和传动系的惯量 m 以及切削速度 V_P 等因素。此种动态阻力的形成过程可用自由下落的重物撞击,土壤的动态冲击力增长的过程来模拟(图 13)。众所周知,此种方式曾用来测定土壤的动态弹性模量。

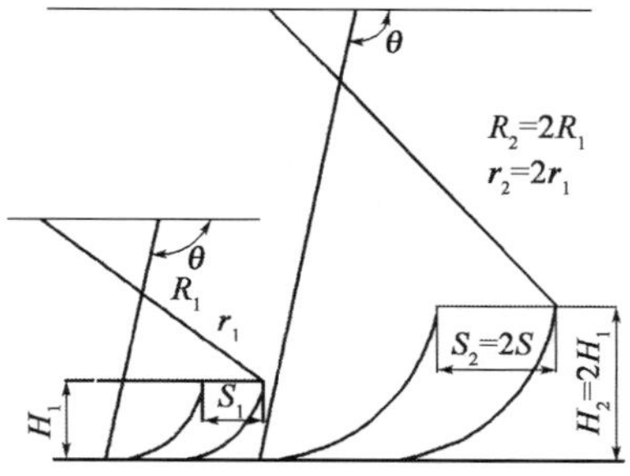

图 12　相似的切屑断面形状

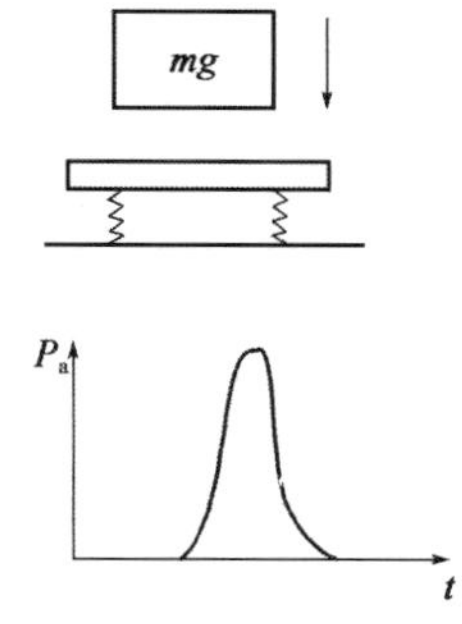

图 13　动态冲击阻力模型

对于近似模拟来说,可以列出表 5 所示的九个物理量。在这九个物理量中,有三个基本量纲,根据伯金汉 π 定律可以有六个独立的 π 项:

$$\pi_1 = \frac{P_d}{R - E}; \quad \pi_2 = \frac{mV_0^2}{R^3 E}; \quad \pi_3 = \frac{K}{RE}$$

$$\pi_4 = \theta; \quad \pi_5 = \frac{R}{b}; \quad \pi_6 = \frac{R}{e} \tag{27}$$

在上述项中,包含 P_d 的 π_1 为因变 π 项,因此,可列出以下的准则关系式:

$$\pi_1 = f(\pi_2、\pi_3、\pi_4、\pi_5、\pi_6) \tag{28}$$

当刀具进入稳定切削阶段,动态阻力可以分为两类不同性质的工作阻力。一类是在高速切削土壤时,由于土壤变形区应力增大而引起的动态切削阻力,另一类则是刀具抛掷土块引起的抛掷阻力。动态

切削阻力形成的机理受土壤变形扩散速率的制约。

В. И. Виноградов、Г. А. СЕмЕнов 等人的研究工作,表明土的断裂强度 σ_b 与加载速度 $V_д$ 之间存在着线性关系:

$$\sigma_b = \sigma_0(1 + k_0 V_д)$$

式中:σ_0——加载速度为 1m/s 时的土壤断裂强度。

影响动态阻力的物理量 表5

物理量	符号	量纲
动态阻力	P_d	F
刀具切削刃圆周速度	V_0	LT^{-1}
换算至刀刃上的转鼓及传动系质量	m	$FL^{-1}T^2$
换算至刀刃上的刀具系统刚度	K	FL^{-1}
土壤形变模量	E	FL^{-2}
刀刃至转鼓中心的距离	R	L
刀具切削刃宽度	b	L
刀具切削刃厚度	c	L
刀具转角	θ	—

从机理上看,此类动态阻力对于平移工作部件和旋转工作部件,并无本质差别。因此完全可以利用平移工作部件已经获得的研究成果来分析旋转工作部件的动态切削阻力。

土块的抛掷阻力是由使土块获得某运动速度而引起的,因此,它将受到动能定理的制约。影响抛掷阻力最主要的因素是切削速度和抛土的质量。前者取决于圆周速度 V_0 与 r/R 比值,后者则与参数 S、H、b 和 γ 有关。

因此,对于近似模拟来说,如果忽略其他因素的影响,则可以列出表6所示的九个物理量。

影响抛掷阻力的物理量 表6

物理量	符号	量纲
动态阻力	P_d	F
刀具切削刃圆周速度	V_0	FL^{-1}
土的容重	γ	FL^{-3}
重力加速度	g	FL^{-2}
刀具进给	S	L
刀具切削刃宽度	h	L
切削深度	H	L
滚动圆半径	r	L
刀刃至转鼓中心的距离	R	L

在上述九个物理量中有三个基本量纲:[F]、[L]、[T]。根据伯金汉 π 定理可以有六个独立的 π 项。这六个 π 项可以利用量纲分析的方法求出如下:

$$\pi_1 = \frac{P_d}{rH^3};\quad \pi_2 = \frac{V_0^2}{gH};\quad \pi_3 = \frac{S}{H}$$

$$\pi_4 = \frac{b}{H};\qquad \pi_5 = \frac{R}{H};\qquad \pi_6 = \frac{r}{H} \tag{29}$$

如果考虑在水平面内的切屑尺寸 S 和 b 只与切屑的体积有关，而不影响切削速度的值和方向、刀具入土时和离土的转角，则可以将 π_1 与 π_3、π_4 项缩减为一个 π 项：

$$\pi_1' = \frac{\pi_2}{\pi_2\pi_3} = \frac{P_d}{rSHb}$$

这样可以列出四个独立的项：

$$\pi_1 = \frac{P_d}{rSHb};\qquad \pi_2 = \frac{V_0^2}{gH};\qquad \pi_3 = \frac{R}{H};\qquad \pi_4 = \frac{r}{R} \tag{30}$$

在以上四个项中，显然包含 P_d 的 π_1 为因变 π 项，因此，可列出如下的准则关系式：

$$\pi_1 = f(\pi_2、\pi_3、\pi_4) \tag{31}$$

上述关系式中所表达的实际上是在整个切削过程中的一种平均抛掷阻力。

在取得准则关系式(28)和式(31)后，根据准则的函数理论，可以通过实验的方法将准则关系式转换为某种以准则方程表达的经验公式。此时用实验的方法可建立准则的某种函数关系：

$$\pi_1 = C \times \pi_{1/2} \times \pi_{1/3} \times \pi_{1/4} \times \cdots \times \pi_{1/S} \tag{32}$$

$$C = \frac{1}{[f(\bar{\pi}_2、\bar{\pi}_3\cdots\bar{\pi}_S)]^{S-2}} \tag{33}$$

式中：　$\pi_{1/2}$——当 $\pi_3 = \bar{\pi}_3, \pi_4 = \bar{\pi}_4, \cdots, \pi_S = \bar{\pi}_S$ 时，π_1 随 π_2 而变化的组分方程；

$\pi_{1/3}$——当 $\pi_2 = \bar{\pi}_2, \pi_4 = \bar{\pi}_4, \cdots, \pi_S = \bar{\pi}_S$ 时，π_1 随 π_3 而变化的组分方程；

$\pi_{1/S}$——当 $\pi_2 = \bar{\pi}_2, \pi_3 = \bar{\pi}_3, \cdots, \pi_S = \bar{\pi}_S$时，$\pi_1$ 随 π_S 而变化的组分程；

$f(\bar{\pi}_2, \bar{\pi}_3, \cdots, \bar{\pi}_S)$——当取 $\pi_2 = \bar{\pi}_2, \pi_3 = \bar{\pi}_3, \cdots, \pi_S = \bar{\pi}_S$ 时函数 $f(\pi_2, \pi_3, \cdots, \pi_s)$ 之值；

$\bar{\pi}_2$、$\bar{\pi}_3$、$\cdots$、$\bar{\pi}_S$——在试验时给出的某个 π 项常值。

设 $\bar{\pi}_3'$为另一个试验时给出的 π 项常值，则用各项的乘积关系所表示的经验公式之有效性可按下式进行验证：

$$\frac{\pi_{1/2}}{f(\bar{\pi}_2, \bar{\pi}_3, \cdots, \bar{\pi}_S)} = \frac{\pi'_{1/2}}{f(\bar{\pi}_2, \bar{\pi}'_3, \cdots, \bar{\pi}_S)} \tag{34}$$

式中：　$\pi'_{1/2}$——当 $\pi_3 = \bar{\pi}_3', \pi_4 = \bar{\pi}_4, \cdots, \pi_S = \bar{\pi}_S$ 时，π_1 随 π_2 的变化而变化的组分方程；

$f(\bar{\pi}_2, \bar{\pi}_3', \cdots, \bar{\pi}_S)$——当取 $\pi_2 = \bar{\pi}_2, \pi_3 = \bar{\pi}_3', \pi_4 = \bar{\pi}_4, \cdots, \pi_S = \bar{\pi}_S$ 时，函数 $f(\pi_2, \pi_3, \cdots, \pi_s)$ 之值。

如果动态阻力的发展过程是动力相似的，则对应于每一刀具转角的瞬时值将是动力相似的，而它与某一特定值，例如平均值之间的比值将是一相似不变量，亦即：

$$\frac{P_d}{P_d'} \cong idem \tag{35}$$

3.4　多列刀具的切土过程

从平移刀具的切土过程中已经获知土体的破坏是带有空间性的，当刀具通过土壤后，它的切口不是矩形，而是如图 14 所示的梯形断面。对于旋转刀具的切土过程，同样也有类似的情况。因此当多列刀具同时切土时，每把刀具的实际进给及切屑厚度和单刀切土时是不同的。这样，多刀切时的总切削阻力

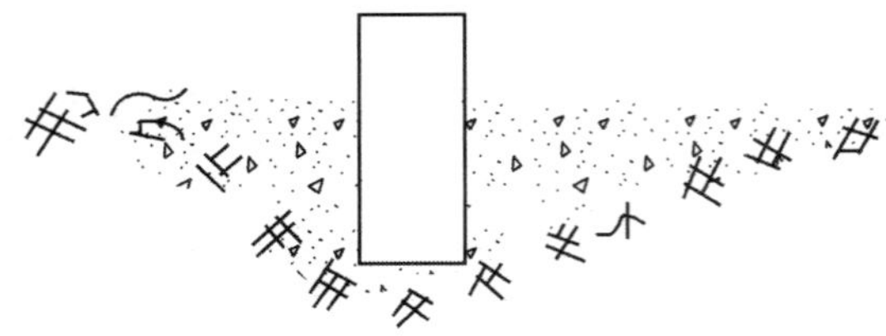

图 14　直刀切削时土体的侧面破坏

和作用在转鼓轴上的总阻力矩并非简单地为单刀切土时之总和。而总的阻力和阻力矩显然与多刀的排列方法和刀具在圆周上的分布有关。图 15 和图 16 分别表示了两种典型的排列和分布方式。从图中可看到，当刀具取不同的排列和分布方式时，切屑的水平横断面形状和实际进给是不同的。因此，各把刀具所形成的切削阻力和阻力矩以及利用土体侧面破坏的程度也是各不相同的，它们将影响作用在转鼓轴上的转矩、转鼓轴线平面内的力矩、轴向力的大小和波动程度。而这些因素则将进一步影响发动机功率的消耗和利用，影响车辆行驶的直线性和工作稳定性，影响刀具磨损的均匀性。显然，这里存在着一个刀具的最佳排列和布置的问题。刀具的最佳排列和布置应该遵循以下原则：

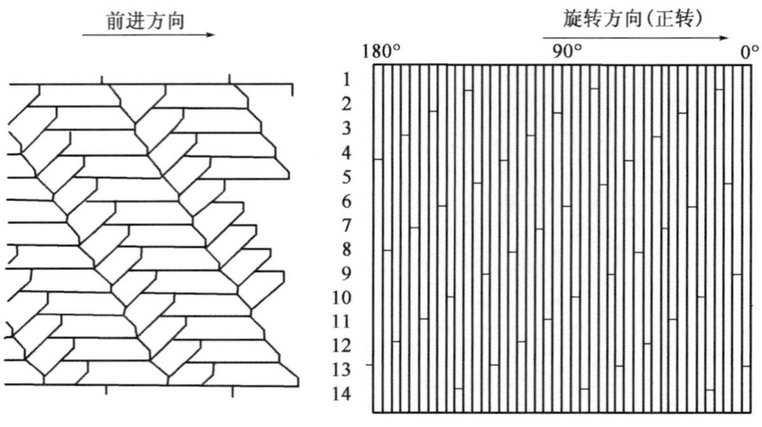

图 15　REX HDS 型土壤稳定机刀具排列与切屑的水平断面形状

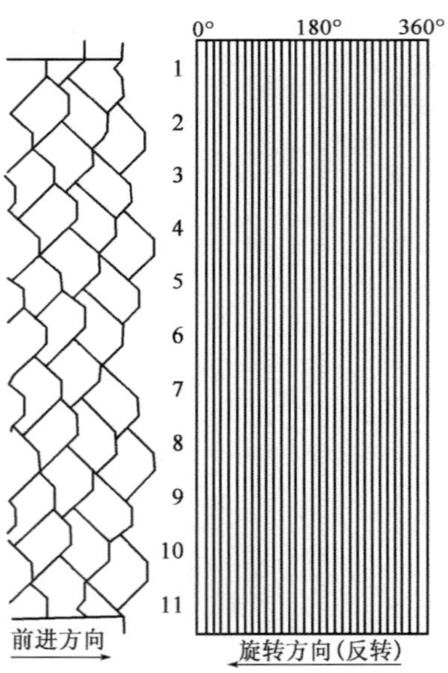

图 16　BOMAG MPH 100 刀具排列与切屑水平断面形状

（1）刀具应顺序地以等间隔相继入土，避免多把刀具同时入土，以便尽可能地减少转鼓轴上的转矩波动，而相继入土刀具间的转角间隔愈小则转矩波动愈小；

（2）相继入土的刀具应尽可能地相对于转鼓宽度的中线对称地配置，以便减小在转鼓轴线平面内力矩的波动，保证机器较好的工作稳定性和行驶直线性；

（3）当采用直角刀时，则应尽可能使左弯和右弯刀交错入土，以减少轴向力的波动，从而改善机器的直线行驶性能；

（4）两相邻刀排的刀具之间应留有适当间隔，以便充分利用土体侧面破坏的效果，以减少功率的消耗；

（5）每把刀具的实际进给应尽可能相等，以保证刀具均匀地磨损。

从图 15 和图 16 中还可以看到，尽管各刀具的实际进给和切屑水平断面的形状是不同的，但对于某一种给定的排列布置方式，总可以归纳为少数几种不同类型的切屑形状和尺寸。而对转鼓所承受的总切削阻力和阻力矩正是由这些单刀的阻力和阻力矩构成的。因此，仍然可以采用合成的方法来求取总的切削阻力和阻力矩。

3.5　机器的牵引平衡、功率平衡和能量消耗

1）驱动力矩和牵引力的平衡

(1)转鼓系统驱动力矩平衡

作用在转鼓轴上的驱动力矩一部分消耗在克服工作阻力对瞬时转动中心所形成的阻力矩上。另一部分被用来克服转鼓轴承水平反力所形成的力矩上。当机器在稳定工况下工作时,对于每把刀具均可列出以下力矩平衡方程:

$$M_{Ri} = M_{RPi} + M_{Rxi} = P_{pi}l_i + R_{xi}r \tag{36}$$

式中:M_{Ri}——第 i 把刀具所需之驱动力矩;

M_{RPi}——第 i 把刀具之切削、抛掷阻力矩;

M_{Rxi}——第 i 把刀具引起的轴承水平反力所形成的力矩;

P_{pi}——第 i 把刀具的切削的、抛掷阻力;

l_i——P_{pi}之力臂;

R_{xi}——第 i 把刀具引起的轴承水平反力;

r——旋轮线滚动圆半径。

作用在转鼓轴上的总驱动力矩为同时参与切土各刀具形成转矩的合成结果:

$$M_R = \sum_{i=1}^{n} M_{Ri} + (\sum_{i=1}^{n} R_{xi})r = M_{RP} + R_x r \tag{37}$$

式中:M_R——转鼓轴上的总驱动力矩;

M_{RP}——总切削抛掷阻力矩;

R_x——总轴承水平反力。

(2)行走系统的牵引平衡

行走系统的牵引平衡可以分以下两种情况考察:

① R_x 与滚动阻力 P_f 同向或虽反向但 $R_x < P_f$

在这一场合,驱动轮上作用的驱动力矩形成切线牵引力 P_k,它克服 $P_f \pm R_x$ 而使机器向前行驶,此时有以下牵引平衡方程:

$$P_k = P_f \pm R_x \tag{38}$$

②R_x 与滚动阻力 P_f 反向,且 $R_x > P_f$

在这一场合 R_x 与 P_f 的差值将产生一推动机器的推力,而地面将产生一顺着驱动轮旋转方向的反力 P_k,它形成一推动驱动轮旋转的力矩,并将反馈给行走系统的传动系。此时有以下平衡方程:

$$P_k = R_x - P_f \tag{39}$$

由 P_k 产生的驱动轮力矩通过行走系统传动系反馈至分动箱,然后再传至转鼓传动系,一方面使转鼓的驱力矩增大,同时形成一功率循环回路,导致功率损失的增大。

2)机器的功率平衡

在考察发动机的功率是怎样被消耗和利用的以及部分功率的平衡关系时,亦应分为两种情况:

(1)R_x 与 P_f 同向或虽反向但 $R_x < P_f$

此时发动机的功率 N_e 在扣除辅助装置的消耗 N_B 之后的自由功率 N_{ec}经分动箱 m 分两路分别通过传动系 m_R 和 m_K 流向转鼓 R 和驱动轮 K(图 17)。

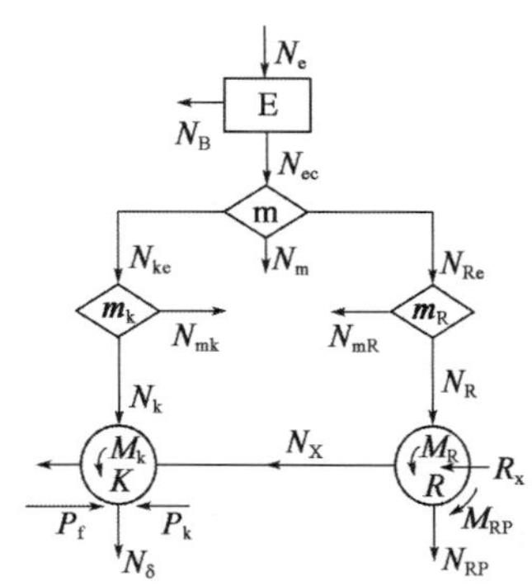

图 17　发动机功率的分配消耗($R_x < P_f$)

E-发动机;m-分动箱;m_k-行走传动系;m_R-转鼓传动系;K-驱动轮;R-转鼓

发动机输出的自由功率 M_{ec}将按以下各部分分配,并消耗在克服各种阻力所作之功中。

①转鼓的切削、抛掷功率 N_{RP}

$$N_{RP} = \sum_{i=1}^{n} N_{RPi} = \sum_{i=1}^{n} \int_{\theta_1}^{\theta_2} P_{Pi} V_P \tag{40}$$

式中：N_{RPi}——第 i 把刀具之切削、抛掷功率；

P_{Pi}——第 i 把刀具的切削、抛掷阻力；

V_P——切削速度；

θ_1、θ_2——刀具入土与离土的转角。

②转鼓轴承水平推力消耗的功率 N_x

$$N_x = \sum_{i=1}^{n} N_{xi} = \sum_{i=1}^{n}\int_{\theta_1}^{\theta_2} R_{xi} V \tag{41}$$

式中：N_{xi}——第 i 把刀具切土时引起的轴承水平反力消耗的功率；

R_{xi}——第 i 把刀具引起的轴承水平反力；

V——机器的实际速度。

③驱动轮滑转损失功率 N_δ

$$N_\delta = P_k (V_T - V) \tag{42}$$

式中：P_k——动轮切线牵引力；

V_T——机器的理论速度。

④克服机器滚动阻力所消耗的功率 N_f

$$N_f = P_f V \tag{43}$$

式中：P_f——机器滚动阻力。

⑤转鼓传动系的功率损失 N_{mR}

$$N_{mR} = N_R (1 - \eta_{mR}) / \eta_{mR} \tag{44}$$

$$N_R = N_{RP} + N_x \tag{45}$$

式中：N_R——转鼓轴上的驱动功率；

η_{mR}——转鼓传动系的效率。

⑥行走传动系的功率损失 N_{mk}

$$N_{mk} = N_k (1 - \eta_{mk}) / \eta_{mk} \tag{46}$$

$$N_k = N_f + N_\delta - N_x \tag{47}$$

式中：N_k——驱动轮上的驱动功率；

η_{mk}——行走传动系的效率。

⑦分动箱的功率损失 N_m

$$N_m = (N_{Re} + N_{ke})(1 - \eta_m) / \eta_m \tag{48}$$

$$N_{Re} = N_R + N_{mR} \tag{49}$$

$$N_{ke} = N_k + N_{mk} \tag{50}$$

式中：N_{Re}——分动箱流至转鼓传动系的功率；

N_{ke}——分动箱流至行走传动系的功率；

η_m——分动箱效率。

从图 17 中可列出以下的功率平衡方程：

$$N_{ke} = N_k + N_{mk}$$

$$N_e = N_B + N_{ec}$$

$$N_{ec} = N_{Re} + N_{ke} + N_m$$

$$N_{Re} = N_R + N_{mR}$$

$$N_R = N_{RP} + N_x$$

$$N_k = N_f + N_\delta - N_x$$

由此可得发动机的功率平衡方程为：

$$N_e = N_B + N_{RP} + N_f + N_\delta + N_{mR} + N_{mk} + N_m \tag{51}$$

(2)R_x 与 P_f 反向而且 $R_x > P_f$

此时 R_x 成为推动机器前进的动力，它通过地面反馈至驱动轮，再经行走传动系、分动箱和转鼓传动系传至转鼓，从而在驱动轮和转鼓之间形成一循环功率流。由驱动轮经行走传动系传来的功率 N_{ke}，与发动机输出的自由功率 N_{ec} 在分动箱汇合并经转动系传至转鼓，消耗在克服刀具工作阻力矩 M_{RP} 和水平推力 R_x 所作之功中(图 18)。

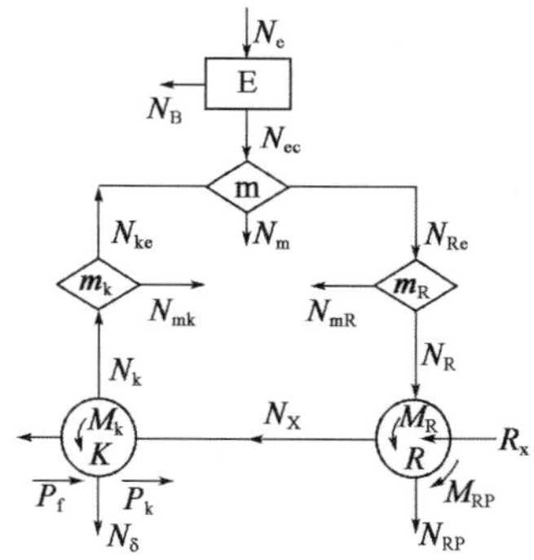

图 18　发动机动率的分配和消耗($R_x > P_f$)

E-发动机；m-分动箱；m_k-行走传动系；m_R-转鼓传动系；K-驱动轮；R-转鼓

在计算各部分功率之分配与消耗时：

①驱动轮在水平推力 R_x 之作用下将产生实际速度大于理论速度的滑移现象，因而驱动轮与地面之间的相对速度损失将不是滑转损失而是滑移损失。这一损失可按下式计算：

$$N_\delta = P_k(V - V_T) \tag{52}$$

②行走传动系中的功率流向将相反，即由驱动轮流至分动箱，此时行走传动系中的功率损失 N_{mk}，可按下式计算：

$$N_{mk} = N_k(1 - \eta_{mk}) \tag{53}$$

③流向转鼓传动系的功率流。将不是发动机输出自由动率的一部分，而是由发动机自由功率 N_{ec} 和行走传动系传递的功率 N_{ke} 汇合而成的功率流。此时分动箱的功率损失应按下式计算：

$$N_m = (N_{ec} + N_{ke})(1 - \eta_m) \tag{54}$$

功率传递各环节所传递的功率和损失见表 7。

功率传递各环节所传递的功率和损失　　表 7

传递环节	传递功率	功率损失与消耗
地面—驱动轮	输入：$N_{Pk} = P_k \cdot V$ 输出：$N_k = P_k \cdot V_T$	$N_\delta = N_{Pk} - N_k = P_k \cdot (V - V_T)$
驱动轮—分动箱	输入：$N_{Pk} = P_k \cdot V$ 输出：$N_{ec} = N_k \cdot \eta_{mk}$	$N_{mk} = N_k \cdot (1 - \eta_{mk})$
分动箱	输入：$N_{ec} + N_{ke}$ 输出：$N_{Rc} = (N_{ec} + N_{ke})\eta_m$	$N_m = (N_{ec} + N_k)(1 - \eta_m)$
转鼓—土壤	输入：$N_R = N_{RP} + N_x$ 输出：$N_x = \sum_{i=1}^{n} N_{xi} = \sum_{i=1}^{n}\int_{\theta_1}^{\theta_2} R_{xi} V d\theta$	$N_{RP} = \sum_{i=1}^{n} M_{RPi} = \sum_{i=1}^{n}\int_{\theta_1}^{\theta_2} P_{Pi} V_P d\theta$

续上表

传 递 环 节	传 递 功 率	功率损失与消耗
转鼓—地面	输入：$N_x = \sum_{i=1}^{n} N_{xi} = \sum_{i=1}^{n} \int_{\theta_1}^{\theta_2} R_{xi} V \mathrm{d}\theta$	$N_f = N_x - N_{Pk} = P_f V$
	输出：$N_{Pk} = P_k \cdot V$	
分动箱—转鼓	输入：$N_{Re} = (N_{ec} + N_{ke})\eta_m$	$N_{mR} = N_{Re}(1 - \eta_{mR})$
	输出：$N_R = N_{Re}\eta_{me} = N_{RP} + N_x$	

从图18中可列出以下功率平衡方程：

$$N_e = N_R + N_{ec}$$

$$N_{ec} = N_{Re} + N_m - N_{ke}$$

$$N_{Re} = N_R + N_{mR}$$

$$N_{ke} = N_k - N_{mk}$$

$$N_R = N_{RP} + N_x$$

$$N_k = N_x - N_f - N_\delta$$

由此可得发动机的功率平衡方程为：

$$N_e = N_B + N_{RP} + N_f + N_\delta + N_{mR} + N_{mk} + N_m \tag{55}$$

4 土壤稳定机械工作过程的数学物理模拟方法

4.1 旋转工作部件工作过程动力学研究的简要回顾

旋转式土壤工作部件早在20世纪20~30年代就出现了，但关于旋转式机械工作过程的系统研究是从20世纪50年代开始的。在历年发表的大量文献中可以看到，从希望建立某种功率预测方法出发，这些研究工作大体上是沿着两条基本路线在发展的：一条可以称为平均比功法，另一条则可称为转矩合成法。

(1)平均比功法

在各类旋转工作部件工作过程的研究中，以苏联学者为首，包括波兰等国家的学派一直遵循着这一基本方法，它的奠基人是 А. Д. Далин、П. В. Павлов、H. Bernacki 等人。这一方法的基本思想是将旋转刀具的工作总阻力分解为切削阻力和抛掷阻力两部分。与之相应，克服这些阻力所消耗的功则分解为切削功和抛掷功，它们分别按切削和抛掷单位体积的土块所消耗的功来计算。

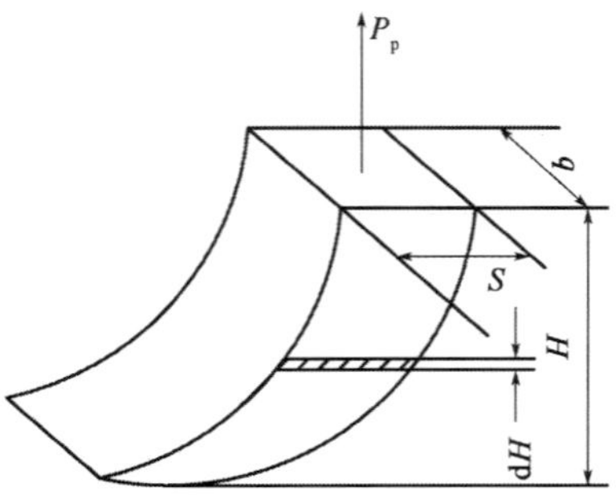

图19 平均切削比功的计算示意图

在求解切削比功时，假设每把刀具的平均切削阻力 P_P 与切屑水平断面的面积 Sb（在任一切深的水平断面，其值是不变的）成正比（图19），亦即：

$$P_P = k_P Sb \tag{56}$$

式中：k_P——切削比阻。

在切削单元体积的切屑时克服 P_P 力所作之功 $\mathrm{d}A_P$ 为：

$$\mathrm{d}A_P = P_P \mathrm{d}H = k_P Sb \mathrm{d}H$$

因此,切下整条切屑所消耗之功为:

$$A_{\mathrm{P}} = \int_0^H k_{\mathrm{P}} Sb\mathrm{d}H = k_{\mathrm{P}} SbH \tag{57}$$

切削比功 a_{p} 则为:

$$a_{\mathrm{p}} = \frac{A_{\mathrm{P}}}{SbH} = k_{\mathrm{P}} \tag{58}$$

在求解抛掷比功时,假设抛掷土块所消耗的能量 A_{OT}与土块的质量和切削速度的平方 v_{p}^2 成正比,亦即:

$$A_{\mathrm{OT}} = k_{\mathrm{OT}} \frac{\gamma SbH}{g} v_P^2 \tag{59}$$

式中:γ——土的容重;

g——重力加速度;

k_{OT}——抛掷速度系数;

v_{P}——切削速度。

由此,抛掷比功 a_{OT}为:

$$a_{\mathrm{OT}} = \frac{A_{\mathrm{OT}}}{SbH} = \frac{k_{\mathrm{OT}}\gamma v_{\mathrm{P}}^2}{g} \tag{60}$$

平均比功法虽然以十分简单的方式给出了功率预测的方法,但并无严格的理论依据,因此,它所给出的只能是一种十分粗糙的功率估计值。如对平均比功法的实质进行更为详细的分析,将可看到平均比功法在哪些环节上做出了重大假设以及这些假设如何歪曲了刀具的实际工作过程。

设作用在一把刀具上的切削阻力 P_{P},它的方向沿着刀刃轨迹的切线方向(图20)。在 P_{P} 力的作用下刀具走过 dl 的弧长。此时为克服 P_{P} 力所消耗的切削功 dA_{P} 为:

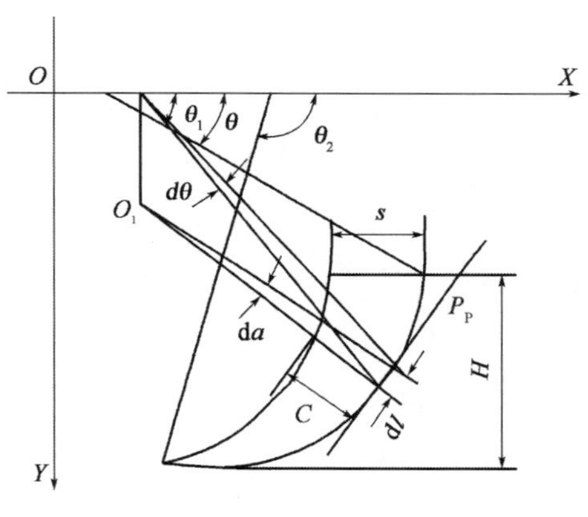

图20　切削功计算示意图

$$\mathrm{d}A_{\mathrm{P}} = P_{\mathrm{P}}\mathrm{d}l = P_{\mathrm{P}}\rho\mathrm{d}\alpha$$

式中:ρ——轨迹在 P 点处的曲率半径;

dα——瞬心 O_1 相对弧长增量 dl 的中心角。

由于:

$$P_{\mathrm{P}} = k_{\mathrm{P}} Cb$$

式中:k_{P}——切削比阻;

C——切屑厚度;

b——切屑宽度。

因此,$\mathrm{d}A_{\mathrm{P}} = k_{\mathrm{P}} Cb\rho\mathrm{d}\alpha$

如假定 $C = S\cos\theta$,则 $\mathrm{d}A_{\mathrm{P}} = k_{\mathrm{P}} S\ b\rho\mathrm{d}\alpha\cos\theta$。

如再假定曲率半径 ρ 为一常量且等于刀刃之转动半径 R,亦即假定转鼓的前进速度为零,则 $r = 0$,而 $\rho = R$,$\mathrm{d}\alpha = \mathrm{d}\theta$。由此:

$$A_{\mathrm{P}} = k_{\mathrm{p}} SbR \int_{\theta_1}^{\theta_2} \cos\theta\mathrm{d}\theta = k_{\mathrm{P}} SbR(\sin\theta_2 - \sin\theta_1)$$

如再假定:$\theta_2 = \pi/2$,则 $A_{\mathrm{P}} = k_{\mathrm{p}} SbR(1 - \sin\theta_1) = k_{\mathrm{P}} SbH$。

因此,切削比功 a_{P} 为:

$$a_{\mathrm{P}} = \frac{A_{\mathrm{P}}}{SbH} = k_{\mathrm{P}}$$

由于平均比功法在一些重要环节上做出了显然不符合实际的假设,导致完全忽略了“切屑”纵断面形状(它本身是由参数 R/r 和进给 S 决定的)、切削速度、切削弧长和转鼓半径的影响。然而大量的试验资料表明,切屑速度、切屑形状、转鼓半径等因素对于工作过程的能量消耗有着重大的影响。平均比功法在理论上缺乏必要的严格性,在实际上又忽略了许多起重要作用的影响因素,因而只能是一种十分粗糙的估算法。为了改进平均比功法的缺点,在苏联以及国内的一些文献中曾提出采用一系列经验的修正系数来分别考虑诸如进给 S、切削速度 V_{P}、转鼓半径 R 等的影响,从而对切削比阻 k_{P} 做出某种修正,但是它并不能从根本上弥补平均比功法所存在的缺陷。

(2)扭矩合成法

日本自20世纪60年代以来发表有大量关于旋耕部件工作过程和功率预测的研究文献,它们大都遵循扭矩合成的原则。这一方法的基本思想是将转鼓轴上每转所需的平均扭矩看成每把刀具作用扭矩的合成结果,并且认为土壤的切削、破碎和抛掷过程实际上是同时完成的,因而是不可分割的。因此,由实验测定的单把刀具的工作扭矩包含了切削、破碎、抛掷土坡所需的全部扭矩。利用曲线拟合的办法可以获得在某种典型使用条件下(土壤条件、刀具类型、工况参数)作用在单把刀具上的工作扭矩随转角而变化的经验公式。为了考虑刀具排列和布置方式的影响,发表了许多研究旋耕刀具排列设计理论的文献,进一步完善了扭矩合成法。

扭矩合成法显然在理论上给出了一种更为合理的功率预测方法。然而建立在曲线拟合基础上的转鼓轴上扭矩和水平、垂直反力的经验公式通常是根据某种典型土壤条件和工况条件给出的,因而同样无法考虑诸如切削速度、切屑形状、转鼓半径等因素的影响。

由于以上这些原因,大量研究文献所提供的资料往往只能对旋转刀具的工作过程做出某种定性的分析,而要根据它们对工作过程的工作阻力和功率消耗进行比较精确的定量分析则仍是困难的。尤其是对土壤稳定机械来说,十分重要的是缺乏为建立某种比较严格的性能预测方法所必需的基础资料。

本节介绍了长安大学(原西安公路学院)工程机械中心试验室对土壤稳定机械工作过程所进行的试验研究以及在此基础上建立的动力学模型和性能预测的数学物理模拟方法。

4.2 旋转工作部件工作过程的动力学模型与数学物理模拟方法

由于土壤是一种由不同比例的固、液、气组成的复杂的三相系统,它的物理力学特性带有很大的不确定性和多变性。因此,在研究工作部件与土壤的相互作用过程时,建立一种完全依靠数学模型和纯理论分析的方法往往是十分困难的。土壤性质的多变性和理论分析所引入的假设常常使性能预测结果的误差过大而失去实际意义。纯粹的经验方法无法对旋转工作部件与介质相互作用的复杂过程做出合乎理论的解释,也无法根据不同的工作条件对工作过程进行定量的计算分析。将数学模拟和物理模拟适当地结合起来,对于研究旋转工作部件与土壤的相互作用过程可能是一种很有前景的方法。这一数学物理模拟方法的指导思想是:首先将工作过程分解为能进行独立研究的若干基础环节;其次,对于那些能建立可靠的数学模型和理论分析的环节,则采用数学模拟的方法;第三,对于那些只能采用实验分析的环节,则尽可能在已知物理定律的基础上利用相似技术来建立各因素之间的准则方程;第四,对于那些涉及较多土壤物理力学特性的过程,则利用某种简单的实验方法进行直接的物理模拟。

应该指出,将理论分析与物理模拟结合起来的思想并非最近才提出来的,但是近代数学物理模拟方法是建立在相似物理模型和计算机模拟技术之基础上的,因而是一种更为科学的研究方法。

根据上述指导思想,旋转工作部件的工作过程首先可分解为若干单把旋转刀具的工作过程,亦即将这一工作过程看成为各单刀工作过程共同作用的结果。

为了探索进一步分解单刀工作过程的可能性,西安公路学院工程机械中心试验室在 108m × 7.8m ×

2.5m 的实物土槽中进行了大量的试验研究工作，并研制了专供研究土壤稳定机械工作过程用的试验装置。

图 21 展示了作用在一把刀具上的动态工作阻力(扭矩)之典型时间历程记录。从图 21 中可看到：当刀具开始切入土壤时由于刀具对土体的撞击作用，在极短的瞬时内，转鼓转速有瞬间的减慢(表现为转角脉冲的时间间隔增大)，同时切削阻力则急剧增长，至 θ_1 角时达到其最大值。这一数值在相位上落后于 C_{max} 的事实表明了在此阶段内起主要作用的是刀具冲击压缩土壤所引起的动态阻力，随后，转鼓转速迅速恢复稳定，工作过程进入一平稳的高速切削阶段，当刀具转过角 θ_2 时，切屑厚度等于零，切削阻力显然已不复存在，但此时工作阻力并不等于零，仍保持相当的数值。这一阻力显然是由于抛掷土块而引起的，它在转鼓高速旋转的工况下可在总阻力中占很大的比重，随后，工作过程进入纯粹抛土的阶段。在这一阶段抛掷阻力随转角的增大而逐步减弱，至 θ_3 时抛掷阻力达零而整个工作过程到此结束。从这一典型的时间历程图中可看到，旋转刀具的工作过程可分成三个阶段：①入土阶段——从刀具切入土体开始至切削速度恢复稳定值止；②稳定切削阶段——从切削速度进入稳定值起至切屑厚度达零止；③纯粹抛土阶段——从切削厚度达零起至抛土阻力消失止，对这三个基础环节的物理力学本质之研究，构成了旋转工作部件工作过程数学物理模拟方法的基础。

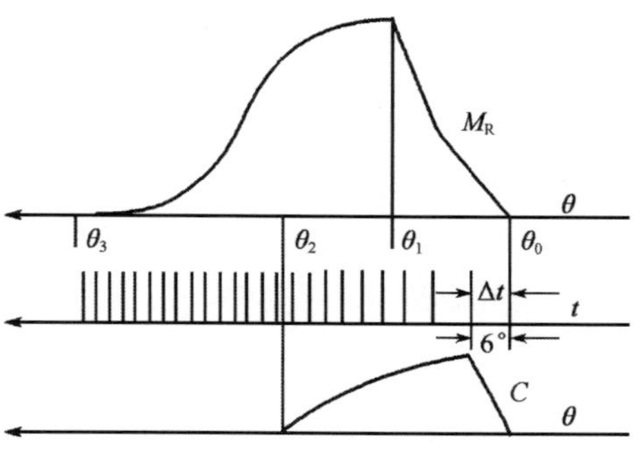

图 21　旋转刀具工作阻力(扭矩)的时间历程图

1)旋转工作部件与平移工作部件切削土壤的共同点与普遍性

前文分析了旋转工作部件土壤切削过程的特殊性。由于这种特殊性，简单地应用平移工作部件的物理模拟方法和试验资料显然是不合理的。但是在分析两者的差异时，仍应看到就楔形刀具从土壤母体分离切屑的过程来看，两者之间仍然存在着某些共同点与普遍性，它们主要表现在：

(1)就微观的单元切屑而言，曲线轨迹与直线轨迹是等价的，而旋转刀具在某一瞬时的切削过程即相当于一平移刀具的切削过程，而旋转刀具的整个切削过程则等价于无穷多变厚度的微小单元平移切削过程之总和。

(2)当旋转刀具进入稳定切削阶段之后，动态切削阻力的形成机理和物理模型应该与平移刀具的高速切削过程是一致的。

根据以上分析，旋转切削与平移切削在以下一些土壤切削理论的基本规律上是一致的。

①在切削宽度 b 与切削深度 h 之比 b/h 大于某一临界值(这一临界值随土壤性质而有所不同，但通常均远低于旋转刀具的切削参数 b/c)和切削速度 $V_P < 1\text{m/s}$ 的条件下，切削阻力与切屑厚度 c 及切削刃宽度 b 成正比，而静态切削比阻 k_0 为一常量，亦即：

$$P_0 = k_0 bc \qquad k_0 = \text{const}$$

采用同样的 L 型刀具所作的旋转切削与平移切削对比试验之结果(表 8)证明了这一结论是完全正确的。

旋转切削与平移切削静态比阻试验数据的概率分布特性　　表 8

统计量名称	样本数 n 或 样本长度 l(m)	均值 $\overline{X}$(MPa)	均方差 δ_{n-1}(MPa)	离差系数 $\zeta=\delta_{N-1}/\overline{X}$
旋转切削静态比阻	$n=70$	0.1439	0.0134	9.3%
平移切削静态比阻	$l=20$	0.1413	0.0062	0.044%
试验条件：切削速度 0.5m/s；切削角 45°；切削刃宽度 10cm				

②静态切削比阻随切削角 δ 之增大而呈线性变化规律，亦即：

$$k_0(\delta) = k_0(\delta_0) + k_\delta(\delta - \delta_0) \tag{61}$$

式中：δ_0——初始切削角；

k_δ——切削角影响系数。

用 L 型刀具在不同切削角下进行的旋转切削试验，证实了在静态切削比阻 k_0 与切削角 δ 之间存在着类似的线性规律(图 22)。图中的回归方程可归纳为：

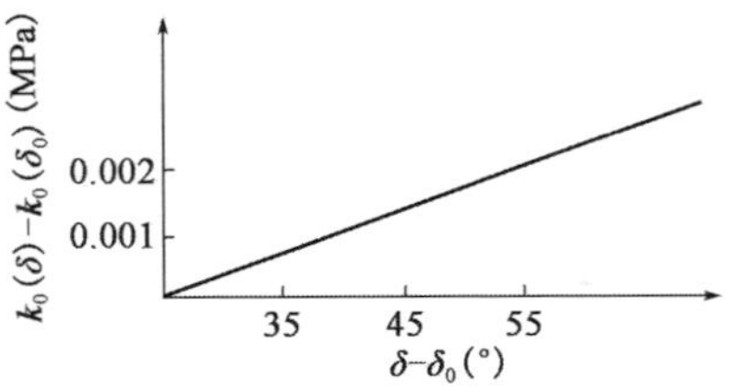

图 22　静态切削比阻与切削角关系

$$k_0(\delta) - k_0(\delta_0) = k_\delta(\delta - \delta_0) = 0.000686(\delta - \delta_0) \tag{62}$$

式中：$k_\delta = 0.000686\text{MPa}/°$。

③在高速切削的工况下，动态切削阻力之形成受到土壤变形扩散速率的制约。В. И. Виноградов 与 Г. А. Семенов 等人所作的试验证实了在土壤的断裂强度 σ_b 与加载速度 $V_д$ 之间存在着以下的线性关系：

$$\sigma_b = \sigma_0(1 + k_0 V_д)$$

式中：σ_0——当加载速度为 1m/s 时的土壤断裂强度；

k_0——比例系数。

因此，可以认为，在动态切削比阻 k_P 与切削速度 V_P 之间存在着类似的线性关系：

$$k_P = k_0(1 + k_V V_P) \tag{63}$$

式中：k_0——静态切削比阻；

k_V——切削速度系数。

2)单刀工作过程的动力学模型

(1)入土阶段

在旋转刀具以高速撞击土体的一瞬间，土壤所承受的主要是压缩变形。从机理上来说，这一过程可以用自由下落的重物撞击土壤的动态过程来模拟，并将受到动量和冲量定理的制约(图 23)。此时，动态阻力将主要取决于土壤的变形模量、转鼓和传动系统的惯量，刀具系统的刚度以及切削速度等因素。如同所有脉冲过程一样，它的能量主要取决于脉冲的强度和宽度，即动态冲击阻力的最大值与它的相应转角 θ_1。在不同试验工况下的试验结果表明在 $V_P = 3 \sim 11\text{m/s}$ 的范围内，$P_{\tau\max}$ 出现在 $\theta_1 = 15° \sim 24°$ 处且基本上不受切削速度的影响，而进入稳定切削阶段的转角 θ_1' 大约在 θ_1 之后 $3° \sim 6°$。由于这一冲击过程只有百分之几秒，而转角 θ_1' 就在 θ_1 附近，所以为了简化起见可将 θ_1' 看作等于 θ_1，而不致引起重大误差。

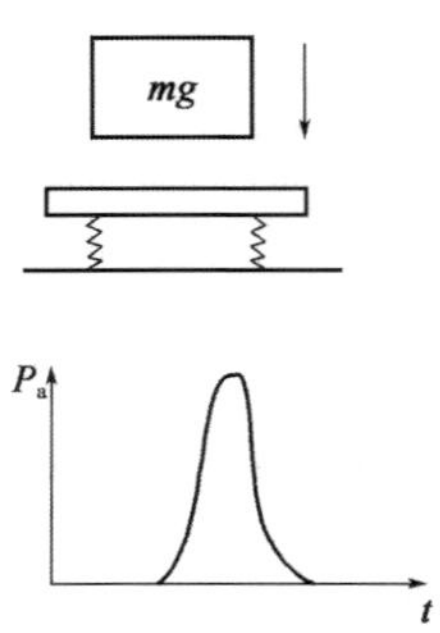

图 23　动态冲击阻力模型

确定了 θ_1 之后，动态冲击阻力的增长过程可用一冲击函数来模拟。

$$P_\tau = P_{\tau\max} \cdot \frac{e\left(2\pi\dfrac{\theta_1 - \theta}{\theta_3 - \theta_0} - \cot\pi\dfrac{\theta_1 - \theta_0}{\theta_3 - \theta}\right)}{1 - \cos 2\pi\dfrac{\theta_1 - \theta_0}{\theta_3 - \theta_0}} \cdot \left(1 - \cos 2\pi\frac{\theta - \theta_0}{\theta_3 - \theta_0}\right) \tag{64}$$

(2)稳定切削阶段

当刀具切入土壤的最初冲击消失而速度恢复稳定后，即进入了稳定切削阶段。从图 21 中可看到，这一阶段工作阻力所消耗之功占了整个工作过程总能量的主要部分。稳定切削阶段的工作阻力是由三部分组成的：①静态切削阻力 P_0；②由高速切削引起的动态切削阻力 P_d；③由抛掷土块而形成的抛掷阻力 P_{OT} 亦即：

$$P_\tau = P_0 + P_d + P_{OT} \tag{65}$$

由于切削阻力与抛掷阻力是同时发生的，所以很难直接用试验的方法将它们分别测定出来。但是对于高速切削下的动态阻力来说，与平移部件的动态切削阻力并无本质上的差别，因而可以按平移部件切土的物理模型进行模拟。对于抛掷阻力来说，则主要是使切下的土块获得一定的动能而引起的。因而从理论上说应与切削速度 V_P 的平方成正比。

应该指出，式(65)中的动态切削阻力与抛掷阻力在整个稳定切削阶段的不同时期所占的比重是不同的。当刀具开始进入稳定切削阶段时，首先是分离切屑，然后才能将切下的土块抛掷出去，因此在稳定切削的初始阶段，动态阻力主要来源于高速动态切削，而抛掷阻力则是很小的。随着切削过程的进展，抛掷作用逐渐增强，而切削阻力则随着切屑厚度的减小而逐渐下降，至稳定切削阶段结束时切削阻力为零，而此时抛掷阻力在总阻力中将占主要地位。抛掷阻力随切屑厚度减小而逐步增大的过程可近似地认为随 C 之增加而呈线性递减的关系。根据上述分析，可得：

$$P_0 + P_d = k_0(1 + k_V V_R) bC(\theta)$$

$$P_{OT} = K_{OT2}\left[1 - \frac{C(\theta)}{C(\theta_1)}\right] \tag{66}$$

式中：k_0——静态切削比阻；

K_{OT2}——切屑厚度为零($\theta = \theta_2$)时的抛掷速度系数，它是切削速度 V_P 的函数[$K_{OT2} = f(V_P)$]并与 V_P 的平方成正比。

当运动学参数较大时($\lambda > 10$)，V_P 可近似地认为等于 V_0，同时考虑到式(66)，则可将稳定切削阶段的工作阻力 P_τ 分解成式(67)所示的模型：

$$P_\tau = k_0(1 + k_V V_0) bC(\theta) + K_{OT2}\left[1 - \frac{C(\theta)}{C(\theta_1)}\right] \tag{67}$$

对单刀工作过程所作的试验研究表明了上述模型是符合实际情况的。

图24a)表示了在稳定切削开始阶段(取 $\theta_1 - \theta_0 = 18°$)，切削比阻 k_P 与圆周速度 V_0 之间的统计关系。图24b)则是在稳定切削结束时抛掷阻力 P_{OT} 与圆周速度 V_0 之间的统计关系。从图24a)和b)中可明显地看到，前者与 V_0 成正比，而后者则与 V_0 的平方成正比。

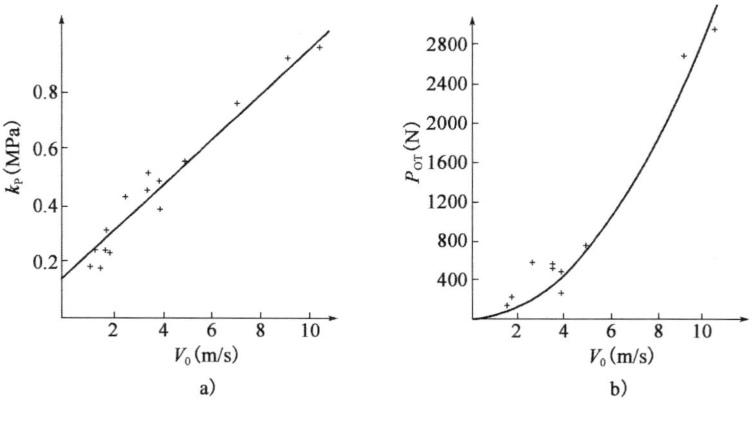

图24　切向阻力与圆周速度的关系

(3)纯粹抛土阶段

当切屑厚度降到零后工作过程即进入了纯粹抛土阶段(第二抛土过程)。在这一阶段中,工作阻力主要是由推移和抛掷松散的土壤形成的,因此阻力与土壤的坚实度并无太大关系,主要取决于被抛掷土块的质量与抛掷速度。从机理上来说,抛土过程主要是使一定质量的土块获得一定的速度。因而受到动能定理的制约。

设刀具移动一微小距离 $\mathrm{d}l$ 时,从刀刃上抛出质量为 $\mathrm{d}m$ 的土块,此时抛掷力 P_{OT}所作功即转化为土块带有的动能,按照动能定理有:

$$\frac{1}{2}\mathrm{d}mV_{OT}^2 = P_{OT}\mathrm{d}l \tag{68}$$

式中:V_{OT}——被抛掷土块所获得的速度。

考虑到 $\mathrm{d}m = \gamma \mathrm{d}V/g$,则式(68)可改为:

$$\frac{1}{2}\frac{\mathrm{d}V}{g}\gamma V_{OT}^2 = P_{OT}\mathrm{d}l \tag{69}$$

式中:$\mathrm{d}V$——微小单元的抛土体积;

γ——松土的容量。

对于同一类型刀具的土块抛掷过程,可以认为是物理相似的。考虑到 V_{OT}与 V_0 之间存在着一定的关系,根据式(14)可构造出以下的相似准则:

$$\pi = \frac{P_{OT}}{\dfrac{\mathrm{d}V}{\mathrm{d}l}\cdot\dfrac{\gamma}{g}V_0^2} = idem \tag{70}$$

考虑 $\mathrm{d}V$ 主要取决于刀宽 b 和刀翼推土的高度 $l_0\sin\delta$,亦即 $\mathrm{d}V \propto bl_0\sin\delta$ (图 25)。

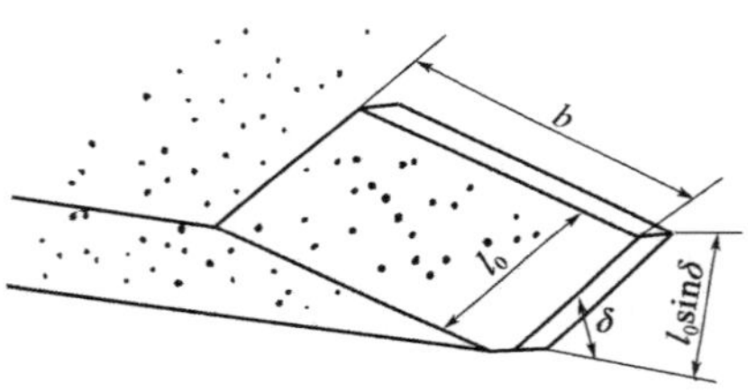

图 25　单元抛土体积 dV 的计算示意图

则上式可改写为:

$$\pi = \frac{P_{OT}}{bl_0\sin\delta\dfrac{\gamma}{g}V_0^2} = \varepsilon = idem \tag{71}$$

由此可得:

$$P_{OT} = \varepsilon bl_0\sin\delta\frac{\gamma}{g}V_0^2 \tag{72}$$

稳定切削阶段结束时的抛掷阻力显然就是抛土阶段开始时的抛掷阻力,因此,当 $\theta = \theta_2$ 时(切屑厚度为零),$P_{OT} = K_{OT2}$,抛掷系数 $\varepsilon(\theta_2)$与抛掷速度系数 K_{OT2}之间存在着以下关系:

$$\varepsilon(\theta_2) = \frac{K_{OT2}}{bl_0\sin\delta\dfrac{\gamma}{g}V_0^2} = k_{OT2} \tag{73}$$

抛掷系数 ε 是一相似不变量,它随转角而变化的曲线反映了由离心力、重力、摩擦力决定的抛掷质量随抛土过程之进展而逐步减少的规律,并可通过试验来确定。

应该指出,纯粹抛土过程的持续转角并非为一常值,而是随切削速度之增大而增大的。图 26 显示了由试验获得的 $\theta_3 - \theta_2$ 随 V_0 变化而变化的关系,试验数据的回归方程经处理后可归纳为(回归方程的相关系数为 0.995):

$$\theta_3 - \theta_2 = 2.114V_0^{1.65} \tag{74}$$

由此可见,抛掷系数随转角而变化的曲线对于不同的 V_0 是不同的,但它作为一相似不变量与转角的相对量之间的关系同样应是相似不变的。图 27 是在不同的切削速度下由实验获得的 $\varepsilon/\varepsilon(\theta)$ 与 $(\theta_3 - \theta)/\varepsilon(\theta_3 - \theta_2)$之间的函数关系。可以看出,在 $\varepsilon/\varepsilon(\theta_2)$ 从 1 下降至 0.3 的阶段,试验数据的离散程度是很小的。因此采用曲线拟合的方法来表述这一准则方程可获得很高拟合精度，只是在 $\varepsilon/\varepsilon(\theta_2)$ 小于0.3以下时误差才稍大，但此时 ε 本身已相当小，误差对抛掷功率的影响已很微弱了。因此，可以认为由试验数据处理获得的准则函数完全可作为预测抛掷功率的基础。

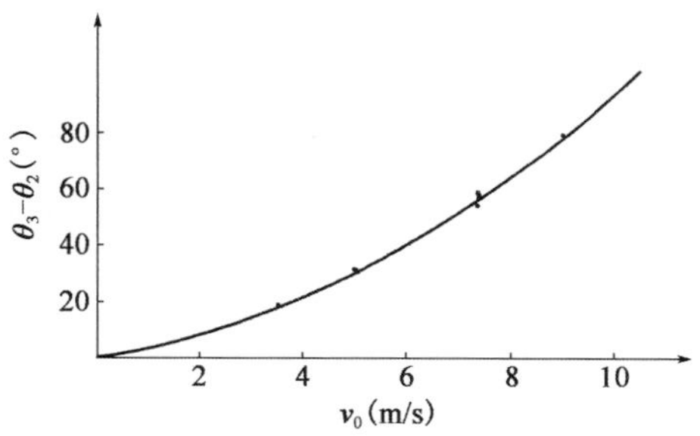

图26　抛土过程持续转角随切削速度而变化的关系

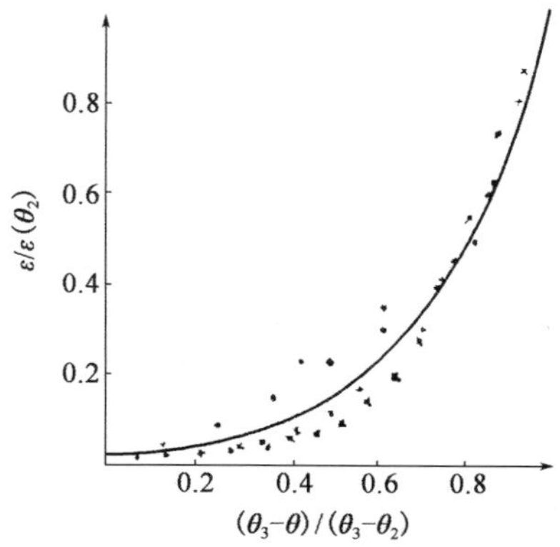

图27　抛掷系数随转角而变化的关系

3）旋转工作部件工作过程的数学物理模拟方法

前述试验研究的结果充分证实了旋转刀具入土、稳定切削、纯粹抛土阶段的动力学过程服从于不同的物理规律，因而对它们采用分段模拟的方法来建立单刀工作过程的动力学模型是完全可能和合理的。考虑到稳定切削阶段在工作过程功率消耗中所占的主要地位，可以将稳定切削作为数学物理模拟的基础，并由此确定与前后阶段交接处的边界条件。这样单刀工作过程的切向阻力随转角而变化的进程可利用三个不同性质的模型来加以模拟。

数学物理模拟方法的任务就是要根据模型的不同性质分别采用直接物理模拟或相似准则的方法来确定各模型中的相应系数，然后通过数学分析的方法来确定它们之间的边界条件和切向阻力随转角而变化的规律以及计算工作过程的各项动力学指标。对于高速稳定切削阻力，可采用式(66)所示平移切削模型通过直接物理模拟的方法来确定模型中的各项系数：

$$P_0 + P_d = k_0(1 + k_V V_P)bC(\theta)$$

此种试验可利用旋转切削刀具作平移切削试验或旋转切削试验来获取，也可以利用平移切削已经积累的大量试验资料经过切削模式的换算来求取。

式(75)是当L型刀具作高速旋转切削试验时获得的动态切削比阻随切削速度而变化的函数关系(参看图24a)：

$$k_P = 0.144g(1 + 0.531V_0) \tag{75}$$

将式(75)与式(63)作对照，可获得切削速度系数 k_V：

$$k_V = 0.531s/m \tag{76}$$

对抛掷阻力可采用式(17)所示的模型来模拟。这一模型中的抛掷系数是一个相似不变量，它只与刀具的形式和工作方式(正转或反转)有关，对于正转切削的L型刀具 ε 随转角 θ 而变化的准则方程可用一指数函数来拟合(参看图27)：

$$\varepsilon = \varepsilon(\theta_2)e^{-3.87\left(1 - \frac{\theta_3 - \theta}{\theta_3 - \theta_2}\right)} \tag{77}$$

式(77)中的 $\varepsilon(\theta_2)$ 为纯粹抛土段开始时的抛掷系数，它可由式(78)来确定，抛掷速度系数 K_{OT2} 本身则由 $P_{OT2} = K_{OT2}V^2$ 的回归方程确定为 $27.7Ns^2/m^2$(参看图24b)，由此可确定：

$$\varepsilon(\theta_2) = \frac{27.7g}{bl_0\sin\delta\gamma} = 3.954 \tag{78}$$

这样,旋转工作部件工作过程的数学物理模拟方法可归纳为以下的具体步骤:

(1)确定稳定切削起始角 θ_1,在切削速度为 5 ~ 10m/s 的范围内可取 $\theta_1 - \theta_0 = 17° \sim 21°$(速度高时取上限);

(2)确定稳定切削终止角 θ_2:

$$\theta_2 = \left[\frac{\pi}{2} + \frac{S}{2(R-r)} \times 57.3\right] \quad (°)$$

(3)确定工作过程终止角 θ_3:

$$\theta_3 = \theta_2 + 2.114V_0^{1.65} \quad (°)$$

(4)按刀刃轨迹的运动学关系:

$$x_i' = r\theta_i' + R\cos\theta_i' - S$$

$$y_i' = R\sin\theta_i'$$

$$(y_i' - r)(x_i - r\theta_i) = (x_i' - r\theta_i)(y_i - r)$$

求解与转角相应的轨迹上一点(x_i, y_i)之法线和相邻轨迹的交点之坐标。

(5)按关系式:

$$C = \sqrt{(x_i - x_i')^2 + (y_i - y_i')^2}$$

计算与转角 θ 相应的切屑厚度 $C(\theta)$ 以及与 θ_1 相应的 $C(\theta_1)$;

(6) 用直接物理模拟的方法确定静态的切削比阻 $k_0(\delta_0)$ 和切削速度系数 k_V(对于 L 型刀具作正转切削时可取 $k_V = 0.531\text{s/m}$);

(7)按每把刀具的边界条件计算切削模式折算系数(计算方法见 4.3.1 旋转工作部件刀具的切削模式);

(8)按下列关系式计算静态切削比阻 k_0:

$$k_0 = k_n[k_0(\delta_0) + k_\delta(\delta - \delta_0)] \quad (\text{N/cm}^2)$$

式中:k_δ——切削角影响系数,(对于 L 型刀具可取 $k_\delta = 0.0686\text{N/cm}^2$);

(9)按关系式 $P_{\tau\max} = k_0(1 + k_V V_0)bC(\theta_1)$ 求取 $P_{\tau\max}$;

(10)按下列动力学模型确定旋转工作部件工作过程切向阻力 p_τ 随转角而变化的函数关系:

$$\theta_0 \leqslant \theta \leqslant \theta_1$$

$$P_\tau = P_{\tau\max} \cdot \frac{e\left(2\pi\dfrac{\theta_1 - \theta}{\theta_3 - \theta_0} - \cot\pi\dfrac{\theta_1 - \theta_0}{\theta_3 - \theta}\right)}{1 - \cos2\pi\dfrac{\theta_1 - \theta_0}{\theta_3 - \theta_0}} \cdot \left(1 - \cos2\pi\frac{\theta - \theta_0}{\theta_3 - \theta_0}\right)$$

$$\theta_1 \leqslant \theta \leqslant \theta_2$$

$$P_\tau = k_0(1 + k_V V_0)bC(\theta) + bl_0\sin\delta\frac{\gamma}{g}\varepsilon(\theta_2)V_0^2\left[1 - \frac{C(\theta)}{C(\theta_1)}\right] \quad (\text{N})$$

$$\theta_2 \leqslant \theta \leqslant \theta_3$$

$$P_\tau = \varepsilon(\theta_2)e^{-a\left(1 - \frac{\theta_3 - \theta}{\theta_3 - \theta_2}\right)} \cdot bl_0\sin\delta\frac{\gamma}{g}V_0^2 \times 10^2 \quad (\text{N})$$

$$P_{\tau\max} = k_0(1 + k_V V_0) b C(\theta_1) \qquad (\mathrm{N})$$

$$k_0 = k_n[k_0(\delta_0) + k_\delta(\delta - \delta_0)] \qquad (\mathrm{N/cm^2})$$

式中：k_n——切削模式折算系数；

$k_0(\delta_0)$——切削角为 δ_0 时的静态切削比阻（$\mathrm{N/cm^2}$）；

k_δ——切削角影响系数（对于 L 型刀具可取 $k_\delta = 0.0686\mathrm{N/cm^2}$）；

k_V——切削速度系数（对于 L 型刀具可取 $k_V = 0.531\mathrm{s/m}$）；

$\varepsilon(\theta_2)$——与转角 θ_2 相应的抛掷系数，可通过试验获取[对于正转切削的 L 型刀具可取 $\varepsilon(\theta_2) = 3.954$]；

a——抛掷系数的指数函数拟合曲线之指数（对于正转切削的 L 型刀具可取 $a = 3.87$）；

b——切削刃宽度（cm）；

$C(\theta)$——与转角 θ 相应的切屑厚度（cm）；

$C(\theta_1)$——与转角 θ_1 相应的切屑厚度（cm）；

l_0——刀翼高度（cm）；

δ——切削角（°）；

V_0——刀刃圆周速度（m/s）；

γ——松土重度（$\mathrm{N/cm^3}$）；

g——重力加速度（$\mathrm{m/s^2}$）；

θ_0——入土起始角（°）；

θ_1——稳定切削起始角（°）；

θ_2——稳定切削终止角（°）；

θ_3——工作过程终止角（°）。

4.3　土壤稳定机械工作过程功率消耗的预测

4.3.1　旋转工作部件刀具的切削模式

旋转工作部件与平移工作部件切土过程的一个重要不同点是它的刀具由于排列方式的不同而在工作过程中可能遇到不同的边界条件。因此，在将单刀模型上获得的结果扩展到多列刀具的切土过程时，还必须考虑由于不同边界条件而引起的切削模式对切削比阻的影响。应该指出，尽管这些边界条件可能是多种多样的，但各种边界条件最终均可分解为以下四种基本模式（图 28）。

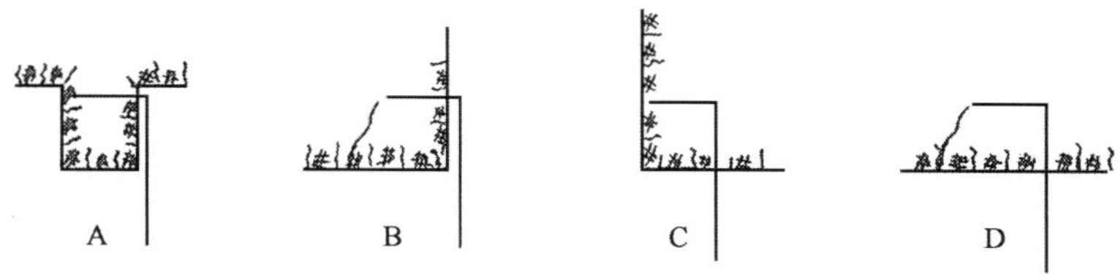

图 28　旋转刀具切削的基本模式

这四种模式的切削比阻之间存在着以下关系：

$$K_A = K_B + K_C - K_D$$

Sohne W 在土槽中对 L 型刀具的这几种切削模式做了大量比较试验，获得了各种切削模式之间的比例关系：

$$\frac{K_A}{K_D} = 0.308, \frac{K_B}{K_D} = 0.462, \frac{K_C}{K_D} = 0.8 \tag{79}$$

在旋转工作部件的实际切土过程中，切削的水平断面是由复杂的边界条件决定的。但对于一给定的刀具排列布置方式，总可归纳为少数几种不同类型的切屑断面，例如对于多头螺旋线的排列方式，可归纳为两种水平断面形状（图29）。

如图29a）与图29b）所示，将水平断面分解为基本切削模式后，其等效的切削比阻 k_0 可由叠加原理求出：

对于图29a）：

$$k_0 = \frac{K_D A_D + K_B A_B + K_A A_A}{A_A + A_B + A_D} = \frac{A_D + \frac{K_B}{K_D} A_B + \frac{K_A}{K_D} A_A}{A_A + A_B + A_D} K_D = k_n \cdot K_D$$

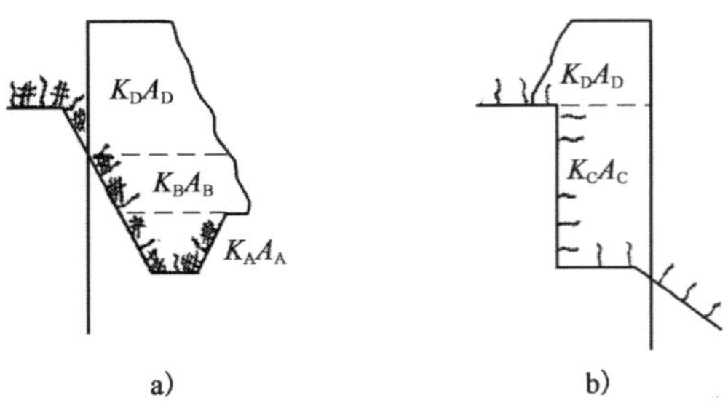

图29　两种水平断面形状

由此可得切削模式折算系数 k_n：

$$k_n = \frac{A_D + \frac{K_B}{K_D} A_B + \frac{K_A}{K_D} A_A}{A_A + A_B + A_D} = \frac{k_0}{K_D}$$

对于图29b）：

$$K_0 = \frac{K_D A_D + K_C A_C}{A_D + A_C} = \frac{A_D + \frac{K_C}{K_D} A_C}{A_D + A_C} K_D = k_n K_D$$

$$k_n = \frac{A_D + \frac{K_C}{K_D} A_C}{A_D + A_C} = \frac{k_0}{K_D}$$

4.3.2　切向工作阻力的功率消耗

在单刀动力学模型的基础上即可用积分的方法求取一把刀具的切向阻力在一个工作循环中（旋转一周）所消耗的平均功率：

$$\begin{aligned} N_{Pi} &= \frac{1}{2\pi}\int_{\theta_0}^{\theta_3} P_{\tau i} V_P \mathrm{d}\theta \\ &= \frac{1}{2\pi}\int_{\theta_0}^{\theta_3} P_{\tau i} \sqrt{1 - \frac{2R}{r}\sin\theta + \left(\frac{R}{r}\right)^2} \cdot \mathrm{d}\theta \end{aligned} \tag{80}$$

带有 n 把刀具的旋转工作部件克服切向阻力所消耗的平均功率为：

$$N_P = \sum_{i=1}^{n} N_{Pi} = \frac{1}{2\pi}\sum_{i=1}^{n}\int_{\theta_0}^{\theta_3} P_{\tau i} \sqrt{1 - \frac{2R}{r}\sin\theta + \left(\frac{R}{r}\right)^2} \cdot \mathrm{d}\theta \tag{81}$$

5　土壤稳定机械的作业质量

土壤稳定技术是现代高等级公路基层和底基层修筑中广泛采用的加固和改良土壤的方法。土壤与稳定剂掺和的均匀性直接影响着稳定土的加固强度。当土壤和稳定剂拌和不均匀时，必然是一部分稳定土中稳定剂含量低于平均值，而另一部分稳定剂含量高于平均值。而稳定剂含量平均值则是由试验室内获得的曲线按照强度指标确定的最佳值，如图30所示（引自长安大学“石灰加固黄土的研究”）。从图中可以看出，西安黄土加固强度随石灰剂量而变化的关系，当龄期180d时，最佳石灰剂量为15%。显然，石灰剂量偏离15%时稳定土强度将降低，例如石灰剂量从15%降低到12%时，稳定土的强度下降6.7%。由此可见，土壤稳定机械作业质量的好坏将直接影响稳定剂作用的发挥和所加固土壤的强度。

5.1　作业质量的评价指标

土壤稳定机械使用性能的一个重要方面是它在作业工艺质量方面的性能，机器作业的工艺质量可按以下三项指标来评价：

（1）被处理土壤的粉碎程度它可以用土壤团块的粒径分布曲线（图31）和它们的平均粒径 d_m 来表示。d_m 可用筛分法求取，计算公式为：

$$d_m = \sum P_i d_i \tag{82}$$

式中：P_i——通过某一筛孔直径的土的重量百分比；

d_i——筛孔直径（圆孔筛）。

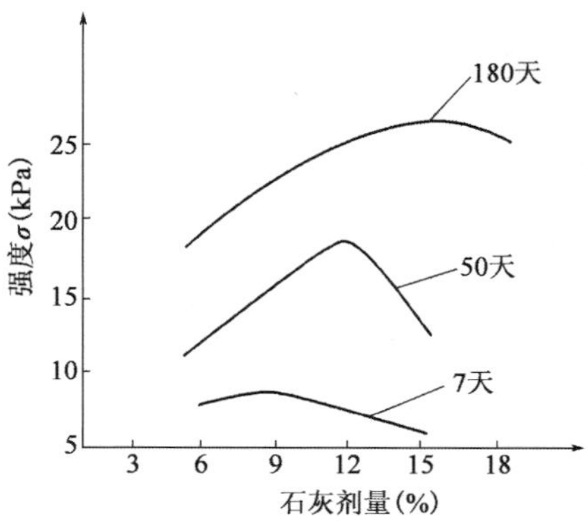

图30　西安黄土——石灰剂量与强度的关系

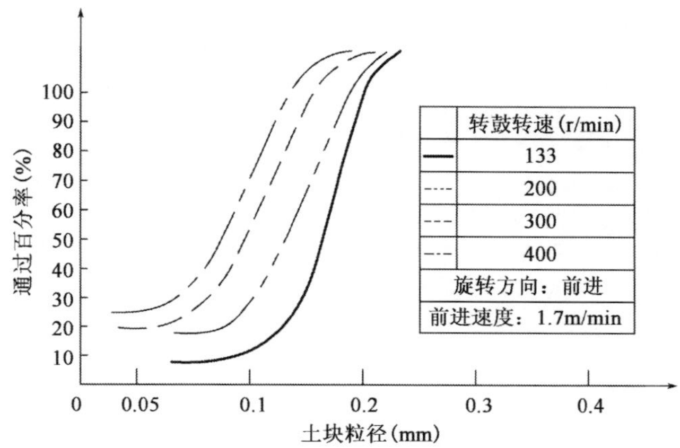

图31　土壤团块的分布曲线

（2）土壤与添加剂在不同深度处的混合均匀程度它可用在 XY 平面内的不同点（图32）在不同深度处的添加剂含量相对于该点平均含量之相对偏差 δ_{xyz} 在纵向（沿机器前进方向）和横向（垂直于机器前进方向）断面内不同深度处添加剂含量的平均不均匀度 $\bar{\delta}_{xi}$ 和 $\bar{\delta}_{yj}$，在整个 XY 平面内不同深度处添加剂含量的平均不均匀度 $\bar{\delta}_{xy}$ 以及它们的标准离差 σ_{xi}、σ_{yi}、σ_{xy} 和离差系数 ξ_{xi}、ξ_{yi}、ξ_{xy} 来表示，它们的计算公式为：

$$\delta_{xyz} = \frac{C_{xyz} - \bar{C}_{xy}}{\bar{C}_{xy}} \tag{83}$$

$$\bar{\delta}_{x_i} = \frac{\sum |\delta_{xyz}|_{x=x_i}}{n_y n_z} \tag{84}$$

$$\bar{\delta}_{y_j} = \frac{\sum |\delta_{xyz}|_{y=y_j}}{n_y n_z} \tag{85}$$

$$\bar{\delta}_{xy} = \frac{\sum |\delta_{xyz}|}{n_x n_y n_z} \tag{86}$$

$$\sigma_{x_i} = \sqrt{\frac{1}{n_y n_z - 1} \sum [(\delta_{xyz})_{x=x_i} - \bar{\delta}_{x_i}]^2} \tag{87}$$

$$\sigma_{y_j} = \sqrt{\frac{1}{n_x n_z - 1} \sum [(\delta_{xyz})_{y=y_j} - \bar{\delta}_{y_j}]^2} \tag{88}$$

$$\sigma_{xy} = \sqrt{\frac{1}{n_x n_y n_z - 1} \sum [\delta_{xyz} - \bar{\delta}_{xy}]^2} \tag{89}$$

$$\xi_{x_i} = \frac{\sigma_{x_i}}{\bar{\delta}_{x_i}} \tag{90}$$

$$\xi_{y_j} = \frac{\sigma_{y_j}}{\bar{\delta}_{y_j}} \tag{91}$$

$$\xi_{xy} = \frac{\sigma_{xy}}{\bar{\delta}_{xy}} \tag{92}$$

式中：δ_{xyz}——在 XY 平面内某一点在不同深度处的添加剂含量相对于该点平均含量之相对偏差；

C_{xyz}——在 XY 平面内坐标为(x,y)的点上，不同深度处的添加剂含量；

$\overline{C}_{xy}$——在坐标为(x,y)的点上，不同深度处添加剂含量之平均值；

$\bar{\delta}_{x_i}$——在 $x=x_i$ 的纵断面内不同深度处添加剂含量的平均不均匀度；

$|\delta_{xyz}|_{x=x_i}$——在 $x=x_i$ 的纵断面内不同深度处添加剂含量的相对偏差之绝对值；

n_y——在 $x=x_i$ 的纵断面内同一深度层取样的数目；

n_z——深度方向分层取样的层数；

$\bar{\delta}_{y_j}$——在 $y=y_j$ 的横断面内不同深度处添加剂含量的平均不均匀度；

$|\delta_{xyz}|_{y=y_j}$——在 $y=y_j$ 的横断面内不同深度处添加剂含量的相对偏差之绝对值；

n_x——在的横断面内同一深度层取样的数目；

$\bar{\delta}_{xy}$——在 XY 平面内不同深度处添加剂含量的平均不均匀度；

σ_{x_i}、σ_{y_j}、σ_{xy}——分别为 δ_{x_i}、δ_{y_j}、δ_{xy} 的标准离差；

ξ_{x_i}、ξ_{y_j}、ξ_{xy}——分别为 δ_{x_i}、δ_{y_j}、δ_{xy} 的离差系数。

(3)土壤与添加剂在整个拌和层内总体的混合均匀程度可用总体平均不均匀度 $\bar{\delta}_E$、总体标准离差 σ_E 和总体离散系数 ζ_E 来表示，其计算公式为：

$$\bar{\delta}_E = \frac{1}{n_x n_y n_s}\sum|\delta_E| \tag{93}$$

$$\delta_E = (C_{xyz} - \overline{C})/\overline{C} \tag{94}$$

$$\sigma_E = \sqrt{\frac{1}{n_x n_y n_s}\sum(\delta_E - \bar{\delta}_E)^2} \tag{95}$$

$$\xi_E = \frac{\sigma_E}{\bar{\delta}_E} \tag{96}$$

式中：δ_E——添加剂在整个拌和层内总体的混合不均匀度；

C——在整个 XY 平面内不同深度处添加剂的含量；

$\overline{C}$——在整个 XY 平面内不同深度处添加剂含量的平均值；

$\bar{\delta}_E$——添加剂在整个拌和层内总体不均匀度的平均值；

σ_E、ξ_E——分别为 δ_E 的总体标准离差和总体离散系数。

图 32 为取样点在 XYZ 坐标系内的分布图。

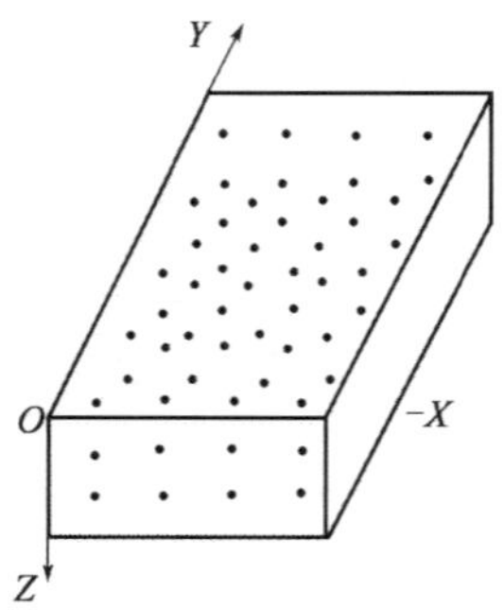

图 32　取样点在 XYZ 坐标系的分布图

5.2　影响土壤粉碎程度的因素

当旋转刀具工作时，土壤的破碎作用首先发生在刀具切削土壤的过程中。当刀具插入土壤母体分离切屑时，刀具的刃面拍击和挤压前方的土壤并弯曲切屑。对于具有一定脆性的土壤。在这种挤压、弯曲、拍击的作用下，将使切屑剪切、折断和破碎，称为第一次破碎。第一次破碎作用随着土质的塑性变形能力的降低、切屑厚度的减小和刃面前方挤压和拍击作用的加强而增大，它在土壤的整个破碎过程中占有主要地位。土壤的第二次破碎发生在切屑的抛掷过程中。由于切屑上方的土块抛掷较早但抛掷速度较低，而下方的土块抛掷较迟但速度较高，因而土壤的团块的抛掷过程中会发生相互碰撞并最终撞击在罩壁上。从而使土块得到进一步的破碎。碰落在转鼓后方和由刀具沿着护罩壁带向转鼓前方的土块，将在后继刀具通过它们时再次进行破碎。在抛掷过程中的破碎作用显然将随着抛掷速度之增大而加强，并将取决于土壤的易碎性质。

根据以上分析，影响土壤破碎程度的主要因素可归纳如下：

(1) 土壤的易碎裂性，它取决于土壤黏性和含水率的多少。对于干燥的砂土，本身即是一种散粒材料，因而不存在破碎的问题。对于带有一定黏性的土壤(黏土、亚黏土、亚砂土)，随着含水率的不同将呈现出不同的脆性和强度，一般来说，对于含水率较低的塑性土壤，它们往往有较大的脆性而比较易于破碎。但对于含水率很低而板结了的黏土，由于强度的增大而将使它变得坚硬难碎。

(2)在旋转刀具的工作过程中，切屑的厚度是一项对土壤的破碎程度起着重要影响的因素。减薄切屑厚度将降低切屑的强度，使它在切削和抛掷过程中更易破碎。切屑厚度 C 是对土壤破碎质量直接起作用的因素，转鼓工作过程的许多参数则是通过它而起作用的，其中最主要的是进给 S、比值 R/r 和半径 R。减小 S 值将直接减小切屑厚度 C。在 H、S 和 R 不变的条件下增大 R/r，意味着切屑纵断面的形状变得较为扁长，而在 H、S 和 R/r 不变的条件下增大 R，同样意味着使切屑变得更为扁长。

(3)刀具入土时的切削角对切屑的破碎作用也是一项重要因素。当切削角增大时，将加强刃面对前方土壤的挤压和弯曲作用，使切屑易于折断、破碎，同时也加强了刀具入土瞬间刃面对土块的拍击作用，从而使土壤在刃面的拍击下发生破碎。

(4)切削速度的增大一方面加强了刀具在入土瞬间对土块的拍击作用，另一方面意味着抛掷土块的动能将增大，从而将加强在抛掷过程中的二次破碎作用。

5.3　影响土壤与添加剂拌和均匀程度的因素

旋转刀具工作过程的拌和作用同样是从分离切屑开始的。但是更主要的是发生在抛掷过程的后继刀具的二次翻拌过程中，当土壤的团块与添加剂一起被抛向后方时，拌和作用发生在土壤团块与添加材料颗粒之间互相碰撞以及被抛向罩壁并反弹回来的过程中，同时刀具抛掷材料时不仅向后方直线抛出，而且还向两侧斜向抛掷而呈扇面状，这一过程加强了材料在转鼓宽度方向的拌和作用。

在抛掷过程中空气阻力是一项对拌和质量起着特殊影响的因素。当土壤团块与添加材料一起以较高的速度被抛向后方时，由于它们的质量与迎风面积的不同，它们所具有的动能、所作用的迎风阻力和所承受的空气浮力都是不同的。在这些因素的共同作用下，使被抛掷的材料在飞行的过程中产生了某种分选作用，一些质量大的团块、颗粒抛得较远而落地较快，而一些质轻的粉末则飘浮在空气中而较慢地降落。此种分选作用将使某些相对土壤比重较轻的材料聚集在拌和土层的上部，而导致严重的不均匀分布。

碰落和堆积在转鼓后方和前方的材料在后继刀具通过它们时将被再次进行翻拌。此种二次翻拌的过程在整个拌和过程中占有重要地位，因而加强二次拌和的作用，对于改善材料的拌和均匀度有着重要意义。

根据以上分析，影响拌和质量的主要因素可归纳如下：

(1)拌和的均匀程度首先取决于单位体积的材料所经受的翻拌次数，它在刀具的宽度和拌和深度一定的条件下将取决于转鼓每转的进给量和每转后继刀具翻拌的次数。后者则决定于刀盘同向刀具的数量。减小进给量和增加刀盘上的刀具数量将有助于改善材料的拌和质量。

(2)材料在抛掷过程中的分选作用对轻质添加剂的拌和质量有着重大的影响，土壤团块与添加剂的颗粒质量比较接近则混合就较均匀。对于轻质的添加材料，分选作用将使添加剂聚集在拌和土壤的上层，分选作用的强弱一方面受到抛掷速度的影响。另一方面则取决于土壤的破碎质量，土壤经破碎后的颗粒愈细则愈易拌和均匀，而抛掷速度之增大则会加强分选作用。因此，为了改善轻质材料的拌和质量，一方面应提高土壤的粉碎程度，另一方面应适当地降低转鼓的速度，过高的速度对轻质材料拌和的均匀性是不利的。

(3)刀具的安装角将对材料的二次翻拌起重要作用，过大的安装角将使刃面沿着轨迹从松散材料的底部滑过，从而减弱翻拌作用，适当减小安装角，则有利于加剧材料的二次翻拌过程，因而改善其混合的均匀程度。

(4)转鼓的转向对材料拌和的均匀程度也起着很大的影响。一般来说，正转(刀具自上而下切削)和反转(刀具自下而上切削)的拌和机理是不一样的。转鼓反转的工作过程将减弱材料的抛掷作用而加剧二次翻拌的作用，因此，反转将有助于改善轻质材料的拌和质量。

5.4 工艺参数对作业质量的影响规律和参数的优化

本文分析了影响作业质量的各类因素，所有这些因素除土质条件外，最终都将通过直接决定工艺作业进展的工艺参数而起作用，它们主要包括：刀具的进给 S、切削速度 V_P(或近似地以圆周速度 V_0 来代替)、刀具的切削角 δ 或安装角 γ(刀尖向径 R 与刀刃前面的夹角)以及复拌的遍数和转鼓的转向。

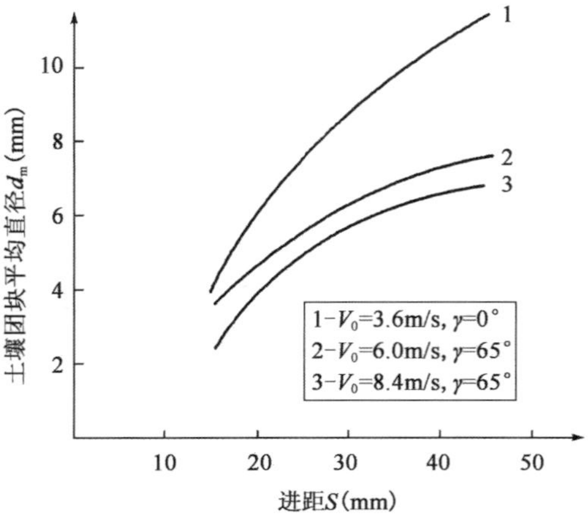

图 33　平均粒径 d_m 随进给 S 而变化的关系

关于各种工艺参数对土壤的破碎和石灰稳定土拌和质量之影响规律，西安公路学院工程机械中心试验室曾在土槽中作了大量的试验研究。破碎试验的土质条件为轻度压实的亚黏性黄土，道尔尼冲击器冲击数 4 ~ 7，含水率 18% 左右，拌和试验是在上述破碎试验的基础上加铺 30mm 石灰铺层，松土层总厚度 200mm，土壤的含水率控制在 10% ~ 13%。

图 33 是土块的平均粒径 d_m 随进给 S 而变化的曲线。从图中可看到进给对土块的粉碎程度起着决定性影响。随 S 的减小而迅速下降，尤其是在 S 小于 30mm 之后，曲线的下降梯度更大。当 S 在 15mm 以下时，其他各种因素(圆周速度、切削角)的影响都是微不足道的。

图 34 是 d_m 随圆周速度 V_0 而变化的曲线。图 34 表明，在大进给的场合，圆周速度对土块的粉碎程度有较大的影响。此时随着 V_0 增大 d_m 开始时下降较快，随后下降速率减慢。这是因为当增加至一定程度时，它对土壤的一次破碎作用已无明显增长，而只是加强了土块的二次破碎作用。当进给减小时，圆周速度对土块粉碎程度的影响明显减弱，在 S = 15mm 时，V_0 的变化对于 d_m 几乎没有影响。这再次证明进给 S 是影响土块粉碎程度的第一位因素。

图 35 表示了安装角 γ 对土壤粉碎程度的影响。从图中可见，γ 有一最佳值，它大体上在 60° ~ 55° 的范围内。当 γ 角过大时刀刃前面对土壤挤压、拍击的作用减弱，影响了土壤的第一次破碎作用，当 γ 角过小时，则由于切下的土块在离心力的作用下过早地滑下刀片，从而减弱了由于土壤团块抛掷、撞击罩壳而产生的第二次破碎作用。

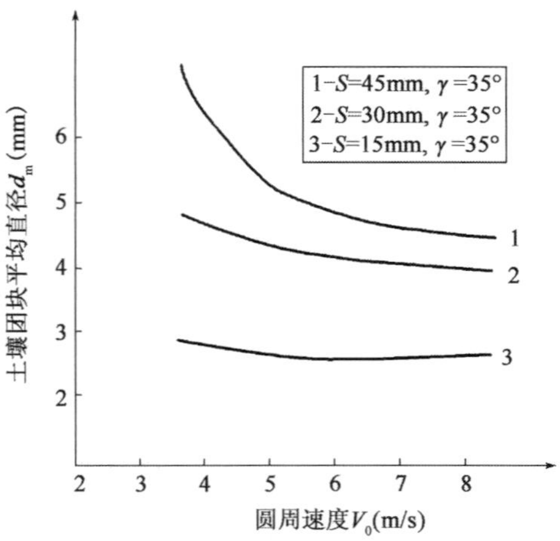

图 34　平均粒径 d_m 随圆周速度 V_0 而变化的关系

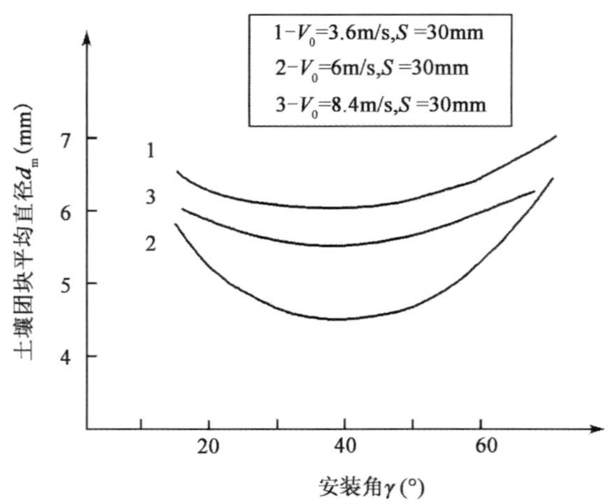

图 35　平均粒径 d_m 随安装角 γ 而变化的关系

表9是罩壳对土壤粉碎程度的影响。从表中可看到，由于土块二次破碎作用的影响，在加罩壳和不加罩壳的场合的差别是较大的。

罩壳对土壤粉碎程度的影响　表9

d_m(mm) \ S(mm)	15	45	备　注
加罩壳	3.43	7.97	$V_0=3.6$m/s
不加罩壳	4.81	10.56	$\gamma=33.6°$

表10～表12是拌和均匀性试验的结果。

在小进给($S=15$mm)工况下石灰稳定土拌和质量的试验结果　表10

圆周速度 V_0(m/s) \ 含灰量(%) \ 取样点	1		2		3		平均含灰量(%)	平均不均匀度(%)
	上层	下层	上层	下层	上层	下层		
3.6	9.55	7.9	10.05	9.0	9.35	8.6	9.075	6.34
5.2	9.16	8.4	9.05	7.84	8.91	7.1	8.410	7.49
8.4	11.90	11.4	9.1	11.10	7.05	6.4	9.492	20.81

在圆周速度低($V_0=3.6$m/s)的工况下石灰稳定土拌和质量的试验结果　表11

进给 S(mm) \ 含灰量(%) \ 取样点	1		2		3		平均含灰量(%)	平均不均匀度(%)
	上层	下层	上层	下层	上层	下层		
15	9.55	7.9	10.05	9.0	9.35	8.6	9.075	6.34
30	9.85	7.25	9.4	3.9	9.6	10.8	8.467	22.77
50	11.80	14.7	13.4	5.4	10.85	7.4	10.592	26.38
65	8.00	2.1	10.7	3.3	8.85	5.9	6.475	41.83

注：$S=30\sim80$mm时，石灰厚度为20mm。

在圆周速度高($V_0=8.4$m/s)的工况下石灰稳定土拌和质量的试验结果　表12

进给 S(mm) \ 含灰量(%) \ 取样点	1		2		3		平均含灰量(%)	平均不均匀度(%)
	上层	下层	上层	下层	上层	下层		
15	11.90	11.4	9.1	11.10	7.05	6.4	9.492	20.81
30	6.3	6.0	6.8	6.1	9.0	4.8	6.500	14.36
50	14.1	6.1	11.6	8.8	10.5	4.6	9.283	29.98
65	10.5	5.8	9.8	3.1	9.2	2.4	6.800	44.61
80	8.7	3.5	10.2	6.4	9.3	5.6	7.283	29.06

注：$S=30\sim80$mm时，石灰厚度为20mm。

表10表明了在小进给场合圆周速度对拌和均匀性的影响。由表10可知当$S=15$mm时，圆周速度

在一定范围内的变化对拌和均匀度没有实质性的影响,这表现在:①在同一取样点上,上下层石灰含量的差别不大;②在同一取样层内,每个点的数据波动不大。

从表11和表12中可看到,随着进给的增大拌和质量将急剧恶化,但是在进给较大的场合,适当增大圆周速度将有利于改善拌和作业的质量。图36则是根据表10和表11绘制的在 $V_0=3.6\mathrm{m/s}$ 和 $V_0=8.4\mathrm{m/s}$ 的条件下,平均不均匀度随进给而变化的关系。从图中可看到在 $S=30\mathrm{mm}$ 左右的范围内,高的圆周速度明显优于圆周速度较低的场合,而在 $S=50\sim65\mathrm{mm}$ 的范围内,低的圆周速度则优于圆周速度较高的场合。

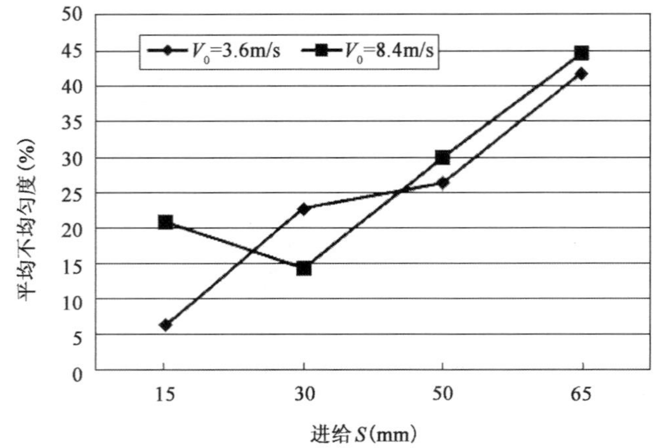

图36 平均不均匀度随进给而变化的关系

从上述各表中还可以看到,由于空气阻力和浮力的分选作用,使较轻的石灰聚集在土层的上层,因此上层的石灰含量普遍增大,而且随着进给和圆周速度的增大,上下层石灰含量的差别也在增大。表11和表12的试验数据表明,当圆周速度较低时($V_0=3.6\mathrm{m/s}$),随着进给之增大,土层上层的石灰含量在增加。不仅同一取样点上,上下层的差别变大,而且在同一层内不同取样点的石灰含量的离散程度也很大。当圆周速度较高时,虽然同一层内的均匀程度有所改善,但上下层石灰含量的差异仍很大,尤其在进给较大时,这种差异更加明显。在图36中表现为在大进给的场合,过大的 V_0 值反将导致拌和质量的下降,这再次表明过高 V_0 的将导致分选作用的增强而恶化拌和质量。

在拌和质量的试验中还在刀具具有不同安装角的条件下,测定了石灰含量的平均不均匀度,试验结果表明在刀具通常可能选用的安装角范围内($\gamma=30°\sim60°$),对拌和质量没有明显的影响。

表13是复拌试验的结果。从表中可看到,对于大进给的场合,复拌能有效地改善拌和质量。但一般应以两遍为限,再增加拌和遍数,改善的效果就不明显了,而生产效率则将大幅度下降。

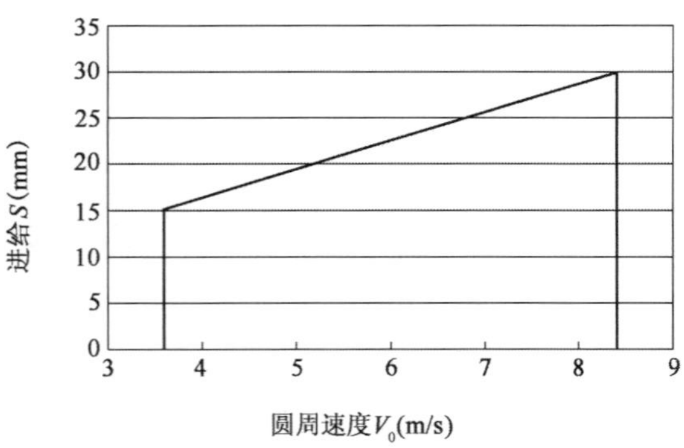

图37 进给 S 和圆周速度 V_0 的合理选择范围

根据对转鼓工作过程动力学和作业质量所进行的试验研究,可以指出,拌和均匀性、功率消耗和生产率三者与进给 S 和圆周速度 V_0 的函数关系是相互矛盾的。在这种情况下,工艺参数的优化只能将一定的拌和均匀度作为某种约束条件,在此前提下确定进给 S 和圆周速度的合理工作范围。

图37为根据石灰稳定土拌和过程所作试验绘制的满足上下层平均不均匀度 $<15\%$ 时,圆周速度和进给可以选择的工作范围。

对于复拌工况,为了提高机器的生产率,进给 S 可选择 $80\sim100\mathrm{mm}$,圆周速度则可选择在 $8\sim10\mathrm{m/s}$ 的范围内(图36)。

复拌试验的结果　表13

取样点 / 含灰量(%) / 遍数	1		2		3		平均含灰量(%)	平均不均匀度(%)
	上层	下层	上层	下层	上层	下层		
Ⅰ	8.7	3.5	10.2	5.4	9.2	5.6	7.100	31.92
Ⅱ	4.2	3.6	4.9	4.1	5.4	4.3	4.417	11.07
Ⅲ	4.9	4.1	6.5	5.2	5.4	5.6	5.317	9.72

注：石灰厚度为20mm，$S=80$mm。

6　土壤稳定机械动力学过程的计算机模拟和参数优化

6.1　工作阻力的平均值及其在水平和垂直方向上的分力

第4节分析了土壤稳定机械转鼓切削土壤工作过程的力学规律，提出了用分段函数来描述切向分力变化规律的数学物理模拟方法。通过对这一分段函数进行曲线积分则可对转鼓切削土壤的功及功率进行预测。然而，在进行土壤稳定机械实际设计时，除了必须了解刀具工作过程的功率消耗外，还有必要了解工作阻力的全部特性，即这一阻力的平均值、作用点及其在水平和垂直方向上的分力。

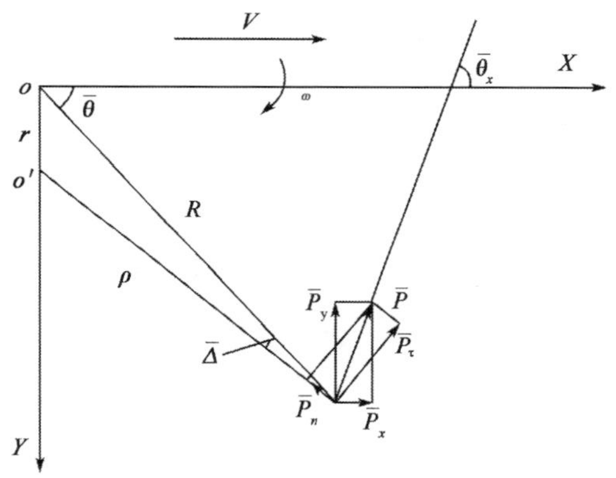

图38　平均合力及其作用位置

一把刀具工作过程的合阻力 P 及其切向阻力 P_τ 的作用点及作用线方向随转角位移而变化。因此只能求出作用中心点，并将此点定义为平均合阻力的作用点来进行理论分析与计算(图38)。

试验表明，旋转刀具在低速工作过程中，切削阻力的作用点半径 R' 小于圆周半径 R，其主要原因是低速工况下刀具前方土壤变形区较大使切削力内移。这一现象随着切削速度提高而迅速消失，当切削速度大于3m/s以后，可以认为 $R'=R$。因此，对于具有较高切削速度的旋转刀具而言，认为阻力就作用于刀具前端的刀刃上。

平均切向阻力及其位置角为：

$$\overline{P}_\tau = \frac{1}{\theta_3-\theta_0}\int_{\theta_0}^{\theta_3} P_\tau \cdot \mathrm{d}\theta \tag{97}$$

$$\overline{\theta} = \frac{\int_{\theta_0}^{\theta_3} P_\tau \cdot \theta \cdot \mathrm{d}\theta}{\int_{\theta_0}^{\theta_3} P_\tau \cdot \mathrm{d}\theta} \tag{98}$$

即使在特定的工作条件下，合阻力的方向角 θ_x(与水平方向夹角)在切削过程中也是一个不断变化的量，也很难用某一规律来描述，加之随着工作条件的变化，方向角还要发生新的变化。因此只能用试验的方法找出一个变化范围或者一个平均值 $\overline{\theta}_x$。

试验表明，尽管合阻力的大小对工作条件的变化十分敏感，但其方向角却具有相对稳定性，正常的工作条件下 θ_x 的大小在56°～60°间摆动，切削速度高时取大值，切削速度小时取小值，按一个适中的平均值计算亦不致引起太大的误差。这样水平阻力 P_x 和垂直阻力 P_y 的平均值可按下式来计算。

$$\overline{P}_x = \overline{P}\cdot\cos\overline{\theta}_x = \overline{P}_\tau \frac{\cos\overline{\theta}_x}{\sin(\overline{\theta}+\overline{\theta}_x-\overline{\Delta})} \tag{99}$$

$$\bar{P}_y = \bar{P} \cdot \sin\bar{\theta}_x = \bar{P}_\tau \frac{\sin\bar{\theta}_x}{\sin(\bar{\theta} + \bar{\theta}_x - \bar{\Delta})} \tag{100}$$

$$\bar{\Delta} = \arcsin\left(\frac{\cos\bar{\theta}}{\sqrt{1 + \lambda^2 - 2\lambda\sin\bar{\theta}}}\right) \tag{101}$$

多刀的工作阻力为单刀阻力的向量叠加。当转鼓刀具排列合理时这一阻力可以看成一个大的直流分量与一小幅值交流分量的叠加,具有动态平稳性。多刀工作时的确存在着一个不变的总阻力作用点和方向角。可以证明,如果多刀转鼓的每一把刀具都独立工作时,多刀工作的合力作用点及方向角与单刀的平均阻力作用点及方向角相同,并且总阻力的平均值与一把刀的平均阻力有如下关系:

$$\bar{X}_\Sigma = n \cdot \frac{\theta_3 - \theta_0}{2\pi} \cdot \bar{X} \tag{102}$$

式中:$\bar{X}_\Sigma$——多刀工作阻力任意分量的均值,可以是扭矩,亦可以是诸分力;

$\bar{X}$——对应的单刀工作阻力分量;

n——总刀数。

一把刀具在切削一个切屑过程中所做的功为:

$$A_0 = \int_{l_0}^{l_3} P_\tau \cdot \mathrm{d}l = \int_{\theta_0}^{\theta_3} P_\tau \cdot \sqrt{1 - 2\lambda\sin\theta + \lambda^2} \cdot \frac{R}{\lambda}\mathrm{d}\theta \tag{103}$$

转鼓上 n 把刀具旋转一周做功为:

$$A = \sum_{i=1}^{n} A_{0i} \tag{104}$$

式中:A_{0i}——第 i 把刀切削一个切屑所做功。

计算每把刀具做功时必须考虑各刀具在转鼓上不同排列位置上形成的不同切削模式。为简单计,可以考虑引入平均切削模式及其折算系数,即假定每把刀具都有相同的切削模式和工作阻力,并且每把刀具在工作中保持独立,这种切削模式和工作阻力取 n 把刀具的平均值。这样转鼓上 n 把刀具旋转一周做功为:

$$A = \sum_{i=1}^{n} A_{0i} = n \cdot A_0 \tag{105}$$

转鼓轴上的平均扭矩为:

$$\bar{M}_k = \frac{A}{2\pi} \pm \bar{P}_x \cdot \frac{V}{\omega} \tag{106}$$

式中:$\bar{M}_k$——转鼓轴平均扭矩;

V——转鼓水平前进速度;

ω——转鼓角速度。

转鼓的水平推进功率为:

$$\bar{N}_x = \pm \bar{P}_x \cdot V \tag{107}$$

转鼓切削功率为:

$$\bar{N}_k = \bar{M}_k \cdot \omega = \frac{A \cdot \omega}{2\pi} \pm \bar{P}_x \cdot V \tag{108}$$

注:式(106)、式(107)、式(108)中,转鼓正转取正号,反转取负号。

6.2 转鼓动力学过程的计算机模拟

根据上述各式,可以编排求解转鼓动力学参数的计算机程序,程序流程如图 39 所示。

对于松土拌和工况,按照国内外大量的平移式部件切土试验结果取 $k_0 = 0.6 \sim 0.8\mathrm{kg/cm^2}$,同时需要考虑转鼓上多刀排列形成的切削模式。通过与 WB210 稳定土拌和机现场实测结果比较以及对数台新开发机器的动力性能进行模拟预测，证实了这个依靠数字物理模拟方法建立的旋转刀具工作过程的动力学模型以及在此基础上建立的计算机模型有着良好的实用价值。图 39 为计算机模拟的一把刀具切土过程的阻力波型。

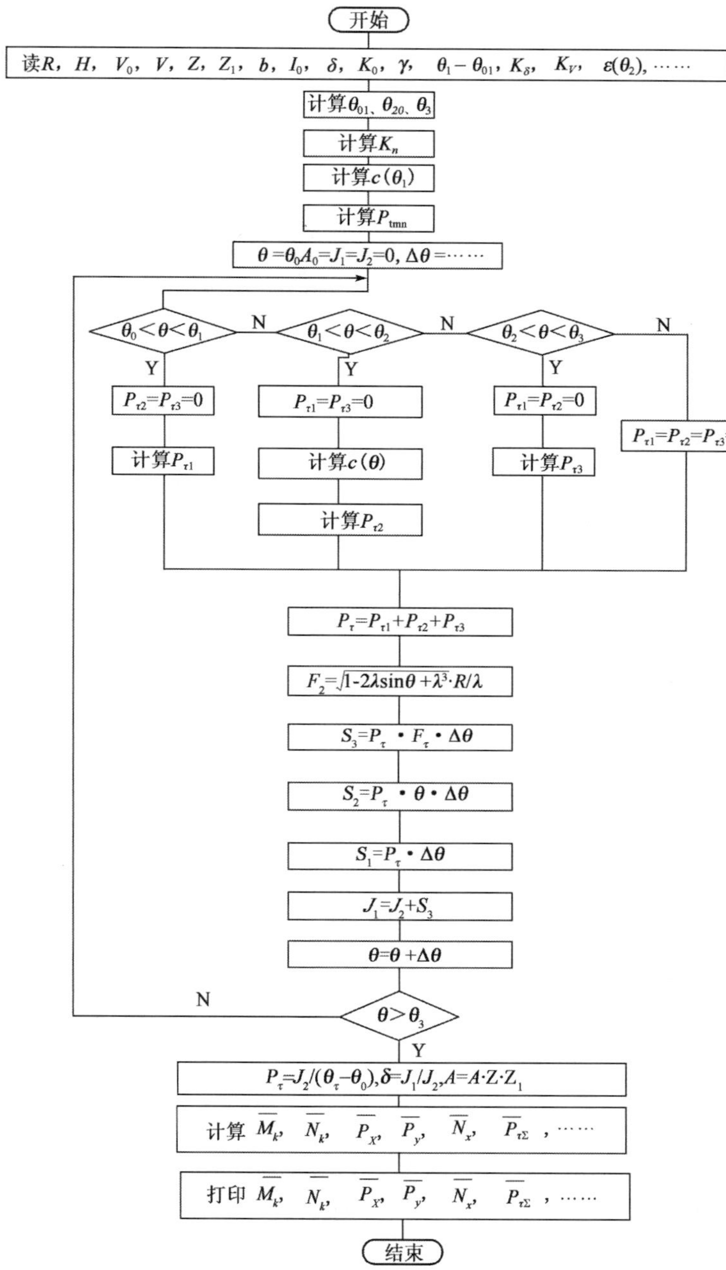

图 39　求解多刀工作动力学参数的计算机程序流程图

注：图中符号 S_1、S_2、S_3、J_1、J_2 为计算过程中迭代用的参数，Z 为每个刀盘上的刀具数，Z_1 为刀排数，其余符号含义见节计算公式。

6.3　转鼓结构参数和运动学参数的优化

6.3.1　优化方法及目标函数的制定

良好的转鼓结构参数和运动学参数可以保证转鼓在工作中具有最高的动力性、经济性和生产率，取比能耗，即加工单位体积土壤消耗的能量，作为动力性和经济性的指标，表达式为：

$$A_w = \frac{N_k}{BHV} \tag{109}$$

式中：A_w——比能耗；

B——转鼓宽度；

H——切削深度；

V——转鼓前进速度。

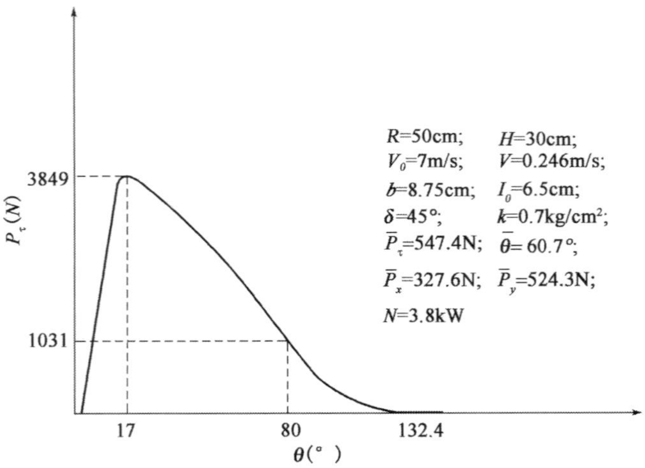

图 40 模拟计算的单刀切土阻力波型

取单位时间内拌和的土壤体积作为理论生产率指标，表达式为：

$$Q = BHV \tag{110}$$

B 和 H 的乘积为转鼓的工作断面，在 V 不变的条件下，所能获得的最大工作断面由发动机功率决定，对一系列结构及动力相似的稳定土拌和机，发动机额定功率与转鼓工作断面的比值是不变的。因此，为了本质地评价不同功率机器的生产率，引入相对生产率的概念，即：

$$Q_0 = \frac{Q}{BH} = V \tag{111}$$

可见，行走速度即表示相对生产率。

为了全面考核转鼓性能的优劣，取转鼓切削功率 N_k 和轴扭矩 M_k 作为辅助的目标函数。

转鼓参数优化研究可以借助于上述计算机模型，通过对目标函数进行单因素分析来进行。这样可以避免直接的物理模拟试验带来的诸多不便，大大提高分析速度和精度，减少人力、物力的消耗。

6.3.2 转鼓参数的单因素分析

1）圆周速度 V_0 的影响及其选择

如图 41 所示，在进距 S 不变情况下，即切屑纵断面形状不变时，比能耗 A_w、扭矩 M_k 和切削功率 N_k 都与线速度 V_0 成 2 次函数式递增关系。可以看到，提高 V_0 时，在同样的进距条件下（决定土壤粉碎粒度和拌和均匀性），可以允许提高行走速度，即提高作业生产率，然而能量消耗提高，从降低能量消耗考虑，希望 V_0 小一些，但是过低的切削速度将不利于拌和质量，为此须相应降低行走速度。这样一来势必降低作业生产率，同时，对一定的发动机功率，如保持此能耗 $A_w = N_k/BHV$ 和生产率 $Q = BHV$ 不变，降低行走速度则必须增大转鼓宽度以充分利用功率，这样将增加整机质量，对机动性等都是不利的。因此，转鼓线速度 V_0 的选择必须从比能耗、生产率、拌和质量、转鼓宽度等方面综合考虑才能决定最佳值。有时候，适当地提高切削速度，牺牲一些经济性指标，以达到减小转鼓宽度和提高作业生产率之目的也是合理的。

2）拌土深度的影响及其选择

如图 42 所示，当拌和深度 H 增加时，切削功率和转鼓轴扭矩呈微弱上凸式递增趋势。但比能耗却呈下凹的递减趋势。其原因是拌和深度不同时切屑纵断面形状发生了变化，使刀具在切削不同深层同样体积的土坡时所作之功不同。如图43所示，设 $H_2=2H_1$，图中深度为 H_2 的切屑截面积是 H_1 的两倍，但弧 BE 却比弧 BC 的两倍要小，结果使得深度大时比能耗有所降低。因此，在拌和机工作时，应使转鼓在最大深度下工作。

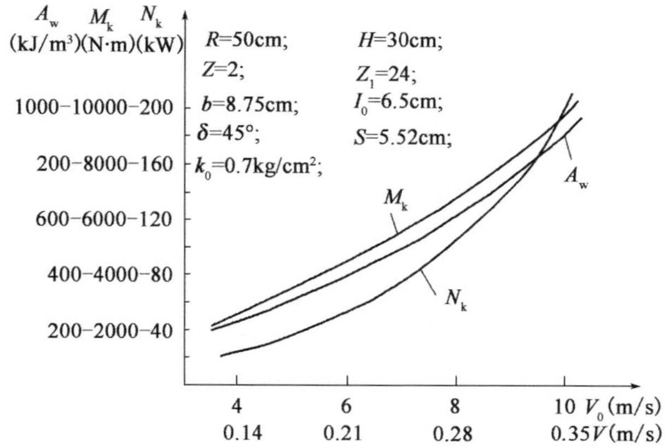

图41　圆周速度与比能耗、扭矩和功率的关系

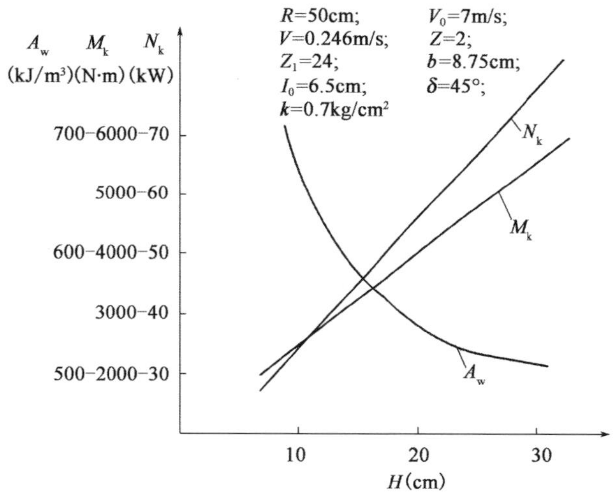

图42　转鼓动力参数与拌和深度的关系

3）转鼓直径的影响及其选择

如图44所示，在 H、S、V_0 不变情况下，转鼓切削功率和生产率随转鼓直径增大而递减。当转鼓半径 R 小于50cm时，轴扭矩和比能耗随转鼓直径增大而递增，但当 R 大于50cm以后，轴扭矩和比能耗随转鼓直径增大而递减。在 R 等于50cm时，轴扭矩和比能耗具有极大值。分析不同直径转鼓切削的切屑纵断面形状和切削机理可以解释这一现象。如图45所示，小直径转鼓切屑肥厚，平均切屑厚度大，但切削路程短，能量消耗与切屑厚度及切削路程成正比。当转鼓半径 R 等于50cm左右时，切屑厚度和切削路程的综合效应使得比能耗最大。因此，在进行转鼓直径设计时应使 $H/R>0.6$，这样对提高作业生产率、降低比能耗和轴扭矩都是有益的。

图43　不同深度的切屑纵断面形状

选择最小转鼓直径时，应考虑到在这种直径下，被切削土壤应能自由地由转鼓轴与刀具之间的空隙通过，以防堵塞引起挤压土壤的能量及摩擦消耗的能量增加。试验表明：切削后土壤的松散系数 $K_s=1.3\sim1.55$。

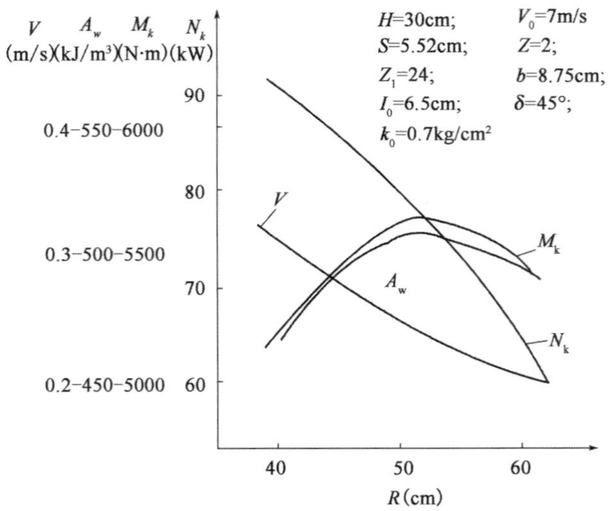

图 44　转鼓动力学参数与转鼓半径的关系

4)刀具切削角的影响与选择

图46表明,切削角是一个对扭矩的功率、比能耗有着显著影响的参数。当切削角从30°增加到60°时,切削功率增加到1.4倍左右。其主要原因是切削角增加,使前刀面挤压土壤以及抛掷土壤的阻力增加。因此,从降低能耗考虑应使切削角小一些,对稳定土拌和机而言,为加强碎土及拌和效果,通常使切削角度达40°~50°。

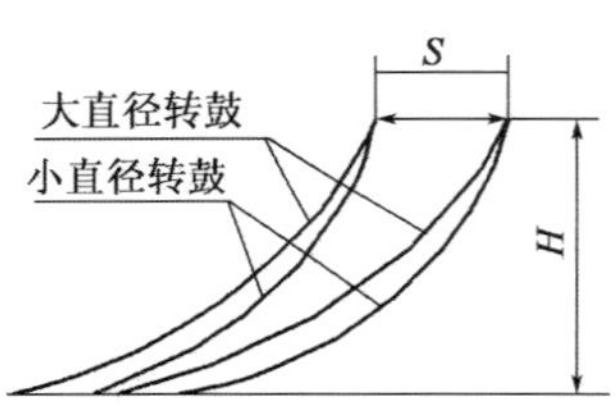

图 45　不同直径转鼓的切屑

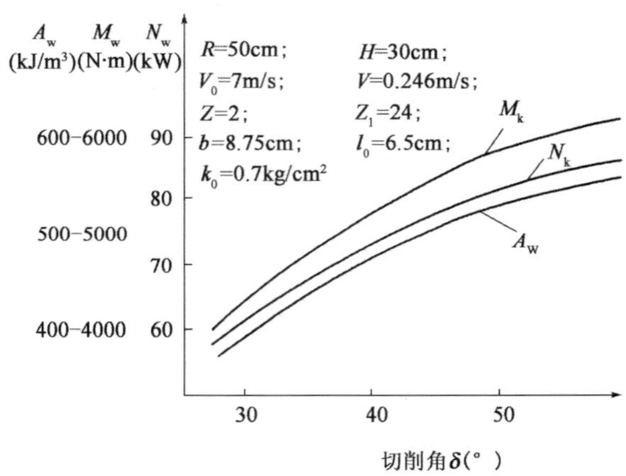

图 46　切削角对切削功率及扭矩的影响

5)切削进距的选择

如图47所示。当行走速度、进距 S 增大时,由于切屑厚度增加以及切削路程增加(弧 CD > 弧 BD),使切削功率和转矩呈上凸的递增趋势,但比能耗呈下凹的递减趋势,因此,为降低比能耗、提高生产率应使拌和机以较高的行走速度和较大的进距工作,但是增加进距,使拌和均匀性变坏。综合考虑这两方面因素,稳定土拌和机进距的选择原则应该是:首选考虑满足拌和均匀性的要求,在此基础上选择尽可能大的进距。

6)刀具宽度 b 的选择

当转鼓总幅宽以及每排刀数确定以后,刀排数的多少或刀具宽度 b 的大小对稳定土拌和机的性能有着多方面的影响。

在土壤切削力学中,对刀具宽度 b 与切削阻力的关系进行了大量的研究,一般认为:对封闭式切削(D 模式),当刀宽 b 小于6cm以后,随着宽度减小,切削比阻迅速增加。这主要是由于刀具侧刃切削土壤的摩擦力和撕裂力在总切削阻力中的比重增大。当刀宽大于8cm以后,则切削比阻近似为一常值而不随刀宽度变化(图48)。

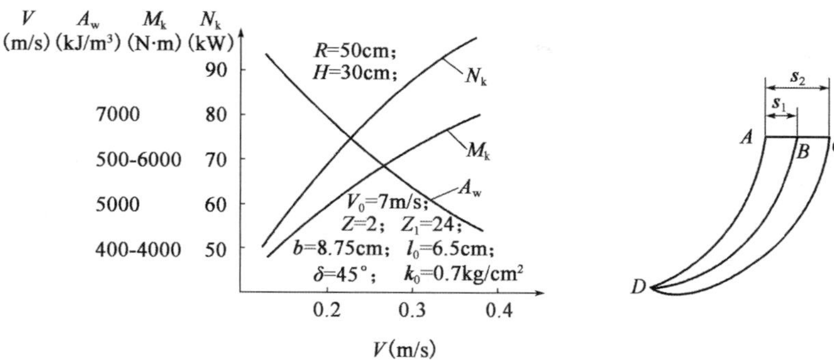

图 47　转鼓动力参数与进距的关系

在转鼓动力学方面，刀宽除了影响切削比阻力外，由于宽度变化而改变了刀排数，从而影响了刀具的排列，改变了刀具切土的边界条件。刀宽变化产生的这一影响是本节所要讨论的主要问题。模拟计算表明：刀宽变化而引起刀排数的变化产生的动力学效应可以忽略不计。如上所述，多刀联合工作中的复合切削模式主要为 C、B、D 模式的综合。随着刀排数的增加，D 模式的比重在复合模式中降低，当刀排数无限增大时，这一复合模式趋向于其极限——不含 D 模式的复合模式。事实上，当刀排数达到一定数值后已非常接近这一极限。稳定土拌和机的刀排数一般较多。因此刀排数的适量增减对每把刀的切土模式影响不大，从而使转鼓扭矩和切削功率变化不大。上述讨论是就刀具宽度大于某一值后其变化对切削比阻影响不大而进行的讨论。

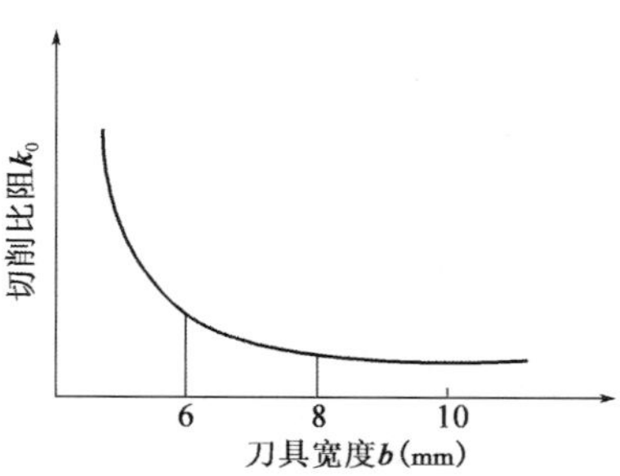

图 48　切削比阻与刀具宽度的关系

从土壤破碎粒度和拌和均匀性考虑，刀具宽度减小无疑会大大降低土壤破碎粒度、提高拌和均匀性。

如果涉及转鼓的结构问题，则还必须考虑相邻两个刀排上相近两把刀具的角度间隔。这一间隔不能太小，否则将不利于刀具卸土，易于堵塞转鼓。此外，还必须考虑到转鼓结构不宜复杂，重量不宜过大，这几方面都要求刀排数不能太多。

综上所述：刀排数的变化对切削模式的影响可以不计。当刀具宽度达到 8cm 以上时对切削比阻力的影响亦可不计。因此，刀具宽度的选择主要从工作质量方面考虑，即在满足拌和质量的前提下，选取最大的宽度，这一原则也兼顾了转鼓的结构、刀具的排列等问题。

实践中，现代稳定土拌和机的刀具多在 7 ~ 10cm 范围内选值，其中以 8cm 左右宽度的刀具最多。这样既保证有较小的切削阻力，又保证可以满足施工工艺对拌和质量的要求。

7）每排刀数 Z 的选择

每排刀数 Z 影响着稳定拌和机的各方面指标，是一个非常重要的参数。在现代稳定土拌和机上，刀数 Z 取 1 ~4 不等。

刀数 Z 通过进距 S（$S=2\pi RV/V_0Z$）和转鼓直径、圆周速度、行走速度联系起来。由此对拌和质量和生产率、动力性能产生影响。当从拌和质量和动力学角度考虑选定 V_0、S、V、R 后，则 Z 的选择问题变得十分简单。

由 $Z=2\pi RV/V_0S$ 知道，若保证拌和质量不变（V_0、S 不变），选择较多的刀数 Z 可以允许用较高的行走速度工作，从而提高生产率。

Z 的最大值受限于相邻两刀排上相近两把刀的周向间隔，这一间隔由土壤不堵塞转鼓这一条件决定。

因此，刀数 Z 的选择原则为：在保证要求的刀具周向间隔基础上，选取最多的刀数。

8）刀具高度 l_0 的选择

如图49所示，切削功率和扭矩与刀具高度呈上凸的递增关系，这一重要影响应予以足够重视。刀具愈高，前刀面拍击、挤压土壤的作用愈强，抛土数量愈多，因而碎土质量和拌和均匀性愈好，但能量消耗愈大。从降低能量消耗考虑，希望刀具高度较小，然而对于以拌和质量为主要性能指标的稳定土拌和机械，选择过小的刀具高度显然是不合理的。

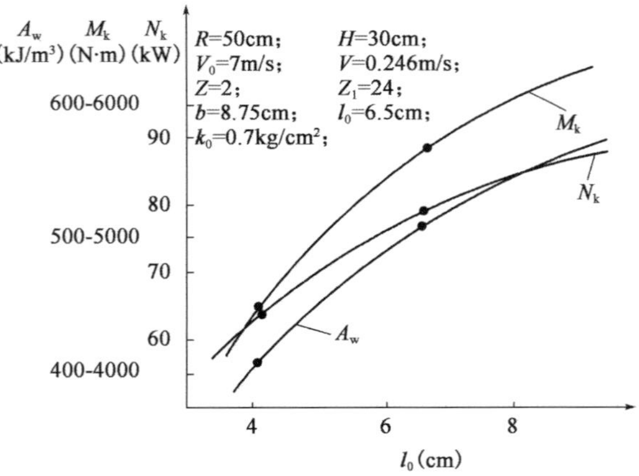

图49 刀具高度与比能耗、扭矩和功率的关系

现代稳定土拌和机上，刀具高度多在6～9cm内选择，线速度大者取小值，反之取大值。选择这一范围内的数值，从能量消耗和拌和质量、刀具的寿命、转鼓重量等方面看都是比较合适的。

6.3.3 转鼓性能指标的综合评价及参数优化

在上述参数的单因素分析中，可以看出，切削功率、比能耗等动力学指标与转鼓的结构参数和运动学参数之间呈单调的函数关系（转鼓直径参数例外）。对这种单调函数不存在数学的极值问题，因此从参数优选角度不可能定量说明，只能提出一些参数的选择原则。只有在结合考虑与上述动力学指标单因素分析相应的拌和质量指标的单因素分析后，才能够最终对稳定土拌和机的转鼓结构参数与运动学参数的优化问题进行全面的、定量的讨论和描述。动力学指标与各因素间单调函数关系的存在大大简化了用综合指标来评价拌和机性能的研究以及用综合指标来优化参数的讨论，使得将拌和质量指标作为一种约束条件而不作为综合评价指标因子来讨论参数的优化问题有了实际的可能性。这样一来，探讨动力学指标与拌和质量指标如何组合而形成合理的综合指标的问题也就不具有太大的意义了。

7 土壤稳定机械基本性能和设计参数的计算

土壤稳定机械和其他工程机械一样，由工作装置、行走装置、传动系统、动力以及转向、制动等总成构成。各总成之间共同工作的相互联系和它们的结构参数、运动学和动力学参数有关，其匹配关系的外部表现是机器的使用性能。

土壤稳定机械的基本使用性能是：

（1）作业性能。作业性能反映机器在单位时间内完成作业量的能力及质量。前者一般用生产率，即单位时间拌和土壤的体积表示；后者用拌和不均匀度表示。

（2）牵引性能。牵引性能表示机器依靠牵引力来完成作业和行驶的能力。土壤稳定机械虽然主要不是依靠牵引力进行工作的，但它必须具有一定的牵引力以克服行驶阻力和工作转子阻力的水平分力，在机器运输工况下，还必须满足高速行驶的牵引功率等。

（3）经济性。经济性反映机器在作业过程中燃料或动力消耗是否经济合理。土壤稳定机械的经济性一般用生产率与小时作业油耗之比来表示，即用 $1m^3$ 作业量消耗的燃油公斤（kg）数来表示。良好的经济性体现了用尽可能少的机械功来完成尽可能多的土方量的设计原则。

(4)通过性。通过性反映机器在很差的道路或无道路条件下运动的能力,通过性通常用以下指标来评价:通过性几何参数,包括:①离地间隙、通过半径、接近角和离去角以及前悬、后悬等;②最大爬坡角;③行走机构的平均接地比压等。

(5)转向性。转向性能反映机器在场地受到限制情况下转弯和调头的能力。转向性通常用机器的最小转弯半径来评价。

(6)稳定性。机器的稳定性表示机器在作业和行驶过程中不发生倾翻和侧滑的能力。稳定性通常用失稳角或稳定度来评价。

(7)制动性。制动性反映机器在行驶过程中迅速从给定速度减速至停车的能力。常用制动时间和制动距离来评价。

土壤稳定机械的使用性能是土壤稳定机械理论研究与产品开发的一个基本环节,使用性能的好坏主要决定于机器总体方案的确定以及设计参数的选择和计算。

7.1　设计参数的计算条件

根据土壤加工的工艺要求,土壤稳定机械可完成切土(松土)、破碎和拌和作业。切土作业的目的主要是将坚实的土壤翻松,破碎的目的是将大粒径的土块粉碎,拌和作业则是将两种或两种以上不同材料搅拌掺和均匀。单纯的切土作业与拌和过程的切土是有所不同的,前者对工艺参数要求不严,后者则必须在一定的工艺参数下才能很好完成。因此,设计参数的计算条件主要是拌和作业工况,仅在某些性能参数计算时,考虑单纯切土的作业工况。

7.2　转鼓参数的确定

转鼓参数确定的出发点是从拌和工艺的生产率和作业质量考虑。

7.2.1　工艺参数的确定

1)拌和深度 H

拌和深度(拌深)H 是指最大拌深,由施工工艺设计要求决定,如公路路基稳定层厚度 250mm、300mm 或 400mm,软地基处理则需拌深更大,拌深大的机器也可以进行浅层拌和作业;拌深小的机器对深层地基拌和时,则需分层多次作业。显然,这将使生产率降低,拌深的确定,应从机器大量工作的地域,或机器的使用范围来考虑。目前,国产土壤稳定机械拌深 H 选择范围在 250～450mm 之间,多数取 300～400mm。国外拌深的选择范围在 200～700mm 之间。从对国外 71 种型号的土壤稳定机械设计来看(图 50),拌深大部分分布在 200～600mm 的范围内,且拌深小的机型偏多。应当注意,这一统计没有涉及各种型号的总产量和生产年限。从总的趋向来看,拌深小的机型、生产年限较早,近年随着高速公路和大工程量施工的增多,土壤稳定机械的发动机功率和拌深有明显增加的趋势。

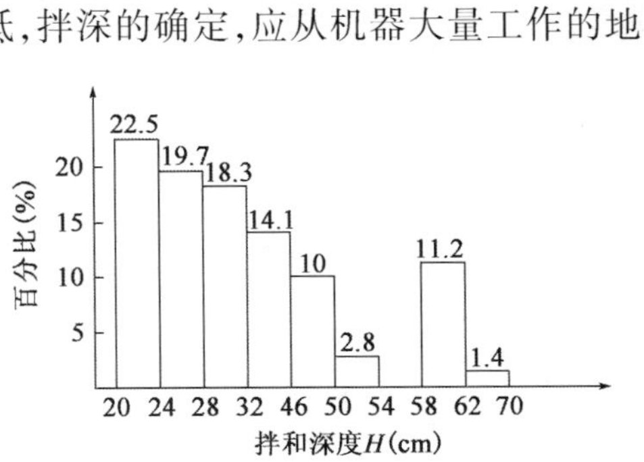

图 50　国外 71 种土壤稳定机械拌深 H 的统计分布

2)拌和宽度

拌和宽度(拌宽)B 表示一次拌和的幅度,实质是拌和转鼓的最大宽度。拌宽 B 是一个受多因素影响决定的参数,如拌和行驶速度一定时,拌宽 B 影响机器的生产率。此外,拌宽 B 决定于作业面宽度,一般作业面宽度应等于拌宽 B 加重叠拌宽 a(约 10cm)的整倍数,或以下式表示:

$$L = \left(B + a\frac{N-1}{N}\right)N \tag{112}$$

式中:L——作业面宽度;

B——拌宽;

a——重叠量,取 10cm;

N——正整数。

为了使拌和后的地面平整和能够达到路边拌和作业,拌宽 B 应大于土壤稳定机械的轮距,如交通部西安筑路机械厂生产的 WB220 全液压轮胎式稳定土拌和机拌宽 220cm,而轮距(后)只有 186cm。国产土壤稳定机械拌宽一般在 160 ~ 230cm 之间,而大多在 200cm 左右;国外对 63 种机型统计表明(图 51),约 43% 的机型拌宽在 190 ~ 210cm 之间,这与国产机型拌宽选择趋势是一致的。

3)进给距离 S

进距 S 是非常重要的工艺参数。进距选择的原则是首先要满足拌和的均匀性要求。试验表明,当进距 S 取值小时(如 15 ~ 30mm),甚至在低的切削速度(4m/s 左右)土壤也能达到较好的粉碎和拌和均匀性。为了提高生产率,希望取较大的进距,而大的进距必须用较高的切削速度才能保证拌和的均匀性。因此,进距与切削速度取值时,受拌和均匀性约束,参见图 37,它们只能在一定的合理工作范围内选取。

应当说明,进距的选择还与拌和作业土质有关,一般松铺土壤拌和,可选较大的进距,较坚实的土壤应选较小的进距。

以上讨论的进距,指在设计额定生产率,或额定作业速度下的进距,而实际作业中机器的行驶速度是可调的(目前多用变量泵与定量马达液压系统调速),因此,实际作业时的进距可以根据土壤类别,由行走速度来调整。例如,国产 WB220 稳定土拌和机在额定工作速度 $V = 1\text{km/h}$ 时,进距为 $S = 36.6\text{mm}$,此时拌和速度 $V_0 = 8.6\text{m/s}$,可以确保拌和质量。

4)切削速度

切削速度实际是刀尖运动时牵连速度 V 与相对圆周速度 V_0 的向量和。当相对速度与牵连速度之比 $\lambda > 10$ 时(一般均大于 10),可近似取圆周速度 V_0 为切削速度。试验研究表明,切削速度与拌和质量,生产率和功率消耗有关。提高切削速度有利于提高拌和质量与生产率(在一定的进距条件下),但过大的切削速度,特别用轻质稳定添加剂时,可使拌和功率消耗过大,使拌和均匀性下降;国产稳定土拌和机转鼓切削速度一般在 7 ~ 11m/s 之间,大多数选 8.5 ~ 9.5m/s 之间,已能很好满足使用要求。国外有些机型还选择两种或两种以上转速,以适应不同拌和土壤需要;有些转鼓选用高转速是为了高速空转甩净附着的泥土。从 26 种国外机型统计来看(图 52),有 46% 的机型切削速度在 7 ~ 11m/s 之间。虽然切削速度在 5 ~ 7m / s 的机型比率还不少,但近年来,新机种的切削速度较以前都有所提高,且发动机功率也有所增加。

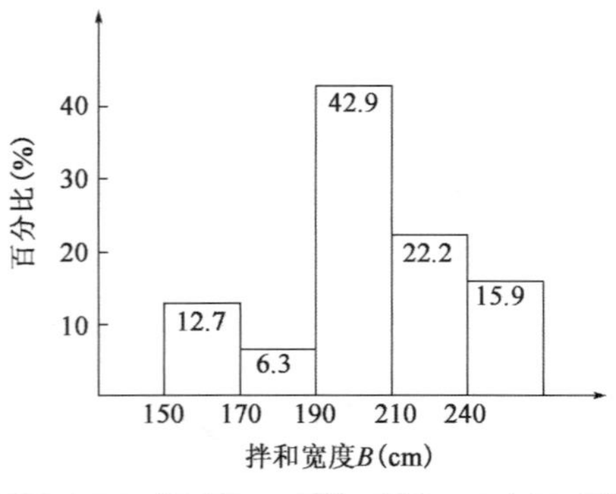

图 51　国外 63 种土壤稳定机械拌宽 B 的统计分布

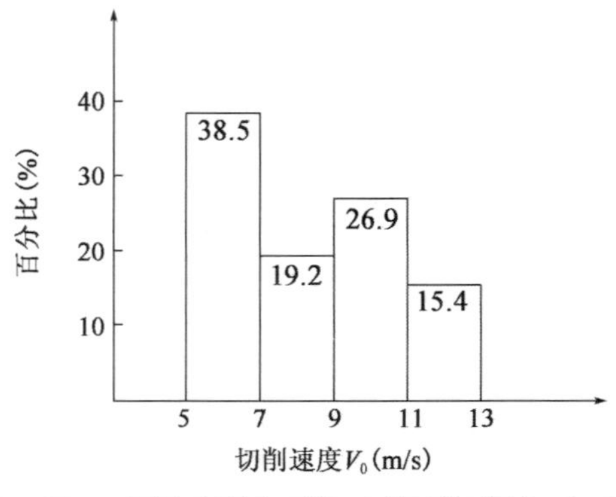

图 52　国外 26 种土壤稳定机械切削速度统计分布

7.2.2　结构参数的确定

1)转鼓直径 D_R

转鼓直径 D_R 是指刀刃旋转一周轨迹圆的直径。转鼓直径主要由拌深决定。当转鼓内筒的直径 D_0 确定后,转鼓直径 D_R 可按下式计算:

$$D_R = D_0 + 2K_s H \tag{113}$$

式中：D_R——转鼓直径；

D_0——转鼓内筒直径，一般取 $D_0 = 300 \sim 350\text{mm}$；

K_s——内筒切入地面系数，正转切削 $K_s = 0.9 \sim 1.1$，反转切削 $D_0 = 1.0 \sim 1.2$；

H——拌深。

对国内外33种土壤稳定机械转鼓直径与拌深相关统计可以看出（图53）。转鼓直径与拌深有明显的相关性，线性拟合可用下式表示：

$$D_R = 325.22 + 2.09H \tag{114}$$

与式（112）相比，$D_R = 325.22\text{mm}$，$2K_s = 2.09$，则 $K_s = 1.045$。

图53统计的机型包括正转和反转切削，可见按线性拟合所得的内筒切入地面系数 $K_s = 1.045$ 为统计平均值，对新设计的机器，应根据正转或反转切土选取。需要进一步说明的是，内筒直径的选取应考虑转鼓的传动装置形式，无论是低速液压马达或高速传动的链轮罩壳，当转子切入拌深时，不应碰触地面。

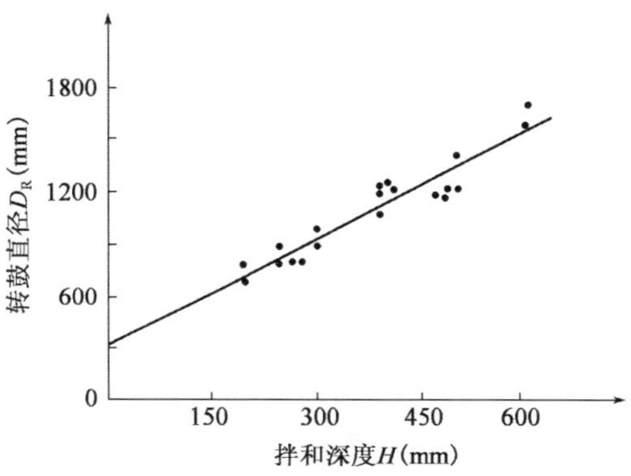

图53　国内外33种土壤稳定机械转鼓直径与拌深的相关性

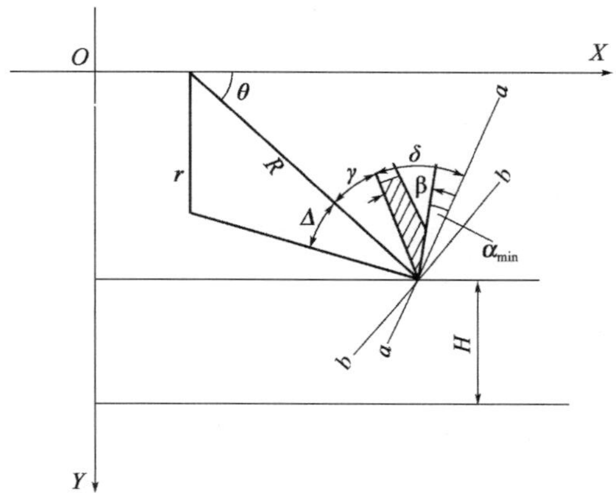

图54　刀刃刚碰触地面工况

2）刀具宽度 b

刀具宽度的选择主要从两个方面考虑：满足拌和质量和降低切削阻力。从对土壤切削的大量试验研究中发现，对封闭切削（D模式），当刀具宽度 b 小于6cm以后，随着宽度的减小，比阻会迅速增加，这主要是刀刃侧边切削土坡的摩擦力在总切削阻力中的比重增加造成的。当刀宽 b 大于8cm后，则切削比阻近似为一常值而不随刀宽变化（参看图49）。从土壤破碎和拌和均匀性考虑，刀具宽度的减小，无疑会大大降低土壤破碎的粒度和提高拌和均匀性。

实践中，现代土壤稳定机械的刀具宽度多在7～10cm范围内选取，其中8cm左右宽度的刀具最多，这样既保证有较小的切削阻力，又可以满足拌和质量的要求。

3）刀排数和相邻刀排的间距

刀排数是指在转鼓轴向上安装刀具的横断面数。它与辐板数不同，当刀具在辐板上左右对置安装时，显然刀排数应是辐板数的两倍。相邻刀排的间距是指转鼓轴线方向上相邻刀排的旋转轨迹的间距，由于土体破坏的空间性，有一定间距的刀排不仅不会影响刀具对土壤正常的切削和拌和，而且可以节省一定的拌和功率。试验表明，该间距在0～10mm是有效的。

当拌宽和刀具宽度已知时，刀排数可按式（115）计算：

$$N = \frac{B + a}{b + a} \tag{115}$$

式中：N——刀排数；

B——拌和宽度；

a——相邻刀排的间距；

b——刀具宽度。

计算结果 N 取整数。如刀具在幅板上对置安装时，N 取偶整数；有的转鼓结构设计，将刀具在幅板上左、中、右交错安装，此时刀排数应取 3 的整倍数，当 N 取整数后，应对式(115)中 b 或 a 进行修正，使式(115)平衡。

4）每一刀排的刀具数 Z

每一刀排的刀具数影响土壤稳定机械的各方面指标。刀具数 Z 通过进距 S 和转鼓直径、圆周速度、行走速度联系起来，并对拌和质量和生产率等产生影响。

由式(116)知道，当参数 R、S、V_0 已经选择，Z 与行走速度 V 成正比。可见选择较多的刀具齿数 Z，可以允许较高的工作速度，从而提高生产率。

$$Z = \frac{2\pi RV}{SV_0} \tag{116}$$

土壤稳定机械的工作速度一般较低，通常在 0.8～1.2km/h 之间，如式(116)中参数取值 $R=50\text{mm}$，$V_0=9\text{m/s}$，$S=40\text{mm}$，计算结果 $Z=1.94\sim2.90$，Z 应取整数。现代土壤稳定机的刀齿数 Z 取 1～4 不等。

5）刀具的安装角 γ 和刃磨角 β(参看图 3)

切削刃的几何参数，刀具的安装角 γ 是指刀尖向径 R 与切削刃前平面之间的夹角，刃磨角 β 是指切削刃前平面与后平面之间的夹角。安装角和刃磨角与刀具的后角 α、切削角 δ 等存在如下的关系：

$$\gamma + \beta + \alpha + \Delta = \frac{\pi}{2}$$

$$\delta = \beta + \alpha = \frac{\pi}{2} - \gamma - \Delta \tag{117}$$

式中：γ——刀具的安装角；

β——刀具的刃磨角；

δ——切削角；

α——切削刃后角；

Δ——刀尖向径与法线间夹角。

由于 Δ 在切削过程中是变化的，正转切削下随着切土深度的增加，Δ 值将降低。当刀刃轨迹法线呈垂直时，Δ 角等于零。而刀具安装角 γ 是不变的，因此，切削角 δ 的变化与 Δ 相反，随着切深的增加，δ 值将变大，但刃磨角 β 是不变的，亦即切削刃后角 α 将由小变大。各角度的确定可按图 54 的工况计算。此时，假设刀刃刚碰触地面，可以将刀刃后角 α 按最小考虑，角 Δ 按式(118)计算。

$$\Delta = \arctan\frac{\cos\theta}{\frac{R}{r} - \sin\theta} \tag{118}$$

式中：θ——R 向径转过的角度，$\sin\theta = (R-H)/R$；

r——滚动圆半径，$r = R(V/V_0)$；

当 $R=500\text{m}$，$H=350\text{m}$，R/r 取值 10 时，此时 $\Delta=5.6°$(对转鼓常用参数取 $\Delta=5°\sim7°$)。按照式(7)计算，对于常用的转子参数，刀刃后角最小值计算结果为 $\alpha_{min}=1°\sim2°$。由于刃磨角 $\beta=\delta-\alpha_{min}$，所以该工况下取较小的切削角 $\delta=35°\sim45°$，刃磨角 $\beta=33°\sim43°$，安装角 $\gamma=90°-\delta-\Delta=50°\sim80°$。

在 δ 与 γ 的取值范围内，对强度较大的土壤 δ 取小值，γ 取大值以便降低切削阻力；反之对松散拌和土壤 δ 取大值，γ 取小值。

通常在转鼓结构图上是以 R 的向径及与它的垂线为基准的(图 54b-b 线),显然,此时刀刃后平面与 b－b 线的夹角为 $\alpha_{min}+\Delta$,约等于 $6°\sim9°$。

6)刀具的排列方式

当刀排数和每排刀数确定后,可以在转鼓上进行刀具排列,多刀最佳排列方式应遵循以下原则:

(1)刀具沿转子宽度的配置应保证转子在工作的每一瞬间,同土壤接触的刀数都是一个常数,以便尽可能地减少转鼓轴上的扭矩波动,刀具沿螺旋线配置基本上可以满足这一要求。

(2)相继入土的刀具,应尽可能相对于转鼓宽度的中线对称配置,以便减小在转鼓轴线平面内力矩的波动,使机器行驶有较好的稳定性和直线性。

(3)每把刀的实际进距应尽可能相等,以保证刀具均匀磨损;必要时在转鼓两边的刀排上额外增加刀具。

7.2.3　运动学参数

运动学参数包括转鼓转速、机器的前进速度和运动学参数 λ。

1)转鼓转速 n_R

转鼓转速由刀刃的切削速度或圆周速度决定。当圆周速度和转鼓直径已知时,转鼓转速按式(119)决定。

$$n_{R}=\frac{60V_{0}}{\pi D_{R}} \tag{119}$$

式中:n_R——转鼓转速(r/min);

V_0——刀刃圆周速度(m/s);

D_R——转鼓直径(m)。

2)机器的前进速度

机器的前进速度决定着拌和质量和生产率,通常是在满足拌和质量的前提下尽量提高机器的前进速度。当转鼓的结构参数和工艺参数进距 S、刀刃圆周速度 V_0 已知时,机器的前进速度 V 按式(120)计算:

$$V=\frac{ZSV_{0}}{\pi D_{R}}3.6\times10^{-3} \tag{120}$$

式中:V——机器的前进速度(km/h);

Z——转鼓每排刀数;

S——进距(mm);

D_R——转鼓半径(m)。

3)运动学参数 λ

运动学参数 λ 定义为转鼓圆周速度 V_0 与机器前进速度 V 之比。运动学参数经常出现在性能参数的计算中,它反映机器的作业特性,主要是作业质量性能。例如进距 S 与运动学参数之间的关系可以式(121)表示。

$$S=\frac{\pi D_{R}}{Z\lambda} \tag{121}$$

根据以上讨论,如 $V_0=7\sim11$m/s,$V=0.6\sim1.0$km/h 时,$\lambda=25.2\sim66$。

7.3　整机主要性能参数的确定

影响土壤稳定机械整机性能的主要参数有机器的质量、前后轮负荷率、接地比压、轮距和轴距以及额定牵引力、各档行驶速度和发动机功率等。机器的外形尺寸一般根据各总成的设计和选型及其总体布置相应确定,在确定外形尺寸时,主要应考虑机器运输(铁路,公路)时所允许的通过高度和宽度。如果超高,应使某些超高辅件,如驾驶室,在运输中便于拆下单独装运。机器主要性能参数影响机器的作业性能、通过性能、稳定性以及牵引性能等,所以正确确定这些参数是十分必要的。以下将就这些参数确定的基本原则和计算作一讨论,并介绍一些实例以作设计参考。

7.3.1 机器的质量

机器的质量一般指使用质量。按照原交通部标准 JT 3129.2—87《轮胎式稳定土拌和机性能试验方法》规定,机器质量指装备有为该机所配的全部标准装置及随机工具,且燃油、润滑油、液压油、冷却液按规定加足,试验时座椅上还应放置65kg的重块以代替司机的质量。机器的质量由组成机器各总成的质量决定,一般与发动机功率、机器的生产率相关,但土壤稳定机械不像推土机那样,完全依靠牵引力进行工作,而只是部分使用牵引力推动以拌和动力输出为主的机器前进,所以机器质量与发动机功率之比就不像推土机那样,不论那一生产厂家,该比值都非常接近。土壤稳定机械由于设计的原则不同,切土方式、土质类别不同,有的设计为铣、拌结合,一机多用,有的选用改装车型等等。所以不同生产厂家推出的产品,虽功率相同整机质量会相差甚远。然而,我国近年来设计的稳定土拌和机,功率与机重之比却很接近(表14)。一般来说,减少机器总质量是有利的,它可以降低工作时的滚动阻力,用作土壤拌和和路面铣刨一机多用的土壤稳定机械,常用加大发动机功率的方法,使功率与机器质量比增大,西德宝马 MPH100 机型该比值达16.14。

国产稳定土拌和机质量参数之一　　表14

生产厂	型号	发动机功率 P (kW)	机器质量 M (t)	拌宽×拌深 $B\times H$ (mm^2)	功率质量比 P/M (kW/t)	质量与拌和作业比 $M/B\times H$ (t/m^2)
北京筑路机械厂	LDI600B	147	12	1600400	12.25	18.75
镇江机械制造总厂	WBY200	158	13	2000400	12.15	16.25
华山冶金机械厂	YWB200	165	13.5	2000400	12.22	16.88
西安筑路机械厂	WB220	165	13.6	2200360	12.13	17.17
新津筑路机械厂	WB230	235	18.5	2300450	12.70	17.87
江苏建筑机械厂	WBL20	176	13.9	2000400	12.66	17.38

土壤稳定机械设计的原始参数是拌和宽度和拌深,机器的理论生产率为:

$$Q = 1000VBH \tag{122}$$

式中:Q——理论生产率(m^3/h);

V——机器行进速度(km/h);

B——拌和宽度(m);

H——拌深(m)。

但拌和行进速度对于一般稳定土拌和机来说,由于考虑作业质量的要求,可以认为是一个常数。故理论生产率与拌和断面 B 与 H 的乘积成正比。一般来说,机器质量应与生产率相关,按照式(122)的分析,机器质量亦应与拌和作业面积相关。从表14中可见,国产的6种机型其比值 $M/(B\times H)$ 是非常接近的。从国外数十种机型来看,该比值相差较大,但与西德宝马 MPH100 型的比值14.2相比,国产各机型质量似乎过大。

机器的质量也受总成的选型和总体布置的影响,有时为了调整前后桥的载荷分布,不得不在机器大梁前部加装配重,国内外不少机型都采取这种措施。

7.3.2 前后桥负荷率

当机器的总质量确定后,前后桥的载荷分配决定于机器重心位置。机器重心位置按照原交通部部标准 JT 3129.2—87 规定新产品样机应进行测定。重心位置一般由总体布置形成,并按所有总成质量分布做出计算，最后根据力学性能进行校核。重心过高影响机器稳定性，爬坡时容易失稳，并降低动稳定性，一般重心高度应尽量降低；机器质量的左右分布应尽可能做到对称，以保持左右轮胎负荷相等；重心与后桥的距离影响前后桥载荷分配，对机器性能来说这是非常重要的参数。当代土壤稳定机械大都是后轮驱动，如果重心偏前，使附着质量降低，影响整机的牵引性能；如果重心偏后，能加大后桥负荷，有利于发挥最大牵引力，并使滑转率降低。但重心过于偏后，势必降低前桥负荷而使导向轮与土壤间的侧向附着力降低，影响车辆转向性能，不仅如此，重心过于偏后的机器，还将影响其稳定性，土壤稳定机械重心水平位置应在前后桥中心偏后，至后桥距离与轴距之比约在 0.25 ~ 0.35 之间，此时后桥的负荷率为 65% ~ 75%。表 15 为几种国产土壤稳定机械的质量参数，可作参考。

国产稳定土拌和机质量参数之二　　表 15

生产厂	型号	机器质量(kg)	前桥		后桥	
			负荷(kg)	负荷率(%)	负荷(kg)	负荷率(%)
西安筑路机械厂	WB220	13600	4900	36	8700	61
新津筑路机械厂	WB230	118507	5256	28.4	13251	71.6
镇江机械制造总厂	WBY200	13195	3167	24	10028	76
华山冶金机械厂	YWB200	12215	3860	31.6	8355	68.4

7.3.3　接地比压

土壤稳定机械工作的地面常常是松铺的土壤，承载能力较低，机器在较松的地面上工作时，轮胎沉陷量较大，增加滚动阻力。为了减少土壤变形引起的滚动阻力，常采用宽基型低压轮胎，以减小轮胎接地比压，从而降低土壤变形及滚动阻力。

土壤稳定机械轮胎一般按工程机械用轮胎选用。后轮可选用宽基低压、驱动型花纹。气压根据轮胎层级和载荷确定，一般在 0.25 ~ 0.45MPa 之间，如西安筑路机械厂 WB220 型驱动轮胎选型 20.5 ~ 25，气压 0.35MPa；前轮为从动轮，一般较后轮尺寸小，常选择条形型花纹，以提高侧向附着能力，西安筑路机械厂选用 11.00 ~ 20，气压 0.6MPa。

接地比压测定常用轮胎下垫白纸压印的方法，测出轮胎印痕包络面积，然后去除轮胎负荷，接地比压按下式计算：

$$P = \frac{G_i g}{1000A_i} \tag{123}$$

式中：P——接地比压(kPa)；

G_i——前桥或后桥质量(kg)；

A_i——前桥或后桥轮胎接地面积；

g——重力加速度，取 9.81m/s^2。

接地比压的选择与机器的工作土壤有关，可在 300 ~ 500kPa 之间选择，一般后轮接地比压应较前轮为小。表 16 列出几种国产机型接地比压的测试结果，以供参考。

稳定土拌和接地比压　　表 16

机型	后桥		前桥		平均接地比压(Pa)
	负荷(kg)	接地比压(kPa)	负荷(kg)	接地比压(kPa)	
WB220	8700	320	4900	450	
WB230	13251	287	5256	431	409
WBY200	10028	298.5	3167	397.6	348
YWB200	8355		3860		317

7.3.4 轮距和轴距

土壤稳定机械的轮距×轴距,一般表示整机的承重面。其大小影响机器的稳定性。从行驶通过性和作业特性来说,轴距应大于轮距,轮距有前后之分,后桥轮距与拌和宽度有关,设计者常希望轮距小于拌和宽度,以期拌和过后的地面不留轮辙印痕;前桥轮距一般希望与后桥轮距相等,或前轮轮迹能够被后轮行驶轮辙覆盖,以便机器在松土地面上工作时,由于前轮的预压实作用可以提高后桥驱动轮的附着性能,并降低滚动阻力。近年来设计的土壤稳定机械,前后桥大多根据负荷要求,从专业生产厂家的产品中选购,这样轮距就随车桥而定,改变是困难的,所以当选车桥时应注意轮距参数是否合理。如果以驱动桥轮距为基准,轴距通常均在1.45~1.65倍轮距之间选择。以上均指后悬置拌和转子,如采用中置式拌和转子,像美国CATSS-250型那样,其比值可达2.34。表17列出为近年来几种国产土壤稳定机械的轴距与轮距尺寸,可供参考。

国产几种土壤稳定机械的轮距和轴距 表17

机　　型	拌和宽度 B(mm)	后轮距 B_r (mm)	前轮距 B_s (mm)	轴距 L (mm)	后轮距与轴距比 L/B_r
WB220	2200	1860	1930	3000	1.61
YWB200	2000	2050	2200	2983	1.46
WBY200	2007	2075	1950	3005	1.45
LD160B	1600	1850	1850	2855	1.56

7.3.5 额定牵引力

土壤稳定机械在性能试验方法部标准中规定了最大牵引力试验,其目的在于反映一定条件下机器的最大牵引能力。实际工作时机器的工况与试验是不同的,主要是土壤条件不同和附着质量改变。在这样条件下工作的机器,既不能像最大牵引力试验时要求驱动轮打滑或液压系统溢流,也不能像推土机切土工况时允许很大的滑转率,甚至瞬时百分之百滑转。土壤稳定机械工作时要求速度稳定,负荷变化时行驶速度不应有大的波动,因此驱动轮的滑转率应受到一定的限制。与土方机械相比,土壤稳定机械的额定滑转率采用5%~10%,可以满足工艺要求,并具有较高的牵引效率。对于疏松的填积土来说,额定牵引力可按下式计算:

$$\delta_H = 0.12\left(\frac{F_H}{G_\varphi}\right) + 11.13\left(\frac{F_H}{G_\varphi}\right)^6 \tag{124}$$

式中:δ_H——额定滑转率,取=0.05~0.10;

F_H——额定牵引力(kN);

G_φ——驱动轮附着重力(kN)。

机器工作时驱动轮附着质量与性能试验时测定的后桥负荷分配不同,应考虑地面对罩壳垂直反力和转子切削反力在垂直方向分量的影响。当确定后,即可按照式(124)计算额定牵引力。额定牵引力应与工作阻力相适应,见式(125),否则应调整驱动轮附着质量或改变转子工作参数。

$$F_H \approx F_x + F_{fc} + F_{fz} \tag{125}$$

式中:F_H——额定牵引力;

F_x——工作装置水平阻力;

F_{fc}——从动轮滚动阻力;

F_{fz}——土壤对罩壳移动的水平阻力。

由于土壤稳定机械不是全功率用于牵引工作,不必用发动机功率来进行牵引力计算,但必须用驱动马达额定输出扭矩计算切线牵引力,以校核额定牵引力,按式(126)使其相适应。

$$F_K = \frac{M_{2K} i_m i_0 \eta_m \eta_0}{r_k} \approx F_H + G_\varphi f \tag{126}$$

式中：F_K——驱动马达额定扭矩决定的切线牵引力；

M_{2K}——驱动马达额定扭矩；

i_m、i_0—减速器及后桥传动速比；

η_m、η_0——减速器及后桥传动效率；

r_k——驱动轮动力半径；

F_H——驱动轮额定牵引力；

G_φ——驱动轮附着质量；

f——松土地面滚动阻力系数，$f=0.12$。

7.3.6　各挡行驶速度

土壤稳定机械一般只有拌和工况和运输工况，所以多数机器只设置两个行驶挡，有些机器为了适应更多的负荷工况，也设置三个行驶挡，以获得不同负荷下最大效率。目前多采用变量液压传动系统，工作挡行驶速度在0~4km/h之间；运输挡在0~24km/h之间，最高行驶速度由于受后置拌和转子及道路等级的影响，最高行驶速度不宜太高。有的设计者仅限制在18km/h以内，机器最高行驶速度按下式校核计算：

$$V = 0.377\frac{r_k \eta_L}{i_L i_m i_0}(1-\delta) \tag{127}$$

式中：V——机器最高行驶速度（km/h）；

r_k——驱动轮动力半径（m）；

η_L——液压系统容积效率；

i_L——液压马达、泵排量比；

i_m、i_0——变速箱、后桥传动比；

δ——滑转率、水泥或沥青路面，取0.005，松土地面取0.01。

7.3.7　发动机功率

土壤稳定机械的功率主要消耗在工作装置的拌和和行走机构的行驶中以及驱动其他辅助装置，如液压油冷却装置、空压机等。发动机功率可按式（128）计算：

$$P_e = P_{Be} + \frac{P_{KP}}{\eta_{KP}} + \frac{P_R}{\eta_R} \tag{128}$$

式中：P_e——发动机功率；

P_{Be}——辅助装置消耗功率，取0.1 P_e；

P_{KP}——行走机构消耗功率；

P_R——工作装置消耗功率；

η_{KP}、η_R——行走机构、工作装置传动系统的效率。

按照当前多数采用的液压传动形式，取值 $\eta_{KP}=0.70$，$\eta_R=0.65$，可取得良好的计算结果。行走机构消耗的功率，一般按式（129）计算：

$$P_{KP} = \frac{(f\cos\alpha + \sin\alpha)GgV}{3600} \pm \frac{F_x V}{3600} \tag{129}$$

式中：P_{KP}——行走机构消耗的功率（kW）；

G——行走机构总负荷，计算时可近似取机器总质量 G（kg）；

g——重力加速度，9.81m/s^2；

V——机器行驶速度(km/h);

f——滚动阻力,松土地面取$f=0.12$;

F_x——工作阻力在工作平面上的分力(N)(反转切削取“+”,正转切削取“-”)。

由于土壤稳定机械的主要功率消耗在工作装置上,占70%~80%,工作装置消耗的功率与生产率有关,式(122)表明,当拌和行驶速度一定时,机器的生产率与拌和工作断面积$B\times H$成正比。所以,发动机的功率与拌和断面积相关。表18列出国内外8种稳定土拌和机功率与拌和断面积的比值,可以看出,该比值非常接近,可作设计参数,其相关系数达0.9724。

稳定土拌和机功率与拌和断面积 表18

制造厂	中国北筑	中国镇江总厂	中国华山冶金	中国西筑	中国新津	中国江苏建机	德国宝马	美国CAT
型号	LD160B	WBY200	YWB200	WB220	WB230	WBL20	MPH100	SS-250
发动机功率(kW)	147	158	165	165	235	176	224	250
拌宽/拌深(m)	1.6/1.4	2/0.4	2/0.4	2.2/0.36	2.3/0.45	2/0.4	2.005/0.485	2.438/0.457
比功率(kW)	230	198	206	208	227	220	230	224

7.4 运输性能计算

土壤稳定机械的运输工况是指,在运距小于100km的情况下,机器通常靠自身行驶的工况。

7.4.1 动力特性

运输工况下的牵引平衡方程为:

$$F_k = F_f + F_i + F_w + F_j$$

或

$$F_k = Gf\cos\alpha + G\sin\alpha + \frac{1}{2}K_w A\rho V^2 + x\frac{G}{g}\frac{dV}{dt} \tag{130}$$

式中:F_k——驱动轮的切线牵引力(N);

F_i——坡道阻力(N);

F_w——空气阻力(N);

F_j——加速阻力(N);

G——机器重量(N);

f——滚动阻力系数(N);

α——坡度角;

A——机器迎风面积(m^2);

K_w——空气阻力系数,$K_w=0.8\sim1.0$;

ρ——空气密度,一般$\rho=1.2258N\cdot S^2\cdot m^{-4}$;

V——车速(m/s);

x——机器旋转质量换算系数,取$x=1.08$;

g——重力加速度,$g=9.81m/s^2$;

dV/dt——行驶加速度(m/s^2)。

将式(130)变换为:

$$\frac{F_k - F_w}{G} = \frac{F_f - F_i}{G} + \frac{F_j}{G} = f\cos\alpha + \sin\alpha + \frac{x}{g}\frac{dV}{dt} \tag{131}$$

令$(F_k-F_w)/G$为机器的动力因数,并以符号D表示:$f\cos\alpha+\sin\alpha$为道路阻力系数,以符号ψ表示，则：

$$D = \psi + \frac{x}{g}\frac{\mathrm{d}V}{\mathrm{d}t} \tag{132}$$

上式的右面是机器行驶时的道路阻力系数及加速度与 x/g 的乘积；左面是机器本身所具有的参数，它表征机器动力特性的指标。土壤稳定机械的动力特性可根据自身的动力传动形式和结构参数计算，并绘出动力特性图，如图 55 所示。

土壤稳定机械一般不追求加速性能，而只计算其最高车速和最大爬坡度。

1）确定最高车速

最高车速指在良好、无坡度的路面上机器能达到的最高速度。此时不能加速，即 $\mathrm{d}v/\mathrm{d}t=0$，$\psi=f_0$，故式（132）写成：$D=f_0$，在图 55 上作 $f=f(V)$ 线，它与高速挡（Ⅱ挡）D-V 曲线交点处的车速便是机器的最高车速。

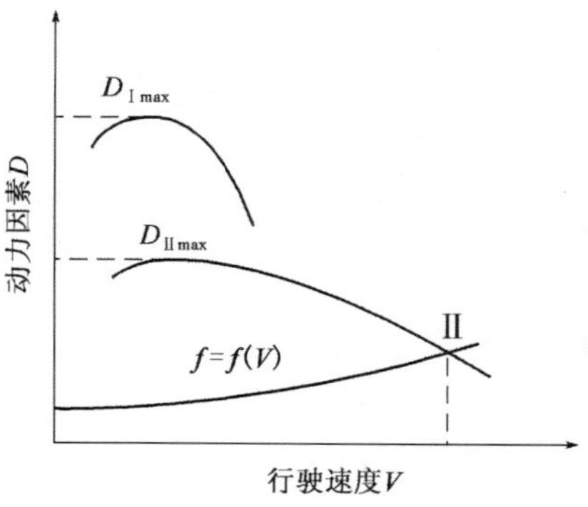

图 55　机器的动力特性

2）确定最大爬坡角

当上坡时，$\mathrm{d}v/\mathrm{d}t=0$，故式（132）写成：

$$D = \psi = f\cos\alpha + \sin\alpha \tag{133}$$

或：

$$D = f\sqrt{1-\sin^2\alpha} + \sin\alpha \tag{134}$$

最大爬坡角 $\alpha_{\max}$ 的表达式为：

$$\sin\alpha_{\max} = \frac{D_{\max} - f\sqrt{1-D_{\max}^2+f^2}}{1+f^2} \tag{135}$$

显然最大爬坡角应由低速挡实现。式（135）计算的爬坡角，只是反映了机器动力系统所能提供的爬坡能力，实际上，机器可能实现的最大爬坡角往往还要受到机器纵向滑移和稳定性的限制。

7.4.2　机器的功率计算

运输工况下的功率平衡方程为：

$$P_e = \frac{1}{\eta_T}\left(\frac{G\cos\alpha fV}{3600} + \frac{G\sin\alpha V}{3600} + \frac{K_w AV^2}{76140} + \frac{XGV}{3600g}\frac{\mathrm{d}V}{\mathrm{d}t}\right) \tag{136}$$

式中：P_e——发动机功率（kW）；

η_T——发动机到行走机构的传动效率，$\eta_T \approx 7$；

V——行驶速度（km/h）；

设计时，最高车速通常是预先确定的，高速运输工况下发动机的功率一般按式（137）计算，以校核作业工况下计算的发动机功率是否足够，否则可降低最高车速，以满足运输工况下的功率平衡。

$$P_e = \frac{1}{\eta_T}\left(\frac{GfV}{3600} + \frac{K_w AV^2}{76140}\right) \tag{137}$$

7.5　作业性能（生产率）计算

土壤稳定机械的理论生产率一般不考虑辅助时间和重叠拌宽等，按式（138）计算。

$$Q = 1000BHV \tag{138}$$

式中：Q——理论生产率；

B——拌宽(m)；

H——拌深(m)；

V——拌和工作速度(km/h)。

交通部标准 JT 3129. 1—87 及 JT 3129. 2—87 履带或轮式稳定土拌和机试验方法规定的生产率试验，考虑了作业的辅助时间和拌宽重叠量，比较符合实际的生产率，实际生产率的影响因素很多，它与机器的作业速度、拌和行程、作业宽度、拌深、土质、作业循环方式和辅助时间有关，一般实际生产率可按以下两种情况计算：

（1）对调头循环作业，按式(139)计算：

$$Q_e = \frac{[NB-(N-1)a]DL}{N(t_1+t_2)+(N-1)t_3+\dfrac{NL}{V}} \times 3600 \tag{139}$$

（2）对倒退循环作业，按式(140)计算：

$$Q_e = \frac{[NB-(N-1)a]DL}{N(t_1+t_2)+\dfrac{NL}{V}+\dfrac{NL}{V_R}} \times 3600 \tag{140}$$

式中：Q_e——实际生产率；

L——拌和行程(m)；

V——拌和行驶速度(m/s)；

V_R——机器倒退行驶速度(m/s)；

N——拌和行程数(与路宽有关)；

a——拌和行程间重叠量，一般取 $a=0.1\text{m}$；

B——转子宽度(m)；

t_1——转子切入土中时间，一般 $t_1=10\sim20\text{s}$；

t_2——转子提升时间，一般 $t_2=5\sim10\text{s}$；

t_3——整机调头 360°时间，一般 $t_3=20\sim30\text{s}$。

图 56 为中国西筑生产的 WB210 型稳定土拌和机计算实际生产率与拌和行程的关系曲线。曲线 1 为调头循环作业生产率；曲线 2 为倒退循环作业生产率。可以看出，在 A 点以下，拌和行程较小时，采用倒退循环作业可以得到较高的生产率，在 A 点以上，拌和行程较大时，一采用调头循环作业可以得到较高的生产率。

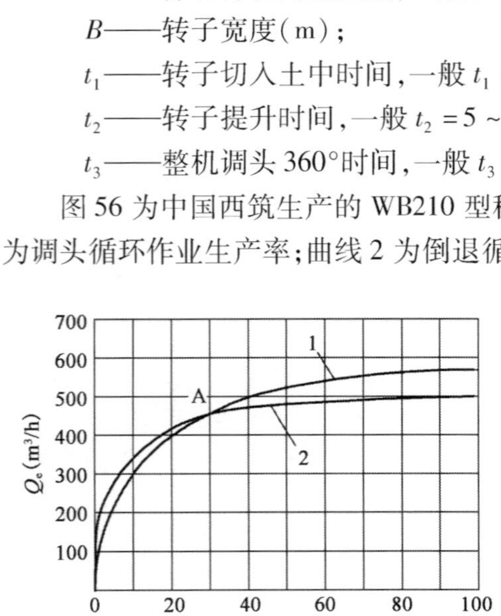

图 56　生产率与拌和行程的关系

1-调头循环作业；2-倒退循环作业

7.6　稳定性计算

机器的稳定性是指机器行驶或工作时不发生侧滑和失稳倾翻而保持正常工作的性能，因此，机器的稳定性用滑移和失稳角来评价。

土壤稳定机械的稳定性可分以下几种情况计算：

7.6.1　机器上坡行驶时的纵向稳定性

（1）上坡时机器不倾翻的最大爬坡角按式(141)计算：

$$\alpha_m = \tan^{-1}\frac{b}{h} \tag{141}$$

式中：α_m——机器不倾翻的最大爬坡角；

b——机器质心到后轮轴线的水平距离；

h——机器质心到坡面的垂直距离。

（2）上坡时机器保持不滑移的最大爬坡角按式（142）计算（后轮驱动型）：

$$\alpha_\varphi = \tan^{-1}\frac{a\varphi}{L - h\varphi} \tag{142}$$

式中：α_φ——机器不滑移的最大爬坡角；

a——机器质心到前轮轴线的水平距离；

L——轴距；

φ——附着系数。

为了防止翻车事故以确保安全，应满足条件 $\alpha_\varphi < \alpha_m$，故应满足条件 $b/h > \varphi$。

7.6.2　机器下坡行驶时的纵向稳定性

（1）下坡时机器不倾翻的最大爬坡角 α'_m 按式（143）计算：

$$\alpha'_m = \tan^{-1}\frac{a}{h} \tag{143}$$

（2）下坡时机器保持不滑移的最大爬坡角 α'_φ 按式（144）计算（后轮驱动型）：

$$\alpha'_\varphi = \tan^{-1}\frac{a\varphi}{L - h\varphi} \tag{144}$$

7.6.3　机器在坡道上横向行驶的稳定性

（1）机器不倾翻的最大坡度 β_m 按式（145）计算：

$$\beta_m = \tan^{-1}\frac{0.5B \pm e}{h} \tag{145}$$

式中：B——轮距；

e——质心到机器纵向对称面的距离，质心偏向横坡的上方时取“+”，偏向横坡的下方时取“-”。

（2）机器不发生侧滑的最大坡角 β_z 按式（146）计算：

$$\beta_z = \tan\varphi_z \tag{146}$$

式中：φ_z——侧向附着系数，轮式车辆 $\varphi_z \approx \varphi$。

比较式（145）和式（146），考虑到一般车辆 $e \approx 0$，故满足 $B/2h > \varphi_z$，即 $\beta_z > \beta_m$，可实现车辆在横坡上的稳定性，滑移先于倾翻。

式（146）没有考虑作用在行走机构上的切线牵引力，实际上，机械在横坡上行驶时，有切线牵引力输出。在此情况下，侧向附着力将降低，不发生滑移的最大坡角亦将降低。以上讨论的是机器等速行驶条件下的稳定性，或称静稳定性。静稳定性基本上是由机械的结构参数决定的，虽然按这些结构参数计算的失稳条件未必都能实现（如滑移角小于倾翻角），但总可以作为机器的稳定性的评价指标写入产品说明书内。此外，还有动稳定性。动稳定性是考虑了非稳定不变力的作用时机器的稳定性，惯性力的产生会降低车辆的静稳定性，不该滑移时滑移了，不该翻车时翻车了。显然使用条件与司机的操作对机器的稳定性也有很大的影响。因此，为防止机器失稳，发生翻车事故，提高司机操作技术水平更具有现实意义。

路拌式土壤稳定机械工作过程动力学的研究与数学物理模拟方法

孙祖望　李太杰　姚怀新

（本文刊于《中国公路学报》1991 年第 1 期）

摘　要:本文介绍了对路拌式土壤稳定机械作业过程所进行的动力学研究。试验是在土槽内利用专门的试验装置来完成的。在试验结果的基础上,研究了旋转刀具的静态和动态切削阻力和抛掷阻力随刀具转角而变化的规律以及它们的动力学模型。提出了一种能借助理论解析预测作业过程功率消耗的数学物理模拟方法。

1　前言

旋转式土壤工作部件早在 20 世纪 20 ~ 30 年代就出现了,但关于旋转式机械工作过程的系统的研究从 20 世纪 50 年代才开始。在历年发表的大量文献中可以看到,从希望建立某种功率预测方法出发,这些研究工作大体上是沿着两条基本路线发展的:一条可以称为平均比功法,另一条则可称为扭矩合成法。

1.1　平均比功法

在各类旋转工作部件工作过程的研究中,以苏联学者为首包括波兰等国家的学派一直遵循着这一基本方法,它的奠基人是 A. Л. Лапии、П. В. Павлов、H. Bernacki 等人。这一方法的基本思想是将旋转刀具的工作总阻力分解为切削阻力和抛掷阻力两部分。与之相应,克服这些阻力所消耗的功则分解为切削功和抛掷功,它们分别按切削和抛掷单位体积的土块所消耗的功来计算。

平均比功法虽以十分简单的方式给出了功率预测的方法,但并无严格的理论依据。可以证明,由于平均比功法在一些重要环节上做出了显然不符合实际的假设,导致完全忽略了“切屑”纵断面形状(它本身是由参数 R/r,和进给 S 决定的)、切削速度、切削弧长和转鼓半径的影响。然而大量的试验资料表明,切削速度、切屑形状、转鼓半径等因素对于工作过程的能量消耗有着重大的影响。

1.2　扭矩合成法

日本自 20 世纪 60 年代以来大量发表有关于旋转部件工作过程和功率预测的研究文献,它们大都遵循扭矩合成的原则。这一方法的基本思想是将转鼓轴上每转所需的平均扭矩看成为每把刀具作用扭矩的合成结果,并且认为土壤的切削、破碎和抛掷过程实际上是同时完成的,因而是不可分割的。

扭矩合成法显然在理论上给出了一种更为合理的功率预测方法。然而建立在曲线拟合基础上的转鼓轴上扭矩和水平、垂直反力的经验公式,通常是根据某种典型土壤条件和工况条件给出的,因而同样无法考虑诸如切削速度、切屑形状、转鼓半径等因素的影响。

由于以上这些原因,大量研究文献所提供的资料往往只能对旋转刀具的工作过程做出某种定性的分析,而要根据它们对工作过程的工作阻力和功率消耗进行比较精确的定量分析则仍是困难的。尤其是对土壤稳定机械来说,十分重要的是缺乏为建立某种比较严格的性能预测方法所必需的基础资料。因此,加强对路拌式土壤稳定机械工作过程的研究,为这类机械的设计工作提供建立在比较严格的理论基础上而又具有相应试验依据的性能预测方法,对于发展我国大功率路拌式土壤稳定机械将具有重要的理论和现实意义。

2　旋转工作部件切削土壤的特点

与推土机、松土齿、桦式犁一类的平移式工作部件相比，旋转式工作部件的工作过程有以下一些不同的特点：

(1)与平移式工作部件的切土过程不同，旋转刀具的切削过程不是连续的，而是间歇工作的周期性过程。在这一间歇切削的过程中，刀具的切土厚度在理论上并非一常值，而处于不断变化的状态下。因此，切削阻力在理论上也应该是一从小到大然后从大到小的周期变化函数。作用在转鼓轴上的负荷则是由所有同时参与切削的刀具负荷合成的结果。

(2)当平移式工作部件切土时，刀具切土的几何参数(切削角和后角)一旦安装确定，在整个切削过程中是不变的，同时作用于刀具上的切向力的方向也是不变的。在旋转刀具工作时，由于刀刃的运动轨迹是一条曲率不断变化的曲线，因此，刀具的切削角和后角以及切向力和法向力的方向都是时时变化着的。

(3)对于旋转式工作部件来说，影响切削阻力大小的因素，不仅有刀具切削的几何参数与工况参数，而且与切屑纵断面的形状有关，后者则取决于转鼓的运动学参数 R/r，因此，与平移式工作部件相比，影响切削阻力的因素更多、更复杂。

(4)旋转式工作部件的切削速度(>5 ~6m/s)通常比平移式工作部件(1 ~2m/s)要高得多，因而，由于在高速切削下使变形区应力增大而产生的附加阻力，使切下的土块具有一定的抛掷速度所消耗的能量和产生的阻力也要大得多。而且这两种动力学阻力是在切削过程中同时发生的，很难在实际过程中将两者分开。

(5)由于切削过程是间断进行的，而刀具的运动速度又较高，因而刀具在开始切入土体时，将由于撞击和压缩土壤而产生某种动力学阻力。因此对于旋转刀具来说，切削速度对切削阻力的影响将不像平移工作部件那样，仅考虑在稳定切削过程中的速度影响，而且还必须考虑由于高速撞击土体而引起的附加动力学阻力的影响。

由于旋转工作部件切削过程的这些特殊性，简单地应用平移工作部件的物理模拟方法和试验资料显然是不合理的。但是在分析两者的差异时，仍应看到就楔形刀具从土壤母体分离切屑的过程来看，两者之间仍然存在着某些共同点与普遍性，它们主要表现在：

(1)就微观的单元切削而言，曲线轨迹与直线轨迹是等价的，而旋转刀具在某一瞬时的切削过程即相当于一平移刀具的切削过程，而旋转刀具的整个切削过程则等价于无穷多变厚度的微小单元平移切削过程之总和。

(2)当旋转刀具进入稳定切削阶段之后，动态切削阻力的形成机理和物理模型应该与平移刀具的高速切削过程是一致的。

3　单刀工作过程的试验研究

试验研究的目的是确定不同因素对工作阻力的影响，并探索利用平移工作部件已经成熟的物理模型和试验资料的可能性。试验是在西安公路学院工程机械中心试验室的 108m ×7.8m ×2.5m 的大型实物土槽中进行的。为研究土壤稳定机械的工作过程，研制了专门的试验装置。

试验装置的设计保证了旋转工作部件的一系列结构参数和运动学参数是可调的：①活动刀具可换装不同宽度、不同旋转半径和不同结构的刀具，可改变刀盘的数量和每一刀盘上的刀具数量及刀盘之间的间隔距离，并可调节刀具的安装角度；②通过液压提升机构可改变转鼓的切削深度；③转鼓的转速和牵引台车的行驶速度是可无级调节的。

通过改变刀刃的旋转向径 R、刀具的切削刃宽度 b、刀盘上同向刀具数 Z 和调节刀具的旋转角速度及平移速度。可获得不同的进给 S、不同的圆周速度 V_0 和切削速度 V_P、不同的运动学参数 $\lambda(\lambda=R/r)$、不同的"切屑"横断面参数 b(切削宽度)和 c(切屑厚度)、不同的"切屑"纵断面参数 S(切屑水平厚度)、H(切削深度)、R(刀刃旋转向径)和 r(旋轮线滚动圆半径)。

试验装置的测量系统可直接测定转鼓轴上的扭矩 M_R、水平力 P_x、垂直力 P_y、转鼓的角位移 θ、角速度 w、平移速度 V。

试验土壤采用西安黄土,经翻松、刮平后用615kg 压路滚静碾两遍,土壤参数的平均值为:动态冲击器冲击值2~3;含水率13%;容重 $1.54g/cm^2$(相当于一级土壤,用来模拟机器完成实际拌和作业时的土壤条件)。采用刀具的形式则为常用的L形刀具。

为了避免转鼓罩壳对切削阻力测定的影响,静态和动态切削阻力的试验是在不装罩壳的情况上进行的。

3.1 静态切削比阻的试验研究

试验是在 $V=0$,$V_0<0.5m/s$ 的条件下进行的,此时可完全忽略切削速度的影响,并保证切削角在整个切削过程中保持不变(圆弧切削)。在试验时,通过改变"切屑"纵断面参数 S、H、$R(r=0)$ 和切削角 δ,在不同的切屑厚度 $c(b=10cm)$ 和各种试验工况下(表1)测定了静态切削比阻。

静态切削比阻的试验工况 表1

序号	1	2	3	4	5	6	7	8	9	10	11	12	13	14
R(mm)	500	500	500	500	500	500	500	500	507	507	482	482	560	560
H(mm)	200	200	200	200	250	250	150	150	200	200	200	200	200	200
S(mm)	155	114	143	106	184	148	92	135	101	153	107	153	103	154
δ(°)	45	45	45	45	45	45	45	45	35	35	65	65	45	45

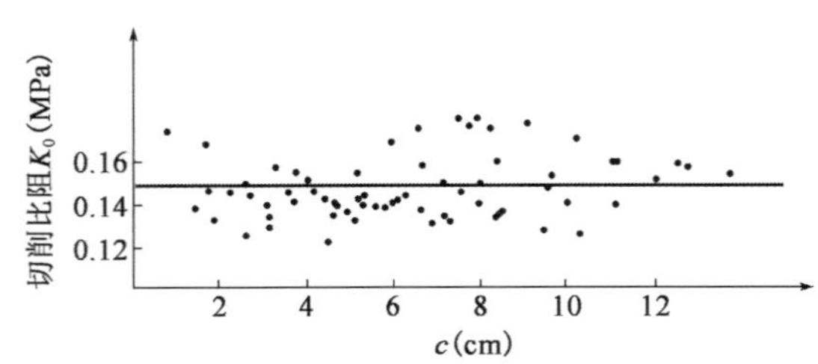

图1 静态切削与切屑厚度 c 间的统计关系

3.1.1 静态切削比阻与切削厚度的关系

由70个样本的数据分析中获得的切削比阻与切削厚度 c 之间的统计关系列于图1,其概率分布的数字特征见表2。

从图1和表2中可看到,静态切削比阻不随切屑厚度而变化,而基本上保持为一常值。K_0 值绕平均值左右的偏摆是土壤性质的离散性、试验和计算过程的随机误差引起的,而9.3%的离散程度对于土壤切削来说完全属于正常范围。对 c 的统计作进一步分析表明,在99%的置信概率下,可以认为静态切削比阻与切屑厚度是无关的(相关系数 $|\hat{r}|=0.159$ 大大小于其临界值 $r=0.302$)。

静态切削比阻试验数据的概率分布特征 表2

统计量名称	样本数 n	均值 x(MPa)	均方差 σ_{n-1}(MPa)	离差系数 $\xi_x=\sigma_n-\sqrt{x}$
静态切削比阻	70	0.1493	0.0134	9.3%

3.1.2 旋转切削与平移切削静态比阻的对比

在试验中,用同样的L型刀具在同样的土壤条件下进行了平移切削静态比阻的测定,其结果见表3。从表3中可以看到,平移切削的静态比阻与旋转切削是很接近的。

为了判断两者是否属于同一总体,对上述假设进一步做了统计检验。假设检验的结果表明,在很高的置信水平上可以认为两者的均值和方差的差异是不显著的(表4)。

平移切削静态比阻的试验测定　　　　表 3

切削深度 (mm)	切削速度 (m/s)	切削角 (°)	切削刃宽 (mm)	切削比阻 (MPa)
80	0.272	45	100	0.1348
80	0.606	45	100	0.1470
120	0.6	45	100	0.1421
$\bar{x}=0.1413$, $\sigma_{n-1}=0.0062$				

平移切削与旋转切削静态比阻差异显著性的统计检验　　　　表 4

平移切削			旋转切削			假设总体方差相等($H:\sigma_1^2={}_2^2$)的检验					假设总体平均值相等($H:\mu_1=\mu_2$)的检验			
均值 $\bar{x}_1$	方差 S_1^2	样本数 n_1	均值 $\bar{x}_2$	方差 S_2^2	样本数 n_2	统计量 $F=\frac{S_1^2}{S_2^2}$	自由度 v_1,v_2	小概率 α	临界值 λ_1,λ_2	检验判定	统计量 $t=\sqrt{\frac{n_1n_2(n_1+n_2-2)}{n_1+n_2}}\times\frac{x_1-\bar{x}_2}{\sqrt{n_1S_1^2+n_2S_2^2}}$	自由度 v	概率 $P(t<t_P)$	检验判定
0.141	3.84×10^{-5}	3	0.144	1.80×10^{-4}	70	$F_0=0.213$	2,69	0.02	0.515, 3.15	$\lambda_1<F_0<\lambda_2$ 无显著差异	0.320	71	0.70	$P\{\|t\|>\|t_P\|\}\gg$ 小概率 无显著差异

3.1.3　切削角对静态切削比阻的影响

图 2 表示了切削角对静态比阻的影响。从图中可看到，切削角的影响明显地呈线性规律，它的回归方程可归纳为：

$$k_0(\delta)-k_0(\delta_0)=k_\delta(\delta-\delta_0)=0.000686(\delta-\delta_0) \tag{1}$$

式中：k_δ——切削角影响系数($k_\delta=0.00068\text{MPa}/°$)。

此种线性规律在平移刀具的切削试验中已多次被证实，这一事实再次表明旋转工作部件的切土过程与平移部件的切土过程存在着某些共同的规律。

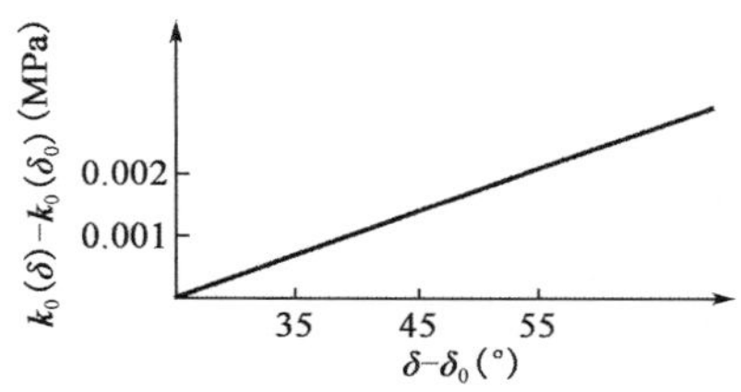

图 2　静态切削比阻与切削角之关系

3.2　动态切削阻力与抛土阻力的试验研究

动态试验是在 $V_0=1\sim10.5\text{m/s}$ 的范围内进行的，其试验工况见表 5。

动态工作阻力的试验工况　　　　表 5

序号	1	2	3	4	5	6	7	8	9	10	11	12	13	14	15	16
V_0(m/s)	1.07	1.3	1.36	1.52	1.7	1.83	1.83	2.62	3.5	3.50	3.90	3.90	5.00	7.10	9.20	10.5
R(mm)	500	500	500	500	500	500	500	500	560	560	560	500	500	500	500	500
H(mm)	200	200	200	150	200	200	200	200	200	300	200	200	200	200	200	200
S(mm)	104	105	120	145	63	98	63	105	105	105	105	105	63	63	72	88
λ	∞	15.1	∞	∞	23.2	23.2	12.5	15	15	16.8	16.8	16.3	50	50	43.8	35.8

图 3 展示了作用在一把刀具上动态工作阻力(扭矩)的典型时间历程记录。从图 3 中可看到，当刀具开始切入土壤时，由于刀具对土体的撞击作用，在极短的瞬时，内转鼓转速有瞬间的减慢(表现为转角脉冲的时间间隔增大)，同时切削力则急剧增长，至 θ_1 角时达到最大值。这一数值在相位上落后于 c_{max} 的事实表明了在此阶段起主要作用的是刀具冲击压缩土壤所引起的动态阻力。随后，转鼓转速迅即恢复稳定、工作过程进入一平稳的高速切削阶段。当刀具转过角 θ_2 时，切屑厚度等于零，切削阻力显然已不复存在，但此时工作阻力并不等于零而仍保持相当的数值。这一阻力显然是由于抛掷土块而引起

的,它在转鼓高速旋转的工况下可在总阻力中占很大的比重。随后,工作过程进入纯粹抛土的阶段。在这一阶段中,抛掷阻力随转角之增大而逐步减弱,至 θ_3 角时,抛掷阻力达零,而整个工作过程到此结束。从这一典型的时间历程图中可看到,旋转刀具的工作过程可分成三个阶段:①入土阶段——从刀具切入土体开始至切削速度恢复稳定值止;②稳定切削阶段——从切削速度进入稳定值起至切屑厚度达零止;③纯粹抛土阶段——从切削厚度达零起至抛土阻力消失止。

3.2.1　入土阶段

在旋转刀具以高速撞击土体的一瞬间,土壤所承受的主要是压缩变形。从机理上来说,这一过程可以用自由下落的重物撞击土壤的动态过程来模拟,并将受到动量和冲量定理的制约(图4)。

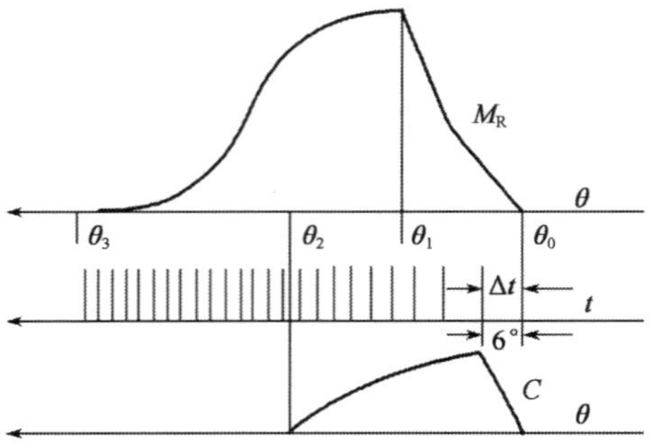

图3　旋转刀具工作阻力(扭矩)的时间历程图

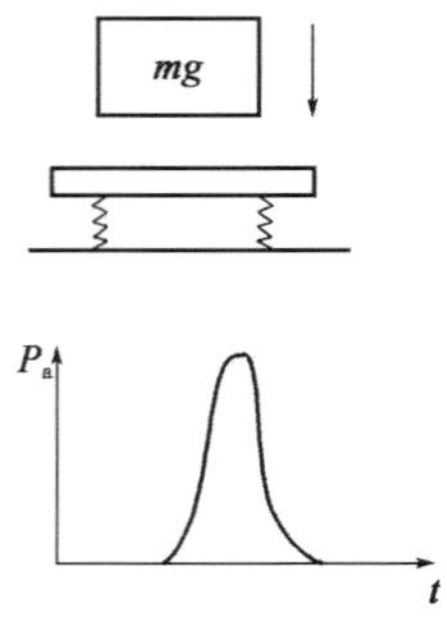

图4　动态冲击阻力模型

此时动态阻力将主要取决于土壤的形变模量、转鼓和传动系统的惯量、刀具系统的刚度以及切削速度等因素。如同所有的脉冲过程一样,它的能量主要取决于脉冲的强度和宽度,即取决于动态冲击阻力的最大值与它的相应转角 $\theta_1-\theta_0$。不同试验工况的试验结果表明,在 $V_0=3\sim11\text{m/s}$ 的范围内,$P_{\tau\max}$ 出现在 $\theta_1-\theta_0=15°\sim24°$ 处,且基本上不受切削速度的影响,而进入稳定切削阶段的转角 θ_1' 大约在 θ_1 之后 $3°\sim6°$。由于这一冲击过程只有百分之几秒,而转角 θ_1' 就在 θ_1 附近,所以为了简化起见,可将 θ_1' 看作等于 θ_1,而不致引起重大误差。

确定了 $P_{\tau\max}$ 与 θ_1 之后,动态冲击阻力的增长过程可用一冲击函数来模拟:

$$p_\tau=p_{\tau\max}\frac{e\left(2\pi\dfrac{\theta_1-\theta}{\theta_3-\theta_0}-\cot\pi\dfrac{\theta_1-\theta_0}{\theta_3-\theta_0}\right)}{1-\cos2\pi\dfrac{\theta_1-\theta_0}{\theta_3-\theta_0}}\cdot\left(1-\cos2\pi\frac{\theta-\theta_0}{\theta_3-\theta_0}\right)\tag{2}$$

3.2.2　稳定切削阶段

当刀具切入土壤的最初冲击消失而速度恢复稳定后,即进入了稳定切削阶段。从图3中可看到,这一阶段工作阻力所消耗的功占了整个工作过程总能量的主要部分。稳定切削阶段的工作阻力是由三部分组成的:①静态切削阻力 P_0;②由高速切削引起的动态切削阻力 P_d;③由抛掷土块而形成的抛掷阻力 P_{OT},即:

$$P_t=P_0+P_d+P_{OT}\tag{3}$$

由于切削阻力与抛掷阻力是同时发生的,所以很难直接用试验的方法将它们分别测定出来。但是对于高速切削下的动态阻力来说,与平移部件的动态切削阻力并无本质上的差别,因而可以按平移部件切土的物理模型进行模拟,即动态切削比阻 k_d 与切削速度 V_p 成正比。对于抛掷阻力来说则主要是使切下的土块获得一定的动能而产生的。因而从理论上说应与切削速度 V_p 的平方成正比。

应该指出,式(3)中的动态切削阻力与抛掷阻力在整个稳定切削阶段的不同时期所占的比重是不同的。当刀具开始进入稳定切削阶段时,首先是分离切屑,然后才能将切下的土块抛掷出去,因此在稳定切削的初始阶段,动态阻力主要来源于高速动态切削,而抛掷阻力则是很小的。随着切削过程的进展，抛掷作用逐渐增强，而切削阻力则随着切屑厚度的减小而逐渐下降，至稳定切削阶段结束时切削阻力为零，而此时抛掷阻力在总阻力中将占主要地位。抛掷阻力随切屑厚度减小而逐步增大的过程，可近似地认为随 c 之增加而呈线性递减的关系。根据上述分析，可得：

$$P_0 = k_0 bc,\quad P_d = k_d(V_P)bc,\quad P_{OT} = K_{OT2}(V_P)(1 - c/c_1) \tag{4}$$

式中：k_0——静态切削比阻；

$k_d(V_P)$——动态切削比阻，它与切削速度 V_P 成正比；

$K_{OT2}(V_P)$——切屑厚度为零（$\theta = \theta_2$）时的抛掷速度系数，它与切削速度之平方成正比。

当运动学参数较大时（$\lambda > 10$），可近似地认为等于 V_0，同时考虑到式（4），则可将试验数据分解成式（5）所示的数据处理模型：

$$P_\tau = k_0(1 + k_V V_0)bc + K_{OT2}(V_0)(1 - c/c_1) \tag{5}$$

图5是按式（5）的数据模型对试验数据分析处理的结果。

图5a）为在稳定切削开始阶段（取 $\theta_1 - \theta_0 = 18°$），切削比阻与圆周速度之间的统计关系以及相应的回归分析。图5b）则是在稳定切削结束时抛掷阻力 P_{OT} 与圆周速度 V_0 之间的统计关系。从图5中可明显地看到，前者与 V_0 成正比，而后者则与 V_0 的平方成正比。两者的回归方程分别为：

$$k_P = k_0(1 + k_V V_0) = 0.1449(1 + 0.531V_0) \tag{6}$$

$$P_{OT2} = K_{OT2}V_0^2 = bl_0\sin\delta(\gamma/g)k_{OT2}V_0^2 = 27.7V_0^2 \tag{7}$$

式中：k_V——切削速度系数；$k_V = 0.531\text{s/m}$；

k_{OT2}——切屑厚度为零时的抛掷系数；

$K_{OT2} = \dfrac{27.7g}{bl_0\sin\delta\gamma} = 3.954$。

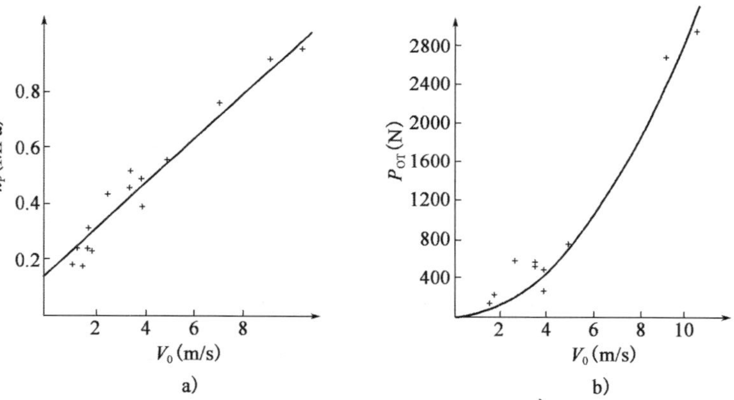

图5　在稳定切削开始和结束阶段切向阻力与圆周速度的关系

回归方程（6）和方程（7）所表示的统计关系有良好的线性相关性，它们的相关系数分别为0.97与0.98。

3.2.3　纯粹抛土阶段

当切屑厚度降到零后，工作过程即进入了纯粹抛土阶段。在这一阶段中，工作阻力主要是由推移和抛掷松散的土壤形成的，因此阻力与土壤的坚实度并无太大关系，主要取决于被抛掷土块的质量与抛掷速度。从机理上来说，抛土过程主要是使一定质量的土块获得一定的速度，因而受到动能定理的制约。

设刀具移动一微小距离 dl 时，从刀刃上抛出质量为 dm 的土块，此时抛掷力 P_{OT} 所作功即转化为土块带有的动能，按照动能定理有：

$$\frac{1}{2}dmV_{OT}^2 = P_{OT}dl \tag{8}$$

式中：V_{OT}——被抛掷土块所获得的速度。

考虑到 $dm=\gamma dV/g$，则式(8)可改写为：

$$\frac{1}{2}\frac{dV}{g}\gamma V_{OT}^2 = P_{OT}dl \tag{9}$$

式中：dV——微小单元的抛土体积；

γ——松土的容重。

对于同一类型刀具的土块抛掷过程可以认为是物理相似的。考虑到 V_{OT} 与 V_0 之间存在着一定的关系，根据式(9)可构造出以下的相似准则：

$$\pi = \frac{P_{OT}}{\frac{dV}{dl}\cdot\frac{\gamma}{g}V_0^2} = idem$$

考虑 dV 主要取决于刀宽 b 和刀翼推土的高度 $l_0\sin\delta$，亦即 $dV\propto bl_0\sin\delta dl$(图6)，则上式可改写为：

$$\pi = \frac{P_{OT}}{bl_0\sin\delta\frac{\gamma}{g}V_0^2} = \varepsilon = idem \tag{10}$$

由此可得：

$$P_{OT} = \varepsilon bl_0\sin\delta\frac{\gamma}{g}V_0^2 \tag{11}$$

抛掷系数 ε 是一相似不变量，它随转角而变化的曲线，反映了由离心力、重力、摩擦力决定的抛掷质量随抛土过程的进展而逐步减少的规律，并可通过实验来确定。

应该指出，纯粹抛土过程的持续转角 $\theta_3-\theta_2$ 并非为一常值，而是随切削速度之增大而增大的。图7显示了由试验获得的 $\theta_3-\theta_2$ 随 V_0 而变化的关系。试验数据的回归方程经处理后可归纳为(回归方程的相关系数为0.995)：

$$\theta_3-\theta_2 = 2.114V_0^{1.65} \tag{12}$$

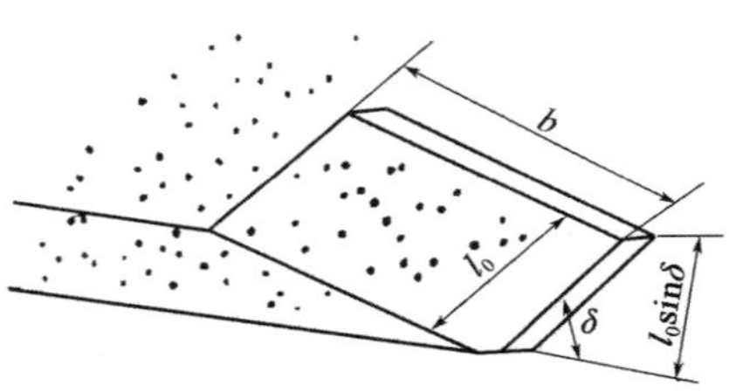

图6　单元抛土体积 dV 的计算示意图

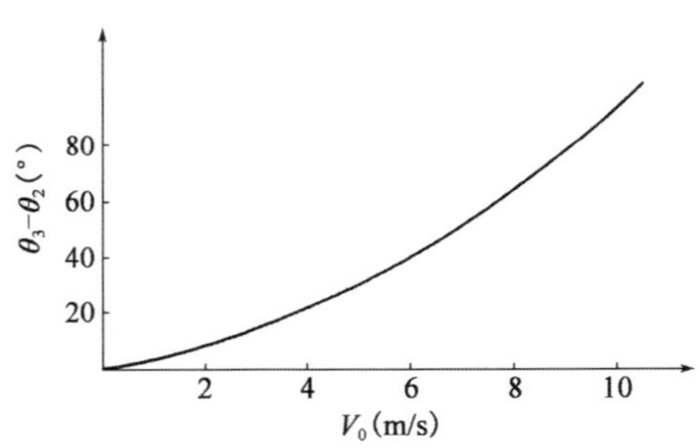

图7　抛土过程持续转角随切削速度而变化的关系

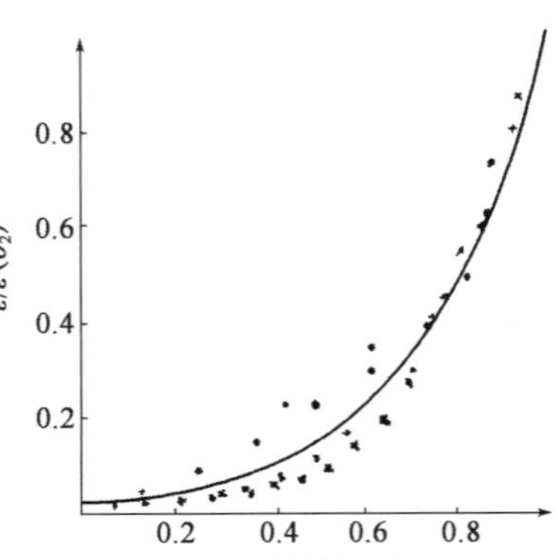

图8　抛掷系数随转角而变化的关系

由此可见，抛掷系数 ε 随转角而变化的曲线对于不同的 V_0 是不同的，但它作为一相似不变量与转角的相对量之间关系同样应是相似不变的。图8是在不同的切削速度下由试验获得的，$\varepsilon/\varepsilon(\theta_2)$ 与 $(\theta_3-\theta)/(\theta_3-\theta_2)$ 之间的函数关系。可以看出，在 $\varepsilon/\varepsilon(\theta)$ 从1下降至0.3的阶段，试验数据的离散程度是很小的。因而采用曲线拟合的方法来表述这一准则方程可获得很高的拟合精度，只是在 $\varepsilon/\varepsilon(\theta_2)$ 小于0.3以下误差才稍大，但此时 ε 本身已相当小，误差对抛掷功率的影响已很微弱了。因此，可以认为由试验数据获得的准则函数完全可作为预测抛掷功率的基础。

图8中的实线表示了采用指数函数作为准则方程来拟合试验数

据的情况,从图中可以看到,拟合的效果是相当好的(相关系数为0.99)。这一准则方程的表现形式为:

$$\varepsilon = \varepsilon(\theta_2)\mathrm{e}^{-3.87\left(1-\frac{\theta_3-\theta}{\theta_3-\theta_2}\right)} \tag{13}$$

式(13)中的 $\varepsilon(\theta_2)$ 可由 $\theta=\theta_2$ 的边界条件 $P_\tau(\theta_2)=P_{\mathrm{OT}}(\theta_2)$ 求得:

$$\varepsilon(\theta_2) = \frac{P_\tau(\theta_2)}{bl_0\sin\delta\,\dfrac{\gamma}{g}V_0^2} = k_{\mathrm{OT2}} \tag{14}$$

由此可得抛掷阻力 P_{OT} 随转角 θ 而变化的方程:

$$P_{\mathrm{OT}} = \varepsilon(\theta_2)\mathrm{e}^{-3.87\left(1-\frac{\theta_3-\theta}{\theta_3-\theta_2}\right)}bl_0\sin\delta\,\frac{\gamma}{g}V_0^2 \tag{15}$$

4　土壤稳定机械工作过程的动力学模型与数学物理模拟方法

由于土壤是一种由不同比例的固、液、气组成的复杂的三相系统,它的物理力学特性带有很大的不确定性和多变性,因此在研究工作部件与土壤的相互作用过程时,建立一种完全的数学模型和纯理论的分析方法往往是十分困难的。土壤性质的多变性和理论分析所引入的假设常常使性能预测结果的误差过大而失去实际意义。纯粹的经验方法无法对旋转工作部件与介质相互作用的复杂过程做出合乎理论的解释,也无法根据不同的工作条件对工作过程进行定量的计算分析。将数学模拟和物理模拟适当地结合起来,对于研究旋转工作部件与土壤的相互作用过程可能是一种很有前景的方法。这一数学物理模拟方法的指导思想是:首先将工作过程分解为能进行独立研究的若干基础环节;其次,对于那些能建立可靠的数学模型和理论分析的环节,则采用数学模拟的方法;第三,对于那些只能采用试验分析的环节,则尽可能在已知物理定律的基础上利用相似技术来建立各因素之间的准则方程;第四,对于那些涉及较多土壤物理力学特性的过程,则利用某种简单的试验方法进行直接的物理模拟。

应该指出,将理论分析与物理模拟结合起来的思想并非最近才提出来的,但是近代数学物理模拟方法是建立在相似物理模型和计算机模拟技术之基础上的,因而是一种更为科学的研究方法。

4.1　单刀工作过程的动力学模型

前述试验研究的结果充分证实了旋转刀具入土、稳定切削、纯粹抛土阶段的动力学过程服从于不同的物理规律,因而对它们采用分段模拟的方式来建立单刀工作过程的动力学模型是完全可能和合理的。考虑到稳定切削阶段在工作过程功率消耗中所占的主要地位,可以将稳定切削作为数学物理模拟的基础,并由此确定与前后阶段交接处的边界条件。这样,单刀工作过程的切向阻力 P_τ 随转角而变化的历程可以用下列模型来模拟:

$$\left.\begin{aligned}
&\theta_0\leqslant\theta\leqslant\theta_1,\\
&P_\tau = P_{\tau\max}\cdot\frac{\mathrm{e}\left(2\pi\dfrac{\theta_1-\theta}{\theta_3-\theta_0}-\cot\pi\dfrac{\theta_1-\theta_0}{\theta_3-\theta_0}\right)}{1-\cos2\pi\dfrac{\theta_1-\theta_0}{\theta_3-\theta_0}}\cdot\left(1-\cos2\pi\frac{\theta-\theta_0}{\theta_3-\theta_0}\right)\quad(\mathrm{N})\\
&\theta_1\leqslant\theta\leqslant\theta_2,\\
&P_\tau = k_0(1+k_{\mathrm{V}}V_0)bc(\theta)+K_{\mathrm{OT2}}V_0^2\left[1-\frac{c(\theta)}{c(\theta_1)}\right]\quad(\mathrm{N})\\
&\theta_2\leqslant\theta\leqslant\theta_3,\\
&P_\tau = \varepsilon(\theta_2)\mathrm{e}^{-a\left(1-\frac{\theta_3-\theta}{\theta_3-\theta_2}\right)}\cdot bl_0\sin\delta\,\frac{\gamma}{g}V_0^2\times10^2\quad(\mathrm{N})
\end{aligned}\right\} \tag{16}$$

式中:$P_{\tau\max}=k_0(1+k_{\mathrm{V}}V_0)bc(\theta_1)(\mathrm{N})$;

$k_0 = k_n[k_0(\delta_0) + k_\delta(\delta - \delta_0)](\mathrm{N/cm^2})$；

$K_{OT2} = bl_0 \sin\delta \dfrac{\gamma}{g} k_{OT2}(\mathrm{Ns/m})$ ；

k_0——切削模式折算系数（计算方法参看下文）；

$k_0(\delta_0)$——切削角为 δ_0 时的静态切削比阻（$\mathrm{N/cm^2}$）；

k_δ——切削角影响系数，$k_\delta = 0.0686(\mathrm{N/cm^2})$；

k_V——切削速度系数，$k_V = 0.531(\mathrm{s/m})$；

$\varepsilon(\theta_2)$——与转角 θ_2 相应的抛掷系数，$\varepsilon(\theta_2) = K_{OT2} = 3.954$；

b——切削刃宽度（cm）；

c——切屑厚度（cm）；

$c(\theta_1)$——与转角 θ_1 相应的切屑厚度（cm）；

l_0——刀翼高度（cm）；

δ——切削角（°）；

V_0——刀刃圆周速度（m/s）；

γ——松土容重（$\mathrm{N/cm^3}$）；

g——重力加速度（$\mathrm{m/s^2}$）；

θ_0——入土起始角（°）；

θ_1——稳定切削起始角，$\theta_1 - \theta_0 = 17 \sim 21$（°）；

θ_2——稳定切削终止角（°）；

θ_3——工作终止角，$\theta_3 - \theta_2 = 2.114 V_0^{1.65}$（°）。

4.2 旋转工作部件刀具的切削模式

旋转工作部件与平移工作部件切土过程的一个重要不同点是它的刀具由于排列方式之不同而在工作过程中可能遇到不同的边界条件。因此，在将单刀模型上所获得的结果扩展到多列刀具的切土过程时，还必须考虑由于不同边界条件而引起的切削模式对切削比阻的影响。应该指出，尽管这些边界条件可能是多种多样的，但各种边界条件最终均可分解为四种基本模式（图9）。

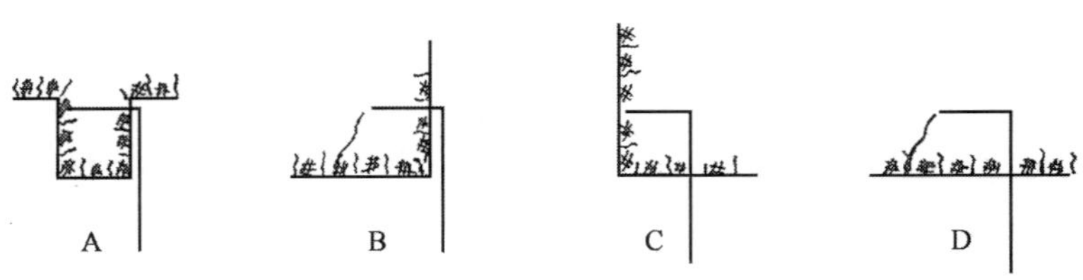

图9 旋转刀具的切削模式

在这四种模式的切削比阻之间存在着以下关系 $K_A = K_B + K_C - K_D$：

《Sohne W. Influence of the Shape and Arrangement of the Tool upon the Driving Torque in Rotary Cultivatorrs》在土槽中对L形刀具的这几种切削模式做了大量比较试验，获得了各种切削模式之间的比例关系：

$$K_A/K_D = 0.308 \quad K_B/K_D = 0.462 \quad K_C/K_D = 0.800 \tag{17}$$

在旋转工作部件的实际切土过程中，切屑的水平断面是由复杂的边界条件决定的。但对于一给定的刀具排列布置方式，总可归纳为少数几种不同类型的切屑断面。例如对于多头螺旋线的排列方式，可归纳为两种水平断面形状（图10）。

如图10a）与图10b）所示，将水平断面分解为基本切削模式后，其等效的切削比阻 k_n 可由叠加原理求出。

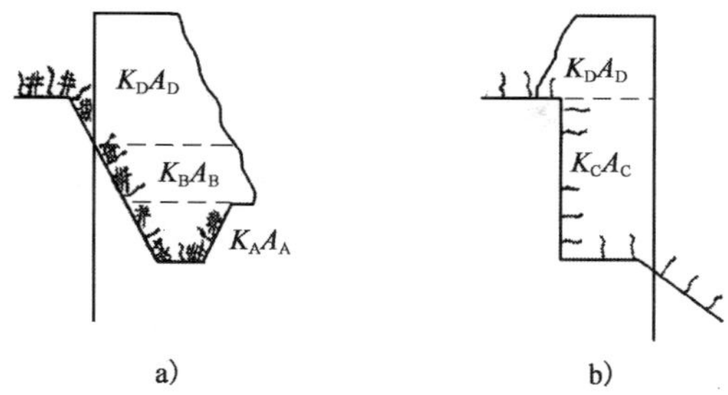

图 10　L 型刀具在转鼓上按螺旋线排列时的水平切屑断面形状

对于图 10a)：

$$k_0 = \frac{K_DA_D + K_BA_B + K_AA_A}{A_A + A_B + A_D} = \frac{A_D + \frac{K_B}{K_D}A_B + \frac{K_A}{K_D}A_A}{A_A + A_B + A_D}K_D = k_n \cdot K_D$$

对于图 10b)：

$$k_0 = \frac{K_DA_D + K_CA_C}{A_D + A_C} = \frac{A_D + \frac{K_C}{K_D}A_C}{A_D + A_C}K_D = k_n \cdot K_D$$

4.3　切向工作阻力的功率消耗

在单刀动力学模型的基础上，即可用积分的方法求取一把刀具的切向阻力在一个工作循环中（旋转一周）所消耗的平均功率：

$$N_{Pi} = \frac{1}{2\pi}\int_{\theta_0}^{\theta_3} P_{\tau i}V_P\mathrm{d}\theta = \frac{1}{2\pi}\int_{\theta_0}^{\theta_3} P_{\tau i}\sqrt{1 - \frac{2R}{r}\sin\theta + \left(\frac{R}{r}\right)^2}\mathrm{d}\theta \tag{18}$$

带有 n 把刀具的旋转工作部件克服切向阻力所消耗的平均功率为：

$$N_{Pi} = \sum_{i\to1}^{n} N_{Pi} = \frac{1}{2\pi}\sum_{i\to1}^{n}\int_{\theta_0}^{\theta_3} P_{\tau i}\sqrt{1 - \frac{2R}{r}\sin\theta + \left(\frac{R}{r}\right)^2}\mathrm{d}\theta \tag{19}$$

5　结语

（1）在分析旋转刀具工作过程动力学的基础上，采用数学物理模拟方法所建立的旋转工作部件动力学模型，提供了一种能通过理论解析来计算工作过程功率消耗的性能预测方法，并可对旋转工作部件的各种结构和工况参数对功率消耗的影响做出定量的分析。

（2）所采用的数学物理模拟方法使得在这一计算模型中采用土壤的静态切削比阻和容重 γ 来分析表征与切削和抛土过程有关的土壤物理力学特性成为可能。后者是一很易测定的土壤参数，前者则可利用现有的大量平移切削的试验资料或可通过用模型旋转刀具作简单的平移切削试验来获取，从而将平移和旋转两种不同的切削方式归结于统一的切削理论，使这一计算模型有了普遍推广的可能性。

（3）这一研究所提供的旋转工作部件的动力学模型和数学物理模拟方法可成为土壤稳定机械工作过程计算机仿真和参数优化的基础，并同样适用于其他旋转式的土壤工作部件。

稳定土拌和机转鼓反转工作过程的动力学理论模型

马学良　孙祖望

（本文刊于《筑路机械与施工机械化》2000 年第 2 期）

摘　要：在试验的基础上，对稳定土拌和机转鼓反转切削土壤的工作过程的各个阶段作了分析，采用数学—物理模拟的方法，建立了相应的动力学理论模型。

1　引言

稳定土拌和机是依靠高速旋转的主动型工作部件加工土壤的专用机械。在国外利用旋转式工作部件来进行作业，早在 20 世纪初就有应用。随着现代化工业的发展，国外稳定土施工机械的研究从拖挂式、履带式、机械传动式，发展到今天的轮式、自行式和具有"VIP"自动计量撒布系统以及"APA"自动分配系统的多功能稳定土拌和机。现代稳定土拌和机采用转鼓反转的工作方式，通过更换不同类型的刀具，可切削、翻松和拌和土壤，还可供铣削、破碎和翻修沥青路面之用。

我国路拌式土壤稳定机械的开发研究起步较晚，虽在 20 世纪 60 年代就生产过一些在履带拖拉机上改装的稳定土拌和机，但大都功率小、性能低、可靠性差。直到 20 世纪 80 年代才参照国外样机开发、研制、生产了一批较大功率的稳定土拌和机，但基本上还处于仿制阶段。由于对作业过程的理论和试验研究比较薄弱，因而开发研制工作得不到强有力的理论支撑。这是造成我国路面机械自主开发能力薄弱的重要原因之一。本文旨在通过理论分析和试验研究来探讨反转刀具与土壤相互作用过程的力学规律，从而为土壤稳定机械的设计和开发工作提供一定的依据。

2　反向旋转式工作过程的特点

与正转作业过程相比，反转工作过程有如下特点：

(1)对于自下而上处理土壤的工作过程，反转转鼓的刀具从沟底向上切削土壤，并将所切削下来的土壤沿稳定土拌和机运行方向向前抛，这样转鼓前面便形成了由已粉碎土壤组成的半圆形土堆。因而，如果说正转刀具从上而下切削土壤时，形成长圆形土堆带有偶然性的话，那么对反转刀具从下向上切削土壤时，形成长圆形土堆则是必然的，并且这一长圆形土堆的尺寸在已确定的切削过程中将保持不变，并沿土壤处理带表面延伸。与此同时，土壤颗粒向各个方向分散，这种移动有利于土壤的进一步粉碎。

(2)当刀具切削土壤时，由于起始铣削的土垡厚度较小，作业过程中切削厚度由薄逐渐到厚。因此，工作装置所受冲击载荷较正转小，作业机械平稳，这一优点对主要用于旧路翻修作业的拌和机尤为显著。

(3)反转方式的拌和转子由下向上进行切削时，其切削阻力将比正转方式小，又因土壤对刀具的切削阻力方向是由上向下，从而有助于工作装置的入土切削，且使机器行驶方向上的切削深度稳定性较好。

(4)反转时机器的切削功率小于正转，但反转时作用于转鼓刀具水平方向的阻力与拌和机运动方向相反，从而产生了附加的牵引阻力。因此，包括克服附加牵引阻力在内的总功率却比正转大。

(5)转鼓转向对材料拌和的均匀程度也有很大的影响。转鼓反转的工作过程减弱材料的抛掷作用，加剧二次翻拌作用。与此相反，转鼓正转的工作过程其抛掷作用增加，对拌和均匀程度起主要作用的二次翻拌则减小。因此，反转将有助于改善轻质材料的拌和质量。

(6)结构上，转鼓反转与正转其罩壳的形状应有所不同。当转鼓正转(从上向下)切削土壤时，罩壳的形状其前面应适于转鼓的形状，后面应为倾斜平面，这种倾斜平面有助于将处理好的土壤刮平整形。当转鼓(从下向上)切削土壤时，合理的罩壳形状是罩壳的前后壁均适应于转鼓的形状。

(7)拌和机转鼓的刀刃在反转切削过程结束阶段切削角变化较大，而正转切削则在开始阶段切削角变化较大。在 u/v 比值相同的情况下，反转工作式拌和机的切削速度要比正转工作式拌和机的大。

(8)当进距相同时，反转的沟底不平度小，亦即凸起高度小，另外，切削垡块的平均厚度的减小，提高了碎土质量。因此，当碎土质量要求相同时，反转可以比正转以较大的进距进行作业，从而提高了生产率。

3　单把刀具反向旋转工作部件的受力分析

单把刀具切削土壤的受力分析如图 1 所示。作用在刀具上的有切削阻力 P，转鼓的重量 G，转鼓轴上的驱动力矩 M_R。设瞬心 O' 至合力 P 的作用线的距离为 a，刀刃位于轨迹上之 E 点，过 E 点作力 P' 平行于 P，且使其相对于 O' 点之力矩等价，则力 P' 可假想为作用于 E 点的一等价切削阻力。该力之切向和法向分力分别为 P_τ 和 P_n，切向分力 P_τ 对 O' 点的力臂为 ρ，过 E 点的切线与 x 轴之夹角为 Ψ。

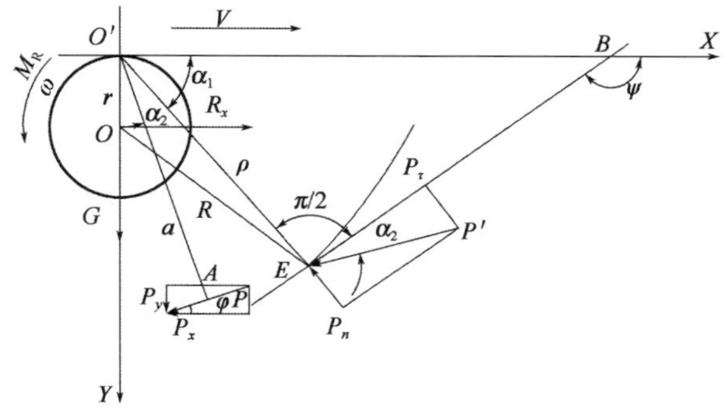

图 1　单把刀具在切削过程中的受力分析

由平衡条件可得

$$P_x = R_x$$

$$P_y = G - R_y$$

$$P = \sqrt{P_x^2 + P_y^2}$$

$$P_\tau \rho = M_R + R_x r = Pa$$

合力 P 与水平方向的夹角 $\tan\varphi = \dfrac{P_y}{P_x}$

合力 P 以瞬心 O' 的力臂 $a = \dfrac{M_R + R_x r}{P}$

对于 $\triangle O'EB$，$\angle\alpha_1 = \psi - \dfrac{\pi}{2}$

又 $\angle BO'A = \dfrac{\pi}{2} - \varphi$

$$\angle\alpha_1 = \angle BO'A - \angle\alpha_2$$

亦即 $\psi - \dfrac{\pi}{2} = \dfrac{\pi}{2} - \varphi - \angle\alpha_2$

所以 $\angle\alpha_2 = \pi - (\varphi + \psi)$

在$\triangle O'OE$中，$\angle EO'O=\angle\alpha_2+\varphi=\pi-(\varphi+\psi)+\varphi=\pi-\psi$

又$\angle OEO'=\Phi=\arctan\dfrac{r\sin\theta}{R+r\cos\theta}$（$\theta$为$R$与$Y$轴的夹角）

所以又$\angle O'OE=\pi-(\pi-\psi)-\Phi=\psi-\Phi$

故$\rho=\sqrt{R^2+r^2-2Rr\cos(\psi-\Phi)}$

则有$P_\tau=\dfrac{M_R+R_x r}{\rho}$

$$P_n=P_\tau\tan\alpha_2=P_\tau\tan[\pi-(\varphi+\psi)]$$

在以上公式中，r为旋轮线滚动圆半径，$r=V/\omega$。

因此切向力P_τ便可看作瞬时切削阻力。需要指出的是，上述各力如切向力P_τ都是转角θ的函数，即

$$P_\tau=P_\tau(\theta)$$

根据运动方程可求出切削厚度

$$C=C(\theta)$$

将$P_\tau(\theta)$进行变量代换得

$$P_\tau=P_\tau(C)$$

由此便可求出切削比阻

$$k_p=\frac{P_\tau(C)}{b\cdot C}=k_p(C)$$

上述这些关系不论是对静态阻力还是对动态阻力都是同样适用的，所不同的是，在进行静态阻力计算时，令$r=0$，取不同的进距即可。

4 稳定土拌和机反向旋转工作部件的工作过程分析

为便于分析，我们可把稳定土拌和机反向切削的工作过程首先分解为若干把旋转刀具的工作过程，也就是说，这一过程可看成各单把刀具工作共同作用的结果。这就使得旋转工作装置加工土壤的较为复杂的过程变得简捷明了，为进一步研究分析单把刀具工作过程提供了极大的可能性。为此笔者在长安大学工程机械性能试验室的土壤稳定机械工作装置模拟试验设备及其土槽中作了大量的试验研究。图2展示了旋转工作装置上一把刀具切削土壤时的静态切削阻力P_τ和动态工作阻力P_τ随转鼓转角变化的试验记录曲线。

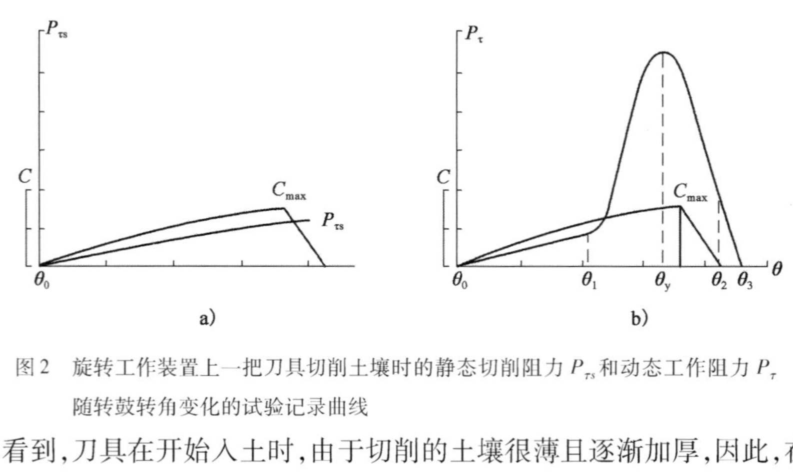

图2 旋转工作装置上一把刀具切削土壤时的静态切削阻力$P_{\tau s}$和动态工作阻力P_τ随转鼓转角变化的试验记录曲线

从图2b）可以看到，刀具在开始入土时，由于切削的土壤很薄且逐渐加厚，因此，在该阶段切削阻力的增加较为平缓，转鼓转速基本稳定，其工作过程是一平稳切削阶段。当切削厚度达到一定程度时，由

于前一阶段的一部分土壤受到旋转刀具搬移并挤压到未被切削的且具有一定厚度土壤实体上时,高速旋转的刀具由于惯性作用而使切削刀具产生冲击,转鼓转速在极短的瞬间内骤然减慢,与此同时切削阻力则急剧增加,至最大切削厚度附近上升至最大值。最大切削力与最大切削厚度 C_{max} 在相位上的偏差,表明了在此阶段内起主要作用的是刀具冲击压缩土壤所引起的动态阻力作用的结果。随后,刀具切削土壤完毕,此时切削厚度为零,工作阻力存在的原因显然是刀具抛掷土块所引起。由于反向旋转的刀具抛掷土块的数量很少,并随着转鼓转角之增大,抛掷阻力迅速下降,因此,该阶段的抛掷阻力在旋转刀具切削土壤的过程中,所占总阻力的比重是很小的。据以上分析及试验记录曲线,我们有理由认为,旋转刀具的工作过程可分为如下三个阶段:

(1)入土平稳切削阶段——从刀具切入土体开始至稳定的切削速度即将发生突然变化止。

(2)冲击贯入阶段——从切削速度发生突然变化起到切削厚度达零止。

(3)纯粹抛土阶段——从切削厚度达到零起到抛土阻力消失为止。

5　稳定土拌和机旋转工作过程的数学物理模型

通过对旋转工作部件的工作过程之分析,为建立这一工作过程的数学物理模型奠定了基础。下面将对稳定土拌和机单把刀具工作过程的每一阶段的数学模型进行分析确立。

5.1　入土稳定切削阶段的动力学模型

根据已有的研究成果,旋转工作部件在一定的条件下与平移工作部件切削土壤的基本规律是相一致的。这一工作条件是:在切削土壤宽度 b 与切削深度 H 之比 b/H 大于某一临界值(这一临界值随土壤性质改变而有所不同,但通常均远低于旋转刀具的切削参数 b/C)和切削速度 $V_p < 1m/s$ 的条件下,切削阻力 P_0 与切削厚度 C 及切削刀刃宽度 b 成正比,而静态切削比阻 k_0 为一常数,即

$$P_0 = k_0 bC,其中\ k_0 = 常量$$

而此时的静态切削比阻随切削角 δ 的增大应呈线性变化规律,亦即

$$k_0(\delta) = k_0(\delta_0) + k_\delta(\delta - \delta_0)$$

式中:δ_0——初始切削角;

k_δ——切削角影响系数。

在高速切削工况下,维诺格拉夫与谢苗诺夫等人对此有过精彩的论述。他们认为,动态切削阻力的形成是因为受到了土壤变形扩散速率制约的缘故。在大量试验的基础上,他们得出了土壤的断裂强度 σ_b 与加载速度 V_d 存在着以下线性关系:

$$\sigma_b = \sigma_0(1 + K_0 V_d)$$

式中:σ_0——当加速度为 1m/s 时的土壤断裂强度;

K_0——比例系数。

据此,可以认为在动态切削比阻 k_p 与切削速度 V_p 之间同样存在着类似的线性关系

$$k_p = k_0(1 + k_v V_p)$$

式中:k_0——静态切削比阻;

k_v——切削速度系数。

在刀具切入土壤并进入稳定切削阶段时,切削刀具首先是剥离土壤,并由于高速切削速度的影响,导致土壤变形扩散速率,从而引起动态切削阻力,并随着切削厚度之增加,总的工作阻力亦随之增加。因此,入土稳定切削阶段的工作阻力 P_τ 主要由两大部分组成:

(1)静态切削阻力 P_0;

(2)高速切削引起的动态切削阻力 P_d。

由此可得:

$$P_\tau = P_0 + P_d = k_0(1 + k_v V_p)bC(\theta)$$

式中：k_0——静态切削比阻；

b——切削刀具宽度。

5.2 冲击贯入阶段

当高速旋转的刀具切削一定的切屑厚度时，此瞬时，刀具受到冲击作用，土壤主要承受压缩变形。这一过程从机理上可用一钟摆撞击物体（土壤）的方法来模拟，且要受到动量定理的制约。因而冲击切削阶段所产生的动态冲击阻力便可用一脉冲函数来模拟。即

$$P_\tau = P_{\tau\max}\frac{e^{\left(2\pi\frac{\theta_y-\theta}{\theta_3-\theta_1}\cot\pi\frac{\theta_y-\theta_1}{\theta_3-\theta_1}\right)}}{1-\cos2\pi\dfrac{\theta_y-\theta_1}{\theta_3-\theta_1}}\cdot\left(1-\cos2\pi\frac{\theta-\theta_1}{\theta_3-\theta_1}\right)$$

影响该动态阻力的因素主要有转鼓及其传动系统的惯量、切削速度、刀具系统的刚度和土壤的变形模量等，反映这一过程的脉冲函数的能量大小主要取决于脉冲的强度和宽度。

5.3 抛土阶段

当旋转刀具从切削具有一定密实度的土壤中出土后，即切削厚度为零时，刀具便进入了抛土的工作过程。此时，刀具工作的对象是被切削过的堆积在转鼓前方的松散土壤，其所形成的抛土阻力的大小取决于被搬移、举升土块的质量和抛掷速度，这一过程在机理上受到动能定理的制约。考虑到刀具搬移、抛掷土块的质量很少，且该阶段抛掷阻力在总的工作阻力中所占比重很小，为方便计，这一过程的数学模型以一直线模拟为宜。

$$P_\tau = H + K(\theta - \theta_2)$$

考虑到第二段（冲击贯入段）和第三段（抛土段）连接处的边界条件应具有连续性和光滑性，亦即$\dfrac{dP_{\tau2}}{d\theta} = \dfrac{dP_{\tau3}}{d\theta}$和 $P_{\tau2} = P_{\tau3}$，则可有：

$$H = k_0(1 + k_v V_p)bC(\theta_1) + P_{\tau\max}\cdot\frac{e^{\left(2\pi\frac{\theta_y-\theta}{\theta_3-\theta_1}\cot\pi\frac{\theta_y-\theta_1}{\theta_3-\theta_1}\right)}}{1-\cos2\pi\dfrac{\theta_y-\theta}{\theta_3-\theta_1}}\cdot\left(1-\cos2\pi\frac{\theta-\theta_1}{\theta_3-\theta_1}\right)$$

$$K = P_{\tau\max}\frac{e^{\left(2\pi\frac{\theta_y-\theta}{\theta_3-\theta_1}\cot\pi\frac{\theta_y-\theta_1}{\theta_3-\theta_1}\right)}}{1-\cos2\pi\dfrac{\theta_y-\theta_1}{\theta_3-\theta_1}}\frac{2\pi}{\theta_3-\theta_1} + P_{\tau\max}\cdot\frac{e^{\left(2\pi\frac{\theta_y-\theta}{\theta_3-\theta_1}\cot\pi\frac{\theta_y-\theta_1}{\theta_3-\theta_1}\right)}}{1-\cos2\pi\dfrac{\theta_y-\theta_1}{\theta_3-\theta_1}}\cdot$$

$$\left(-\frac{2\pi}{\theta_3-\theta_1}\cot\pi\frac{\theta_y-\theta_1}{\theta_3-\theta_1}\right)\cdot\left(1-\cos2\pi\frac{\theta-\theta_1}{\theta_3-\theta_1}\right)$$

5.4 旋转刀具工作过程的动力学模型

前面，我们根据旋转刀具工作过程中各阶段的特点，分别建立了各自的动力学模型。考虑到旋转刀具工作过程的连续性，因此在建立起完整的动力学模型时，就有必要确定各阶段前后交接处的边界条件。这样，单刀的整个工作过程的切削阻力 P_τ 随转角变化的数学模型便可在两个不同阶段的动力学模型基础上得以奠定。

综上所述，在考虑了各阶段动力学模型前后连接处的边界条件后，稳定土拌和机旋转工作装置之工作过程的切向阻力 P_τ 随转角变化的函数关系便可确定为：

$\theta_0 < \theta < \theta_1$，

$$P_\tau = k_0(1 + k_v v_p)bC(\theta)$$

$\theta_0 < \theta < \theta_2$，

$$P_\tau = k_0(1 + k_v v_p)bC(\theta_1) + P_{\tau\max} \frac{e^{\left(2\pi\frac{\theta_y-\theta}{\theta_3-\theta_1}\cot\pi\frac{\theta_y-\theta_1}{\theta_3-\theta_1}\right)}}{1-\cos2\pi\frac{\theta_y-\theta_1}{\theta_3-\theta_1}} \cdot \left(1-\cos2\pi\frac{\theta-\theta_1}{\theta_3-\theta_1}\right)$$

$\theta_0 < \theta < \theta_3$，

$$P_\tau = H + K(\theta - \theta_2)$$

$$H = k_0(1 + k_v v_p)bC(\theta_1) + P_{\tau\max} \cdot \frac{e^{\left(2\pi\frac{\theta_y-\theta}{\theta_3-\theta_1}\cot\pi\frac{\theta_y-\theta_1}{\theta_3-\theta_1}\right)}}{1-\cos2\pi\frac{\theta_y-\theta_1}{\theta_3-\theta_1}} \cdot \left(1-\cos2\pi\frac{\theta-\theta_1}{\theta_3-\theta_1}\right)$$

$$K = P_{\tau\max} \frac{e^{\left(2\pi\frac{\theta_y-\theta}{\theta_3-\theta_1}\cot\pi\frac{\theta_y-\theta_1}{\theta_3-\theta_1}\right)}}{1-\cos2\pi\frac{\theta_y-\theta_1}{\theta_3-\theta_1}} \frac{2\pi}{\theta_3-\theta_1} + P_{\tau\max} \cdot \frac{e^{\left(2\pi\frac{\theta_y-\theta}{\theta_3-\theta_1}\cot\pi\frac{\theta_y-\theta_1}{\theta_3-\theta_1}\right)}}{1-\cos2\pi\frac{\theta_y-\theta_1}{\theta_3-\theta_1}} \cdot \left(-\frac{2\pi}{\theta_3-\theta_1}\cot\pi\frac{\theta_y-\theta_1}{\theta_3-\theta_1}\right) \cdot \left(1-\cos2\pi\frac{\theta-\theta_1}{\theta_3-\theta_1}\right)$$

通过试验，验证了上述动力学模型的正确性。试验是在西安公路交通大学工程机械中心试验室的稳定土拌和机工作装置模拟试验设备上进行的。试验用土为具有良好级配的砂性土壤，级配比例为粗砂 47.2%，细砂 18.8%，西安黄土 34.0%，并使土壤的密实度达到冲击指数 2.5～3.5。

6　结语

（1）大量的试验资料证明稳定土拌和机转鼓的反转工作过程有着一系列与正转工作过程完全不同的特点，主要是：

①刀具切入土壤时形成的冲击，不是发生在刀具最初切入土体的瞬间，而是在切削厚度达到一定数值时形成的。

②由于冲击而形成的最大动态切削阻力并不随切削速度之提高而单调上升，当切削速度超过一定数值时最大切削阻力会大幅度下降。试验结果表明，对于转鼓反转的稳定土拌和机切削速度选择10m/s左右的范围是合适的。

③与正转的工作过程相比，反转工作过程的抛掷工作阻力要小得多，只占整个工作过程能量消耗的很少部分。

（2）根据工作过程不同阶段的不同机理，采用数学—物理模拟方法所建立的反转工作过程的动力学模型，为预测转鼓反转型稳定土拌和机的动力学性能提供了理论基础。

稳定土拌和机反向旋转刀具工作过程数学物理模型的参数确定分析和仿真设计

马学良　孙祖望

（本文刊于《西安公路交通大学学报》2000 年第 1 期）

摘　要：在大量试验的基础上，确定了稳定土拌和机以两种不同形式的刀具反转切削土壤时，其工作过程数学物理模型的各力学参数，并对最大切削力 $P_{\tau\max}$ 等参数作了分析讨论。最后对刀具的工作过程进行了计算机仿真设计。

本文是在文献《稳定土拌和机转鼓反转工作过程的动力学理论模型》（马学良，孙祖望）的基础上，建立起了如下的稳定土拌和机反转刀具切削土壤工作过程的数学物理模型：

$\theta_0<\theta<\theta_1$（入土稳定切削段），

$$P_\tau=k_0(1+k_v v_p)bC(\theta)$$

$\theta_1<\theta<\theta_2$（冲击切削段），

$$P_\tau=k_0(1+k_v v_p)bC(\theta_1)+P_{\tau\max}\frac{e^{\left(2\pi\frac{\theta_y-\theta}{\theta_3-\theta_1}\cot\pi\frac{\theta_y-\theta_1}{\theta_3-\theta_1}\right)}}{1-\cos2\pi\dfrac{\theta_y-\theta_1}{\theta_3-\theta_1}}\cdot\left(1-\cos2\pi\frac{\theta-\theta_1}{\theta_3-\theta_1}\right)$$

$\theta_2<\theta<\theta_3$（抛土阶段），

$$P_\tau=H+K(\theta-\theta_2)$$

式中：

$$H=k_0(1+k_v v_p)bC(\theta_1)+P_{\tau\max}\cdot\frac{e^{\left(2\pi\frac{\theta_y-\theta}{\theta_3-\theta_1}\cot\pi\frac{\theta_y-\theta_1}{\theta_3-\theta_1}\right)}}{1-\cos2\pi\dfrac{\theta_y-\theta_1}{\theta_3-\theta_1}}\cdot\left(1-\cos2\pi\frac{\theta-\theta_1}{\theta_3-\theta_1}\right)$$

$$K=P_{\tau\max}\frac{e^{\left(2\pi\frac{\theta_y-\theta}{\theta_3-\theta_1}\cot\pi\frac{\theta_y-\theta_1}{\theta_3-\theta_1}\right)}}{1-\cos2\pi\dfrac{\theta_y-\theta_1}{\theta_3-\theta_1}}\frac{2\pi}{\theta_3-\theta_1}+P_{\tau\max}\cdot\frac{e^{\left(2\pi\frac{\theta_y-\theta}{\theta_3-\theta_1}\cot\pi\frac{\theta_y-\theta_1}{\theta_3-\theta_1}\right)}}{1-\cos2\pi\dfrac{\theta_y-\theta_1}{\theta_3-\theta_1}}\cdot$$

$$\left(-\frac{2\pi}{\theta_3-\theta_1}\cot\pi\frac{\theta_y-\theta_1}{\theta_3-\theta_1}\right)\cdot\left(1-\cos2\pi\frac{\theta-\theta_1}{\theta_3-\theta_1}\right)$$

式中：k_0——静态切削比阻；

k_v——动态阻力系数；

v_p——切削速度；

b——切削宽度；

C——切削厚度；

$P_{\tau\max}$——最大切削力；

θ_y——最大切削力所对应的转鼓转角；

θ——转鼓工作转角。

现通过试验分析的方法，将分别确定模型中的各参数。

试验是在西安公路交通大学工程机械中心试验室的稳定土拌和机工作装置模拟试验设备及土槽中进行的。试验刀具为弯刀和铲刀，试验用土为具有良好级配的砂性土壤，级配比例为粗砂47.2%，细砂18.8%，西安黄土34.0%。并使土壤的密实度达到冲击指数2.5~3.5。

1　弯刀、铲刀入土稳定切削段数学模型参数的确定

根据在不同进距、不同切削速度下的试验数据及其试验曲线 $P_t=C(\theta)$，不难求得各曲线的入土切削厚度 C 与切向力 P_τ 关系的斜率，然后再通过各斜率与切削速度的关系，可确定出 k_0 和 k_v。结果表明，每一次试验都得到了精度很高、相关系数达96%的线性回归方程，从而验证了刀具入土稳定切削的理论推断。

对于弯刀，回归方程为 $k_p=0.375+0.351V_p$，与方程 $K_p=K_0(1+k_vV_p)$ 相比较得 $k_0=0.375\text{kgf/cm}^2$，动态阻力系数 $k_v=0.936\text{m/kg}$。

对于铲刀，回归方程为 $k_p=0.127+0.223V_p$，比较得 $k_0=0.375\text{kgf/cm}^2$，动态阻力系数 $k_v=1.756\text{m/kg}$。

2　入土稳定切削段与冲击贯入段拐点即冲击贯入切削起始角的确定

稳定土拌和机转鼓刀具自下而上切削土壤时，由于土壤切削厚度是由薄逐渐增加的，因此在刀具的入土初始阶段并不引起对土壤的冲击，这一点与实际试验中所观察到的情况相符。旋转的刀具十分轻松地铣过土壤切屑初始段的一段弧长，与此同时，所经过的土壤切屑随之破碎。当切屑的厚度达到一定程度时，刀具便开始受到明显的冲击，从而进入了冲击贯入阶段。那么如何确定刀具从何时开始受到冲击？由此开始的角度又如何确立？便成了问题的关键。这一问题的难点是：一方面冲击是一种过程，一种极短时间内由于土壤变形而引起力的急剧积累过程，因此无论这一过程所经历的时间多么短，都是由小而大的，而要精确地确定冲击从刀具入土后何时开始是很困难的；另一方面，对于不同的切削深度、不同的切削速度和土质条件等，这一角度也是变化的。值得欣喜的是，经过大量试验及其对比，我们看到了刀具的切削速度与转角之间所呈现出的基本趋势，为解决这一问题提供了帮助。通过对每条曲线的计算机模拟，确定出较为准确的冲击起始角。

1）弯刀的冲击起始角

对试验数据进行拟合得到相关系数 $r=90\%$ 的回归方程：

$$\theta = 29.92 - 1.13V_p$$

由上式可知，冲击起始角 θ 与切削速度 V_p 满足线性关系。

2）铲刀的冲击起始角

经拟合可得相关系数 $r=96\%$ 的线性回归方程：

$$\theta = 30.58 - 1.48V_p$$

3　冲击切削段最大切削力 $P_{\tau\max}$

从所做的大量试验数据看，刀具工作过程的最大切削力产生于切削速度 V_p 为5m/s左右的范围内。当刀具在该速度范围切削一定厚度的土壤时，其作用机理与其他切削速度段有着明显的区别。又因最大切削力决定着切削工作过程中机器总能量消耗的多寡，故对其所作的选择和控制便构成影响机器性能指标的一个重要因素。

图1a）、图1b）给出了弯刀和铲刀的最大切削力与切削速度的关系，图2a）、图2b）给出了弯刀和铲刀

的切削比阻与切削速度的关系,图3 表示了刀具所切削下的土屑形状示意图,S 为切削进距。

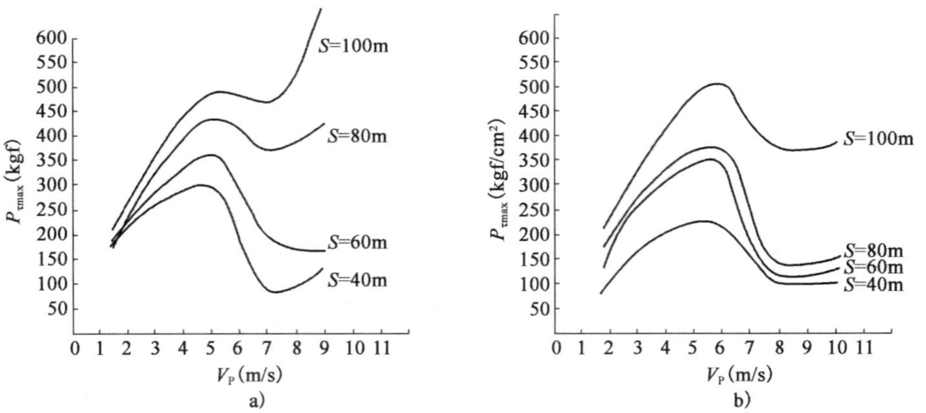

图1 弯刀和铲刀的最大切削力 $P_{\tau max}$ 与切削速度 V_P 的关系

a)弯刀;b)铲刀

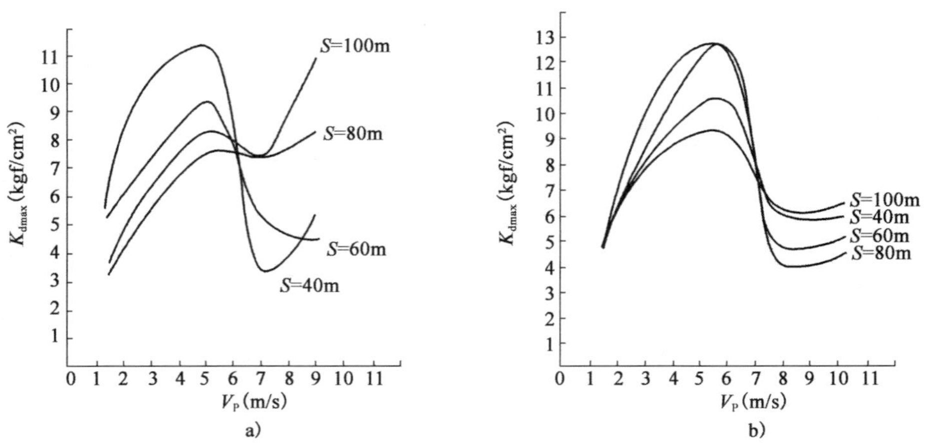

图2 弯刀和铲刀的最大切削比阻 K_{dmax} 与切削速度 V_P 的关系

(K_{dmax} 为 $P_{\tau max}$ 与垡块最大截面积之比,参看图3)

a)弯刀;b)铲刀

从这些图中可看到,当刀具以低速铣削土壤时,最大切削力和与其相对应的切削比阻随着切削速度的增大,这种增长的趋势一直保持到切削速度达到5m/s 左右的范围内,并随着切削进距的增大,最大切削力亦增大,且此时切削速度与最大切削力呈线性递增关系。其原因为,当刀具沿切屑 $AA'B'B$ 的弧长 $B'B$ 自下而上切土时,由于切削速度较慢,刀具对刀刃前面的土体产生挤压作用,从而引起力的不断增大。当切削速度极慢时,随着切削厚度增大至最大值,切削力也相应达到最大。又因切削进距不同,切削下的土屑体积和面积 bC 不同,使得刀具在低速切削时单位切削面积上的切削力发生变化,当切削厚度增加时,引起切削比阻下降。以上分析表明,当旋转工作装置以大进距低速作业时,其单位切削面积所消耗的切削力(功率)较之小进距切削要小。

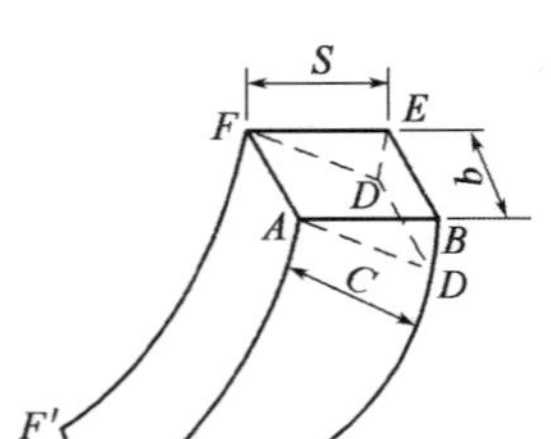

图3 切削垡块形状示意图

高速切削与低速切削在机理上有着明显的区别。从以上图中可看出,当刀具的切削速度超过5m/s 的某一范围内,最大切削力和与其所对应的切削比阻便开始下降,从这一趋势中可以推论:当切削刀具以比10 m/s 更大的切削速度铣削厚度更小的土壤时,最大切削力将会变得更小。同时与其对应的动态切削比阻将会趋于一致,而不会因为切屑厚度的不同而有所变化。让人欣喜的是,从现有的试验数据可观察到,当切削速度大于7 m/s,并以小于60mm 的切削进距铣削土壤时,动态切削阻力随转角 θ 亦即切削厚度 C [因 $C = f(\theta)$]增加,在整个速度段呈现出的线性递增趋势上,也可有力地证实我们对上述分析所作的结论。这一作业过程的机理是：当转鼓高速旋转时，刀具是由土壤底部向土壤表面切削，此时，切削进程是从一个周围均受到土壤约束（特别是来自土屑顶部的约束）的区域向另一个较为自由（此时起主要影响作用的土屑顶部约束已排除）的区域而发展的。在切削进距较小时，刀具沿切削轨迹铣削到土屑的最大厚度 AD（图3），即接近土屑截面 $ADD'F$ 时该截面以上的土壤在没有其顶部土壤约束的情况下，被迅速撕裂，从而来不及对刀具形成冲击。因此刀具在以高速切削时，所产生的最大切削阻力便会显著改善，切削比阻的离散程度也会逐渐集中趋于一致，而成为一常数。图2b）中铲刀高速旋转工作时切削比阻的离散程度比图2a）的小得多，究其原因，一个主要的因素是两种刀具的结构形状不同。因此，在实际施工中，具有良好声誉和优良性能的德国BOMAG稳定土拌和机正是使用这种类型的铲刀在10 m/s以上的切削速度范围内进行工作的。

切削速度为5m/s左右的作业速度范围足以引起我们的特别注意。在这一速度范围内，最大切削力和其对应的切削比阻都达到最大，这一速度范围正好介于低速切削和高速切削之间，同时亦是最大切削力和与其对应的最大切削比阻的转折点。其作用机理为：当工作装置在这一速度范围作业时，刀具自切屑的底部最薄处入土开始切削，当切削到一定厚度时，土壤便对刀具产生了冲击作用，这种冲击切削一直持续到切屑厚度达到最大，致使最大切削力及其对应的切削比阻急剧增加。当切削速度超出这一速度范围时，其作用机理便逐渐向高速切削或低速切削的情况转化，因而所产生的最大切削力和它对应的切削比阻也就随之降低了。

那么当刀具的切削速度小于1 m/s即趋于静态切削时，反向旋转的稳定土拌和机的静态切削比阻是否与正转切削已研究得出的静态切削比阻为一常数的结论相同呢？回答是肯定的，笔者在对弯刀和铲刀做的大量静态切削试验所得到的两种刀具各为80多个样本的统计计算中得出：

$$\text{对于弯刀 } k_0 = 1.53\text{kgf/cm}^2$$

$$\text{对于铲刀 } k_0 = 1.56\text{kgf/cm}^2$$

统计计算表明，低速静态切削比阻在整个切削过程中可作为常量来处理，从图1、图2中小于1.5m/s区段的最大切削比阻与切削速度的试验曲线也可看出，上述结论的正确性：切削速度由高降低时，各不同切削进距之最大切削比阻曲线在1.5 m/s左右速度上几乎集中于一点。因此不难得出，小于这一速度的切削比阻之散点图将集中为一直线，且该直线与速度为零时的坐标纵轴的交点分别为上述 k_0 的2个数值。

那么，静态切削比阻究竟与哪些因素有关？又与这些因素满足什么样的关系呢？众所周知，影响静态切削比阻的主要因素是切削角和切削模式。根据苏联学者所作的平移切削试验结果以及本课题“土壤稳定机转鼓与介质相互作用的动力学研究”中的试验研究结果，切削比阻随切削角呈线性变化，即：$k_0(\delta) = k_0(\delta_0) + k_\delta(\delta - \delta_0)$，而切削模式正比于切削比阻。因此在不同土质条件下，相同刀具的切削力与切削角和切削模式关系为 $k_0(\delta) = k_n[k_0(\delta_0) - k_\delta(\delta - \delta_0)]$。式中，$k_n$ 为按每把刀具的边界条件计算切削模式的折算系数；k_δ 为切削角影响系数；δ 为切削角。

4　抛土举升搬移段起始角的确定

当冲击贯入阶段结束，即切屑厚度为零，此时的工作阻力并不为零，而是还存在一定的数值，这一数值便是由抛土阻力引起的。故冲击贯入阶段结束时的角度便是抛土阶段的起始角，这一角度的取得可从切屑厚度与转鼓转角 $C = f(\theta)$ 关系中，当 $C = 0$ 时所对应的 θ 值来取得。

5　动力学模型理论计算与试验数据结果的对比验证

根据上述动力学模型，笔者编制了计算机模拟程序软件（程序略），对两种刀型反转切削土壤的工作过程进行了仿真。图4反映出了弯刀和铲刀两种刀型分别在不同切削进距 S（或厚度）下，以不同切削速度 v 铣削土壤时的实际试验数据点与根据上述动力学理论模型模拟出的单把刀具切削过程曲线的对比情况。

从图中可以看出，曲线所反映的刀具工作过程的变化趋势以及理论计算与试验结果吻合的程度都是

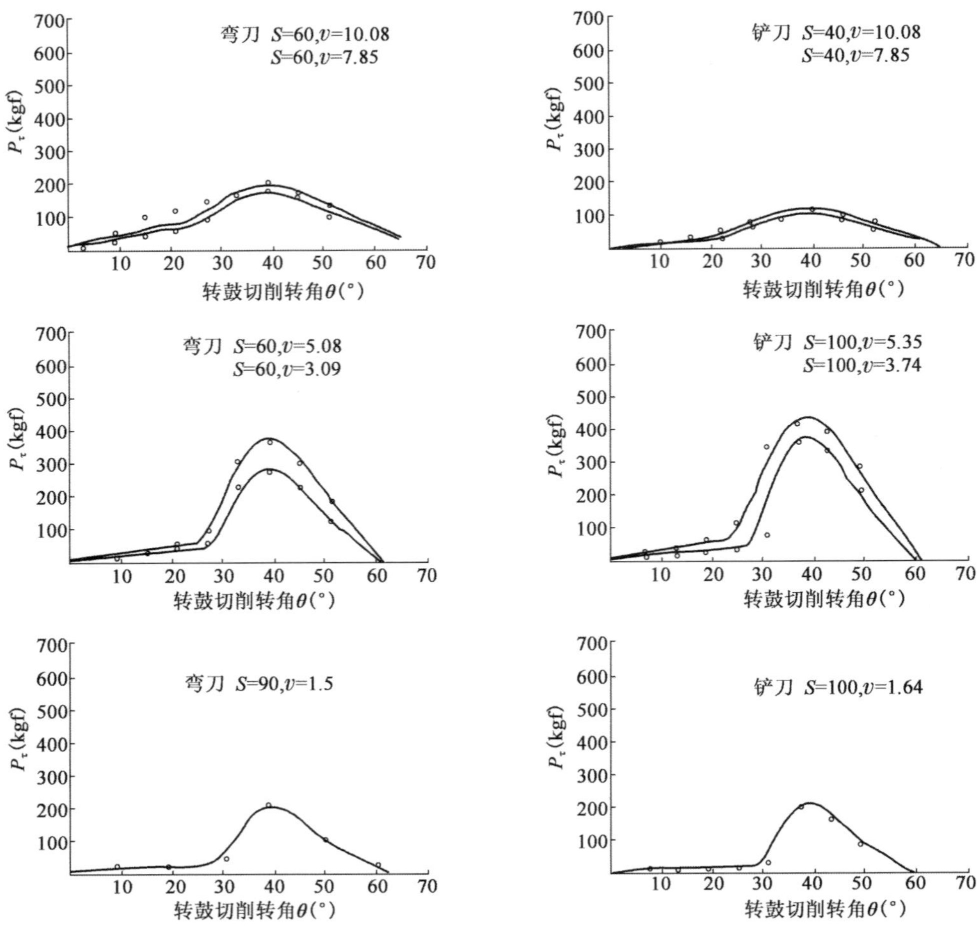

图4　动力学模型的计算机模拟曲线(实线)与试验数据点(散点)的比较

注:进距 S(mm);切削速度 v(m/s)。

令人满意的。虽在个别条件下,切削刀具在入土段其理论计算与试验结果有些误差,但因刀具在该阶段切削所消耗的功率仅占整个切削过程所耗功率的很小一部分,故不会对机器的功率产生本质影响。况且对于物理、力学特性的离散性都很大的土壤而言,这样的预测误差是完全可以容许的。

验证的结果表明,本文建立的动力学模型,在工程应用的范围内已经具有足够的精确性,因而有着良好的实用价值。

6　结语

(1)在动力学模型的基础上建立的反转工作过程的计算机模拟方法和程序为优化反转工作过程的各项参数提供了有效的工具,有良好的实用价值。

(2)试验数据与理论计算结果的对比表明,预测的误差对工程应用来说是可以接受的。

(3)不同刀具切削过程的对比表明,对于转鼓反转型稳定土拌和机来说,铲型刀具比 L 型刀具所消耗的能量更小,因此选择铲型刀具对稳定土拌和机的动力学性能更为有利。

第四篇　沥青混合料搅拌设备的性能和成品料的生产质量控制

影响间歇式沥青混凝土搅拌设备生产能力的因素和额定生产能力的确定

孙祖望　刘洪海

（本文刊于《筑路机械与施工机械化》杂志 1995 年第 2 ~ 3 期）

生产能力是沥青混凝土搅拌设备的一个主要技术经济指标，这不仅因为它在一般意义上代表了设备的生产效率，而且还因为它与沥青混凝土搅拌设备的其他一些性能和生产条件有着密切的关系。在许多场合常常可以听到这样的提法："某型号的沥青混凝土搅拌设备的生产率为每小时多少吨"，这样的提法虽然简单，却是不严格和不科学的，因而往往会引起在沥青混凝土搅拌设备生产率概念上的混乱。因此，不论对于用户还是对于制造厂商，正确了解和定义沥青混凝土搅拌设备生产能力的概念都是十分重要的。对于用户来说，在购置和使用设备时需要正确了解你的设备在何种条件下具有多大的生产能力，并在使用中正确地调整设备的生产能力；对于制造厂商来说应正确地标明你的产品在设计规定的不同条件下，设备预期能达到的生产能力和实际标定的额定生产能力（标定生产能力）。

1　间歇式搅拌设备生产能力的基本概念

间歇式沥青混凝土搅拌设备是由冷骨料供给系统、干燥筒、热骨料提升和筛分系统、计量系统、搅拌器、成品料输送和储存系统等多台设备组成的联合机组。整个机组的生产能力不仅取决于每个组成设备的生产能力，而且也是它们相互制约、共同工作的结果，因此存在着一个联合机组各组成设备生产能力之间的合理匹配问题。解决这一问题的原则：首先是合理地确定联合机组的主导设备，其次应以主导设备的生产能力为基础来匹配其他各种设备的生产能力，此时应保证最大限度地满足和发挥主导设备的生产能力。对于沥青混凝土搅拌设备来说，通常将搅拌器和干燥筒定为主导设备。这不仅因为它们的工作是整个机组最关键的生产过程，而且，还因为它们的生产能力受到多种复杂因素的影响，在不同条件下会有不同的数值。沥青混凝土搅拌设备各系统生产能力的合理匹配主要也就是干燥筒和搅拌器两者生产能力之间的匹配，对于其余系统，其能力应选得大于上述两项设备的最大生产率，并适当留有余地，以保证充分发挥主导设备的生产能力。

由此可见，沥青混凝土搅拌设备整个机组的生产能力将取决于主导设备生产能力之间的匹配关系，并同样受到多种因素的影响和匹配条件的制约。因此，简单地称沥青混凝土搅拌设备的生产能力为每小时多少吨是没有意义的，必须同时指明这一生产能力是在何种条件下获得的。作为制造企业在设备铭牌上所标明的生产能力应该是在某种标定条件下能实际达到的生产能力，通常称为标定生产能力或额定生产能力。

2　影响干燥筒生产能力的主要因素

作为标志干燥筒性能的技术经济指标应包含以下三个方面的要求：

（1）生产效率的要求——生产率。

（2）对所生产的热骨料的质量要求——骨料的除水和加温性能。

（3）充分利用燃料发热量的要求——热效率。

干燥筒的生产率通常可按以下公式计算：

$$Q = F\psi V\gamma \tag{1}$$

式中：F——干燥筒的横截面积；

ψ——骨料在筒内的充填系数；

V——骨料在筒内的移动速度；

γ——骨料的密度。

虽然从上式看，似乎只要增大骨料在筒内的移动速度就可以提高干燥筒的生产能力，但如果烘干质量达不到规定的要求，那么这样的生产能力就失去了它的价值。因此，性能优良的干燥筒应该在保证生产的热骨料质量要求的前提下，能用最低的热量消耗来获取最大的热骨料生产能力。由此可见，干燥筒的生产能力显然受到某些条件的影响和制约，这种影响和制约来源于以下两个方面：一方面取决于为去除骨料中的水分和将它加热至一定温度所需热量的多少；另一方面则取决于在干燥筒内燃气与骨料之间热交换的能力，一个优良的干燥筒设计就是要在热损失尽可能少的情况下，在尽可能短的时间内（骨料在干燥筒内停留的时间），将蒸发骨料水分和使骨料升温所必需的热量传递给骨料。

根据以上分析，影响干燥筒生产能力的因素有设计、材料、工况三大类。

2.1 设计因素

设计因素主要有：干燥筒的截面积（直径）、长度、燃气的速度、叶片的结构和布置、干燥筒的回转速度和倾角。在这些因素中，回转速度和倾角决定了骨料在干燥筒内的停留时间（在一定的滚筒长度下），它应该根据保证骨料中水分能充分蒸发并使骨料加热至给定温度所必需的最短时间来确定。叶片的结构和布置影响到能否形成连续、均匀分布的料帘，以使骨料有更多的机会有效地接受燃气的热量，加快热交换的进程。换言之，它将通过优化热交换的过程间接地影响干燥筒的生产能力。对于干燥筒生产能力影响最为直接、作用也最大的因素是干燥筒的直径、长度和燃气的速度。干燥筒的直径决定了料帘截面积的大小，它直接影响燃气与骨料之间进行热交换的能力。干燥筒的长度，一方面影响骨料在干燥筒内的停留时间，另一方面则影响筒内骨料的提升次数（形成料帘次数）。应该指出，长度对于干燥筒生产能力的影响主要发生在热交换处于激烈进行的阶段，此时增加滚筒长度将有助于燃气热量对骨料的传递，但随着热交换进程的减弱，增加长度对提高生产率的影响也将随之减弱。当热交换已十分微弱时，增加滚筒长度不仅是无效的，而且是有害的。燃气速度的不同选择是从改变单位时间内输送给骨料的热交换量这一角度来影响干燥筒生产能力的。增加单位时间的空气供给量并相应地增加燃料的供应量，可以强化干燥筒内的燃烧强度，从而在单位时间内提供更多的热量用来蒸发水分和加热骨料，这将导致在单位时间内可以生产出更多的热骨料。然而增加燃气速度也并非可以无限，这首先要受到粉尘排放的限制。因为高速的燃气会带出许多骨料中的粉尘，从而加重降尘设备的负担；其次过高的热强度会降低燃烧室和滚筒壁的寿命，特别是当冷料供给系统突然损坏而停止供料时，可能会对设备造成某些损害；再则增加单位时间内输送的热量必然伴随着热损失的增加和热效率的降低。

从以上分析中可以知道，滚筒长度和燃气速度的增大都受到一定的限制，在增至一定程度后，要进一步提高干燥筒的生产能力就必须相应地增大它的直径。图1是在大气温度20℃、热骨料温度160℃和不同的含水量下绘制的干燥筒生产能力和燃料消耗随滚筒直径和长度而变化的情况。从图中可看到直径的变化对干燥筒生产能力的影响远较长度为大。从图2可以看到干燥筒的生产能力大体与滚筒的截面积成正比，即与直径的二次方成正比。

2.2 材料因素

材料本身对干燥筒生产能力的影响主要表现在粗细骨料的比例和骨料的吸水性上。

粗细骨料的比例的影响反映在进入烘干筒的冷骨料的松装密度上。细骨料较多，则一方面骨料的表面积增大，另一方面料帘的厚度增加，干燥筒内热交换的过程减慢，骨料在筒内的停留时间需要加长，热骨料的生产率也相应减小。图3表示在不同含水率下粗细骨料比例对干燥筒生产能力的影响。从图中可见，随着骨料粗细比例的增大，干燥筒生产能力将明显上升，但当这一比例达 60∶40 后，这种上升趋势就大大减缓了。

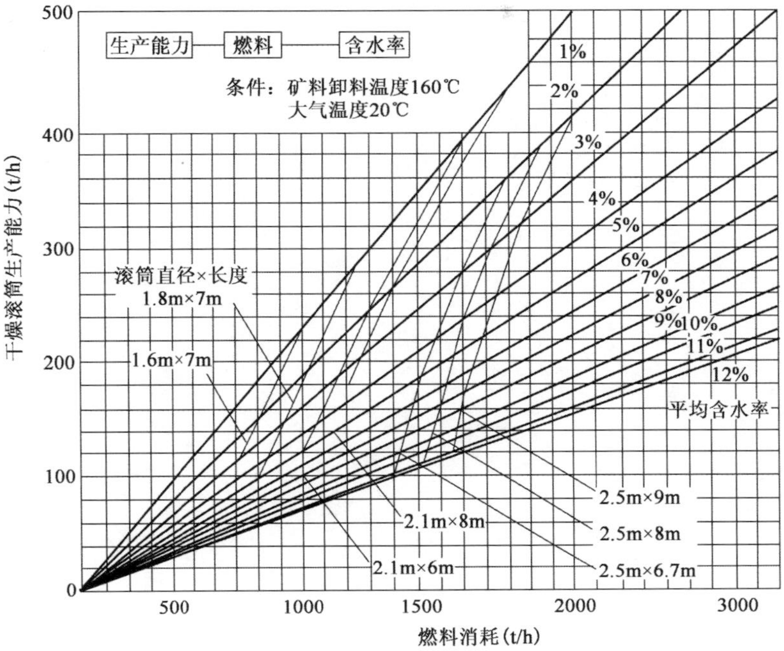

图 1　干燥筒的生产能力与燃料消耗

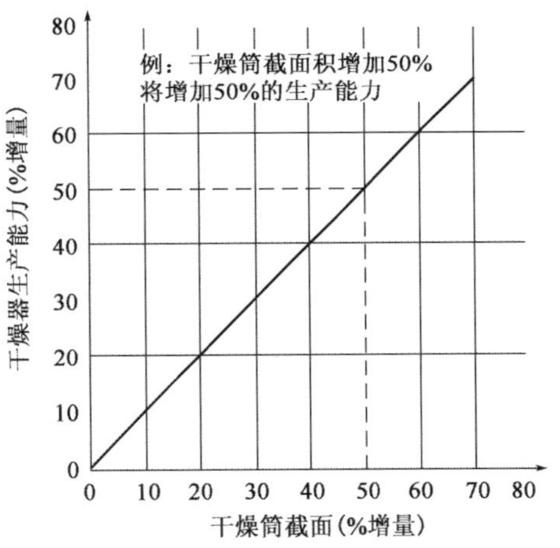

图 2　干燥筒生产能力随滚筒截面积变化情况

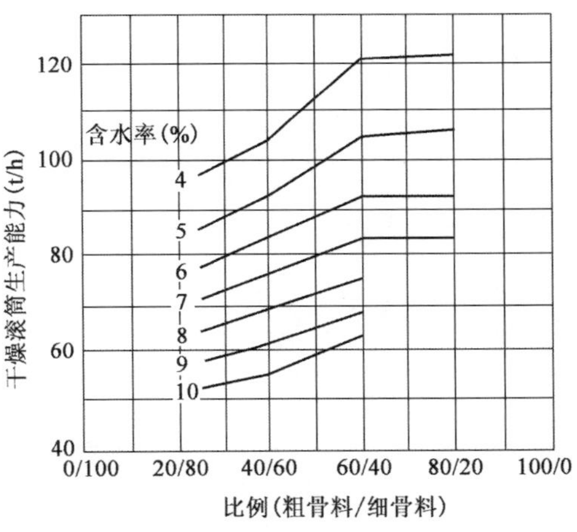

图 3　粗细骨料比例对干燥筒生产能力的影响

骨料的吸水性之所以对干燥筒的生产能力有影响，主要是因为像花岗岩、玄武岩一类的硬骨料，其所含水分主要沾在骨料的表面上而很少吸入内部，因而就较易蒸发，而吸水率大的石灰岩、细砂之类的矿料，由于较多水分在骨材内部，烘干就比较困难，因而需要在筒内停留更长时间，烘干筒生产能力也将相应下降。

2.3　工况因素

工况因素主要包括供给骨料的温度(或大气温度)，供给骨料的平均含水率，加热骨料的温度，热骨料的残余含水率以及干燥筒出口的废气温度。

在上述因素中，冷骨料含水率对干燥筒生产能力的影响最大，这是因为蒸发骨料中水分所需的热量通常占全部热量消耗的很大比例。实际上干燥筒加热含水冷骨料所消耗的热量是由两部分组成的：一部分是将骨料中水分升温、蒸发以及使水蒸气加温至废气温度所消耗的热量，它与骨料中所含的水分成正比；另一部分是将骨料加热至要求的温度所消耗的热量，它与热骨料的生产量成正比。由于热骨料的生产率 Q_A 与单位时间内从骨料中除去的水分 Q_w 之间存在着以下关系(假定骨料中的水分已全部除去)：

$$Q_w = Q_A \frac{w}{100 - w} \tag{2}$$

式中:w——冷骨料的平均含水率(%)。

在燃料消耗一定、干燥筒热过程不变的条件下,热骨料的生产率与含水率 w 之间的关系可表述如下:

$$Q_A = \frac{100 - w}{Aw + B} \tag{3}$$

式中:A、B——与干燥筒热过程有关的常数。

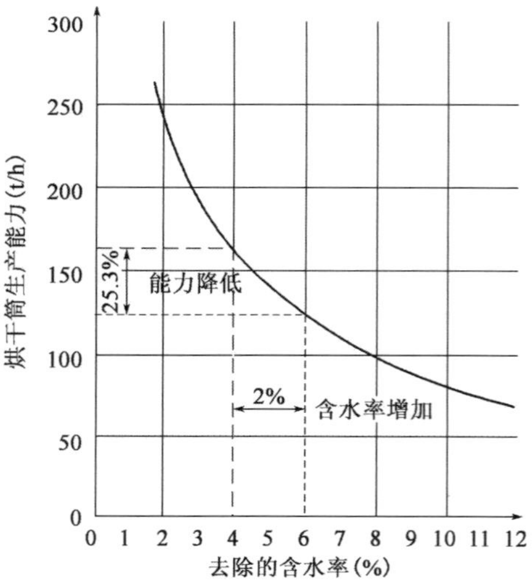

图4 干燥筒生产能力随骨料含水率而变化的情况

图4是根据图1绘制的在燃料消耗为1700L/h,干燥筒直径为2.5m的条件下,它的生产能力与冷骨料含水率的关系。从图中可见,冷骨料的含水率对干燥筒生产率的影响是十分大的,一般每增加1%的含水率,干燥筒生产能力将相应下降10%~12%。

热骨料的温度也是一个对干燥筒生产能力起重要影响的因素,加热骨料要求的温度越高,骨料升温消耗的热量也越大,干燥筒的生产能力也将相应降低。一般热骨料出料温度降低10%,则生产率可增加5%左右。热骨料的出料温度通常控制在160℃±15℃的范围内,过低的骨料温度将影响最终的成品温度,过高的热骨料温度则会引起沥青过热老化,同样会影响成品料的质量。

供给骨料的温度取决于大气温度。这一温度越低,同样升至规定的热骨料温度所消耗的热量也越多,同样导致干燥筒生产率的降低。此外,大气温度作为一个低温热源还会影响干燥筒壁向大气扩散损耗的热量,从而也或多或少地影响到干燥筒的生产率。

骨料中残余含水率允许值的增大可减少蒸发水分所消耗的热量,从而提高干燥筒的生产能力。虽然残余含水率对恶化沥青与骨料黏结质量的影响尚无定论,但一般倾向于严格控制残余含水率,通常控制在0.1%左右,最大不得超过0.5%。

废气温度的降低有利于提高干燥筒的热效率和更加充分地利用燃料的发热量。虽然使废气温度降低至80℃左右是可能的,但过低的废气温度对搅拌设备的工作并不有利。因为当废气温度低于水的露点温度时,废气中的水蒸气会凝聚成微小的水滴,并与烟道中的粉尘相结合而成泥滴,从而导致除尘设备,特别是袋式除尘器的堵塞,因此对废气温度一般要求控制在130℃左右,最高不得超过200℃,最低不得低于115℃。

3 影响搅拌器生产能力的主要因素

搅拌器是沥青搅拌设备的核心,其工作好坏将直接影响成品料的质量。能否生产出合格的混合料是确定搅拌器生产率的前提,离开这一点来讨论搅拌器的生产能力是毫无意义的。

搅拌器的生产能力可以根据下式来确定:

$$Q_M = \frac{G}{T} \times 3600 \qquad (\text{t/h}) \tag{4}$$

式中:G——每批进搅拌锅的混合料总量(t);

T——搅拌工作循环时间(s)。

从表面上看,似乎每批进入搅拌锅的混合料数量越多,工作循环的时间越短,搅拌器的生产率就会越高。但是,G 和 T 这两个参数并不是可以随意设定的,因为它们不仅决定着搅拌器生产率的大小,而且还和混合料的搅拌质量有着密切的关系,而后者对前者的制约作用是通过它们来体现的。

所谓混合料的搅拌质量是指混合料的各种组成（各种粒径的骨料、填料和沥青）能否均匀地混合在一起，而且作为黏结料的沥青能否均匀牢固地裹覆在矿料上。虽然影响混合料搅拌质量的因素众多，但归纳起来不外乎以下三个方面：

3.1　结构设计因素

主要包括：搅拌锅的容积、尺寸和形状，叶片的形状、数量、尺寸、安装角度和排列方式（它们决定了混合料在锅内的运动方式），以及骨料、填料、沥青加入搅拌锅的方式。

经过长时间的研究、试验，双轴搅拌器的结构已经基本定型。各厂商的产品也大同小异，通过改变基本结构来提高搅拌器生产能力的潜力已经不多。对于一台已经制造出来的搅拌设备，这些因素实际上是不可改变的。

3.2　材料因素

对不同混合料组成，存在着一个是否容易搅拌均匀的问题，这里起作用的主要因素是：细骨料和矿粉所占的比例，沥青的含量、温度和黏度。一般认为细骨料较多、矿粉较多的混合料由于沥青吸收和黏附其上而较难拌匀，而沥青含量较多、温度较高、黏度较低的混合料则由于沥青流动性较好而容易在骨料中分布均匀和裹覆得较好。但是搅拌什么样的混合料是由工程设计要求确定的，搅拌设备的任务就是要保证在任何级配组成下都能生产出符合质量要求的成品料。因此，搅拌器必须有一个可以调整的运行参数（通常选择拌和时间作为调整环节），以便满足搅拌不同材料的要求。合适的拌和时间通常需要通过多次试拌方能确定。

3.3　运行因素

主要包括：搅拌速度、搅拌锅充盈程度（充盈率）和搅拌时间。

对于双轴桨叶式搅拌器来说，材料在搅拌时存在着垂直平面内和水平平面内两种类型的运动。在垂直平面内的运动是这样进行的：处于锅底部分的材料被沉埋在其中的桨叶翻松并向上抛掷，它们由于自身的重力或撞击到锅盖上的反弹力回落下来而与继续向上抛掷的材料颗粒相互碰撞，从而在搅拌锅的上方形成一个类似“开水沸腾状态”的沸腾层，材料在沸腾层中通过相互碰撞而形成某种混合机理。因此，搅拌器在垂直平面内的搅拌作用，实际上是按两种不同方式进行的：一种是桨叶在混合料内的翻拌作用，它由于两轴叶片运动范围的重叠而加强了两轴区域间拌料的横向交流作用；另一种是存在于搅拌锅上方沸腾层中由“沸腾效应”而形成的混合作用。在水平平面内的运动是这样进行的：由于桨叶与搅拌轴所形成的倾斜角，桨叶将推动拌料沿着轴向方向（水平方向）移动。桨叶通常布置成这样：在一根轴上所有的桨叶都将拌料向一个方向移动，而在另一轴上的桨叶则都将拌料向相反的方向移动。因此搅拌器在水平平面内的搅拌作用也是按两种方式在进行：一种是在两轴之间的桨叶重叠区域内，由于两轴桨叶推动拌料相对移动而造成某种不规则的运动，从而发生水平平面内的翻拌作用；另一种是在两轴的外侧区域内，拌料将在两轴桨叶的推动下沿着搅拌锅周边形成某种循环运动，这种运动本身对拌料没有多少翻拌作用，但是可大大加强两轴间材料的纵向交流作用。

根据上述对双轴搅拌机理的分析，显然可以看到提高搅拌速度对强化搅拌作用的影响。搅拌速度的提高不仅可以增强材料在垂直平面内的翻拌作用和两搅拌轴区域内拌料的横向和纵向的交流作用，而且可形成强化材料在搅拌锅上方空间的“沸腾效应”。这些都将有助于加强材料的搅拌和混合，促使在较短的时间内获得混合均匀的成品料，从而提高搅拌器的生产能力。但是速度的增加并不是无限制的，首先它将受到功率消耗的限制，因为增大搅拌速度不仅直接增加搅拌功率，而且还因搅拌阻力将随速度的增大而增大，间接地导致搅拌功率的增加，从而使搅拌器在高速搅拌时，功率消耗会急剧上升。此外，过高的搅拌速度将增加骨料在搅拌过程中被二次破碎的概率，加剧搅拌器的磨损，这些都是限制搅拌速度进一步提高的因素。搅拌速度一般控制在2.1～3.5m/s范围内。

充盈程度对搅拌器生产能力有着直接的影响，提高搅拌锅的充盈率意味着直接增加每批拌和材料的数量，从而成正比地提高搅拌器的生产能力。但充盈率的提高必然会受到搅拌质量变坏的限制，这是因为随着充盈程度的增大，搅拌锅上方空间随之减小，其中的“沸腾效应”也随着减弱，同时桨叶在搅拌锅下部的翻拌作用也将由于材料参与翻拌的机会减少而受到削弱，这些都将导致搅拌效果恶化。此外，随着充盈率的增大，搅拌器功率消耗也会增大，当充盈率增至60%以上时，所需搅拌功率将急剧增加，这也是限制充盈率增大的一个因素。充盈率通常选择在40% ~60%之间。

搅拌时间是干拌和湿拌时间的总和，它直接决定了材料在搅拌锅内经受各种搅拌作用的持续时间，是影响搅拌质量和生产率的决定性因素。缩短拌和时间意味着增加搅拌器的生产率，而增加拌和时间显然会改善材料拌和的均匀度。当然，过长的拌和时间也会对混合料的质量产生负面的影响，它会增加骨料在搅拌锅内被两次破碎的概率，尤其是导致沥青的老化、降低沥青薄膜的针入度，而使之变硬。图5表示了沥青针入度随拌和时间的增加而降低的情况。由此可见，不论从生产率的角度，还是从保证沥青性能指标的观点，都希望能以尽可能短的时间使沥青、矿粉和各种颗粒的矿料在混合料内获得均匀的分布。通常拌和时间最长不应超过90 ~120s。

从以上分析中可以看到，搅拌速度、充盈率和拌和时间三者之间存在着某种制约关系，共同决定着混合料的搅拌质量和生产率。这样，在设计搅拌设备时就有一合理确定这三项参数数值的问题，而在使用一台已制造好的搅拌设备时，则有一个如何调整和设定拌和时间以适应不同的混合料组成以及对成品料提出的不同搅拌质量要求的问题。

在考察众多的沥青混凝土搅拌设备时，可以看到两种设计的趋势，一种是多装慢拌的设计原则，另一种则是少装快拌的设计原则。前者如英国Parker公司，该公司生产的搅拌设备充盈率都在65% ~70%之间，是多装的典型。其拌和时间则设定在35 ~50s之间。按后一种原则设计的典型可推出意大利的Marini公司的同类产品，Marini搅拌器的特点是装满的程度很低，其充盈率大多在40% ~45%，有些机型甚至只有35%左右。由于每锅拌料较少，在适当提高搅拌速度的情况下，可以获得大幅度降低拌和时间的效果。图6是按两种不同原则设计的搅拌器在搅拌沥青混合料时测得的沥青含量波动的情况。对比图中充盈率为62%与充盈率为45%（Marini M160型）的两种搅拌器的搅拌效果时，可以看到M160型设定的拌和时间为20s时，其搅拌的均匀性大体上和充盈率为62%的搅拌器用41s拌和时间所获得的效果相当。采取少装快拌的好处除了如前所述由于拌和时间短而有助于减少沥青的老化和性能的损失外，对减轻热料仓、计量系统以及成品料运输系统的负担（可以适当缩小容量）也是有好处的。

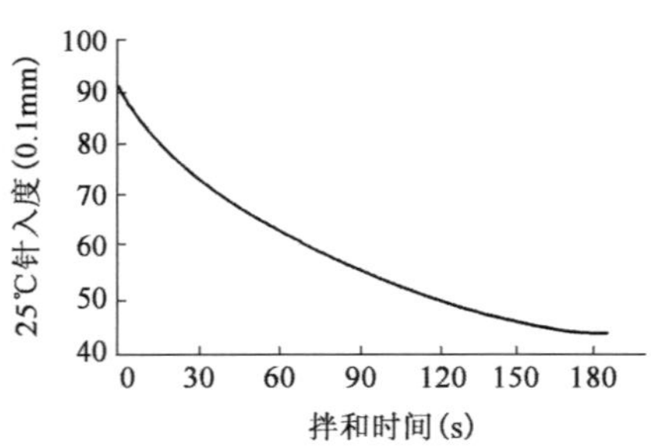

图5　沥青针入度随拌和时间增加而降低的情况

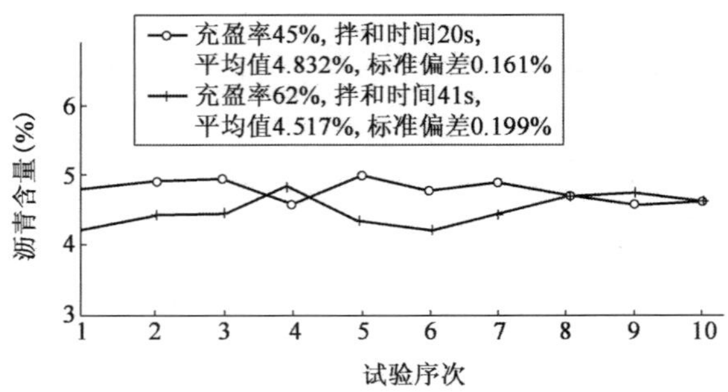

图6　具有不同充盈率的搅拌器搅拌效果的对比

对于一台已有搅拌设备，其搅拌器的搅拌速度和充盈率是按某种匹配关系来设计的，因此随意改变充盈率必将破坏这种匹配关系而恶化其搅拌过程。因此，对于用户来说可以作为一个调整环节来满足不同的混合料和不同的搅拌质量要求的，正是拌和时间这一参数。用户应根据搅拌不同的材料和铺筑不同等级路面对搅拌均匀度的不同要求，正确地选取合适的搅拌时间。例如在拌和矿粉、细骨料多的材料需要适当延长拌和时间，而对用于铺筑一般道路的热沥青混合料则拌和时间可短一些等。图7表示了同一型号的搅

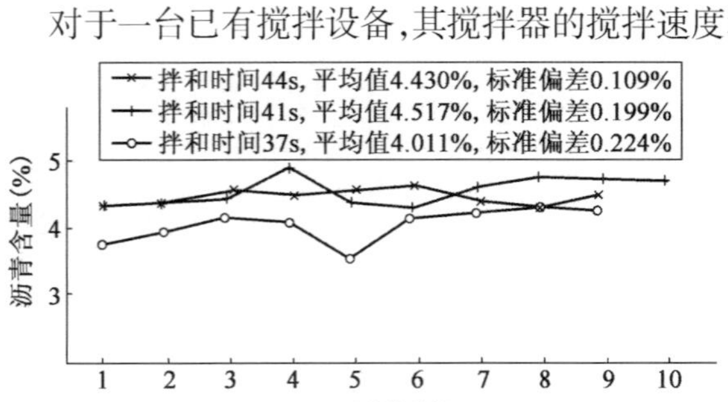

图7　拌和时间对搅拌均匀性的影响

拌设备搅拌同一类型的混合料时，对于不同拌和时间可以获得不同搅拌均匀度的例子。

4　干燥筒与搅拌器生产能力的合理匹配和搅拌设备额定生产能力的确定

如前所述，干燥筒与搅拌器的生产能力受多种复杂因素的影响，可在很大范围内变动，因此存在着一个如何合理匹配两者生产能力的问题。显然，可以将干燥筒的最小生产能力与搅拌器的最大生产能力相匹配，此时可保证搅拌器在任何条件下都能获得充分的热骨料供应。但是这样的匹配并不合理，因为在大部分情况下，即当搅拌器生产能力达不到其最大生产率时，其余设备的生产能力就有过多的富裕，将造成生产能力的浪费，因而也是不经济的。如果将干燥筒的最大生产能力与搅拌器的最小生产能力相匹配，那么搅拌器在大部分情况下将得不到充分的热骨料供应，因而它作为主导设备的生产能力将在大部分情况下不能充分发挥，这显然也是不合理的。因此，比较合理的匹配原则是让干燥筒的最大生产能力与最小生产能力分别与搅拌器的最大与最小生产能力匹配。表1为M2000型搅拌设备按照这一匹配原则解决干燥筒与搅拌器生产能力相互匹配下搅拌设备整机生产能力的例子。

搅拌设备整机生产能力　　表1

冷骨料含水率(%)/干燥筒生产能力(t/h)	按搅拌工作循环时间标定的搅拌器生产能力(t/h)		
	160	140	120
3/150	160	140	120
5/120	133.3	133.3	120
7/100	111.1	111.1	111.1

注：假定沥青和粉料各占混合料总量的5%。

由于沥青混凝土搅拌设备的生产能力可以随多种因素的影响而变化，为了客观地评价一台搅拌设备的生产能力，就必须给出一个具有可比性的生产能力指标，这一指标通常称为额定生产率（能力）。确定生产率的关键是正确、严格地规定标定条件，额定生产率正是在这样的条件下通过标定得出的，所以亦称标定生产率。对于一台已有的搅拌设备来说，它的结构、设计条件是不可改变或已经确定了的。因此，标定条件实际上包括了材料、工况、混合料的质量等三方面的约束条件。规定标定条件的原则，一是要具有典型性，二是要能生产出合格的成品料。虽然各国试验标准和各厂商给出的标定条件会有某些差别，但大体上都是以能保证成品料基本质量的中等水平的工况和材料条件来规定的，它们可以归纳如下：

4.1　工况条件

(1)大气温度或供给骨料温度15℃或20℃。

(2)供给骨料平均含水率5%。

(3)热骨料出料温度160℃。

4.2　材料条件

(1)最大骨料粒径不超过20mm。

(2)粉料含量4%～8%。

(3)沥青含量5%～7%。

4.3　混合料质量条件（由调整拌和时间来控制）

(1)沥青含量标准偏差<0.15%。

(2)粉料含量标准偏差<1%。

(3)混合料温度150℃。

连续计量系统的工作原理及其在连续式沥青搅拌设备使用上的要求

孙祖望　刘洪海　张超群

（本文刊于《筑路机械与施工机械化》杂志 1996 年第 6 期）

连续式热沥青混合料搅拌设备是一种将冷料配料、湿料烘干、混合搅拌等工序连接在一起不间断地进行工作的搅拌设备，因此它对砂石料、粉料、沥青的计量也必须是连续进行的。如果不了解连续计量与批量计量在计量—控制过程工作原理上的不同，往往会产生一些疑问。例如，为什么一个皮带秤对于不同的材料会有不同的标定常数，甚至于同一种材料由于粒径规格不一样也会有不同的标定常数，因而也很难理解为什么集料粒径规格的改变不仅会直接影响集料级配的变化，而且还将导致沥青含量的改变和影响沥青分布的均匀性。本文将根据我们在调试和检测连续式搅拌设备性能时的某些试验结果对上述问题进行一些探讨。

1　连续计量方式与批量计量方式的区别

对于批量计量方式来说，不仅每批砂石料、粉料、沥青的质量是由直接称重给定的，而且通过热料筛分后的每一规格段的集料质量也是由直接称重分别给出的。在这种情况下，砂石料、粉料、沥青的称重标定实际上也就是它们秤本身的静态标定，而它们称量的静态误差实际上也就是秤的静态计量误差。对于通常采用的“容积计量—总量称重”的连续计量方式，情况就有很大不同了。首先各种规格段的砂石料是通过各冷料仓的斗门开度和给料皮带速度进行容积计量的。此时，料流在斗门截面处的瞬时体积流量$\frac{dV}{dt}$为：

$$\frac{dV}{dt} = Bhv_f \tag{1}$$

式中：B——冷料仓出料口宽度（料流宽度）；

h——斗门开启高度（料流厚度）；

v_f——给料皮带速度。

通常斗门开度只作宏观调节，当斗门开度调好后，B、h 均为常量，因此调节给料皮带的速度就可控制各冷料仓砂石料的体积流量。各冷料仓的料流经过集料皮带的汇集，然后转送到上料皮带上形成一多层的集合料流，再经过皮带秤对集料进行总量称重后进入烘干筒（图 1）。皮带秤的作用就是将集料的体积流量转换成重量流量。当集料通过皮带秤时，称重轮的压力传感器感受到由料流重力形成的压力并将它转换成与之成正比的电压信号，送给计算机进行累加计算后得到在一定时间内的平均流量。这一流量在扣除冷料的含水量后即为烘干后的砂石料流量，它将成为计算沥青供给量的依据。

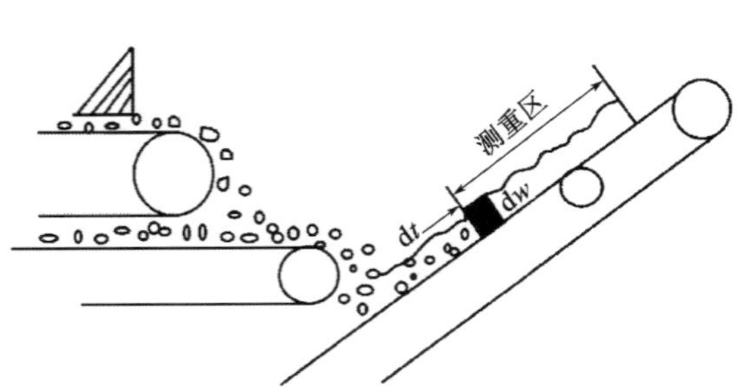

图 1　砂石料连续计量系统工作原理

在连续计量系统中粉料和沥青的计量也为容积计量方式，计量所得之体积流量同样要将其转换成重量流量。由于沥青密度随组成成分和温度的影响会发生变化，因此如生产所用沥青牌号和温度与标定时不同，则沥青流量的计量值还需经密度和温度修正后才能作为与控制值比较的沥青流量反馈值。

在获得干集料和粉料的流量之后就可以根据混合料沥青含量的设计值计算出沥青流量的控制值，将反馈信号与控制信号相对比就可确定应增加或减少沥青的供给量。通过计算机控制系统不断地进行这种比较，并不断地修正沥青的供给量将使矿料与沥青的供给量时时处在一种动态的平衡之中，从而保证沥青含量（油石比）处在某种容许的误差范围内。从以上对连续式计量系统工作原理的描述中可看到它的工作过程要比批量计量方式复杂得多，而且两者在工作原理上有着一系列本质的区别，它们可归纳如下：

（1）在连续计量系统中不论是沥青、粉料还是砂石料，它们的计量值都不是重量而是流量。

对于砂石料称重来说，皮带秤感受的并非是某一段料流的直接质量而是它流过皮带秤称重轮的累加载荷。从图 1 中可以看到，当皮带上一微小区段 dl 上的砂石重量 dW 随皮带而移动时，它并不是在通过称重轮的一瞬间才使压力传感器感受载荷的。实际上当 dW 移至距称重轮一定距离时称重轮即开始感受负荷了。随后，它感受的负荷会逐渐增大，至通过称重轮时达最大值。而在通过称重轮之后，负荷也不会立即消失，它将逐渐减小直至离称重轮一定距离时才降为零。称重轮开始感受负荷至负荷完全消失的区段可称为皮带秤的测重区段。显然，当单元重量 dW 通过测重区段时，如将传感器的输出电压值（它与传感器所感受的载荷成正比）累加起来，则电压的累加值与 dW 是成正比的。根据这一原理，当皮带上的一段距离为 ΔL 的砂石料通过测重区时，传感器的累加电压值与此段砂石料的重量 W 将成正比，即

$$W = k\int_0^{\Delta l} U(l)\,\mathrm{d}l \tag{2}$$

式中：$U(l)$——皮带在称重轮上移动距离 l 时传感器的输出电压；

k——比例常数。

对于一个离散测量系统，上式可写为：

$$W = k\sum_{i=1}^{n} U_i \frac{\Delta l}{n} = k\frac{\sum_{i=1}^{n} U_i}{n}\Delta l \tag{3}$$

设 Δt 为皮带移动 Δl 所需的时间，上式两侧同除以 Δt，可得流量 Q 的表达式为：

$$Q = k\overline{U}_i v_c \tag{4}$$

式中：$\overline{U}_i$——累加电压值的平均值；

v_c——上料皮带的速度；

Q——砂石料在 Δt 时间内的平均流量，即

$$Q = \frac{W}{\Delta t} \tag{5}$$

比例系数 k 可通过标定来求取，即让一段已知重量的砂石料通过测重区，并记录下电压值、通过的时间和速度即可按上式计算。

由于砂石料的体积流量是由给料皮带速度 v_f 来控制的，而体积流量乘以材料的重度 γ 即为重量流量 Q，因此在 v_f 与传感器输出电压的累加值之间存在着一定的比例关系，也即

$$Q = \frac{\gamma V}{\Delta t} = \gamma h B v_f \tag{6}$$

或

$$\gamma h B v_f = k\overline{U}_i v_c \tag{7}$$

由此可得

$$v_f = \frac{k v_c}{\gamma h B}\overline{U}_i = k\overline{U}_i \tag{8}$$

式中 K 为 v_f 与 $\overline{U}_i$ 之间的比例系数：

$$K = \frac{kv_c}{\gamma hB} \tag{9}$$

从上式中可以看到，比例系数 K 不仅与斗门开口截面 $h \times B$ 有关，而且与材料的重度 γ（密度）有关。

(2)在砂石料的连续计量系统中，由于采用容积计量、总量称重的方式，所以不可能像批量计量那样对各种规格段的集料分别直接称重。

此时皮带秤所感受的流量 Q 是由各冷料仓的流量之和组成的。例如假定有三个冷料仓，则：

$$Q = Q_1 + Q_2 + Q_3 \tag{10}$$

为了调节和控制集料的级配，就不仅要知道总流量而且要知道各个规格段集料的流量。为此就必须对各冷料仓的砂石料流量分别进行标定。实际上根据式(7)，砂石料的总流量 Q 可写为：

$$Q = Q_1 + Q_2 + Q_3 = \gamma_1 h_1 B_1 v_{f1} + \gamma_2 h_2 B_2 v_{f2} + \gamma_3 h_3 B_3 v_{f3} = k\overline{U}_i v_c \tag{11}$$

考虑式(8)，上式可改写为：

$$\frac{v_{f1}}{K_1} + \frac{v_{f2}}{K_2} + \frac{v_{f3}}{K_3} = \overline{U}_i = (\overline{U}_i)_1 + (\overline{U}_i)_2 + (\overline{U}_i)_3 \tag{12}$$

从上式中可知，只要通过对冷料仓的材料进行单独标定，取得了各自的标定系数 K_1、K_2、K_3 后，就可以根据各冷料仓给料皮带的速度 v_{f1}、v_{f2}、v_{f3}，计算出在称重传感器输出的电压 $\overline{U}_i$ 中代表各冷料仓流量的 $(\overline{U}_i)_1$、$(\overline{U}_i)_2$、$(\overline{U}_i)_3$ 所占的比例关系。这一比例关系实际上也就是各规格段集料流量在集料总流量中的级配关系。

(3)当料流通过皮带秤时，称重轮在某一瞬时所感受的力是料流在测重区段上的线分布重量对称重轮作用的载荷之总和。因此同样的重量由于分布的不同就可能使传感器输出不同电压，这种由于分布不均匀而引起的误差可以用平均化处理的方式来减小。显然增加采样频率 f_S 有助于降低估计值的偏度误差，但却可能增加它的随机误差。因此在调试连续计量系统时，正确地选择砂石料、沥青、粉料的平均时间和采样频率是十分重要的。

(4)在连续式搅拌设备中不可能像间歇式设备那样在砂石料烘干之后再进行直接称重，它的干料流量是从冷料流量中扣除湿料的含水量得出的，这一扣除的含水量只能是根据料堆的若干取样分析结果得出的平均值的估计值。因此，对含水量的估计不正确就可能引起沥青含量的误差。此外对沥青密度和温度的估计值不准，也会带来相应的误差。

(5)由于料流经皮带秤称量后还要经过一定的时间才能到达沥青喷洒区，如这一延迟时间调整不正确也会对沥青含量的误差产生影响，这在批量计量方式中也是不存在的。

2 骨料表面积对混合料中沥青含量的影响

如前所述在连续计量—控制系统中，沥青供给量的控制值是根据混合料沥青含量设计值算出的。这一设计值本身则是通过多组马歇尔试验得出的最佳沥青用量，此时在骨料的表面将裹覆一层 10 ~ 15μ 的极薄的沥青膜。沥青用量过少或过多（尤其是后者）都会严重影响混合料的黏结强度、高温稳定性、低温抗裂性、抗疲劳性和抗滑性等基本性能。因此，保证混合料中正确的沥青含量乃是沥青搅拌设备最基本的技术要求。

应当指出，矿料表面裹覆的沥青层厚度与矿料的表面积有着很大关系，而后者则不仅取决于混合料的总量而且和其中粗细矿料的比例有着密切关系。表 1 是沥青混合料的 Hveem 设计法给出的矿料表面积系数表，据此即可计算出不同粒径矿料的表面积以及它们的总和。

矿料表面积系数表　　表1

筛　网　号	筛孔尺寸（mm）	表面积系数	
		ft/lb/通过	m/kg/通过
> No.4	>4.75	2	0.410
No.4	4.75	2	0.410
No.8	2.36	4	0.819
No.16	1.18	8	1.639
No.30	0.6	14	2.866
No.50	0.3	30	6.154
No.100	0.15	60	12.289
No.200	0.075	160	32.771

从表1中可看到矿料越细其表面积系数越大，因此保持正确的矿料级配对于保持矿料表面最佳的沥青裹覆膜厚度将有重要意义。那么如果破坏了混合料中矿料的级配比例对于混合料的沥青含量有什么影响呢？我们1995年在青岛对ASTEC双滚筒沥青搅拌设备的试验中，由于偶然的原因为上述情况提供了一个可供讨论的实例。在对混合料进行一个小时的取样期间，司机在装载10～20mm的粗骨料时，开始是从料堆的一侧取料的，以后改为从料堆的另一侧取料，由于混堆严重，该处粒径>19mm和16～19mm粒径段的骨料明显增多，导致混合料中16mm以上粗骨料的比重上升，而2.36mm以下细料的比例下降。这一情况在22个料样的分析结果中表现得十分明显（图2）。在图2中可看到前15个料样粗骨料的平均含量为35.2%，而后7个料样则增至44.3%；对于细料则正好相反，前者为9.97%而后者则减少为7.82%。与之相应，前、后试样的平均沥青含量也存在明显的差异（前者为4.88%，后者为4.36%）。从沥青含量的分布直方图上（图3）可进一步证明它们来自两个不同的试验总体。

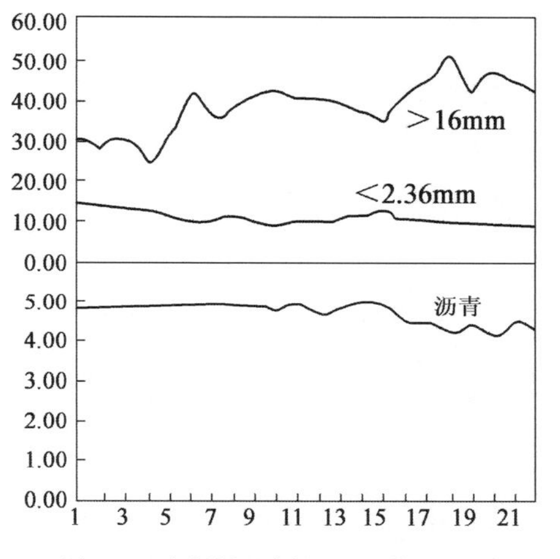

图2　22个料样混合料的组成分析

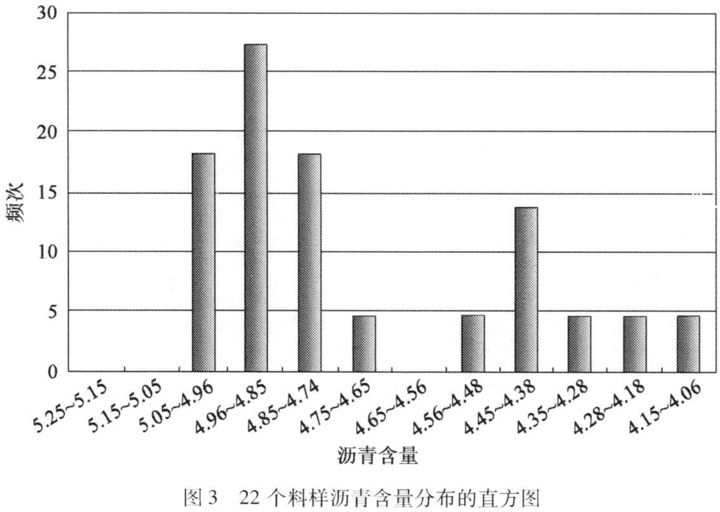

图3　22个料样沥青含量分布的直方图

上述试验结果的分析表明材料规格的不一致不仅影响集料本身的级配正确性，而且还会引起混合料中沥青含量的改变。是什么原因造成这种情况的呢？从表面来看，沥青的供给量既然是根据集料的总量称重来调节的，因此沥青的含量似乎不应受到影响。但是需要指出的是在混合料中的沥青含量不仅要看供给了多少沥青,而且还取决于集料吸附沥青的能力,这种能力与集料的总表面积有极大关系。在上述实例中粗料比例增大而细料减少的结果必然导致集料总表面积的较大减少,从而使后7个料样平均分布在骨料表面积上的沥青膜厚度高达25.32μ(正常应为10~15μ)。当沥青膜厚度过大,超过了骨料表面吸附沥青的能力,多余的沥青会沉入混合料和搅拌筒的底部。

为验证上述推断,我们做了一个试验。在实验室人为地配制了两个5kg的混合料料样,一个是参照标准的AC-13Ⅱ型混合料配制的,另一个则是参照上例中后7个料样的级配比例配制的。两个料样的沥青含量均为5%,它们矿料的级配见表2,而按Hveem设计法计算的料样沥青膜平均厚度分别为16.46μ和25.5μ。将两个料样分别充分拌匀后在150℃的温度下放置5min,然后分上、中、下三层分别进行沥青抽提和集料筛分测定,试验结果列于表3。

两种混合料料样矿料级配 表2

料样	矿料通过下列筛孔的质量百分率(%)												沥青用量(%)
	>19	19	16	13.2	9.5	4.75	2.36	1.18	0.6	0.3	0.15	0.075	
1号(AC-13Ⅱ)			100	90	60	34	22	14	10	8	5	3	5.0
2号	100	80	47	37	27	14	10	8	6	5	3	1	5.0

两组试验的对比 表3

混合料组成		矿料通过下列筛孔(mm)的质量百分率(%)												沥青用量(%)
		>19	19	16	13.2	9.5	4.75	1.7	1.18	0.6	0.3	0.15	0.075	
1号料样	上层			100	94.6	59.85	32.97	21.93	15.79	10.74	7.98	4.53	2.78	4.8
	中层			100	91.59	59.48	32.62	21.59	15.10	10.48	7.73	4.35	2.33	4.8
	下层			100	91.09	61.11	34.85	22.75	15.89	15.08	8.23	4.76	2.80	4.9
	设计值			100	89.97	58.85	34.05	22.00	13.97	10.04	8.03	5.02	3.01	5.0
2号料样	上层	100	69.98	39.62	24.19	13.42	8.54	6.72	5.52	4.23	3.24	1.87	0.78	3.3
	中层	100	85.24	52.68	36.00	23.83	11.13	8.20	6.74	5.19	4.03	2.32	0.94	4.0
	下层	100	88.35	62.79	49.38	34.06	15.83	10.93	8.85	6.88	5.35	3.06	1.21	5.2
	设计值	100	80.02	47.02	37.01	27.00	14.00	10.00	8.00	6.00	5.00	3.00	1.00	5.0

从表3两组试验的对比中可看到,按标准配方配制的1号料样沥青膜的平均厚度为16.46μ,上、中、下三层混合料的沥青含量没有变化,残留在容器壁和底部的沥青也很少(只有0.167%),矿料级配也基本一致,说明混合料的组成是相当均匀的。对于2号料样(沥青膜平均厚度为25.5μ)在同样的条件下,上、中、下三层混合料的沥青含量出现了明显差别(上层只有下层的63.5%),而有趣的不仅是沥青而且混合料中的细料也随之下沉,出现了上、中、下三层在级配上的很大差异,同时残留在容器底部的沥青也高达0.833%,这些都表明整个混合料组成的均匀度是很差的。

以上的研究为我们提供了一个重要的结论:在连续式搅拌设备的使用中冷料仓集料规格的混杂不一,特别是混入超规格的粗料,不仅将影响集料级配的正确性,而且会引起沥青含量偏离其最佳值,造成沥青和细料的分布不均匀,从而导致混合料性能的严重恶化。上述现象在间歇式搅拌设备上同样可能存在,但由于间歇式设备存在有热料筛分环节,它将在一定程度上得以缓解。

3 对连续式搅拌设备在操作使用上的要求

连续式搅拌设备在国外已经成功地使用了几十年,那种认为在中国无法推广应用的观点显然并不妥当,因为许多问题是由于用户不了解连续式与间歇式搅拌设备在计量与控制过程上的本质差别而引起的。只要用户透彻地掌握了它的使用特点,就能在使用中充分发挥它的性能,稳定地生产出合格的混合料。对用户如何正确使用连续式搅拌设备有如下建议。

(1)保持集料流量的稳定性是连续式搅拌设备能否正常工作,保证成品料质量稳定的基本条件,为此要注意以下两点：

①经常保持各冷料仓骨料规格的一致。骨料规格不一致不仅会影响混合料级配的波动，而且还会导致沥青含量的波动和偏离其最佳值(特别是粗料规格混杂不一时)，从而严重影响混合料的性能。因此严格对购入骨料的级配检查，把住进料关；加强料堆管理，防止发生混放；装载机手仔细操作，防止发生混仓，这些都是重要的使用条件。

②正确调整各冷料仓的料门开度和皮带给料器速度。料门开度是用来对骨料流量进行粗调的，而给料皮带速度是用来对骨料流量进行细调的。应该在中等的皮带速度下首先用调节料门开度的办法使料流大体达到该料仓设定的流量，然后再用调节皮带速度的方法进一步细调。标定就应该在这样的料门开度下进行。不允许在料门全开的情况下用大幅度降低皮带速度的方法来适应骨料低流量的要求。

(2)用户在使用过程中应重视皮带秤的校准工作。对同一皮带秤，不同规格骨料、不同料门开度都有不同的标定常数。因此，不能在调整设备时一劳永逸地将皮带秤校准好，用户在更换冷料仓骨料规格和调整料门开度时，都必须重新校准相应于该仓的皮带秤标定常数。在平时也应定期进行校准，确定其是否需要作出修正。

(3)经常性地检查各冷料仓骨料的级配和含水量，是保持搅拌设备正确工作的重要保证。含水量一般应每天上午、下午各测一次，一次取样 5 个。矿料级配每天取样一次，每次 5 个料样。如发现级配发生严重偏差应及时调整各冷料仓供料比例，必要时可重新校准该仓矿料的标定常数。

(4)利用计算机的控制数据，经常保持混合料质量的监控。计算机打印骨料、粉料、沥青的控制数据是为用户对搅拌过程进行实时监控提供的一种先进手段，应该充分加以利用。每天搅拌设备开工并稳定生产后，可打印半小时的监控数据(每分钟取样一次，共 30 个样本)。通过对这些数据的分析可考察所生产的成品料质量是否稳定，如发现问题应及时查找原因，研究解决方法。矿料流量是最重要的监控参数，根据我们的调试经验，矿料流量的波动最好能控制在 ±5% 的范围内。

(5)坚持日常混合料质量试验室试样分析制度。一般每天 1 ~ 2 次，每次取样不少于 5 个，试验室分析结果应及时告知设备管理和操作人员，如发现严重偏离设计要求的，应及时查找原因，加以排除。

(6)成品料的动态质量管理是现代沥青混合料生产企业实行质量控制的先进管理手段，建议用户创造条件推广应用这一方法。有关这方面的详细说明可参考《公路沥青路面施工技术规范》(JTJ 032—94)或其他施工质量管理手册。

连续式沥青混合料搅拌工艺的发展与新型的双滚筒搅拌设备

孙祖望

（本文刊于《建筑机械》杂志 1999 年第 8 期和第 11 期）

摘　要：本文介绍了连续式沥青混合料搅拌工艺的发展过程，讨论了各个阶段技术进步的特点，分析了为 20 世纪 90 年代新型连续式搅拌设备所作的技术准备。在此基础上介绍了沥青混合料再生技术的进一步发展和连续式搅拌工艺 20 世纪 90 年代出现的革命性飞跃，并探讨了双滚筒搅拌设备的潜在优势和我国发展连续式搅拌工艺的前景。

连续式搅拌工艺和相应的搅拌设备经历了近 30 年的发展在国外已经是一项成熟的技术了。美国早在 20 世纪 80 年代初滚筒式搅拌设备的年销售量已占总销量的 95% 以上，而欧洲地区这一比例也达到了 50% ~60% 。但是，我国至今对这一技术仍存在着不同的看法，甚至带有某些排斥性的倾向；究其原因，在很大程度上是由于不了解连续式搅拌工艺在近十多年来的技术进步以及受某些传统观念的束缚而造成的，而后者显然与早期滚筒式搅拌设备的缺点在人们心目中所造成的深刻印像有关。因此，追溯一下历史的发展，了解各个阶段的重要技术进步以及 20 世纪 90 年代在这一领域内的新发展，对于推动我国连续式搅拌设备的发展和技术进步无疑会是有益的。

1　传统的间歇式搅拌设备

在沥青混合料搅拌设备的发展中，最早出现的是间歇式搅拌式设备，所以也常称它为传统式搅拌设备。这种设备采用冷料配料、湿料烘干、热料筛分、批量计量、强制拌和的工艺。由于采用逆流式烘干工艺，热效率高，清除骨料中的水分比较充分；二次级配和批量计量能比较精确地控制各粒径段骨料的配比和沥青用量，从而保证较为精确的骨料级配和油石比；由于热料再筛分，对砂石料规格一致性的要求也可较低；分批拌和易于改变混合料配方，机动灵活。所以间歇式沥青搅拌设备容易保证获得优质混合料。但是，间歇式搅拌设备也存在着一些缺点：

（1）在高温状态下工作的热料提升、筛分、搅拌等装置组成的拌和楼结构复杂，容易发生故障、维修困难，工作量大。

（2）由于骨料在热料输送和筛分过程中的热损失，要求有比混合料拌和温度更高的骨料加热温度（一般应高 10 ~ 15℃），从而加大了燃料的消耗。

（3）批量拌和的工艺流程是间歇式的，存在等料的时间，降低了设备的生产率。

（4）废气中含尘量高，因而要求庞大的除尘系统，增加了搬运的困难。

由于这些原因，尽管间歇式搅拌设备经过几十年的发展，在燃烧技术和控制系统方面日趋完善，是一种成熟的技术。但是人们一直在设想能否从工艺和结构上进行改革，消除这些缺点而获得更好的效果。这一理想的追求导致了滚筒式连续搅拌设备的诞生。滚筒式搅拌设备是在 20 世纪 60 年代后期发展起来的，它改变了传统烘干筒逆流式的进料方式，而使冷料从安装喷燃器的同一端进入烘干筒（顺流式），并将烘干筒延长而分为两个部分：前半部为烘干区、后半部为拌和区，让烘干和拌和工序在一个滚筒内完成，从而取消了热料提升和筛分的设备。使烘干和拌和的过程得以连续地进行（图 1）。

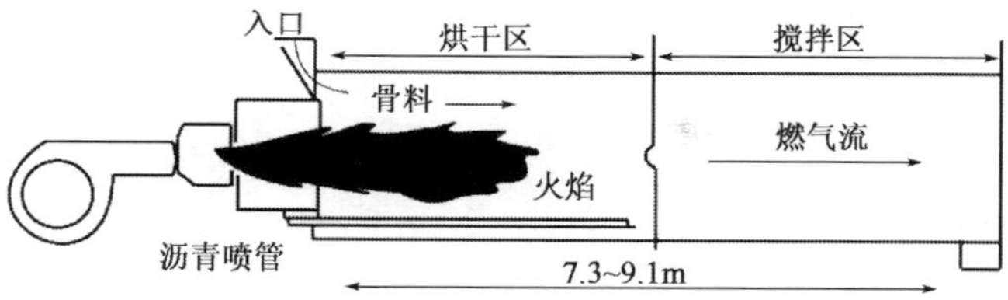

图1　滚筒式搅拌设备的基本构思

2　早期的滚筒式搅拌设备

第一代滚筒式搅拌设备是以低温拌和、低污染、低能耗、高生产率、结构简单、易于维修、便于搬移为号召的。它的问世受到了世界沥青混合料工业界的广泛兴趣，并吸引了一些热心的用户。但是当第一批滚筒式搅拌设备投放市场并投入使用之后，最初构想滚筒式搅拌设备时所期待的效果并没有如预想那样好地实现，而在实际使用过程中却出现了一系列技术问题。这些技术问题主要有：

2.1　残余含水率和烘干效率

在混合料中含有一定的水分将对沥青路面的质量产生怎样的影响是一个值得进一步研究的问题。在某些文献中认为混合料中保留一定的水分不仅能提高搅拌的生产率而且有利于混合料的压实效果。虽然在是否允许沥青混合料中保留少量水分这一问题上还有争论。但过多的含水率显然是不合适的，因为它会导致混合料温度迅速下降，并且还会影响沥青与骨料间的黏结性能。现在不少国家的施工规范都明确规定混合料中的含水率不得超过0.3%～0.5%。

在传统逆流式烘干筒中冷骨料首先进入燃气温度较低的烘干区，然后进入骨料的高温加热区，燃气的热量容易得到较好的利用。

在顺流式烘干筒中骨料和燃气运动处在同一方向，实践表明两者之间的热交换不如逆流式烘干筒那样充分，而且烘干空间也较小，这就使得在同样的废气温度下，热骨料的温度较低，因而骨料中将保留更多的水分。早期的连续式搅拌设备，热骨料中的残余含水率常常可高达1%～2%。这一事实表明顺流式烘干筒的热效率明显不如逆流式的。烘干效率降低的直接结果就是在很大程度上抵消了滚筒式设备由于热骨料在输送和搅拌过程中的传热损失小而在节约能源方面所带来的好处。

2.2　蓝烟和沥青的老化

原先曾设想滚筒式搅拌设备能在低温拌和的情况下生产出与传统搅拌设备相同质量的混合料。但以后才发现，要使骨料得到充分烘干，热骨料的温度必须加热至150℃以上。为了达到这一温度不得不提高火焰的强度，从而使废气的温度也相应增大。在早期的滚筒式搅拌设备中，排气温度常常会超过200℃。过高的排气温度造成了两方面的问题：一方面沥青中的轻质油分在与高温火焰和炽热燃气的接触中将产生蓝烟，造成排烟污染，实际上只要排气温度超过160℃就必然出现蓝烟；另一方面是引起沥青的老化。曾经有这样的认识，认为由于大量水蒸气的存在会保护沥青即使在高温下也不致老化，但实际上裹覆在骨料表面的沥青无法完全避免与氧气的接触，所以早期滚筒式搅拌设备所生产的混合料沥青老化的程度常常要比间歇式设备高，相反蒸汽的存在却会促使沥青中轻油成分的分馏而造成蓝烟污染。

2.3　粉尘污染和除尘系统

滚筒式搅拌设备曾被期待能以一种简单的办法，例如只采用一级除尘设备，甚至根本不采用除尘器，来解决排放的粉尘污染问题，从而可大大减少除尘设备的总量。但实际的使用表明，虽然由于沥青在滚筒内的喷射吸附了相当一部分粉尘，但排气中仍然含有相当数量的粉尘。随着世界各国环保法规要求的不断提高，特别是对微米级粉尘含量的规定，迫使滚筒式搅拌设备同样必须配备袋式除尘器。同时，由于废气温度很高，又有沥青油烟，直接进入袋式除尘器还可能引起堵塞、烧坏等问题，因而不得不再加一级初级除尘设备。这样就和间歇式搅拌设备的除尘系统没有多大区别了，这在一定程度上降低了滚筒式搅拌设备在移动性方面的优越性。

2.4 沥青含量的控制和拌和均匀度

在早期生产的滚筒式搅拌设备中一个难于解决的技术问题是沥青与骨料的正确比例(油石比)。由于热骨料的残余含水率较高又无法测定,要精确地补偿骨料中的含水量就有困难,因而会给沥青含量带来一定的误差。更为重要的是骨料的流量不可能没有波动。按它的平均值设定的沥青流量在理论上就有可能造成沥青含量的不均匀。而要想使进入拌和区的骨料与所注入的沥青之间保持一个恒定的比例(经过皮带秤的骨料与进入拌和区的骨料间还存在着时间的滞后)。依靠手工调节是根本不可能的。此外早期生产的滚筒式搅拌设备沥青计量系统的计量精度不高也是造成油石比误差的一个因素。

除了沥青含量本身的计量与控制之外,要生产出高质量的沥青混合料还必须保证沥青与骨料之间能得到充分和均匀的混合。滚筒式搅拌设备采用的是自落式搅拌方式,它与强制式搅拌方式相比,原则上应该有更长的拌和时间。早期的滚筒式设备,其滚筒本身的长度就较短,因而其拌和区的长度也相应较短,常常因为拌和时间过短而引起花料等搅拌不充分、不均匀的现象。此外,沥青加入滚筒的位置和方式也影响着沥青与砂石料之间的拌和均匀度,这些都是早期生产的滚筒式搅拌设备没有细致考虑的问题。

2.5 骨料的级配和粉料损失

骨料的级配控制问题,一直是滚筒式搅拌设备各种技术问题中引起争论的一个焦点。间歇式搅拌设备由于有热料筛分这一工序,筛分后的各种骨料分别储存在各热料仓里,因此能较好地保证骨料的各粒径段之间的比例关系。而对滚筒式搅拌来说,集料的分粒径控制,只能依靠冷料仓的配比控制来解决,这已成为引起人们非难的一个比较突出的问题。

粉料作为不同粒径骨料间空隙的填料是保证沥青混凝土黏结强度不可缺少的成分,它的含量控制精度的要求在沥青混合料中仅次于沥青。早期的滚筒式搅拌设备由于高速燃气流的强大吸力容易使大量粉料随废气一起排出,粉料的损失常高达50%,因而不得不用增大新粉的供给量来进行补偿。这不仅造成了粉料的浪费和加重了除尘设备的负担,而且导致无法实现粉料含量的精确控制。

早期投入使用的滚筒式搅拌设备的这一系列技术问题使滚筒式搅拌设备的发展进入了一个停滞时期。许多用户采取观望态度,在一些国家中甚至在规范中明确规定在修筑高速公路时不允许使用滚筒式搅拌设备。

3 滚筒式搅拌设备在20世纪70年代中后期的重大技术改进

早期滚筒式搅拌设备在使用中暴露出的一系列技术问题一方面阻碍了滚筒式设备的迅速推广,另一方面又成为促进它作出重大技术进步的强大动力。正是为了解决早期滚筒式搅拌设备的这些缺点,促使滚筒式搅拌设备进入了自身发展的一个重要时期。自20世纪70年代中期开始至20世纪80年代初,滚筒式搅拌设备经历了一个在技术上作出重大改进的发展阶段。在这一阶段中不论在设备性能上还是在结构上都取得了一系列重要的技术进步。它们主要有以下几个方面。

3.1 结构上的重大改进

结构上的第一个重大改进是加长滚筒以增大加热的空间。早期研制的滚筒其长度与直径之比约为4:1,由于骨料的加热空间受到限制,排出废气的温度过高,降低了热量的有效利用。到了20世纪70年代中期,滚筒长度大体上增长了20%~25%,它与直径之比约为4.5:1~5:1。这一措施不仅延长了骨料在干燥筒内逗留的时间而且还有助于增加拌和的时间,从而改善了拌和的均匀性。

结构上的第二个改进措施是搅拌叶片结构的改进,加密了叶片的布置,加深了叶片的宽度以及在侧面加上挡板等,所有这些都是为了形成均匀而多层撒布的料帘。由于料帘的存在一方面使骨料与燃气获得了更多时间和空间的接触,从而改善了骨料与燃气之间的热交换,另一方面又阻止了火焰直接喷向沥青,改善了沥青的老化和蓝烟问题。

改进结构的第三个重大措施是将沥青喷管从燃烧器端伸入的早期结构改为从滚筒的后部伸入,并采用多孔喷射。有些厂家还采用了两根喷管进行双层喷射，或将沥青喷管做成可移动的方式。这些措施一方面可以使沥青的喷射处于较低的温度区而有利于防止沥青的老化，同时也可使沥青的喷洒更为均匀而有助于改善混合料的拌和质量。图2是20世纪70年代中期烘干—拌和滚筒的典型结构。

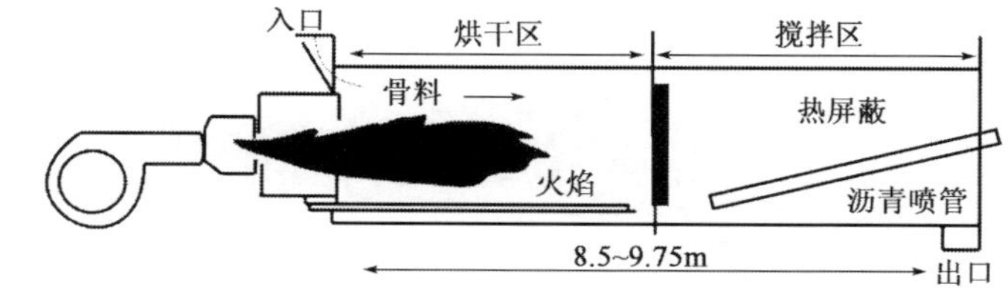

图2　20世纪70年代中期滚筒的典型结构

3.2　燃烧技术的改进

燃烧技术的改进首先表现在火焰形状的改变上。早期烘干筒使用的燃烧器着眼于火焰的直接传热，同时也为了避免滚筒外壳过热，所以火焰形状趋向于瘦而长，火焰穿过料帘直接加热骨料。但是这种方式沿用至顺流式的滚筒搅拌设备上就会产生一些缺点：第一，当火焰穿过料帘时最先接触到的将是冷而湿的骨料，这会导致降低火焰的温度、减缓燃油的气化，引起燃烧不良，使油滴凝结在骨料上而造成排气冒黑烟；其次，火焰较长还会直接接触到沥青，从而引起沥青老化、蓝烟和废气温度过高等缺点。滚筒式搅拌设备在燃烧技术上的一个重要改进就是从传热学的观点上改变了依靠火焰直接传热的方式而改为主要依靠火焰的辐射传热和燃气与骨料间对流传热的方式。从这一观点出发，火焰就应该是短而粗的，以便燃料能得到充分气化和燃烧，而产生强大的热量，并通过辐射和对流传热的方式来加温骨料。图3是两种火焰形状的比较。

燃烧技术的另一改进是加大了二次风的风量和风压，这一措施改善了油气的燃烧条件，加强了燃气与料帘之间的对流传热。

燃烧技术的第三个重要改进是引入了喷油量和二次风的自动控制系统，这种自动控制系统能根据料温自动调节喷油量和为保证充分燃烧必需的空气量。这一措施不仅对节约燃油消耗有重要意义，而且将保证混合料的拌和温度保持在规定的误差范围内。

此外，在这一时期许多专门制造沥青搅拌设备燃烧器的厂家在喷油嘴、燃烧室、一次风和二次风的供给系统等方面做了大量工作。致力于提高热效率、降低燃油消耗率和使用多种燃料，包括重油、废油、渣油以至干煤粉等固体燃料。

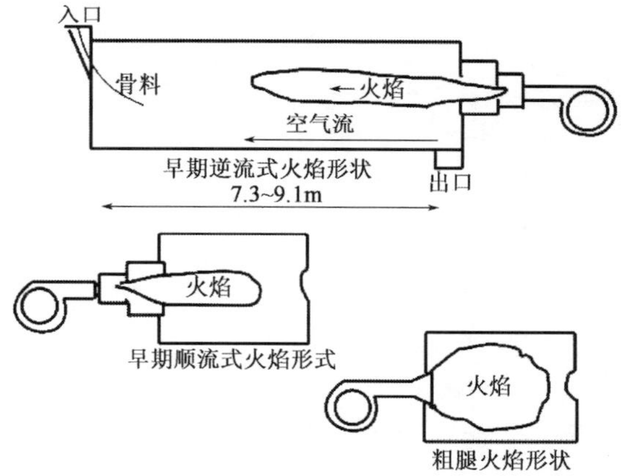

图3　长而窄和短而粗的火焰形状

3.3　骨料与沥青计量控制系统的改进

早期的滚筒式搅拌设备采用的是独立控制方式，骨料的流量与沥青的流量之间没有反馈联系，两者的流量是各自调节设定的。此种并立式系统虽然可以保证骨料和沥青供给系统的稳定运转，却难以反映砂石料流量随机性的变化，无法随时控制沥青的喷射量，因而很难获得高质量的混合料。

20世纪70年代滚筒式搅拌设备技术进步的一项重要标志就是引入了计算机自动控制系统。这种系统不仅可根据砂石料的供给量对沥青喷洒量进行比例控制，还可对由于冷骨料含水量不同和沥青密度不同而引起的误差进行修正。此外通过延时处理还可使沥青的瞬时喷洒量与滚筒内搅拌区砂石料的瞬时流量相匹配，从而保证更为准确的油石比控制。随着计算机技术的迅速发展，现代滚筒式搅拌设备的计算机系统除了上述的基本功能外，在过程监测、报警系统、动态显示、数据处理、文件管理等功能方面还在不断地扩展和完善。

4 沥青混合料再生技术的发展

许多发达国家公路建设的发展过程都表明，当这一进程发展到一定阶段时，提出废旧沥青混凝土的回收和再生要求是必然的。进入20世纪80年代后在美国等发达国家，废旧沥青混凝土的回收利用已经成为一个迫切的社会问题。这是因为与旧路翻修相伴而产生的大量废旧沥青混凝土如不能回收利用，则如何处理它们将成为一个令人头疼的社会问题，而另一方面随着沥青价格的不断上涨，旧料回收再生将在经济上带来巨大的社会节约。虽然用间歇式设备也可以进行旧料再生，但由于熔化和升温旧料所需的热量完全依靠超加热的新骨料来传递，所以加入再生料的比例不能太高，大体上只能达到20%～25%。因此，人们再次将希望寄托在滚筒式搅拌设备上。

滚筒式搅拌设备经历了20世纪70年代中后期的重大技术改进后，至20世纪80年代已经恢复了发展的活力并再次向传统的间歇式设备提出了挑战。到20世纪80年代中期，在美国和欧洲滚筒式设备的年销售量已经大大超过了间歇式设备。然而尽管滚筒式搅拌设备已经作出了许多重要的改进，但是面对着20世纪70年代末由于石油危机而提出的回收废旧沥青混凝土的迫切要求和20世纪80年代对排污更加严格限制的双重挑战时，仍然反映出一些不够理想的地方。

对于滚筒式搅拌设备来说，只要在滚筒中部燃气流下方温度较低处的壳体上开出一加入再生料的洞口就可轻而易举地实现生产再生混合料的目的，而且可比间歇式搅拌设备加入更多比例的废旧料。然而，由于熔化再生料所必需的热量仍主要需从新骨料处获取（90%），因此必须将新骨料加热至很高的温度（315～345℃），因而火焰的强度、燃气的温度、速度都将相应提高，于是像蓝烟、沥青老化、跑粉等原已淡化了的老问题又重新突出出来。

一方面是希望更多地利用废旧沥青混合料，而另一方面与之完全对立的是排放的法规却越来越严格。在面临尽量增大再生料的比例和适应严峻排放法规这两方面社会需求的推动下，滚筒式搅拌设备的发展又一次遇到了挑战，而且正是这种社会需求成为20世纪80年代推动着连续式搅拌技术继续进步的强劲动力。可以说，连续式搅拌设备在20世纪80年代技术进步最重要的标志就是沥青混合料再生技术的发展。

人们最先想到的是将沥青、粉料、新骨料和再生料的拌和从充满水蒸气的环境中挪出来，这就发展了所谓的裹覆机（Coater）（图4）。在图4的方案中再生料仍在筒壳的中部进入，与炽热的新骨料拌和、熔化，并将熔化了的部分沥青移覆到新骨料上，然后在筒末的裹覆机内喷入新的沥青和粉料，这样可保证新旧沥青连同加入的粉料均匀地裹在新旧两种骨料上。在这一方案中液态沥青的蒸汽分馏、老化和跑粉问题可得到圆满的解决，但再生料中沥青的分馏和产生污烟的问题并未彻底解决。因此此类设备能接受的再生料比例仍然只能达到35%。

为了进一步提高再生料的比例就必须将再生料的加入同样移到裹覆机的新骨料入口处，这就导致了图5所示的逆流式滚筒—裹覆机方案的发展。在这一方案中烘干筒重新采用了间歇式搅拌设备逆流式的结构。理由是显而易见的，因为既然已将再生料、沥青、粉料的加入全部移到了裹覆机上，而滚筒完全成了一个单纯的干燥器，这样顺流式的烘干方式就失去了任何优越性。在图5的方案中熔化再生料所需的热量将全部由新骨料来传递，因而新骨料必须加热至更高温度（315～345℃）。

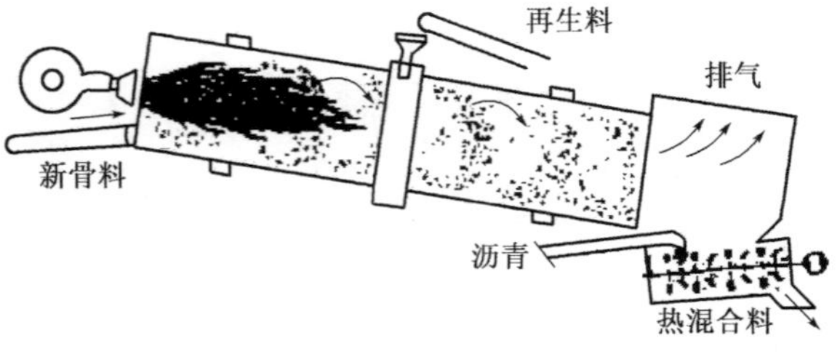

图4　顺流式滚筒—裹覆机

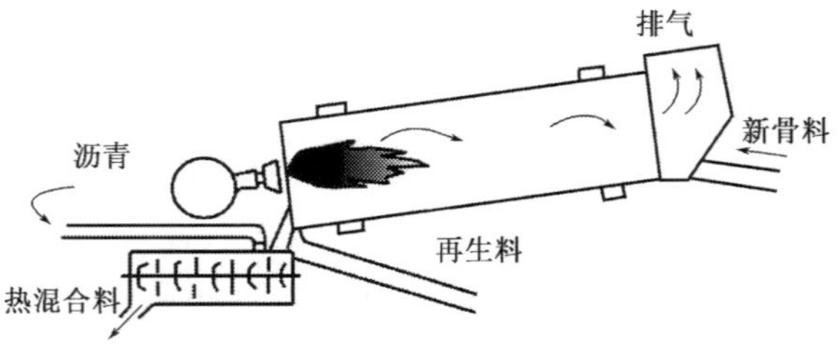

图5　逆流式滚筒—裹覆机

逆流式滚筒方案虽然较好地解决了蓝烟、老化、跑粉等问题，但是进一步提高再生料比例时仍然暴露出一些不足之处：

(1)尽管沥青与再生料的入口已经几乎布置在同一断面上，但当要均匀地拌和大量的再生料时，拌和时间仍会显得过短，同时这一做法本身对拌和质量也是不利的。

(2)由于燃气的新骨料的加热温度进一步提高，使烘干筒筒壁的温度也随之上升，从而导致了热损失的增大和热效率的降低。

上述两方面的问题促使人们必须用一种全新的思路来考虑如何更好地解决在提高再生料的比例与满足严峻的环保要求之间存在的矛盾。正是这种探索导致了20世纪90年代在连续式搅拌工艺上引起的一场新的技术革命。

5　连续式搅拌工艺的革命性飞跃

5.1　20世纪90年代的新挑战

在进入20世纪90年代后有两个重要因素有力地影响着连续式搅拌设备的发展。首先是供再生沥青混合料用的废料不再局限于旧沥青路面了。由于大量基础结构(例如水泥混凝土路面、桥梁、给排水系统等)的全面重建以及许多建筑物屋顶的翻修，有着很大数量的废旧水泥混凝土和沥青材料制成的旧屋顶被废弃。此外还有大量的旧轮胎、废橡胶、钢渣、碎玻璃等废料。所有这些废弃材料的处理已经成为一项严重的社会问题，从而要求在再生沥青混合料中进一步扩大容纳废弃材料的范围和容量。

其次是沥青材料本身的改性技术迅速发展，要求在沥青混合料中加入能改善沥青性能的各种添加剂(如各种聚合物、树脂质、橡胶、抗剥落剂等)。加大再生料的投入比例和沥青改性技术的应用要求进一步提高混合料的拌和温度，但环保法规的要求却更趋严峻。如果说美国1973年国家环保法规允许的烟度为20%，而粉尘排放为96mg/Nm^3，则到了20世纪90年代它变为烟度为0，粉尘<25mg/Nm^3。同时为了满足再生混合料的质量要求，必须适当延长拌和时间。

这样，面对着20世纪90年代的新挑战，类似裹覆机之类的方案显然已无法满足要求了，因而迫使人们必须根据一个全新的概念来构思连续式搅拌设备的工艺流程和结构。这种新的连续式搅拌设备应该能比现有的搅拌设备容纳更多的再生料，并且既可用一种简易的方式来接受各种废旧材料和改性添加剂，又能在提高拌和温度和拌和时间的同时保持绝对清洁的排放并生产出优质的沥青混合料。

5.2　连续式搅拌工艺的新发展

为了迎接20世纪90年代的新挑战，美国和欧洲的许多生产搅拌设备的企业早在20世纪80年代后期就已着手研制准备向20世纪90年代市场推出带有革命性飞跃的新型沥青混合料搅拌设备，在众多的方案中最有代表性的是以下两种：

5.2.1　燃烧器伸入滚筒的方案(图6)

这一方案的特点是燃烧器伸入至滚筒约1/3处，从而将滚筒分成烘干和搅拌两个部分。烘干筒采取逆流式的方案，具有较高的烘干效率。新骨料从燃气的尾部进入烘干筒，按逆流式工艺将骨料加热至370℃左右，然后进入滚筒后部搅拌区。在这里新骨料首先与再生料混合将一部分热量传给再生料，熔化旧沥青并经初步搅拌后再喷洒新沥青，加入粉料进行充分拌和，在滚筒尾部输出成品料。

在这一方案中由于再生料、新沥青和粉料都避开了炽热的火焰和燃气，因此蓝烟、沥青老化、跑粉等问题均可得到较好解决。但由于对骨料进行强化加热，滚筒的热负荷将是相当高的，筒壁的温度也会升得很高，这一方面增加了筒壁的散热损失，另外也降低了筒壁耐热材料的寿命。

为了解决这一问题又发展了图7所示的空气强制冷却的方案。从图中可看到在烘干筒炽热部位的外壳装有一空气夹层，冷空气通过这一夹层被抽吸入燃烧室成为供油气充分燃烧用的二次风。冷空气一方面冷却了烘干筒的外壳，同时又使二次风得到预热而改善了燃烧条件。采取这一措施后可使设备的热效率提高4%～8%。

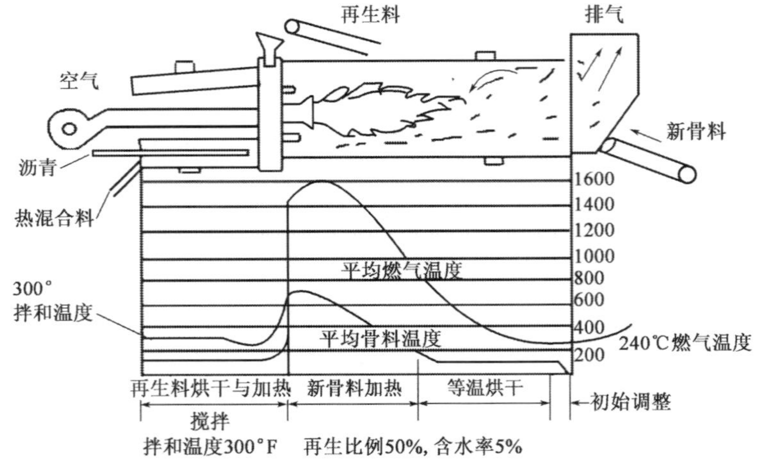

图6　燃烧器伸入滚筒的逆流式滚筒搅拌设备

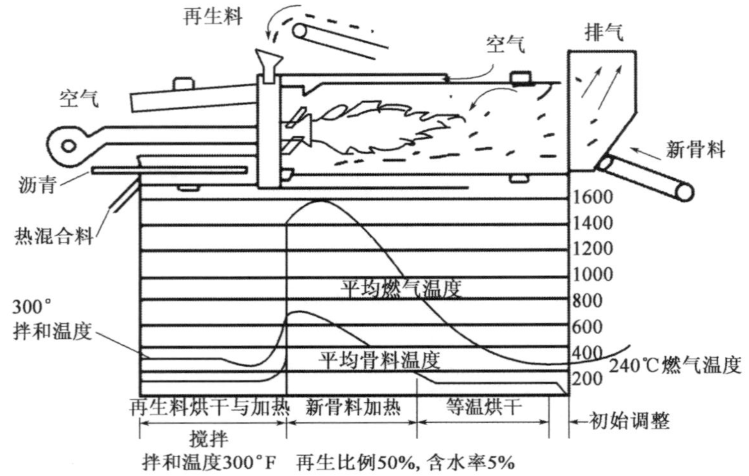

图7　空气冷却的逆流式滚筒搅拌设备

图8是意大利MARINI公司为20世纪90年代市场推出的燃烧器伸入筒中的EMCC型逆流滚筒搅拌设备。烘干—搅拌滚筒被分成了三个区:a区是新骨料的烘干区;b区为再生料的加热熔化区;c区为搅拌区。为降低筒壁的热负荷,再生料仍从滚筒中部加入以吸收一部分燃气的热量,但在b区设有一系列特殊的“热回收”叶片,它们将再生料屏蔽起来以避免火焰和燃气的直接辐射,并将新骨料和再生料混合在一起,再生料的加热主要依靠与新骨料和叶片的接触传热来实现。在滚筒安装燃烧器部位的横断面上也有金属屏蔽板将燃烧区和搅拌区隔开。MARINI的这一连续式搅拌设备可接受40%的再生料。

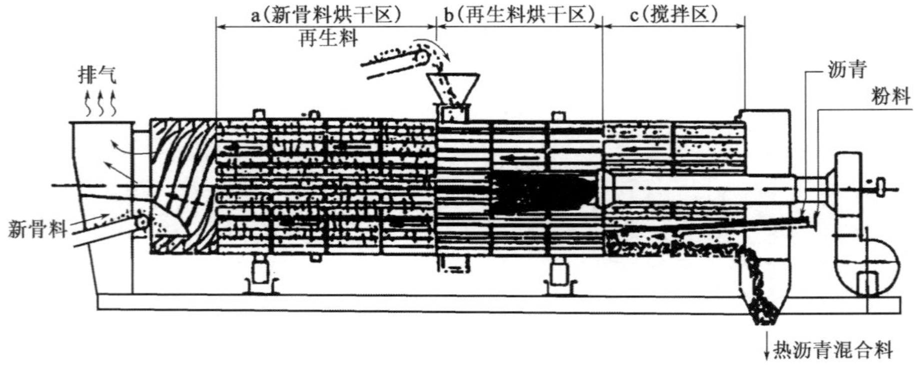

图8　MARINI公司逆流式滚筒搅拌设备

5.2.2　内外套筒式的双滚筒方案

图9是美国ASTEC为迎接20世纪90年代的挑战而推出的新型双滚筒沥青搅拌设备的方案。在这一方案中内筒是完全和间歇式一样的逆流式烘干筒，只是在它的尾部有格式的窗口，可使超加热的骨料落入外筒。再生料、沥青、粉料和各种添加剂都是从外筒上不同断面的开口进入内外筒夹层的，在这里形成了一个巨大的拌和空间。在烘干筒（内筒）的外壳上安装有一系列桨叶，进入夹层的材料经桨叶的强制搅拌后成为拌和均匀的成品料并从外筒的另一端输出。这样的工艺流程可以说已经解决了几乎所有滚筒式搅拌设备的缺点而保留并扩大了它们的优点。

5.2.3　双滚筒沥青搅拌设备的性能和潜在优势

双滚筒搅拌设备是按照一种全新的连续式搅拌工艺来构思的，它巧妙地将间歇式和滚筒式搅拌设备的优点融合在一起而避免了它们各自的缺点。这种新颖的连续式搅拌工艺有着以下一些特点：

（1）冷骨料的烘干完全采用与间歇式设备相同的逆流式方案，它比滚筒式设备通常采用的顺流式工艺具有更高的热效率，也不会产生油滴污染石料、废气温度过高、冒黑烟等弊端，而且可使新骨料加热至370℃左右的高温。在图9中还显示了双滚筒搅拌设备中温度场的情况。

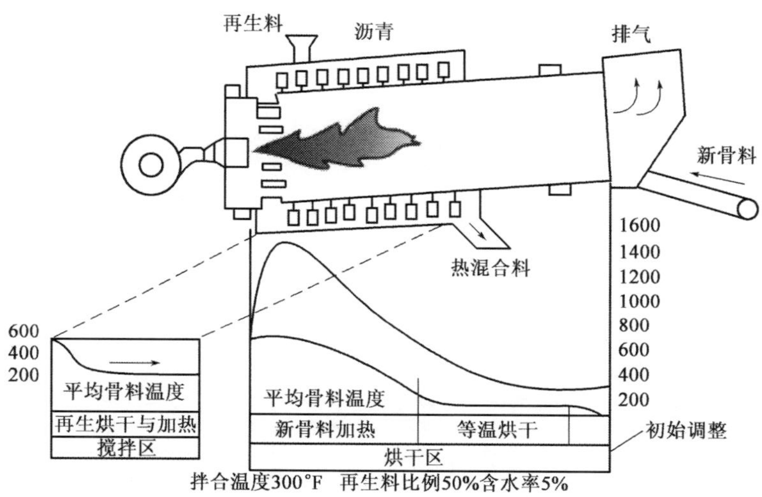

图9　ASTEC公司的双滚筒沥青搅拌设备

（2）由炽热的燃气传给烘干筒外壳的热量不会进入大气而耗散掉，它被用来作为加热再生料的一种热源。实际上，熔化加热再生料所需的热量约90%是从新骨料传来的，而有约10%的热量则是从烘干筒的外壳传来的，再加上绝热材料对整个外筒的隔热作用，使外壳的温度可经常保持在50℃左右。因此，双滚筒设备的热效率是非常高的，它不仅优于顺流式烘干筒而且还高于传统的逆流式烘干筒。图10是它与顺流式、逆流式烘干筒燃料消耗率的对比。从图中可看到双滚筒设备的燃料消耗可比滚筒式设备节省约10%。

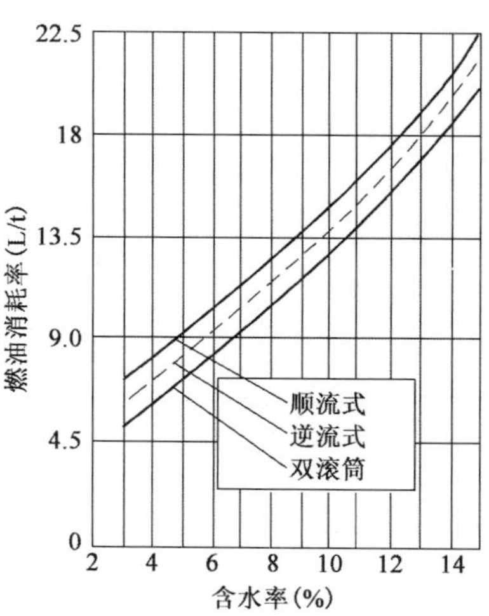

图10　双滚筒、顺流式、逆流式烘干筒的燃料消耗率

（3）双滚筒设备加入沥青、粉料以及各种各样的再生料和添加剂的方式也是和间歇设备类似的。所有的材料均直接加入到相当于"搅拌锅"的内外筒夹层中，这里不会与燃气、火焰接触，也不存在蒸汽分馏的环境，所以滚筒式搅拌设备的沥青老化、跑粉和蓝烟等问题都得到彻底的解决。

（4）由于可将新骨料加热至很高的温度（370℃），又可利用烘干筒燃气的抽吸作用将油烟、蒸汽、臭气统统吸入烘干筒内加以焚烧而保证排烟的清洁性，再加上很长的拌和时间，因此双滚筒设备接受再生料的能力要比现有任何类型的搅拌设备都大。排烟清洁性还可为用户带来一个附加的好处:不会发生因废气中油气冷凝成油滴污染堵塞布袋的情况,从而延长了布袋的使用寿命。

(5)采用了强制式的搅拌工艺。大而浅的搅拌区,再加上长达60~90s的拌和时间,可使新骨料、液态沥青、矿粉以及多种多样的再生料和添加剂在这里得到十分充分的拌和,从而生产出搅拌质量完全可与间歇式搅拌设备媲美的沥青混合料。表1是我们对青岛公路总段引进的ASTEC双滚筒沥青搅拌设备所做的混合料搅拌均匀性试验的结果。

成品沥青混合料组成分析 表1

沥　青	粉　料	细 骨 料	中 骨 料	粗 骨 料
4.72	1.34	8.99	75.71	9.07
4.93	1.84	9.72	72.33	10.83
4.94	1.74	9.92	74.31	9.71
5.11	1.04	11.00	75.10	7.46
5.08	1.65	10.39	73.56	9.07
4.87	2.20	9.39	75.91	7.50
4.90	1.69	7.84	74.57	9.36
5.09	1.86	9.50	76.35	7.01
4.92	2.16	9.75	74.33	8.34
4.99	1.44	9.93	71.95	11.71
5.05	1.73	9.15	64.36	20.02
4.74	1.47	8.36	72.10	13.30
5.05	1.21	10.09	71.05	12.51
5.05	1.02	11.89	71.69	10.17
5.14	1.59	11.45	76.43	5.22
4.85	1.53	10.43	73.71	8.95
4.83	2.81	8.96	74.63	8.64
5.32	1.93	11.33	74.57	6.65
$X_s=5.00$ $X_a=4.98$ $S=0.146$	$X_s=3.00$ $X_a=1.69$ $S=0.843$	$X_a=9.89$ $S=1.042$	$X_a=73.5$ $S=2.734$	$X_a=9.74$ $S=3.205$

注:粉料≤0.075mm;细骨料>0.075≤2.36mm;中骨料>2.36~≤16mm;粗骨料-≥16mm;X_s-设定值;X_a-平均值;S-标准偏差。

从表中可看到,双滚筒搅拌设备生产的成品料质量是相当高的。在青岛的试验中(未加再生料)18个料样的沥青含量和粉料含量的标准偏差分别为0.146%和0.430%,而在美国FLORIDA州4号公路旧路翻修工程中对使用双滚筒设备生产的再生沥青混合料(再生料比例为60%)所作的搅拌质量的试验中,在再生料比例高达60%的情况下,20个料样沥青含量和粉料含量的标准偏差仍可保持在0.21%和0.51的水平上。由此可见,双滚筒搅拌设备完全可以生产出优质的沥青混合料来。

(6)双滚筒沥青搅拌设备保持了滚筒式搅拌设备的优点。这里没有热料提升机,也没有庞大的搅拌塔楼,它结构简单、重量轻、安装维修方便,大大提高了设备工作的可靠性,减少了安装和维修作业的工作量。同时它也保持了滚筒式搅拌设备高生产率的优点。不仅在单位金属容量的生产能力上大大超过了传统的间歇式搅拌设备,而且与相同直径的烘干筒相比它也优于后者。图11是双滚筒、顺流式和逆流式烘干筒生产能力的对比。

除了上述这些优点外,双滚筒沥青搅拌设备在发展前景方面的潜在优势也是十分明显的。

首先是在制造成本领域内。间歇式搅拌设备的生产能力主要取决于搅拌锅的容量,在拌锅充盈率一定的条件下,整个搅拌塔楼的重量大体是与拌锅容量,亦即是生产能力成正比的。由于这部分重量在整个设备重量中占有很大比例,因此间歇式设备的比重量系数(设备重量/生产能力)虽然随着设备生产能力的增大也会有所下降,但其下降的趋势比较缓慢。对于双滚筒搅拌设备来说,它的生产能力大体上是与滚筒直径的平方成正比的,因此随着直径的增大设备的生产能力将急剧上升。这意味着双滚筒搅拌设备在金属材料、能源、劳动量的消耗以及制造成本上相对于间歇式设备的优势将随着生产能力的增大而更加显著。可见双滚筒搅拌设备在提高生产能力、降低制造成本方面存在着巨大的潜在优势。

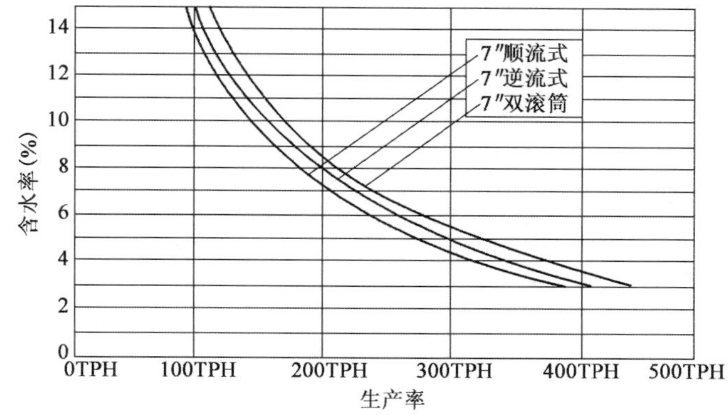

图11　双滚筒、顺流式、逆流式烘干筒的生产率

其次是在使用成本领域内。由于在维修费用、燃料费用、折旧费用等方面带来的节约,双滚筒搅拌设备每生产一吨混合料的成本要比间歇式搅拌设备低10%左右,如从整个社会的角度来看这种节约将是相当可观的。因此,在节约能源和降低沥青混合料的生产成本方面双滚筒搅拌设备同样存在着潜在的发展优势。

最后,最为主要的潜能是双滚筒搅拌设备接受高比例再生料的能力,它能容纳高达60%的再生料。随着国家基础设施的大量扩建,这一优势将越来越明显地显示出来。

6　我国发展连续式搅拌工艺的前景

自从第二次世界大战后出现第一台滚筒式搅拌设备以来,连续式搅拌工艺经历了不断的挑战、不断的改进,发展到今天已经是一项完全成熟的技术了。但是在中国推广这项技术还必须克服两个障碍:一是传统观念上的障碍,这是由于不了解连续搅拌工艺的技术进步和受到某些习惯势力的束缚而造成的;二是由于中国缺乏石料生产的大工业而必须面临由大量设备简陋、生产规模很小的碎石场(其中相当一部分是乡镇和个体经营的)组成的材料市场而引起的。

材料混杂、规格不一、含泥量大一直是困惑着我国沥青混合料生产的一个重要问题,而且由于我国公路建设的蓬勃发展,骨材市场处在供不应求的状况,这种卖方市场还将在相当长的一段时间内继续下去。当然,从资源有效配置的观点来看这是很不合理的,但这就是中国的国情。

材料规格不一致不仅直接影响矿料级配的准确性,而且还会间接地影响沥青含量的准确性。为了防止规格混杂对沥青含量控制带来的不利影响,除了加强料堆的管理外,还不得不经常地对皮带秤进行实物标定,而皮带秤最大的缺点就是所谓的“皮带效应”和由此带来必须进行实物标定的要求。因为实物标定要耗费大量的人力、物力,而程序又比较繁复,因而在沥青搅拌站的实际工作中往往难以做到。这些问题如不能得到解决就会影响连续式搅拌工艺在中国的推广应用。但是,认为要解决这一问题只有采用间歇式搅拌设备的观点是不正确的。因为在采用间歇式搅拌设备的场合下,材料规格的混杂不一,将导致一方面某一热料仓的大量溢料,而另一方面,别的料仓却因待料而延长工作循环时间,从而降低了设备的生产率。被溢出的废弃材料是经过烘干和升温了的材料,亦即能源白白地浪费在这些废弃材料中,这显然也是很不合理的。同时材料规格的混杂问题也并未得到彻底解决,因为热料筛分只能解决规格段之间的混杂而不能解决某一规格段内的粒径混杂问题。实际上只要适当地在冷骨料供给系统中增加一套前处理装置就可以解决这一问题。最简单的方案是在冷骨料进入冷料仓前增加一套冷筛分系统(图12)。当然也可以有其他类似的方案,例如在每个冷料仓出口处加一筛分器,为减少含泥量也可以采用水洗的方案等。但是上述图3的方案是最简单而实用的,只要结合适当的旧粉处理系统就完全可以解决目前市场供应的骨料规格混杂、含泥量多的问题。

至于提高称量精度和克服皮带秤的缺点问题也完全可以用新型的差分秤来替代皮带秤而得到圆满的解决。差分秤也称失重秤或减量秤,这是近十多年来出现的一种新型的动态连续计量系统(图13)。它是在料斗秤的基础上通过测量时间间隔 Δt 前后的料斗内材料重量之差值的方法来进行材料的流量检测的。

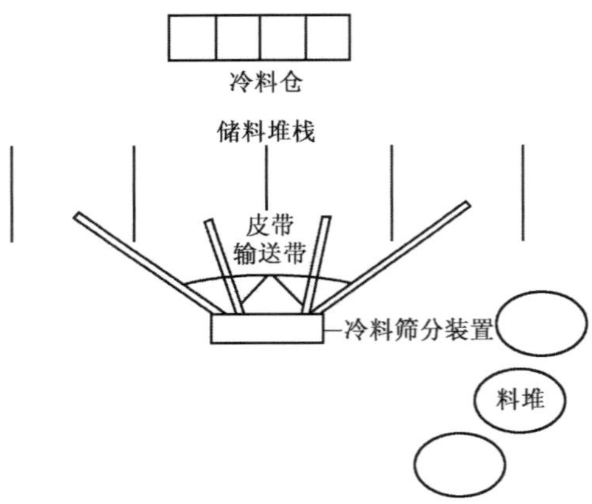

图12 带冷料筛分装置的前处理系统示意图

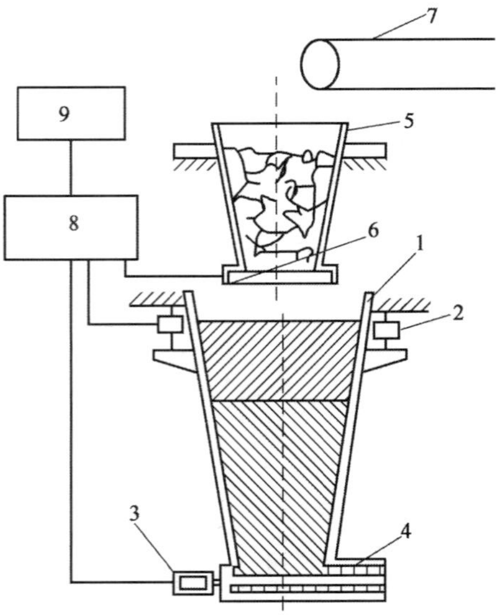

图13 差分秤的工作原理示意图

1-计量料斗;2-称重传感器;3-调整电机;4-给料设备;5-储料斗;6-放料闸门;7-输料皮带;8-控制器;9-计算机

这种新型的动态连续计量系统已经广泛地应用在各种需要对物料进行连续计量的设备上。差分秤克服了"皮带效应"的影响,计量精度可控制在±0.1%之内,定量控制的误差值±0.2%,而且用一般的标准砝码即可随时进行标定,校准和维护都很方便。因而完全可以将它移植到连续式沥青搅拌设备上来。

当然在讨论连续式搅拌工艺的发展前景时,不仅要研究当前的发展环境,也要分析长远的发展可能。在预测间歇式搅拌工艺和连续式搅拌工艺的发展前景时,必须考虑的一个重要因素就是废旧料的回收利用问题。在这方面后者占有明显的优势,特别是双滚筒搅拌设备能接受60%再生料的能力将是非常有竞争力的。如果说目前我国还感觉不到回收利用废旧料的紧迫性,那么10年、20年后的情况会怎样呢?随着我国在21世纪向中等发达国家行列迈进的进程,许多基础设施将陆续进入重建翻修的年代,到那时候回收利用各种废旧料将成为一个必须解决的社会问题。当人们面对年产成亿吨废旧料的现实时,发展连续式搅拌工艺的要求将成为不以人们意志为转移的必然趋势,而有关间歇式和连续式的争论也自然就不复存在了。

因此,可以预言21世纪将成为我国连续式搅拌设备大发展的时代,因而也将为我国的筑路机械制造业提供一个巨大的机会。然而就我国目前的情况而言,不论是科研开发的能力还是现有产品的技术水平,发展连续式搅拌设备的基础都是十分薄弱的。虽然也有一些生产滚筒式搅拌设备的专业制造厂,例如郴州筑路机械厂、吉林省公路机械厂等,但目前产品的技术水平大体上还停留在国外早期滚筒式搅拌设备的水平上。如果我国的搅拌设备制造业能把握住这一巨大机遇,从现在开始就在科学研究、产品开发上作好技术准备,那么前景将是十分美好的。

影响间歇式沥青搅拌设备矿料级配变异性的原因及其控制的研究

孙祖望　杨东来

（本文刊于《广东省高速公路沥青路面专题研究报告集》广东冠粤路桥公司 2008 年 10 月）

1　概述

沥青路面的早期损坏是我国高速公路建设中的一个突出的问题，而导致早期损坏的诸多因素中，就施工质量而言，热拌沥青混合料在生产、铺筑过程中出现的不均匀性或称变异性是最为严重的问题。沥青混合料的不均匀将导致沥青路面出现局部的松散、坑洞；局部的泛油、拥包；不均匀的车辙和局部严重的推移；局部水损害造成的网裂、唧浆和坑洞。图 1 是局部离析造成的坑洞，图 2 显示了油石比不均匀导致的油斑，图 3 和图 4 则是早期水损害造成的唧浆，以及与唧浆相伴的龟裂和坑洞。图 5 和图 6 显示了早期水损害导致的严重车辙和泛油，以及局部的严重推挤和拥包。因此，改善沥青混凝土的不均匀性是防治沥青路面早期病害方面的一项重要措施。

图 1　局部离析造成的坑洞

图 2　油石比不均匀导致的油斑

图 3　早期水损害造成的唧浆

沥青混合料的均匀性是指热拌沥青混合料的组成与性状在生产和铺筑过程中保持一致而不变的性质。热拌沥青混合料是一种在材质上极易受外界影响而变得不均匀的材料，沥青混合料在材质上的不均匀主要表现在以下方面：

（1）矿料级配的变异性。

（2）混合料中粗细集料的分离——矿料的离析。

（3）混合料中油石比的变异性。

（4）混合料温度的变异性——温度的离析。

（5）混合料密度的变异性——空隙率和压实度的离析。

a)　　　　b)

图4　与唧浆相伴的龟裂和坑洞

图5　早期水损害导致的严重车辙和泛油

图6　早期水损害导致的局部严重推挤和拥包

沥青混合料的不均匀性是贯穿在热拌沥青混合料生产、运输、搅拌、摊铺、碾压整个施工过程中的质量问题，其中原材料和混合料生产过程中的变异性是导致混合料不均匀性的基础性环节，而矿料级配的变异性则是这一基础性环节中的基础。

热拌沥青混合料的生产过程对矿料级配变异性的影响贯穿在从原材料的进场至成品料的出场各个生产环节中，其中主要的因素有以下几方面：

(1)原材料规格不一致性方面的因素。

(2)矿料储存、堆放和输送方面的因素。

(3)料堆取样、缩分和试验方法方面的因素。

(4)冷集料供给和一次级配过程的因素。

(5)集料烘干过程与除尘器性能方面的因素。

(6)热集料筛分和二次级配方面的因素。

(7)搅拌设备计量—控制系统和搅拌器性能方面的因素。

(8)成品混合料的储存与装卸方面的因素。

2 原材料规格不一致对矿料级配的影响及对原材料规格一致性的控制

原材料规格不一致是指成品集料总体上产生的粒径分布的变异。这种粒径分布的变异通常是由于在集料生产过程中原石的材质、生产工艺或生产工艺参数发生变化而造成的,因而这种变异不是发生在总体内部的局部不均匀,而是成品集料的总体发生了变化。表1、表2和图7显示了原材料总体发生变化的例子,在这一实例中可以看到1号仓集料的级配明显地发生了变化,0.075mm的粉料比例有很大增加,整个1号料明显变细,而在2号仓集料中4.75mm的通过率从原来的70%~80%,变为50%左右,所以2号料明显变粗了。由于这两种料在总体上发生了变化,使搅拌设备生产的热集料的级配曲线与生产配合比要求的矿料级配曲线发生了很大的变化(图7)。

在生产配合比调试时热料仓的矿料级配 表1

筛孔尺寸(mm)			31.5	26.5	19	16	13.2	9.5	4.75	2.36	1.18	0.6	0.3	0.15	0.075
容许偏差上限			100.0	100.0	100.0	100.0	100.0	90.0	41.0	25.0	18.0	14.0	11.5	10.0	5.5
容许偏差下限			100.0	100.0	100.0	100.0	90.0	80.0	31.0	17.0	10.0	6.0	3.5	2.0	3.5
配合比公式			100.0	100.0	100.0	100.0	95.0	85.0	36.0	21.0	14.0	10.0	7.5	6.0	4.5
输入热料筛分曲线	6号仓														
	5号仓														
	4号仓		100.0	100.0	100.0	100.0	73.5	6.4	2.1	0.0	0.0	0.0	0.0	0.0	0.0
	3号仓		100.0	100.0	100.0	100.0	100.0	94.9	5.7	1.0	0.0	0.0	0.0	0.0	0.0
	2号仓		100.0	100.0	100.0	100.0	100.0	100.0	84.1	6.5	0.2	0.0	0.0	0.0	0.0
	1号仓		100.0	100.0	100.0	100.0	100.0	100.0	99.8	94.3	41.0	25.9	10.1	3.6	1.6
	MF		100.0	100.0	100.0	100.0	100.0	100.0	100.0	100.0	100.0	100.0	100.0	99.0	90.9
调节矿料配合比例	B6(%)	0.0	0.0	0.0	0.0	0.0	0.0	0.0	0.0	0.0	0.0	0.0	0.0	0.0	0.0
	B5(%)	0.0	0.0	0.0	0.0	0.0	0.0	0.0	0.0	0.0	0.0	0.0	0.0	0.0	0.0
	B4(%)	13.0	13.0	13.0	13.0	13.0	9.6	0.8	0.3	0.0	0.0	0.0	0.0	0.0	0.0
	B3(%)	50.0	50.0	50.0	50.0	50.0	50.0	47.5	2.9	0.5	0.0	0.0	0.0	0.0	0.0
	B2(%)	15.0	15.0	15.0	15.0	15.0	15.0	15.0	12.6	1.0	0.0	0.0	0.0	0.0	0.0
	B1(%)	18.0	18.0	18.0	18.0	18.0	18.0	18.0	18.0	17.0	7.4	4.7	1.8	0.6	0.3
	MF(%)	4.0	4.0	4.0	4.0	4.0	4.0	4.0	4.0	4.0	4.0	4.0	4.0	4.0	3.6
合成级配(%)			100.0	100.0	100.0	100.0	96.6	85.3	37.7	22.4	11.4	8.7	5.8	4.6	3.9

1号和2号原材料发生变化后的热料仓矿料级配 表2

筛孔尺寸(mm)		31.5	26.5	19	16	13.2	9.5	4.75	2.36	1.18	0.6	0.3	0.15	0.075
容许偏差上限		100.0	100.0	100.0	100.0	100.0	90.0	41.0	25.0	18.0	14.0	11.5	10.0	5.5
容许偏差下限		100.0	100.0	100.0	100.0	90.0	80.0	31.0	17.0	10.0	6.0	3.5	2.0	3.5
配合比公式		100.0	100.0	100.0	100.0	95.0	85.0	36.0	21.0	14.0	10.0	7.5	6.0	4.5
输入热料筛分曲线	6号仓													
	5号仓													
	4号仓	100.0	100.0	100.0	100.0	80.3	3.6	0.3	0.0	0.0	0.0	0.0	0.0	0.0
	3号仓	100.0	100.0	100.0	100.0	100.0	93.5	0.7	0.1	0.0	0.0	0.0	0.0	0.0
	2号仓	100.0	100.0	100.0	100.0	100.0	97.8	50.2	4.0	0.3	0.1	0.1	0.1	0.1
	1号仓	100.0	100.0	100.0	100.0	100.0	100.0	98.9	94.0	65.8	53.9	29.1	12.4	6.4
	MF	100.0	100.0	100.0	100.0	100.0	100.0	100.0	100.0	100.0	100.0	100.0	99.0	90.9

续上表

筛孔尺寸(mm)			31.5	26.5	19	16	13.2	9.5	4.75	2.36	1.18	0.6	0.3	0.15	0.075
调节矿料配合比例	B6(%)	0.0	0.0	0.0	0.0	0.0	0.0	0.0	0.0	0.0	0.0	0.0	0.0	0.0	0.0
	B5(%)	0.0	0.0	0.0	0.0	0.0	0.0	0.0	0.0	0.0	0.0	0.0	0.0	0.0	0.0
	B4(%)	13.0	13.0	13.0	13.0	13.0	10.4	0.5	0.0	0.0	0.0	0.0	0.0	0.0	0.0
	B3(%)	50.0	50.0	50.0	50.0	50.0	50.0	46.8	0.4	0.1	0.0	0.0	0.0	0.0	0.0
	B2(%)	15.0	15.0	15.0	15.0	15.0	15.0	14.7	7.5	0.6	0.0	0.0	0.0	0.0	0.0
	B1(%)	18.0	18.0	18.0	18.0	18.0	18.0	18.0	17.8	16.9	11.8	9.7	5.2	2.2	1.2
	MF(%)	4.0	4.0	4.0	4.0	4.0	4.0	4.0	4.0	4.0	4.0	4.0	4.0	4.0	3.6
合成级配(%)			100.0	100.0	100.0	100.0	97.4	83.9	29.7	21.6	15.9	13.7	9.3	6.2	4.8

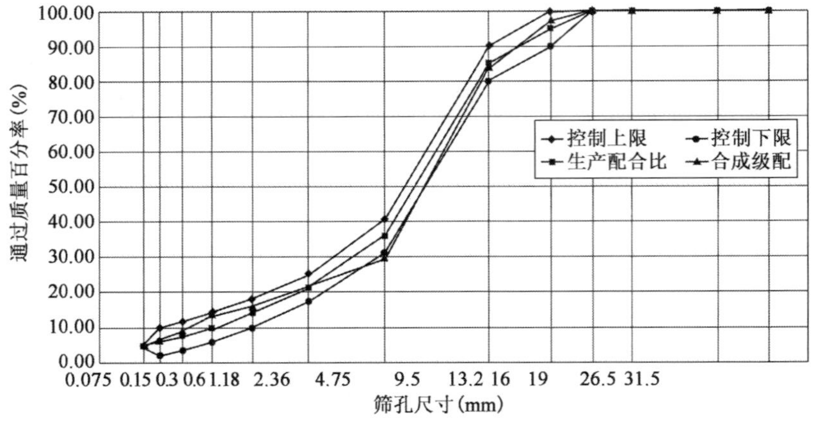

图7 1号和2号原材料发生变化后的矿料级配曲线

当集料的规格发生重大变化时，将导致混合料中矿料级配、油石比的严重变异，造成沥青搅拌设备生产的不稳定（溢料和待料），从而严重影响沥青混合料的生产质量。因此，对于原材料在总体上发生了变化的场合，通常必须对生产配合比进行重新调整，表3和图8是对生产配合比进行重新调整后的矿料级配曲线。从表3和图8中可以看到，由于对各档材料的比例作了重新调整，矿料级配曲线重新回到了要求的级配曲线，但生产配合比却发生了很大变化。

生产配合比重新调整后的热料仓矿料级配 表3

筛孔尺寸(mm)		31.5	26.5	19	16	13.2	9.5	4.75	2.36	1.18	0.6	0.3	0.15	0.075
容许偏差上限		100.0	100.0	100.0	100.0	100.0	90.0	41.0	25.0	18.0	14.0	11.5	10.0	5.5
容许偏差下限		100.0	100.0	100.0	100.0	90.0	80.0	31.0	17.0	10.0	6.0	3.5	2.0	3.5
配合比公式		100.0	100.0	100.0	100.0	95.0	85.0	36.0	21.0	14.0	10.0	7.5	6.0	4.5
输入热料筛分曲线	6号仓													
	5号仓													
	4号仓	100.0	100.0	100.0	100.0	80.3	3.6	0.3	0.0	0.0	0.0	0.0	0.0	0.0
	3号仓	100.0	100.0	100.0	100.0	100.0	93.5	0.7	0.1	0.0	0.0	0.0	0.0	0.0
	2号仓	100.0	100.0	100.0	100.0	100.0	97.8	50.2	4.0	0.3	0.1	0.1	0.1	0.1
	1号仓	100.0	100.0	100.0	100.0	100.0	100.0	98.9	94.0	65.8	53.9	29.1	12.4	6.4
	MF	100.0	100.0	100.0	100.0	100.0	100.0	100.0	100.0	100.0	100.0	100.0	99.0	90.9

续上表

筛孔尺寸(mm)			31.5	26.5	19	16	13.2	9.5	4.75	2.36	1.18	0.6	0.3	0.15	0.075
调节矿料配合比例	B6(%)	0.0	0.0	0.0	0.0	0.0	0.0	0.0	0.0	0.0	0.0	0.0	0.0	0.0	0.0
	B5(%)	0.0	0.0	0.0	0.0	0.0	0.0	0.0	0.0	0.0	0.0	0.0	0.0	0.0	0.0
	B4(%)	13.0	13.0	13.0	13.0	13.0	10.4	0.5	0.0	0.0	0.0	0.0	0.0	0.0	0.0
	B3(%)	35.6	35.6	35.6	35.6	35.6	35.6	33.3	0.2	0.0	0.0	0.0	0.0	0.0	0.0
	B2(%)	30.6	30.6	30.6	30.6	30.6	30.6	29.9	15.4	12	0.1	0.0	0.0	0.0	0.0
	B1(%)	17.0	17.0	17.0	17.0	17.0	17.0	17.0	16.9	16.0	11.2	9.2	5.0	2.1	1.1
	MF(%)	3.7	3.7	3.7	3.7	3.7	3.7	3.7	3.7	3.7	3.7	3.7	3.7	3.7	3.4
合成级配(%)			100.0	100.0	100.0	100.0	97.4	84.5	36.2	21.0	15.0	12.9	8.7	5.8	4.5

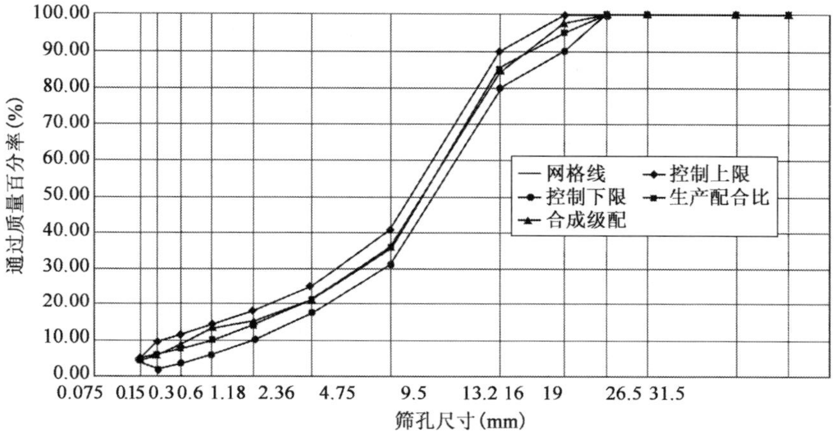

图8　生产配合比重新调整后的矿料级配曲线

从以上例子中可以看到，原材料规格不一致是导致矿料级配变异和造成沥青混合物料质量恶化最基础性的原因，即使采用间歇式沥青搅拌设备也不可能生产出好的成品料来。

为了控制原材料规格的一致性应该从以下环节上加强对集料粒径分布的控制。

(1)严格对原材料的质量验收

对每批进场的原材料进行严格的验收，验收的内容不仅应包括集料的各项物理、力学特性的要求，而且还应包括它的级配特性是否能满足目标配合比要求的矿料级配。料堆的取样应该至少从料堆的三个位置和上、中、下三个部位采集，采样的数量应符合有关规范要求，所采集的料样应充分拌和均匀后，再用缩分的方法，减缩至符合要求的数量(参看第4节)，作为筛分试验的试样。对于粗集料，由于并不要求对矿料中的粉料含量进行精确的分析，因此可以只用干筛分的方法。

(2)加强对冷料级配变化的日常监测

通常每天应至少一次对各冷料堆取样进行筛分试验，料样应在当天装载机装料的部位，并按规定的方法和数量进行。根据筛分的结果可以用来评价当天的各规格的集料是否有重大变化。

(3)建立冷料粒径分布的动态质量管理

对每天各冷料的筛分结果可按选定的关键筛孔，绘制个值控制图，用来监测各冷料堆粒径组成的变化趋势，图9是这种个值控制图在京珠高速广珠北工地中应用的实例。

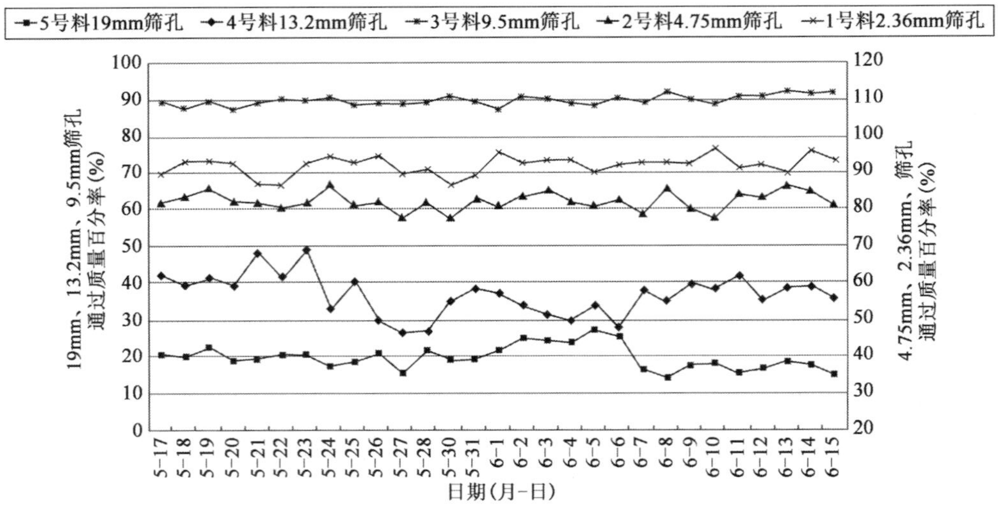

图9　原材料关键筛孔通过率的个值控制图

3　集料储存、堆放、输送过程对集料级配的影响及其控制

集料在储存、堆放、输送过程中产生的变异性主要是由于集料发生离析而引起的。导致集料离析的主要原因是集料堆放、储存的方法不正确和管理不当。

3.1　集料堆放和储存的方法

不正确的集料堆放、储存会导致材料粗细颗粒的分离,从而严重影响搅拌设备的稳定生产和成品料组成的稳定性。在沥青混合料拌和场,不正确的集料堆放和储存主要表现在两个方面:一是将集料不断地从料堆的顶部卸下,让其自然滚落而形成一个大料堆;二是将不同料源,或料源虽然相同,但生产工艺、原石已有变化的材料混堆在一起。图10b)是不正确的将集料堆砌成一个自由滚落的大料堆。

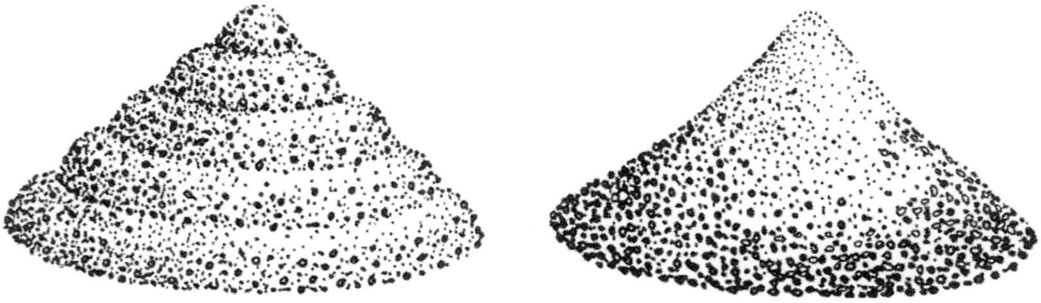

a)　　b)

图10　料堆正确与不正确的堆放

a)正确的方法;b)不正确的方法

这种导致粗细料严重离析的大料堆,通常是用单一的输送带修筑料堆造成的(图11)。

正确的料堆修筑方法是按分层修筑的原则,将料堆修筑成如图12a)所示的斜坡稳定而呈梯田状的大料堆。这种料堆可以用输送带与推土机或自卸卡车与推土机的协同工作来修筑,每层高度不宜超过1.5m,推土机对集料干扰应尽可能少,并避免在同一平面上将料堆推成槽状而导致粗料在槽的侧面滚落(参看图12)。

对于容量较小的料堆,可以用自卸卡车紧密地成堆卸料而形成,每一料堆的容量即为一卡车的集料(图13),也可以用抓斗紧密相挨地卸料,并按"品"字形的方法,如同叠罗汉一般,逐步将集料修筑成一较高的料堆(图14)。

图11 用单一的输送带修筑料堆造成的粗细料严重离析

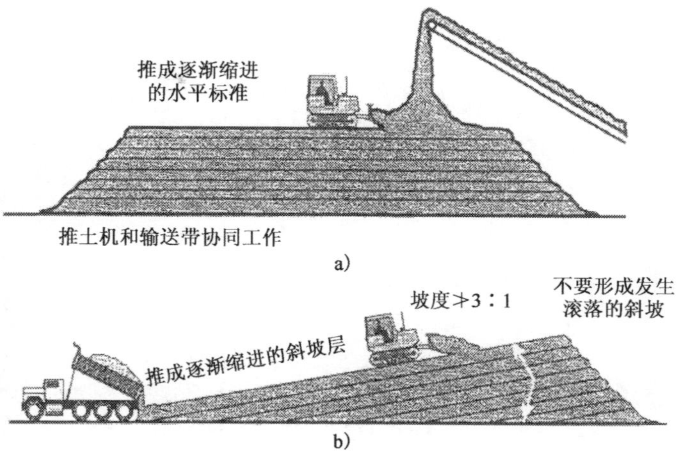

图12 用输送带与推土机或自卸卡车与推土机的协同工作来修筑

图13 用自卸卡车紧密地成堆卸料形成的料堆

3.2 集料级配在输送、装卸过程中的变异

集料级配在输送、装卸过程中同样有可能发生变异，导致变异的原因主要表现在以下两方面：

(1)由于装载机不正确的取料而导致料堆坍落，使粗集料滚落至料堆底脚处，而造成料堆材料的离析。

(2)由于装载机不能正确地将采掘的材料卸入规定的冷料仓内，使一部分材料混装入相邻的料仓，从而导致相邻料仓的材料发生混仓。

图14 用抓斗紧密相挨地卸料形成“品”字形的料堆

为了控制集料在输送、装卸过程中发生级配的变异，应加强对装载机操作手的指导与监督，要求他们按正确的方法取料和卸料：

①装载机应在料堆的全部高度和各个方向上进行采掘，以免由于料堆坍落而引起离析。

②装载机取样时应垂直面向料堆材料流动的方向。

③装载机取料时应用大臂使铲斗向上滚卷，而不要将铲斗插入很深而使铲斗穿入料堆向上翻转，以免对料堆产生很大的扰动。

④装载机手应避免从料堆最底部取样。此处大都粗料较多，而含水率较大。

⑤当发现粗细料离析时装载机手应将粗细料就地翻动混合后再装料，不应一斗粗料一斗细料地向冷料仓供料。

⑥装载机手在向冷料仓装料时应仔细对准料仓防止发生混仓。

⑦装载机手应及时向冷料仓加料，使其经常保持相对的满仓状态，不应等冷料仓内集料下降很多时才加料。

3.3 加强对集料在堆放、储存、输送过程中的质量管理

保持集料的规格、级配特性的一致性是集料质量管理最主要的目标。除了要求每批进场的原材料能在规格、品质和特性上保持一致外，在集料的堆放、储存、输送过程中加强质量管理，保持集料的规格与级配特性的一致性同样是十分重要的。为此，应加强以下环节的质量控制：

(1)不同规格或同一规格但不同来源或不同生产工艺生产的集料必须分开堆放，严禁混杂。

(2)应按正确的方法堆放集料，修筑料堆。

(3)加强对料堆级配特性的检查，监测其有无变化。

(4)指导和监督装载机操作手按正确的方法取料和卸料。

4 冷集料的取样、缩分和试验方法对矿料级配变异性的影响与控制

冷集料的取样可以在料堆上或在石场集料生产线上的皮带输送机出口处进行，应尽量避免在运输卡车上取样。在料堆上取样是最为通用的方式，它常用于拌和场对来料进行验收试验和对原材料规格一致性进行日常监测的场合。

提供给集料级配分析用的料样是否具有代表性是至关重要的。集料的取样没有代表性将严重影响目标配合比和生产配合比设计的真实性和可靠性，使随后进行的对沥青混合料各项试验室评估工作失去意义。因此把好集料的取样关是热沥青混合料生产过程质量控制的第一关。影响集料取样代表性的主要因素有：

(1)取样的数量。

(2)取样的方法。

(3)料样缩分的方法。

(4)筛分试验的方法和试样的数量。

4.1 取样的数量与取样方法对集料级配变异性影响的研究

取样数量对集料变异性的影响主要体现在粒径较大的集料颗粒数量对料样代表性的影响上。料样的总量过少，则大粒径的颗粒数量较小的变化，即可引起较大粒径集料在料样中的重量百分比。因此，取样的数量通常都是根据最大公称粒径的大小来确定的。集料的取样方法通常要求从料堆的多个位置和上、中、下三个部位采集料样并将它们充分拌和后，作为一份有代表性的料样供进一步的缩分和试验之用。

上述方法所取得的料样可以作为料堆总体品质的代表，但并不能反映料堆各个局部之间的差异。因此，更为合理的是对每一份料样先进行单独的分析，然后再将每份料样的分析结果平均后作为料堆总体信息的代表。这样做的好处是不仅采集了料堆的总体信息，而且取得了反映料堆局部之间差异的信息。

根据这一方法我们在佛山一环一标段、深汕东大修工程三标段等多个工地进行了料堆取样方法的试验研究。在佛山一环工地上选择了22~30mm(6号)、10~15mm(4号)和3~6mm(2号)三个粒径段的料堆作为试验研究的对象。对每个料堆分别从料堆的左、右两个位置上、中、下三个部位，取六份料样进行筛分分析。每份料样的数量对于6号料堆约为30kg，对于4号料堆约为12.5kg，对于2号料堆约为8kg左右。

图15是六份试样不经缩分直接进行筛分试验的结果，图中选择了6号料堆的26.5mm筛孔、4号料堆的13.2mm筛孔，以及2号料堆的4.75mm和2.36mm两个筛孔作为典型筛孔。从图15中可以看到粒径为22~30mm的料堆上部、中部、下部料样的26.5mm筛孔的通过率有着明显的差异，而呈现出明显的粗细料分离的离析现象。

表4则显示了将六份料样分别按上部、中部、下部和按左侧、右侧进行平均化处理的结果。从表4

中可以看到对于6号料堆来说,不仅在上、中、下部存在着明显的材料离析,而且料堆的左侧与右侧集料的级配也存在着明显的差异(左侧的集料较细,而右侧的集料较粗)。表4的数据还表明6号料堆与公称最大粒径较小的料堆(4号、2号料堆)相比,不论是上、中、下部的差异还是左、右侧的局部差异都要严重得多。由此可见,对于较粗粒径的料堆来说,集料的级配是很容易发生变异的,因而不仅应加强对于粗集料的料堆的质量管理,而且在取样和试验的方法上应特别注意取样的代表性。

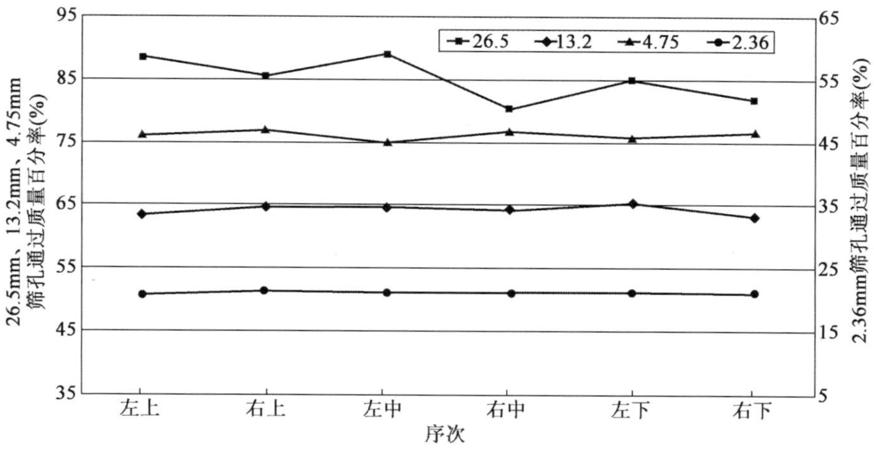

图15 冷料堆不同部位料样不经缩分直接进行筛分试验获得的通过率的变化

冷料堆不同部位料样典筛孔的质量通过率 表4

筛孔尺寸(mm)	典型筛孔质量通过率(%)				
	上部	中部	下部	左侧	右侧
	左、右侧平均值	左、右侧平均值	左、右侧平均值	上、中、下部平均值	上、中、下部平均值
26.5	86.99	84.83	83.47	87.48	82.71
13.2	64.1	64.43	69.35	64.59	64.00
4.75	76.62	75.95	76.25	75.71	76.84
2.36	21.12	21.12	21.34	21.11	21.28

4.2 料样缩分方法对集料级配变异性影响的研究

料样的缩分是一项极具技巧性的工作,很容易受到人为因素的干扰而失去代表性。料样的缩分可分为机械切分法和四分法两种,在中国四分法是目前最为通用的缩分方法。

用四分法对料样进行缩分,更多地依赖于操作人员的技巧。为了了解四分法的缩分过程可能对料样级配变异性的影响,在佛山一环工程一标段和深汕东大修工程三标段的拌和站专门对不同粒径段的集料进行四分法的试验研究。试验分别对22~30mm(公称最大粒径26.5mm)、10~20mm(公称最大粒径16mm)、10~15mm(公称最大粒径13.2mm)、3~6mm(公称最大粒径4.75mm)、0~3mm(公称最大粒径2.36mm)五种料样进行四分法的缩分试验。试验的方法如下:首先按"4.1节"规定的数量在料堆的多个部位取足够数量的料样,拌和均匀后,按四分法将其分成四份试样,对每一份试样单独进行筛分分析,求取其质量通过率的分布特性,然后对四份试样的粒径分布特性进行平均化处理,得到该份料样总体的质量通过率特性。通过分析四份试样相对于其平均值的偏差可以用来估计由于人为因素而导致级配粒径分布的变异。

图16是在佛山一环工程一标段所做的缩分试验,它展示了在6号、4号、2号料堆的六个部位采集

的料样，经四分法缩分成 24 个试样后，通过筛分获得典型筛孔通过率。图中 26. 5mm 是 6 号料堆的典型筛孔，13. 2mm 是 4 号料堆的典型筛孔、4. 75mm 和 2. 36mm 则是 2 号料堆的典型筛孔。从图 16中可以看到，6 号料堆第二份料样的四份子样之间典型筛孔（26. 5mm）通过率的最大差异可高达 10. 7%，随着料堆公称最大粒径的减小（4 号、2 号料堆），四份试样的极差在减少。例如对于 4 号料堆和 2 号料堆，典型筛孔（分别为 13. 2mm 与 4. 75mm）的通过率，在四份试样之间最大的极差分别为 7. 2% 与 4. 6%（发生在第二和第四份料样上），分别下降了 33% 与 57%。这表明由于四分法导致的粒径分布的变异性会随着料堆公称最大粒径的减小而降低。

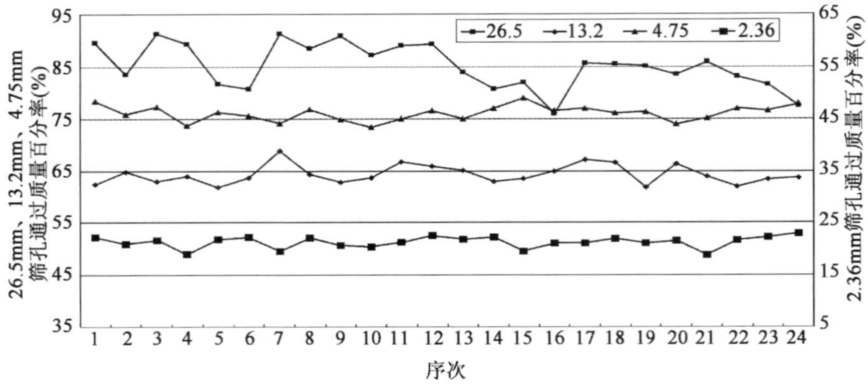

图 16　冷料堆不同部位料样经缩分后通过率的变异情况

类似情况也可在深汕东工地的试验中看到。深汕东大修工程所用的材料规格是 10 ~ 15mm（4 号料堆）、5 ~ 10mm（3 号料堆）、3 ~ 5mm（2 号料堆）、0 ~ 3mm（1 号料堆）四种。图 17 与图 18 分别为 24 份试样与六份大容量料样不经缩分通过筛分试验获得的四个料堆典型筛孔的质量通过率的变化图。从图 17 中同样可以看到，随着料堆公称最大粒径的减少，料样缩分过程导致的变异性也在减小。如果来考察每份大容量料样在缩分为四份子样后，四份子样之间典型筛孔通过率的极差，则可以看到，对于 4 号料堆来说，其典型筛孔为 13. 2mm，最大极差可高达 6. 9%（发生在第二份料样上）。对于 3 号料堆（典型筛孔为 4. 75mm），典型筛孔通过率的最大极差为 5. 0%（发生在第三份料样上），对于 2 号料堆（典型筛孔为 2. 36mm），典型筛孔通过率的最大极差为 4. 8%（发生在第一份料样上），对于 1 号料堆（典型筛孔为 0. 6mm），典型筛孔通过率的最大极差为 3. 2%（发生在第五份料样上）。

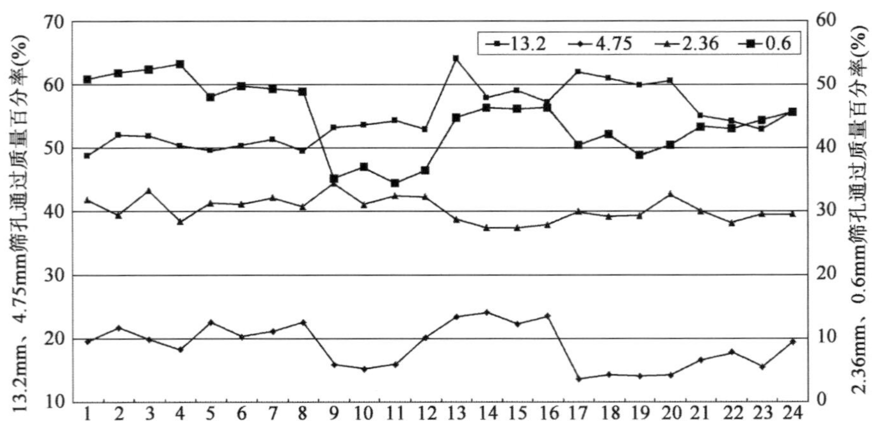

图 17　冷料堆不同部位料样经缩分后通过率的变异情况

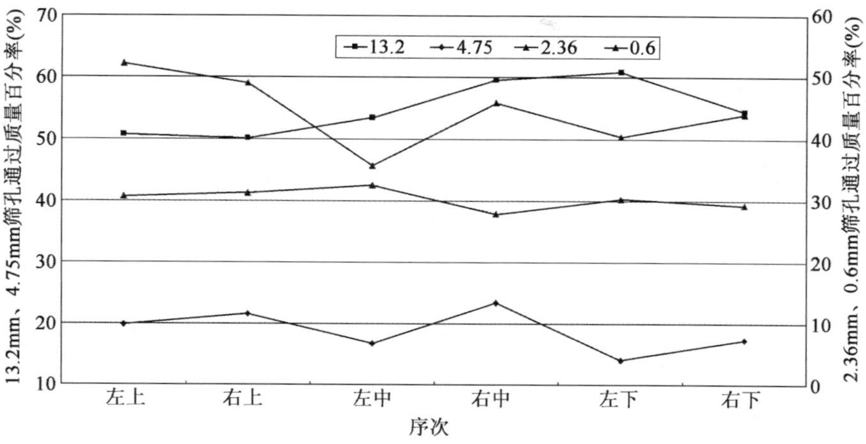

图 18　冷料堆不同部位料样不经缩分直接进行筛分试验获得的通过率的变化

与此同时，从图 17 中还可以看 24 份试样的极差大大超过了缩分子样之间的极差，4 号料堆为 15.5%，3 号料堆为 10.6%，2 号料堆为 7.6%，1 号料堆为 18.9%，这一情况表明料堆各部位的粒径级配存在着很大的差异。这种料堆本身存在的变异性更为清楚地反映在图 18 的六份大容量试样的变化图中。在图 18 中可以看到，试样之间存在大幅度的跳跃，试样的极差虽然经平均化处理后有所降低，但各料堆典型筛孔通过率的极差仍高达 10.7%、9.4%、4.7%、16.4%。料堆粒径分布如此严重差异的原因，显然是由于集料来源与规格不一致，以及不正确的运送与堆放造成的。

4.3　料堆粒径分布的变异性和取样、缩分过程随机误差的分析

六份大容量的料样筛分结果代表了料堆各部位局部材料之间粒径分布的差异，这种差异可以用典型筛孔通过率的均方差来表示。导致料堆粒径分布变异性的主要因素是集料本身的变异性和在堆放过程中造成的材料离析。由于粗细料离析造成的变异性可以用上、中、下三个部位典型筛孔通过率相对于其平均值的均方差来表示。而 24 份试样相对于它们平均值的均方差则代表了料堆自身以及整个取样、缩分过程的总的变异性。而集料试样在缩分过程中造成的变异性则可以用每份大容量料样在缩分为四份试样时相对于其平均值的均方差来表示。显然，导致集料粒径分布发生变异的是各种随机因素综合作用的结果，如果认为各项随机因素的作用是服从正态分布规律的，则它们综合作用的结果也是服从正态分布的。根据随机误差的理论，在总的随机误差（因变量）与各项随机误差（自变量）之间存在着均方差平方和的关系：

$$\begin{aligned}\sigma_T^2 &= \sigma_{st}^2 + \sigma_Q^2 + \sigma_O^2 \\ &= \sigma_M^2 + \sigma_{se}^2 + \sigma_Q^2 + \sigma_O^2\end{aligned} \tag{1}$$

式中：σ_{st}——反映料堆粒径分布不均匀的均方差，即

$$\sigma_{st}^2 = \sigma_M^2 + \sigma_{se}^2 \tag{2}$$

σ_M——反映材料本身变异性的均方差；

σ_{se}——反映料堆上下材料离析的均方差；

σ_Q——反映缩分过程导致的变异性之均方差；

σ_O——由于其他随机因素引起的变异性之均方差。

表 5 和表 6 分别列出了对在佛山一环和深汕东工地上采集的料样进行随机误差分析的结果。

佛山一环工地冷料堆取样、缩分过程随机误差的分析结果　　表 5

料堆粒径段(筛孔尺寸)	质量通过率方差						
	σ_T^2(%)	σ_M^2(%)	占σ_T^2之比例(%)	σ_{se}^2(%)	占σ_T^2之比例(%)	σ_{st}^2(%)	占σ_T^2之比例(%)
22 ~ 30mm 料堆(26.5mm 筛孔)	17.73	7.40	41.70	2.11	11.88	9.50	53.58
10 ~ 15mm 料堆(13.2mm 筛孔)	3.30	0.57	17.30	0.02	0.58	0.59	17.88
3 ~ 6mm 料堆(4.75mm 筛孔)	2.25	0.40	17.60	0.07	2.27	0.47	20.93

料堆粒径段(筛孔尺寸)	质量通过率方差			
	σ_Q^2(%)	占σ_T^2之比例(%)	σ_0^2(%)	占σ_T^2之比例(%)
22 ~ 30mm 料堆(26.5mm 筛孔)	6.76	38.12	1.47	8.30
10 ~ 15mm 料堆(13.2mm 筛孔)	2.23	67.37	0.49	14.76
3 ~ 6mm 料堆(4.75mm 筛孔)	1.71	76.19	0.06	2.87

深汕东工地冷料堆取样、缩分过程随机误差的分析结果　　表 6

料堆粒径段(筛孔尺寸)	质量通过率方差						
	σ_T^2(%)	σ_M^2(%)	占σ_T^2之比例(%)	σ_{se}^2(%)	占σ_T^2之比例(%)	σ_{st}^2(%)	占σ_T^2之比例(%)
10 ~ 15mm 料堆(13.2mm 筛孔)	18.55	6.61	35.62	9.96	53.72	16.57	89.34
5 ~ 10mm 料堆(4.75mm 筛孔)	11.43	4.81	42.12	5.11	44.67	9.92	86.79
3 ~ 5mm 粒堆(2.36mm 筛孔)	3.66	1.92	52.31	0.26	7.10	2.13	59.41
0 ~ 3mm 料堆(0.6mm 筛孔)	26.07	15.83	60.74	9.83	37.71	25.66	98.45

料堆粒径段(筛孔尺寸)	质量通过率方差			
	σ_Q^2(%)	占σ_T^2之比例(%)	σ_0^2(%)	占σ_T^2之比例(%)
10 ~ 15mm 料堆(13.2mm 筛孔)	1.45	7.80	0.53	2.86
5 ~ 10mm 料堆(4.75mm 筛孔)	1.21	10.58	0.30	2.63
3 ~ 5mm 料堆(2.36mm 筛孔)	1.13	30.85	0.36	9.74
0 ~ 3mm 粒堆(0.6mm 筛孔)	0.38	1.44	0.03	0.11

从表 5 和表 6 中可看到,缩分过程变异性的均方差的大小与料堆公称最大粒径有关,它将随着料堆粒径的减小而下降,对于公称最大粒径大于 13.2mm 的集料,缩分过程有可能导致很大的误差。这表明粒径大的集料,对于缩分的敏感性更大,因而应适当加大试样的数量和尽可能减少缩分的次数。

4.4　降低取样、缩分过程变异性的措施

从以上分析中可以归纳出以下一些降低取样、缩分过程变异性的措施。

4.4.1　适当加大取样和试样的数量

适当加大取样和试样的数量是降低取样、缩分过程变异性的有效措施,尤其是对于公称最大粒径大于 4.75mm 的粗集料更是如此。在现行的规范(JTG E42—2005)中关于筛分试验用的取样数量(T0301)和缩分后的试样数量(T0302)与美国的标准都有很大差距,表 7 和表 8 是 T0301、T0302 与美国 ASTM D75 和 C 136、C117 关于取样数量与试样数量的对照表。

从表 7 和表 8 中可以看到,对于公称最大粒径大于 12.5mm 的集料,供筛分试验用的取样量和试样量在 JTG 与 ASTM 之间有着明显的差异。JTG 标准要求的最小质量远远小于 ASTM 的相应值。值得注意的是,在 ASTM 的标准中试样质量大体上要比取样质量小 2 ~ 5 倍,而且在 ASTM C136 的 7.1 节中还明确规定取样质量应比试样质量大 4 倍,这些都意味着希望粗集料的缩分次数不要超过一次。JTG 标准规定的 13.2mm 以上粗集料的取样质量则要比试样质量大 8 ~ 15 倍,这就意味着要 2 ~ 4 次的缩分才

能达到要求的试样质量。显然，多次缩分的结果将导致进一步扩大矿料级配的变异性，因此 JTG E42—2005 中 T 0301 和 T 302 有关取样质量和试样质量的规定是值得商酌的。

我国 JTG 与美国 ASTM 标准关于取样数量的对照表　　表 7

公称最大粒径(mm)	2.36	4.75	9.5	12.5	13.2	16	19	25
JTG E42—2005 中 T 0301 规定的取样质量，不少于(kg)		8	10		12.5	15	20	
ASTM D75 规定的取样质量，不少于(kg)	10	10	10	15			25	50
公称最大粒径(mm)	26.5	31.5	37.5	50	53	63	75	90
JTG E42—2005 中 T 0301 规定的取样质量，不少于(kg)	20	30	40		50	60	80	
ASTM D75 规定的取样质量，不少于(kg)			75	100		125	150	175

我国 JTG 与美国 ASTM 标准关于试样数量的对照表　　表 8

公称最大粒径(mm)	2.36	4.75	9.5	12.5	13.2	16	19	25
JTG E42—2005 中 T 0302 规定的试样质量，不少于(kg) *		0.5	1			1	2	
ASTM C136 规定的试样质量，不少于(kg) *	0.3	0.3	1	2			5	10
ASTM C117 规定的用于水洗集料中 0.075mm 以下粉料的粗集料试样质量，不少于(kg) **		0.3	1				2.5	
公称最大粒径(mm)	26.5	31.5	37.5	50	53	63	75	90
JTG E42—2005 中 T 0302 规定的试样质量，不少于(kg) *	2.5	4	5			8	10	
ASTM C136 规定的试样质量，不少于(kg) *			15	20		35	60	100
ASTM C117 规定的用于水洗集料中 0.075mm 以下粉料的粗集料试样质量，不少于(kg) **			5					

注："*"适用于干筛分和湿筛分。

"**"仅适用于水洗法筛分小于 0.075mm 的粉料。

尤其是在粗集料的湿筛分试验方法上，在 JTG T 0302 与 ASTM C136、C117 之间存在着原则上的差别。在 T 0302 中规定不论公称最大粒径是多大，都可以按表 13 第二行和第五行要求的最小试样质量来进行筛分，这一最小试样质量的要求大体上是与 C117（表 13 第四行和第八行）是相当的，并在洗去 0.075mm以下的粉料后，将余下的矿料烘干后继续进行干筛分。而在 ASTM C136 和 117 中则规定在用 C117 的水洗法来确定矿料中小于 0.075mm 的粉料时应遵循以下规定：

（1）对于公称最大粒径等于或小于 12.5mm 的集料可以用同一试样先按 C117 的方法分离出 0.075mm以下粉料，然后用同一份试样在烘干后按 C136 的方法进行干筛分。

（2）对于公称最大粒径大于 12.5mm 的集料可以用按符合 C136 最小试样质量要求的单一试样来进行湿筛分和干筛分，分离 0.075mm 以下的粉料按 C117 进行，同一试样烘干后则按 C136 进行干筛分。或者也可用两份独立的试样，一份按 C117 的要求进行湿筛分，另一份则按 C136 的要求进行干筛分。

根据本课题所进行的试验研究，过小的筛分试样对于大于 4.75mm 的粗集料，在缩分过程中有可能导致很大的误差，因此 JTG E42 中 T 0301 规定的筛分用最小试样质量显然是不合适的。

4.4.2　减少在试样缩分过程产生的变异

试样在缩分过程中产生的变异，应该说是可以避免或降低到最小限度的。

四分法是一种很容易受人为因素干扰而产生严重变异的缩分方法。因此四分法的操作应该有技术熟练的试验人员严格按操作规程来进行，并应适当增大试样的数量，尽可能使缩分的次数不超过一次。

采用机械切分的方法来进行料样的缩分可以减少在缩分过程中人为因素的影响，从而有助于降低在缩分试样时的变异性。

采用大容量的试样不经缩分而直接进行筛分就可以完全避免由于缩分料样而导致的试样变异。国外在近年来已经开发了几种实验室和现场用的料样不经缩分而直接进行烘干、筛分的集料自动分级装置。

4.4.3 改进取样工具

采用常用的铁锹来取样，很难防止料堆上部材料的滚落，也难于除去表面的材料而深入料堆的内部进行取样，因此开发某些专用的取样工具，将会有助于提高料样的代表性。

5 冷料供给系统和斜皮带取样对矿料一次级配变异性的影响

5.1 影响矿料一次级配变异性的主要因素

在间歇式搅拌设备中，冷料供给系统的功能是将不同粒径段规格的冷料集合在一起，并将它们输送至烘干筒。将不同粒径段的冷料按照一定的比例集合在一起的过程通常被称为矿料的一次级配过程。在这一过程中矿料粒径分布的变异性主要反映在集合料级配的变异上。经过一次级配后的集合料的级配不可能保持恒定不变，而是会在一定范围内发生波动，这种级配的变化不仅反映了输送给冷料仓的原材料本身的粒径分布的变化，还将附加上冷料供给系统的影响。

冷料供给系统对集合料级配变异性的影响主要体现在以下两个方面：

(1)各冷料仓的给料皮带速度的波动导致的各粒径集料流量的变化。

(2)各冷料仓料门下料的不稳定导致的各粒径段集料流量的不稳定。这种不稳定的下料尤其容易发生在细料仓内，当细集料含水率较大，而料门开度又较小时，常常会产生涌动式的下料。

5.2 斜皮带的取样与缩分方法对集合料级配变异性的影响

斜皮带上的集合料是经过一次级配后，即将送入烘干筒的矿料，它的级配特性将比料堆上采集的冷料，更真实地反映沥青混合料的矿料级配特性。因此，采集斜皮带上集合料的料样来进行筛分分析，是对冷料级配特性进行监控的重要采样环节。与冷料堆的采样相似，斜皮带上采集的料样通常也要通过缩分将其缩减为供筛分用的试样。为了了解在斜皮带上所取的集合料在缩分过程中发生的变异，在佛山一环和深汕东工地上用与料堆取样类似方法对斜皮带采集的料样在取样和缩分过程中的变异性进行了试验研究。斜皮带上的料样是在斜皮带稳定运转的工况下，停机并在斜皮带的上部和下部各截取 1m 长的料流，将整个皮带宽度上的集料全部采集下，装入容器后，送至实验室进行分析处理。按上述方法重复采集 2～3 次，获得 4～6 份大容量的料样，每份料样的质量为 40～50kg。送至实验室的料样，按四分法，将其一分为四，得到 16 份(佛山一环)或 24 份(深汕东)试样，并进行筛分试验。

图 19 和图 20 是佛山一环工地在斜皮带上取得的 4 份大容量试样和 16 份缩分试样的筛分结果。将图 19 和图 20 与料堆取样获得的筛分结果(图 15 和图 16)作一对比，就可以看出不论是大容量料样或是缩分料样，前者典型筛孔通过率的波动都要比后者小得多。4 份大容量试样 19mm 筛孔通过率的极差为 1.32%，而 16 份缩分试样相应筛孔通过率的极差则为 5.64%。

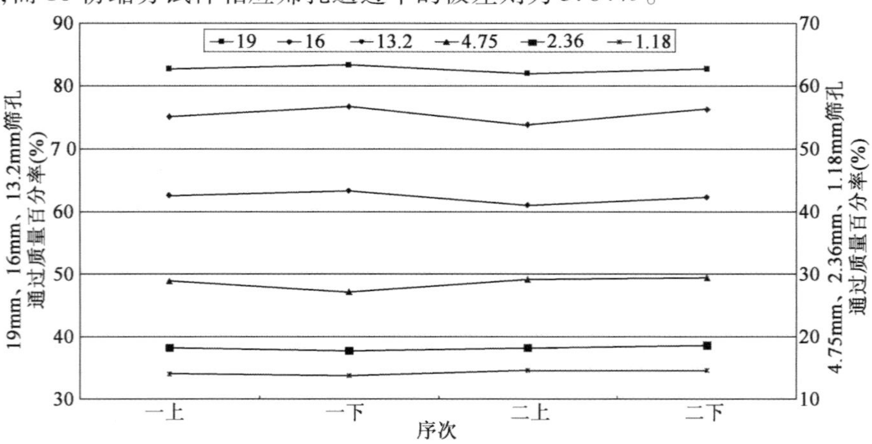

图 19 斜皮带料样不经缩分直接进行筛分试验获得的通过率的变化

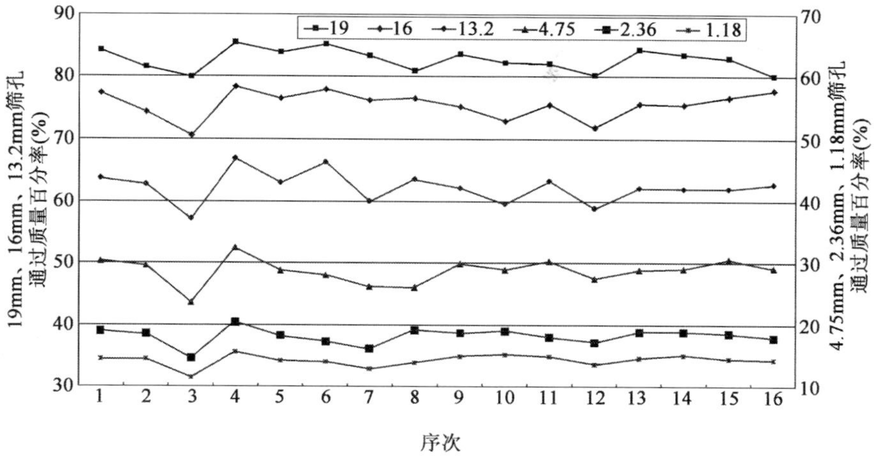

图 20 斜皮带料样经缩分后通过率的变异情况

类似情况,同样展现在深汕东工地的筛分试验结果上。图 21 和图 22 是深汕东工地在斜皮带上采集的 4 份大容量试样与 16 份缩分试样的筛分结果,4 份大容量试样 13.2mm 筛孔通过率的极差为 3.55%,而 16 份缩分试样的极差则为 5.07%。这些结果与冷料堆取样的筛分结果(图 18 和图 17)相比,显然要小许多。

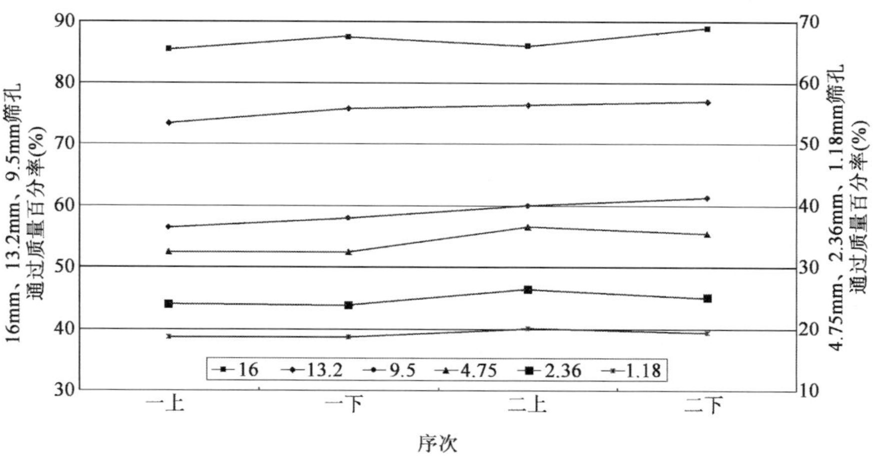

图 21 斜皮带料样不经缩分直接进行筛分试验获得的通过率的变化

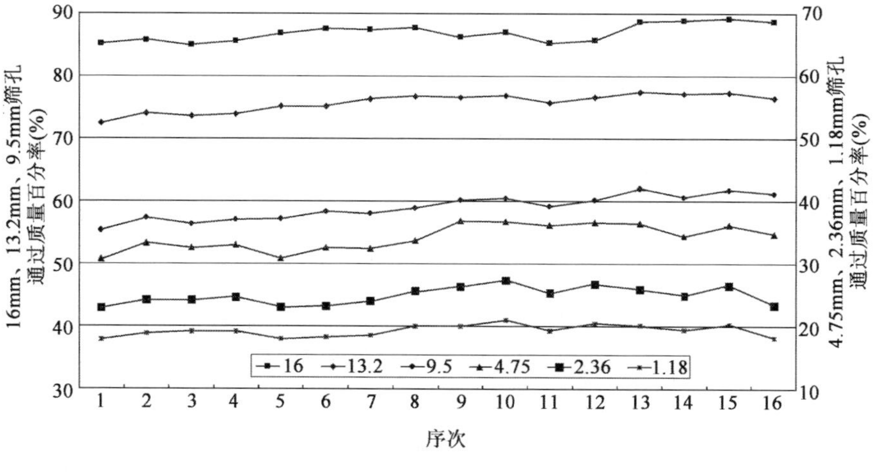

图 22 斜皮带料样经缩分后通过率的变异情况

表9和表10是对二个工地斜皮带取样与缩分过程变异性的随机误差的分析结果。从这些表中可以看到不论是总的随机误差，还是材料变异性的随机误差，或是缩分过程变异性的随机误差都要比料堆取样的场合为小，尤其是材料变异性的下降幅度更大(参看表5和表6)。

佛山一环工地斜皮带取样、缩分过程随机误差的分析结果 表9

筛孔尺寸(mm)	质量通过率方差						
	σ_T^2(%)	σ_M^2(%)	占σ_T^2之比例(%)	σ_Q^2(%)	占σ_T^2之比例(%)	σ_0^2(%)	占σ_T^2之比例(%)
19	3.09	0.22	7.02	2.75	89.21	0.12	3.77
16	4.50	1.25	27.81	2.42	53.77	0.83	18.43
13.2	5.90	0.68	11.46	3.88	65.81	1.34	22.73
9.5	3.71	0.82	22.08	2.04	55.01	0.85	22.91
4.75	4.23	0.74	17.49	2.47	58.37	1.02	24.14
2.36	1.73	0.08	4.87	1.22	70.46	0.43	24.67
1.18	0.90	0.16	17.79	0.52	57.35	0.22	24.85

深汕东工地斜皮带取样、缩分过程随机误差的分析结果 表10

筛孔尺寸(mm)	质量通过率方差						
	σ_T^2(%)	σ_M^2(%)	占σ_T^2之比例(%)	σ_Q^2(%)	占σ_T^2之比例(%)	σ_0^2(%)	占σ_T^2之比例(%)
19	0.70	0.65	93.85	0.04	6.13	0.00	0.01
16	2.70	2.58	95.57	0.10	3.59	0.02	0.83
13.2	4.17	3.96	94.87	0.17	4.16	0.04	0.97
9.5	5.80	5.52	95.22	0.26	4.42	0.02	0.35
4.75	3.22	2.67	82.90	0.47	14.64	0.08	2.46
2.36	2.09	1.45	69.26	0.55	26.52	0.09	4.23
1.18	1.24	0.83	66.86	0.37	29.82	0.04	3.32

在斜皮带取样的样本中原材料变异性的大幅度减小说明了两方面的问题：

一方面是表明了在短时间内装载机在料堆的同一部位装载的材料，其粒径分布的变化通常不会太大，而当冷料供给系统在正常工作时(不出现严重的涌料和断续供料)，它所带来的一次级配变异也是很小的。

另一方面则说明了加强斜皮带冷料取样监测的重要性。这是因为在短时间内斜皮带所取的料样由于装载机在料堆同一部位所取的料样其粒径分布的变化可能不大，但在较长的时间内，当装载机改变料堆取样的部位时，斜皮带料样的级配就有可能发生较大的变化，因此加大斜皮带冷料取样的频率，对及时掌握输送给烘干筒矿料级配的变化是十分必要的。最理想的，是能在不中断混合料生产的情况下，能随机地从斜皮带上采集集合料的料样，为此需要研制专门的斜皮带取样机械手，这对加强冷集料的级配监测有着重要的意义。

5.3 冷料堆取样与斜皮带取样在功能上的差别和两者适用的场合

从以上的分析中可见，料堆取样和斜皮带取样虽然采集的都是冷集料，但在目的与用途上是不同的。

冷料堆的取样可以在料堆的任何部位采集，因而可以更为全面地了解材料的粒径分布的情况，亦即获得料堆集料更为广泛和全面的信息。因此，料堆取样适用于以下场合：

(1)在挑选集料供应源时，作为调研料源的粒径分布特性是否适合于配制所要求的矿料级配之用。

(2)供监控集料供应源生产的成品料级配质量之用。

(3)供拌和场控制来料的级配质量之用。

(4)供用户验收集料的级配特性之用。

斜皮带采集的料样反映的是冷料堆当前输送给搅拌设备的矿料粒径分布信息。虽然反映的是料堆的局部信息,但却是当前正在生产的沥青混合料的矿料级配信息。因而更适用于在沥青搅拌设备的生产过程中对原材料的级配特性实施日常监测和质量控制。

6　集料烘干过程和除尘器对矿料级配变异性的影响

在烘干过程中导致砂石料级配发生变化的原因主要有以下两方面:

(1)粗集料在烘干筒内滚翻时有可能由于撞击而发生二次破碎,由于磨损而产生细粉,从而造成级配的变化。

(2)由于烘干筒燃气的抽吸作用而使一部分细集料和矿粉随着燃气一同排入烟道,从而导致矿料级配发生变化。

随燃气一起进入烟道的矿料可以分成两类,一类是粒径小于0.075mm的粉料,另一类是粒径主要在0.06mm以下的细集料,它们将通过烟道进入除尘系统处理后排入大气。在国内采用的矿料绝大多数都是未经水洗的集料,因此排入烟道的粉料中会包含相当一部分塑性指数很高的黏性土,尤其在采用石屑作为细集料的场合。这些黏土细粉如果进入沥青混合料中将严重影响成品料的质量,因而现行的规范规定在混合料中的0.075mm以下的粉料中,回用粉的比例不得超过25%。但是排入烟道的矿料中还有相当一部分0.15~0.6mm的细集料是可以回用的,有时还是必须回用的,因为废弃这部分细料有时会使矿料级配不能满足设计配合比的要求。因此,搅拌设备通常要配置两级除尘器,第一级除尘器用来回收0.075mm以上的细料,而第二级除尘器收集的0.075mm以下的粉料通常是废弃不用的。这样初级除尘器的功能除了除尘外,更重要的是要起到分离粉料与细料的作用。为了满足回用粉不超过25%的要求,通常在初级除尘器回收的矿料中0.075mm以下的粉料不应超过10%,这就对初级除尘器的分离功能提出了很高的要求。

常规的旋风式除尘器通常是无法满足上述对初级除尘器提出的分离功能要求的,即使选用重力式除尘器,在采用石屑作为细料的场合也很难实现回收料中粉料的比例不超过10%的要求。回用粉的超标和由于燃气流速(负压)变化导致的初级除尘器回收矿料中粉料与细料比例的波动,都有可能引起混合料中矿料级配的变化。

为了减少烘干过程和除尘系统对矿料级配变异性的影响,加强对初级除尘器回收料的级配分析应该是一项行之有效的控制措施。因而可以将初级除尘器回收料的取样与级配分析,列为搅拌设备生产过程日常监测和质量控制的一项内容。

7　热料筛分系统对矿料级配变异性的影响

在间歇式沥青搅拌设备中热料筛分系统的作用是将烘干后的集料分离为几个不同粒径尺寸的规格段。对间歇式搅拌设备来说,正确地使用筛分系统,应该可以更好地保持各个规格段的集料之间恒定的比例关系,从而更好地保持矿料级配的一致性。但是如果不能根据筛分系统的性能来正确地使用它,则不仅对改善矿料级配的变异性没有帮助,还有可能使原来级配良好的原材料,由于二次级配反而变坏。这是因为在搅拌设备的生产过程中,筛分系统的生产能力(筛分能力)不可能像实验室的筛分过程那样,能有很长的筛分时间,使小于筛孔尺寸集料中的绝大部分都能通过筛网而分离出来。

对于实际搅拌设备上的筛分过程来说,材料过筛的时间是很短的(往往只有数十秒钟),因而总会有一部分应该进入筛孔的集料没有进入而混入其他料仓中,从而降低了筛分的质量。因此,对于实际设备上的筛分过程来说,在数量和质量上总是存在矛盾的。换言之,对于筛分面积和筛孔尺寸已定的筛网,如果希望输给筛网更多的集料,那么筛分质量就会降低(会有更多该进入的材料没有进入筛孔),如果希望减少混入其他热料仓的集料(要求更高的筛分质量),则必须减少输给筛网的集料数量。为了反

映筛分过程这种数量与质量之间的矛盾关系,在间歇式沥青搅拌设备上通常采用三项指标来表征热料筛分系统的性能,它们是:

(1)筛分能力——在给定筛分效率下,通过筛网和越过筛网的集料流量之总和,它反映了该规格的筛网在单位时间内能处理多大数量的集料之能力(筛网的生产能力),是一种数量上的指标。

(2)筛分效率——通过筛网的小于筛孔规格尺寸的集料流量占筛网供料量中小于筛孔规格尺寸的集料流量之百分比,它反映了实际通过筛孔的集料占应该通过筛孔材料的比例,是一种质量上的指标。

(3)混仓率——在某一规格段的热料仓中非该规格段的集料与该热料仓集料总量之重量比,它反映的是混入该热料仓中的其他规格段的集料数量占该热料仓中集料总量的比例,这也是一种质量指标。

从以上的定义中就可以看出,筛分能力与筛分效率、混仓率之间既是紧密联系的,又是相互制约的。显然,要求筛分效率达到100%是不合理的,因为这样会导致大大降低筛分系统的筛分能力。而将筛分效率定得过低,虽然筛分能力是增大了,但会由于严重的混仓而导致矿料的实际级配与目标配合比之间发生重大的差异。

通常,制造厂在设计筛分系统时会给出一个在规定的标定条件下,各个筛网的标定筛分效率(通常为94%)和在标定的筛分效率下,各个筛网的标定筛分能力(t/h)。在实际的使用中,由于实际使用条件与标定条件之间的差别,筛分系统的实际筛分能力与实际筛分效率会偏离相应的标定指标。但是只有当实际筛分效率不小于标定的指标时,才能保证筛分过程不致明显地偏离规定的矿料级配。同时,也只有在标定筛分效率下获得的筛分能力才是筛分系统的合理筛分能力。

7.1 热料仓粒径分布发生变异的原因

在热料筛分过程中导致各热料仓粒径分布发生变异的主要原因可归纳为以下四个方面。

(1)由于实际使用条件超过了设计所规定的标定条件而导致筛分系统过载。

导致筛分系统过载的因素可以是:

①不正确地选择筛孔的尺寸。

②在目标配合比中某一规格段的比例过高。

③在供给某一筛网的集料中超规格的材料过多。

④在某一规格段的集料中,粒径接近筛孔尺寸的比例过大。

在现实的情况中常常容易出现的问题是未经科学论证,凭经验来设置控制某一规格段集料的筛孔,其中最典型的例子是在热料筛分系统中增加3mm孔径的筛网。近些年来,不知源自何处,增加3mm孔径筛网的措施迅速风靡全国,大部分沥青搅拌设备都将最小孔径的筛网从5mm改为3mm。设置3mm筛网的原意,估计是希望更好地控制粒径2.36mm以下的细集料,但是尽管这一措施已在全国范围内广泛应用,然而却很少看到有关这一措施的理论依据和实际效果的报道。因此,本课题的研究内容之一,就是要从理论和试验研究两方面来考察设置3mm筛网的合理性。

(2)在使用中另一个常常容易发生的问题是筛网堵塞,尤其是对于小孔径的筛网,更是很容易就发生堵塞。大面积的筛网堵塞会导致严重的混仓,从而使矿料级配发生很大的变异。下文是一个发生在Marini M260搅拌设备(标定生产能力为228t/h)上3mm筛网堵塞的实例。在按配合比设定的3mm筛网供应量并不高,仅为57t/h(参看表11和图23)。但是在连续工作5天之后发现筛网已严重堵塞,1号料(0~3mm)中的较粗的颗粒相当多的一部分进入了2号仓(参看表12和图24)。从表12中可以看到1号仓和2号仓集料的粒径分布发生了严重的变异,1号仓的集料变细,而2号的集料则增加了很大一部分1号料仓的粗料。这种严重混仓造成的结果就是一方面使合成的矿料级配曲线严重偏离要求的设计级配,从图24中可以看到合成级配曲线全面地超过了它的上限,而使矿料级配变细。另一方面由于1号仓中有一部分材料进入了2号仓,打破了原有的供料平衡,逐渐累积的结果,必然造成1号仓缺料而2号仓溢料。如果此时搅拌设备的操作手企图用增加1号冷料的供给量,而减少2号冷料的供应量,则其结果将使筛网的堵塞更加严重,而2号仓的溢料却并没有减少。这样恶性循环的结果,只能最终导致必需调整1号仓和2号仓热料的比例,亦即改变原来调试好的生产配合比。这就是为什么许多沥青拌合站，实际生产中的配合比常常会严重偏离生产配合比的重要原因。

生产配合比调试时筛网未堵塞情况下测得的矿料级配　　表 11

筛孔尺寸(mm)			31.5	26.5	19	16	13.2	9.5	4.75	2.36	1.18	0.6	0.3	0.15	0.075
容许偏差上限			100.0	100.0	100.0	100.0	100.0	90.0	41.0	25.0	18.0	14.0	11.5	10.0	5.5
容许偏差下限			100.0	100.0	100.0	100.0	90.0	80.0	31.0	17.0	10.0	6.0	3.5	2.0	3.5
配合比公式			100.0	100.0	100.0	100.0	95.0	85.0	36.0	21.0	14.0	10.0	7.5	6.0	4.5
输入热料筛分曲线	6 号仓														
	5 号仓														
	4 号仓		100.0	100.0	100.0	100.0	67.6	5.3	3.1	2.2	1.4	1.1	0.7	0.5	0.3
	3 号仓		100.0	100.0	100.0	100.0	99.3	94.2	4.8	1.7	1.1	0.9	0.7	0.5	0.4
	2 号仓		100.0	100.0	100.0	100.0	100.0	99.0	70.5	2.5	0.6	0.5	0.4	0.3	0.3
	1 号仓		100.0	100.0	100.0	100.0	100.0	100.0	97.7	76.8	37.2	28.5	17.8	11.6	4.7
	MF		100.0	100.0	100.0	100.0	100.0	100.0	100.0	100.0	100.0	100.0	100.0	99.0	90.9
调节矿料配合比例	B6(%)	0.0	0.0	0.0	0.0	0.0	0.0	0.0	0.0	0.0	0.0	0.0	0.0	0.0	0.0
	B5(%)	0.0	0.0	0.0	0.0	0.0	0.0	0.0	0.0	0.0	0.0	0.0	0.0	0.0	0.0
	B4(%)	12.8	12.8	12.8	12.8	12.8	8.7	0.7	0.4	0.3	0.2	0.1	0.1	0.1	0.0
	B3(%)	49.6	49.6	49.6	49.6	49.6	49.2	46.7	2.4	0.8	0.5	0.4	0.3	0.2	0.2
	B2(%)	13.2	13.2	13.2	13.2	13.2	13.2	13.1	9.3	0.3	0.1	0.1	0.1	0.0	0.0
	B1(%)	20.8	20.8	20.8	20.8	20.8	20.8	20.8	20.3	16.0	7.7	5.9	3.7	2.4	1.0
	MF(%)	3.6	3.6	3.6	3.6	3.6	3.6	3.6	3.6	3.6	3.6	3.6	3.6	3.5	3.2
合成级配(%)			100.0	100.0	100.0	100.0	95.5	84.9	36.0	21.0	12.1	10.2	7.8	6.3	4.5

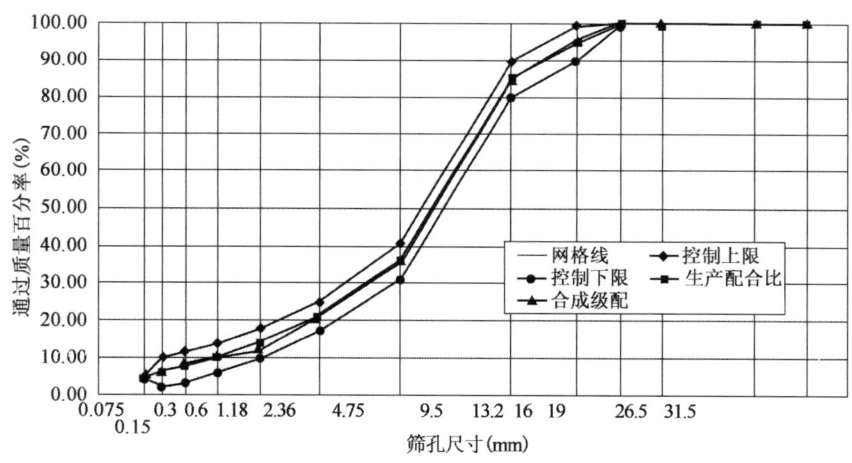

图 23　生产配合比调试时筛网未堵塞情况下的矿料级配曲线

筛网发生堵塞时测得的矿料级配　　表 12

筛孔尺寸(mm)		31.5	26.5	19	16	13.2	9.5	4.75	2.36	1.18	0.6	0.3	0.15	0.075
容许偏差上限		100.0	100.0	100.0	100.0	100.0	90.0	41.0	25.0	18.0	14.0	11.5	10.0	5.5
容许偏差下限		100.0	100.0	100.0	100.0	90.0	80.0	31.0	17.0	10.0	6.0	3.5	2.0	3.5
配合比公式		100.0	100.0	100.0	100.0	95.0	85.0	36.0	21.0	14.0	10.0	7.5	6.0	4.5
输入热料筛分曲线	6 号仓													
	5 号仓													
	4 号仓	100.0	100.0	100.0	100.0	70.5	12.5	5.0	3.7	2.0	1.6	1.1	0.9	0.7

续上表

筛孔尺寸(mm)			31.5	26.5	19	16	13.2	9.5	4.75	2.36	1.18	0.6	0.3	0.15	0.075
输入热料筛分曲线	3号仓		100.0	100.0	100.0	100.0	99.5	97.4	8.0	0.8	0.6	0.5	0.5	0.0	0.0
	2号仓		100.0	100.0	100.0	100.0	100.0	100.0	91.1	32.4	9.4	5.9	2.6	1.9	1.7
	1号仓		100.0	100.0	100.0	100.0	100.0	100.0	100.0	96.8	59.1	41.0	15.5	7.3	3.8
	MF		100.0	100.0	100.0	100.0	100.0	100.0	100.0	100.0	100.0	100.0	100.0	99.0	90.9
调节矿料配合比例	B6(%)	0.0	0.0	0.0	0.0	0.0	0.0	0.0	0.0	0.0	0.0	0.0	0.0	0.0	0.0
	B5(%)	0.0	0.0	0.0	0.0	0.0	0.0	0.0	0.0	0.0	0.0	0.0	0.0	0.0	0.0
	B4(%)	12.8	12.8	12.8	12.8	12.8	9.0	1.6	0.6	0.5	0.3	0.2	0.1	0.1	0.1
	B3(%)	49.6	49.6	49.6	49.6	49.6	49.4	48.3	4.0	0.4	0.3	0.2	0.2	0.0	0.0
	B2(%)	13.2	13.2	13.2	13.2	13.2	13.2	13.2	12.0	4.3	1.2	0.8	0.3	0.3	0.2
	B1(%)	20.8	20.8	20.8	20.8	20.8	20.8	20.8	20.8	20.1	12.3	8.5	3.2	1.5	0.8
	MF(%)	3.6	3.6	3.6	3.6	3.6	3.6	3.6	3.6	3.6	3.6	3.6	3.6	3.6	3.3
合成级配(%)			100.0	100.0	100.0	100.0	96.0	87.5	41.0	28.9	17.7	13.4	7.6	5.4	4.4

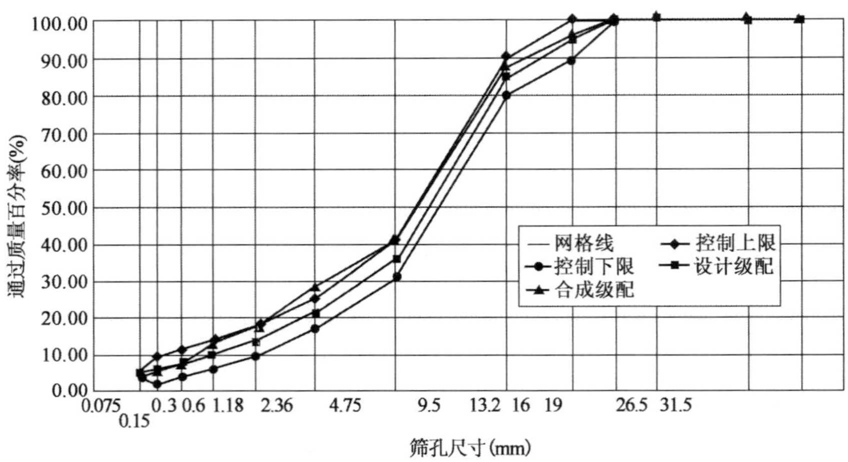

图 24　筛网发生堵塞时的矿料级配曲线

(3)在实际生产中还有一个有可能导致矿料级配变异的原因是在调试生产配合比时,为了节省材料而常常只用搅拌设备一半的生产能力,甚至只用 1/3 的生产能力。此时,对于某一筛分能力较小筛网来说,在调试的筛分过程中可能不会出现筛分效率明显下降的情况,但是在实际生产时却会由于供料量的大幅增加而导致筛分效率大大下降和大量的混仓,从而导致相应热料仓中的矿料粒径分布发生很大变异。

(4)筛网的网格发生破损或漏料也是实际生产中常常发生的问题。当筛格发生破损或漏料时,部分大于筛孔的较粗的集料将从破损处进入较小粒径的热料仓,从而导致混仓和矿料粒径分布的变化。

7.2　使用条件对筛分过程矿料级配变异性影响的理论分析

如前所述,由于实际的使用条件往往不可能与设计时所设想的标定条件相一致,因此,各层筛网的实际生产能力与实际的筛分效率都会偏离它们的标定指标。筛网的实际筛分能力和筛分效率以及使用条件对它们的影响可用以下的各项关系式来表达:

$$\begin{aligned} Q_T &= Q_S + \mathrm{OVS} \\ &= A_S \cdot C_R \cdot \eta + \mathrm{OVS} \end{aligned} \tag{3}$$

$$\begin{aligned} \mathrm{EF} &= Q_S/Q_e = (Q_e - Q_v)/Q_e \\ &= [100(e-v)/e(100-v)] \times 100 \end{aligned} \tag{4}$$

式中：Q_T——集料的供料总流量(t/h)；

Q_S——进入筛孔集料的流量(t/h)；

Q_e——在筛网的供料总量中粒径小于筛孔尺寸的集料流量(t/h)；

Q_v——在未进入筛孔而越过筛网的集料流量中，粒径小于筛孔尺寸的集料流量(t/h)；

OVS——在筛网的供料总量中粒径大于筛孔尺寸之集料流量(t/h)；

A_S——筛网面积(m^2)；

C_R——标准筛孔在标定条件下每 m^2 筛网面积的筛分能力(t/h)；

η——筛分系数；

EF——筛分效率(%)；

e——在筛网的供料总量中粒径小于筛孔尺寸的集料流量占供料总量之百分比(%)；

v——在越过筛网的集料中，粒径小于筛孔尺寸之集料流量占越过筛网集料流量之百分比(%)。

在上述各表达式中，标准筛孔的筛分能力，可以因为振动筛的结构、形式和振动参数的不同而有所变化，因此各制造厂在设计时会有自己的试验数据。筛分系数 η 是用来考虑使用条件对筛网生产能力影响的系数，它也是由一系列在试验中获得的系数组成的。筛分系数 η 可表达为：

$$\eta = A \times B \times C \times D \times E \times F \tag{5}$$

式中：A——孔径系数，用来考虑筛孔尺寸不同对筛分能力的影响；

B——超规格系数，用来考虑供料量中超规格材料的多少对筛分能力的影响；

C——筛分效率系数，用来考虑筛分效率不同对筛分能力的影响；

D——粒径系数，用来考虑通过筛孔集料的粒径大小对筛分能力的影响；

E——考虑湿筛分对筛分能力影响的系数，在干筛分的场合，$E=1$；

F——考虑在多层筛网中，由于作用于不同层次上的振动能量不同对筛分能力影响的系数，对于单层筛网，或作用于各层筛网的振动能量是相同的场合，$F=1$。

表 13 ~ 表 17 列出了美国 TELSMITH 公司对上述各项系数给出的试验数据，其中孔径系数 A 是在筛分效率为 95%、超规格集料占供料总量之比为 25% 的条件下对碎石和砂测得的。表 18 ~ 表 22 则是美国 ASTEC 公司给出的试验数据，孔径系数 A 是在筛分效率为 94%，超规格集料占供料总量之比为 25% 条件下对碎石测得的。这些经验数据可供计算筛分系数 η 和筛网的筛分能力 Q_T 时参考。

孔径系数 A 之数值　　表 13

筛孔尺寸(mm)	101.6	76.2	63.5	50.8	38.1	31.75	25.4	22.2	19
孔径系数 A	2.515	2.044	1.877	1.691	1.490	1.446	1.363	1.314	1.335
筛孔尺寸(mm)	16	12.7	9.5	4.76	3.33	3.17	2.38	1.68	0.84
孔径系数 A	1.172	1.123	1.000	0.828	0.779	0.721	0.495	0.461	0.284

注：标准筛孔为 9.5mm，标准筛孔每平方米筛网的筛分能力为 19.92t/h，标定筛分效率为 95%，超规格材料的百分比为 25%。

超规格系数 B 之数值　　表 14

供料量中超规格材料比例(%)	10	20	30	40	50	60	70	80
超规格系数 B	1.13	1.02	0.96	0.88	0.79	0.70	0.62	0.53
供料量中超规格材料比例(%)	85	90	92	94	96	98	100	
超规格系数 B	0.50	0.46	0.43	0.40	0.32	0.24	0.00	

筛分效率系数之数值 C　　表 15

要求的筛分效率(%)	70	75	80	85	90	92	94	96	98
筛分效率系数 C	1.90	1.70	1.50	1.35	1.15	1.08	1.00	0.95	0.90

粒径系数 D 之数值 表 16

粒径小于筛孔尺寸的供料量中粒径小于1/2筛孔的材料占供料量之百分比(%)	10	20	30	40	50	60	70	80	90	100
粒径系数 D	0.50	0.60	0.80	1.00	1.20	1.40	1.70	2.00	2.40	—

系 数 F 之 数 值 表 17

筛网所在层次	第一层	第二层	第三层	第四层
系数 F	1.00	0.90	0.80	0.70

孔径系数 A 之数值 表 18

筛孔尺寸(mm)	127	101.6	76.2	63.5	50.8	38.1	31.75	25.4	22.2
孔径系数 A	5.000	4.467	3.600	2.800	2.580	2.333	2.000	1.767	1.633
筛孔尺寸(mm)	19	16	12.7	9.5	7.94	6.35	4.76	3.17	
孔径系数 A	1.500	1.333	1.167	1.000	0.867	0.733	0.600	0.467	

注:标准筛孔为9.5mm,标准筛孔每平方米筛网的筛分能力为14.65t/h,标定筛分效率为94%,超规格材料的百分比为25%。

超规格系数 B 之数值 表 19

供料量中超规格材料比例(%)	10	20	30	40	50	60	70	80
超规格系数 B	1.05	1.01	0.98	0.95	0.90	0.86	0.80	0.65
供料量中超规格材料比例(%)	85	90						
超规格系数 B	0.50	0.30						

筛分效率系数之数值 C 表 20

要求的筛分效率(%)	60	70	75	80	85	90	92	94	96	98
分效率系数 C	2.10	1.70	1.55	1.40	1.25	1.10	1.05	1.00	0.95	0.90

粒径系数 D 之数值 表 21

粒径小于筛孔尺寸的供料量中粒径小于1/2筛孔的材料占供料量之百分比(%)	10	20	30	40	50	60	70	80	90	100
粒径系数 D	0.55	0.70	0.80	1.00	1.20	1.40	1.80	2.20	3.00	—

系 数 F 之 数 值 表 22

筛网所在层次	第一层	第二层	第三层
系数 F	1.00	0.90	0.80

从上述这些表格中可以看到,孔径系数 A 的影响随着筛孔尺寸的减小会变得越来越显著。按照TELSMITH公司的数据,2.36mm筛孔的系数 A 只有4.76mm筛孔之60%,这意味着在同样的条件下前者的筛分能力要比后者降低40%。按照ASTEC公司的数据,3.17mm筛孔的系数 A 只有6.35mm筛孔的64%,亦即前者的筛分能力要比后者降低36%。对于筛分效率来说,随着要求的筛分效率之提高,筛分能力将随之下降,从上述表格中可见,筛分效率每提高5%,筛分能力将下降10%~15%。由于对于一台已经制造好的搅拌设备来说,筛网的面积和层数都是已确定的,粒径系数 D 和超规格系数 B 是由配合比设计决定的,也是不可改变的。在使用中,能够改变筛分系数 η 从而影响筛分能力的因素,就只有通过改变筛网筛孔来改变系数 A 或通过改变要求的筛分效率来改变系数 C。因此,筛网筛孔的选择对筛网的筛分能力与筛分效率就有着重要的意义,实际上在筛网的筛孔与筛分能力、筛分效率这三者之间存在着某种相互制约的关系。

下文将以西筑公司生产的LB3000型沥青搅拌设备的热料筛分系统作为一实例来计算和分析一下

筛孔尺寸与筛分能力和筛分效率之间的相互制约关系。LB3000 型的筛分系统为一两层四段式的结构，第一层筛网面积为 12.6m^2，第二层筛网面积为 12.2m^2。在这一筛分系统中，工作条件最为恶劣的是第 2 层筛网的第 4 段，亦即筛孔最小的 1 号仓的筛网，它通常要过筛矿料总量中 40%～50% 的 5mm 下的细集料。因此，以下的计算都将针对 1 号仓的筛网来进行。

1）计算一

已知使用条件：

（1）筛网面积：6.1m^2。

（2）筛孔尺寸：3.17mm（≈3mm）。

（3）被筛分材料中超规格集料所占比例：30%。

（4）被筛分材料中粒径小于 1/2 筛孔尺寸之集料所占比例：50%。

（5）设计筛分效率：94%。

（6）干或湿筛分：干筛分。

（7）筛网所在层次：第二层。

求解：筛网的实际生产能力以及占标定生产能力之比例。

根据给出的使用条件按 ASTEC 公司所给的数据（查表 18～表 22）可求得筛分系数 η 的各项子系数如下：

孔径系数 $A=0.467$。

超规格系数 $B=0.98$。

筛分效率系数 $C=1$。

粒径系数 $D=1.2$。

考虑干、湿筛分的系数 $E=1$。

考虑筛网层次的系数 $F=0.9$。

$$\begin{aligned}\eta &= A\times B\times C\times D\times E\times F\\ &=0.467\times0.98\times1\times1.2\times1\times0.9\\ &=0.494\end{aligned}$$

筛网的筛分能力 Q_T 为：

$$Q_T=A_S\cdot C_R\cdot\eta+\text{OVS}\qquad(\text{t/h})$$

ASTEC 公司给出的标准筛孔在标定条件下的筛分能力为 $C_R=14.65\ \text{t/(h}\times\text{m}^2)$，虽然由于振动参数的不同，各个制造厂的 C_R 值会有不同的数值，但大体上相差不会太多，这里采用 ASTEC 的 C_R 值。

$$Q_T=6.1\times14.65\times0.494+0.3Q_T$$

$$\begin{aligned}Q_T&=(6.1\times14.65B\times0.494)/0.7\\ &=63(\text{t/h})\end{aligned}$$

Q_T 占 LB3000 搅拌设备标定生产能力 240t/h 之 26%。

从以上计算结果中可以看到，LB3000 搅拌设备如采用 3.17mm 筛孔的筛网作为 1 号料仓的筛网，则其生产能力是很低的，它所生产的热拌沥青混凝土混合料中粒径小于 3mm 的矿料只能占矿料总量之 26% 以下。如果要求的配合比超过上述比例，则只能降低设备的生产率。

2）计算二

已知使用条件：

（1）筛网面积：6.1m^2。

（2）筛孔尺寸：3.17mm（≈3mm）。

（3）被筛分材料的粒径和供应量：粒径 0～5mm 的矿料，120t/h。

注:这一供应量占搅拌设备标定生产能力 240t/h 之 50%,此比例大体上相当于 AC-13 型级配的粒径在 4.75mm 以下的矿料比例。

(4)被筛分材料中超规格集料所占比例:30%。

(5)被筛分材料中粒径小于 1/2 筛孔尺寸之集料所占比例:50%。

(6)干或湿筛分:干筛分。

(7)筛网所在层次:第二层。

求解:3.17mm 筛网的筛分效率。

查表 18 ~ 表 22 可得各项筛分子系数如下:

$A=0.467$

$B=0.98$

$D=1.2$

$E=1$

$F=0.9$

$$\begin{aligned}Q_T&=A_S\cdot C_R\cdot\eta+\mathrm{OVS}\\&=6.1\times14.65\times\eta+0.3Q_T\\\eta&=0.7Q_T/(6.1\times14.65)\\&=0.7\times120/(6.1\times14.65)\\&=0.940\\\eta&=A\times B\times C\times D\times E\times F\\&=0.467\times0.98\times C\times1.2\times1\times0.9\\&=0.494\times C\end{aligned}$$

筛分效率系数 C 为:

$$C=\eta/0.494=0.94/0.494=1.90$$

查表 20 可得与 $C=1.90$ 相应的筛分效率为 65%。

从以上计算结果中可以看到,在给出的使用条件下 3.17mm 筛网的筛分效率是十分低下的,这意味着将有很大数量的粒径为 3.17mm 以下的细料会混入 2 号料仓中。显然,严重的混仓将会导致矿料级配的重大变异,从而造成沥青混合料性能的很大改变。

3)计算三

已知使用条件:

(1)筛网面积:6.1m²。

(2)筛孔尺寸:4.76mm(5mm)。

(3)被筛分材料的粒径和供应量:粒径 0 ~ 5mm 矿料,120t/h。

(4)被筛分材料中超规格集料所占比例:30%。

(5)被筛分材料中粒径小于 1/2 筛孔尺寸之集料所占比例:70%。

(6)干或湿筛分:干筛分。

(7)筛网所在层次:第二层。

求解:4.76mm 筛网的筛分效率。

查表 18 ~ 表 22 可得各项筛分子系数如下:

$A=0.6$

$B=0.98$

$D=1.8$

$E=1$

$F = 0.9$

$$Q_T = A_S \cdot C_R \cdot \eta + OVS = 6.1 \times 14.65 \times \eta + 0.3Q_T$$

$$\eta = 0.7Q_T/(6.1 \times 14.65) = 0.7 \times 120/(6.1 \times 14.65) = 0.940$$

$$\eta = A \times B \times C \times D \times E \times F = 0.6 \times 0.98 \times C \times 1.8 \times 1 \times 0.9 = 0.953 \times C$$

筛分效率系数 C 为：

$$C = \eta/0.953 = 0.940/0.953 = 0.987$$

查表 20 可得与 $C = 0.987$ 相当的筛分效率为 94.05%。

从以上计算结果中可以看到，当将 1 号仓 3.17mm 的筛网换成 4.76mm 的筛网后筛分效率从 65% 提高到了 94%。由此可见，制造厂设计筛分系统时考虑 1 号仓使用的筛网为 5mm 筛孔的筛网，而并没有考虑使用 3mm 的筛网。因此，在筛网的选择时不应该超过设备的设计能力而随意地减小筛网的筛孔，为控制粒径 2.36mm 以下的筛网而在筛分系统中增加 3mm 的筛网是非常典型的不正确使用间歇式沥青搅拌设备的例子。

7.3　使用条件对筛分过程矿料级配变异性影响的试验研究

为了验证理论分析的结果是否符合实际，在佛山一环工程一标段所使用的 LB3000 型沥青搅拌设备上进行了筛分过程对矿料级配变异性影响的试验研究。试验是针对 1 号料（0 ~ 3mm）和 2 号料（3 ~ 5mm）进行的，分别按四种工况对筛分系统单独供应 1 号料和 2 号料。Ⅰ、Ⅱ、Ⅲ三种工况按标定生产能力之 50%、30%、20% 单独供应一定数量的 1 号料（实际测定的供料量为 105t/h、70t/h 和 45t/h），工况Ⅳ在按标定生产能力之 30% 供应 1 号料的同时，按标定生产能力之 20% 供应 2 号料（实际测定的 1 号料供料量为 70t/h，2 号料供料量为 41t/h）。在试验时，首先将冷料集料皮带、斜皮带、烘干筒和各热料仓中的料全部放空，然后启动 1 号冷料供给皮带（或 1 号和 2 号冷料供给皮带同时启动）进行供料约 10 分钟，待所有的冷料都经烘干筒烘干，并经筛分系统筛分全部进入热料仓后，将每个热料仓中的集料单独放入计量斗进行称重，将每个热料仓的称重结果加在一起即为总的供料量。在热料称重结束后，将各热料仓的集料单独进行放料，废弃装载机最先装载 1 ~ 2 斗料，将其余的热料放置在硬地上，然后对各热料仓的材料进行取样和筛分析，按"7.2"节的公式计算 1 号筛网的筛分效率以及 1 号仓和 2 号仓热料的粒径分布的数据并绘制级配曲线。

图 25 是 1 号筛网（3mm 筛孔）的筛分效率随供料量而变化的情况。从图 25 中可以看到，当 1 号料的供料量为标定生产能力之 18.8% 时 3mm 筛网的筛分效率就只有 79% 左右。随着供料量的增加，筛分效率也将进一步下降，当供料量增加至标定生产能力之 43.8%，筛分效率则只有 72%。这些试验数据所呈现的规律大体上与理论分析是一致的。

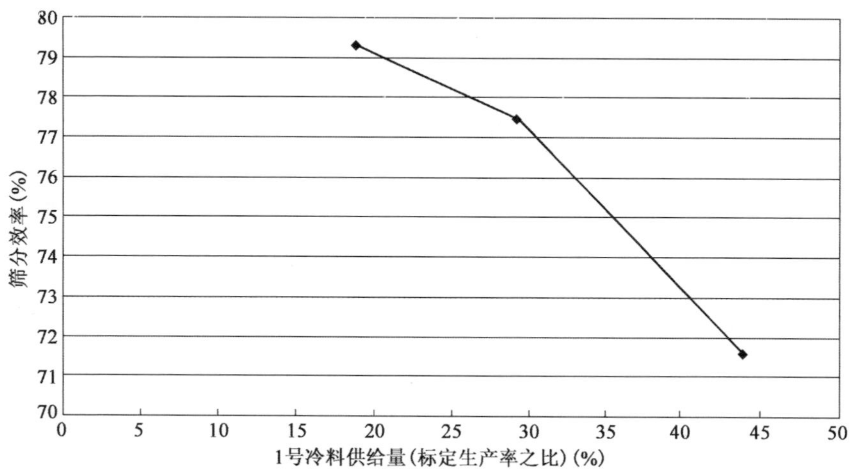

图 25　LB3000 搅拌设备 3mm 筛孔筛网的筛分效率随供料量而变化的情况

图 26 和图 27 则显示了在各种试验工况下,1 号和 2 号热料仓矿料粒径分布的曲线。从图 26 中可看到,由于原来应进入 1 号仓的部分矿料越过筛网而进入了 2 号仓,1 号仓矿料的级配曲线与原材料(1 号冷料)相比,明显地变细了,而且随着供料量的增加,1 号仓的矿料会变得更细。这一现象表明在 0 ~ 3mm 的 1 号料中有相当一部分较粗的细料由于难以进入 3mm 的筛孔而进入了 2 号热料仓。这一情况可以在图 26 中的 2 条 2 号仓的级配曲线中得到进一步的证实,在 2 号热料仓中的矿料粒径为 2.36 ~ 4.75mm 的集料要只到 75%。图 27 是同时供应 1 号料和 2 号料的情况。

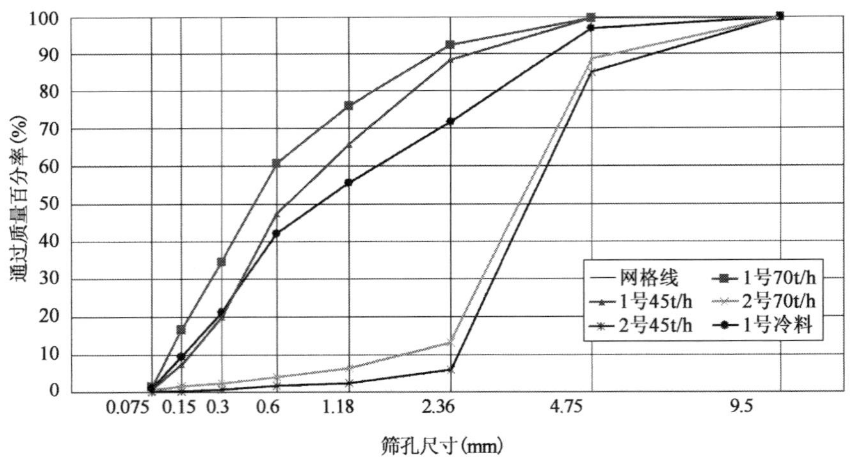

图 26　单独供应 70(t/h)和 45(t/h)1 号料的试验工况下,1 号和 2 号热料仓矿料粒径分布的曲线

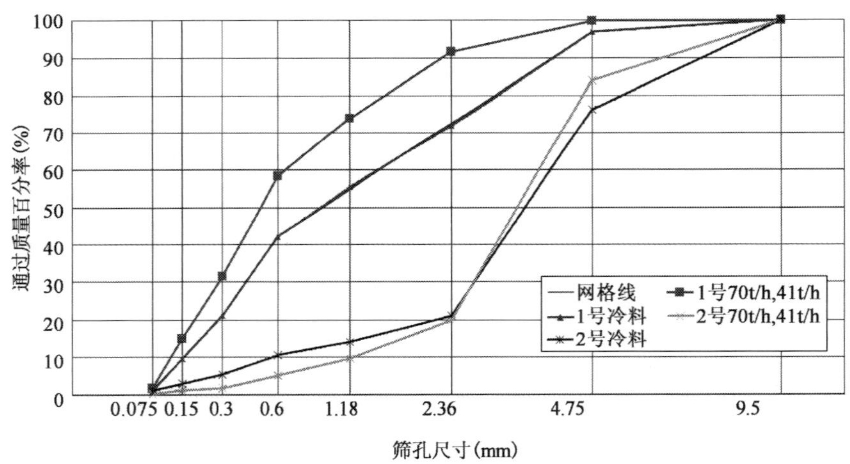

图 27　同时供应 70(t/h)1 号料和 41(t/h)2 号料的试验工况下,1 号和 2 号热料仓矿料粒径分布的曲线

从图 27 中除了可以看到 1 号热料仓中矿料粒径分布明显变细的情况外,还可以看到与 2 号的原材料(2 号冷料)相比,由于一部分 1 号料中较粗的细料越过 1 号筛网而进入了 2 号仓,使得 2 号热料仓中 2.36mm 以下的细料比例减少了,而 2.36mm 以上粗料的比例则明显增大了。这一现象进一步证实了由于 1 号冷料中 2.36mm 以上的粗料较多(约占 30%),因而进入 2 号料仓的混仓料主要是这部分较粗的细集料。

同样的试验完成在深汕东大修工程的工地上,试验对象是 BENNINNGHOVEN 的 4000 型沥青搅拌设备,并获得了类似的结果。图 28 是筛分效率随供料量而变化的试验结果,从图 28 中可以看到,由于 BENNINNGHOVEN 机型的 1 号筛网(3mm 筛孔)的面积相对较大,因此筛分效率要比 LB3000 高,但是在供料量达标定设备的 50% 时,其筛分效率也已降至了 70% 左右。

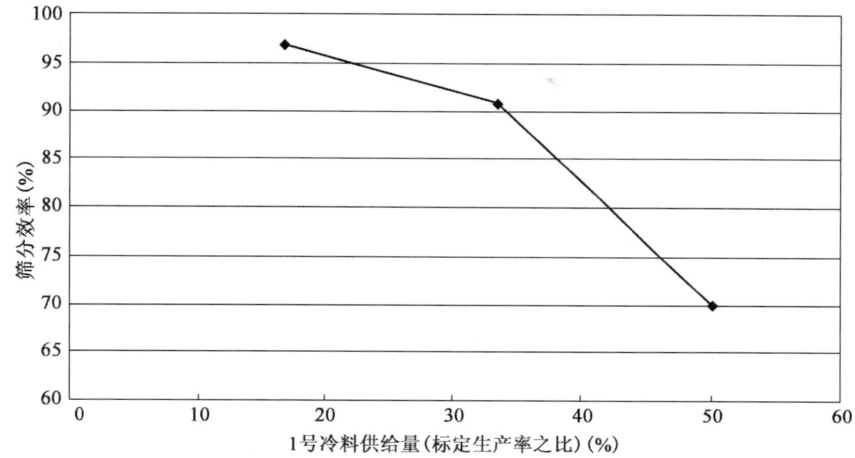

图 28　BENNINNGHOVEN 搅拌设备 3mm 筛孔筛网的筛分效率随供料量而变化的情况

图 29 是 1 号热料仓的矿料粒径分布的情况。从图 29 中同样可以看到 1 号料仓的集料随 1 号料供应量的增加而变得越来越细的现象，其中最为严重的是同时供应 100t/h 1 号料和 100t/h 2 号料的工况。图 30 则是 2 号热料仓的矿料粒径分布曲线，从图 30 中可以看到，与图 26 所示的 2 号热料仓粒径分布曲线不同的是当只供给 1 号料时，进入 2 号料仓的矿料不仅有颗粒较粗的细料，而且有相当一部分 2.36mm以下较细颗粒的细料，这是因为 1 号冷料本身的粒径就较细的缘故（2.36mm以下的颗粒占 85%左右）。当与图 27 相比时，还可以看到在同时供应 1 号料和 2 号料时，2 号热料仓中矿料的粒径分布也不再是 2.36mm 以下的通过率低于 2 号冷料的情况了，而是不论2.36mm以上或者以下的通过率都高于 2 号冷料的级配曲线，这同样表明由 1 号仓混入 2 号仓的细料颗粒有相当大的部分是 2.36mm 以下的细颗粒。

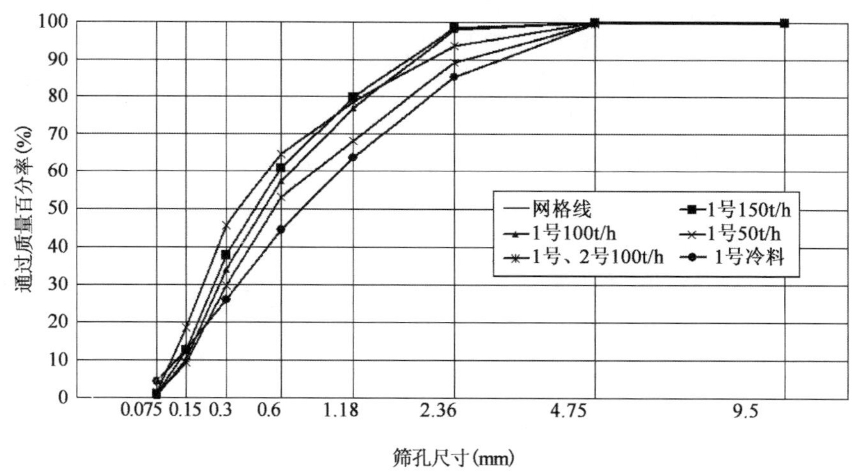

图 29　单独供应 150、100、50(t/h)1 号料和同时供应 100(t/h)1 号料、100(t/h)2 号料的试验工况下，1 号热料仓矿料粒径分布曲线

以上的现象说明了对热料仓内矿料粒径分布特性有影响的不仅与筛分系统的性能有关，而且也与材料本身的粒径分布特性有关。由此可见，即使对于相同的搅拌设备，在使用不同来源的原材料时都必须测定筛分系统的性能（筛分能力与筛分效率），并根据原材料的特性对筛分系统进行必要的调试。除此之外，上述试验结果还说明了，如果原材料发生了变异，通过热料筛分的二次级配不仅不可能改善原材料的变异性，而且还有可能进一步扩大这种变异性。

7.4　降低筛分过程矿料变异性的措施

通过以上的讨论可以归纳出以下一些有助于降低筛分过程矿料变异性的措施。

（1）在生产配合比的调试过程中增加一项筛分系统的调试项目将有助于在很大程度上降低在正式

生产中发生矿料级配严重偏离生产配合比的风险。筛分系统的调试应该针对特定的材料测定各级筛网的筛分能力和在给定供应量下的筛分效率,并根据测定结果来合理地选择筛网的筛孔,以保证在正常生产时筛分系统能在设备设计时容许的使用条件下工作。

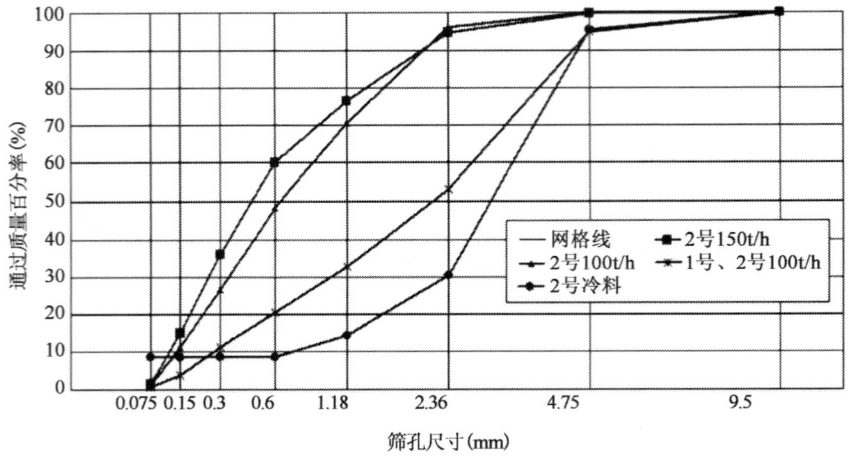

图 30　单独供应 150、100(t/h)1 号料和同时供应 100(t/h)1 号料、100(t/h)2 号料试验工况下,2 号热料仓矿料粒径分布曲线

(2)在对于热料仓进行取样时应十分注意料样的代表性,包括:

①废弃设备尚未进入稳定运转时最先进入热料仓的材料。

②在调试生产配合比时,应在搅拌设备满负荷的工况下进行热料仓取样。

③在热料仓直接取样时应注意从热料仓的全断面上采集料样,以减少筛分过程中材料离析的影响。

④当采用装载机接料取样时应注意从多个部位采集料样,并适当拌和后作为一份料样。

(3)经常性地监测各热料仓的矿料粒径分布特性,热料仓的取样每天不少于一次,尤其应加强对 1 号仓和 2 号仓级配特性的监测,并测定 2 号仓的混仓率。2 号仓的混仓率应在 5% 左右,最多不得超过 10%。

(4)经常性地检查筛网是否存在堵塞或破损、漏料的情况,以保持筛网的正常工作。

8　结语

(1)原材料规格的变异性是导致矿料级配变异的基础性因素。本课题的研究表明,间歇式沥青搅拌设备的二次级配功能并不能解决各规格段内部粒径分布的变异问题,而各规格段内部粒径分布的变异,正是原材料规格变异性的主要标志。因而,不论何种沥青搅拌设备都必须严格控制原材料规格的一致性,对于料源、质量不稳定的原材料,采用间歇式沥青搅拌设备同样无法生产出合格的混合料来。

(2)原材料在储存、堆放、输送过程中产生的变异是导致矿料级配变异的另一个基础性的因素。加强对原材料在储存、堆放、输送过程中的质量管理是沥青混合料生产过程全面质量管理的重要组成部分。应该从原材料的进场验收开始,到料场的设置、料堆的修筑、储存的方法、材料的装卸和输送操作直至料堆特性的监测等所有环节上实施全面的质量控制,才能保证输送给沥青搅拌设备的原材料是合格的。

(3)集料的取样和缩分过程对矿料级配的变异性有重大影响。取样和试样的数量、取样的方法、缩分的方法是影响矿料级配变异性的三个主要因素。现行规范中规定的筛分用取样和试样的数量,对于公称最大粒径 13.2mm 以上集料用的最小取样质量和试样质量均大大低于国外规范的有关规定,在水洗筛分试验方法上更存在着原则上的差异。本课题的研究表明,适当地增大取样和试样数量将大大改善粗集料试样的代表性,因而建议在执行 JTG E42 T0301 和 T0302 试验方法时,采用美国 ASTM D75 和 C136 规定的取样和试样的最小质量。

(4)四分法是一种很容易受人为因素干扰而产生严重变异的缩分方法,本课题的研究表明,试样在缩分过程中产生的变异是可以避免或降低到最小限度的。建议在执行 JTG E42 T0301 试验方法时更多采用受人为因素干扰较少的机械切分法。在采用四分法进行缩分时,缩分的试样数量不得低于取样数量的 1/4 左右。在时间和条件许可的情况下,建议采用大容量的试样不经缩分直接分批进行筛分。

(5)取样的方法是与取样的工具紧密相连的,采用简单的取样工具往往会较大地影响到料样的代表性,因此开发某些可以更好地排除人为因素干扰的取样机械手或专用设备是很有必要的。

(6)正确地使用间歇式搅拌设备的热料筛分系统是一个常常被人们忽视的问题。本课题的研究表明,如果不能正确地使用热料筛分系统,则不仅对改善矿料级配的变异性没有帮助,还有可能使原来级配良好的原材料,由于二次级配的干扰反而变坏。在实际使用中导致筛分系统过载最常见的原因是不考虑筛分系统的设计能力而过多地增大筛分系统的供料量和随意设置控制某一规格段集料的筛孔。最为典型的例子是在搅拌设备上设置 3mm 筛孔的筛网。本课题所进行的理论分析和试验研究已经证实了设置 3mm 筛孔筛网是不合理的。过小筛孔的设置大大降低了搅拌设备的筛分效率,导致严重的混仓和偏离配合比的设计要求。3mm 筛孔设置的不合理性还因为过小的筛孔是很容易堵塞的。许多工程的实践已经证明 3mm 筛孔的筛网会经常出现筛网堵塞的现象,显然要求施工部门每天都要清理筛网,在实际工作中也是很难做到的。鉴于以上情况,在生产配合比的调试工作中增加对筛网筛分效率、筛分能力和合理选择筛孔的调试内容是十分必要的。

(7)加强对冷料堆、斜皮带、热料仓这三个环节的取样和筛分分析是行之有效的对矿料级配变异性的质量控制措施。在我国现行的规范中并未明确规定对冷集料和热集料在日常监测中的取样环节和取样分析的频度,这与国外的规范是有差异的。在国外对沥青混合料生产过程的质量控制和质量保证(QC/QA)中都要求对冷料堆的级配、冷料给料系统的级配和热料仓的级配进行日常的监测,其频度为每天一次。国外的这一经验是值得借鉴和推广应用的。

连续式搅拌工艺矿料级配和油石比形成的机理及其变异性控制的研究

孙祖望　杨东来

（本文刊于《广东省高速公路沥青路面专题研究报告集》广东冠粤路桥公司 2008 年 10 月）

1　概述

与间歇式搅拌工艺相比，连续式搅拌工艺的发展相对较晚。早期的连续式搅拌工艺是由滚筒式搅拌设备来实施的，这是一种加长了的顺流式烘干筒，冷料从安装燃烧器的同一端进入烘干筒，烘干筒的前半部为烘干区，后半部为拌和区，沥青、粉料在拌和区内加入进滚筒并与烘干的集料一起拌和成沥青混合料。早期的滚筒式搅拌设备存在着热效率低、沥青老化和蓝烟污染、矿粉损失、集料级配、油石比的控制和拌和均匀性等多方面的问题。20 世纪 80 年代初期引进的国外滚筒式搅拌设备，由于不同程度上存在着以上一些问题，因而给我国公路界留下了深刻的印象。因此长期以来人们一直认为连续式搅拌设备不适宜用于对沥青混合料质量要求高的高速公路和一级公路上。但是连续式搅拌设备从早期的滚筒式搅拌设备开始经历了 20 余年的不断改进和发展，到 20 世纪 90 年代，早期设备所存在的这些问题，绝大部分已经不复存在。诸如双滚筒这样的现代化连续式搅拌设备是按照一种全新的连续式搅拌工艺来构思的，这种新的工艺将间歇式和滚筒式搅拌工艺的优点融合在一起而避免了它们各自的缺点。新一代的连续式搅拌设备在热效率和燃油消耗率、拌和的均匀性、接受再生料的能力上以及在结构简单、工作可靠、生产能力高、安装维修方便、使用成本低廉等成本效益方面都比传统的间歇式搅拌设备有着更大的优势。但是对于在矿料级配的正确性方面人们还存在诸多的疑虑，多数人都会认为由于没有二次级配的过程，所以在保持矿料粒径分布的正确性方面会不如间歇式搅拌设备。这些疑虑的认识多半是由于对连续式搅拌工艺的矿料级配机理不清楚造成的。现代连续式搅拌工艺在矿料级配和油石比形成的机理上有着一系列与间歇式搅拌工艺不同的特点。弄清它的工作机理，研究影响连续式搅拌设备矿料级配和油石比变化的因素以及如何控制这些因素的方法，不仅对于改变某些传统的偏见，而且对于正确地使用连续式搅拌设备和更好地推广应用这一新技术都有着重要的意义。

2　连续式搅拌工艺矿料级配机理的研究

2.1　连续式计量系统的工作原理和配料的机理

连续式搅拌工艺是一种将沥青混合料的所有生产工序按连续作业的方式连接起来的工艺流程。它与间歇式搅拌工艺相比除了没有热料筛分工序外，最主要的不同是计量、配料和搅拌三个工序也都是按连续工作的方式来组织的。

对于批量计量、批量配料的方式来说，不仅每批砂石料、粉料、沥青的质量是由直接称量给定的，而且通过热料筛分后的每一规格段的集料质量也是由直接称重给出的。在此种情况下砂石料、粉料、沥青的称重标定实际上也就是它们秤本身的静态标定，而它们称量的静态误差实际上也就是秤的静态计量误差。批量称量的动态计量误差是在热料放入计量料斗的过程中发生，它与秤的本身并无直接的关系。

在连续式的计量与配料方式中，砂石料、粉料和沥青的计量都是容积式的计量。此时，所计量的是物料的体积流量,然后再将体积流量转换成重量流量。在上述三种物料的连续计量中最为复杂的是砂石料的计量,这是因为它是一种非均质的固体集合料,它的计量特性受到许多因素的影响。

对于通常采用的"容积计量—总量称重的砂石料连续计量方式,各种规格段冷集料首先是通过各冷料仓的斗门开度和给料皮带速度来进行容积计量的。此时料流在斗门截面处的瞬时体积流量$\frac{dV}{dt}$为:

$$\frac{dV}{dt}=Bhv_f \tag{1}$$

式中:B——冷料仓出料口宽度(料流宽度);

h——斗门开启高度(料流厚度);

v_f——给料皮带速度。

通常斗门开度只作宏观调节,当斗门开度调好后 B、h 均为常量,因此调节给料皮带的速度就可控制各冷料仓砂石料的体积流量。各冷料仓的料流经过集料皮带的汇集然后转送到上料皮带上形成一多层的集合料流,它经过皮带秤对集料进行总量称重后进入烘干筒(图1)。皮带秤的作用就是将集料的体积流量转换成重量流量。当集料通过皮带秤时,称重轮的压力传感器感受到由料流重力形成的压力并将它转换成与之成正比的电压信号,送给计算机进行累加计算后得到在一定时间内的平均流量。这一流量在扣除冷料的含水率后即为烘干后的砂石料流量,它将成为计算沥青供给量的依据。

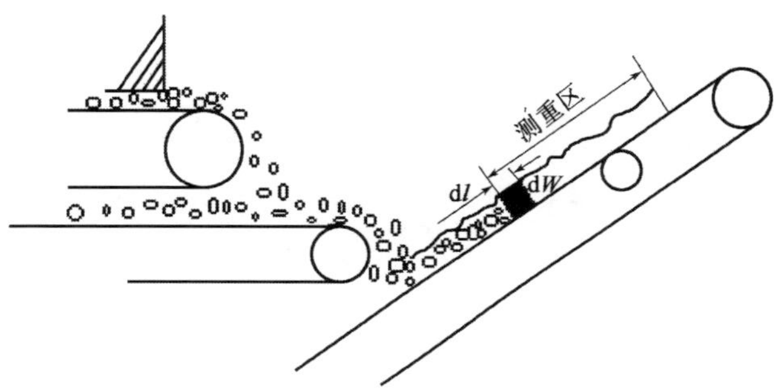

图1　砂石料连续计量系统工作原理

在连续计量系统中粉料和沥青的计量也是容积计量方式,计量所得之体积流量同样要将其转换成重量流量。由于沥青密度受其组成成分和温度的影响会发生变化,因此如生产所用沥青牌号和温度与标定时不同,则沥青流量的计量值还需经密度和温度的修正后才能作为与控制值比较的沥青流量反馈值。

在获得干集料和粉料的流量之后就可以根据混合料中沥青含量的设计值计算出沥青流量的控制值,将反馈信号与控制信号相对比就可确定应增加或减少沥青的供给量。通过计算机控制系统不断地进行这种比较,并不断地修正沥青的供给量将使矿料与沥青的供给量时时处在一种动态的平衡之中,从而保证沥青含量(油石比)处在某种容许的误差范围之内。

2.2　连续式计量系统的特点及其与批量计量方式的区别

从以上对连续式计量系统工作原理的描述中可看到它的工作过程要比批量计量方式复杂得多,而且两者在工作原理上有着一系列本质的区别,它们可以归纳为:

(1)在砂石料的连续计量系统中,将体积流量转换成重量流量的过程是通过皮带秤来进行的。从图1的砂石料连续计量系统工作原理中可以看到,皮带秤计量的并非某一段料流的直接重量而是它流过皮带秤称重轮的累加载荷。当皮带上一微小区段 dl 上的砂石料重量 dW 随皮带而移动时它并不是在通过称重轮的一瞬间才使压力传感器感受载荷的。实际上当 dW 移至距称重轮一定距离时称重轮即开始感受负荷了,随后,它感受的负荷会逐渐增大,至通过称重轮时达最大值。而在通过称重轮之后,负荷也不会立即消失,它将逐渐减小直至离称重轮一定距离时才降为零。称重轮开始感受负荷至负荷完全消失的区段可称为皮带秤的测重区段。显然,当单元重量 dW 通过测重区段时,如将传感器的输出电压值(它与传感器所感受的载荷成正比)累加起来,则电压的累加值与 dW 是成正比的。根据这一原理,当皮带上的一段距离为 Δl 的砂石料通过测重区时传感器的累加电压值与此段砂石料的重量 W 将成正比,也即:

$$W = k\int_0^{\Delta l} U(l)\,\mathrm{d}l \tag{2}$$

式中:$U(l)$——皮带在称重轮上移动距离时传感器的输出电压;

k——比例常数。

对于一个离散测量系统,上式可写为:

$$W = k\sum_{i=1}^{n} U_i \frac{\Delta l}{n} = k\frac{\sum_{i=1}^{n} U_i}{n}\Delta l \tag{3}$$

设 Δt 为皮带移动 Δl 所需的时间,上式两侧同除以 Δt,可得流量 Q 的表达式为:

$$Q = k\,\overline{U}_i v_c \tag{4}$$

式中:$\overline{U}_i$——累加电压值的平均值;

v_c——上料皮带的速度;

Q——砂石料在 Δt 时间内的平均流量,$Q = W/\Delta t$ 。

由于砂石料的体积流量是由给料皮带速度 v_f 来控制的,而体积流量乘以材料的重度 γ 即为重量流量 Q,因此在 v_f 与传感器输出电压的累加值之间存在着一定的比例关系,也即:

$$Q = \frac{\gamma V}{\Delta t} = \gamma hBv_f \tag{5}$$

或

$$\gamma hBv_f = k\overline{U}_i v_c \tag{6}$$

由此可得

$$v_f = \frac{kv_c}{\gamma hB}\overline{U}_i = K\overline{U}_i \tag{7}$$

式中 K 为 v_f 与 $\overline{U}_i$ 之间的比例系数:

$$K = \frac{kv_c}{\gamma hB} \tag{8}$$

从上式中可以看到,比例系数 K 不仅与斗门开口截面 $h \times B$ 有关,而且与材料的重度 γ(密度)有关。

(2)从皮带秤的称重原理来看,称重轮所感受的载荷并不直接是皮带单元长度 dl 上的砂石料重量 dw,它是通过皮带系统间接地传递给称重轮的,然后再通过称重轮的测力系统最终传递给测力传感器。在皮带系统传递载荷的过程中,载荷在皮带纵向和横向分布的状态、下料的均匀程度、皮带的挠度、弯曲度、张力、皮带的运行阻力、挤压阻力、皮带跑偏等皮带输送系统的结构与运行因素都会影响到传递给称重轮载荷的大小,这些影响因素通常被称为“皮带效应”。这就是说在式(4)中的比例系数 k 不仅包括了测力系统本身的负载传递关系,而且还包括了“皮带效应”所带来的影响。由于“皮带效应”的存在,不但精确地计算比例系数 k 是十分困难的,而且采用通常砝码标定方法来确定的比例系数 k 仍然会存在较大的标定误差。这是因为皮带系统实际工作的加载条件与砝码加载存在着很大区别,因此为了获得这一比例系数必须采用实物标定的方法,此点与批量称量方式有很大的不同。从理论上讲,如果实物加载的标定条件与实际的工作条件完全等同,那么“皮带效应”的影响应该完全消除。应该指出,实际上即使是实物标定也不可能做到标定条件与实际工作条件完全一致,但是通过实物标定“皮带效应”所带来的测量误差将降低到很小的数值。目前Ⅳ级精度皮带秤在使用中的最大允许误差规定为 2%,这一准确度对于搅拌设备的集料计量已经足够了(参看 JTG 650)。

(3)在砂石料的连续计量系统中由于采用容积计量、总量称重的方式,所以不可能像批量计量那样

对各种规格段的集料分别直接称重。此时皮带秤所感受的流量是由各冷料仓的流量之和组成的。例如假定有三个冷料仓,则:

$$Q = Q_1 + Q_2 + Q_3 \tag{9}$$

为了调节和控制集料的级配,就不仅要知道总流量而且要知道各个规格段集料的流量。为此就必须对各冷料仓的砂石料流量分别进行标定。实际上根据式(6),砂石料的总流量 Q 可写为:

$$Q = Q_1 + Q_2 + Q_3 = \gamma_1 h_1 B_1 v_{f1} + \gamma_2 h_2 B_2 v_{f2} + \gamma_3 h_3 B_3 v_{f3} = k\overline{U}_i v_c \tag{10}$$

考虑式(5),上式可改写为:

$$\frac{v_{f1}}{K_1} + \frac{v_{f2}}{K_2} + \frac{v_{f3}}{K_3} = \overline{U}_i(\overline{U}_i)_1 + (\overline{U}_i)_2 + (\overline{U}_i)_3 \tag{11}$$

从上式中可知,只要通过对冷料仓的材料进行单独标定,取得了各自的标定系数 K_1、K_2、K_3 后,就可以根据各冷料仓给料皮带的速度 v_{f1}、v_{f2}、v_{f3},计算出在称重传感器输出的电压 $\overline{U}_i$ 中代表各冷料仓流量的 $(\overline{U}_i)_1$、$(\overline{U}_i)_2$、$(\overline{U}_i)_3$ 所占的比例关系。这一比例关系实际上也就是各规格段集料流量在集料总流量中的级配关系。

需要指出的是式(10)中的比例系数 k 是在假设不同规格段的集料在标定过程中"皮带效应"的影响是完全相同之前提下获得的。因此在已知各规格段集料的标定常数 K_1、K_2、K_3…后,即可确定在总量称重中各规格段集料重量流量的比例关系。但各规格段集料在标定时由于物料的分布、下料的均匀性等系统运行因素所造成的皮带效应不可能完全相同,因此会存在有一定的标定误差。为了降低这一误差,可以采取在每一种冷料仓的给料皮带处安装一台皮带秤,直接称量该规格段集料的流量,亦即将现有"容积计量—总量称量"的方式改为"容积计量—分段称重"的方式。此时皮带秤的标定将按每一规格段集料分别在该规格段集料的皮带秤上进行。这样可以使称重和标定的条件更加趋于一致。实际上在国外不少新开发的连续式搅拌设备上已经采取了各规格段集料单独称重的方案。

(4)与间歇式搅拌设备相似,在油石比的控制上都会采用主从控制的策略,亦即根据矿料的称量结果来确定沥青的喷洒量,以便获得更为精确的油石比。但是在控制误差的来源与机理上两者是完全不同的。对于批量计量的控制来说,计量的是已经进入称量斗的数量一定的物料,它的控制误差来源于砂石料、粉料、沥青的落差补偿。对于连续式计量来说,计量的是物料的重量流量,这是一个变化过程的动态值。砂石料测力系统的动态响应速率是很高的,而沥青计量泵流量调节的响应速率则相对较低。显然按照矿料的瞬时流量来调节沥青的喷洒量是不合理的,因此在连续式的计量系统中通常都要对物料的流量进行平均化处理。当采用主从控制的策略时,沥青的喷洒量是根据砂石料和粉料在一定时间内流量的平均值来调节的,而沥青流量的反馈值与控制值的比较也是在一定时间内的平均流量,在这一控制过程中控制误差的来源则是物料流量的不稳定,这是连续计量与批量计量在控制误差方面最大的不同之处。从以上的讨论中可以看到为降低连续计量系统的控制误差,最基本的是要控制砂石料和粉料流量的变化,保持它们的稳定性。其次是合理地选择平均化的时间和采样频率。对于波动较大的物料流量适当地加长平均化的时间和采样频率有助于降低控制值的偏度误差,但却可能增加它的随机误差。因此,在调试连续计量系统时正确地选择砂石料、粉料、沥青的平均化时间和采样频率是十分重要的。

(5)在连续式搅拌设备中不可能像间歇式搅拌设备那样在砂石料烘干之后再进行直接称重,它的干料流量是从冷料流量中扣除湿料的含水率后得出的,这一扣除的含水率只能是根据料堆的若干取样分析结果得出的平均值的估计值,因此对含水率的估计不正确就可能引起沥青含量的误差。此外对沥青密度和温度的估计不准也会带来相应的误差。

(6)由于砂石料流经皮带秤称重后还要经过烘干筒的烘干才能到达喷洒沥青和进行拌和的区域,亦即在时间域上拌和与称重之间有着一时间上的滞后。如果采用主从控制的策略,需要根据砂石料的流量来调节沥青喷洒流量的话,那么在调整搅拌设备时就必须尽可能准确地测定这一延时时间。当沥青喷洒的延时时间调整不正确时,将会对沥青含量的误差产生影响,这在批量计量的方式中也是不存在的。

(7)矿料在烘干过程中可能由于滚翻而发生二次破碎,由于磨耗而产生细粉,由于燃气的抽吸作用而使部分细料和矿粉排入烟道,从而导致矿料级配的变化。其中最为重要的是排入烟道的细小颗粒和粉料,如果这些排入烟道的矿料全部回收并送入搅拌区域,则矿料的级配不致发生很大的变化,但是实际上排入袋式除尘器的0.075mm以下的粉料,通常只允许很少一部分回用,因而粉料的含量会发生较大变化,并导致矿料级配发生可观的改变。对于连续式搅拌设备来说,由于没有热料仓的分级和储存作用,很难直接对烘干的矿料进行取样筛分,因此除了与间歇式搅拌设备一样应加强对重力除尘器回收料的监控和均匀地导入拌和滚筒外,加强对沥青混合料中粉料含量的控制是十分重要的。

3 影响连续式搅拌工艺的矿料级配和油石比变异性的主要因素

从以上对连续式搅拌工艺特点的讨论中可以看到,影响矿料级配和油石比变异性的主要因素,除了原材料和成品料方面的因素(包括原材料规格不一致,矿料储存、堆放、运送,料堆取样、缩分、试验方法,成品料的储存、取样、缩分、试验和装卸等)与间歇式搅拌工艺是相同的以外,在冷集料供给和配料、集料烘干和除尘、原材料的计量—控制系统和搅拌器性能方面都有着一系列不同的影响因素和不同的作用机理。这些不同的影响因素主要包括:

(1)冷集料和粉料供给系统稳定性对矿料级配和油石比变异的影响。

(2)矿料烘干过程中粉料损失对矿料级配和油石比变异性的影响。

(3)冷集料含水率变化对矿料级配和油石比变异性的影响。

(4)连续式计量—控制系统动态误差对矿料级配和油石比变异性的影响。

(5)搅拌方式和搅拌器性能对矿料级配和油石比变异性的影响。

3.1 冷集料和粉料供给系统稳定性对矿料级配和油石比变异性的影响

如前所述,由于连续式计量方式不可能像批量计量那样根据一批矿料的实际重量给出所加沥青的确切重量,而只能是在矿料流量与沥青流量之间保持一种动态的平衡,因此作为主从控制中自变量一方的冷集料和粉料,其流量的稳定性对于矿料的级配和油石比的变化有着十分重要的影响。从理论上来说如果矿料的流量(集料流量与粉料流量之和)是绝对稳定的,那么即使沥青的流量有波动,经过一定时间也会趋向于要求的控制值。当矿料的流量从一个量值突然改变为另一量值时,沥青的流量不可能立刻改变为所要求的控制值,而将围绕其控制值上下波动。如果矿料的流量不断发生变化,则沥青的流量也将不断地变化,矿料流量的变化越大,则沥青流量的变化也越大。冷集料和粉料供给系统对供料流量稳定性的影响主要来自三方面:

(1)供料速度的稳定性(当料门开度保持不变时)。

(2)原材料比重的波动。

(3)供料的不均匀性。

供料速度的波动,在电机正常工作的情况下通常是很小的,尤其是在采用变频调速的场合下,供料速度波动导致的矿料级配变化更是可以忽略不计的。原材料的重度γ在连续计量的过程中显然不可能保持绝对不变,它受到该规格段矿料粒径分布变化的影响,会在一定范围内发生波动。但是如果所供应的矿料是同一矿石来源、同一工艺下生产出来,则矿料重度波动的变化范围不会太大,只有当原材料的规格发生明显变化时,矿料的重度才会发生突然的改变。因而,在影响供料流量稳定性的因素中,最主要的是供料的不均匀。这种情况通常较多地发生在细料和矿粉的供料进程中,而且大多是由于材料的含水率过多造成的。

为了研究冷集料和粉料流量不稳定对矿料级配和油石比造成的影响,对一台生产能力为120t/h的双滚筒搅拌设备的生产数据进行了监测和统计分析。表1是冷集料和粉料流量不稳定的一些典型工况的统计分析结果。图2~图9则是与表1的典型工况相对应的集料、粉料、沥青流量、含量的变化图表。

冷集料和粉料流量不稳定时动态计量—控制误差的统计分析结果　　表1

统计指标		工况一			工况二			工况三		
		平均值	均方差	变异系数(%)	平均值	均方差	变异系数(%)	平均值	均方差	变异系数(%)
各组成流量	3号集料(t/h)	44.49	1.64	3.69	42.63	4.85	11.38	34.10	1.92	5.62
	2号集料(t/h)	27.58	1.02	3.71	26.29	2.99	11.38	21.11	1.18	5.60
	1号集料(t/h)	33.88	1.24	3.65	32.32	3.70	11.44	25.99	1.43	5.52
	集料总量(t/h)	105.95	3.89	3.67	101.24	11.53	11.39	81.20	4.53	5.58
	矿料总量(t/h)	10.03	1.78	17.75	7.31	4.20	57.43	7.52	0.59	7.90
	矿料总量(t/h)	115.98	4.39	3.78	108.54	13.57	12.50	88.72	4.93	5.56
	沥青重量(t/h)	7.55	0.36	4.78	6.96	0.77	11.07	5.73	0.17	3.00
各组成含量	集料含量(%)	85.78	1.18	1.38	87.84	3.34	3.80	85.97	0.53	0.62
	矿粉含量(%)	8.10	1.33	16.39	6.12	3.45	56.36	7.96	0.45	5.67
	矿料含量(%)	93.88	0.27	0.28	93.95	0.26	0.28	93.93	0.26	0.27
	沥青含量(%)	6.12	0.27	4.36	6.05	0.26	4.36	6.07	0.26	4.21
冷料仓比例	3号集料(%)	41.99	0.12	0.29	42.15	0.36	0.86	41.99	0.09	0.21
	2号集料(%)	26.03	0.06	0.23	26.00	0.06	0.24	26.00	0.08	0.31
	1号集料(%)	31.98	0.11	0.33	31.95	0.08	0.26	32.01	0.09	0.28
	集料总量(t/h)	105.95	3.89	3.67	101.24	11.53	11.39	81.20	4.53	5.58

表1中的工况一和工况二都是在冷集料和矿粉在供料过程中出现涌料的情况下采集的生产数据，在工况二中矿粉还出现若干次断料。从表1中可以看到两者的集料、粉料和矿料(集料与粉料)之流量的变异性是很大的(矿料的均方差可达4.39t/h和13.57t/h)。由于采用了主从控制的方式进行了补偿，沥青的流量的离散性明显地减小了，但沥青含量的均方差仍有较高数值(0.27%和0.26%)。从这两个工况的比较中还可以看到，沥青流量补偿作用的好坏是与反馈作用的强弱相关的，虽然工况二的矿料波动比工况一更急剧，但由于沥青流量的反馈作用较强，其流量随矿料流量之变化而变化的跟随过程较强，因而反馈的补偿作用较好，而沥青含量的均方差并不比工况一更大。图2和图3则显示了在这两工况下集料、矿粉和沥青流量变化的时间历程，从图3中可看到集料、粉料以及矿料流量的波动是十分急剧的，而沥青的流量由于主从控制的反馈作用也随着矿料流量的增大而增大，随着它的减小而减小，但是这种跟随作用并不是完全同步的。比较图3和图2可以看到，图3的这种跟随作用的同步性显然较图2更好。

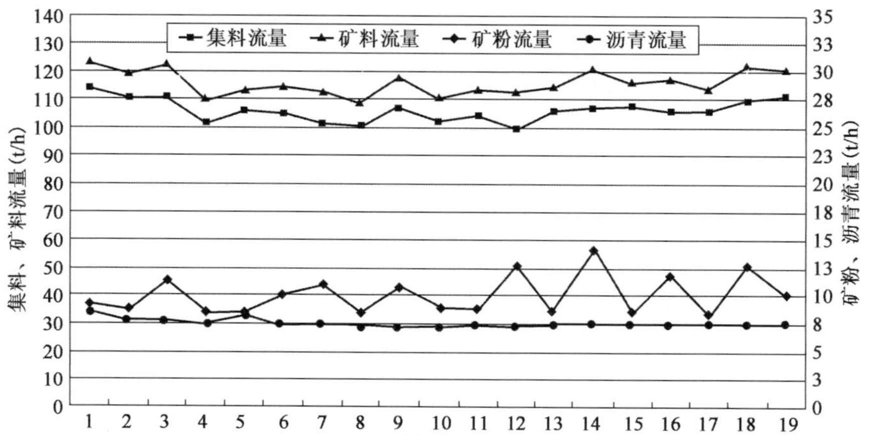

图2　集料、矿粉、沥青流量时域变化图(工况Ⅰ)

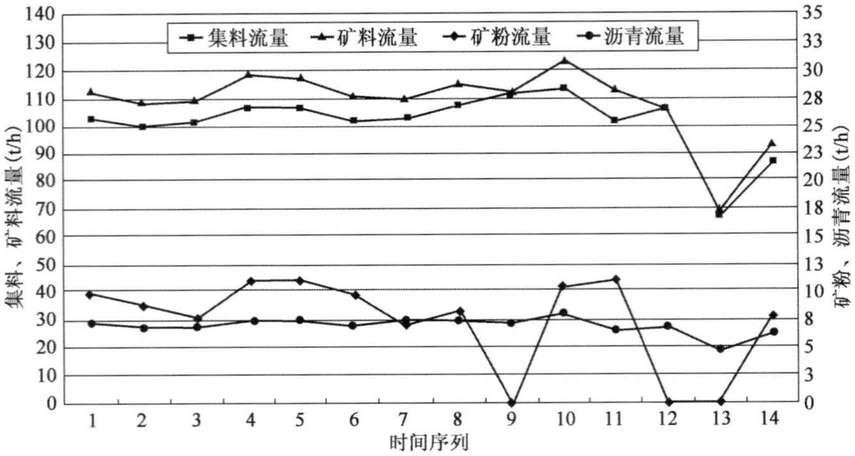

图3　集料、矿粉、沥青流量时域变化图(工况Ⅱ)

图4和图5则是集料、粉料、矿料和沥青含量变化的时间历程,从这些图中可以看到由于流量的急剧波动,集料和粉料的含量变化也是十分急剧的,而沥青含量的波动幅度虽然已经大大减慢了,但其极差仍可达到1.07%的幅度,而且由于沥青流量的补偿作用虽然图5中的集料和矿粉的波动较图4更大,但两者沥青含量的波动基本上是处于同一水平上。图6和图7则是1号、2号、3号集料占集料总量之比例的时间历程。

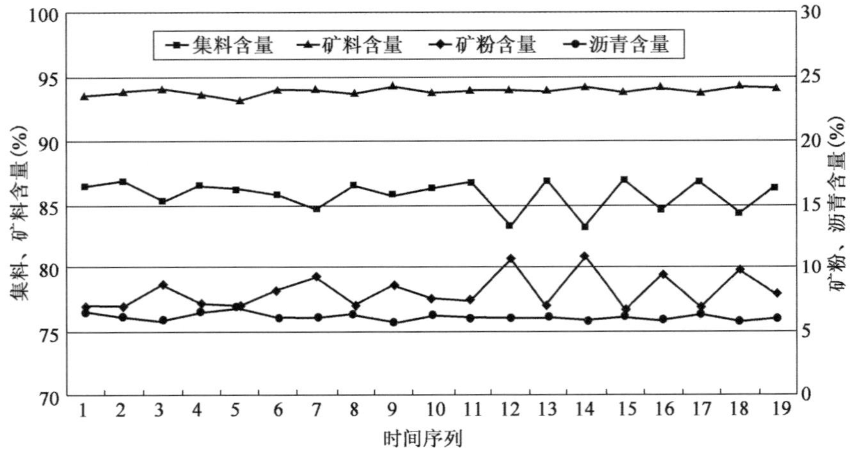

图4　集料、矿粉、沥青含量时域变化图(工况Ⅰ)

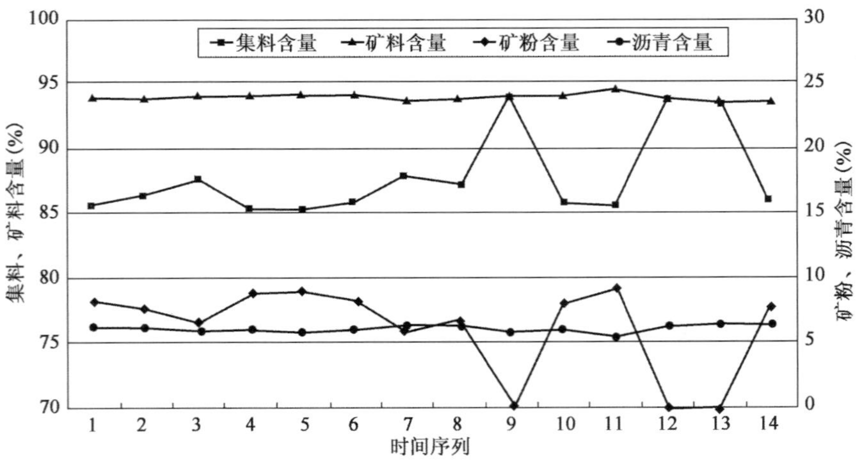

图5　集料、矿粉、沥青含量时域变化图(工况Ⅱ)

从图 6 和图 7 中可以看到，尽管冷集料的流量波动很大，但是各规格段集料的流量比例关系却并没有表现出很大的波动。应该指出，在“容积计量—总量称重”的方式下，各规格段的流量比例是在假设物料的重度和体积分布与标定时完全等同的条件下依靠所测定的供料皮带速度 v 计算出来的。因此，这些比例系数的变化只是反映了供料皮带速度的变化而并不能反映出真实的各规格段材料重量之间的比例关系。要获得各规格段集料真实的重量流量之间的比例关系则只能通过直接称重各冷料仓供料流量的方法来取得。

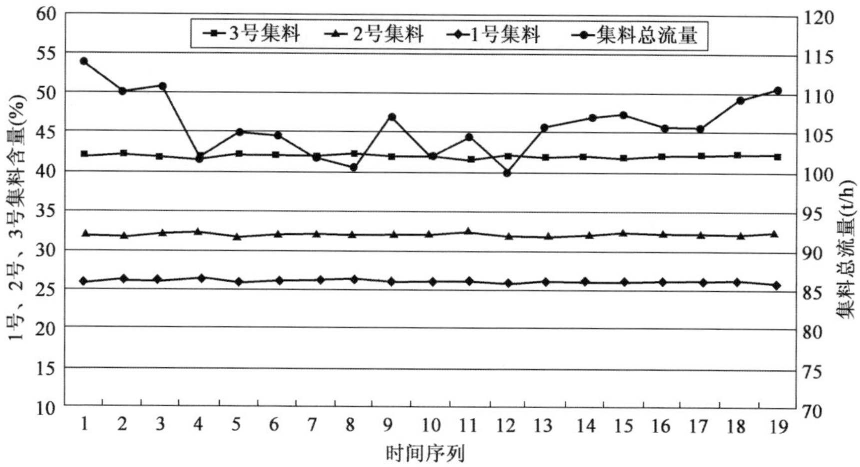

图 6　1 号、2 号、3 号集料含量和集料总流量的时域变化图（工况Ⅰ）

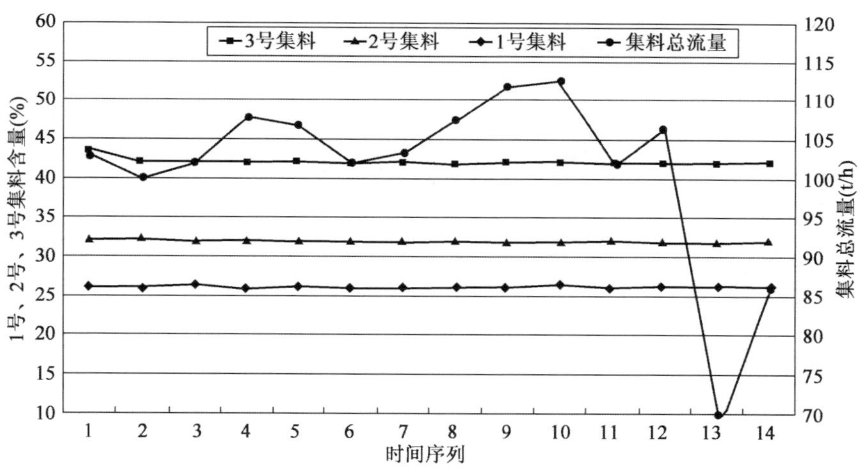

图 7　1 号、2 号、3 号集料含量和集料总流量的时域变化图（工况Ⅱ）

表 1 中的工况三显示的是冷集料的流量波动很大，但粉料流量的波动与工况一和二相比，明显要小得多的场合。图 8 和图 9 则是与工况三相对应的集料、粉料、矿料、沥青的流量以及它们在混合料中组成含量的变化曲线。从表 1 和图 9 中可看到，由于冷集料流量的急剧波动，导致矿料流量和矿料含量的急剧变化。虽然粉料的流量和含量变化并不太大，但代表沥青含量波动的均方差（0.26%）并不比工况一和工况二有多大的减少。上述事实表明，冷集料流量变化对沥青含量与油石比稳定性变化的影响远较粉料流量变化的影响为大，这是因为在矿料的供料量中集料流量所占的比例远较粉料为大的缘故。

表 2 是在砂石料和粉料比较干燥，供料过程没有涌料和断续供料的正常工况下，冷集料、粉料、沥青流量波动情况，以及它们含量变化的统计数据。图 10 ~ 图 15 则是与这些工况相应的，冷集料、粉料、沥青流量波动，以及它们含量的时域变化图。从表 2 和图 10、图 12、图 14 中可以看到在正常工作的情况下，冷集料的流量波动通常不会超过 ±3%，粉料流量的波动不会超过 ±10%。在这一情况下，沥青含量和矿粉含量绝对偏差的波动应能控制在 ±0.1% 和 ±0.5% 的水平内（参看表 2 和图 11、图 13、图 15）。

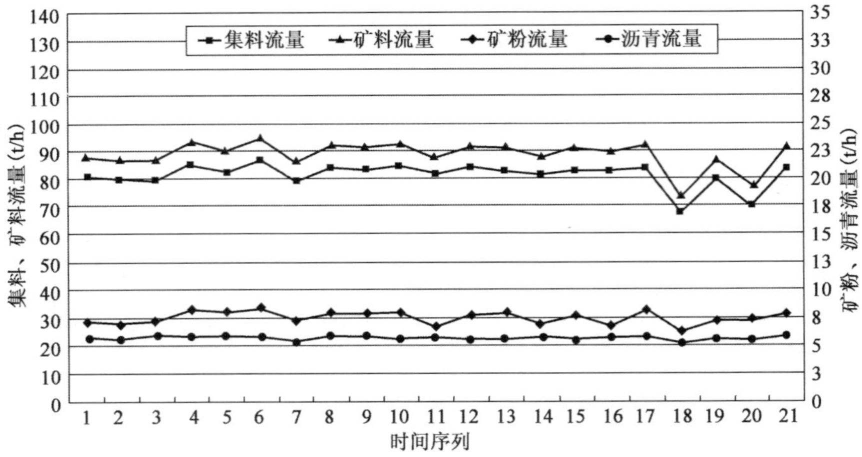

图8 集料、矿粉、沥青流量时域变化图(工况Ⅲ)

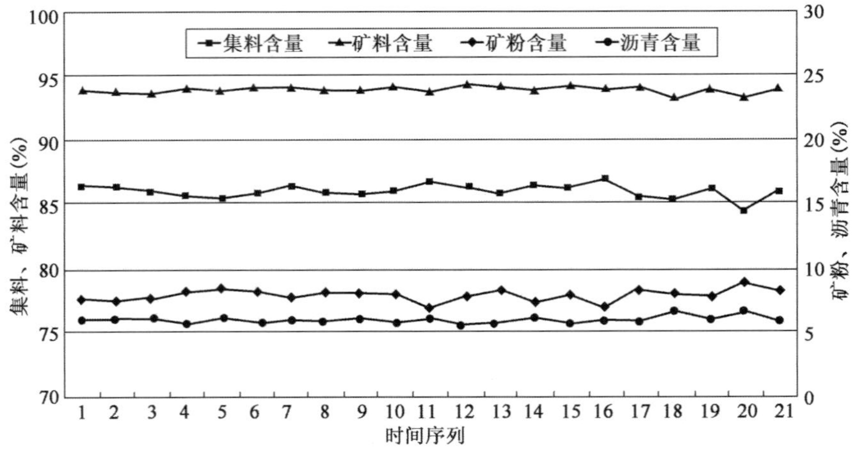

图9 集料、矿粉、沥青含量时域变化图(工况Ⅲ)

在冷集料和粉料流量稳定的正常工况下动态计量—控制误差的统计分析结果 表2

统计指标		工况四			工况五			工况六		
		平均值	均方差	变异系数(%)	平均值	均方差	变异系数(%)	平均值	均方差	变异系数(%)
各组成流量	3号集料(t/h)	47.18	0.56	1.18	39.97	0.50	1.24	34.82	0.44	1.28
	2号集料(t/h)	47.16	0.56	1.19	39.99	0.48	1.21	34.68	0.45	1.29
	1号集料(t/h)	20.72	0.28	1.37	17.59	0.29	1.65	15.22	0.20	1.34
	集料总量(t/h)	115.06	1.38	1.20	97.55	1.23	1.26	84.72	1.03	1.22
	矿料总量(t/h)	3.60	0.14	3.87	3.51	0.21	6.10	2.74	0.14	5.07
	矿料总量(t/h)	118.66	1.42	1.19	101.05	1.21	1.20	87.45	1.06	1.21
	沥青重量(t/h)	6.23	0.05	0.73	5.10	0.03	0.62	4.60	0.03	0.57
各组成含量	集料含量(%)	92.13	0.12	0.13	91.89	0.20	0.22	92.04	0.16	0.17
	矿粉含量(%)	2.89	0.11	3.70	3.30	0.21	6.22	2.97	0.14	4.88
	矿料含量(%)	95.02	0.05	0.06	95.20	0.06	0.06	95.01	0.06	0.07
	沥青含量(%)	4.99	0.05	1.09	4.80	0.06	1.26	4.99	0.06	1.25
冷料仓比例	3号集料(%)	41.00	0.08	0.20	40.98	0.13	0.31	41.06	0.11	0.27
	2号集料(%)	40.99	0.06	0.14	41.00	0.08	0.20	40.91	0.29	0.72
	1号集料(%)	18.01	0.07	0.40	18.03	0.12	0.65	17.95	0.07	0.40
	集料总量(t/h)	115.06	1.38	1.20	97.55	1.23	1.26	84.72	1.03	1.22

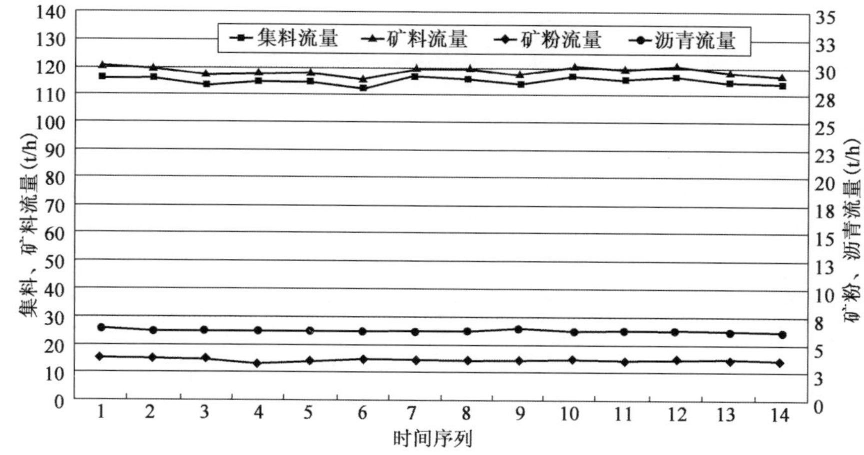

图 10　集料、矿粉、沥青流量时域变化图(工况四)

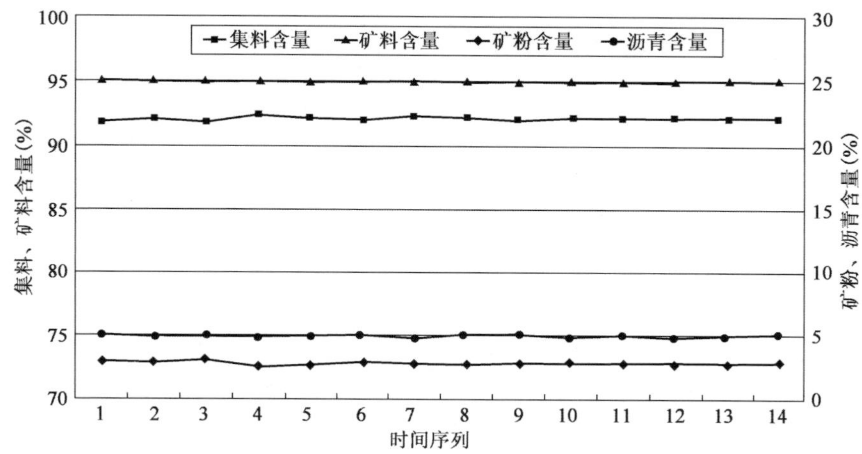

图 11　集料、矿粉、沥青含量时域变化图(工况四)

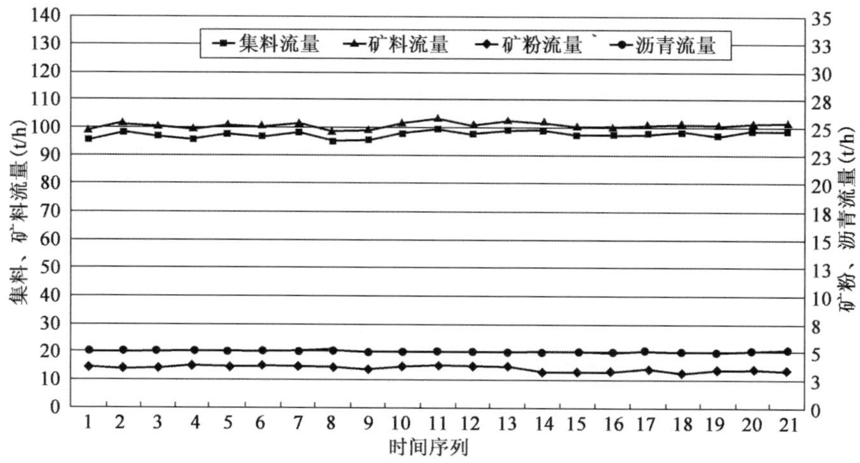

图 12　集料、矿粉、沥青流量时域变化图(工况五)

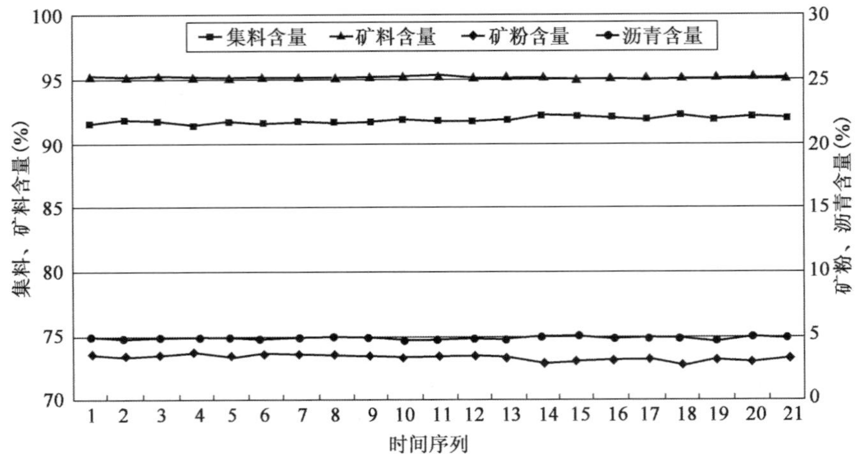

图 13 集料、矿粉、沥青含量时域变化图(工况五)

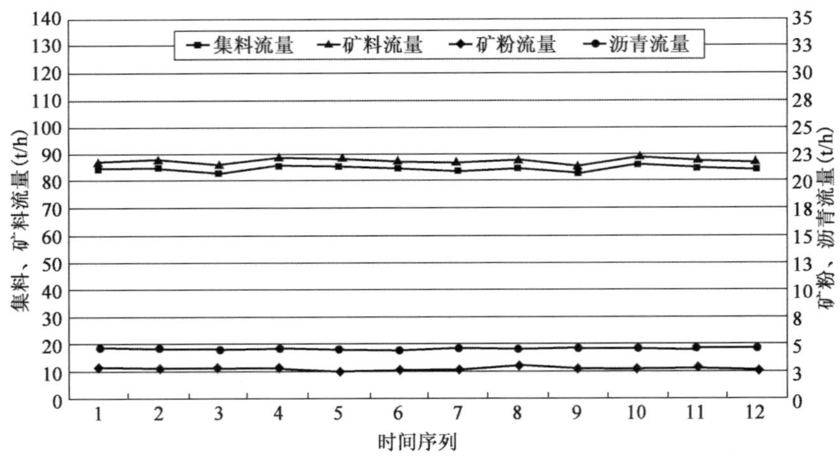

图 14 集料、矿粉、沥青流量时域变化图(工况六)

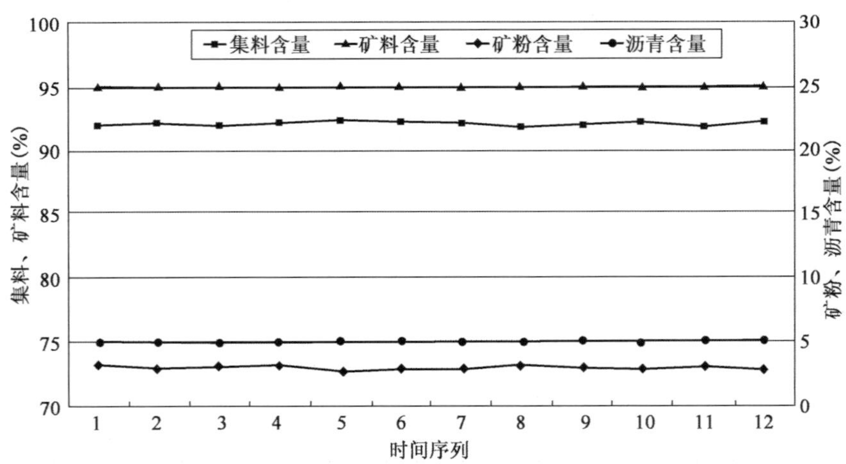

图 15 集料、矿粉、沥青含量时域变化图(工况六)

3.2 烘干过程对矿料级配和油石比变异性的影响

在早期的连续式沥青混合料搅拌设备中采用的是顺流式的烘干筒、粉料则直接加入到烘干筒后部的搅拌区内,由于高速燃气的强大吸力容易使大量粉料随着废气一起排出,粉料的损失高达50%以上,而且随着烘干筒负压的变化会有很大的波动,这不仅造成了粉料的浪费和加重了除尘设备的负担,而且导致无法实现粉量的精确控制。现代的连续式搅拌设备,大都采用逆流式的烘干筒,并将粉料的加入与烘干过程进行了隔离,因而冷集料烘干过程对矿料级配的影响,基本上与间歇式搅拌设备并无本质上的差异。在烘干过程中导致矿料级配变化的主要原因有以下两方面:

(1)粗集料在烘干筒内滚翻时有可能由于撞击而发生二次破碎，由于磨损而产生细粉，从而造成级配的变化。

(2)由于烘干筒燃气的抽吸作用而使一部分细集料和矿粉随着燃气一同排入烟道，从而导致矿料级配发生变化。

有关这方面的讨论可参看本论文集《影响间歇式沥青搅拌设备矿料级配变异性的原因及其控制的研究》中的"6"节。与间歇式搅拌有某些不同的是，在连续式搅拌设备中没有储存烘干后集料的热料仓，因此要在生产过程中对烘干的热料进行直接取样分析就比较困难，通常只能通过混合料的取料和对抽提后的矿料进行级配分析。有鉴于这一情况，在连续式搅拌设备的生产过程中，对初级除尘器回收料的级配分析，应该更加严格地将其作为搅拌设备生产过程日常监测和质量控制必须实施的内容。同时应加大对沥青混合料(成品料)取样的样本数以及每个样本的料样数量。

3.3　冷集料含水率的变化对矿料级配和油石比变异性的影响

与间歇式搅拌设备不同，在连续式搅拌设备中集料的称重是在集料烘干之前进行的。因此，在计算矿料的级配和油石比时在冷集料的重量中必须减去被称重材料的含水率才能成为干燥集料的重量，而这一被扣除的含水率是依靠事先对冷集料含水率的测定来取得的。由于冷集料的含水率在整个料堆中不可能是绝对均匀的，即使是加大取样数量和进行不同部位多个样本的采集，取得了具有代表性的样本，所得到的含水率也只是这一料堆含水率的平均值。因此，在沥青混合料的生产过程中，冷集料的含水率是一个具有某种不确定性的量值，这一变化的量值显然会影响到矿料级配和油石比的变化。

水分在冷料堆中的潴留通常与集料粒径的粗细、表面的粗糙程度、料堆的堆放高度、堆放的方式(是否堆放在经平整和倾斜的场地上)等因素有关。在各种集料中砂和石屑等细集料是最容易潴留水分的。大而高的料堆，通常内部的水分不易排出，因而导致表面层与深部含水率的变化。在料堆中水分总是上部较少而底部较多，并随着料堆高程的不同而变化。图16b)是美国南加州一个拌和场对砂料堆的实测数据，从图16中可以看到料堆底部的含水率可比料堆顶部(5m)高出2.5%。图16a)则是一个地面修筑有6%坡度高22.5m的砂料堆，由于斜坡的排水作用，在装载机装料部位的含水率可以比不修斜坡的料堆下降2.1%。表3则是南加州某拌和场对不同集料料堆的含水率实测数据，在表中可以看到砂和石屑类的料堆是最容易潴留水分的材料。表3还比较了堆放场地是否修筑排水斜坡对料堆含水率的影响，从表中可以看到斜坡的排水效果对于砂料来说是最有效的。

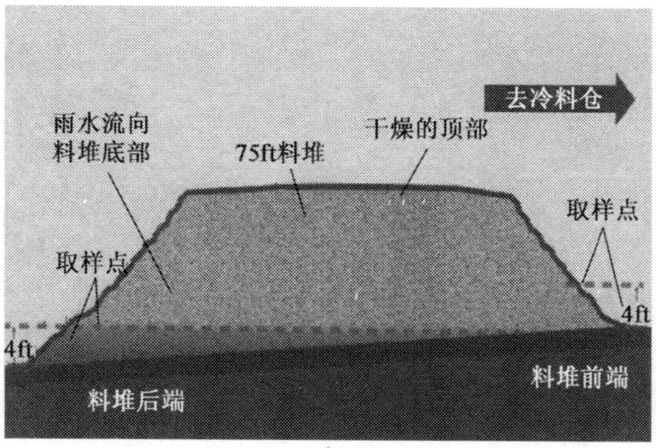

a)

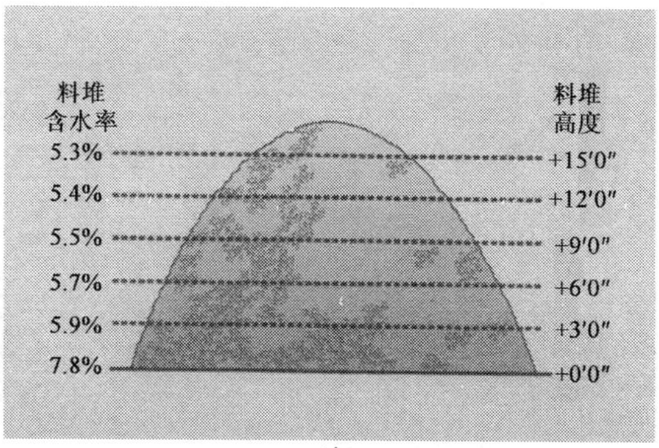

b)

图16　砂料堆在不同高度上含水率的变化

不同类型和不同堆放场地下料堆含水率的实测数据　　表3

料堆类型	料堆在平整和倾斜场地上的含水率	料堆在未平整和无倾斜场地上的含水率	含水率的差异
砂	5.4%	10.6%	5.2%
石屑	6.5%	8.3%	1.8%
1号粗料	1.4%	2.2%	0.8%
2号粗料	0.8%	0.9%	0.1%

砂石料含水率变化对矿料级配和油石比的影响是由于各档集料实际含水率与设定的含水率不同而引起的,为评估设定含水率的误差可能导致的对矿料级配与油石比变异性的影响,以 ASTECRDDC-839C 型的一个生产实例为依据计算了在含水率不同的波动范围内油石比和矿料级配的变化误差。

计算的原始数据为:

(1)采用4 种规格的集料,各档集料的百分比为:

1 号料(0 ~3mm)	27.6%
2 号料(3 ~5mm)	22.0%
3 号料(5 ~15mm)	43.2%
4 号料(15 ~20mm)	7.2%

(2)搅拌设备的生产能力为315t/h。设定的干燥集料流量为287t/h,矿料流量13t/h,沥青流量15t/h。

(3)设定的油石比:5%。

(4)各档矿料设定的含水率为:

1 号料	9.46%
2 号料	5.2%
3 号料	2.5%
4 号料	2.3%
矿粉	0%

(5)按各档矿料比例计算的矿料总含水率:5%。

表4 列出了当矿料的总含水率发生 1%、5%、10%、20% 的波动时,油石比误差的计算结果。表5 和表6 则列出了当各档矿料的含水率发生 1%、5%、10%、20% 的波动时,各档集料在集料总量中所占比例(含量)的变化情况。

矿料含水率变化对油石比误差的影响 表4

矿料总含水率的波动误差	±1%		±5%		±10%		±20%	
	+1%	-1%	+5%	-5%	+10%	-10%	+20%	-20%
矿料设定含水率(%)	5	5	5	5	5	5	5	5
矿料实际含水率(%)	5.05	4.95	5.25	4.75	5.5	4.5	6	4
矿粉设定流量(t/h)	13	13	13	13	13	13	13	13
干集料设定流量(t/h)	287	287	287	287	287	287	287	287
干矿料实际流量(t/h)	299.85	300.15	299.24	300.76	298.49	301.51	296.98	303.02
沥青设定流量(t/h)	15	15	15	15	15	15	15	15
设定油石比(%)	5	5	5	5	5	5	5	5
实际油石比(%)	5.0025	4.9975	5.0126	4.9874	5.0253	4.9750	5.0509	4.950
油石比误差(%)	0.0025	-0.0025	0.0126	-0.0126	0.0253	-0.0250	0.0509	-0.049

集料含水率变化对各档集料含量误差的影响 表5

集料类型	1 号料	2 号料	3 号料	4 号料	1 号料	2 号料	3 号料	4 号料
集料含水率误差	+1%	-1%	-1%	-1%	+5%	-5%	-5%	-5%
设定含水率(%)	9.46	5.20	2.50	2.30	9.46	5.20	2.50	2.30
实际含水率(%)	9.555	5.148	2.475	2.277	9.933	4.940	2.375	2.185
干集料设定流量(t/h)	79.212	63.140	123.984	20.664	79.212	63.140	123.984	20.664
干集料实际流量(t/h)	79.129	63.175	124.016	20.668	78.798	63.313	124.143	20.688
干集料设定含量(%)	27.6	22.0	43.2	7.2	27.6	22.0	43.2	7.2
干集料实际含量(%)	27.57	22.01	43.21	7.20	27.46	22.06	43.26	7.21
干集料含量误差(%)	-0.03	0.01	0.01	0.00	-0.14	0.06	0.06	0.01

集料含水率变化对各档集料含量误差的影响　　表6

集料类型	1号料	2号料	3号料	4号料	1号料	2号料	3号料	4号料
集料含水率误差	+10%	-10%	-10%	-10%	+20%	-20%	-20%	-20%
设定含水率(%)	9.46	5.20	2.50	2.30	9.46	5.20	2.50	2.30
实际含水率(%)	10.406	4.680	2.250	2.070	11.352	4.160	2.00	1.840
干集料设定流量(t/h)	79.212	63.140	123.984	20.664	79.212	63.140	123.984	20.664
干集料实际流量(t/h)	78.381	63.486	124.302	20.713	77.557	63.833	124.620	20.761
干集料设定含量(%)	27.6	22.0	43.2	7.2	27.6	22.0	43.2	7.2
干集料实际含量(%)	27.32	22.13	43.33	7.22	27.04	22.26	43.46	7.24
干集料含量误差(%)	-0.28	0.13	0.13	0.02	-0.56	0.26	0.26	0.04

从表4中可以看到，如果矿料的总含水率的波动范围能控制在±10%之内，则油石比的变化范围大约在±0.025%的范围内，如含水率之波动在±20%之内，则油石比的变化范围大约在±0.05%的范围内。

从表5和6中可以看到当各档矿料的含水率波动控制在10%和20%之内，则含水率最大的1号集料之含量误差可分别控制在0.3%和0.6%之内。

3.4　连续式计量—控制系统动态误差对矿料级配和油石比变异性的影响

如前所述，在连续式计量系统中，砂石料皮带秤称重轮所感受的并非某一段料流的直接重量，而是皮带秤测重区段的累加载荷。如果砂石料在皮带测重段的载荷分布和材料的比重都是绝对均匀不变的，那么皮带秤所测定的材料流量将是一不变的常量。但是在实际情况下，材料在皮带秤测重区段上的载荷分布不论是纵向还是横向都在时时发生变化(图17)。此外，材料本身的重度也不可能是一常数，它实际上是一具有某种不确定性的量值。因此，材料本身的不均匀性和它在皮带上分布的不均匀是导致皮带秤流量读数波动的主要原因。在此种情况下，砂石料、矿粉、沥青流量的控制都是按照一定时间内的平均值来进行的，采用平均值作为控制量是希望在一定时间内矿料流量与沥青流量之间保持相对的稳定，使它们之间能处在一种动态的平衡状态。显然，由于材料本身的不均匀性、下料的不均匀以及平均化的时间，控制过程的响应速率等多种因素的影响，要达到理想的要求是不可能的，因而必然会产生一定的计量—控制误差。就计量—控制误差的来源来看，这一点是与间歇式计量方式完全不同的。

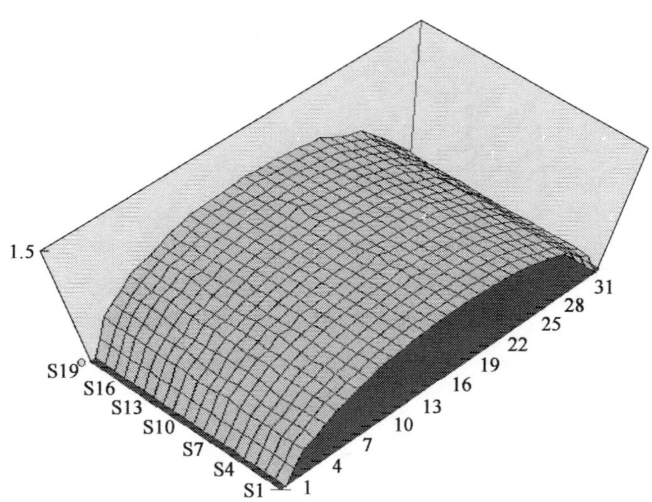

图17　砂石料在皮带上载荷分布的不均匀性

对于不同的连续式搅拌设备(不同的冷料供给系统、不同的计量—控制系统)和不同的材料与使用条件，计量—控制误差的大小是不同的，也很难用理论计算的方法来进行评估。但是对于一台具体的搅拌设备，在具体的使用材料与条件下，通过较长时间连续工作中对集料、矿料、沥青流量数据的采集，并计算它们含量波动的统计特征值,还是可以对矿料级配和油石比的综合控制误差做出某种评估。

表7和图18、图19显示了一台ASTEC RDDC-839C型的双滚筒搅拌设备在连续工作31天中,对所取样检测的集料各筛孔通过率、粉料含量和沥青含量的数据进行统计分析的结果。这些结果表明对于这台具体的设备和具体的材料与使用条件下,控制误差是很小的,沥青含量的均方偏差为0.1%,在95%的概率下,其极限偏差为±0.196%,粉料和各档集料的含量的均方偏差分别为0.35%和0.48%~1.79%,它们的极限偏差分别为±0.686%和±0.941%~±3.508%。由此可见,连续式的计量方式在各档矿料级配比较稳定和正确调试与使用的条件下,使沥青含量误差不大于±0.3%,矿粉含量的误差不大于±1%,各档集料含量的误差不大于±3%~±4%是完全可能的。

沥青混合料组成取样检测统计数据 表7

统计指标	通过下列筛孔(mm)的质量百分率								沥青(%)
	26.5	19	16	13.2	9.5	4.75	2.36	0.075	
平均值	99.45	85.79	75.49	54.89	35.40	26.62	20.15	5.53	4.09
均方偏差	0.98	1.50	1,79	1.72	1.19	1.36	1.10	0.35	0.10
变异系数	0.01	0.02	0.02	0.03	0.03	0.05	0.05	0.06	0.02

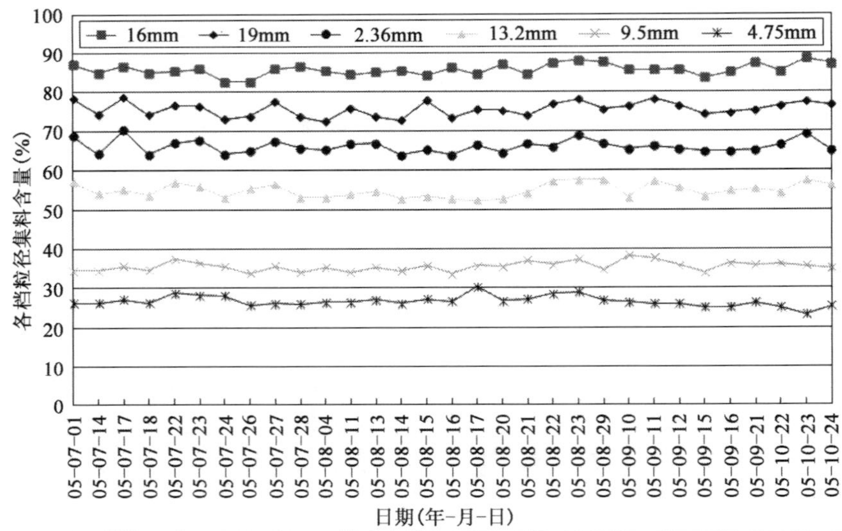

图18 各档粒径集料含量的波动情况

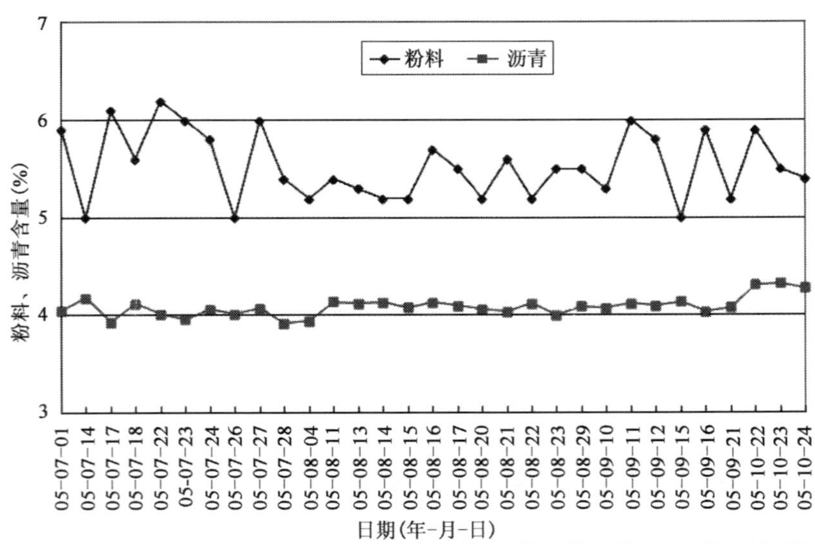

图19 粉料、沥青含量的波动情况

3.5　搅拌方式和搅拌器性能对矿料级配和油石比变异性的影响

搅拌方式和搅拌器性能对矿料级配和油石比变异性的影响主要表现在搅拌的均匀性和搅拌过程对集料产生的二次破碎两方面，其中影响最大的是搅拌的均匀性问题。在早期的连续式搅拌设备中，混合料的搅拌作业采用的是自落式的搅拌方式，这一搅拌方式虽然对减少搅拌过程中集料的二次破碎有好处，但是由于采用了顺流式的烘干筒，搅拌区段的长度有限，搅拌的时间较短，因而混合料的搅拌均匀性通常会不如间歇式搅拌设备所采用的双卧轴强制式搅拌器。

现代的连续式沥青搅拌设备大多已经改用逆流式烘干筒，搅拌的时间也比较长，有些机型，例如ASTEC的双滚筒搅拌设备还采用了强制自落式的搅拌方式，因而在搅拌均匀性方面已经不存在不如间歇式搅拌设备的问题了，在某些场合下，甚至可以获得比间歇式搅拌器更好的搅拌均匀性。表8和图20是对一台双滚筒搅拌设备在调试过程中每隔2 min取一次样，连续采集10个料样的抽提分析的数据以及在同一时间内计算机打印的计量控制数据。从表8和图20中可以看到10个试样的沥青含量抽提结果的均方差为$\sigma=0.096\%$，这一随机误差中包含了材料本身不均匀性的误差、下料和分布不均匀的误差、计量—控制系统的误差以及搅拌不均匀和抽提过程的取样与试验误差。前三项随机误差之总和反映在计算机给出的计量数据波动的均方差σ_1中（$\sigma_1=0.071\%$），而后两项的随机误差则可根据沥青含量抽提数据的均方差σ（$\sigma=0.096\%$）而得。

沥青含量的计算机计量控制数据和抽提结果　　表8

统计指标	平均值	均方偏差	变异系数	99%概率下的最大偏差范围
计算机计量控制数据（%）	4.994	0.071	1.417	4.719 ~ 5.268
取样检测抽提数据（%）	4.888	0.096	1.969	4.513 ~ 5.262

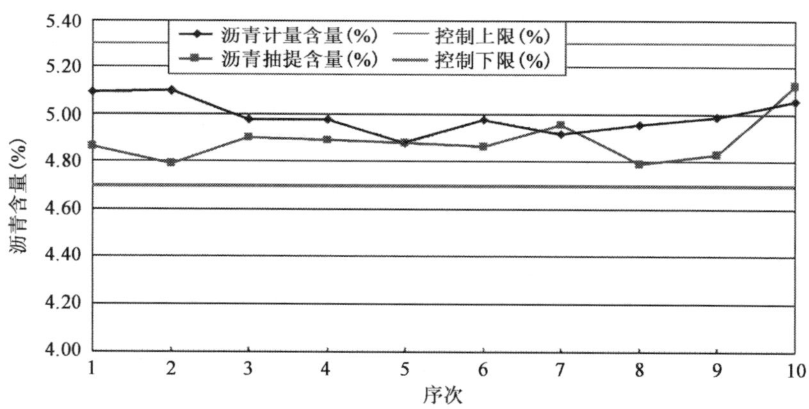

图20　沥青含量的计算机控制数据与抽提数据的波动比较

设σ_2为搅拌不均匀和抽提过程的取样与试验误差，根据随机误差的分配原理，则

$$\sigma^2=\sigma_1^2+\sigma_2^2$$

$$\sigma_2=\sqrt{\sigma^2-\sigma_1^2}=\sqrt{0.096^2-0.071^2}=0.065$$

由此可见，σ_2所反映的搅拌均匀性的随机误差是不大的。

图21则是连续采集（2min一次）的18个料样抽提分析所获得的沥青含量、矿粉含量和各档集料通过率的试验数据。图21显示了诸如双滚筒式的连续搅拌工艺完全能生产出各组成成分精度很高的优质沥青混合料来。

4　连续式搅拌设备的正确使用与成品料的质量控制

从以上对连续式搅拌工艺的计量与配料机理以及影响矿料级配与油石比变异性因素的讨论中可以归纳出以下一些正确使用连续式搅拌设备和保证成品料生产质量的控制措施。

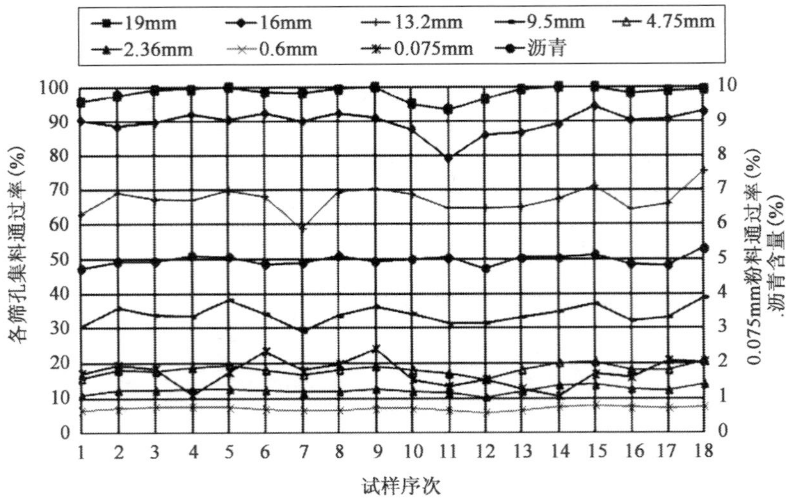

图21 沥青混合料取样抽提分析数据的波动情况

4.1 加强原材料的质量管理,保持材料规格的一致性

与间歇式搅拌设备一样,原材料的规格一致性是生产出优质成品料的基础。因此,严格对进场集料的级配检查,把住进料关;加强料堆管理,防止发生混放;加强冷料堆级配和含水率的日常检查;装载机手的仔细操作,正确装料,这些都是正确使用连续式搅拌设备的重要条件。

有鉴于冷集料含水率对流量的稳定性、油石比和矿料级配变异性的影响,修筑具有硬地坪和排水斜坡的堆放场地以及防雨的雨篷对使用连续式搅拌设备的拌和场显得更为重要。此外,减少水分在冷料堆中的潴留可以大大减少烘干过程中的燃油消耗,此点对油价高涨的今天也有着十分重要的现实意义。

4.2 严格控制集料流量的稳定性

保持集料和矿粉流量的稳定性是连续式搅拌设备能否生产出合格成品料的基本条件。影响集料和粉料流量稳定性的,除了原材料规格的一致性外,十分重要的是要保持各冷料仓和粉料供给系统出料的均匀性。为此,应该正确地调整各冷料仓的料门开度,使砂石料能顺畅均匀地流出,而不发生断续出料和涌料的情况。对于砂、石屑之类的细料以及矿粉要特别注意它们的干燥度,细料的含水率不宜太高、矿粉应该是干燥的,这样可大大减少出现涌料的概率。

4.3 重视连续式搅拌设备在调试和使用过程中皮带秤和沥青流量计的实物标定工作

由于皮带效应的影响,皮带秤必须采用实物标定的方法来进行秤的计量校准。对于沥青流量计来说,由于不同沥青牌号和温度对流体黏度的影响,也必须进行实物标定。不同规格和状态的原材料,它们的标定常数也是不一样的。因此,不可能在调整设备时一劳永逸地将集料、矿粉、沥青的计量系统校准好。用户在更换各种原材料的规格、调整冷料仓的料门开度后,都必须重新校正相应的标定常数,在平时也应定期进行校准,确定其是否需要做出修正。

4.4 加强对冷集料级配和含水率的监测

由于没有热集料筛分和称量的过程,因此冷集料级配和含水率的日常监测对连续式设备来说尤为重要。冷集料的级配与含水率分析至少应每天取样一次,取样应在装载机当天装料的部位采集。斜皮带上的混合料最能代表当前供烘干和搅拌用的冷集料的级配特性与含水率状态,因此其取样频度应较料堆取样更高。最好能做到在不中断生产的情况下多次取样分析,如没有专门的取样设备,则至少应每天上、下午各取样一次。有关冷料堆与斜皮带的取样与筛分试验方法可参看本论文集“影响间歇式沥青搅拌设备矿料级配变异性的原因及其控制的研究”第4节。

4.5 加强对计算机计量—控制数据的过程管理与实时分析

利用计算机的控制数据对连续式搅拌设备的生产质量进行实时分析是成品料生产质量过程控制的

重要手段。每天搅拌设备开工并稳定生产后，应按每分钟一次的频率打印一小时的生产数据（共 60 个样本），通过这些数据的分析来检查集料、矿粉、沥青的流量是否稳定，它们含量的波动（平均值、均方差、变异系数）是否在允许的公差范围内。

每天还应根据当天的生产数据进行总量检验，考察一整天内各项指标的波动情况和变化趋势。在实时监测与总量检验时应分析的各项指标和它们的控制公差，如表 9 所示。

实时监测与总量检验的各项指标和控制公差　　表 9

控制公差	控制指标					
	集料流量	粉料流量	沥青流量	集料含量	粉料含量	沥青含量
平均值相对设定值之偏差（系统偏差）（%）				±0.5	±0.1	±.03
均方差（随机偏差）（%）	±3	±10	±0.5	±1	±0.25	±0.07

4.6　加强对初级除尘器回收料和沥青混合料的级配分析

由于在生产过程中对烘干的热料进行直接取样分析比较困难，通常只能通过混合料的取料和对抽提后的矿料进行级配分析。有鉴于此，在连续式搅拌设备的生产过程中，对初级除尘器回收料的级配分析应该更加严格地将其作为搅拌设备生产过程日常监测和质量控制必须实施的内容。同时应加大对沥青混合料（成品料）取样的样本数以及每个样本的料样数量。

4.7　成品料生产质量的动态质量管理

成品料生产质量的动态管理是利用概率统计分析来控制热沥青混合料生产质量的一种管理方法。它通过对混合料生产过程的各种数据进行统计分析获得一系列代表这一生产过程的概率统计特征值，然后将这些统计分析结果随施工进度而变化的情况以图表的形式显示出来。通过这些概率统计特征值的变化可以帮助技术人员判断热沥青混合料的整个生产过程是否正常。如出现异常情况可帮助人们分析问题的原因及如何改正，还可以通过这些统计分析数据的变化趋势预测生产过程是否有偏离正常工艺过程的倾向，以便在成品料质量尚未超差之前就及时采取措施加以纠正。

对于连续式沥青搅拌设备来说，成品料生产质量动态管理监测的主要参数是集料、沥青、粉料的流量与含量、冷集料的级配与含水率、成品料的矿料级配与油石比、成品料的温度、马歇尔试验的结果以及搅拌设备生产过程总量控制的数据等。

5　结语

（1）连续式搅拌设备在国外已经成功地使用了几十年，尤其是在 20 世纪 80 年代末 90 年代初发展起来的新一代连续式搅拌设备（其中最有代表性的是 ASTEC 的双滚筒搅拌设备）已经完全消除了早期滚筒式搅拌设备的各种缺点。那种认为在高速公路施工中不宜推广应用连续式搅拌设备的观点显然并不妥当，因为许多问题是由于用户不了解连续式与间歇式搅拌设备在配料和计量控制过程上的本质差别而引起的。根据我们在青岛和广东使用双滚筒搅拌设备的经验，只要掌握了它的使用特点，就能在使用中充分发挥它的性能，稳定地生产出优质的沥青混合料来。

（2）连续式搅拌工艺在冷集料的配料机理、计量—控制系统的工作原理和搅拌器的性能方面都有着一系列不同于间歇式搅拌设备的特点。因此，连续式搅拌设备在调试、使用和生产质量的控制方面有着一系列特殊的要求。

（3）本报告在研究连续式搅拌工艺的计量与配料机理以及分析影响矿料级配和油石比变异性因素的基础上，总结与归纳的关于正确使用连续式搅拌设备和进行生产质量控制方面的一系列建议可作为用户正确使用现代连续式搅拌设备的指导原则。

对连续式搅拌设备发展的几点看法

孙祖望

（本文刊于《建设机械技术与管理》杂志 2010 年第 5 期）

1 连续式搅拌设备的发展历程

连续式搅拌工艺和相应的搅拌设备经历了近 30 年的发展，在国外已经是一项成熟的技术了。美国早在 20 世纪 90 年代初，滚筒式搅拌设备的年销售量已占国内总销量的 95% 以上。但是，我国至今对这一技术仍存在着不同的看法，甚至带有某些排斥性的倾向。究其原因，在很大程度上是由于不了解连续式搅拌工艺在近 20 多年来的技术进步以及受某些传统观念的束缚而造成的，而后者显然与早期滚筒式搅拌设备的缺点在人们心目中所造成的深刻印象有关。因此，追溯一下历史的发展，了解各个阶段的重要技术进步以及 20 世纪 90 年代在这一领域内的新发展，对于推动我国连续式搅拌设备的发展和技术进步无疑会是有益的。

在沥青混合料搅拌设备的发展中，最早出现的是间歇式搅拌设备，所以也常称它为传统式搅拌设备，这种设备采用冷料配料、湿料烘干、热料筛分、批量计量、强制拌和的工艺。由于采用逆流式烘干工艺，热效率高，清除骨料中的水分比较充分。在燃烧技术和控制系统方面日趋完善，间歇式沥青搅拌设备容易保证获得优质混合料。但是，间歇式搅拌设备也存在着一些缺点：结构复杂，容易发生故障；燃料的消耗大；生产率低；含尘量高等。

滚筒式搅拌设备是在 20 世纪 60 年代后期发展起来的，是人们设想能从工艺和结构上进行改革，消除间歇式搅拌设备的缺点而诞生的。它改变了传统烘干筒逆流式的进料方式，而使冷料从安装喷燃器的同一端进入烘干筒（顺流式），并将烘干筒延长而分为两个部分：前半部为烘干区，后半部为拌和区，让烘干和拌和工序在一个滚筒内完成，从而取消了热料提升和筛分的设备，使烘干和拌和的过程得以连续进行。

第一代滚筒式搅拌设备是以低温拌和、低污染、低能耗、高生产率、结构简单、易于维修、便于搬移为号召的。它的问世受到了世界沥青混合料工业界的广泛兴趣，并吸引了一些热心的用户。但是当第一批滚筒式搅拌设备投放市场并投入使用之后，最初构想滚筒式搅拌设备时所期待的效果并没有如预想那样好地实现，而在实际使用过程中却出现了一系列技术问题。这些技术问题主要有：

①残余含水率高达 1% ~2% 和烘干效率低。

②沥青中的轻质油分在与高温火焰和炽热燃气的接触中产生蓝烟，造成排烟污染，同时，也引起沥青的老化。

③由于粉尘、油烟进入袋式除尘器还可能引起堵塞、烧坏等问题，因而不得不再加除尘设备，这在一定程度上降低了滚筒式搅拌设备在移动性方面的优越性。

④沥青计量系统的计量精度不高，油石比误差比较大，影响了沥青和砂石料之间的拌和均匀度。

⑤集料的分粒径控制，只能依靠冷料仓的配比控制来解决，很难保证骨料的级配精度，再加上，由于高速燃气流的强大吸力容易使大量粉料随废气一起排出，造成了粉料的浪费，加重了除尘设备的负担。

由于早期投入使用的滚筒式搅拌设备的这一系列技术问题使滚筒式搅拌设备的发展进入了停滞时期。许多用户采取观望态度，在一些国家甚至在规范中明确规定在修筑高速公路时不允许使用滚筒式搅拌设备。自20世纪70年代中期开始至20世纪80年代初,滚筒式搅拌设备经历了一个在技术上作出重大改进的发展阶段。这一阶段不论在设备性能上还是在结构上都取得了一系列重要的技术进步。主要表现在以下几个方面。

(1)结构上的重大改进

加长滚筒以增大加热的空间,增加拌和时间,从而改善拌和的均匀性;加密搅拌叶片的数量,形成多层撒布的料帘。改善了骨料与燃气之间的热交换,阻止了火焰直接喷向沥青,改善了沥青的老化和蓝烟的问题。

(2)燃烧技术的改进

首先表现在火焰形状的改变上,同时加大了二次风的风量和风压,引入了喷油量和二次风的自动控制系统。此外,这一时期许多专门制造沥青搅拌设备燃烧器的厂家在喷油嘴、燃烧室、一次风和二次风的供给系统等方面做了大量工作,致力于提高热效率、降低燃油消耗率和使用多种燃料,包括重油、废油、渣油以至于煤粉等固体燃料。

(3)控制系统的改进

早期的滚筒式搅拌设备采用独立式控制系统虽然可以保证骨料和沥青供给系统的稳定运转,却难以反映砂石料流量随机性的变化,无法随时控制沥青的喷射量,很难获得高质量的混合料。20世纪70年代滚筒式搅拌设备的一项重要标志就是引入了计算机自动控制系统。

20世纪80年代后期,美国和欧洲的许多生产搅拌设备的企业着手研制推出带有革命性飞跃的新型沥青混合料搅拌设备,在众多的方案中最有代表性的是以下两种:

(1)燃烧器伸入滚筒的方案

这一方案的特点是燃烧器伸入至滚筒约1/3处,从而将滚筒分成烘干和搅拌两个部分。烘干筒采取逆流式的方案,具有较高的烘干效率。再生料、新沥青和粉料都避开了炽热的火焰和燃气,因此蓝烟、沥青老化、跑粉等问题均可得到较好解决。但由于对骨料进行强化加热,滚筒的热负荷相当高,筒壁的温度也升得很高,这一方面增加了筒壁的散热损失,另外也降低了筒壁耐热材料的寿命。为了解决这一问题又发展了空气强制冷却的方案。在烘干筒炽热部位的外壳装有一空气夹层,冷空气通过这一夹层被抽吸入燃烧室成为供油气充分燃烧用的二次风。冷空气一方面冷却了烘干筒的外壳,同时又使二次风得到预热而改善了燃烧条件。采取这一措施后可使设备的效率提高4%～8%。意大利MARINI公司推出的燃烧器伸入筒中的EMCC型逆流滚筒搅拌设备,可接受40%的再生料。

(2)内外套筒式的双滚筒方案

美国ASTEC为迎接20世纪90年代的挑战推出了新型双滚筒沥青搅拌设备的方案。在这一方案中内筒是完全和间歇式一样的逆流式烘干筒,只是在它的尾部有格式的窗口,可使超加热的骨料落入外筒。再生料、沥青、粉料和各种添加剂都是从外筒上不同断面的开口进入内外筒夹层的,在这里形成了一个巨大的拌和空间。在烘干筒(内筒)的外壳上安装有一系列桨叶,进入夹层的材料经桨叶的强制搅拌后成为拌和均匀的成品料并从外筒的另一端输出。这样的工艺流程可以说已经解决了几乎所有滚筒式搅拌设备的缺点而保留并扩大了它们的优点。

2　双滚筒沥青搅拌设备近十年来的新进展

双滚筒沥青搅拌设备自20世纪80年代末进入市场以来,一直经历着不断改进的过程。20世纪90年代至今比较重大的改进,大体上有以下三方面。

(1)安装在烘干筒外壁的拌缸桨叶在角度、位置、形状、数量等方面进行了多次改进,进一步优化了混合料的搅拌过程,更好地改善了拌和的均匀性。

(2)改善了烘干筒的燃烧—加热系统:采用封闭式的供气系统,燃烧所需的空气由专门的鼓风机供给,减少了过量空气系数;采用增压式的烘干筒,提高了燃气的流速,改善了烘干筒内的热交换条件;改进了冷集料进口处的密封性和双滚筒外壁的隔热性,从而降低了散热损失;采用新设计的性能更好的燃烧器。

(3)2005 年 ASTEC 推出了一款新的双滚筒机型——绿色双滚筒(Green Double Barrel)。在常规的双滚筒沥青搅拌设备上安装了一个泡沫沥青发生器,用直接泡沫沥青的方式在双滚筒沥青搅拌设备上实现温拌技术,可使拌和温度下降 20~30℃。

3 间歇式与连续式沥青搅拌设备的优缺点和它们的发展前景

热拌沥青混合料的生产工艺基本上可分为两大类。一类是分批(Batch)式生产工艺,混合料的各种成分(集料、矿粉、沥青)是按分批计量、分批拌和方式进行的,与这一工艺相应的搅拌设备是间歇式搅拌设备。另一类是连续式生产工艺,沥青混合料的生产是按连续计量、连续搅拌的方式进行的,与它相应的搅拌设备是连续式搅拌设备。以下讨论的两类搅拌设备的优缺点则是由分批式和连续式生产工艺的本质属性所带来的,并不涉及某一品牌所特有的具体特点。分批式生产工艺是一种传统的工艺,它的工艺流程在 20 世纪的 20~30 年代就已基本形成。分批式生产工艺的特点和它的优缺点可以归纳如下:

(1)分批式生产工艺的第一个特点是具有集料二次筛分的工序,当材料的规格稳定,筛分系统的使用正确时,它可以更为正确地保持各规格段集料之间的比例关系。但是如果筛孔选择不当、筛分系统使用不当,则有可能由于二次筛分反而干扰集料的正确级配。

(2)分批式生产工艺的另一个特点是用直接称重的方式对各种物料进行分批称重,因此不会有由于容积转换为重量而产生的误差。在计量控制过程中产生的误差,主要是由于物料在称量过程中的飞料和冲击造成的,这一误差的大小主要取决于控制系统所采取的落差补偿技术的优劣。

(3)分批式生产工艺由于采用直接称重的计量方式,所以秤的标定简单易行,不需要进行实物标定,由于热料可以事先储存在热料仓里,因而在变换配方方面有着较大的灵活性,进入稳定生产的时间较短,而所需废弃的料头也较少。

(4)在分批式生产工艺中烘干筒输出的热集料要经过热料提升、筛分、热料仓、计量斗才能进入搅拌缸进行搅拌,热集料在这些过程中会有较大的热量损失,所以从原则上来说,分批生产工艺的燃油和电能消耗会高于连续式的生产工艺。

(5)分批生产工艺所采用的间歇式搅拌设备需要一个庞大的塔楼来安装热料提升、筛分系统、热料仓、集料、矿粉、沥青的称重系统以及搅拌缸等设备总成,因而运行的可靠性不如连续式搅拌设备,养护维修的成本也较后者为高。

(6)分批生产工艺所采用的间歇式搅拌设备如不作重大的改动,生产再生混合料的能力是有限的,再生料的比例通常不能超过 20%。如要增加再生料的比例,通常需要采用第二烘干筒来专门加热再生料,此时设备的购置费用和运行成本都会大大高于连续式搅拌设备。

连续式生产工艺起源于 20 世纪的 60 年代,19 世纪 90 年代推出的新型连续式搅拌设备对连续式搅拌工艺做出了革命性的改进,早期连续式生产工艺的缺点已经得到了完善的解决,但是它由连续式工艺本质属性所带来的缺点仍然存在。连续式生产工艺的特点和它的优缺点可归纳如下:

(1)连续式生产工艺的一个本质属性是物料(集料、矿粉、沥青)的计量必须通过连续式的计量方式来进行,对于集料的计量通常采用的是皮带秤,皮带秤虽然没有料斗秤那样的落差补偿误差,却有着“皮带效应”带来的误差,为尽可能减少“皮带效应”带来的误差就必须采用实物标定的方法来校正皮带秤,当材料的来源、规格发生变化时都必须重新对皮带秤进行标定。因此连续式搅拌设备对各种不同规格材料的适应性不如间歇式搅拌设备。

(2)连续式生产工艺是通过调节集料、矿粉、沥青的流量来控制混合料的矿料级配和油石比的,这一调节过程需要较长的时间才能进入稳定状态,因此变更配方后所要废弃的料头较大,它在变更配方的灵活性上不如间歇式搅拌设备。正是因为这一原因,连续式搅拌设备虽然在 20 世纪 80 年代末在欧洲曾有过一股热潮,但最终还是间歇式搅拌设备占主导地位。因为欧洲已经很少有大规模的公路建设了,他们的商品混凝土站需要满足众多用户不同配方的要求。

(3)由于以上两个原因,连续式生产工艺更适合于某一品种混合料的大批量生产。

(4)连续式生产工艺由于取消了热料提升、筛分、热料仓和计量料斗,减少了在这些环节中的热量损失,所以连续式搅拌设备在降低油耗、节约能源上比间歇式搅拌设备具有更大的潜力。

(5)连续式搅拌设备由于简化了结构,取消了许多部件,从而大大提高了工作的可靠性,减少了养护维修作业,同时也降低了设备的运行成本。

(6)连续式搅拌设备的另一个重大优势是不作更多的改造即可在原机上生产再生混合料,再生料的比例可高达50%左右。

从以上的分析中可以看到,分批式的生产工艺和连续式的生产工艺各有优势和短处,在满足商品混凝土生产的要求方面,间歇式和连续式搅拌设备也各有长短,因此,可以认为间歇式与连续式沥青搅拌设备还会在很长的时期内存在有市场的需求,它们将在不同的场合和对不同的应用目的方面满足不同用户的需要。

连续式搅拌设备的发展及其与间歇式搅拌设备的比较

孙祖望

（本文刊于《建设机械技术与管理》杂志 2011 年第 4 期）

摘　要:连续式沥青搅拌设备已有 30 多年的发展和应用历史,并已在美欧等国家和地区广泛应用,具有较高的市场占有率。而在我国,连续式沥青搅拌设备虽然数十年前就开始引进和应用,但由于各方面原因一直没有得到推广。该特约稿介绍了连续式沥青搅拌设备在国内外的发展历程,并从生产工艺的角度对连续式搅设备与间歇式搅拌设备的优缺点进行了分析,供业内参考。

1　连续式搅拌设备的发展历程

连续式搅拌工艺和相应的搅拌设备经历了近 30 年的发展,在国外已经成为一项成熟技术。早在 20 世纪 90 年代初,美国的滚筒式搅拌设备的年销售量就已占国内搅拌设备总销量的 95% 以上。但是我国至今对这一技术仍存在着不同的看法,甚至带有某些排斥性的倾向。究其原因,在很大程度上是由于不了解连续式搅拌工艺在近 20 多年来的技术进步以及受某些传统观念的束缚而造成的,而后者显然与早期滚筒式搅拌设备的缺点在人们心目中所造成的深刻印象有关。因此,追溯一下历史的发展,了解连续式搅拌设备在各个发展阶段的重要技术进步以及在这一领域内的发展情况,对于推动我国连续式搅拌设备的发展和技术进步无疑会是有益的。

在沥青混合料搅拌设备的发展中,最早出现的是间歇式搅拌设备,所以也常称它为传统式搅拌设备。这种设备采用冷料配料、加热烘干、热料筛分、热料配料、批量计量、强制拌和的生产工艺(图 1)。由于采用逆流式烘干工艺,这种设备的热效率高,骨料中的水分清除得比较充分,随着燃烧技术和控制系统的日趋完善,只要正确地调试和使用间歇式搅拌设备就可以获得优质的沥青混合料。但是,间歇式搅拌设备也存在下述缺点:结构复杂,容易发生故障;燃料的消耗大;生产率低等。

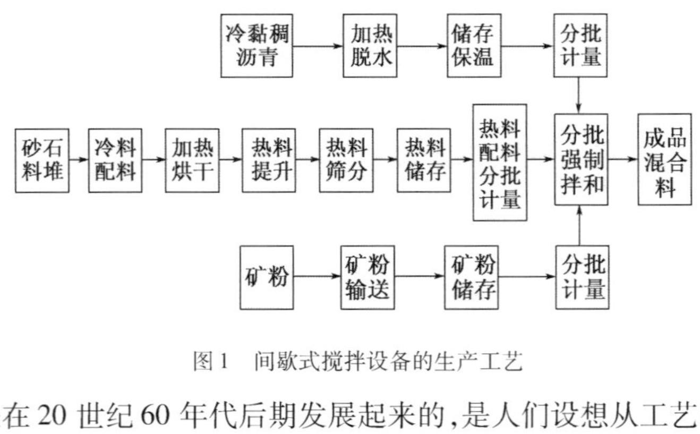

图 1　间歇式搅拌设备的生产工艺

滚筒式搅拌设备是在 20 世纪 60 年代后期发展起来的,是人们设想从工艺和结构上进行改革,进而消除间歇式搅拌设备的缺点而诞生的。它的特点是沥青混合料的生产采用冷料连续配料、连续计量、顺流式加热烘干、连续搅拌的工艺(图 2)。滚筒式搅拌设备改变了传统烘干筒逆流式的进料方式,使冷料从安装喷燃器的同一端进入烘干筒(顺流式),并将烘干筒延长而分为 2 部分(前半部为烘干区,后半部为拌和区），让烘干和拌和工序在一个滚筒内完成，从而取消了热料提升和筛分工序，使烘干和拌和过程得以连续进行。

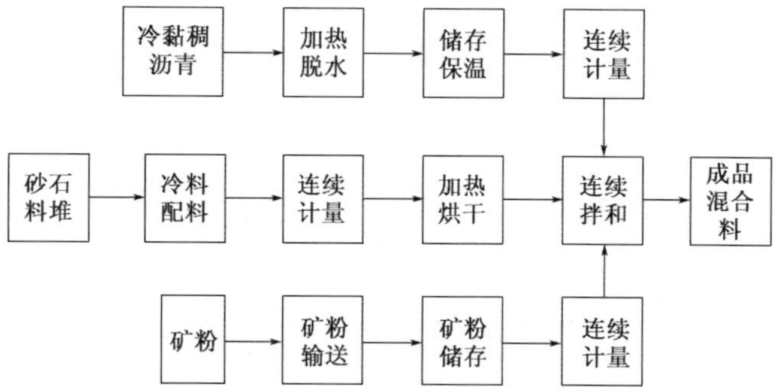

图2　连续式搅拌设备的生产工艺

第一代滚筒式搅拌设备是以低温拌和、低污染、低能耗、高生产率、结构简单、易于维修、便于搬移为号召的。它的问世引起了世界沥青混合料工业界的广泛兴趣，并吸引了一些热心的用户。但是当第一批滚筒式搅拌设备投放市场并投入使用之后，最初构想滚筒式搅拌设备时所期待的效果非但没有实现，反而在实际使用过程中出现了一系列技术问题，主要有：

①残余含水率高达1%～2%，烘干效率低。

②沥青中的轻质油分在与高温火焰和燃气的接触中产生蓝烟，造成排烟污染，同时也引起沥青老化。

③由于粉尘、油烟进入袋式除尘器可能引起堵塞、烧坏等问题，因而不得不添加除尘设备，这在一定程度上降低了滚筒式搅拌设备在移动方面的优越性。

④沥青计量系统的计量精度不高，油石比误差比较大，影响了沥青和砂石料之间的拌和均匀度。

⑤冷料仓的给料速度控制精度较差，很难保证矿料的级配精度；高速燃气流的强大吸力容易使大量粉料随废气排出，造成了粉料的浪费，加重了除尘设备的负担。

由于早期投入使用的滚筒式搅拌设备的这一系列技术问题，滚筒式搅拌设备的发展进入了停滞时期，许多用户持观望态度，一些国家甚至在规范中明确规定在修筑高速公路时不允许使用滚筒式搅拌设备。

20世纪70年代中期至80年代初，滚筒式搅拌设备经历了一个在技术上做出重大改进的发展阶段，不论在设备性能还是结构上都取得了一系列重要的技术进步，主要表现在以下几个方面：

（1）结构上的重大改进

加长滚筒以增大加热空间，增加拌和时间，从而改善拌和的均匀性；加密搅拌叶片的数量，形成多层撒布的料帘，这样不仅改善了骨料与燃气之间的热交换，而且阻止了火焰直接喷向沥青，改善了沥青的老化和蓝烟问题。

（2）燃烧技术的改进

首先表现在火焰形状的改变上，其次加大了二次风的风量和风压，并引入了喷油量和二次风的自动控制系统。

（3）骨料与沥青计量—控制系统的改进

早期的滚筒式搅拌设备采用独立式控制系统，虽然可以保证骨料和沥青供给系统的稳定运转，却难以反映砂石料流量随机性的变化，无法随时控制沥青的喷射量，很难获得高质量的混合料。20世纪70年代后的滚筒式搅拌设备的一项重要标志就是引入了计算机自动控制系统。20世纪80年代后期，美国和欧洲许多生产搅拌设备的企业开始着手研制新型的沥青混合料搅拌设备，在众多的方案中最具代表性的是以下3种：

（1）燃烧器伸入滚筒的方案

该方案的特点是将燃烧器伸入至滚筒约1/3处，从而将滚筒分成烘干和搅拌2个部分。烘干筒采取逆流式加热方案，具有较高的烘干效率。由于再生料、新沥青和粉料都避开了炽热的火焰和燃气，因此蓝烟、沥青老化、跑粉等问题均可得到较好的解决。但由于该方案需要对骨料进行强化加热，使得滚筒的热负荷相当高，这一方面增加了筒壁的散热损失，另一方面也降低了筒壁耐热材料的寿命。为解决这一问题，人们又提出了空气强制冷却的方案，即在烘干筒炽热部位的外壳处安装一空气夹层，冷空气通过这一夹层被抽入燃烧室成为供油气充分燃烧用的二次风。冷空气可以冷却烘干筒的外壳，同时又使二次风得到预热从而改善了燃烧条件，这一措施使设备的效率提高了 4% ~8%。意大利 MARINI 公司推出的燃烧器伸入滚筒中的 EMCC 型逆流滚筒搅拌设备，可接受 40% 的再生料（图 3）。

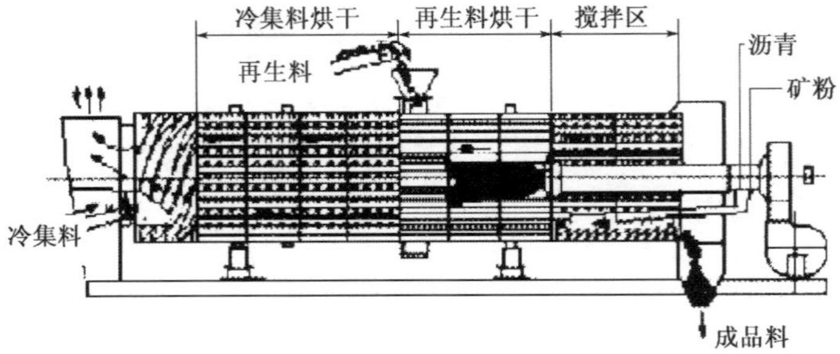

图 3　燃烧器伸入滚筒中的连续式沥青搅拌设备

（2）文氏管式三滚筒方案

该方案采用文氏管式逆流滚筒，燃烧器伸入滚筒，再生料从套在烘干筒炽热燃烧部位的外壳进入夹层，与烘干筒的辐射热和超加热的新集料进行混合与热交换后，再一起进入隔离的搅拌区，与沥青、粉料拌和成沥青混合料。图 4 是 CMI 公司的三滚筒沥青搅拌设备。

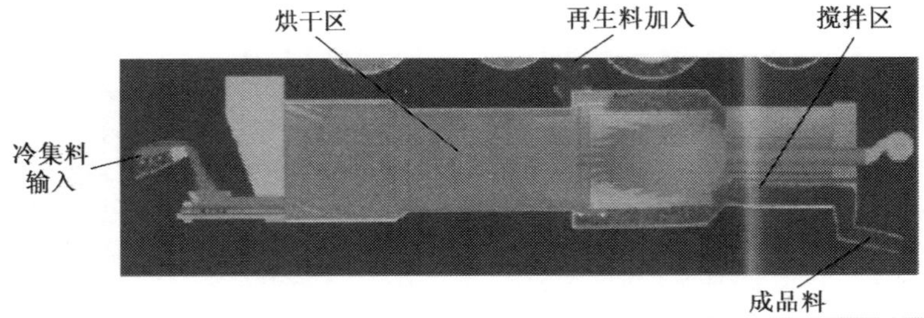

图 4　三滚筒连续式沥青搅拌设备

（3）内外套筒式的双滚筒

图 5 是美国 ASTEC 公司为迎接 20 世纪 90 年代的挑战而推出的新型双滚筒方案。在这一方案中，内筒采用与间歇式搅拌设备相同的逆流式烘干筒，只是在它的尾部有格式的窗口，可使超加热的骨料落入外筒。再生料、沥青、粉料和各种添加剂从外筒上不同断面的开口进入内外筒夹层，在这里形成了一个巨大的拌和空间。在烘干筒（内筒）的外壳上装有一系列桨叶，进入夹层的材料经桨叶强制搅拌后成为拌和均匀的成品料并从外筒的另一端输出。这种工艺流程可以说已经解决了几乎所有滚筒式搅拌设备的缺点而保留并扩大了它们的优点。

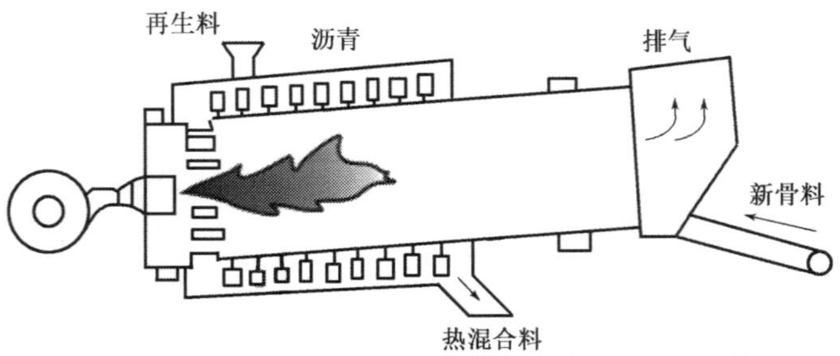

图 5　新型双滚筒连续式沥青搅拌设备

2　双滚筒沥青搅拌设备的性能和潜在优势

双滚筒搅拌设备是按照一种全新的连续式搅拌工艺来构思的，它巧妙地将间歇式和滚筒式搅拌设备的优点融合在一起并克服了它们各自的不足。这种新颖的连续式搅拌工艺有以下特点：

(1)冷骨料的烘干完全采用与间歇式设备相同的逆流式方案，相比滚筒式设备具有更高的热效率，也不会出现油滴污染石料、废气温度过高、冒黑烟等弊端，而且可将新骨料加热至很高的温度(370℃)。

(2)由炽热的燃气传给烘干筒外壳的热量不会进入大气而耗散掉，而被用来作为加热再生料的热源。双滚筒设备的热效率优于顺流式烘干筒和传统的逆流式烘干筒，燃料消耗可比滚筒式设备节省约10%。

(3)双滚筒设备加入沥青、粉料以及各种再生料和添加剂的方式与间歇式设备类似，所有材料均直接加入到相当于"搅拌锅"的内外筒夹层中，不会与燃气、火焰接触，也不存在蒸汽分馏的环境，所以滚筒式搅拌设备的沥青老化、跑粉和蓝烟等问题都可得到彻底的解决。

(4)采用了强制式的搅拌工艺。大而浅的搅拌区，再加上长达60～90s的拌和时间，可使新骨料、液态沥青、石粉以及各种再生料和添加剂得到充分的拌和，从而生产出搅拌质量完全达到规范要求的沥青混合料。表1为青岛公路段引进的国内第1台120t/h双滚筒搅拌设备在调试完成后，连续采集18个料样的沥青含量和矿料级配的统计分析结果。由表1中可看到，矿料级配、粉料和沥青含量变化稳定，各项指标都在规范规定的范围内。

18个料样的沥青含量和矿料级配的统计分析结果　　表1

统计指标	沥青含量(%)	关键筛孔的质量通过率(%)			
		0.075mm	2.36mm	4.75mm	19mm
设计值	5.0	2.0			
平均值	4.98	1.77	12.30	18.08	98.30
均方差	0.15	0.47	0.94	1.45	1.85
系统偏差	-0.02	-0.23			
极差	0.60	1.86	3.71	5.15	6.48

(5)双滚筒沥青搅拌设备保持了滚筒式搅拌设备的优点。由于没有热料提升机和庞大的搅拌塔楼，该设备结构简单、质量轻、安装维修方便，大大提高了工作的可靠性，减少了安装和维修作业的工作量。同时也保持了滚筒式搅拌设备高生产率的优点，不仅在单位金属容量的生产能力上大大超过了传统的间歇式搅拌设备，而且对于相同直径的烘干筒，在热效率上它也优于后者。除上述优点外，双滚筒沥青搅拌设备在发展前景上的潜在优势也是十分明显的。首先双滚筒搅拌设备在提高生产能力、降低制造成本方面存在着巨大的潜在优势；其次在使用成本上，双滚筒搅拌设备在维修、燃料、折旧费用等方面要比间歇式搅拌设备低10%左右；最后，双滚筒搅拌设备最为主要的潜能是可以接受高比例的再生料(50%～60%)。

3　双滚筒沥青搅拌设备在生产再生料方面的优势

与间歇式搅拌设备相比，双滚筒沥青搅拌设备在生产再生料方面有着独特的优势，主要表现在以下方面：

(1)由于可将新骨料加热至很高的温度(370℃)，又可利用烘干筒燃气的抽吸作用将油烟、蒸汽、臭气统统吸入烘干筒内加以焚烧而保证排烟的清洁性，再加上很长的拌和时间，因此在保证再生混合料获得与新混合料同等品质的前提下，双滚筒搅拌设备接受再生料的能力要比现有任何类型的搅拌设备都强，而且不需要专门的脱臭炉。

(2)排烟的清洁性还可为用户带来附加的好处，即不会发生因废气中的油气冷凝成油滴而污染、堵塞布袋的情况，从而延长了布袋的使用寿命。

(3)由于再生料和新集料的烘干在同一个滚筒内完成，因而不会像间歇式搅拌设备配备再生料和新集料2个烘干筒时，所发生的气流间相互干扰的情况。

(4)双滚筒沥青搅拌设备不需要做重大的改装即可生产高比例的再生料，而间歇式搅拌设备有庞大的搅拌塔楼，本身就比双滚筒搅拌设备复杂，如再加上第2烘干筒，结构就更为复杂。

4 连续式沥青搅拌设备在我国的应用情况

20 世纪 70 年代末至 80 年代初,我国曾引进过数量不少的连续式沥青搅拌设备,包括日本新潟、美国 Barber-Greene 等品牌的产品。国内也有郴州筑路机械厂、吉林公路机械厂等企业生产滚筒式沥青搅拌设备。如前所述,由于早期滚筒式搅拌设备在使用中暴露出来的缺陷,国内用户和公路界普遍认为连续式搅拌设备不适宜用于高速公路的施工。到 20 世纪 90 年代,国外新一代的连续式沥青搅拌设备开始传入我国,1992 年青岛市公路总段引进了国内第 1 台 100 ~ 120t/h 的双滚筒沥青搅拌设备。虽然这台设备使用情况良好,但大部分用户仍心存疑虑,因而双滚筒沥青搅拌设备并没有像生产厂家所期待的那样迅速地在中国市场推广开来。然而,有关新一代连续式搅拌工艺的讨论和探索在国内筑机和公路行业内一直没有停止。2003 年,广东冠粤路桥公司经过大量论证后,决定在广佛高速公路的大修工程中引进 1 台 360t/h 双滚筒沥青搅拌设备来生产再生沥青混合料。这台设备在广佛路大修工程以及随后的一些新建高速公路的施工中表现良好,混合料生产质量十分稳定,生产效率与成本等指标均达到了较高的水平。图 6 ~ 图 8 是根据广东冠粤路桥公司提供的广珠北高速公路使用双滚筒沥青搅拌设备生产 AC-25 Ⅰ型混合料的生产数据绘制的。

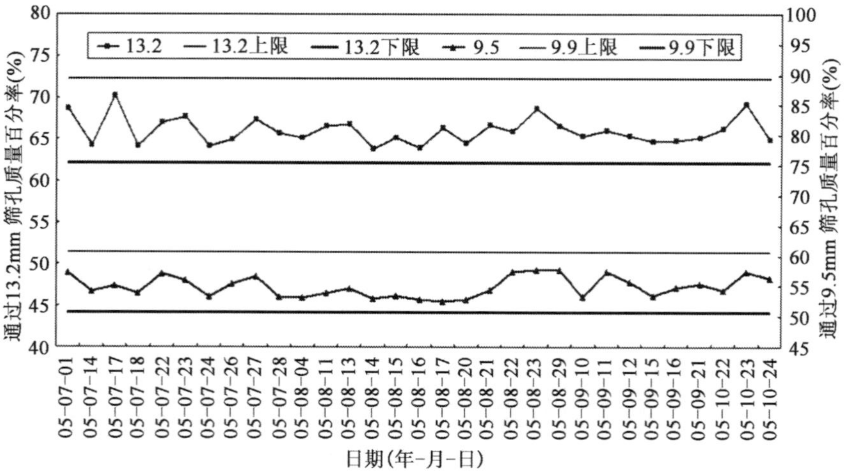

图 6 13.2mm、9.5mm 筛孔通过率日检测控制图

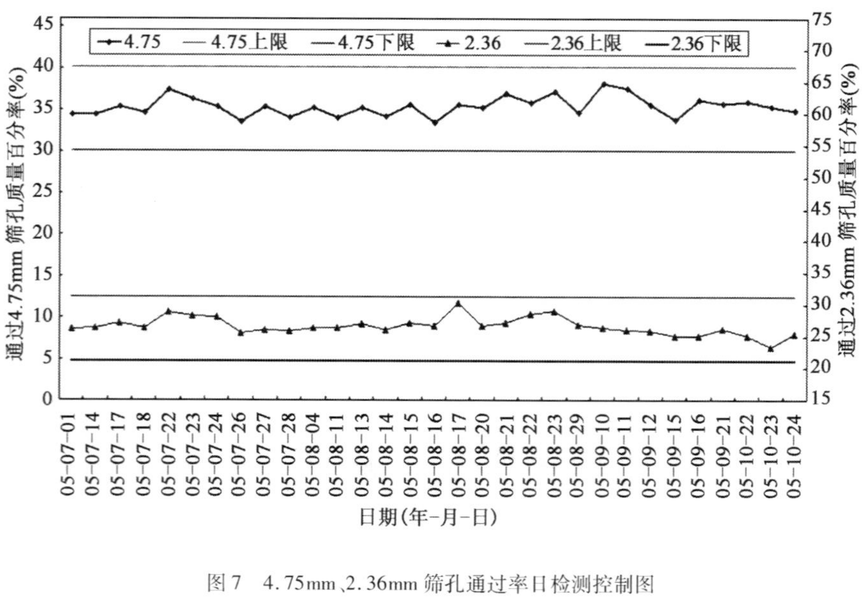

图 7 4.75mm、2.36mm 筛孔通过率日检测控制图

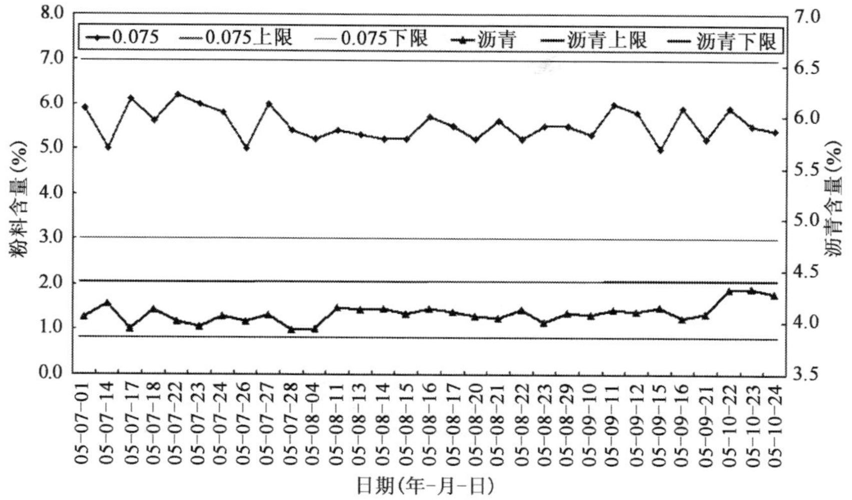

图8　粉料含量、沥青含量日检测控制图

鉴于双滚筒沥青搅拌设备在使用中的良好表现,广东省率先解除了连续式沥青搅拌设备在高速公路建设中应用的禁令,广东省长大路桥公司等又陆续引进了几台大型双滚筒沥青搅拌设备。可以说,新的连续式搅拌工艺和设备已经越来越多地为中国公路界所认识,解除连续式搅拌设备禁令的呼声也日益高涨。

目前,我国连续式沥青搅拌设备未能获得更多推广的最主要原因是现行的规范还严重地约束着连续式沥青搅拌设备的应用空间。在2005年颁布实施的《公路沥青路面施工技术规范》(JTG F40—2004)中,有关连续式搅拌设备应用的规定有3条:“沥青混合料可采用间歇式拌和机或连续式拌和机拌制。高速公路和一级公路宜采用间歇式拌和机拌和。连续式拌和机使用的集料必须稳定不变,一个工程从多处进料、料源或质量不稳定时,不得采用连续式拌和机。”在这3条规定中,第1条是正确的;第2条限制了连续式搅拌设备在高速公路和一级公路上的应用,显然并不妥当;第3条意味着如果集料料源或质量不稳定时,采用间歇式拌和机还是可以的,这是完全错误的,许多工程实践都证明集料的来源或质量不稳定时,不论是连续式还是间歇式的搅拌设备都不能生产出合格的沥青混合料。图9~图12是在间歇式搅拌设备上的几种常见原因导致矿料级配严重偏离设计值的实例。

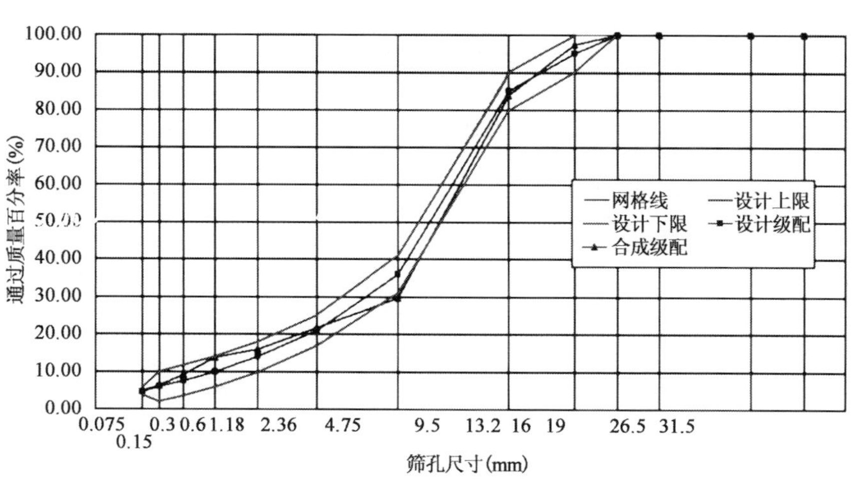

图9　矿料合成级配曲线

图9显示的是1号和2号原材料级配变化导致4.75mm筛孔的通过率严重偏离设计值的情况;图10显示的是由于1号料3mm筛孔选择过小导致1号料筛网严重过载;图11显示的是1号料筛网筛分效率过低,导致如图12所示的1号热料仓矿料级配发生严重变异。当1号料供料量只有50t/h时,1号

热料仓的级配与1号冷料是基本一致的,当1号料供料量增大至100t/h、150t/h或1号料和2号料同时供给100t/h时,1号热料仓的矿料级配与1号冷料的差异就变得很大。

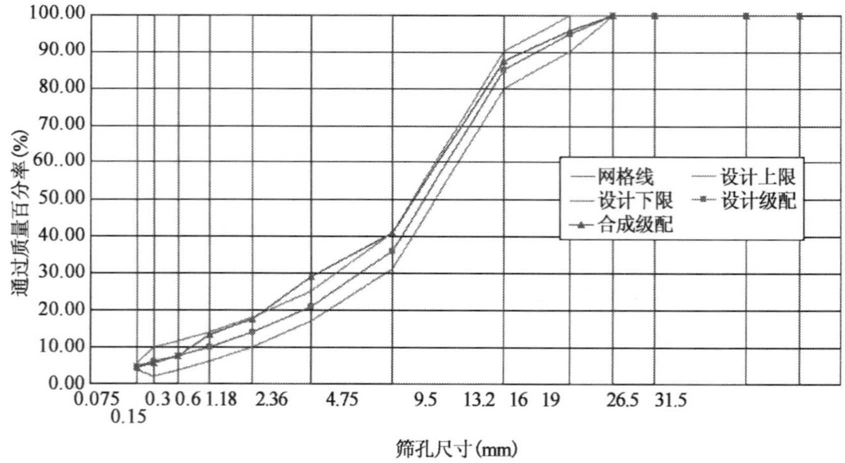

图10　矿料合成级配曲线

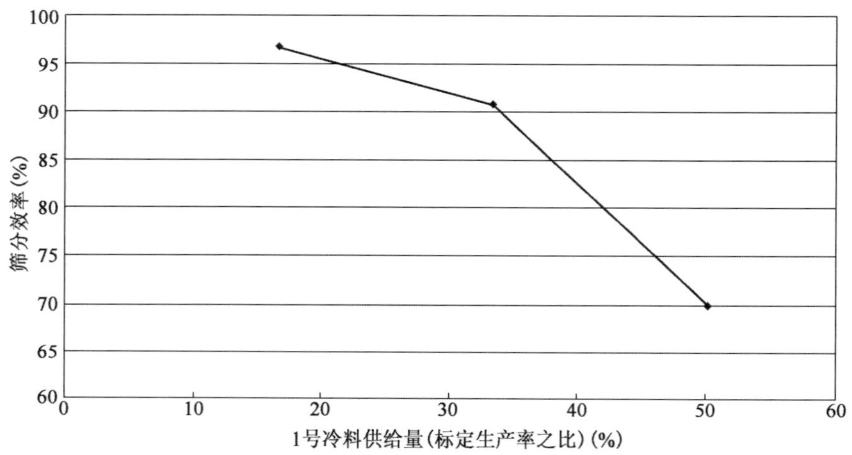

图11　3mm筛孔筛分效率随供料量而变化的曲线

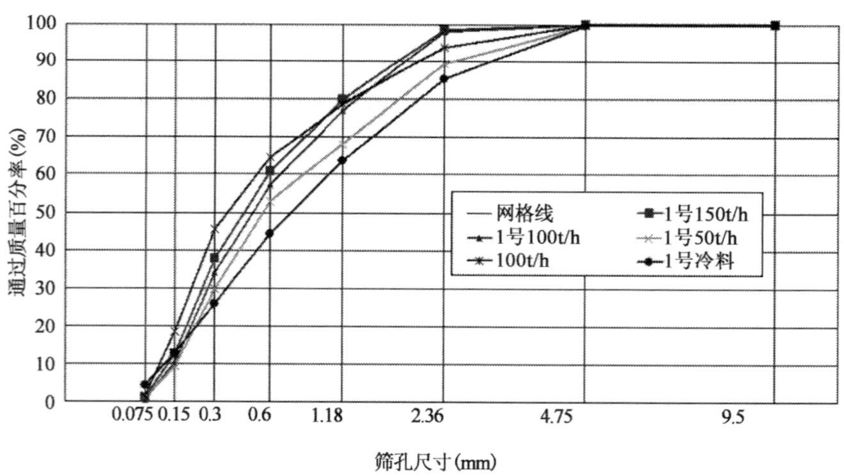

图12　混仓导致的1号热料仓矿料粒径分布的变异

5　分批式与连续式沥青搅拌工艺的优缺点及发展前景

热拌沥青混合料的生产工艺基本上可分为2大类,一类是分批式生产工艺,混合料的各种成分(集料、矿粉、沥青）是按分批计量、分批拌和的方式进行的，与这种工艺相应的搅拌设备是间歇式搅拌设备；另一类是连续式生产工艺，沥青混合料的生产是按连续计量、连续搅拌的方式进行的，与这种工艺相应的搅拌设备是连续式搅拌设备。以下讨论的2类搅拌设备的优缺点均是由分批式和连续式生产工艺的本质属性所带来的，并不涉及某一品牌所特有的具体特点。

分批式生产工艺是一种传统的工艺，它的工艺流程在20世纪的20～30年代就已基本形成。分批式生产工艺的特点和它的优缺点可以归纳如下：

（1）分批式生产工艺具有集料二次筛分的工序，当材料的规格稳定，筛分系统的使用正确时，它可以更为正确地保持各规格段集料之间的比例关系；但是如果筛孔选择不当，或筛分系统使用不当则有可能由于二次筛分而干扰集料的正确级配。

（2）分批式生产工艺用直接称重的方式对各种物料进行分批称重，因此不会有由于容积转换为质量而产生的误差。在计量控制过程中产生的误差，主要是由于物料在称量过程中的飞料和冲击造成的，这一误差的大小主要取决于控制系统所采取的落差补偿技术的优劣。

（3）分批式生产工艺由于采用直接称重的计量方式，所以不需要进行实物标定；由于热料可以事先储存在热料仓里，因而在变换配方时有着较大的灵活性，进入稳定生产的时间较短，而且所需废弃的料头也较少。

（4）在分批式生产工艺中烘干筒输出的热集料要经过热料提升、筛分、热料仓、计量斗才能进入搅拌缸进行搅拌，在这些过程中热集料会有较大的热量损失，所以从原则上来说分批式生产工艺的燃油和电能消耗会高于连续式的生产工艺。

（5）分批式生产工艺所采用的间歇式搅拌设备需要一个庞大的塔楼来安装热料提升、筛分系统，热料仓，集料、矿粉、沥青的称重系统以及搅拌缸等设备总成，因而运行的可靠性不如连续式搅拌设备，养护维修的成本也高于后者。

（6）分批式生产工艺所采用的间歇式搅拌设备如不作较大的改动，生产再生混合料的能力是有限的，再生料的添加比例通常不超过20%。如要提高再生料的比例，通常需要第2烘干筒来专门加热再生料，此时设备的购置费用和运行成本都会大大高于连续式搅拌设备。

连续式生产工艺起源于20世纪60年代，20世纪90年代推出的新型连续式搅拌设备对连续式生产工艺做出了革命性的改进，早期连续式生产工艺的缺点已经得到了完善的解决，但是由连续式生产工艺本质属性所带来的缺点仍然存在。连续式生产工艺的特点和它的优缺点可归纳如下：

（1）连续式生产工艺的本质属性是物料（集料、矿粉、沥青）的计量必须通过连续式的计量方式来进行。集料的计量通常采用皮带秤，皮带秤虽然没有料斗秤的落差补偿误差，却有着“皮带效应”带来的误差，为尽可能减少该误差就必须采用实物标定的方法来校正皮带秤，当材料的来源、规格发生变化时都必须重新对皮带秤进行标定。因此连续式搅拌设备对各种不同规格材料的适应性不如间歇式搅拌设备。

（2）连续式生产工艺需要通过调节集料、矿粉、沥青的流量来控制混合料的矿料级配和油石比，这一调节过程需要较长的时间才能进入稳定状态，因此变更配方后所要废弃的料头较大，在变更配方的灵活性上不如间歇式搅拌设备。正是因为这个原因，连续式搅拌设备虽然于20世纪80年代末在欧洲掀起过一股热潮，但最终还是间歇式搅拌设备占据市场主导地位，因为那时的欧洲已经很少进行大规模的公路建设了，他们的搅拌站需要满足众多用户不同配方的要求。

（3）由于以上2个原因，连续式生产工艺更适合于某一品种混合料的大批量生产。

（4）连续式生产工艺由于取消了热料提升、筛分系统，热料仓和计量料斗，减少了集料在这些环节中的热量损失，所以连续式搅拌设备在降低油耗、节约能源上比间歇式搅拌设备具有更大的潜力。

（5）连续式生产工艺由于简化了工序，取消了许多部件，从而大大提高了设备的可靠性，减少了养护维修作业量，同时也降低了运行成本。

（6）连续式生产工艺所采用的连续式搅拌设备不必作更多的改造即可在原机上生产再生混合料，

再生料的添加比例可高达50%左右。

6 结语

从以上的分析中可以看到，分批式生产工艺和连续式生产工艺各有优势和短处，在满足沥青混合料生产要求方面，二者也各有长短，因此，可以认为间歇式与连续式沥青搅拌设备还会在很长的时期内存在市场需求，它们将在不同的场合及不同的应用目的上满足用户的需要。

沥青搅拌设备的节能减排

孙祖望

（本文刊于《建设机械技术与管理》杂志 2011 年第 6 期）

节能减排是当今世界沥青工业界的一个热门话题，而作为沥青工业中能耗最大、排放最多的热拌沥青混合料搅拌设备则自然成为这一话题的焦点。一台年产 30 万吨沥青混合料的 4000 型沥青搅拌设备，一年大约要消耗 1800t 柴油，而同时产生 5747t 温室气体（二氧化碳）。如按中国目前热拌沥青混合料年产量 200～300Mt 来计算，则每年消耗在沥青搅拌设备上的燃料折合至 0 号柴油为 120 万～180 万 t，而排放的温室气体为 383.1 万～574.7 万 t。

如此巨大的能耗与排放，使得在这一领域中的节能减排对于实现我国节能减排的总目标有着举足轻重的意义。由于对沥青搅拌设备来说，最主要的耗能和排放发生在集料的烘干筒的干燥与升温过程中，因此干燥加热系统的节能减排问题将是本文讨论的重点。

在沥青搅拌设备中，集料干燥加热系统的功能是将冷集料中的水分烘干，并使集料的温度升高至沥青混合料所要求的拌和温度。在讨论集料干燥加热系统的节能减排问题时，首先要了解在烘干筒中集料的烘干升温过程是如何进行的，亦即燃料中的化学能是如何转变成热能，并通过哪些环节传递给集料以及与周围环境发生联系的。图 1 是对上述过程所作的图示解析。

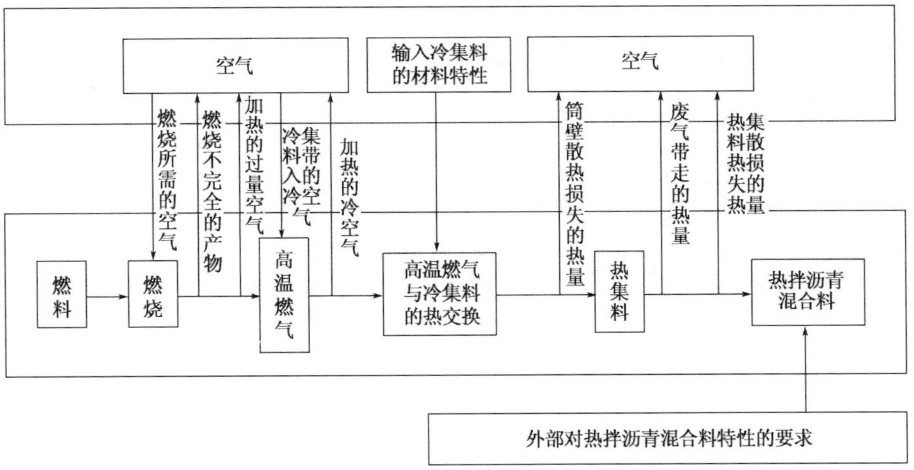

图 1　冷集料的烘干升温过程

在图 1 中集料的烘干升温过程被分成了三大模块。中间的模块显示了搅拌设备干燥加热系统的各个环节，上部模块显示了烘干加热过程与周围环境的关联。下部模块则显示了烘干加热过程与外部对热拌沥青混合料特性要求的联系。

在上部模块中，集料烘干升温过程与周围环境的联系主要是大气和输入的冷集料。大气的温度、湿度等是无法人为控制的，而输入冷集料的特性（粒径规格、温度、含水率等）中有关集料的粒径、级配等规格是由要求的混合料特性决定的，通常也是不能任意改变的。但集料中的含水率则是在使用过程中可加以控制的。鉴于集料含水率对烘干筒能耗的重要影响（参看图 2），它应是沥青搅拌设备节能减排的一个重要节点。

在中部模块中表示的集料烘干加热系统，是通过燃烧、高温燃气与冷集料的热交换、热量在周围大气中的耗散这三大环节实现的。如何将燃料所含有的化学能，以最有效的方式传递给冷集料使之蒸发水分，提升温度，这是搅拌设备节能减排要重点关注的。显然，它不仅与烘干加热系统本身的性能有关，而且也与这一系统的正确使用有关。

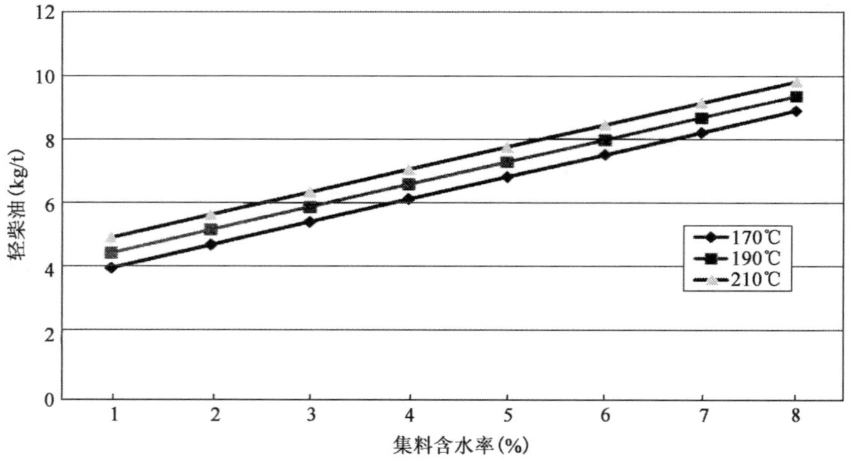

图 2　燃油耗随冷集料含水率而变化的曲线

在下部模块中显示的是对热拌沥青混合料特性的要求。其中，混合料的组成比例是由配合比设计决定的，这些通常也是不可改变的，而与热能消耗直接有关的则是混合料的温度。有没有可能降低对混合料的温度要求是沥青搅拌设备探索节能减排的一个重要的新思路。

1　料堆管理中的节能减排措施

冷集料的含水率对搅拌设备的燃油耗有着重要影响，图 2 展示的是 Ammann 公司烘干筒燃油耗随冷集料含水率而变化的曲线，从图中可看到，冷集料的含水率每降低 1%，每吨热集料的燃油耗将下降 0.9kg 左右。因此，加强料堆的管理，尽可能减少料堆中的水分将是沥青搅拌设备节能减排行之有效的措施，它们包括：

1.1　降低料堆的堆积高度

料堆中的水分，由于上部材料容易蒸发和水分向下渗透的原因，通常总是呈现为随着料堆的深度而增大的分布状态。砂和石屑等细集料是最容易潴留水分的，图 3 是美国南加州一个拌和场对砂料堆各不同部位含水率的实测数据。从图 3 中可看到料堆底部的含水率要比顶部 4.6m 处(15ft)的含水率高出 2.5%。

1.2　修筑倾斜的，具有良好排水结构的堆料场地

修筑如图 4 所示的具有 6% 坡度的砂料堆，由于斜坡的排水作用，在装载机装料部位的含水率可比不修斜坡的料堆下降 2.1%。

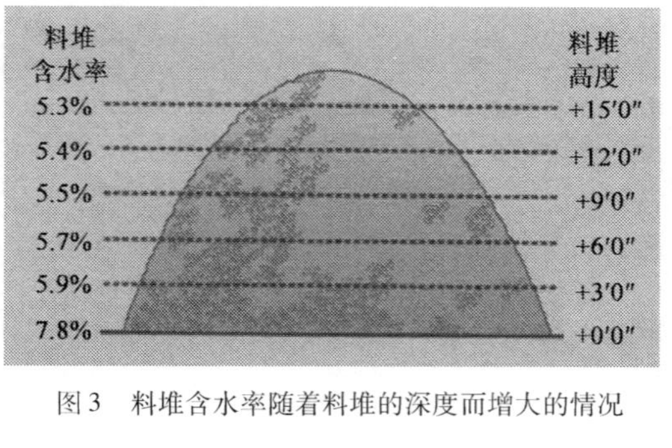

图 3　料堆含水率随着料堆的深度而增大的情况

1.3　修筑防水的雨棚

修筑防止雨水浸湿集料的雨棚是降低沥青搅拌设备燃油消耗十分有效的措施。雨棚最好装备有可以开启的顶篷(图 5)。下雨天，雨棚的顶篷可以拉下覆盖雨棚的屋顶，当晴天时，可将顶篷拉起，让阳光照射在集料上，利用太阳能尽可能多地蒸发掉集料中的水分，这一措施可以使冷集料的含水率减少至 1% ~3% 的水平上，而冷集料温度则可较大气的温度提高 2 ~3℃。

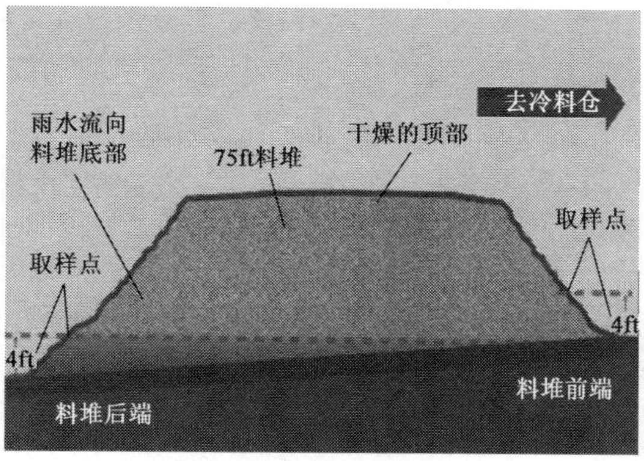

图4　斜坡排水的堆料场地

图5　顶篷可以开启的雨棚

2　提高集料干燥加热系统性能的节能减排措施

从图1显示的集料干燥加热系统的过程中可以归纳出以下的节能减排措施：

(1)降低燃料不完全燃烧的损失。

现代新型的燃烧器已经可以使燃烧不完全的损失降低至接近于零。

(2)降低燃烧器的过量空气系数。

燃料燃烧过程中吸入的过量空气由冷空气提高到高温燃气的温度，将会吸收一部分燃气的热量，降低过量空气系数有助于减少这部分的热量损失。在20世纪90年代许多燃烧器采用开式的涡流低压空气雾化方式，相当一部分空气从燃烧器的开口处吸入烘干筒，其过量空气系数常高达1.35以上，现代新型的燃烧器大都采用封闭式的供气方式，燃烧所需的空气完全由鼓风机来供应，过量空气系数则可降低至1.20～1.25。

(3)降低从冷集料进口处吸入的冷空气。

由冷集料带入烘干筒的冷空气同样会消耗一部分燃气的热量，为减少这部分的热量损失，可以在冷集料的进口处加装翻板或门帘，以阻挡冷空气的进入。

(4)更好地组织高温燃气与冷集料的热交换过程。

高温燃气与集料之间的热交换通常主要是通过对流传热的方式进行的，因此形成均匀分布的料帘是提高热交换效率的基本措施。

其次，高温燃气所携带的热量不仅与燃烧器的供油量有关，而且还与燃气的流速有关，在燃烧热量足够的条件下，它决定了单位时间燃气所携带热量之多少。燃气的速度越高，单位时间从燃烧过程带出的热量越多，而接受热量使之加热升温的冷集料也应相应地增多。显然在燃烧器的供油量、燃气的流速、冷集料的供给量三者之间存在着一个合理匹配的问题。一个组织良好、合理的热交换过程应该使燃气所带有的热量能充分地传递给所输入的冷集料，使之达到要求的温度，而燃气排出烘干筒的温度则能控制在一合理的范围内，而不会因燃气携带的热量过多而导致废气温度过高。由此可见，合理地组织烘干筒内部的热交换过程，调节燃油的供油量与引风机的风量使烘干筒中的高温燃气与冷集料之间时时处在一最佳的热交换过程之中，是烘干筒节能减排的又一重要措施。现代沥青搅拌设备除了配备有油门的自动调节系统之外(根据热料温度自动调节供油量的系统)，还装备有引风机引风量自动调节系统(根据烘干筒负压自动调节引风量的系统)。引风量的自动调节，以往大都依靠调节风门的开度来进行，更为先进的是采用变频调速的方法，直接调节风机的引风量，这不仅可以使风量的调节更为精确，而且也节省了引风机的电能消耗。

(5)降低烘干筒出口燃气的温度。

在集料烘干加热过程的热量损失中，废气所带走的热量占有很大比重。延长集料在烘干筒中的时间(例如适当增长烘干筒的长度)有助于降低烘干筒出口燃气的温度，但过低的废气温度会导致袋式除尘器中的废气结露而堵塞布袋,在间歇式搅拌设备中利用塔楼吸尘过程形成的热空气来提升烘干筒出口燃气的温度,常常是用来解决废气结露问题较好的方案。

(6)降低烘干筒筒壁的散热损失。

用保温绝热材料裹覆烘干筒外壳是减少筒壁散热损失的常用措施。将干燥筒做成隔套的结构,使冷集料或再生料通过烘干筒内、外筒壁之间的空间来吸收内壁传来的辐射热,也是降低筒壁散热损失的有效措施。

(7)缩短燃气排入大气的路径长度可以减少燃气在管道中的散热面积,从而降低燃气中的热量损失。这一措施的典型代表就是将袋式除尘装置直接安放在烘干筒上方的结构(图6)。

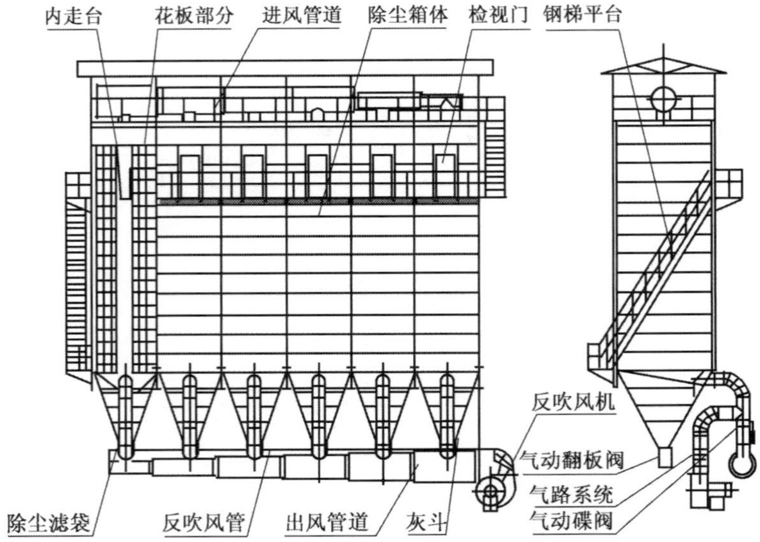

图6　袋式除尘装置安放在烘干筒上方

(8)降低烘干筒出口热集料在输送至拌缸过程中的热量损失。

在减少热集料热量损失的问题上,连续式搅拌设备与间歇式搅拌设备相比有着明显的优势,因为前者完全取消了具有庞大散热面积的热料提升装置、筛分装置和热料仓。因而,在原则上连续式搅拌设备的燃油消耗率低于间歇式搅拌设备,虽然后者也可以通过加装保温材料来降低热量的耗散率。

3　正确使用操作沥青搅拌设备

正确使用操作沥青搅拌设备也是沥青拌和站重要的节能减排措施,包括:

(1)合理确定集料、沥青和混合料的加热温度。

过高的混合料温度不仅会增加燃料的消耗,而且还会引起沥青的老化。

(2)正确选择筛网的筛孔和进行生产配合比的调试。

合适的筛孔不仅能提高筛网的筛分效率而且有助于热集料的均衡生产。生产配合比的调试不仅应满足目标配合比的要求,还应保证热集料的均衡生产,在生产过程中应尽量避免热集料的大量溢料和待料。

(3)正确地操作和使用干燥加热系统。

当干燥加热系统工作时,冷集料的供应量、燃烧器的供油量、引风机的引风量能保持不变,而废气温度又能控制在合理范围内,这通常就是能耗最小的工况,应尽可能使沥青搅拌设备的干燥加热系统保持在这一稳定的工况下工作。

4　降低对热拌混合料的温度要求

普通沥青混合料的拌和温度通常为150~160℃,改性沥青混合料的温度常要求提高至170~180℃。热拌沥青混合料之所以要求如此高的温度是因为考虑到拌和、摊铺、碾压作业的施工和易性。

有没有可能在较低的温度下完成沥青混合料的施工作业是当前世界沥青工业界关注的一个重要问题。自从1995年欧洲首次提出温拌沥青混合料的概念后，在近十余年来，尤其是进入21世纪以来，温拌沥青技术获得了迅速的发展。目前常用的各种温拌沥青技术大体上可分为以下四大类：

(1)矿物泡沫技术。

(2)有机物降黏剂。

(3)泡沫沥青技术。

(4)化学活性剂。

温拌沥青技术是当今在沥青搅拌设备中实现节能减排最有潜力和发展前景的新技术。本文由于篇幅的关系未能作更为详细的讨论。

玛连尼公司沥青搅拌设备计量系统的改进

张幸伟　马学良　孙祖望　刘洪海

（本文刊于《筑路机械与施工机械化》杂志1997年第5期）

摘　要:“少装快拌”的设计原则是意大利玛连尼公司沥青搅拌设备的一大特色,但同时带来控制沥青含量精度困难的问题。在分析了引起动态计量误差的主要原因是空间“飞料”和物料冲击计量秤后,进一步介绍了玛连尼公司新一轮搅拌设备对落差补偿技术的改进。

意大利玛连尼公司生产的沥青搅拌设备具有“少装快拌”的设计特色,其搅拌器的充盈率通常在40%~52%之间,而标准的工作循环时间为36s。为了保证混合料搅拌的均匀性,规定了18~20s的净拌和时间,这一时间比通常的净拌时间延长了3~5s。“少装快拌”的设计原则减少了搅拌器和成品料运输系统的体积和质量,降低了设备的金属消耗量,使玛连尼的沥青搅拌设备显得比其他同吨位产品更为轻巧。但是由于工作循环时间短,又要保证18~20s的净拌和时间,也给控制沥青含量(油石比)的精度带来一定的困难。众所周知,沥青搅拌设备的计量系统是一种具有很大滞后性的系统。对于这种系统,秤本身的计量误差通常只占总误差中的很小部分,而主要是系统的动态计量控制误差,两者往往可以相差一个数量级。引起动态计量误差的原因主要有以下两个方面:

(1)空间“飞料”的影响

当物料落入计量斗时,秤开始感受物料的重量,如果当它的指示值到达设定值时停止供料,则必然会有一部分处在下落空间的物料还将继续落入料斗,从而造成“超称”。为了避免发生“超称”就必须在秤的指示值尚未达到设定值前就停止供料,以期在空中的“飞料”全部进入计量斗后,物料的重量恰好等于规定的设计值,这就是所谓的落差补偿问题。

(2)物料冲击计量秤的影响

当物料带着一定的速度落入计量料斗时通常带有较大的冲击性,此时秤所感受的不仅是物料的静重而且还有动态的冲击载荷,这将导致称重信号的上下波动。因此必须等待一定的时间后才能获得正确的稳定读数,这就是所谓的时间影响。

玛连尼公司的沥青搅拌设备虽然采用了沥青减量计量的方法(图1),使沥青计量的时间有所节约,但由于搅拌和计量循环安排紧凑,不可能提供很长的计量稳定时间,因而更需解决好落差补偿问题,因为由物料冲击引起的计量误差在落差补偿的过程中也会得到一定程度的弥补。

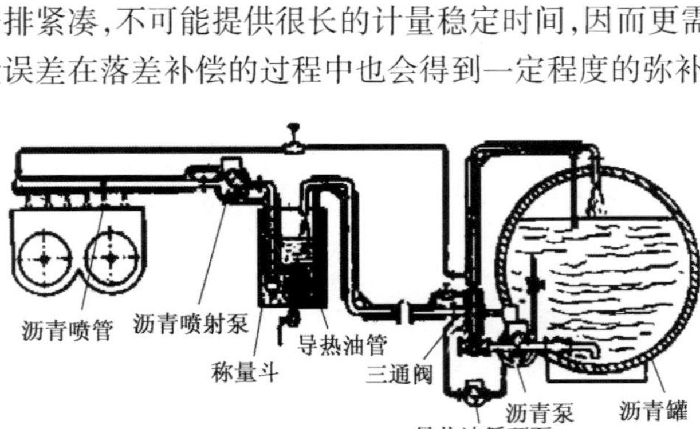

图1　玛连尼公司搅拌设备的沥青计量装置

在玛连尼公司原先的搅拌设备上，矿料和沥青的落差补偿是以各自的设定值为目标分别进行的。落差补偿的方法通常是根据前一次或前几次的称量实际值与设计值之差，按照一定的算法，来获取当前称量的补偿值。在经过若干次循环后，实际计量值与设定值的误差将逐步缩小，而落差补偿值将趋向于某一稳定值。从理论上来说，如果物料的流量是绝对稳定的，那么经过逐次修正后实际的测量值将收敛于其设定值。但实际上每批物料落差补偿值不会收敛于某一稳定值，而将一直处在过渡修正和修正不足之间来回摆动，致使矿料和沥青的实际计量值在一定的范围内上下波动。假如这种波动在供给骨料的规格比较稳定的情况下，还不致引起成品料沥青含量（油石比）很大的误差，那么在我国骨料来源不一、规格混杂的情况下，上述波动就可能大大加剧，从而导致油石比的严重超差。由于矿料和沥青的落差补偿是独立进行的，它们的修正值之间并没有必然的联系，因此就有可能出现矿料和沥青中某一个相对其设定值的修正很大，而另一个相对其设定值的修正却很小，甚至变成相反的修正，此时的油石比就会大大偏离其设计值。

图2是根据广东省1993年购置的1台M160沥青搅拌设备计算机控制数据绘制的连续20批混合料矿料、沥青百分比含量以及油石比相对于它们各自的设定值之偏差的波动曲线。

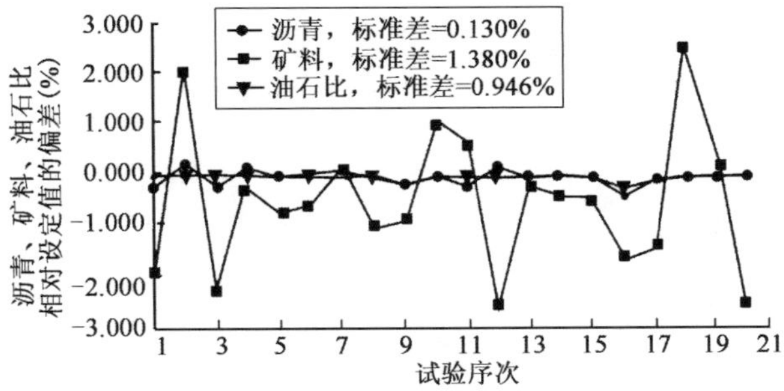

图2　计算机控制数据绘制的M160型沥青

从图中可以看到矿料、沥青发生过度修正（点12、点16）或向相反方向修正（点12矿料为负修正，沥青为正修正）的情况。在这些点上油石比的控制误差分别达到+0.127%、-0.265%和-0.192%；而矿料、沥青百分比含量和油石比相对设定值之偏差的标准差则分别为1.38%、0.130%和0.0946%；其95%概率下的最大偏差则可高达2.70%、0.255%和0.185%。

1995年玛连尼公司根据中国用户的反映，对新一轮搅拌设备的落差补偿技术作了重要的改进，其中最主要的是在沥青和骨料含量的控制值之间建立一定的联系，即根据矿料的实际称量值和设定的油石比来确定沥青的最终供给量。实现这一改进对于采用减量称量方法的沥青计量系统来说是很容易做到的。

图3是广东省高速公路公司1995年购进的玛连尼公司M121型沥青搅拌设备连续20批混合料的计算机控制数据。

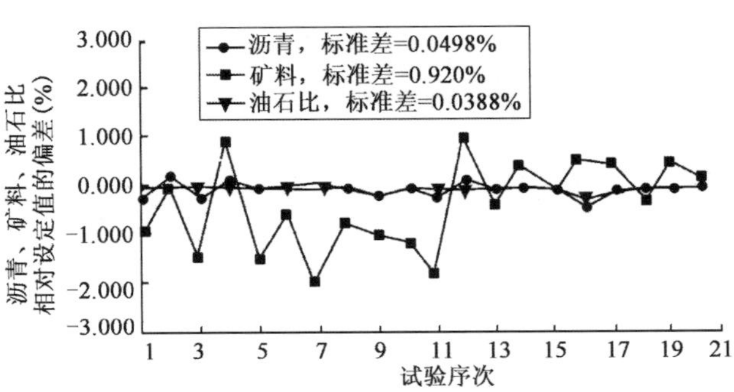

图3　M121型沥青搅拌设备混合料计算机控制数据

从图2与图3的对比可清楚地看到，新一轮搅拌设备的计算机控制精度有了很大的提高。M121的矿料含量、沥青含量、油石比相对设定值的标准差为0.920%、0.0498%和0.0388%，沥青含量偏差和油石比的偏差只有 M160 的 38% 和 41%。

计算机控制精度的提高显然将大大改善沥青搅拌设备所生产的混合料的质量。图 4 是交通运输部筑路机械测试中心对 M160 和 M121 所生产的成品料进行沥青含量抽样检测的情况，前者的标准差高达 0.283%，而后者则只有 0.109%；其 95% 概率下的最大偏差分别为 0.555% 和 0.214%；沥青含量的偏差下降了 61.5%。

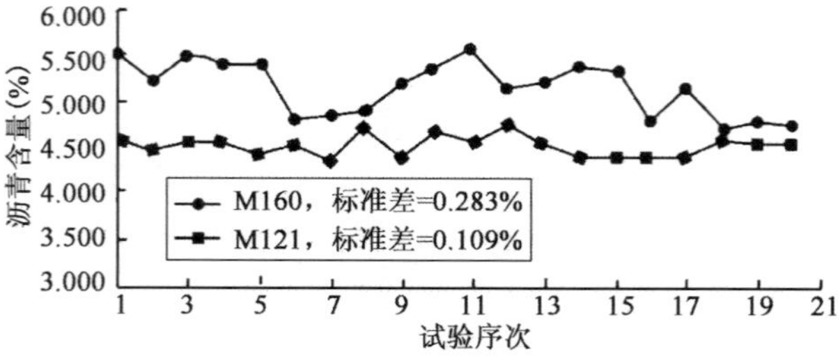

图 4　M160 和 M121 成品料沥青含量的检测结果

第五篇　沥青混合料的摊铺工艺与作业质量控制摊铺机工作过程的运动学与动力学

热沥青混合料的不均匀性及连续摊铺新工艺

孙祖望

（本文刊于《建设机械技术与管理》杂志2004年第9期）

沥青路面早期损坏是我国高速公路建设中的一个突出的问题，而导致早期损坏的诸多因素中，就施工质量而言，热沥青混合料在生产、铺筑过程中出现的不均匀性是最为严重的问题。应用沥青转运车技术的连续摊铺新工艺是目前解决热沥青混合料不均匀性的较为有效的手段。

1　热沥青混合料的不均匀性

热沥青混合料的均匀性是指热沥青混合料的组成及其性状在生产和铺筑的过程中保持一致、不变的性质。但从材料性能来说，热沥青混合料是极易受外界的影响而变得不均匀的材料。热沥青混合料不均匀性包括：矿料级配的不均匀、混合料油石比的不均匀、混合料粗细集料的分离（矿料的离析）、混合料温度的不均匀（温度离析）、混合料密度的不均匀（空隙率和压实度的不均匀）。这些不均匀性可能发生在混合料生产和铺筑过程的各个环节中，包括在搅拌过程中产生的不均匀性、在运输和摊铺过程中产生的不均匀性和在碾压过程中产生的不均匀性。

2　热沥青混合料不均匀对沥青路面早期损坏的影响

热沥青混合料的不均匀是导致沥青路面出现早期病害的重要原因。沥青混合料的不均匀性主要表现在粗细集料的分离和黏结材料分布的不均匀上。当沥青路面的某部分出现粗料集中、细料和沥青缺失就容易发生局部的松散、坑洞等病害，而对于细料集中、沥青含量过多的部位则可能导致局部的泛油、拥包。沥青混合料的不均匀还可能导致沥青路面局部的空隙率过大而发生透水，是造成局部水损害引起的网裂、唧浆、坑洞以及不均匀的车辙和局部严重推移的重要原因。由此可见，沥青路面早期病害防治方面的一项重要措施就是改善沥青混凝土的均匀性。

3　热沥青混合料的不均匀及质量控制

热沥青混合料在运输和摊铺过程中产生的不均匀主要是由材料离析和温度离析两方面的因素引起的。

3.1　热沥青混合料在运输和摊铺过程中的材料离析与应对措施

热沥青混合料在运输和摊铺过程中的材料离析产生因素有三：成品料卸入卡车和卡车中混合料卸入摊铺机料斗造成的离析；混合料在摊铺机料斗中产生的离析；混合料在分料过程中造成的离析。减少在运输和摊铺过程中产生离析的措施应当针对这三点做必要的处理：

（1）采用大容量的卡车将混合料大批量地泻入摊铺机料斗而避免零星地滚入料斗（图1）。

（2）在卡车交替卸料过程中应避免将摊铺机料斗内的混合料放空。

（3）应利用摊铺机料斗的翼板经常使料斗内混合料顶面保持水平，以避免出现中央凹谷而导致粗料滚落（图2）。

（4）保持摊铺机稳定不变的摊铺速度，这样螺旋分料器可保持连续、均匀地慢速运转。

（5）螺旋分料器快速和断续的运转会导致严重的离析，螺旋分料器过快的运转会导致中央缺料而形成中央的粗料离析带，而其两端缺料则会使粗料滚落到铺层边缘而造成两边的带状离析。

(6)应采用多台摊铺机梯状摊铺大宽度的路面，若使用一台大宽度摊铺机摊铺整幅路面将会在螺旋分料器的悬挂支承处造成带状离析。

图1　混合料应大批量地泻入摊铺机料斗

图2　应使料斗内混合料顶面保持水平

3.2　热沥青混合料在运输和摊铺过程中的温度离析

在运输和摊铺过程中热沥青混合料在自卸卡车中、摊铺机料斗中都将由于温度的变化产生温度离析。在混合料铺层上也将存在温度离析。通过红外线照相技术可以很方便地看到这种离析状况(参看图3～图6)。

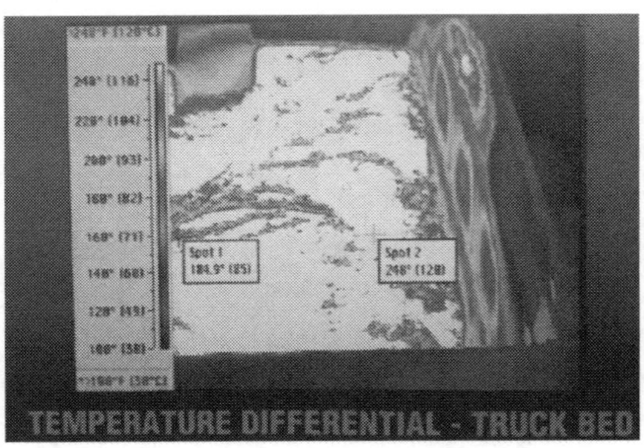

图3　热沥青混合料在卡车中的温度离析

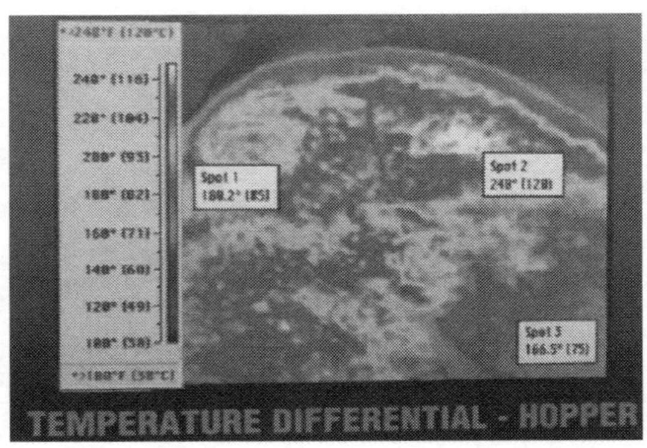

图4　热沥青混合料在摊铺机料斗中的温度离析

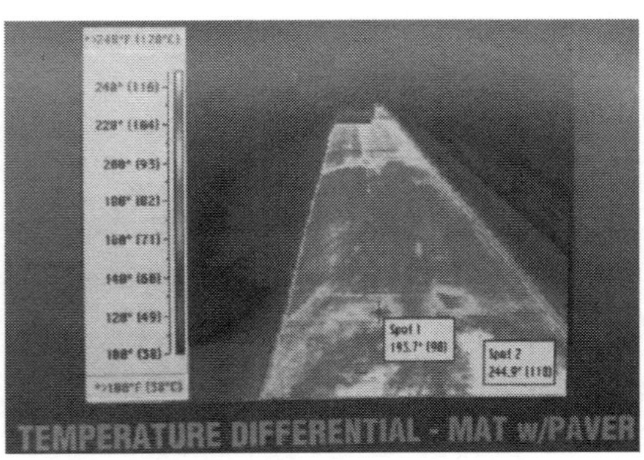

图5　热沥青混合料在铺层表面显示的温度离析

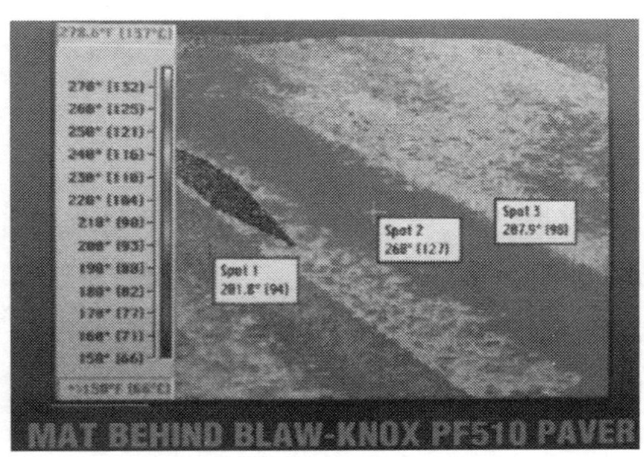

图6　热沥青混合料在铺层表面显示的温度离析

热沥青混合料的温度离析危害是很大的。试验表明，碾压热沥青混合料的温度对于路面空隙率和渗水性、抗疲劳性、抗车辙性能均有较大影响(图7～图9)。

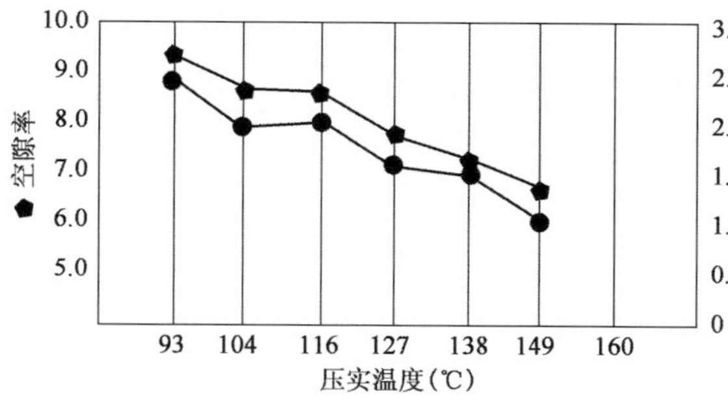

图7　碾压温度对热沥青混合料空隙率和渗水性的影响

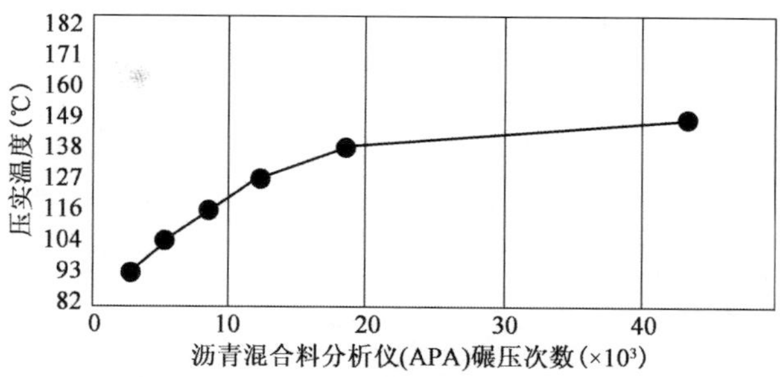

图8　碾压温度对热沥青混合料抗疲劳性能的影响

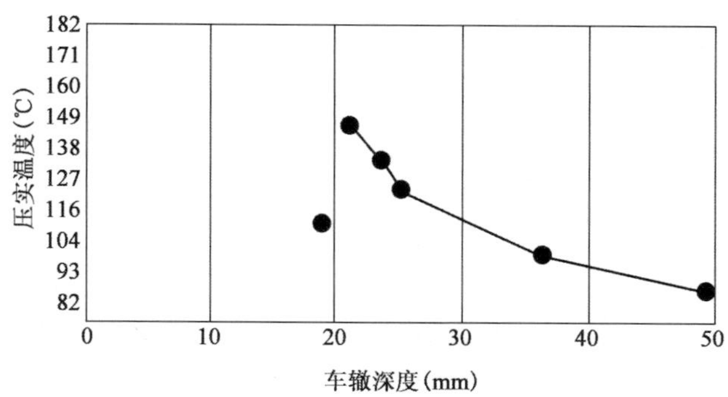

图9　碾压温度对热沥青混合料抗车辙性能的影响

注:图3～图9取自ASTEC公司的研究报告T-134。

4　连续摊铺新工艺

引入沥青混合料转运车的连续摊铺新工艺(图10)在解决热沥青混合料在运输和摊铺过程中的材料和温度离析上起到了较好的效果。

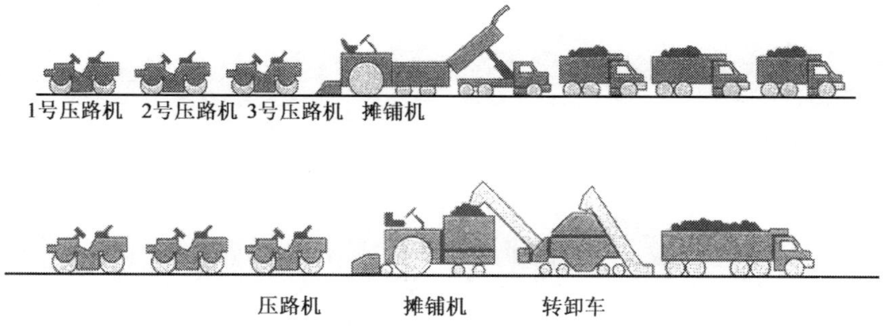

图10　传统摊铺工艺与连续摊铺新工艺的比较

运用沥青混合料转运车的这种连续摊铺新工艺具有以下几个优点：

(1)装备有二次搅拌装置的转运车能有效地改善热沥青混合料在运输卡车和摊铺机料斗中的材料和温度离析。

(2)可以避免自卸卡车在卸料时对摊铺机水平方向的碰撞、垂直方向的挤压,以及混合料泻入料斗引起的冲击等对摊铺机平稳作业的影响。

(3)可以向摊铺机连续平稳地供料以保证摊铺机连续地摊铺,还可避免由于操作不慎而将混合料撒落在摊铺机前方。

(4)可以减少运料卡车的数量、加快卡车的周转效率,还可允许采用更大吨位的自卸卡车。

5 转运技术的发展

转运车在20世纪90年代首先出现在美国,这一新技术很快受到了热沥青行业的关注,并迅速在美国获得了推广。近些年来转运车的技术在世界范围内逐步为许多国家所接受。如美国ROADTEC公司、BLAW-KNOX公司、Terex公司,德国VOGELE公司,瑞典Dynapac公司都先后研制出各有技术特点的沥青混合料转运车。ROADTEC的变节距螺旋搅拌技术(图11)、CEDARAPIDS在摊铺机料斗中采用的四根螺旋搅拌技术(图12),Terex安装于受料斗的大节距带状螺旋搅拌技术(图13)都使沥青转运技术得到进一步完善,有效地改善了混合料温度离析。我国的三一重工和徐工集团也已开发出成熟的转运车产品推向市场。

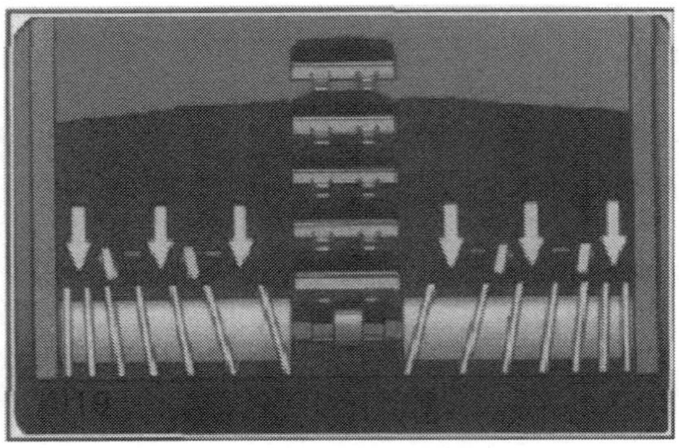

图11 ROADTEC的变节距螺旋搅拌技术

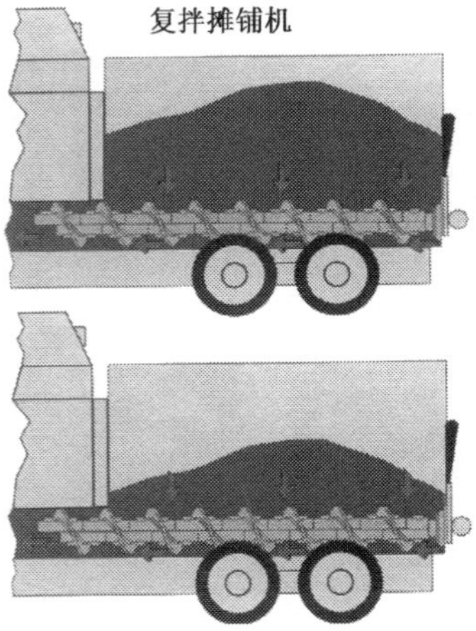

图12 CEDARAPIDS的四螺旋复拌技术

运用沥青混合料转运车具有以下优点:

(1)可以使材料在最小的干扰情况下,连续稳定传输给摊铺机,使摊铺效率提高50%,减少运输车辆25%。

(2)完全杜绝了卡车碰撞摊铺机及卸料对摊铺机的影响,保证摊铺机长时间地连续平稳地运行,从而提高了摊铺路面的平整度。

(3)可以使运输及输送作业在已有完建的道路上进行,完全避免了重型载重车辆在未完建道路上行驶特别是转弯时对路面的破坏。

(4)是一些特殊沥青路面摊铺必不可缺少的设备。图14为采用转运车对一环行赛车车道进行摊铺作业的情况。

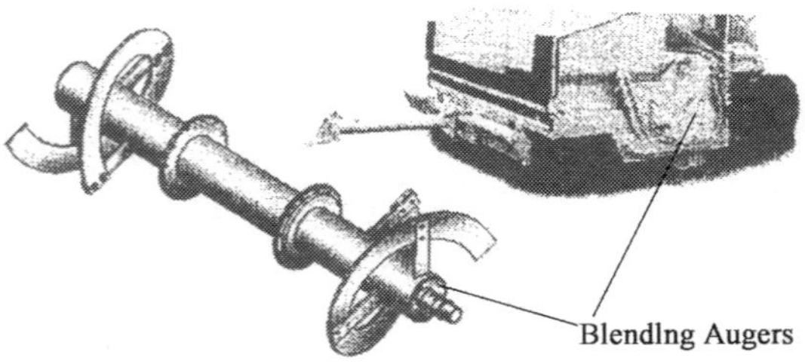

图13 TEREX的大节距带状螺旋搅拌技术

图14 采用转运车对一环行赛车车道进行摊铺作业

(5)有可能采用宽的传送带使材料快速平稳、不受扰动地传送到摊铺机的料斗,甚至直接送到熨平板的前方(例如Roadtec的无料斗摊铺机),使得沥青材料在运输和摊铺中的材料离析和温度离析减小到最低程度的同时使温度损失减小到最小，从而有效地保证了沥青路面的摊铺质量。

美国 Roadtec 公司对转运车改善摊铺沥青铺层温度离析的效果进行了一系列的试验（参看图 15）。数据表明，运用沥青转运车技术大大改善了沥青混合料的温度离析。

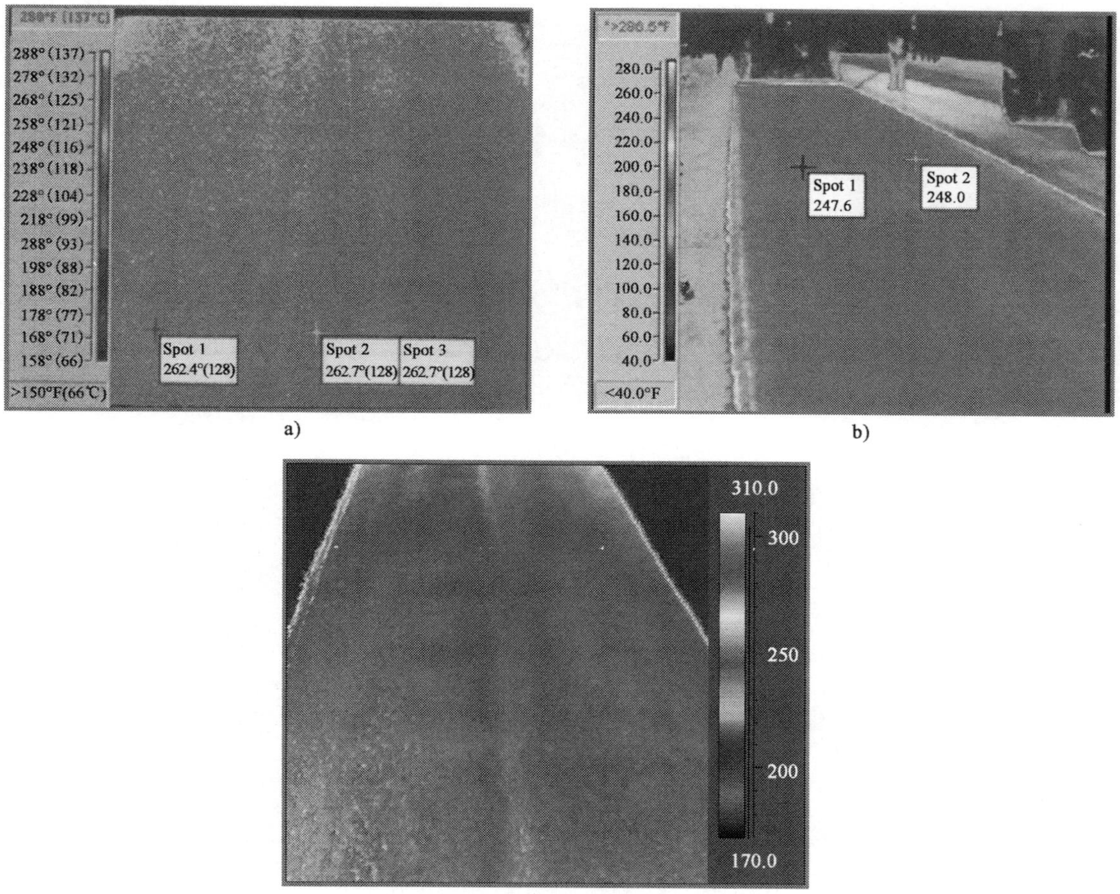

a)　　b)　　c)

图 15　转运车改善摊铺沥青铺层温度离析的效果

综上所述，热沥青混合料的不均匀性是贯穿在热沥青混合料生产、运输、搅拌、碾压整个施工过程中的质量问题，要解决这一问题，需要对每一环节都进行严格控制才能取得成效，只解决某一环节的问题是无济于事的。因此，只有对整个施工过程实施全面质量控制才能从根本上解决不均匀性的问题。

集料和热拌沥青混合料的生产是导致混合料不均匀的第一关，也是保证沥青混凝土均质性的基础。这一关把不好，随后的环节控制得再好也难有成效，因此应十分重视集料和热沥青混合料的生产技术和质量管理。热沥青混合料的转运车技术在解决混合料在运输和摊铺过程中的材料与温度离析方面是一种很好的新工艺和新技术。但它解决的只是在混合料装卸、运输和卸入摊铺机料斗内的离析问题。对于其前方和后方环节（包括摊铺机螺旋分料器）中产生的混合料离析问题，它是无能为力的。因而不应将转运车技术看成是解决混合料离析问题的“万用灵丹”。热沥青混合料的不均匀性是导致我国沥青路面早期损坏的重要原因，解决不均匀性的问题有着重要的现实意义。但是这一问题的解决并不完全是设备和技术上的问题，在许多场合更重要的是管理和观念方面的问题。再先进的设备，使用不当和对它进行野蛮操作也不可能生产出优质的沥青混合料和铺筑出高质量的沥青路面来。因此杜绝为了抢赶工期而违反科学、违反客观规律，随意加大设备产量、超负荷运转、不按规定养护维修设备、不顾质量地抢时间、拼设备等野蛮施工现象是十分重要的。

连续不间断摊铺新工艺与沥青混合料转运车

孙祖望

（本文刊于《交通世界》杂志2005年第5期）

沥青路面的早期病害和损坏是当前中国公路建设中的一个突出问题。虽然造成路面早期损坏的原因是多种多样的，但就面层施工质量而言，沥青面层混凝土的不均匀性是最为重要的原因。因此，采用以沥青混合料转运车为核心的连续不间断摊铺来解决在运输和摊铺过程中的材料和温度离析问题的新工艺正在引起中国公路界越来越多的关注。已经有一些省的高速公路的工程招标文件中明确提出了采用转运车的要求。最早进入中国市场的美国ROADTEC公司的转运车销售量在近二年内有了大幅的增长。目前在中国市场上开始启动销售转运车的国外厂商，除ROADTEC公司外还有美国的BLAW-KNOX、TEREX、欧洲的DYNAPAC和VOGELE公司。中国自己生产的转运车如三一和徐工的产品也已经推向市场。沥青混合料转运车正在成为中国公路施工和路面机械制造行业的一个新的热点。

1 连续不间断摊铺新工艺的特点

传统的沥青路面摊铺工艺是由自卸卡车将热沥青混合料运至摊铺现场，并由自卸卡车将混合料卸入摊铺机料斗，输送至熨平板前方然后铺设至路面上。这一工艺有以下一些缺点：

（1）搅拌设备、自卸卡车与摊铺机匹配不好就会导致停工待料，既影响摊铺机的生产率又不利于摊铺作业的质量。

（2）满载的自卸卡车和空车交替时卡车与摊铺机司机的操作要求良好的协调配合。如配合不好出现摊铺机料斗缺料、卡车与摊铺机碰撞等操作不当的情况，均会影响松铺层的摊铺质量。

（3）要求自卸卡车的数量有足够的储备，通常现场至少有三辆以上的卡车在等待卸料。

（4）热沥青混合料在装卸和运输过程中容易出现材料和温度的离析，为今后沥青路面的使用留下隐患。

为了克服这些缺点，人们一直在追求一种连续流动的摊铺过程。首先出现了由底卸卡车和拾料机配合摊铺机工作的连续摊铺工艺。随后又出现了材料转运车与摊铺机配合工作的不间断连续摊铺工艺。它利用一台中间转运车作为混合料供应的缓冲环节，自卸车不必排队向摊铺机料斗卸料而只需卸入转运车料斗中，然后输送至转运车的储料仓内由转运车，通过输送带源源不断连续地将混合料送入摊铺机料斗。图1是传统工艺和新工艺流程的示意图。

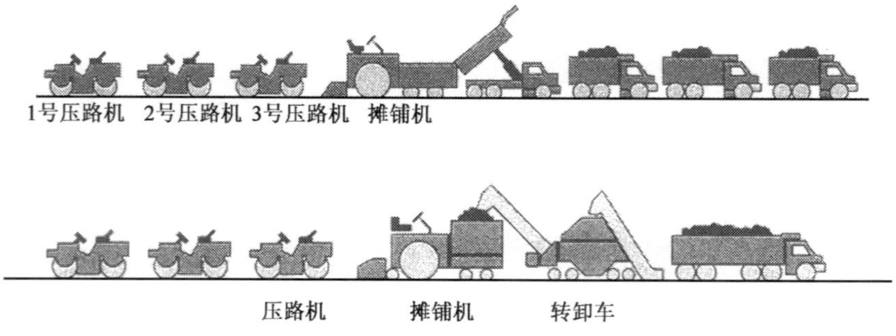

图1 传统工艺和新工艺流程的示意图

新的连续不间断摊铺工艺的优点是：

(1)可以避免自卸卡车在卸料时对摊铺机水平方向的碰撞、垂直方向的挤压，以及混合料卸入料斗引起的冲击等对摊铺机平稳作业的影响。

(2)可以向摊铺机连续平稳地供料以保证摊铺机连续不间断的摊铺，还可避免由于操作不慎而将混合料撒落在摊铺机前方。

(3)可以减少运料卡车的数量、加快卡车的周转效率，还可采用更大吨位的自卸卡车。

(4)装备有二次搅拌装置的转运车能有效地改善热沥青混合料在运输卡车和摊铺机料斗中的材料和温度离析(图2)。

带有二次搅拌功能的新型转运车的吸引力，在经历了10年左右的推广应用后如今在美国已有20余个州强制规定承包商必须采用这种新工艺来铺筑沥青路面。

图2　混合料卸入卡车时造成的离析

2　沥青混合料转运车的历史发展与基本结构

沥青混合料转运车首先出现在美国，1987年Baber Greene公司(当时已为ASTEC工业集团的一个分公司)开发了第一台转运车，它被命名为MTV(Material Transfer Vehicle)。它的基本结构由以下几部分组成：转运车有一个大吨位储料仓，并被安装在一自行式的轮式底盘上，在其后方有一个接料斗用来接受来自自卸卡车卸下的混合料，接料斗可以向内翻转将来料倾倒在内部刮板输送机上，并由它将混合料送入储料仓内，储料仓内有螺旋送料器，将仓内混合料连续不断地送至安装在料仓底部开口处的倾斜输送机上，并由它将混合料连续地卸入摊铺机的料斗内。转运车的开发大大加强了对连续不间断的摊铺工艺的技术支持，当时Baber Greene转运车储料仓的螺旋送料器并没有搅拌的功能因而不能解决传统摊铺工艺中的材料和温度离析问题，而当时对上述问题的严重性并没有被人们完全认识。对混合料的材料和温度离析特别是温度离析问题的认识是在后来的研究过程中才逐步深化的。

2.1　混合料的材料离析

混合料在运输和摊铺过程中的材料离析主要发生在以下环节中：

(1)混合料从拌缸或成品料仓卸入卡车以及从卡车卸入摊铺机料斗时造成的离析。

当混合料从拌缸卸入料斗而形成料堆时粗料会滚至底部而造成料堆顶部的材料偏细而底部的材料偏粗，特别是当卸料的方式不当时(图2)。

当混合料从卡车卸入摊铺机料斗时由于同样的原因也会引起粗细料的分离，特别是当卡车的料槽举升较慢，使材料以滚翻的形式卸入摊铺机料斗时，离析的现象将更加严重(图3)。

小的倾斜角度导致材料翻滚地卸入料斗

图3　混合料在卸入摊铺机料斗时造成的离析

(2)混合料在摊铺机料斗中产生的离析。

混合料在摊铺机料斗中产生离析的主要原因是摊铺机在自卸卡车的交替过程中协同工作不好，从而造成料斗放空和摊铺机机手未能及时折翻料斗翼板，此时料斗内材料形成中央凹坑而导致粗料滚落(图4)。

(3)混合料在分料过程中产生的离析

混合料在分料过程中的离析主要由于采用大宽度摊铺机和螺旋分料器操作不当造成的，图5显示了采用12mm大宽度摊铺机进行路面全宽度摊铺时，在螺旋分料器的悬挂支承点上产生的带状离析。

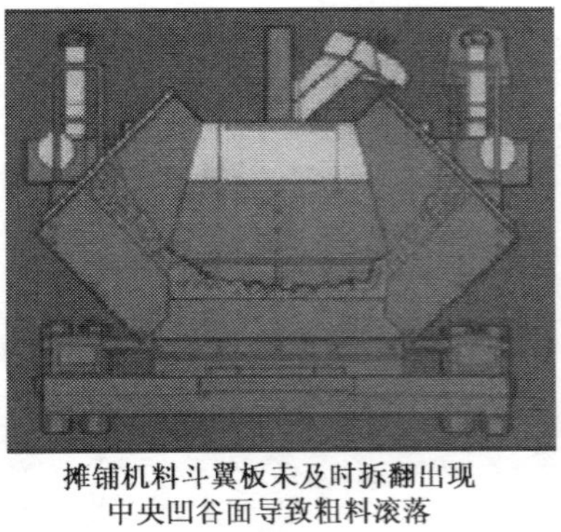

图4　混合料在摊铺机料斗内形成离析

图5　大宽度摊铺机造成的带状离析

2.2　混合料的温度离析

混合料的温度离析问题一开始并未得到足够的重视，直至20世纪90年代中期通过一系列研究揭示了摊铺层混合料温度不均匀与沥青路面早期损坏之间的因果关系，才引起了人们的关注。美国S. Read、R. Brown、J. Don Brock等人的研究结果表明，压实温度的降低对沥青路面空隙率的增大、密水性的恶化、疲劳强度的降低、抗车辙能力的削弱都是至关重要的。图6～图11取自Don Brock的论文《Temperature Segregation/Temperature Differential Damage》，并在以下的讨论中引用了它的研究成果。从这些图表中可以清楚地看到压实温度对成型路面空隙率和渗水性、疲劳强度以及抗车辙能力的严重影响。

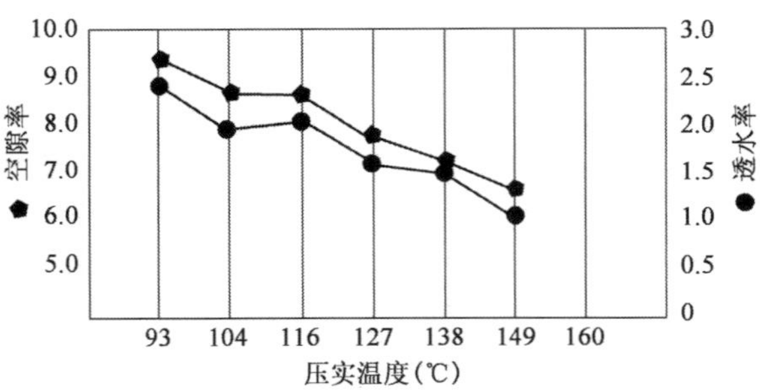

图6　碾压温度对热沥青混合料空隙率和渗水性的影响

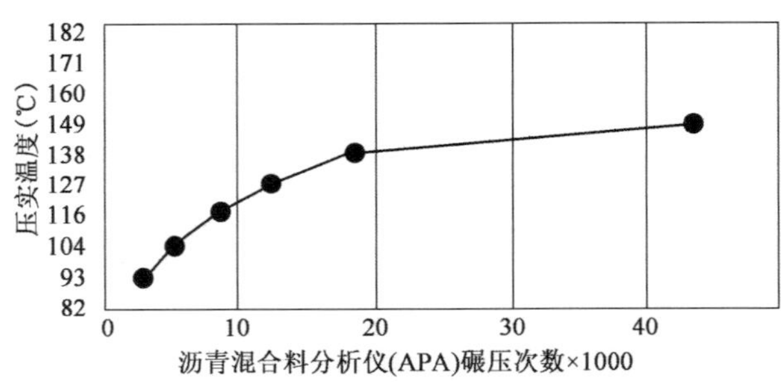

图7　碾压温度对热沥青混合料抗疲劳性能的影响

混合料在运输摊铺过程中的温度离析主要发生在以下环节中：

(1)混合料在自卸卡车中的温度离析

混合料在卡车的运输过程中，由于四边的侧壁通过金属的散热作用以及顶部暴露在空气中的热量损失，必然导致混合料中心部位和与金属及空气接触的界面处的温度差异。而这种差异随着运输距离的增长会更加严重(图9)。

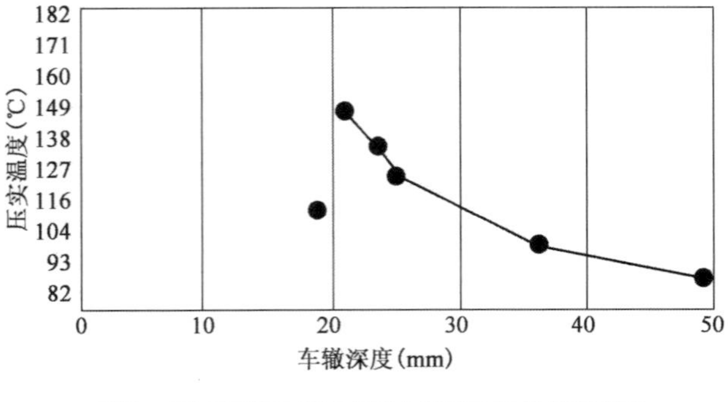

图8　碾压温度对热沥青混合料抗车辙性能的影响

(2)混合料在卸入摊铺机料斗中发生的离析

混合料在卸入摊铺机料斗时卡车侧面和顶部冷料大体仍会停留在摊铺机料斗的侧壁和顶面的部位，而在混合料停留在料斗的时间里，上述界面与混合料内部的温度差异将更为恶化(图10)。

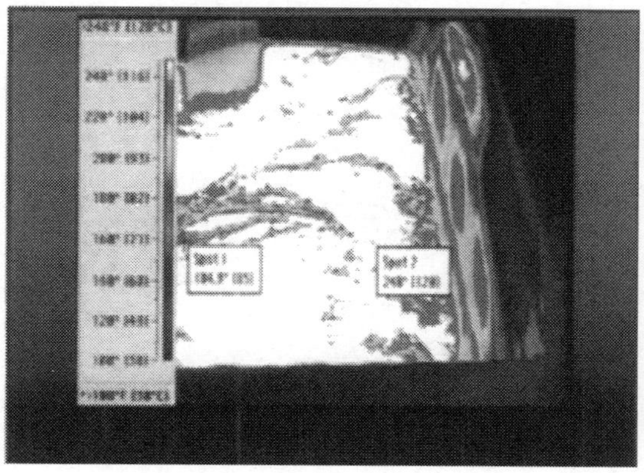

图9　混合料在卡车中的温度离析

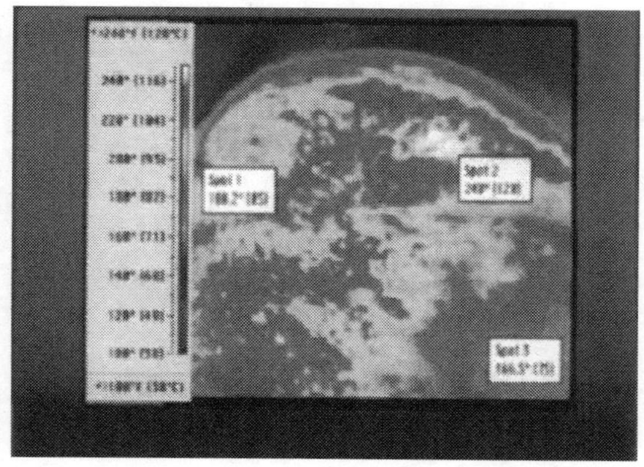

图10　混合料在摊铺机料斗内的温度离析

(3)混合料在摊铺过程中造成的温度离析

混合料在摊铺过程中料斗下部的刮板输送器首先将位于中部温度较高的材料送至熨平板摊铺,当料斗内料面逐渐低下去时两侧材料将翻落至中部,特别是料斗内混合料快放空时,机手折翻两翼时将把温差最大的凉料翻入刮板输送器面上,这部分温度较低的材料将是一卡车的混合料中最后送至熨平板进行摊铺的部分,这样就造成了摊铺层混合料在纵向和横向的温度差异(图11)。

在20世纪90年代所做的这些研究工作对转运车的发展有着重大的推进作用,正是由于认识到混合料的温度在运输和摊铺中会产生严重的不均匀以及温度离析对沥青路面早期损坏的严重危害,使美国的一些路面机械制造企业从各种途径来考虑如何降低温度的离析问题。其中有Cedarapids公司装在料斗内的四螺旋搅拌输送器(图12)、BlawKnox公司装在料斗后部的二次搅拌器(图13)等,而最为成功的则是RoadTec公司安装在转运车储料仓底部变节距螺旋搅拌输送器的转运车(图14)。带二次搅拌装置转运车的出现大大促进了转运车技术在美国的推广应用,这一新技术很快受到了热沥青行业的关注并迅速在美国各州得到了推广。

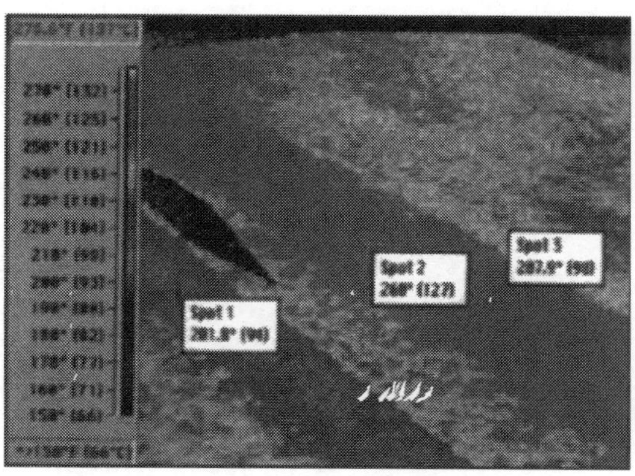

图11　混合料摊铺层呈现的温度离析

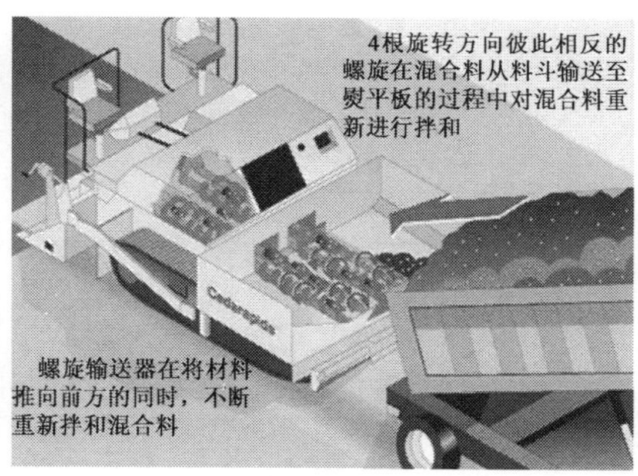

图12　Cedarapids公司开发的在料斗内安装有四螺旋搅拌输送器的摊铺机

转运车技术在结构上的另一个发展是加装高深度插入式料斗,以减少混合料卸料的高度和保证连续稳定的料流,这将有利于在混合料卸入摊铺机料斗的过程中减少材料的离析和保持稳定不变的散热条件。近些年来转运车技术在世界范围内逐步为许多国家所接受。欧洲和北美许多著名的路面机械企业都研制开发了自己的转运车,在2004年举办的慕尼黑BAUMA展览会上各公司新开发的沥青混合料转运车成为路面机械领域的一个亮点。

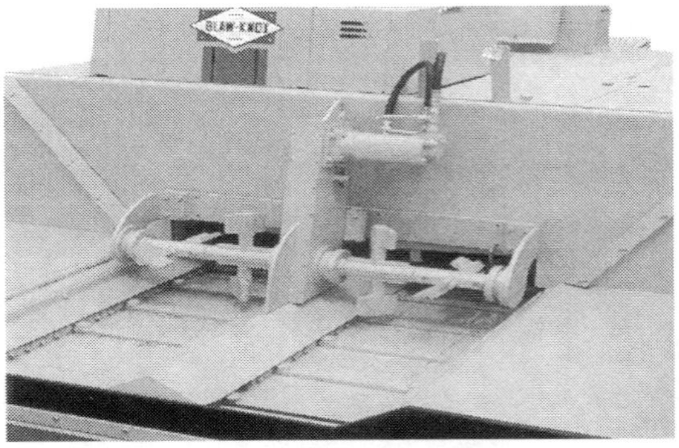

图 13 BlawKnox 公司在料斗后部安装有的二次搅拌器的摊铺机

图 14 RoadTec 公司安装在转运车储料仓底部变节距螺旋搅拌输送器的转运车

3 国内外转运车的技术特点

3.1 美国 ROADTEC 公司 SB2500C 型转运车(图 15)

ROADTEC 公司的 SB2500C 型转运车是目前世界上功率和生产能力最大的转运车,其特点是:

图 15 ROADTEC 公司的 SB2500C 型转运车

(1)较高的发动机功率(206kW)和静液驱动的轮胎式行走装置保证了很高的工作速度和行驶速度(工作速度为 0 ~ 80m/min,行驶速度为 18km/h),从而提供了很高的生产能力。这一点是为了能很好适应美国沥青路面高速摊铺的施工工艺,摊铺机的正常摊铺速度通常为欧洲机型的 4 ~ 6 倍。

(2)大容量的储料仓(22.7t)和高的输送能力同样是为了适应高速摊铺的需要,同时也有利于保持储料仓内混合料温度的稳定。

可左右旋转 55°的布料输送器,可以使转运车与摊铺机的协同工作变得更加灵活方便。

(3)独特结构的变节距螺旋搅拌输送器(参看图 16)可保证混合料在储料仓内有较长的搅拌时间因而能较好改善温度离析(图 17)。

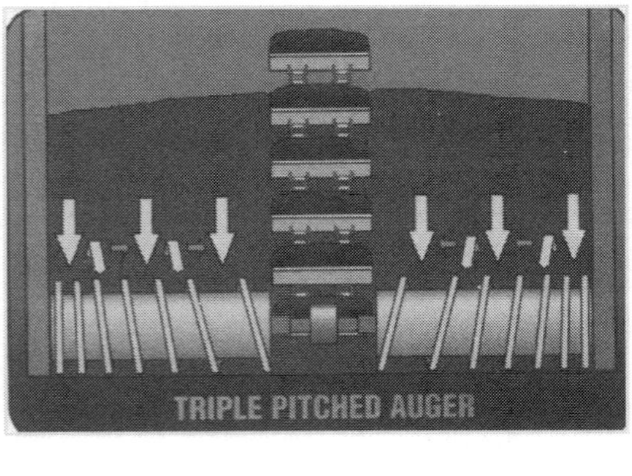

图 16 变节距螺旋搅拌输送器

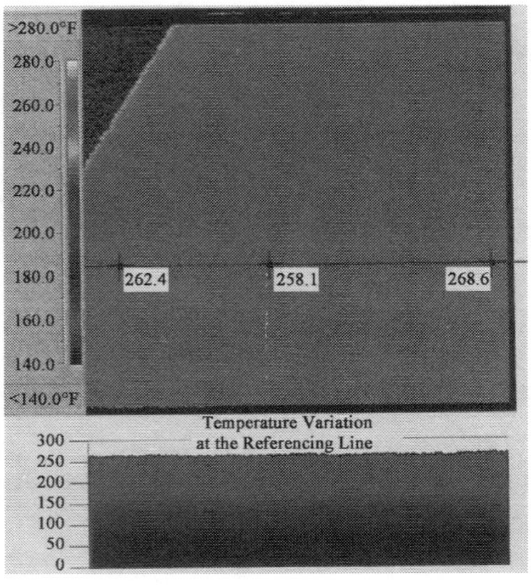

图 17 改善温度离析的良好性能

当然有利就必有其弊，大吨位的料仓加上机重可高达60t，由四个重型轮胎将重量传递给支承地面，下承层路面要承担很大的载荷，30t 的轴荷对许多桥梁来说也是一个过重的荷载。大功率的动力将带来较大的油耗和使用费用，对许多施工单位来说也是一个不小的负担。

3.2　美国 BLAW KONX 公司的 MC-330 型转运车（图 18）

MC-300 型转运车的特点是：

（1）发动机功率为 137kW，采用液压传动与三挡变速箱和二速差速器相结合的驱动方案，最高挡工作速度可达 124.7m/min，最高挡行驶速度为 23.8km/h。这种方案的优点是在摊铺速度较低时，可以通过改变速度挡位使液压系统与机械传动获得更好的匹配，从而改善了液压传动的效率。

（2）没有设专门的储料仓而是加大了接料斗的容量（14t），因而减轻了机器的工作重量（38.6t），也降低了所需的发动机功率，由于没有储料仓，混合料的输送长度和高度都可以减小。

（3）安装在摊铺机加插料斗内的二次搅拌装置由在刮板输送器上方的转向相反的搅拌轴组成，搅拌轴的拌浆是由螺旋和桨叶结合组成的（图 19）。

图 18　BLAW KONX 公司的 MC-330 型转运车

图 19　由螺旋和桨叶结合组成的二次搅拌装置

二次搅拌器安装在摊铺机接料斗内，由于在刮板输送器的上方，且受空间的限制搅拌器的容量不可能很大，这就不能不影响到混合料在料斗内的搅拌时间和空间。

3.3　VOGELE 公司的 MT-1000 型转运车（图 20）

MT-1000 型转运车的特点是：

（1）采用摊铺机的履带底盘作为行走装置，摊铺机的工作速度和行驶速度也大体与摊铺机相当（工作速度 0 ~ 16m/min，行驶速度 0 ~ 4.8km/h）。由于速度较低、重量较轻，发动机的功率只有 108kW，是各种自行式转运车中功率最小的。履带的接地比压明显小于轮胎，再加上重量的减轻，因而对下承层的荷载将是非常小的。

（2）接料斗的结构没有采用摊铺机料斗那样的折翻式翼板，而是采用翻斗式并在料斗内安装左右两根螺旋输送器，因而材料输入比较流畅，不会产生材料的死区，料斗的容量较小，为 5 ~ 6t。

图 20　VOGELE 公司的 MT-1000 型转运车

（3）整机的重量较轻，工作重量不超过 20t，发动机的功率燃油消耗和使用费用比较低。

（4）转运车中没有二次搅拌装置，因而对改善混合料的材料和温度离析的作用显然是有限的，此类转运车的功能主要是在材料转运过程中起着中间缓冲的作用。

3.4 DYNAPAC 公司的 MF250 型转运车(图 21)

DYNAPAC 公司的 MF250 转运车与 VOGELE 的转运车一样没有二次搅拌功能,它的特点是:

(1)采用轮胎式摊铺机的底盘,因而行驶速度可达 17km/h,发动机功率 129kW,比 MT-1000 高。

(2)接料斗基本上是摊铺机料斗的结构,两侧的翼板是可以折翻的,容量也与摊铺机相仿(14.6t),因此整机重量也比 MT-1000 大,工作重量约为 30t。

3.5 美国 TEREX 公司的 MS-4 型转运车(图 22)

MS-4 型转运车是 TEREX 公司下属的 Cedarapids 工厂在原来 MS-3 转运车的基础上改型设计的,两者的主要差别是在接料斗后方加装了一个二次搅拌的螺旋,MS-4 型转运车是一种拖挂式的转运车,它的特点是:

(1)MS-4 型转运车自身没有行走驱动力,由摊铺机通过刚性的连接杆顶推着向前行进。由于不需要行驶动力,所以转运车自身的发动机只是供驱动输送混合料之用,因而其功率只有 85kW(113hp)。

图 21 DYNAPAC 公司的 MF250 型转运车

图 22 美国 TEREX 公司的 MS-4 型转运车

(2)接料斗容量 3.4m^3(5~6t),采用翻转式的结构,整机的工作重量约 10.3t。由于底盘结构简单紧凑,混合料输送器的长度很短,卸料高度也低,这些都有利于减少散热损失和材料在卸入摊铺机插入式料斗内的离析。

(3)转运车底盘采取三点悬挂式,在工作中阻力小、转向灵活,拖挂运输时车速可达 60km/h。

(4)在接料斗后方的二次搅拌装置是一种特殊的大节距大直径带状螺旋输送搅拌器(参看图 23),这种独特的螺旋结构可以使混合料在转送至输送器之前能获得较长时间的搅拌。

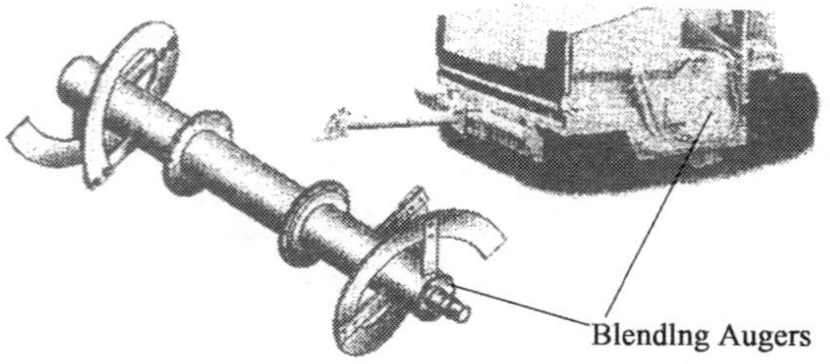

图 23 大节距大直径带状螺旋输送搅拌器

(5)为了减轻自卸卡车对转运车的冲击,在转运车前方与卡车轮胎相接触的推进辊上装有专门的液压减振器,可以减轻卡车对转运车与摊铺机的冲击。

(6)拖挂式转运车最大的优点是结构简单、运动部件少,油耗低、养护维修费小,购置价位也低,因而短期和长期的使用成本都将大大下降。但是拖挂式转运车能否在改善材料与温度的离析,减轻卡车的冲击方面获得与自行式转运车同等的效果,尚需进一步验证。

3.6 国产的沥青混合料转运车

国产的沥青混合料转运车目前有三一重工和徐州路面机械公司两家企业在生产。从技术的角度看主要还处在模仿国外技术的阶段,三一重工转运车的主要技术来源于 ROADTEC 的转运车,在关键的二次搅拌器上,三一重工改用了变节距变直径的螺旋结构。徐工转运车的开发是在 VOGELE MT-1000 采用履带摊铺机底盘方案的基础上,参考了 BLAWKNOX 的 MC-330,在摊铺机的加料斗内安装了一个双轴式的桨叶搅拌器,只是转了 90°成为与摊铺机刮板输送器一致的方向,此外,接料斗中的送料螺旋改成了变节距螺旋。国产的转运车开发的时间还不久，上述这些技术的改动是否可以达到同样的效果，抑或更好都还需要进一步验证。

4　正确地理解转运车在沥青路面施工中的作用和转运车的正确应用

连续不间断摊铺工艺和转运车技术作为一种新技术还刚开始引入我国，对这一新技术的掌握和探索都需要一定的实践过程。由于都看好中国公路建设的巨大市场，世界路面机械的著名厂商都希望尽快地进入中国转运车市场这一有前景的新领域，因此市场的竞争也是十分激烈的。在这样的背景下，在代理商们的宣传中难免会出现一些误导的说法，这就需要中国的用户善于在各种宣传中正确地分析和作出自己的判断，慎重地来选择适合自己施工条件的产品。虽然对于一些具体的技术问题还需要通过试验来验证。但是有一些大的原则是应该弄清楚的，以下一些问题是值得我们慎重思考而加以澄清的。

（1）不应该认为转运车是解决沥青混凝土不均匀性的万用良药，似乎只要买了转运车，一切材料和温度的不均匀性都可以解决了。应该说转运车技术在解决混合料在运输和摊铺过程中的材料与温度离析方面是一种很好的新工艺和新技术。但是它能解决的只是在混合料装卸、运输和卸入摊铺机料斗内的离析问题，而沥青混凝土路面的不均匀性问题则是一个更为深刻而广泛的问题。混合料的不均匀性问题是贯穿在集料的生产和热沥青混合料的搅拌、运输、摊铺、碾压整个施工过程中的质量问题，要解决这一问题需要对施工的每一环节都进行严格控制才能取得成效，而其中最基础的环节是集料和热拌沥青混合料的生产，因此，只靠转运车是不可能解决所有上述环节中的不均匀性问题的。

（2）不应该为了降低购置成本而提倡用一台转运车同时向两台摊铺机供料的工艺，这不仅是因为要想让一台转运车轮流为两台摊铺机供料，在协调三者之间的工作节拍上会有一定的难度，而更为重要的是它违背了连续不间断摊铺工艺的基本理念，就是要让混合料连续稳定地流动摊铺，因此这一工艺的合理性是值得怀疑的。

（3）现在有许多厂商提供的红外线成像仪的照片标出的温度差常常只有 1 ~ 2°F 的差别，甚至只有华氏零点几度的差别。这显然是有悖常理的，也容易造成对用户的误导。本文特别转载了一张 SB2500 的温度照片（图 17），这是作者 2006 年访问美国时 ROADTEC 公司提供的，它的主要特点是显示了在一条参考基准线上的温度变化断面图。在这张图上可以看出在这一断面上温度变化虽然比较小，但仍有一定的变化范围，同时也很容易明白在这张图上要找出 2 ~ 3 个温度相差不到 1°F 的点是很容易的。应该指出 ROADTEC 公司在图上标志的温度差是 10.50°F（混合料运输时间 5min），因此代理商没有必要将转运车改善温度离析的性能说得过高（例如温度离析可控制在 ±1℃之内等等），因为这里还有一个前提和条件的问题，例如运输的时间、风速、风力的影响、热沥青混合料的原始温度等，而用户也不必刻意去追求很高的温差指标。

浮动熨平板的运动学与动力学模型及弯道摊铺技术

孙祖望

（本文刊于《沥青路面机械化施工技术与质量控制》第五章，人民交通出版社，2001 年 7 月）

弯道摊铺是沥青路面施工技术的重要组成部分，也是沥青路面施工中的一个技术难点。现代立体交叉的高速公路在其上下层之间通常需要通过匝道来连接，这些匝道，特别是大型互通式立交桥的匝道弯道半径小、内外侧超高大，而超高缓和段又短，这导致横坡的变化显得十分急剧。对于横坡急剧变化的弯道摊铺，国内目前尚无一种建立在严格科学论证基础上的施工技术和方法。在现行的沥青路面施工技术规范中没有专门涉及弯道摊铺的技术，规范中对横坡误差的规定（≤ ±0.3%）是指直线道路而言，对于急弯匝道的横坡的允许误差并未作出具体规定。实际上许多匝道变坡段的横坡误差远远超过 ±0.3%，个别的断面还有达 1% 以上的。此外，弯道摊铺的路面平整度在同样的工艺条件下也大大低于直线摊铺的场合。造成以上情况的原因与摊铺机浮动熨平板的工作原理，以及它的运动学和动力学过程有着十分密切的关系。因此在研究解决弯道摊铺的技术问题时，需要首先研究浮动熨平板的工作原理和它的运动学和动力学模型，以便更深刻地揭示出弯道摊铺作业过程的物理和力学本质。只有这样，才有可能有针对性地解决弯道摊铺中的各项技术问题，并使弯道摊铺技术不致主要依赖于操作人员的经验，而是建立在更为科学的基础之上。

1　浮动熨平板的工作原理以及影响弯道摊铺横坡准确性和平整度的原因

浮动熨平板自 1931 年由美国发明以来，虽然在结构上有了很大改进，但从工作原理来说一直保持至今而并无本质的变化。浮动熨平板的工作原理可以用一浮箱在水槽中被牵引向前的运动来比喻（图 1），当浮箱在水槽中沿着一水平方向的牵引平面作等速运动时，其水平阻力是恒定的。在垂直方向内，浮箱的重量力图使浮箱下沉，但随着下沉量之增大，水的浮力也会相应增大，直至下沉力和上浮力处于平衡时，浮箱将处于一稳定运动的状态，此时浮箱的后沿将扫出一与其牵引平面平行的水平面。当浮箱受到外部的干扰时，例如改变牵引点高度，调整浮箱底面与水平面的夹角等均会破坏下沉力与上浮力之间的平衡关系，但经历一定的过渡历程后仍会在新的位置上建立新的平衡关系。浮动熨平板在松散的热沥青混合料上滑行时，同样会呈现一定浮力，这种浮力是由在熨平板下方的混合料抵抗变形的抗力所形成的。熨平板下方的混合料在垂直载荷的作用下将会发生沉陷（变形），沉陷越大抵抗变形的抗力也越大。当熨平板向前牵引时，如熨平板前方推移料堆的水平阻力保持不变，则熨平板将等速前进，而熨平板的垂直位置则是由促使其下沉的力（主要是熨平板的重量）和促使其上浮的力（主要是混合料抵抗其变形的抗力）之间的平衡关系来决定的。当绕牵引点的下沉力矩和上浮力矩相等时熨平板在垂直方向位置将保持不变，从而使熨平板完成稳定的摊铺运动，此时熨平板的后沿将扫出一与其牵引平面平行的平面来，这就是浮动熨平板的摊平原理。

1.1　浮动熨平板在稳定运动中的静力平衡关系

在进一步考察浮动熨平板的静力平衡时可以将处于稳定摊铺作业下的熨平板及其大臂作为一力的隔离体来研究。此时作用在熨平板上的外力有（图 2）：

（1）作用在牵引点枢轴上的水平牵引力 T_x。

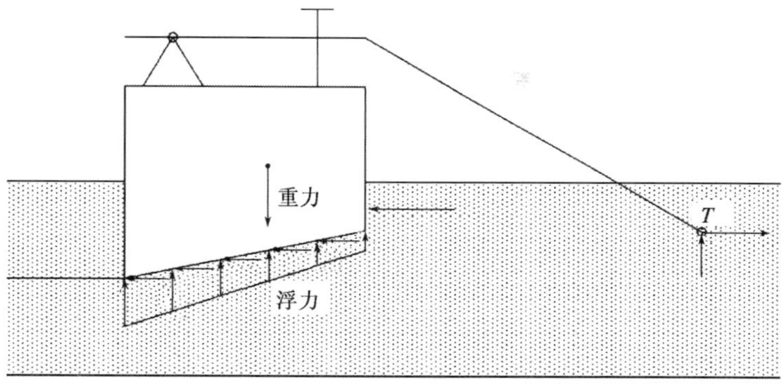

图1　牵引浮箱的工作原理

(2)作用在牵引点枢轴上的垂直反力 T_y。

(3)作用在熨平板前壁上的混合料水平推移阻力 P。

(4)熨平板和大臂的重力 W。

(5)作用于熨平板底部的混合料法向抗力 N。

(6)熨平板与热沥青混合料之间的摩擦力 F。

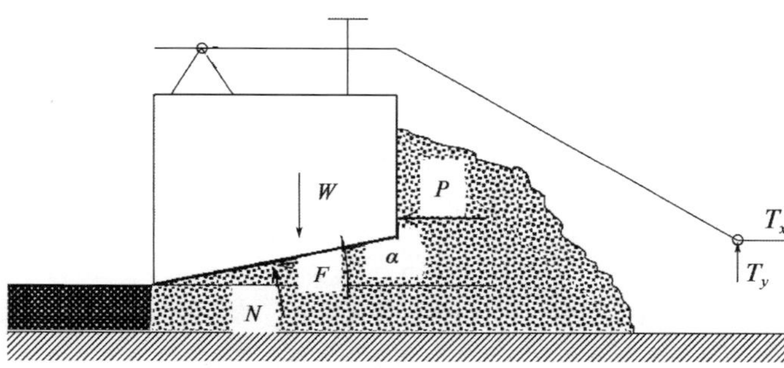

图2　浮动熨平板的受力分析

在以上这些作用力中重力 W 对于已经做好的熨平板来说是不变的,水平阻力 P 取决于料堆的大小,为了避免料堆大小的变化对熨平板稳定运动的影响,通常在设计时将摊铺机正常工作的工况设定在使 P 力正好通过大臂的牵引点 T,并根据这一条件来计算推移料堆的大小,而在使用时则应根据上述原则来控制料堆的高度。在早期的摊铺机上这种控制是依靠手动控制刮板输送器和螺旋分料器的速度不时地进行的,而现代摊铺机上则由料位器的自动控制来实现。当然在实际作业中不可能完全达到上述的理想条件,P 力的作用线与牵引点会有一定的正负偏离值,但如这一偏离值很小,则 P 力对牵引点的力矩往往可以忽略不计,因而在许多场合为了简化讨论通常假设 P 力的作用线通过牵引点 T。混合料对熨平板底面作用的法向抗力 N 和摩擦力 F,为计算方便起见,也往往将它们化为垂直和水平方向的两个分力 Q_y 和 Q_x(图3)。在图5中 N 与 F 的合力为 Q,它与熨平板底面法线的夹角即为混合料沿熨平板底面滑移的摩擦角 ρ,熨平板底面与水平面的夹角 α 即为熨平板的倾角。从图3所示的力学关系中可知:

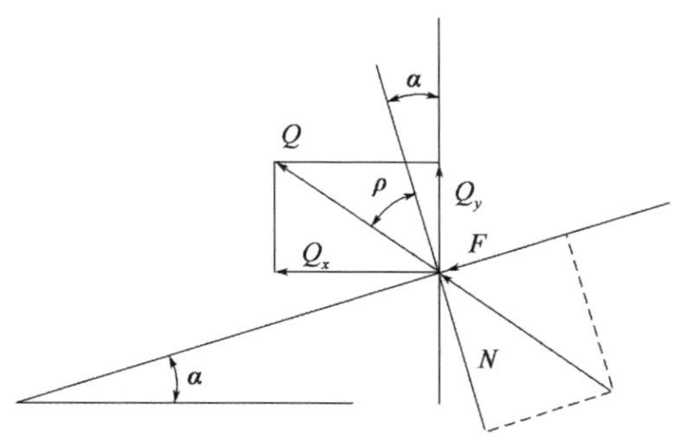

图3　法向力与垂直力的转换关系

$$Q_y = \frac{N}{\cos\rho}\cos(\rho + \alpha) \quad Q_x = \frac{N}{\cos\rho}\sin(\rho + \alpha) \tag{1}$$

至于牵引点枢轴上水平和垂直方向的反力则是作为对所有外力的反作用,通过力的平衡关系求得的。由此从静力平衡的关系中可以列出以下方程:

$$Q_x = Q_y\tan(\rho + \alpha) \tag{2}$$

当 α 角很小时,$\rho+\alpha\approx\rho$,则 $Q_x\approx N, Q_y\approx N\tan\rho = F$

$$T_x = P + Q_y\tan(\rho + \alpha) \tag{3}$$

$$T_y = W - Q_y \tag{4}$$

$$Q_y(L - a) + Q_x(H - b) = WR \tag{5}$$

$$Q_y(L - a) + Q_y\tan(\rho + \alpha)(H - b) = WR \tag{6}$$

$$Q_y[(L - a) + \tan(\rho + \alpha)(H - b)] = WR \tag{7}$$

注:在实际作业中 α 角通常在 15″~40″之间变化,在如此微小的 α 角下,Q_x 与 F 力,Q_y 与 N 力之间的差别往往可以略去不计。

摊铺机在稳定摊铺作业时,保持着上述的静力平衡关系(图4)。任何的扰动,例如力的大小和作用点的变化,都会破坏上述平衡关系,而造成熨平板的上下波动而影响摊铺平面的平整度。而人们为对摊铺过程进行控制而有意识地干扰则是通过改变熨平板仰角而达到的。

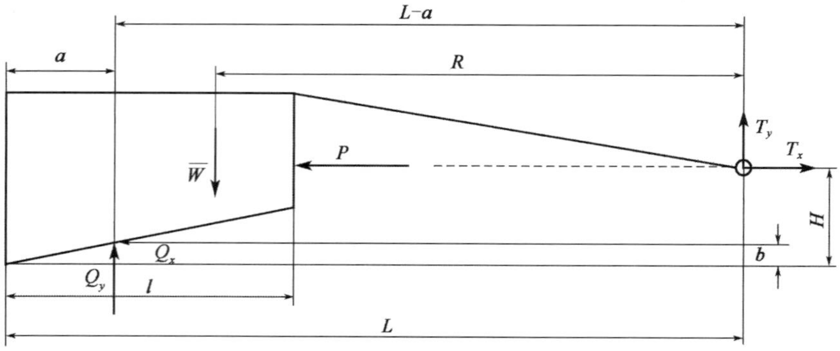

图4 摊铺机稳定作业时的力平衡关系

1.2 浮动熨平板的摊铺厚度调节特性

摊铺厚度的调节是通过改变 α 角的大小来实现的,如前所述在稳定摊铺作业时熨平板的仰角 α 是保持不变的,当人为地改变 α 角的数值后,熨平板将在新的位置上建立新的力平衡关系。当 α 角增大时,绕 T 点转动的上浮力矩一方面将通过力臂的增大而变大,另一方面更主要是由于上浮力 Q_y 本身的增大而导致上浮力矩的增长。从公式(7)中可以看到 Q_y 的力臂 $(L-a)+\tan(\rho+\alpha)(H-b)$ 将由于 α 的增大而有所增大,但由于 α 与 ρ 角相比是一很小的角度,所以由于力臂的增大而导致上浮力矩增大的作用是十分有限的,促使上浮力矩增大的主要因素是上浮力 Q_y 本身的增大。在4.3节的讨论中将会看到,α 角的增大将直接促使上浮力 Q_y 的增长。由于破坏了上浮力与下沉力之间的平衡关系,Q_y 将推动熨平板上浮,而熨平板上浮的结果将导致 α 角的减少,从而促使 Q_y 力下降。如果其他外力没有变化,则当 α 角恢复到原有数值时,熨平板将重转恢复力的平衡关系。显然熨平板的上浮将加大摊铺层的厚度,反之亦然,减小 α 角的数值将导致摊铺层的减薄,这就是浮动熨平板仰角对摊铺层厚度的调节作用。熨平板仰角 α 的调节可以通过两种方法来进行:一是利用熨平板的调节螺栓使熨平板绕大臂上的铰接点转动一角度从而改变熨平板底面与水平面的夹角;二是通过调节大臂牵引点的高程来改变熨平板底面与水平面的夹角。两种方法的调节过程和结果是相同的,都将使熨平板在新的平衡位置上恢复仰角 α 的原有数值。

1.3 浮动熨平板的滤波特性

浮动熨平板的滤波作用和自找平作用在许多文献中有过不少讨论,传统的说法是通过熨平板长度 l 与大臂长度 L 之间的比例关系来解释的。图5和式(8)是此类解释的典型代表。

注:图5和式(8)取自《沥青混凝土路面施工机械和机械化施工》,1999年9月,人民交通出版社。

从图5中可以看到，当大臂牵引点 T 由于摊铺机支承面的不平而抬高了 H 值，而熨平板将绕其后沿转动一角度而使熨平板的前沿抬升 h 值，利用相似三角形的原理可求出 h 与 H 之间存在着式(8)所表述的几何相似关系。

$$\frac{h}{H}=\frac{b}{L} \tag{8}$$

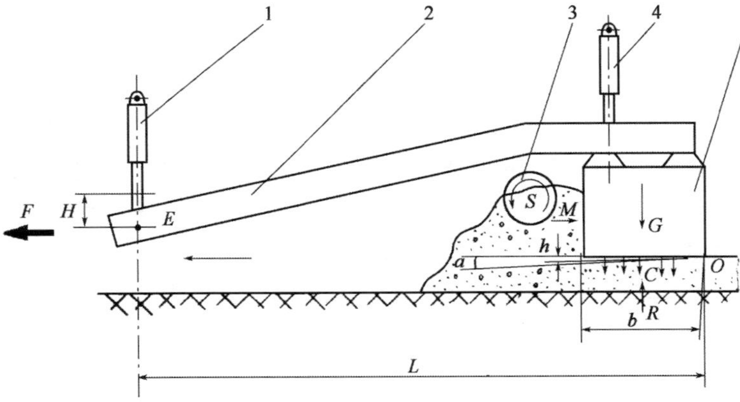

图5　浮动熨平板自找平原理的传统解释

这种传统的解释并没有真正说明浮动熨平板在摊铺过程所形成的滤波特性的本质，而从力学平衡的关系上来考察也是不正确的。因为摊铺层的高程变化直接取决于熨平板后沿的抬升量，而熨平板前沿的抬升量只是导致后沿抬升的原因，当前沿在瞬时抬升了 h 值后并不意味着后沿也将抬升 h 值。正如将在2.2节讨论浮动熨平板的运动学模型时所显示的那样，当牵引点和熨平板前沿在瞬时分别抬升了 H 和 h 后(输入一阶跃信号)，熨平板的后沿将缓慢地抬升一 H 的增量，此时才能使熨平板的仰角恢复到原有的数值而熨平板将在一新的位置上重新建立平衡关系。

为了更清楚地阐明浮动熨平板在摊铺过程中所呈现的滤波器特性，可以将它与一RC滤波器作一物理类似的比较。图6是一典型的RC低通滤波器，I为滤波器输入端，O则为输出端。

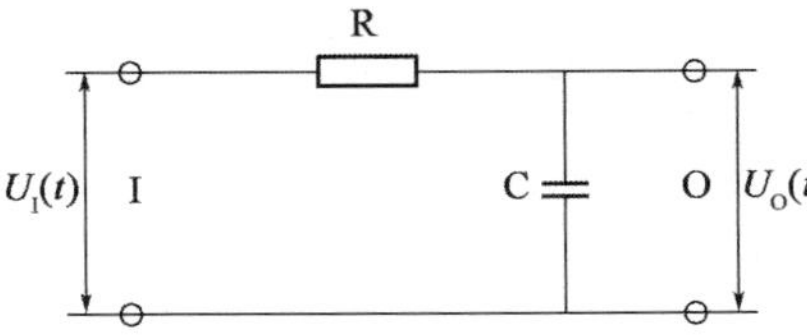

图6　RC低通滤波

如在滤波器的输入端接入一输入电压 $U_I(t)$，则电流通过电阻 R 和电容 C 将构成一回路。从电学原理中可知，一个闭合的电路，其各段的电压降之和等于零，由此可得以下的电压平衡方程：

$$R\frac{\mathrm{d}q}{\mathrm{d}t}+\frac{q}{c}=U_I(t) \tag{9}$$

式中：q——电容器上的电荷量；

$R\frac{\mathrm{d}q}{\mathrm{d}t}$——在电阻段上的电压降 U_R；

$\frac{q}{c}$——在电容段上的电压降。

式(9)可改写为以下形式：

$$\frac{\mathrm{d}q}{\mathrm{d}t}+\frac{q}{RC}=\frac{1}{R}U_I(t) \tag{10}$$

上式为一阶的线性微分方程，它的通解具有以下形式：

$$q=\frac{1}{R}\mathrm{e}^{-\frac{t}{RC}}\int_0^t U_I(t)\,\mathrm{e}^{\frac{t}{RC}}\mathrm{d}t+C_1\mathrm{e}^{-\frac{t}{RC}} \tag{11}$$

式中，C_1 为积分常数，由初始条件来决定。

当突然给输入端以一不变电压(阶跃输入)时,亦即 $U_1(t)=U_1=\text{const}$,式(11)具有以下形式:

$$q = CU_1 + C_1 e^{-\frac{t}{RC}} \tag{12}$$

对于初始条件 $t=0$ 时 $q=0$,则可求得积分常数:$C_1=-CU_1$

上式可写为:

$$q = CU_1(1-e^{-\frac{t}{RC}}) \tag{13}$$

根据式(13)即可求得电容器两端的电压降,从而也就是滤波器的输出电压 $U_0(t)$:

$$U_0(t) = \frac{q}{C} = U_1(1-e^{-\frac{t}{RC}}) \tag{14}$$

式(14)表示了当输入一直流电压时,滤波器的输出电压将以 $T=RC$ 为时间常数按指数函数的规律逐步上升,直至最终达到其稳定值 U_1。由此可见,电容 C 起了某种隔断作用,在经过瞬时充电后,输出端与输入端的电压最终将趋于一致。

当在输入端接入一正弦交变电压时,亦即

$$U_1(t) = U_1\sin\omega t \tag{15}$$

式(11)具有以下形式:

$$q = \frac{U_1}{R}e^{-\frac{t}{RC}}\int_0^t e^{\frac{t}{RC}}\sin\omega t\,dt + C_1 e^{-\frac{t}{RC}} \tag{16}$$

对式(15)求积分,经过整理后最终可求得微分方程(9)的通解:

$$q = \frac{U_1}{\sqrt{\left(\frac{1}{C}\right)^2 + R^2\omega^2}}\sin(\omega t-\varphi) + C_1 e^{-\frac{t}{RC}} \tag{17}$$

式中:φ——相位差,$\varphi=\tan^{-1}(RC\omega)$

根据式(17)可求得滤波器的输出电压 $U_0(t)$ 为:

$$U_0(t) = \frac{q}{C} = \frac{U_1}{\sqrt{1+R^2C^2\omega^2}}\sin(\omega t-\varphi) + \frac{C_1}{C}e^{-\frac{t}{RC}} \tag{18}$$

由式(18)可以看到滤波器的输出电压是由两部分组成的,第一部分为一振幅 $U_0=\frac{U_1}{\sqrt{1+R^2C^2\omega^2}}$ 的正弦交变电压,而第二部分则是以 $T=RC$ 为时间常数按指数规律逐渐衰减的单调下降函数。因此在经过相当长时间,电容器充电趋向稳定后,输出端电压可表达为:

$$U_0(t) = U_0\sin(\omega t-\varphi) \tag{19}$$

从式(14)和式(17)中可看到滤波器的输入和输出端均为正弦信号,它们的相位相差一 φ 角,它们的振幅则成正比。

$$\frac{U_0}{U_1} = \frac{1}{\sqrt{1+R^2C^2\omega^2}} \tag{20}$$

式(20)表明输出电压 U_0 的振幅将低于输入电压的振幅 U_1,亦即对交流电来说滤波器有一种衰减作用,而这种衰减作用与输入电压的频率有密切关系,频率越高,衰减越大。当 $\omega=0$ 时 U_0 等于 U_1,当 $\omega\to\infty$ 时,U_0 趋向于零。

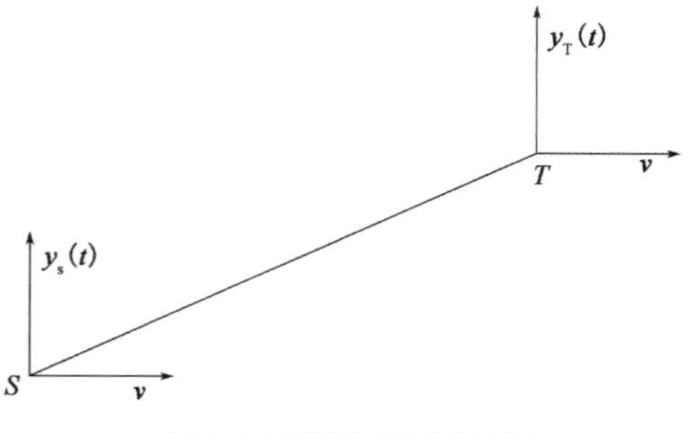

图7 浮动熨平板的两端系统

在研究浮动熨平板的运动时,同样可以将它看成是一个两端系统(图7),熨平板的牵引点 T 是它的输入端,熨

平板的后沿 S 则是它的输出端。当摊铺机作稳定摊铺时 T 点以等速向前作水平运动，而 S 点将以同样的速度作水平运动。当摊铺机行走在高低不平的地面上或由于调节铺层厚度等需要人为地提升 T 点油缸时，牵引点 T 都会感受到某种输入激励 $y_T(t)$，而作为输出端的后沿 S 则会相应地产生某种输出响应 $y_s(t)$。

在以下的讨论中将会看到浮动熨平板的运动微分方程有着与 RC 滤波器电学运动方程(10)完全相同的数学形式：

$$\frac{dy_s}{dt}+\frac{v}{L}y_s=\frac{v}{L}y_T(t) \tag{21}$$

式(21)同样是一阶的线性微分方程，因而它的通解也将具有与式(11)完全类似的数学表达式：

$$y_s=\frac{v}{L}e^{-\frac{t}{L/v}}\int_0^t y_T(t)e^{\frac{t}{L/v}}dt+Ce^{-\frac{t}{L/v}} \tag{22}$$

当输入是一阶跃激励 $y_T(t)=H_T=\text{const}$ 时，式(21)具有以下形式：

$$y_s(t)=H_T(1-e^{-\frac{vt}{L}}) \tag{23}$$

当输入是一正弦激励 $y_T(t)=H_T\sin\omega t$ 时，式(22)具有以下稳态解：

$$y_s(t)=\frac{vH_T}{\sqrt{v^2+L^2\omega^2}}\sin(\omega t-\varphi)=H_s\sin(\omega t-\varphi) \tag{24}$$

输出与输入的振幅比$\dfrac{H_s}{H_T}$和相位差 φ 分别为：

$$\left.\begin{aligned}\frac{H_s}{H_T}&=\frac{1}{\sqrt{1+\left(\frac{L}{v}\right)^2\omega}}\\ \varphi&=\tan^{-1}\left(\frac{L}{v}\omega\right)\end{aligned}\right\} \tag{25}$$

从以上的分析中可以看到浮动熨平板以其牵引点的高程变化作为输入，以其后沿的高程变化作为输出的等速摊铺运动与一 RC 滤波器的输入和输出有着完全的物理类似，这就是说：两者有着完全相同形式的运动微分方程和完全相同形式的解，在这些微分方程和相应的解中有着一一对应的参数；作为一个线性系统两者有着相同的传递函数和完全类似的输入输出关系。表 1 表明了两类物理类似现象的对应关系。从这种对应关系中可以指出，虽然两类物理现象的本质是完全不同的，但它们却有着完全相同的数学模型，因而尽管两者表现为物理本质完全不同的两类现象，但都有着完全类似的物理过程。正是因为浮动熨平板有着与 RC 滤波器完全相同的数学模型，这才是浮动熨平板对所感受的路面不平整具有滤波作用的物理本质所在。因此，浮动熨平板具备着与所有低通滤波器类似的工作特性，它们主要表现为对输入的高频激励具有衰减作用，对输入的阶跃激励具有延时的特性。

浮动熨平板与 RC 滤波器物理类似的对应关系　　表 1

物理类似现象		浮动熨平板	RC 低通滤波器
数学模型		$\frac{dy_s}{dt}+\frac{v}{L}y_s=\frac{v}{L}y_T(t)$	$\frac{dq}{dt}+\frac{q}{RC}=\frac{1}{R}U_1(t)$
模型参数	自变量	时间 t	时间 t
	因变量	熨平板后沿垂直方向位移 $y_s(t)$	电荷 q，滤波器输出电压 $U_0(t)$
	系统参数	熨平板大臂长度 L	电阻 R
		牵引点水平速度之倒数 $1/v$	电容 C
	激励	牵引点垂直方向的位移 $y_T(t)$	滤波器输入电压 $U_1(t)$

续上表

物理类似现象		浮动熨平板	RC 低通滤波器
微分方程通解		$y_s = \frac{v}{L}e^{-\frac{t}{L/v}}\int_0^t y_T(t)e^{\frac{t}{L/v}}dt + Ce^{-\frac{t}{L/v}}$	$q = \frac{1}{R}e^{-\frac{t}{RC}}\int_0^t U_I(t)e^{\frac{t}{RC}}dt + C_1e^{-\frac{t}{RC}}$
传递函数		$G(s) = \frac{1}{\frac{L}{v}s + 1}$	$G(s) = \frac{1}{RCs + 1}$
阶跃输入时的激励和响应	激励	牵引点垂直位移 $y_T(t) = \Delta H_T$	直流电压 $U_I(t) = U_I$
	响应	$\Delta y_s(t) = \Delta H_T(1 - e^{-\frac{vt}{L}})$	$U_O(t) = U_I(1 - e^{-\frac{t}{RC}})$
谐波输入时的激励和响应	激励	牵引点垂直位移 $y_T(t) = \Delta H_T\sin\omega t$	交流电压 $U_I(t) = U_I\sin\omega t$
	响应	$\Delta y_s(t) = \frac{\Delta H_T}{\sqrt{1 + \left(\frac{v}{L}\omega\right)^2}}\sin(\omega t - \varphi)$	$U_O(t) = U_O\sin(\omega t - \varphi)$
	振幅比	$\frac{\Delta H_3}{\Delta H_T} = \frac{1}{\sqrt{1 + \left(\frac{v}{L}\omega\right)^2}}$	$\frac{U_O}{U_I} = \frac{1}{\sqrt{1 + (RC\omega)^2}}$
	相位差	$\varphi = \tan^{-1}\left(\frac{v}{L}\omega\right)$	$\varphi = \tan^{-1}(RC\omega)$

1.3.1 衰减特性

衰减特性是指当对牵引点 T 输入一具有一定频率的波动信号时，其输出端 S 响应信号的强度将有所削弱和衰减。如输入的是一振幅为 H_T 的正弦信号，则输出的虽然仍是一正弦信号，但振幅 H_s 却减少了，其振幅之比 H_s/H_T（式 20）即为系统的衰减系数。衰减程度的大小与输入信号的频率有着密切的关系，频率越高，衰减的程度越大，当频率高于一定值时，信号的交变部分将完全衰减掉而只留下不变的部分。

浮动熨平板所具有的衰减特性使摊铺机行走在不平路面上所感受的波动在反映到熨平板后沿的高程波动时会有所减弱，从而降低下承路面的不平整复制到新铺路面上的程度，这就是浮动熨平板的自找平性能。浮动熨平这种削减新铺层重现原路面不平整度的能力取决于原路面路面谱的频率特性。频率越高，衰减越大，频率越低衰减越小，对于变化频率极低的成分，就几乎没有自找平的能力。因此不能笼统地像式(4)那样给出一固定的衰减比，同时也说明了为什么在实际摊铺作业中偶尔触动一下基准钢线绳，或者找平传感器的触臂由于受夯实梁的影响而在钢丝绳上上下高频跳动时并不会对摊铺路面的平整度发生本质影响的原因所在。

1.3.2 延时特性

延时特性是指当对系统输入一阶跃信号时其输出端的信号不会发生即时的响应，而是缓慢而逐渐地增大，经过一定的时间后才能达到完全的响应。

浮动熨平板的这种输出与输入之间时间上的滞后特性，使摊铺厚度的变化必然是逐步变化的过程，即使厚度调节信号是瞬时给出的，但铺层的厚度仍然是缓慢而逐渐变厚的，因此在调节铺层厚度时必须缓慢地逐步加大调节量，而不能性急，以免发生超调的现象。同时这种时滞性还会给横坡的调节带来很大的困难，也是在弯道摊铺中造成很大横坡误差的重要原因。

1.4 影响弯道摊铺横坡准确性与平整度的原因

沥青路面在转弯处的线形设计对曲率半径较小的弯道都设有超高以及横坡渐变的超高缓和段，在摊铺这部分弯道时，一个重要的问题是要解决在横坡不断变化下的路面摊铺技术，即所谓“变坡摊铺”。这种变坡摊铺要求弯道每一对应转角的横坡值都能正确无误地符合设计图纸的要求并保持良好的平整度。但是浮动熨平板的工作特性决定了在给出的厚度调节信号与沥青混合料松铺层达到相应的厚度之间不可避免地存在着时间上的滞后。如果按设计图纸的高程数值来架设弯道超高侧的基准线，则必然导致实际高程与要求高程之间产生很大的误差。为了修正这一误差,目前一般的做法是采用一侧挂线和手动控制横坡输入信号的方法,将变坡段沿着超高侧平曲线按等弧长分成若干份,然后根据所需变化的总横坡值计算每份弧长所应改变的横坡值,为了补偿摊铺厚度变化的滞后作用,则需提前给出横坡变化的信号,并均匀地旋转横坡调节器旋钮,使摊铺机每走过一份弧长时,正好完成一份横坡值的调节。上述方法虽然能在一定程度上改善弯道变坡摊铺的误差,但仍无法对横坡误差作出精确的控制,而且还会在不同程度上影响摊铺的平整度。在变坡摊铺中造成超高误差和影响平整度的主要原因是:

(1)在横坡发生变化时摊铺机熨平板将绕其内侧端部旋转一角度,由于内侧基准线与熨平板端部有一距离,当熨平板在道路横断面内发生旋转时会给出一错误的内侧厚度调节信号,使内侧路面厚度产生一增值,从而影响路面的平整度和高程的正确性。

(2)由于调节信号输出的提前量不可能做到十分正确地补偿熨平板运动的滞后量,因而不可避免地会引起超高和横坡的误差,并影响铺面的平整度。

(3)由于手动控制横坡调节器不可能做到十分均匀而准确(特别是当操作失误时),这同样将影响横坡的误差和铺面的平整度。

(4)在变坡幅度很大,横坡控制输入信号的变化速率较大的情况下,会激励浮动熨平板与热沥青混合料相互作用的动力学系统,从而引发浮动熨平板的动力激荡,这是引起弯道摊铺时路面平整度变差的重要原因之一。

2　浮动熨平板的运动学模型和弯道摊铺横坡控制的设计方法

2.1　浮动熨平板运动学分析的前提和假设

运动学研究的范畴是运动系统的空间几何关系,它涉及的是物体(质点)的位移、速度和加速度,而不涉及作用于这一系统上的外力。虽然物体的运动显然是由于外力的作用而引起的,但运动学并不研究这些作用力与物体位移、速度、加速度之间的关系,而只是研究这些作用力所引起的后果,亦即运动响应。因此在研究物体的运动规律时常常需要对外力的作用关系作出一些前提的假设。例如研究物体的等速圆周运动,实际上是假设离心力与向心力时时处在平衡的状态。

在研究浮动熨平板的运动学时通常假设混合料对熨平板的阻力保持不变,这就是说作用在熨平板上的下沉力矩和上浮力矩时时处在平衡状态。在这样的前提条件下,熨平板由于没有绕牵引点转动的运动趋势(图7),因而熨平板后沿绕 T 点旋转的切向速度和切向加速度均为零,而在切线方向的惯性力也就不存在了。虽然这样的假设与实际情况并不相符,但如果考虑在一般情况下由于存在着自动找平系统,牵引点 T 的高程变化是很微小的,即使在调节厚度时通常也只有数毫米的变化,对于这一数量级的 T 点高程变化,熨平板仰角的变化是十分微小的。例如,假设 T 点的高程变化了5mm,而 α 的变化实际上只有 $5'$ 左右。在这样微小的仰角变化下,外力变化以及由此而产生的激励都会是十分微小,因而外力处于平衡状态的假设不致引起很大的误差,所以也是可以接受的,这就是为什么在一般情况下用传统的运动学模型来分析熨平板的运动规律并未引起严重误差的原因所在。

2.2　浮动熨平板的运动学模型

建立在上述前提假设下的运动学模型最主要的特征是熨平板后沿 S 点的运动速度 v_s 时时指向后沿与牵引点的连线 ST,这样如图8所示,v_s 与水平方向的夹角和直线 ST 与水平方向的夹角 α 是相等的。

注:由于 $\overline{ST}$ 与熨平板底面还存在有一十分微小的夹角,v_s 在熨平板底面的法线方向仍有一很小的法向速度,因而实际上在 S 点下方的混合料仍承受有微小的压缩。

因而,v_s 在垂直与水平方向的分量 $\frac{dy_s}{dt}$ 与 $\frac{dx_s}{dt}$ 和直线 ST 在垂直与水平方向的投影 $(y_T - y_s)$ 与 L 之间存在着一定的比例关系,亦即

$$\frac{\mathrm{d}y_s}{\mathrm{d}t}\bigg/\frac{\mathrm{d}x_s}{\mathrm{d}t}=\frac{y_T-y_s}{L} \tag{26}$$

或

$$\frac{\mathrm{d}y_s}{\mathrm{d}t}=\frac{\mathrm{d}x_s}{\mathrm{d}t}\left(\frac{y_T-y_s}{L}\right) \tag{27}$$

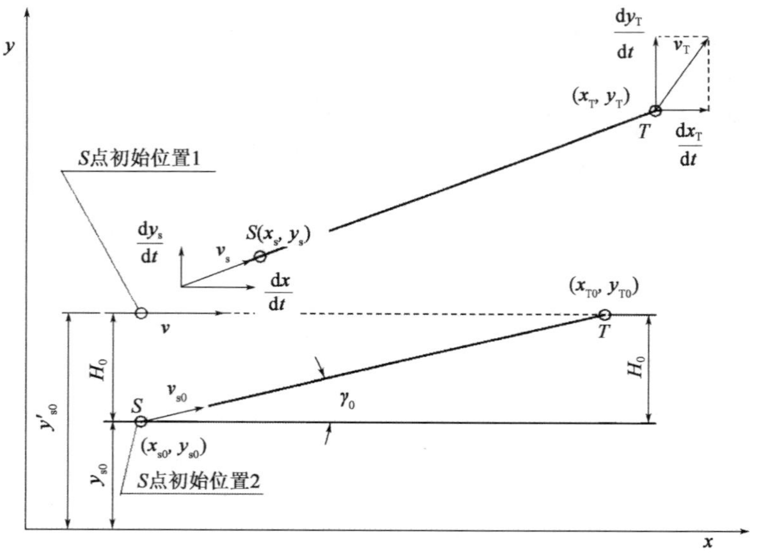

图8 浮动熨平板的运动学模型

在等速摊铺的场合：

$$\frac{\mathrm{d}x}{\mathrm{d}t}=\frac{\mathrm{d}x_T}{\mathrm{d}t}=v=\mathrm{const} \tag{28}$$

则式(27)可写为

$$\frac{\mathrm{d}y_s}{\mathrm{d}t}=\frac{v}{L}(y_T-y_s) \tag{29}$$

或

$$\frac{\mathrm{d}y_s}{\mathrm{d}t}+\frac{v}{L}y_s=\frac{v}{L}y_T(t) \tag{30}$$

式(30)是一个一阶常微分方程，它的通解有以下形式：

$$y_s=\mathrm{e}^{-\frac{v}{L}t}\left(\frac{v}{L}\int_0^t y_T(t)\,\mathrm{e}^{\frac{v}{L}t}\mathrm{d}t+C\right) \tag{31}$$

通解式(31)的具体解取决于激励函数 $y_T(t)$ 的具体形式和初始条件，以下将讨论几种典型激励下的特殊解。

1)阶跃激励

当对牵引点 T 给出一垂直方向的阶跃信号 ΔH_T 时，通解式(31)具有以下形式：

$$y_s=\mathrm{e}^{-\frac{v}{L}t}\,\frac{v}{L}\int(y_{T0}+\Delta H)\,\mathrm{e}^{\frac{v}{L}t}\mathrm{d}t+C\mathrm{e}^{-\frac{v}{L}t} \tag{32}$$

式(32)中的第一项可进行以下的积分运算：

$$\begin{aligned}&\mathrm{e}^{-\frac{v}{L}t}\,\frac{v}{L}\int_0^t(y_{T0}+\Delta H)\,\mathrm{e}^{\frac{v}{L}t}\mathrm{d}t\\&=\mathrm{e}^{-\frac{v}{L}t}\int_0^t(y_{T0}+\Delta H)\,\mathrm{e}^{\frac{v}{L}t}\mathrm{d}\left(\frac{v}{L}t\right)\end{aligned}$$

$$= e^{-\frac{v}{L}t}\left[(y_{T0}+\Delta H)e^{\frac{v}{L}t}\right]_0^t$$

$$= e^{-\frac{v}{L}t}\left[(y_{T0}+\Delta H)e^{\frac{v}{L}t}-(y_{T0}+\Delta H)\right]$$

$$= y_{T0}+\Delta H - y_{T0}e^{-\frac{v}{L}t}-\Delta He^{-\frac{v}{L}t} \tag{33}$$

由此式(32)可写为：

$$y_s = y_{T0}+\Delta H-\Delta He^{-\frac{v}{L}t}-y_{T0}e^{-\frac{v}{L}t}+Ce^{-\frac{v}{L}t} \tag{34}$$

在讨论初始条件时，应该指出按上文的讨论，S 点的速度向量应时刻指向直线 $\overline{ST}$，则在初始位置时 S 点的速度向量 $\boldsymbol{v}_{S0}$ 应与水平线成 γ_0 的夹角，但实际上在初始位置时 S 点速度向量是指向水平方向的。因此在确定 S 点垂直坐标的初始值时可以设想：在 $t=0$ 的时刻熨平板大臂处在虚线所示的位置(图8)，而在 T 点提升的一瞬间 S 点从位置1变成了位置2，因此 y_s 的初始值应是 y'_{s0} 而不是 y_{s0}(图8)。

注：如果以 $T_0(x_{T0},y_{T0})$ 点作为坐标原点，则可以设想 S 点在 y 方向初始值 y_{s0} 等于零，而不是原来的 $y_{s0}=-H_0$。

在以上的讨论中可得初始条件如下：

$$当\ t=0\ 时，\quad y_s=y'_{s0}=y_{T0} \tag{35}$$

将初始条件式(35)代入式(34)即可解出积分常数：

$$C=y'_{s0} \tag{36}$$

由此可得在式(35)的初始条件下的特殊解：

$$y_s = y'_{s0}+\Delta H(1-e^{-\frac{v}{L}t}) \tag{37}$$

阶跃响应 $\Delta H_s(t)$ 可表达如下

$$\Delta H_s(t) = y_s - y'_{s0} = \Delta H(1-e^{-\frac{v}{L}t}) \tag{38}$$

式(38)表明当给牵引点 T 以一阶跃的提升激励时，熨平板的后沿 S 并不会即时的发生相同的抬升，而是按指数函数慢慢地抬升直至 $t=\infty$ 时才最终到达 $\Delta H_s=\Delta H_T$ 的数值。当然，实际上并不需要无穷长的时间，而只需一定的时间 ΔH_s 就可十分接近 ΔH_T，亦即 $\Delta H_s\approx\Delta H_T$。如将式(38)中的 v_t 用行程 x 来表示，则上述事实将更清晰地显示出来，此时

$$\Delta H_s = \Delta H_T(-e^{-\frac{x}{L}}) \tag{39}$$

从式(39)中可见，ΔH_s 的响应过程实际上与速度 v 并无直接关系，而只取决于行程与臂长之比值 $\frac{x}{L}$。当行程为臂长之5倍时$\left(\frac{x}{L}=5\right)$，$\Delta H_s=0.993\Delta H_T$，它已十分接近于 ΔH_T 了。图9是按式(39)绘制的熨平板后沿对阶跃信号 T 的响应曲线。

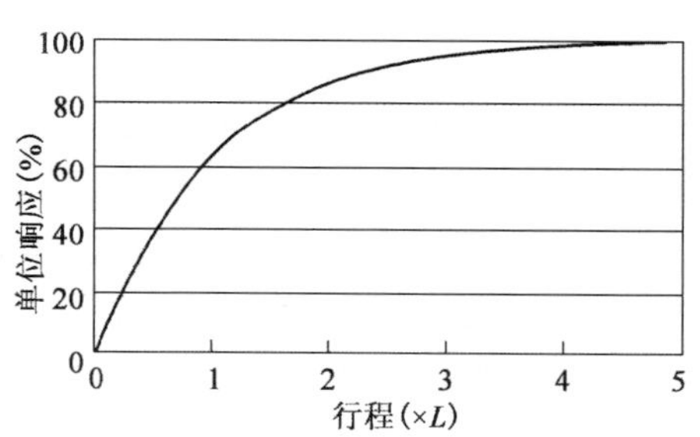

图9　按运动学模型计算的单位阶跃响应

当对熨平板后沿在阶跃激励下的响应过程作进一步讨论时还可指出，影响 S 点响应过程的不仅是时间变量 t，而且还有系统的两个重要参数 v 和 L，对它们的影响可分别作以下的讨论。

(1)摊铺速度 v 的影响

当 $v=0$ 时(行程等于零)则从式(38)中可见 $\Delta H_s=0$。这表明当摊铺机停止不动时，任何对牵引点 T 的提升无论多长时间均不可能产生任何 S 点的抬升响应。

当 $v=\infty$ 时(行程等于无穷大)，$\Delta H_s=\Delta H_T$，因此 S 点的抬升响应是即时发生的。这表明摊铺速度越大，S 点的响应越快，但是对于行程来说却是一样，亦即摊铺机必须走过五倍的大臂长度后才能基本上接近 ΔH_T 值。

(2)大臂长度 L 的影响

当 $L=0$ 时，$\Delta H_s=\Delta H_T$，熨平板的后沿将立刻抬升 ΔH_T。这表明如果将大臂的牵引铰支点安装于后沿 S 点的上方，则当牵引点提升 ΔH_T 时，熨平板的后沿将同时抬升 ΔH_T。

当 $L=\infty$ 时 $\Delta H_s=0$，熨平板的后沿在任何情况下都没有抬升的响应。

从以上讨论中可以看到，适当地减小大臂的长度将有助于缩短熨平板后沿的响应时间。

通过本节的讨论，为了方便起见可以将通解式(31)改写成激励和响应的增量形式：

$$\Delta H_s = e^{-\frac{v}{L}t}\left(\frac{v}{L}\int_0^t \Delta H_T(t)e^{\frac{v}{L}t}dt + C\right) \tag{40}$$

2)斜坡激励

当对牵引点 T 输入一 $\Delta H(t)=at$ 的斜坡激励，则式(40)将具有以下形式：

$$\Delta H_s = e^{-\frac{v}{L}t}\left(\frac{v}{L}\int_0^t ate^{\frac{v}{L}t}dt + C\right) \tag{41}$$

对式(41)中的积分进行运算后可得：

$$\frac{v}{L}\int_0^t ate^{\frac{v}{L}t}dt = a\frac{v}{L}\left[\frac{e^{\frac{v}{L}t}}{\left(\frac{v}{L}\right)^2}\left(\frac{v}{L}t-1\right)\right]_0^t = a\left[\left(t-\frac{L}{v}\right)e^{\frac{v}{L}t}+\frac{L}{v}\right] \tag{42}$$

由此，式(41)可改写为：

$$\Delta H_s = e^{-\frac{v}{L}t}\left[a\left(t-\frac{L}{v}\right)e^{\frac{v}{L}t}+a\frac{L}{v}\right]+Ce^{-\frac{v}{L}t} \tag{43}$$

或

$$\Delta H_s = \left[a\left(t-\frac{L}{v}\right)+\frac{L}{v}e^{-\frac{v}{L}t}\right]+Ce^{-\frac{v}{L}t} \tag{44}$$

将初始条件 $t=0$，$\Delta H_s=0$ 代入式(44)，可求得积分常数 C：

$$0 = a\left(-\frac{L}{v}+\frac{L}{v}\right)+C\text{，亦即 } C=0$$

由此可得式(44)的特殊解：

$$\Delta H_s = a\left[t-\frac{L}{v}\left(1-e^{-\frac{v}{L}t}\right)\right] \tag{45}$$

如将式(45)中的 t 项用行程 x 来替换则可写成如下形式：

$$\Delta H_s = \frac{a}{v}\left[x-L\left(1-e^{-\frac{x}{L}}\right)\right] \tag{46}$$

从式(45)和式(46)中可以看到，虽然在斜坡激励的情况下，熨平板的后沿同样存在着响应的滞后，但这种滞后已大大地减少了，而且这种滞后的最大值不像阶跃激励那样发生在给出激励的最初时刻，而是在激励的终了时刻。随着时间的增长(亦即行程的增长)，式(45)中 $e^{-\frac{v}{L}t}$ 的项将趋近于零，而余下的 $a\left(t-\frac{L}{v}\right)$ 则是斜坡响应的稳态值。如将它与输入激励 at 相比较则两者之差 $a\frac{L}{v}$ 是一常数，亦即斜坡响应存在着一个稳定误差 $a\frac{L}{v}$，它将一直维持到激励的终了。如果牵引点 T 按照斜坡激励的规律提升到某一位置而停止后维持在这一位置上不动，则相当于在这一时刻对系统输一阶跃激励 $a\frac{L}{v}$，此时熨平板的后沿将按照阶跃响应的规律逐渐接近于斜坡激励的最终值 $at_s\left(\text{亦即 } a\frac{x_s}{v}\right)$。

如将斜坡激励 $\Delta H_T=at$ 改为行程 x 的形式，则 $\Delta H_T=\frac{a}{v}x$

由此，熨平板系统在斜坡响应下的输出与输入之比具有以下表达式：

$$\frac{\Delta H_s}{\Delta H_T} = 1 - \frac{L}{x}\left(1 - e^{-\frac{x}{L}}\right) \tag{47}$$

图10是按式(46)绘制的浮动熨平板单位斜坡激励和响应的曲线，并假设激励信号在达到斜坡激励的终点后继续保持不变。

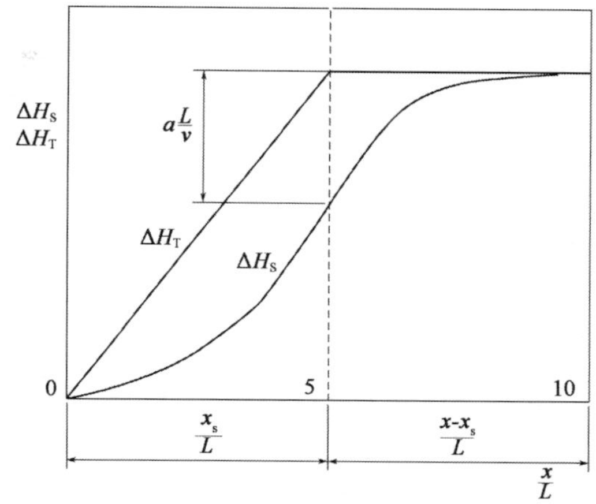

图10　浮动熨平板在斜坡激励下的响应曲线

3)正弦激励

当对牵引点 T 输入一正弦激励 $\Delta H(t) = \Delta H\sin\omega t$ 时，通解式(40)将具有以下形式：

$$\Delta H_s = e^{-\frac{v}{L}t}\left(\frac{v}{L}\int_0^t \Delta H_T \sin\omega t e^{\frac{v}{L}t}dt + C\right) \tag{48}$$

对式(48)中的积分进行运算后可得：

$$\frac{v}{L}\int_0^t \Delta H_T \sin\omega t e^{\frac{v}{L}t}dt = \frac{v}{L}\Delta H_T\left[\frac{e^{\frac{v}{L}t}}{\left(\frac{v}{L}\right)^2 + \omega^2}\left(\frac{v}{L}\sin\omega t - \omega\cos\omega t\right)\right]_0^t \tag{49}$$

上式中的两个同步旋转的向量$\frac{v}{L}\sin\omega t$ 和 $w\cos wt$ 可以合并成一个旋转向量 $A\sin(\omega t - \varphi)$，它的模和相位角可以用以下等式两边同类项系数相等的原则来确定：

$$A\cos\varphi\sin\omega t - A\sin\varphi\cos\omega t = \frac{v}{L}\sin\omega t - \omega\cos\omega t \tag{50}$$

此可得：

$$A = \sqrt{\left(\frac{v}{L}\right)^2 + \omega^2} \quad \varphi = \tan^{-1}\left(\frac{L\omega}{v}\right) \tag{51}$$

将合并后的向量代入式(49)，并考虑式(51)，可将式(49)改写为：

$$\begin{aligned}&\frac{v}{L}\int_0^t \Delta H_T \sin\omega t e^{\frac{v}{L}t}dt \\ &= \frac{v}{L}\Delta H_T\left[\frac{e^{\frac{v}{L}t}}{\sqrt{\left(\frac{v}{L}\right)^2 + \omega^2}}\sin(\omega t - \varphi) - \frac{1}{\sqrt{\left(\frac{v}{L}\right)^2 + \omega^2}}\sin\varphi\right] \\ &= \Delta H_T\left[\frac{e^{\frac{v}{L}t}}{\sqrt{1 + \left(\frac{L\omega}{v}\right)^2}}\sin(\omega t - \varphi) - \frac{1}{\sqrt{1 + \left(\frac{L\omega}{v}\right)^2}}\sin\varphi\right]\end{aligned} \tag{52}$$

将积分结果代入式(48)，则通解具有以下形式：

$$\Delta H_s = \frac{\Delta H_T}{\sqrt{1 + \left(\frac{L\omega}{v}\right)^2}}\left[\sin(\omega t - \varphi) - e^{-\frac{v}{L}t}\sin\varphi\right] + Ce^{-\frac{v}{L}t} \tag{53}$$

将初始条件 $t = 0$，$\Delta H_s = 0$ 代入式(53)，可求得积分常数 $C = 0$，由此可得式(53)的特殊解：

$$\Delta H_s = \frac{\Delta H_T}{\sqrt{1 + \left(\frac{L\omega}{v}\right)^2}}\left[\sin(\omega t - \varphi) - e^{-\frac{v}{L}t}\sin\varphi\right] \tag{54}$$

式(54)中的第一项是稳态分量，第二项是瞬态分量，后者将随时间的增长而趋向于零，因此在正弦激励下浮动熨平板后沿的稳态响应即为：

$$\Delta H_{s}=\frac{\Delta H_{T}}{\sqrt{1-\left(\frac{L\omega}{v}\right)^{2}}}\sin(\omega t-\varphi) \tag{55}$$

从式(55)中可清楚地看到浮动熨平板的正弦响应也是一正弦函数,但较激励信号要滞后一$\varphi=\tan^{-1}\left(\frac{L\omega}{v}\right)$的角度,而响应的振幅则与激励信号的频率有着很大关系。对于不同的频率浮动熨平板系统的滤波作用和自找平性能是不同的,它对于输入的低频信号不敏感,但只要ω不等于零对输入信号总会有一定的衰减作用,只有在直流信号的场合才完全没有衰减。浮动熨平板的这种工作特性已在第1节中作了详细的讨论。这里需要指出的是,在现代摊铺机上由于安装有高性能的自动找平系统,浮动熨平板滤波作用的意义已经变得十分有限了,但是在人为地调节铺层厚度和控制横坡的变坡时浮动熨平板响应的滞后特性却往往会给摊铺工作带来较大的误差。

2.3 建立在运动学模型上的横坡控制设计方法

在弯道变坡摊铺的施工中通常需要对摊铺机超高侧的大臂牵引点输入某种提升激励(不论是通过手动控制抑或计算机控制)来使熨平板在横断面内的倾角发生某种变化,从而使所摊铺路面的横坡度发生相应的改变。所谓横坡的控制设计就是要解决按照怎样的规律和给出多大的控制信号才能使摊铺出的弯道其横坡度能比较接近于设计值的要求。这一命题实际上要回答两方面的问题,首先要解决在给出激励的输入规律后如何预测实际摊铺的横坡变化规律,然后在将预测的横坡变化规律与设计要求相比较的基础上解决如何调整激励信号的输入规律和信号参数的问题(例如步长、单位步长的增量等)以便在整个变坡段的范围内更好地接近设计横坡度的要求。

2.3.1 基于运动学模型的横坡变化规律预测

对实际横坡变化规律进行预测的基础是浮动熨平板的运动学模型。在弯道的线形设计中超高缓和段的横坡变化规律通常是按线性变化的。从以上所讨论的运动学模型中可知斜坡激励是最符合线性规律的,因此原则上应选取斜坡激励的规律。但是通常在手动控制调节旋钮的场合,很难获得一均匀变化的斜坡信号,因为要依靠手动操作来均匀旋转旋钮是十分困难的。因此,在实际操作中比较容易实现的是采用按步长连续阶跃变化的输入(图11),而实际上利用计算机输入的斜坡信号也是一种连续阶跃输入的斜坡信号,只是其步长更小而已。下文将按照连续阶跃的输入来讨论浮动熨平板后沿响应的预测计算。

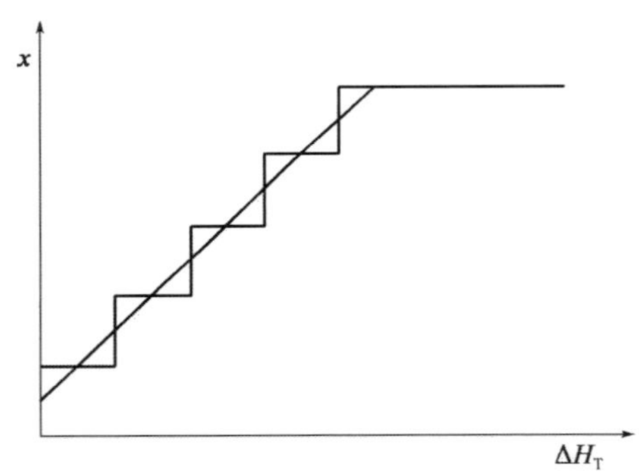

图11 连续的阶跃输入

1)设计参数和步长的确定

根据施工设计图确定下列设计参数:

变坡起始点超高侧的桩号里程l_0(m)。

变坡终止点超高侧的桩号里程l_n(m)。

变坡起始点的横坡度β_0(%)。

变坡终止点的横坡度β_n(%)。

由于设计横坡在变坡段内的变化通常是线性递增或递减的,所以可将变坡段均匀分成若干等分,并计算以下参数:

变坡段超高侧的弧长:

$$l=l_n-l_0 \qquad (\text{m}) \tag{56}$$

变坡段横坡的变化值β:

$$\beta = \beta_n - \beta_0 \qquad (\%) \tag{57}$$

步长 Δx：

$$\Delta x = \frac{l}{n} \qquad (\mathrm{m}) \tag{58}$$

横坡度单位步长的增值 $\Delta\beta$：

$$\Delta\beta = \frac{\beta}{n} \qquad (\%) \tag{59}$$

与第 i 个步长相应的设计横坡度 β_i：

$$\beta_i = \beta_0 + i\Delta\beta \qquad (\%) \tag{60}$$

等分数 n：

$$n = \frac{l}{\Delta x} \tag{61}$$

在选择步长和摊铺速度时，虽然 Δx 越小，连续阶跃的输入与斜坡信号的误差会越小，但步长一般不宜选取小于 1m，摊铺速度不宜高于 2.5m/min，否则操作手会由于第一步长的时间间隔太短来不及操作而出错。

2)铺层厚度在变坡时的附加增量

在变坡摊铺时横坡的改变通常是通过改变超高侧大臂牵引点的高程来实现的，此时熨平板将在横断面绕其非超高侧的外缘旋转，从而改变熨平板的横向倾角。由于找平传感器的触臂在找平基准上的接触点与熨平板的旋转中心两者并不重合在同一轴线上，而是在水平方向上存在着某一距离（图 12），当熨平板在横断面内转过一角度时，就会使传感器感受到一厚度调节的误信号。例如当熨平板在原来的水平位置上增一 $\Delta\beta$ 的横坡度时，非超高侧的找平传感器会感受到一增加高程的信号（如找平基准安装在摊铺宽度之外），从而使非超高侧的牵引点提升一 $\Delta\delta$ 的高程。此时另一侧的找平传感器为保持所要求熨平板倾角势必也将给牵引点以一 $\Delta\delta$ 的提升高程，这样就相当于给两侧的牵引点输入了一厚度调节信号 $\Delta\delta$，如果横坡度的输入信号 $\Delta\beta$ 保持不变，则经过一段时间后铺层会在达到所要求 $\Delta\beta$ 的横坡度的同时增加一 $\Delta\delta$ 的厚度增值（图 12a）。对于安装在摊铺度之内的找平基准（采用均衡梁基准的场合），当熨平板增加一 $\Delta\beta$ 的倾角时，非超高侧的找平传感器会受到一减少高程的信号，从而使非超高侧牵引点下降一 $\Delta\delta$ 的高程，并最终使摊铺厚度相应减一 $\Delta\delta$ 值（图 12b）。

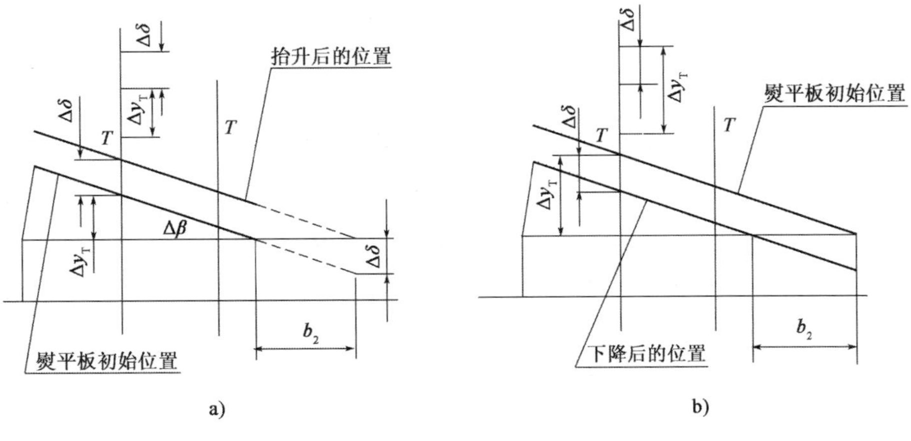

图 12 变坡时由厚度误差信号引起的厚度附加增量

a)找平基准在摊铺宽度以外；b)找平基准在摊铺宽度以内

从图 12 中可以看到，由于横坡控制系统的跟踪作用，增加或减少铺层厚度并不会影响横坡的最终响应值，而只是在整个铺层的横断面上增加或减少一 $\Delta\delta$ 的厚度而已。这一厚度的附加增值可以按下式计算：

$$\Delta\delta = \pm\Delta\beta b_2 \tag{62}$$

式中：$\Delta\delta$——厚度的附加增值（正值表示基准线外置，负值表示基准内置）；

b_2——熨平板非超高侧外缘至基准的水平距离。

3）在连续阶跃激励下熨平板后沿的响应计算

设 b_1 为超高侧大臂牵引点至熨平板超高侧外缘的水平距离，B 为熨平板宽度，$\Delta\beta$ 为单位步长的横坡度增量，则按图13所示的几何关系，与递增一 $\Delta\beta$ 相应的超高侧大臂牵引点的提升值 Δy_T 可按下式计算：

$$\Delta y_T = \Delta\beta(B - b_1) \tag{63}$$

因受厚度附加增量的影响，牵引点的实际提升量应为：

$$\Delta y'_T = \Delta y_T \pm \Delta\delta = \Delta\beta(B - b_1 \pm b_2) \tag{64}$$

根据式（63）和式（64）可得：

$$\Delta\beta = \frac{\Delta y'_T}{B - b_1 \pm b_2} = \frac{\Delta y_T}{B - b_1} \tag{65}$$

从式（65）中可看到，如仅需计算横坡增量的响应，可不考虑厚度的增量 $\pm\Delta\delta$ 而按式（63）计算牵引点的单位阶跃输入，但如需计算高程的变化时，则必须按式（64）来计算牵引点单位步长的阶跃输入。

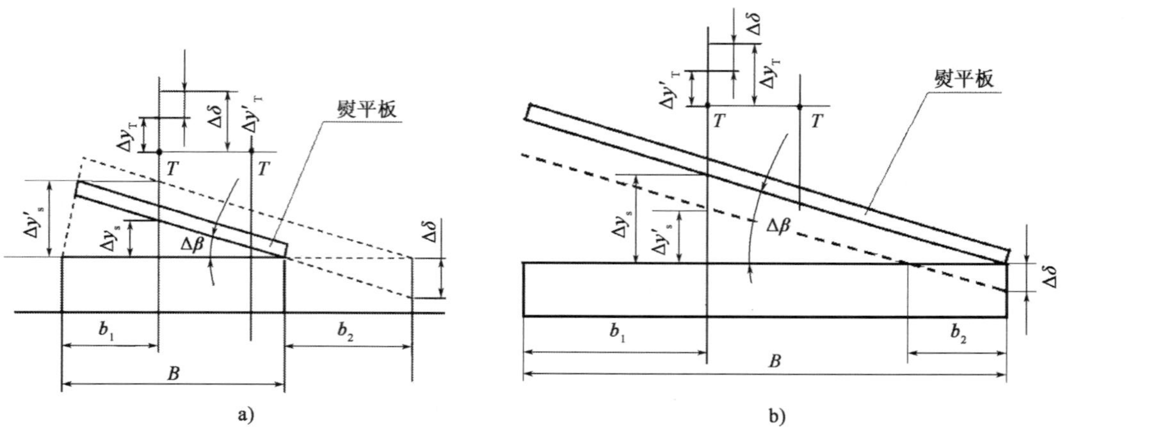

a) b)

图13 大臂牵引点的提值与熨平板后沿抬升值的计算示意图

a）找平基准在摊铺宽度以外；b）找平基准在摊铺宽度以内

当从变坡段的起点开始输入第一个单位阶跃信号 $\Delta y_{T1} = \Delta y_T$ 时，熨平板后沿将按式（39）的规律抬升，当熨平板前移一个步长 Δx 后，其后沿的抬升响应 Δy_{s1} 为：

$$\Delta y_{s1} = \Delta y_{T1}(1 - e^{-\frac{\Delta x}{L}}) \tag{66}$$

如连续地将一系列单位横坡信号阶跃地输入横坡控制器，则熨平板后沿抬升量的计算要比上式所示的单个阶跃输入更为复杂，这是由于熨平板运动的滞后作用引起的。因为当熨平板后沿向前移过了第一个步长 Δx 后，Δy_{s1} 还远未达到它的终了值 Δy_{T1}，而只是抬升了 Δy_{s1} 的增量。因此在输入第二个单位横坡信号时，大臂牵引点所感受的阶跃信号不再是 Δy_T 而累加有前一个阶跃输入未达到的部分，亦即：

$$\Delta y_{T2} = \Delta y_T + \Delta y_{T1} - \Delta y_{s1} = \Delta y_T + \Delta y_T - \Delta y_T(1 - e^{-\frac{\Delta x}{L}}) = \Delta y_T(1 + e^{-\frac{\Delta x}{L}}) \tag{67}$$

而熨平板后沿的输出响应为：

$$\Delta y_{s2} = \Delta y_{T2}(1 - e^{-\frac{\Delta x}{L}}) = \Delta y_T(1 + e^{-\frac{\Delta x}{L}})(1 - e^{-\frac{\Delta x}{L}}) = \Delta y_Y(1 - e^{-\frac{2\Delta x}{L}}) \tag{68}$$

当输入第三个单位横坡信号时，大臂牵引点所感受的输入信号应该是 Δy_{T}，再累加上前二个阶跃输入未达到的部分：

$$\Delta y_{\mathrm{T3}} = \Delta y_{\mathrm{T}} + \Delta y_{\mathrm{T2}} - \Delta y_{\mathrm{S2}} = \Delta y_{\mathrm{T}} + \Delta y_{\mathrm{T}}(1 + \mathrm{e}^{-\frac{\Delta x}{L}}) - \Delta y_{\mathrm{T}}(1 - \mathrm{e}^{-\frac{2\Delta x}{L}}) = \Delta y_{\mathrm{T}}(1 + \mathrm{e}^{-\frac{\Delta x}{L}} + \mathrm{e}^{-\frac{2\Delta x}{L}}) \tag{69}$$

而熨平板后沿的第三个响应为：

$$\Delta y_{\mathrm{s3}} = \Delta y_{\mathrm{T3}}(1 - \mathrm{e}^{-\frac{\Delta x}{L}}) = \Delta y_{\mathrm{T}}(1 + \mathrm{e}^{-\frac{\Delta x}{L}} + \mathrm{e}^{-\frac{2\Delta x}{L}})(1 - \mathrm{e}^{-\frac{\Delta x}{L}}) = \Delta y_{\mathrm{T}}(1 - \mathrm{e}^{-\frac{3\Delta x}{L}}) \tag{70}$$

依此类推，则与第 i 个步长 Δx_i 相对应的输入大臂牵引点的第 i 个阶跃激励 Δy_{T_i} 和熨平板后沿的第 i 个抬升响应 Δy_{s_i} 分别为：

$$\Delta y_{\mathrm{T}_i} = \Delta y_{\mathrm{T}}[1 + \mathrm{e}^{-\frac{\Delta x}{L}} + \mathrm{e}^{-\frac{2\Delta x}{L}} + \cdots + \mathrm{e}^{-(i-1)\frac{\Delta x}{L}}] \tag{71}$$

$$\Delta y_{\mathrm{s}_i} = \Delta y_{\mathrm{T}}(1 - \mathrm{e}^{-\frac{i\Delta x}{L}}) \tag{72}$$

当输入第 n 个单位阶跃信号而熨平板再向前移动第 n 个步长后，由于不再输入横坡增量信号，所以大臂牵引点所感受的阶跃信号也不再增加而只余下第 n 个阶跃输入未达到的部分 $\Delta y_{\mathrm{T}_n} - \Delta y_{\mathrm{s}_n}$，此时熨平板的后沿将按式(39)的指数函数继续抬升：

$$y_{\mathrm{s}} = (\Delta y_{\mathrm{T}_n} - \Delta y_{\mathrm{s}_n})(1 - \mathrm{e}^{-\frac{x}{L}}) \tag{73}$$

设 $x = j\Delta x$ $(j = 1, 2, 3, \cdots)$

则与第 $n+j$ 个步长相应的熨平板后沿的抬升响应，$\Delta y_{\mathrm{s}(n+j)}$ 可写出如下：

$$\Delta y_{\mathrm{s}(n+j)} = (\Delta y_{\mathrm{T}_n} - \Delta y_{\mathrm{s}_n})(1 - \mathrm{e}^{-\frac{j\Delta x}{L}}) - \sum_{1}^{j} \Delta y_{\mathrm{s}(n+j-1)} \tag{74}$$

2.3.2　响应曲线与设计曲线的拟合以及参数的调整

在求得预测响应曲线的基础上就可进一步解决如何使响应曲线与设计曲线保持一致的问题。虽然可以做到使输入的斜坡激励完全和设计曲线一致，但如果从变坡段的起点开始按设计图纸上的横坡线性变化规律对大臂牵引点输入一斜坡激励，则将发现在熨平板的响应曲线与设计曲线之间会产生很大的误差，这些误差主要来源于三个方面：

(1)由于斜坡激励的响应曲线包括了稳态和瞬态两部分，虽然可以使稳态部分 $\frac{a}{v}x$ 做到与设计曲线完全一致(这只需使 $\frac{a}{v}$ 等于设计曲线的斜率即可)，但其瞬态部分却需经历一定行程后才能趋向于零。因此在响应曲线的初始区段会由于瞬态部分的影响而造成较大误差(图 14)。

(2)由于斜坡响应存在一固定的稳态误差 $\frac{a}{v}L$，因此当斜坡激励终止而牵引点保持在最终位置不动后，熨平板后沿的响应仍将按指数函数的规律缓慢抬升而逐步接近变坡段的横坡终止值。因此在响应曲线的最后区段也会形成较大的误差(图 14)。

(3)由于激励和响应之间在时间上存在着滞后，这将导致响应曲线的直线部分滞后于设计曲线一时间差，这同样会给响应曲线的直线区段带来很大误差(图 14)。

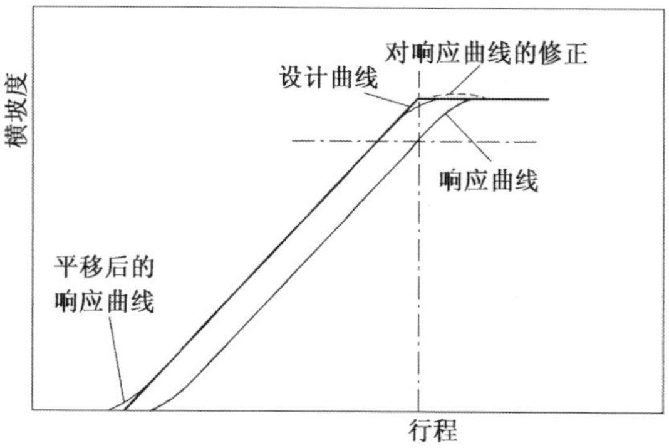

图 14　响应曲线和设计曲线的拟合

所谓响应曲线与设计曲线的拟合就是要通过改变输入激励的起始点和适当调整输入斜坡的起始和终止参数，使上述这些误差尽可能地减至最低限度。

为了降低响应曲线直线段的误差，可以采取提前输入激励起始点的办法将响应曲线平移若干步长，使其直线部分尽可能与设计曲线重合。对于变坡度不大的弯道，这样的拟合一般都能取得满意的结果，此时最大误差出现在变坡段响应曲线的起始和终结区段。这些误差的大小是由斜坡激励的稳态误差决定的，而稳态误差$\frac{a}{L}L=\frac{\beta}{l}$本身又是一常数，它的大小取决于设计曲线的斜率$\frac{\beta}{l}$。因此，对于变坡急剧的设计曲线，响应曲线起始和终结区段的误差就可能变得过大。

为了降低响应曲线起始区段的误差，可以适当减小最初几个步长的阶跃信号。

为了降低响应曲线终结区段的误差，可以将斜坡激励的终止点适当延后几个步长，使输入横坡控制器的横坡度稍稍超过设计值，然后再逐渐递减至设计的变坡终止值。此时响应曲线会稍微超过变坡终止的横坡设计值，然后再降至设计横坡（图 14 的虚线部分）。

3　弯道摊铺技术的试验研究

3.1　金牛山立交工程的匝道摊铺试验

金牛山互通式立交工程是连接京沪、京福、泰肥三条高速公路的交通枢纽（图 15）。立交工程共有九条匝道，其中弯道半径小，弯坡急剧的有 D、E、H 三条匝道，它们的线形设计见图 16。为了便于进行对比，试验工作分别按照经验控制和预测表格控制两种方案来进行。所谓经验控制方案是指操作人员在变坡段内根据经验操纵横坡控制器缓慢渐变地改变横坡控制的输入量，直至达到规定的横坡变坡的设计值，这是在施工中常用的传统横坡控制方法。预测表格控制方案是根据预测响应曲线与设计曲线拟合的结果，事先设计出按步长变化的横坡控制表格，然后有规律地程序输入横坡控制量的方法。在三条试验匝道的摊铺中对 H 匝道的摊铺采用了经验控制的方法，对 D 匝道和 E 匝道则采用预测表格的方法。

图 15　金牛山互通立交工程的线形设计图

3.1.1　经验控制方案的试验

H 匝道的弯道摊铺采用了传统的经验控制方法。在摊铺时摊铺机的非超高侧采用移动式的均衡梁基准由纵向自动找平系统来控制其纵向的调平，在摊铺机的超高侧由横坡控制器来控制熨平板的横向倾角。在摊铺机熨平板进入超高缓和段前横坡控制器的输入横坡保持在设计横坡值上，当开始进入超高缓和段时由操作手尽可能均匀地输入横坡信号直至变坡段结束，此时输入的横坡信号正好达到变坡终止点的横坡设计值。在整个弯道摊铺、碾压结束后，按桩号测定了整个弯道的实际横坡值。

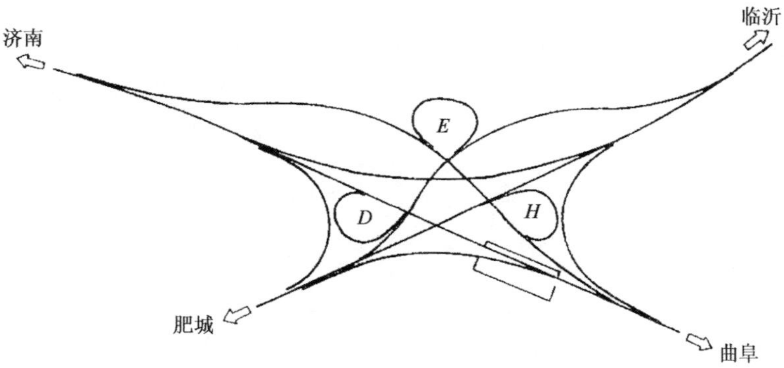

图 16　金牛山互通立交工程的平面示意图

3.1.2　预测表格控制的试验方案

(1)在摊铺曲率半径小、横坡变化大、变坡段又短的弯道时，在技术上存在着一些难点：

①当采用弦线纵向基准时由于曲率半径小，弦线会拉成折线，而且也不能张得很紧，因为张力过大会导致弦线滑离其支承横杆，这些都会影响摊铺路面的纵向平整度。

②由熨平板在横断面内旋转而产生的厚度调节误信号将导致摊铺厚度偏离其设计要求。

③由于转弯半径小履带摊铺机在转向时实际上走的是折线，为了实现平稳地渐变转向，对机手的要求较高，如操作不当就可能出现突变转向，这同样不利于摊铺路面的平整度。

④完全依赖于经验的横坡控制难于获得最优的横坡调节。

⑤摊铺路面的横坡误差和摊铺质量不仅取决于横坡控制的方法，而且还与基层路面的准备、摊铺机及其找平系统的调整和标定、横坡控制器的正确操作等许多因素有关，如各种准备工作做得不好而仓促施工势难获得良好的结果。

(2)针对上述技术难点，为提高变坡摊铺的横坡准确性和路面平整度，采取了以下一些措施：

①在设置找平基准时采用一侧移动式均衡量基准加横坡控制的方案以改善弯道摊铺的整体平整度，摊铺机采用 ABG422 型而横坡控制器则采用触摸按键、数字显示的 S276M 机型，这将便于操作不易出错。

②为避免由于厚度调节误信号而引起铺层厚度变薄，采取事先适当加厚非超高侧的铺层厚度，并在变坡摊铺的过程中时时检查非超高侧的铺层厚度，必要时可用连续地微调均衡梁基准的纵向传感器以控制必要的厚度。

③摊铺机转向时应平稳渐变地沿事先画好的方向线进行，避免一次大幅度的转向。

④采用预测表格控制的方法，操作人员按表格，参照事先在超高侧设计线上标出的每份步长的标记逐次地输入横坡控制值。

⑤为避免施工中的混乱和失误，在摊铺试验路段前应制订出详细的施工技术方案，从施工前的各项准备工作到横坡控制器的具体操作都应作出详细规定，以确保弯道的摊铺质量。

3.1.3　弯道摊铺的施工技术方案

为细致做好各项准备，精心组织施工，在弯道摊铺试验前制订了详细的施工技术方案，这一技术方案经 *D* 匝道的摊铺试验，根据摊铺中发现的问题作了进一步的修改，再经 *E* 匝道摊铺试验的验证、完善，已可作为一指导性的规程为弯道摊铺施工提供技术依据。

3.2　*H* 匝道、*D* 匝道和 *E* 匝道弯道摊铺试验的结果与分析

在三条匝道按不同试验方案摊铺结束后均进行了横坡的实际测定，并与设计值对比以检查弯道摊

铺试验的效果。

3.2.1 *H* 匝道的试验结果

表 2 列出了 *H* 匝道变坡段的试验结果，表中桩号里程小于 0K + 170m 的变坡度由于已覆盖了上面层而无法测量，因而表中缺少部分变坡段的横坡实测数据。图 17 则是变坡段设计横坡曲线与实测横坡曲线的对比情况。从表 2 中可看到，即使在缺少部分数据的情况下，从变坡的起始点(0K + 120m)至横坡变化趋向于稳定的 120m 的区段中至少有 40m(33.3%)其横坡的绝对误差超过了0.5%，误差最大值高达 1.03%。从图 17 中则可以看到实际横坡的变化明显滞后于设计曲线，而且存在着严重的超调现象。试验的结果表明在横坡变化急剧的场合靠经验来控制横坡的变化是很难保证摊铺路面的横坡准确性的。

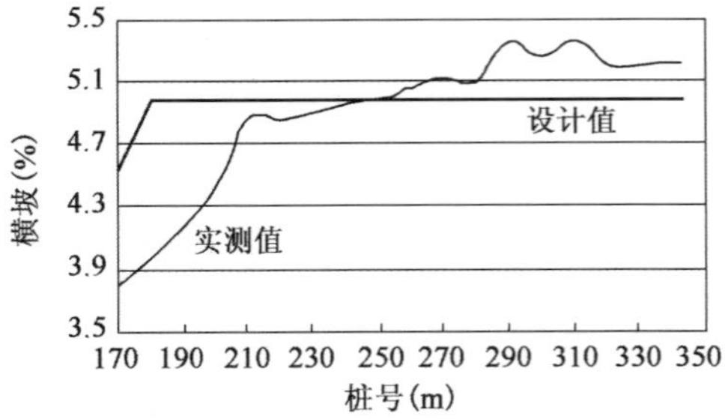

图 17 *H* 匝道实测横坡与设计横坡曲线的对比

_H_ 匝道第一变坡段的摊铺试验结果 表 2

桩号(m)	实测值(%)	设计值(%)	误差(%)
170	3.79	4.5	-0.71
180	3.97	5	-1.03
190	4.17	5	-0.83
200	4.44	5	-0.56
210	4.87	5	-0.13
220	4.86	5	-0.14
230	4.90	5	-0.10
240	4.97	5	-0.03
250	4.99	5	-0.01
260	5.08	5	0.08
270	5.11	5	0.11
280	5.11	5	0.11
290	5.36	5	0.36
300	5.26	5	0.26
310	5.37	5	0.37
320	5.21	5	0.21
330	5.20	5	0.20
342.263	5.23	5	0.23

3.2.2 *D* 匝道的试验结果

D 匝道的摊铺试验采用完全按照运动学模型设计的预测控制表格，按事先划好的每步长的标志点逐点输入控制横坡值。表 3 是 *D* 匝道第一变坡段的试验结果，从表中可看到与 *H* 匝道的摊铺结果相比，横坡的摊铺精度已有很大提高，所有测点(按 1m 步长测定)的实测横坡值与设计值相比的误差均没有超过0.5%，但仍有 26.5% 的测点的误差超过了0.3%。在分析这些点误差产生的原因时，发现虽然横坡的预测控制曲线与设计曲线是十分接近的，但实际测定的横坡变化规律却并没有完全按照根据运动学模型设计的预测控制曲线进展。图 18 是横坡的预测控制值与实际测定的横坡值之间的对比曲线。从图中可见，从总体趋势来看，特别是变坡的超始和终止部分实测曲线斜率(横坡增长速率)明显高于预测曲线，在变坡的结束部分则存在着明显的超调现象。这种情况导致了实际的横坡度与设计曲线之间仍然存在着一定的偏差(图 18、图 19)。

D 匝道第一变坡段的摊铺试验结果 表 3

桩号(m)	实测值(%)	设计值(%)	误差(%)	桩号(m)	实测值(%)	设计值(%)	误差(%)
0K +513.000	2.218	2.620	-0.402		4.145	4.420	-0.275
	2.564	2.680	-0.116		4.218	4.480	-0.262
	2.709	2.740	-0.031		4.362	4.540	-0.178
510.000	2.727	2.800	-0.073	480.000	4.364	4.600	-0.236
	2.782	2.860	-0.078		4.491	4.660	-0.169
	2.855	2.920	-0.065		4.527	4.720	-0.193
	3.018	2.980	0.038		4.655	4.780	-0.125
	3.091	3.040	0.051		4.873	4.840	0.033
	3.236	3.100	0.136		4.909	4.900	0.009
	3.273	3.160	0.113		4.927	4.960	-0.033
	3.273	3.220	0.053		5.091	5.020	0.071
	3.273	3.280	-0.007		5.200	5.080	0.120
	3.291	3.340	-0.049		5.291	5.140	0.151
500.000	3.309	3.400	-0.091	470.000	5.382	5.200	0.182
	3.455	3.460	-0.005		5.473	5.260	0.213
	3.527	3.520	0.007		5.491	5.320	0.171
	3.545	3.580	-0.035		5.691	5.380	0.311
	3.618	3.640	-0.022		5.782	5.440	0.342
	3.600	3.700	-0.100		5.782	5.500	0.282
	3.564	3.760	-0.196		5.836	5.560	0.276
	3.618	3.820	-0.202		5.800	5.620	0.180
	3.545	3.880	-0.335		6.036	5.680	0.356
	3.564	3.940	-0.376		6.164	5.740	0.424
490.000	3.727	4.000	-0.273	460.000	6.182	5.800	0.382
	3.891	4.060	-0.169			5.860	
	3.964	4.120	-0.156			5.920	
	3.855	4.180	-0.325			5.980	
	3.782	4.240	-0.458			6.000	
	3.873	4.300	-0.427			6.000	
	4.091	4.360	-0.269			6.000	

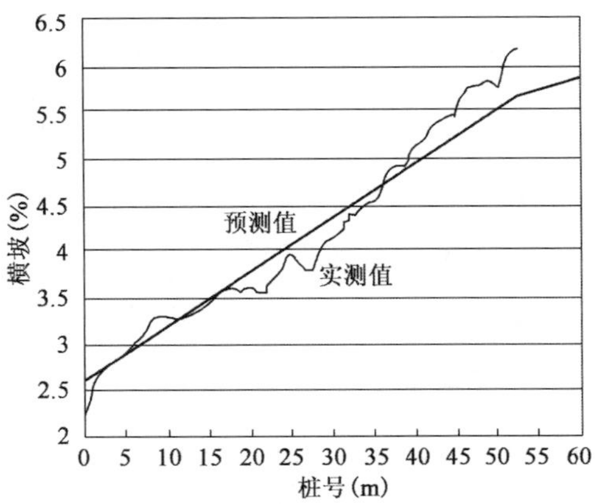

图 18　D 匝道实测横坡与预测控制曲线的对比

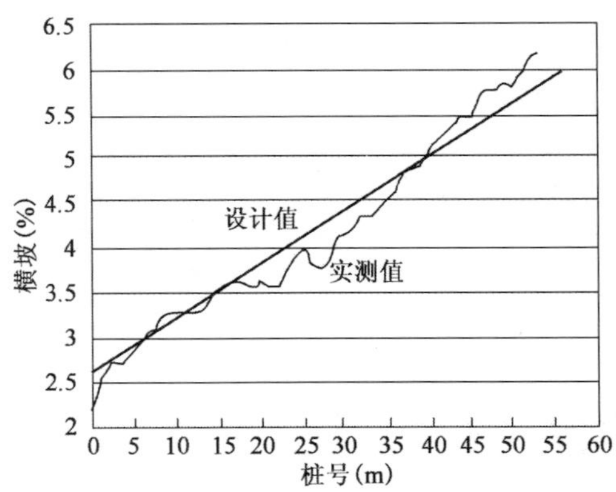

图 19　D 匝实测横坡与设计曲线的对比

对超高侧与非超高侧的高程变化规律进行分析时，发现除高程纵坡变化的趋势项外还存在有明显的振荡波形。图 20 是减去纵坡变化趋势项后，超高侧与非超高侧高程的变化曲线。从图中可见，两者都存在着明显的波动，而且它们的波动大体是同步的。显然，对于以上这些现象，用运动学的模型是无法说明的，而只能从动力学的观点来解释。

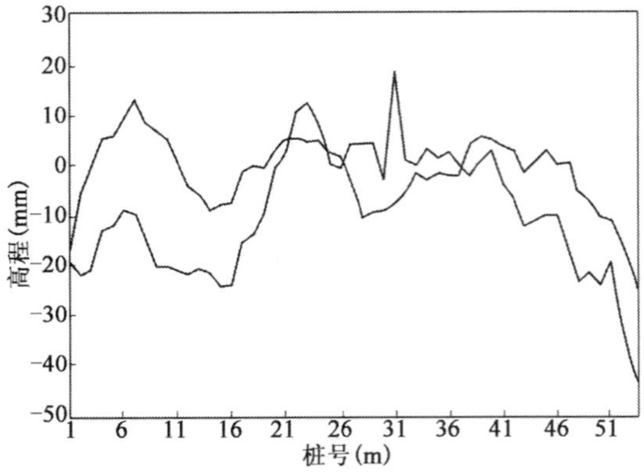

图 20　D 匝道第一变坡段的高程变化曲线

3.2.3　*E* 匝道的试验结果

根据对 *D* 匝道摊铺试验所作的分析，在进行 *E* 匝道的摊铺试验中，对按运动学模型设计的预测曲线在其起始和结束部分作了适当修正。摊铺试验的结果表明这种修正取得了良好效果。表 4 ~ 表 6 是 *E* 匝道四个变坡段的试验结果，图 21 和图 22 则是横坡变化急剧的第一和第四变坡段的实测横坡变化曲线与设计曲线的对比。从上述图表中可以看到，在四个变坡段中所测的 133 个测点中，没有一点的误差超过了 ±0.2%。这表明在急剧的变坡摊铺中，只要在正确的模型指导下，仍然可能获得很高的横坡控制精度。

E 匝道第一变坡段的摊铺试验结果　　表 4

桩号(m)	实测值(%)	设计值(%)	误差(%)	桩号(m)	实测值(%)	设计值(%)	误差(%)
0.000	-0.469	-0.285	-0.184	28.000	2.590	2.566	0.024
1.000	-0.139	-0.183	0.044	29.000	2.641	2.667	-0.026
2.000	-0.191	-0.08	-0.111	30.000	2.833	2.769	0.064
3.000	-0.087	0.021	-0.108	31.000	2.885	2.871	0.014
4.000	0	0.122	-0.122	32.000	3.041	2.973	0.068
5.000	0.156	0.224	-0.068	33.000	3.111	3.075	0.036
6.000	0.174	0.326	-0.152	34.000	3.076	3.176	-0.1
7.000	0.243	0.428	-0.185	35.000	3.302	3.278	0.024
8.000	0.434	0.53	-0.096	36.000	3.354	3.38	-0.026
9.000	0.591	0.631	-0.04	37.000	3.528	3.482	0.046
10.000	0.66	0.733	-0.073	38.000	3.563	3.584	-0.021
11.000	0.747	0.835	-0.088	39.000	3.684	3.685	-0.001
12.000	0.869	0.937	-0.068	40.000	3.719	3.787	-0.068
13.000	0.954	1.039	-0.085	41.000	3.91	3.889	0.021
14.000	1.078	1.14	-0.062	42.000	3.997	3.991	0.006
15.000	1.182	1.242	-0.06	43.000	4.119	4.093	0.026
16.000	1.373	1.344	0.029	44.000	4.188	4.194	-0.006
17.000	1.46	1.446	0.014	45.000	4.275	4.296	-0.021
18.000	1.582	1.548	0.034	46.000	4.449	4.398	0.051
19.000	1.703	1.649	0.054	47.000	4.553	4.5	0.053
20.000	1.825	1.75	0.075	48.000	4.588	4.602	-0.014
21.000	1.999	1.853	0.146	49.000	4.675	4.703	-0.028
22.000	2.086	1.955	0.131	50.000	4.779	4.805	-0.026
23.000	2.155	2.057	0.098	51.000	4.867	4.907	-0.04
24.000	2.138	2.158	-0.02	52.000	4.953	5.009	-0.056
25.000	2.242	2.26	-0.018	53.000	5.214	5.111	0.103
26.000	2.416	2.362	0.054	54.000	5.318	5.212	0.106
27.000	2.503	2.464	0.039	55.000	5.457	5.314	0.143

续上表

桩号(m)	实测值(%)	设计值(%)	误差(%)	桩号(m)	实测值(%)	设计值(%)	误差(%)
56.000	5.422	5.416	0.006	60.000	5.892	5.823	0.069
57.000	5.561	5.518	0.043	61.000	5.944	5.925	0.019
58.000	5.631	5.62	0.011	62.000	5.909	6.027	-0.118
59.000	5.805	5.721	0.084	63.000		6.027	#N/A

E 匝道第二变坡段和第三变坡段的摊铺试验结果　表5

第二变坡段				第三变坡段			
桩号(m)	实测值(%)	设计值(%)	误差(%)	桩号(m)	实测值(%)	设计值(%)	误差(%)
215.688	6.131	6.000	0.131	372.911	3.95	4.00	-0.05
220.688	5.793	5.900	-0.107	377.911	4.03	4.10	-0.07
225.688	5.544	5.650	-0.106	382.911	4.35	4.35	0.00
230.688	5.433	5.400	0.033	387.911	4.73	4.60	0.13
235.688	5.384	5.150	0.234	392.911	4.83	4.85	-0.02
240.688	5.047	4.900	0.147	397.911	5.15	5.10	0.05
245.688	4.656	4.650	0.006	402.911	5.22	5.35	-0.13
250.688	4.549	4.400	0.149	407.911	5.75	5.60	0.15
255.688	4.389	4.150	0.239	412.911	5.95	5.85	0.10
258.688	4.105	4.100	0.005	415.911	6.08	6.00	0.08

E 匝道铺层平整度的检测结果　表6

桩号(m)	实测值(%)	设计值(%)	误差(%)	桩号(m)	实测值(%)	设计值(%)	误差(%)
479.5	6.000	6.000	0.000	504.5	3.133	3.040	0.093
480.5	5.867	5.940	-0.073	505.5	2.983	2.920	0.063
481.5	5.750	5.819	-0.069	506.5	2.883	2.799	0.084
482.5	5.583	5.698	-0.115	507.5	2.750	2.678	0.072
483.5	5.533	5.577	-0.044	508.5	2.650	2.557	0.093
484.5	5.433	5.456	-0.023	509.5	2.567	2.436	0.131
485.5	5.217	5.336	-0.119	510.5	2.433	2.316	0.117
486.5	5.000	5.215	-0.215	511.5	2.383	2.195	0.188
487.5	4.917	5.094	-0.177	512.5	2.267	2.074	0.193
488.5	4.900	4.973	-0.073	513.5	2.383	1.953	0.430
489.5	4.817	4.852	-0.035	514.5	2.000	1.833	0.167
490.5	4.700	4.732	-0.032	515.5	1.817	1.712	0.105
491.5	4.567	4.611	-0.044	516.5	1.650	1.592	0.058
492.5	4.533	4.490	0.043	517.5	1.600	1.471	0.129
493.5	4.550	4.369	0.181	518.5	1.433	1.350	0.083
494.5	4.467	4.248	0.219	519.5	1.417	1.229	0.188
495.5	4.250	4.128	0.122	520.5	1.367	1.108	0.259
496.5	4.067	4.007	0.060	521.5	1.216	0.988	0.228
497.5	4.000	3.886	0.114	522.5	1.067	0.867	0.200
498.5	3.850	3.765	0.085	523.5	0.967	0.746	0.221
499.5	3.800	3.644	0.156	524.5	0.883	0.625	0.258
500.5	3.650	3.524	0.126	525.5	0.700	0.504	0.196
501.5	3.433	3.403	0.030	526.5	0.450	0.384	0.066
502.5	3.233	3.282	-0.049	527.5	0.333	0.263	0.070
503.5	3.200	3.161	0.039	528.5	0.000	0.142	-0.142

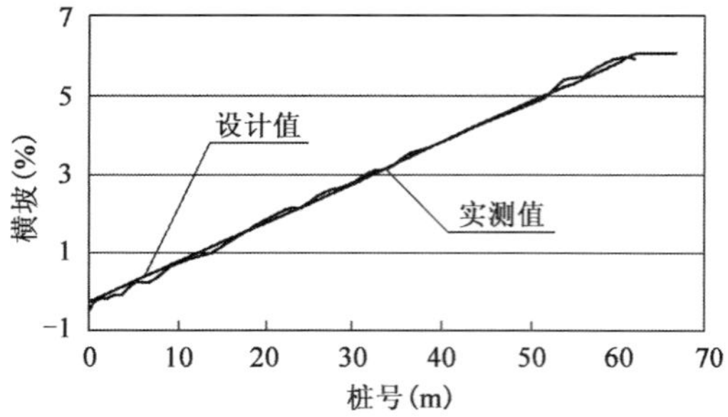

图21　*E* 匝道第一变坡段实测横坡与设计曲线的对比

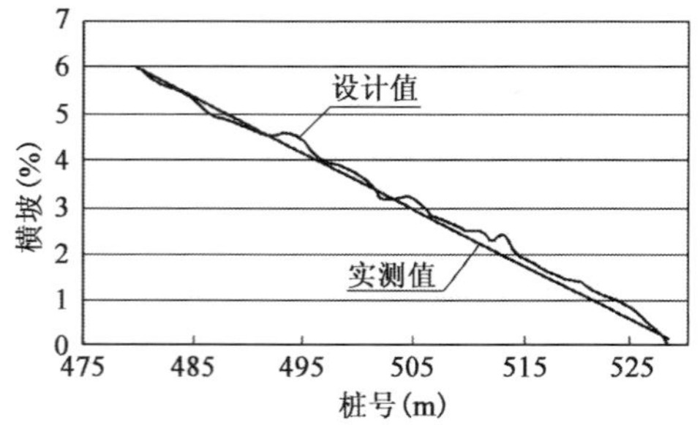

图22　*E* 匝道第四变坡段实测横坡与设计曲线的对比

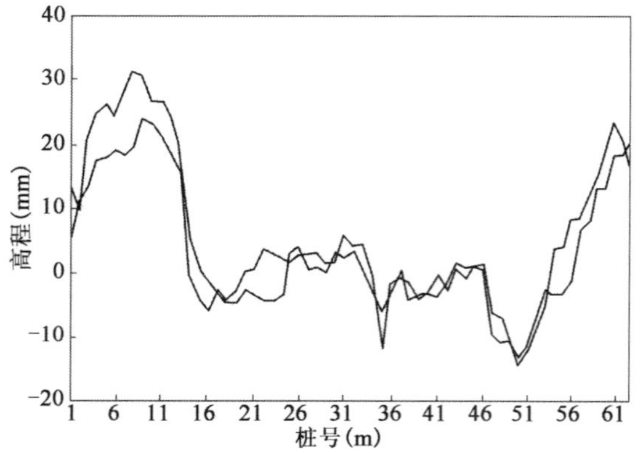

图23　*E* 匝道第一变坡段的高程变化曲线

在分析高程的变化趋势时，发现在熨平板与热沥青混合料的相互作用过程中仍然存在着明显的动力振荡现象。图23是第一变坡段超高侧与非超高侧的高程变化曲线。从图中可见两者虽然都存在着振荡波形，但两者的同步性比图20更为一致。熨平板的这种动力振荡现象必然导致铺层表面平整度的变坏。表7是*E*匝道全线测定的平整度均方差，从所列的数据中可以看到，与一般用移动基准摊铺直道的情况相比，平整度明显变差，而在变坡最为急剧的第一变坡段平整度最差，其均方差高达1.4mm以上。

E 匝道铺层平整度的检测结果　　表7

桩号(m)	实测值(%)	设计值(%)	误差(%)	桩号(m)	实测值(%)	设计值(%)	误差(%)
479.5	6.000	6.000	0.000	504.5	3.133	3.040	0.093
480.5	5.867	5.940	-0.073	505.5	2.983	2.920	0.063
481.5	5.750	5.819	-0.069	506.5	2.883	2.799	0.084
482.5	5.583	5.698	-0.115	507.5	2.750	2.678	0.072
483.5	5.533	5.577	-0.044	508.5	2.650	2.557	0.093
484.5	5.433	5.456	-0.023	509.5	2.567	2.436	0.131
485.5	5.217	5.336	-0.119	510.5	2.433	2.316	0.117
486.5	5.000	5.215	-0.215	511.5	2.383	2.195	0.188
487.5	4.917	5.094	-0.177	512.5	2.267	2.074	0.193
488.5	4.900	4.973	-0.073	513.5	2.383	1.953	0.430
489.5	4.817	4.852	-0.035	514.5	2.000	1.833	0.167
490.5	4.700	4.732	-0.032	515.5	1.817	1.712	0.105
491.5	4.567	4.611	-0.044	516.5	1.650	1.592	0.058
492.5	4.533	4.490	0.043	517.5	1.600	1.471	0.129
493.5	4.550	4.369	0.181	518.5	1.433	1.350	0.083
494.5	4.467	4.248	0.219	519.5	1.417	1.229	0.188
495.5	4.250	4.128	0.122	520.5	1.367	1.108	0.259
496.5	4.067	4.007	0.060	521.5	1.216	0.988	0.228
497.5	4.000	3.886	0.114	522.5	1.067	0.867	0.200
498.5	3.850	3.765	0.085	523.5	0.967	0.746	0.221
499.5	3.800	3.644	0.156	524.5	0.883	0.625	0.258
500.5	3.650	3.524	0.126	525.5	0.700	0.504	0.196
501.5	3.433	3.403	0.030	526.5	0.450	0.384	0.066
502.5	3.233	3.282	-0.049	527.5	0.333	0.263	0.070
503.5	3.200	3.161	0.039	528.5	0.000	0.142	-0.142

3.3　结论

对金牛山立交工程三条匝道所进行的弯道摊铺试验结果进行的分析表明：

(1)由于在变坡摊铺中浮动熨平板受材料、铺层厚度、摊铺速度等多种因素的影响，采用现有的经验方法来控制变坡段的横坡很难保证横坡的控制精度，往往会导致实际摊铺的横坡严重偏离设计曲线的要求。

(2)按运动学模型设计的预测控制表格法是目前比较简单而易行的横坡控制方法，但仍需依靠经验对按运动学模型设计的预测曲线作出适当的修正，这样可保证较高的横坡控制精度。

(3)预测控制表格法的进一步发展应该引入以计算机为手段的横坡控制方法。引入计算机控制的核心问题是要解决如何根据变坡摊铺中的动力学现象来设计控制规律的问题。

(4)弯道摊铺试验的结果表明在急剧的变坡过程中，熨平板与热沥青混合料之间存在着明显的动力学现象，因此进一步研究浮动熨平板与热沥青混合料相互作用的动力学模型以及如何控制这一动力学过程，对进一步改善弯道摊铺的横坡控制精度和由于动力振荡导致的铺层平整度变坏有着重要意义。

4　浮动熨平板的动力学模型及其在弯道摊铺中的动力振荡

4.1　热沥青混合料在压缩荷载作用下的压力与应变的关系

热沥青混合料是以加热的级配集料和沥青按一定比例拌和而成的路面材料。在沥青混合料中集料约占95%的比重，因而集料的力学特性对混合料的力学特性起着决定性的影响。在摊铺作业时热沥青混合料的温度通常为120～150℃，在这一温度状态下沥青呈黏性牛顿流体的性质，由于它的存在使集料颗粒间的内摩擦减小而黏性力增大。上述这些特点使热沥青混合料在受外力作用下的性能呈现出某些集料型材料的特点，因此在讨论热沥青混合料的力学性能时，研究一下集料型材料在外力作用下的应力与应变的关系，将有助于了解热沥青混合料在承受压缩荷载时的压力和应变的关系。

所谓集料型材料是指那些由不同粒径的矿石颗粒组成的集合料，它的物理力学特性与一般的土壤性能相比有着许多不同，主要是：

(1)集料的弹性主要取决于岩石颗粒的弹性变形，因而集料的弹性变形通常是十分微小的。

(2)集料在绝干状态下的密度(表观密度)主要取决于集料颗粒的排列，而与含水率的关系很小(尤其是对粗集料)。

(3)集料抵抗外力的能力主要是集料颗粒之间的嵌挤力和摩擦力，特别是对干燥的单一粒径的粗集料更是如此，此时黏性力基本上不存在。

粒径越大、越单一的集料，以上特点就越明显。在研究集料型材料在压缩荷载下的压力与应变关系时，首先来考察一下刚性圆球在受压时的情况，这对于了解集料在承受压缩荷载时的物理力学本质是有益的。

4.1.1　侧限压缩

设有某种直径的圆球放在一方箱中，并通过承压板承受压力，假定圆球是绝对刚性而表面是粗糙的。在未加压前钢球处于(图24a)所示的排列状态，当对承压板施加一定压力时由于上层钢球的挤嵌作用，使第二层的钢球向两侧移动(图24b)，从而产生一定的压缩变形。如继续加压，则下层的钢球也

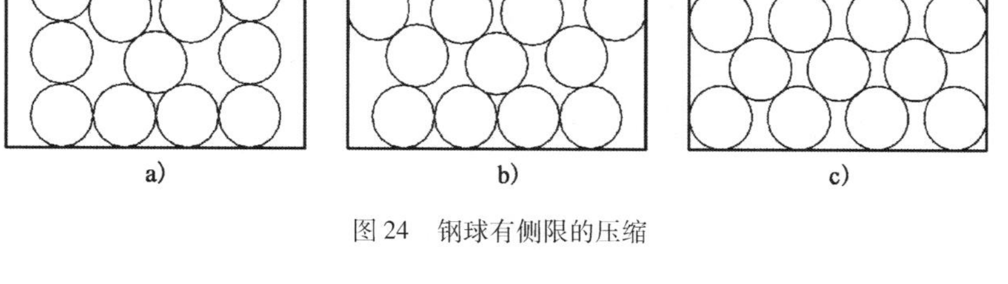

图24　钢球有侧限的压缩

开始向两侧移动,直至所有的钢球都达到最密实的排列时为止[图24c)],此时如继续增大压力,则钢球已无间隙可嵌挤,而压缩变形为零。显然在卸载时以上描述压缩变形是不可恢复的。

4.1.2 无侧限压缩

在无侧限的情况下压力与变形关系应类似于有侧限的情况,只是由于侧边无限制,嵌挤的抵抗阻力会减小而压缩变形则相应增大。克服摩擦阻力和嵌挤阻力的外力(压力)将随传播深度的增大而减弱,当上层的钢球已达到密实排列,而传至下层的压力已不足以克服钢球间的摩擦,此时压缩力的增大就不可能继续促使压缩变形的增长(图25)。

根据以上的讨论,可以设想集料型材料在理想情况下承受压缩时它的压力与应变的关系应具有图26所示的变化曲线。在图26中可以看到,当压力P刚开始增长时首先需要克服颗粒之间的摩擦力,因而在开始的一定压力范围内并没有发生压缩变形,当压力继续增长时,变形开始随压力的增长而增长,直至达到某一临界值,此时集料的各颗粒已接近于最紧密的排列,此时继续增大压力,压缩变形的增长就十分微小了。从流变学的观点看上述应力与应变的变化曲线可以用一个理想的塑刚体元件和一个摩擦元件的并联结构来描述(图27)。

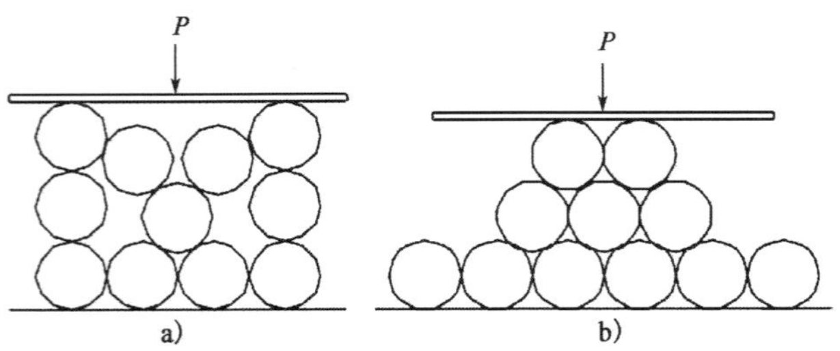

图25 钢球无侧限的压缩

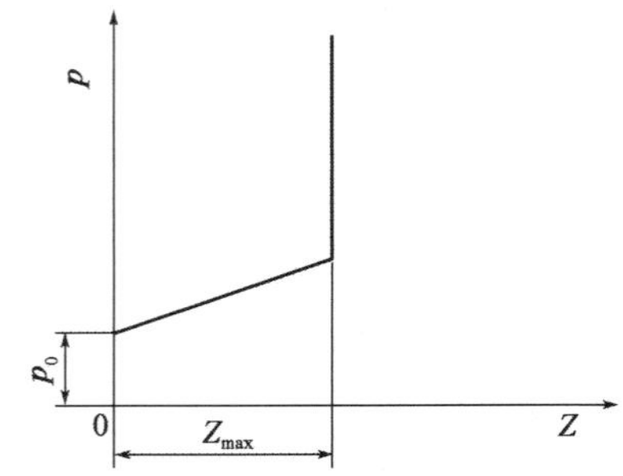

图26 理想集料型材料受压时压力与变形的关系

所谓理想的塑刚体是集料型材料所特有的特性,它表示随着压力的增大集料颗粒间的间隙减小而压缩变形则逐步增大,此时材料将变得越来越密实直至颗粒达到最密实的排列时,继续增大压力将不再引起压缩变形的增长,显然这种变形是不可逆的。理想的塑刚体可以设想为一个弹簧受到活塞的压缩,在活塞缸的上部则充满了不可压缩的液体。当弹簧受到压缩时活塞的上腔吸入压力油,由于单向阀的作用,当卸载时压力油不能回入油箱,活塞将维持在原有位置不变,因此活塞的行程是单向的(参看图28)。当弹簧被完全压扁而到达变形极限时,继续增大压力将不再引起变形。

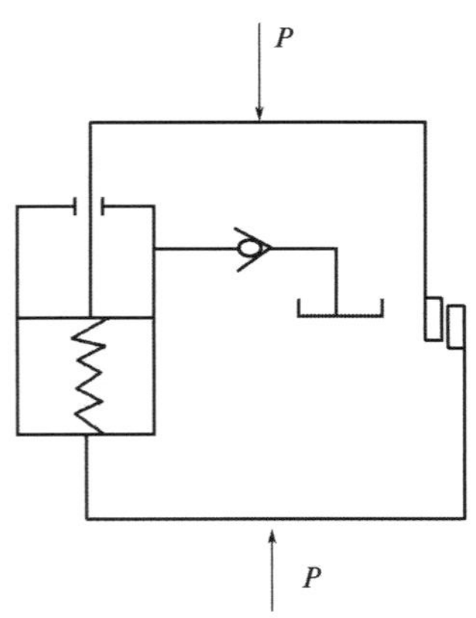

图27 理想集料型材料的流变学模型

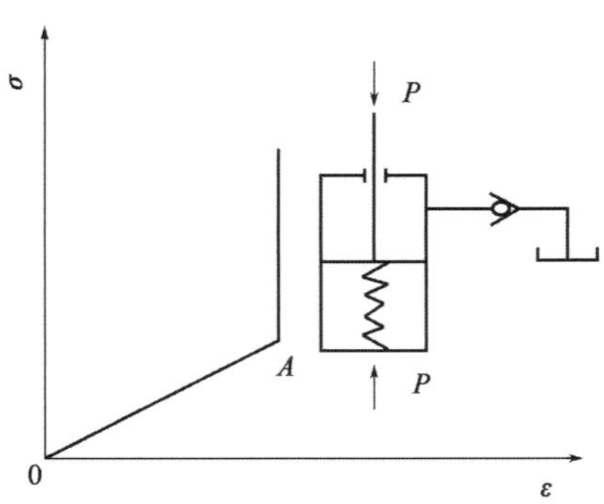

图28 理想塑钢体的应力与应变关系

在图28中直线OA段的斜率$E_R=\dfrac{\sigma}{\varepsilon}$称为理想塑刚体的刚性模量。显然,越是颗粒表面粗糙而有棱角的集料其刚性模量越大,而越是光滑而圆形的集料则刚性模量越小。对于热沥拌青混合料来说,高温的沥青是一种黏性的润滑油,前者的流变特性应与冷却固结后的沥青混凝土有很大区别而带有很强的集料型材料的特点，热沥青的存在只是降低了颗粒间的摩擦力和增加了黏性阻力而已。热拌沥青混合料的流变学模型可以用塑刚体、摩擦元件、黏壶元件三者的并联结构来表示，后者代表了热沥青的黏性阻力（图29）。

4.2　热沥青混合料在承压板下压力与应变的试验研究

为了更好地揭示热沥青混合料在压缩荷载下的压力与应变的关系，在室内进行了热沥青混合料的承压板荷载试验。试验装置如图30所示。在试验时先将搅拌均匀的热混合料（温度135℃）放入料槽中，用木板刮平，放好压板，逐级加载砝码，每加一砝码，待变形稳定后读位移传感器的读数（下沉量）。待全部砝码加完后，再逐级卸载并记录位移传感器读数。实验分为有侧限和无侧限两种工况进行，在进行无侧限压缩试验时，先用料槽装混合料，放好压板准备承压时将料槽取出。为保证混合料温度不致下降太多，采用烘箱对料槽、压板等进行预热。

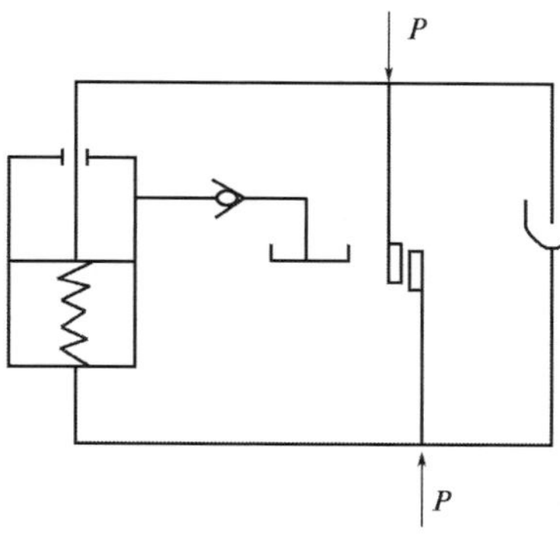

图29　热拌沥青混合料受压时的流变学模型

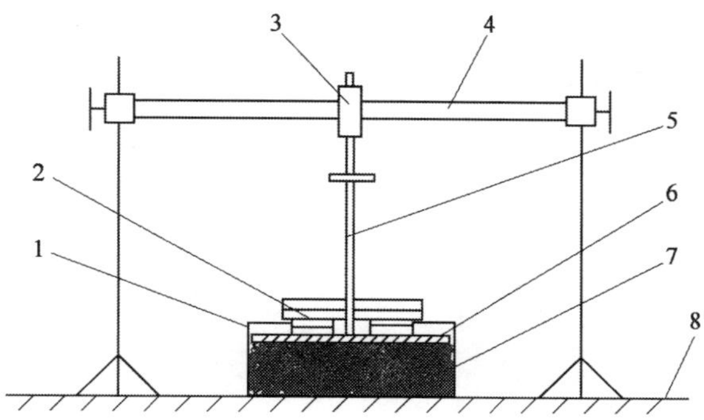

图30　热拌沥青混合料的试验装置

1-料槽；2-砝码；3-位移传感器；4-测量架；5-基准杆；6-压板；7-沥青混合料；8-坚硬地面

试验结果列于表8内（表内数据取自张新荣博士论文《沥青混凝土摊铺机熨平装置动力学模型与自动找平数字控制器的研究》，2000，3），图31是根据试验数据绘制的承压板荷载试验的压力与应变关系曲线。从图31中可以看到，无论是有侧限还是无侧限压缩，压力—变形曲线均可分为三个发展阶段。在压力开始增长的某一范围内（分别为0.0018和0.0020MPa），是不发生压缩变形的，这是因为必须首先克服集料颗粒间的摩擦力。在第二阶段内变形随着压力的增长而有较大幅度的上升，这表明混合料在压缩而它的空隙率在减少。当压力增加至一定数值，在静载荷的作用下混合料的空隙率已很难减小，此时变形的增长率将急剧减少，亦即压力增加很多而应变却增长很小。图31所显示的应变发展规律与以上所分析的集料型材料在理想条件下的压力与应变关系的总趋势是完全一致的，这证实了以上有关热沥青混合料流变学模型的论断是符合实际的。此外，从图31中还可以看到在卸载时压力与应变的曲线基本上与纵坐标相平行，这表明在加载过程中发生的压缩变形是不可逆的永久变形，而热沥青混合料的弹性变形则是十分微小的，对于有侧限和无侧限的压缩分别为0.166和0.009mm，这样微小的弹性变形在实际工作中已可忽略不计。

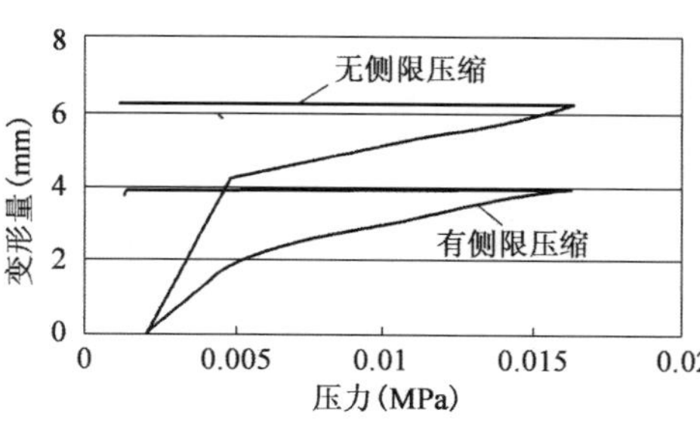

图31　承压板试验曲线

热沥青混合料承压板试验结果　　表8

压力（MPa）	变形量（mm）	
	有侧限	无侧限
0.0020	0	0
0.0049	1.8743	4.2305

续上表

压力(MPa)	变形量(mm)	
	有侧限	无侧限
0.0078	2.5874	4.6716
0.0107	3.0390	5.2519
0.0135	3.5799	5.5972
0.0164	3.9379	6.2529
0.0135	3.9379	6.2529
0.0107	3.9379	6.2529
0.0078	3.9059	6.2471
0.0049	3.8855	6.2442
0.0020	3.8446	6.2442
0.0012	3.7720	6.2442

4.3 在摊铺作业中熨平板与热沥青混合料相互作用的机理

以上所描述的承压板下方热沥青混合料压力呈平均分布的情况只可能发生在熨平板没有水平运动而静置在混合料上的场合。如设想将熨平板提起脱离地面(图 32a),然后轻轻将其放至一层松铺的热沥青混合料上,此时由于熨平板的重量混合料将发生沉陷,直至熨平板下方的混合料支承压力能抵抗住熨平板对它的作用力。在此平衡状态下混合料支承压力将呈梯形分布,其合反力 P_R 与大臂牵引点的垂直反力 T_y 之合力将通过熨平板重力 W 的作用线,据此即可得出熨平板下方压力分布的具体数值[图 32b)]。如在(图 32b)的情况下给大臂牵引点以一提升的阶跃信号,即在一瞬间使大臂绕熨平板后沿转动一角度,此时熨平板的底平面将脱离混合料原来的支承面而只有其后沿 S 着地,从而导致后沿 S 处的单位压力急剧上升(在此瞬时熨平板的重量 W 减去 T_y 后全部作用在后沿上)。在此情况下混合料的支承压力抵抗不住熨平板的作用,致使熨平板继续下沉直至一新的平衡位置,此时大臂牵引点的垂直反力和熨平板下方的压力均将重新分布(图 32c),这一压力分布仍可从新的力平衡关系中求得。

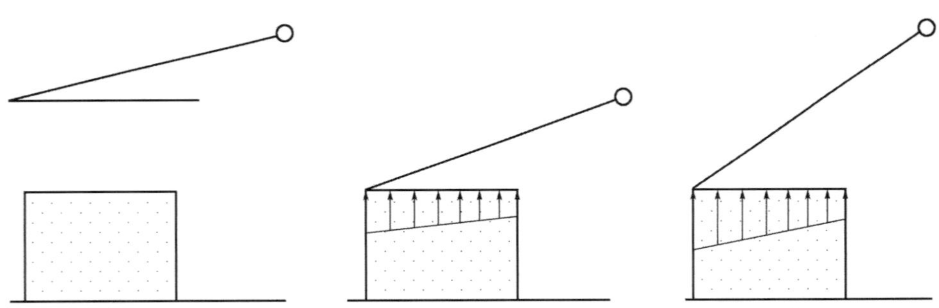

图 32 熨平板接触压力分布图

如前所述热沥青混合料的弹性是十分微小的,所以不可能设想在牵引点输入阶跃信号时熨平板会发生明显振荡。因此,在弯道摊铺中熨平板发生大幅度振荡的现象显然与熨平板向前的摊铺作业有关。为了更好地了解熨平板在弯道摊铺时的动力振荡现象,必须很好地研究熨平板与热沥青混合料在摊铺过程中相互作用的机理。实际上如果以移动着的熨平板大臂铰点 T 为原点的相对坐标系作为参考坐标,则可以将熨平板摊铺热沥青混合料的过程看成是新的热沥青混合料不断地流入熨平板与地面形成的楔形模板的过程(图 33)。

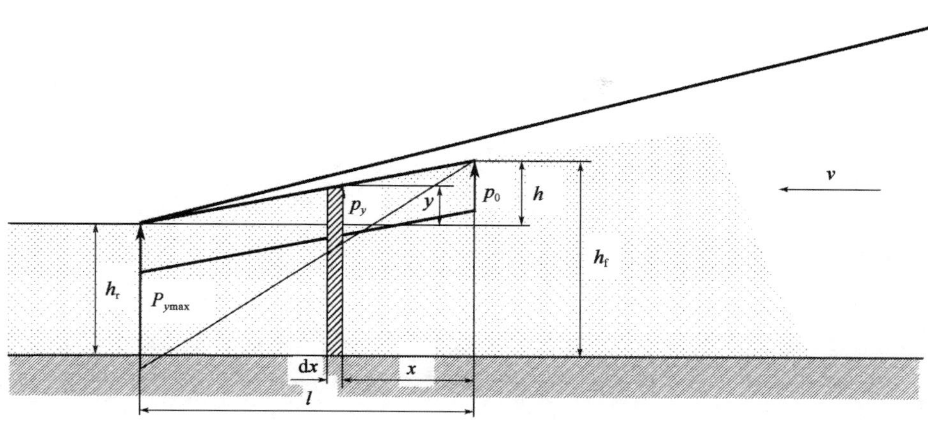

图 33　浮动熨平板在摊铺过程中挤压混合料的情况

混合料在进入熨平板前沿入口处之前是较松散的材料而在熨平板后沿流出的则是已经挤压成型的路面。因此熨平板摊铺沥青的过程实质上是一种材料流动挤压的过程，它与承压板垂直荷载作用下的沉陷过程有着本质的不同，主要表现在材料的承压板试验是不断挤压同一块材料的过程，而熨平板的摊铺过程则是模板不断挤压流动着的新材料的过程。但是，对于任一截面的材料，它从前沿入口处至后沿出口处都必须经受同样的压缩过程，从这一意义上说，熨平板下方混合料任一截面下的支承压力仍应遵循承压板试验所获得的规律。设在熨平板前沿入口处的混合料厚度为 h_f，此时进入该截面的混合料首先要建立一足以克服集料内摩擦阻力的初始支承压力 p_0，它在材料从熨平板的前沿流入至后沿流出的所有截面上都是存在的。此外，混合料在进入楔形模板的入口之后将经受压缩而发生压缩变形，从而形成一支承压力 p_y。显然这一支承压力应为压缩变形的函数，并可通过承压板的压缩试验来求取。如假设在支承压力 p 和压缩应变 ε 之间存在着如前所述的线性关系，亦即：

$$p = E_R \varepsilon \tag{75}$$

则从图 33 中可知：

$$p_y = E_R \frac{h - y}{h_f} \tag{76}$$

令 $k = \dfrac{E_R}{h_f}$ 可得：

$$p_y = k(h - y) = k \frac{h}{l} \cdot x = k\tan\alpha \cdot x \tag{77}$$

由此可见，如假设刚性模量 E_R 为一常数，则支承压力 p 沿熨平板的水平长度作线性分布。当 $x = 0$，亦即在熨平板的前沿入口处由于没有压缩变形，支承压力 p_y 等于零。当 $x = l$，亦即在熨平板后沿处，压缩变形最大，支承压力也最大，此时 $p_y = p_{ymax} = kh = k\tan\alpha \cdot l$。

根据以上分析可以认为熨平板下方的混合料支承压力是由两部分组成的：由于克服混合料内部摩擦阻力而形成的初始支承压力 p_0 和由于混合料的压缩而形成的支承压力 p_y，前者为一均匀分布，而后者则沿熨平板水平长度方向作线性分布，亦即：

$$p = p_0 + p_y = p_0 = k\tan\alpha \cdot x \tag{78}$$

当熨平板沿着热沥青混合料向水平方向滑动时，作用在熨平板底面上的不仅有垂直方向的压力而且还有水平方向的压力，它们主要是由熨平板底面与热沥青混合料之间的滑动摩擦引起的，而且与垂直压力之间存在着确定的关系。这种关系是可以从分析熨平板底面某单元面积上的受力情况中获得（图 34）。

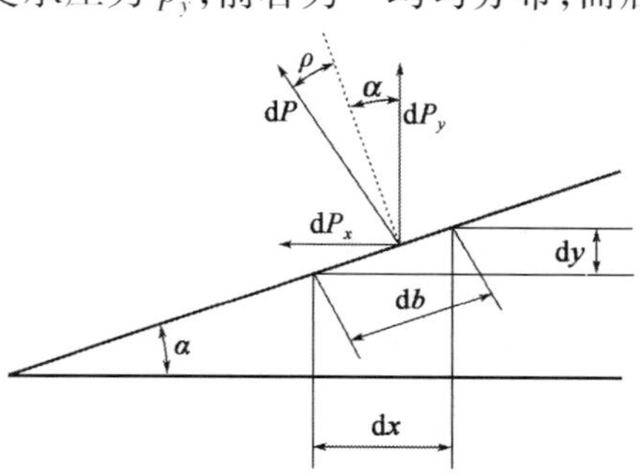

图 34　熨平板底面垂直压力和水平压力的计算示意

设熨平板的宽度为 B、长度为 b，在其底面上任取一单元面积 $B\times db$，其上作用有法向力 dN 和切向摩擦力 dF，两者的合力为 dP。显然合力 dP 与法线方向的夹角应为摩擦角 ρ，而 dP 在垂直方向与水平方向的分力 dP_y 和 dP_x 分别为 $dP\cos(\rho+\alpha)$ 和 $dP\sin(\rho+\alpha)$，由此可得作用在熨平板底面垂直方向和水平方向的压力 p_y 和 p_x 为：

$$p_y = \frac{dP\cos(\rho + \alpha)}{Bdx},\quad p_x = \frac{dP\sin(\rho + \alpha)}{Bdy} \tag{79}$$

从以上两式中消去 dP 即可得 p_y 与 p_x 之间的关系如下：

$$p_x = p_y \frac{\tan(\rho + \alpha)}{\tan\alpha} \tag{80}$$

将 p_y 的表达式(77)代入式(80)，并考虑到垂直方向的初始支承压力 p_0 可得总的水平方向压力($p_0 + p_x$)：

$$p_0 + p_x = p_0 \frac{\tan(\rho + \alpha)}{\tan\alpha} + k\tan(\rho + \alpha)x \tag{81}$$

当熨平板作等速稳定摊铺作业时，作用在熨平板上的各外力处于平衡状态，仰角 α 保持一常值，因而混合料在垂直方向和水平方向的支承压力及其分布规律均保持恒定不变。

4.4 浮动熨平板的动力学模型及其在阶跃和斜坡激励下的动力振荡

从动力学的观点来看，浮动熨平板绕其牵引点 T 的枢轴存在着促使其下沉和上浮两类不同的力矩(图 35)。

下沉力矩 M_s 包括了熨平板总成的重力 W 和推移料堆的阻力 F 所形成的力矩，后者的作用线随着熨平板前方料堆大小会发生波动。在设计牵引点 T 的高度和设定料堆高度时总是希望推移料堆的阻力 F 正好通过牵引点中心。但是在实际工作中或多或少会偏离上述条件，亦即 F 力对 T 点形成的力矩可能是正或负的，此时下沉力矩 M_s 可表达如下：

$$M_s = WR \pm FC \tag{82}$$

式中：R——重力 W 的力臂；

C——推移料堆阻力 F 的力臂(图中未标出)。

在现代的沥青摊铺机上为使推移料堆阻力的大小和作用线保持不变，通常都装有料位高度的自动控制系统。在调整料位控制器时应尽可能使力 F 的作用线通过牵引点枢轴的中心(亦即 $C\approx 0$)，这对于提高摊铺层的平整度是很重要的。在这种情况下力矩 FC 与 WR 相比在数值上要小很多，因而在近似考虑时可以略去不计。

上浮力矩 M_r 是由混合料在垂直方向和水平方向上支承反力形成的，如果支承压力的分布是已知的，则根据图 35 不难求得上浮力矩 M_r 的表达式。设混合料在垂直和水平方向的支承压力遵循式(78)、式(80)和式(81)所示的线性分布规律，则它们对 T 点的力矩均可按矩形分布和三角形分布的合成方法来求取。对于矩形分布来说，单位摊铺宽度的合力数值等于矩形分布的面积，其作用线通过分布的中心，对于三角形分布来说，单位摊铺宽度合力的数值等于三角形分布的面积，作用线则通过距其底边 1/3 处的三角形重心。根据上述原则不难写出支承压力作线性分布的上浮力矩 M_r 的表达式：

$$M_r = lB\left(L - \frac{1}{2}l\right)p_{y0} + \frac{1}{2}lB\left(L - \frac{1}{3}l\right)p_{y\max} + hB\left(H + \frac{1}{2}h\right)p_{x0} + \frac{1}{2}hB\left(H - \frac{1}{2}h\right)p_{x\max} \tag{83}$$

式(83)中的 p_{y0}、$p_{y\max}$ 和 p_{x0}、$p_{x\max}$ 为垂直和水平支承压力线性分布的参数，它们可以根据式(77)、式(78)和式(81)求出如下：

$$\left.\begin{aligned} p_{y0} &= p_0, p_{\max} = k\tan\alpha \cdot l \\ p_{x0} &= p_0\frac{\tan(\rho + \alpha)}{\tan\alpha}, p_{k\max} = k\tan(\rho + \alpha) \cdot l \end{aligned}\right\} \tag{84}$$

将式(84)代入式(83)，可得：

$$M_r = lB\left(L - \frac{1}{2}l\right)p_0 + \frac{1}{2}l^2B\left(L - \frac{1}{3}l\right)k\tan\alpha +$$

$$hB\left(H - \frac{1}{3}h\right)p_0\frac{\tan(\rho + \alpha)}{\tan\alpha} + \frac{1}{2}hlB\left(H - \frac{1}{3}h\right)k\tan(\rho + \alpha) \tag{85}$$

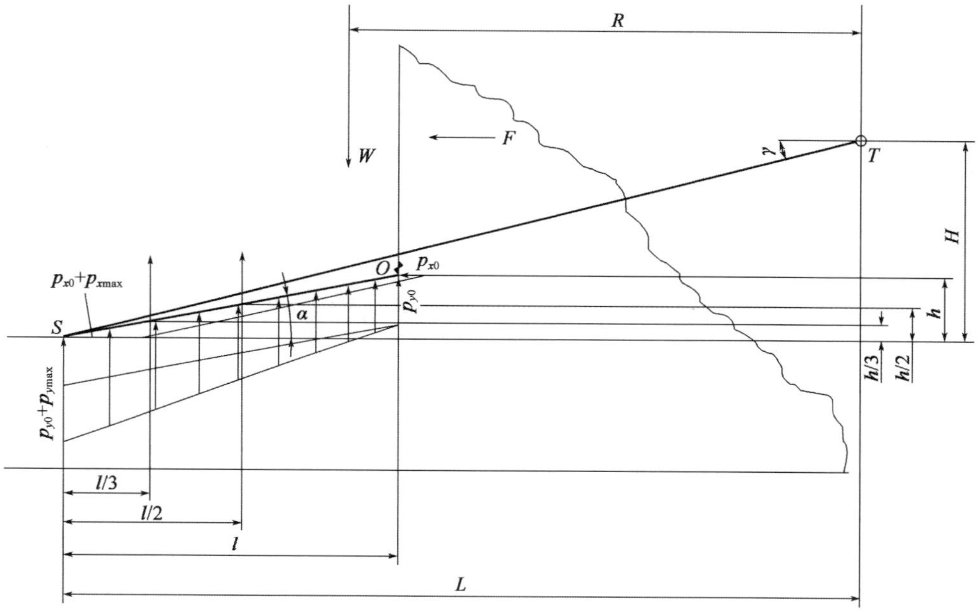

图 35　浮动熨平板的下沉力矩与上浮力矩

考虑到仰角 α 的变化范围一般不会超过 1°，而 ρ 角通常在 30°左右，则可近似地认为 $\tan\alpha \approx \alpha$ 和 $\tan(\rho+\alpha) \approx \tan\rho$，并用 $h = l\tan\alpha$ 代入则可将上浮力矩 M_r 的表达式改写为：

$$M_r = lBp_0\left(L - \frac{1}{2}l + H\tan\rho\right) +$$

$$\frac{1}{2}l^3B\left[\left(L - \frac{1}{3}l + H\tan\rho\right)k - p_0\tan\rho\right]\alpha - \frac{1}{6}l^3b\tan\rho \cdot \alpha^2 k \tag{86}$$

在进行等速稳定摊铺作业的情况下，下沉力矩与上浮力矩处于平衡的状态，此时熨平板将保持一稳定不变的仰角 α。如由于外部的扰动而使外力发生变化时，例如使仰角 α 突然发生一变化，上述平衡关系将被破坏，当下沉力矩大于上浮力矩时熨平板就下沉，当下沉力矩小于上浮力矩时熨平板就抬升。熨平板在向上或向下浮动的过程中，通过仰角 α 的变化来调整诸力之间的关系，使熨平板在一新的位置上重新建立新的力平衡关系。但是从动力学的观点看，熨平板从一个平衡位置过渡到另一平衡位置的过程应该是一种动力学过程，参与这一过程不仅有外力（上浮和下沉力矩）而且还有熨平板巨大质量所形成的惯性力。当浮动熨平板从一个位置向另一位置过渡时必然伴随着加速和减速的过程。当熨平板加速到达新的平衡位置时下沉力矩和上浮力矩虽然已处于平衡状态（$M_s = M_r$），但由于熨平板的惯性会超越这一平衡位置而继续向前运动，从而导致从反方向再次破坏上浮和下沉力矩间的平衡。此时，熨平板将减速而上浮与下沉力矩之差值则增大，直至熨平板运动速度为零时达到最大值。然后这一力矩平衡的差值将推动熨平板向相反方向运动，在克服反方向惯性力的同时使之加速，如此周而复始浮动熨平板就可能发生上下的动力振荡。由于阻尼的存在这种动力振荡将逐步衰减，而熨平板最终将停在新的平衡位置上。上述动力学过程在摊铺机进行正常的摊铺作业时由于自动找平装置的调节作用不可能发生严重破坏外力平衡的情况，因而这种动力振荡现象也不会明显地表现出来。但是如果人为地去破坏外力的平衡关系就可能使熨平板产生明显的动力振荡，而用控制器来改变牵引点的高度以调节铺层厚度和进行变坡摊铺的场合就是人为破坏力平衡关系的典型例子,正如在第3节试验研究中所显示的那样在急剧改变牵引点高度的场合,浮动熨平板的动力学振荡现象是十分明显的。

以上对熨平板受外力干扰而产生的动力学过程的描述只考虑了熨平板惯性力的作用而并未涉及热沥青混合料的特性,因而只能说给出了一个大体的发展趋势,离开实际的过程还是有很大差距的,因为它与一般弹性系统动力学过程的进展并无本质的区别。如果设想支承熨平板的热沥青混合料是一种弹性体,则熨平板将像一个悬挂在弹簧上的质量那样,当弹簧的另一端突然改变一位置时,就会在新的平衡位置上上下下振荡。这将是一种简单的带阻尼的简谐运动,在现有的一些文献中就是按照这一思路来解决熨平板与热沥青混合料相互作用的动力学问题的(参看郑光迪《沥青混凝土摊铺机自动整平控制系统的分析与计算模拟》,工程机械,1982,No.3)。

实际的熨平板与热沥青混合料相互作用的动力学问题要比上文描述的过程复杂得多,这是因为热沥青混合料并非弹性体而是一种塑刚体,它在受压后发生的变形是不可恢复的,因而没有回弹的能力。作用在熨平板底面的混合料支承力是单向作用的,只有当熨平板与混合料的相对运动满足一定条件时才会在熨平板底面的全部面积上产生支承反力。当熨平板上浮速度很高时,由于混合料不可能回弹,在熨平板达到新的平衡位置之前,首先会发生熨平板局部甚至完全脱离其支承混合料的情况。此时在熨平板下方混合料的支承长度就不再等于熨平板的长度而将小于这一数值,当混合料的支承长度等于零时,熨平板将完全脱离混合料。因此,熨平板下方混合料的支承长度将是参与熨平板动力学过程的一个十分重要的参数。热沥青混合料的塑刚体性质,以及由此而导致的熨平板下方混合料支承长度的变化决定了浮动熨平板的动力学问题与弹性系统的弹性振荡在本质上是完全不同的。

为了进一步揭示浮动熨平板动力学过程的本质,需要首先研究熨平板与混合料之间的相对运动关系。图36是熨平板在稳定摊铺工况下其后沿 S 和前沿 O 运动速度的示意图。后沿 S 点的速度 v_S 可以看成是牵引点 T 的速度 v(牵连速度)和 S 点绕 T 点旋转的相对速度 v_{Sr} 的合成结果。由于稳定运动时,仰角 α 与牵引角 γ 保持不变,S 点无绕 T 点旋转的趋势,因而 $\overline{ST}$ 法线方向的相对速度 $v_{Sr}=0$,而 S 点的速度即等于牵引点的速度 v。由于仰角 α 的存在 v_S 在熨平板底面 $\overline{SO}$ 的切线和法线方向可分解为二个分量。从混合料相对熨平板运动的角度来看,切线分量 $v_S\cos\alpha$ 使混合料沿着熨平板底面向左方滑动,而法线分量 $v_S\sin\alpha$ 则使熨平板相对于 S 点下方的混合有一向下压的趋势,从而使它产生一定的支承反力。同样的情况发生在熨平板的前沿 O 处,因而熨平板在整个长度内均支承有混合料的反作用力,它们的合力正好与熨平板的重量平衡,因而能使熨平板保持稳定的摊铺运动。

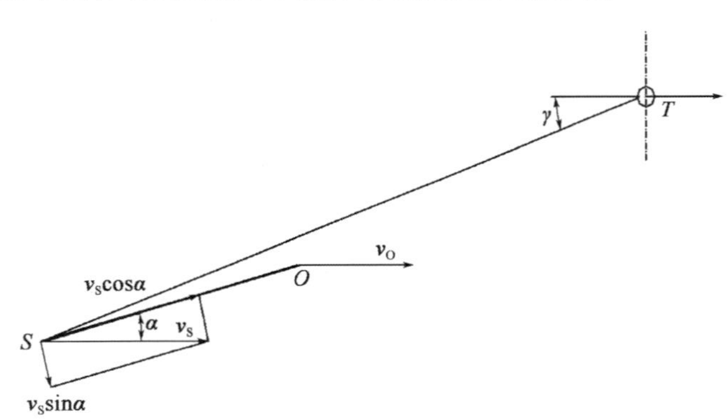

图36 熨平板与混合料之间的相对运动关系

当熨平板向上浮动时 S 点将产生一相对 T 点的向上旋转运动。此时 v_{Sr} 不再等于零,而S点的绝对速度将是 v_{Sr} 与牵连速度 v 的合成结果。显然 v_S 与牵连速度 v 的夹角不再为零而将是 α_S(图37)。但是只要 $\alpha_S<\alpha$,则 v_S 仍处于 $\overline{SO}$ 的下方,因而 v_S 在 $\overline{SO}$ 法线方向的分量 $v_S\sin(\alpha-\alpha_S)$ 仍将向下。此时 S 点下方的混合料依然将承受压缩,而 S 点继续保持与混合料的接触。

随着 v_{Sr} 的增大,α_S 也将增大,直至 v_S 的方向与 $\overline{SO}$ 重合($\alpha_S=\alpha$)时(图37a),v_S 在 $\overline{SO}$ 法线方向的分量将等于零,S 点处在熨平板后沿保持与混合料接触的临界点(参看图37)。然而熨平板前沿 O 的情况却与后沿不同，O 点的速度是牵连速度 v 与 O 点绕 T 点旋转的相对速度 v_{Or} 的向量和。设 ω 是熨平板绕 T 点旋转的瞬时角速度，则

$$v_{Or} = \overline{OT} \cdot \omega , \quad v_{Sr} = \overline{ST} \cdot \omega$$

由于 $\overline{OT} < \overline{ST}$，所以 $v_{Or} < v_{Sr}$，由于 $\overline{OT}$ 与 $\overline{ST}$ 的夹角非常小，它对 O 点的合成速度 v_O 的影响可以略去不计，由此可确认 v_O 与 v 的夹角 α_O 必然小于 α_S，亦即小于 α。因此 v_O 在 $\overline{SO}$ 法线方向的分量仍然是向下的，由此可见熨平板前沿 O 下方的混合料仍将承受压缩，而熨平板的前沿也不会脱离混合料。

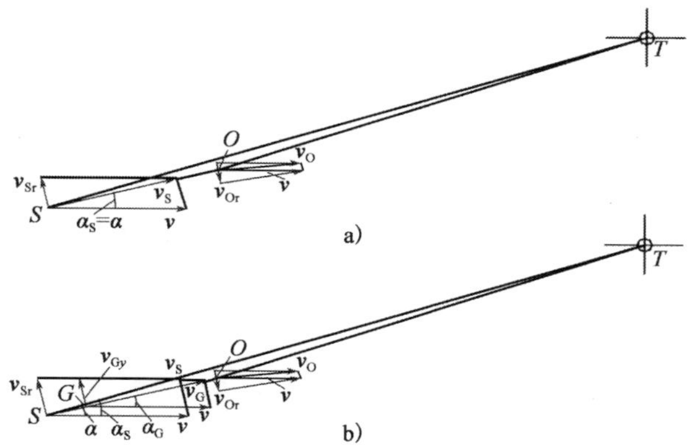

图 37　浮动熨平板脱离混合料的条件

当 v_{Sr} 继续增大时 v_S 与牵连速度 v 的夹角 α_S 开始大于 α，此时熨平板的后部开始抬起脱离混合料（图 37b）。但由于在 $\overline{SO}$ 的法线方向上速度分量是沿 S 至 O 逐渐减小的，所以只要 v_{Sr} 不是太大，熨平板的前部仍可挤压混合料而与之保持接触。这样，在熨平板的底面存在有一接触区与非接触区的分界点 G。假设当熨平板后沿 S 的速度向量正好与 $\overline{SO}$ 线重合（$\alpha_S > \alpha$）时，G 的速度向量正好与 $\overline{SO}$ 线重合（$\alpha_G = \alpha$），而此时熨平板的上浮力矩正好与下沉力矩相等，并假定这种相互平衡的关系将一直保持下去，那么分界点 G 的位置将保持不变，而 G 点的速度向量将始终与 $\overline{SO}$ 线重合。在这样的假设下熨平板后沿的速度也将始终指向 $\overline{ST}$ 线，这就是运动学模型所作的假设。在实际情况中由于 S 点速度达到与 $\overline{ST}$ 线重合后，仍然可能继续加速，所以 G 点位置将由上浮力矩与下沉力矩的平衡关系来决定，因而不可能固定不变，这就是动力学要研究的问题。从运动学的观点看，只要 v_{Sr} 的速度大致使熨平板前沿 O 点的速度 v_O 与 $\overline{SO}$ 重合（$\alpha_O = \alpha$），熨平板就可能与混合料完全脱离接触。但是从动力学的角度来考察，这种情况通常是不会发生的，因为此时混合料的支承反力为零，亦即完全失去了上浮力矩。显然这在实际上是不可能出现的，因为在熨平板与混合料完全脱离接触之前，熨平板巨大重量所形成的下沉力矩早已超过了熨平板局部接触时产生的上浮力矩，此时熨平板的上浮速度就已不再增长而在减速了。

下文将具体分析在牵引点输入一向上阶跃激励时熨平板的动力学过程。

设熨平板以仰角 α_E 作稳定摊铺运动，突然给牵引点 T 一抬升激励 ΔH，熨平板的仰角在瞬时间从 α_E 增大为 α_O。此时，熨平板的前沿将脱离混合料而后沿由于比压力的突然增大而迅速下沉。随着熨平板的向前运动，新的混合料会很快充满熨平板下方的楔形部分并重新支承起熨平板的重量，这一过程将在很短的时间内完成，因而此时的仰角虽然会大于 α_O，但仍可近似地认为等于 α_O。由于 $\alpha_O \gg \alpha_E$，熨平板下方混合料支承压力所产生的上浮力矩在一瞬间变得大于熨平板在这一位置时的下沉力矩，熨平板开始加速向上抬升。随着熨平板抬升速度（垂直速度）的增大 S 点的速度向量 v_S 将逐步趋向并达到与 $\overline{SO}$ 线重合的位置。在此之后，熨平板后部开始与混合料脱离接触，熨平板下方混合料的支承面积将迅速减小，而相应的上浮力矩也将急速降低至与下沉力矩相平衡。此时，熨平板的后部脱离混合料而其前部则仍保持着接触，但它的分界点 G 并不是由它的速度向量决定的，而取决于混合料在熨平板底面有效支承长度上的支承反力所形成的上浮力矩正好能与下沉力矩相抗衡。这是熨平板抬升过程中的第一个力平衡点，在这一瞬时熨平板的抬升加速度等于零，而在垂直方向的抬升速度则达到最大。在这一速度的带动下熨平板还将继续抬升，而仰角则继续减少并导致上浮力矩的进一步下降。在通常的单自

由度弹性系统中，当质量通过恢复力与保守力的平衡点之后，前者将随位移的负方向增长而迅速降低，从而导致减速度很快的增长。熨平板的动力学过程与一般弹性振动不同之处在于熨平板在通过上浮力矩（恢复力）与下沉力矩（保守力）的第一个平衡点之后，熨平板抬升位移的增长并不会导致上浮力矩的迅速下降。此时仰角减小所引起的上浮力矩降低将迅速通过熨平板下方混合料支承长度$\overline{GO}$的增长而得到补偿，从而使上浮力矩与下沉力矩时时处在新的平衡状态。这样熨平板将有一段缓慢减速的时期，直至熨平板下方的混合料支承长度恢复为$\overline{SO}$（$\overline{GO}=\overline{SO}$），此时 S 点的抬升速度仍将保持有较大的数值。在这一新的力平衡点上熨平板下方混合料在底面全长上所形成的上浮力矩应正好与下沉力矩相平衡。显然在这一瞬时熨平板的仰角即等于稳定摊铺时的仰角 α_E，但由于 S 点的抬升速度仍然较大，在这一速度的带动下熨平板仍将继续抬升。在越过这一新的平衡点后（$\alpha<\alpha_E$），由于混合料与熨平板底面已在全长度$\overline{ST}$上接触，而不可能再通过增大支承长度来补偿上浮力矩的下降，因而上浮力矩开始小于下沉力矩，而且它们的差值将随熨平板的抬升而继续增长。同时，与这一差值相应的减速度（负向加速度）亦将随之不断增长，直至熨平板的抬升速度趋向于零，而减速度则达到最大。在此之后熨平板在这一负向加速度的作用下开始向反方向加速，熨平板开始下沉，其下沉速度将逐步增大直至 α 角增大至 α_E 而达到最大值。此时熨平板将再次越过稳定摊铺的平衡位置而继续下降，并导致熨平板仰角 α 再次大于 α_E，而相应的上浮力矩则再次大于下沉力矩。如此周而复始，熨平板将围绕其新的稳定摊铺位置而上下振荡。当在有阻尼的情况下，这种振荡运动将逐步衰减而趋向于零，而熨平板最终将以不变的仰角 α_E 作稳定摊铺运动。

上文对熨平板动力学过程所作的分析可成为进一步建立浮动熨平板动力学模型的基础，在此基础上将研究如何以数学模型的方式来表述这一动力学过程。设以熨平板大臂的转角 γ（即牵引点 T 与熨平板后沿 S 的连线 TS 与水平线的夹角）作为熨平板绕牵引点枢轴摆动的相对坐标（图 38），则浮动熨平板绕 T 点相对运动的动力学过程可以用下列运动微分方程来描述：

$$J\frac{\mathrm{d}^2\gamma}{\mathrm{d}t^2}+c\frac{\mathrm{d}\gamma}{\mathrm{d}t}=M_s-M_r \tag{87}$$

式中：J——熨平板总成绕牵引点的转动惯量；

c——熨平板动力学系统的阻尼，主要由热沥青混合料的黏性阻力形成。

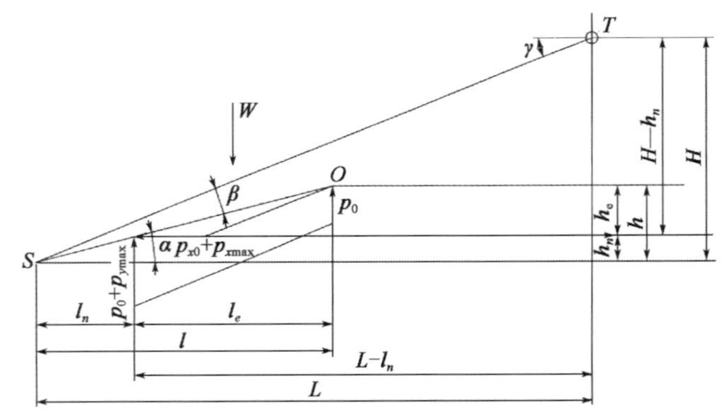

图 38　浮动熨平板动力学模型的计算示意图

由于熨平板下方混合料的支承长度并非一常数，而有可能随 α 角的变化而变化，因而 M_r 的表达式（86）中的熨平板长度 l、大臂长度 L、混合料的压缩量 h、牵引点的高度 H 都应以混合料的有效支承长度 l_e 以及相应的 $L-l_n$、h_e、$H-h_n$ 来代替（图 38）。将 M_s 和 M_r 的表达式代入式（87），并近似地认为料堆推移阻力通过牵引点和略去式（86）中的二级无穷小 α^2，则浮动熨平板的运动微分方程可简化为：

$$J\frac{\mathrm{d}^2\gamma}{\mathrm{d}t^2}+c\frac{\mathrm{d}\gamma}{\mathrm{d}t}=WR-l_eBp_0\left[\left(L-l_n-\frac{1}{2}l_e\right)+(H-h_n)\tan\rho\right]-$$

$$\frac{1}{2}l_e^2B\left\{\left[\left(L-l_n-\frac{1}{3}l_e\right)+(H-h_n)\tan\rho\right]k-p_0\tan\rho\right\}\alpha \tag{88}$$

式中，$h_e = l_e \tan\alpha$，$l_n = l - l_e$，$h_n = h - h_e$。

考虑到 $\gamma = \beta + \alpha$（图 38），$\frac{d\gamma}{dt} = \frac{d\alpha}{dt}$、$\frac{d^2\gamma}{dt^2} = \frac{d^2\alpha}{dt^2}$，则上式可改写为以 α 为变量的微分方程：

$$J\frac{d^2\alpha}{dt^2} + c\frac{d\alpha}{dt} + \frac{1}{2}l_e^2 B\left\{\left[\left(L - l_n - \frac{1}{3}l_e\right) + (H - h_n)\tan\rho\right]k - p_0\tan\rho\right\}\alpha$$

$$= WR - l_e B p_0\left[\left(L - l_n - \frac{1}{2}l_e\right) + (H - h_n)\tan\rho\right] \tag{89}$$

$$l_e = \begin{cases} f(\alpha), l_e < l \\ l, l_e \geq l \end{cases} \tag{90}$$

式(89)为一非线性微分方程，可以用数值解法求出在给定初始条件下的初值解。此时关键的问题是要确定 l_e 随 α 而变化的函数关系。

如前所述，如果以牵引点 T 为原点的相对坐标系作为参考坐标来考察熨平板与混合料之间的相对运动，则可将熨平板摊铺热沥青混合料的过程看成是新的热沥青混合料不断地流入熨平板与地面形成的楔形模板，而熨平板则绕相对不动的牵引点上下浮动的过程。设 $t = t_i$ 在时，熨平板的仰角为 α_i，而此时熨平板下方混合料的支承长度为 l_{ei}，其接触与非接触区的分界点为 G_i，并在熨平板底面形成 G_iO_i 的楔形斜线（参看图 39）。在经过 Δt 时间后混合料推移了 Δx 的距离，而熨平板后沿 S 抬升了 $\Delta y_{S(i+1)}$，熨平板底面改变为 $S_{i+1}O_{i+1}$ 的位置。如果没有熨平板的约束在 $t = t_{i+1}$ 时熨平板下方的材料 O_iG_iAK 将保持原来的形状移至 $O'_iG'_iA'K'$ 的位置。但由于存在熨平板的约束，其底面的 $O_{i+1}S_{i+1}$ 线与 $O'_iG'_i$ 线交于 G_{i+1} 点。在 G_{i+1} 点右方三角形 $G_{i+1}O'_iO''_i$ 所包含的材料被压缩至 $G_{i+1}O''_i$ 线，而 G_{i+1} 点左方的材料由于熨平板下方的 $S_{i+1}G_{i+1}DS_i$ 空间大于 $S'_iG_{i+1}DS_i$，不会受到压缩而仍可保持原来的形状。所以可以设想在 $t = t_i$ 时熨平板下方一块 $ABCG_i$ 的材料移至了 $A'DG_{i+1}G_i$ 的位置（参看图 39）。因此，在任何情况下熨平板底面 $O_{i+1}S_{i+1}$ 线与推移至 $O'_iG'_i$ 的楔形斜线之交点将是熨平板底面与混合料接触区与非接触区的分界点。从图 39 中直角三角形 $S_{i+1}G_{i+1}E$ 和 $FG_{i+1}D$ 的几何关系可知：

$$G_{i+1}E = l_{n(i+1)}\tan\alpha_{i+1} \tag{91}$$

$$G_{i+1}E + \Delta y_{S(i+1)} = (\Delta x + l_{n(i+1)})\tan\alpha_i \tag{92}$$

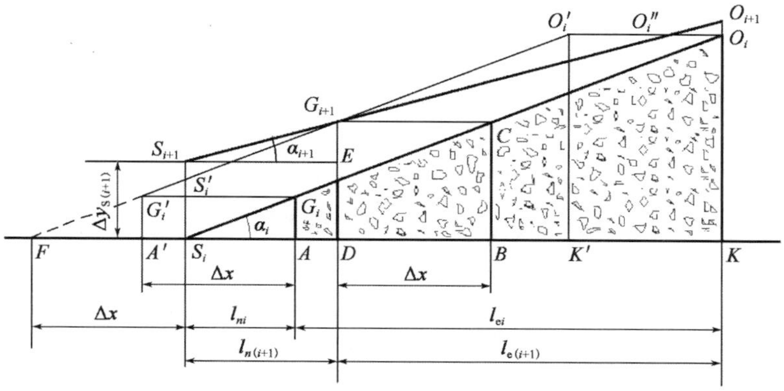

图 39　确定浮动熨平板底面与混合料接触的有效支撑长度的计算示意图

由以上两式即可得到熨平板后沿抬升增量 Δy_S 与有效支承长度 l_e 和牵引点水平运动的单位步长 Δx 之间的关系式：

$$\Delta y_{S(i+1)} - \Delta x \cdot \tan\alpha_i = (l - l_{e(i+1)})(\tan\alpha_i - \tan\alpha_{i+1}) \tag{93}$$

在解决了确定有效支承长度 l_e 的条件后，就不难利用微分方程的数值解法来求解在初始条件：$t = 0$ 时 $\alpha = 0$，$\frac{d\alpha}{dt} = 0$ 的初值解。

现在来考察给牵引点 T 输入一阶跃激励时浮动熨平板的动力学问题。

设熨平板开始时以等速进行稳定摊铺作业,此时熨平板动力学系统处于平衡状态,牵引点的高度 H、熨平板仰角 α、熨平板后沿至牵引点连线与水平线的夹角 γ 均保持恒定不变,并有 $H = H_0$、$\alpha = \alpha_0$、$\frac{d\alpha}{dt} = 0$、$\gamma = \gamma_0$、$\frac{d\gamma}{dt} = 0$、$l_e = l$。此时运动微分方程(89)具有以下形式:

$$\frac{1}{2}l^2B\left[\left(L - \frac{1}{3}l + H_0\tan\rho\right)k - p_0\tan\rho\right]\alpha_0 = WR - lBp_0\left(L - \frac{1}{2}l + H_0\tan\rho\right) \tag{94}$$

由式(94)即可解出 α_0 的数值。

设在某一时刻对牵引点 T 输入一阶跃抬升激励 ΔH,此时牵引点的高度在一瞬时从 H_0 变为 $H = H_0 + \Delta H$,浮动熨平板的运动微分方程(89)具有以下形式:

$$\begin{aligned} & J\frac{d^2\alpha}{dt^2} + c\frac{d\alpha}{dt} + \frac{1}{2}l_e^2B\left\{\left[\left(L - l_n - \frac{1}{3}l_e\right) + (H_0 + \Delta H - h_n)\tan\rho\right]k - p_0\tan\rho\right\}\alpha \\ & = WR - l_eBp_0\left[\left(L - l_n - \frac{1}{2}l_e\right) + (H_0 + \Delta H - h_n)\tan\rho\right] \end{aligned} \tag{95}$$

当 $l_e < 1$ 时,
$$l_{n(i+1)} = \frac{\Delta y_{S(i+1)} - \Delta x \cdot \tan\alpha_i}{\tan\alpha_i - \tan\alpha_{i+1}} \tag{96}$$

当 $l_e \geqslant 1$ 时,
$$l_{n(i+1)} = 0 \tag{97}$$

按上述动力学模型和实验室摊铺试验台的参数对在阶跃激励下与沥青混凝土相互作用的动力学过程进行了计算机仿真。模型的参数如下:

熨平板重量 $W = 10019\text{N}$,转动惯量 $J = 10080\text{km} \cdot \text{m}^2$;

W 力对牵引点的力臂 $R = 2907\text{mm}$;

熨平板后沿至牵引点的水平距离 $L = 3520\text{mm}$;

熨平板宽度 $B = 1400\text{mm}$;

熨平板长度 $l = 600\text{mm}$;

混合料与熨平板底面的摩擦系数 $\tan\rho = 0.4$;

混合料的刚性模量 $E_R = 73323P_a$;

牵引点阶跃激励 $\Delta H = 34\text{mm}$;

熨平板稳定摊铺仰角 $\alpha_E = 0.0538\text{rad}$;

熨平板初始仰角 $\alpha_0 = 0.06325\text{rad}$;

摊铺速度 $v = 1.5\text{m/min}$。

采用龙格—库塔数值法解方程(64)后,得图 40 所显示的熨平板后沿 y_s 在阶跃激励下的响应过程(图 40 中曲线 1)。为了便于对比,在图 40 中还绘制了运动学模型的响应曲线(曲线 2)。从图中可看到熨平板的动力学响应过程与运动学模型的响应过程有着很大的不同,主要是:

(1)运动学模型的响应过程与所输入的阶跃激励的大小无关,而激励的大小对动力学的响应过程则有着十分重要的影响。

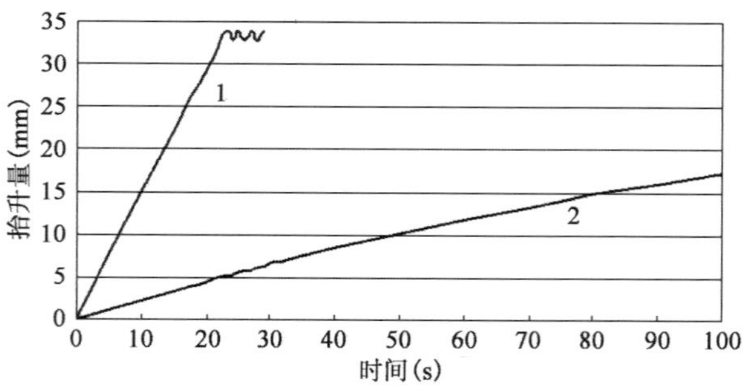

图 40　在相同的阶跃激励下动力学模型和运动学模型的响应曲线

(2)运动学模型的响应时间只与摊铺速度有关,而动力学模型的响应时间则不仅取决于水平方向的摊铺速度,而且还与熨平板的垂直抬升速度以及速度的增量(加速度)有关。因此动力学模型的响应时间通常要比运动学模型快得多(一般要快10倍左右),这也是在"3"节的摊铺试验中所证实了的。

(3)根据运动学模型计算得到的响应曲线是按指数函数变化的,而按动力学模型计算得到的响应曲线几乎是按直线规律变化的,因而在响应过程结束时仍将保持相当的抬升速度,这就比较容易在横坡变坡结束时出现超调现象。

(4)运动学模型由于假设了下沉力矩和上浮力矩时时处在平衡中,又不考虑熨平板的惯性,因此就完全排斥了出现动力振荡的可能性。从图40中所示的动力学过程的仿真曲线中可以看到熨平板在达到新的平衡位置后还会出现超调和反复振荡的现象。虽然在图中振荡的振幅很小只有1mm,但应看到在模拟试验台的摊铺过程中,阶跃信号只有3.4cm,而在实际的弯道摊铺中超高段的断面超高量常会达到数十厘米,此外,所用的摊铺速度只有1.5mm/min,熨平板的质量也只有1t,远比实际机器为小,因此在实际弯道摊铺中的动力振荡现象会更明显。

沥青路面的弯道摊铺技术是一项涉及机械、土木、电子多种学科交叉的技术,上述的研究为进一步解决弯道摊铺的自动化问题开拓了发展的基础,但仍有许多后续的研究工作需要进行。

首先是在引入计算机控制的基础上进一步解决弯道摊铺的智能化技术。解决这一问题的核心是需要进一步研究横坡控制的控制策略问题。在动力学模型方面也还有大量工作要做,首先是热沥青混合料的黏性阻尼、摩擦系数、刚性模量等流变学参数以及他们的影响因素还需进行大量的试验研究工作,其次这一动力学模型本身也还需要在现场工地的摊铺机的实际作业中进一步验证、改进和完善。

沥青混凝土摊铺机熨平装置的动力学分析

张新荣　赵国普　孙祖望

（本文刊于《西安公路交通大学学报》2001 年第 1 期）

摘　要：为了解决沥青混凝土摊铺机熨平装置运动学模型存在的问题，分析了摊铺机的摊铺过程以及混合料与熨平板之间的作用关系。经过分析，认为摊铺过程中熨平板与混合料的作用面积并不一定是熨平板的全部面积，而是有可能部分接触，其面积大小为一个动态的变化过程，在此基础上，导出了熨平装置的动力学模型。

长期以来，我们在分析摊铺机的浮动找平原理时都是从其运动学的角度考虑，在此基础上建立了运动学模型。在正常摊铺过程中，由于自动找平系统的应用，利用运动学模型分析摊铺中的一些现象是合理的，也是实用的，但在一些需要人为调整摊铺厚度的场合，比如弯道摊铺等情况下，利用运动学模型分析结果与实际摊铺结果有很大的出入，运动学模型已不能指导实际生产，需要我们从动力学的角度来考虑。

1　沥青混凝土摊铺机的摊铺过程

1.1　稳定摊铺过程

如图 1 所示，沥青混合料摊铺机在稳定摊铺过程中，熨平板的工作仰角 α 和牵引角 γ 始终保持不变，系统处于一种动态平衡状态。

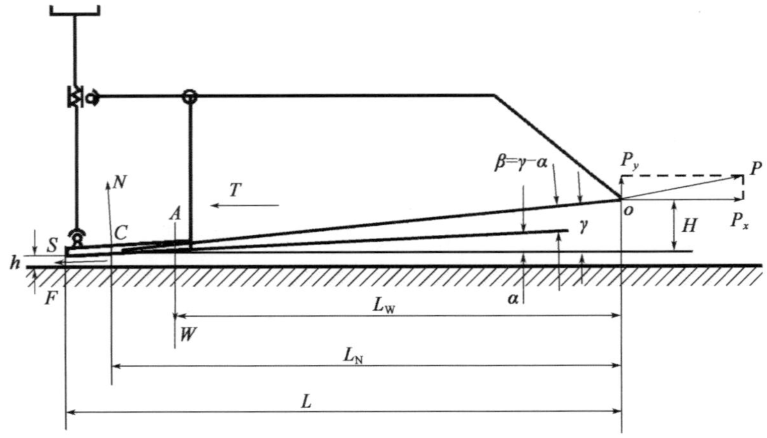

图 1　摊铺机在平稳摊铺过程中的动态平衡状态

在这种状态下，熨平板下的热沥青混合料受到熨平板的挤压变形，形成最后的摊铺层厚度。由于摊铺机一般处于恒速摊铺，不断有新的混合料进入熨平板下，在不受外界其他力干扰的情况下，这种动态平衡状态将一直保持下去。

1.2　牵引点受到干扰时的摊铺过程

在实际摊铺过程中，稳定摊铺过程总是会受到各种因素的干扰，从而破坏整个平衡系统。这些干扰因素主要有：由于路基不平引起牵引点的上下波动、熨平板前混合料数量的变化引起的受力变化、摊铺速度的不稳定、混合料温度的变化、混合料级配不均匀等因素，在这些因素中，影响最大的是牵引点的上下波动。

假若牵引点处有一向上的阶跃干扰位移，在这一瞬间，牵引臂向上抬起，牵引角增加，熨平板与混合料的接触面积瞬间变小，使承载压力重新分布。熨平板后沿的压力将增加，而前沿处由于混合料未跟上，支承压力会突然下降，从而将引起熨平板后沿有一向下的沉陷位移。随着摊铺机向前行走，不断有混合料进入熨平板下，熨平板下的压力分布又会逐渐趋于平衡状态，这个过程实际上是压力重新分布过程，但由于熨平板绕牵引点有很大的惯性作用，这个过程可能会过渡调整，从而引起系统产生动力振荡。

综上所述，摊铺机在牵引点处有干扰时的摊铺过程可分为3个阶段：牵引点处有阶跃干扰位移的瞬间，熨平板后沿下沉的过程，这个过程一般在很短的时间内就可以完成；第二个过程为熨平板停止下沉直到熨平板下重新充满混合料为止；第三个过程为熨平板下完全充满混合料开始到熨平装置恢复原始牵引角和仰角、重新进入平稳摊铺状态为止。

2　动力学分析中的几个假设条件

在动力学分析中，我们有几个重要假设，所有结论均是建立在这几个假设的基础上的。熨平板下面混合料的压力分布为线性分布；混合料料堆的推移阻力绕牵引点的力臂为0；熨平板后沿到牵引点的水平距离 L 为常量；熨平板沿摊铺方向宽度 b 的水平投影长度 B 为常量；熨平板的沉陷量与其法向压力成正比关系。

3　摊铺机摊铺过程的受力分析

3.1　稳定摊铺的力学平衡条件

如图1所示为摊铺机摊铺过程中的受力分析图。以熨平板为研究对象，牵引力 P 分为水平力 P_x 和垂直力 P_y，P_x 的作用是牵引熨平装置向前走，P_y 托起牵引点。重力 W 实际为分布力，这里假定其重心位置为 A，与牵引点的水平距离 L_W，长度可以认为是常量（由于牵引点的上下波动范围一般很小，相比牵引臂长来说，在摊铺过程中 L_W 的变化也很小，可以认为它是一个定值）；同理，N 为混合料对熨平板的支承反力的合力，作用点为 C，与牵引点的水平距离为 L_N，也认为它是一个定值；T 为熨平板前混合料对熨平装置的推力和其他水平力的合力，由于设计与使用的要求，其作用线通过牵引点 O 或接近它的位置，可以认为此合力对牵引点的力臂为0；摩擦力 F 沿熨平板宽度方向，其大小与 N 值有关。对于其他一些外力，这里忽略不计。以上这些力可以组成一平衡力系，对牵引点取矩，令系统平衡时的牵引角为 γ_0、仰角为 α_0，其关系为

$$\begin{cases} WL_W - NL_N/\cos\alpha_0 - FL\sin\beta/\cos\gamma_0 = 0 \\ F = N\tan\rho \\ \beta = \gamma_0 - \alpha_0 \end{cases} \tag{1}$$

式中：ρ——熨平板与沥青混合料之间的摩擦角(rad)，此值一般取为 $\tan\rho = 0.4 \sim 0.6$；

L_N——牵引点与混合料对熨平板支承合力作用线间的水平距离(m)；

L_W——牵引点与熨平装置重心的水平距离(m)；

L——牵引点到熨平板后沿的水平距离(m)。

3.2　熨平板与热沥青混合料相互作用的受力分布

3.2.1　熨平板处于稳定摊铺时的受力分布

1）支承反力的分布

在摊铺机稳定摊铺过程中，熨平板下的混合料是不断被挤压成型的，混合料对熨平板的支承反力 N 的分布也不是均匀分布的，而且作用在靠近熨平板后沿的力比前沿的力大。假设将熨平板下的热沥青

混合料沿摊铺方向分隔为宽度是 dx 的单元体，沿垂直方向分为宽度为 dy 的单元体。混合料的厚度为线性变化。混合料对熨平板的垂直支承反力与其所受挤压变形有关，其关系可由承载试验得到。如图 2所示，图中 dR_y 为单元体垂直方向支承反力，dR_x 为单元体水平方向支承反力，F 为摩擦力，其他力图中未标出。假设 R_x、R_y 的分布为线性分布，并忽略熨平板挤压混合料的初始压力，则其合力作用线在距熨平板后沿 1/3 熨平板宽度处。

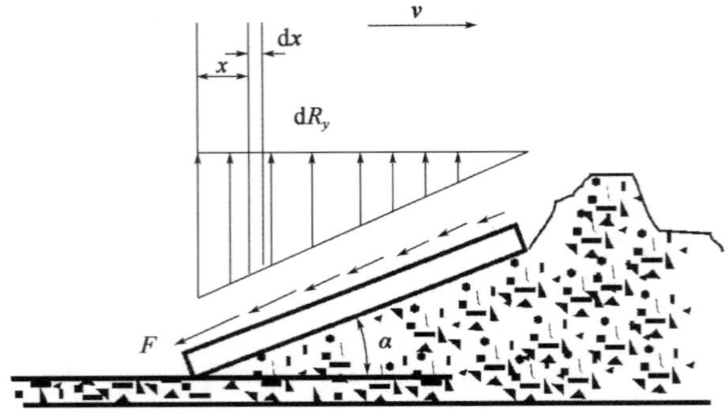

图 2　稳定摊铺时混合料对熨平板的支承反力和摩擦力分布示意图

2）摩擦力 F 的分布

熨平板与混合料摩擦力的分布与支承反力的分布有密切关系，根据摩擦力与正压力成正比的关系，可预计摩擦力 F 在熨平板上的分布与支承反力 N 的分布类似。

3.2.2　熨平板在牵引点有向上阶跃干扰时的受力分布

在摊铺机稳定摊铺过程中，在牵引点处有一向上的阶跃型干扰位移信号时，则牵引角和仰角将有一个突然增大量，熨平板与混合料的相互作用力的分布会变化，如图 3 所示。由于熨平板后部对混合料压力的增高，熨平板后沿将下沉。

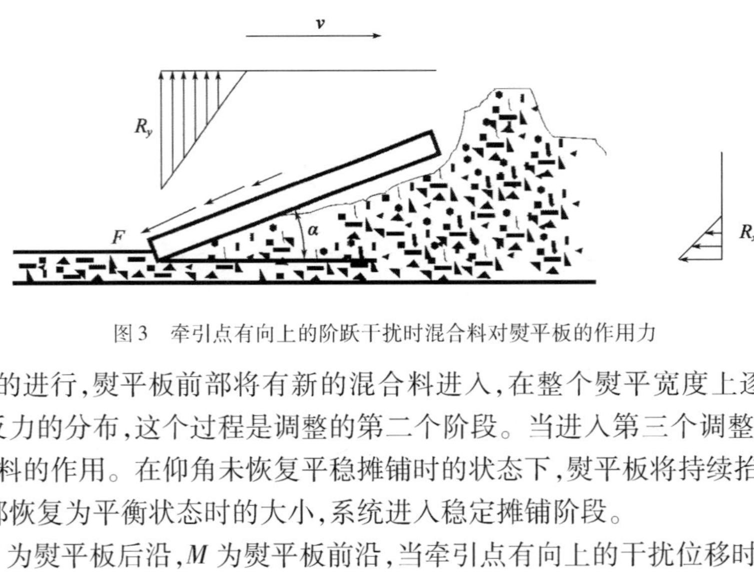

图 3　牵引点有向上的阶跃干扰时混合料对熨平板的作用力

随着摊铺过程的进行，熨平板前部将有新的混合料进入，在整个熨平宽度上逐渐将有混合料的支承，重新建立支承反力的分布，这个过程是调整的第二个阶段。当进入第三个调整阶段后，熨平板整个宽度上存在有混合料的作用。在仰角未恢复平稳摊铺时的状态下，熨平板将持续抬起，直到恢复稳定时的仰角大小，各力都恢复为平衡状态时的大小，系统进入稳定摊铺阶段。

如图 4 所示，E 为熨平板后沿，M 为熨平板前沿，当牵引点有向上的干扰位移时，牵引点处于一个新位置，熨平装置绕牵引点旋转，使熨平板慢慢抬起。由此可知，熨平板后沿向上的垂直速度比前沿要大，而水平速度不变，均为摊铺机行驶速度 v，则熨平板上每一点的合速度是不同的。例如，当熨平板后沿 E 的合速度方向为熨平板方向时，前沿 M 的合速度为熨平板的前下方，也就是说 E 点不挤压混合料，M 点有挤压混合料的运行方向，而 EM 之间各点挤压量是不断变化的。

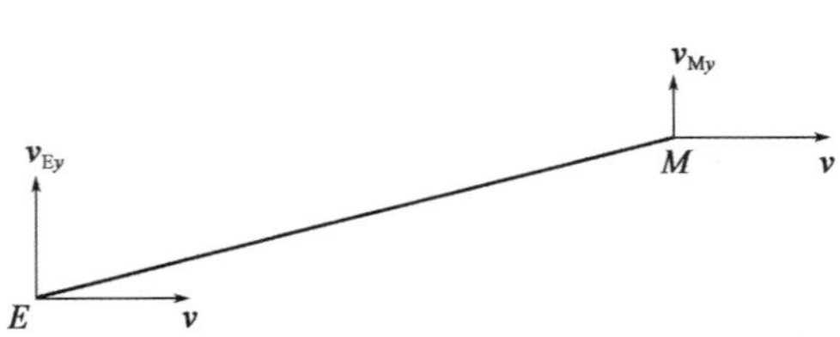

图 4　熨平板垂直方向运动速度的变化示意图

根据分析和试验，热沥青混合料的弹性是很小的，熨平板与混合料是不能脱开的，即 M 点的合速度方向不可能为熨平板的上方。另一方面，E 点的速度有可能处于熨平板上方，此时，E 点附近不压缩混合料，于是在 EM 之间有一临界位置，在这个位置之前，熨平板不断压缩来自前方的混合料，而在这个位置之后不压缩混合料，下面我们来求这个临界点。

如图 5 所示，EM 为熨平板第一位置，$E'M'$ 为摊铺机运行 Δx 后熨平板的第二位置，假设熨平板上 G 点的速度方向为熨平板方向，当熨平板向前行走 $\Delta x = v\Delta t$，则 G 点向上运动 $\Delta x\tan\alpha_1$，即：$\Delta y - l_n\tan\alpha_1 + l_n\tan\alpha_2 = \Delta x\tan\alpha_1$，于是可以求出

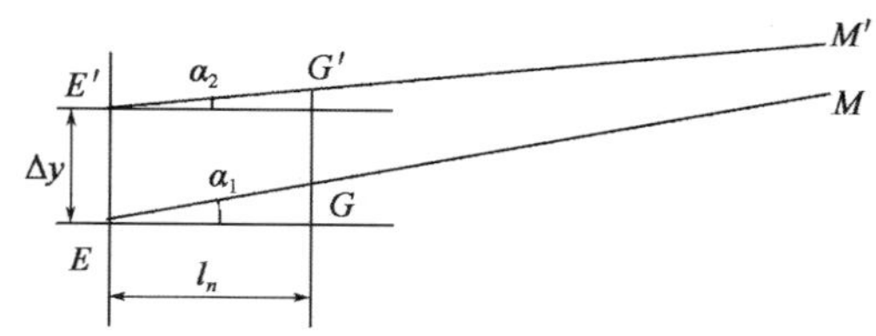

图 5　临界点位置的求取

$$l_n = \frac{\Delta y - \Delta x\tan\alpha_1}{\tan\alpha_1 - \tan\alpha_2} \tag{2}$$

式(2)即为绝对速度沿熨平板方向的点的位置求法，式中 Δy 为熨平板后沿垂直位移增量，其值为：$\Delta y = L[\tan(\alpha_1 + \beta) - \tan(\alpha_2 + \beta)]$。在熨平板上这点之后的部分并不压缩混合料，在其前部混合料的作用下，熨平板抬起，在这个过程中，l_n 的值在不断变化，当 l_n 值为负值时，说明熨平板都在挤压混合料，在计算中应取 $l_n = 0$。

3.3　混合料对熨平板作用力的计算

如图 6 所示，$\mathrm{d}Q$ 为混合料单元体对熨平板的支承力 $\mathrm{d}N$ 与摩擦力 $\mathrm{d}F$ 的合力，它可以分解为 $\mathrm{d}R_x$ 和 $\mathrm{d}R_y$，而单元混合料对熨平板的垂直力 $\mathrm{d}R_y$ 与混合料被压缩量有关，在摊铺机向前行走时，垂直挤压变形的大小在一定范围内与熨平板仰角 α 大小有关，α 大，混合料从熨平板前沿到后沿的过程中其变形大，α 小，其变形小。

如图 7 所示，在熨平板的 E 点，混合料的压缩量最大，M 点压缩量近似为 0，由于熨平板为平整面板，可以认为沥青混合料的挤压变形为线性变化。为计算应变值，同时考虑在不失准确性的前提下简化模型，统一取混合料松散厚度 h_t 为不变值。对于熨平板下的混合料柱体 $\mathrm{d}x$，根据图 7 有

$$\left.\begin{aligned}
\mathrm{d}R_y &= k\frac{\Delta h_i}{h_t}\mathrm{d}A \\
\Delta h_i &= x\tan\alpha \\
\mathrm{d}A &= l\mathrm{d}x \\
\mathrm{d}R_y &= \frac{klx\tan\alpha}{h_t}\mathrm{d}x
\end{aligned}\right\} \tag{3}$$

式中：k——比例系数，根据承压试验确定(Pa/ε)；

A——熨平板与混合料的接触面积(m^2)；

l——熨平板横向宽度(m)；

h_t——混合料松散厚度(m)。

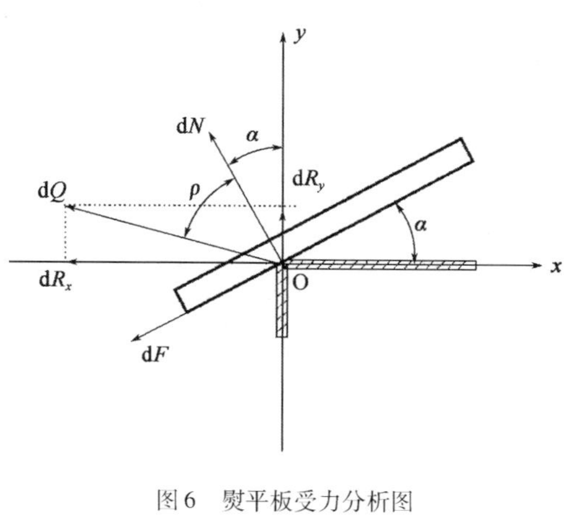

图 6　熨平板受力分析图

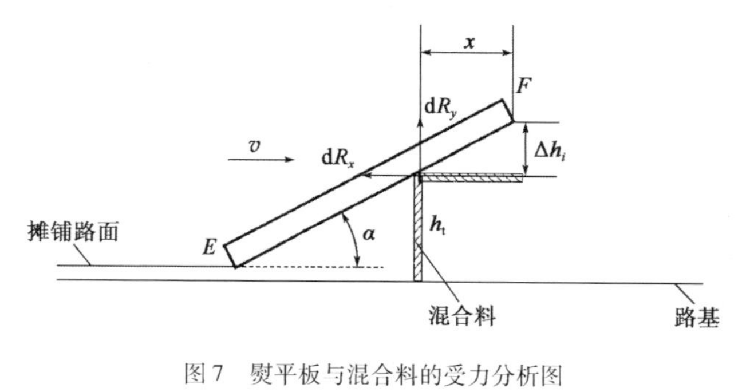

图 7　熨平板与混合料的受力分析图

根据图6 和图7 可以得出

$$\mathrm{d}R_x = \mathrm{d}R_y \tan(\alpha + \rho)$$

$$\mathrm{d}R_x = \frac{klx\tan\alpha\tan(\alpha + \rho)}{h_t}\mathrm{d}x \tag{4}$$

根据熨平板挤压混合料部分的长度，对式(3)、式(4)进行积分运算就可以得出垂直支承合力和水平支承合力。

4 动力学模型的建立

图8 为浮动熨平装置动力学分析图，假设从阶跃干扰给出的瞬间为起始位置 $t=0$，摊铺机以恒速 v 行走。

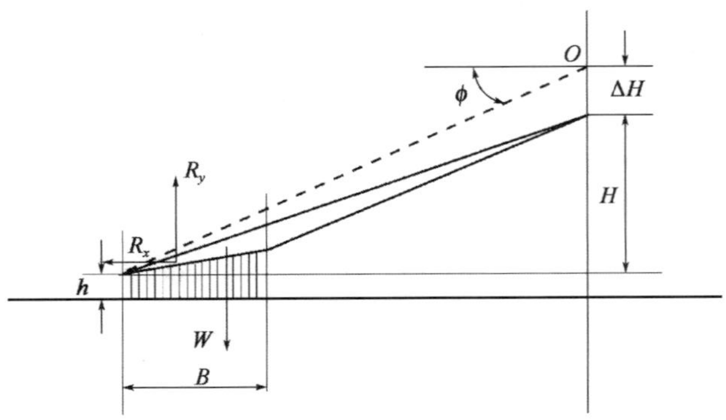

图8 熨平板的动力学分析

4.1 第一个阶段的方程($0<t\leqslant t_1$)

整个系统的运动过程通过仰角 α 的变化就可以描述，所以我们暂以仰角 α 为研究参数。在这个过程中，根据前面的分析，我们可以建立方程如下。

$$\alpha = \begin{cases} \alpha_0 & t \leqslant 0 \\ \alpha_m & 0 < t \leqslant t_1 \end{cases} \tag{5}$$

式中：α_0——平稳摊铺时的仰角(rad)；

α_m——牵引点向上抬起后的最大仰角(rad)。

4.2 第二个阶段的方程($t_1<t\leqslant t_2$)

这个过程的受力情况比较复杂，影响因素很多，且不易确定。我们假设混合料充满熨平板下之前，也就是第二阶段结束之前，熨平板仰角始终为 α_m。

$$\alpha = \alpha_m \quad (t_1 < t \leqslant t_2) \tag{6}$$

4.3 第三阶段的方程($t_2<t\leqslant t_3$)

由于前2 个阶段的经历时间很短，我们主要研究第三个阶段的动力学模型。

结合图1、图8 和上面的分析，可求取下沉力矩 M_x 和上浮力矩 M_s：

$$M_x = WL_W \tag{7}$$

$$M_s = R_y\left(L - \frac{B}{3} - \frac{2}{3}l_n\right) + R_x\left(L\tan\gamma - \frac{B\tan\alpha}{3} - \frac{2}{3}l_n\tan\alpha\right) \tag{8}$$

因为

$$R_y = \int_0^{B-l_n} \frac{klx\tan\alpha}{h_t}\mathrm{d}x = \frac{klx^2\tan\alpha}{2h_t}\Big|_0^{B-l_n} = \frac{kl(B-l_n)^2\tan\alpha}{2h_t}$$

$$R_x = \frac{kl(B-l_n)^2\tan\alpha\tan(\alpha+\rho)}{2h_t}$$

$$M_s = \frac{kl(B-l_n)^2\tan\alpha\left[L-\frac{B}{3}-\frac{2}{3}l_n+(L\tan\gamma-\frac{B\tan\alpha}{3}-\frac{2}{3}l_n\tan\alpha)\tan(\alpha+\rho)\right]}{2h_t}$$

综上所述,结合图 8 可得浮动熨平板绕牵引点 O 的方程 $J\ddot{\varphi}+c\dot{\varphi}=M_x-M_s$,因为 $\varphi=\alpha+\beta$,所以

$$J\ddot{\alpha}+c\dot{\alpha}=M_x-M_s$$

$$=WL_W-\frac{kl(B-l_n)^2\tan\alpha\left[L-\frac{B}{3}-\frac{2}{3}l_n+\left(L\tan\gamma-\frac{B\tan\alpha}{3}-\frac{2}{3}l_n\tan\alpha\right)\tan(\alpha+\rho)\right]}{2h_t} \tag{9}$$

式中:J——熨平装置对牵引点的转动惯量($kg\cdot m^2$);

c——黏性回转系数(Nm·s/rad)。

5　结语

(1)运动学模型的推导是假设熨平板后沿的速度始终沿熨平板方向,而在动力学分析中,熨平板后沿的速度经常处于熨平板的上方,也就是说根据动力学模型,在牵引点有阶跃干扰信号时,熨平板后沿垂直位移的响应要比运动学模型快,在摊铺台上的试验中和实际摊铺作业中都证实了这一结果。

(2)从动力学分析中,熨平板响应有一定的超调和振荡产生,这都是动力学的影响,如果实际摊铺中的干扰很大,比如弯道摊铺,加上较大的熨平板装置惯性,可能会产生较大的摊铺误差。

(3)经过与实际摊铺作业比较和室内摊铺试验,证明所建立的模型有实用价值。

基于PLC的数字式自动找平控制器的研制

张新荣　孙祖望

（本文刊于《建筑机械》杂志2001年第10期）

摘　要:对于沥青混凝土摊铺机自动找平控制系统来说,数字式控制器的研制是目前的一个方向。本文中所研制的控制器是基于可编程控制器(PLC)而设计的,在数字式控制器的组成、结构及其工作原理、软件编制等方面都进行了比较详细的探讨,对于开发实际控制器产品具有重要的参考价值。

数字式自动找平控制器对于提高沥青混凝土摊铺机的性能、改善操纵性等都具有很重要的作用,由于其特有的高可靠性和灵活性,对它的研究具有很重要的现实意义。实现数字式控制器的方案很多,每种方案都有各自的特点。本文所研制的控制器是以PLC为核心而设计的,为了提高系统性能,使用了高速开关阀,所使用的自动找平液压系统与摊铺机上常用的系统不同,但经过修改软件,该控制器也可以应用在常用系统中。

1　液压控制系统

如图1所示,本系统是参考几种典型自动找平系统以及试验条件、系统要求而确定的,主要为了试验所设计的数字式控制器的性能,并不影响控制器在实际系统中的应用。该液压系统采用定量液压泵供油,油泵排量6mL/r,系统压力5MPa,无回油背压,油路中串接调速阀调节系统流量,控制执行元件的工作速度。为了保证两个油缸在外载荷不同时能够始终保持相同的运动速度,实现速度同步,选用了分流阀,保证进入两油缸的流量相同。采用"M"型中位机能的电磁换向阀,与其他系统的最大区别是加装了两个高速开关阀,其目的主要是为了试验数字式控制系统中采用高速开关阀的优越性。在两个高速电磁阀不工作时,与一般的找平液压系统工作原理相同。必须指出,系统中使用了两个找平油缸,这只是为了试验方便,其作用与实际中摊铺机一侧的找平油缸相同。

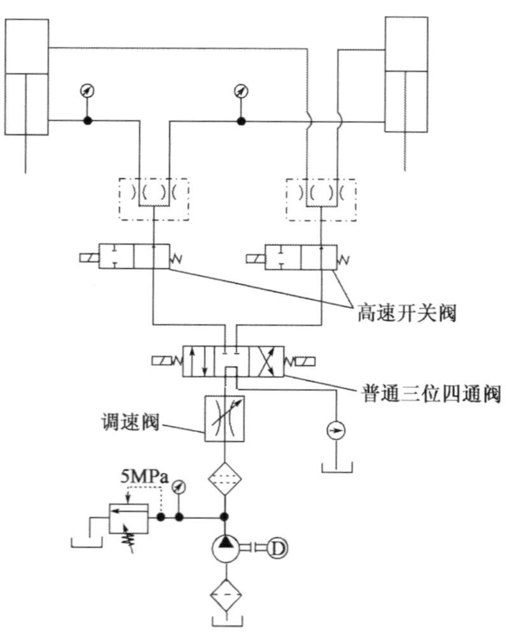

图1　数字式自动找平液压控制系统

2　数字式自动找平控制器的组成及工作原理

2.1　组成

本系统采用SIMATICS7-200系列CPU214型PLC,这种PLC具有牢固紧凑的塑料外壳,易于接线。用户程序和最重要的参数设定值存储在内部EEPROM中。大容量电容器可在长时间内为所有数据提供备份,无需后备电池,但也可选装电池,以使存储时间更长。内置24V传感器/负载电源,可直接与传感器相连接。

图2所示为控制器的核心部分硬件电路。系统以可编程控制器(PLC)为核心,其中EM235为模数转换模块,是PLC的配套部件,它的功能是将找平传感器的模拟信号转换为数字信号,供PLC作进一步

处理。系统在硬件设置上主要考虑了以下几个基本功能：手动/自动切换功能、手动找平油缸上升和下降功能、死区大小选择功能、调制频率（PWM）或最大脉冲频率（PFM）选择功能、控制模式选择功能等。

由于PLC输出为24V电压，可直接驱动电磁阀动作，其中固态继电器（SSR）的作用是将PLC的输出与电磁阀的输入隔离开，保护PLC的内部电路。续流二极管防止电磁阀线圈的瞬间感应高电压对系统的冲击损害。蜂鸣器是用来提示用户有不正确的操作，以防止系统在错误的模式下工作。

为了实现脉冲输出，选择两个1ms定时器构成脉冲发生器，由于S7-214中1ms定时器的定时不受程序扫描时间的影响，所以可以不考虑扫描时间这个参数。根据不同的控制策略计算相应电磁阀的打开时间和关闭时间，完成脉冲输出功能。脉冲宽度的最大误差为0.5ms，而驱动高速开关阀最小脉冲宽度为10ms，驱动三位四通阀的最小脉冲宽度为45ms，即实际脉冲宽度与理论值的最大误差分别为5%和1%，因此，选择1ms精度定时器应能满足要求。

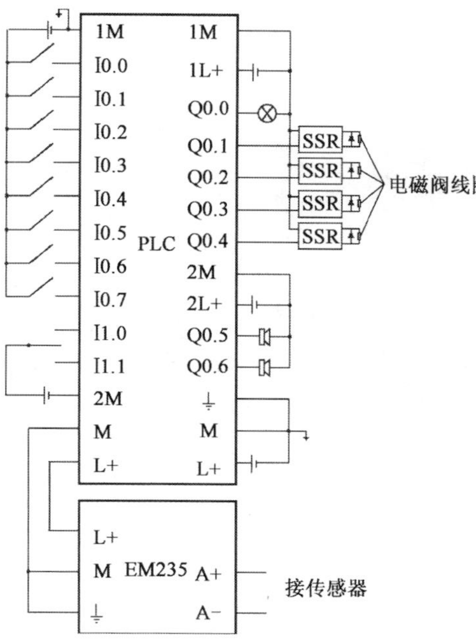

图2　控制器核心部分的硬件电路组成

2.2　端口设置

系统的端口设置如表1所示。这些设置在需要时都可以很快重新安排，或只通过软件设置就可以改变某些硬件的设置功能。控制器的所有电源以及电磁阀的工作电源都使用外部的稳压电源来提供。

PLC端口设置　　表1

端口	意义	端口	意义
I0.0	定义死区1	I1.1	手动使油缸下降
I0.1	定义死区2	Q0.0	通电指示
I0.2	定义死区3	Q0.1	控制油缸上升的三位四通阀线圈
I0.3	控制方式的选择	Q0.2	控制油缸下降的三位四通阀线圈
I0.4	定义频率1	Q0.3	控制油缸上升的高速开关阀线圈
I0.5	定义频率2	Q0.4	控制油缸下降的高速开关阀线圈
I0.6	定义频率3	Q0.5	死区未选报警
I0.7	自动/手动选择	Q0.6	频率未选报警
I1.0	手动使油缸上升		

2.3　控制器面板

控制面板是针对数字式自动找平控制系统的试验设计的，对于一些信号显示等功能，由于其并不属于试验范围，况且在目前的技术状况下，实际开发这种人机界面并不存在技术上的问题，所以本系统并未实现。如图3所示，控制面板上面放置所需要的各种旋钮、开关等，通过它们可以选择控制模式（PWM和PFM）、调制频率（PWM）和最大脉冲频率（PFM）、死区宽度、手动/自动选择等功能，通过底部连线与PLC连接。

2.4　工作原理

图4为数字式自动找平控制系统控制原理图，从中可以清楚地看出其工作原理。此控制系统实际上是一种随动液压位置伺服系统，由于摊铺机在工作中的基准线一般为固定设置，牵引点的位置跟随其上下移动，从而调整熨平板的垂直位移。所以，此系统的主要性能在于牵引点受到垂直干扰时，系统对

此干扰的抗干扰能力的大小，对于熨平板处所受的干扰也可以同理考虑。此工作原理图仅为自动找平控制原理图，实际的系统还有摊铺机的自找平问题，这里不过多涉及。

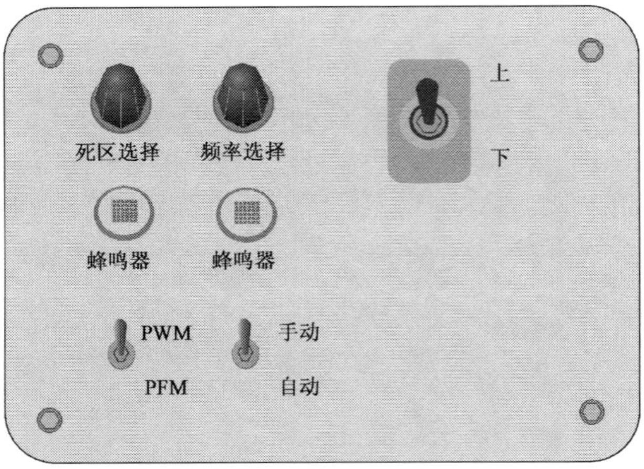

图3 控制器面板设计

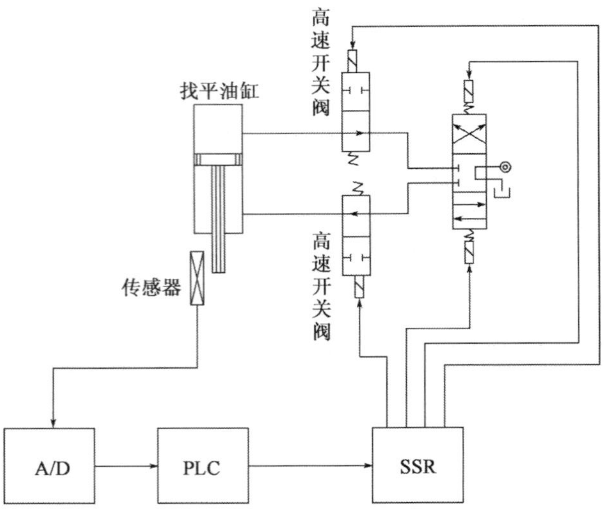

图4 数字式自动找平控制系统控制原理图

2.5 控制软件的编制

在目前常用的自动找平控制系统中，用得比较多的控制方式是脉冲宽度调制方式（PWM 方式）和脉冲频率调制方式（PFM 方式），在数字式控制器的软件设计中，包含有这两种控制策略；同时，为了充分发挥 PLC 的灵活性，我们还采用了一种分段控制策略，也就是在不同的控制区域，采用不同的控制方式，控制规律是一种非线性曲线。当然，还可以存入许多其他控制策略，这也正是数字式控制器的优点之一。对于控制软件的具体实现及各种控制策略的试验对比另文再述。

3 结语

（1）本文所研制的基于 PLC 的数字式自动找平控制器经过实验室试验，证明其性能是优越的，应用前景很好。

（2）该控制器可以直接或稍加改动用于实际应用。

（3）该控制器可以通过修改控制软件来升级其性能。

基于PLC的数字式自动找平控制器室内模拟实验研究

张新荣　孙祖望

（本文刊于《建筑机械》杂志2005年第11期）

摘　要:在室内模拟摊铺实验台上,利用一种常温沥青混合料对所设计的基于PLC的数字式自动找平控制器进行了实验研究,比较制订的几种控制方案,发现高速开关阀控制方案具有明显的优点,其他几种控制方案中,分段控制方案效果明显,有一定的应用前景。

自动找平控制系统是摊铺机保证摊铺质量的关键部分。虽然模拟式自动找平控制器已经相当成熟,但随着电子技术及微处理器技术的发展,开发和应用数字式控制器已成为一种趋势。数字式控制器的设计方案很多,每种方案都有各自的特点,本实验中所用的控制器是基于PLC的一种数字式控制器,其具体结构及控制原理见本论文集中《基于PLC的数字式自动找平控制器的研制》。

图1所示为本实验所使用的自动找平控制系统原理图。在对高速开关阀进行试验时,图中的三位四通换向阀只起换向作用,不换向时根据需要处于左位或右位,通过对高速开关阀的控制来达到控制目的;在进行常规电磁阀控制实验时,高速开关阀是常开的,相当于一条通路,通过对三位四通阀的控制来达到控制目的。控制策略可以根据需要通过软件来实现。本实验采用PWM、PFM和分段控制方法,并分别对高速开关阀和普通电磁阀进行了试验比较。其中PWM和PFM控制信号的产生是通过PLC的定时器完成的,其占空比的大小依赖于牵引臂上安装的位移传感器的输出信号,它们的关系是线性关系。分段控制方案中的占空比大小与该位移传感器的输出量是一种分段线性关系,可以通过对分段参数的调整达到提高系统性能的目的。

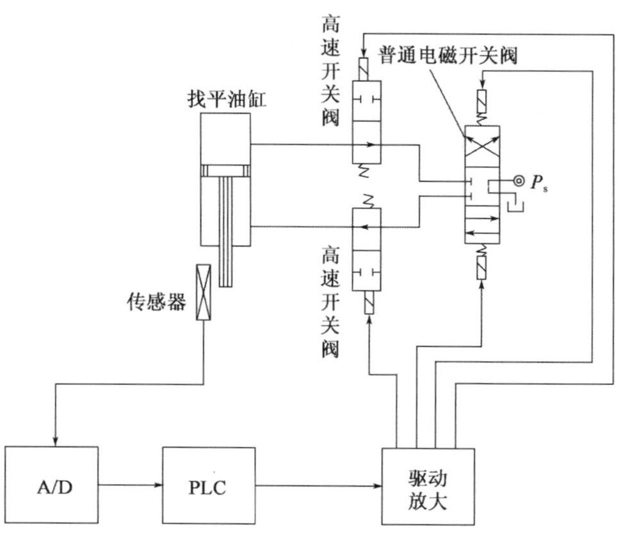

图1　基于PLC的数字式自动找平控制系统

1　室内模拟摊铺实验台的基本结构

实验台基本结构如图2所示。试验时,活动路面板在卷扬机的带动下可左右移动,路面板由钢板制成,先将沥青混合料平铺在路面板上,在其上铺一层砖,再将沥青混合料铺在砖上,在试验过程中应始终保持一定的混合料堆在熨平板前。摊铺过程中,可利用偏心转轮带动牵引点上下移动,用来模仿路基的不平度。

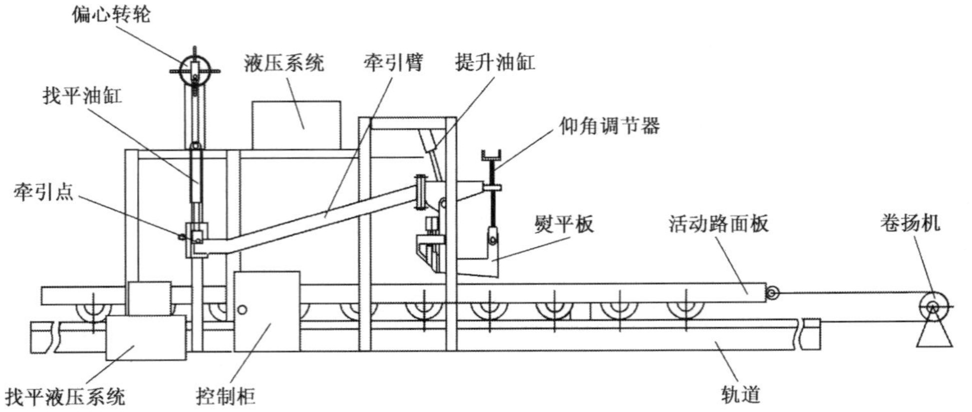

图2　室内模拟摊铺实验台的基本结构

1.1　活动路面板

活动路面板全长6m,宽1.5m,厚度为0.25m,表面用钢板与型钢焊接,内部用水泥混凝土充满,总重约7t,依靠钢轮在轨道上运行。

1.2　熨平板

熨平板由钢板焊接而成,横向长度为1.48m,沿运行方向的宽度为0.6m,在熨平板中间位置有一提升油缸,用以升降熨平板。在正常工作条件下,熨平板处于浮动状态,提升油缸不起作用。

1.3　卷扬机

卷扬机用液压马达通过减速器带动卷轴旋转,绕在卷轴上的钢丝绳牵引活动路面板移动,移动速度为0.3~10.0m/min.

1.4　牵引臂

牵引臂一端与熨平板连接,另一端通过销轴与找平油缸连接,实验台两侧对称安装。

1.5　牵引销轴

找平油缸通过牵引销轴带动牵引臂上下垂直移动,实验台两侧对称布置。

2　实验用道路材料的选取

为了便于在室内常温下反复进行试验,采用常温改性沥青混合料,利用改性剂可改变混合料的流动性。表1所示为实验用沥青混合料的级配。

实验用沥青混合料级配　　表1

孔径(mm)	19.0	16.0	13.2	9.5	4.75	2.36	1.18	0.3	0.075
通过滤(%)	100	96	93	87	47	35	19	3	2

该中粒式沥青混合料采用重交通90号沥青,外加20%改性剂,混合料中沥青含量(外掺比)为4.8%,骨料为石灰岩,用水煮法测定黏附性为4级,密度为2.72g/cm^3。

3　实验过程

(1)提升熨平板。

(2)开启活动路面板,向右移动到最右端。

(3)在活动路面板上铺设约8cm厚实验用沥青混合料,并初步刮平,同时在路面板右端放一厚度约7cm,与路面宽度基本相同的平整木板一块,用于搁置熨平板。

(4)将活动路面板向左移动到其右端与熨平板平齐为止。

(5)将熨平板下落在木板上并处于浮动状态,使熨平板前有少量堆积混合料。

(6)使活动路面板以约1.5m/min的速度向右移动,开始摊铺,到达最右端时停止运行。

(7)提升熨平板,将所铺混合料翻松并重新整平,准备下一轮摊铺。

(8)反复进行以上各步骤,寻找适当的平衡位置,为以后的试验做准备。平衡位置确定后,重复上述步骤到第(5)步,此时调节测量系统零点。

(9)开启活动路面板,同时开始测量各参数。

(10)活动路面板行驶0.5~1.0m后,快速转动偏心转轮,使牵引点上升约3.4cm,保持牵引点不动,直到活动路面板停止,一轮实验结束。

4　实验结果

在实验中所采用的数字式控制器的软件设计中,包含了脉冲宽度调制(PWM)和脉冲频率调制(PFM)这两种控制方式;同时,为了充分发挥PLC的灵活性,还采用了一种分段控制策略,即在不同的控制区域采用不同的控制方式。通过对牵引点实施阶跃干扰来完成对控制器控制效果的测试。另外,在系统中既可以采用电磁阀进行控制,也可以采用高速开关阀的控制形式,实验中对这两种控制方式进行了比较。

阶跃干扰的实现是通过给牵引臂上的牵引点一个突然位移,以此来模拟路面的不平,通过测量牵引点的位移变化,分析控制效果。图3~图6列出了几种情况下牵引点在阶跃干扰下的跟随实验结果,图中的横坐标为时间,纵坐标是通过位移传感器测得的电压信号,经过标定反映牵引点的垂直位移量。本文只对实验结果进行定性分析,通过对不同控制方案下牵引点垂直位移变化的幅度与速度来得出一些结论。

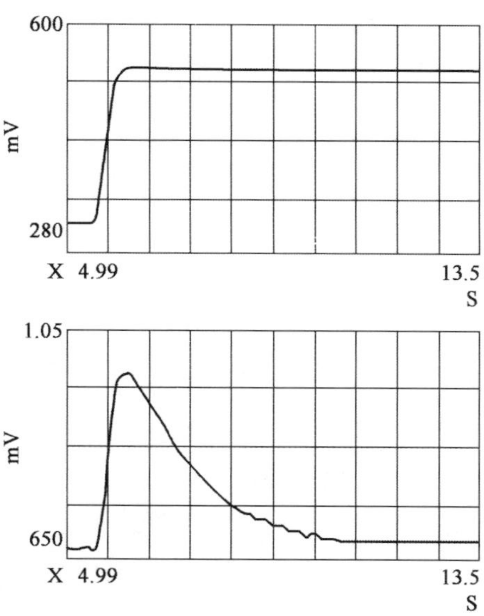

图3　调制频率为3Hz PWM控制下牵引点跟随情况

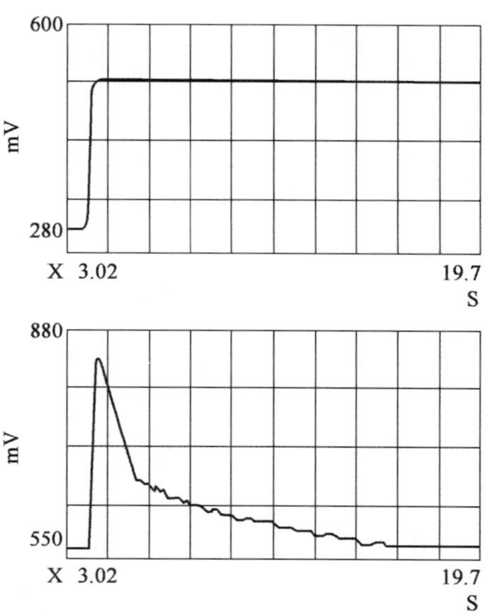

图4　最大频率为10Hz PFM控制脉冲宽度60ms时牵引点跟随情况

图3、图4 的实验结果是在电磁阀控制下得到的,此时高速开关阀处于常开状态;图5 和图6 的实验结果是在高速开关阀控制下得到的,此时电磁阀只起换向作用。

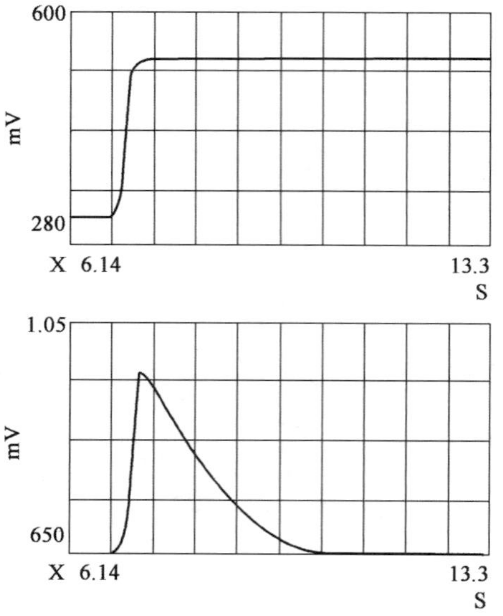

图5　调制频率为10Hz PWM 分段控制下牵引点跟随情况

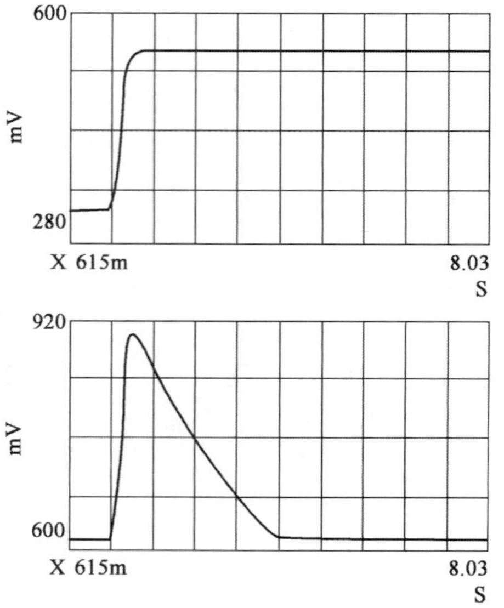

图6　PFM 分段控制,最大频率为20Hz 脉冲宽度30ms 牵引点跟随情况

5　结语

通过对实验结果的分析。可以得到如下结论:

(1)高速开关阀的响应比普通电磁阀的响应快,控制稳态精度也要比普通电磁阀高得多,响应曲线平滑,具有一定的应用前景。

(2)针对高速开关阀和分段控制方案,在实验所选参数的情况下,PFM 控制方式比 PWM 控制方式响应速度要快,控制稳态精度高。

(3)提高 PWM 的调制频率和 PFM 的最大脉冲频率有利于系统响应的光滑平顺性,可以提高系统的响应稳定性。

(4)分段控制方案要比高速开关阀控制方案响应速度快,控制稳态精度高。

摊铺机工作装置与碾压混凝土相互作用动态特性研究

杨士敏　孙祖望

（本文刊于《重庆交通学院学报》2001 年第 3 期）

摘　要：研制了大型室内碾压混凝土路面摊铺成型试验设备，采用正交试验法，在室内进行大量的碾压混凝土路面实际摊铺试验，研究了工作装置的机械参数和碾压混凝土配合比参数对碾压混凝土路面的初压实度和可碾性（综合指标）的影响规律，得出了工作装置与碾压混凝土相互作用效果最好、路面摊铺成型质量（指初压实度、提浆性和可碾性）最佳时的机械参数及碾压混凝土配合比参数。

碾压混凝土（Roller Compacted Concrete，简称 RCC）是一种含水率低，水泥用量少，通过振动碾压施工工艺达到高密度、高强度的无坍落度超干硬性水泥混凝土。由于 RCC 路面的显著经济效益和社会效益，当今世界上许多国家都在对 RCC 路面技术进行研究。纵观国内外的研究成果可以发现，路面成型质量不高仍然是公认的难题，制约了其在高等级公路上的应用。本课题把施工机械与其作业对象——RCC 混合料看作一个统一的系统，从机械工程和土木材料工程两大学科的结合点着手，进行摊铺机工作装置与 RCC 混合料相互作用过程这一交叉学科的研究，研制了大型室内 RCC 路面摊铺成型试验设备，利用该设备在室内进行反复的、大量的 RCC 路面实际摊铺试验，试图解决 RCC 路面成型质量这一难题。

1　RCC 路面摊铺试验设备工作原理

本课题研制的大型室内 RCC 路面摊铺成型试验设备模拟高效强力压实熨平板，采用双夯梁和定向激振系统，熨平板的振动频率、振幅、静压力、夯梁的振捣频率以及 RCC 路面的摊铺速度都能够在大范围内无级或有级调节。试验设备安装于长安大学工程机械实验中心。为了便于在实验室内模拟 RCC 路面摊铺机工作过程与 RCC 路面成形过程，根据相对运动原理，采用活动路基平台水平移动，而摊铺机工作装置不移动的办法。试验设备基本结构示意图如图 1 所示。

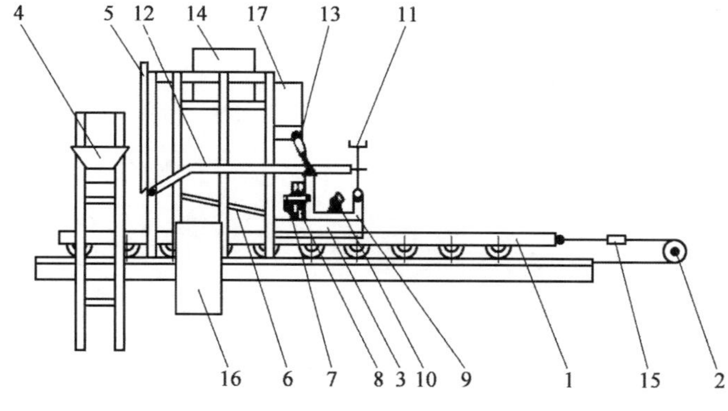

图 1　试验设备基本结构示意图

试验设备由以下几部分组成：活动路基平台 1、卷扬机 2、两侧挡料板 3、强制式搅拌机 4、计量闸板

5、虚铺高度控制斜板6、导料板7、夯梁8、熨平板箱体9、偏心激振器10、仰角调节螺杆11、牵引大臂12、提升油缸13、液压系统14、拉力传感器15、控制柜16、液压油箱17。RCC混合料经搅拌机搅拌后，卸落在活动路基平台上。随着路基平台的移动，经过计量闸板、虚铺高度控制斜板、导料板、双夯梁和熨平板箱体的作用后，RCC路面密实成型。考虑到RCC路面用料太多，所以试验设备上RCC路面成形宽度定为1.5m，长度可达5m，试验可以反复多次进行。

2 试验方案和考核指标

本课题采用正交试验法，选用的正交表为$L_9(3^4)$，试验中熨平板的静压力q固定为9.9kPa。RCC混合料的砂料裕度系数K_S(即砂料体积与石料空隙之比)在各次试验中均固定为1.05。水灰比K受多种因素控制，取值范围很小，所以在正交试验中固定为0.42。夯梁的工作频率f_H在满足连续夯击并有所重叠的条件下，对RCC路面的压实度、提浆性和可碾性影响不是很大，所以正交试验中f_H取17Hz左右的值，以实测值为准。因此本次正交试验重点考察的因素有4个，每个因素取3个水平值，取定的因素和水平见表1。

摊铺试验因素与水平组合表 表1

水平	因素			
	灰浆裕度系数α	振动频率f(Hz)	熨平板名义振幅A(mm)	摊铺速度v(m/min)
1	2.1	45.9	0.407	1.32
2	1.9	51.4	0.814	0.81
3	2.0	56.1	0.604	1.61

注：1. 表中熨平板振动频率f和摊铺速度v均为实测值的平均值。
2. 表中RCC混合料的灰浆裕度系数α为灰浆体积与砂料空隙之比。

由于摊铺路面较短，路面平整度不易测量等原因，本试验没有直接将平整度列入路面成型质量的考核指标。本试验的目的是寻求最佳的RCC混合料水灰比，使得压实度最高，提浆性良好，且能满足施工要求，即可碾性较高，以保证路面平整度达到高等级路面的要求。也就是说，压实度n越高越好，在满足提浆性能的要求下，灰浆量及水灰比K则越小越好，这两者是矛盾的。为了解决这一矛盾，本文提出一个综合考核指标Z，即压实度n减去浆集比X和水灰比K的算术平均值的差，除以差值的最大值(即进行归一化处理)，作为综合考核指标，用以综合评价初压实度和可碾性，其计算公式如下：

$$Z = \frac{n - (X + K)/2}{K_{max}}$$

式中：Z——综合考核指标；

n——混凝土的压实度；

K_{max}——整个试验中，$n-(X+K)/2$的最大值；

X——RCC混合料的浆集比；

K——RCC混合料的水灰比。

所以本课题正交试验的考核指标有两个：①平均压实度；②综合指标Z。

3 RCC路面初压实度的影响因素分析

按照正交试验结果分析方法，分别将各因素同一水平下各次试验所得到的压实度n求和并平均，得到各因素中各水平对应的平均压实度n_α等，将同一因素中平均压实度的最大值与最小值相减，可得出各因素的极差R。由各因素的平均压实度及其对应的水平值，可分别画出平均压实度随着各因素变化的趋势图(图2～图5)。

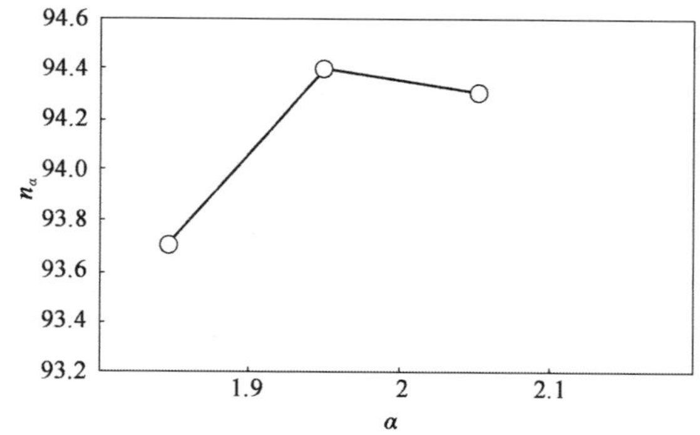

图2　平均压实度 n_α 与灰浆裕度系数 α 的关系

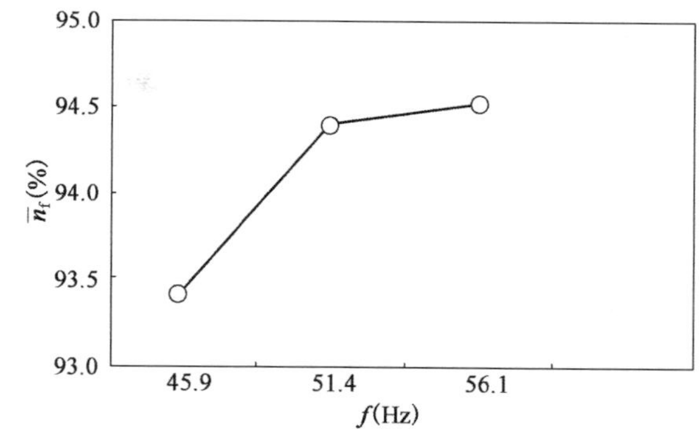

图3　平均压实度 n_f 与熨平板振动频率 f 的关系

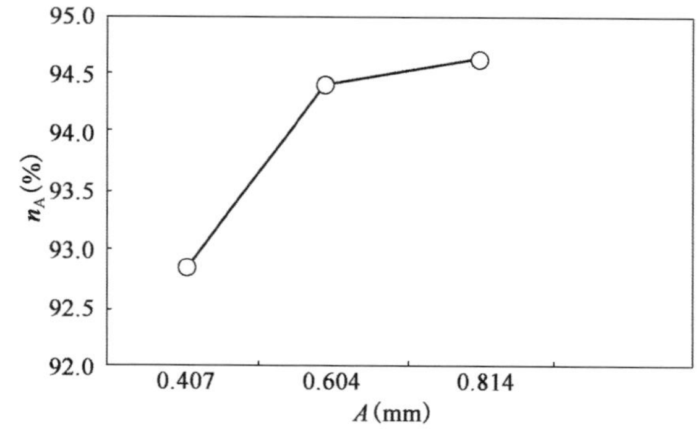

图4　平均压实度 n_A 与熨平板振幅 A 的关系

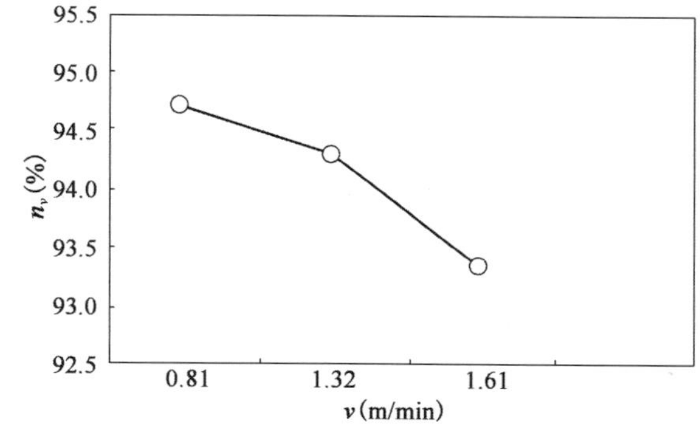

图5　平均压实度 n_r 与摊铺速度 v 的关系

由图2可知,随着 RCC 混合料灰浆裕度系数 α 的增加, RCC 路面的平均初压实度 n_α 增加,平均压实度可达94.4%。这说明当灰浆较多时,有足够的浆体填充砂石料之间的空隙,况且灰浆的流动性较大,所以 RCC 路面在振动作用下,液化较快,容易达到密实状态。当 $\alpha>2.0$ 时,平均压实度 n_α 有所下降,但变化缓慢,这可能和灰浆过多、试件的干密度 ρ_d 下降有关。

平均压实度 n_f 随着振动频率 f 变化的关系,从图3可以看出。在熨平板振动频率 f 从45.9Hz 增大到51.4Hz的过程中,平均压实度 n_f 显著上升,这是因为熨平板在高频振动作用下,可以使水泥砂浆产生比较大的相对运动,有利于加速水泥凝聚结构尽快解体而液化,从而提高混凝土密实度。当 $f>51.4$Hz 时,平均压实度的增加变得缓慢,当 $f=56.1$Hz 时, RCC 路面的平均初压实度最高达94.5%。建议在 RCC 路面施工中,振动频率应大于50Hz,取55Hz 左右的值较合适。

图4反映了平均压实度 n_A 随熨平板振幅 A 变化的关系。随着振幅 A 的减小, RCC 路面的初压实度下降。这是因为离振源越远的混合料,其随振振幅越小。混合料颗粒的随振振幅随着至振源距离的增大而衰减,其规律如下:

$$A_R = Ae^{-\beta h}$$

式中:A——熨平板的振幅;

A_R——混合料颗粒的随振振幅;

e——自然对数底;

β——系数,视材料性质而定;

h——混合料颗粒至振源的垂直距离。

所以振幅太小时,RCC 路面底层的粗骨料可能振不动,这将导致混合料的底部没有振实,整体压实度下降。反之,当振幅 A 增加时,RCC 路面的初压实度增加,但当 $A>0.604$mm 时,变化趋于平缓,增加的幅度不大,这可能和振幅过大引起过振,表层被振松有关。

RCC 路面摊铺速度 v 对平均压实度 n_r 的影响从图5可以看出。摊铺速度 v 对 RCC 路面的初压实度影响很大，随着 v 的降低，平均压实度显著提高，当 $v<1.32\text{m/min}$ 时，变化稍为缓慢一些。所以在 RCC 路面施工中，摊铺机的工作速度应尽量低一些，不应超过 1.32m/min。

根据正交试验分析理论的极差分析，由各因素的压实度极差 R 的大小，可比较各因素对压实度影响的大小，从而确定主要因素和次要因素。由极差值 R 的大小可知，影响 RCC 路面初压实度的因素主次顺序为：

摊铺速度（熨平板振幅）> 熨平板振动频率 > 灰浆裕度系数

4 RCC 路面综合指标的影响因素分析

同样，按照正交试验结果分析方法，分别将各因素同一水平下各次试验所得到的综合指标值 Z 求和，得到各因素中各水平对应的综合指标 $\sum Z_\alpha$ 等，将同一因素中综合指标的最大值与最小值相减，可得出各因素的极差 R。由各因素的综合指标及其对应的水平值，可分别画出综合指标随着各因素变化的趋势图（图 6 ~ 图 9）。

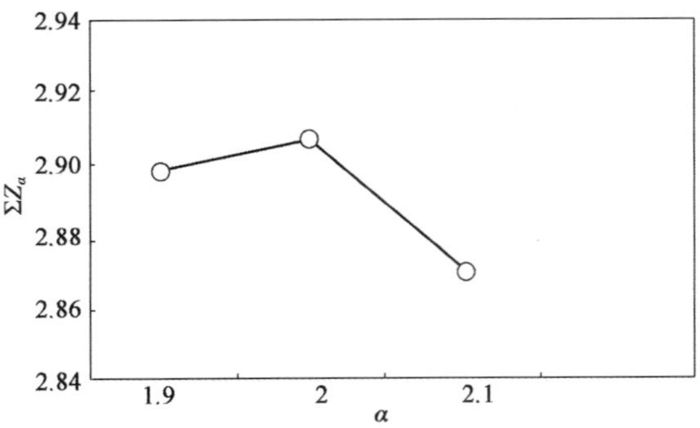

图 6 综合指数 $\sum Z_\alpha$ 与灰浆裕度系数 α 的关系

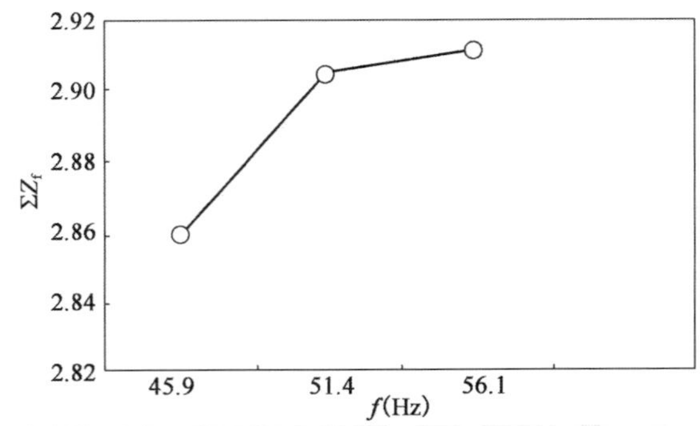

图 7 综合指数 $\sum Z_f$ 与熨平板振动频率 f 的关系

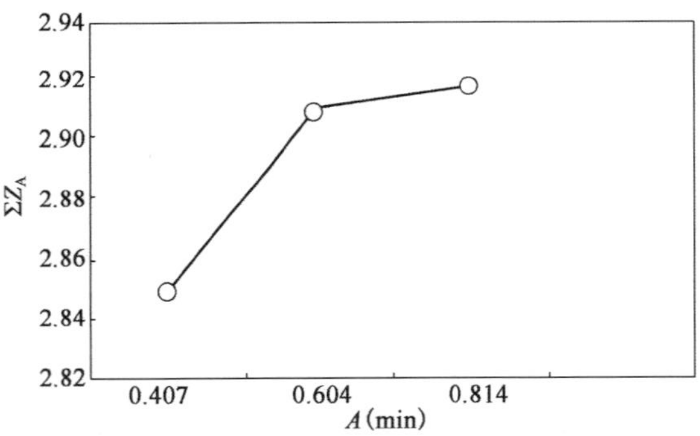

图 8 综合指数 $\sum Z_A$ 与熨平板振幅 A 的关系

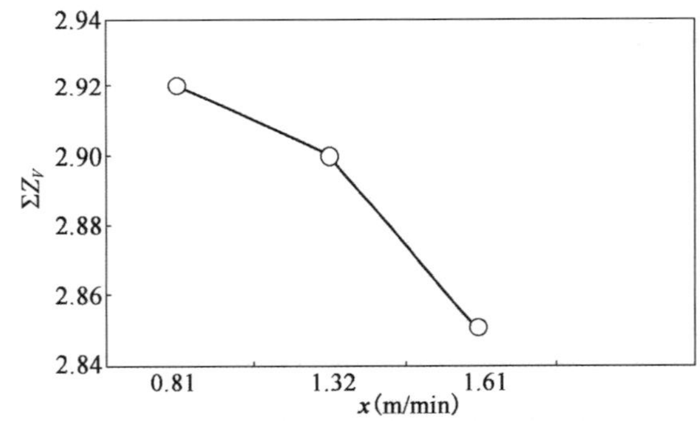

图 9 综合指数 $\sum Z_v$ 与摊铺速度 v 的关系

RCC 混合料的灰浆裕度系数 α 对综合指标 Z 的影响从图 6 可以看出，当 $\alpha=1.9\sim2.0$ 时，综合指标变化不大，呈缓慢上升趋势，这是因为压实度 n 显著提高（图 2），虽然灰浆量增大，可碾性下降，但综合指标仍有所增加。在 $\alpha=2.0$ 时综合指标最大。当 $\alpha>2.0$ 时，由压实度提高不大，而随着 α 的增加，可碾性下降，故综合指标值 Z 显著下降。建议在熨平板静压力较高时，灰浆裕度系数 α 可取 $1.9\sim2.0$ 范围的值。由于 $\alpha<1.8$ 时，RCC 混合料的压实度将显著下降，其综合指标也将下降，所以 RCC 路面施工中，灰浆裕度系数 α 应大于 1.8。

由于熨平板的振动频率 f、振幅 A 和摊铺速度 v 并不影响 RCC 混合料的浆集比 X 和水灰比 K，而综合指标 Z 与压实度 n 的区别仅仅是相差一个浆集比 X 与水灰比 K 的平均值，所以 f、A 和 v 对综合指标 Z 的影响趋势与对压实度 n 的影响趋势一样（比较图 3 与图 7、图 4 与图 8、图 5 与图 9），这里不再赘述。

根据正交试验分析理论的极差分析法，由各因素的综合指标极差 R 的大小，可比较各因素对综合指标 Z 影响的大小，从而确定主要因素和次要因素，由极差值 R 的大小可知，影响 RCC 路面综合指标的因素主次顺序为：

摊铺速度(熨平板振幅)>熨平板振动频率>灰浆裕度系数

5　结语

通过本课题的RCC路面与摊铺机熨平板相互作用动态特性试验研究，基本摸清了灰浆裕度系数α、熨平板振动频率f、振幅A和摊铺速度v影响RCC成型路面初压实度和综合指标的规律，得出了综合效果最好的各参数最佳值或最优范围。

(1)RCC混合料中的灰浆除了起充填砂粒间隙和黏结砂石料的作用外，还应有所富裕，在路表面形成一层浆体以提高表面质量和平整度。其富裕程度用灰浆裕度系数α表示。通过选取适当的α值可保证RCC的压实率和提浆性，根据稠度和施工情况还可适当调整。当$\alpha<1.8$时，RCC混合料中浆体明显不足，导致混合料压实度较低，提浆效果也差。当$\alpha>2.1$时，RCC混合料中灰浆过多，虽然压实度有所提高，但综合指标下降，即混合料的可碾性明显下降，碾压时可能由于变形太大造成平整度下降，甚至压路机无法正常工作。所以综合平衡初压实度、提浆性和可碾性，α宜在1.9~2.0范围内取值，此时摊铺机工作装置和RCC混合料相互作用的效果最好，既能保证初压实度，又能保证提浆效果和可碾性，提高路面的平整度。

(2)熨平板振动频率f对RCC路面的初压实度影响很大，是主要影响因素之一。振动频率$f<45$Hz时，由于振动能量不足，RCC混合料难于液化，导致压实度降低。当f太高，$f>60$Hz时，由于混合料中粗骨料密度大，随振运动跟不上，振幅衰减较快，因而压实度也较低。所以，振动频率f宜取55Hz左右的值，这一频率可能接近细粒式($D_{max}\leqslant 20$mm)RCC的固有频率，其振动密实效果较好。

(3)摊铺机的摊铺速度v对RCC路面的压实度和提浆效果影响也很大，也是主要影响因素。摊铺速度v越低，单位体积混凝土参与振动的时间越长，混凝土的振动液化越充分。另外，降低摊铺速度v，可以增加熨平板对单位体积混凝土作用的振动能量，这些都有利于RCC路面的密实成型和表面提浆。所以说，降低摊铺速度v是提高RCC密实度和平整度的有效途径之一。但v过小，将造成生产率下降，还可能引起路面的过振振松现象以及速度不稳定造成的压实度不均匀等问题。一般地，V宜在0.5~0.7m/min的范围内取值，若混凝土稠度偏大，v可取下限值，若混凝土稠度偏小，则v可取上限值。

(4)熨平板振幅A应大于0.4mm，才能保证混凝土产生足够大的压缩变形，才能保证熨平板有足够的能量使RCC路面底部的粗骨料产生足够大的运动速度而发生液化，使RCC路面达到较高的初压实度。然而，过大时，将产生过振现象使混凝土表层被振松，而且熨平板有可能脱离混凝土表面，不利于混凝土对振动能量的吸收。一般地，振幅A宜在0.4~0.6mm范围内取值。

摊铺速度和熨平板静压力对碾压混凝土路面成型质量的影响

杨士敏　孙祖望

（本文刊于《公路交通科技》杂志 2001 年第 3 期）

摘　要：研制大型室内碾压混凝土路面摊铺成型试验设备，采用正交试验法，在室内进行大量的碾压混凝土路面实际摊铺试验，研究摊铺机摊铺速度和熨平板静压力对碾压混凝土路面成型质量的影响规律，得出了有意义的结论。

碾压混凝土（Roller Compacted Concrete，简称 RCC）是一种含水率小，水泥用量少，通过振动碾压施工工艺达到高密度、高强度的无坍落度超干硬性水泥混凝土。由于 RCC 路面的显著经济效益和社会效益，当今世界上许多国家都在对 RCC 路面技术进行研究，纵观国内外的研究成果可以发现，路面成型质量不高仍然是公认的难题，制约了其在高等级公路上的应用。本课题把施工机械与其作业对象——RCC 混合料看作一个统一的系统，从机械工程和土木材料工程两大学科的结合点着手，进行摊铺机工作装置与 RCC 混合料相互作用过程这一交叉学科的研究，研制了大型室内 RCC 路面摊铺成型试验设备，利用该设备在室内进行反复的、大量的 RCC 路面实际摊铺试验，试图解决 RCC 路面成型质量这一难题。

1　RCC 路面摊铺试验设备工作原理

本课题研制的大型室内 RCC 路面摊铺成型试验设备模拟高效强力压实熨平板，采用双夯梁和定向激振系统，熨平板的振动频率、振幅、静压力、夯梁的振捣频率以及 RCC 路面的摊铺速度都能够在大范围内无级或有级调节。试验设备安装于长安大学工程机械实验中心。为了便于在实验室内模拟 RCC 路面摊铺机工作过程与 RCC 路面成型过程，根据相对运动原理，采用活动路基平台水平移动，而摊铺机工作装置不移动的方法。试验设备基本结构示意图如图 1 所示。

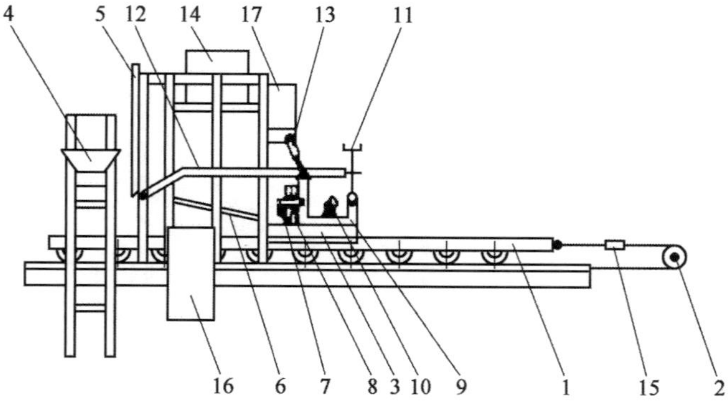

图 1　试验设备基本结构示意图

试验设备由以下几部分组成：活动路基平台 1、卷扬机 2、两侧挡料板 3、强制式搅拌机 4、计量闸板 5、虚铺高度控制斜板 6、导料板 7、夯梁 8、熨平板箱体 9、偏心激振器 10、倾角调节螺杆 11、牵引大臂 12、提升油缸 13、液压系统 14、拉力传感器 15、控制柜 16、液压油箱 17。RCC 混合料经搅拌机搅拌后，卸落在活动路基平台上。随着路基平台的移动，经过计量闸板、虚铺高度控制斜板、导料板、双夯梁和熨平板箱体的作用后，RCC 路面密实成型。考虑到 RCC 路面用料太多，所以试验设备上 RCC 路面成型宽度定为 1.5m，长度可达 5m，试验可以反复多次进行。

2　试验方案和考核指标

本课题采用正交试验法并辅以单因素对比试验法，选用的正交表为 $L_9(3^4)$，试验中 RCC 混合料的砂料裕度系数 K_S（即砂料体积与石料空隙之比）在各次试验中均固定为 1.05。水灰比 K 受多种因素控制，取值范围很小，所以在正交试验中固定为 0.42。夯梁的工作频率 f_H 在满足连续夯击并有所重叠的条件下，对 RCC 路面的压实度、提浆性和可碾性影响不是很大，所以正交试验中 f_H 取 17Hz 左右的值，以实测值为准。因此，本次正交试验重点考察的因素有 4 个，每个因素取 3 个水平值，取定的因素和水平见表 1。

摊铺试验因素与水平组合表　　表 1

水　平	因　素			
	灰浆裕度系数 α	振动频率 f(Hz)	熨平板名义振幅 A(mm)	摊铺速度 v(m/min)
1	2.1	45.9	0.407	1.32
2	1.9	51.4	0.814	0.81
3	2.0	56.1	0.604	1.61

注：1. 表中熨平板振动频率 f 和摊铺速度 v 均为实测值和平均值。
2. 表中 RCC 混合料的灰浆裕度系数 α 为灰浆体积与砂料空隙之比。

本课题试验的考核指标有两个：①平均压实度 $\bar{n}$；②提浆分数 D。

压实度 n 的测定方法：每次 RCC 路面摊铺成型试验后，取下来的路面板试块经半个月的洒水养生后，使用美国生产的钻芯取样机在硬化的路面板试块上钻芯取样。参考钻芯法测定沥青面层压实度试验方法（T 0924—95），采用由 RCC 配合比计算的最大理论密度作为 RCC 的标准密度 ρ_0，由下式计算 RCC 路面初压实度 n。

$$n = \frac{\rho_d}{\rho} \times 100\%$$

式中：n——RCC 路面的初压实度（%）；

ρ_d——RCC 芯样试件的干密度（g/cm^3）；

ρ——RCC 的标准密度（g/cm^3）。

提浆分数的确定方法：本试验为了考核碾压混凝土成型路面的表面质量，用路表面提浆分数来评价。路面成型后，在路面上划出两块面积为 140mm×55mm 的具有初压实度的 RCC 路面板，依靠底部的钢板将其吊至它处。待全部试验做完后，按照提浆情况（提浆面积、浆的多少和麻坑裂缝数）进行排队，采用百分制评分，提浆情况最好的试样为 100 分，其他试样依次递减。

3　摊铺速度对 RCC 路面成型质量的影响

RCC 路面摊铺速度 v 对平均压实度 $\overline{n_v}$ 的影响从图 2 可以看出。摊铺速度 v 对 RCC 路面的初压实度影响很大，随着 v 的降低，平均压实度显著提高，当 $v<1.32$m/min 时，变化稍为缓慢一些。RCC 路面摊铺速度 v 对平均提浆分数 $\overline{D_v}$ 的影响，从图 3 可以看出。随着摊铺速度 v 的减小，提浆程度增大，当 $v<1.32$m/min时，增大的速率则有所减慢。这是因为摊铺速度较低时，熨平板对 RCC 混合料作用时间加长，有足够的时间使混凝土充分液化，混凝土的充分液化有利于提浆，因而提浆程度增加。

在单因素对比试验中，由于其他参数都一样，所以低速度摊铺对 RCC 路面初压实度和提浆效果的影响可从第 13 号试验（$v=0.82$m/min）和第 14 号试验（$v=0.53$m/min）结果的对比中得知，摊铺速度的再一次降低,使得 RCC 路面的初压实度 n 进一步提高,由 94.7% 提高到 95.8%,提浆分数则由 90 分提高到 100 分,均达到全部摊铺试验结果中的最高水平。

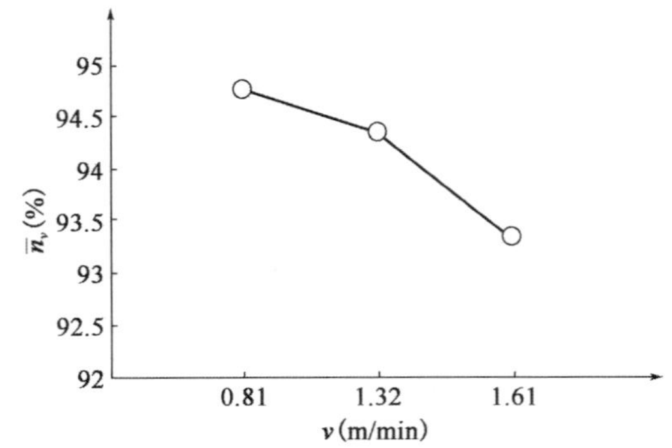

图 2 平均压实度$\overline{n_v}$与摊铺速度 v 的关系

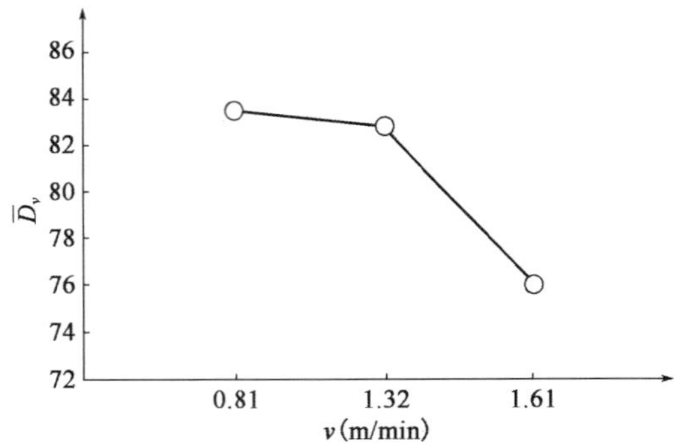

图 3 平均提浆分数$\overline{D_v}$与摊铺速度 v 的关系

摊铺速度 v 越低,单位体积混凝土参与振动的时间 T 越长,混凝土的振动液化越充分。从理论上讲,在一定的范围内,加长振动的时间,总能使混凝土液化提浆。另外,降低摊铺速度 v,可以增加熨平板对单位体积混凝土作用的振动压实能量,这些都有助于提高 RCC 路面的初压实度和提浆效果,所以说,降低摊铺速度 v 是提高 RCC 密实度和平整度的有效途径之一。但是事物总是一分为二的,并不是 v 越小越好。v 过小,造成生产率降低,施工成本增大。另外,v 太小时可能引起路面的过振振松现象以及速度不稳定导致的压实度不均匀,还有混凝土拌和设备不配套等问题。为此,有必要确定摊铺速度的范围。在振动能量足够大(由熨平板振动频率 f、振幅 A 和静压力 q 决定)的情况下,决定摊铺速度 v 的主要依据是混凝土的液化时间,所以确定摊铺速度 v 的公式为:

混凝土参振时间 T = 熨平板纵向宽度 B/摊铺速度 v = 液化时间 t

所以

$$v = B/t \tag{1}$$

式中的液化时间 t 最好由文献《碾压混凝土》(姜福田)提出的新方法确定。若采用现在通用的改进维勃仪测量,则液化时间由改进 VC 值(稠度)决定,一般 RCC 混凝土改进维勃秒为 60s 较合适。为了提高混凝土参振时间 T,并考虑到摊铺机的结构限制,熨平板的纵向(路面的纵向)宽度 B 一般较大,取0.6m,所以摊铺速度取 $v = 0.6\text{m}/60\text{s} = 0.6\text{m/min}$ 为宜。参照本课题的试验结果可知,摊铺速度宜在 0.5 ~0.7m/min 的范围内取值,若混凝土稠度偏大,v 可取下限值,若混凝土稠度偏小,则 v 可取上限值。当然根据式(1)可知,在结构允许和静压力 q 能保证的条件下,增大熨平板纵向宽度 B 可提高摊铺速度。

4 熨平板静压力对 RCC 路面成型质量的影响

熨平板静压力 q 对 RCC 路面的初压实度和提浆性的影响从单因素对比试验中的第 13 号试验(q = 11.8kPa)和正交试验中第 6 号试验(q =9.9kPa)结果的对比可知(表 2),由于其他参数都一样,所以静压力 q 的增大,使得初压实度 n 从 93.8% 提高到 94.7%,只是提浆程度没有变化(提浆分数一样)。所以说,加大熨平板的静压力 q 可以提高 RCC 路面的初压实度。因为在保持熨平板振幅 A 和振动频率 f 不变的条件下,增加静压力 q(保持熨平板底面积不变)可以提高熨平板对单位体积 RCC 混合料作用的能量,另外,q 的增大有助于熨平板始终贴紧混合料表面,有利于振动压力波的传递和振动能量传递效率的增加。但 q 也不能太大,若 q 过大,为了保证具有相同的振幅 A 和振动频率 f,势必要增大激振力,而增大偏心激振力受结构(轴和轴承强度)及马达驱动功率的限制。另外,q 过大也可能产生过振现象。根据本课题的研究,q 一般取 10 ~14kPa 范围内的值较合适。

RCC 路面摊铺试验数据

表 2

试验号	熨平板静压力(kPa)	灰浆裕度系数	水灰比	振动频率(Hz)	振幅(mm)	摊铺速度(m/min)	夯梁工作频率(Hz)	压实度(%)	提浆分数
6	9.9	1.9	0.42	56.2	0.4	0.81	17.8	93.8	90
13	11.8	1.9	0.42	56.3	0.4	0.82	17.8	94.7	90

5 结语

通过本课题的 RCC 路面与摊铺机熨平板相互作用动态特性试验研究,基本摸清了 RCC 路面摊铺速度 v 和熨平板静压力 q 影响 RCC 路面成型质量的规律。一般摊铺速度宜在 0.5 ~ 0.7m/min 的范围内取值,若混凝土稠度偏大,v 可取下限值;若混凝土稠度偏小,则 v 可取上限值。而熨平板静压力 q 则一般取 10 ~ 14kPa 范围内的值较合适。加大熨平板的静压力 q 可以提高 RCC 路面的初压实度,但 q 过大则可能产生过振现象。

斜搓式振捣机构运动学分析

杨士敏　孙祖望

（本文刊于《工程机械》杂志 2000 年第 5 期）

摘　要：对比了垂直振捣机构与斜搓式振捣机构工作原理，说明后者的优点是避免前后摆动、对混合料有横向揉搓作用、有利于密实；论述了斜搓式振捣机构的调幅原理和振幅计算方法；指出斜搓式振捣机构可不改变振捣垂直位移的最低位置，能保证振捣机构与熨平板间的正确配合。

1　两种振捣机构工作原理的比较

垂直式振捣机构（亦称振捣梁）包括横向布置的偏心轴和安装在偏心轴上的振捣梁（图 1）。当液压马达驱动偏心轴转动时，带动振捣梁上下振动。偏心轴有两处偏心，相位差 180°。偏心轴带动第一级和第二级振捣梁交错捣实混合料。振捣梁的振幅为偏心轴偏心量的两倍。改变偏心轴的偏心量即可改变振捣梁的振幅。国外的摊铺机一般采用转动偏心轴套的方法调节振捣梁的振幅。这种机构的缺点是：①振捣梁上部随着偏心轴的转动会产生前后摆动敲击；②如果不改变偏心轴的垂直位置，则调幅的同时，振捣梁垂直位移的最低点也发生变化，有可能低于熨平板底面太多或达不到熨平板底面，从而影响和熨平板的正确配合。

斜搓式振捣机构如图 2 所示。液压马达带动偏心轴以角速度 ω 转动，通过主动臂带动振捣梁沿圆弧轨迹 AB 作平动，从而捣实振捣梁下方的混合料。通过改变连杆和主动臂的长度，可改变 AB 弧的曲率半径和 AB 弧在圆 o 上的位置，从而改变 AB 弧在垂直方向的投影长度，即改变振捣梁的垂直振幅。若偏心轴有两处偏心，且相位差为 180°，则偏心轴可带动两根振捣梁交错捣实混合料。

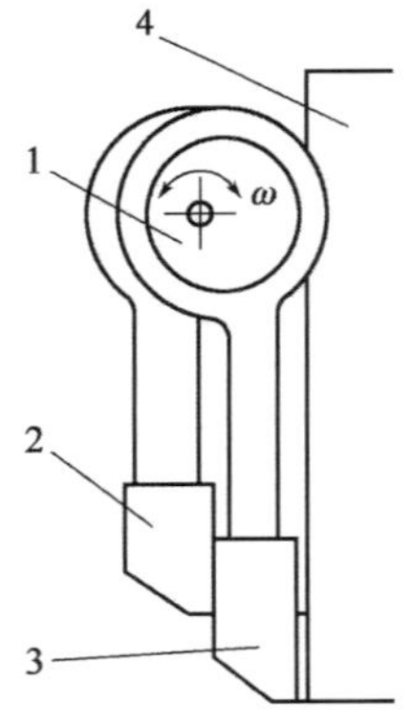

图 1　垂直式振捣机构

1-偏心轴；2-第一级振捣梁；3-第二级振捣梁；4-熨平板箱体

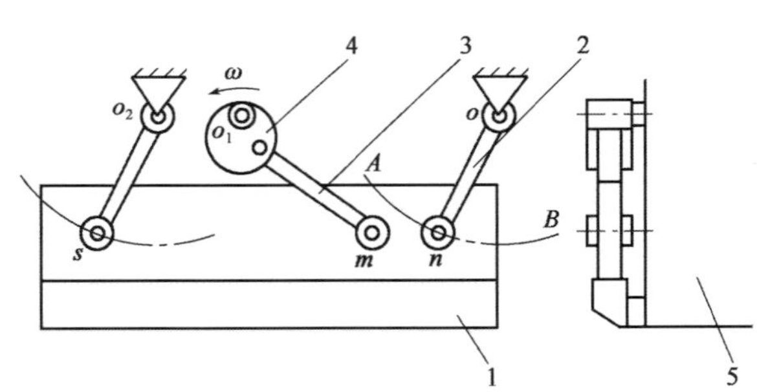

图 2　斜搓式振捣机构

1-振捣梁；2-连杆；3-主动臂；4-偏心轴；5-熨平板箱体

斜搓式振捣机构的独特优点是：①避免了垂直式振捣机构所产生的前后摆动敲击。②对混合料有横向揉搓作用，有利于混合料的密实。

2　斜搓式振捣机构调幅原理

如图 2 所示，o_1，o 和 o_2 三点在同一水平线上，s、m 和 n 三点也在同一水平线上，振捣梁沿圆弧轨迹

AB 作平动。只需研究振捣梁上点 n 的运动规律，即可作运动学分析。为了研究方便，可将偏心轴和 m 点向右平移，使 m 点和 n 点重合，构成图 3 所示的运动分析图。图中 n 点处于最低起始位置（即振捣梁处于最低位置）。

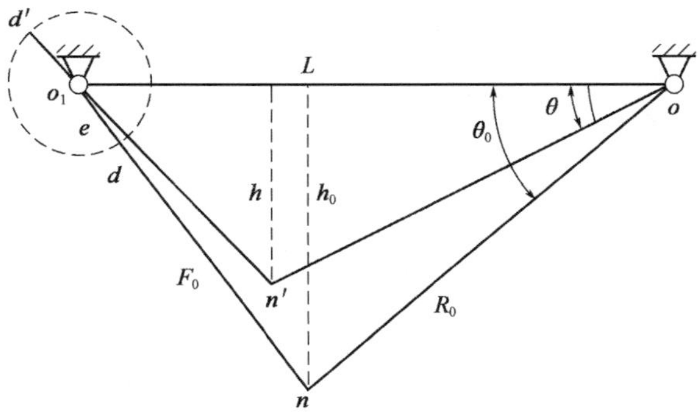

图 3　机构运动分析图

设 $oo_1=L$，连杆长度 $on=R_0$，主动臂长度 $nd=F_0$，偏心轴的偏心量 $o_1d=e$，则

$$\cos\theta_0=\frac{R^2+L^2-(F_0+e)^2}{2R_0L}$$

$$h_0=R_0\sin\theta_0=R_0\sqrt{1-\cos^2\theta_0}=R_0\sqrt{1-\left[\frac{R_0^2+L^2-(F_0+e)^2}{2R_0L}\right]^2}\tag{1}$$

随着偏心轴的旋转，n 点运动至最高位置 n' 点（即振捣梁处于最高位置）时，d 点运动至 d' 点，则

$$\cos\theta=\frac{R_0^2+L^2-(F_0-e)^2}{2R_0L}$$

$$h=R_0\sin\theta=R_0\sqrt{1-\cos\theta}=R_0\sqrt{1-\left[\frac{R_0^2+L^2-(F_0-e)^2}{2R_0L}\right]^2}\tag{2}$$

所以振捣梁的垂直振幅为

$$A=h_0-h=R_0\sqrt{1-\left[\frac{R_0^2+L^2-(F_0+e)^2}{2R_0L}\right]^2}-R_0\sqrt{1-\left[\frac{R_0^2+L^2-(F_0-e)^2}{2R_0L}\right]^2}\tag{3}$$

由式(3)可知，当 L 不变时，改变连杆长度 R_0 或主动臂长度 F_0，即可改变振捣梁的垂直振幅 A，而不必调整偏心轴的偏心量 e。

为了保证和熨平板底平面的正确配合，振捣梁垂直位移的最低位置不应改变。即应该在满足 h_0 不变的条件下，同时改变 R_0 和 F_0 值，以达到调整振捣梁垂直振幅 A 的目的。

由式(1)可得

$$\frac{h_0^2}{R_0^2}=1-\left[\frac{R_0^2+L^2-(F_0+e)^2}{2R_0L}\right]^2$$

经变换，可得

$$F_0=\sqrt{R_0^2+L^2-2L\sqrt{R_0^2-h_0^2}}-e\tag{4}$$

由式(3)可得

$$A=h_0-R_0\sqrt{1-\left[\frac{R_0^2+L^2-(F_0-e)^2}{2R_0L}\right]^2}\tag{5}$$

将式(4)代入式(5)，得

$$A = h_0 - \frac{1}{2L}\left[4R_0^2L^2 - \left(2L\sqrt{R_0^2 - h_0^2} + 4e\sqrt{R_0^2 + L^2 - 2L\sqrt{R_0^2 - h_0^2}} - 4e^2\right)^2\right]^{\frac{1}{2}} \tag{6}$$

所以,将 h_0 值和所需要的振幅值 A 代入式(6),即可求出相应的 R_0 值。通常可取一系列 R_0 值代入式(6),求出一系列对应的 A 值,列成表格备查。R_0 值确定之后,可由式(4)确定 F_0 值。R_0 和 F_0 值即为在不改变 h_0 的条件下,调整振幅 A 后的连杆和主动臂的长度。

对于双振捣梁机构来说,当紧贴熨平板的振捣梁(即第二级振捣梁,见图 1)振幅改变后,另一振捣梁(即第一级振捣梁)垂直位移的最低位置也要相应改变。若需改变的增量为 h_0,则只需将式(4)和式(6)中的 h_0 用 $h_0 + \Delta h_0$ 代替即可,方法类似。

斜搓式振捣梁在捣实混合料时,除了垂直振幅 A 外,还有一个水平振幅 B,由图 3 可知:

$$B = \sqrt{R_0^2 - h^2} - \sqrt{R_0^2 - h_0^2}$$

另外,在调整振幅 A 的同时,振捣梁在横向的位置也有一个位移。实际应用时,应该校核这个位移及水平振幅 B,以免振捣梁和其他部件发生横向干涉。

为了使偏心轴和连杆受力均匀,一般主动臂初始位置布置成和连杆垂直,且均与水平线成 45°夹角。这样,振捣梁初始的垂直振幅 A 近似为 $2e\cos45°$,即$\sqrt{2}e$。如上所述,通过改变 F_0 和 R_0 值,可使 A 值在$\sqrt{2}e$左右变化。

3 结语

(1)斜搓式振捣方式避免了垂直式振捣机构所产生的前后摆动敲击。对混合料有横向揉搓作用,有利于混合料的密实。

(2)斜搓式振捣机构可以通过改变主动臂和连杆长度来改变振捣梁的垂直振幅,不必改变偏心轴的偏心量,因而调幅方式较简单。

(3)斜搓式振捣机构在调幅时,可不改变振捣梁垂直位移的最低位置,从而能保证振捣梁和熨平板以及振捣梁之间的正确配合。

(4)本文假设 o 和 o_1 点在同一水平线上,若不在同一水平线上,也可用类似的方法计算。

第六篇　压实技术和压实质量控制

振荡压实的动力学过程及其响应特性的研究

孙祖望　卫雪莉　王　鹊

（本文刊于《中国公路学报》1998 年第 2 期）

摘　要：振荡压实是 20 世纪 80 年代中期出现的一种新的压实技术，它利用在材料中产生的快速交变剪应力使材料的颗粒重新排列而变得更加密实。本文分析了振荡轮与地面相互作用的特点以及分阶段建立动力学模型的可行性，讨论了振荡轮在土壤上工作的动力学过程和系统在频率域和时域的响应特性。

1　振荡压实技术简介

振荡压实是 20 世纪 80 年代出现的一种新的压实方法和技术。首先提出这一新概念的是瑞典 H. Thurner 博士。与传统的振动压路机利用垂直振动的原理不同，振荡压实是利用土力学中交变剪应变的原理，使土壤等基础材料的颗粒重新排列而变得更加密实，从而达到压实的目的。产生这种交变剪应变的方法可以有多种，H. Thurner 提出的方法是在滚轮内装三根与滚轮轴心平行的轴，从中间轴输入的驱动力矩通过齿形带传动，另外两根平行轴作同向旋转。两轴上相对安装有互成 180°的偏心块，它们在两轴的带动下绕各自的轴心同步旋转。偏心轴旋转时的离心力能产生按正弦曲线变化的交变扭矩，施加于滚轮上，使它产生一种绕轴心的振荡运动，如图 1 所示。由于施加的激振力矩是一对绕滚轮轴心作用的力偶，所以理论上它们不会引起滚轮垂直方向的振动，这就从根本上改善了传统振动压路机垂直冲击振动带来的一系列缺点。

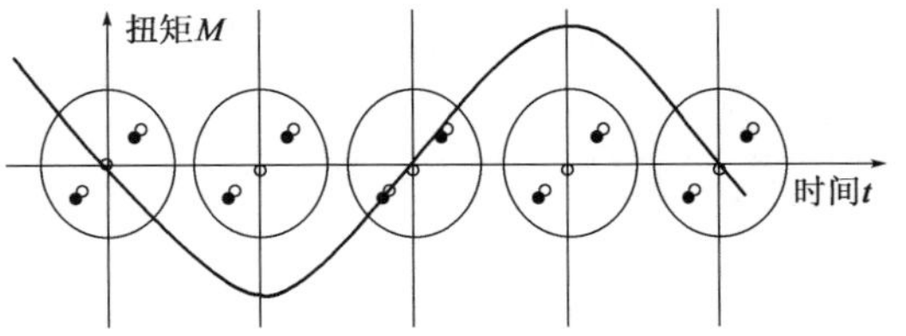

图 1　振荡轮的工作原理

振荡压实技术在减轻机架、减小环境地面的振动、节约能量消耗、降低制造和施工成本等方面的优越性是显而易见的。它在路面压实工艺方面具有的压实过程进展平缓、不易压碎脆性材料、能防止面层振松、压实表面光滑平整等一系列优点说明：振荡压路机对压实沥青混凝土和碾压混凝土路面具有良好的适应能力。

由于振荡压实和振动压实在工作原理上的不同，在研究振荡压实的动力学过程时套用振动压路机的动力学模型显然是不可行的。有关这方面的研究，目前公开发表的文献十分有限，而且大都作了大量的简化，特别是没有考虑振荡轮与地面之间的滑转问题，因而无法解释在试验研究中得到的一些重要的规律性现象，因而也很难用来指导振荡压路机的实际设计工作。本文在分析振荡压实特点的基础上，对振荡轮与地面相互作用过程进行的研究和建立的模型，将提供一种比较符合实际的预测振荡轮动力响应和评价其压实性能的方法。

2　振荡轮与地面相互作用的特点

与传统的振动压路机相比，振荡轮与地面相互作用的动力学过程有着一些不同的特点。正是这些特殊性决定着它们之间在数学模型上的差别，并可归纳如下：

(1)振荡压实是依靠在一定的垂直压力下对基础材料施加交变的剪切变形，而使材料颗粒变得更加密实的。在这一过程中虽然存在着材料的垂直变形，但是在滚轮与地面相互作用的动力学模型中起着更为重要作用的是基础材料的剪切变形和剪切刚度。

(2)对于传统的振动压路机来说,由滚轮偏心块的振动所产生的激振力是直接作用和传递给基础材料的,与前者不同,施加于振荡轮上的激振力矩是通过滚轮与地面的摩擦附着作用而传递给基础材料的,在一定条件下滚轮与地面可能存在滑转,这对于振动能量的传递有着重要的影响。

(3)车架质量在振动方向所受到的约束对于振动轮和振荡轮来说也是完全不同的。前者的车架在垂直方向上的运动,除了受减振元件弹性力的约束之外是自由的;而后者则受到后轮驱动附着作用的制约,由于车架质量较大,再加上另一车轮附着力对它的约束,所以在多数情况下车架在水平方向的振动可以略去不计。

从以上对振荡压实过程特点的分析中可以看到,对于振荡压实来说,滚轮与地面在压实过程进展中的相互作用(从碾压开始到结束)存在着很大的不同。这种差异不仅表现在基础材料变形、刚度和阻尼的变化,而且还存在着有无滑转和滑转大小的差别。

3 振荡轮在进行压实工作时动力学过程的分析

根据对振荡压实过程的分析,可以将振荡轮与地面相互作用的动力学模型简化,如图 2 所示。这一模型的特点是:

(1)略去机架的水平振动,而认为滚轮是通过某种弹性元件而连接在相对不动的机架上。

(2)认为地面的基础材料只有很少一部分是参与振动的,它的质量可略去不计并通过某种弹性元件连接在固定不动的大地上。

(3)滚轮与地面参与振动的基础材料之间不是强制的耦合,而是一种依靠摩擦力来联结的有条件的耦合。

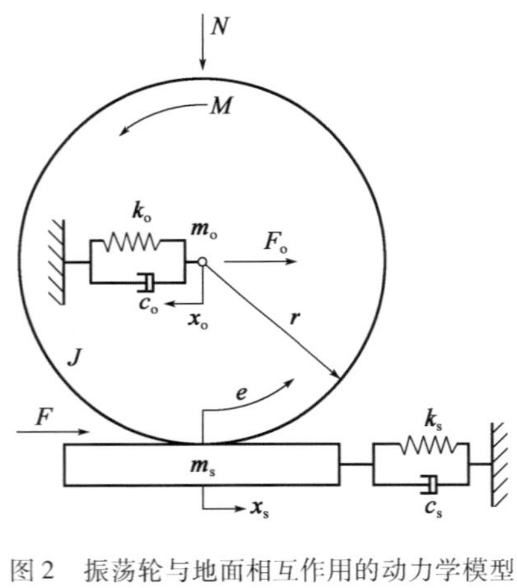

图 2 振荡轮与地面相互作用的动力学模型

如图 2 所示的动力学模型是一个双自由度的强迫振动系统。在激振力矩 M 的作用下将迫使滚轮作绕其轴心 O 的摆振运动,M 的一部分将消耗在克服滚轮摆振的惯性力矩上,另一部分则使滚轮与其支承面之间产生一定的摩擦力 F。这一摩擦力一方面将引起地面的基础材料产生一定的剪切变形,而另一方面则作用在滚轮上而引起轮心产生一定的水平位移。

在激振力矩很小的情况下,滚轮在激振力和摩擦力的共同作用下将沿着支承面作无滑转的纯滚动。此时滚轮与滑板(代表参与振动的基础材料)通过弹性元件与固定不动的机架和大地联结成统一的振动系统。随着激振力的增大,摩擦力也随之增加,当摩擦力增大至它的极限值(静摩擦力)时,滚轮将开始在支承面上打滑,从而破坏了滚轮与地面之间的固定联系而发生脱耦。此时滚轮将在外力作用下完成某种独立的运动。

从以上分析中可以看到,滚轮与支承面之间的摩擦力等于静摩擦力将成为划分上述动力学模型不同工作方式和不同工作阶段的临界条件。通常在碾压刚开始时,基础材料的剪切刚度较小,在滚轮与地面之间几乎没有滑转,上述动力学模型将作为统一的振动系统在工作。随着碾压遍数的增加,当剪切刚度增大至一定数值时,滚轮与地面间将产生明显滑转,此时系统的动力学过程将由连耦和脱耦二个工作阶段组成。当材料被完全压实时,地面的剪切刚度极大而接近于一刚性基础,此时系统将成为一单自由度的振动系统。图 3 是振荡轮在室内上槽中做试验时测定的轮心水平振动和滚轮摆振运动的波形。

从图中可看到,在碾压开始阶段(1 遍、2 遍),轮心水平振动和滚轮摆振的波形基本上都接近于正弦波;在碾压至 4 ~6 遍时,轮心的波形已经有明显的失真,而滚轮的摆振仍保持正弦波形不变;在碾压至 11 遍时,轮心正弦波的“削顶”现象就十分明显了。振荡轮在压实土壤时的动力学过程,可分为以下两种情况来分析。

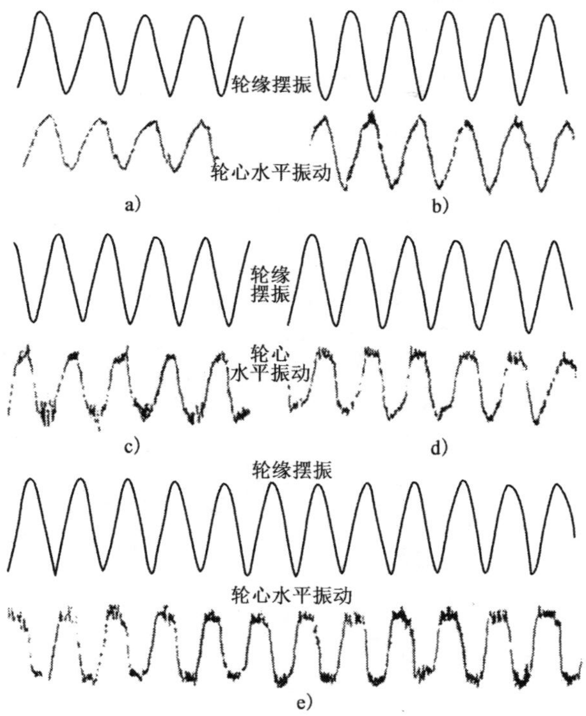

图3　轮心水平振动与滚轮摆振运动的波形及其随碾压过程的进展而变化的情况

a)1 遍;b)2 遍;c)3 遍;d)4 遍;e)11 遍

3.1　滚轮与地面之间没有滑转

根据图2所示的模型,考虑不存在滑转的条件,对于滚轮与轮心的运动可列出以下微分方程:

$$\left.\begin{aligned}&J\ddot{\theta}+r^2c_s\dot{\theta}+r^2k_s\theta-rc_s\dot{x}_o-rk_sx_o=M_A\sin\omega t\\&m_o\ddot{x}_o+(c_o+c_s)\dot{x}_o+(k_o+k_s)x_o-rc_s\dot{\theta}-rk_s\theta=0\end{aligned}\right\}\tag{1}$$

令:

$$\left.\begin{aligned}&a_c=\frac{r^2c_s}{J},a_k=\frac{r^2k_s}{J},b_c=\frac{rc_s}{J},b_k=\frac{rk_s}{J},q=\frac{M_A}{J}\\&d_c=\frac{c_o+c_s}{m_o},d_k=\frac{k_o+k_s}{m_o},c_c=\frac{rc_s}{m_o},c_k=\frac{rk_s}{m_o}\end{aligned}\right\}\tag{2}$$

则可将方程(1)改写为:

$$\left.\begin{aligned}&\ddot{\theta}+a_c\dot{\theta}+a_k\theta-b_cx_o-b_kx_o=q\sin\omega t\\&\ddot{x}_o+d_c\dot{x}_o+d_kx_o-c_c-c_k\theta=0\end{aligned}\right\}\tag{3}$$

方程(3)的特殊解具有以下形式:

$$\left.\begin{aligned}&\theta=B_1\sin(\omega t-\varphi_\theta)\\&x_o=B_2\sin(\omega t-\varphi_{xo})\end{aligned}\right\}\tag{4}$$

如用复数表示则有:

$$\left.\begin{aligned}&\theta=B_1e^{i(\omega t+\varphi_\theta)}\\&x_o=B_2e^{i(\omega t+\varphi_{xo})}\end{aligned}\right\}\tag{5}$$

将 θ、x_o 以及它们的导数代入方程(3)可得:

$$\left.\begin{aligned}&(a_k-\omega^2+ia_c\omega)B_1e^{i(\omega t+\varphi_\theta)}-(b_k+ib_c\omega)B_2e^{i(\omega t-\varphi_{xo})}=qe^{i\omega t}\\&(d_k-\omega^2+id_c\omega)B_1e^{i(\omega t+\varphi_{xo})}-(c_k+ic_c\omega)B_2e^{i(\omega t-\varphi_\theta)}=0\end{aligned}\right\}\tag{6}$$

解联立方程(6)，利用复数运算的法则可得：

$$\left.\begin{aligned}B_1 &= q\sqrt{\frac{(d_k-\omega^2)^2+d_c^2\omega^2}{\left[(p_1^2-\omega^2)(p_2^2-\omega^2)-a_c\dfrac{c_o}{m_o}\omega^2\right]^2+\left[a_c\dfrac{k_o}{m_o}+a_k\dfrac{c_o}{m_o}-(a_c+d_c)\omega^2\right]^2\omega^2}}\\ \varphi_\theta &= \tan^{-1}\frac{(d_k-\omega^2)\omega\left[a_c\dfrac{k_o}{m_o}+a_k\dfrac{c_o}{m_o}-(a_c+d_c)\omega^2\right]-d_c\omega\left[(p_1^2-\omega^2)(p_2^2-\omega^2)-a_c\dfrac{c_o}{m_o}\omega^2\right]}{(d_k-\omega^2)\left[(p_1^2-\omega^2)(p_2^2-\omega^2)-a_c\dfrac{c_o}{m_o}\omega^2\right]+d_c\omega^2\left[a_c\dfrac{k_o}{m_o}+a_k\dfrac{c_o}{m_o}-(a_c+d_c)\omega^2\right]}\end{aligned}\right\}\tag{7}$$

$$\left.\begin{aligned}B_2 &= q\sqrt{\frac{c_k^2+c_c^2\omega^2}{\left[(p_1^2-\omega^2)(p_2^2-\omega^2)-a_c\dfrac{c_o}{m_o}\omega^2\right]^2+\left[a_c\dfrac{k_o}{m_o}+a_k\dfrac{k_o}{m_o}-(a_c+d_c)\omega^2\right]^2\omega^2}}\\ \varphi_{x0} &= \tan^{-1}\frac{c_k\omega\left[a_c\dfrac{k_o}{m_o}+a_k\dfrac{k_o}{m_o}-(a_c+d_c)\omega^2\right]-c_c\omega\left[(p_1^2-\omega^2)(p_2^2-\omega^2)-a_c\dfrac{c_o}{m_o}\omega^2\right]}{c_k\left[(p_1^2-\omega^2)(p_2^2-\omega^2)-a_c\dfrac{c_o}{m_o}\omega^2\right]+c_c\omega^2\left[a_c\dfrac{k_o}{m_o}+a_k\dfrac{k_o}{m_o}-(a_c+d_c)\omega^2\right]}\end{aligned}\right\}\tag{8}$$

式(7)、式(8)中，p_1、p_2 为系统无阻尼时的共振频率：

$$p_1^2、p_2^2 = \frac{a_k \mp d_k}{2}\sqrt{\left[\frac{a_k-d_k}{2}\right]^2+b_kc_k}\tag{9}$$

由于没有滑转，所以在滚轮、轮心和滑板的运动之间存在着以下关系：

$$\left.\begin{aligned}r\theta &= x_s + x_o\\ r\dot{\theta} &= \dot{x}_s+\dot{x}_o\end{aligned}\right\}\tag{10}$$

由此可写出滑板的稳定振动解：

$$x_s = r\theta - x_0 = rB_1\sin(\omega t-\varphi_\theta) - B_2\sin(\omega t-\varphi_{xo}) = B_3\sin(\omega t-\varphi_{xo})\tag{11}$$

振幅 B_3 和相位角 φ_{xs} 可利用矢量合成的方法解出：

$$\left.\begin{aligned}B_3^2 &= r^2B_1^2+B_2^2-2rB_1B_2\cos(\varphi_\theta-\varphi_{xo})\\ \varphi_{x_s} &= \arctan\frac{B_2\sin\varphi_{xo}-rB_1\sin\varphi_\theta}{rB_1\cos\varphi_\theta-B_2\cos\varphi_{xo}}\end{aligned}\right\}\tag{12}$$

3.2 滚轮与地面之间存在滑转

当振荡轮在进行压实工作时，最具有典型性的是在半密实的土壤上工作，在这种情况下滑转是不可避免的，此时滚轮与地面相互作用的动力学过程可以分成连耦和脱耦两个阶段来讨论。

为便于考察从连耦到脱耦的过渡，可将开始连耦的瞬间作为考察的起点。设在 $t=t_0$ 时，滚轮处在最大正向摆角位置并开始向负方向摆动。在这一时刻之前轮心处于脱耦状态，轮心的减振元件处于最大压缩位置。在 $\theta=0$ 的瞬间摩擦力换向，此时滚轮与支承面间重新连耦而作纯滚动并向负方向加速。

如果滚轮与支承面之间在相互作用的整个过程不发生滑转，则如式(4)所示：θ 与 x 将分别滞后于扭矩一个不变的相位角 φ_0 与 φ_{xo}，而滚轮的摆动中心与轮心以及滑板的水平振动中心是一致的。

当存在滑转时，上述情况将会发生变化。在滚轮和支承面开始连耦之后的某一时刻摩擦力 F 增大至等于其静摩擦力 F_s，滚轮开始打滑，并与支承面之间脱耦，亦即滚轮转角的弧长 $r\theta$ 不再等于轮心的位移 x_o 和滑板的位移 x_s 之和。在此种情况下，滚轮摆振运动和轮心以及滑板的水平运动之间不再存在固定的约束关系，而将在各自外力的作用下独立运动，因而在 θ 与 x_o、x_s 之间也不可能再保持原有的相位关系 φ_θ 与 φ_{xo}、φ_{xs}。实际上当开始脱耦后，轮心和滑板将保持在弹性元件最大压缩位置(不考虑脱耦瞬间的扰动)，而滚轮仍在继续向同方向摆动。由于在 t_0 时刻前 θ 与 x_o、x_s 处在脱耦状态，因此当在 t_0 时刻两者重新连耦时,滚轮已经滑过了一个转角 θ_δ,它的弧长 $r\theta_\delta$ 即是滚轮的滑转位移。此时在滚轮转角、轮心及滑板之间存在着以下关系:

$$r\theta = x_o + x_s + r\theta_\delta \tag{13}$$

正是这一滑转位移导致了 $r\theta$ 和 x_o 在连耦阶段的运动中心相对于包括连耦和脱耦两个阶段在内的整个周期,峰—峰值的幅度中心(系统的平衡位置)产生了一偏移量 h。

设将 t_0 作为考察的起点,此时滚轮在脱耦的状况下达到其最大转角而开始向负方向运动,但由于摩擦力和其他阻尼的作用滞后于激振力矩 M 一个相位角 φ_{M0},因此 M 将具有以下形式:

$$M = M_A\cos[\omega(t - t_0) + \varphi_{M0}] \tag{14}$$

而连耦阶段的微分方程则具有如下形式:

$$\left.\begin{aligned}&\ddot{\theta} + a_c\dot{\theta} + a_k\theta - b_c\dot{x}_o - b_kx_o = q\cos[\omega(t - t_0) + \varphi_{M0}]\\&\ddot{x}_o + d_c\dot{x}_o + d_kx_o - c_c\dot{\theta} - c_k\theta = 0\end{aligned}\right\} \tag{15}$$

方程式(15)的稳定振动解为:

$$\left.\begin{aligned}\theta &= B_1\cos[\omega(t - t_0) + \varphi_{M0} - \varphi_\theta]\\x_o &= B_2\cos[\omega(t - t_0) + \varphi_{M0} - \varphi_{xo}]\end{aligned}\right\} \tag{16}$$

如用系统的平衡位置作为 θ 和 x_0 的参考坐标,则式(16)应写为:

$$\left.\begin{aligned}\theta &= h_\theta + B_1\cos[\omega(t - t_0) + \varphi_{M0} - \varphi_\theta]\\x_o &= h_{xo} + B_2\cos[\omega(t - t_0) + \varphi_{M0} - \varphi_{xo}]\end{aligned}\right\} \tag{17}$$

设 $t = t_0$ 时,$\theta = \theta_0$,$x_o = x_{os}$则可得 h 的表达式为:

$$\left.\begin{aligned}h_\theta &= \theta_0 - B_1\cos(\varphi_{M0} - \varphi_\theta)\\h_{xo} &= x_{os} - B_2\cos(\varphi_{M0} - \varphi_{xo})\end{aligned}\right\} \tag{18}$$

将 h 的表达式代入式(17),则:

$$\left.\begin{aligned}\theta &= \theta_0 - B_1\cos(\varphi_{M0} - \varphi_\theta) + B_1\cos[\omega(t - t_0) + \varphi_{M0} - \varphi_\theta]\\x_o &= x_{os} - B_2\cos(\varphi_{M0} - \varphi_{xo}) + B_2\cos[\omega(t - t_0) + \varphi_{M0} - \varphi_{xo}]\end{aligned}\right\} \tag{19}$$

根据关系式,$x_s = r\theta - x_o$,不难写出滑板位移 x_s 的表达式:

$$x_s = x_{ss} - B_3\cos(\varphi_{M0} - \varphi_{xs}) + B_3\cos[\omega(t - t_0) + \varphi_{M0} - \varphi_{xs}] \tag{20}$$

在连耦阶段,如不考虑连耦瞬间引起的系统扰动,θ 和 x_o 将按式(19)向负方向变化,也即从正向最大值逐渐减小,$\dot{\theta}$ 和 $\dot{x}_0$ 从零向负方向逐渐增大,而摩擦力 F 则从正向换至负向并逐渐增大,直至某一时刻 $t = t_1$ 时达到其静摩擦力($F = F_s$)。此时滚轮与支承面再次发生脱耦,而图 2 所示的动力学模型将分为两个独立的部分(图 4)。在脱耦的情况下,滚轮与支承面间的极限摩擦力通常不再等于静摩擦力,而是摩擦副相对速度的函数。考虑到滚轮的摆振幅度很小,它的平均速度只有 0.2 ~ 0.3m/s,所以可近似地假定极限摩擦力为一常数且等于静摩擦力 F_s。从表达式(19)中可知,当 $t = t_1$ 时:

$$\left.\begin{aligned}\theta_1 &= \theta_0 - B_1\cos(\varphi_{M0} - \varphi_\theta) + B_1\cos[\omega(t - t_0) + \varphi_{M0} - \varphi_\theta]\\\dot{\theta}_1 &= -B_1\omega\sin[\omega(t - t_0) + \varphi_{M0} - \varphi_\theta]\\M_1 &= M_A\cos[\omega(t_1 - t_0) + \varphi_{M0}] = M_A\cos\varphi_{M1}\\\varphi_{M_1} &= \omega(t_1 - t_0) + \varphi_{M0}\end{aligned}\right\} \tag{21}$$

同理对于 x_o 则有：

$$\left.\begin{aligned} x_{o1} &= x_{os} - B_2\cos(\varphi_{M0} - \varphi_{xo}) + B_2\cos[\omega(t_1 - t_0) + \varphi_{M0} - \varphi_\theta] \\ \dot{x}_{o1} &= -B_1\omega\sin[\omega(t_1 - t_0) + \varphi_{M0} - \varphi_{xo}] \end{aligned}\right\} \tag{22}$$

时刻 t_1 可根据 $F = F_s$ 的条件由下列方程求得(设 $\omega > p_2$)：

$$kx_{s1} + c_s x_{s1} = -F_s \tag{23}$$

将 x_{s1} 与 $\dot{x}_{s1}$ 的表达式：

$$\left.\begin{aligned} x_{s1} &= B_3\cos[\omega(t_1 - t_0) + \varphi_{M0} - \varphi_{xs}] \\ \dot{x}_{s1} &= -B_3\omega\sin[\omega(t_1 - t_0) + \varphi_{M0} - \varphi_{xs}] \end{aligned}\right\} \tag{24}$$

代入式(23)可得：

$$k_s B_3\cos[\omega(t_1 - t_0) + \varphi_{M0} - \varphi_{xo}] - c_s B_3\omega\sin[\omega(t_1 - t_0) + \varphi_{M0} - \varphi_{xo}] = -F_s \tag{25}$$

在脱耦之后滚轮将按图 6.1.4a)的模型运动，此时可列出以下运动方程：

$$J\ddot{\theta} = M_A\cos[\omega(t - t_1) + \varphi_{M0}] + rF_s \tag{26}$$

或

$$\ddot{\theta} = q\cos[\omega(t - t_1) + \varphi_{M0}] + q_f$$

式中：

$$q = \frac{M_A}{J}, \quad q_f = \frac{rF_s}{J} \tag{27}$$

将微分方程(26)积分两次，即可得在初始条件 $t = t_1, \theta = \theta_1, \dot{\theta} = \dot{\theta}_1$ 的解：

$$\theta = \theta_1 + \frac{q}{\omega_2}\cos\varphi_{M1} + \left(\dot{\theta}_1 - \frac{q}{\omega}\sin\varphi_{M1}\right)(t - t_1) + \frac{1}{2}qf(t - t_1)^2 - \frac{q}{\omega^2}\cos[\omega(t - t_1) + \varphi_{M1}]$$

$$\dot{\theta} = \left(\dot{\theta}_1 - \frac{q}{\omega}\sin\varphi_{M1}\right) + q_f(t - t_1) + \frac{q}{\omega}\sin[\omega(t - t_1) + \varphi_{M1}] \tag{28}$$

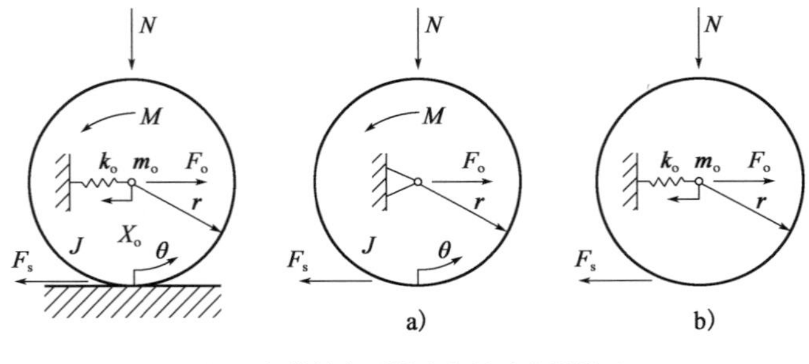

图 4　振荡轮在脱耦阶段的动力学模型

在脱耦阶段，滚轮将按式(28)继续运动直至在某一时刻 t_2，θ 达到其负方向的最大值而开始向反方向摆动。此时 $\dot{\theta} = 0$ 而滚轮与支承面重新连耦，亦即当 $t = t_2$ 时 $\theta = -\theta_{max}$，$\dot{\theta} = 0$。根据这一条件，由式(28)可知：

$$\left.\begin{aligned} \theta_2 &= -\theta_{max} = \theta_1 + \frac{q}{\omega^2}\cos\varphi_{M1} + \left(\theta_1 - \frac{q}{\omega}\sin\varphi_{M1}\right)(t_2 - t_1) + \frac{1}{2}q_f(t_2 - t_1) - \frac{q}{\omega^2}\cos[\omega(t_2 - t_1) + \varphi_{M1}]^2 \\ \dot{\theta}_2 &= 0 = \left(\dot{\theta}_1 - \frac{q}{\omega}\sin\varphi_{M1}\right) + q_f(t_2 - t_1) - \frac{q}{\omega^2}\sin[\omega(t_2 - t_1) + \varphi_{M1}] \end{aligned}\right\} \tag{29}$$

以上是滚轮从正向最大偏离位置摆至负向最大偏离位置的变化过程，另外半个周期 θ 角将从负的最大值变化至正的最大值，其过程是完全相同的，并无原则差别。

在结束上述讨论时还需指出，在开始讨论时，对于 θ 的初始值 θ_0 和激振力矩 M 的初始相位 φ_{M0}，给出的只是一个假定值,它们应该由运动进展一个整周期后能恢复到原来运动状态这一条件来决定。由于滚轮的转角从正摆至负的最大值和从负摆至正的最大值的过程完全相同,所以上述条件可概括为:

(1)θ 角从 θ_0 至 $-\theta_0$ 所经历的相位必须等于 π 角,亦即 $\omega(t_2-t_0)=\pi$。

(2)初始摆角 θ_0 在数值上必须等于摆过半个周期时的摆角 θ_2 而符号则相反,亦即 $\theta_0=-\theta_2$。

根据上述条件(1),由式(21)有:

$$\omega(t_2-t_1)=\pi-\omega(t_2-t_0)=\pi-\varphi_{M1}+\varphi_{M0} \tag{30}$$

根据上述条件(2),由式(29)和式(21)有:

$$\theta_0=\frac{1}{2}\Big\{B_1\cos(\varphi_{M0}-\varphi_\theta)-B_1\cos(\varphi_{M1}-\varphi_\theta)-\frac{q}{\omega^2}\cos\varphi_{M1}+\Big[B_1\omega\sin(\varphi_{M1}-\varphi_\theta)+\frac{q}{\omega}\sin\varphi_{M1}\Big]\cdot (t_2-t_1)-\frac{1}{2}q_f(t_2-t_1)^2-\frac{q}{\omega^2}\cos\varphi_{M0}\Big\} \tag{31}$$

在脱耦之后,轮心的运动将按图4b)的模型运动。这是一典型的带阻尼的单自由度自由振动系统。此时轮心将围绕其平衡位置做自由振动,但由于减振元件的阻尼和支承面对滚轮很大的摩擦力,其衰减作用是十分强烈的。因此如不考虑脱耦瞬间的扰动,则可以认为轮心和滑板在脱耦之后将保持在静摩擦力引起的位移量 x_{os} 和 x_{ss} 上而静止不动。

如图5所示是滚轮、轮心、滑板在以上讨论的整个动力学过程中几个典型位置的示意图。

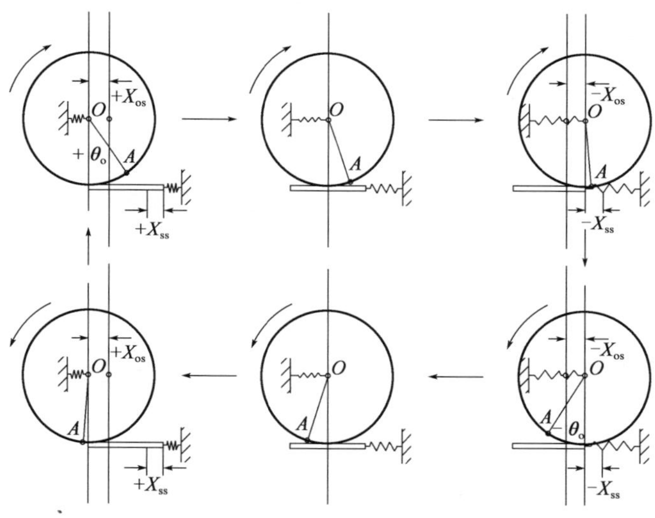

图5　滚轮、轮心、滑板在运动中的几个典型位置示意图

4　振荡轮动力学系统的响应特性

4.1　频率响应特性

振荡轮与地面相互作用的动力学过程即使在相同的数学模型下,随激振频率、质量、刚度、阻尼等参数的不同也会有很大的差异。因此研究其动力学系统的频率响应特性对合理选择振荡系统的参数和提高振荡压实的效果有着重要意义。对于同一台振荡压路机,在压实过程的进展中随着土壤刚度和阻尼的变化,其动力学过程也处在不断的变化之中,因此研究其频响特性的变化规律对更为深刻地了解振荡压实过程的动力特性也是至关重要的。

如图6所示是根据某一实例利用计算机数字仿真绘制的幅频和相频响应特性。在图中展示了土壤刚度和阻尼逐步变化时,频响特性的变化规律。在土壤压实的进程中,松散的土壤逐渐变得密实,土壤的刚度和阻尼也在不断变化。从图中可看到,幅频特性的第一共振频率并不随土壤的不同刚度和阻尼而变化，它基本上取决于滚轮避振元件刚度的大小，而且滚轮摆角、轮心、滑板三者的共振频率基本上是重合的。幅频特性的第二共振频率则主要决定于土壤的刚度，随着刚度的变小，第二共振频率将逐渐向第一共振频率靠拢，而且随着阻尼的增大，共振频率点的振幅将逐渐减小，而滚轮摆角、轮心和滑板三者的共振点则呈现有不同的偏移。当阻尼增长至一定数值后，幅频特性将呈现为一单调上升的指数增长曲线。由此可见，在压实过程中松土和密实土壤的频率响应特性有着很大差别，了解这一点对于正确地选择激振频率无疑是有重要意义的。

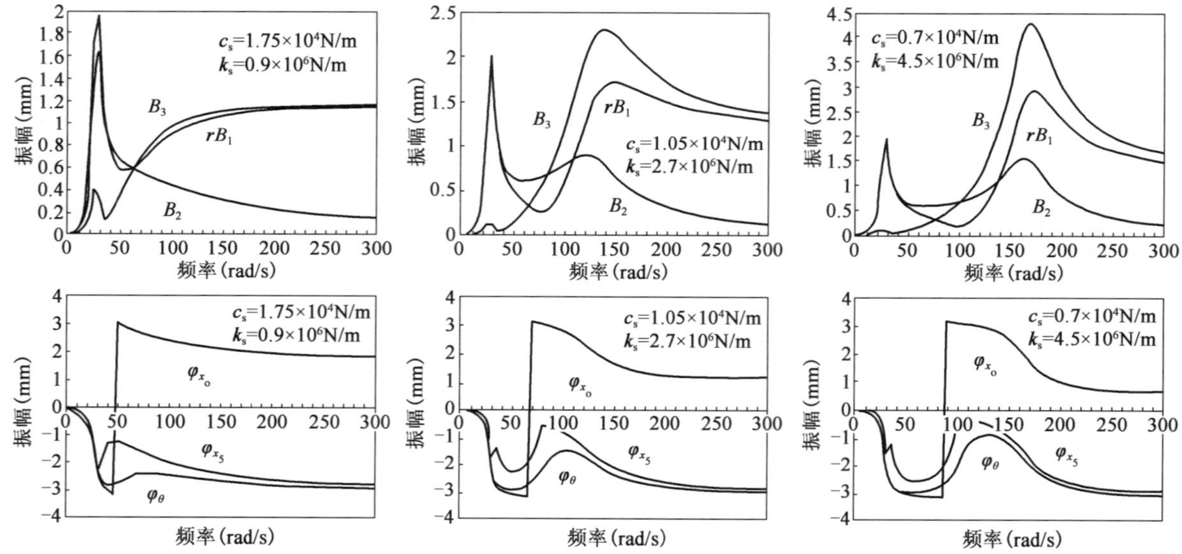

图6 振荡轮动力学系统的频率响应特性

4.2 时域响应特性

时域响应特性反映了滚轮转角、轮心和滑板随时间而作周期变化的规律以及它们的幅值和相位的相互关系。时域响应特性更为直观地显示出振荡轮与地面相互作用的动力学过程进展的情况。图7是根据同一实例，在某一确定的频率下绘制的时域响应特性，图中同样展示了振荡压实的动力学过程由于土壤的刚度和阻尼逐步变化而导致的不同进展。从图7中可以明显看到，随着土壤刚度的增大，滚轮摆振和轮心水平振动位移的过零点之间的时间差在逐渐增大。这种附加的相位差正是由于在连耦和脱耦阶段两者的运动中心发生某种偏移而引起的，θ 和 x_o 的过零点 $t_{\theta=0}$ 和 $t_{xo=0}$ 可按下列方程求出

$$\left.\begin{aligned}&\theta_0 - B_1\cos(\varphi_{M0} - \varphi_\theta) - B_1\cos[\omega(t_{\theta=0} - t_0) + \varphi_{M0} - \varphi_\theta] = 0\\&x_{os} - B_2\cos(\varphi_{M0} - \varphi_\theta) - B_2\cos[\omega(t_{\theta=0} - t_0) + \varphi_{M0} - \varphi_{xo}] = 0\end{aligned}\right\}\tag{32}$$

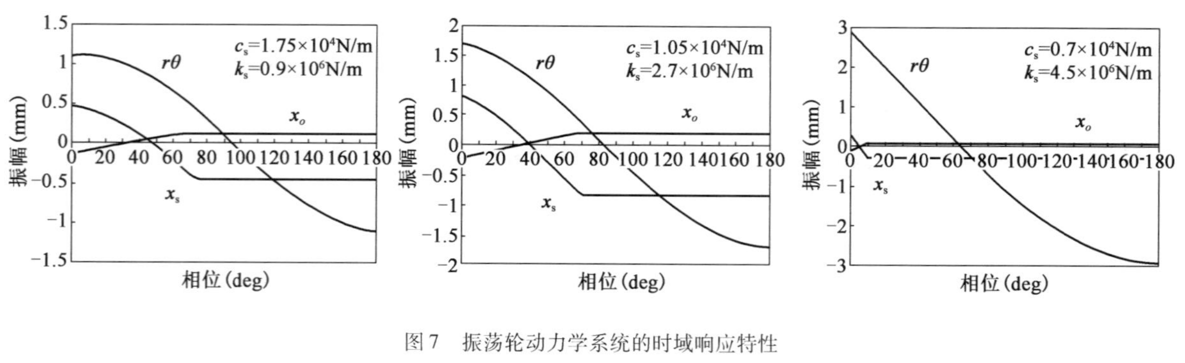

图7 振荡轮动力学系统的时域响应特性

5　结语

(1)本文建立的分阶段双自由度动力学模型完全可以满足描述振荡压实动力学过程的需要。它既可以根据基础材料的不同刚度和阻尼来适应压实过程从开始碾压到完全密实的进展需要,又可以根据有无滑转来划分振荡轮与地面相互作用的不同工作阶段以适应对不同阶段进行数学描述的需要。

(2)对这一动力学模型频响特性的研究表明,在整个压实过程的进展中从松土到密实土壤,它们的频率响应特性有着很大差异。因此简单地提出激振频率应选得稍高于共振频率是不全面的,最优的激振频率应该根据整个压实过程的综合效果来确定。

(3)由于滑转的存在,在滚轮的摆振运动与轮心的水平振动运动之间增加了某种附加的相位差,而且随着压实程度的增大,滚轮与基础之间的滑转量也随之增大,而两运动之间的相位差也相应增大。当土壤压实到一定程度,压实度不再增大时,滑转量与相位差也将稳定在某一量值上,因此两运动之间的相位差可作为一测量特征值用来估计基础材料的压实程度。

热沥青混合料碾压质量过程控制的研究

孙祖望　杨东来

[本文刊于《广东省高速公路沥青路面专题研究报告集(广东冠粤路桥公司)》2008 年]

1　热沥青混合料压实度的不均匀性和碾压质量过程控制的研究

在热沥青混合料压实技术的领域内,一个十分重要的问题是要解决沥青混凝土压实密度的变异性,压实度的不均匀常常是导致沥青路面早期损坏的重要原因。多数舆论认为压实不足是导致压实度不均匀的主要原因,因此对压实设备的吨位要求愈来愈高,对碾压遍数也是愈多愈好,在碾压速度方面也存在放慢的趋势。但是对于导致压实密度发生离散的原因是否一定是压实不足,采取上述加大压实作用的措施能否解决压实度的变异性问题,并没有进行过更为深入的研究。

在本专题的研究中对 4cm、6cm、8cm 三种铺层厚度采用不同吨位和压实能力的振动压路机和振荡压路机在不同的工况下进行压实效果的对比试验,并且在压实过程中对压实密度和碾压温度进行了实时监测,并在碾压完毕后对被压铺层进行了拉网式的密度检测,取得了大量第一手的数据。这些试验包括了以下各项内容:

(1)高频振动压路机与常规振动压路机压实效果的对比试验。

(2)不同铺层厚度下振动压实的振幅、频率、碾压速度对压实效果的试验研究。

(3)不同铺层厚度下振荡压实的振幅、频率、碾压速度对压实效果的试验研究。

(4)高频振动压路机与振荡压路机压实效果的对比试验。

我国的沥青路面结构目前仍以半刚性基层加沥青面层的结构为主,长期以来沥青面层一直是(4 + 5 + 6)cm 的三层式结构,近些年来出现了(4 + 5 + 7)cm、(4 + 6 + 8)cm 的结构,但仍在薄层路面和次薄层路面的范畴内。

4 ~ 5cm 的薄层路面是沥青路面与压实中一个特殊的领域。薄层路面在压实时的特点主要是:

(1)薄层路面的铺层薄、散热快,尤其是在气温较低和风力较大的场合下(例如桥面铺装),混合料的热量更易失散,因而要求压实设备能有很高的压实效率,以便在较短的时间内将混合料压实到要求的密实度,而采用静作用的压路机则往往达不到规定的要求。

(2)由于铺层薄,在承受较大的冲击力下容易导致表层集料的压碎,特别是对以粗集料为主的嵌挤型结构的混合料(SMA、OGFC、Superpave 等)危害更大。集料的破碎会严重破坏原有的集料级配特性。集料的破碎面上没有沥青黏结将为日后的松散、裂缝、渗水、剥落等病害埋下隐患。

(3)过度的振动能量会从松铺层下已压实的下承层上反射回来,导致铺层表面振松。

2　压路机试验大纲

2.1　试验目的

本试验目的是通过一系列现场试验来考核 SW850 高频振动压路机对压实薄层路面与次薄层路面的压实性能,以及碾压工作参数对不同铺层厚度的优化调整,以便确定它的合理应用范围,和更好地解决 SW850 高频压路机在薄层和次薄层路面与压实领域内的应用问题。

2.2　试验内容

(1)在不同的铺层厚度下(4cm、6cm、8cm)碾压工作参数(频率、振幅、碾压速度、碾压遍数)对压实度的影响以及它们的优化选择。

(2)高频振动压路机在改善路面集料压碎和防止表层振松方面的效果。

(3)高频振动压路机与常规振动压路机压实性能的对比,包括:

①两种压路机在相同的碾压遍数和摊铺温度下,复压和终压终了压实度的比较。

②两种压路机在相同的碾压遍数和摊铺温度下,生产效率的比较(压路机的生产效率会受摊铺机速度的制约,但通过测定压实段的长度和碾压速度可计算出相应的生产效率)。

③两种压路机在相同的碾压遍数和摊铺温度下,复压终了面层温度的比较。

2.3　试验场地与条件

试验按不同的铺层厚度,选择上、中、下面层三种典型的路面结构,参看表1。

试验路段的路面结构　　表1

路面结构层	铺层厚度(cm)	混合料类型	路面宽度(m)	试验路段长度(m)
磨耗层	4	改性沥青AC13	18	600
中面层	6	AC20	18	600
下面层	8	AC25	18	600

2.4　试验方案

1)试验路段布置

将试验路段按宽度分为两幅,分别由二台SAKAI SW850型高频振动压路机与二台DD－130和DD－110双钢轮常规振动压路机进行碾压作业。每一铺层厚度的试验路段总长600m,分为四个工况,每一工况150m。

2)摊铺与碾压工艺

(1)摊铺工艺

ABG 423摊铺机的工作参数按以下要求进行调整:

①下面层:摊铺速度1.5m/min;熨平板振捣器3～3.5级;振动熨平板4.5～5级。

②中面层:摊铺速度2m/min;熨平板振捣器3级;振动熨平板4级。

③下面层:摊铺速度2.5m/min;熨平板振捣器2级;振动熨平板3级。

(2)碾压工艺

碾压工艺由初压、复压、终压组成,初压由关闭振动功能的振动压路机静压一遍完成,复压由振动压路机和轮胎压路机完成,振动压路机前进静压一遍后,倒退即开始振动复压,终压由静作用压路机完成。初压、复压、终压的碾压作业均由两台压路机分别承担半幅路面的压实,采取按五条碾压道紧跟摊铺机由外向内的碾压模式,但每一碾压段的起始点必须与前一碾压段初压的上止点相衔接,不得有漏压的情况。初压的上止点是指各碾压道上前一碾压段压路机换向停止振动瞬间的位置(不是停车点),当前碾压段各碾压道初压的起振位置应较前一碾压段的初压上止点提前1～1.5m。

每一碾压段分为五条碾压道,相邻碾压段之间重叠20cm左右,前后碾压道应有1～1.5m的重叠量。碾压模式如图1所示。第一碾压段第一碾压道的碾压长度为30m,随后的各碾压道的初压上止点(起始点)由压路机手视紧跟碾压的需要确定,大体掌握在30m左右。各碾压段第一碾压道的初压上止点(停振位置)由随车人员发出信号,现场测量人员应根据压路机即时的位置在路边做出标记,并设置明显的标杆,下一个碾压段第一碾压道压路机的起振位置即据此提前1～1.5m。各碾压段第五碾压道的初压上止点(停振位置)用同样的办法做出标记,并设置明显标杆,作为下一碾压段第五碾压道的初压起始点,压路机手在进入下一碾压段的第五碾压道时将据此提前1～1.5m起振。

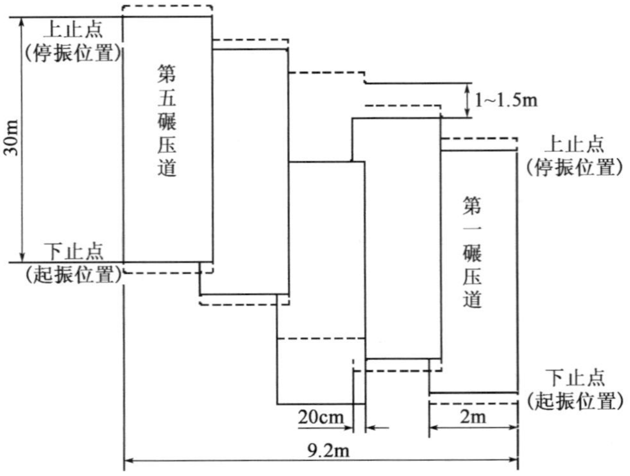

图1　压路机的碾压模式

(3)碾压工艺参数

SW 850 高频振动压路机与常规振动压路机在碾压 4cm、6cm、8cm 铺层厚度时的碾压工艺参数分别按表 2 ~ 表 4 调整。

SW850　SW750 压路机碾压工艺参数(铺层厚度:4cm)　　表 2

碾压次序	碾 压 阶 段	所用压路机机型与数量	压路机吨位(t)	振动压路机		碾压速度(km/h)	碾压遍数
				振幅(mm)	频率(Hz)		
1	复压(振动压实)	SW850/SW750	12.5/9.15	按试验工况	按试验工况	按试验工况	按试验工况
	复压(振动压实)	SW850/DD130	12.5/13	按试验工况	按试验工况	按试验工况	按试验工况
2	复压(轮胎静压)	2 台轮胎压路机	26	按试验工况	按试验工况	按试验工况	4
3	终压(光轮静压)	1 台双钢轮	13	按试验工况	按试验工况	按试验工况	静 2

SW850　SW750 压路机碾压工艺参数(铺层厚度:6cm)　　表 3

碾压次序	碾 压 阶 段	所用压路机机型与数量	压路机吨位(t)	振动压路机		碾压速度(km/h)	碾压遍数
				振幅(mm)	频率(Hz)		
1	复压(振动压实)	SW850/SW750	12.5/9.15	按试验工况	按试验工况	按试验工况	按试验工况
	复压(振动压实)	SW850/DD130	12.5/13	按试验工况	按试验工况	按试验工况	按试验工况
2	复压(轮胎静压)	2 台轮胎压路机	26	按试验工况	按试验工况	按试验工况	6
3	终压(光轮静压)	1 台双钢轮	13	按试验工况	按试验工况	按试验工况	静 2

SW850 压路机碾压工艺参数(铺层厚度:8cm)　　表 4

碾压次序	碾 压 阶 段	所用压路机机型与数量	压路机吨位(t)	振动压路机		碾压速度(km/h)	碾压遍数
				振幅(mm)	频率(Hz)		
1	复压(振动压实)	SW850/DD130	12.5/13	按试验工况	按试验工况	按试验工况	按试验工况
2	复压(轮胎静压)	2 台轮胎压路机	26	按试验工况	按试验工况	按试验工况	6
3	终压(光轮静压)	1 台双钢轮	13	按试验工况	按试验工况	按试验工况	静 2

(4)摊铺和碾压温度

在摊铺和碾压 4cm、6cm、8cm 的热沥青混合料时,摊铺和碾压温度按表 5 的要求进行控制。

摊铺和碾压温度(℃)　　表5

铺层类型	中、下面层(普通沥青混合料)		上面层(改性沥青混合料)	
摊铺温度	摊铺前:150~160	摊铺后:140~150	摊铺前:160~170	摊铺后:150~160
碾压阶段	开始温度	终了温度	开始温度	终了温度
初压	135~140(表面温度)		145~150(表面温度)	
复压		90~100(表面温度)		100~110(表面温度)
终压	90~100(表面温度)	80~90(表面温度)	100~110(表面温度)	90~100(表面温度)

3)试验工况

对于三个不同铺层厚度的试验,分别设计有对高频振动、常规振动和振荡压路机的三种不同的对比试验工况。

①铺层厚度为4cm时的试验工况见表6~表8。

SW850的试验工况　　表6

碾压工艺参数 / 试验工况	振幅(mm)	频率(Hz)	碾压速度(km/h)	振动密度(vib/m)	碾压遍数
Ⅰ	0.33	67	4.3	56	静1,振4
Ⅱ	0.33	67	5	48	静1,振4
Ⅲ	0.33	67	6	40	静1,振4
Ⅳ	0.33	50	4	45	静1,振4

SW750的试验工况　　表7

碾压工艺参数 / 试验工况	振幅(mm)	频率(Hz)	碾压速度(km/h)	振动密度(vib/m)	碾压遍数
Ⅰ	0.75	50	3.5	51	静1,振4
Ⅱ	0.75	50	5	36	静1,振4
Ⅲ	0.75	50	6	30	静1,振4

DD-130的试验工况　　表8

碾压工艺参数 / 试验工况	振幅(mm)	频率(Hz)	碾压速度(km/h)	振动密度(vib/m)	碾压遍数
Ⅳ	0.41	42	4	38	静1,振4
Ⅴ	0.41	42	5	30	静1,振4

②铺层厚度为6cm时的试验工况见表9~表11。

SW850的试验工况　　表9

碾压工艺参数 / 试验工况	振幅(mm)	频率(Hz)	碾压速度(km/h)	振动密度(vib/m)	碾压遍数
Ⅰ	0.33	67	6	40	静1,振4
Ⅱ	0.55	50	5	36	静1,振4
Ⅲ	0.55	50	4	45	静1,振4
Ⅳ	0.55	42	4	38	静1,振4

SW750 的试验工况 表 10

试验工况 \ 碾压工艺参数	振幅(mm)	频率(Hz)	碾压速度(km/h)	振动密度(vib/m)	碾压遍数
Ⅰ	0.75	50	6	30	静 1,振 4
Ⅱ	0.75	50	5	36	静 1,振 4
Ⅲ	0.75	50	3.5	51	静 1,振 4
Ⅳ	0.75	42	4.5	34	静 1,振 4

DD-130 的试验工况 表 11

试验工况 \ 碾压工艺参数	振幅(mm)	频率(Hz)	碾压速度(km/h)	振动密度(vib/m)	碾压遍数
Ⅴ	0.41	42	4	38	静 1,振 4

③铺层厚度为 8cm 时的试验工况见表 12、表 13。

SW850 的试验工况 表 12

试验工况 \ 碾压工艺参数	振幅(mm)	频率(Hz)	碾压速度(km/h)	振动密度(vib/m)	碾压遍数
Ⅰ	0.33	67	6	40	静 1,振 4
Ⅱ	0.55	50	5	36	静 1,振 4
Ⅲ	0.55	50	4	45	静 1,振 4
Ⅳ	0.55	42	4.5	34	静 1,振 4

DD-130 的试验工况 表 13

试验工况 \ 碾压工艺参数	振幅(mm)	频率(Hz)	碾压速度(km/h)	振动密度(vib/m)	碾压遍数
Ⅰ	0.49	42	6	25	静 1,振 4
Ⅱ	0.49	42	5	30	静 1,振 4
Ⅲ	0.49	42	4	38	静 1,振 4
Ⅳ	0.49	42	4.5	34	静 1,振 4

4)试验数据的测量

(1)碾压过程中压实度和温度的检测

在每个碾压段的第 1 碾压道选择 2 个点用密度仪和表面红外线测温计测定该点的初压前和复压后的密度和温度,并用喷漆标志该点的位置,以及记录下该点坐标(标号和横向距离)。

(2)初压开始和复压终了温度的检测

在每个碾压段初压开始点和复压终了点 5m 范围内,随机检测 5 个点的表面温度。

(3)碾压段距离和起始、终了时间的测定

用喷漆在路边标记每个碾压段的起始点(第一碾压道的初压起始点),并记录下起始的即时时刻。用皮尺测量 2 个相邻碾压段起始点之间的距离,并计算所花费的碾压时间。

(4)碾压结束后铺层压实度的检测

在试验路段碾压完全结束、路面充分冷却后,按横向(路面宽度)16 个点(间隔 1m)、纵向 100 个点(间隔 5m)的网格,用电阻抗式密度仪全面检测成型路面与压实度。

5)芯样密度的检测和密度仪的标定

每个试验工况取芯不少于 5 个,在取芯前用喷漆画出取芯点坐标。在该点上用密度仪按四个方向测定密度值,然后就在该位置钻孔取芯。以试验室测定的芯样密度的平均值为标准对现场密度仪的读数进行校正。

6）对芯样进行粗集料完好性（压碎）的检测

在对芯样进行密度检测后，将芯样放入100℃的烘箱内加热4～5h，然后进行组成分解，将粗集料中被破碎的颗粒挑拣出来，进行称重和计数，并与整个芯样的重量进行比较，按破碎颗粒的重量与整个芯样重量之比η（破碎率）作为评价集料完好性的量化指标。

7）对8cm铺层厚度所取的芯样进行分段检查

对8cm铺层厚度所取的芯样在测定全厚度上的密度后，进一步用切割机将试件在一半处切开，分别测定试件的分段密度。通过对上、下段密度的比较来判断上、下层的密度是否能达到一致，并确定压实的深度。

在分段测定上下层的密度后，将二段芯样放入100℃的烘箱内加热4～5h，然后取出进行组成分解，并将上、下两段中被压碎的粗集料颗粒分别挑拣出来，分别称重和计算其破碎率，以便比较上、下层的集料颗粒被压碎的程度。

3　下面层试验数据及处理结果

3.1　各工况下压实度的增长规律

各工况下压实度随压实遍数而增长的曲线如图2～图5所示。

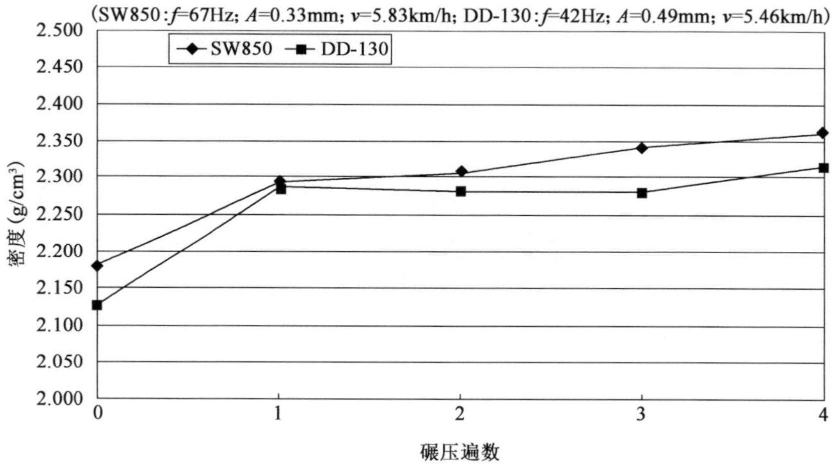

图2　SW850与DD－130压路机在工况Ⅰ下压实过程对比试验的结果

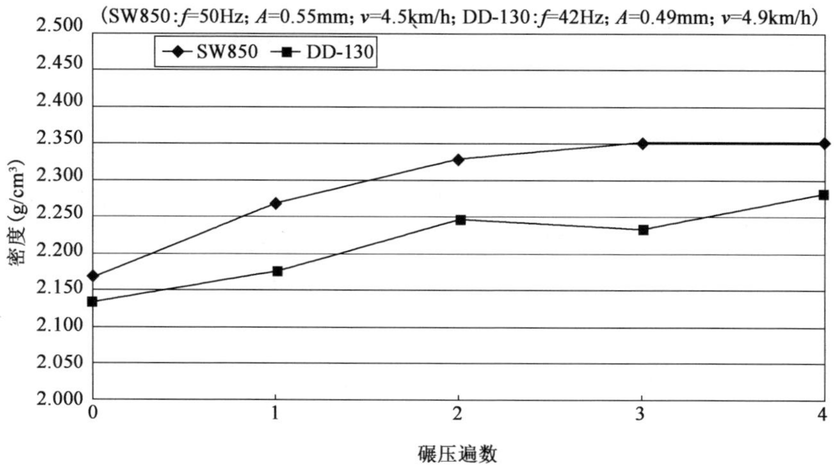

图3　SW850与DD－130压路机在工况Ⅱ下压实过程对比试验的结果

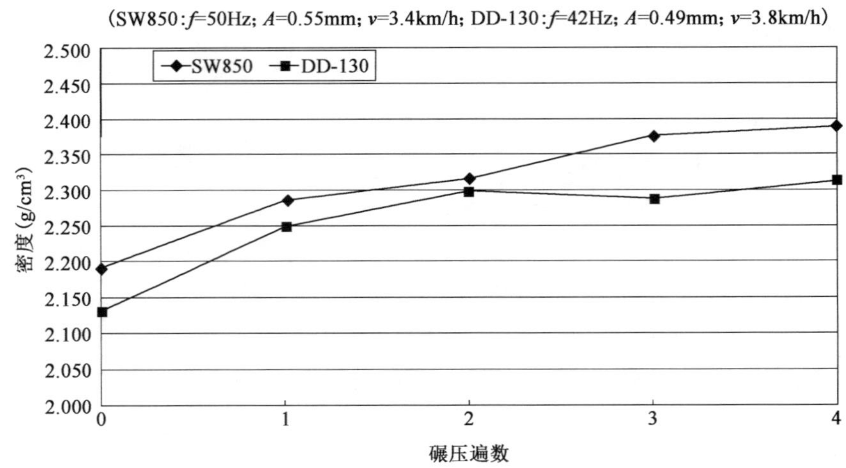

图4　SW850与DD－130压路机在工况Ⅲ下压实过程对比试验的结果

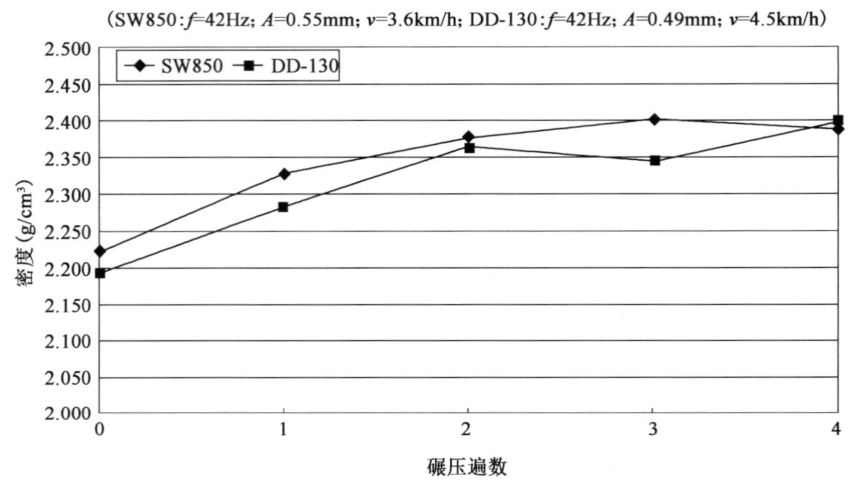

图5　SW850与DD－130压路机在工况Ⅳ下压实过程对比试验的结果

3.2　压实度与压实功的关系曲线

压实密度随施加给铺层的压实功而变化的规律如图6和图7所示。

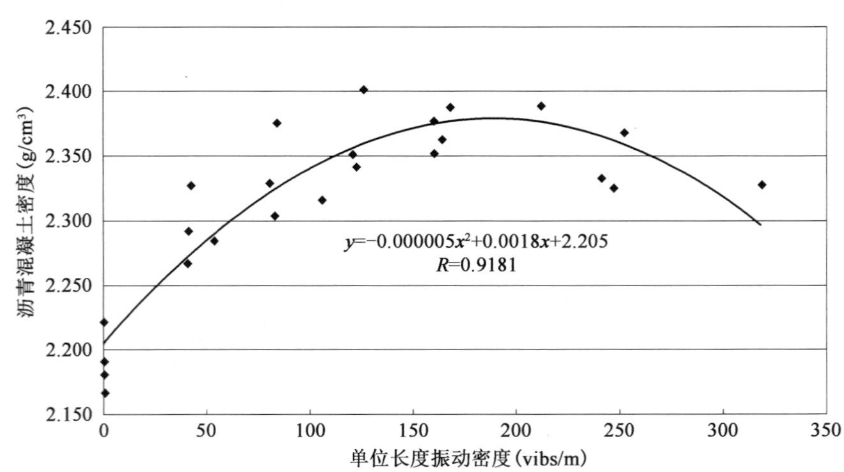

图6　SW850高频振动压路机碾压时铺层密实度随振动密度而变化的规律

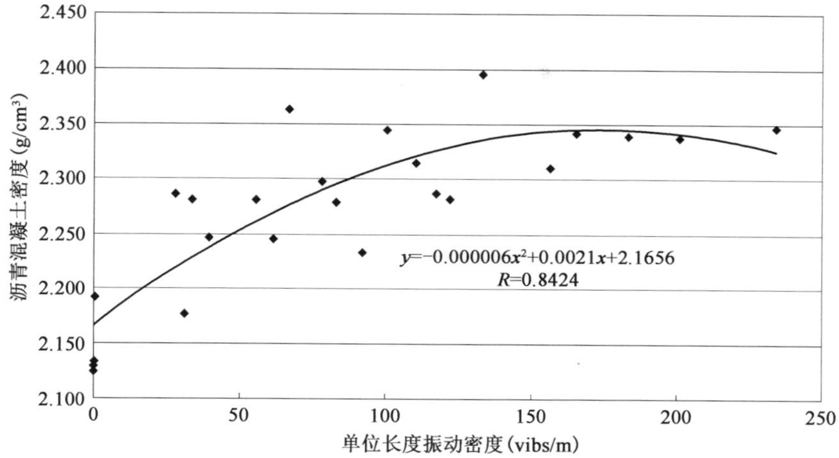

图 7　DD-130 常规振动压路机碾压时铺层密实度随振动密度而变化的规律

3.3　密实度分布的三维图

各压实工况下密实度分布的三维图如图 8 ~ 图 11 所示。

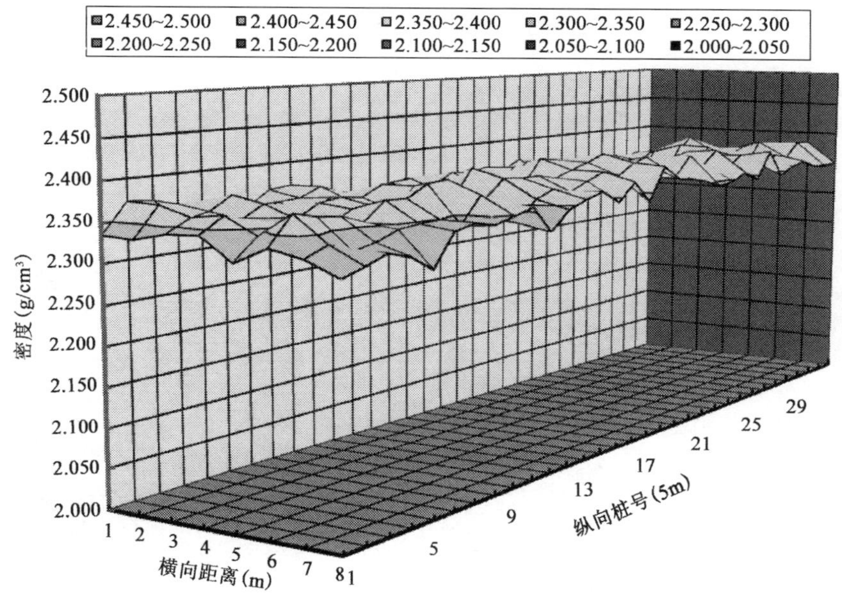

图 8　SW850 和 DD130 压路机在施加与吸收的压实功平衡时的压实密度三维分布图

3.4　各压实工况下密实度的概率分布

各压实工况下密实度的概率分布如图 12 和图 13 所示。

4　中面层试验数据及处理结果

4.1　各工况下压实度的增长规律

各工况下压实度随压实遍数而增长的曲线如图 14 ~ 图 17 所示。

4.2　压实度与压实功的关系曲线

压实密度随施加给铺层的压实功而变化的规律如图 18 和图 19 所示。

4.3　密实度分布的三维图

各压实工况下密实度分布的三维图如图 20 ~ 图 28 所示。

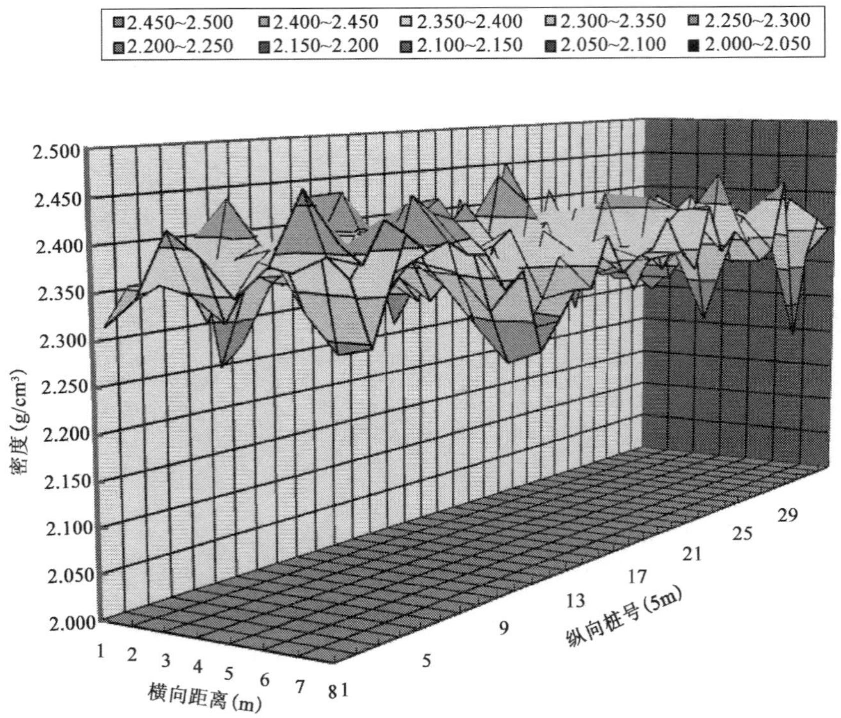

图 9　SW850 和 DD130 压路机在施加给铺层过度压实功时的压实密度三维分布图

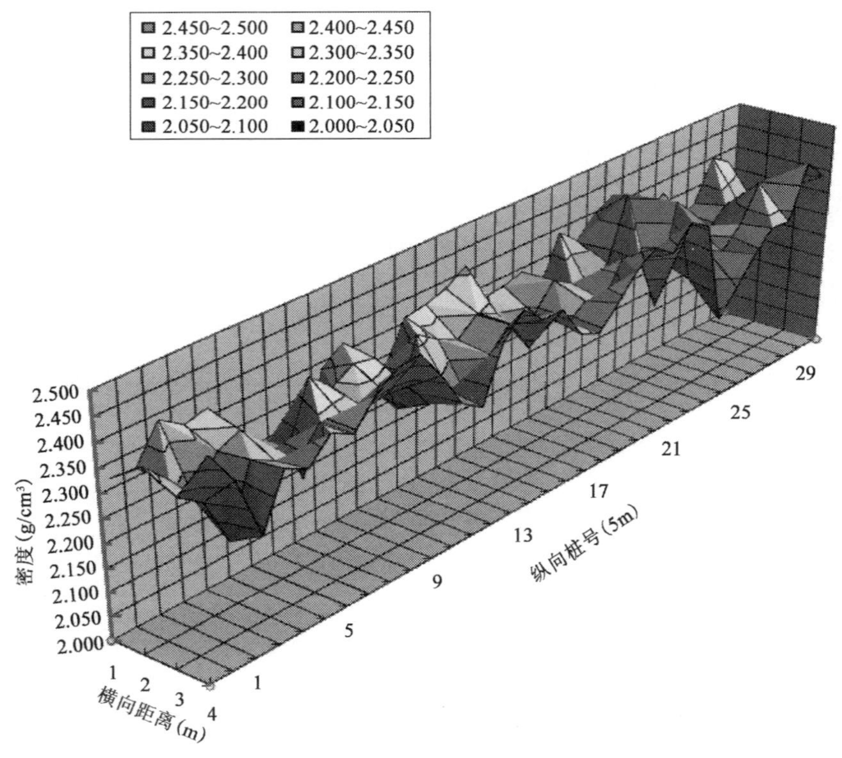

图 10　高频振动压路机在施加的振动能量过大时(振动密度 = 45vibs/m)导致严重的压实不均匀

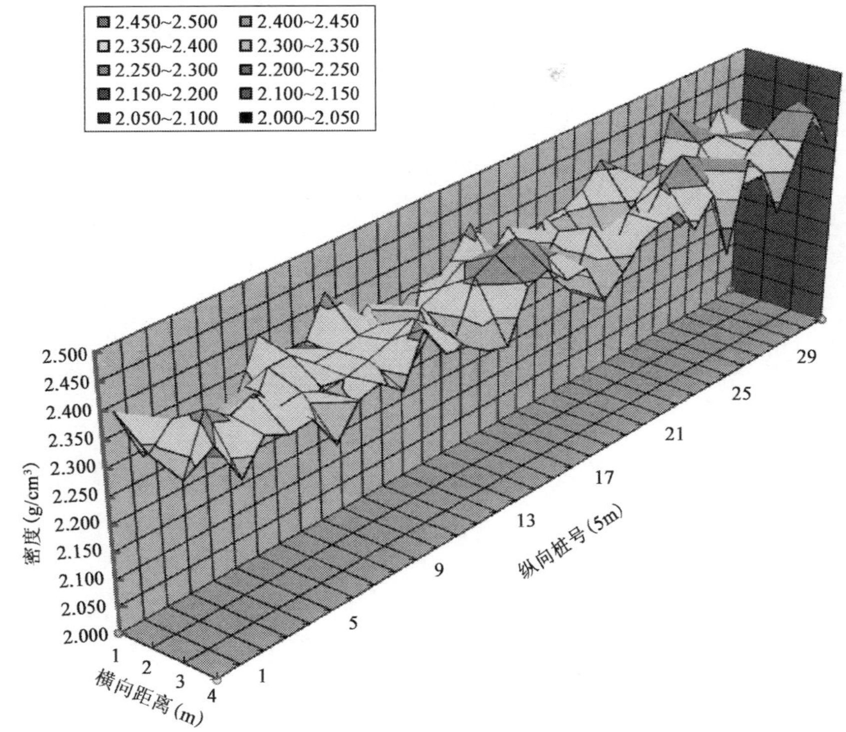

图11　常规振动压路机在控制适当的振动能量时(振动密度=38vibs/m)也可改善压实的均匀性

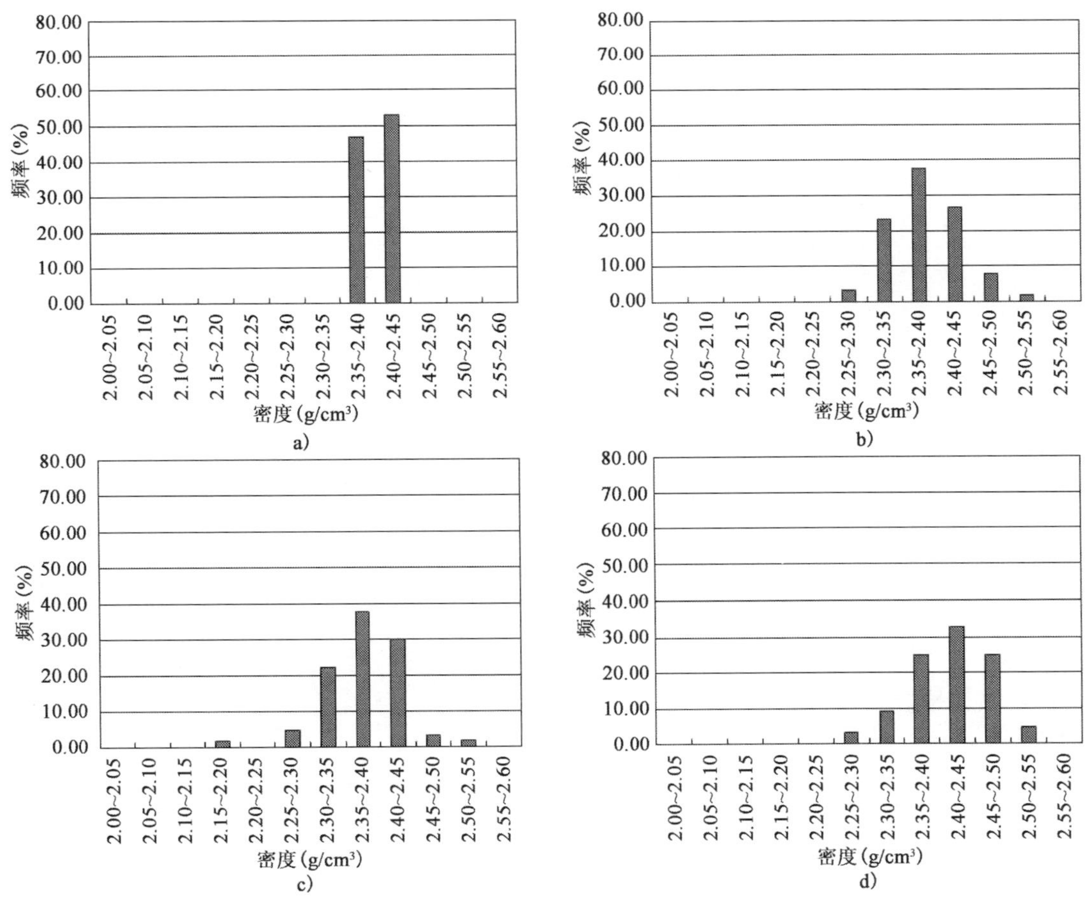

图12　SW850高频振动压路机各工况压实密度的概率分布

a)频率分布图(SW850工况Ⅰ);b)频率分布图(SW850工况Ⅱ);c)频率分布图(SW850工况Ⅲ);d)频率分布图(SW850工况Ⅳ)

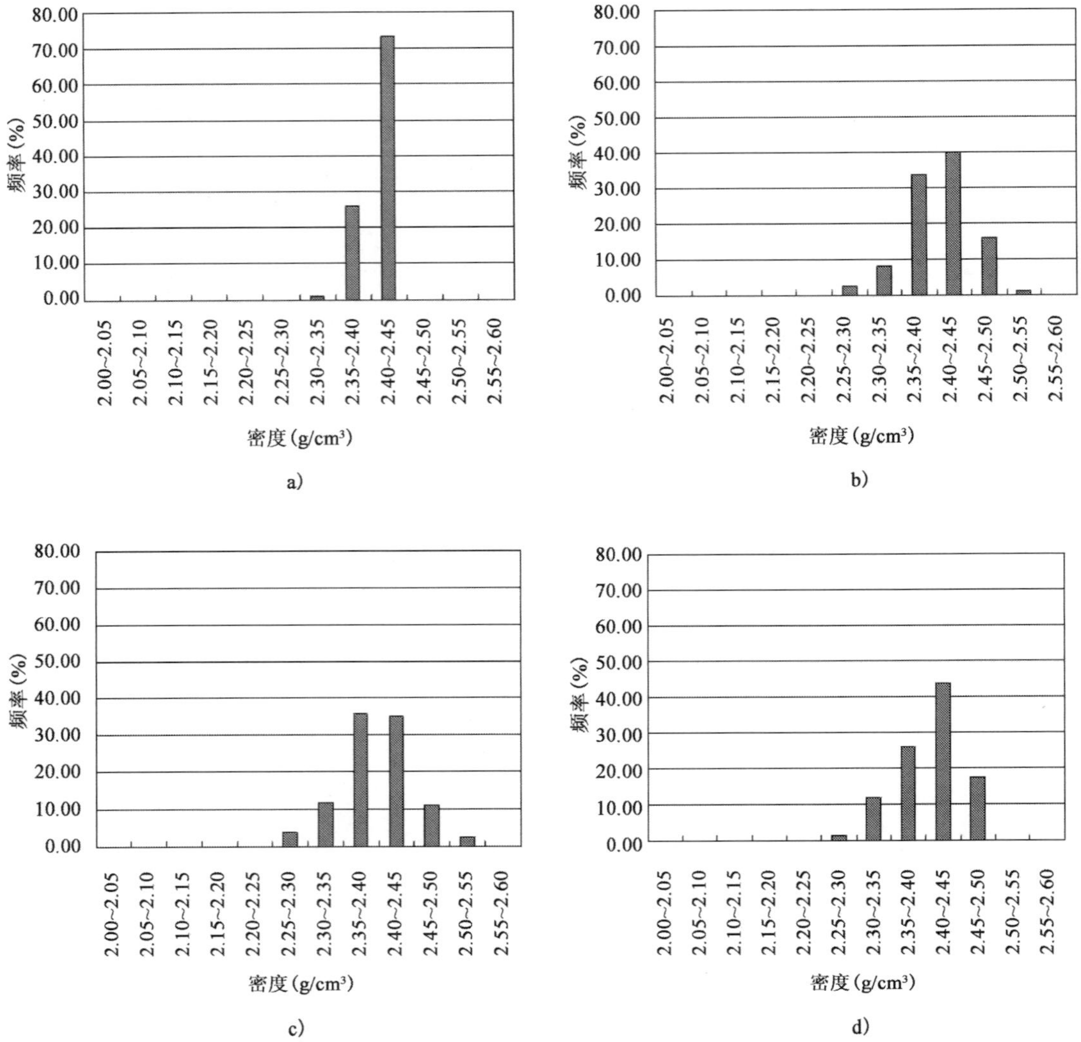

图 13　DD-130 常规振动压路机各工况压实密度的概率分布

a)频率分布图(DD－130 工况Ⅰ);b)频率分布图(DD－130 工况Ⅱ);c)频率分布图(DD－130 工况Ⅲ);d)频率分布图(DD－130 工况Ⅳ)

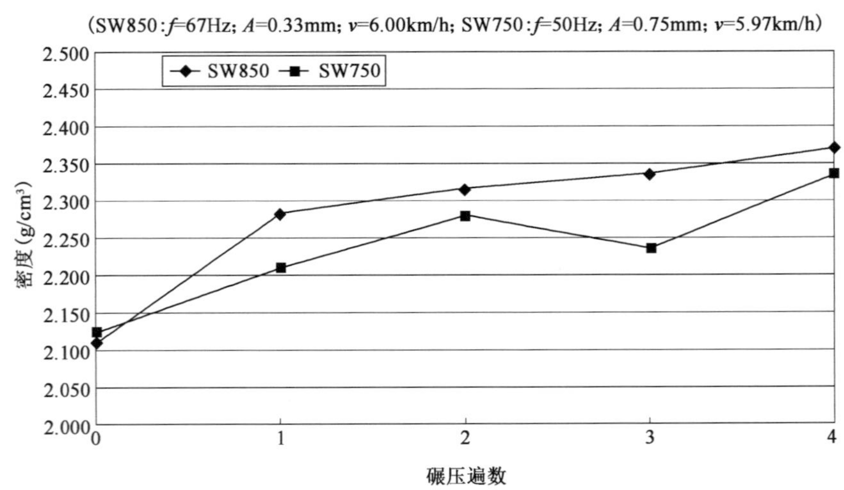

图 14　SW850 与 SW750 压路机在工况Ⅰ下压实过程对比试验的结果

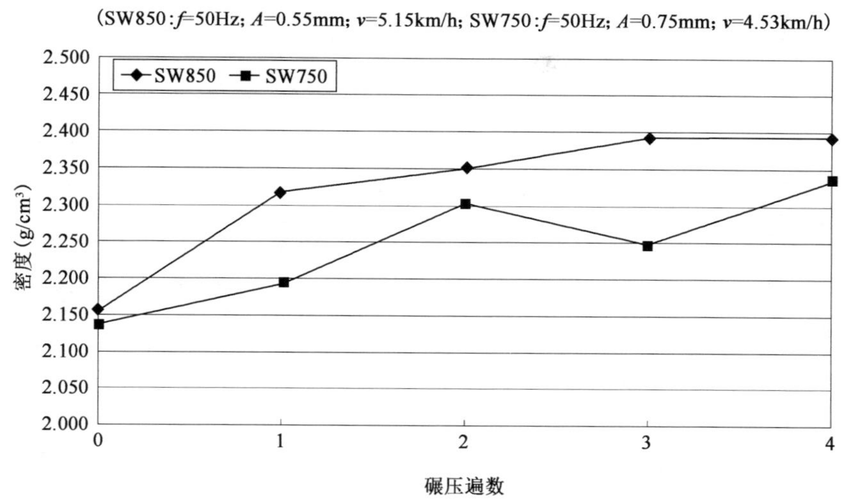

图 15　SW850 与 SW750 压路机在工况Ⅱ下压实过程对比试验的结果

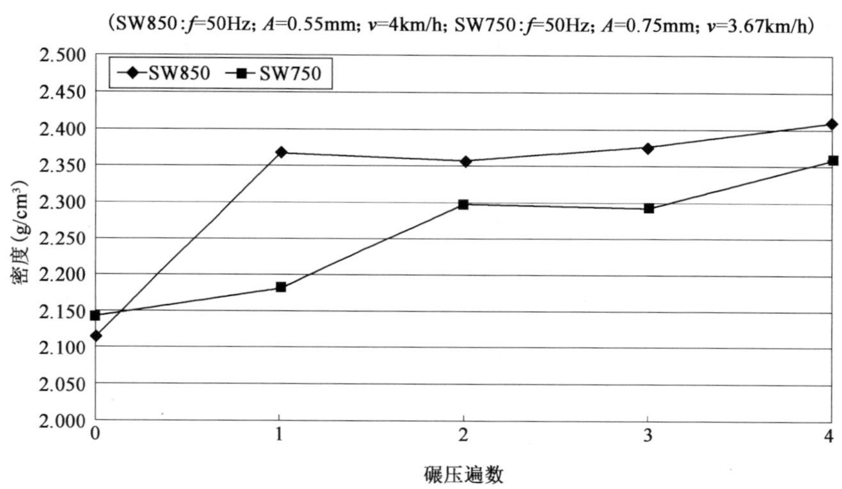

图 16　SW850 与 SW750 压路机在工况Ⅲ下压实过程对比试验的结果

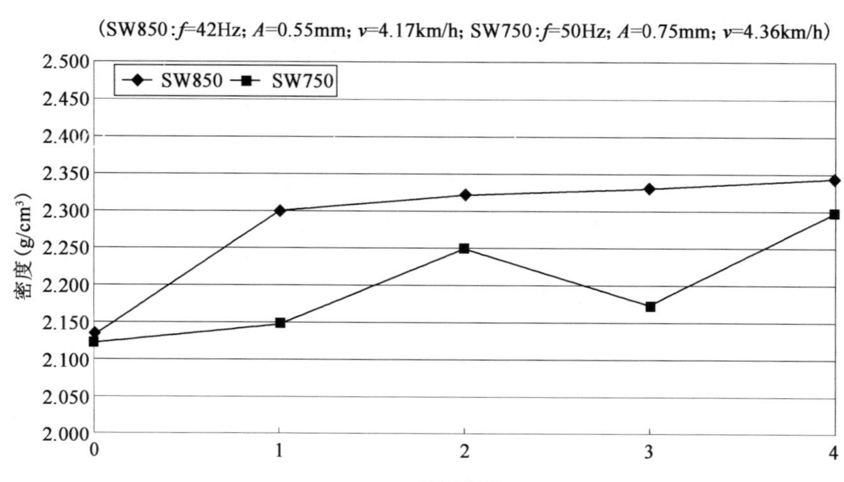

图 17　SW850 与 SW750 压路机在工况Ⅳ下压实过程对比试验的结果

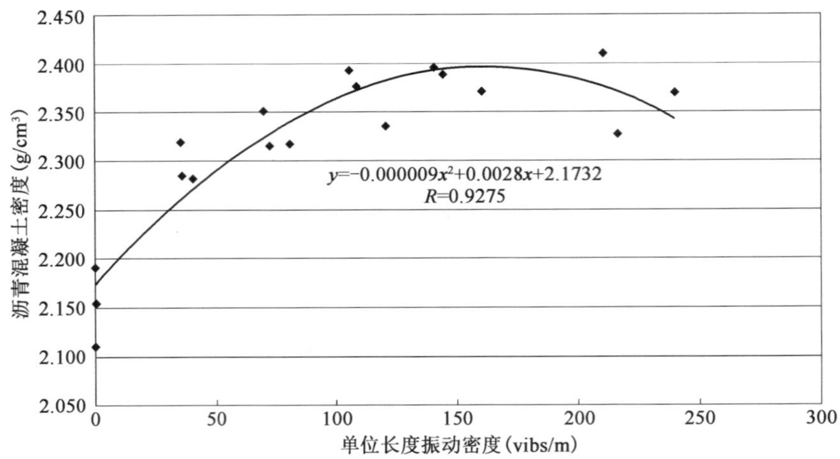

图 18　SW850 高频振动压路机碾压时铺层密实度随振动密度而变化的规律

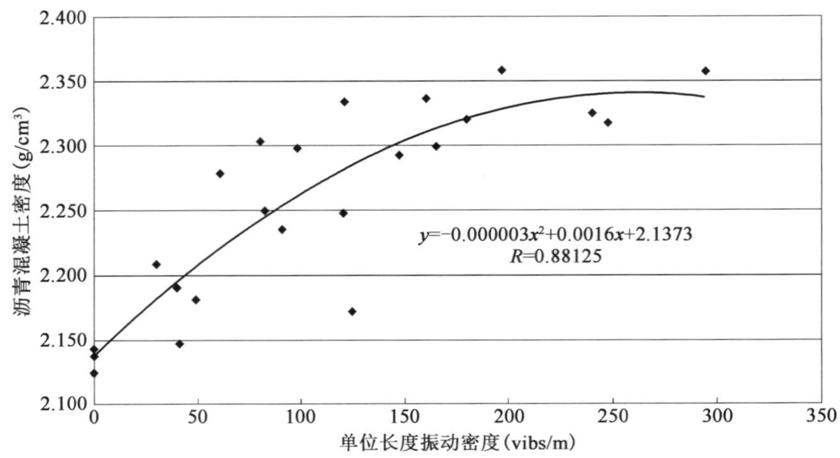

图 19　SW750 振荡压路机碾压时铺层密实度随振动密度而变化的规律

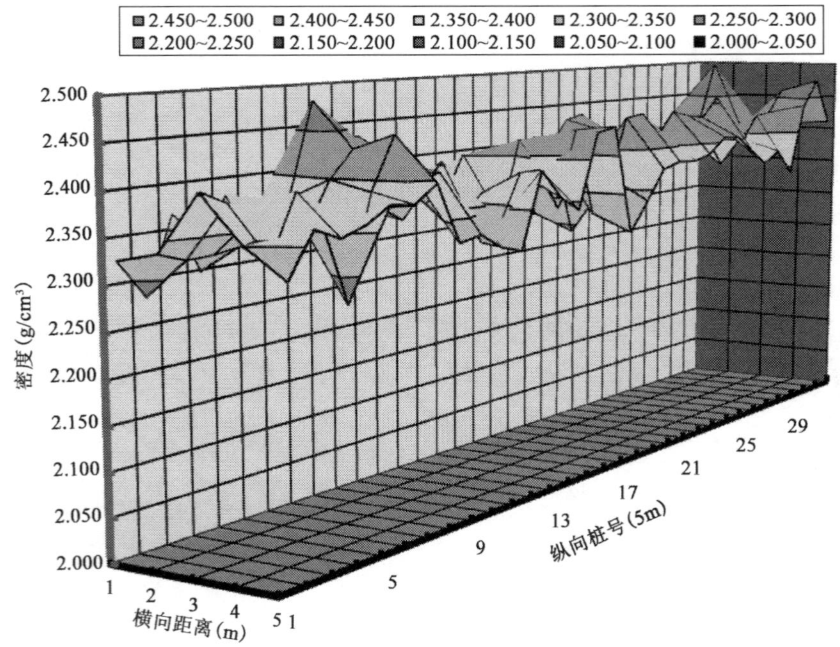

图 20　SW850 振动压路机施加的振动能量偏小(振动密度 = 40vibs/m)稍有压实不足

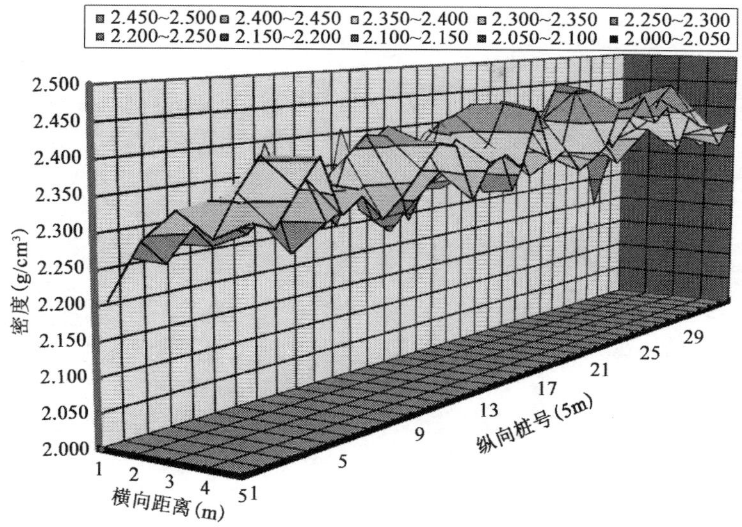

图21　SW750振荡压路机施加的振动能量偏小(振动密度=30vibs/m)导致严重的压实不足

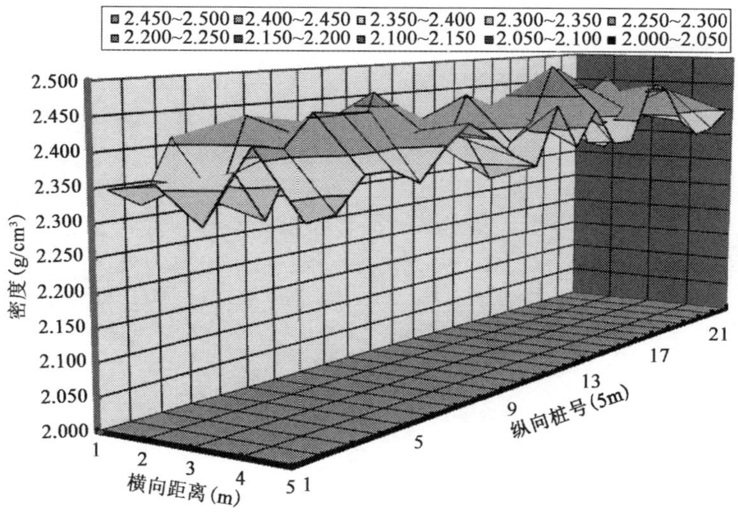

图22　SW850振动压路机施加的振动能量适当(密度=36vibs/m,$A=0.55$mm)压实均匀性改善

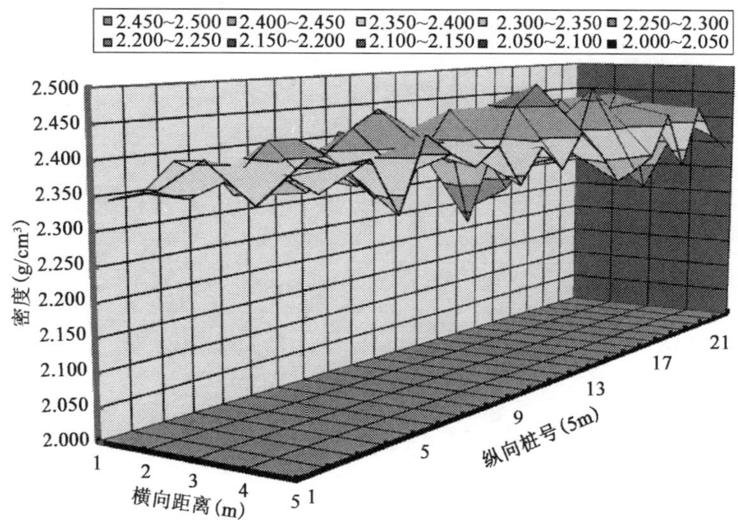

图23　SW750振荡压路机施加的振动能量提高后(振动密度=36vibs/m)压实不足有所改善

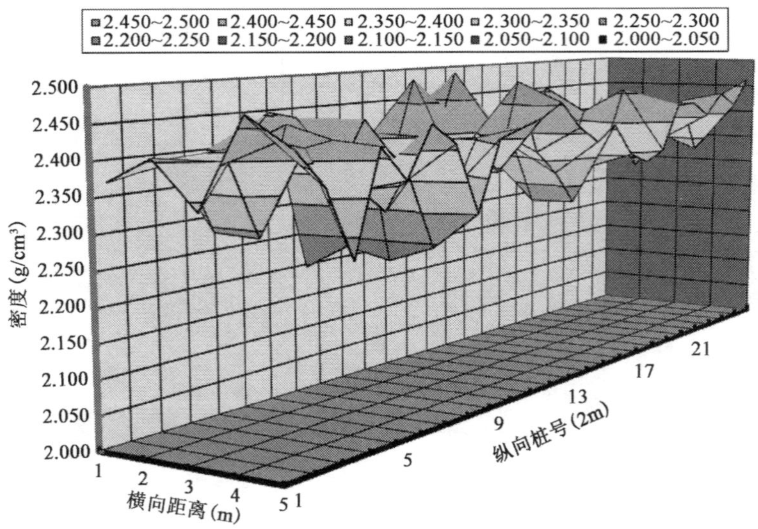

图 24　SW850 振动压路机施加的振动能量过大(密度 = 45vibs/m,A = 0.55mm)导致严重的过压

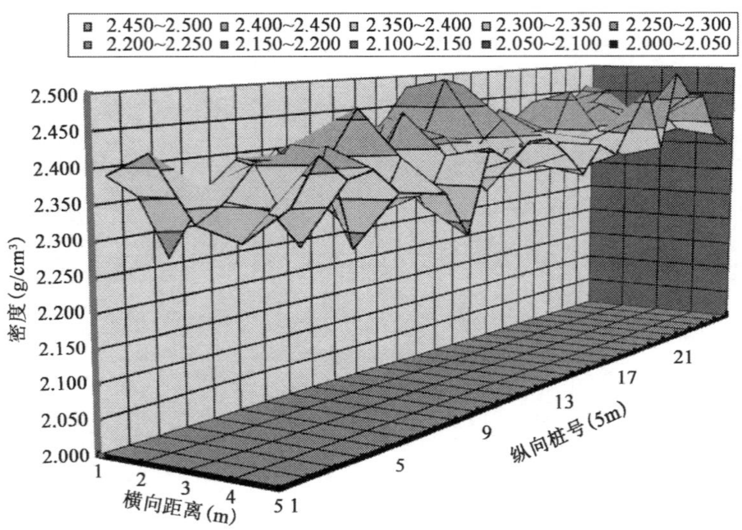

图 25　SW750 振荡压路机施加的振动能量提高后(振动密度 = 51vibs/m)压实不足有较大改善

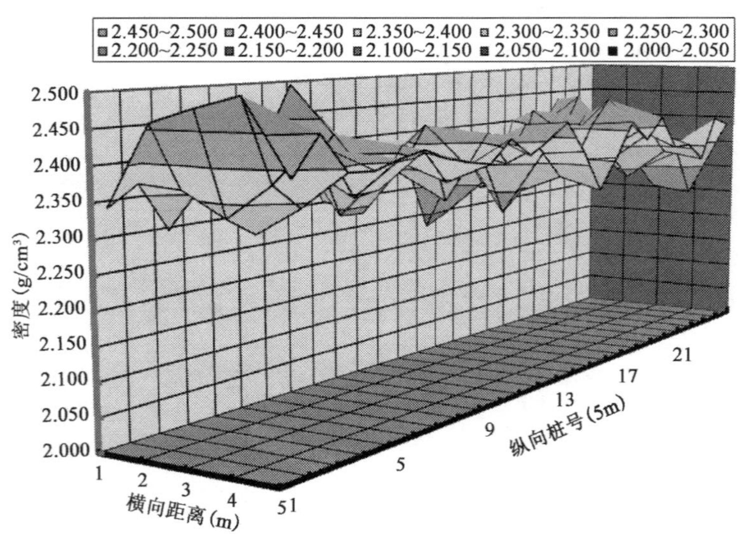

图 26　SW850 振动压路机施加的振动能量偏大(密度 = 38vibs/m,A = 0.55mm)稍有过压

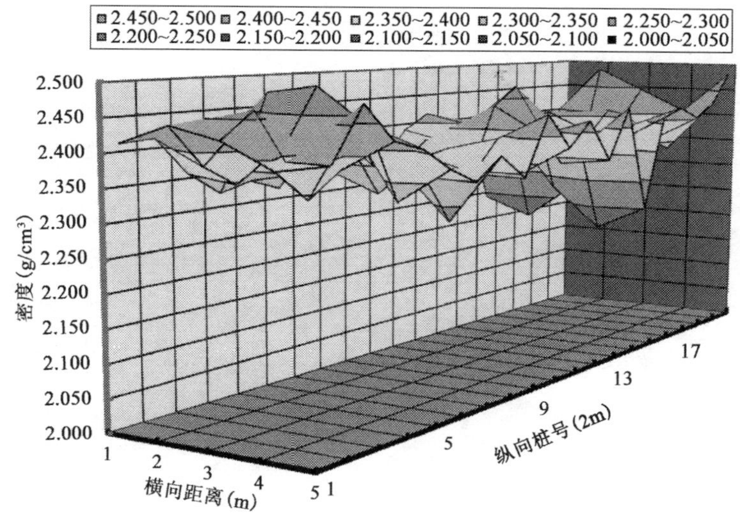

图27　SW750振荡压路机施加的振动能量提高后(振动密度=40vibs/m)压实不足有所改善

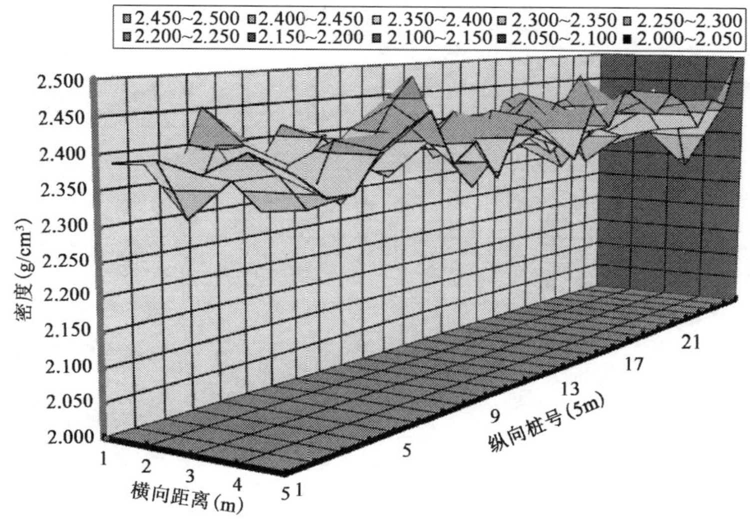

图28　DD-130振动压路机施加的振动能量适当(密度=38vibs/m,$A=0.41$mm)压实均匀性改善

4.4　各压实工况下密实度的概率分布

各压实工况下密实度的概率分布如图29和图30所示。

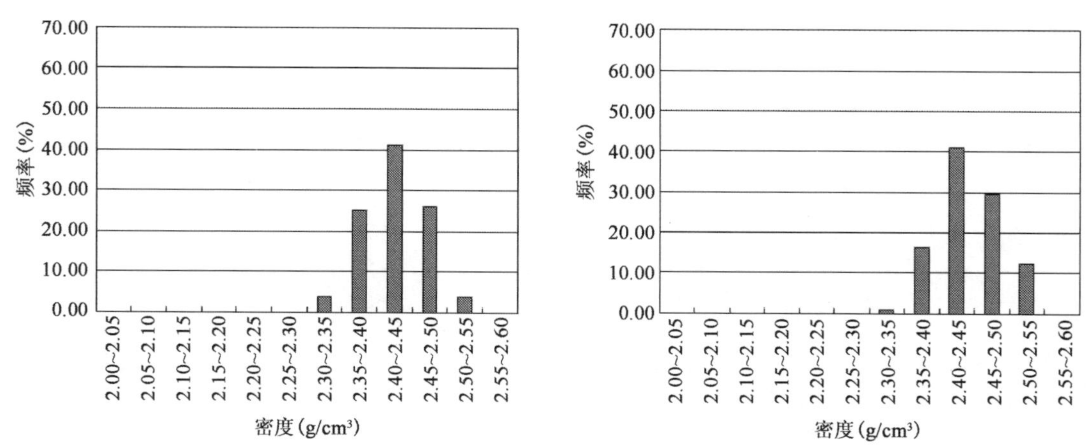

a)　　b)

图　29

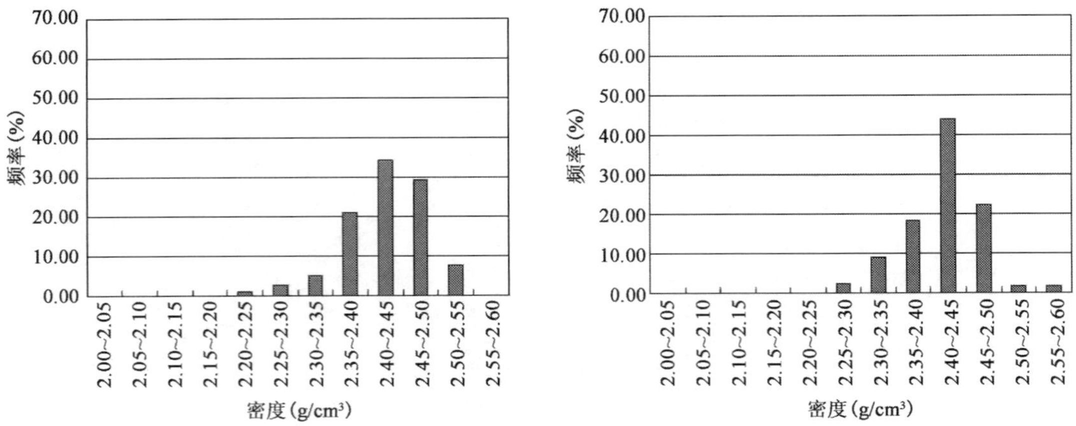

c) d)

图 29 SW850 高频振动压路机各工况压实密度的概率分布

a)频率分布图(SW850 工况Ⅰ);b)频率分布图(SW850 工况Ⅱ);c)频率分布图(SW850 工况Ⅲ);d)频率分布图(SW850 工况Ⅳ)

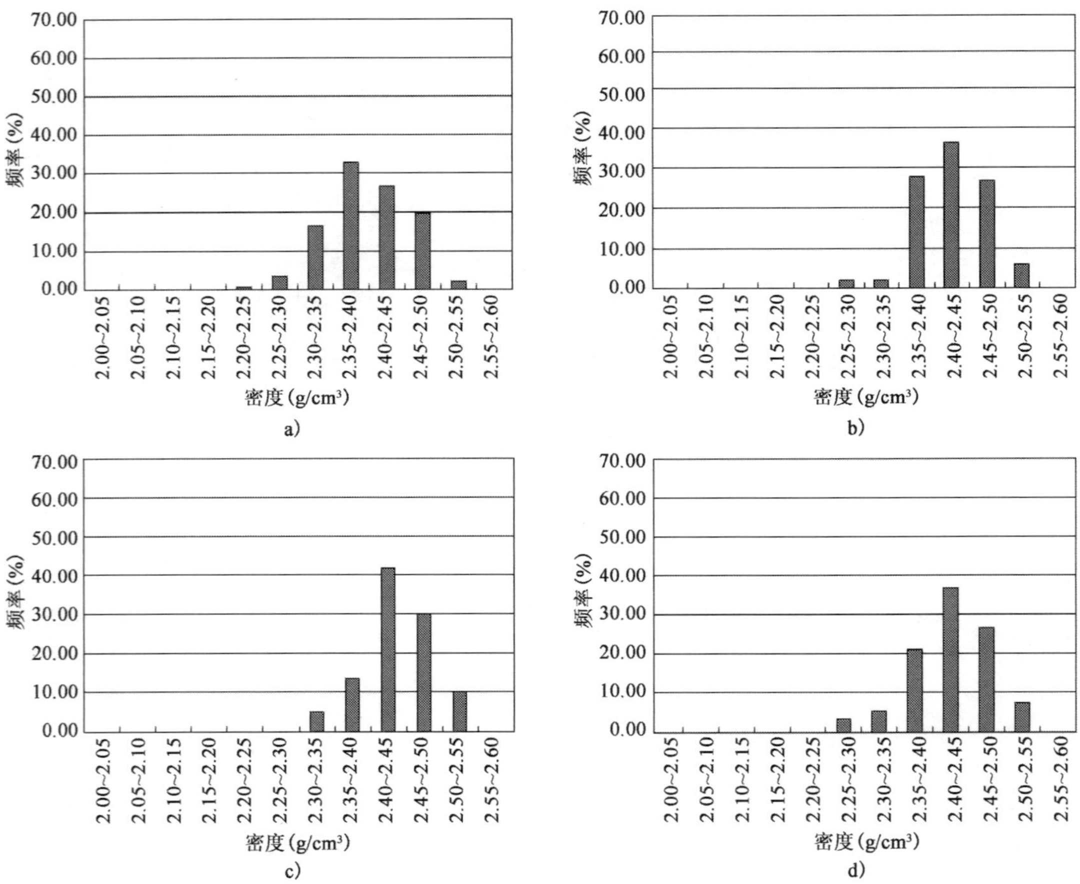

d)

图 30 SW750 振荡压路机各工况压实密度的概率分布

a)频率分布图(SW750 工况Ⅰ);b)频率分布图(SW750 工况Ⅱ);c)频率分布图(SW750 工况Ⅲ);d)频率分布图(SW750 工况Ⅳ)

5 上面层试验数据及处理结果

5.1 各工况下压实度的增长规律

各工况下压实度随压实遍数而增长的曲线如图 31 ~ 图 35 所示。

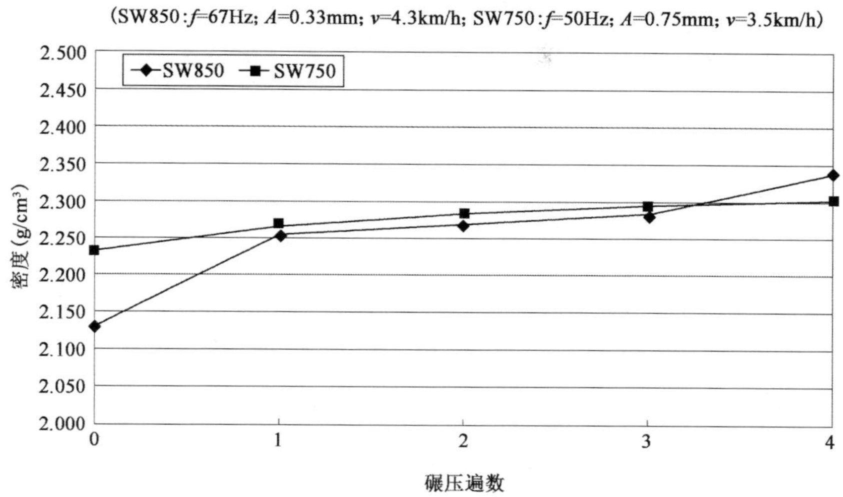

图 31　SW850 与 SW750 压路机在工况Ⅰ下压实过程对比试验的结果

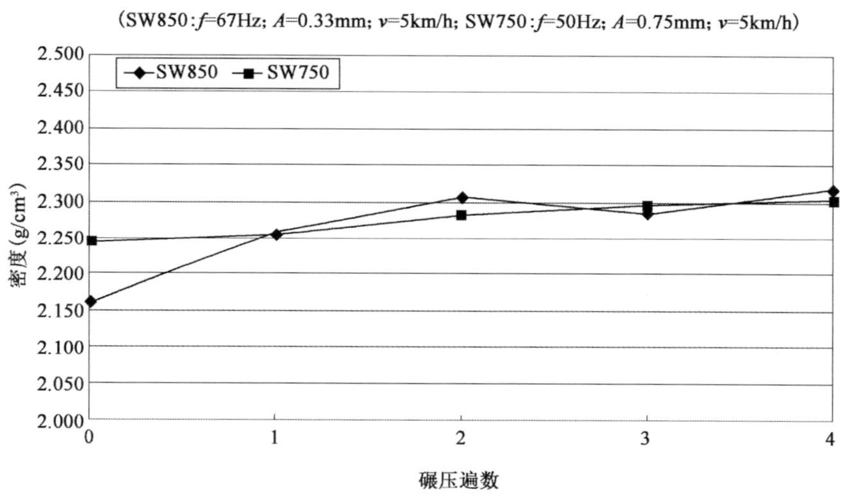

图 32　SW850 与 SW750 压路机在工况Ⅱ下压实过程对比试验的结果

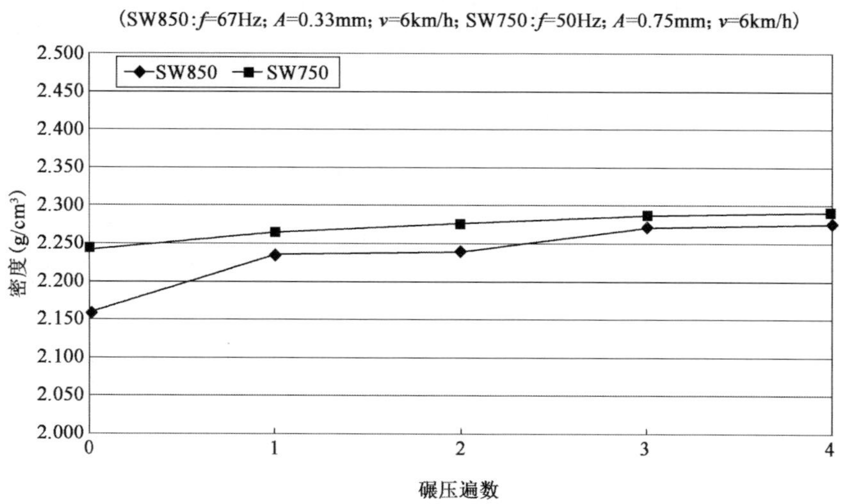

图 33　SW850 与 SW750 压路机在工况Ⅲ下压实过程对比试验的结果

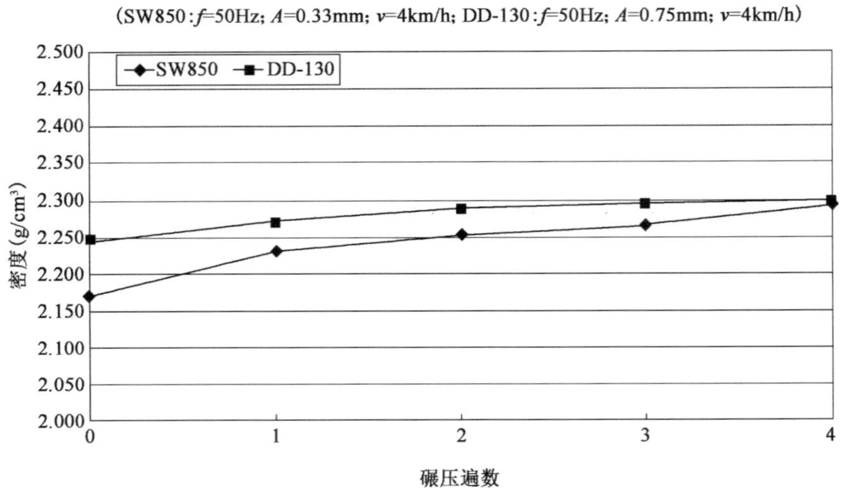

图 34　SW850 与 DD-130 压路机在工况Ⅳ下压实过程对比试验的结果

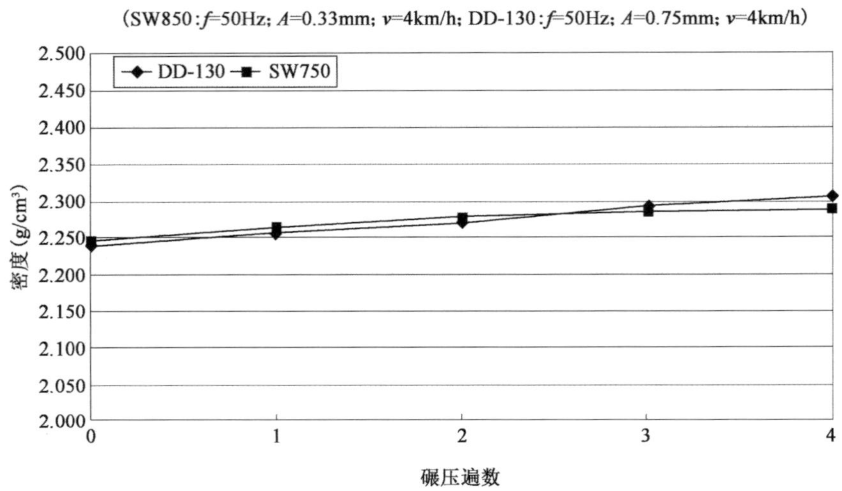

图 35　SW750 与 DD-130 压路机在工况Ⅴ下压实过程对比试验的结果

5.2　压实度与压实功的关系曲线

压实密度随施加给铺层的压实功而变化的规律如图 36 和图 37 所示。

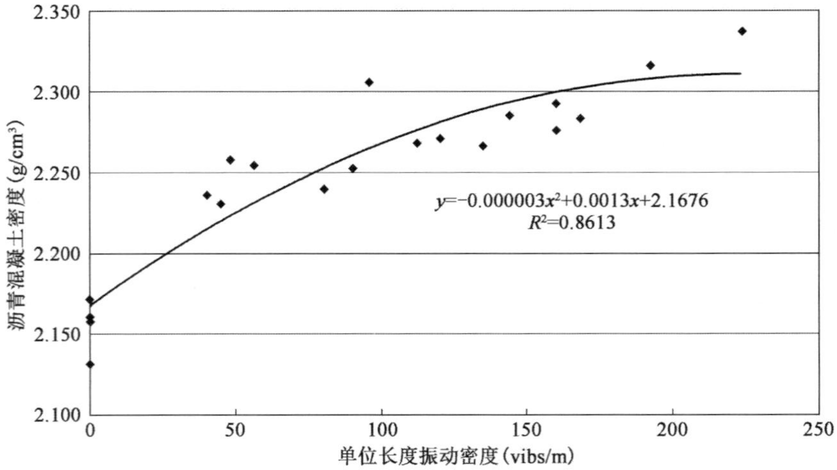

图 36　SW850 高频振动压路机碾压时铺层密实度随振动密度而变化的规律

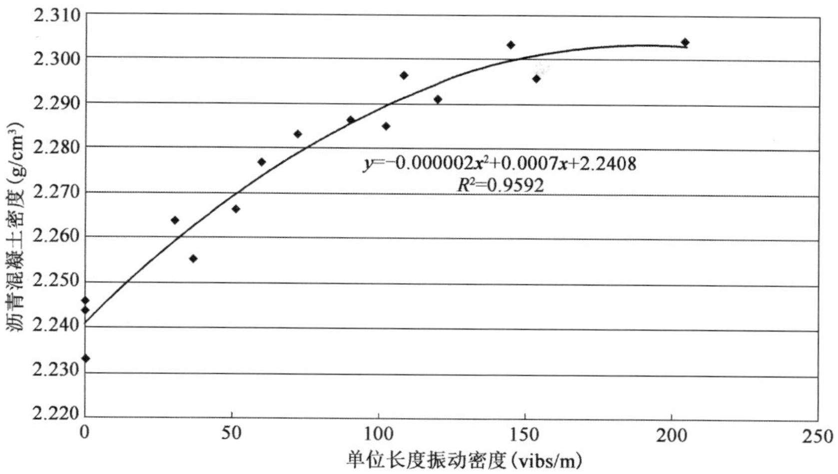

图 37　SW750 振荡压路机碾压时铺层密实度随振动密度而变化的规律

5.3　密实度分布的三维图

各压实工况下密实度分布的三维图如图 38～图 47 所示。

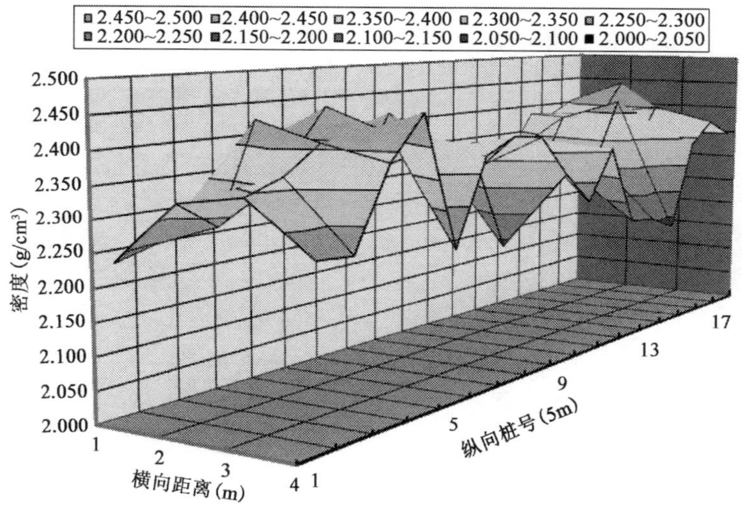

图 38　混合料温度过低 SW850 振动压路机即使振动密度达 60vibs/m 时仍显压实不足

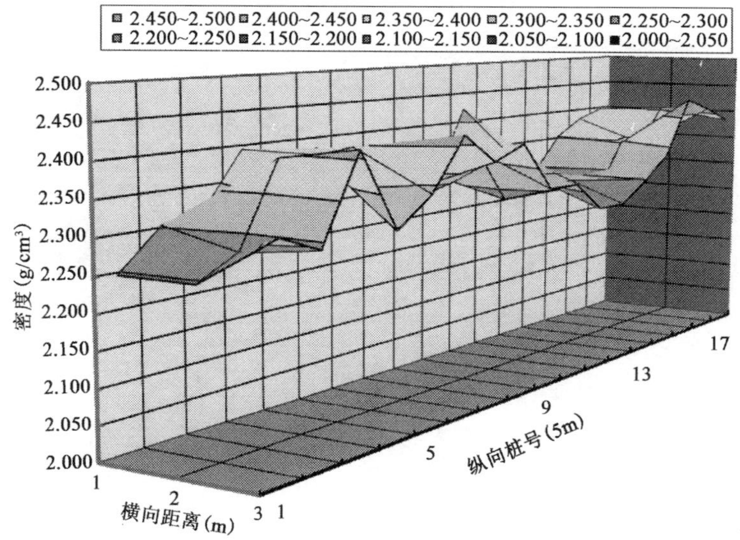

图 39　混合料温度过低 SW750 振荡压路机即使振动密度达 51vibs/m 时仍显压实不足

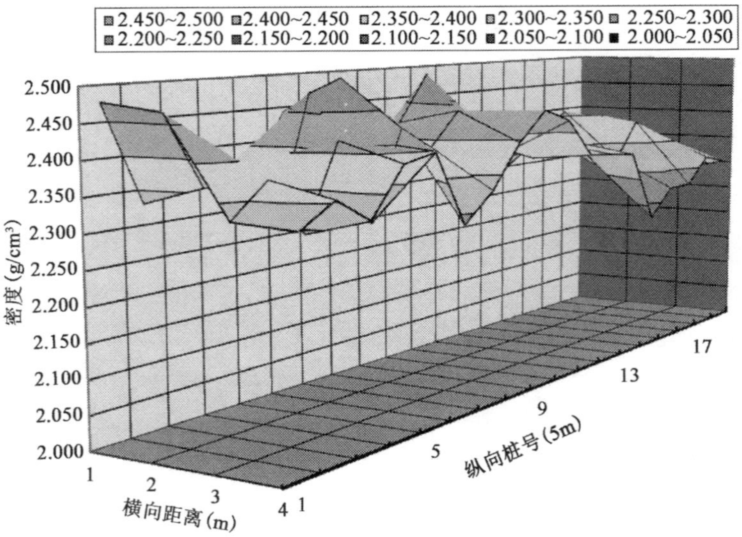

图40 混合料温度满足要求SW850振动压路机即使振动密度降为48vibs/m仍获较好压实质量

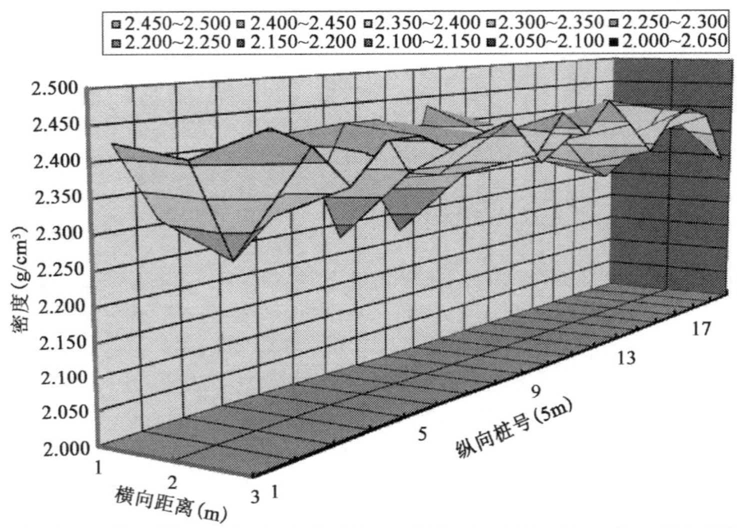

图41 混合料温度满足要求SW750振荡压路机即使振动密度降为36vibs/m压实质量仍有改善

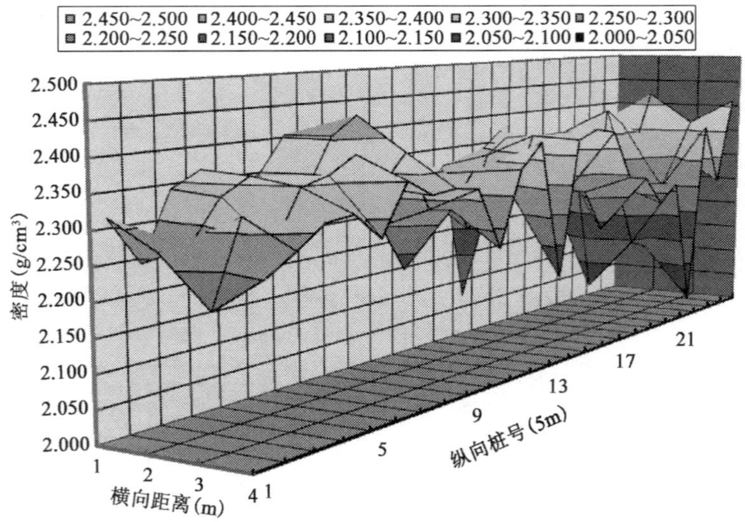

图42 混合料温度过低SW850振动压路机振动密度降为40vibs/m导致严重的压实不足

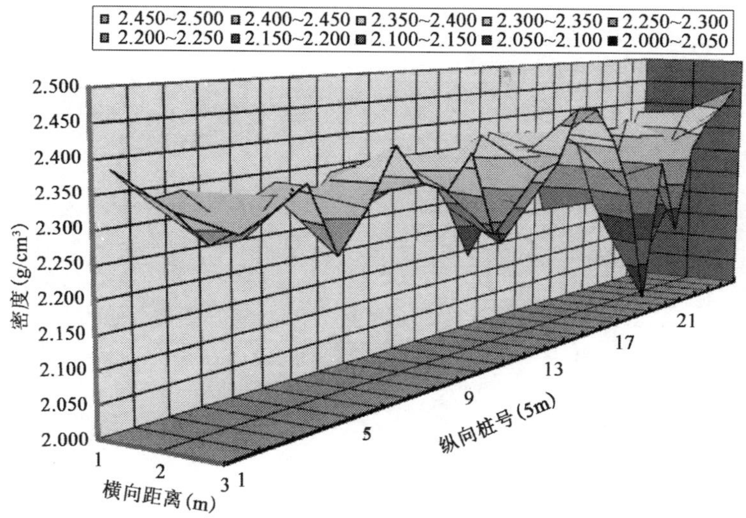

图 43　混合料温度过低 SW750 振荡压路机振动密度降为 30vibs/m 导致严重的压实不足

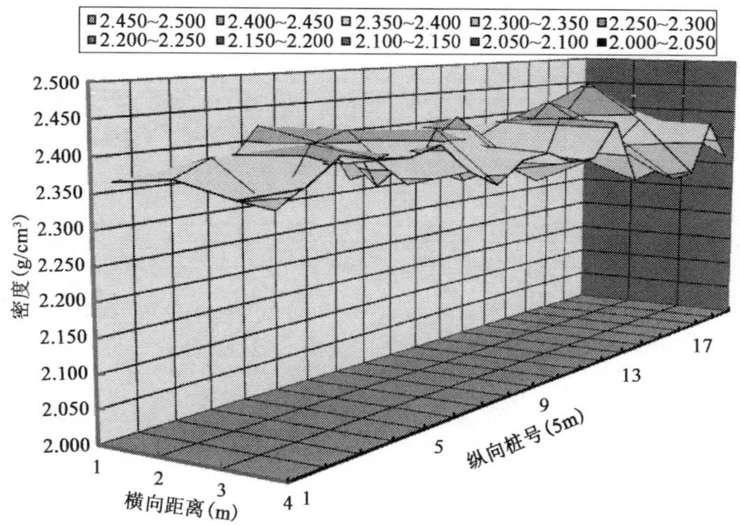

图 44　SW850 振动压路机施加的振动能量适当(密度 = 45vibs/m, A = 0.33mm)压实质量良好

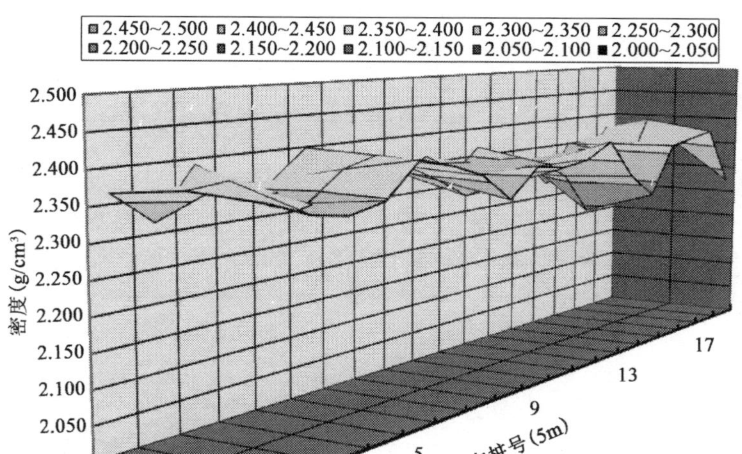

图 45　DD-130 振动压路机施加的振动能量稍不足(密度 = 38vibs/m, A = 0.41mm)稍有压实不足

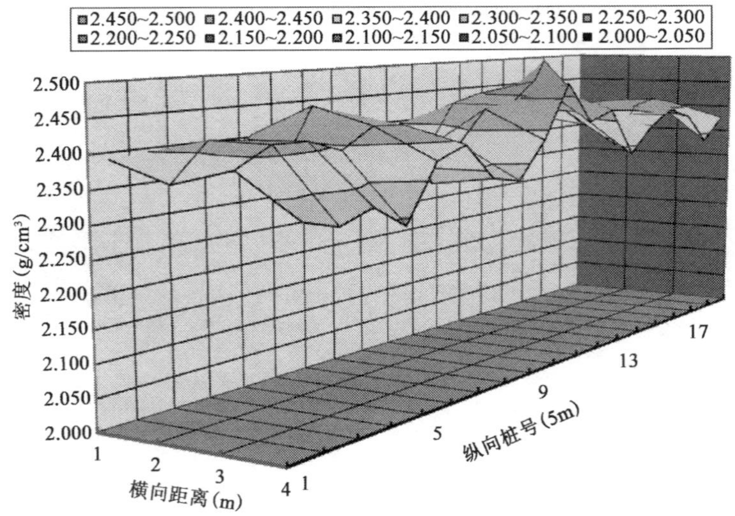

图46 SW850振动压路机施加的振动能量稍不足(密度=36vibs/m,A=0.33mm)稍有压实不足

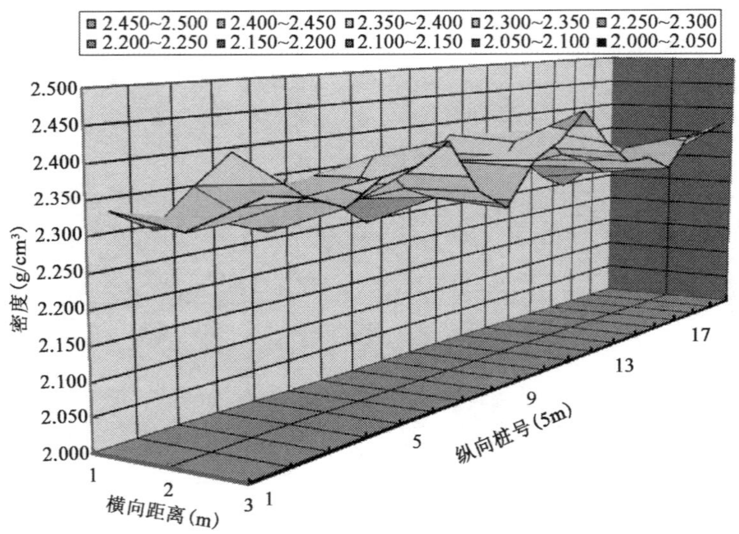

图47 DD-130振动压路机施加的振动能量不足(密度=30vibs/m,A=0.41mm)明显压实不足

5.4 各压实工况下密实度的概率分布

各压实工况下密实度的概率分布如图48~图50所示。

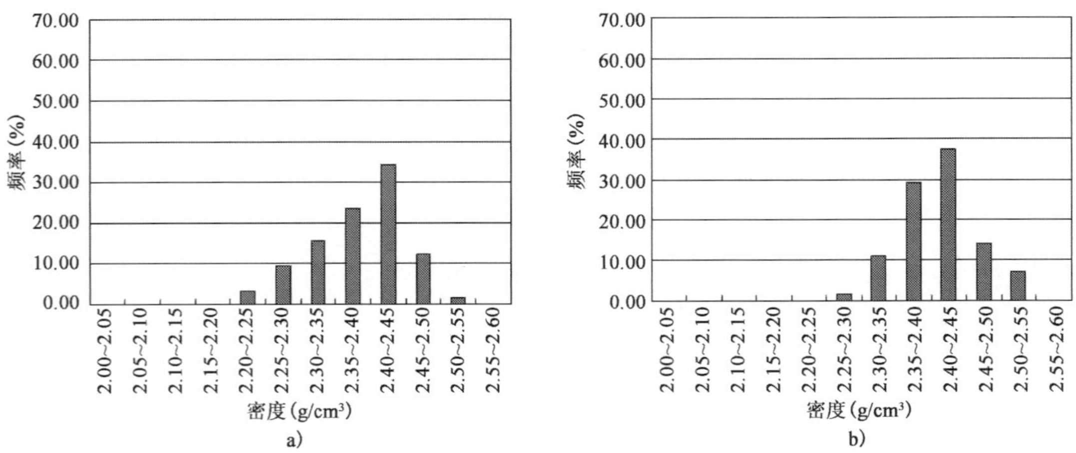

图 48

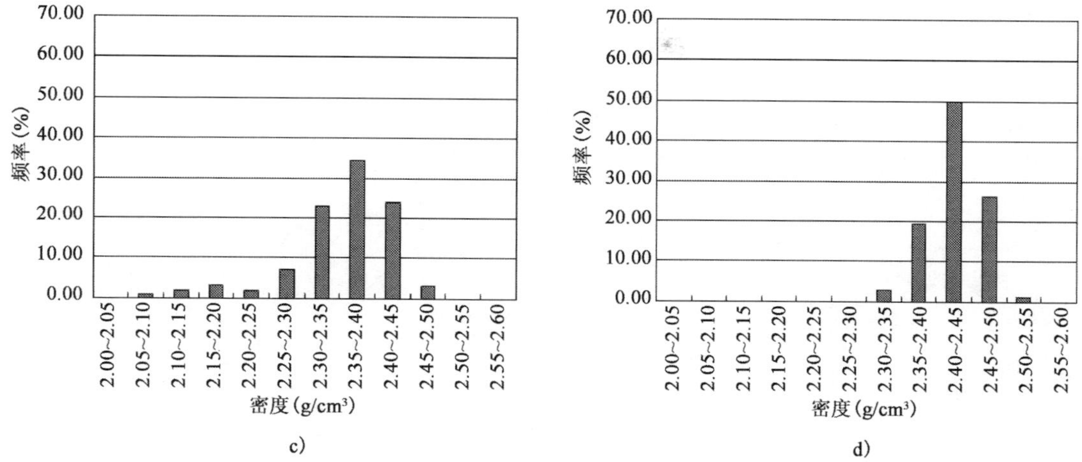

图 48 SW850 高频振动压路机各工况压实密度的概率分布

a)频率分布图(SW850 工况Ⅰ);b)频率分布图(SW850 工况Ⅱ);c)频率分布图(SW850 工况Ⅲ);d)频率分布图(SW850 工况Ⅳ)

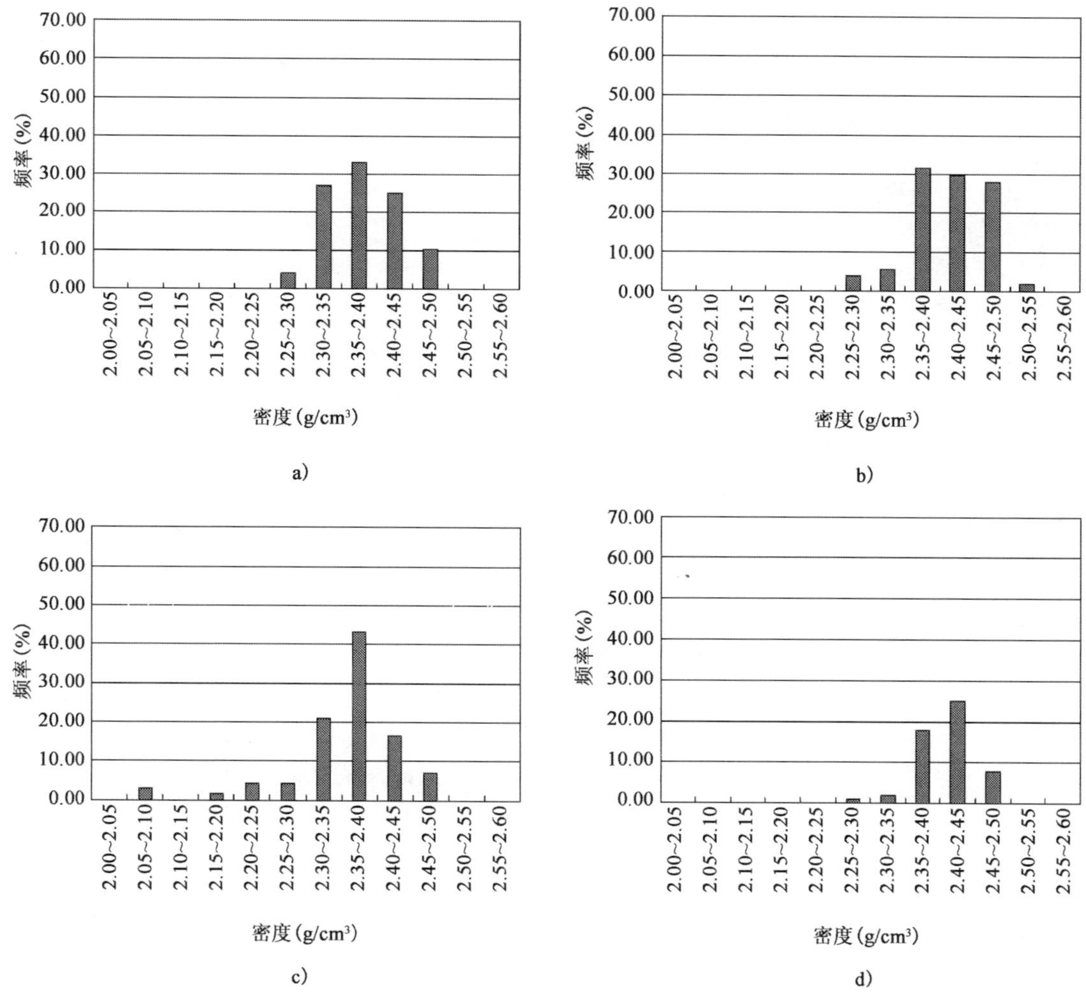

图 49 SW750 振荡压路机各工况和 DD－130 振动压路机工况Ⅳ压实密度的概率分布

a)频率分布图(SW750 工况Ⅰ);b)频率分布图(SW750 工况Ⅱ);c)频率分布图(SW750 工况Ⅲ);d)频率分布图(DD-130 工况Ⅳ)

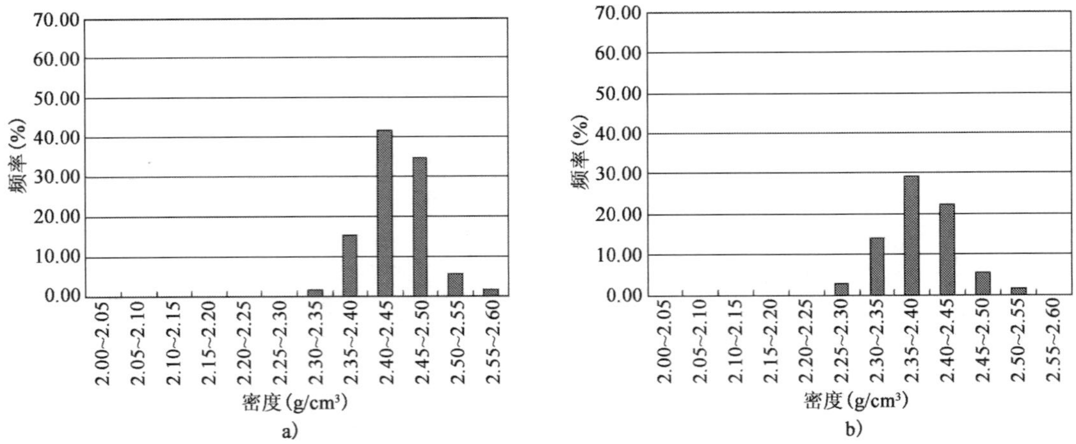

图50　SW850 振荡压路机和 DD-130 振动压路机工况Ⅴ压实密度的概率分布

a)频率分布图(SW850 工况Ⅴ);b)频率分布图(DD-130 工况Ⅴ)

6　试验数据的分析

本专题所进行的上述试验完全证实了薄层路面与压实工作的特点。以下是对试验研究取得的数据进行分析的主要结果。

(1)在压实过程中对每遍碾压后的铺层厚度的检测结果表明,不论是高频还是常规振动,即使在8cm厚的铺层中当压实能量过大时,同样可以发生振松问题,而随着铺层的减薄,振松问题将变得更加明显。

(2)薄层路面发生振松时的特点是使密实度随压实遍数增加而变化的规律,呈现出一遍高、一遍低、下一遍又高的锯齿形上升形态。

(3)在碾压完毕后对铺层压实密度进行拉网式检测的结果表明,振松的现象并不是简单地使整个铺层的密度变小,而是扩大了密度之间的差异,使得“密的更密,松的更松”,大大增加了铺层密度的离散性,是造成沥青混凝土路面与压实度变异的重要原因。

(4)对于铺层较薄的路面来说,较大的振幅会加剧铺层的振松现象。比较 SW850 振动压路机在使用振幅0.55mm、频率67Hz、速度6km/h(振动密度40vibs/m)与振幅0.55mm、频率42Hz、速度4.17km/h(振动密度36vibs/m)两个工况下压实6cm 铺层的试验结果,表明后者的压实效果明显不如前者,这显示了高频振动压路机在减轻铺层振松问题上的优越性。

(5)频率与碾压速度对压实效果的影响是类似的。在一定的碾压速度下,随着频率的增长,铺层的密度也将随之增大,但过大的频率将由于输入铺层的振动能量过大而导致振松,使铺层的密度反而降低。

同样,在一定的频率下,降低碾压速度将提高铺层的压实效果,但碾压速度过低同样出现振松的现象而导致铺层密度的降低。因此并不是碾压速度愈慢愈好。

(6)混合料的温度对铺层的压实有重要影响,不论是高频振动压路机、常规振动压路机还是振荡压路机,过低的温度都可能导致严重的压实不足,因此保持必要的碾压温度是获得良好压实质量的前提条件。对于压实遍数来说,不论是压实不足还是压实过度,当混合料温度下降到不能有效吸收压实能量的情况下,增加压实遍数并不能增大压实效果而只能由于滚轮对路面的冲击而导致粗集料的破碎。在混合料能吸收压实能量的情况下,增加压实遍数至一定程度将导致出现振松的现象。因此不论在何种情况下,绝不是碾压的遍数愈多愈好。本专题的试验结果表明,在大部分情况下,振动压路机碾压4遍(2个来回)即能获得满意的效果。

(7)对于振动压路机来说,采用较大的振幅来压实较薄的路面很容易因振动轮跳离地面的冲击而导致压碎粗集料。对铺层进行取样检查的结果表明,即使铺层厚度为6cm也存在着粗集料明显被压碎的现象。

(8)对振荡压路机与振动压路机压实效果的对比试验表明,振荡压路机对薄层路面的压实有着一系列优越性。试验的结果表明在碾压厚度4cm的改性沥青混合料时,一台9.15t的振荡压路机的压实效果相当于一台13t的振动压路机。振荡压路机由于没有垂直振动,所以不会发生振松的问题,它的压实曲线呈现为一种单调上升的形态,因此不会因增加压实遍数而导致压实度的下降。此外,振荡压路机对路面强烈的搓碾作用使被压的表面更为致密而光整。但SW750振荡压路机在碾压厚度6cm铺层时的试验结果表明,这一机型的振荡压实参数显示出振动能量不足的迹象。

7　本专题研究的初步结论

(1)应该正确理解热沥青混合料的压实机理

对于如何提高沥青路面铺层压实的问题,通常能想到的就是加大施加给热沥青混合料的外部压实力或压实功,因此常常强调要采用大吨位的振动压路机,要增加碾压的遍数,减慢碾压的速度。但是一个压实质量良好的铺层并不仅仅取决于施加给它的外部压实功有多大,而且还取决于热沥青混合料吸收外部功的能力,亦即取决于有多少施加给混合料的外部能量能转化成促使集料颗粒重新更加紧密排列的内部压实功。施加给混合料以超过其吸收能力的外部功,不仅不会增加混合料的压实密度,而且还会导致滚轮跳离地面而冲击压碎集料,或者使多余的能量从已压实的下承层反射上来导致铺层表面振松。因此,碾压工艺参数的正确选择,就是要保证所施加给热沥青混合料的外部能量绝大部分能被被压材料所吸收。保持施加和吸收的压实功之间的平衡是一个十分重要的概念。

(2)压实不足与过度压实都有可能导致铺层密度发生严重的变异性

对于压实不足的危害性是比较容易理解的。但是对于过度压实的问题,不论是在概念上还是造成的后果上都存在着不同的意见和争论。

从机理上来就,过度压实的概念是指施加给被压材料的外部功超过了它吸收外部能量的能力,根据本专题所进行的试验研究,可以分成两种情况来讨论:

①混合料已经失去了变形和流动的能力(例如混合料的温度过低),此时它已不可能通过吸收外部能量来促使混合料内部的集料颗粒发生重新排列,因而也不存在振松的问题。在这种情况下外部功将导致振动轮跳离地面,而发生对铺层表面的冲击,使混合料内部较粗的集料颗粒发生断裂或碎裂。

②混合料还保持着变形和流动的能力,但内部所吸收的压实能量已经接近饱和的状态。在这种情况下混合料所吸收的外部功无法再使集料的颗粒排列得更加紧密,而是促使颗粒向上流动而导致铺层密度的下降,即所谓的"表面振松"。

由过度压实而导致的表面振松的危害性并不简单地表现为使铺层的平均密度下降一个水平,更主要的是,多余的外部能量不是均匀地被铺层的各个部位所吸收而促使它们的密度均匀地下降某一数值,而是造成了铺层各部位的密度更加的不均匀,通俗地说就是"密的更密,松的更松"。本专题试验研究的结果表明在大多数的情况下,振松铺层的密度平均值并没有下降多少,在个别情况下,振松的铺层的密度平均值甚至比不振松的还高,但是密实度的离散性却大大扩展了。这就是说,虽然平均密度并无太大差异,但个别部位的密度却可能变得很低(压实度可比平均值下降5%~6%),而正是这些低密度的部位,将成为以后发生病害的薄弱环节。

因此,评价由于过度压实而造成表面振松的严重程度不能仅仅用密度的平均值来表示,而应该从概率统计的意义上来评价,亦即用概率分布的特征值:平均值、标准差、变异系数以及概率分布曲线、累积分布概率等来表征。

(3)提出用概率统计的方法来评价铺层的压实质量对沥青混凝土的压实质量控制有重要意义

对于铺层压实质量现行的控制方法仍旧主要是钻芯取样的方法,这是一种事后检查的方法,无法在施工过程中及时发现问题,提出修正的措施。在压实质量的评价方法方面,现行的规范仍然是以有限的芯样(每$2000m^2$最少3个)的压实度平均值作为评价的主要指标。这一方法的代表性和可靠度也没有经过严格的试验验证。鉴于铺层的压实度大都带有很大的离散性,用少量测点的平均值来代表较大面积的压实质量,其可靠性是值得考虑的。

鉴于铺层压实度的变异性,更为科学的方法是采用概率统计的方法来评价铺层的压实质量,而概率统计方法的基础是必须有一定数量的样本。因此,在施工现场对压实作业进行实时监测和过程控制是十分必要的。在国外虽然已经有许多安装在振动压路机上的压实监测系统,或者专门设计的测量压路机,但是用得最多的还是用核子密实度仪在现场进行跟踪检测铺层的密度。近年来国外开发的电阻抗密实度仪,虽然还有不足之处,例如测量的深度有限,但是使用方便、稳定性也好,不失为当前可以推广应用的过程监测手段。在本专题的试验研究中,采用了拉网式的检测方法取得了良好的效果。目前的问题是需要制订现场测试的方法和测试结果的评价方法。

(4)建立控制振动能量输出的指标与方法是防止压实不足和过度压实的有效措施

鉴于在振动压实的过程中可能出现压实不足和过度压实的问题,如何控制振动压路机输出的振动能量,使之正好满足将铺层压实至要求密实度所需要的压实能量,是保证避免压实不足和过度压实的关键。

对于一定厚度的铺层和一定性质的混合料,将混合料压密至所能达到之最大密度所需的压实能量是一定的,它代表了混合料吸收外部压实功的能力(可压实性)。当超过混合料吸收压实功的能力而提供过多的外部压实功,将导致混合料的过度压实,而未能提供足够的压实功则将导致压实不足,过度压实和压实不足都将降低铺层的压实质量。因此建立控制振动能量输出的指标与方法对保证铺层的压实质量有着重要意义。

(5)通过试验路段的试压来优化碾压工艺是压实质量控制的重要手段

不同类型和不同铺层厚度的热沥青混合料吸收压实功能的能力是不同的,合理的压实过程应该根据混合料吸收压实能量的能力来控制对混合料施加的压实功,使之既不发生压实不足,也不发生过度压实。但是,混合料吸收压实能量的能力很难通过理论计算来获得,最可靠的方法是通过试压来取得。因此,对于不同类型和铺层厚度的混合料都存在着一个碾压参数和碾压工艺的优化问题,这些都需要在试验路段中通过试压来解决。

目前在试验路段中对碾压工艺的考核比较简单,通常只是对已确定的碾压工艺是否能达到要求的压实度进行验证,对考核的目标和方法也都没有具体的规定。明确在试验路段中优化碾压参数和碾压工艺的目标以及考核的方法,也是需要进一步解决的问题。

(6)振荡压路机在压实薄层路面方面具有很大的优越性

本专题对振荡压路机与振动压路机所作的对比试验表明,振荡压路机在压实薄层路面和桥面铺装方面存在着很大优势,它们表现在:

①振荡压路机在压实较薄的铺层时,压实效率明显地高于常规的振动压路机。对比试验的结果表明,一台10吨级的振荡压路机在压实4cm铺层时的压实能力相当于一台13吨级的常规振动压路机。如果增大振荡压路机的吨位,可以设想在压实厚度为6cm和8cm左右的次薄层路面上,振荡压路机应该具有潜在的优势。目前振荡压路机的吨位正在向大型化的方向发展,国外已经生产有12吨级的振荡压路机。因此振荡压路机在压实薄层和次薄层路面上的应用前景是很好的。

②振荡压实在改善路面集料被压碎和防止过度压实方面有着独特的优势,在这一点上,即使是高频振动压路机也是不可取代的。

③振荡压实对沥青铺层强烈的搓揉作用可以替代轮胎压路机应用于那些不宜使用轮胎压路机的场合,例如碾压SMA、橡胶沥青等特殊结构混合料的领域。

④振荡压路机没有垂直方向的振动,对周围建筑物的振动影响小,不会损伤桥梁的上部结构,因此非常适用于桥面铺装的压实。

振荡压路机设计方法研究

陈达刚　李太杰　孙祖望

（本文刊于《中国公路学报》1991 年第 3 期）

摘　要：本文以振荡压实原理和室内振荡压实模拟试验为基础，论述了振荡压路机主要技术参数的确定方法，对模拟试验技术参数向样机的转换和设计步骤均作了较深入的探讨。

1　引言

振荡压实不像振动压实那样利用垂直振动原理，而是利用土力学中交变剪应变的原理使土壤材料的颗粒重新排列而变得密实，从而达到压实的目的。这种压实原理早在 1956 年 L・Forssblad 在振动台的试验已经证明：在垂直振动或水平振动的作用下，材料的压实效果是同等的。甚至有些土力学的研究认为，材料在交变剪应力的作用下，可以更快地密实起来。然而，产生土壤交变剪应变的方法——振荡压实机械是国外 20 世纪 70 年代末才提出来的，其中一种首先提出来的是瑞典 Geodynamic AB 咨询研究公司的 H・Thurner 博士。有关振荡压实技术和振荡压路机的第一次报道是在 1984 年。迄今为止，国外文献资料所涉及的主要是这种新型压实方法的工作原理和技术优越性。关于振荡压实的机理，振荡轮与土壤相互作用的物理力学本质，以及振荡技术参数和性能指标则毫无报道。西安公路学院“振荡压路机”课题组是在 1984 年获悉这一新的压实方法信息后开始这项研究工作的。研究采取的技术路线是：首先研制一台振荡压实模拟试验装置，在室内土槽上进行振荡压实过程模拟试验；通过室内模拟试验，对振荡轮与土壤相互作用的物理力学本质进行深入研究，建立这一过程的动力学模型，并优选振荡压实的基本参数，在此基础上，将模拟试验的结果转换到实物样机上，最终研制出 10t 级振荡压路机。试验证明，YZD10 型振荡压路机与 10t 振动压路机压实效果相当。此外振荡压实与振动压实相比，有一系列优点：振荡压路机机架振动小于振动压路机的 20%，有效改善了司机的劳动条件；振荡压路机工作的地面，特别是侧向地面，较振动压路机振动大大降低，有利于振荡压路机在城市建筑物附近施工；振荡压实消耗功率较振动压实降低 40%；此外，振荡压实可防止振松和压碎脆性材料，且压实表面质量好。

本文从振荡模拟试验出发，着重探讨振荡压路机设计参数的确定及其设计步骤。

2　振荡轮的结构与工作原理

振动压路机经过多年的发展，目前已是比较完善的机型。振荡压路机与振动压路机相比，其差别也仅在于压实滚轮。一般振荡轮的外形及安装尺寸应与一定的振动轮相同，以便于利用其基础车。振荡轮的内部结构与振动轮是不同的，轮内设三根轴，其原理如图 1 所示。中间轴在液压马达驱动下，通过同步齿形带将动力传给偏心轴。偏心轴转动时，与偏心轴焊在一起的固定偏心块带动活动偏心块转动。由于固定偏心块与活动偏心块质量不同且有相对运动，它们一起转动时的有效偏心质量将产生叠加作用。偏心轴转动方向不同，其偏心质量可以相加或相减。因此，用改变液压马达的转向来改变偏心质量，可以实现变幅作用。

如图 1 所示，两偏心轴对称布置，其上的偏心块相对安装，在中间轴的带动下，两偏心轴以相同方向转动，其惯性力方向将始终相反且平行，所形成的力偶矩以正弦规律变化，并作用于轮辐及滚轮上，使滚轮产生振荡运动。其力偶矩可由式(1)表示。力偶矩变化曲线见图2。

$$M = 2lF = 2mel\omega^2\sin\omega t \tag{1}$$

式中:M——滚轮受交变扭矩(N·m);

me——一根偏心轴上的偏心质量矩(kg·m);

l——偏心轴中心到轮心的距离(m);

ω——偏心轴转动角速度(rad/s)。

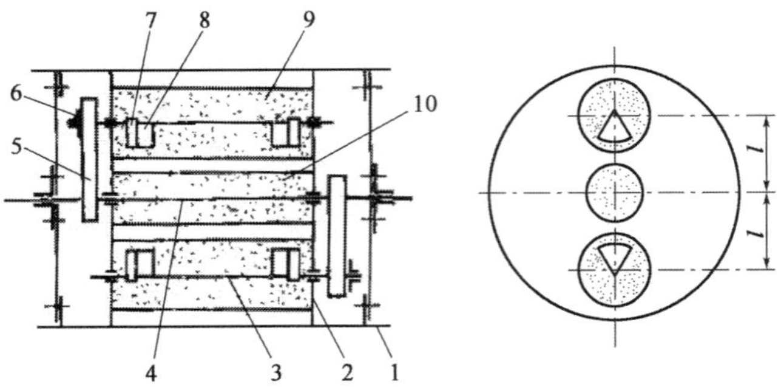

图1 振荡轮结构原理图

1-滚轮体;2-轮辐板;3-偏心轴;4-中间轴;5-同步齿形带;6-振荡、振动转换机构;7-活动偏心块;8-固定偏心块;9-偏心油池;10-中间油池

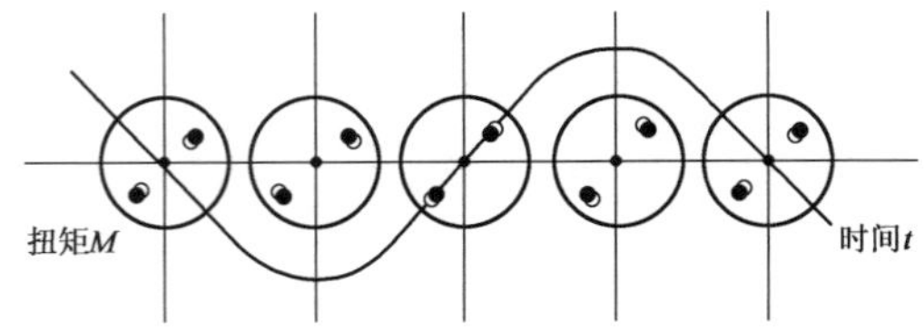

图2 扭矩变化曲线

图1中偏心油池和中间油池,为满足轴承润滑需要而设,润滑方式为飞溅润滑。为此,润滑油加注量应有一定的控制和监视方法。偏心油池可以靠偏心块打油或在固定偏心块最高点设置打油销钉;中间轴两端设置打油销钉,以确保润滑可靠。

同步齿形带传动用于振荡轮是非常重要的环节,是其他传动难以代替的方式。同步齿形带的优点是强度较高,传动比准确,结构紧凑,以及具有耐油、耐磨和抗老化等特性。两根同步齿形带采用对称布置,其目的在于使振荡轮结构质量对称,以便偏心块的激振力的合力通过滚轮对称中心线。

同步齿形带通过带轮将动力传递给偏心轴。带轮与偏心轴之间设有振荡、振动转换机构,如图3所示。由图1可知,只要初始安装时将两根偏心轴上的偏心块同向安装,在上述传动中即可实现振动工况。此时,两偏心轴上的惯性力将始终是相同方向,其合力在纵轴上的投影按正弦规律变化,这与非定向振动轮的振动工况没有区别。

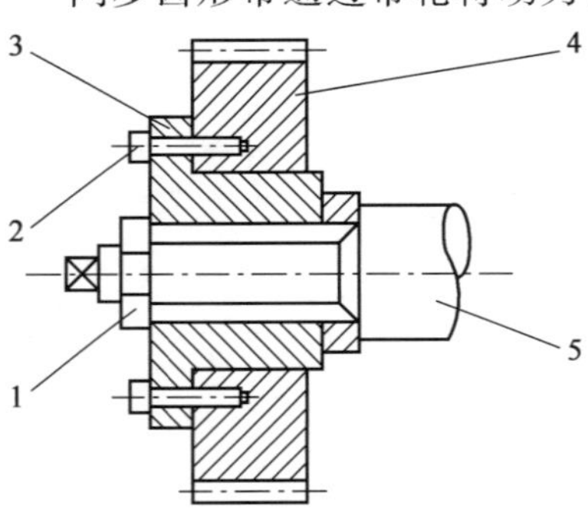

图3 振荡、振动转换机构

1-轴端固定螺母;2-螺栓;3-花键套;4-齿形带轮;5-偏心轴

根据上述原理,按图3结构的转换方法如下:松开轴端紧固螺母1,卸下固定螺栓2(一般6个),用方口把手将偏心轴5连同花键套3一同相对齿形带轮转动180°,而后用螺栓2重新固定花键套和齿形带轮,上紧轴端紧固螺母,转换调整时,应事先打开振荡轮外辐板的工作孔盖(图未示)。如果工具方便,一次转换调整可在0.5h内完成。

振荡轮对压实层的作用原理如图4a)所示,它不像图4b)振动压实那样,振动轮可能跳离地面,而是滚轮在振荡运动下始终不离地面对压实层进行交变剪切作用。试验表明:动剪应力使压实层材料的黏聚力降低,在一定的法向应力作用下,容易达到极限平衡状态,使土粒产生位移,得到进一步压实。

振荡轮的压实特性,有效地改进了振动压实的缺点。其优点主要是:压实效果好,压实力集中在压实层,防止碾碎筑路材料,以及振荡压实时,因孔隙水压不高,土壤对压实的阻力较小,节省压实能量;振荡压实减小机器本身的振动,可以延长机器使用寿命;由于振荡轮发生的表面振波主要沿机器行驶方向扩散,两侧很少,所以振荡压实机械可以在邻近建筑物处施工;振荡压实可提供好的工作环境,因驾驶室无明显振动现象,可大大改善司机工作条件。

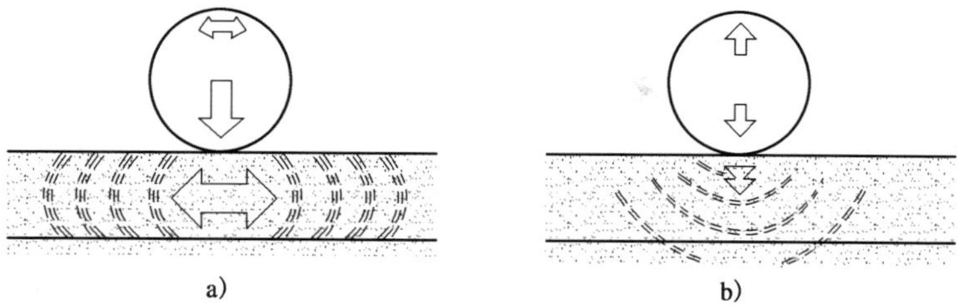

图4　振荡与振动轮对压实层的作用原理

a)振荡压实;b)振动压实

3　振荡轮主要技术参数的确定

3.1　振荡轮动力学模型

振荡压实过程,就振荡轮的运动来说,可视为静碾运动和振荡运动的合成。由此可见,振荡压实的本质是振荡运动。在建立振荡压实系统力学模型时,采用质量—刚度—阻尼来描述系统特性。振荡轮力学模型见图5。

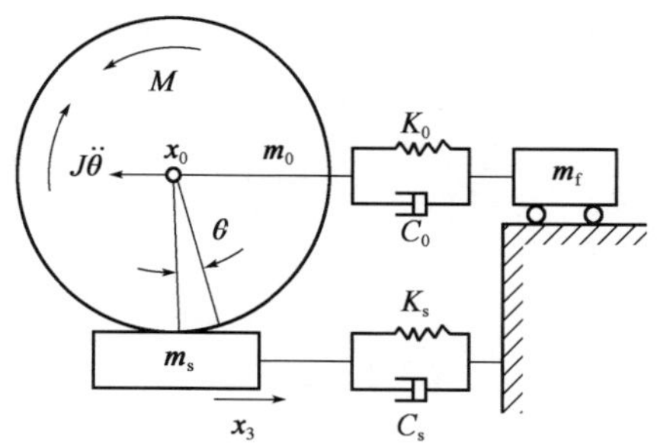

图5　振荡轮力学模型

当滚轮悬空时,在交变扭矩的作用下,其运动将是一种纯粹的交变转动。如果机架质量较大,土体参加振荡的质量较小,底基层为弹性无滑移情况时,该模型在交变力矩 M 的激励下,滚轮将产生振荡运动,其中包括滚轮下缘相对地面的切向运动和轮心的水平运动。如果滚轮中心不是通过减振块而是与机架刚性相连,此时滚轮力学模型如图6所示。根据图6简化的振荡轮力学模型,其运动微分方程为:

$$J\ddot{\theta} + C_s R\ddot{\theta} + K_s R\theta = 2me\omega^2\sin\omega t \tag{2}$$

如果 θ 用 X_s/R 表示,则振荡轮的荡幅无量纲形式用式(3)及图7表示为:

$$\frac{X_s}{2melR/J} = \frac{\gamma^2}{\sqrt{(1-\gamma^2)^2} + (2\zeta\gamma)} \tag{3}$$

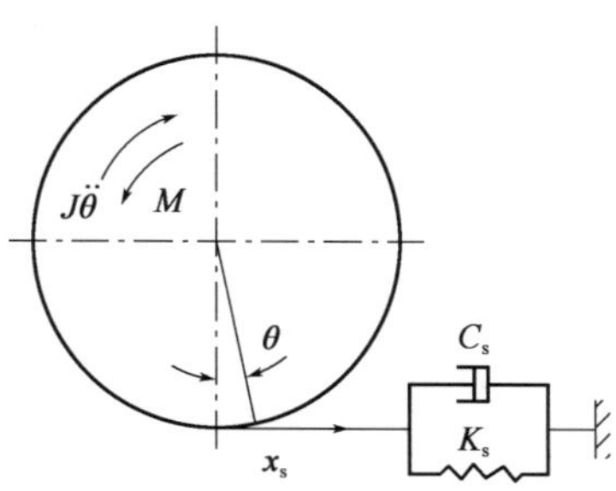

图6　振荡轮简化力学模型

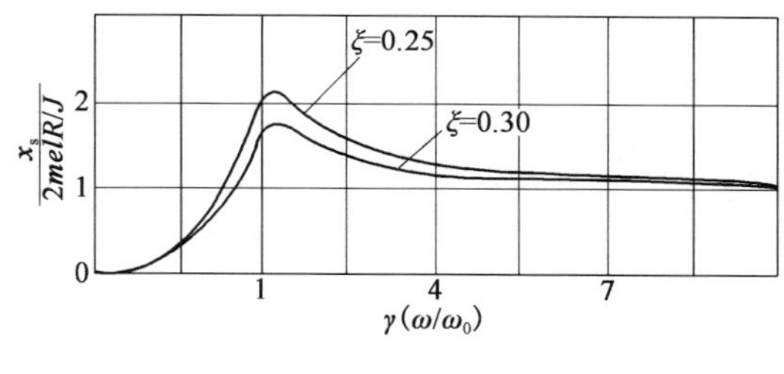

图7　简化动力学模型振荡轮无因次幅频特性

式中:θ——荡幅角位移;

X_s——振荡轮荡幅;

J——振荡轮转动惯量;

me——一根偏心轴上的偏心质量矩;

l——偏心轴中心线至轮心的距离;

R——振荡轮半径;

γ——频率比,$\gamma = \omega/\omega_0$;

ζ——阻尼比,$\zeta = C_s/C_c$。

当振荡频率 ω 趋于无穷大时,即 $\gamma\to\infty$,式(3)将以下式形式表示:

$$\frac{X_s}{2melR/J}=1$$

此时的 X_s 称为名义荡幅,用 X_t 表示:

$$X_t=2melR/J \tag{4}$$

振荡轮正常工作的频带,实际上应高于滚轮—土壤系统的共振频率,这与振动压路机的工作频带选择是一致的。

3.2 振荡模拟试验技术参数的优化

振荡技术参数的优化是通过模拟试验在室内试验土槽进行的。试验土壤选用西安黄土及砂性级配土壤,铺层厚30cm,试验中土壤含水率都控制在最佳状态附近。试验滚轮由牵引台车牵引,其频率、线压力及偏心质量矩可调。

为了客观地确定各参数对压实效果的影响,首先采用正交试验。试验取压实度作为指标,选取偏心质量矩、振荡频率、碾压速度、接地线压力为试验因素。通过正交试验确定各因素对试验指标的影响程度,然后再进行单因素试验,以保证试验结果的准确性和可靠性。

试验结果表明:从压实效果和高生产率统一出发,碾压速度对压实效果的影响不显著。因为振荡轮对土壤的压实,取决于一定面积上土壤被振压的时间。换言之,要达到同样的压实度,高的碾压速度应较低的碾压速度有更多的压实遍数。即碾压速度与压实遍数存在着相互对应增加的关系。试验数据表明,二者不是完全成比例地增加,而是碾压速度增加,对提高生产率较为有利。但模拟轮碾压速度在0.7~2.1km/h范围内对压实效果影响不大。

正交试验结果分析还表明,振荡频率、偏心质量矩和接地线压力对压实度有明显的影响。因此,有必要进一步进行单因素试验,以得出振荡频率、偏心质量矩和接地线压力对压实效果的影响规律。

(1)振荡频率对压实效果的影响规律

压实效果用压实度来评价,压实度是在振荡碾压12遍后检测,试验结果见图8。可以看出,压实效果随振荡频率的增大而增大,当振荡频率高于共振频率后,压实效果达到最大值。而后,随着频率的增加,压实度缓慢下降。振荡频率 $\omega=1.1\sim1.44\omega_0$ 范围内,压实度曲线较平坦且较高。可以认为,该频率范围是振荡频率的优选区。

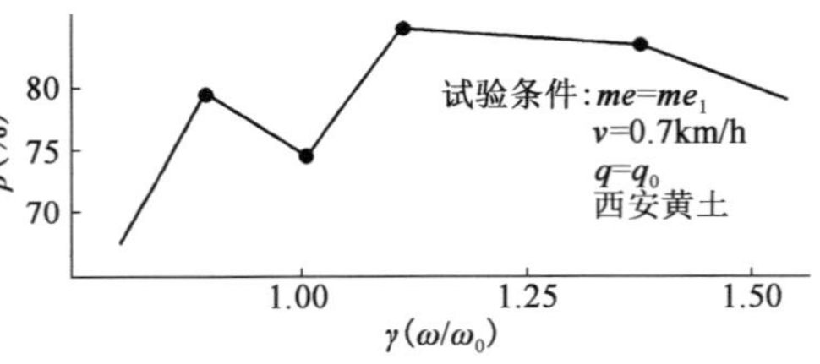

图8 振荡频率对压实效果的影响

共振频率下压实度较低,主要是机架共振,压实能量不集中所致。

(2)振荡偏心质量矩对压实效果的影响规律

偏心质量矩对压实效果影响的试验结果如图9所示。图9说明,随着偏心质量矩的增加,压实度上升。当偏心质量矩达到 me_m 后,压实度达最大值。此后,随着偏心质量矩的增加,压实度缓慢下降,可见,偏心质量矩在 me_m 左右将是其优选区。这里需要说明,图中方框内为砂性级配土壤试验结果。

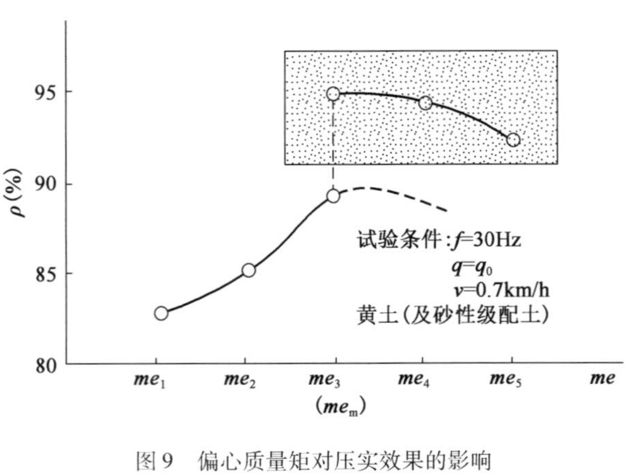

图9 偏心质量矩对压实效果的影响

试验表明,过大的偏心质量矩使滚轮产生较大的滑转,甚至引起自转,使得压实度反而降低。

(3)线压力对压实效果的影响规律

线压力对压实效果的影响包含两方面的内容,线压力一方面影响压实深度,另一方面影响压实度。这里只讨论后者。

图10为线压力对压实度的影响规律曲线。图

中曲线是在优选偏心质量矩的条件下作出的，它们的试验条件是：$v=0.7\text{km/h}$；$me=me_{\text{m}}$；$f=30\text{Hz}$；砂性级配土。由图10可看出，压实度随线压力增加而增加。由于模拟轮的配重有限，线压力值最大达 $q=140\text{N/cm}$。但此时压实度已达95%（符合标准）。故认为线压力 $q=140\text{N/cm}$ 或稍大为优选线压力值，用 q_{m} 表示。

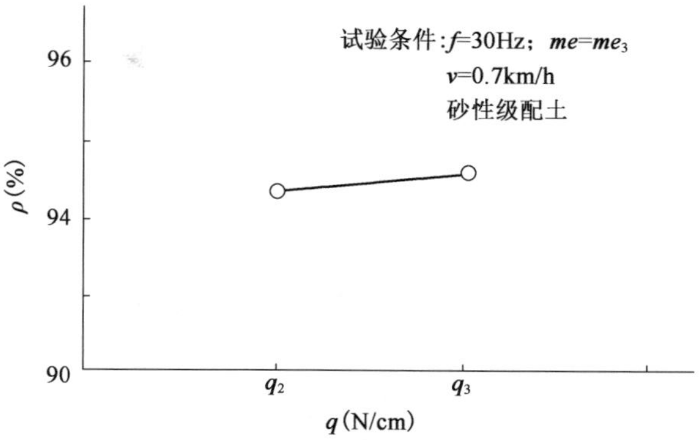

图10　线压力对压实效果的影响

综上所述，模拟试验结果得出的主要优选技术参数分别表示为：振荡频率 f_{m}；偏心质量矩 me_{m}（此时测定的模拟轮接地点的实际切线位移幅值为 X_{sm}）；线压力 q_{m}。模拟试验结果向样机上转换，将以这些优选参数为基础。

3.3　振荡轮主要技术参数的确定

振荡轮的主要设计技术参数是基于以下理论分析和实践验证而确定的。振荡轮通过与碾压材料的相互作用进行压实工作，这种相互作用是通过接触点（或面）起作用的。除碾压牵引速度外，它们之间相互作用的基本要素是接地正压力（线压力）、振荡频率和轮缘接地点的实际荡幅。

（1）接地线压力 q

振荡压路机工作时，振荡轮始终不离开地面，即接地线压力不变，振荡剪切波通过滚轮与地面的附着作用传向压实层。

滚轮接地线压力的大小与被压材料的性质和碾压影响深度有关，这对于一般振动压路机和静碾压路机来说，已有较好的选择经验。本文探讨的振荡轮接地线压力是根据振荡模拟试验优选参数转换确定的。

前文已述，样机振荡轮的外形尺寸是按照一定的振动压路机确定的，即直径 D 和长度 L 已知。样机线压力的确定，是从模拟轮到样机的转换来解决的。转换方法是按照被碾压材料承载能力不变原则进行的。参看图11，当滚轮静置于碾压材料上时，在滚轮载荷作用下，地面将被压陷，滚轮接地宽度按式(5)计算：

$$b=\sqrt{(D-h)h} \tag{5}$$

按照碾压材料承载能力不变原则，平均接地压强对模拟轮和样机应该是一致的，由式(6)表示：

$$[\sigma]=\frac{q_{\text{m}}L_{\text{m}}}{\sqrt{(D_{\text{m}}-h)h}\cdot L_{\text{m}}}=\frac{qL}{\sqrt{(D-h)h}\cdot L} \tag{6}$$

式中：$[\sigma]$——平均接地压强；

D_{m}、D——模拟轮、样机振荡轮直径；

L_{m}、L——模拟轮、样机振荡轮宽度；

h——压陷深度；

q_{m}、q——模拟轮、样机振荡轮接地线压力。

考虑到 h 对于 D 来说很小，用 $D\approx D-h$ 代入上式，并经整理得式(7)：

$$q=q_{\text{m}}\sqrt{\frac{D}{D_{\text{m}}}} \tag{7}$$

代入 q_{m}、D 及 D_{m} 即可计算出样机振荡轮接地线压力。

从线压力对碾压层影响深度考虑：模拟轮有效碾压层为25～30cm，样机碾压层影响深度是多少呢。根据矩形平均接地载荷下接地中心以下 Z 处的竖向应力系数计算，绘制曲线如图12所示。可以看出，样机振荡轮接地中心以下深度40～50cm与模拟轮下25～30cm处的竖向应力系数是相当的。

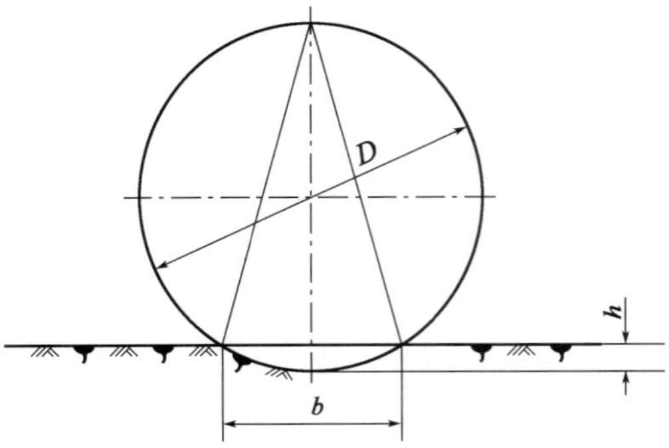

图11　滚轮压入地面

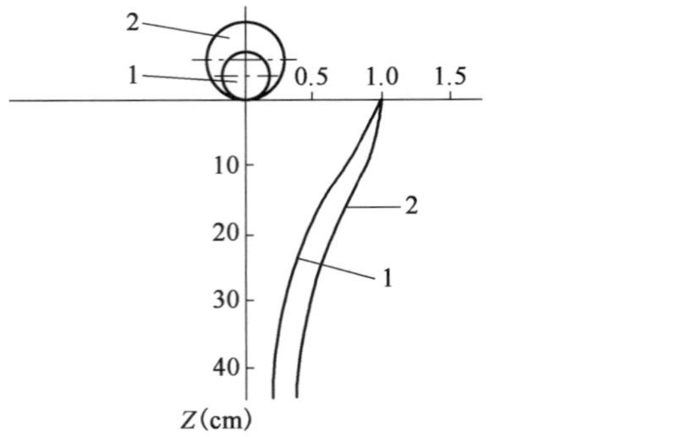

图12　接地中心以深度 Z 处的竖向应力系数
1-模拟轮;2-样机振荡轮

(2)振荡频率 f

对于振动压路机来说,振动频率已经深入讨论过了,并得到了相应的确定。通常振动频率在 25 ~ 50Hz 间压实效果最好,其压实效果曲线较为平坦。当被碾压材料不同时,频率选用范围有所不同。振动压路机用于压实大体积土壤和岩石填方的厚铺层时,采用较大振幅,相应的频率为 25 ~ 30Hz;对于沥青料的压实,最佳振幅为 0.4 ~ 0.8mm,而适宜的频率在 33 ~ 50Hz。

振动压路机工作时,振动器—土壤系统有一个共振频率,通常在 13 ~ 27Hz。机器在共振频率附近工作,振幅将被扩大。但在共振条件下,整机性能很不稳定,且提高了整机的振动强度,对操作者的舒适和机器的可靠性都是不利的。所以设计者普遍选择的工作频率是稍高于共振频率。过高的工作频率是不必要的,因为一方面不会太多地增加压实效果,而且,特别与大振幅联合作用时,会引起振动轴承过高的应力和出现其他设计上的困难。

振荡频率的选择方法,原则上与振动频率相似,即工作频率应稍大于共振频率。振荡模拟轮的振荡共振频率在 22 ~ 26Hz,优选的振荡频率是 30Hz。可见若样机振荡轮—土壤系统的共振频率小于 26Hz 的话,将模拟轮优选振荡频率原值转化为样机的是可行的。

(3)荡幅 X_t

荡幅类似于振动轮的振幅,它定义为滚轮接地点振荡切线位移峰峰值的 1/2,对实际压实效果来说,荡幅应指实际荡幅。

从振荡轮动力学模型分析、振荡轮在以正弦变化的激振力矩作用下,产生绕自身轴心的振荡运动和轮心水平振动运动。其运动的规律,除与振荡轮本身设计参数有关外,还受地面特性(可用集中参数刚度 K_s 和阻尼 C_s 表示)和橡胶减振块特性(可用集中参数 K_0 和 C_0 表示)等的影响,实际荡幅的数值解有待于对这些参数的识别,而性质多变的碾压材料又为这些参数的识别增加了困难。

图 13 为样机振荡轮的无因次幅频特性。图中 1 为轮缘接地点实际荡幅相对测试值;2 为轮心水平振幅相对测试值;3 为简化振荡轮动力学模型,碾压材料阻尼比 $\zeta = 0.25 \sim 0.3$ 时的理论计算曲线。

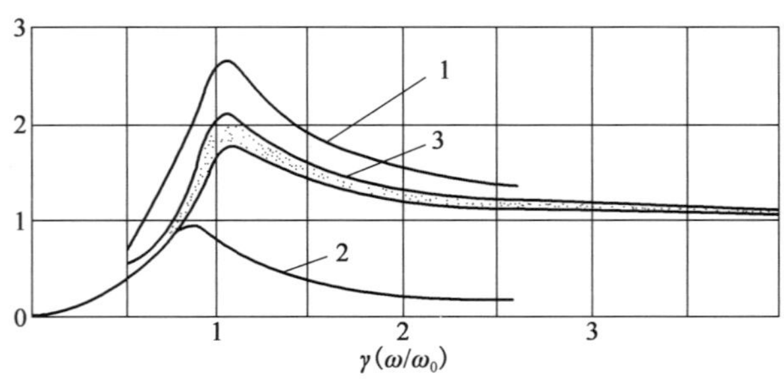

图 13　振荡轮无因次幅频特性

从图 13 看出,当振荡频率(或频率比)增大时,不仅不同碾压材料(阻尼比不同)的理论荡幅趋近于名义荡幅,实际荡幅也趋近于名义荡幅。因此,按式(4)计算名义荡幅为设计振荡压路机提供了方便条件。

振荡模拟轮的室内试验，优选了工作荡幅，从而为样机荡幅设计提供了依据。试验表明，实际荡幅与名义荡幅之比与碾压材料、橡胶减振块的性能滚轮静线压力及工作频率选择等有关，一般可取 $X_s/X_t = 1.50 \sim 1.70$。

模拟振荡压实试验表明，在优选工作频率 f_m 及偏心质量矩 me_m 下，轮缘接地点的工作荡幅应视为优化值，其值为 X_{sm}。可见，以优化实际荡幅 X_{sm} 设计振荡压路机时，其名义荡幅 X_t 可取：

$$X_t = \frac{X_m}{1.5 \sim 1.7} \tag{8}$$

4　振荡轮主要技术参数设计步骤

振荡压路机设计时，为了方便，一般可选一台同吨位的振动压路机作为基础车。其设计步骤如下：

(1)将基础车振动轮原1根偏心轴变为3根轴：中间为传动轴；两边对称设置两个偏心轴，每个偏心轴上的偏心质量矩为原振动偏心质量矩的1/2。

$$me = \frac{ME}{2} \tag{9}$$

式中：ME——原振动轮偏心质量矩(kg·m)；

me——振荡轮一根偏心轴上的偏心质量矩(kg·m)。

(2)按照振荡轮的结构设计，计算振荡轮的质量 m_0。

(3)确定固定块偏心质量矩 me_1 和活动块偏心质量矩 me_2。

振动轮的固定块和活动块偏心质量矩是为了正反转变幅而用。如已知原机大、小名义振幅 A_1、A_2 时，可按下式计算固定和活动块的偏心质量矩：

$$\left.\begin{aligned}(ME)_1 + (ME)_2 &= m_0A_1\\(ME)_1 - (ME)_2 &= m_0A_2\end{aligned}\right\} \tag{10}$$

即

$$\left.\begin{aligned}(ME)_1 &= m_0(A_1 + A_2)/2\\(ME)_2 &= m_0(A_1 - A_2)/2\end{aligned}\right\} \tag{11}$$

显然，振荡轮一根轴的固定块偏心质量矩和活动块偏心质量矩分别为：

$$\left.\begin{aligned}me_1 &= (ME)_1/2\\me_2 &= (ME)_2/2\end{aligned}\right\} \tag{12}$$

(4)初选偏心轴安装距离，并保证同步齿形带装配标准长度。然后计算振荡轮转动惯量 J。

(5)计算大、小名义荡幅。

$$\left.\begin{aligned}X_{t1} &= 2(me_1 + me_2)lR/J\\X_{t2} &= 2(me_1 + me_2)lR/J\end{aligned}\right\} \tag{13}$$

大荡幅或小荡幅如与模拟试验所确定的优化值不一致时，可重复步骤(4)、步骤(5)进行，直到满意为止。

(6)校核接地线压力。

静线压力按式(14)计算：

$$q = \frac{m_f + m_0}{L} \tag{14}$$

式中：q——振荡轮接地线压力(N/cm)；

m_f——前机架负荷(N)；

m_0——振荡轮重量(N)；

L——振荡轮碾压宽度(cm)。

如 q 与优选转换值相差较大时(一般不会),可以进行调整:改变前机架负荷,增加一定配重;为减少对振荡轮转动惯量的影响,振荡轮最好在近轮心部位改变质量。线压力的增加,有利于振荡压实机理的形成,所以当存在较大线压力时,一般可不采取减少质量措施。

按照以上设计步骤计算的振荡轮参数,将能够实现模拟试验优化参数的有效转换。同时,可以保持基础车振动参数不变,并实现大、小两个振幅。

压实控制技术的现状与展望

卫雪莉　孙祖望　武雅莉

（本文刊于《筑路机械与施工机械化》杂志 1992 年第 1 期）

摘　要：本文详细地介绍了密实度的各种测量方法：密实度控制法、承载能力控制法、表面沉降试验法、贯入试验法。利用振动轮与压实材料的相互作用力，实现的随车压实计及振荡压实技术与振荡压实计的发展。

1　前言

压实是一种改善土壤及其他基础材料承载能力和稳定性的有效和廉价的方法，因而压实工作在道路建筑和其他土建工程中占有极其重要的地位。例如某些研究资料表明，将沥青碎石料的压实程度提高 3% 就可以使沥青路面的寿命增加 30% 。然而这种改善作用只有在土壤或材料获得充分和有效的压实时才能实际地显示出来。因此压实质量检查和控制就一直成为进一步发展压实技术的一个重要而紧迫的研究课题。

理想的压实控制应满足以下基本要求：

(1)能对整个被压实材料的压实质量提供全面的信息和进行全面的控制。

(2)能在压实进行的过程中连续地进行测量和控制，并实时地判断压实工作是否应该继续进行下去。

(3)压实控制应该做到方便、迅速和低费用。

(4)便于压实工作的自动化。

显然在采用传统的定点测定或采样分析的情况下，理想的压实控制是不可能实现的。这不仅因为大容量的采样或定点测定费工、费时，其费用的浩大甚至会超过压实工作本身的成本，而且因为大量地损伤被压实的材料也是不能容许的。

因此只有建立在测试技术、电子和计算机控制技术等高科技基础上的现代压实控制技术的迅速发展，才使理想的压实控制具有了逐步实现的现实可能性。

2　传统的现场压实试验方法和它们作为随车监测方法的缺点

传统的现场压实试验方法大体上可分为四类。

2.1　密实度控制法

密实度控制法又可分为直接测定法和间接测定法两种。

(1)直接测定法

直接测定法是直接从被压实材料中取出一部分来进行称量分析。常用的方法有以下几种(图 1)：

①灌砂法。灌砂法是在压实层上用人工挖一洞(通常洞径 200mm 左右，洞深 150mm 左右)，仔细测定被取出的材料的质量和含水率(含水率是把从洞中取出的土

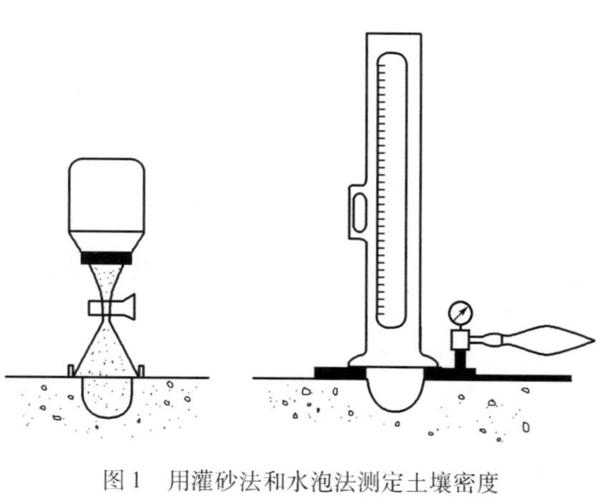

图 1　用灌砂法和水泡法测定土壤密度

经 110℃烘干后计算而得)。然后用标定的干砂填入空洞用来测量被取出土的体积。为了减少由于洞口界面不平而引起灌砂量的误差,通常用一特制的倒圆锥形的漏斗,从漏斗的小口向下灌砂。这样由于漏斗的小口的界面很小,可大大降低灌沙量误差。已知材料的干质量和土洞的体积,则干重度 γ_d 就可计算出来了。

②灌油法。灌油法的工作原理与灌砂法相同,只是用油或已知密度的石膏液代替砂注入土洞来测定土洞的体积。

③水泡法。水泡法是用一柔软的橡胶或塑料薄膜制成的口袋放入挖好的土洞内,然后向口袋内充水使薄膜紧贴洞壁,由此来测定土洞的容积。水泡法通常比灌砂法速度快而且更准确一些。

④环刀取芯法。环刀取芯法是目前使用最为广泛的一种方法,特别适用于细粒土壤如黏土。这一方法是用一取样环刀打入土体,连环刀一起取出土样,小心切去取样环两端多余的土,然后连同取样环一起称重再扣去钢环的质量即为土体的质量,将取出的土样烘干后,除以取样的容积即可获得土样的干重度。

所有各种直接测定方法的共同缺点是土壤的含水率必须经过一定时间的烘干后才能获得,因而不可能在现场很快取得干重度的数据。

(2)间接测定法

间接测定法是根据介质材料的密度与通过这些介质的某些能量参数例如超声波、弹性波、放射性射线等之间的关系间接地确定介质的密度。最常用来间接测量被压实材料密度和含水率的是核子射线(通常采用 γ 射线)。核子密度仪和含水率仪的工作原理是利用放射源发出的射线,通过介质后为放置在某处的检测器所检测到的射线剂量来判定介质的密度或含水率。

核子密度测定法的优点是快速、便捷,不需要大量的手工劳动,因而能进行大面积的测量,同时核子密度仪的读数的离散性较小,与灌砂法相比,其标准离差通常可减小一半。核子密度仪的主要缺点是存在放射性污染的危险,因此必须由经过专门训练的人来操作,并采取专门的措施来保证运输的安全性。此外,和所有间接测定法一样,核子密度仪读数必须经过标定才能获得密度的绝对值,这种标定工作需要花费大量的劳动,并必然会引入相应的误差。它的另一缺点是核子射线的通过量对介质的均质性、含水率等因素有很大的敏感性,这就增加了标定工作的困难和复杂性,例如必须对不同的含水率给以必要的修正值。

2.2 承载能力控制法

这一方法是通过测定压实材料的承压能力来控制压实的质量。压实的目的就是为了通过提高材料的强度来建立材料的某种承载能力,以适应外部载荷所造成的材料的内部应力。从这一意义上说,承载能力法能比密实度试验更为直接地反映基层、底层、路面的强度和压实质量的好坏。承载能力的测定原则上可分为静载承压试验和动载承压试验两种。

(1)静载承压试验

静载承压试验(图 2)是在一块圈形的承压板上逐级施加静荷载,并记录下承压面的变形量。对于大多数材料,在一定的范围内可观察到在单位压力 P 与变形量 S 之间存在着线性关系,由此可求出材料的弹性模量或更确切地说形变模量 E_1。对于土壤来说,由于土壤受压后发生的变形大部分不能恢复,因此在第二、三次加载时 E 值会逐步减小,只有经过反复多次的加载后 E 值才会比较稳定,这一数值 E_2 即用来评价基础材料的承载能力。E_2 按下式计算:

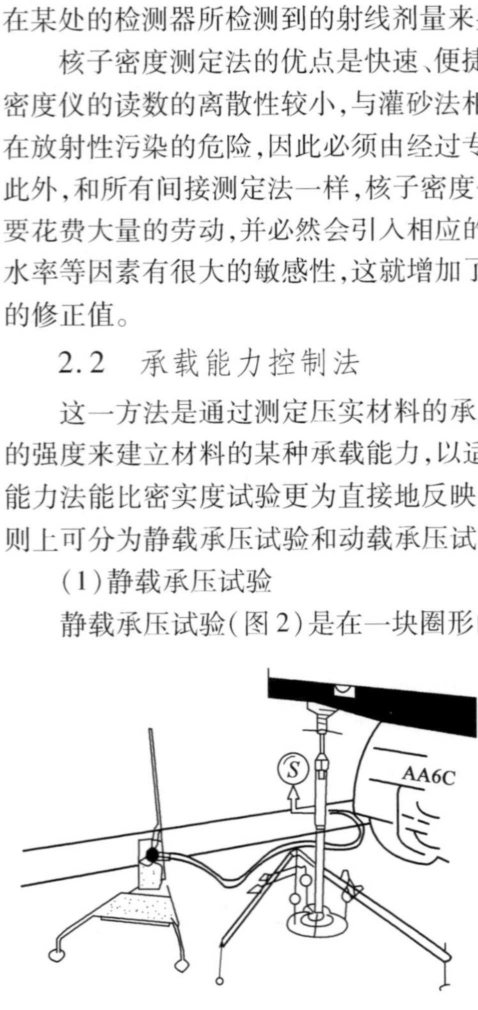

图 2　静载承压试验

$$E_2 = \frac{1.5rp}{S}$$

式中:r——承压板的半径;

p——单位压力;

S——变形量。通常 E_2 只有 E_1 的 1/3～1/2。

静载承压试验的缺点是土壤的承载能力受含水率的影响很大，因此当含水率变化大时试验结果离散就很大。在高含水率的情况下，承载能力下降较快，与密度试验曲线的差别较大。

不同国家对静载承压试验有着不同规范，承压试验的设备也有许多不同的结构。在欧洲一些国家，通常承压板的直径取300mm。也有许多国家采用美国加利福尼亚州公路局提出的标准（CBR）。对于刚度较大的沥青路面，为了产生较大的承压荷载，常采用杠杆式的弯沉仪（贝克曼梁）。

（2）动载承压试验

动载承压试验是对承压板施加一动荷载，同时测量基础表面的变形量。材料的动载弹性模量可以按静载弹性模量同样的公式来计算。有多种结构的动态弯沉仪，最常用的是落锤式弯沉仪，也有以低频载荷作为动载源的。对于刚性路面，还可利用振动波的传递速度来测定动载弹性模量。

2.3　表面沉降试验法

随着压实的进展，基础表面逐步沉降，因此表面沉降量在一定程度上反映了压实的程度。对于某些特殊的场合例如石方填方的压实，测定表面沉陷是唯一可供实用的控制压实度的方法。表面沉降试验通常采用水准仪测定标高的方法（图3）。

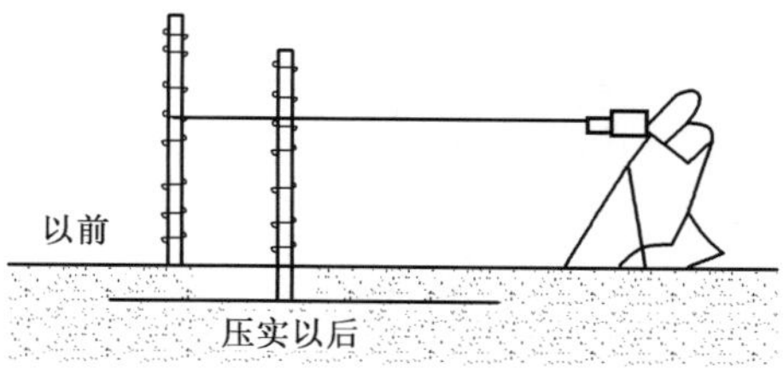

图3　用水准仪测定压实沉陷量

2.4　贯入试验法

贯入试验法是利用贯入阻力与压实程度之间有一定关系的原理来控制压实质量，随着土壤被压实而变得紧密，贯入阻力也相应增大。贯入试验又可分为静载贯入和动载贯入试验法两种。静载贯入试验的常用设备是圆锥贯入仪，而动载贯入试验则常用冲击指数仪。贯入试验常广泛地用来作为测定细粒土壤强度的快速辅助检查仪器，但在深度压实的情况下，贯入法常常成为主要的压实控制方法。

除了核子放射方法以外，传统的压实控制方法的共同缺点是：

（1）这些方法都需要靠细心熟练的手工操作，费工、费时，而且费用昂贵。

（2）由于采样数有限，通常只占被压实材料很少一部分，而缺乏充分的代表性，因此不可能提供压实质量的全面信息。

（3）无法在压实过程中测量或估计压实程度，而只能在碾压结束后再按规定的规范进行试验。当压实不足时往往很难及时发现，及时补救，从而引起材料返工和拖延工期，当压实遍数过多时则白白浪费能量，甚至反而振松已压实的材料。

（4）试验结果的复现性较差。

核子密度仪虽能进行大面积的测量，但是它对介质的均质性和含水率很敏感。并且要求放射源和探测器尽可能埋入地下，或至少紧贴地面。因而在移动的过程中进行连续测量就有一定困难，仪器设备本身也比较复杂庞大。因此，虽然有人研制过一种安装在专门测试车上的自动原子密度计，用来检查已经压实的平坦路面的压实质量，但是作为压路机的随车监测系统还没有成功的例子。

3　利用振动轮与基础材料相互作用的动力特性来估计压实质量的方法和随车压实计

由于传统压实控制方法的缺点，人们一直在寻求一种安装在机器上能在压实过程的进展中连续地进行测量，不断地提供有关基础材料压实状况信息的压实控制方法和装置。早在20世纪60年代初，就有人提出了能否利用振动部件与基础之间相互作用的动力特性来判断压实进程状况的设想。这种方法的工作原理是建立在如下的认识基础上的：当地面在振动部件的作用下逐步压实时，地面—机器系统的动力特性也在发生变化，这种变化将指示出地面承载能力变化的相对数值，从而也反映了地面被压实的程度。在20世纪60年代的一些早期专利中，Martin 在1962年的美国专利3053157中提出了在振动轮与基础发生共振状况下利用垂直方向加速度的振幅（最大值）来测量基础的压实程度；稍后 Kerridge 在

1965 年的英国专利 509856 中改进了 Martin 的方法,提出用两个安置在垂直和水平方向上的加速度传感器来感受振动轮支架上某一点的椭圆形运动轨迹,并由此计算出椭圆长轴的长度(图 4)。1970 年,Konig 在德国专利 No3775019 中提出利用振动工作部件与基础之间的冲击反力来测量基础材料的承载密度(load-bearing density),见图 5。在 Konig 的专利中,冲击反力 F_B 是由冲击反力与振动工作部件的惯性力 F_A、偏心块产生的激振力 F_Z 和静载负荷 F_S 之间的平衡关系求得的,也即 $F_B = F_S + F_Z + F_A$。承载能力的增大用冲击反力 F_B 峰值的变化来表示。这些早期专利的共同特点是测量原理和方法大都不够完善。例如 Martin 的专利要求机器处在共振状态下来测量振幅峰值,这不仅要求压路机具有无级调整振动频率的能力,增加了操作上的困难,而且因为共振状态并非振动压路机所希望的工作状态,会激起许多干扰因素,不仅调节困难,而且在这种状态下的振幅峰值很难精确测定。因而很难建立起压实度与振幅之间有规律性的联系。Kerridge 虽然改进了 Martin 的缺点,但仍然需要通过安置的 X 和 Y 轴上的两个加速度传感器来感受 X 和 Y 方向的加速度,再经两次积分后得到瞬时的位移值,然后通过合成的方法求得振动轮轴心的瞬时位移矢量,最后求取最大的瞬时位移值(椭圆长轴的一半),因此实质上是采用轮心振幅矢量的峰值作为测量值,而峰值的测量往往由于许多随机干扰因素而变得不够稳定。Konig 专利采用了三个力传感器和两个加速度传感器经过合成来求取基础的反力,不仅测量环节很多,而且采用反力的峰值作为特征值同样存在不够稳定的缺点。由于这些早期专利大多采用峰值作为测量的特征值,而峰值易受干扰和本身的不稳定性导致很难在压实度与特征值之间建立起可靠的规律性联系。而测量环节较多和采用晶体管分离元件的测量装置则不仅导致测量误差的增大,而且降低压实计的工作可靠度。因而这些专利都没能转化成投入市场的产品。

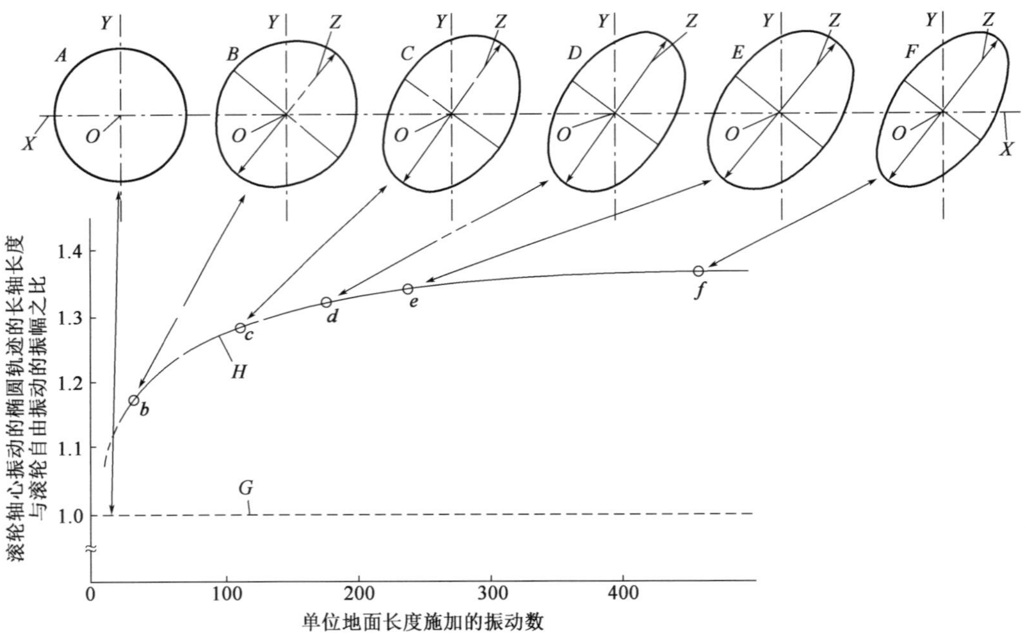

图 4　Kerridge 专利的测量原理

进入 20 世纪 70 年代后,人们对随车压实系统的兴趣愈来愈高,研制方案也渐趋成熟。至 20 世纪 70 年代末期和 80 年代初,已有一些安装在压路机上的压实计问世并投入市场。其中最主要的有瑞典 Dynapac 公司根据 Thurner 在 1957 年美国专利 No4103554 提出的方案研制的压实计。Thurner 的专利提出利用振动轮加速度波形的畸变来判断基础的压实程度。这种波形畸变可以从加速度波形中分离出的谐波的振幅(一般采用一次谐波)与基频信号的振幅之比来表示。图 6a)是这一装置的测量原理图。在图中来自振动轮的加速度信号经过放大后分别送给两带通滤波器,并分离出基频振动信号和一次谐波信号,然后两者的振幅峰值送到一个除法器中运算后,得出一个第一谐波加速度振幅与基频加速度振幅的商值作为代表压实度的特征值。Thurner 在 1982 年的世界专利 W082/01905 中进一步改进了他的方案，提出用畸变波形过零点形成的二个时间轴截距 T_1 与 T_2（图 6b）之比来作为反映压实度的特征值。Dynapac 公司的压实计已在 20 世纪 80 年代正式投入市场。

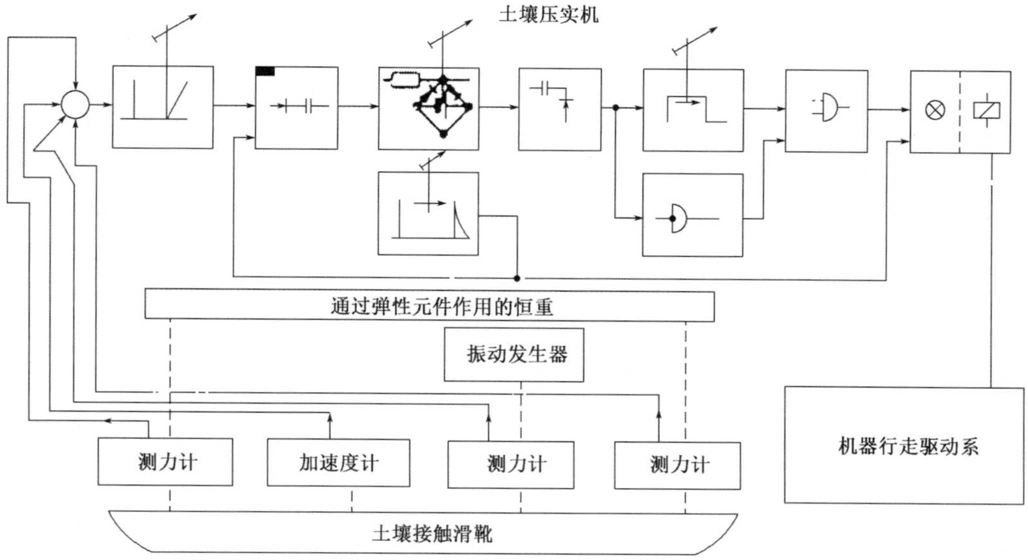

图 5　Konig 专利的测量原理

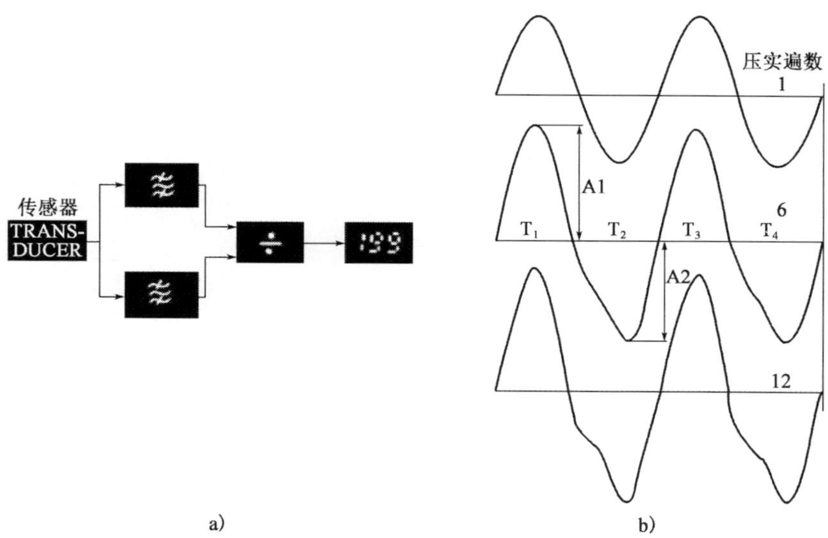

图 6　Thurner 的测量原理图

德国 Bomag 公司在 20 世纪 80 年代初研制的 BTM 压实度计与 Konig 的专利一样是利用基础作用在车轮上的反力 F_B 来建立压实计的数学模型的，但 Bomag 的设计作了重大改进。首先是对于平衡方程 $F_B = F_S + F_Z + F_A$ 中的各参数，只有 $F_A = ma$（式中，m 为振动轮质量，a 为振动加速度）是由两个与垂直线各呈 45°的加速度传感器测得的振动加速度和已知的振动轮质量之乘积求出的，而其他参数（激振力 F_Z 和静荷载 F_S）则都是作为机器的技术参数给出的，因而大大简化了测量的环节。其次 Bomag 的设计没有直接采用 F_B 的峰值作为特征值，而采用了 F_B 与轮心的运动速度 V 的乘积之积分。也即土壤所吸收的有效功率，作为控制压实进程的特征值。振动轮在一个振动周期内给予土壤的有效压实功率 p_{eff} 是以下式进行计算的：

$$p_{eff} = \frac{1}{T}\oint \overrightarrow{F_B}\vec{V}dt = \frac{1}{T}\oint(\overrightarrow{F_S} + \overrightarrow{F_Z} - \overrightarrow{ma})\vec{V}dt$$

式中：T——振动周期；

m——振动轮的振动质量；

a——振动质量的加速度；

V——振动质量的速度；

F_S——作用在振动轮上的静荷载；

F_Z——偏心块的离心力。

BTM 压实计的测量系统由加速度传感器、处理机和显示系统组成。两个加速度传感器安装在振动轮轮鼓上，与垂直方向各呈45°角。轮心加速度的矢量值由两个加速度传感器的测量值合成而得。

这一矢量值输入计算机后，按上述公式计算有效压实功率 P_{eff} 的相对值 ω。当振动频率为30Hz时，处理机每秒可处理30个测量值。当压路机的速度为3km/h时，一个压实路段的测量值最长为170m。

日本铺道公司技术开发部在20世纪80年代末研制了一种CDS压实文件记录系统。这一系统中的压实度计采用了与Dynapac压实度计同样的理论基础，即随着压实过程的进行，由于地面支承反力作用，原始的正弦振动波形将受到扭曲，根据扭曲的程度可以判断压实的程度。只是在CDS系统中扭曲是由波形偏离正弦波的失真度来表示的，它经数值化后用0～120CMV值来表示。

压实度随车监测系统在20世纪80年代获得蓬勃的发展，在总结近十年发展的总趋势和今后的发展前景时，可以归纳为以下的主要发展方向。

(1)压实度测量系统的微处理机化

在压实度的随车测量系统中大多采用了微处理机作为中心处理机并配备有相应的外围设备，这就为压实信息的储存、显示和记录提供了更加完善的方式。20世纪80年代后期推出的压实计大都具有多种功能的显示记录和储存方式，例如灯光指示；压实度指数的模拟和数字显示；数据的打印输出和外部储存；压实曲线的图形输出等等。

(2)压实过程的自动控制

压实测量系统的进一步发展必然联系到压实进程的自动控制问题，它包括压实工作参数(主要是振动频率、振幅和压实速度)最佳调节的自动化、压实机械驾驶操作的自动化、压实质量控制的自动化三个方面。通过这样的自动化系统，可以使整个压实过程实现全面的自动化，即压实作业将自动地调节至最佳参数的状态下进行，当压实质量达到规定的要求前，压路机将自动地连续反复地进行压实，当达到规定要求后将自动停止，对于没有达到预定要求的局部地段还能自动地进行补充压实，直至全部地段达到规定要求或指示出必须重新翻修的薄弱区段为止。压实质量的全部信息将自动地记录和储存起来并可以用各种表格、图形等文件方式随时提取供检查和分析之用。这种自动化系统的实现，将大大地改善压实工作的质量，减轻司机的劳动，降低能源消耗，节省时间和压实费用。

(3)压实过程的远距离和中央站控制

压实过程自动化的进一步发展将导致实现由中央站控制的远距离控制系统。在这种系统中将由中央站给出压实工作的指令，实现压实工作过程的控制，并将信息通过遥测系统传至中央控制站进行处理并绘制现场的平面压实图。在这种压实图上将对每一个压实度数据通过定位系统给出相应的精确的现场位置，从而实现压实质量的平面控制，此时中央站的工作人员将从监视器的屏幕上监视压路机在现场的工作情况，并根据数据处理的结果对压实进程给以适当的控制和调节。第一阶段可以是有人驾驶的，司机将按照中央站的指令操作压路机进行相应的压实工作。第二阶段将实现无人驾驶的远距离自动控制。图7表示了Thurner博士设想的这种中央控制站控制的自动化系统。

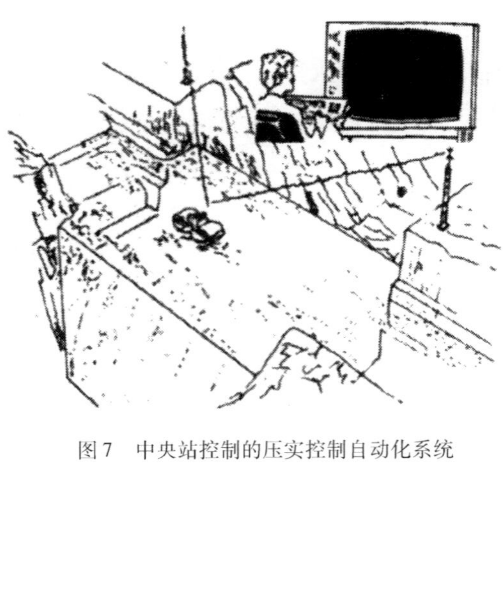

图7　中央站控制的压实控制自动化系统

利用振动部件与基础间相互作用的动力特性来测量压实效果方法的进一步发展，导致出现了作为一种工具专门用来检查压实质量的测试压路机。20 世纪 80 年代初瑞典 Dynapac 公司在 2t 压路机的基础上研制了一台测试压路机，在压路机上装有该公司生产的压实度计，并配备有相应的打印设备。这一形式的测试压路机曾用来检查巴黎至里昂新铁路路基结构的弹性模量。测试压路机检查压实质量的效果还可以用德国慕尼黑技术大学在丁哥尔芬（Dingolfing）工厂基础填方上所做的工作来说明。这一工作是在一块 80m × 28m 的场地上进行的，场地分成了双条平行的测试带。测试压路机沿着这些测试带行驶，压实计每隔 5s（相当于 4m）给出一个压实计数值（CMV 值），并记录下每一压实遍数在整个测量段上的 CMV 值，见图 8。图 9 是将 CMV 值输入计算机后，由计算机绘制的平面压实图。

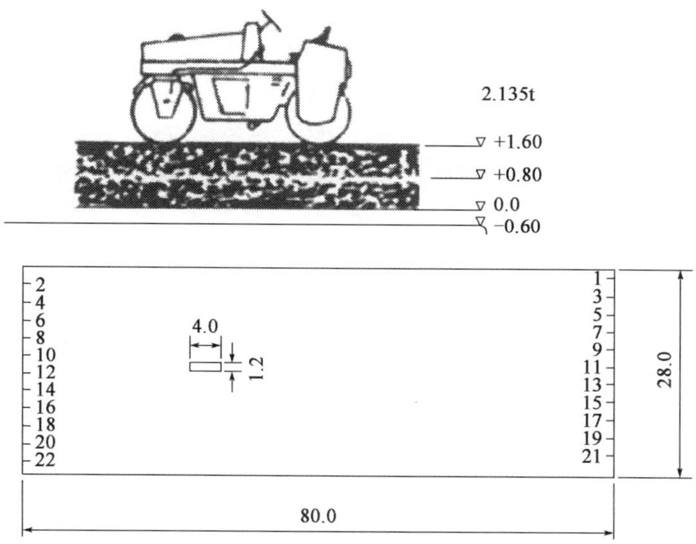

图 8　Dynapac 测试压路机的现场测试（尺寸单位：m）

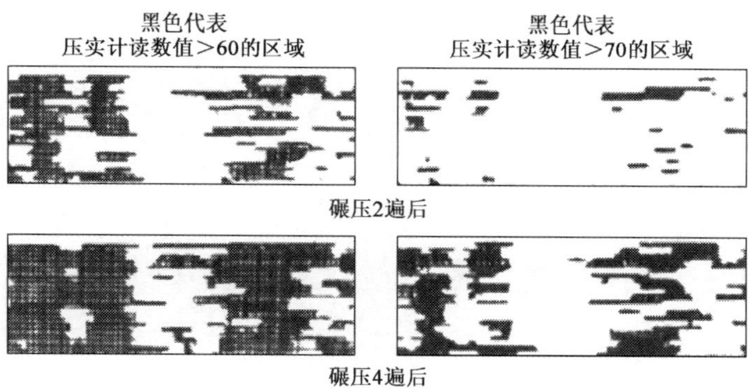

图 9　测试压路机在德国丁哥尔芬工厂基础填方上测得的压实计数值（计算机程序图片）

Dynapac 公司的研究开发部在 20 世纪 80 年代进一步推出了一种全新的压实测量振动轮。这种测量轮是一个振动部件，它与一般振动轮不同之处是它的工作宽度很窄，所测试的是一个很小宽度地带的承压能力，因此不像普通的振动压路机上的压实计那样，测试的是一个较大宽度范围内的平均值。测量振动轮可以拖挂在振动压路机或其他自行式车辆的后方，连续地进行压实质量的检测。试验的结果表明，采用这种测量轮取得的数据其离散程度较安装在一般振动轮上的压实计的读数更小，而且它们与承压试验测定的承载能力之间存在着良好的线性相关关系，显示了这种测量轮良好的测量性能。

4　振荡压实技术与振荡压实计的发展

振荡压实是 20 世纪 80 年代初出现的一种新的压实方法和技术。它不像振动压路机那样利用垂直振动的原理而是利用土力学中交变剪应变的原理，使土壤等材料的颗粒重新排列而变得更加密实，从而达到压实之目的。振荡压路机就是根据这一新的原理而开发的一种新型压路机。

振荡压路机与传统的振动压路机相比,具有节省能源、减少机架和邻近地面的振动、改善司机的工作条件和环境条件、延长机器使用寿命等一系列的优点。在施工工艺方面,振荡压实过程比较平稳,不易压碎建筑材料,能防止面层振松,压实的表面光滑平整。因此,这种新的压实技术的出现引起了人们极大的兴趣。

由于振荡压实的工作原则和机理与振动压实完全不同,因此作为安装在振荡压路机上的压实度随车监测装置不可能利用现成的用于振动压路机上的压实度计。振荡轮与基础之间会产生滑移的特点,还决定了不可能直接利用水平加速度的幅值信息作为衡量压实程度的一个有规律性的特征值。因此开发振荡压实计的思路必须重新构思。1986 年公布的世界专利 W086/03237 是国外迄今为止唯一的一项涉及安装于此种类型压实机械上的压实度随车监测装置的发明。

W086/03237 专利所介绍的振荡压实计的测量原理是基于鼓轮轮心在沿平行于基础平面并垂直于轮轴方向上的加速度在零点附近的曲线为一正弦曲线这一认识的基础上建立起来的,通过对这一加速度在零点附近的信号进行适当的处理可获得上述正弦曲线的幅值,而后者则是和基础刚度成正比的,从而可以用来估计基础的压实程度。在这一专利中,提出了两种处理方法来获得上述正弦曲线的幅值。一种是利用检测信号过零点的斜率与周期的乘积来计算其幅值。另一种是利用对在零点附近曲线线段进行拟合的方法来获得正弦曲线并计算其幅值。为了避免由于鼓轮动平衡不良所引起的检测信号的周期性波动,同时也为了平滑各个周期间信号的波动,建议在鼓轮滚动的多个完整周期内进行信号的平均化处理。

图 10 是这种振荡压实计的工作原理图。图中沿水平方向安装在振荡轮支架上的加速度传感器 4 经过一带通滤波器 8 接至放大器 9 上,滤波器 8 用来消除低频和高频的成分以减少对放大器的干扰。信号经滤波并放大后再经一低通滤波器 10 进一步分离由轴承、偏心块马达、共振等引起的高频振动。

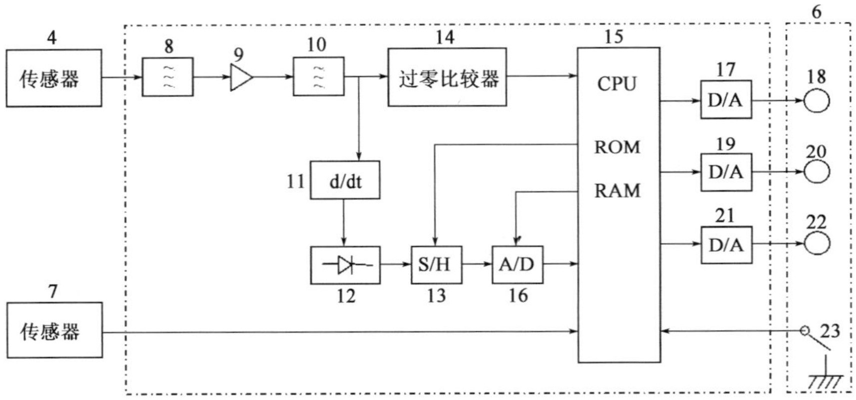

图 10　W086/03237 专利振荡压实计的工作原理图

由滤波器 10 输出的信号,一路送到零比较器 14,由它检测出过零点的时间值。另一路经微分器 11 进行求导数的运算,并送至整流器 12 进行全波整流后再送至采样保持电路 13,由此获得过零点的斜率。这一信号经 A/D 转换器输入微处理机 15 与由过零比较器 14 输给微处理机的振动周期数据进行乘积运算后得到所要求的特征值。在图 10 中还表明了转数传感器 7 感受的振荡滚轮的脉冲信号,被直接进到微处理机 15,在微处理机的运算中转数信号具有两个功能。其一是供计算振荡压路机的运动速度之用;其二是用来确定振荡轮旋转一周的区间,供对压实度的特征值按振荡轮每旋转一周进行一次平均化处理。

微处理器将输出三个数字信号,即压实计值、振荡频率和行驶速度值,并通过三个 D/A 转换器 17、19、21 接到三个模拟指示表 18、20、22 上指示出来。

在专利 NoW086/03237 中还提出了一种方案,即由低通滤波器输出的信号直接到采样保持电路 13 上,经 A/D 转换器采样后送至微处理器 15,进行在过零点附近的曲线拟合,以求得基频正弦波的振幅,由此作为估计压实度的特征值。

世界专利 NoW086/03237 所提出的测量方法的缺点是由于采用幅值域的数值作为估计压实度的参数,而振幅又是通过斜率的计算或曲线拟合方法获得的,因而对于干扰较为敏感,而需要进行较多的计算和统计处理工作,硬件结构也比较复杂。

在 1988 年的中国专利 No88108315.1 中提出了一种完全不同的测量原理和方法。这一方法是在分析了振荡压实数学模型的基础上,根据"在鼓轮绕轴心的摆振运动和轮心沿平行于基础并垂直于轮轴方向的振动运动之间存在着时间的滞后和相位差,并且随着基础的逐步压实,鼓轮与基础间的滑转逐步增大,而两运动之间的时间滞后和相位差也逐步增大直至达到一稳定值"这一原理提出的。它的特点是通过测量鼓轮绕轴心的摆振运动和轮心沿平行于基础并垂直于轮轴方向的振动运动之间的时间滞后或相位差来直接估计鼓轮与基础之间的滑转程度和估计基础的压实程度。这一估计是通过将在某一压实程度下在某一时刻或某一时间间隔内确定的两运动的相位差与某一参考值相比较来实现的。这一参考值可以是在标准压实程度下测得的两运动之间的相位差,也可以是在另一压实程度下测得的相位差。前者可给出对压实度绝对值的估计,而后者则将给出压实度的某种相对估计。

这一设计的最大优点是由于采用相位差作为估计的参数,它们对干扰的敏感性要比幅值域的参数小得多,而且不必进行曲线拟合而可直接获得,因而试验结果的稳定性好。这一压实计的研制成功不仅为振荡压路机提供了一种可靠的随车压实控制手段,从而有助于推动振荡压路机的广泛应用,并且可以发展成一种按振荡压实原则工作的新的测量压路机供最终检查压实质量之用。

新型复合压实技术和装置的试验研究

杨人凤　孙祖望　张永新

（本文刊于《长安大学学报》2002 年第 4 期）

摘　要:提出了一种全新的复合压实方法,并以此原理设计出了相应的复合压实试验装置。通过该装置的压实试验表明,这种复合压实较现有的压实设备有更好的压实效果和更高的压实作业效率。

随着现代化施工的不断发展,作业效率和作业质量越来越受到人们的关注,压实作业也不例外,压实质量和压实效率的提高,迫使人们对压实技术和压实机械不断进行研究。以振动压路机为例,它实际上是静碾技术和振动压实技术相结合的复合压实技术的产物。可以想象,任何一台振动压路机若只有振动系统,没有相应的静作用重量配合,是不可能压实任何材料的。故要使振动压路机取得好的压实质量和高压实效率,不仅要合理选择振动系统参数,而且要研究振动系统与静作用力系统的合理匹配,只有这样才能使该压路机有良好的作业性能。而两台相同吨位的压路机相比较,显然振动压路机的作业效率和压实质量都远远高于同吨位的静碾压路机。同理,振荡压路机也是静碾技术和振荡技术相结合的产物。

1　冲击与振动相结合的新型压实装置

本文设计并研制了将振动压实技术和冲击压实技术相结合的新型复合压实技术的试验装置模型。该装置由冲击系统和振动系统两大系统组成,可同时具有冲击和振动功能。若两系统分别工作,则仅具有冲击功能或振动功能。

1.1　试验装置结构图

冲击振动压实装置如图 1 所示。

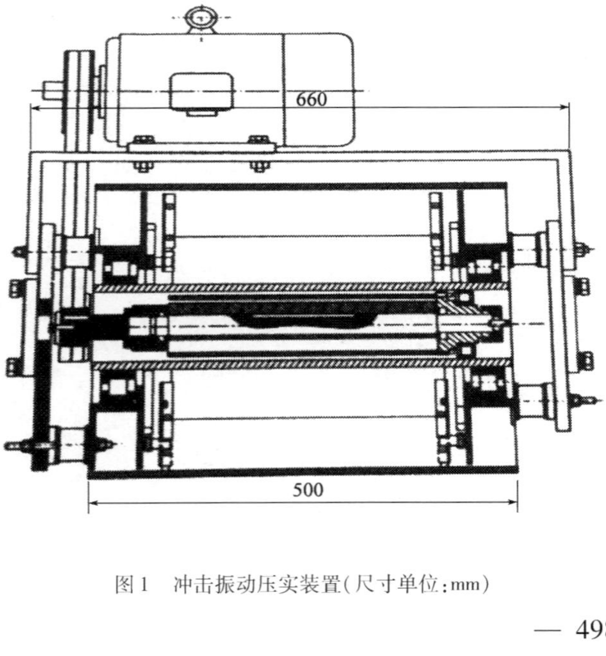

图 1　冲击振动压实装置(尺寸单位:mm)

1.2　工作原理

该模型由变频器、电动机、皮带传动、滚轮、支架和减振器等组成。在滚轮内有传动轴、内偏心块、外偏心块、轮毂、冲击块、轨道板等。

由电动机经皮带传动驱动传动轴带动偏心块转动,从而产生激振系统的激振力。通过调节花键轴可改变内、外偏心块的相对角度,实现振幅的调节。振动频率的调节是通过变频器来实现的。随着滚轮的滚动,当偏心块处于最高点时,便会自由下落,夯击轮毂,随后冲击块沿着轨道板的既定轨迹运动直到下一次达到最高点再产生冲击。共有 8 个冲击块,所以,当滚轮转动一圈,便产生 8 次冲击力。当滚轮连续运动,即可获得连续不断的冲击力。

若关闭电动机，则振动系统停止工作。此时的模型仅具有冲击功能和静碾功能。同理，若锁定冲击机构，模型则仅具有振动功能和静碾功能。

1.3　模型的主要技术指标

电动机：型号 Y100L_2-4 型，额定功率 3kW，额定转速 1430r/min。压实滚轮：轮宽 450mm，直径 500mm，壁厚 8mm。振动系统：振动频率 0～30Hz，振动幅度 0.20～0.45mm。激振力：最大激振力 3kN，最小激振力 1.33kN。冲击系统：冲击能量 42.4N · m。

2　压实对比试验

利用新型复合压实试验装置在土槽内进行了多因素、多水平的正交试验。振动频率为 23～33Hz，振幅为 0.20～0.45mm，碾轮前进速度为 1.0～2.5km/h，被压介质采用级配砂，铺层厚度 300mm，对于各组试验均用环刀法直接测定其压实度。给出部分试验数据（表 1～表 7），试验条件：冲击 + 振动 + 静碾；振幅：0.45mm；行驶速度：1.5km/h。

土壤的湿重度、含水率、干重度、击实及压实度试验数据（振动频率：23Hz）　　表 1

项　　目	计算方法	土　样　1	土　样　2	土　样　3	平　均　值
环刀重（g）	（1）	82.42	90.21	88.84	
环刀 + 湿土重（g）	（2）	271.08	282.80	290.45	
湿土重（g）	（3）=（2）-（1）	188.66	192.59	201.61	
环刀容积（cm^3）	（4）	100	100	100	
湿重度（$g \cdot cm^3$）	（5）=（3）/（4）	1.8866	1.9259	2.0161	
盒 + 湿土重（g）	（6）	50.02	57.30	55.02	
盒 + 干土重（g）	（7）	46.59	53.04	50.90	
盒重（g）	（8）	12.31	12.09	11.69	
水重（g）	（9）=（6）-（7）	3.43	4.26	4.12	
干土重（g）	（10）=（7）-（8）	34.28	40.95	39.21	
含水率	（11）=（9）/（10）	0.100	0.104	0.105	
干重度（$g \cdot cm^3$）	（12）=（5）/（1 +（11））	1.72	1.74	1.82	
实验室最大击实干重度（g）	（13）	2.01	2.01	2.01	
压实遍数	—	12	12	12	12
压实度（%）	（14）=（12）/（13）	85.0	87.0	90.0	87.3

土壤的湿重度、含水率、干重度、击实及压实度试验数据（振动频率：25Hz）　　表 2

项　　目	计算方法	土　样　1	土　样　2	土　样　3	平　均　值
环刀重（g）	（1）	88.84	82.42	89.62	
环刀 + 湿土重（g）	（2）	284.24	274.50	282.92	
湿土重（g）	（3）=（2）-（1）	195.40	192.08	193.30	
环刀容积（cm^3）	（4）	100	100	100	
湿重度（$g \cdot cm^3$）	（5）=（3）/（4）	1.9540	1.9200	1.9300	
盒 + 湿土重（g）	（6）	54.60	51.99	52.91	
盒 + 干土重（g）	（7）	50.58	48.32	49.26	
盒重（g）	（8）	10.65	12.06	12.43	
水重（g）	（9）=（6）-（7）	4.02	3.67	3.65	
干土重（g）	（10）=（7）-（8）	39.93	36.26	36.83	

续上表

项　　目	计 算 方 法	土　样　1	土　样　2	土　样　3	平　均　值
含水率	(11) = (9)/(10)	0.101	0.101	0.100	
干重度(g·cm^3)	(12) = (5)/(1 + (11))	1.77	1.74	1.75	
实验室最大击实干重度(g)	(13)	2.01	1.691	1.78	
压实遍数	—	12	12	12	12
压实度(%)	(14) = (12)/(13)	88.0	86.0	87.0	87.0

土壤的湿重度、含水率、干重度、击实及压实度试验数据(振动频率:27Hz)　　表3

项　　目	计 算 方 法	土　样　1	土　样　2	土　样　3	平　均　值
环刀重(g)	(1)	90.21	89.62	82.42	
环刀 + 湿土重(g)	(2)	276.40	284.99	285.58	
湿土重(g)	(3) = (2) - (1)	186.19	195.37	203.16	
环刀容积(cm^3)	(4)	100	100	100	
湿重度(g·cm^3)	(5) = (3)/(4)	1.8619	1.9537	2.0316	
盒 + 湿土重(g)	(6)	53.24	49.41	51.64	
盒 + 干土重(g)	(7)	49.41	45.66	47.70	
盒重(g)	(8)	12.21	12.31	11.89	
水重(g)	(9) = (6) - (7)	3.83	3.75	3.94	
干土重(g)	(10) = (7) - (8)	37.20	33.35	35.81	
含水率	(11) = (9)/(10)	0.103	0.112	0.110	
干重度(g·cm^3)	(12) = (5)/(1 + (11))	1.69	1.76	1.83	
实验室最大击实干重度(g)	(13)	2.01	2.01	2.01	
压实遍数	—	12	12	12	12
压实度(%)	(14) = (12)/(13)	84.0	88.0	91.0	88.0

土壤的湿重度、含水率、干重度、击实及压实度试验数据(振动频率:29Hz)　　表4

项　　目	计 算 方 法	土　样　1	土　样　2	土　样　3	平　均　值
环刀重(g)	(1)	89.62	90.21	88.84	
环刀 + 湿土重(g)	(2)	298.49	281.04	288.84	
湿土重(g)	(3) = (2) - (1)	208.87	190.83	200.00	
环刀容积(cm^3)	(4)	100	100	100	
湿重度(g·cm^3)	(5) = (3)/(4)	2.0887	1.9083	2.0000	
盒 + 湿土重(g)	(6)	51.65	63.25	53.44	
盒 + 干土重(g)	(7)	47.65	58.86	49.98	
盒重(g)	(8)	12.18	11.60	12.03	
水重(g)	(9) = (6) - (7)	4.00	4.39	3.46	
干土重(g)	(10) = (7) - (8)	35.47	47.26	37.95	
含水率	(11) = (9)/(10)	0.113	0.093	0.091	
干重度(g·cm^3)	(12) = (5)/(1 + (11))	1.88	1.75	1.83	
实验室最大击实干重度(g)	(13)	2.01	2.01	2.01	
压实遍数	—	12	12	12	12
压实度(%)	(14) = (12)/(13)	93.0	87.0	91.0	91.7

土壤的湿重度、含水率、干重度、击实及压实度试验数据(振动频率:31Hz)　　表5

项　目	计算方法	土样1	土样2	土样3	平均值
环刀重(g)	(1)	90.21	88.84	89.62	
环刀+湿土重(g)	(2)	276.81	286.48	287.09	
湿土重(g)	(3)=(2)-(1)	186.60	199.64	197.47	
环刀容积(cm^3)	(4)	100	100	100	
湿重度($g \cdot cm^3$)	(5)=(3)/(4)	1.8660	1.9764	1.9747	
盒+湿土重(g)	(6)	42.65	47.42	55.06	
盒+干土重(g)	(7)	40.10	44.21	51.38	
盒重(g)	(8)	12.23	12.38	11.12	
水重(g)	(9)=(6)-(7)	2.55	3.21	3.68	
干土重(g)	(10)=(7)-(8)	27.87	31.83	40.26	
含水率	(11)=(9)/(10)	0.091	0.101	0.091	
干重度($g \cdot cm^3$)	(12)=(5)/(1+(11))	1.71	1.75	1.83	
实验室最大击实干重度(g)	(13)	2.01	1.80	1.81	
压实遍数	—	12	12	12	12
压实度(%)	(14)=(12)/(13)	85.0	89.0	90.0	88.0

土壤的湿重度、含水率、干重度、击实及压实度试验数据(振动频率:30Hz)　　表6

项　目	计算方法	土样1	土样2	土样3	平均值
环刀重(g)	(1)	89.62	82.42	88.84	
环刀+湿土重(g)	(2)	287.52	268.68	283.93	
湿土重(g)	(3)=(2)-(1)	197.90	186.26	195.09	
环刀容积(cm^3)	(4)	100	100	100	
湿重度($g \cdot cm^3$)	(5)=(3)/(4)	1.9790	1.8626	1.9509	
盒+湿土重(g)	(6)	50.9865	34.11	52.14	
盒+干土重(g)	(7)	47.55	31.39	98.84	
盒重(g)	(8)	11.15	4.43	12.20	
水重(g)	(9)=(6)-(7)	3.43	2.72	3.50	
干土重(g)	(10)=(7)-(8)	36.40	26.96	36.44	
含水率	(11)=(9)/(10)	0.094	0.101	0.096	
干重度($g \cdot cm^3$)	(12)=(5)/(1+(11))	1.81	1.75	1.83	
实验室最大击实干重度(g)	(13)	2.01	1.69	1.78	
压实遍数	—	12	12	12	12
压实度(%)	(14)=(12)/(13)	90.0	84.0	89.0	87.6

不同试验工况下压实度随深度的变化　　表7

土　层	试验条件									
	静碾	冲击+静碾	振动+静碾	振动+冲击+静碾(23Hz)	振动+冲击+静碾(25Hz)	振动+冲击+静碾(27Hz)	振动+冲击+静碾(29Hz)	振动+冲击+静碾(30Hz)	振动+冲击+静碾(31Hz)	振动+冲击+静碾(33Hz)
面层	83.3%	84.7%	88.3%	87.3%	87.0%	88.0%	91.7%	87.6%	88.0%	88.0%
二层(距面层10cm)	76.0%	80.3%	79.0%	78.0%	83.0%	84.3%	88.0%	85.0%	84.3%	83.0%
三层(距面层20cm)	68.3%	78.0%	70.3%	77.0%	77.0%	78.3%	87.7%	79.0%	78.0%	77.7%

从试验数据可以看出,当碾轮处于不同的工况,其压实效果不同。当关闭冲击系统和振动系统,只让碾轮依靠自身重量进行碾压,其压实效果很差,碾压 12 遍,表面密实度为 83.3%,在距表面 20cm 处,密实度仅为 68.3%;当开启振动系统,这时碾轮具有振动 + 静碾功能,碾 12 遍,表面密实度为 88.3%,距表面 20cm 处的密实度为 70.3%;若关闭振动系统,开启冲击系统,让碾轮具有冲击 + 静碾功能,同样碾压 12 遍,表面密实度为 84.70%,在距表面 20cm 处,密实度为 78.0%。从这些数据不难看出,冲击作用波比振动作用波能传递到更深的层面,因而冲击作用比振动作用能在更深的层面获得较高的压实效果,但对于表层或浅表层,振动压实的效果比冲击压实的效果显著。当碾轮具有冲击 + 振动 + 静碾复合作用时,其压实度无论在表层还是深层,均有显著的提高。此外,振动参数对设备和压实效果的影响很大,当从低频开始增加频率,压实度有逐渐提高的趋势,当频率达到 29Hz 时,继续增加频率,表层密实度变化不十分显著,但在 20cm 处,当振动频率为 29Hz 时,压实度达 87.7%,比其他各频率下同样深度时的压实度高出 10%,这是一个非常显著的差距。所以,可以认为对于级配砂,29Hz 为这一复合压实装置的最佳振动频率。

3 结语

(1)该试验装置从设计上改变了多年来冲击压实无法用于大面积连续压实作业的概念,也避免了非圆形滚轮冲击压实引起的牵引、自由下落及减振隔振等众多问题,首次将冲击用于圆形滚轮。

(2)同样重量的碾压滚轮在相同的介质上进行各种压实试验,静碾时密实度仅为 83.3%;冲击 + 静碾密实度为 84.7%;振动 + 静碾密实度为 88.3%;冲击 + 振动 + 静碾密实度为 91.7%。尤其在深层,其压实度显著高于其他单作用的压实度。

(3)多次试验表明,振动频率为 29Hz 时,级配砂内的连接力最弱,因此,这种复合压实装置在该频率下,能获得最好的压实度 91.7%。

振荡压实与振动压实效果对比试验研究

杨东来　孙祖望　陈　飘　黄洪涛

（本文刊于《中国工程机械学报》2005 年第 1 期）

摘　要：通过对振荡与振动在沥青混合料的碾压过程的对比试验，从碾压方式、碾压速度、振动或振荡频率对压实度的影响三方面，比较两种碾压工艺的不同。从而证明振荡压实作业方式在薄层路面及桥面压实领域内的发展和应用有着特殊的优势和良好的前景。

1　引言

碾压是沥青路面施工的一道关键工序，直接关系到沥青路面的使用性能和使用寿命，压实不良将导致混合料体积参数发生变化，直接造成混凝土空隙率、压实度、抗压、抗拉与抗剪强度等物理力学性能指标的改变，是导致沥青路面发生水损害的重要原因之一。振动压实尽管在压实厚层路面时在影响深度和压实效率上有自己的优势，但是对于薄层路面的压实，容易破坏表层粗集料的完好性，使路面产生波纹，影响路面的平整度，并且会导致表层材料振松，降低表层的密实度。

振荡压实技术是 20 世纪 80 年代初发明的一项新的压实方法和技术。它是用一种全新的思路来考虑振动压实工艺的，这就是利用激发被压材料颗粒发生水平振动，它与垂直振动一样可以削弱颗粒之间的联系，使之重新排列而变得更加密实，这就从根本上克服了垂直振动会给上部机架及周围和下层建筑结构带来的有害振动。由于更为充分地利用了振动能量，因而能降低能源消耗，提高压实效率。振荡压路机就是根据这一原理而开发的一种新型的路面压实机械。

振荡压实的上述特点使振荡压实技术和振荡压路机在薄层路面、特殊沥青混合料以及桥面压实领域内的发展和应用有着特殊的优势和良好前景。经过十余年的发展，振荡压实和振荡压路机定位于薄层路面和桥面压实的领域。

由于振荡压实是一项新技术，对振荡压实的机理、碾压的工艺还不太熟悉，在使用中也出现了一些问题。为了使这一新技术能更好地在我国推广应用，非常需要对振荡压实技术的特点、应用范围和正确的碾压工艺有更为深入和科学的了解。

2　试验内容

2.1　振荡压实和振动压实对比试验

（1）试验目的

验证在压实薄层沥青路面的场合下，振荡压实的优越性。

（2）试验内容

选用同一吨级的双驱双振的振动压路机，以相同的碾压速度和在碾压沥青路面的常规频率和振幅下与试验样机一起进行压实试验，绘制压实度随压实遍数而变化的曲线。

（3）试验方法（现场压实对比试验）

①选定两段 30m 长的试验路段（松铺 6cm），分别采用同吨级的振荡和振动压路机进行试验。

②试验时以各自设定的频率和振幅进行碾压。

③用沥青路面密度仪测定每遍碾压后的压实度及相应的混合料的温度，并记录各自的压实遍数。

④在最终压实的铺层上钻芯取样，测定最终的压实度。

2.2 碾压速度对压实度的影响

(1)试验目的

验证不同碾压速度对压实度的影响，并比较振动压实与振荡压实的性能差别。

(2)试验内容

选定3个碾压速度进行碾压，碾压速度分别为3km/h、5km/h、7km/h。

(3)试验方法

①选定两段30m长的试验路段，分别进行压实试验。

②试验时以各自设定的碾压速度进行碾压，振幅、频率保持不变。

③压路机碾压时，先调试压路机的碾压速度，并记录实际的碾压平均速度。

④用沥青路面密度仪测定每遍碾压后的压实度及混合料的温度。

2.3 振荡压路机振荡频率对压实度的影响

(1)试验目的

影响压实度的振动参数有振幅、频率、振动质量，本试验验证频率对压实度的影响。

(2)试验内容

根据可调的频率范围，从20～33Hz选择5个频率点测试其相应的压实度。

(3)试验方法

①选定五段30m长的试验路段分别进行压实试验。

②试验时以各自设定的频率进行碾压。

③用沥青路面与压实度仪测定每遍碾压后的压实度及混合料的温度。

3 试验结果与分析

3.1 振荡压实和振动压实对比试验

(1)具有前轮振动、后轮振动的压路机在桥面压实中振荡压实与振动压实的对比试验

为了使振荡压实与振动压实试验具有较好的可比性，试验采用具有前轮振动、后轮振动的同一台压路机在碾压速度、线压力处于相同的条件下进行(图1)。

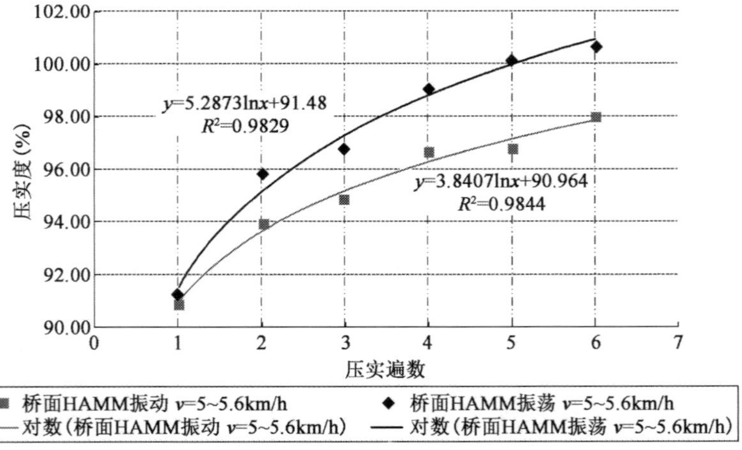

图1 桥面压实对比试验

从试验的结果来看，振荡压实的碾压效率比振动压实的效率明显要高，振荡压实密实度的增长率较高，而振动压实密实度的增长率相对较低。这说明振荡压实的作业方式与振动压实具有本质的区别。从压实机理上来说，被压实材料吸收的能量是不同的。当压路机在振荡工况下碾压时，其水平振动波在

一定厚度的表层内传播，振荡压实的能量较好地被压实材料所吸收；而在振动工况下，其压实能量以垂直振动波的形式传递给下层和周围环境以及由于反射等原因，不是全部被压实材料所吸收。因此，振荡压实对压实薄层路面具有更高的碾压效率。

从图1中可见，当最终的压实度为98%时，振荡压实仅需碾压3.43遍，$v/n=1.46$，其中v为碾压速度，n为碾压遍数。而振动压实工况下，其碾压遍数需要达到6.25遍，$v/n=0.8$。振荡压实比振动压实的压实效率可提高约50%。由于压实机械的机重、轮宽、线压力都相同，振动碾压的频率为50Hz，振荡碾压的频率为33Hz。这充分说明：振荡压实是一种压实效率较高的压实方式，适合于桥面铺装和沥青混合料的碾压，特别是改性沥青、SMA沥青混合料、AK型沥青混合料等压实难度较大的混合料的碾压。

(2)不同品牌的振动与振荡压路机在桥面压实中振动压实与振荡压实的对比试验

为了比较振荡与振动的优势，在试验中对两种压路机进行了比较试验。其试验结果如图2所示。

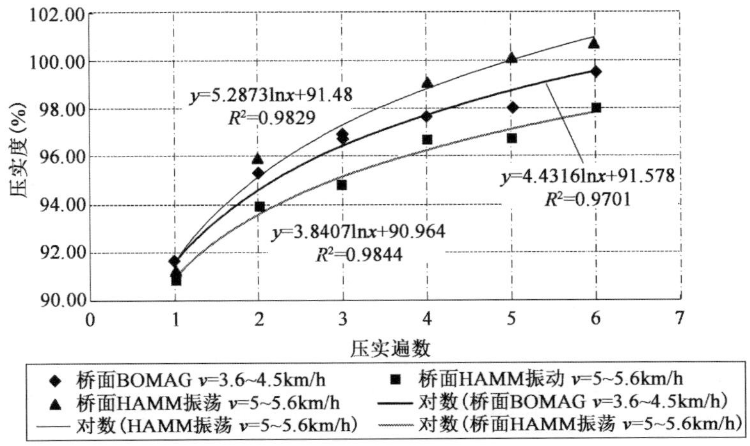

图2 桥面压实对比试验

在振动压实与振荡压实的对比试验中，某品牌振动压路机的自重为11.3t，碾压速度为3.6~4.5km/h；振荡、振动压路机的自重为9.5t，碾压速度为5~5.6km/h，尽管振动压路机的碾压速度较低、静重较大，但振荡压实的压实效率仍较振动压实的压实效率高。这说明在桥面压实中，振荡压实比振动压实具有较大的优势。同一台振动、振荡两用压路机，在同样的线压力、同样的碾压速度下，振荡与振动的压实效率有明显差别，从压实对比试验中可以明显看出两种压实工艺压实效果上的区别。

以98%的压实度作为最终压实度，振荡压实需要3.43遍，$v/n=1.54$；振动压实需要6.25遍，$v/n=0.848$；某品牌振动压路机需4.26遍，$v/n=0.951$。由于压路机的生产率$=\dfrac{\text{轮宽}\times\text{速度}\times\text{层厚}}{\text{碾压遍数}}$，所以$v/n$是与生产率成正比的。因此，振荡压实方式比振动压实具有更高的生产率。

3.2 碾压速度对压实度的影响

(1)压路机振荡工况下不同碾压速度对压实度的影响(图3)

振荡压路机分别以碾压速度3km/h、5km/h、7km/h进行碾压，从压实度的回归曲线结果来看，以压实度达到98%来比较，当碾压速度为3km/h时，需要4.2遍，$v/n=0.72$。当碾压速度为5km/h时，需要7.35遍，$v/n=0.68$。v/n是与生产率成正比的。从图3中还可见，碾压速度为3km/h和5km/h时密实度的增长率比较接近，而碾压速度达到7km/h时，其增长率较缓慢。另外，开始碾压时的压实曲线增长很快。因此，在沥青路面碾压时，当需要达到设计密实度而同时又保持较高的碾压效率时，碾压速度为3~5km/h，当碾压速度较快时，密实度增长缓慢，在一定的碾压遍数下，密实度不易得到保证。

为了更好地揭示碾压速度的影响，可以将图3压实遍数的坐标变换为对数坐标(图4)。从图4中可见，经对数函数拟合后变成了线性规律，碾压速度为3km/h和5km/h的两条直线基本上是平行的，而碾压速度为7km/h的直线其斜率则明显变小。上述试验数据表明，在3~5km/h的速度范围内压实度随压实遍数的增长率基本上是不变的。振荡压实的这种在一定速度范围内压实度增长速率基本不变的特点为进一步优化碾压工艺提供了可能,这就是说可以在不同的压实遍数下选择不同的碾压速度,以使被压材料能在最短的时间内达到所需的压实度,亦即获得一最高的压实效率(生产率最大)。

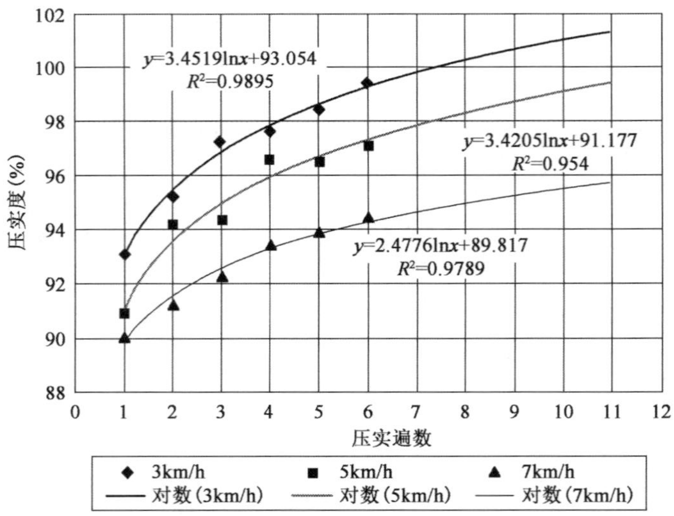

图3 振荡工况下,碾压速度对压实度的影响

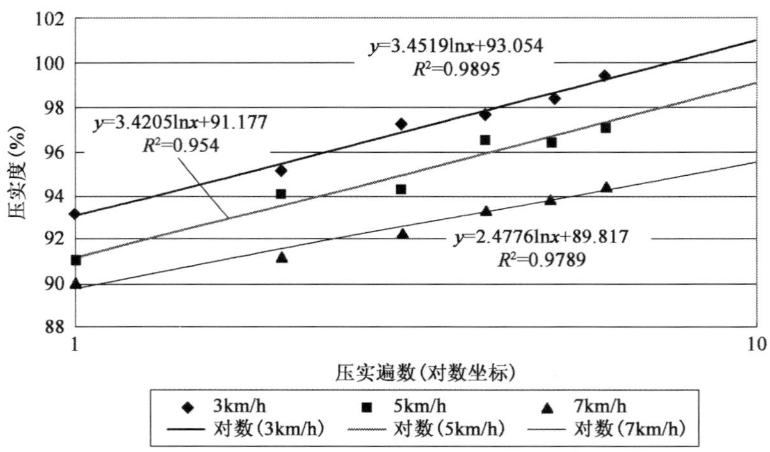

图4 振荡工况下碾压速度对压实的影响

实际上碾压长度 L 一定时,达到规定压实度所需的碾压时间 t 是和碾压遍数成正比的,而与碾压速度成反比,并可按下式来计算:

$$t = \frac{Ln}{v}$$

式中:L——每遍碾压长度(m);

v——碾压速度(m/min);

n——碾压遍数。

表1列出了5种不同碾压工艺方案,它们都能达到规定压实度>98%的要求。

从表1中可见,方案(5)所需碾压时间最长为3min,而方案(4)最短只需2.52min,方案(3)其次需2.64min。因此,如采用(3)、(4)两种方案,则碾压时间分别比方案(5)缩短12%和16%,亦即生产率可提高12%~16%。

振荡工况的碾压工艺　　表1

碾压工艺方案	当碾压长度 L 为 30m 时达到压实度 >98% 所需的碾压时间
(1)以 5km/h 的速度碾压 8 遍(8+0)	t = 2.88min
(2)先以 5km/h 的速度碾压 6 遍,再以 3km/h 的速度碾压 1 遍(6+1)	t = 2.76min
(3)先以 5km/h 的速度碾压 4 遍,后以 3km/h 的速度碾压 2 遍(4+2)	t = 2.64min
(4)先以 5km/h 的速度碾压 2 遍,后以 3km/h 的速度碾压 3 遍(2+3)	t = 2.52min
(5)以 3km/h 的速度碾压 5 遍(0+5)	t = 3min

(2)压路机振动工况下不同碾压速度对压实度的影响(图5)

压路机在振动工况下分别以碾压速度 3km/h、5km/h、7km/h 进行碾压,从压实度回归曲线结果来看,碾压速度为 3km/h 时密实度增长相对较快,碾压速度为 5km/h 时密实度的增长率有所下降,而碾压速度达到 7km/h 时,其增长率更加缓慢。以压实度 98% 来比较,当碾压速度为 3km/h 时,需碾压 4.57 遍,v/n = 0.66。当碾压速度为 5km/h 时,需碾压 9.61 遍,v/n = 0.52。从 v/n 值来看,振动压实效率比振荡压实要低,而且在振动工况下,碾压速度对边缘压塌的影响更大。当然,碾压速度不能太低,在高速公路施工时,路面宽度为 11m,初压、复压为两台双钢轮压路机。当压路机的速度低于 3km/h 时,沥青混合料得不到及时碾压,随着温度的下降,增加了沥青混合料压实的难度,反而对压实度的提高不利。因此,在实际施工时,必须选用合适的碾压速度,从试验的结果看,碾压速度不宜超过 5km/h 较为合适。

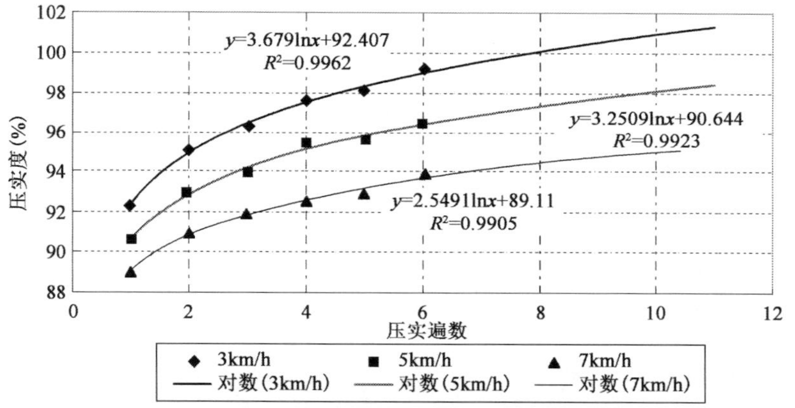

图5　振动工况下碾压速度对压实度的影响

将如图5所示的在振动工况下的压实度随碾压遍数而变化的曲线转换成对数坐标(图6),则可看到碾压速度为 5km/h 和 7km/h 的拟合直线的斜率均明显小于 3km/h 的直线。采用同样的方法来考察不同碾压速度下的压实效率,则可列出 6 种碾压工艺方案,见表2。

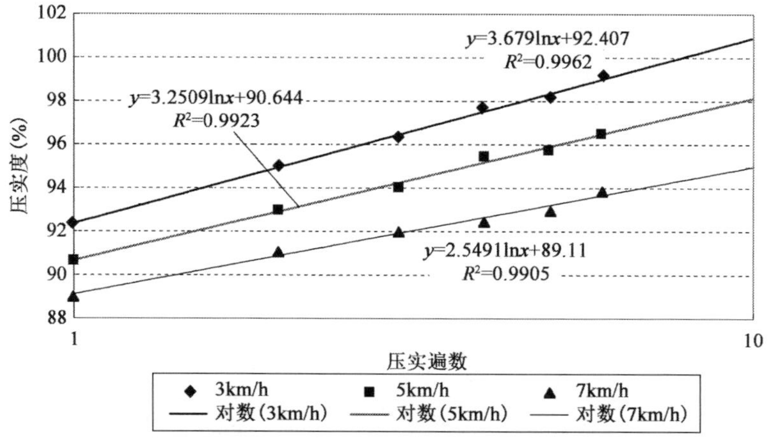

图6　振动工况下碾压速度对压实度的影响

振动工况的碾压工艺　　表2

碾压工艺方案	当碾压长度 L 为 30m 时达到压实度 >98% 所需的碾压时间
(1)以 5km/h 的速度碾压 10 遍(10+0)	$t=3.60$min
(2)先以 5km/h 的速度碾压 8 遍,后以 3km/h 的速度碾压 1 遍(8+1)	$t=3.48$min
(3)先以 5km/h 的速度碾压 6 遍,后以 3km/h 的速度碾压 2 遍(6+2)	$t=3.36$min
(4)先以 5km/h 的速度碾压 4 遍,后以 3km/h 的速度碾压 3 遍(4+3)	$t=3.24$min
(5)先以 5km/h 的速度碾压 2 遍,后以 3km/h 的速度碾压 4 遍(2+4)	$t=3.12$min
(6)以 3km/h 的速度碾压 5 遍(0+5)	$t=3.00$min

从表2中可以看到对于振动工况来说,碾压时间最短的方案是用3km/h碾压5遍的方案(0+5),其余方案的碾压时间均比它长,而方案(1)的碾压时间要比它多20%。

3.3　振荡压路机振荡频率对压实度的影响

图7是在相同的压实遍数下压实度随振荡频率而变化的曲线。从图中提供的信息中可以得到以下一些有意义的结果:

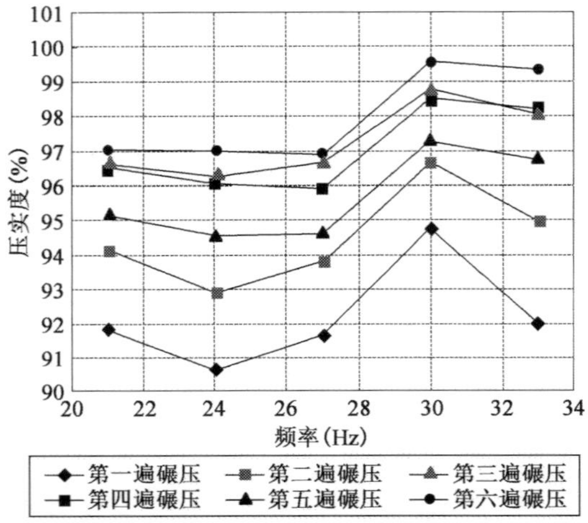

图7　压实度与振荡频率之间的关系(不同碾压遍数下)

(1)从第一遍到第六遍压实的频率曲线来看,在20~27Hz的频率范围内压实度均有一最低点,而使频率曲线在这一频率范围内形成一凹谷。因此,在频率曲线上应该有两个高峰,使频率曲线形成一驼峰状的形态,这表明将振荡轮的动力学模型描绘成两个自由度的系统是正确的。

(2)上述凹谷的特征在第一遍压实时最为明显,而随着混合料压实度的增大,这一凹谷逐渐变得愈来愈平坦。这表明随着混合料刚度的增大,它在滚轮切向作用下的剪切变形也变得愈小,所以当混合料的压实度增大到一定程度时,振荡轮切向振幅的大小对混合料的压实作用已经没有多大意义了,滚轮对沥青混合料施加的振荡能量大部分无法为被压材料所吸收而转变成滚轮在路面上的滑转损失。

(3)从图中的频率曲线来看,曲线的两个高峰一个应该在低于20Hz的部位(由于HAMM压路机振荡频率的调整范围最低频率为20Hz,所以20Hz以下的压实度无法试验),另一高峰初看起来似乎从第一遍至第六遍都是在30Hz处,但这显然是不正确的。因为试验的频率间隔较宽,所以只能说各遍频率曲线的第二高峰都是落在27~33Hz的范围内。

(4)虽然由于试验点过少而未能精确地确定出各压实遍数下的高峰频率,但它随压实遍数的增加而变化的趋势是可以得到的。这一趋势可以从频率曲线在30Hz两侧的斜率的变化来判断。从图7中可以看出在压实第一遍时,27~30Hz的压实度上升率和30~33Hz的下降率都很大而且比较对称,因此可以判断第一遍压实时的频率高峰就在30Hz附近,最大的可能是在29~31Hz的范围内。而随着压实遍数的增加,30Hz两侧的变化率都在减少,但30~33Hz的下降率变化更大,而至第六遍压实时下降率已很小了。因此可以肯定这样的一种趋势,即随着沥青混合料压实度的增加,第二高峰的频率将向增大的方向移动。

(5)图7中还可以看到频率对压实度的影响是相当敏感的,特别是对于刚开始碾压的较松的沥青混合料,它的敏感性更大。例如,当压实第一遍频率在27Hz时,压实度为91.70%,当频率为30Hz时同样是压实第一遍,但压实度就可达94.77%,提高了3.07%,而当频率提高至33Hz时压实度又下降至

92%，减少了2.7%。即使在压第六遍时，频率27Hz时的压实度仍要比30Hz时低2.66%。就频率对压实效果影响的敏感性而言，振荡压实要比振动压实大得多，这表明为充分发挥振荡压实的优势，在压实不同的层厚、不同的沥青混合料时应采用不同的振荡频率。

4　结语

（1）振荡压实具有更高的压实效率。在桥面碾压试验中，振荡压实的碾压效率比振动压实效率高出50%。

（2）在振荡压实工况下，碾压速度在3～5km/h范围内，其压实度增长率保持基本不变，并且初期的压实度增长较快，这为不同碾压速度和碾压遍数的压实工艺的选择提供了可能。

（3）振动压实过程中，随着碾压速度的提高，压实度的增长率在下降。实际施工中，其碾压速度应控制在5km/h以下。

（4）振荡压实中，频率对压实度的影响较大，这一点与振动压实的差别较大。随着压实度的提高，其最佳振荡频率向增大方向移动，为保证有较好的碾压效率，振荡压路机的振荡频率应在一定范围内可调。

振荡压实对桥梁结构物的影响研究

杨东来　陈　飚　黄洪涛　孙祖望

（本文刊于《筑路机械与施工机械化》杂志 2005 年第 6 期）

摘　要:振荡压实是利用在材料中产生的快速交变剪应力使材料的颗粒重新排列而变得更加密实。通过振荡压实与振动压实对桥梁结构的振动的对比试验,分析了这两种作业方式对桥梁结构物的影响,论证了振荡压路机在桥梁压实中的优越性。

1　振荡压实的机理

与传统的振动压路机利用垂直振动的原理不同,振荡压实是利用土力学中交变剪应变的原理,使土壤等基础材料的颗粒重新排列,而变得更加密实,从而达到压实目的。产生这种交变剪应变的方法可以有多种,H. Thumer 提出的方法是在滚轮内装 3 根与滚轮轴心平行的轴,从中间轴输入的驱动力矩通过齿形带传动另外 2 根平行轴作同向旋转。两偏心轴上相对安装有互呈 180°的偏心块,它们在两轴的传动下绕各自的轴心同步旋转。偏心轴旋转时的离心力能产生按正弦曲线变化的交变转矩,施加在滚轮上,使它产生一种绕滚轮轴心的振荡运动。所以理论上它们不会引起滚轮垂直方向的振动,这就从根本上改善了传统振动压路机垂直振动带来的缺点。

2　试验内容及仪器布置

通过试验,比较振动压实与振荡压实对桥梁结构物的不同影响,从而说明振荡压实在特大桥梁的桥面压实中的优越性。在试验中,在桥梁两跨中间的翼板上安装 3 个加速度传感器,其中,x 方向沿路面纵向,y 方向沿路面横向,z 方向为与路面垂直的方向。加速度传感器与应变仪相连,试验数据由计算机直接记录到数据文件中。

试验中,对 1 台振荡压路机、1 台振动压路机进行了振动、振荡的对比试验。

3　试验数据及结果

3.1　振动对桥梁结构物的影响

图 1 是振动压路机在振动工况下的时域信号和与时域信号相应的 FFT 分析结果,样本数据为 1024 个点,其中 A13 信号为沿路面纵向的振动信号,A14 信号为沿路面横向的振动信号,A15 信号为与路面垂直方向的振动信号。图 2 则是它们的信号样本。压路机的质量为 11. 2t,振动频率为 49Hz。

3.2　振荡对桥梁结构的影响

图 3 是振动压路机在振荡工况下的时域信号和与时域信号相应的 FFT 分析结果,样本数据为 1024 个点,其中 A13 信号为沿路面纵向的振动信号,A14 信号为沿路面横向的振动信号,A15 信号为与路面垂直方向的振动信号。图 4 则是它们的信号样本。压路机的质量为 9. 5t,振荡频率为 33Hz。

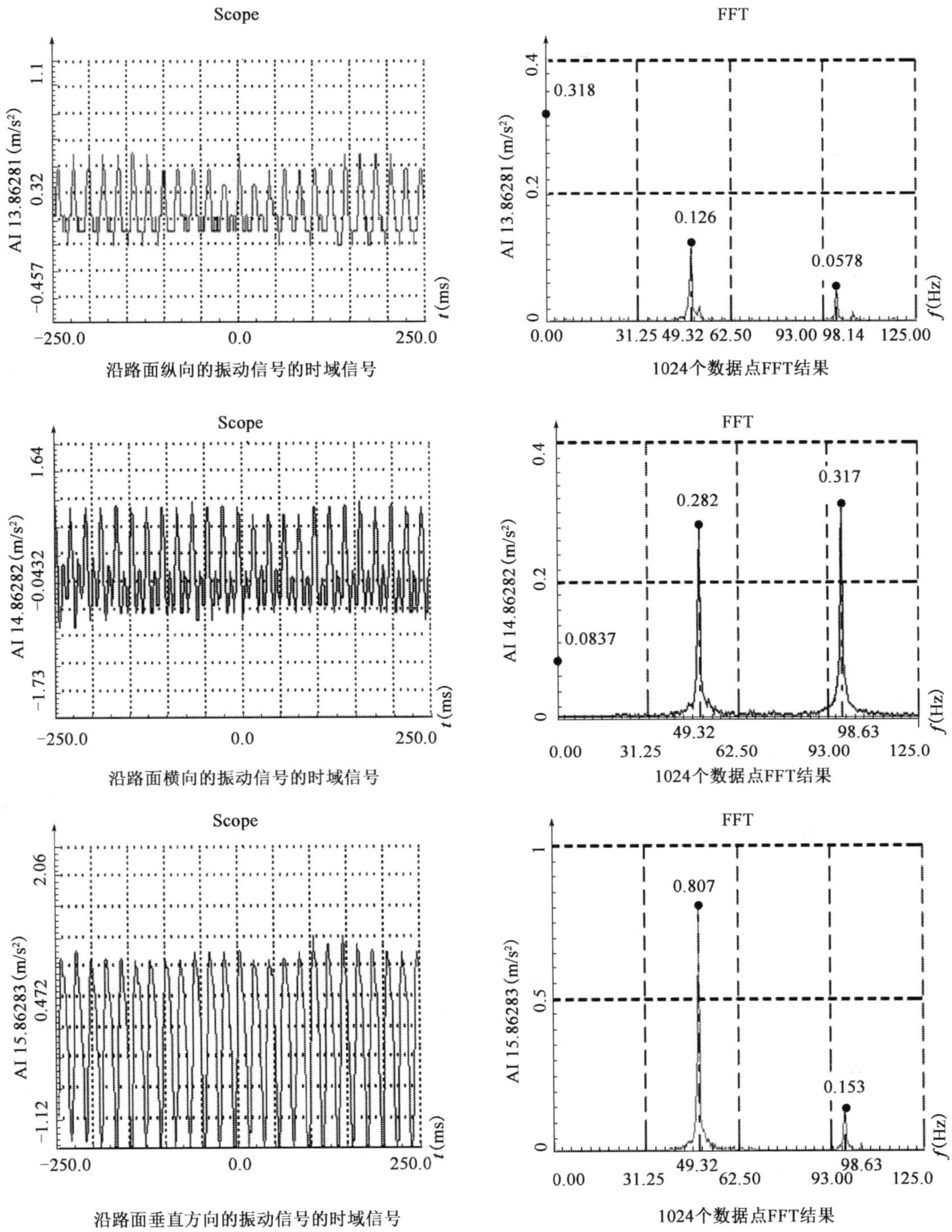

图 1　振动工况下 x、y、z 三个方向的时域信号和 1024 个数据点的 FFT 结果

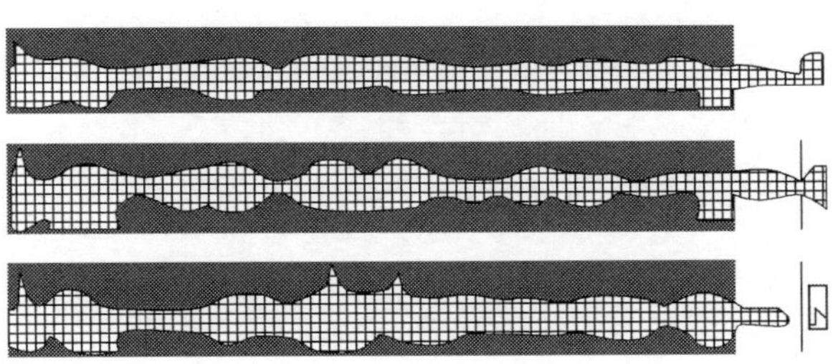

图 2　振动工况下信号样本

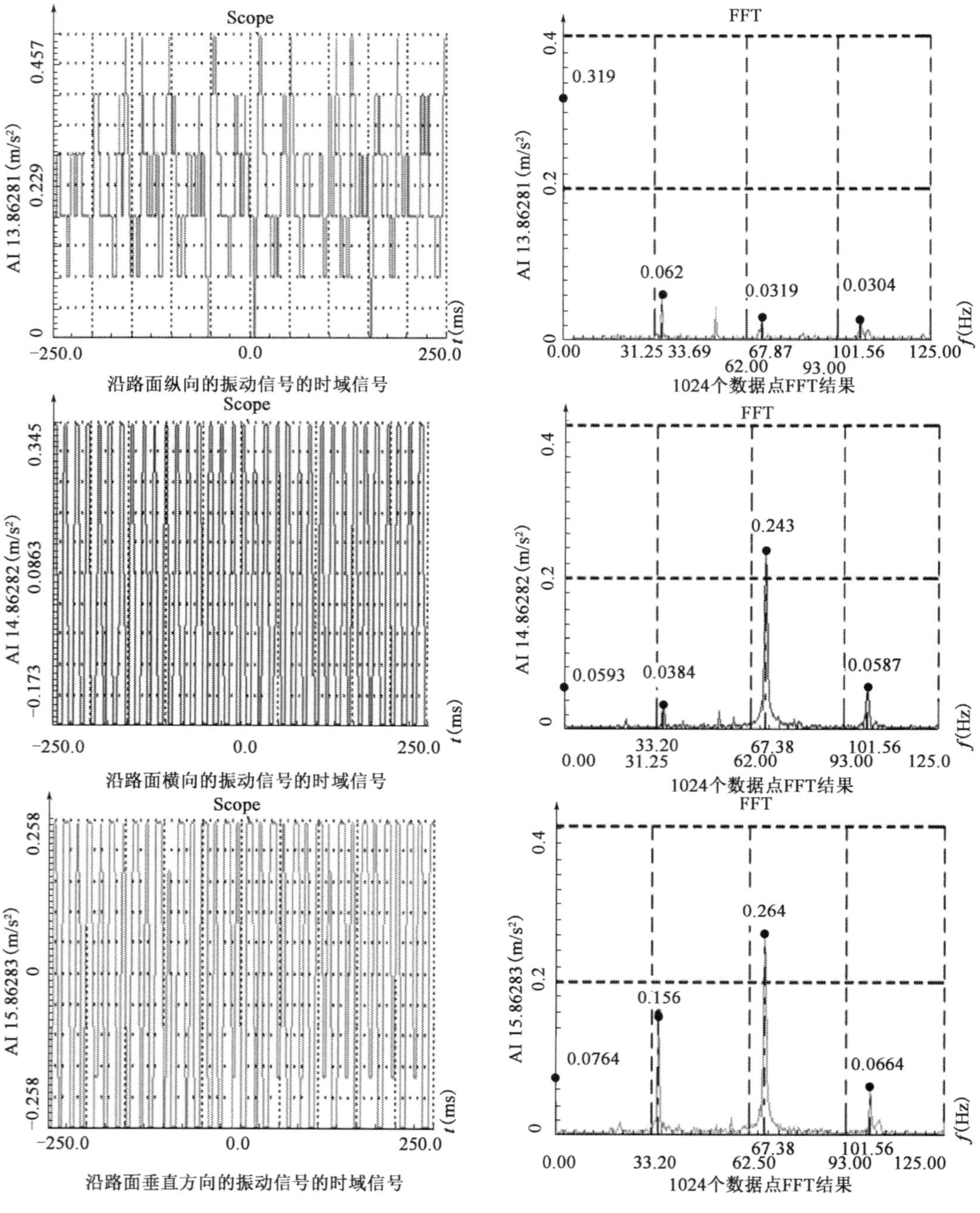

图3 振荡工况下 x、y、z 三个方向的时域信号和1024个数据点的FFT结果

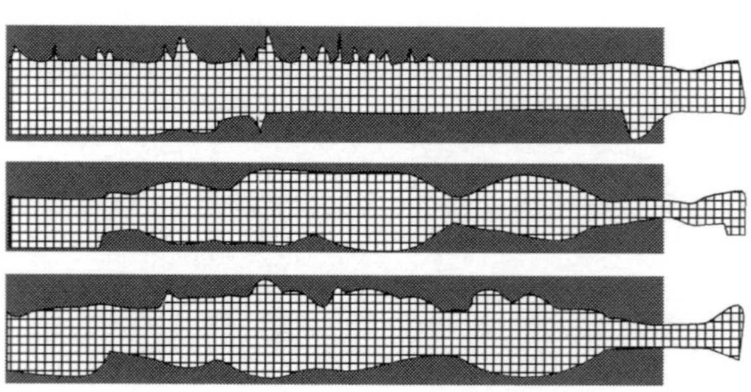

图4 振荡工况下信号样本

3.3 处理结果分析

(1)对两种压路机的路面纵向(x 方向)信号进行比较,在激振主频处,振荡的振幅记为 A_{ox},A_{ox} = 0.062mm,振动的振幅记为 A_{vx},A_{vx} = 0.126mm,水平方向的振幅比$\frac{A_{vx}}{A_{ox}} = 2.03$,即在水平方向,振动工况的振幅比振荡工况大2倍。同样,在2倍频程处,其振幅比为1.8。

(2)对路面横向(y 方向)的信号进行比较,在激振主频处,振荡的振幅记为 A_{oy},A_{oy} = 0.0384,振动的振幅记为 A_{vy},A_{vy} = 0.282,$\frac{A_{vz}}{A_{oy}} = 7.34$。同样,在2倍频程处,其振幅比为1.3。

(3)对路面垂直方向(z 方向)的信号进行比较,在激振主频处,振荡的振幅记为 A_{oz},A_{oz} = 0.156mm。振动的振幅记为 A_{vz},A_{vz} = 0.807mm,$\frac{A_{vz}}{A_{oz}} = 5.17$。同样,在2倍频程处,其振幅比为0.58。

(4)从振幅上来看,振荡工况下,在 x 方向、y 方向和 z 方向的激振主频处,振荡波引起的振幅都比振动工况要小,在与路面垂直的方向上,振荡引起的振幅比振动要大。

(5)从振荡工况本身结构来看,除 x 方向上激振主频率处的振幅比2倍频程处大外,其他在 y 方向、z 方向上,其2倍频程处的振幅都比激振主频率处的振幅要大。这说明,振荡压路机本身引起桥梁振动很小,而由于梁本身刚度引起的响应则较大。

(6)从振动工况本身比较来看,x、z 方向在激振主频率处的振幅比2倍频程处大,而在 y 方向,则2倍频程处的振幅比激振主频率处的振幅要大。因为在 y 方向,压路机对桥梁的扰动较小,由于激振力作用下引起梁本身的振动起了主要的扰动。从几组数据处理结果都存在上述现象。

(7)从振动、振荡两种工况来看,振动对桥梁引起的影响,主要是由于激振力引起的强迫振动;而在振荡工况下,在振荡频率处的振动都较小,而在激振力作用下引起的桥梁本身的谐波响应成为振动的主要影响,并且其振幅都较小。

4 结语

(1)振荡、振动对桥梁结构引起振动响应的振幅,在纵向、横向及与路面垂直方向,振动压路机引起桥梁的扰动比振荡压路机要大得多。

(2)在振荡工况下,由激振引起的2倍频程振动为主要的影响,但振幅较小。

(3)在振动工况下,由激振引起的强迫振动频率为主要的影响,其2倍频程谐波的响应则较小。

薄层路面与桥面铺装压实新技术

杨东来　孙祖望

（本文刊于《建筑机械》杂志 2007 年第 11 期）

1　薄层路面的应用领域

2.5 ~ 4cm 的薄层路面是一种应用广泛的路面结构层，它通常用来作为多层结构沥青面层的磨耗层、养护维修中的薄层罩面以及桥梁铺装用的路面。

对于桥面铺装来说，不论是调平层还是磨耗层，大都是 4cm 以下的薄层路面。此外，在水泥路面上覆盖沥青面层结构中也常作为调平层和应力吸收层之用。

中国目前的路面结构仍以半刚性基层路面为主，长期以来沥青面层是(4 + 5 + 6) cm 的 3 层式结构，虽然近些年出现了(4 + 5 + 7) cm、(4 + 6 + 8) cm 的结构，但仍属于薄层路面和次薄层路面的范畴。

2　薄层路面和桥面铺装的压实特点

2.1　薄层路面的压实特点

(1) 薄层路面的铺层薄、散热快，尤其是在气温较低和风力较大的场合下，混合料的热量更易失散，因而要求压实设备有很高的压实效率，以便在较短的时间内将混合料压实到要求的密实度，而采用静作用的压路机则往往达不到规定的要求。

(2) 由于铺层薄，在承受较大的冲击力下容易导致表层集料的压碎，尤其是对以粗集料为主的嵌锁型结构的混合料(SMA、OGFC、Superpave 等)危害更大，集料的破碎会严重破坏原有的集料级配特性。集料的破碎面上没有沥青黏结将为日后的松散、裂缝、渗水、剥落等病害埋下隐患。

(3) 过度的振动能量会从松铺层下已压实的下承层上反射回来，导致铺层表面振松。

(4) 由于薄层路面在抗车辙、抗疲劳、抗水损害等方面通常有更高的要求，因而往往会采用一些特殊结构的混合料和改性沥青、沥青橡胶等高性能的黏结剂。这就进一步增加了混合料的压实性能差与薄层罩面和桥面铺装的碾压条件比较恶劣之间的矛盾。

2.2　桥面铺装的压实特点

桥面铺装的压实除上述薄层路面的特点外，还需考虑以下一些因素：

(1) 环境的散热条件在许多场合往往更加恶劣，例如钢桥面铺装底层钢梁的散热，江面、海峡大桥受大风的吹拂等。

(2) 对于桥面铺装来说，强烈的振动在不同程度上会损害桥梁的结构物(特别是对于柔性桥梁)。

(3) 桥面铺装对压实度的控制要求更严格。

薄层路面与桥面铺装的压实是压实技术的一个特殊领域，研究薄层路面与桥面铺装的压实技术具有重大的现实意义。

3　薄层沥青路面压实的新技术

为了适应薄层路面与压实的特殊需要，国外在 20 世纪 90 年代先后推出了两种供压实薄层路面用的沥青路面与压实新技术：一种是高频振动压实技术，另一种是振荡压实技术。

3.1　高频振动压实技术与高频振动压路机

高频振动压实技术与高频振动压路机是解决薄层沥青路面与压实问题的方案之一，它采用比现有沥青路面振动压路机更低振幅和更高频率的振动参数来进行压实。在现有最小振幅 0.35 ~ 0.45mm 和频率 40 ~ 45Hz 的基础上进一步减小振幅、提高频率。

高频压路机压实薄层路面时混合料压实度随频率和碾压遍数变化的曲线如图 1 所示。

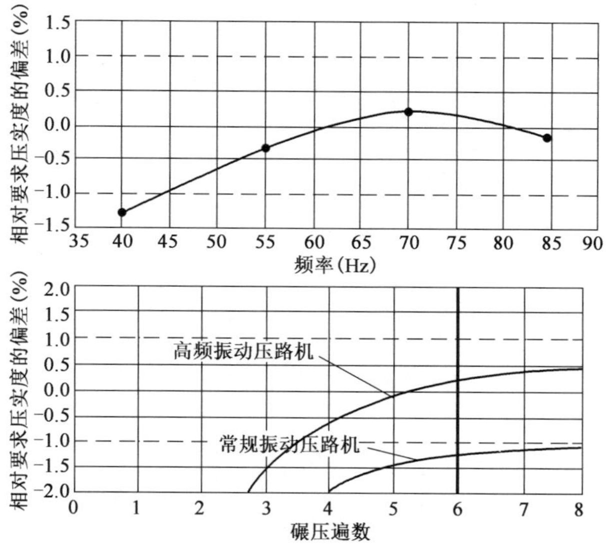

图 1　混合料压实度随频率变化的曲线

由图 1 可以看出，在 0.21mm 的低振幅下，在碾压 5cm 的 HMA 铺层时，通过将频率提高至 70Hz 仍可达到要求的压实度。在采用高频压路机进行薄层路面的压实时，在低振幅高频率的压实工况下仍应保持正常的碾压速度。图 2 展示了在 0.23mm 的振幅和 70Hz 频率下，用 5km/h 和 7km/h 两种速度碾压 5cm 的 HMA 铺层时，压实度随碾压遍数变化的曲线。

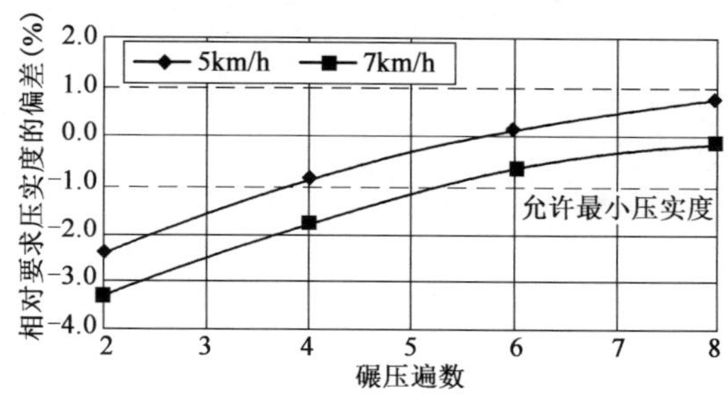

图 2　低振幅与高频率压实工况下的碾压速度与压实度关系

高频振动压实的原理是建立在提供给铺层的能量是由振幅和频率两个因素决定之基础上的。图 3 解释了为什么在低振幅下提高频率能提高压实效果。从图 3 中可看到，制约振动力提高的原因是滚轮脱离地面的离耦状态，这是由于施加于被压材料每一振动周期的能量过多造成的。而施加于被压材料的振动能量不仅与振幅有关，而且与频率有关，前者决定了每一个振动周期输入的能量（图 3b），后者决定了单位时间的振动次数（图 3a）。因此，减小振幅，而增加频率仍可获得必需的能量。

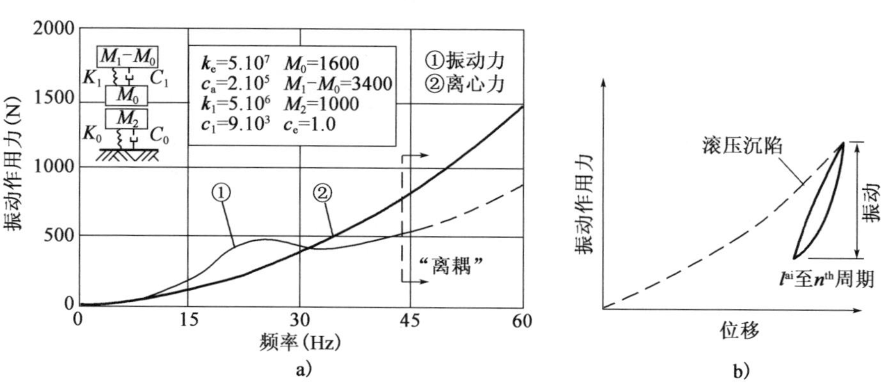

图 3　振动力与频率、位移之间的关系曲线

3.2 振荡压路机与振荡压实技术

振荡压路机是在20世纪80年代初由瑞典H. Thurner博士发明的，经过10多年的发展，至90年代被定位于薄层路面与特殊沥青混合料的压实。振荡压路机的振荡压实原理见图4，图5是振荡压实与振动压实的压力波传播示意图，图6是日本酒井的水平压路机工作原理图（日本把圆周方向的振动成分叫作水平振动）。图7是酒井公司的新一代振荡压路机，它由圆周方向的水平振动成分+轴心方向的振动成分合成而成，其轨迹呈椭圆形，被称为复式水平振荡方式。

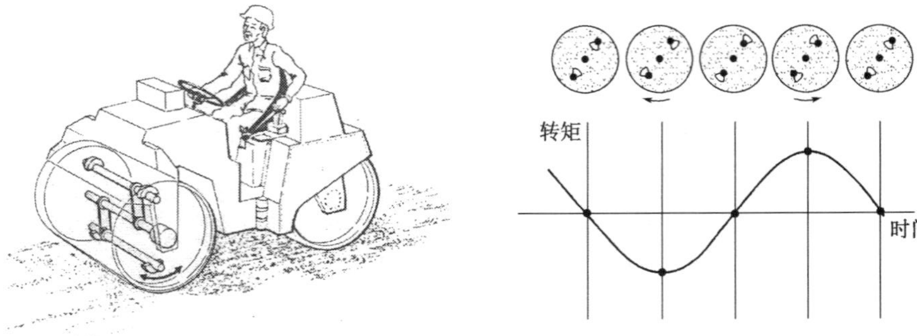

图4　振荡压路机的工作原理

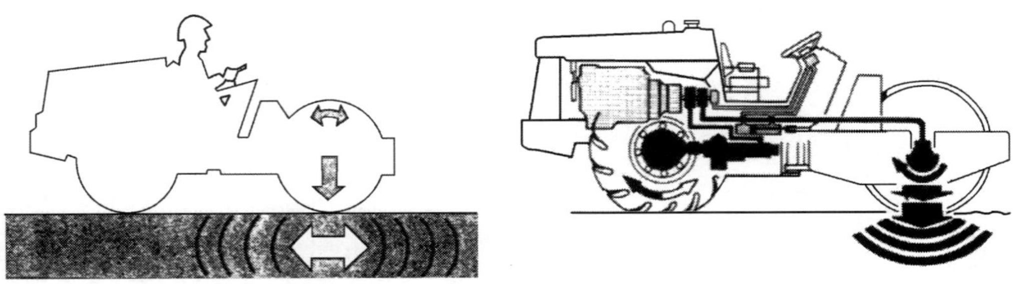

a)　　　　b)

图5　振荡压实与振动压实的压力波传播示意图

a）振荡压实；b）振动压实

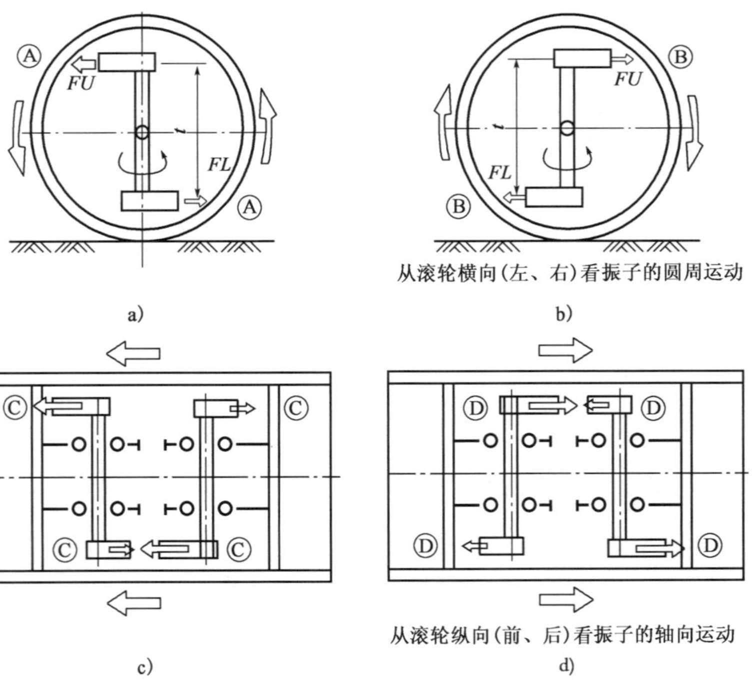

图6　水平振动压路机的工作原理图

a）振子位置A；b）振子位置B；c）振子位置C；d）振子位置D

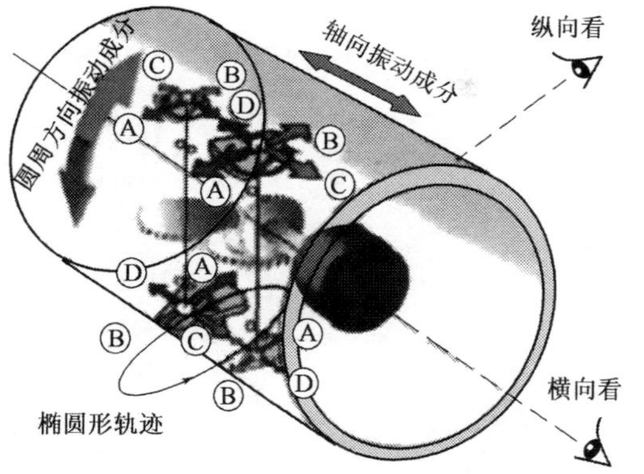

图 7　水平振动力的产生原理

4　高频振动压实与振荡压实技术的试验研究

为了研究高频振动压实与振荡压实对薄层路面的作用机理和压实效果，在广东佛山市一环路上进行了大规模的现场试验研究。以下将简要介绍此项研究的某些初步结果。

图 8 显示了 SW850 高频振动压路机与 DD-130 常规振动压路机在碾压厚度 8cm 的 AC-25 沥青混合料时，振幅、频率、碾压速度和碾压遍数对压实效果的影响。从图 8 可以看出，高频振动压路机和常规振动压路机最高的压实效率和压实效果基本上都在第 4 遍上。在图 8 中还可以看到，当输给沥青混合料的振动能量已经饱和时，增加碾压遍数将导致密实度下降，这是因为多余的振动能量会造成铺层表面振松。

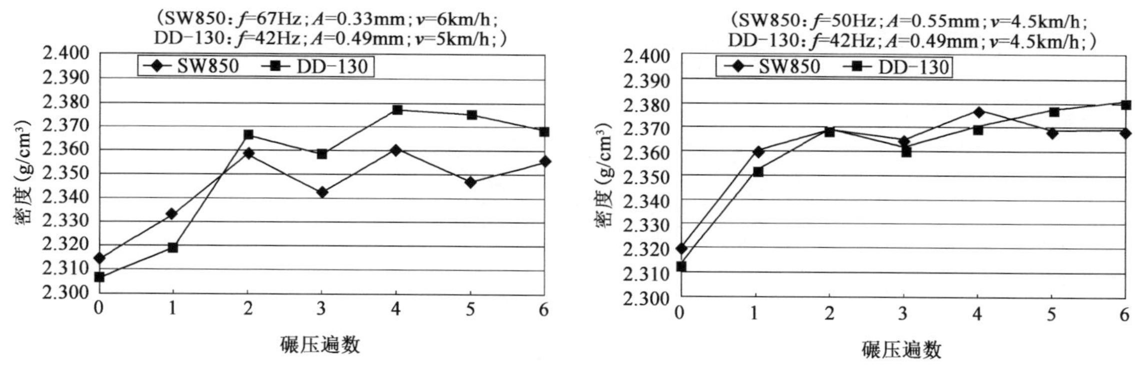

图 8　SW850 和 DD-130 振动压路机碾压时密实度随压实遍数而变化的增长图

对碾压后路面的密实度进行拉网式检测的结果进一步揭示了过度压实对铺层密实度的影响机制。图 9 是振动压路机压实路面的三维密度图。在图中，工况Ⅰ是输入给被压材料的振动能量与材料吸收压实功的能力处于平衡状态的工况。此时，铺层的密实度大部分处在 2.35 ~ 2.40，还有很少一部分是在 2.3 ~ 2.35。工况Ⅱ则是过度压实的工况。从图中可看到过度压实的结果并非简单地使铺层振松，而是使“松处更松，实处更实”，密实度大的可高达 2.45，密实度小可小到 2.20。因此，过度压实最为严重的后果是导致铺层密实度的不均匀性。

图 10 ~ 图 12 是高频振动压路机与振荡压路机压实效果对比试验的情况。图 10 显示了 SW850 高频振动压路机和 SW750 振荡压路机碾压厚度 6cm 的 HMA 铺层时，密实度随压实遍数而变化的规律，从图中可看出，9.15t 重的 SW750 的压实效果稍差于 12t 重的 SW850（在高频振动的工况下）。

图 11 与图 12 是对 SW850 高频振动压路机在频率 67Hz、速度 6km/h 的工况下和 SW750 振荡压路机在频率 50Hz、速度 3.67km/h 的工况下碾压的路面进行密实度检测所得的三维密度图。从图 11 和图 12 中可以看到，两者铺层的压实密度主要集中在 2.45 ~ 2.35g/cm 的范围内，密实度的分布是比较均匀的，可见在降低碾压速度以提高振动能量后，振荡压路机仍可获得与高频振动压路机相当的压实效果。

图12工况Ⅲ的碾压速度为3.67km/h,振荡轮施加给单位长度铺层的振动密度高达49vibs/m,但并未出现过压的现象。由此可见,避免发生过度压实是振荡压实的一项重要优势。

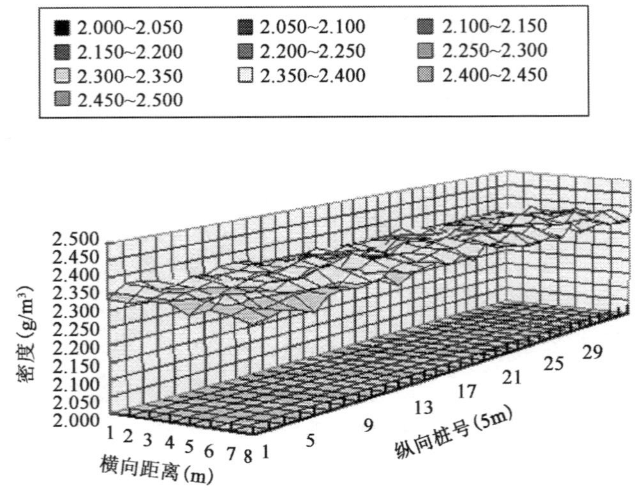

a)

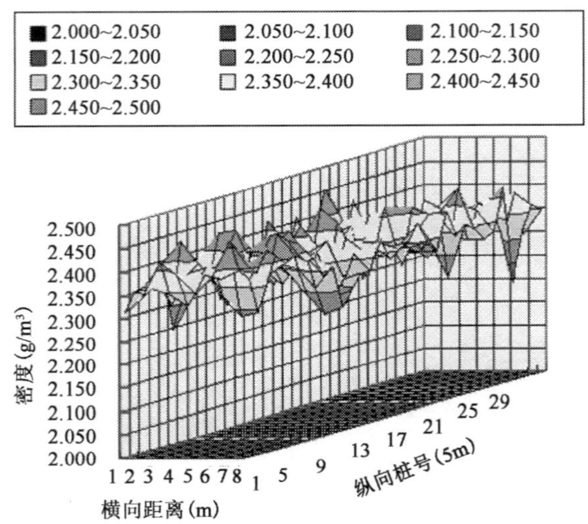

b)

图9 压实路面三维密度图

a)工况Ⅰ;b)工况Ⅱ

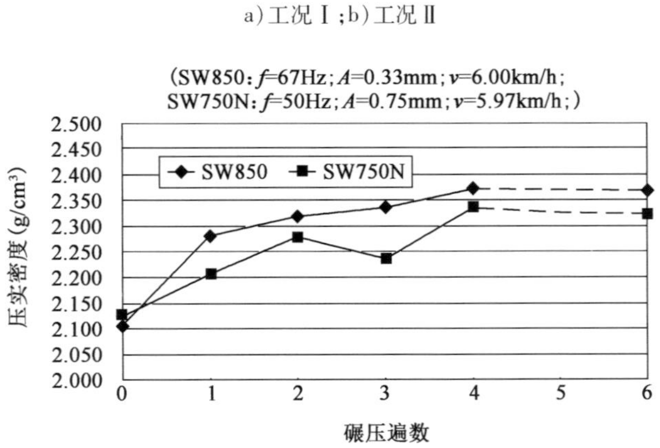

图10 SW850高频振动压路机和SW750振荡压路机碾压HMA时密实度随压实遍数的增长图

注:压实遍数5、6由轮胎压路机碾压。

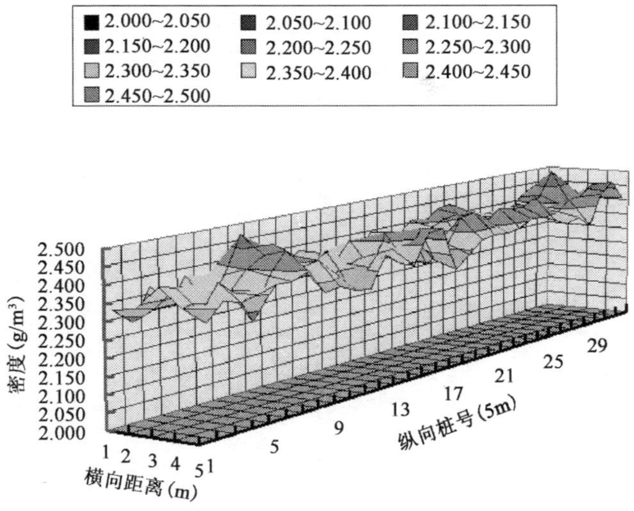

图 11 SW850 压实路面的三维密度图(工况Ⅰ)

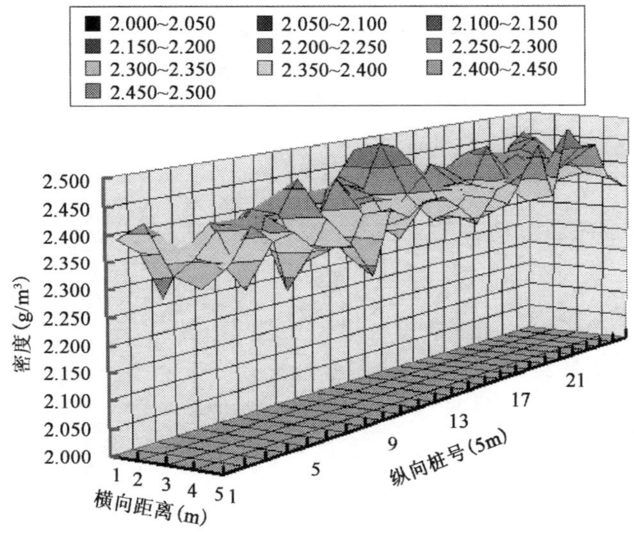

图 12 SW750 压实路面的三维密度图(工况Ⅲ)

5 结语

(1)薄层路面对输入的振动压实能量有着很大的敏感性。

(2)过度压实是导致成型路面与压实度不均匀性的重要原因。

(3)并不是压路机的吨位愈大愈好,压实的遍数愈多愈好。

(4)对于一定厚度的铺层,在振幅、频率、碾压速度、碾压遍数之间有着一最佳的匹配关系。

(5)通过试验路段来寻找这一最佳关系,对于改善铺层的压实质量有着重要意义。

(6)振荡压实在改善路面集料压碎和防止过度压实方面具有良好的效果。

(7)振荡压实在表层内压实效率高、没有振松问题、不会压碎集料、对桥梁结构的振动影响小,非常适用于薄层路面与桥面铺装的压实。

振荡压实智能化控制策略的研究

马学良　孙祖望　龙水根

（本文刊于《中国工程机械学报》2008 年第 3 期）

摘　要：分析了振动和振荡压路机智能化控制现有方案的优缺点，在大量试验研究的基础上解决了振荡压实智能控制过程中的部分关键技术问题，提出了振荡压实控制策略的总体思路和压实过程的优化控制策略，制订了智能控制系统的结构方案和控制流程。

随着高速公路建设的迅猛发展，为满足各类工程施工技术、施工工艺和施工质量等越来越高的要求，对道路施工机械的要求也日益增长，不仅要求机械具有良好的可靠性和高生产效率，而且要具备能够自动控制施工质量、节省能源、减少环境污染等的先进性能。因此，智能控制技术在施工机械上的研究与应用便应运而生，本文旨在对振荡压路机压实自动控制策略方面进行探讨。

1　振动和振荡压路机智能化控制的现有方案

目前在沥青道路建设中被广泛使用的双钢轮振动或振荡压路机的智能化压实控制系统的研究已取得了长足的进展，其中有代表性的智能化控制方案有如下三种：

1.1　德国宝马（BOMAG）公司沥青路面与压实自动控制方案

该系统的主要特点是：最佳频率固定不变；振幅根据被压材料的刚度变化自动调节；以钢轮跳离地面为约束条件，即激振力的增大（振幅的增大）不得导致钢轮跳离地面。

1.2　德国悍马（HAMM）公司沥青路面与压实自动控制方案

主要特点是：振动振荡复合作用，振动和振荡的频率与振幅均可独立无级地进行调节；同时考虑频率、振幅、碾压速度的优化；以最短时间内获得最大压实效果为优化目标。

1.3　模糊控制方案

文献《智能压路机控制系统设计及关键技术研究》（张奕）提出的模糊控制方案，归纳起来有如下要点：频率与振幅作为不同的组合同时优化；以“当压实度较小时，采用低频率高振幅的压实方法，随着压实度的不断增大，则采用高频率低振幅的压实”作为自动控制策略的依据，以获得最大压实度作为优化目标；频率和振幅的调节范围均很大，频率为 30 ~ 52Hz，振幅为 0.4 ~ 0.8mm，各分为 6 挡，搭配为 13 种组合分别对应 13 挡压实度（ <60% ~ >97% ）。

利用模糊控制的方法将上述控制策略转化为某种模糊控制规则，将当前的压实度作为输入量根据模糊控制规则获得相应的模糊化的最佳频率和振幅，然后经反模糊化运算得到精确的最佳频率和振幅作为输出的控制量；以机器的最大激振力作为约束条件，即最佳频率和振幅产生的激振力不得大于机器的最大激振力。

2　各种控制方案的比较

2.1　两种控制策略的不同思路

从以上的讨论中可以看到，在制订工作参数优化的控制策略时存在着两种不同的思路：一种是基于

“在碾压过程中密实度与工作参数之间没有明确的函数关系”的考虑，而采用大范围的暗箱搜索的方法，工作参数优化的目标是密实度尽可能达到所要求的目标值。另一种思路是在研究滚轮与热沥青混合料相互作用的基础上，按一定的规律来搜索最佳的工作参数，优化的目标是密实度的增量小于某一设定的数值。

第一种控制策略虽然避开了有较大难度的滚轮与热沥青混合料相互作用规律的研究，但它的缺点是明显的。由于搜索带有很大的盲目性，不仅是搜索的时间长，而且由于优化的目标是密实度的绝对值，在实际工作中实现时会有很多困难。因此，国外目前多数的智能化方案大都属于第二种方案。

2.2　BOMAG 与 HAMM 控制方案的优缺点

BOMAG 公司自动调幅机构结构简单，这种智能自动调幅压实系统能自动选择与被碾压材料的密实度状况相匹配的振幅，从而消除材料出现压实不足或过压实现象，提高了压实度的均匀程度。但该系统仅有一个固定不变的最佳频率，而不同的被碾压材料其最佳频率实际是不同的，也就是说最佳的压实频率是随着被碾压材料的不同而变化的。

HAMM 公司的智能压实系统具有振动、振荡和二者组合的三种压实方式，微处理控制智能压实器能够无级调节振幅、频率和速度的大小以自动地适应所有被碾压材料的变化。这样，既保证了振动系统和振荡系统的平滑的启动和关闭又不致产生共振，节约了能量，避免了振松现象，但系统结构复杂。

2.3　模糊控制方案的优缺点

采用此种模糊控制方案的优点是完全不需理会振动轮与被碾压材料之间相互作用的物理、力学关系，因而可以省去压实过程的大量试验研究。

但是也正是因为缺乏对压路机工作参数与压实效果之间规律性的深入认识，就有可能使搜索过程违背压实的基本规律而导致严重的压实缺陷。这一方案的缺点是：很宽的频率和振幅范围是完全没有必要，有时甚至是有害的。作为自动控制策略的依据：“当压实度较小时采用低频率高振幅的压实方法，随着压实度的不断增大，则采用高频率低振幅的压实”，以及据此而制订的模糊控制规则缺乏理论分析和试验验证的依据，在某些情况下有可能导致严重的压实缺陷。模糊控制变量、隶属度函数等参数的确定带有较大的主观性，用机器的最大激振力来限制最佳频率和振幅的选择也是不合理的。

3　振荡压实优化控制策略的试验研究基础

在振荡压实过程中，振荡轮施加给热拌沥青混合料的压实功主要取决于激振机构的振幅、频率、碾压速度和碾压遍数 4 个因素的影响。振荡压实的智能化控制就是要寻求一组最佳的组合，使铺层能在最短的时间内获得最大的压实效果，而优化控制策略的研究，则是要回答利用怎样的途径可以更快、更好地搜索 n 工作参数的最佳组合。显然，正确的控制策略应该建立在深入了解工作参数对压实效果影响规律的基础上。为了揭示振荡压路机工作参数与铺层压实度之间的关系，在不同的沥青混合料、不同的铺层厚度用不同的机型进行了大量的试验研究，本节归纳了这些试验研究的主要结果。

3.1　在相同激振力矩振幅下，振幅与频率的关系

在相同激振力矩振幅下，振荡压实过程的振幅与频率之间的关系可以用它的幅频特性来表示。图 1展示了在不同试验条件下，现场试验测定的振荡轮与热沥青混合料相互作用过程的幅频特性。

从图中可以看到，尽管碾压的混合料结构不同、铺层厚度不同，所用的压路机也不同，但是它们的幅频特性却有着以下一些共同的特点：幅频特性的变化趋势都是振幅随着频率的增大而减小，至某一最低值后则随频率的增大而上升，当达到某一最高点后又随之缓慢下降。这一发展趋势凸显了振荡轮与热沥青混合料相互作用两个自由度系统的特征；在幅频特性上，与振幅的最高值相应的频率虽然数值在不同的试验条件下有所不同，但是它的变化范围是很窄的，大体上都是在 27 ~ 30Hz 间变化；在幅频特性上，从振幅的低谷上升的斜率远较从振幅的最高点下降的速率为高，因此避开振幅低谷区的频率，对振荡压路机频率的选择有着重要的意义。

3.2 振幅—频率特性与压实—频率特性的关系

在激振作用不变的情况下，同时测定幅频和压频特性可以很好地显示出振幅与压实密度之间的关系。图2展示了在不同试验条件下测得的压频特性，从图1与图2的对照中可以看到，在振频特性和压频特性之间有着良好的正向相关关系。从这些试验结果中可以得到最大振幅与最大压实度一致性的结论，这就是说，当振荡轮在与最大振幅相应的频率下工作就可以获得最大的压实密度。

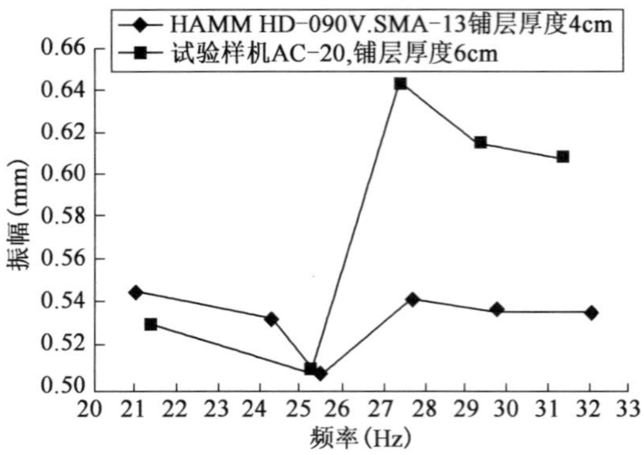

图1 振荡轮与热沥青混合料相互作用的幅频特性

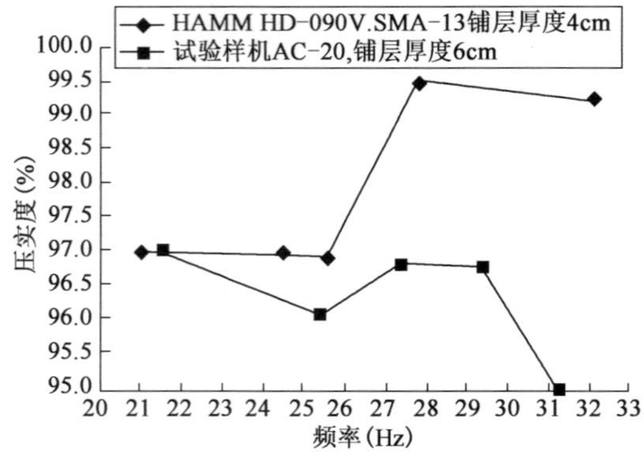

图2 振荡轮与热沥青混合料相互作用的压频特征

3.3 在振荡压实过程中频率、碾压速度、碾压遍数之间的相互关系

振幅与频率决定了振荡轮每一周期施加给铺层材料的压实能量，而频率 f、碾压速度 v 和碾压遍数 n 则决定了在整个压实过程中，每单位长度的铺层所接受振动能量的密度(次数)。这一振动密度可用下式表示：

$$\text{单位长度的振动密度} = \frac{f_n}{v}$$

如图3所示为酒井SW850振动压路机与SW750振荡压路机在碾压相同的铺层，根据测试数据进行统计处理后获得的铺层压实密度随单位长度振动密度而变化的曲线。

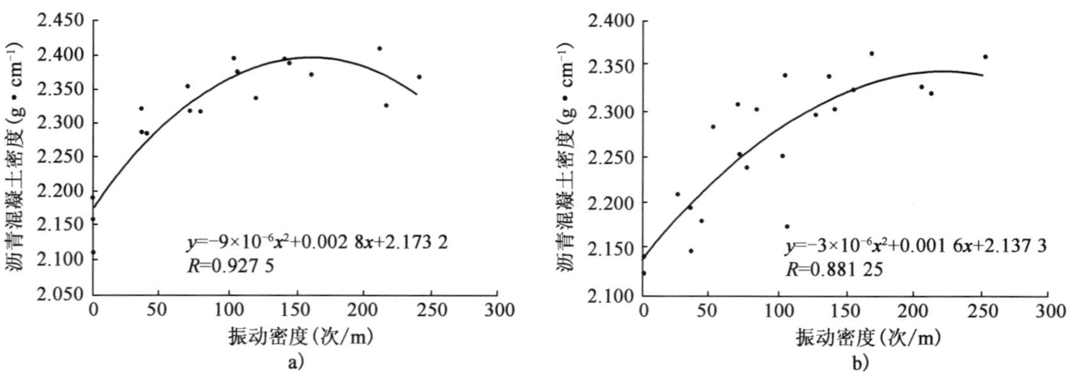

图3 振动压路机和振荡压路机的铺层压实密度随振动密度而变化的曲线

a) SW850；b) SW750

从图3中可以看到，振动压路机在压实薄层路面时过度的压实功会明显地导致铺层的振松，铺层密度在超过一定数值后(在图中所示的试验条件下为180次/m左右)，铺层密度反而下降。振荡压路机在碾压薄层路面时的振松问题明显要比振动压路机好得多，在振幅较低时(例如0.75mm左右)，铺层的振动密度高达250～300次/m时，仍未见明显下降。因此，对振荡压实来说，碾压速度可以适当降低，碾压遍数则可适当增加。

3.4 激振力矩振幅对铺层压实密度的影响

(1)激振力矩振幅对幅频特性的影响

图4展示了相同的铺层材料、厚度和相同的碾压遍数下，当激振力矩的大小不同时测得的幅频特

性。图5则是与它们对应的压频特性。

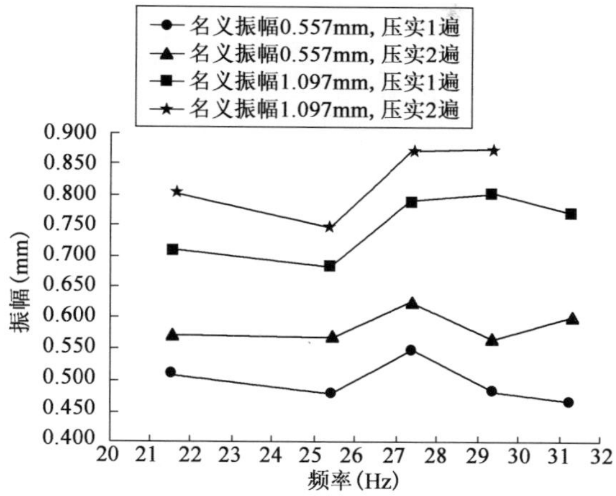

图4　在不同的激振力矩振幅下的幅频特性

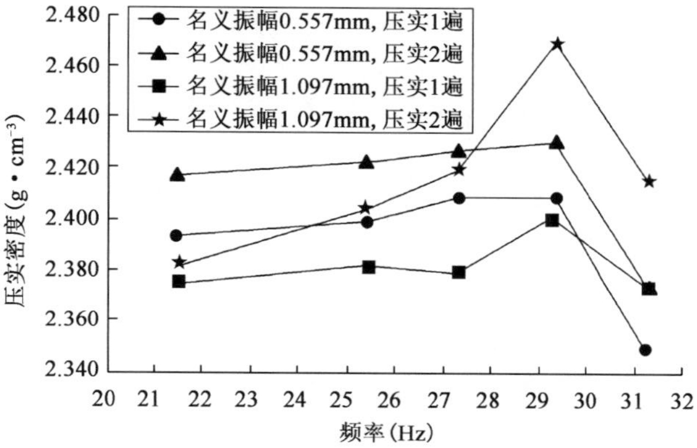

图5　在不同的激振力矩振幅下的压频特性

从图4和图5中可以清楚地看到，不论是幅频特性还是压频特性，在不同激振力矩下的变化趋势是相似的，而增大激振力矩将直接增大各个频率点的相应振幅，从而提高了铺层的压实密度。图6显示了铺层密度增量(压实1遍和2遍后的铺层密度与原始密度之差值)随频率而变化的曲线。在图6中可看到当沥青混合料较松软时(压实1、2遍)，增大名义振幅(亦即激振力矩的振幅)可以有效地迅速增加铺层的密度，尤其是在振荡轮沥青混合料动力学系统共振频率附近，这种强化压实作用的效果更为显著。

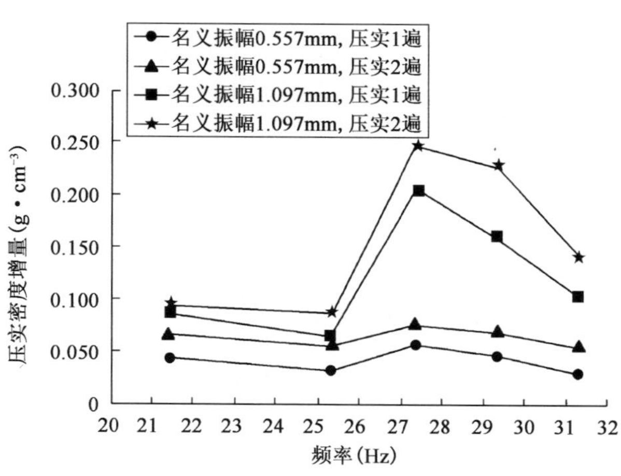

图6　在不同的激振力矩振幅下铺层密度增量

(2)激振力矩振幅对过度压实的影响

如前所述,当激振力矩较小时,亦即每一振动周期施加给铺层的能量较小时,振荡压实对由于过度压实而引起的振松问题并不敏感。但是当激振力矩增大时,每一周期施加的振动能量过大,仍然会引起铺层振松的问题。图7显示了在不同的激振力矩下,铺层密度随压实遍数而变化的情况。从图7中可看到,在名义振幅为0.557mm时,压实曲线在碾压3遍之后变化趋势渐趋平缓,而在名义振幅为1.097mm的场合,则在碾压1~2遍时压实密度增长急剧,而在碾压3~6遍的过程中,密度的变化呈现出锯齿形上升的状态,显示出明显的铺层反复振松压实的特征。

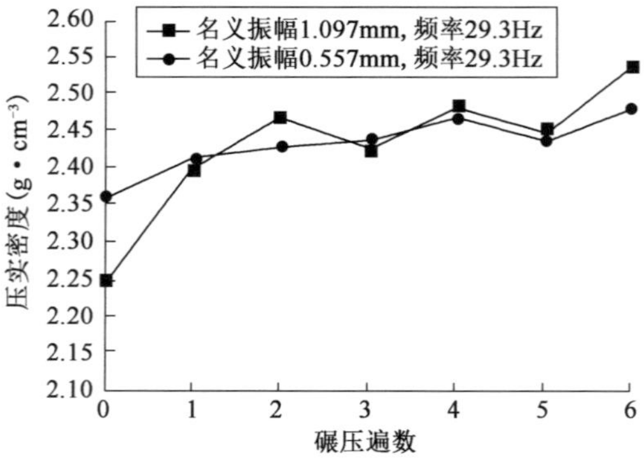

图7 在不同的激振力矩振幅下铺层压实密度随碾压遍数而变化的曲线

从激振力矩振幅对铺层压实密度影响的试验研究中,可以得出以下结论:在智能化的振荡压实过程中,当碾压开始时可以加大激振力矩的振幅,以便在1~2个碾压遍数内迅速提高铺层的压实密度,但随着压实过程的进展,振幅应逐渐减小,以免出现由于过度压实而导致铺层振松的情况。

4 振荡压实智能化控制策略的研究

4.1 振荡压实智能化控制策略的总体思路

研究表明,在给定的热拌沥青混合料和给定的压路机条件下,影响铺层压实效果的因素主要有激振力矩的振幅与频率、碾压速度和碾压遍数四个工作参数。要在四个参数的搭配中寻找一组满足目标函数的最佳组合是一件十分繁复的工作,因此制订正确的控制策略对于更快更好地实现目标函数的要求有着十分重要的意义。

在前述中已经指出存在着两种不同思路的控制策略:一种思路是将振动或振荡压实过程看作是一种全然不知道其内部结构和规律的;另一种思路是基于对碾压过程的物理、力学本质的深刻认识,按照一定的规律来搜索最佳的工作参数。由于已经存在有大量有关热沥青混合料与振动或振荡压路机相互作用的研究,因此,对于振动和振荡压实过程来说并不是对其内部规律一无所知的"黑盒",显然,采用前一种控制策略是不可取的。

其次关于热沥青混合料的压实效果或压实质量,实际上并不单纯只有一个密实度的要求,而且还必须考虑到诸如不能压碎集料、保持良好的平整度等方面的要求。因此在制订优化控制的策略时,必须充分研究工程应用对压实过程各方面的要求,并制订出相应的约束条件来控制出现误导的结果。

第三是对于多变量的搜索应按先易后难的原则进行,首先对完全独立或只起单向影响作用的变量进行单变量的搜索,然后再逐步扩大至多变量的搜索。

4.2 振荡压实过程的优化控制策略

按照上述讨论的制定优化控制策略的总体思路,将针对各控制变量来研究具体的优化控制策略。首先分析一下激振力振幅、频率、碾压速度、遍数之间的相互关系。在这4个变量中,可以看到碾压遍数 n 只涉及多遍压实的场合和整个压实过程的最终结果,对于一个碾压遍数的压实功是不参与作用的。

它的影响是与碾压速度 v 一起决定着碾压生产率的高低，且碾压时间的长短取决于比值 n/v，这就是说只要比值不变，不论是 n、v 都大一些，还是都小些，碾压的生产率都是一样的。

分析碾压速度的约束条件，在碾压遍数一定的条件下，碾压速度愈高，则碾压的生产率愈高，但是碾压速度过高将受到铺层振动密度的限制，对振动压路机来说通常不宜超过每 25mm1 次，否则将导致滚轮的冲击痕迹。而对于振荡压路机来说，虽然不像振动压路机那么严重，但过低的振动密度也会导致出现波纹，一般也不宜超过 50mm/次。此外过快的速度还会导致滚轮前方混合料的推移，从而恶化铺层的平整度。因此，碾压速度的选择范围应该在 2.7 ~ 5.4km/h。

碾压速度对混合料吸收比压实功的影响主要表现在它与激振频率 f 一起，以比值 f/v 的形式决定着铺层单位长度吸收 1 个周期振动能量的次数。理论证明在 1 个碾压遍数中，铺层单位长度 1 个周期吸收的压实功 E_i 是激振振幅 M_A、激振频率 f、碾压速度 v 的函数，而且二者之间是互相关联的。但是碾压速度 v 对 E_i 的影响是单向的，因为，v 愈大，振动密度愈低，则同样大小的激振能量，铺层吸收的部分就比较多。为使每个周期的激振能量被铺层吸收得更多一些，并考虑到碾压作业的生产率，变量 v 的搜索应从 v 的最大值开始，逐步地往下搜索，亦即碾压速度初值可选为 5.4km/h。

对于激振频率 f 来说，大量试验研究已经表明，幅频曲线上第 2 个峰值的频率，在不同的压实遍数和不同的激振振幅下，都在 30Hz 附近很小的范围内变化，因此可以将频率搜索的初值定为 30Hz。在 n、v、f 的初值均已确定的条件下，激振振幅 M_A 的搜索显然应该从最小值开始向上搜索，它的搜索目标则是滑转率 δ 应等于最佳滑转率 $\delta = \delta_{opt}$。

根据以上的讨论，整个优化过程的控制策略可以表述如下：

（1）确定 n、v、f、M_A 的初始值：$n = 2$，$v = 5.4$km/h，$f = 30$Hz，$M_A = M_{Amin}$。

（2）搜索 M_A 初步的最佳值，条件是 $\delta = \delta_{opt}$，如 $\delta > \delta_{opt}$，则减少速度；如 $\delta < \delta_{opt}$，则增加速度；这样反复循环直至 $\delta - \delta_{opt} < \boldsymbol{\xi}_{\delta}$（$\boldsymbol{\xi}_{\delta}$ 为任意小的设定值）。

（3）如果存在 M_A 的初步最佳值，则以这一 M_A 值和 f 值为中心，在左右较小的区域内，以网格法的方式进行寻查，以便最终求得 M_A 和 f 的最佳组合，其评价标准为压实计读数 $D = D_{max}$。

（4）如果碾压速度减小至 v_{min}（$v_{min} = 2.7$km/h）时，滑转率 δ 仍然不能逼近最佳滑转率 δ_{opt} 时，则以与最小的 δ 相应的 M_A 作为初步的最佳值，并按步骤（3）寻查最佳的 M_A 和 f 的最佳组合。

（5）进行第 2 遍碾压，以最大的 v（$v = 5.4$km/h）为起始点，重复步骤（2）至步骤（3）的搜索工作，并求得 M_A 和 f 的最佳组合。

（6）比较第 2 遍与第 1 遍碾压的压实计读数，如二者的差值 ΔD 小于任意给定设计值 $\boldsymbol{\xi}_D$ 时，即 $\Delta D < \boldsymbol{\xi}_D$，则碾压结束。

（7）如第 2 遍与第 1 遍碾压的压实计读数的差值 $\Delta D < \boldsymbol{\xi}_D$，或者第 2 遍碾压时的滑转率 δ 仍然小于 δ_{opt}，则增加碾压遍数，进行第 3 遍和第 4 遍的碾压，并重复步骤（2）至步骤（6）的搜索工作，直至前后 2 遍压实计读数的差值 $\Delta D < \boldsymbol{\xi}_D$，则碾压结束。

（8）如经过 4 遍压实，铺层仍然未能达到预期的密实度，则表明压路机的吨位太低或铺层厚度太厚，此时应以最低的碾压速度、最大的激振幅度进行多遍碾压，直至铺层的温度降低至最低碾压温度时为止。

为了限制激振力矩的调节不致超过发动机额定功率能提供的极限能力，可以设置一发动机转速 $n_e \geq$ 发动机额定转速的约束条件，即 $n_e \geq$ 发动机额定转速。

4.3　振荡压路机智能控制系统的结构方案

为使振荡压路机始终在最佳的状况下工作，就必须要在压实作业中不断调节压路机的频率、振幅和行驶速度等，并在压实的过程中不断检测被压实材料的性能和状态。再将检测的信息反馈回去，与设定的要求相比较，并根据比较的结果，按照一定的规律来搜索最佳的工作参数，以达到要求的优化目标。

振荡压路机智能控制系统的结构方案如图 8 所示。从图中可看到，当智能控制系统时，首先要对智能控制器输入工作参数的初始值和约束条件，智能控制器根据设置的初始值和约束条件，通过不断地与压实过程中检测得到的速度、滑转率、密实度等信息的比较，反复调整各工作参数，来搜索达到目标函数要求的最佳参数。

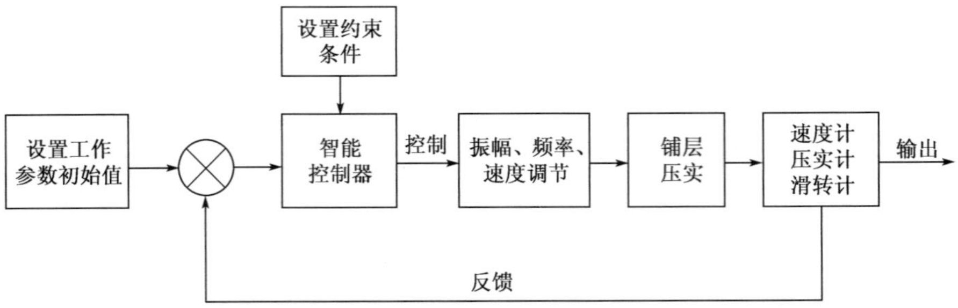

图8 振荡压路机智能控制系统的结构框图

在振荡压路机智能控制系统中智能控制器是整个控制系统的核心部件,它承担着按照规定的控制策略搜索最佳参数的任务,设计智能控制器的关键则是根据上述控制策略及其自动控制的流程图(略)来进行设计。

5 结语

通过对影响铺层压实效果的主要工作参数大量现场试验的研究表明,振荡压实的压实效果或压实质量实际上并不单纯只有一个密实度的要求,而且还必须考虑到诸如不能压碎集料、要保持良好的路面平整度等方面的要求,并针对压实过程中各控制变量分别研究了具体的优化控制策略,提出了寻找包括激振振幅、频率、碾压速度和碾压遍数四个主要工作参数合理搭配和最佳组合以更快更好地实现目标函数的整个优化过程的压实控制策略。以上这些关键技术问题的解决,为开发振荡压路机的智能化压实控制系统奠定了坚实的基础。

振荡压路机智能化压实的评价标准及优化目标

马学良　孙祖望　龙水根

（本文刊于《筑路机械与施工机械化》杂志 2008 年第 11 期）

摘　要：首先从能量转换方面分析了振荡压路机的压实过程，结合实例分析了过度压实与振松的不良压实效果，通过对实例的分析提出了比压实功的概念，并在此基础上建立了能量评价标准。随后建立了基于能量平衡的振荡压实过程优化控制的目标函数，为今后压实过程中的智能化控制提供了理论依据。

在沥青路面的压实过程中，无论是振动压实还是振荡压实，都可能存在压实不足或压实过度的问题。在评价压实效果时不仅要评价铺层的密实度是否达到了规定要求，还应该判断是否存在着压实不足或压实过度的问题。目前，在具有智能控制压实功能的振动（振荡）压路机中，依靠单一的压实度指标来评价路面的压实效果是不全面的。

1　智能化压实的评价标准

物体在无阻尼系统中作自由振动时，其能量满足机械能守恒定律，即任一瞬间系统的动能与势能之和恒等于在受到初始扰动时从外界获得的能量，因此物体维持恒幅振动。但物体在有阻尼的系统中则不同，它在作自由振动时，其所受到的阻尼不断消耗着机械能量导致其振幅逐渐衰减，系统若要维持其振动，则必须要从外界不断地获取能量。因此，物体在有阻尼系统中作强迫振动时，必须依靠外界能量的输入，通过激振力做功才能实现。

对于振动或振荡压路机来说，激振力所做的功是机器发动机施加给滚轮的外部功，而被压材料通过阻尼所吸收的功将转变为促使被压材料颗粒之间发生相对位移、重新排列的压实功，这是振动系统阻尼消耗的外部功中最主要的也是有用的部分。另一部分外部功将消耗在滚轮的减振系统中而转化为热能散逸掉。应该指出，并不是施加给被压材料的外部功都能为材料所吸收而转变为压实功。对于某一特定的混合料，其吸收压实能量的能力是有限度的，这一限度由使被压材料达到给定密度所需的能量来决定。当施加给被压材料的外部功小于这一限度时，铺层表现为压实不足；当施加的外部功超过这一限度时，铺层表现为压实过度。压实过度对于振动压路机来说是特别有害的，此时多余的振动能量将引起滚轮跳离地面，击碎集料，并导致已经密实的材料被振松。对于振荡压实来说，过度压实的危害性虽然较振动压实要小，但同样是有害的，多余的能量将导致滚轮滑转，从而白白消耗在滑转摩擦中，转化为热能逸散掉。在振松的问题上，虽然不像振动压实那样严重，但试验结果表明，它仍然会引起少量的表面振松。

因此，在进行压实过程的智能化控制时，首先会遇到两个基础性的问题：如何判断被压材料已经获得了充分压实和如何判断达成充分压实的过程是最优的。前者是评价压实效果的标准问题，后者则是评价优化目标的标准问题。

1.1　智能化控制过程中压实效果的评价

钻芯取样等常规的压实效果评价方法显然不能适用于智能化的压实控制过程，因为它无法在压实进行的过程中提供铺层密实度的实时信息，所以智能化的压实控制必须采用随车实时检测的方法来进行评估。但是无论是常规的事后评价方法，还是实时在线的评价方法，都存在着压实效果的评价标准问题。在常规的评价方法中通常都直接采用要求达到的铺层密实度作为评价的标准，而在实时在线评价的方法中则大多采用与要求达到的铺层压实度相关的某个测量值作为评价标准，这一临界测量值可以通过标定来获取。上述方法的特点是只考虑压实过程的最终结果，而并不评价这一最终结果是如何获得的。

大量的试验结果表明，过度压实同样存在着很大的危害性，而对于振动压实，危害性显得更为严重，压实过度将导致严重的集料压碎，过度振动的反射波会使混合料振松，而导致铺层压实度的严重不均匀性。换言之，密实的更加密实，松散的更加松散。由此可见，仅用单一的密实度指标并不能全面地反映压实的效果。好的压实效果不仅要求铺层的密实度高、各处的密实度要均匀一致，还要保持表面的平整，不能压碎集料破坏混合料的级配。

对于某一特定混合料，其吸收压实能的能力是有限度的，滚轮所施加给混合料的压实能量低于或超过混合料的吸收能力是导致铺层压实不足或压实过度的基本原因。因此，可以利用施加给混合料的压实能量与混合料吸收的压实能量之间的平衡关系来衡量混合料是否获得了充分而恰当的压实。为此，本文提出了单位体积被压材料吸收压实功的概念（比压实功），并在此基础上建立压实效果的能量评价标准。

对于一定体积的混合料，要达到某一要求压实度（它与一定的空隙率相对应）所需吸收的压实功是一定的。当施加的压实能量小于所需吸收的压实功时表现为压实不足，当施加的能量超过所能吸收的压实功时则表现为压实过度。需要注意的是，热沥青混合料并不是可以无限压缩的，密实度的极限就是空隙率等于零的最大理论密度。要使沥青混合料达到零空隙的状态需要很大的压实功，在实际碾压过程中是很难做到的，因此通常以某一规定的空隙率（例如2% ~3%）作为极限的压实状态，混合料达到这一极限状态所需吸收的压实功，即极限压实功。当施加给混合料的压实能量超过这一极限压实功时，混合料密实度将不会再增加，多余的能量只能转化成导致集料压碎等破坏混合料结构的能量。

根据比压实功的定义，单位体积混合料所吸收的压实功 E_S 可表达为：

$$E_S = \frac{E}{V} \tag{1}$$

式中：E——混合料所吸收的压实功；

V——混合料的体积。

当铺层厚度和压路机的碾压宽度一定时，比压实功 E 也可表达为：

$$E_S = \frac{E}{L} \tag{2}$$

式中：L——碾压长度。

需要指出的是，混合料所吸收压实功的能力不仅与混合料的压实性能有关，还和所使用的压实方法和设备的工作参数有关，因而影响 E 的因素和计算方法也是不同的。例如，对静作用压路机而言，压路机碾压1遍所吸收的压实功 E 计算公式为：

$$E = BL\int_0^{h_0} p\mathrm{d}h = \frac{1}{2}CBLh_0^2 = \frac{1}{2}BL\frac{p_0^2}{C} \tag{3}$$

式中：B——碾压宽度；

L——碾压长度；

p——热沥青混合料作用在钢轮前方碾压区段上某一点的垂直压力；

h——热沥青混合料在钢轮前方碾压区段上某一点的垂直变形；

C——热沥青混合料的变形系数，$C = p/h$；

h_0——压路机碾压1遍的铺层总沉陷量；

p_0——滚轮的接地比压。

从式(3)可以看到，变形系数 C 是使被压材料发生单位垂直变形所需的垂直压力，它代表了热沥青混合料的压实性能(可压实性)。与压实设备有关的参数除碾压的宽度和长度外,只有接地压力 p_0,它与压路机的重量有关。随着压实遍数的增加,混合料逐步变得更加密实,混合料的变形系数将会愈来愈大,铺层的沉陷变形也就愈来愈小,当沉陷趋近于零时,铺层已有足够的承载压路机重量的能力。此时,即使再多的碾压遍数,铺层的密实度也不会再增大,如果希望进一步增加铺层的密实度,就只能采用更大吨位的静作用压路机,或者改变碾压方法。沉陷变形的增量趋近于零时的铺层密实度(或空隙率),就代表了采用给定的静作用压路机碾压给定的热沥青混合料时,所能达到的极限密实度或极限空隙率,而与这一空隙率相应的混合料所吸收的压实功即为达到此空隙率所需的压实功。

从以上的讨论中可以看到:在静作用的压实过程中,铺层的沉陷量和与之相应的所吸收的压实功就可以作为评价在给定条件下(给定的混合料和给定压路机)铺层压实效果的标准。利用这一标准对压实效果的评价可表述如下:当每一碾压遍数所累积的总沉陷量达到在给定条件下所要求的沉陷量时,则表示铺层已吸收了与这一沉陷量相应的压实功,并将达到与所吸收的压实功相应的铺层密实度(空隙率)。

由于静作用压路机参与铺层吸收压实功的参数只有机器的宽度和重量,因此它能提供的压实能量是有限的。振动(振荡)压路机有更多的参数来影响铺层所吸收的压实功,因而能提供更多的压实能量。由于在振动和振荡压实过程中影响铺层吸收压实功的因素更多,因此建立压实效果的能量评价标准要比静作用压实更为复杂,但利用铺层所吸收的压实功来评价压实效果的原则是相同的。

铺层是通过每个振动周期来吸收压实功的,因此铺层吸收压实功的多少首先要取决于每一振动周期吸收压实功的大小,其次还与吸收多少个振动周期的压实功有关,而后者则与振动的频率、碾压速度和碾压遍数有关。振动频率决定了铺层单位时间吸收压实功的次数,碾压速度决定了单位时间碾压的长度,它与频率一起决定了单位碾压长度吸收压实功的次数,而碾压的遍数则决定了整个过程中累积的吸收压实功的次数。

如前所述,单位体积混合料所吸收的压实功在给定碾压宽度和铺层厚度下可以用单位长度的比压实功来代表。根据以上对铺层所吸收的压实功组成的分析,在一个碾压遍数的铺层所吸收的比压实功 E_{si} 可表述为:

$$E_{si} = E_i \frac{f}{v} \tag{4}$$

式中:E_i——每一振动周期混合料所吸收的压实功;

f——振动频率;

v——碾压速度。

需要指出的是,每一振动周期混合料所吸收的压实功在不同的碾压遍数中是不同的,当松铺的沥青混合料经受第1遍压实时混合料的刚度较小、阻尼较大,一个振动周期吸收的压实功较大。随着压实过程的进展,铺层的密实度在增加,混合料的刚度变大而阻尼变小,其吸收振动能量的能力在减小。当铺层的密实度达到其极限状态时,混合料所吸收的压实功已经饱和,在给定的碾压条件下,铺层已经没有能力再吸收压实功了,此时铺层的密实度也就不会增长了。根据以上的讨论,铺层在整个压实过程中所吸收的比压实功可以表示为:

$$E_s = \sum_{i=1}^{n} \frac{E_i f}{v} \tag{5}$$

式中:i——碾压遍数的序号;

n——铺层刚压实达到极限状态时的碾压遍数序号。

当每一碾压遍数所累积吸收的压实功总量达到某一要求的比压实功时,铺层将达到与所设定的比压实功相应的密实度(空隙率)。与静作用压实一样,在振动压实中也可能出现在累积的压实功尚未达到所设定的比压实功时,混合料吸收的压实功已经达到了饱和状态,再继续增加碾压遍数也不可能再提高铺层的密实度。但与静作用压实不同的是,在前一场合多余的压实能量不会导致铺层过压,而在振动压实的场合,多余的振动能量将导致铺层承受过度压实的危害性。

1.2 智能化控制的优化目标

在压实过程的智能化控制中,优化目标通常被表述为"在最短的时间内使铺层获得最大的密实度",或者"以最少的碾压遍数获得最大的密实度"。优化目标的上述表述是不够全面的,因为优化目标没有考虑在振动和振荡压实的情况下有可能出现过度压实的情况。故更为合理的是从能量优化平衡的角度来表述智能控制的目标:在每一碾压遍数中使施加给铺层的有效压实功为最大,并与混合料吸收压实功的能力时时保持相互平衡,从而保证在最短的时间内使施加给铺层的压实能量总量恰恰等于为使铺层获得要求密实度所需吸收的比压实功。

这一优化目标的表述不仅考虑了压实效果的最终表现,而且考虑了压实过程中保持能量优化平衡的要求,后者是根据振动(或振荡)压实的特点提出来的。在激振力所施加给铺层的振动能量中,只有克服阻尼所做的功才是转化为被压材料所吸收的有效压实功,而克服弹性力所做的功并不对外做功而只是储存在铺层的弹性系统中,并参与滚轮—地面动力学系统的振动运动。当振动滚轮对铺层进行第1遍碾压时,混合料比较松软,它的刚度很小而阻尼很大,激振力提供的振动能量中转化为有效压实功的部分较大而储存在铺层弹性系统的能量则较小。随着压实遍数的增大,铺层的密实度不断提高,其阻尼逐步减少而刚度则不断增大,此时激振力所提供的能量转化为有效压实功的部分愈来愈小,而储存在铺层弹性系统中的能量则愈来愈大。对于振动压实,一旦弹性系统储存的势能增大到一定程度,滚轮就可能跳离地面。因此,如果对振动能量不加控制的话,在振动压实的过程中是很容易出现过度压实的。对于振荡压实来说,虽然弹性系统的势能不会使滚轮脱离地面,但是却会促使滚轮相对于地面产生很大的滑转。由此可见,对智能化控制的优化目标提出,在压实过程中控制振动能量的要求是十分重要的。

2 基于能量优化平衡的目标函数

按对优化目标的表述:在每一碾压遍数中使施加给铺层的有效压实功为最大并与混合料吸收压实功的能力时时保持相互平衡,从而保证"在最短的时间内使施加给铺层的压实能量总量恰恰等于为使铺层获得要求压实度所需吸收的比压实功"。建立在能量优化平衡基础上的目标函数可以分成两个层次来建立,第一个层次是对一个碾压遍数而言的,第二个层次则对整个压实过程而言。

2.1 一个碾压遍数内的优化目标函数

对于一个碾压遍数而言,优化目标有以下要求:一是铺层所吸收的压实功为最大,二是施加给铺层的有效压实功与混合料吸收压实功的能力保持平衡。

由式(4)可知,铺层所吸收的有效压实功 E_{si} 应该是振幅 M_A、f 和 v 的函数。根据以上讨论,铺层所吸收的压实功为最大的要求可以用以下目标函数来表达:

$$E_{si}(M_A,f,n,) = E_i \frac{f}{v} = \max \tag{6}$$

式(6)的含义是寻求一组最佳的 M_A、f、v 组合,使 $E_i \frac{f}{v}$ 为最大。

在一个碾压遍数内,施加给单位长度铺层的压实功 E_{si} 可以下式表示:

$$E_{si} = E_i^s \frac{f}{v} \tag{7}$$

式中:E_i^s——每一振动周期施加给铺层的压实功。

据此,在一个压实遍数内施加给铺层和铺层吸收的能量平衡要求可以表示为:

$$E_i^s \frac{f}{v} = E_i \frac{f}{v} \tag{8}$$

由于 f 和 v 是一定的,所以优化目标能量平衡的要求,实际上只要使每个周期施加给铺层的激振能量与每一周期混合料吸收的压实功保持平衡就可以达到,亦即:

$$E_i^s = E_i \tag{9}$$

需要指出的是，满足能量平衡的要求并不等于满足比压实功最大的要求。因为当施加给铺层的激振能量较小时，输入的能量可以被混合料充分吸收而满足能量平衡的要求。因此，不仅应使 $E_i^s = E_i$，而且应使每一周期混合料所吸收的比压实功为最大。研究表明，能同时满足上述两方面要求的条件是使滚轮滑转率 δ 保持为最佳滑转率 δ_{opt}，亦即：

$$\delta = \delta_{opt} \tag{10}$$

故可将一个压实遍数内优化目标两方面的要求统一为一个目标函数，并表达为：

$$E_{si}(A,f,v) = E_i \frac{f}{v} = \max \tag{11}$$

式(11)的含义是在满足最佳滑转率的条件 $\delta = \delta_{opt}$ 下，求振荡轮的名义振幅 A、激振频率 f、碾压速度 v，使 $E_i \dfrac{f}{v}$ 为最大。

2.2　整个压实过程的优化目标函数

对于整个压实过程来说，在每一碾压遍数的优化目标都实现优化的基础上，还要求在整个压实过程中使施加铺层的压实能量的总量与混合料所吸收的压实功总量保持平衡，同时使完成整个压实过程的时间为最短。因此，对于整个压实过程来说，优化目标同样有着两方面的要求：一是要求施加和吸收的总能量保持平衡；二是要求完成压实过程的总时间最短。

根据多遍压实中整个压实过程所吸收的比压实功的表达式，第一方面要求可以用以下的目标函数来表达：

$$\sum_{i=1}^{n} \frac{E_i^s f}{v} = \sum_{i=1}^{n} \frac{E_i f}{v} \tag{12}$$

显然，只要每一碾压遍数施加铺层的能量与铺层吸收的能量是平衡的，那么整个压实过程的总能量也将是平衡的。

关于第二方面的要求(亦即在最短时间内完成整个压实过程)，实质上是一个压实效率(压实生产率)的优化问题。对于宽度一定的压路机来说，如果不考虑机器换向、转换碾压道等辅助时间的因素，影响压实生产率的主要因素就只有碾压速度和碾压遍数。设有一宽为 mB、长为 L 的压实现场(此处 m 为碾压道数，B 为碾压道的宽度)，其面积生产率 Q 可以表示为：

$$Q = \frac{mBL}{T} \tag{13}$$

式中：T——完成整个压实工作所需的总时间。

设完成一个碾压道的碾压面积 $B \times L$ 所需时间为 T_1，则 T_1 可按下式计算：

$$T_1 = \frac{L}{v} \tag{14}$$

由此，压实的总时间可表达如下：

$$T = T_1 mn = mL \frac{n}{v} \tag{15}$$

式中：n——碾压遍数。

将 T 代入式(13)可得压实生产率 Q 的表达式：

$$Q = B \frac{v}{n} \tag{16}$$

式(15)和式(16)表明，压实的总时间与碾压遍数 n 成正比，与碾压速度成反比，而压实生产率则与碾压速度成正比，与碾压遍数成反比。由于达到同样的铺层密度可以用较快的碾压速度和较多的碾压遍数来完成，也可以用较低的碾压速度和较少的碾压遍数来完成，因此总可以找到一组最佳的碾压速度和碾压遍数的组合，使压实的总时间为最短而压实的生产率则最高。

故整个压实过程优化目标第二方面的要求可表述为:

$$T(n,v)=\min \tag{17}$$

式(17)的含义为寻求一最佳的比值 v/n,使得 $T(n,v)$ 为最小。

3 结语

本文通过研究,提出了评价路面与压实质量的优化标准,即在整个压实过程中应使施加给铺层的振动能量与混合料吸收有效压实功的能力保持平衡,以保证铺层既不会出现压实不足又不致造成压实过度。在此基础上提出了在振荡压实过程中能量优化平衡的评价准则,并建立了基于能量平衡的振荡压实过程优化控制的目标函数,这一结论为压实过程的智能化控制提供了理论依据。

振荡压路机压实自动控制的技术实现

马学良　孙祖望　龙水根

（本文刊于《建筑机械化》杂志 2008 年第 10 期和第 11 期）

摘　要：在分析振动和振荡压路机压实自动控制的现有方案基础上，解决了振荡压实自动控制过程中的部分关键技术问题，提出了振荡压实控制策略的总体思路和压实过程的优化控制策略，制订了压实自动控制系统的结构方案和控制流程。

随着高速公路建设的迅猛发展，为满足各类工程施工技术、施工工艺和施工质量等越来越高的要求，对道路施工机械的要求也日益增长。不仅要求机械具有良好的可靠性和高的生产效率，而且要具备能够自动控制施工质量、节省能源、减少环境污染等的先进性能。因此，自动控制技术在施工机械上的研究与应用便应运而生。本文将对振荡压路机压实自动控制的技术实现进行探讨。

1　振动和振荡压路机压实自动控制的现有方案

目前在沥青道路建设中被广泛使用的双钢轮振动或振荡压路机的压实自动控制系统的研究已取得了长足的进展。其中有代表性的压实自动控制方案有如下三种。

1.1　BOMAG 公司 VARIOMATIC 方案

该系统的主要特点是：①最佳频率固定不变；②振幅根据被压材料的刚度变化自动调节；③以钢轮跳离地面为约束条件，即激振力的增大（振幅的增大）不得导致钢轮跳离地面。

1.2　HAMM 公司 VOC 及 IQ.2 方案

主要特点是：

（1）振动振荡复合作用，振动和振荡的频率与振幅均可独立无级地进行调节。

（2）同时考虑频率、振幅、碾压速度的优化。

（3）以最短时间内获得最大压实效果为优化目标。

1.3　模糊控制方案

文献《智能压路机控制系统设计及关键技术研究》（张奕）提出的模糊控制方案，归纳起来有如下要点：

（1）频率与振幅作为不同的组合同时优化。

（2）当压实度较小时，采用低频率高振幅的压实方法，随着压实度的不断增大，则采用高频率低振幅的压实作为自动控制策略的依据，以获得最大压实度作为优化目标。

（3）频率和振幅的调节范围均很大，频率为 30 ~ 52Hz，振幅为 0.4 ~ 0.8mm，各分为 6 档，搭配为 13 种组合分别对应 13 挡压实度（60% ~ 97%）。

（4）利用模糊控制的方法将上述控制策略转化为某种模糊控制规则，将当前的压实度作为输入量根据模糊控制规则获得相应的模糊化的最佳频率和振幅，然后经反模糊化运算得到精确的最佳频率和振幅作为输出的控制量。

（5）以机器的最大激振力作为约束条件，即最佳频率和振幅产生的激振力不得大于机器的最大激振力。

2 各种控制方案的比较

2.1 两种控制策略的不同思路

从以上的讨论中可以看到,在制订工作参数优化的控制策略时存在着两种不同的思路:一种是基于在碾压过程中压实度与工作参数之间没有明确的函数关系的考虑,而采用大范围的暗箱搜索的方法,工作参数优化的目标是压实度尽可能达到所要求的目标值。另一种思路是在研究滚轮与热沥青混合料相互作用的基础上,按一定的规律来搜索最佳的工作参数,优化的目标是压实度的增量小于某一设定的数值。

第一种控制策略虽然避开了有较大难度的滚轮与热沥青混合料相互作用规律的研究,但它的缺点是明显的。由于搜索带有很大的盲目性,不仅是搜索的时间长,可能出现无效反复搜索(不收敛)和误导(振松与集料破碎),而且由于优化的目标是压实度的绝对值,在实际工作中实现时会有很多困难。因此,国外目前多数的压实自动控制方案大都属于第二种方案。

2.2 BOMAG 与 HAMM 控制方案的优缺点

BOMAG 公司自动调幅机构其结构简单,这种智能调幅压实系统能自动选择与被碾压材料的压实度状况相匹配的振幅,从而消除材料出现压实不足或过压现象,提高了压实度的均匀程度,能够消除振动轮的跳振,避免粗集料破碎。该系统有手动控制和自动运行两种模式。但该系统仅有一个固定不变的最佳频率,实际上不同的被碾压材料其最佳频率是不同的,也就是说最佳的压实频率是随着被碾压材料的不同而变化的,并且该系统以钢轮跳离地面为约束条件并不能有效保证压实效率的提高。HAMM 公司的智能压实系统具有振动、振荡和二者组合的三种压实方式,微处理控制智能压实器能够无级调节振幅、频率和速度的大小以自动地适应所有被碾压材料的变化。微处理控制与以前的方法不同的是,新方法在设备进行反向转换、开关的开启和闭合时,无需再将频率减小至零,只要保持频率不变,无限减小振幅即可实现。这样,既保证了振动系统和振荡系统的平滑的启动和关闭又不致产生共振,节约了能量,避免了振松现象,但系统结构复杂。

2.3 模糊控制方案的优缺点

采用此种模糊控制方案的优点是完全不需理会振动轮与被压材料之间相互作用的物理、力学关系,因而可以省去压实过程的大量试验研究。

但是也正是因为缺乏对压路机工作参数与压实效果之间规律性的深入认识,就有可能使搜索过程违背压实的基本规律而导致严重的压实缺陷。这一方案的缺点是:①很宽的频率和振幅范围完全没有必要,有时甚至是有害的。②作为自动控制策略的依据:当压实度较小时采用低频率高振幅的压实方法,随着压实度的不断增大,则采用高频率低振幅的压实,以及据此而制订的模糊控制规则缺乏理论分析和试验验证的依据,在某些情况下有可能导致严重的压实缺陷。③模糊控制变量、隶属度函数等参数的确定带有较大的主观性。④用机器的最大激振力来限制最佳频率和振幅的选择是不合理的。

3 振荡压实自动控制的技术实现方案

振荡压实自动控制系统是压路机控制系统的核心。为使振荡压路机能够对不同的被碾压材料,以及在碾压过程中由于各种因素引起的被碾压材料的密实度之差异进行实时监测,并根据检测值进行工作参数(频率,振幅、碾压速度、碾压遍数)的调节,通过对振荡压路机工作参数的自动调整,使之与被碾压材料及作业环境相适应,优化压实过程,使单位铺层面积的被碾压材料能够在单位时间内充分吸收压实能量,并转化为压实功,旨在用最少的压实遍数,达到最佳的压实效果,实现压实过程的最佳化。相关关键技术问题的解决为开发振荡压路机的压实自动控制系统奠定了坚实的基础。

在振荡压实自动控制的技术实现中,首先要解决的两个关键技术是振幅的无级调节和压实度的随车实时监测装置。

3.1　振幅的无级调节机构

振幅的调节要比频率的调节实现较为复杂,它需要由一套机械机构使偏心轴发生偏转来完成调幅。文献"孙祖望.《振幅实时无级可调的振动机构》中国专利:ZL98233268.8,1998.2."给出了一种行星齿轮传动机构与液压马达组成的振幅无级调节机构。当需要改变振幅时,由控制器给出电信号控制步进电机从而驱动一蜗轮蜗杆,进而带动行星调节机构使内、外偏心轴相对位置发生变化来实现无级调幅的目的。

振荡压路机压实度随车监测装置介绍如下:

(1)压实度随车监测装置的工作原理

在振荡压实的数学模型基础上,根据钢轮绕轴心的摆振运动和轮心沿平行于被碾压层并垂直于轮轴方向的振动运动之间存在着时间的滞后和相位差,并且随着被碾压材料的逐步压实,钢轮与被碾压层间的滑转逐步增大,而两运动之间的时间滞后和相位差也逐渐增大直至达到一稳定值。按照这一原理来实现压实度控制的方法其特点是:通过测量钢轮绕轴心的摆振运动和轮心沿平行于被碾压层并垂直于轮轴方向的振动运动之间的时间滞后或相位差来直接估计钢轮与被碾压层之间的滑转程度和估计被碾压层的压实程度。这一估计是通过将在某一压实程度下在某一时刻或某一时间间隔内确定的两运动之相位差与某一参考值相比较来实现的。这一参考值可以是在标准压实程度下测得的两运动之间的相位差,也可以是在另一压实程度下测得的相位差。前者可给出对压实度绝对值的估计,而后者则将给出压实度的某种相对估计。试验表明,该振荡压实计的重要优点是由于其采用相位差作为估计值的参数,它对干扰的敏感性要比采用幅值域作为估计值参数的其他类型振荡压实计小得多,而且不必进行曲线拟合而可直接获得,测量环节少,方法简单可靠,因此在工作的稳定性和测量精度方面都更容易达到较高水平。

(2)压实度随车监测装置的结构方案

振荡压实的压实度随车监测装置的结构如图1所示。

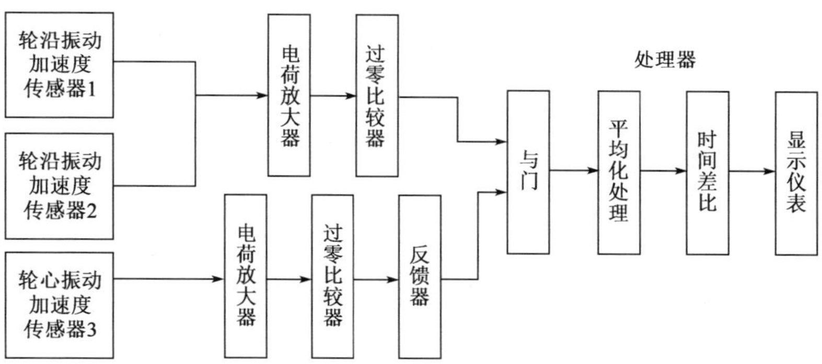

图1　压实度随车监测装置的结构框图

压实度随车监测装置由三个传感器和一个处理器组成,三个传感器中的两个用来检测钢轮绕轴心的摆动运动,第三个传感器用来检测钢轮的水平振动运动。处理器用来计算两运动间的相位差或时间滞后。安装在驾驶室中的显示器显示出时间差或相位差等为操作人员提供决策和操纵信息。

为了获得两运动间的相位差,需要检测两个信号:一个是钢轮轮心沿平行于被碾压层并垂直于轮轴方向的振动运动,它可采用一安装在过钢轮轮轴而使它的轴线与轮轴相垂直并与被碾压层平行的轮心振动加速度传感器来实现,如图2所示。该安装方式可使传感器只检测轮心平行于被碾压层并垂直于轮轴方向的振动运动,而不会检测到钢轮与绕其轴心摆振的运动。另一个是钢轮绕其轴心摆动运动信号的检测,这一信号的检测较为复杂,原因是当钢轮在滚动时,安装在钢轮上的加速度传感器不仅检测到摆振的加速度而且还检测到水平和垂直方向加速度在钢轮切线方向的分量,而它们是不需要的。因

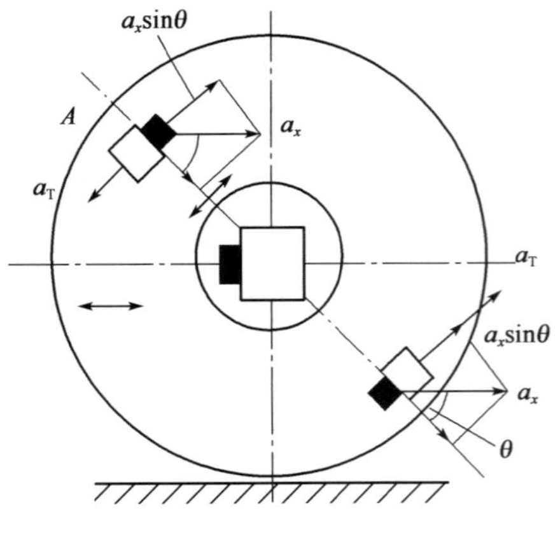

图2　传感器布置方案图

此,为从这些加速度中检测出摆振加速度,需采用如图2所示方案来解决这一问题。

在过钢轮5的轮轴的平面A且与轮心对称的位置上,安装两个轮沿加速度传感器1和2,两个加速度传感器的底座平面应与平面A保持一致,并使它们在钢轮绕其轴心摆动的某一瞬时所检测的切向加速度,大小相等而方向则或者都是指向底座平面的,或者都是离开底座平面的。为了增大传感器所感受到的摆振信号,传感器1、2应尽量安装在轮心较大的半径处,如接近轮缘的地方。两个传感器所检测的信号经合成后输出,此时检测得到的钢轮水平和垂直振动的信号 a_x 和 a_y 将相互抵消,仅留下钢轮绕轴心摆动的信号 a_T。此传感器1感受到的加速度信号为 $a_1=a_T+a_x\sin\theta$,传感器2感受到的加速度信号为 $a_2=a_T-a_x\sin\theta$,合成的结果则为 $a_1+a_2=2a_T$。由于振荡轮是不断滚动的,所以合成后的加速度信号将通过安装在振荡轮上的集电器4传输给处理器。对所检测的振荡轮的摆振运动和轮心的水平振动运动的信号进行适当的处理后,便可确定两者之间的时间滞后或相位差。

(3)信号处理的方案

信号方案是首先确定在一个周期内两信号过零点的时刻,相减后获得一时间差 Δt,对在若干周期内获得的时间差进行平均化处理后可得到一平均的时间差 Δt,则它即代表了两信号之间的相位差。

在图1中表示了按上述方法进行信号处理的框图,从过钢轮中心的平面A内(参看图2)沿轮缘切线方向相向设置的加速度传感器1和2所检测到的信号经合成后被送至电荷放大器放大,同时轮心水平振动加速度也经另一电荷放大器放大。数据处理装置首先将两正弦波整形变为方波,同时将第二波形反向,再与第一波形相“与”而得一脉冲波,其脉冲宽度就为两波形之间的时间滞后。然后由微处理器完成平均化处理,亦可由积分电路求得。

在上述相位差压实计的基础上,增加一安装在激振机构中央传动上偏心质量中间位置(激振力矩过零点)的脉冲采集器,参看图3,按照前述的原理即可测定滚轮的滑转率。

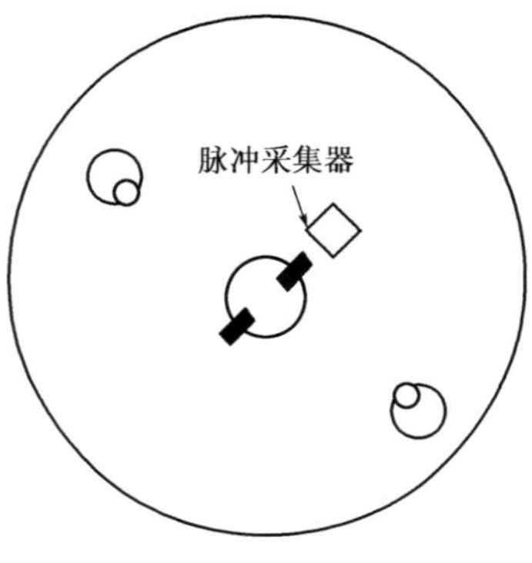

图3　激振力矩过零点的脉冲采集器

3.2　振荡压实自动控制策略的总体思路

研究表明,在给定的热拌沥青混合料和给定的压路机条件下,影响铺层压实效果的因素主要有激振力矩的振幅与频率、碾压速度和碾压遍数四个工作参数。要在四个参数的搭配中寻找一组满足目标函数的最佳组合是一件十分繁复的工作,因此制订正确的控制策略对于更快更好地实现目标函数的要求有着十分重要的意义。

在前述中已经指出存在着两种不同思路的控制策略。一种是将振动或振荡压实过程看作是一种全然不知道其内部结构和规律的“黑盒”。人们知道的只是它的输入激励和输出反应,因而只能在很宽的区域内进行寻查。另一种思路是基于对碾压过程的物理、力学本质的深刻认识,按照一定的规律来搜索最佳的工作参数。采用前一种控制策略虽然避开了要对工程上的物理过程进行深入的研究,但其搜索过程容易出现盲目性,不仅搜索的工作量大,还可能导致脱离实际的错误结果。由于已经存在有大量有关热沥青混合料与振动或振荡压路机相互作用的研究,包括数学模型的研究和大量实验室试验和工程现场的试验研究。因此,对于振动和振荡压实过程来说,并不是对其内部规律一无所知的“黑盒”,显然,采用前一种控制策略是不可取的。

其次,关于热沥青混合料的压实效果或压实质量,实际上并不单纯只有一个压实度的要求,而且还必须考虑到诸如不能压碎集料、保持良好的平整度等方面的要求。因此在实现优化目标函数的同时，通常会有许多约束条件。这些约束条件会限制变量搜索的范围，这不仅会减轻寻查的工作量，更重要的是限制导出错误的结果。因此为了避免出现实际压实过程不允许出现的情况，在制订优化控制的策略时，必须充分研究工程应用对压实过程各方面的要求，并制订出相应的约束条件来控制出现误导的结果。

第三是对于多变量的搜索应按先易后难的原则进行，首先对完全独立或只起单向影响作用的变量进行单变量的搜索，然后再逐步扩大至多变量的搜索。

3.3　振荡压实过程的优化控制策略

按照上述讨论的制定优化控制策略的总体思路，将针对各控制变量来研究具体的优化控制策略。首先分析一下激振力振幅、频率、碾压速度、遍数之间的相互关系。在这 4 个变量中，可以看到碾压遍数 n 只涉及多遍压实的场合和整个压实过程的最终结果，对于一个碾压遍数的压实功是不参与作用的。它的影响是与碾压速度 v 一起决定着碾压生产率的高低，且碾压时间的长短取决于比值 n/v。这就是说只要比值不变，不论是 n、v 都大一些，还是都小些，碾压的生产率都是一样的。但是在实际的工程应用中，还有许多条件在约束着 n 和 v 的选择，它们包括以下三方面的因素：

(1)在实际的施工中由于平整度的要求，是不允许在碾压的前方变换碾压道的，只允许压路机在退出碾压段，在已冷却的铺层上转向、换道。所以，碾压遍数通常是按一个来回来考虑的，即振荡碾压遍数通常都需要碾压至少两遍。

(2)在实际的碾压过程中考虑到倒退、转向、换道等辅助时间，显然，碾压遍数愈多，消耗的辅助时间也愈多。因此，选择较少的碾压遍数对提高生产率是有利的。

(3)铺层温度的制约，虽然从道理上来讲，不管碾压遍数是多是少，只要碾压时间相同，铺层温度的下降是一样的。但是在实际施工中为了防止沥青黏附在钢轮上，在每一次碾压遍数中都必须喷水冷却，碾压遍数愈多，被水带走的热量就愈多，混合料的温降就愈大，而温度对混合料的压实效果是至关重要的。因此从保持较高碾压温度的观点看，也是希望碾压遍数较少为好。

从以上三方面因素形成的约束条件来看，最好是碾压过程能在两个碾压遍数内完成，只有当碾压两遍达不到要求压实度时才应增加碾压遍数，但通常振荡压实的遍数在振幅实施无级调速的情况不应超过 4 遍，否则即表明压路机的吨位不足。

现在再来考察一下碾压速度的约束条件，在碾压遍数一定的条件下，碾压速度愈高，则碾压的生产率愈高，但是碾压速度过高将受到铺层振动密度的限制，对振动压路机来说通常不宜超过每 25mm 一次，否则将导致滚轮的冲击痕迹。对于振荡压路机来说，虽然不像振动压路机那么严重，但过低的振动密度也会导致出现波纹，一般也不宜超过每 50mm 一次。此外过快的速度还会导致滚轮前方混合料的推移，从而恶化铺层的平整度。根据上述考虑，在激振频率为 30Hz 左右时，振荡压路机的最高速度不宜超过 5.4km/h。碾压速度的最低值则受到比值 n/v 的制约。当 $n=2$，v 为最高值 5.4km/h 时，n/v 为 0.37；当 $n=4$，v 为 5.4km/h 时，则 $n/v=0.74$。如果碾压遍数为 2，当 v 从最高值 5.4km/h 降低时，n/v 将增大。当 n/v 增大至 0.74 时则应考虑增加碾压遍数，以保持压路机较高的生产率。考虑到与 $n/v=0.74$ 相应的 v 为 2.7km/h，因此，碾压速度的选择范围应该在 2.7 ~ 5.4km/h。

碾压速度对混合料吸收比压实功的影响，主要表现在它与激振频率 f 一起以比值 f/v 的形式决定着铺层单位长度吸收一个周期振动能量的次数。理论证明在一个碾压遍数中铺层单位长度一个周期吸收的压实功 E_i 是 M_A、f、v 的函数，而且三者之间是互相关联的。但是碾压速度 v 对 E_i 的影响是单向的，这是因为 v 愈大，振动的密度愈低，则同样大小的激振能量，铺层吸收的部分就比较多。我们总是希望让每个周期的激振能量被铺层吸收得更多一些而碾压速度高一些，而不希望每一周期吸收的能量少一些而振动的密度(吸收的次数)大一些，因为这样会降低碾压作业的生产率。由此可见，变量 v 的搜索应从 v 的最大值开始，逐步地往下搜索，亦即碾压速度初值可选 5.4km/h。

对于激振频率 f 来说，大量试验研究已经表明幅频曲线上第二个峰值的频率，在不同的压实遍数和不同的激振振幅下，都在30Hz附近很小的范围内变化，因此可以将频率搜索的初值定为30Hz。在 n、v、f 的初值均已确定的条件下，激振振幅 M_A 的搜索显然应该从最小值开始向上搜索，它的搜索目标则是 $\delta = \delta_{(opt)}$。

根据以上的讨论整个优化过程的控制策略可以表述如下：

步骤1：确定 n、v、f、M_A 的初始值：$n = 2$，$v = 5.4\text{km/h}$，$f = 30\text{Hz}$，$M_A = M_{A\min}$。

步骤2：搜索 M_A 初步的"最佳值"，条件为 $\delta = \delta_{(otp)}$，如 $\delta < \delta_{(opt)}$，则减少速度 v，如 $\delta > \delta_{(opt)}$，则增加速度 v。这样反复循环直至 $\delta - \delta_{(opt)} < \pm\xi_\delta$。

步骤3：如果存在 M_A 的初步"最佳值"，则以这一 M_A 值和 f 值为中心，在左右较小的区域内，以网格法的方式进行寻查，以便最终求得 M_A 和 f 的最佳组合，其评价标准为压实计读数 $D = \max$。

步骤4：如果碾压速度减小至 $v_{\min}$（$v_{\min} = 2.7\text{km/h}$）时，滑车率 δ 仍然不能逼近 $\delta_{(opt)}$，则以与最小的 δ 相应的 M_A 作为初步的"最佳值"，并按步骤3寻查最佳的 M_A 和 f 的最佳组合。

步骤5：进行第二遍碾压，以最大的 v（$v = 5.4\text{km/h}$）为起始点，重复步骤2至步骤3的搜索工作，并求得 M_A 和 f 的最佳组合。

步骤6：比较第二遍与第一遍碾压的压实计读数，如两者的差值 $\Delta D < \xi_D$，则碾压结束。

步骤7：如第二遍与第一遍碾压的压实计读数的差值 $\Delta D > \xi_D$，或者第二遍碾压时的滑转率 δ 仍然小于 $\delta_{(opt)}$ 则增加碾压遍数，进行第三遍和第四遍的碾压，并重复步骤2至步骤6的搜索工作，直至前后二遍压实计读数的差值 $\Delta D < \xi_D$，则碾压结束。

步骤8：如经过4遍压实，铺层仍然未能达到预期的密实度，则表明压路机的吨位太低或铺层厚度太厚，此时应以最低的碾压速度、最大的激振幅度进行多遍碾压，直至铺层的温度降低至最低碾压温度时为止。

为了限制激振力矩的调节不致超过发动机额定功率能提供的极限能力，可以设置一发动机转速 n_e 的约束条件：$n_e \geq$ 发动机额定转速。

以上表达的优化控制策略将作为绘制自动控制流程图的依据。

3.4 自动控制系统的结构方案和控制流程图

为使振荡压路机始终在最佳的状况下工作，就必须要在压实作业中不断调节压路机的频率、振幅和行驶速度等，并在压实的过程中不断检测被压实材料的性能和状态，将检测的信息反馈回去，与设定的要求相比较，并根据比较的结果，按照一定的规律来搜索最佳的工作参数，以达到要求的优化目标。

振荡压路机压实自动控制系统的结构方案如图4所示。从图中可看到，当压实自动控制时，首先要对自动控制器输入工作参数的初始值和约束条件，自动控制器根据设置的初始值和约束条件，通过不断地与压实过程中检测得到的速度、滑转率、密实度等信息的比较，反复调整各工作参数，来搜索达到目标函数要求的最佳参数。

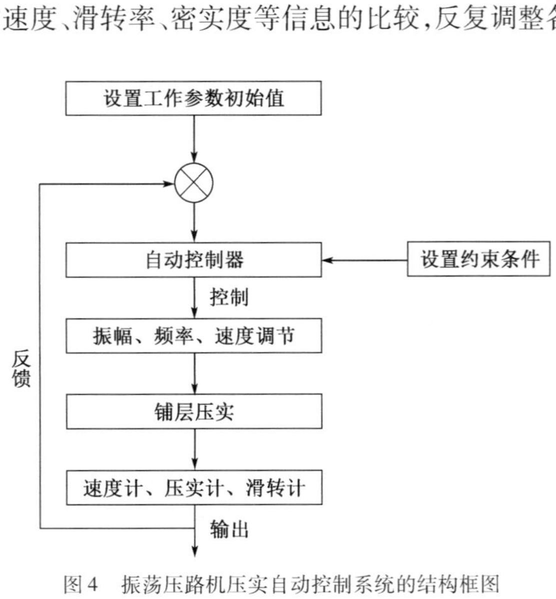

图4 振荡压路机压实自动控制系统的结构框图

在振荡压路机自动控制系统中，自动控制器是整个控制系统的核心部件，它承担着按照规定的控制策略搜索最佳参数的任务。设计自动控制器的关键是根据控制策略设计自动控制的流程图，图5是根据控制策略设计的压实自动控制流程图。

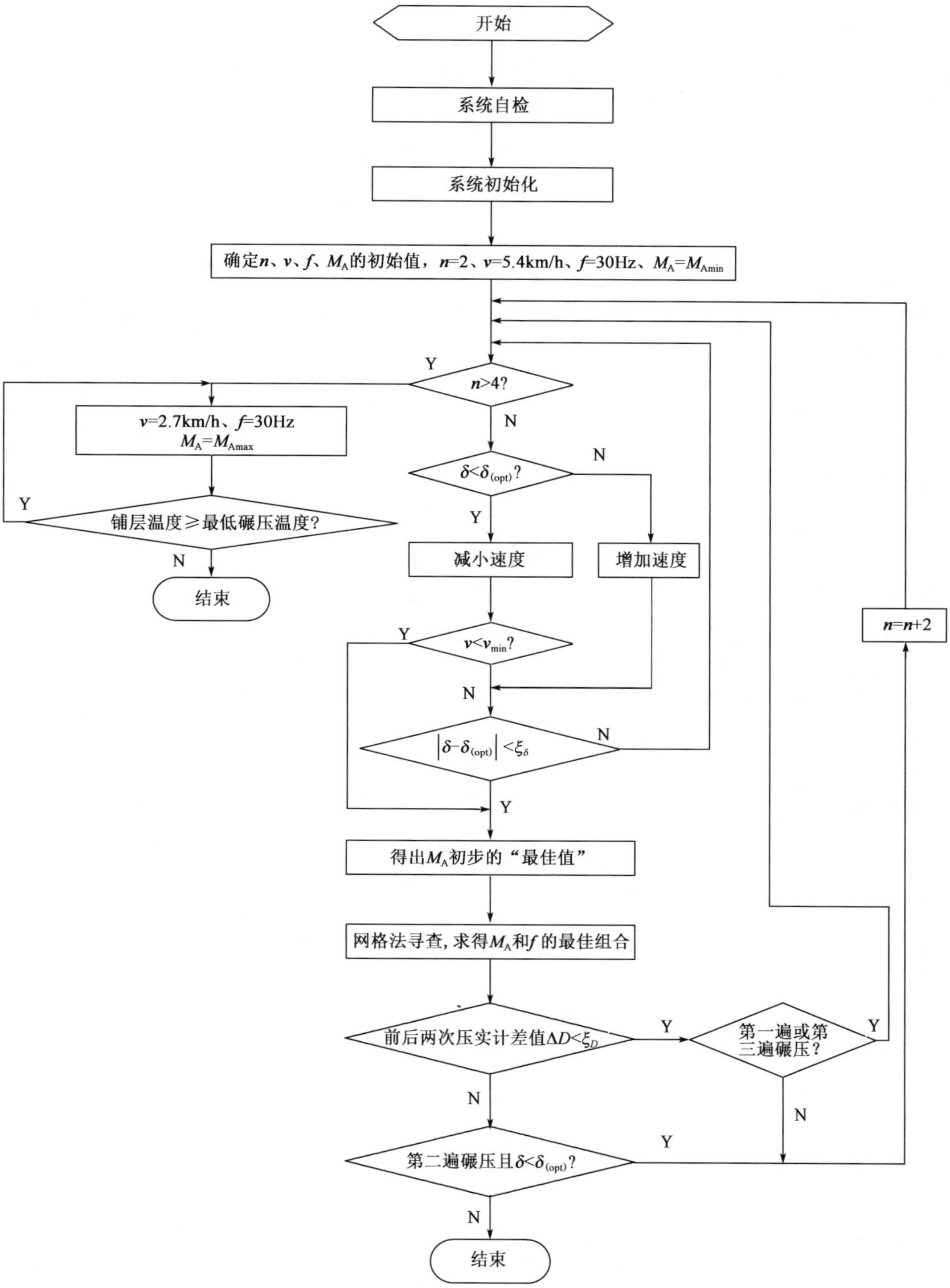

图5　压实自动控制流程图

振荡压实过程中滑转对压实能量的影响及最佳滑转率的测定

马学良　孙祖望　杨东来

（本文刊于《建筑机械》2008 年第 23 期）

摘　要：针对压实过程中振荡轮与被压实路面间存在打滑的工况，在能量平衡的基础上，分析了振荡压实过程中材料吸收有效压实功与滑转率的关系，提出了最佳滑转率的测定方法。

振荡压路机在碾压作业过程中，随着碾压遍数的增加，被碾压材料的刚度逐渐增大，而其阻尼则逐渐减小，因此振荡轮与被压实路面间便会逐渐产生滑转。从能量平衡的角度来说，在振荡轮与被压实路面间不发生滑转时，机器输出的能量主要用来克服机架减振系统的阻尼和压实材料的阻尼，此时没有滑转的振荡轮虽然避免了由于振荡轮与被压实路面相对滑转而造成的摩擦功损失，但是被碾压材料所吸收的压实功却不是最大。这是因为当增大激振力矩输入系统的能量时，虽然其中有一部分要消耗在振荡轮的滑转损失中，但同时也增大了输送给被碾压材料的压实功。但过大的滑转率不仅会造成巨大的摩擦损失，而且也会使压实功的增量愈来愈小。由此可见，在振荡压实过程中，不同的滑转程度影响着被碾压材料对压实功的吸收，并存在着一个最佳滑转率，即当振荡压路机在最佳滑转率状态下工作时，被碾压材料所吸收的有效压实功最大。

1　振荡压实过程中打滑状况下的能量平衡

在振荡轮存在打滑的情况下，激振力矩输送给整个动力学系统的能量，除了用来克服机架阻尼和被压材料的阻尼而做功外，还有一部分能量消耗在振荡与路面滑转的过程中。此时振荡压实过程的能量平衡方程具有以下的形式：

$$W_A = W_{co} + W_{cs} + W_\delta \tag{1}$$

式中：W_A——激振力矩所做的功；

W_{co}——机架阻尼所消耗的功；

W_{cs}——被压实材料阻尼所消耗的功；

W_δ——振荡轮滑转损失的功。

图 1 为消耗在路面压实和滑转损失过程中的能量分配示意图。从图中可以看到，在存在滑转的情况下，当轮心位移从零点开始按正弦函数增大至一定数值时，亦即由沥青混合料的刚度与阻尼对振荡轮形成的水平反力达到滚轮与路面间的静摩擦力时，滚轮开始滑转，不再增大，因而输至混合料的压实功也不再增大，此时激振力矩所做的功有相当一部分消耗在滚轮的滑转损失中。

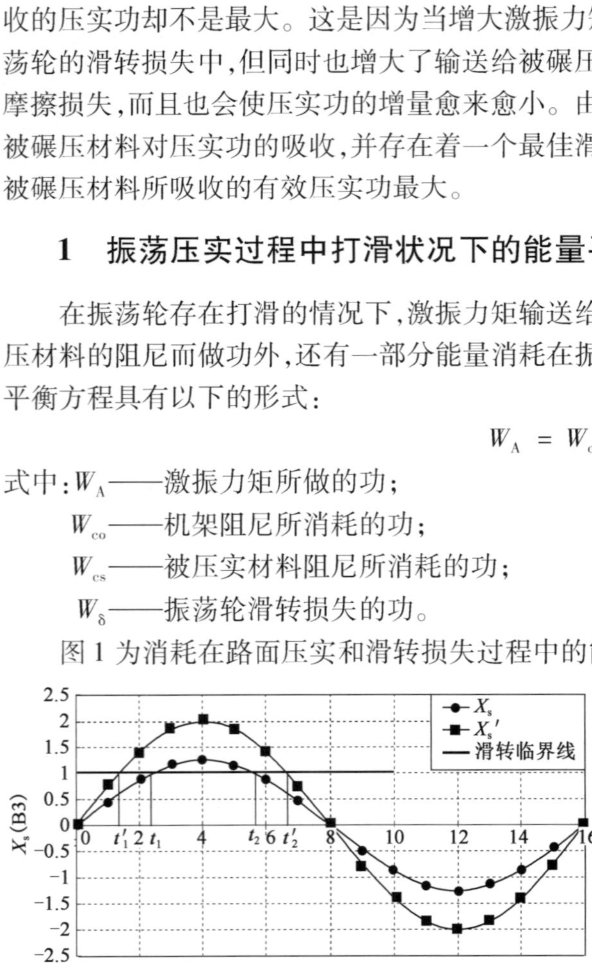

图 1　振荡轮在滑转损失过程中的能量分配示意图

实际上沥青混合料所吸收的压实功和滑转损失功的大小及它们之间的比例是由滑转时刻所决

定的。这一时刻不但决定了每1/4周期内（亦即整个周期内）输出有效功的时间段与滑转损失段$(t_2-t_1)/2$之间的比例，而且还决定了到达滑转时刻的材料位移在正弦曲线上的位置。

从图中可以看出，代表不同振幅的2条轮心位移曲线X_s和X_s'，虽然到达滑转时刻的位移X_{s1}和X_{s1}'是相同的，即$X_{s1}=X_{s1}'$。但是开始滑转点在正弦曲线上的位置是不同的，亦即与X_{s1}和X_{s1}'相应的时刻t_1与t_1'是不同的，X_{s1}与X_{s1}'的斜率也是不同的，而正是这一斜率决定了速度$\dot{X}_{s1}$和$\dot{X}_{s1}'$的大小，它们与输入沥青混合料的压实功有着直接的关系。

图2展示了存在不同滑转程度和没有滑转的3组曲线的对比示意图，在图中被碾压材料（滑板）的X_s和V分别代表了处于没有滑转的临界条件下的位移和速度的变化曲线，显然它们是按正弦和余弦函数规律变化的，X_s的最大值（振幅）正好与由F_s决定的滑转点相应。从图中可以明显看到，虽然3组曲线到达滑转点的位移是相同的，但它们的速度曲线却有着很大的差别。

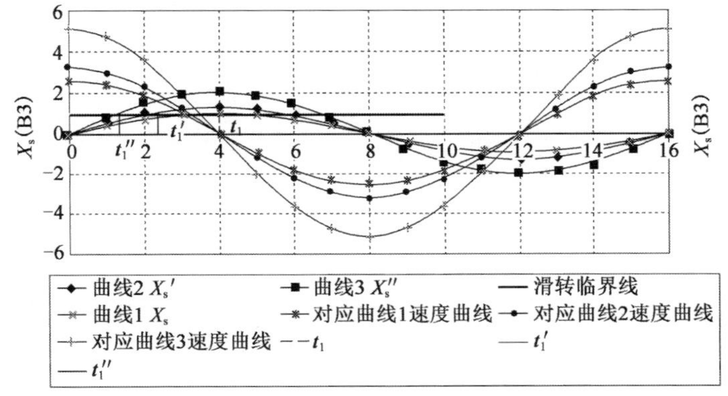

图2　不同滑转率下的位移、速度曲线

从图2中还可以看到，曲线1虽然没有滑转，亦即全部1/4周期都向压实材料输送压实功，但在1/4周期内的速度值相对较小。曲线2虽然有一定的滑转，但滑转的时间不长，在1/4周期的大部分时间内都在做有用功，而且决定压实功大小的速度曲线在$0\sim t_1'$的范围内都比曲线1的速度曲线要大。曲线3的速度曲线虽然较大，但是其做有用功的区段$0\sim t_1''$则大大缩小，而滑转损失由于速度的增大以及滑转区的延长而大大增加。

2　振荡轮滑转状态下有效压实功的计算模型

如前所述，当振荡轮存在滑转时，在激振力变化的一个周期内，只有一部分时间亦即滚轮与路面连耦的阶段，振荡轮才可能向被压材料输入压实功。而在滚轮发生滑转的阶段，滑板（即被压材料）的位移保持常值，因而不可能再吸收压实能量。

因此在1/2周期内，振荡轮与支承面对被压材料输入压实能量的时间为t_1-t_0，这样在一个周期内被压材料所吸收的压实功可以用下式表示：

$$W_{cs}=2\int_0^{t_1-t_0}c_s\dot{x}_s\mathrm{d}x_s=2\int_0^{t_1-t_0}c_s\dot{x}_s^2\mathrm{d}t \tag{2}$$

式中：c_s——被碾压材料的阻尼。

在式(2)中，由于不是整个周期而只是其中的一段为余弦函数，因而不可能得到以函数表达的积分结果，也不可能简单地截取一段余弦函数来表示。

根据孙祖望教授等建立的动力学模型，在有滑转的情况下，滑板位移可以用下式表示：

$$x_s=x_{ss}-B_3\cos(\varphi_{M0}-\varphi_{xs})+B_3\cos[\omega(t-t_0)+\varphi_{M0}-\varphi_{xs}] \tag{3}$$

式中：x_{ss}——振荡轮与支承面的摩擦力F增大至静摩擦力F_s时的滑板位移；

B_3——滑板振幅；

φ_{xs}、φ_{M0}——x_s的原始相位角和附加相位角。

对式(3)求 t 的导数即可求得 $\dot{x}_s$：

$$\dot{x}_s = -B_3\omega\sin[\omega(t-t_0)+\varphi_{Mo}-\varphi_{xs}] \tag{4}$$

由此可得：

$$W_{cs} = -2\int_0^{t_1-t_0} c_s B_3^2\omega^2\sin^2[\omega(t-t_0)+\varphi_{Mo}-\varphi_{xs}]\mathrm{d}t \tag{5}$$

由于式(5)中的 t_1 并非常数而与 φ_{Mo} 有关，而 φ_{Mo} 本身又与 t_1 有关，要根据一定的条件来求解，因此在 t_1 与 φ_{Mo} 之间存在一个循环的关系，W_{cs} 只能依靠数值积分的方法来求其数值解。在专利文献“卫雪莉. 中国专利 No88108315.1”中详细介绍了求取 t_1 和 φ_{Mo} 数值解的方法，据此可以求取在一定条件下，即材料的刚度 k_s、阻尼 c_s 和静摩擦力为一定的条件下，当改变激振能量时，在不同的滑转率 δ 下，输至被压材料的压实功 W_{cs} 的数值。由此可得到 W_{cs} 与滑转率 δ 之间的关系曲线，并确定最佳的滑转程度和相应的最佳激振力，从而实现以一个周期内的能量平衡最优为目标的振荡压实过程的优化。

3 滑转率与激振能量、铺层压实程度、有效压实功之间的关系

从理论上说，在被碾压材料的刚度、阻尼和滚轮与地面之间的摩擦力为一定的条件下，输至滚轮的激振能量、滚轮与铺层之间的滑转率、被碾压材料所吸收的有效压实功三者之间的关系可以通过式(5)来表达。虽然在实际工作中要利用该式来计算混合料所吸收的有效压实功会有很多困难，但利用它来研究激振能量、滑转率与有效压实功之间的关系，可以从理论上进行定性分析，从而寻找在实际工作中确定最佳滑转率的方法。

滑板(相当于滚轮接触的这部分混合料)在滚轮摆动的一个周期中有左、右 2 个停顿不动的位置，这是弹性元件受到极限压缩的临界位置，超过这一位置滚轮即开始打滑。当滚轮向回摆动与滑板重新耦合而一起向反方向摆动时，经过滑板的中间位置而到达滑板反方向的极限位置，滑板停顿不动，而滚轮继续向反向摆动并发生滑转。这表明滑板在停顿片刻后重新与滚轮耦合的起点是在正弦曲线之 π/2 相位处，图 3 绘制了滑板位移与滚轮转角 θ 从重新与滚轮耦合开始至到达反方向极限位置并与滚轮再次耦合的半个周期内历程的示意图。从图 3a)和图 3b)中可以看到，当激振能量较小时滚轮与铺层之间是没有滑转的，而 x_s 则按照正弦曲线变化，并且在整个半个周期内都在做功。随着激振能量的增大，x_s 的振幅也在增长，直至达到滑转的临界点为止。图 3b)显示了 x_s 增大至滑转临界点的时间历程，此时 x_s 仍在按正弦曲线变化，从正弦曲线的 π/2 相位处的最高点一直下降至 −π/2 的最低点，在整个半个周期内做功。图 3c)则显示了存在滑转时的情况，滑板在与滚轮重新耦合处 a_1 点开始变化，此时 x_s 相位角为 π/2(滑板处于摆动运动的极限处)。随后 x_s 按着正弦曲线规律变化直到负方向的滑转临界点 a_2，此后 x_s 保持不变(滑板停顿不动)。显然只有 x_s 从 a_1 点至 a_2 点这段时间历程内 x_s 在做功，而滑板停下不动的这段时间内(从 a_2 点至 a_3 点)x_s 是不做功的。滑板停下不动的相应时间是(t_2-t_1)，称为滑转时间 Δt_δ，而滑转率 δ 即可用下式表示：

$$\delta = \frac{2\Delta t_\delta}{T} \tag{6}$$

式中：T——激振周期。

从图 3c)中还可看到，由于激振能量的加大，从 a_1 点至 a_2 点所需的时间短了，所以滑板从极限位置运动至中间位置所需的时间也缩短了，图中则表现为正弦曲线的过零点在向左移动。当外部激振能量继续加大时，滑转临界点将愈来愈向左移动，滑转时间 Δt_δ 加长，而滑转率则随之增大(图 3d)，与此同时，正弦曲线的过零点也相应地向左移动。

图 3e)则显示了滑转率为 1 的完全滑转情况，此时滑转时间 $\Delta t_\delta = T/2$。在图 3e)中还可看到，在 a_1 点至 a_2 点之间已经没有正弦曲线的区段，亦即 a_1 点至 a_2 点是瞬时发生的，这种情况只有在激振能量达到无穷大时才能出现，显然实际上是不可能的。这一方面表明实际上不可能在一个压实遍数内将很松的铺层压至完全密实而发生完全打滑，铺层要达到完全密实必须要通过多遍压实才能达到。另一方

面是因为当铺层压实至接近刚体时,2 个自由度的动力学模型已经不适用了,而振荡轮在刚性路面上的工作是只有一个自由度的系统。由此可见,在 1 遍压实过程中能达到的滑转程度是有限的,与此相应的激振能量也是有限的。

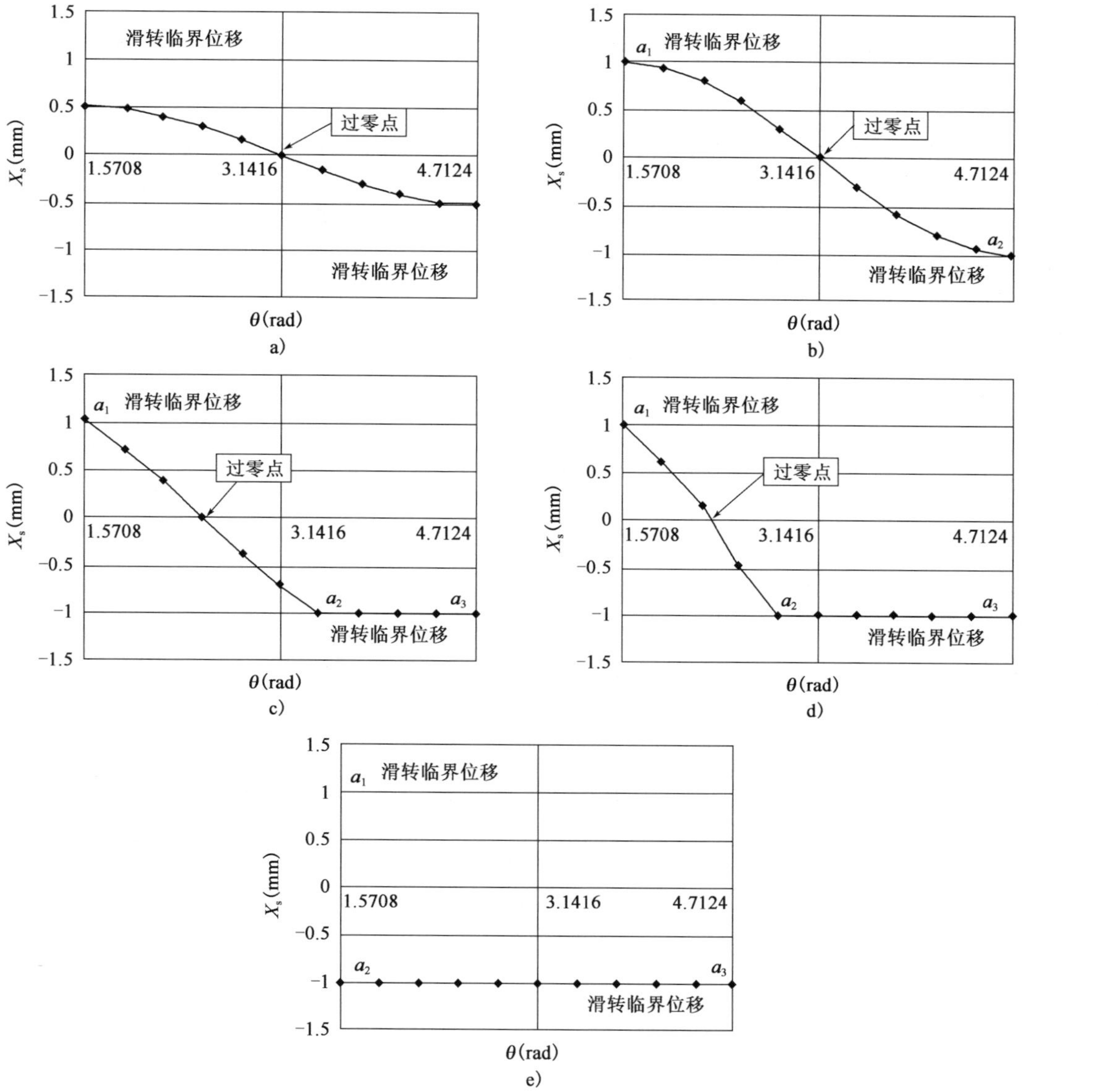

图 3 滑板位移在不同滑转下的时间历程示意图

再来分析在不同滑转程度下材料吸收压实功的问题。如将式(5)中所考察的时间原点改为从 t_0 处开始,亦即设 $t_0=0$,则公式(5)可改写为:

$$W_{cs} = 2c_s B_3^2 \omega^2 \int_0^{t1} \sin^2(\omega t + \varphi_{Mo} - \varphi_{xs})\,\mathrm{d}t \tag{7}$$

式(7)所表达的混合料吸收的压实功 W_{cs} 实际上可分成两部分:第一部分是 $2c_s B_3^2 \omega^2$,它代表激振能量,在混合料的刚度、阻尼为一定的条件下,c_s 是不变的,激振能量的改变主要是通过 B_3^2 的改变来实现的,在比较混合料吸收压实功的相对大小时,可以不考虑常数 $2c_s\omega^2$ 的部分。第二部分是一个周期性函数的积分,其积分变量为时间 t。

对于一个周期函数来说,其时间变量也可以变换成以角度变量 θ 来表示:

$$t = \frac{T_1}{2\pi}\theta$$

式中:T——周期函数的周期。

此时式(7)可改写为：

$$W_{cs} = 2c_s\omega B_3^2\int_0^{\theta_1}\sin^2(\theta + \varphi_{Mo} - \varphi_{xs})\mathrm{d}\theta \tag{8}$$

式中：θ_1——与时刻 t_1 相应的弧度角，$\theta_1 = \frac{2\pi}{T_1}t_1$。

考虑到$(\varphi_{Mo}-\varphi_{xs})$是 θ 的初始相位角，而考察的起始点是在滑板与滚轮重新开始耦合之处，此时正弦曲线初始相位是 $\pi/2$，由此，式(8)可进一步改写为：

$$W_{cs} = 2c_s\omega B_3^2\int_0^{\theta_1}\sin^2\left(\frac{\pi}{2} + \theta\right)\mathrm{d}\theta = 2c_s\omega B_3^2\int_0^{\theta 1}\cos^2\theta\mathrm{d}\theta = 2c_s\omega B_3^2\left(\frac{\theta_1}{2} + \frac{\sin2\theta_1}{4}\right) \tag{9}$$

从式(9)中可以看到，W_{cs}中积分部分所得的结果只与积分的角度 θ_1 有关，而 θ_1 则取决于滚轮滑转的程度。当滑转率 $\delta=1$ 时，$\theta_1=0$，实际上 θ_1 与滑转率之间的关系可以从式(10)中导出：

$$\delta = \frac{\pi - \theta_1}{\pi} \tag{10}$$

由此可见，积分部分的结果$\left(\frac{\theta_1}{2} + \frac{\sin2\theta_1}{4}\right)$只与滑转率有关，当 $\delta=0$ 时，在整个周期内混合料都在吸收压实能；当 $\delta=1$ 时，混合料在整个周期内都不吸收功。吸收压实功的趋势是随着滑转率增大，从大到小直至零。在式(9)的 $2c_s\omega B_3^2$ 部分中，B_3 是滑板强迫振动的振幅，它的大小与滚轮的摆幅有着密切关系，在滑板与滚轮间的摩擦力尚未达到临界点之前，它随着滚轮摆幅的增大而增大，所以它代表滚轮输给滑板激振能量的大小，当 B_3 增加至 B_{3s}时，滑板的振幅增大至滑转的临界点，此后 B_3 不再增大。所以原则上，式(9)并不适用于滚轮滑转的阶段，但是如假设有足够的摩擦力，则 B_3 还会继续增长，直至到达与滚轮摆幅相应的某个数值，亦即在滑转阶段仍用 B_3 的增长来代表激振能量的增长(只是正弦曲线在 B_3 以上的顶部被削去)，则仍可利用式(9)来进行某些定性分析。这样，式(9)的 $2c_s\omega B_3^2$ 部分将随着滑转率的增大而增大，而式(9)的积分部分将随着滑转率的增大而减小。于是，在振幅 B_3 的某一数值处 $B_{3(\mathrm{opt})}$，式(9)两部分的乘积亦即混合料吸收的有效压实功为最大，与此相应的滑转率即为最佳滑转率 $\delta_{(\mathrm{opt})}$，其相应的圆周角为 $\theta_{1(\mathrm{opt})}$在这里，决定激振能量增长程度的比值$\frac{B_{3(\mathrm{opt})}}{B_{3s}}$是一个无量纲的相似不变量，而滑转率 $\delta_{(\mathrm{opt})} = \frac{\pi - \theta_{1(\mathrm{opt})}}{\pi}$也是一个无量纲的相似不变量。

需要强调指出的是：所有上述讨论都是在混合料刚度与阻尼一定、激振频率与碾压速度一定的条件下进行的，后者代表了铺层单位长度所承受振动的次数为一定，亦即是在同一碾压遍数的情况下进行的。随着碾压遍数的增加，铺层的刚度将增大，阻尼则减小，而滑板的临界振幅 B_{3s}也将减小。因此，如果仍然维持原有的激振能量，则滚轮的滑转率必将超过最佳滑转率。如能适当减小激振能量，使 B_3 与 B_{3s}的比值与原来的相似不变量$\frac{B_{3(\mathrm{opt})}}{B_{3s}}$保持不变，则这两个过程应该是相似的，亦即其能量与滑转率的关系是相似的，因而其最佳滑转率也是不变的。这一结论表明，为了使振荡压实过程能始终保持在最佳滑转率的状态下进行，随着碾压遍数的增加，应逐步减少输至振荡轮的激振能量。

4 最佳滑转率的确定

以上从理论上分析了最佳滑转率的存在，但是根据理论计算来定量确定最佳滑转率的数值是很困难的。比较现实的办法是通过实际压实过程的检测来获取铺层密度与滑转率之间的关系，从而确定最佳滑转率。为此，对于某种准备碾压的混合料，可以先铺筑一条分为若干段的试验路段，在激振频率和碾压速度保持不变的情况下，按从小到大的不同名义振幅分若干段来碾压试验路段。在碾压过程中测定不同试验段的滑转率，在碾压完毕后用钻芯和非破损检测的方法测定不同试验段的铺层密度。在此基础上绘制密度随滑转率而变化的曲线，并将与密度曲线的最高点或拐点相应的滑转率确定为最佳滑转率。

在上述测试过程中，关键是要解决测定滑转率的方法。按照滑转率的定义，需要测定滚轮从开始滑转至重新耦合的时间，亦即测定滑板的运动，这在实际工作中难以做到。但是从考察振荡轮与路面相互作用的动力系统中，可以知道滑板的运动与滚轮轮心的运动是相对应的，当滚轮与滑板一起作耦合运动时，轮心同样作简谐振动运动，当滚轮开始滑转而滑板停下运动时，轮心同样保持静止不动，直至滚轮与滑板重新耦合。因此，完全可以通过测定轮心的运动来代替测定滑板的运动。图 4 显示了一组计算机模拟的轮心、滑板和滚轮摆振运动的时间历程图。

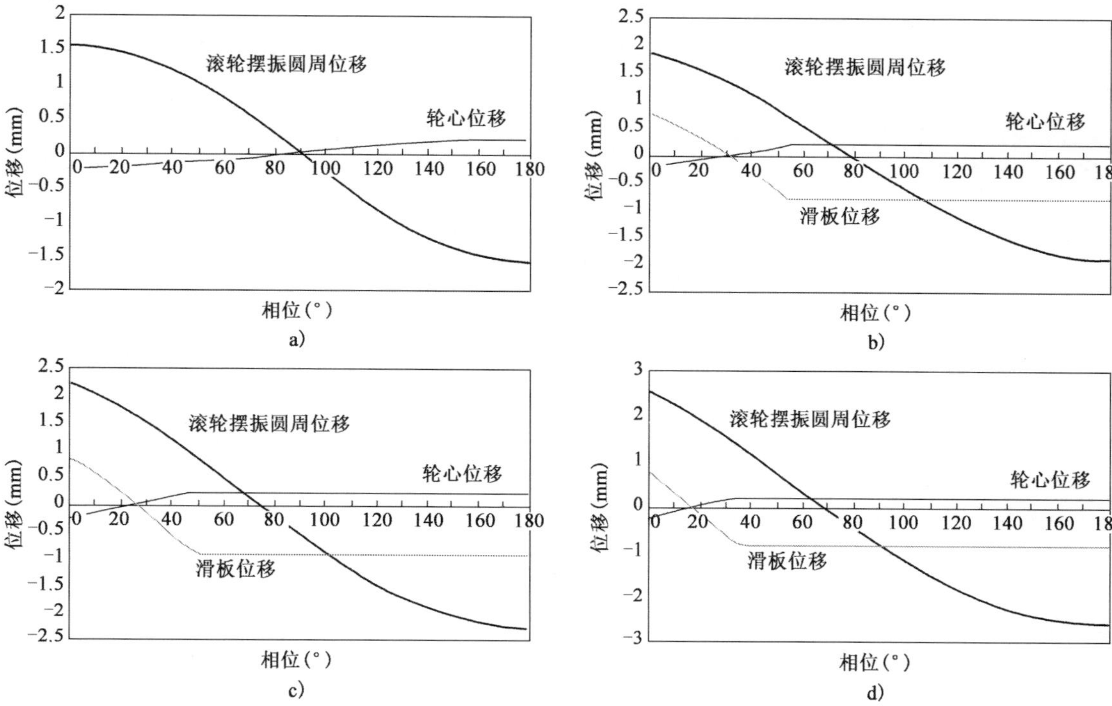

图 4　计算机模拟的轮心、滑板和滚轮摆振运动的时间历程图

图 4a）是没有滑转的情况，图 4b）~图 4d）则是存在不同滑转率时的情况。从这些图中可以看到，滑板位移和轮心位移的滑转起始点与终止点都是一一对应的，因此通过测定轮心位移静止不动的起始点至终止点的时间间隔就可以求取滚轮与滑板之间的滑转率。由于精确地测定轮心从运动至静止和从静止至运动的转折点的难度较大，本文提出了通过测定轮心位移的过零点和周期中点来测定滑转率的方法，其测量原理显示在图 5 中。

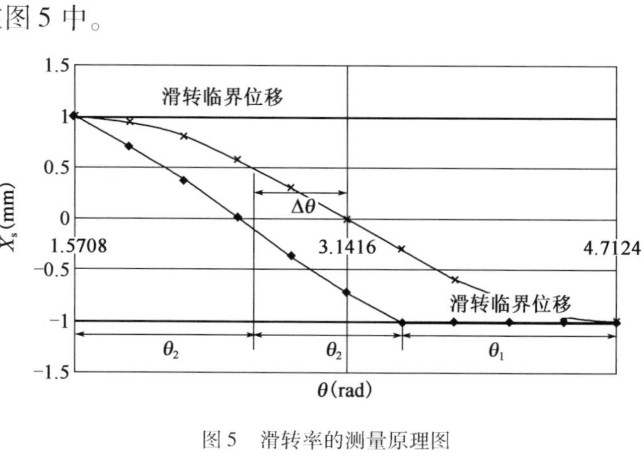

图 5　滑转率的测量原理图

从图 5 可以看到，当滚轮无滑转时，轮心位移沿正弦曲线从负向最大值变化至正向最大值，经过时间轴的过零点正好在一个周期的中点。当存在滑转时，这一过零点将向左移动一 $\Delta\theta$ 的相位角，从图 5 中不难看到在 $\Delta\theta$、θ_1、θ_2 之间存在着以下关系：

$$\theta_2 + \Delta\theta = \frac{\pi}{2}$$

$$\theta_2 - \Delta\theta + \theta_1 = \frac{\pi}{2} \tag{11}$$

式中：θ_2——轮心从负向最大值变化至正向最大值所走过的 1/2 相位角；

θ_1——与滑转时间 Δt_σ 相应的滑转相位角；

$\Delta\theta$——轮心位移曲线过零点至周期中点的相位角。

将式(11)的两式相减可得：

$$2\Delta\theta = \theta_1 \tag{12}$$

周期的中点则可通过振荡运动激振轴在时间轴上的触发信号来获取。

5 结语

振荡压实过程中，振荡压实滚轮的滑转程度对压实能量特别是被碾压材料吸收的有效压实功有着较大的影响。当振荡压路机在最佳滑转率状态下工作时，被碾压材料能够吸收最大的有效压实功。本文提出的检测滑转率的方法可以在振荡压实的过程中实时地提供滚轮滑转程度的信息，从而为优化振荡压实过程的能量平衡提供一种实时在线的监测手段。

振荡压实机动力学模型的建立及幅频特性研究

马学良　孙祖望　杨东来

（本文刊于《郑州大学学报》2009 年第 1 期）

摘　要：在确立了振荡压实动力学模型的基础上，对振荡压实过程中压路机的幅频特性进行了大量现场试验，提出了动力学模型中被碾压材料的刚度和阻尼的动态识别方法。通过对动力学模型的计算机仿真试验来模拟实际试验曲线，对不同的刚度和阻尼用试凑法求取拟合曲线，从而可确定出刚度和阻尼数值。研究结果表明，实际幅频特性的变化趋势凸显了振荡轮与热沥青混合料相互作用理论模型中二个自由度系统的特征，利用动态识别方法所确定的刚度和阻尼与压实过程中被碾压材料的实际变化趋势相近。

振荡压实技术在道路、桥梁等工程施工中日益彰显出独特的优点，并逐渐得到了广泛应用。由于振荡压实过程进展平缓无冲击，因而不易压碎集料、能防止面层振松，这些特点对于压实 2 ~ 4cm 薄层路面显得尤为重要。振荡轮在作业过程中始终与地面接触，能确保驱动轮与地面的附着力，使驱动轮发挥出较大的驱动力矩，这对压实坡度较大的路面非常有利。此外，作用于压实轮中轴心上的惯性力要比振动压路机小得多，因此振荡压实能减少机架和邻近地面、结构物的振动，节省压实能量，从而在改善司机工作和环境条件、延长机器使用寿命、降低使用成本，特别是在桥面压实方面也有着特殊的优越性。国外对振荡压实理论的研究始于 20 世纪 80 年代，国内一些学者对这一新的压实理论也进行了不断探索研究，但在建立振荡压实动力学模型时做了大量的假设和简化，且忽略了振荡压路机的水平位移，特别是未曾考虑振荡轮与地面相互作用时存在的滑转问题，因此无法解释在试验中得到的一些重要现象。孙祖望教授等以大量试验为基础，建立了分阶段的振荡轮与地面相互作用的动力学模型。作者基于该动力学模型在施工现场进行了大量试验，对模型中主要参数通过计算机仿真进行了识别。

1　振荡压实动力学模型的确定

与传统振动压路机的垂直激振力直接作用并传递给被压实材料不同，振荡压路机施加给被压材料的主要是剪切变形，激振力矩是通过振荡轮与地面的摩擦作用传递给被压实材料的，在一定条件下，振荡轮与地面有可能存在滑转，这对于振动能量的传递有着重要的影响。车架质量对于振动轮在垂直方向上仅受到减振元件弹性力的约束，振荡轮除受到钢轮附着作用的约束外，还要受到车架相连接的另一钢轮附着力的制约，因此在多数情况下车架在水平方向的振动可以忽略不计。考虑到上述特点，孙祖望、杨东来等建立了振荡压路机振荡轮与地面相互作用的动力学模型，如图 1 所示。这是一个双自由度的强迫振动系统，充分考虑了滑转在振荡轮与地面相互作用过程中的变化和影响。在碾压开始时被压实材料的剪切刚度较小，振荡轮与地面之间几乎没有滑转。随着碾压遍数的增加，当剪切刚度增大到一定数值时，振荡轮与地面之间将产生明显的滑转，系统的动力学过程将由连耦和脱耦两个工作阶段组成。当材料被完全压实时，其剪切刚度增大到接近于刚性基础，系统将成为一

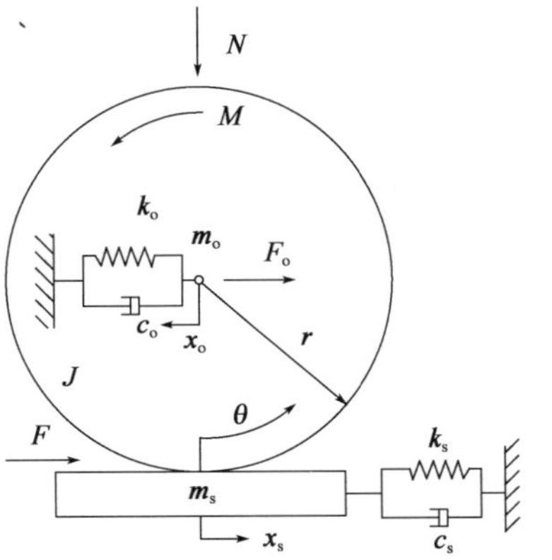

图 1　振荡轮与地面相互作用的动力学模型

个单自由度的振动系统。因此,振荡轮的动力学过程可分为两种情况来分析。

1.1 振荡轮纯滚动工况

略(见本论文集中《振荡压实的动力学过程及其响应特性的研究》)

1.2 振荡轮滑转工况

略(见本论文集中《振荡压实的动力学过程及其响应特性的研究》)

2 被碾压材料刚度和阻尼的动态确定方法

前面讨论的动力学模型及数学表达式中,关键是式中各有关参数的确定。如果各个参数的取值确定了,则方程的解可求出,系统的固有频率便可算出。在理论模型中,只需要知道被碾压材料刚度和阻尼即可。确定材料阻尼和刚度的方法可以用反算法来求出。

通过用理论计算的幅频特性对实测的机器幅频特性进行拟合的方法来识别混合料刚度和阻尼的步骤:

(1)选定 k_s 和 c_s 的初始估计值 k_{s_s} 和 c_{s0}。

(2)在阻尼不变的情况下,从 $c_s = c_{s0}$ 开始,取 n 个 k_s 值(k_{s0}、k_{s1}、…、$k_{s_{n-1}}$),按理论模型求出 n 条理论幅频特性曲线。

(3)改变阻尼在不同的阻尼值下 $c_s = c_{s0}$、c_{s_1}、…、$c_{s_{n-1}}$,对每一个阻尼重复步骤(2),可得出 $n \times n$ 条理论幅频特性曲线。

(4)设有 m 个不同频率下的实测振幅,则对每一条理论曲线都可以求出 m 个理论振幅与实际振幅之差 ε_i,并求出 $\sum_{i=1}^{m}\varepsilon_i^2$。

(5)按最小二乘法,对于每一个阻尼值均可求出使某个刚度下的拟合振幅与实测振幅偏差之平方和 $\sum_{i=1}^{m}\varepsilon_i^2$ 最小的刚度 k_{sj}^0,对于 n 个阻尼就可以得到 n 个偏差平方和为最小的刚度 k_{s1}^0、k_{s2}^0、…、k_{sn}^0。

(6)进一步比较 k_{sj}^0 值的偏差平方和,进一步求出使偏差平方和 $\sum_{i=1}^{m}\varepsilon_i^2$ 最小的 c_s^0,这样最终可求出一对 k_s^0 和 c_s^0,使其偏差的平方和为最小。

(7)用数学表达式来表达为 $\partial\sum_{i=1}^{m}\varepsilon_i^2/\partial k_s = 0$,$\partial\sum_{i=1}^{m}\varepsilon_i^2/\partial c_s = 0$。

3 振荡压实的幅频特性试验

试验目的是通过测定振荡压实动力学系统的幅频特性,利用参数识别的方法来确定在振荡轮与热沥青混合料相互作用的动力学模型中,沥青混合料在不同压实程度下的刚度和阻尼。

试验方法如下:

(1)压路机采取前轮静碾、后轮振荡的方式,碾压速度为3km/h,铺层厚度5cm。取5种振幅、5种频率和6遍压实遍数组成150个试验组合。振幅初步定为:0.75m、1m、1.25m、1.5m、1.8m共5种,频率初步定为:20Hz、25Hz、28Hz、30Hz、32Hz共5种。

(2)对每一种频率选定5段30~50m长的试验路段,分别按拟订试验程序测定不同压实遍数下的幅频和相频特性。

(3)在每一碾压道选定2~3个测点,用电阻抗式密实度仪紧随压路机测定每一压实遍数的压实密度。

(4)碾压完毕后用密实度仪进行拉网检测。

(5)待混合料完全冷却后,对每一试验段分别取三个钻芯样,测定压实密度。

在湖北省武汉市绕城高速公路施工现场针对国外某知名品牌原装进口的振荡压路机进行试验,试验路面为SAM-13改性沥青混凝土4cm厚上面层路面。针对国产振荡试验样机,其现场试验分别是在江(门)珠(海)高速公路珠海斗门段,试验路面为 AC-20 沥青混凝土 6cm 厚中面层路面。

4　试验结果分析

图 2 展示了在不同试验条件下,现场试验测定的振荡轮与热沥青混合料相互作用过程的幅频特性。从图中可以看到,尽管碾压的混合料结构不同、铺层厚度不同,所用的压路机也不同,但是它们的幅频特性却有着一些共同的特点:

(1)幅频特性的变化趋势都是振幅随着频率的增大而减小,至某一最低值后则随频率的增大而上升,当达到某一最高点后又随之缓慢下降。这一发展趋势凸显了振荡轮与热沥青混合料相互作用二个自由度系统的特征。

(2)在幅频特性上与振幅的最高值相应的频率,虽然它的数值在不同的试验条件下有所不同,但是它的变化范围是很窄的,大体上都是在 30Hz 左右变化。

(3)在幅频特性上,从振幅的低谷上升的斜率远较从振幅的最高点下降的速率为高。因此,避开振幅低谷区的频率,对振荡压路机频率的选择有着重要的意义。

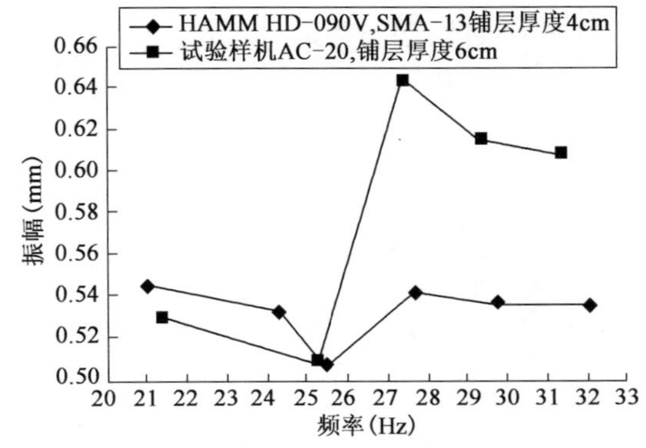

图 2　振荡轮与热沥青混合料相互作用的幅频特性

5　振荡压实样机动力学模型中主要参数的动态识别

在对振荡压实样机的现场试验中获得的幅频特性的基础上,通过对动力学模型的计算机仿真试验来模拟实际试验曲线,对不同的刚度和阻尼用试凑法求取拟合曲线,使拟合曲线与实际曲线各点偏差的平方和为最小。

图 3 是利用计算机数字仿真绘制的理论特性曲线与实际曲线的对比。从图中可看到两者是比较接近的。参数识别所获得的热沥青混合料的刚度和阻尼列于表 1 中。

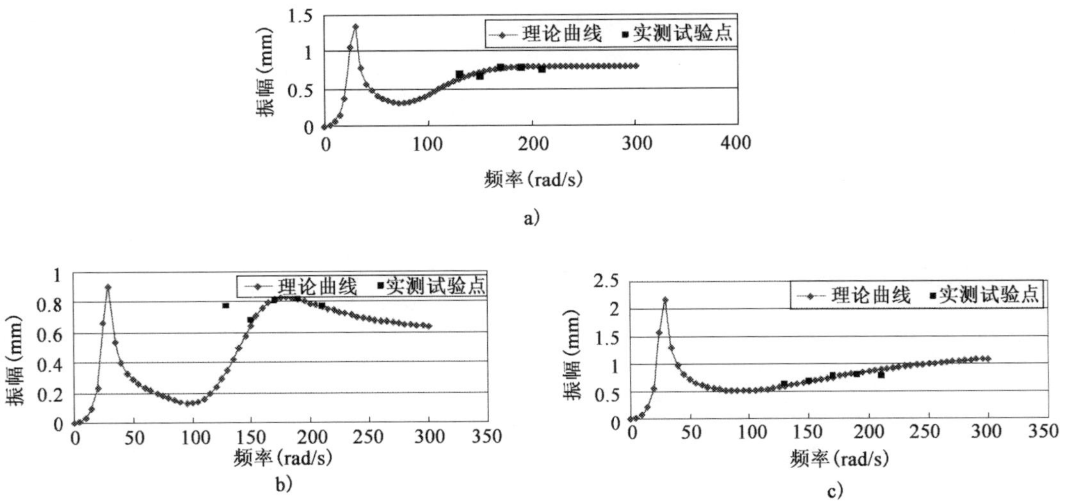

图 3　振荡轮辐频特性曲线与理论曲线的对比

a)第一遍压实;b)第三遍压实;c)第五遍压实

热沥青混合料的刚度和阻尼　　表 1

热沥青混合料参数	碾压遍数		
	第一遍	第三遍	第五遍
刚度(N/m)	11.475×10^6	20.07×10^6	21.375×10^6
阻尼(Ns/m)	9.72×10^4	5.64×10^4	22.5×10^4

从表1可以看到,当沥青混合料很松软时,在碾压第一遍时,混合料的刚度很小,阻尼则很大。正是由于混合料的阻尼很大,图3中压实第一遍的计算机仿真曲线上,振幅的第二峰值表现得很不明显。随着压实过程的进展,由于压实密度的增大,混合料的刚度在逐渐增大,而阻尼则逐渐减小。至压实第三遍时,混合料的刚度增加了75%,而阻尼则减小了58%。由于混合料阻尼的减小,图3第三遍的计算机仿真曲线上,振幅的第二峰值就突显出来了。在压实到第五遍时混合料的刚度已不再增加,而阻尼则反而增至很大的数值。显然,第五遍的阻尼数值是不正确的,这是因为压实到第五遍时铺层已基本压实,振荡轮已完全打滑,此时的数学模型已不能再按两个自由度来描述。由于铺层已无弹性,振荡压实过程的动力学模型将转变为一个自由度的模型。

6 结语

(1)振荡压路机与热沥青混合料相互作用过程的幅频特性试验表明,建立在振荡轮与被碾压材料间存在滑转基础上的两自由度动力学模型是符合实际作用过程的。

(2)大量试验表明,振荡压实激振频率的变化范围是很小的,大体上都是在30Hz(158.5rad)左右变化,这一结果为在实际压实过程中搜索最佳频率指出了方向。

(3)对振荡轮与被碾压材料相互作用过程的幅频特性进行计算机仿真,可以作为识别被碾压材料特性参数和优化压实过程的基础。

振荡压实技术的现场试验研究

马学良 孙祖望 张 胜

（本文刊于《公路》杂志2009年第10期）

摘 要：在大量现场试验的基础上，研究了振荡压路机主要工作参数对压实效果的影响，并对振荡压路机、高频振动压路机和自制的试验振荡压实样机在沥青混合料的压实效果方面进行了对比分析。研究和试验结果表明：与最大压实度所对应的振荡压实最佳激振频率的变化范围是很窄的，被碾压材料所能达到的密实度的大小，与其能够吸收的有效压实功大小有关，当被碾压材料所能吸收的能量达到饱和状态时，继续碾压无助于压实材料密实度的提高，并会使振荡轮施加给被碾压材料的压实功全部转化为滑转损失。

振荡压实技术在经济和环保效益方面的优越性，在国外愈来愈受到人们的重视和认可。大量实践表明，这一新技术对土壤和沥青混合料等材料均具有良好的压实效果。虽然传统振动压路机自20世纪50年代起逐渐占据了压路机市场中绝对优势的份额，压实厚层路面时在影响深度和压实效率上凸显了自己的强势，但振动压实尚不能解决现代施工工程中全部的压实问题。一些对振动较为敏感的工程，如桥面、地下电缆和管道、历史建筑物旁、居民区路面和停车场等，垂直振动的传统压实方法是十分有害的。同样，对非稳定土壤以及薄层沥青混凝土路面，强烈振动会使被碾压材料分散或集料破碎，达不到所要求的密实度。当前，一种将振动和振荡两种压实技术成功结合起来的新型压路机已投放市场，这在极大方便了压实工程施工的同时，也显示了两种压实技术结合的重要和必不可少，同时也为压实过程的智能化控制迈出了更为坚实的一步。本文以振荡压路机为主要研究对象，在高速公路施工现场对振荡压实中影响压实效果的主要工作参数做了研究，并对国外高频振动压路机和自制的试验振荡压路机进行了对比试验分析。

1 振荡压实的基本原理

振荡压实技术是瑞典Geodynamik公司的Thurner H博士发明的一项新的压实方法和技术。它将垂直振动压实激振力的纵向输出变为横向输出（图1）。

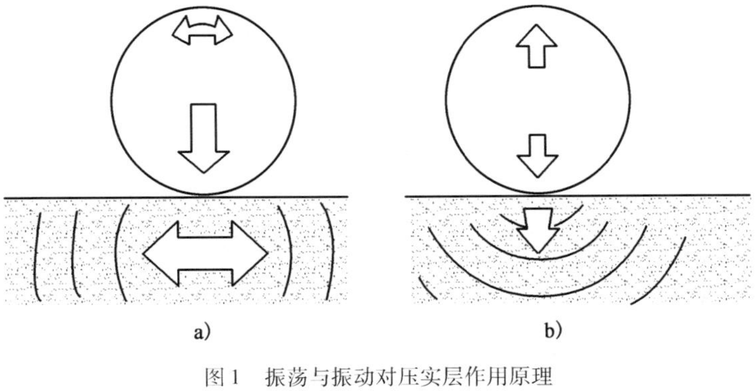

a) b)

图1 振荡与振动对压实层作用原理

a）振荡压实；b）振动压实

振荡轮依靠两偏心轴所产生的激振力，在垂直方向的离心力合力始终为零，且振荡轮不离开地面，而在水平方向上则对铺层产生一个交互扭力矩，使得振荡轮在振荡作业时反复承受交变力矩的作用，形成沿水平方向前后周期性扭转，并对地面产生连续的振荡压力波。铺层材料在交变剪应力的作用下，破坏了其剪切强度，削弱了铺层材料颗粒之间的联系，激励铺层材料颗粒发生水平振动，并使颗粒重新排列而变得更加密实。

可见振荡压路机与振动压路机有着不同的运动方式，它们对压实层传递能量的方式也有较大的区别。振荡压实实际上是一种振动与搓揉相结合的压实方法，由于振动能量是沿着水平方向在某一层面内传播的，虽然它在深度方面的压实效果不如垂直方向的振动压实，但在表面层某一深度范围内的压实效果则将明显优于振动压实，且更为充分地利用了振动能量，降低了能源消耗，提高了压实效率。振荡压路机就是根据这一原理而开发的一种新型的路面与压实机械。

2　现场试验

为了研究振荡压路机对薄层路面的作用特性和压实效果，在广东省佛山市一环高速公路施工现场，针对国外某知名品牌原装进口的振荡压路机 SW750 和国外进口高频振动压路机 SW850（表 1）进行了大量的试验和研究。试验路面为 6cm 厚 AC-20 沥青混凝土中面层。自制振荡试验样机的试验现场在江（门）珠（海）高速公路珠海斗门段，试验路面为 6cm 厚 AC-20 沥青混凝土中面层。在广州市东二环高速公路，试验路面为 4cm 厚 AC-13 沥青混凝土上面层，对国产振荡试验样机与 SW750 振荡压路机做了对比试验。

试验设备主要性能参数　　表 1

主 要 参 数	振荡压路机 SW750	振动压路机 SW850	试 验 样 机
整机质量（kg）	9150	12500	9570
轮宽（mm）	1680	2000	1680
轮径（mm）	1220	1400	1220
频率（Hz）	50	67	20、24、27、29、31
振幅（mm）	0.75	0.33	振幅可调
发动机型号	ISUZU/A－4BG1T	ISUZU/A－6BG1	DEUTZ/F6L913
额定转速（r/min）	2100	2300	2100

试验方法是：

（1）按照选定的每一碾压速度、振荡频率进行 6 遍压实。

（2）对每一种频率选定 5 段 30～50m 长的试验路段。

（3）在每一碾压道选定 2～3 个测点，用非核子密实度仪紧随压路机测定每一压实遍数的压实密度（密实度仪的读数与压实密度之间的关系，均应进行专门的标定）。

（4）在碾压完毕后用密实度仪进行拉网检测。

（5）待混合料完全冷却后，对每一试验段分别取 3 个钻芯样，测定压实密度。

2.1　振荡压路机碾压速度和碾压遍数对压实效果的影响

振荡压路机 SW750 分别以实测速度为 3.67km/h、4.53km/h、5.97km/h 进行碾压作业。图 2 反映了在不同压实遍数下不同的碾压速度对铺层路面与压实度的影响。从图 2 中可以看出，较低的碾压速度有助于路面与压实效果的提高。由于 SW750 振荡压路机的频率与振幅是不能改变的，所以碾压速度实际上代表了输给单位长度的压实能量。当碾压速度在 3.5～5km/h 范围内工作时，压实度的增长率相对稳定不变，从而给路面施工碾压工艺的制定带来便利。换句话说，振荡压实作业可以在不同的碾压遍数下选择不同的碾压速度，使得被压实材料在较短的时间内达到所需的压实度，获得最佳的压实效率。因此，对 SW750 振荡压路机而

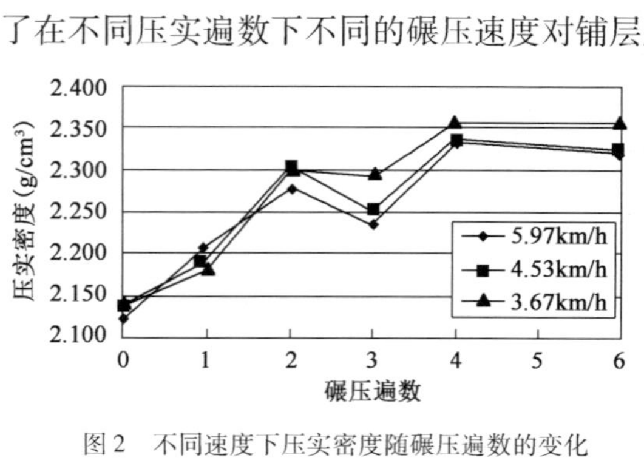

图 2　不同速度下压实密度随碾压遍数的变化

言，在对沥青混凝土路面进行碾压时，若要达到设计的密实度要求又要同时保持较高的作业效率，适宜的碾压速度应在3.5～4km/h的范围内。

图2中还显示了压实度与碾压遍数的变化情况。从图2中可了解到，当振荡压路机以不同的速度碾压时，前2遍的碾压可使路面与压实度提高得较快；当碾压4遍后，压实度便达到了路面与压实度的要求，其后再继续增加压实遍数，对路面与压实度的提高并无实质性的意义。从现场的试验结果得到，第3遍碾压后，不同碾压速度工况下所测得的路面与压实度都有所下降。这有可能是因为振荡轮滑转处于临界状态而造成的对水平振动的干扰，使路面的压实密度有所降低。下降的幅度分别为：0.3%（当碾压速度 $v=3.67$km/h 时），2.4%（当碾压速度 $v=4.53$km/h 时），1.9%（当碾压速度 $v=5.97$km/h 时）。因此，对于振荡压路机，碾压遍数宜为4～5遍。

2.2　振荡压路机比振动次数对压实效果的影响

比振动次数是铺层路面单位长度上振荡压路机振荡压实所作用的次数。它反映的是输给单位长度铺层路面的振荡能量的多少。图3是比振动次数对铺层路面平均压实密度的影响情况。从图3中可以看出，由于刚松铺过的沥青混合料吸收振动压实能量的能力较强，此时即使比振动次数较低，路面密实度增长仍较快。随着路面刚度的增加，需要更多的振动压实能量（较大的比振动次数），但此时铺层材料所能够吸收的能量会逐步减少，一部分能量便随着振荡轮的开始滑转而损失掉。当铺层路面的密实度达到最大时，亦即沥青混合料所能够吸收的能量达到饱和状态时，此后铺层路面的密实度便不再增长而趋于相对稳定状态。

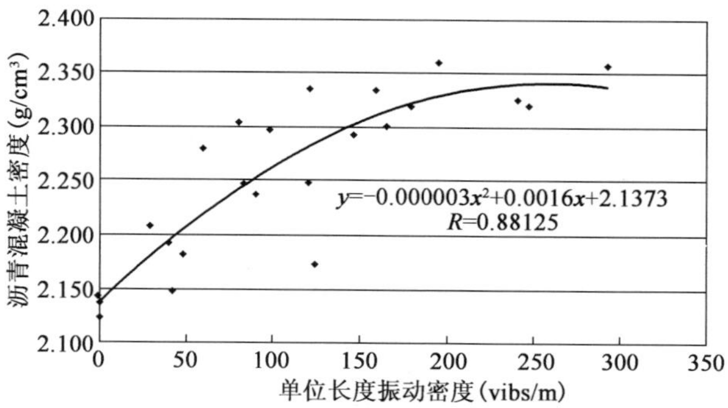

图3　比振动次数对平均压实密度的影响

2.3　振荡压路机对铺层压实均匀程度的影响

通过对碾压完成后的路面与压实密度的拉网式检测结果，进一步揭示了振荡压实对铺层压实均匀程度的影响规律。图4是不同振荡压实工况下压实度的频数分布直方图。从图4可看出，从工况Ⅰ到工况Ⅲ，随着碾压速度减小，铺层密实度的分布范围在缩小：工况Ⅰ（5.97km/h）为2.20～2.55g/cm^3，工况Ⅱ（4.53km/h）为2.25～2.55g/cm^3，工况Ⅲ（3.67km/h）为2.30～2.55g/cm^3，而压实密度＞2.40g/cm^{3}的测点的累积频率分别为47.4%、68.6%和81.7%。工况Ⅲ的测点密度主要集中在2.40～2.45g/cm^3 的范围内。

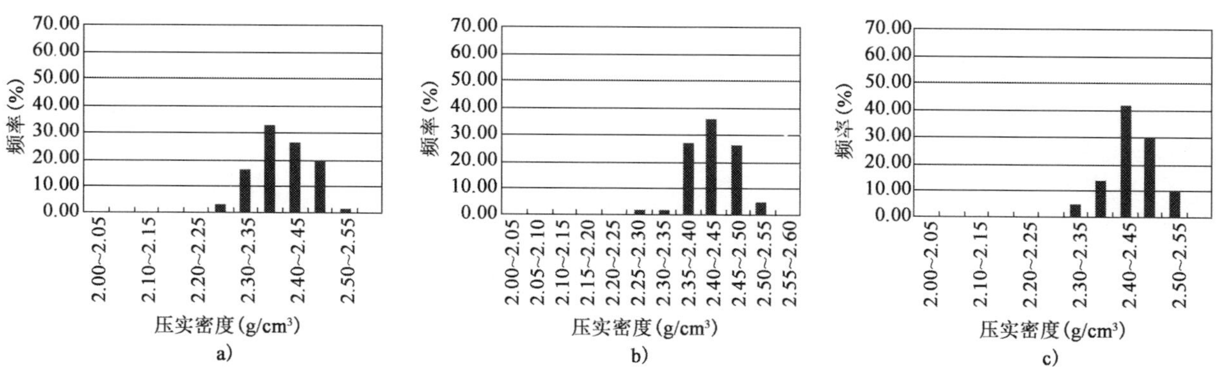

图4　SW750不同工况下的频率分布图

a）工况Ⅰ；b）工况Ⅱ；c）工况Ⅲ

图5、图6是SW750振荡压路机在不同工况碾压后，对路面与压实度检测得到的三维密度图。

从图5和图6可看到，振荡压实后的路面，压实密度的分布是比较均匀的，密度主要集中于2.35～2.50g/cm^3 的范围内。工况Ⅱ的碾压速度为4.53km/h，工况Ⅲ的碾压速度为3.67km/h，工况Ⅲ的压实功比工况Ⅱ的压实功大了45%，但并没出现过压的现象。

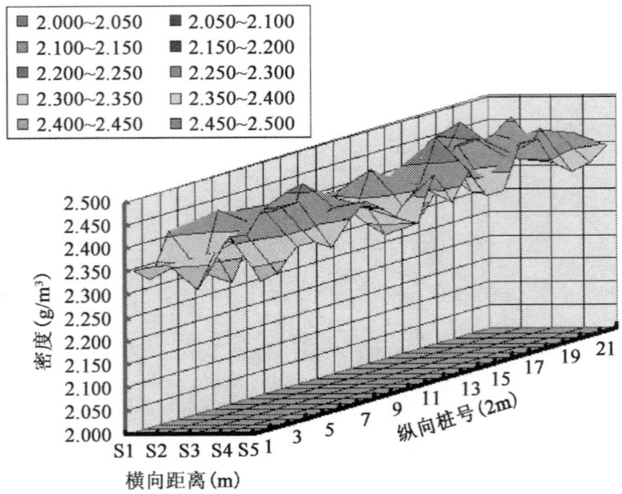

图5　SW750压实路面三维密度图(工况Ⅱ)

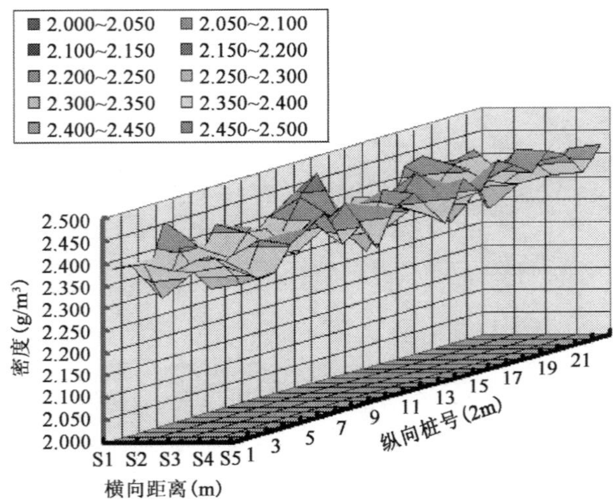

图6　SW750压实路面三维密度图(工况Ⅲ)

2.4　在相同激振机构振幅下压实密度与频率的关系

在相同激振振幅下振荡压实过程的压实密度与频率的关系，可以用它的压频特性来表示。图7展示了在不同试验条件下，现场试验测定的振荡压实试验样机与热沥青混合料相互作用过程的压频特性。从图7的试验数据中可看出，虽然碾压的混合料结构不同，铺层厚度不同，试验的条件也不同，但振荡频率对压实密度的影响的规律是类似的，最佳压实效果的振荡频率均在$f=29\text{Hz}$附近，低于或者高于该振荡频率将会降低被碾压材料的压实密度。因此，在振荡压实碾压作业时，选取合适的振荡频率对于提高压实效率十分重要。大量试验表明，振荡压实最佳激振频率的变化范围是很窄的，在27～31Hz的范围内。这一结果为振荡压实过程智能化控制中搜索最佳频率指出了方向。

2.5　振荡压路机与高频振动压路机压实效果的对比试验

振荡压路机和高频振动压路机，都是为解决薄层路面的压实问题而宜采用的压实技术及设备。为了研究振荡压路机与高频振动压路机对薄层路面的作用机理和压实效果，在高速公路施工现场对振荡压路机SW750和高频振动压路机SW850进行了大量的对比试验研究。

图8～图10是振荡压路机与高频振动压路机压实效果对比试验的情况，显示了SW750振荡压路机与SW850高频振动压路机在碾压6cm的AC-20沥青混合料铺层时，密实度随压实遍数而变化的规

律，以及它们压实效果的对比。从图8～图10可看到，SW750振荡压路机在三种碾压速度下压实效果明显不如SW850高频振动压路机。这表明9.15t的SW750振荡压路机在振幅0.75mm、频率50Hz的工作参数下更适合于压实厚度4mm以下的薄层路面。

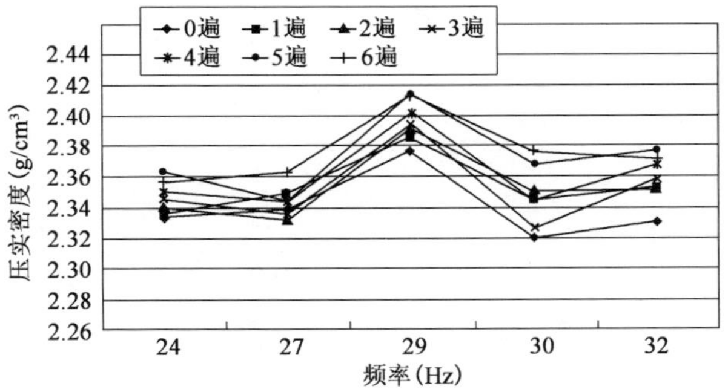

a)

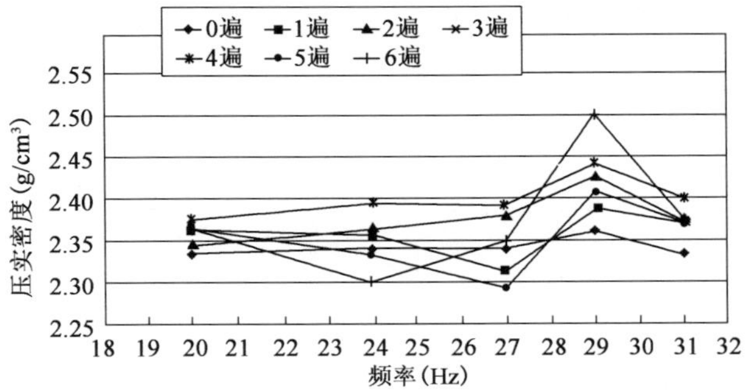

b)

图7　振荡压实试验样机在不同碾压遍数下振荡频率对压实密度的影响

a）广州工地；b）珠海工地

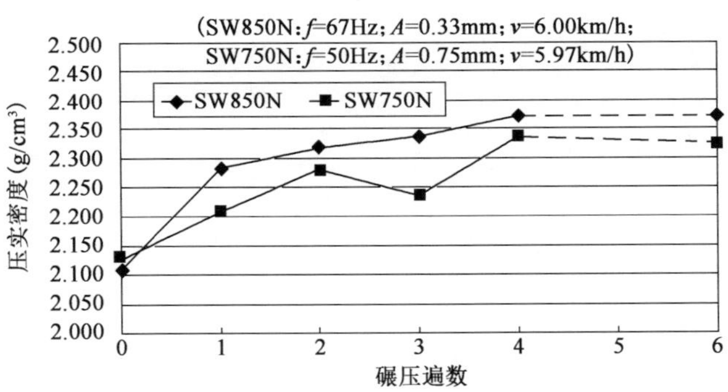

图8　SW850和SW750（$v=5.97$km/h）碾压HMA时压实度随压实遍数的增长

注：压实遍数5、6由轮胎压路机碾压。

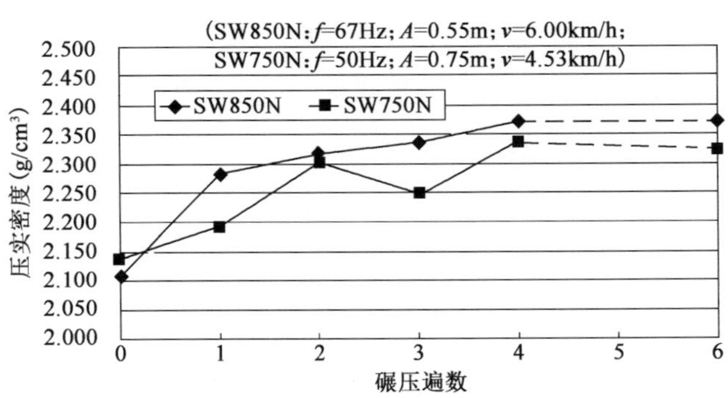

图9　SW850和SW750（$v=4.53$km/h）碾压HMA时压实度随压实遍数的增长

注：压实遍数5、6由轮胎压路机碾压。

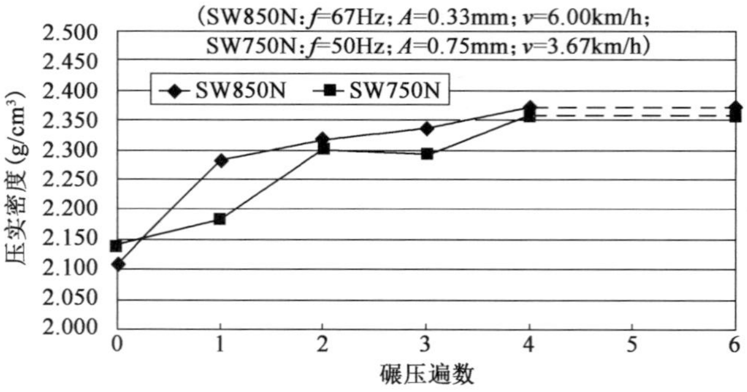

图 10 SW850 和 SW750(v=3.67km/h)碾压 HMA 时压实度随压实遍数的增长

注:压实遍数 5、6 由轮胎压路机碾压。

图 11 揭示了高频振动压路机在作业后,路面密实度随比振动次数增加而变化的规律。高频振动压路机碾压的铺层路面,随着单位铺层面积所吸收的压实能量的增加,铺层路面的压实度会增加到最大。当铺层路面能够吸收的能量达到最大值时,过度的碾压不但不能使铺层路面继续吸收能量以提高路面的压实度,反而由于垂直振动将多余的能量反射回已压实的铺层路面导致路面振松,从而造成路面与压实度的下降。

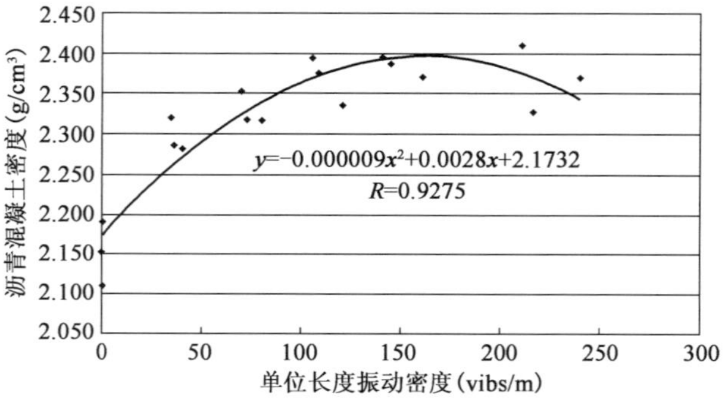

图 11 密实度随比振动次数增加而变化(SW850)

对于振荡压路机,在碾压作业时,铺层路面的压实度随单位铺层面积所吸收的压实能量的增加而增大。当铺层路面能够吸收的能量达到最大值时,铺层路面的压实度达到最大后则不再增加,并能够保持在一个稳定的范围内。这是因为振荡压路机的振动能量是沿着水平方向在某一层面内传播的,当铺层压实材料能够吸收的能量达到饱和状态时,振荡压实轮便开始滑转,而不会像振动压路机那样对已压实的铺层路面产生振松现象,从而可使路面与压实度保持稳定,因此振荡压实不会出现过压现象。由此可见,可避免发生过压是振荡压实的一项重要优势。

2.6 振荡压实样机与国外振荡压路机的压实效果对比试验

振荡压实样机与 SW750 振荡压路机的对比试验,是在广州市东二环高速公路施工路段上进行的。试验路面为 4cm 厚 AC-13 沥青混凝土上面层。振荡压实样机采取前轮静碾、后轮振荡的方式工作,名义振幅为 0.55mm,碾压速度为 3km/h。国外振荡压路机采用前后轮双轮振荡,用仅有的一个振荡频率(50Hz)碾压,名义振幅为 0.75mm,碾压速度约为 4km/h。振荡压实样机(9.57t)与国外振荡压路机(9.15t)的重量基本相当。其压实效果对比试验的情况见图 12,图中曲线分别代表了振荡压实样机在不同碾压工况下,与 SW750 振荡压路机常用工况下碾压热沥青混合料(HMA)时,压实密度随压实遍数而变化的情况。

从图 12 中可看到,振荡压实试验样机在 29Hz 振荡压实工况下,与 SW750 在 50Hz 的工况下相比较而言,其压实的效果基本相当。但需要注意的是,在试验中前者是双轮振荡,而后者则仅是前轮静碾后轮振荡。如果振荡压实样机与 SW750 一样采用相同的名义振幅和双轮振荡,则它压实的效果将会好于 SW750。显然,两者的差别是因为 50Hz 的频率不是 SW750 振荡压实的最佳频率。

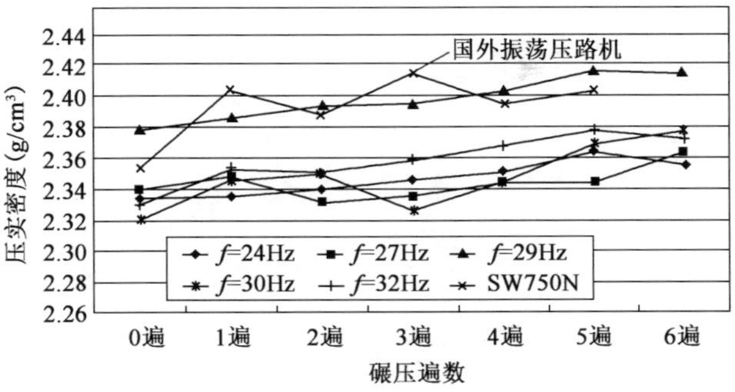

图 12　振荡压实样机与 SW750 振荡压路机在碾压同一铺层时压实密度随压实遍数增长的变化曲线

3　结语

(1)对于振幅为 0.75mm、频率为 50Hz 的 SW750 振荡压路机来说,在进行沥青混凝土路面碾压时,适宜的碾压速度应为 3.5 ~4km/h,适宜的碾压遍数为 4 ~5 遍。

(2)振荡压实的最佳激振频率的变化范围是很小的(27 ~31Hz),这一结果为振荡压实过程智能化控制中搜索最佳频率指出了方向(缩小了搜索的范围和加强了针对性)。

(3)铺层材料所能达到的密实度的大小,与其能够吸收的压实功大小有关。当铺层材料所能吸收的能量达到饱和状态时,继续碾压无助于压实材料密实度的提高。这为振荡轮输出有效压实功的设计提供了指导。

(4)单位长度铺层的振动密度(比振动次数),代表了振荡轮施加给铺层材料的压实功的大小。密实度与比振动次数之间的函数关系,则反映了在碾压过程中,铺层材料吸收压实能量的规律。当密实度较小时,铺层材料吸收压实功的能力较大,密实度的增长速率较大。随着压实密度的逐步增加,铺层材料吸收压实功的能力也逐步减弱,密实度的增长速率也随之减小。此时,部分振动能量会转化为振荡轮与铺层之间的滑转损失。当铺层材料所能吸收的压实能量达到饱和状态时,振荡轮施加给铺层材料的压实功将全部转化为滑转损失。这为建立基于能量平衡基础上的优化目标函数奠定了理论基础,为碾压主要参数的选择提供了理论依据。

第七篇　路面施工技术与质量控制

沥青路面平整度的传递规律及其试验研究

孙祖望

（本文刊于《沥青路面机械化施工技术与质量控制》第五章，人民交通出版社，2001年7月，
其中部分内容刊于《筑路机械与施工机械化》1999年第1~3期）

路面平整度是评价路面使用性能的一个重要指标，它直接影响着车辆在路面上的行驶质量和高速公路基本功能的充分发挥。因此路面平整度的改善和提高一直作为沥青路面施工中的一项关键技术而受到公路科技界各方面的关注和重视。尽管已经存在着不少有关沥青路面平整度的研究文献，但在施工过程中进行大规模的试验研究，特别是将影响平整度的基本因素分离出来，在获取大量试验数据的基础上对它们的传递规律进行概率统计分析至少在国内还没有这样做过。泰安市公路局在京沪高速公路化临路一合同段和京福高速公路济泰路金牛山立交工程中分别安排了10km和13.5km的试验路段，与西安公路交通大学合作组成的课题组进行了一项旨在提高沥青路面平整度和研究其传递机理与规律的大规模试验研究。这对于提高沥青路面的施工技术，使之建立在更为科学的基础上，无疑有着重要的理论指导意义和工程应用价值。

1　影响沥青路面平整度的基本因素

路面的平整度是一项综合性指标，涉及施工过程各个环节的许多因素，它是路面施工全过程各个环节质量的最终体现。尽管造成路面不平整的因素众多而复杂，但从影响的根源和机理上分析，主要来自以下三个最基本的因素。

1.1　摊铺作业与基准方面的因素

沥青摊铺机的摊铺作业是通过浮动熨平板与热沥青混合料的相互作用进行的。浮动熨平板的工作原理如图1所示。当摊铺作业处于稳定工况下，作用在浮动熨平板的各外力（拖点牵引力 P、熨平板重力 W、水平摊铺阻力 H、垂直摊铺阻力 V、料堆推移阻力 H_1）对拖点 O 的力矩处于平衡状态，熨平板的位置保持稳定不变，摊铺厚度是一常值。上述力平衡关系的任何破坏都会导致熨平板位置的变化，而影响摊铺路面的平整度。

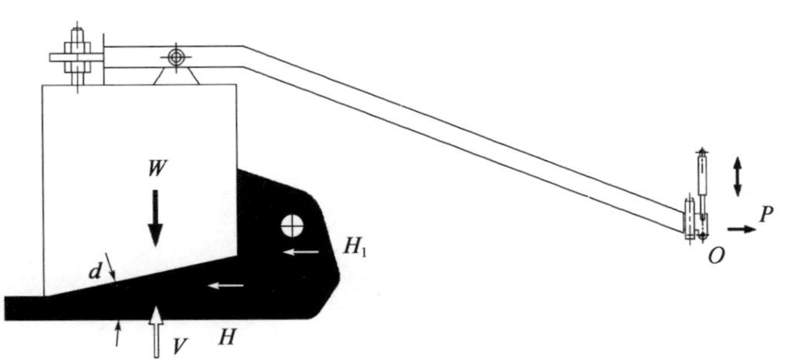

图1　浮动熨平板工作原理

从破坏力平衡的角度出发，影响摊铺平整度的基本因素无非是摊铺阻力（H 与 V 力之合力）的变化，包括它的大小和方向，料堆推移阻力 H_1 及其作用点的变化，以及拖点 O 高度的变化。引起上述基本因素变化的原因又可进一步做以下分析：

(1)引起摊铺阻力波动的主要原因首先是摊铺速度的波动，其次则是混合料组成的不均匀和温度的不均匀（黏度的变化），这些都会引起混合料内部以及混合料与熨平板之间的摩擦力和黏性力的变化。

(2)料堆推移阻力及其作用点高度的波动主要是由于混合料供给量和分料量的变化而引起熨平板

前方料堆大小和料位高度发生变化而造成的。

(3)拖点高度的变化则是由于摊铺机行走在高低不平的支承面上而引起的。

从以上的分析中可以看到,为了获得平整的摊铺表面,从摊铺机的操作方面来说,就应尽可能地保持摊铺机的稳定作业,亦即稳定的摊铺速度、稳定的刮板输送器供料量、稳定的螺旋输送器送料量,从而保持熨平板前方料堆大小和料位高度的恒定不变。

从热拌混合料的质量控制来说,则要求搅拌设备生产的热拌混合料,其集料级配、沥青含量以及混合料的温度尽可能保持均匀,而且在运输和摊铺过程中不发生集料的离析和混合料温降的不均匀。

在早期生产的摊铺机上,上述因素的控制全靠操作人员的熟练技术来实现,而支承面的凹凸不平则只能依靠浮动熨平板的滤波作用来减弱,这些无疑是困难的,而且也不可能获得很高的调节精度,因而摊铺路面的平整度也较差。

现代高性能的摊铺机由于采用了机电液一体化的自动控制技术,在性能上有很大改善。这些自动控制装置主要有摊铺机行走速度的自动调节装置、混合料供给量和料位高度的自动调节装置以及针对拖点高程干扰和混合料阻力变化而设置的熨平板自动调平系统。虽然带有上述装置的现代摊铺机其松铺层表面的平整度可达到很高的水平,但是自动调节系统本身也不可能没有一点误差,因而影响摊铺表面平整度的基本因素或多或少依然存在,摊铺出来的路面仍不可能是绝对平整的。

对于装有熨平板自动调平装置的摊铺机来说,调平系统的参考基准本身也不可能是绝对准确的。它的误差显然也是引起铺筑路面不平的一个重要来源。通常有三种方法用来建立摊铺机自动调平系统的纵向参考基准:固定在路面侧边的弦线基准,沿着接缝相邻路面滑动的调平滑靴基准和平均梁式移动参考基准。

弦线参考基准本身的误差主要来源于挂线支撑立杆的高程误差和弦线的挠度误差。前者包含了水准标尺的误差、测量读数的误差和立杆的安装误差,后者则包含了弦线的张紧度、传感器对弦线的压力及其在弦线上滑移所引起的误差。

对于调平滑靴基准来说,误差主要来源于滑靴支承表面不平整以及由于滑靴跳动等原因引起的误差。

对于均衡梁式的移动参考基准,误差的主要来源虽然与调平滑靴相同,但由于经过多次平均化处理,特别是现代的均衡梁基准采用了多滑靴弹性浮动支承的结构和大大加长了均衡梁的长度,以及跨接于熨平板前后、分别支承在未铺和已铺路面上的结构,极大地改善了参考基准的精度。平均化处理实际上起了一个滤波器的作用,它可以将支承面凹凸不平的高频波滤掉但仍留下缓慢变化的趋势项(图2)。从图2中可以看到经过平均化处理后路面平整度的高频部分没有了,但缓慢变化的趋势项仍继续存在。因此,当采用调平滑靴基准和均衡梁式基准时都不可能校正高程的偏差,但却能较好地改善车辆在其上行驶的平顺性,因为缓慢变化的趋势项并不影响车辆的颠簸。

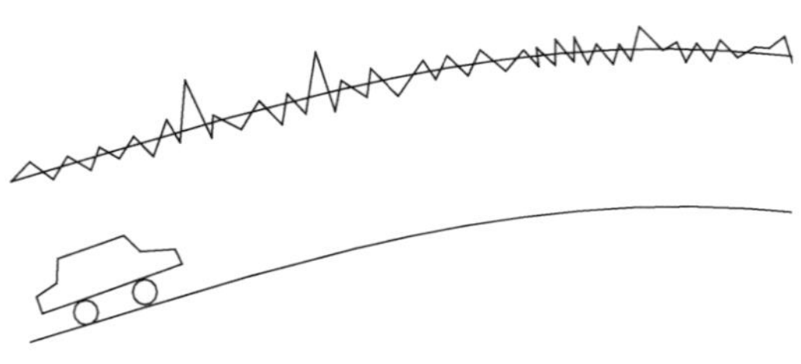

图2 平均化处理的高频滤波作用

20世纪90年代末开发的非接触式均衡梁采用连续发射超声脉冲的方法来检测固定在熨平板大臂上均衡梁至路面的距离,并通过信号处理的方法进行平均化处理同样可以得到一条虚拟的基准线,但却大大简化了结构以及均衡梁的安装和操作,是一种很有发展前景的移动基准。

最后需指出的是,以上所讨论的在摊铺作业过程中影响路面平整度的各种因素都将最终地反映在松铺层的平整度上。

1.2 碾压作业方面的因素

碾压作业方面的因素可以分成两类。一类是通过材料的压缩传递到成型路面上来的,另一类则是在碾压过程中直接加到成型路面上的。

属于前者的有以下三方面的因素:

(1)施加给铺层材料的压实作用不均匀,亦即材料所受到的压实力或压实功不一致。导致这种不一致的原因主要是碾压参数(速度、频率、振幅等)和碾压工艺的不一致。

(2)松铺层混合料的密度和力学特性不均匀,亦即材料抵抗压实的性能不一致。导致这种不一致的原因有松铺层混合料的预压密实度不均匀;混合料的材料离析和温度离析。

(3)松铺层的厚度不均匀,这种不均匀是由于松铺层和下层路面不平整所造成的。

前两方面的因素最终都将归结为铺层材料压缩比(松铺层混合料密度与压实后混合料密度之比)的变化,亦即它们的影响最终是通过压缩比的不均匀反映出来。后一方面的因素则将直接通过压缩量的变化传递给成型路面。

在碾压过程中还有另一类因素,它们的影响机理与第一类完全不同,这些因素的影响不是通过压缩比或压缩量的变化传递给成型路面,而是在碾压过程中碾轮直接引起的铺层材料隆起或凹陷。此种情况通常是由于材料的推移和压路机操作不当造成的。

在碾轮与混合料的相互作用中碾轮为克服滚动阻力会产生一定的切向推力,这种切向推力在被动轮上远较驱动轮为大,所以通常不应用被动轮来对沥青材料进行碾压。此外,在变换碾压方向时制动、停车、反向加速所引起的惯性力以及上、下坡时的爬坡阻力都会导致滚轮对材料切向推力的增大,从而引起材料的推移。在操作人员的操作方面,突然的起步、制动,在热铺层上停车,漏压或过度碾压,在变换碾压方向时没停止振动机构的工作等操作不当的情况也会在成型路面上引起鼓包和压痕等缺陷。所有上述各种因素引起的路面材料隆起和凹陷都将直接叠加到成型路面的平整度上。

1.3 下层路面不平整的影响

下层路面凹凸不平对成型路面平整度的影响是通过不同渠道传递给成型路面的。

(1)作为摊铺机行驶的支承表面,下层路面的凹凸不平将使熨平板大臂牵引点的高程发生变化,从而导致熨平板仰角的变化而影响摊铺表面的平整度。

(2)作为移动基准的支承表面,下层路面的凹凸不平将引起基准本身的误差,从而影响摊铺表面的平整度。

以上两方面的因素都是通过松铺层表面的不平整传递给成型路面的。

(3)下层路面的凹凸不平还会影响松铺层的厚度发生变化,从而导致混合料压缩量的变化,而反射到成型路面上来,所以它的影响是通过碾压过程压缩量的不同传递给成型路面的。

从以上对影响沥青路面平整度因素的分析中可以看出:影响沥青路面平整度的因素众多,而且大多带有很大的随机性,它们都是通过一些基本渠道传递给成型路面的,而压实过程则是完成此种传递过程的最终环节。

2 沥青路面平整度的传递机理

2.1 理想条件下下层路面平整度的传递

设有一铺设并压实好的下层路面,它的表面是凹凸不平的(图3),现在来考察当在其上铺设一层新的路面经压实后,上层路面的平整情况。此时假设在理想情况下,摊铺后的表面是绝对平整的,而且路面上每一点的材料在压实前的密度是完全相同的,而在压实后各点的密度同样是绝对一致的。由于底层表面的凹凸将导致松铺层厚度的差异,在凹处的厚度较大而在凸处的厚度则较小。显然,在同样的压实度下,铺层较厚处的压缩量较大而铺层较薄处的压缩量也较小。这样,下层路面的凹凸不平将以某种相似的规律反映到压实后的上层路面上来,只是凹凸不平的程度会有下降而已。

实际上,在上述理想情况下,这种凹凸不平的传递是可以计算出来的。当松铺路面结构材料受到垂直压缩力的作用时,它处于三向压缩的状态。由于路面两个横向的法向应力可以视为相等,则当在路面上任取一单元柱体进行考察时(图4),其压实后和压实前的体积之比存在着以下关系:

$$\frac{V'}{V} = 1 - \varepsilon_1 + 2\mu\varepsilon_1 \tag{1}$$

式中：V'——所考察柱体压实后的体积；

V——所考察柱体压实前的体积；

ε_1——路面结构材料的竖向应变；

μ——路面结构材料的横向和竖向应变之比（泊松比）。

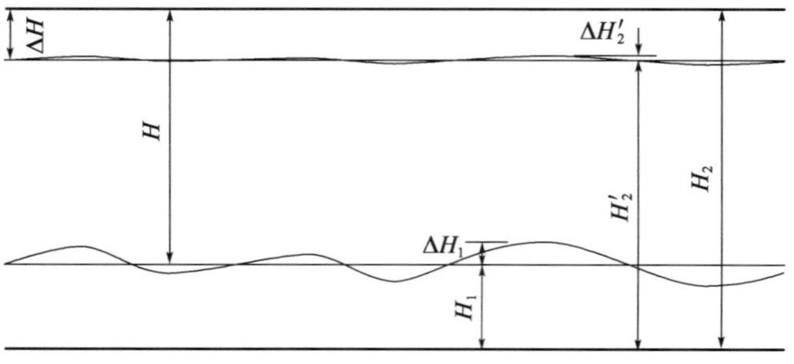

图3　理想情况下下层路面平整度的传递原理

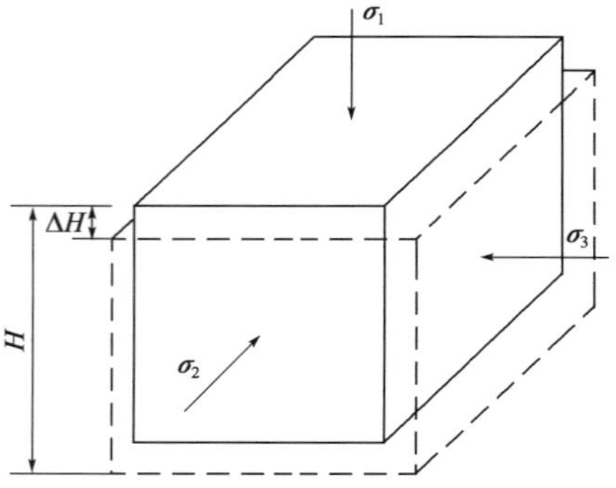

图4　路面单元柱体受压缩的情况

设松铺层材料的密度为ρ，压实后的密度为ρ'，则

$$V = \frac{m}{\rho},\quad V' = \frac{m}{\rho'} \tag{2}$$

式中：m——所考察柱体的质量。

由式(1)可得：

$$1 - \frac{V'}{V} = \varepsilon_1(1 - 2\mu) = \frac{\Delta H}{H}(1 - 2\mu) \tag{3}$$

将表达式(2)代入式(3)，经整理后可得

$$\Delta H = H\left(1 - \frac{\rho}{\rho'}\right)/(1 - 2\mu) \tag{4}$$

从式(4)中可看到如密度ρ和ρ'均为不变的常数，则压缩量ΔH与松铺厚度H成正比。

将式(4)推广到图3的情况，则有：

$$\Delta H - \Delta H_2' = \left(1 - \frac{\rho}{\rho'}\right)/(1 - 2\mu) \tag{5}$$

$$\Delta H = H\left(1 - \frac{\rho}{\rho'}\right)/(1 - 2\mu) \tag{6}$$

将式(6)代入式(5)，经整理后可得上层路面平整度传递量$\Delta H'_2$的表达式如下：

$$\Delta H_2' = \Delta H_1\left(1 - \frac{\rho}{\rho'}\right)/(1 - 2\mu) \tag{7}$$

或

$$\frac{\Delta H'_2}{\Delta H_1} = \left(1 - \frac{\rho}{\rho'}\right)/(1 - 2\mu) \tag{8}$$

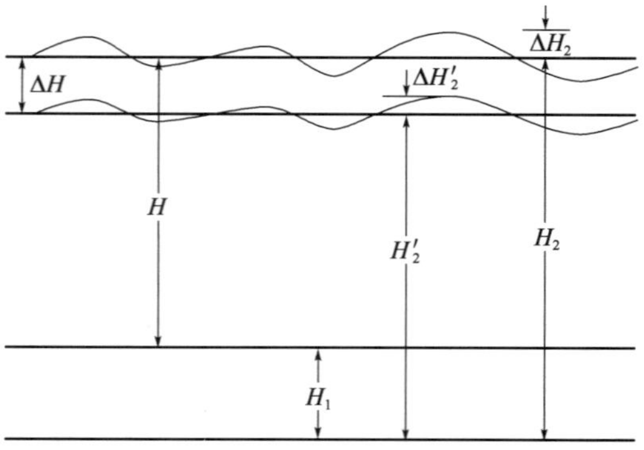

图5　摊铺表面不平整的传递原理

式(8)是一无量纲相似不变量的表达式，它表明在理想情况下平整度传递是服从相似准则规律的。

2.2　理想条件下松铺层平整度的传递

摊铺表面的不平整显然同样会反映到压实后的表面上来，但并不是简单地叠加在从下层反射上来的路面谱上，因为通过碾压过程这种不平整同样会压缩而得到减缓。图5显示了摊铺表面的凹凸不平在压缩过程中被减缓的情况。从图中可看到在假定下层表面绝对平整和材料密度均匀一致的情况下，摊铺表面的凹凸不平同样会相似地再现在压实后的表面上。

实际上摊铺表面平整度的传递量同样可按上述同样的方法计算。

从图7.1.5中可知松铺层厚度 $H+\Delta H_2$ 相应的压缩量 $=\Delta H'_2+\Delta H-\Delta H_2$，而根据式(4)可得：

$$\Delta H_2-\Delta H'_2+\Delta H_2=(H+\Delta H_2)\left(1-\frac{\rho}{\rho'}\right)/(1-2\mu) \tag{9}$$

$$\Delta H=H\left(1-\frac{\rho}{\rho'}\right)/(1-2\mu) \tag{10}$$

将式(10)代入式(9)，经整理后即可得传递量 $\Delta H'_2$ 的表达式：

$$\Delta H'_2=\Delta H_2\left[\left(\frac{\rho}{\rho'}-2\mu\right)/(1-2\mu)\right] \tag{11}$$

上式表明了在理想条件下松铺层平整度的传递过程同样服从相似准则的规律。

2.3　各基本因素综合作用下的平整度传递原理

在以上的讨论中都假定了在压实前和压实后混合料的密度是绝对均匀的，亦即压缩比 $q=\frac{\rho}{\rho'}$ 是不变的。但是在实际情况下这种理想化的假设是不可能存在的，首先混合料的压缩比不可能是一常值，其次在碾压过程中还有一些直接作用于成型路面的因素会进一步增大路面的不平整。这些都是必须在平整度传递过程中加以考虑的，而且它们都是一些随机性的变量。此外下层路面和松铺层表面路面谱的叠加作用也带有很大的随机性，这也是在研究平整度的传递过程时必须考虑的。正是由于有大量的随机因素参与和影响着平整度的传递过程，它们会严重地破坏和歪曲这种建立在相似准则基础上的传递规律。

(1)压缩比不均匀对平整度传递的影响。

热沥青混合料经过搅拌、运输、摊铺等工艺过程最终铺设在下层路面上，由于在这些过程中或多或少地存在着离析和温度不均匀的问题，松铺层的材料密度和力学特性都不可能是绝对均匀的，因而即便在相同的压实作用下，路面各部位的压缩量也不会是相同的。实际上在碾压过程中由于碾压工艺和碾压参数的不一致，还会进一步导致压缩量的变化，而所有这些因素的影响都是通过压缩比的不均匀传递给成型路面的。在上述这些因素中，当使用高性能的压路机并正确操作时，碾压工艺和碾压参数的不一致可以降至最小，通常它的影响不会占主要地位，而材料的离析和碾压温度不均匀却往往难以控制，它们是在压实过程中影响平整度的主要因素。在实际施工中所有上述因素以及它们的综合作用都带有很大的随机性，不可能用某种确定性模型来计算，因而只能通过大量的统计分析，从概率的意义上给出一个压缩量或压缩比的变化范围。

(2)压实过程中的附加不平整对平整度传递的影响。

在碾压过程中当压路机滚轮与松铺材料相互作用时存在着水平的推移力，当变换碾压方向时要经历制动、停车、反向起步的过程，在这一过程中由于机器的惯性，减速和加速引起的惯性力都会加强滚轮对松铺材料的推移作用，从而引起松铺材料的隆起；而另一方面碾压速度的变换过程又会强化压路机对过渡区域的压实作用，从而增加前进、倒退过渡部位材料的压缩量。当压路机选用和操作不当时，例如用被动轮向前压实松铺材料、制动和倒车起步过猛、在变换碾压方向时没有停止振动机构的工作等都有可能引起过渡部位的严重凹凸波浪。这些因素的特点是它们的影响没有通过中间变量而直接叠加到成型路面上。现代高性能的沥青路面压实机械通常都是双驱双振的，它们的滚轮较宽而线压力相对较小，有些机型还配备有起振和行驶的顺序控制系统，能保证按“先停振后停车，先行走后起振”的顺序平缓地变换碾压方向。因此，选用高性能的专用沥青路面压路机、采用错轮碾压和重叠碾压等方法避免在同一部位重复倒车以及正确地操作压路机就可以大大减轻在碾压过程中的附加不平整。

(3)各种因素综合作用下的平整度传递。

虽然在实际条件下，下层路面的高程 H_1、松铺层的高层 H_2 以及混合料在压实前后的密度 ρ、ρ' 都是一些随机变量，但对于任一路面单元柱体的混合料来说，它在压缩过程中的变形仍应遵循式(6)所表达的关系：

$$\Delta H = H\left(1 - \frac{\rho}{\rho'}\right)/(1 - 2\mu)$$

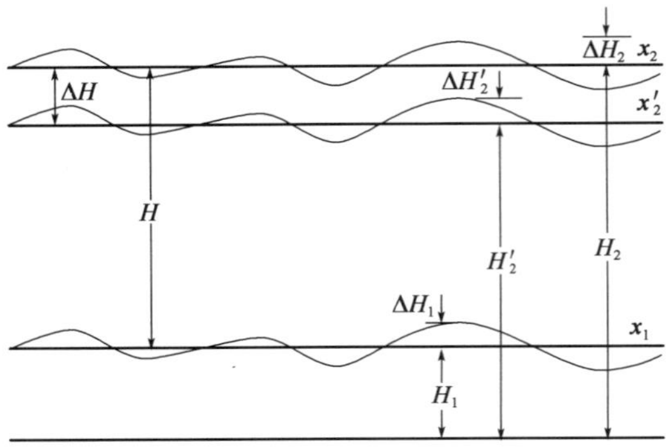

图6　各基本因素综合作用下的平整度传递原理

设在图6中 x_1 代表下层路面凹凸不平纵断面的平均线，它在高度方向的坐标为 H_1；x_2 代表松铺层纵断面的平均线，它的坐标为 H_2；x_2'则代表了压实后成型路面在相应纵断面上的平均线，它的坐标为 H_2'。根据式(6)的关系可写出在各纵断面对应点上混合料压缩量与相应松铺层厚度的关系：

$$\Delta H - \Delta H_2' + \Delta H_2 = (H - \Delta H_1 + \Delta H_2)\left(1 - \frac{\rho}{\rho''}\right)/(1 - 2\mu)$$

由于

$$\Delta H = H\left(1 - \frac{\rho}{\rho'}\right)/(1 - 2\mu)$$

在以上两式中消去 ΔH，经整理后可得：

$$\Delta H_2' = \Delta H_2 + (\Delta H_1 - \Delta H_2)\left(1 - \frac{\rho}{\rho'}\right)/(1 - 2\mu) \tag{12}$$

设 q 为混合料的压缩比，即 $q = \rho/\rho'$，并略去材料横向变形($\mu = 0$)，则可将式(12)改写为

$$\Delta H_2' = (1 - q)\Delta H_1 + q\Delta H_2 \tag{13}$$

式(13)表示了下层路面纵断面高程 H_1 和松铺层高程 H_2 的波动、压缩比 q 的波动与成型路面纵断面 H_2'的波动之间在压实过程中的传递关系，但并没有包括在碾压过程中直接叠加在成型路面上附加的不平整。因此，实际成型路面纵断面的波幅 $\Delta H_2'$还应叠加上碾压过程附加不平整的波幅 δ_3，由此：

$$\Delta H_2' = (1 - q)\Delta H_1 + q\Delta H_2 + \delta_3 \tag{14}$$

应该指出式(14)只是代表了各种影响成型路面平整度基本因素在碾压过程中的传递关系，因为 ΔH_1、ΔH_2、q 和 δ_3 都是一些随机变量，因此用式(14)来直接计算 H_2'是没有实际意义的。但式(14)却可以为进一步估算这种传递关系的概率统计规律提供依据。

从以上的分析中可以得出以下几点结论：

①参与和影响平整度传递的并不仅仅是下层表面的不平整，而且所有影响摊铺和压实过程平整度的因素，包括来自摊铺作业和基准方面的因素，以及压实作业方面的因素，都参与了这种平整度的传递过程，而上层路面的平整度则是所有这些因素综合作用的结果。

②虽然影响平整度的因素众多，但它们的影响都是通过以下四个基本随机变量传递给成型路面的：松铺层的平整度、下层路面的平整度、压缩比的不均匀度和碾压过程的附加不平整。

③所有上述这些影响因素以及它们的叠加综合作用都带有很大的随机性和不确定性，任何企图用建立某种数学模型的方式来计算上、下层平整度之间的传递关系都会变得脱离实际，因而也是不可取的。

④虽然参与和影响路面平整度的各种因素大多带有很大的不确定性，但是它们都是有界的，而且因受到某些确定性趋势的制约而在总体上呈现某种统计意义上的规律性。因此，通过对大量数据的概率统计分析将有可能获取平整度传递过程的某种统计规律。

3　平整度传递规律的试验研究

如前所述，路面平整度的传递规律只能通过概率统计的方式来获取，而大量的试验数据则是进行这种分析的基础。泰安市公路局与西安公路交通大学合作在京沪高速公路化临段10km的试验路段上进

行了一项大规模的试验研究。试验研究的目的首先是希望在分离影响平整度传递过程基本因素的基础上揭示出在不同条件下它们在传递过程中所占的比重,从而可以有针对性地在施工中采取措施来改善沥青路面的平整度。研究的第二个目的是希望通过大量平整度测试数据的统计分析获取路面平整度传递过程的概率统计规律,从而合理地确定路面各结构层平整度的控制数值。由于影响沥青路面平整度的因素通常是相互关联的,对它们的分离有较大难度,因而需要在试验研究的方法和手段方面进行某些必要的准备。

3.1　试验方案和方法的准备

首先讨论利用随机误差的分配和传播理论来分离平整度影响因素的可能性。众所周知,随机误差的传播理论可表达如下:

设某一产品的质量指标 Z 是由若干独立的基本因素 $x_1,x_2,\cdots,x_n$ 决定的,亦即

$$Z = f(x_1,x_2,\cdots,x_n)$$

如这些自变量均为某种常态分布的随机变量,则因变量 Z 亦为一常态随机变量,且在因变量的均方差 σ_Z 与自变量的均方差 $\sigma_1,\sigma_2,\cdots,\sigma_N$ 之间存在有以下关系:

$$\sigma_Z^2 = a_1^2\sigma_1^2 + a_2^2\sigma_2^2 + \cdots + a_n^2\sigma_n^2 \tag{15}$$

式中,$a_1 = \dfrac{\partial Z}{\partial x_1}, a_2 = \dfrac{\partial Z}{\partial x_2},\cdots,a_n = \dfrac{\partial Z}{\partial x_n}$为传递系数。

以上的关系为分离自变量的均方差提供了某些可能:

(1)如果有某一难以分离的自变量,其自身虽然无法测量,但它与另一可测量的自变量合成之后却是可以测量的,那么只要测定了合成变量与另一自变量之后就可以根据式(15)推算出这一自变量的均方差。

(2)如果在 n 个自变量中有某个自变量既难以测量又无法与另一自变量合成,但其余的自变量却都是可以测量的,或与其他自变量合成后也是可以测量的,那么在测定因变量的基础上仍可根据式(15)推算出所要分离的自变量的均方差。

(3)由于随机误差这种平方和的关系放大了自变量均方差之间的差异,将使其中的某些均方差值处于主导地位,当这种差异大到一定程度时,那些较小的均方差值已可略去不计。例如设 $\sigma_Z^2 = a_1^2\sigma_1^2 + a_2^2\sigma_2^2$,当 $a_1\sigma_1$ 为 $a_2\sigma_2$ 的3倍时,略去 σ_2 导致 σ_Z 的差异已只有5%;当 $a_1\sigma_1$ 为 $a_2\sigma_2$ 的5倍时,这种差异为2%;当10倍时则差异仅为0.5%。

将上述原则应用于沥青路面平整度影响因素的分解,就有可能将它们的均方差从成型路面平整度的均方差中分离出来。如第一节所述,影响路面平整度的因素基本上可以分为三类,即摊铺作业与参考基准方面的因素、碾压作业方面的因素、下层路面平整度方面的因素。如果进一步从传递机理的角度来分析,则可以指出摊铺作业的因素和基准误差的因素都是通过松铺层的平整度传递到成型路面上来的。因此,两者的均方差可以合成为一新的自变量松铺层平整度的均方差来参与成型路面平整度的综合过程,亦即

$$\sigma_2^2 = a_R^2\sigma_{R\varepsilon}^2 + \sigma_P^2 = \sigma_R^2 + \sigma_P^2 \tag{16}$$

式中:σ_2——松铺层平整度的均方差;

$\sigma_{R\varepsilon}$——摊铺参考基准误差的均方差;

σ_R——基准误差传递到松铺层平整度上的均方差;

a_R——基准误差的传递系数;

σ_P——摊铺作业因素传递到松铺层平整度上的均方差。

这样,如果能直接测定出松铺层平整度的均方差 σ_2,即可避免测定基准误差和传递系数的种种困难而通过式(16)在已知 σ_P 的基础上推算出 σ_R 来。关于基准误差还应指出,当采用多点浮动均衡梁式的移动基准时,由于平均化作用已将绝大部分频率较高的成分滤去,而只剩下缓慢变化的高程误差,它

们对以 3m 作为测量支承长度的均方差测定并无影响,因而传递到松铺层上的基准误差将会大大减少。

在对平整度传递方面的因素做进一步分析时则可指出传递过程中离析、温度不均匀、碾压参数不一致等因素对平整度的影响是通过压缩量的不均匀来传递的,因而可通过压实度的测定来估计:而碾压过程中由于材料推移、操作不当等因素造成的附加不平整将直接反映在压实成型的路面上,其传递系数等于1。虽然它本身很难独立测定,但在采用高性能的沥青路面与压实机械和正确操作压路机的情况下,这种附加不平整通常是很小的。

如前所述,影响沥青路面平整度的各种因素,从传递机理的角度考虑可归纳为以下四个基本因素:松铺层平整度、压缩比不均匀、下承层的不平整和碾压过程中的附加不平整。它们的均方差与因变量(成型路面平整度)之间存在着式(14)所表述的传递关系。

对式(14)分别求 $\Delta H'_2$ 对 q、ΔH_1、ΔH_2、δ_3 的偏导数,可得:

$$\frac{\partial \Delta H'_2}{\partial q} = \Delta H_2 - \Delta H_1, \quad \frac{\partial \Delta H'_2}{\partial \Delta H_1} = (1-q), \quad \frac{\partial \Delta H'_2}{\partial \Delta H_2} = q, \quad \frac{\partial \Delta H'_2}{\partial \delta_3} = 1$$

根据误差传递理论,即可从式(14)中推导出平整度传递过程中因变量和自变量均方差之间的传递关系

$$\sigma'^2_2 = (1-q)^2\sigma_1^2 + q^2\sigma_2^2 + (\Delta H_2 - \Delta H_1)^2\sigma_q^2 + \sigma_3^2 \tag{17}$$

式中:σ'_2——成型路面平整度的均方差;

σ_1——下承层路面平整度的均方差;

σ_2——松铺层路面平整度的均方差;

σ_q——路面材料压缩比的均方差;

σ_3——碾压过程附加不平整的均方差。

如前所述,在使用高性能的压路机和正确操作的条件下,σ_3 一般是很小的,而且很难单独进行测量,因而可以将它与 σ_q 合成一并来考虑。

设:

$$\sigma'^2_2 = \sigma_q^2 + \left(\frac{\sigma_3}{\Delta H_2 - \Delta H_1}\right)^2 \tag{18}$$

则式(17)可改写为

$$\sigma'^2_2 = (1-q)^2\sigma_1^2 + q^2\sigma_2^2 + (\Delta H_2 - \Delta H_1)^2\sigma'^2_q \tag{19}$$

这样,根据式(16)和式(19),通过直接测定以及对不同试验工况的结果进行对比就可以在成型路面平整度的均方差中将各基本因素的均方差分离出来,并确定它们在因变量均方差的综合过程中各自所占的比重。为进行上述工作首先要解决松铺层平整度的测量问题,为此自制了 3m 滑靴式的平整度跟踪测量仪,在使用中取得了较好效果。同时在制订摊铺工艺时也作了相应考虑,在摊铺下面层时采用双挂线参考基准,而在中面层和上面层的摊铺中采用了多点浮动均衡梁式的移动基准,这样的工艺安排为设计不同的试验工况提供了可能。此外,为了能对不同试验工况的结果进行对比,必须要求基层、下面层、中面层、上面层平整度的检测应该在同一测量带上逐一进行。

在上述准备工作的基础上制订了上面层、中面层、下面层平整度传递过程中的试验方案(表1)。各试验方案是基于以下几点考虑来制订的:

(1)在上面层的试验工况中,由于中面层的摊铺已经采用了多点移动基准,所以当再次采用多点移动基准来摊铺上面层时,在所测定的松铺层均方差中参考基准误差的影响已极小而可略去不计。此时松铺层平整度的均方差 σ_2 即可代表摊铺作业因素反映在松铺层平整度上的均方差 σ_P。

(2)在中面层的试验工况中,摊铺作业因素引起的松铺层平整度均方差 σ_P 应该和上面层摊铺时相当。参考基准误差传递到松铺层平整度上的均方差 σ_R,由于采用了多点移动基准,同样应是很小的,但因其参考表面(下面层)的平整度较差,可能还会有部分谐波未被完全滤去,因而可在测量 σ_2 的基础上根据式(16)推算出 σ_R 来。

面层平整度传递过程的试验方案　　表1

试验方案	Ⅰ	Ⅱ	Ⅲ
试验工况	上面层摊铺	中面层摊铺	下面层摊铺
试验条件	采用多点浮动式移动基准，下承面平整度高	采用多点浮动式移动基准，下承面平整度较差	采用双挂线弦线基准，下承面平整度差
测定值	σ_1、σ_2、σ_2'	σ_1、σ_2、σ_2'	σ_1、σ_2、σ_2'
分离值	σ_P、σ_q'	σ_P、σ_R、σ_q'	σ_P、σ_R、σ_q'

(3)在下面层的试验工况中，摊铺基准采用的是弦线参考基准，它的误差较大，因而σ_R在松铺层平整度均方差σ_2中占有较大比重，而σ_P的值较小且可认为是已知的。此时基准误差传递到松铺层平整度上的均方差σ_R可以在测定σ_2的基础上按式(16)推算出。

(4)在上述三个试验方案中，碾压过程影响因素的均方差σ_P'均可在测定σ_1、σ_2、σ_2'的基础上根据式(19)推算出。

3.2　松铺层平整度均方差及自动找平作业和基准误差影响的估计

在对松铺层平整度的测试数据进行分析时，所显示的一个重要特点就是在不同的试验工况下，σ_2有着很大的差异，而且主要是由于采用不同参考基准而引起的。这表明摊铺参考基准的误差在松铺层平整度均方差的综合过程中起着举足轻重的作用。表2列出了在不同的试验工况下的一些典型的测试结果。

不同试验工况和条件下的典型测试结果　　表2

序号	试验工况	松铺层平整度均方差			下承面平整度均方差σ_1(mm)	碾压因素波动均方差σ_q'(%)	成型路面平整度均方差σ_2'(mm)
		σ_P(mm)	σ_R(mm)	σ_2(mm)			
1	上面层摊铺6K+700~800(右)	0.46	0	0.46	0.51	0.86	0.51
2	下面层摊铺3K+250~330(右)	0.50	1.23	1.33	1.58	0.87	1.22
3	下面层摊铺3K+250~450(右)	0.50	0.89	1.02	1.98	0.88	1.05
4	下面层摊铺1K+620~710(左)	0.50	1.91	1.97	2.04	1.82	1.96
5	下面层摊铺2K+270~360(左)	0.50	0.88	1.01	2.59	0.67	1.04
6	上面层摊铺7K+800~900(右)	0.41	0	0.41	0.75	0.54	0.42

从表2中可看到在序号1的试验结果中，由于上、中面层的摊铺都采用了多点移动基准的摊铺工艺，下承面(中面层)的平整度已经相当高($\sigma_1=0.51$mm)。以如此高平整度的表面作为参考基准再进行一次平均化处理，其基准误差已可略去不计，因而可认为$\sigma_R=0$而$\sigma_P=\sigma_2$。从序号1的数据中还可看到均方差σ_2在数值上是很小的($\sigma_2=0.46$)，这说明在采用高性能沥青摊铺机的场合，摊铺作业本身可以达到很高的精确度。序号2的试验是在采用弦线基准的条件下进行的，对挂线误差也未做严格要求，此时松铺层平整度的均方差将受基准误差的影响而大大增加。将序号2的试验结果与序号1相比较，前者的σ_2是后者的2.9倍。图7是序号2试验的松铺层平整度测试曲线，从图中可看到在整个测区内除了2K+298~313(图中48~53m处)的区段外，其余部分的测试数据还是相当平稳的，除2K+

300(图中 50m 处)的桩号外,在其余各桩号上的测试数据变化也不大(最大与最小之差为1.64mm)。但是在 2K +300(图中 50m 处)桩号上的测试数据在该桩号附近大幅度跳动,显然这是挂线的过失误差所造成的。由于这一原因,尽管测试数据从整体上来看比较平稳,但整个测量区段的松铺层均方差仍高达1.33mm。实际上采用常规的 DS_3 级水准仪进行高程测量,由于其标尺的刻度分辨率为 5mm,再加上扶尺不正引起的误差,在不经心的情况下发生 3 ~ 5mm 的读数误差是完全可能的。弦线支撑点的安装误差,如用钢卷尺随意量一下,发生 2 ~ 3mm 的误差也是常事。至于由于弦线张紧度不够而导致 1 ~ 2mm 的垂度误差则更是容易发生的。因此在没有严格控制的情况下,弦线参考基准产生 ±(5 ~ 8)mm 的最大误差范围是完全可能的,当然由于浮动熨平板的滤波作用,这些误差传递到松铺层上时将会有较大的减缓。图 8 显示了由于弦线张紧度不够而造成的松铺层表面参照基准弦线下垂的仿形结果。可以明显地看到图中的曲线是由两类波形组成的,较高频率的波动反映了各种随机因素的作用,而缓慢变化的趋势项则显示了悬链线的形状。它在每个立杆处有一高点,而在两杆之间的中部有一低点,明显地表示出仿照松弛弦线下垂的形状。

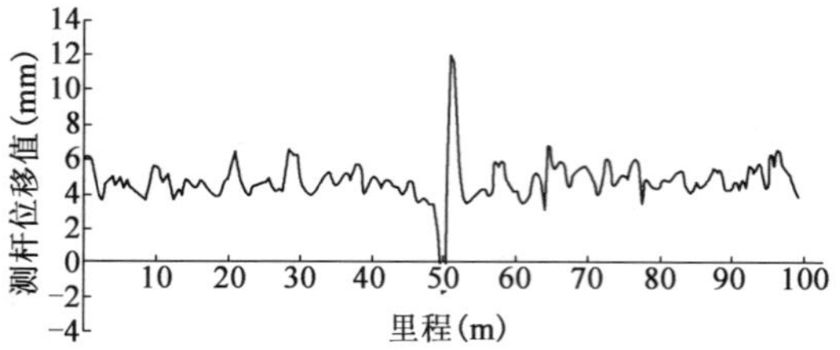

图 7　序号 2 试验的松铺层平整度测试曲线

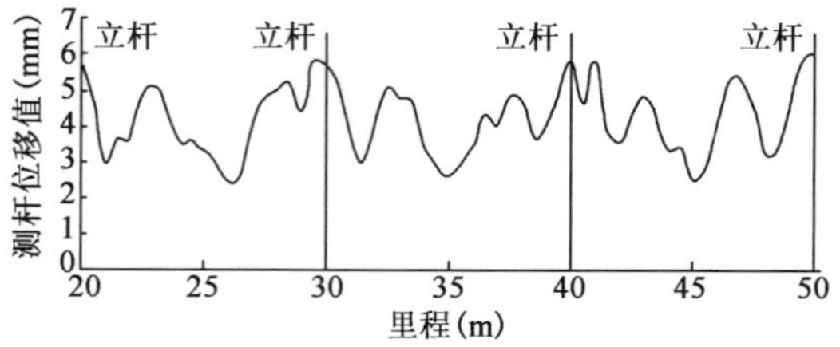

图 8　弦线张紧度不足对松铺层表面的影响

总结以上讨论,对于松铺层以至于成型路面平整度的好坏,弦线参考基准的误差起着十分重要的作用,在许多场合下往往处在主导的地位。鉴于此,在试验路段的施工中有一系列严格控制弦线基准误差的措施。贯彻这些措施后,下面层摊铺作业的平整度有了明显提高,在严格控制弦线基准误差的情况下,松铺层平整度的均方差大体上可控制在 1mm 左右(参看序号 3 试验结果),而下面层成型路面的平整度则可控制在 0.9 ~ 1.1mm。

从松铺层平整度的测试资料中还常常可以看到,由于摊铺机操作不当而导致平整度严重恶化的情况。当摊铺机操作不当时,例如长时间停机待料,随意摇动厚度调节手柄,因自卸汽车卸料衔接不好或螺旋分料器操作不当造成的分料器外侧缺料等都可能严重破坏松铺层的平整度,从而最终导致成型路面平整度的恶化。序号 4 的测量结果就是一典型的实例(图 9),在这一例子中松铺层的平整度均方差高达 1.97mm,而成型路面的平整度也相应变坏,均方差达到了 1.96mm。

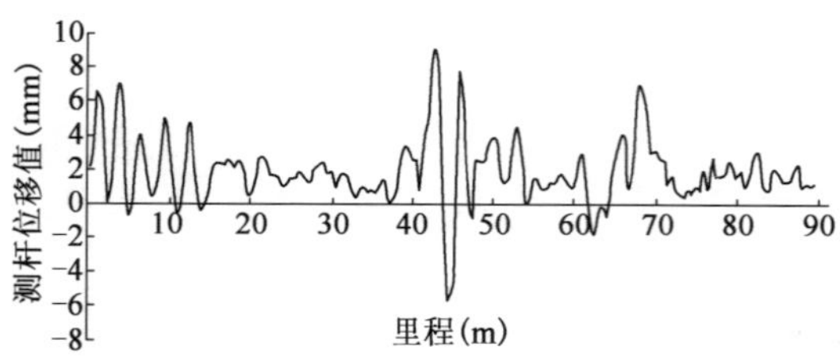

图 9　序号 4 试验的松铺层平整度测试结果

3.3　下承面平整度反射作用的估计

一般认为,下承面的凹凸不平是导致成型路面不平整的一个重要因素,但是不论是我们的试验研究还是理论分析的结果都表明,对这一认识需要作出某些修正。下承面平整度对上层路面平整度的影响是不能一概而论的,在某些场合下它的影响可能会大一些,而在多数场合下这种影响并不会很大。序号 5 的试验结果就是一个实际的例子,它的试验工况是下面层摊铺,在这里可以看到尽管基层路面平整度的均方差高达 2.59mm,但由于松铺层平整度的均方差相对较低(σ_2 = 1.01mm),而经受压实后的下面层,其平整度的均方差仍只有 1.04,远低于序号 4 的试验结果,而与序号 3 的结果相近。从随机误差传递理论的角度来分析,在式(17)中可以看到下承面平整度的传递系数与松铺层平整度的传递系数是不一样的,前者为 $1 - q$ 而后者则为 q。考虑到沥青混合料的压缩比 q 通常在 0.75 ~ 0.85,则前者的传递系数将会是后者的 3 ~ 5.6 倍,经平方的放大作用后两者差异还将进一步扩大,这表明下承面平整度对成型路面的影响将远远小于松铺层平整度的影响，特别是对于采用弦线参考基准的下面层摊铺来说，基层平整度的影响通常是很小的。

当然，还应看到当松铺层的平整度大幅提高后，例如在摊铺上面层的场合，摊铺作业已经达到了很高的精度，此时中面层平整度的影响程度就相对突出了。序号6的试验结果就是这样一个实例，在这里可看到下承面（中面层）平整度的影响因素在上面层平整度均方差σ'_2的综合过程中所占的比重约为13%。

3.4　碾压因素对成型路面平整度影响的估计

如前所述，碾压因素对路面平整度的影响主要是由压缩比的不均匀和碾压过程的附加不平整两部分组成的，而且可以合成为一个因素并用均方差σ'_q来估计。在已测定了σ_1、σ_2、σ'_2的条件下，即可按式（17）来估算σ'_q。由于下面层的厚度较大，集料粒径也较大，因而较难压实，σ'_q的数值会大一些；中面层的σ'_q则较小，而上面层由于摊铺厚度为40mm，压实较易均匀，σ'_q值还会更小一些。表3是根据试验资料整理的σ'_q估算结果。

平整度均方差指标与3m直尺指标的对应关系　　表3

试验工况	上面层摊铺	中面层摊铺	下面层摊铺
碾压因素均方差σ'_q的波动范围	0.55～1.25	0.6～1.4	0.8～1.7

3.5　平整度均方差指标与3m直尺指标的相对应关系

在《公路工程质量检验评定标准》（JTJ 071—94）中，对高速和一级公路规定了用3m平整度仪测定的均方差1.8mm对应于用3m直尺测定的最大间隙3mm。在修订后的JTJ 071—98的标准中取消了高速和一级公路的3m直尺指标，但保留了对其他公路的3m直尺5mm与3m平整度仪均方差2.5mm的对应关系。标准修订说明中没有解释确定这一对应关系的依据。在实际施工中有许多复杂的因素影响着这种对应关系，因此均方差与单尺测量的最大间隙之间的对应关系本身就带有很大的不确定性。首先由于均方差是一个平均值，它不仅与某一个别的大偏差值有关，而且还与整体的偏差水平有关。例如在一个100m的测量区间，如果有一3m左右的局部地段路面凹凸不平的偏差较大，用直尺测量最大间隙超过了3mm，但其余部分的偏差却都很小（图10a），而另一测量区段虽然没有一处用3m直尺测量的最大间隙超过3mm，但整体的波动却较大（图10b），那么当用平整度仪测量时，前者的均方差很可能大大低于后者。其次，从3m直尺的检验方法来看，标准规定每200m检查2处，每处连续测量10尺。如果在某一200m测区中存在最大间隙超过3mm的地段，由于不是全长测量，所以连续测量的两个10尺是否正好能碰上这一超值区段也还有一个概率多少的问题，而这一概率显然与超值区段的长度和数量有关，故有许多不确定因素。

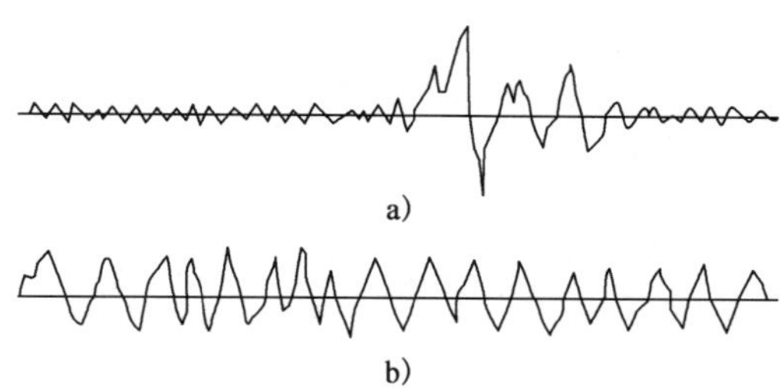

图10　测量值整体偏差水平对均方差值的影响

由此可见，非要在均方差与单尺测量最大间隙之间给出一个确定的对应关系是没有意义也是不科学的。但是在实际工作中由于存在着两种平行的检验标准，也确实存在着这样的需要，哪怕是给出某种大体范围内的对应关系。为此，在试验研究中对这一问题也专门作了考察，从所取得的资料来看，有一点是可以明确指出的："将与最大间隙3mm相对应的均方差值定为1.8mm显然偏大。"在试验中可以找出许多例子来证明这一结论，图11显示的就是其中的一个典型。图中的曲线是下面层一个100m区间（2K+500～600）的平整度检测结果，在这一曲线上有三处测量值存在着严重跳动，分别在526～534.5、534.5～540.5和591～596三个区段，跳动的最大

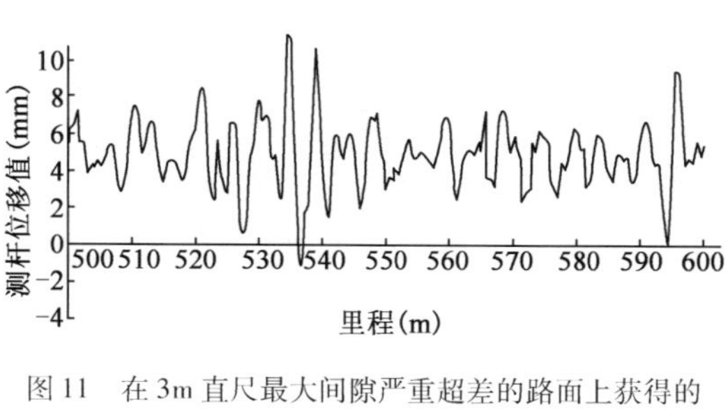

图11　在3m直尺最大间隙严重超差的路面上获得的平整度测试数据

幅值分别达到 8.5mm、12.8mm 和 10.2mm。用 3m 直尺在这三处测量所得的最大间隙分别为 6.2mm、9.4mm 和 7.5mm，而用八轮平整度仪测定的均方差以及按曲线数据处理所得的均方差值为 1.78 和 1.79，均未超过 1.8mm 的允许偏差。从这一实例中就可看到 1.8mm 和 3mm 之间的对应关系是明显不合适的。在归纳一些超差区段测试数据的基础上可以得出两者对应关系大体上的一个估计范围：

$$最大间隙 = (3 \sim 4)\sigma_{100}$$

式中，σ_{100} 为 100m 测量区段的均方差。

3.6 平整度传递过程各基本因素所占比重和上面层平整度的质量检验结果

在分离各基本因素均方差的基础上，对上面层、中面层、下面层平整度均方差的构成进行了分解。通常，平整度均方差的测定数据呈现为某种离散型的概率分布，其两端较小和较大的部分出现的概率很小但却可在变量轴上延伸很长。在归纳平整度的波动范围时，如将区间概率确定得过大，就会使平整度的变化范围扩展得很大，也就失去了实际参考的价值。因此在数据处理时舍弃了两端过小和过大的部分，按 85% 的"概率"给出平整度均方差的变化范围。根据 10km 试验路段测试数据归纳的沥青面层各结构层平整度均方差的波动范围及其基本构成见表 4。

各层路面平整度均方差的波动范围及其基本构成　　表 4

各层路面平整度均方差 σ_2'(mm) 的波动范围		平整度均方差的基本构成				
		松铺层平整度均方差 σ_2(mm)			下承面平整度均方差 σ_1(mm)	碾压因素均方差 σ_q'(%)
		σ_P	σ_R	σ_2		
上面层	0.40 ~ 0.60	0.40 ~ 0.50	0	0.40 ~ 0.50	0.50 ~ 0.80	0.55 ~ 1.25
中面层	0.50 ~ 0.80	0.40 ~ 0.50	0.25 ~ 0.35	0.50 ~ 0.60	0.80 ~ 1.20	0.60 ~ 1.40
下面层	0.80 ~ 1.20	0.40 ~ 0.50	0.65 ~ 1.15	0.75 ~ 1.25	1.30 ~ 2.50	0.80 ~ 1.70

在化临路一合同段施工工程完全结束后，由交通部筑路机械测试中心按交通部发布的《公路路基路面现场测试规程》(JTJ 059—95) 对 10km 试验路段全线进行了表面层平整度质量检验，其检测结果见表 5。

路面平整度质量检验结果　　表 5

平均值 x(mm)	标准差 S(mm)	变异系数 C_V(%)	代表值 x'(mm)	备　注
0.502	0.059	11.8	0.512	表中代表值的计算取置信概率为 95%

需要指出，表 5 的检测结果以及表 4 所列的数据是在对施工各环节都进行了严格控制的条件下取得的，应该说已接近于所使用机械工作精度的极限。它们只是说明了在使用现代高性能摊铺、压实机械的条件下可能达到的水平，在一般施工条件下是不适宜作为对路面平整度的施工质量标准来要求的。

4 平整度传递的概率统计规律

4.1 平整度均方差的概率分布

路面平整度均方差由于各种随机因素的作用，即使在严格采用同样摊铺、碾压工艺的条件下，通常仍将呈现为带有一定离散性的概率分布特性。图 12 ~ 图 14 是化临路 10km 试验路段下面层、中面层、上面层平整度均方差的频率分布直方图。从这些图形中可看到平整度均方差的概率分布显然是一种非常态分布，从频率密度变化的走向来看可归纳出以下一些特点：

(1) 与常态分布不同，频率密度分布在左方并没有负数，直方图的起始点甚至并不是从零开始的。这一现象可以解释如下：平整度最好的极限情况只能是路面绝对平整而无任何微小起伏，此时路面平整度的均方差为零。因此平整度指标的非负性是显而易见的；同时在一定的条件下，路面的铺筑精度也不可能达到零误差，因而平整度的均方差就不可能为零。显然，概率密度曲线的起始点将受到一定条件下的极限铺筑精度的制约而趋向于这一极限精度。

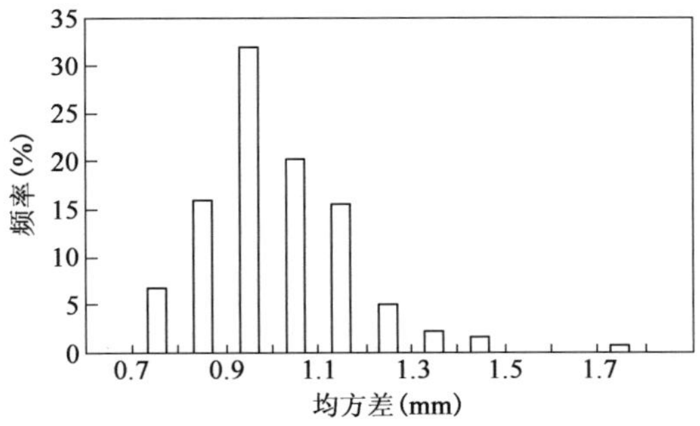

图 12　下面层平整度均方差的频率分布直方图

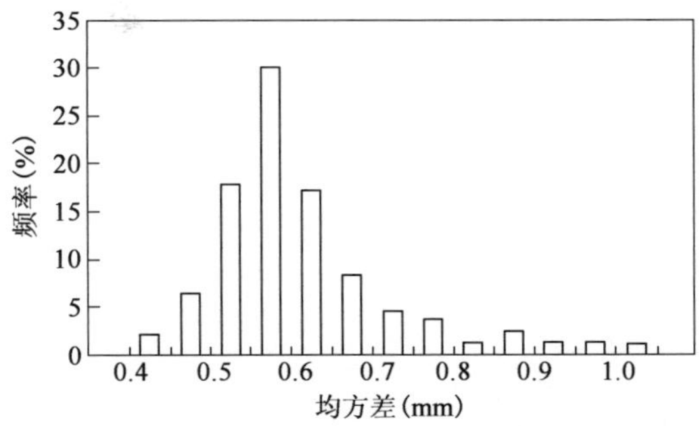

图 13　中面层平整度均方差的频率分布直方图

(2)如以 δ 来表示概率密度为零处的平整度均方差(横坐标 $x=\delta$),则 δ 的数值将取决于松铺层的平整度、下承面的平整度、压缩比的均匀性和碾压过程的附加不平整这些随机因素综合作用的结果。显然,这些因素的随机误差愈大则 δ 值也愈大。这一点在对比图 12 和图 13、图 14 时就可明显地看出,下面层、中面层、上面层平整度频率分布直方图的起始点是不一样的,下面层最大($\delta=0.675$mm),中面层居中($\delta=0.375$mm),而上面层最小($\delta=0.275$mm)。

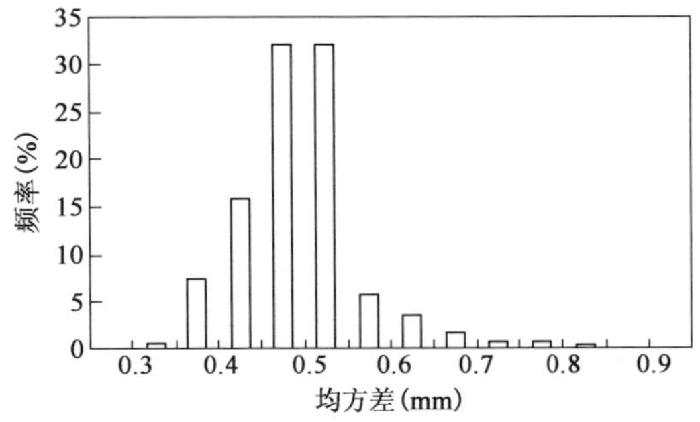

图 14　上面层平整度均方差的频率分布值

(3)图 12 ~ 图 14 所提供的频率分布直方图明显地呈现出不对称的特点,与频率密度最高点相应的 x 值(众数)并不位于数据分布区间的中部,而是偏向于其起始点,从而造成分布直方图在正向带有“长尾”。

(4)对比下面层、中面层、上面层的分布图形,则可指出上面层、中面层的分布图形比较尖峭而下面层的图形则较平坦,这种分布图形的差别同样说明了下面层铺筑过程的随机误差与上面层和中面层相比要大得多。

对于非对称分布的理论模型的建立可以利用皮尔森Ⅲ型曲线来进行。皮尔森Ⅲ型密度分布具有以下普遍形式:

$$f(x)=\frac{\beta^{\alpha}}{\Gamma(\alpha)}(x-\delta)^{\alpha-1}e^{-\beta(x-\delta)},\quad \delta<x<+\infty \tag{20}$$

式中:δ——分布曲线起始点的横坐标;

$\Gamma(\alpha)$——α 的 Γ 函数;

α、β——分布函数的参数。

皮尔森Ⅲ型分布又称 Γ 分布,它的三个参数 δ、α、β 可以由分布的头三阶矩来确定。表 6 列出了上述不对称频率分布的一些数字特征。

平整度均方差的分布特征　　表 6

平整度均方差分布特征	平均值 $\bar{S}$ (mm)	离差 S_s (mm)	分布起始点 δ (mm)	离差系数 C_v	偏倚系数 C_S
下面层	1.01	0.160	0.650	0.158	0.889
中面层	0.617	0.119	0.375	0.490	0.980
上面层	0.494	0.071	0.275	0.147	0.648

4.2　下承面平整度向上层路面反射的概率统计规律

在分析路面平整度传递的概率统计规律时,一个令人感兴趣的问题是:在下承面平整度一定的情况下,上层路面平整度的分布规律。图 15 ~ 图 17 分别是下面层、中面层、上面层的平整度在它们的下承面平整度均方差具有不同数值的场合下所呈现的频率密度分布情况。

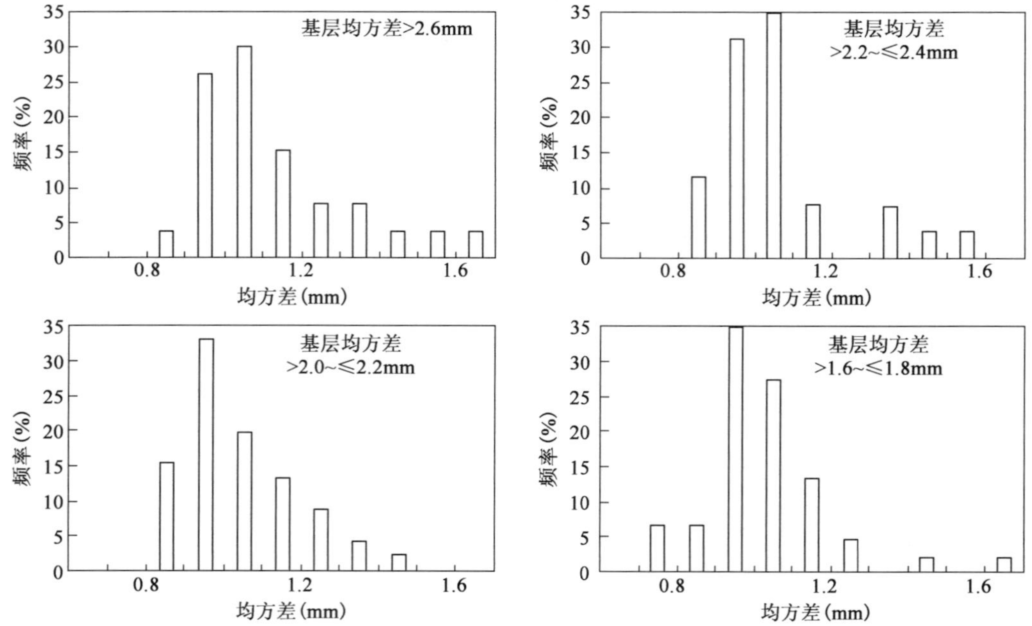

图 15　基层具有不同平整度时下面层平整度的频率分布直方图

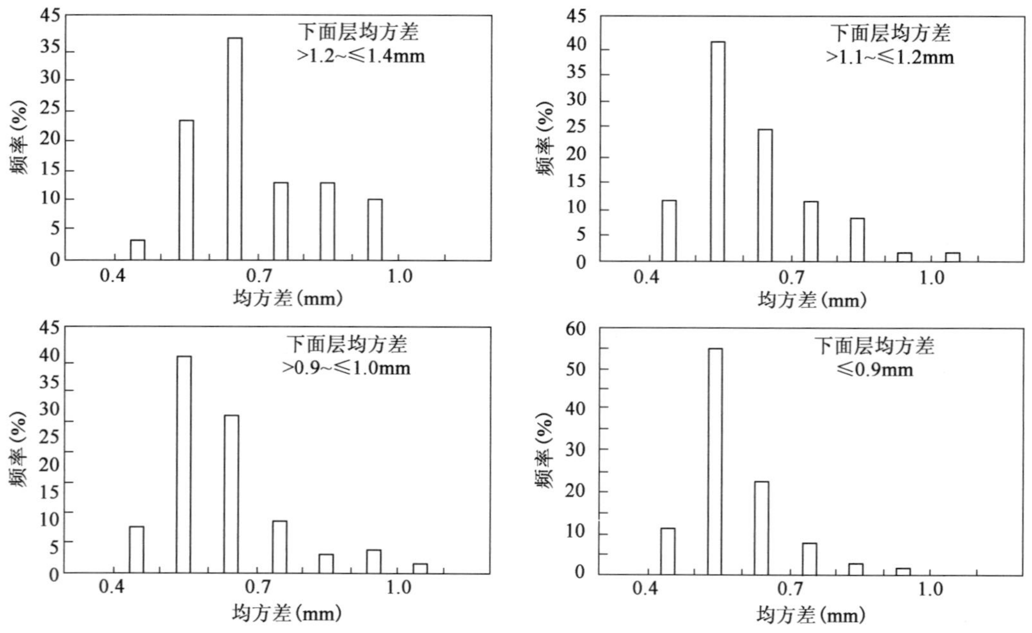

图 16　下面层具有不同平整度时中面层平整度的频率分布直方图

从上述各图中可以看到,所有的频率分布直方图的图形均带有明显的不对称性而类似于以上所介绍的偏倚分布。

从图 15 中还可看到,对于下面层来说,当它的下承面(基层)具有不同平整度均方差时,其频率分布直方图的偏倚程度是不同的。但在基层平整度均方差小于 2.20mm 后的场合下,下面层的平整度分布图形已没有太大本质的差别。在基层平整度均方差为 2.60 ~ 2.40mm 和 2.40 ~ 2.20mm 的场合下,下面层平整度分布图形的偏倚程度有所增大,但只要基层平整度不超过 2.60mm,分布直方图的变化仍不算太大。

中面层和上面层也有类似的情况(图 16 和图 17)。对于中面层来说,当下面层的平整度均方差小于 1.20mm,分布直方图的变化就不明显了,而对于上面层来说这一界限为≤0.75mm。

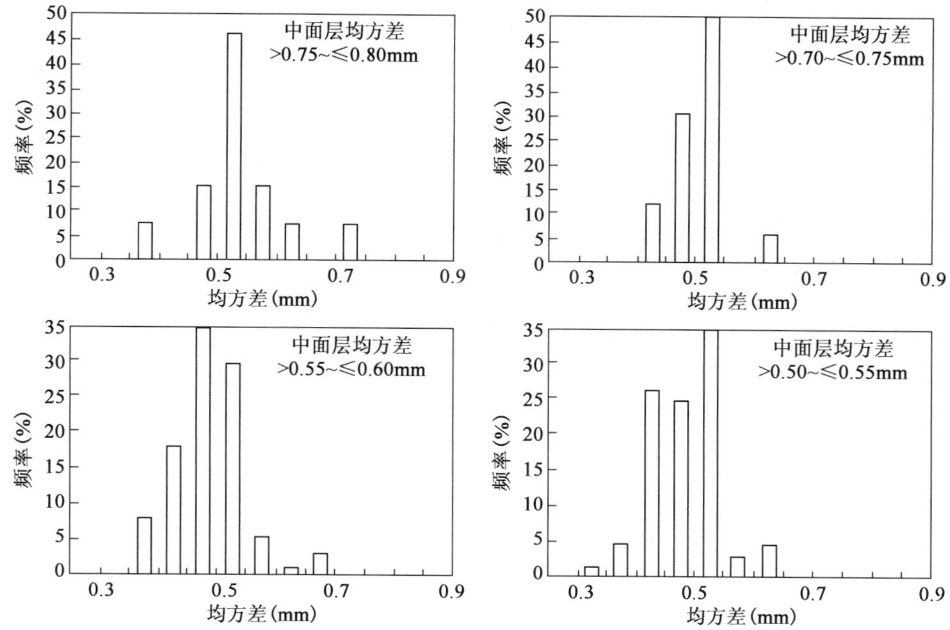

图 17　中面层具有不同平整度时上面层平整度的频率分布直方图

对频率分布数据进一步分析所得的分布数字特征更好地显示出在下承面具有不同的均方差时,上层路面平整度分布的变化规律。表 7 列出了下面层、中面层、上面层各频率分布的数字特征。表 7 中 $\bar{S}_x$ 代表按 100m 测量区间测定的各平整度均方差的平均值,S_S 则是代表均方差离散程度的标准差,F_S 是平整度均方差≤S 时的累积概率(对于下面层 $S=1.2$mm、中面层 $S=0.8$mm、上面层 $S=0.55$mm)。

从表 7 中可以看到对于下面层,它们分布的数字特征在基层的平整度均方差降低至某一限值之后,其变化就不明显了。这充分说明了基层的平整度提高到一定程度后,它对上层路面的反射影响将淹没在诸多的随机因素之中,正是这一事实为我们控制下面层平整度的传递提供了依据。对于中面层和上面层来说,随着下层路面平整度均方差的减小,其上层路面平整度均方差的离散程度在减小,偏倚程度也在减缓,均方差的平均值则向均方差坐标的原点移动,而下承层的平整度对上层路面平整度的影响已不明显了。

在下承面具有不同均方差时上层路面平整度分布的数字特征　　表 7

下承面平整度均方差	下面层			中面层			上面层		
	$\bar{S}_x$	F_x	S_x	$\bar{S}_x$	F_x	S_x	$\bar{S}_x$	F_x	S_x
>2.60	1.12	74.4	0.199						
≤2.60 ~ >2.40	1.03	94.7	0.132						
≤2.40 ~ >2.20	1.06	84.6	0.180						
≤2.20 ~ >2.00	1.04	84.1	0.151						
≤2.00 ~ >1.80	1.03	85.0	0.177						
≤1.80 ~ >1.60	1.03	90.7	0.167						
≤1.60	0.98	95.3	0.150						
≤1.60 ~ >1.40				0.75	61.5	0.141			
≤1.40 ~ >1.20				0.69	76.7	0.135			
≤1.20 ~ >1.10				0.63	88.5	0.130			

续上表

下承面平整度均方差	下面层			中面层			上面层		
	$\bar{S}_x$	F_x	S_x	$\bar{S}_x$	F_x	S_x	$\bar{S}_x$	F_x	S_x
≤1.10 ~ >1.00				0.63	91.0	0.120			
≤1.00 ~ >0.90				0.59	89.9	0.134			
≤0.90				0.59	95.5	0.097			
>0.80							0.54	70.8	0.059
≤0.80 ~ >0.75							0.54	69.2	0.082
≤0.75 ~ >0.70							0.50	93.8	0.048
≤0.70 ~ >0.65							0.51	75.0	0.066
≤0.65 ~ >0.60							0.49	85.2	0.078
≤0.60 ~ >0.55							0.49	90.5	0.063
≤0.55 ~ >0.50							0.48	91.8	0.062
≤0.50							0.49	93.3	0.057

注：F_x 为平整度均方差≤s 时的累积频率，对于下面层 $S=1.2$mm，对于中面层 $S=0.8$mm，对于上面层 $S=0.55$mm。

上述图表还显示了对于不同结构层这一控制限值应该是不同的。例如，在给定工艺条件下，对于基层平整度的控制值可定为2.20mm，而对下面层和中面层则可定为1.20mm 和0.75mm。这种不同是因为影响下面层、中面层、上面层平整度的其他因素的随机误差在强度上的差异。当其他因素的随机误差很大时，下承面的平整度即使差一些，仍然会被其他随机误差所淹没。因此，其他因素的随机误差愈大，则下承面平整度均方差的控制值就可愈宽。由于下面层的摊铺工艺采用挂线基准的方式而引入了大量的基准误差，因此对基层平整度的敏感性就变小了，因而基层平整度的控制值就可较下面层和中面层宽。

由于上层路面平整度的分布是由具有不同均方值的下承面平整度向上反射的各子样分布叠加的综合结果，因此，如果只有小部分下承面的均方差超过了控制限制，往往仍然是可以容忍的。从图15 ~ 图17中都可以看到有一部分下承面的均方差数据是超过要求限值的，但它们对最终平整度指标的影响仍然是可以容忍的。例如对于上面层来说，虽然中面层的平整度均方差有12.5%的数据超过了0.75mm的控制限值，但最终的平整度仍然达到了≤0.55mm 的路段超过85%的要求。但是如果所有的中面层均方差数据都处在0.80 ~0.70mm，则叠加的结果显然将大大超过85%的控制要求。

5 平整度的预测与控制

5.1 问题的提出

平整度的预测与控制是沥青路面施工技术中的一个重要命题。在施工中经常会遇到这样的问题：目前的施工可能达到多高的平整度？怎样才能达到所要求的平整度。这就是平整度预测与控制所要回答的问题。正向的问题可以称为平整度的预测，它回答的是在给定的摊铺和碾压工艺下，当已知了下层路面的平整度均方差，上层路面可能达到怎样的平整度。反向的问题可以称为平整度的控制，它回答的是在给定的摊铺和碾压工艺下，当已经对上层路面提出了必须达到的平整度指标后，下层路面应该达到怎样的平整度才能满足上层路面的要求。

5.2 平整度传递规律提供的可能

平整度的预测与控制是一个问题的两个方面，它们的基础都是平整度均方差传递的概率分布规律。从3.3节的讨论中可以看到下层路面平整度均方差 σ_1 的传递系数 $1-q$ 小于松铺层平整度均方差 σ_2 的4倍左右，由于平整度均方差传递规律的放大作用，经平方放大后两者的差距进一步扩大，因而 σ_1 的影响存在一不敏感的区域，σ_1 小于一定程度时其影响将淹没在其他随机因素之中。同时可以看到，当以下层路面作为摊铺基准时，由于叠加了基准的误差，下层路面凹凸不平的影响将大大增强，而压缩比 q 的不均匀和碾压附加不平整 δ_3 的影响则相对很小，下层路面的平整度成为决定成型路面平整度的主导影响因素。

根据上述平整度传递规律的特点，对采用挂线基准摊铺的下面层可以将基层的平整度限制在不敏感的区域内，当基层平整度均方差小于不敏感区的上限时，下面层平整度的预测可不考虑基层平整度的影响，并以此作为基层平整度均方差的控制值。对采用移动基准摊铺的中面层和上面层，下层路面的平整度可以作为预测和控制成型路面平整度的基础。

5.3　建立在皮尔森分布基础上的平整度预测与控制

在研究平整度预测与控制的方法时，根据上文的讨论可以将沥青路面平整度的预测与控制分成以挂线为基准摊铺的下面层和以均衡梁移动基准摊铺的中、上面层两种类型，分别采用不同的方法。

5.3.1　下面层平整度的预测与控制

对于以挂线为基准摊铺的下面层来说，影响平整度的主要因素不是基层的凹凸不平，而是挂线基准本身的误差。因此，只要基层的平整度处于非敏感区内，下面层的平整度就可采用统一的分布函数来描述平整度均方差的概率分布规律。如前所述，平整度的均方差是一种非零和不对称的偏倚分布，它可用皮尔森Ⅲ型的分布曲线来描述。对于基层平整度超过非敏感区的部分，由于它们所占的百分比通常很小（约 15%），也可近似地用一平均的分布函数来描述。这样，即可将基层平整度的均方差分为敏感和非敏感两个区域，分别采用不同的分布参数来配制皮尔森Ⅲ型曲线，然后根据这两个区域在基层平整度均方差的整个区间内所占的比例进行加权叠加，最后获得下面层的平整度均方差分布曲线。根据我们在京沪和京福高速公路试验路段上所进行的试验研究，下面层平整度均方差的皮尔森分布曲线的参数可按表 8 选取。

下面层平整度均方差皮尔森Ⅲ型分布曲线参数　　表 8

基层平整度均方差范围	皮尔森分布曲线参数		
	δ(mm)	C_V	C_S
非敏感区(≤2.2mm)	0.7	0.15~0.17	0.44~0.51
敏感区(2.5~2.2mm)	0.7	0.18	0.55

5.3.2　中、上面层平整度的预测与控制

在摊铺中、上面层时，由于移动基准是支承在下层路面上的，因此下层路面的凹凸不平不仅将通过松铺层厚度的变化反映到上层路面上来，而且还将通过基准的误差影响松铺层表面的平整度，并最终传递给成型路面。这就使得下层路面的平整度对上层路面平整度所产生的影响大大增强，而成为决定成型路面平整度的主导因素。正是由于这一原因，在研究中、上面层平整度的预测与控制时将采用下层路面平整度的均方差作为预测和控制上层路面平整度的基础。需要指出的是，尽管下层路面的平整度是影响上层路面平整度的主导因素，但由于为数众多的随机因素的存在，即使在下层路面平整度相同的情况下，上层路面的平整度均方差仍会呈现出某种离散性，并分布在一定的范围内。只是随着下层路面平整度均方差的减小，上层路面平整度均方差的离散性会减小，而分布的范围会变窄，偏倚的程度则减弱并使众数向左偏移。如第 4 节所述，这种分布仍然可以用皮尔森Ⅲ型曲线来描述，只是此时对于下层路面平整度的不同均方差应该配制不同参数的皮尔森分布曲线。这些参数可以在大量试验数据的基础上通过回归方程的形式来获取。

例如，在此中面层作为移动基准的支承表面来摊铺上面层时，根据大量试验资料获得了表 9 所列的在不同的中面层平整度均方差下，上面层平整度均方差的平均值 $\overline{S}_x$ 和均方差的标准差 S_S、离差系数 C_V、偏倚系数 C_S 等分布参数的统计数据。根据这些统计数据可利用回归方程的形式来表述这些分布参数的统计规律，此时首先需要选择回归方程的形式。

上面层平整度均方差分布参数的统计数据 表9

中面层平整度均方差分级(mm)	上面层平整度均方差的分布参数				
	δ(mm)	$\overline{S}_x$(mm)	S_S(mm)	C_V	C_S
0.45	0.3	0.4933	0.05862	0.1188	0.6064
0.525	0.3	0.4825	0.06324	0.1311	0.6930
0.575	0.3	0.4942	0.06583	0.1332	0.6780
0.625	0.3	0.5189	0.08083	0.1589	0.7752
0.675	0.3	0.5312	0.08715	0.1641	0.7541
0.725	0.3	0.5506	0.08918	0.1620	0.7119

根据 $\overline{S}_x$ 和 S_S 的走势分别选用：

$$y = ne^{mx} \text{ 和 } y = 1 - ne^{mx}$$

来拟合试验数据，可得 $\overline{S}_x$ 和 S_S 的回归方程：

$$\left.\begin{aligned} \overline{S}_X &= 0.3895e^{0.4565\sigma_1} \quad (\text{相关系数 } \gamma = 0.901) \\ S_S &= 1 - 1.004e^{-0.1363\sigma_1} \quad (\text{相关系数 } \gamma = 0.962) \end{aligned}\right\} \tag{21}$$

式中：σ_1——下层路面的平整度均方差。

参数 C_V 和 C_S 则按照文献《基础概率与数理统计》(林少宫,1980)的建议，可按下式计算：

$$\left.\begin{aligned} C_V &= \frac{S_S}{\overline{S}_x} \\ C_s &= \frac{2C_V}{1 - \dfrac{\delta}{\overline{S}_x}} \end{aligned}\right\} \tag{22}$$

图18是 $\overline{S}_x$ 和 S_S 的回归曲线与试验资料的对比情况。

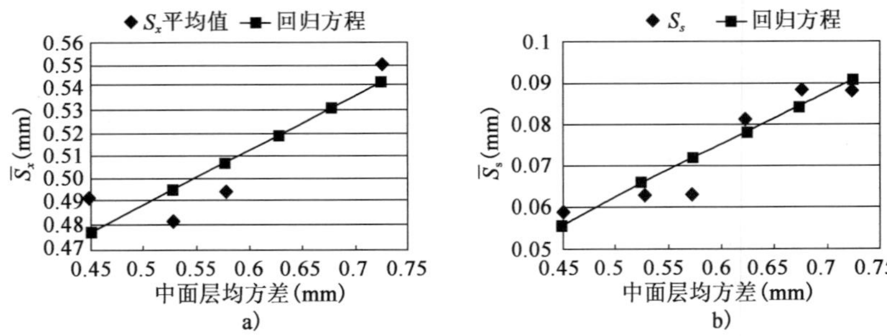

图18 上面层 $\overline{S}_x$ 和 S_S 的回归曲线

对于以下面层作为移动基准支承表面摊铺中面层的情况，用同样的方法获得 $\overline{S}_x$ 与 S_S 的回归方程如下：

$$\left.\begin{aligned} \overline{S}_x &= 0.4131e^{0.3971\sigma_1} \\ S_S &= 1 - 0.9999e^{-0.09967\sigma_1} \end{aligned}\right\} \tag{23}$$

分布参数 C_V 和 C_S 同样可按式(22)计算。

5.3.3 用加权叠加法配制上层路面的均方差分布曲线

在以下层路面的平整度均方差为基础配制上层路面的均方差分布曲线时，由于下层路面的不平整程度有好有差，在整个路段内不同数量级的均方差所占的比重也各不相同，因此需要采用加权叠加的方法来配置上层路面的平整度均方差分布曲线。加权叠加法的实质是根据下层路面不同平整度均方差所占的比重来求取在这样的概率分布下上层路面可能获得的平整度均方差分布的数学期望。

用加权叠加法来配置上层路面平整度均方差的分布曲线可按下列步骤进行：

(1)首先将下层路面整个路段的平整度均方差分成 m 个数量等级($i=1,2,\cdots,m$)，通常可用0.5mm为步长来分级。

(2)对每一等级求取皮尔森Ⅲ型分布的参数 C_V、C_S。

在求取 C_V 和 C_S 时，可先按 $\overline{S}_x$ 和 S_S 的回归方程求出两者的数值，然后按式(22)计算 C_V 和 C_S 的相应数值，如表 10 所示。

上面层平整度均方差的皮尔森Ⅲ型分布曲线的参数　　表 10

中面层平整度均方差分级(mm)	上面层平整度均方差的分布参数				
	δ(mm)	$\overline{S}_x$(mm)	S_S(mm)	C_V	C_S
0.45	0.3	0.4783	0.05563	0.1163	0.6234
0.525	0.3	0.4950	0.06524	0.1318	0.6691
0.575	0.3	0.5064	0.07159	0.1414	0.6938
0.625	0.3	0.5181	0.07789	0.1503	0.7141
0.675	0.3	0.5300	0.08416	0.1588	0.7319
0.725	0.3	0.5423	0.09038	0.1667	0.7462

(3)根据不同铺层的铺筑精度确定参数 δ。

对于采用高度自动化的摊铺机、高性能均衡梁移动基准和高性能的沥青路面专用压路机铺筑、碾压的中面层和上面层而言，δ 可分别取 0.4mm 和 0.3mm。

(4)根据与每一等级相应的分布参数 δ、C_V、C_S 配制皮尔森Ⅲ型概率密度函数 $f(x_i)$。

$$f(x_i)=\frac{\beta^{\alpha}}{\Gamma(\alpha)}(x_i-\delta)^{\alpha-1}e^{-\beta(x_i-\delta)}$$

式中：$\alpha=\dfrac{4}{C_s^2}$；

$$\beta=\frac{2\dfrac{C_S}{C_V}-4}{\delta C_S^2}。$$

(5)将上层路面平整度均方差分成几个区间($j=1,2,\cdots,n$)。

(6)按下层路面均方差不同等级的权重(该级的样本数在样本总数中所占的比例)对上层路面平整度的每一区间分别求加权平均值，即为与每一区间对应的概率分布值 $f(x_j)$：

$$f(x_1)=P_1f(x_{11})+P_2f(x_{21})+\cdots+P_if(x_{i1})+\cdots+P_mf(x_{m1})$$

$$f(x_2)=P_1f(x_{12})+P_2f(x_{22})+\cdots+P_if(x_{i2})+\cdots+P_mf(x_{m2})$$

$$\vdots \qquad\qquad \vdots \qquad\qquad \vdots$$

$$f(x_j)=P_1f(x_{1j})+P_2f(x_{2j})+\cdots+P_if(x_{ij})+\cdots+P_mf(x_{mj})$$

$$f(x_n)=P_1f(x_{1n})+P_2f(x_{2n})+\cdots+P_if(x_{in})+\cdots+P_mf(x_{mn})$$

上述计算可更方便地以表格的形式来进行(表 11)。

用加权叠加法配制上层路面的分布曲线 表11

上层路面平整度均方差区间 / 下层面路平整度均方差等级		1	2			j			n
分级	权重								
1	P_1	$f(x_{11})$	$f(x_{12})$			$f(x_{1j})$			$f(x_{1n})$
2	P_2	$f(x_{21})$	$f(x_{22})$			$f(x_{2j})$			$f(x_{2n})$
i	P_i	$f(x_{i1})$	$f(x_{i2})$			$f(x_{ij})$			$f(x_{in})$
m	P_m	$f(x_{m1})$	$f(x_{m2})$			$f(x_{mj})$			$f(x_{mn})$
加权平均值$f(x_j)$ =		$f(x_1)$	$f(x_2)$			$f(x_j)$			$f(x_n)$

(7)根据$f(x_1)$、$f(x_2)$、…、$f(x_j)$、…、$f(x_n)$绘制上层路面平整度均方差的概率密度曲线$f(\sigma_2')$(图19)。

(8)根据概率密度曲线绘制上层路面平整度均方差的累积概率曲线$F(\sigma_2')$(图20)。

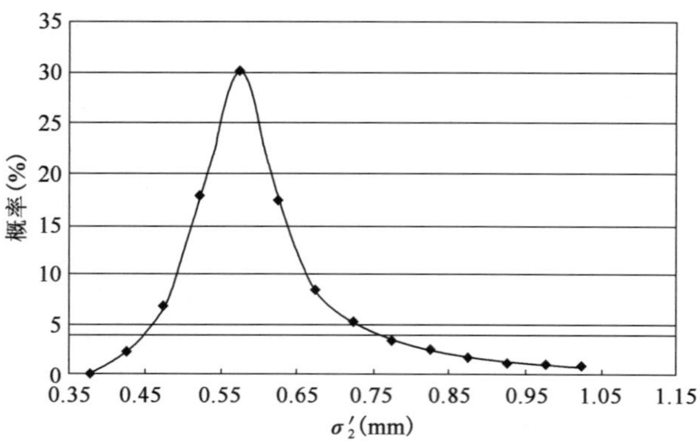

图19 用皮尔森分布配制的平整度均方差概率密度曲线

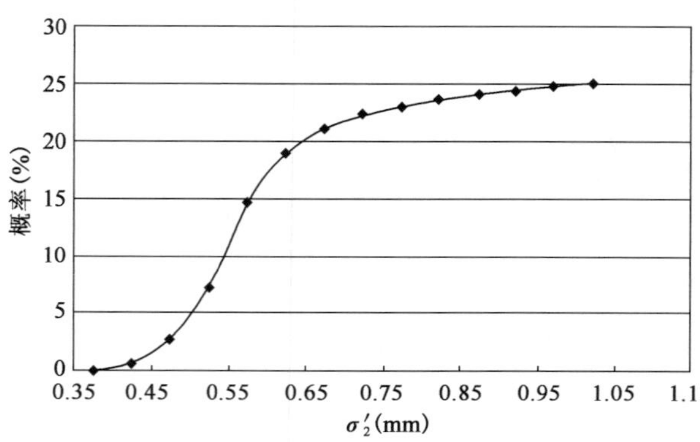

图20 用皮尔森分布配制的平整度均方差累积概率曲线

5.4 平整度预测与控制的几点实用建议

在施工中应用上述理论方法来预测和控制沥青路面的平整度,对一般工程技术人员来说可能会感到一些困难,计算的工作量也较大。因此也需要一些哪怕是不太精确的经验数据来控制路面各结构层的平整度。根据我们在试验路段上的工作经验可以提出以下一些供参考的实用建议:

(1)在摊铺沥青路面各结构层时,下层路面宜采用挂线基准,以校正纵横坡的高程,中、上面层宜采用移动式的均衡梁基准,经过二次平均化处理后可大大减小基准的误差,从而保证较高的上面层平整度。

(2)挂线基准是影响铺层路面平整度的主导因素,因此必须严格控制挂线基准的误差:挂线必须张紧(张力不少于1000N),长度不宜超过200m;在高程测量时应尽可能直接测量和调整支撑立杆的高度,如采用先测定立桩点的高程,再以此来调整挂线支撑立杆高程的方法,则宜用深度游标尺来测定两者间的距离;水准仪的读数应可能在5mm的刻度间隔内读出一估计值。

(3)摊铺和碾压均应制订严格的工艺要求,并严格按要求施工。

(4)在上述条件下,沥青路面各结构层平整度的均方差可按表12进行控制。

沥青路面各结构层平整度均方差的控制值　表12

路面结构层	平整度均方差的分层控制值	
	85%的累积概率	100%的累积概率
下面层	≤2	≤2.5
中面层	≤0.8	≤0.9
上面层	≤0.6	≤0.65

6　结语

(1)影响沥青路面平整度的因素众多,试图对所有因素进行测定和控制是根本不可能的。但是从这些因素的来源和平整度传递的机理上来分析,它们最终可归结为四方面的基本因素,即松铺层的平整度、下承面的平整度、压缩比的不均匀性和碾压过程的附加不平整。只要对上述基本因素进行测定和控制,就有可能对所有影响沥青路面平整度的诸多因素进行某种综合控制。

(2)影响上层路面平整度的众多因素大多带有很大的随机性和不确定性,因而很难用某种确定性的数学模型来描述它们对上、下层路面平整度传递关系的影响,但是通过对大量试验数据的概率统计分析则有可能获取平整度传递过程的某种统计规律。

(3)试验研究表明平整度的分布规律明显地带有不对称和偏倚性,平整度概率分布的起点将受工艺、设备、使用条件的制约,不是从零而是从某一精度极限开始,而下承面平整度对上层路面的反射影响则存在着一个不敏感的区域,在这一区域内下承面平整度的影响将融合在众多的随机误差之中而无需单独考虑。这一结果一方面为控制下承面的平整度提供了依据,另一方面也为预测上层路面平整度的分布规律提供了可能。

(4)平整度均方差的不对称密度分布可以用皮尔森Ⅲ型分布函数来拟合,在确定一、二、三阶矩的基础上配制的理论模型将为进一步从理论上建立平整度的传递规律及其预测与控制奠定基础。

热沥青混合料在施工过程中的不均匀性及其质量控制

孙祖望

（本文刊于《建筑机械》杂志 2004 年第 7 ~ 11 期）

1 热沥青混合料的不均匀性及其危害

热沥青混合料的均匀性是指热沥青混合料的组成及其性状在生产和铺筑的过程中保持一致、不变的性质。热沥青混合料是一种在材质上极易受外界的影响而变得不均匀的材料。其在材质上的不均匀性主要表现在矿料级配的不均匀；混合料油石比的不均匀；混合料粗细集料的分离——矿料的离析；混合料温度的不均匀——温度离析；混合料密度的不均匀——空隙率和压实度的不均匀。

沥青路面早期损坏是我国高速公路建设中的一个突出问题，而在导致早期损坏的诸多因素中，就施工质量而言，热沥青混合料在生产、铺筑过程中出现的不均匀性是最为严重的问题。

热沥青混合料的不均匀将导致沥青路面出现局部的松散、坑洞；局部的泛油、拥包；不均匀的车辙和局部严重的推移；局部水损害造成的网裂、唧浆和坑洞等（参看本论文集中《影响间歇式沥青搅拌设备矿料级配变异性的原因及其控制的研究》第 1 节）。

2 热沥青混合料在生产过程中的不均匀性及其质量控制

导致热沥青混合料在生产过程中产生不均匀的主要因素包括集料的生产与管理、矿料的储存、输送与管理，热拌沥青混合料的生产与管理等三方面的因素。

2.1 集料生产与管理方面的因素

集料生产过程的一个最基本的要求是集料产品特性的一致性。采用单一颚式破碎机生产碎石，石料的破碎、筛分工艺不能保证产品严格的一致性，而采购多个小石场生产的碎石作为搅拌设备的集料来源，则常常成为集料产生级配变异的主要原因。颚式破碎机是靠挤压来破碎石料的，材料将沿着最大剪应力的方向发生破坏，因而容易产生针片状的集料，特别是对于层状纹理的岩石，采用单一的多级颚式破碎机，针片状的含量有时可高达 30% ~40%（图 1）。这些针片状的集料不仅本身的比例在集料生产过程中很难保持不变，而且在随后的运输和混合料的生产过程中，很容易因二次破碎而导致集料级配的变化。

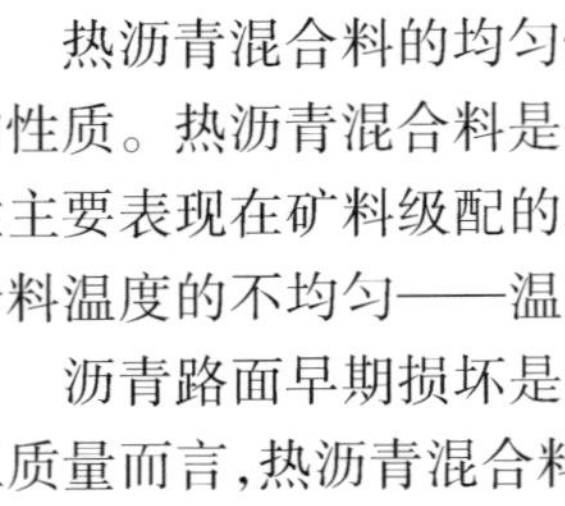

图 1 颚式破碎机破碎石料的原理

圆锥破碎机同样依靠挤压来破碎石料，它与颚板破碎的不同之处在于：

（1）破碎过程是连续进行的，而且在任何瞬时参与破碎的物料只有极小一部分，大部分物料将沿着锥体滑落，因此物料需经多次循环破碎才能达到规定粒径；

（2）除了挤压外，物料还将同时经受研磨破碎的作用（图 2）。圆锥破碎可以减少针片状集料的含量，但对于层状岩石，针片状的含量仍会较高，由于经受多次循环研磨的作用，集料颗粒的棱角性较差。

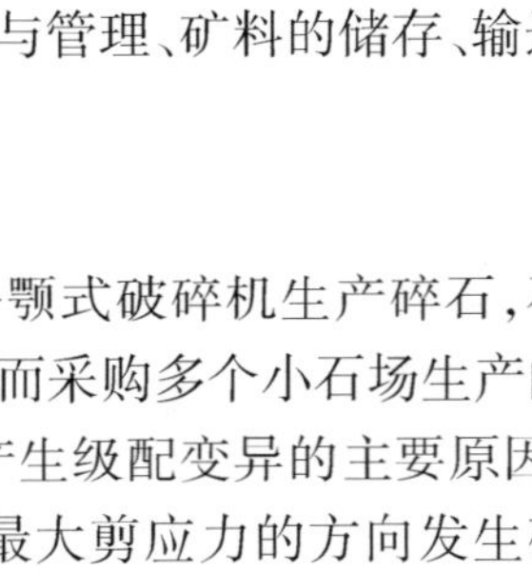

图 2 圆锥破碎机破碎石料的原理

锤式和反击式破碎机模仿的是锤击石块的破碎过程，它的机理是冲击破碎，冲击破碎的集料能获得很高的棱角性，针片状含量也最小（图3）。

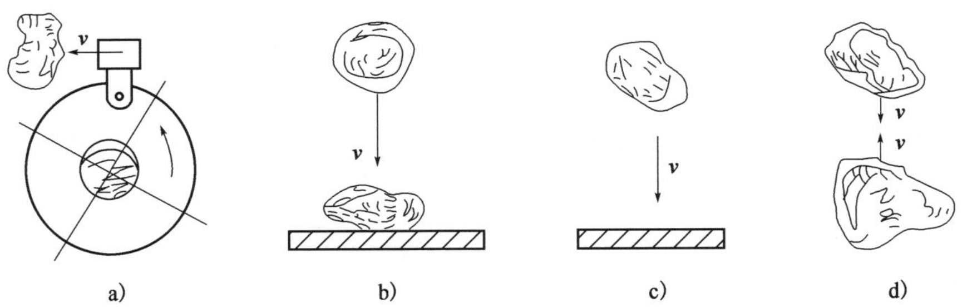

图3　锤式和反击式破碎机破碎石料的原理

合理设计生产流程和选择破碎机的类型用于生产供沥青混凝土用的集料，是提高集料产品规格、特性一致性的有效手段。最理想的是采用三级破碎的流程：初破采用颚式破碎；中破采用圆锥破碎；细破采用冲击破碎。中破也可用冲击破碎机取代，但产量将降低。如采用较小的块石作为原料也可采用二级破碎的流程（图4）。

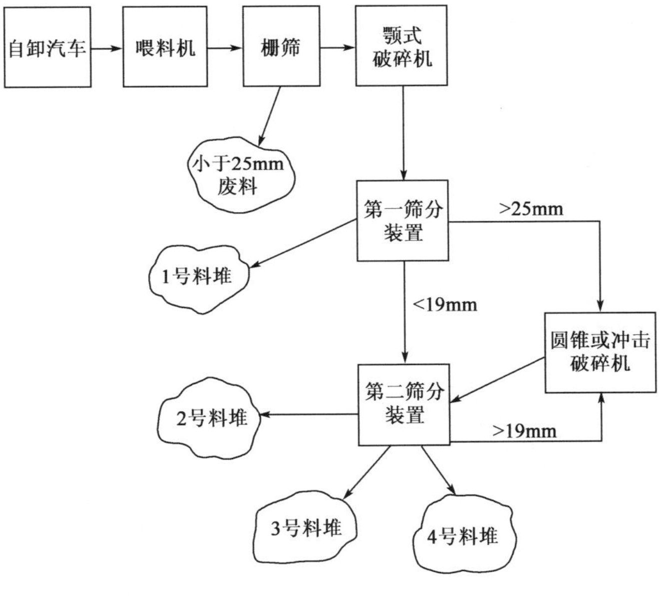

图4　二级破碎的生产流程

为保证产品规格、特性的一致性，在集料生产过程中应注意以下要求：

（1）保持原石物理、力学和矿物学特性的一致性。

应将同一开采面上开采的原石送给破碎机，当改变开采面或在不同地方开采原石时，应重新调整生产流程和设备参数，应随时对原石的特性进行质量监控。

（2）保持原石供给量的恒定性。

材料供给量的忽高忽低将导致破碎粒度的变化，材料供给量的忽高忽低还将导致筛分颗粒尺寸的变化，这些都会使料堆中集料的级配发生变化。

（3）保持破碎—筛分系统良好的技术状态和工艺的一致性。

经常检查和调整破碎和筛分设备，以保证产品粒度的均匀性，定期检查易损零件的磨损情况，及时更换磨损的零部件和破损的筛网。

(4)严格的成品料质量监测。

正确的采样方法、足够的料样数量、科学的缩分方法、必要的采样频率是保证成品料质量监测可靠性的必要条件。

2.2 矿料储存、输送与管理方面的因素

不同来源的集料混杂堆放、堆放和装卸过程导致的材料离析,是造成提供给搅拌设备的集料级配不均匀的另一重要原因。

(1)集料的堆放。

集料应堆放在坚硬、清洁的场地;堆放场地应有良好排水结构,以保证雨水不能滞留在料堆下部;堆放场地,尤其是细料的堆放场地应设有雨棚或遮雨的篷布;不同规格的集料应用隔墙或料槽分隔开。

(2)集料堆放中的离析问题(有关集料堆放中的离析与防治更为详细的讨论可参看本论文集第四篇《影响间歇式沥青搅拌设备矿料级配变异性的原因及其控制的研究》第3节)。

不正确的集料堆放会导致材料粗细颗粒的分离,使集料的级配发生变化,从而严重影响搅拌设备的稳定生产和成品料组成的稳定性。

用单一的输送带堆成一大料堆会导致料堆严重离析。正确的堆料方式应采用分层堆放或修筑分层料堆的方法。

①用自卸汽车卸料时应将集料紧密地成堆卸料形成一堆堆不大于一车料的料堆层(《影响间歇式沥青搅拌设备矿料级配变异性的原因及其控制的研究》第3节图13)。

②用抓斗卸料时应紧密相挨地卸料形成“品”字形的料堆(《影响间歇式沥青搅拌设备矿料级配变异性的原因及其控制的研究》第3节图14)。

用推土机修筑料堆每层厚度不宜超过1.2m(《影响间歇式沥青搅拌设备矿料级配变异性的原因及其控制的研究》第3节图12),推土机对集料的扰动应尽可能少,推土机不应在同一平面上将料堆推成槽状(图5)。

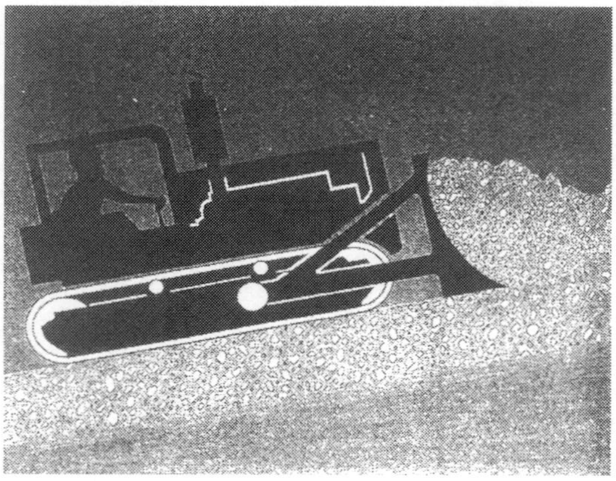

图5 推土机长时间在同一平面的料槽中作业时造成的离析

(3)矿粉的储存与输送。

矿粉在储存中最主要的问题是防止受潮和结团。矿粉通常以袋装或散装的形式供应,并用斗式提升机或压缩空气系统输送至搅拌设备的粉料罐,粉料罐应装备有破拱装置,用压缩空气进行破拱是一种效果良好的方法,但应注意所提供的压缩空气必须是经脱水处理的干燥空气。

(4)集料的装卸技巧。

为减少装载机向冷料仓输送集料中出现离析,应注意:

①装载机应在料堆的全部高度和各个方向上进行采掘,以免由于料堆坍落而引起离析。

②装载机取样时应垂直面向料堆材料流动的方向。

③装载机取料时应使用大臂使铲斗向上滚卷,而不要将铲斗插入很深而使铲斗穿入料堆向上翻转,以免对料堆产生很大的扰动。

④装载机操作人员应避免从料堆最底部取样,此处大都粗料较多而含水率较大。

⑤当发现粗细料离析时装载机操作人员应将粗细料就地翻动重新混合后再装料,不应一手粗料、一手细料地向冷料仓供料。

⑥装载机操作人员在向冷料仓装料时应仔细对准料仓,以防发生混仓。

⑦装载机操作人员应及时向冷料仓加料,使其经常保持相对满仓的状态,不应等冷料仓内料位下降很多时才加料。

(5)集料的采样。

集料采样是否具有代表性将严重影响混合料级配设计的真实性和可靠性,因此集料的采样必须遵循正确的采样方法和具有熟练的技巧。

集料应尽量避免在自卸汽车上取样,通常应在料堆或皮带输送机上进行。取样数量应符合相关规范的规定。

在料堆上取样应注意:

①应在料堆的上、中、下几个均匀分布的部位取大致相等数量的试样混合后作为一份代表性的料样。

②不应在料堆底脚处和顶部取样,因为那里的离析最为严重。

③取样时应移去料堆表面的集料,用方边铁锹铲入料堆内部取样。

④为避免取样时料堆上方的粗集料向下滚落,可在取样处上方架一挡板。

在石场的皮带输送机上取样往往容易取得具有代表性的料样,在皮带输送机上取样时应注意:

①取样应在皮带输送机的出料口用接料器定时抽取若干份试样混合后成为一份代表性的料样。

②取样时应在皮带的全宽度上采集,以避免集料在宽度方向的离析。

(6)料样的缩分。

料样的缩分是一项极具技巧的工作,取样人员必须十分小心地进行操作,如果材料发生离析将完全破坏料样的代表性。料样的缩分可采用机械切分法和四分法等两种方法进行,但不论用哪种方法,提供筛分的试样数量均不应太少,过少的试样将严重影响试样的代表性,尤其是对于粒径较大的集料影响更大。试样数量应按表1的规定实行。

筛分试验所需最少试样量　　　　表1

最大公称粒径(方孔筛)(mm)	试样数量(kg)	最大公称粒径(方孔筛)(mm)	试样数量(kg)
4.75或以下	0.3	19	5
9.5	1	25	10
13.2	2		

用机械纵切法(分料器)对粗集料和干燥的细集料进行缩分(图6),通常效果较好。

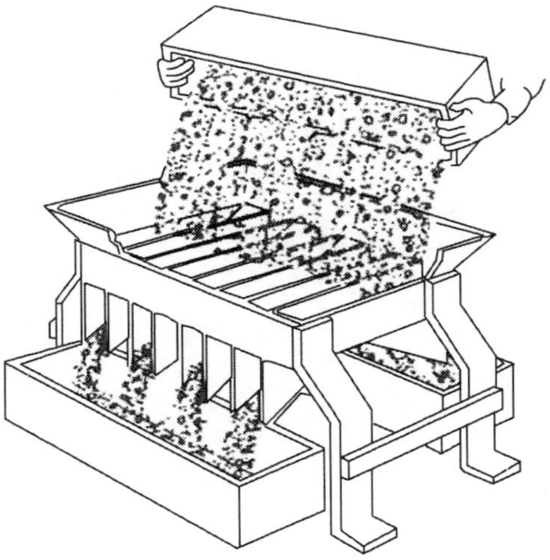

图6　用机械纵切法对集料进行缩分

当机械纵切法无法使用时可采用四分法。用四分法进行缩分,更多地依赖于操作人员的技巧,宜用于潮湿集料的缩分。四分法的操作如图7所示。

适当加大取样和试样的数量是降低取样、缩分过程发生变异性的有效措施,尤其是对于公称最大粒径大于4.75mm以上的粗集料更是如此。我国现行规范《公路工程集料试验规程》(JTG E42—2005)中关于筛分试验用的最小缩分试样数量明显偏小,因而需要进行多次缩分,这是导致四分法缩分后的试样失去代表性的重要原因。

(7)集料的质量管理。

保持集料规格、特性的一致性是集料质量管理最主要的目标。

集料规格不一致会影响混合料级配的波动、导致沥青含量的波动和偏离其最佳值,造成沥青搅拌设备生产的不稳定(溢料和待料),从而严重影响成品料的生产质量,以下是可以采取的管理措施:

①每批材料进场时均应按国家规范对集料的规格、级配、含泥量、针片状含量等特性进行取样分析,证明合格后方可进场堆放,并签发验收单。

②验收单应对集料的来源(石场)、原石的品种和特性、集料的规格和数量、进场日期、堆放地点以及特性试验的结果等进行登记。

③应经常(通常 2 次/天)检查集料的含水率,以便及时调整搅拌设备的生产率。

④指导和监督装载机操作人员按正确的方法取料和装料。

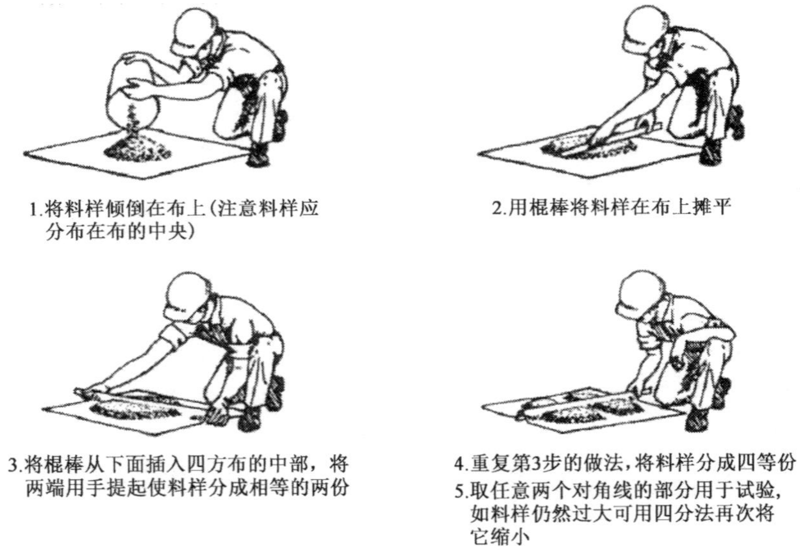

图 7　用四分法对集料进行缩分

2.3　热沥青混合料生产与管理方面的因素

热沥青混合料拌和与管理过程中导致成品料不均匀的因素包括:冷集料给料系统中产生的不均匀性;热料筛分过程中产生的混仓和离析;集料、粉料、沥青计量—控制误差导致的不匀性;混合料搅拌不均匀导致的不均匀性;成品料输送、储存和装卸中产生的离析;采样、试验分析误差导致的不均匀性。

严格控制热沥青混合料的生产过程,加强全过程的质量管理对改善热沥青混合料的不均匀性有着重要作用。生产过程的全面质量管理应包括以下几个方面:

2.3.1　严格控制冷料规格、特性的一致性

控制冷料规格、特性一致性的措施包括:严格验收进入拌和场的集料;正确堆放集料,加强料堆管理;正确对冷料仓加料,防止离析和混仓;防止冷料给料系统中产生起拱、阻滞而导致细料断续下料和涌料的情况,图 8 为具有自卸功能的冷料仓结构和防起拱的振动器及断料传感器。

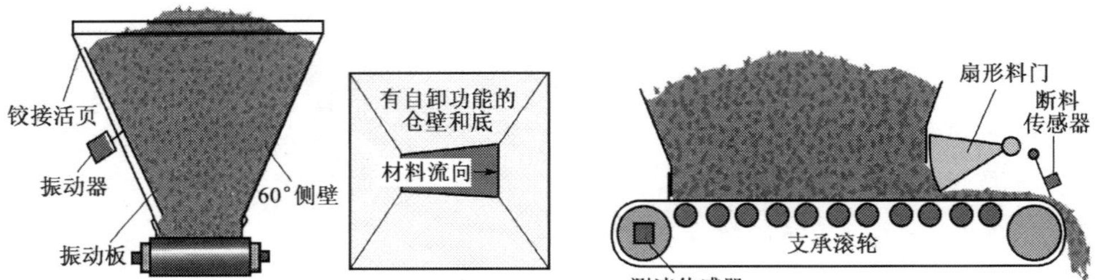

图 8　具有自卸功能的冷料仓和防起拱的振动器及断料传感器

2.3.2　防止筛分过程中产生混仓和离析

由于不同粒径的集料颗粒在流过筛网时,总是较细的颗粒先从筛网的前部进入热料仓,而较粗的颗粒则在后部进入,从而造成热料仓内粗细料的分离(图 9)。筛网的筛分效率与集料的生产能力不匹配则是导致热集料混仓的主要原因。

防止筛分过程中产生混仓和离析的措施包括:合理选择筛网的筛孔尺寸。尤其是细料的筛孔,保持筛分系统稳定、合理的筛分能力,防止筛分系统超载运行;经常性地检查筛分系统是否过载或有破洞;每天检查热料仓的级配,并检查 2 号仓的混仓率;严禁用快速手动调节冷料给料量的办法来增加或减少某一热料仓的储量。

采用导流板可有效改善集料在热料仓内的离析(图10)。

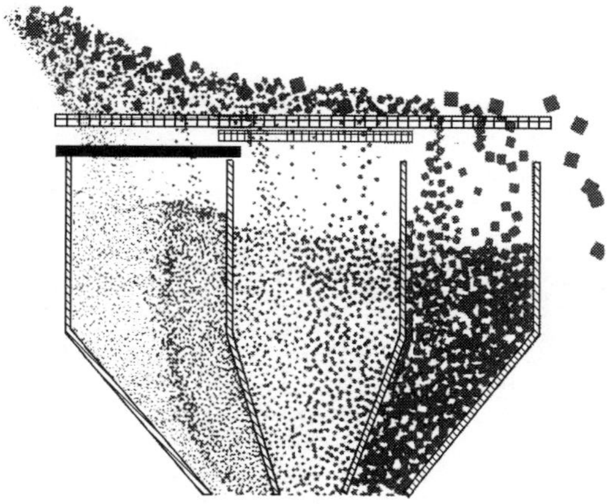

图9　筛分系统中的混仓与离析

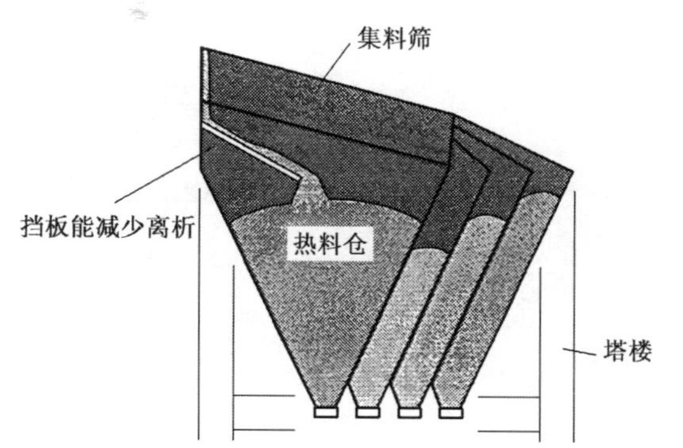

图10　防止热料仓内集料离析的措施

不能正确地对待热料仓的溢料与待料，常常是导致筛分过程中集料级配发生严重变化的重要原因。在生产配合比的调试时，应通过反复调整各冷料仓的供料比例，使在满足目标配合比级配要求的同时，使各热料仓的集料能实现均衡供料。在实际生产中各仓的料位出现某些波动，甚至发生轻微的溢料是正常的，不需进行人工干预。

热料出现严重溢料和待料可以分成两种情况：

(1)冷料仓的级配严重偏离生产配合比调试时的冷料级配，通常表现为大量的、严重的溢料，这表明集料的级配已严重偏离生产配合比的要求，需要停机重新进行生产配合比的调试。

(2)由于长期累积的结果，使某一热料仓的供料长期存在轻微的溢料或缺料，此时可对冷料仓的流量缓慢进行微调，不应突然加大或减少某一料仓的供料，否则将严重影响集料的级配。

2.3.3　严格控制计量—控制系统的误差

搅拌设备配料系统的计量—控制误差及其不确定性是导致沥青混合料组成变异性的重要来源，也是计量—控制系统的主要性能指标，它们由计量秤的称量误差、标定误差和称量控制误差组成。在正常情况下，这三部分误差中控制误差所占比重远比前二者为大，它们是由于对批量计量的控制而造成的。

(1)集料称量—控制误差的来源。

集料称量—控制误差来源于集料称量过程中的飞料和集料对计量秤的冲击(图11)。

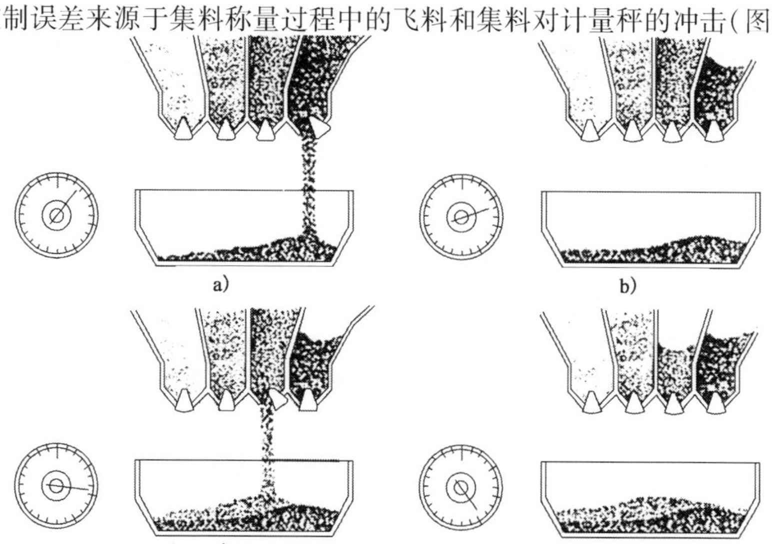

图11　集料称重过程中的控制误差源于集料的冲击和飞料

a)一个料仓的卸料口打开，集料从一定高度卸入称重箱，此时集料秤感受的除集料的静重外还有集料对计量秤产生的冲击力；b)当称重箱内的集料重量达到预设值时，此卸料口关闭，但悬在半空中的飞料仍将卸入称重箱；c)另一集料卸料口打开，集料卸入称重箱，再次发生对计量秤的冲击；d)当称重箱内的集料重量达到预设值时，此卸料口关闭，再次产生飞料的误差粉料称重时的控制误差主要是由于输送机构驱动质量的惯性引起的,当粉料的称重达到设定值时从发出驱动电机停止转动的指令到电机完全停转有一时间差,此时仍有少量粉料会进入称量斗(图12),采用带有制动器的驱动电机可有效降低由惯性引起的控制误差。沥青称重时的控制误差来源于阀门的关闭从指令到完全关闭的时间差和输入管道中剩余沥青的流入称量斗(图13),为降低这一误差,应尽可能缩短输入管道的长度。

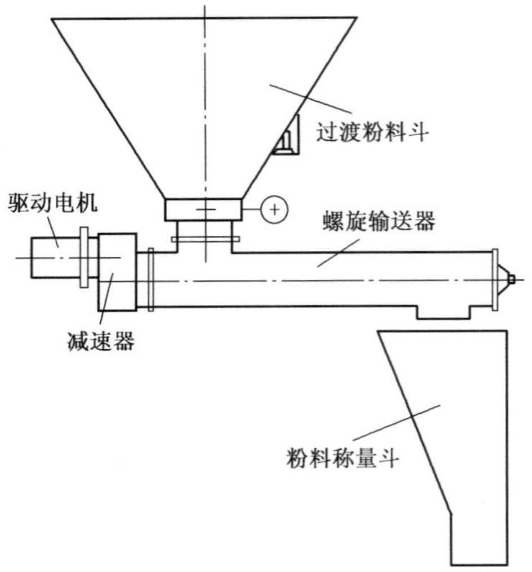

图12 粉料称量过程中控制误差源于驱动质量的惯性

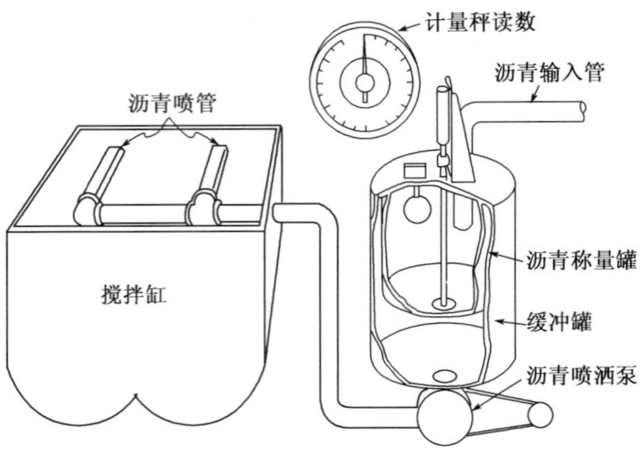

图13 沥青称量过程中控制误差源于阀门关闭的时差和管中沥青的余量

现代的热沥青混合料搅拌设备通常都会在硬件和软件方面采取某些措施来减小计量过程中的控制误差,但如不能进行正确的调试,仍有可能导致严重的控制误差,性能良好、调试正确的计量—控制系统其误差范围应满足:各档集料含量误差≤ ±1.5%;粉料含量误差≤ ±0.5%;沥青含量误差≤ ±0.1%的要求。表2~表4分别列出了对某些搅拌设备计量控制系统实际控制结果所做的统计分析。表2是计量控制系统性能较差,经调试后仍无法达到上述误差范围的实例,表3是未经正确调试,但调试后仍能达到上述误差范围的实例,表4则是性能和调试均很良好的实例。

控制系统性能较差的实例　　表2

序　号	石料1号(%)	石料2号(%)	石料3号(%)	石料4号(%)	矿粉(%)	沥青(%)	集料(%)	油石比(%)
1	25.03	5.39	13.38	45.99	6.03	4.18	95.82	4.36
2	21.32	11.60	13.24	43.57	6.13	4.14	95.86	4.32
3	21.11	11.76	10.37	46.70	6.02	4.04	95.26	4.22
4	21.85	8.29	13.43	46.16	6.12	4.16	95.84	4.34
5	23.13	7.92	13.25	45.56	6.04	4.04	95.96	4.21
6	24.43	6.95	13.99	44.54	5.94	4.15	95.85	4.33
7	22.38	7.50	15.11	44.13	6.42	4.48	95.52	4.69
8	21.80	11.48	12.54	43.78	6.18	4.20	93.80	4.39
9	22.73	11.26	11.04	44.14	6.41	4.42	95.58	4.62
10	25.00	8.14	13.28	44.23	5.22	4.14	95.86	4.32
11	22.93	8.22	14.19	44.56	5.90	4.21	95.79	4.40
12	22.61	8.09	13.56	45.75	5.71	4.18	95.82	4.37
13	22.09	10.54	13.37	43.67	6.28	4.05	95.95	4.22
14	20.72	11.62	12.44	45.40	5.71	4.10	95.90	4.40
15	22.60	9.04	11.71	46.84	5.63	4.15	95.85	4.33

续上表

序 号	石料1号(%)	石料2号(%)	石料3号(%)	石料4号(%)	矿粉(%)	沥青(%)	集料(%)	油石比(%)
16	22.60	9.04	11.71	46.86	5.63	4.15	95.85	4.33
17	24.07	7.26	12.76	46.89	4.23	4.09	95.91	4.26
18	22.18	7.34	11.16	50.09	4.91	4.33	95.67	4.53
19	20.82	11.03	13.08	45.69	5.91	4.19	95.81	4.37
20	23.85	8.10	12.82	45.76	5.31	4.17	95.83	4.35
设定值(%)	23.00	7.67	13.43	45.00	6.70	4.20	95.80	4.38
平均值(%)	22.59	9.17	12.85	45.41	5.79	4.18	95.82	4.36
均方差(%)	1.33	2.00	1.13	1.53	0.46	0.11	0.11	0.12
系统偏差(%)	-0.41	1.50	-0.58	0.41	-0.91	-0.02	0.02	-0.02
最大偏差(%)	2.0 ~ -2.3	4.1 ~ -1.4	1.7 ~ -3.1	5.0 ~ -1.4	-0.2 ~ -1.79	0.28 ~ -0.16	0.16 ~ -0.28	0.31 ~ -0.6

控制系统未经正确调试的实例 表3

序 号	测量值(kg)				含量(%)		
	集料	矿粉	沥青	混合料	集料	矿粉	沥青
设定值	1820	80	85	1985	91.7	4	4.2
1	1856	61	78	1997	92.94	3.15	3.91
2	1782	81	82	1945	91.62	4.16	4.22
3	1823	80	78	1981	92.02	4.04	3.94
4	1902	79	82	2063	92.2	3.33	3.97
5	1822	83	82	1987	91.69	4.18	4.13
6	1822	80	82	1984	91.84	4.03	4.13
7	1822	78	78	1978	92.12	3.94	3.94
8	18.6	81	84	1981	91.67	4.09	4.24
9	1820	78	84	1982	91.82	3.94	4.24
10	1828	82	84	1994	91.46	4.22	4.32
11	1828	76	80	1984	92.14	3.83	4.03
12	1814	73	86	1973	91.94	3.7	4.36
13	1826	78	84	1988	91.85	3.92	4.23
14	1830	86	84	2000	91.3	4.5	4.2
15	1835	84	82	2001	91.7	4.2	4.1
16	1823	86	80	1989	91.65	4.32	4.02
17	1832	79	84	1995	91.83	3.96	4.21
18	1834	80	84	1998	91.8	4	4.2
19	1844	78	87	2009	91.79	3.88	4.33
20	1834	90	84	2008	91.34	4.48	4.18

注:1. 沥青含量,设定值=4.30%,平均值=4.145%,系统偏差=-0.155%,均方差=0.137%,最大偏差=0.06%~0.39%。

2. 矿粉含量,设定值=4.00%,平均值=4.02%,系统偏差=-0.02%,均方差=0.293%,最大偏差=0.5%~0.85%。

控制系统性能和调试均很良好的实例　　表4

序　号	测　量　值（kg）				含　量　（%）		
	集料	矿粉	沥青	混合料	集料	矿粉	沥青
设定值	2775	105	120	3000	92.5	3.5	4
1	2763	114	117	2994	92.28	3.81	3.91
2	2777	111	120	3008	92.32	3.65	3.99
3	2768	114	120	3002	92.22	3.78	4
4	2763	111	120	2994	92.28	3.71	4.01
5	2767	111	120	2998	92.3	3.7	4
6	2801	106	121	3028	92.5	3.5	4
7	2785	109	121	3015	92.37	3.62	4.01
8	2759	108	120	2997	92.4	3.6	4
9	2787	109	121	3017	92.38	3.61	4
10	2774	114	120	3008	92.22	3.79	3.99
11	2765	108	120	2993	92.38	3.61	4.01
12	2788	112	121	3021	92.28	3.71	4.01
13	2775	111	120	3006	92.32	3.69	3.99
14	2796	106	121	3023	932.49	3.51	4
15	2778	108	120	3006	92.42	3.59	3.95
16	2776	105	120	3001	92.5	3.5	4
17	2795	107	121	3020	92.4	3.6	4
18	2776	111	120	3007	92.32	3.69	3.99
19	2775	108	120	3003	92.4	3.6	4
20	2700	108	120	2988	92.37	3.61	4.02

注：1. 沥青含量，设定值 = 4.00%，平均度 = 3.997%，系统偏差 = -0.003%，均方差 = 0.022%，最大偏差 = 0.02% ~0.009%。
2. 矿粉含量，设定值 = 3.50%，平均值 = 3.643%，系统偏差 = 0.143%，均方差 = 0.094，最大偏差 = 0.39 ~0.00%。

（2）严格控制计量—控制系统的误差的措施包括：

A. 正确地调试沥青搅拌设备的计量—控制系统。

B. 定期标定搅拌设备的称量系统和冷料给料系统。

C. 每天开始工作时用计算机打印1h混合料的组成数据以检查搅拌设备的计量控制系统是否稳定工作。

2.3.4　合理地设定搅拌器的生产能力

各种材料能否在搅拌缸内获得均匀的拌和是影响沥青混合料均匀性的重要因素，对于一台已设计好的搅拌设备，混合料拌和的均匀性取决于搅拌缸的充盈率和搅拌时间两方面的因素，它们同时也影响着拌缸的生产能力。过高或过低的充盈率都将严重恶化拌和的均匀性（图14），同时也影响着混合料的生产率。因此，搅拌缸的充盈率有一合理的设计范围（通常为35% ~65%），在这一范围内可以通过选择充盈率和搅拌时间的不同组合来满足对拌和均匀性和生产率的设计要求。图15展示了对两个品牌搅拌设备所采用的充盈率和搅拌时间的不同设计方案进行沥青含量均匀性试验的结果，两者混合料的拌和均匀性和生产率大体上是相当的。

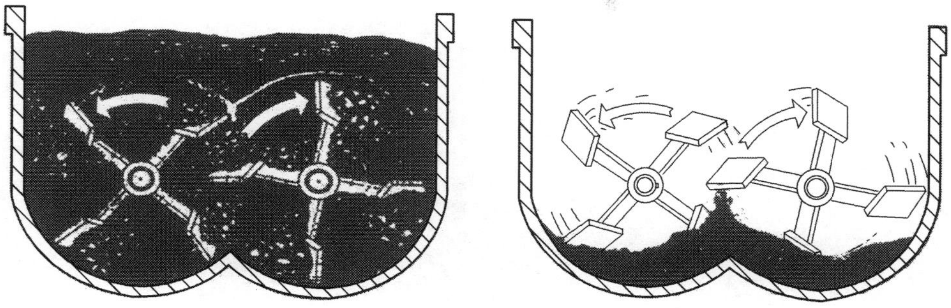

a)　　　　　　　　　　　　　　　　b)

图 14　拌缸材料过多或过少都将严重影响拌和的均匀性

a)拌缸充盈率过高;b)拌缸充盈率过低

拌和时间同样影响着拌和的均匀性和生产率,对于较难拌和的材料应采用较长的拌和时间(图 16)。

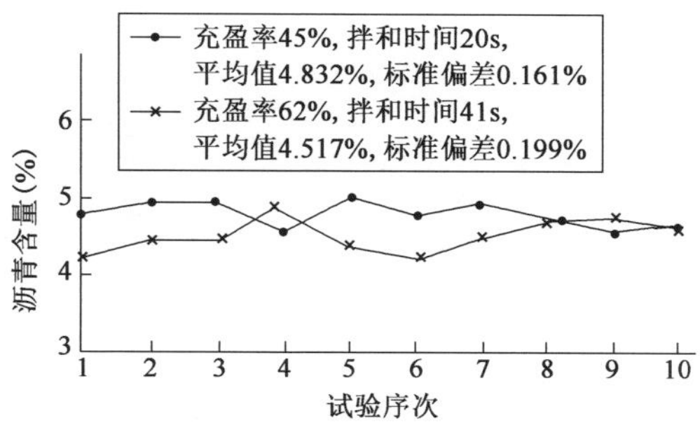

图 15　具有不同充盈率的搅拌器搅拌效果的对比

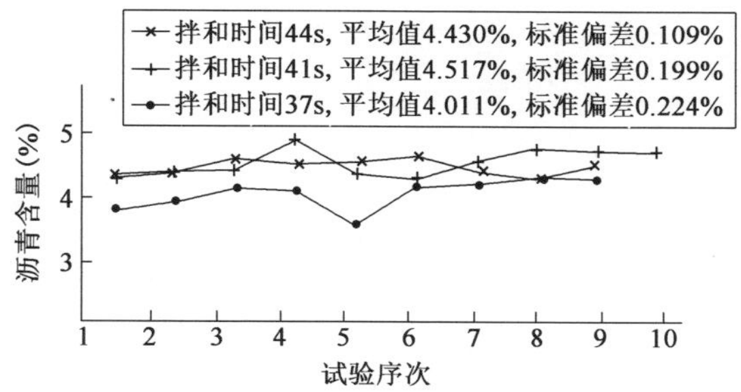

图 16　拌和时间对搅拌均匀性的影响

在使用沥青搅拌设备时,首先应按设备的设计充盈率(亦即拌缸的设计容量)确定投入拌缸的材料数量,然后根据混合料拌和的难易程度设定拌和时间,从而合理地确定搅拌设备的生产能力。

2.3.5　改善成品料输送、储存、装卸中产生的离析

为改善成品料输送、储存、装卸中产生的离析可采取以下措施:

(1)斗式输送机与筒式储料仓容易产生离析,斗式输送机不宜配置大容量的成品料仓,宜采用矮而宽的方形储料仓(图 17)。

(2)当采用提升料斗将混合料卸入成品料仓时,料斗必须定位于料仓的中央卸料,否则将出现纵向离析(粗料滚向一边)。

(3)大容量的筒式储料仓必须配备防离析的装置,图 18所示的配料斗可使卸入筒式储料仓的沥青混合料整体地落下,而不发生材料的滚落;安装在筒式储料仓底部的66°圆锥卸料筒可使成品料仓向自卸汽车卸料时筒仓内的混合料整体地下降,不会因中间的材料下落快而在筒内形成中央的凹坑而导致材料的滚落。

图 17　矮而宽的方式储料仓

(4)从成品料仓向自卸汽车卸料时不允许自卸汽车一边移动一边卸料,而应一次性地成堆卸料,否则将导致严重离析。

(5)成品料仓卸料时,料门应迅速开大,不允许让混合料慢慢流出,以免造成离析。

(6)在向自卸汽车卸料时不允许向车槽的中央卸料,而应先向车槽前部、次向尾部,然后在中央卸料(图 19)。

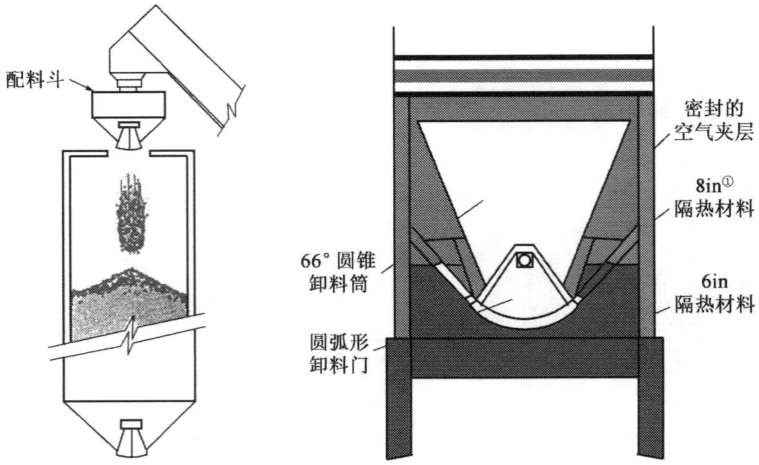

a) b)

图18　筒式储料仓的防离析配料斗和卸料圆锥筒

a)防止离析的配料斗;b)防止卸料时离析的锥筒

a) b)

图19　不正确和正确的向自卸汽车卸料方式

a)不正确的卸料方式;b)正确的卸料方式

2.3.6　成品料的检测与控制

成品料的检测与控制对保证沥青混合料的组成均匀性有着重要意义。对成品料的质量进行严格与正确、可靠的检测,可及时发现和纠正存在的质量问题,贯彻和执行以下要求将有助于提高成品料检测的水平与效果。

(1)应严格执行成品料生产质量的例行监控测试要求(表5)。

成品料生产质量控制的检测项目与频度　　表5

检测项目	频　度	检测项目	频　度
料堆级配分析	每天1次	混合料抽提分析	每天1次或2次每次6个料样
冷料仓级配分析	每天1次	马歇尔试验	每天2组
热料仓级配分析	每天1次	混合料试件的理论密度	每天2次
料堆含水率	雨天后或必要时	成品料温度	每车若干点
热集料残余含水率	雨天后或必要时		

(2)改善成品料组成分析试验的技术。

成品料组成是否符合设计的生产配合比是成品料质量的基础。成品料组成分析是容易出现误差和高度需要技巧的试验,其中取样的代表性和试验的方法与技巧是两个最为关键的技术问题。

一个缺乏代表性的料样对评价成品料的生产质量是毫无意义的,料样的代表性是决定组成分析真实性、可靠性的关键。影响料样代表性的主要因素包括料样的数量、取样的方法和技巧、料样缩分的方法和技巧、沥青抽提方法和试验技巧、样木数量与分析技巧。

❶1in=0.0254m。

在我国现行试验标准中，没有按混合料公称最大粒径确定取样数量的相关规定，不同粒径混合料的取样数量可参阅美国标准 ASTM D979（表 6）。

取样数量 ASTM D979　　表 6

混合料公称最大粒径（mm）	2.36	4.75	9.5	12.5	19	25	38.1	50
最小取样数量（kg）	1.8	1.8	3.6	5.4	7.3	9.1	11.3	15.9

沥青混合料最常用的取样方式有：从拌锅下直接取样；从成品料斗中取样；从装料自卸汽车上取样；从摊铺机后方铺层取样，其中从拌锅下直接取样最能反映搅拌缸拌和的均匀性，从摊铺机后方铺层取样则最能全面反映从搅拌缸拌和至卸料、运输、摊铺各个环节由拌和不均匀和材料离析导致的沥青混合料组成的不均匀性。

热料仓的取样应注意在热料仓的全宽度上采集料样，这样可减少集料在热料仓内离析的影响（图 20）。

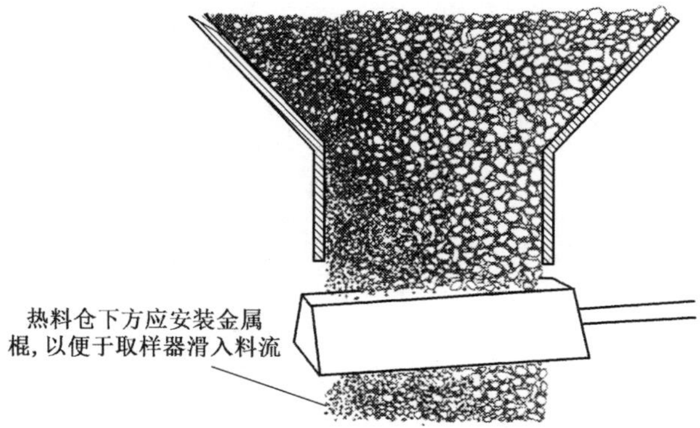

图 20　热料仓的全宽取样器

采用四分法对成品料进行缩分是一项非常容易发生缩分误差而导致试样失去代表性的试验环节。缩分误差的产生主要是由于用四分法缩分后，四份料样其粗细料的比例不同而造成的。由于粗料的单位重量的比面积远较细料小，当某一份料样中粗料的比例多，则沥青的含量就小，而另一份料样中细料的比例多则导致沥青含量偏大。因此用四分法来缩分热沥青混合料是一项极具技巧性的工作，试验人员必须十分小心、细致地操作。成品料的缩分应遵循以下操作要领：

成品料的取样数量应在符合规定最小取样数量的条件下，尽可能使试样经一次缩分即可达到抽提试验的要求。

缩分操作应在平整的铁板上进行，在操作时倾倒在铁板上的混合料应先用刮刀将材料摊平。

在缩分时应用目测的方法，尽可能使每份料样的粗集料大体平衡，必要时可人为地适当调整。

缩分后的料样暂时不应弃倒掉，待抽提试验结果出来后，如对试样代表性有怀疑，可用余下缩分料样进行抽提，以做比较。

由于成品料的缩分需要高度的操作技巧，试验人员应经过反复的操作来考核其能否达到均匀缩分料样的要求，对缩分的料样分别进行抽提试验，四份料样沥青含量偏离它们的平均值的偏差不得大于 0.05%。

最好的方法是从拌锅下直接取足最小试样数量，不经缩分而直接进行抽提分析。

在采用溶剂离心法进行沥青含量的抽提分析时，影响抽提结果正确性的主要问题是粉料从滤纸缝隙中析漏。对过滤后的溶剂进一步进行溶剂中析漏粉料的离心处理可有效地将由于跑粉引起的误差降低至接近于零。

沥青含量的测定是一种包含有大量随机因素的测量，样本数量的多少对测定结果的可靠性有着重大影响。必需的样本数量取决于两个因素：容许的偏差范围和容许的置信概率（置信区间）。当已知样本数量和标准差后，根据概率统计理论即可计算出相应的置信区间。表 7 展示了样本数量与置信区间关系的实例。当沥青含量平均值为5%,试验结果标准差为0.05%,在95%置信概率下样本数量与置信区间关系如表7所示。

样本数量与置信区间关系的实例 表7

试样样本数(n)	2	3	4	5	6
置信区间(%)	±0.45	±0.12	±0.08	±0.06	±0.05

当已经进行了一定次数的试验后,需要知道还需进行多少次试验方能使试验值与平均值的偏差处于容许偏差的范围内,可根据常态理论按以下公式计算:

$$N_1 + N_2 = N_1 F(R/D)^2$$

式中:N_1——初始试验数;

N_2——所需增加试验数;

R——初始试验值的极差;

D——偏离初始试验平均值的容许偏差;

F——系数,见表8。

系　数　*F* 表8

初始试验数 N_1	3	4	5	6	7	8	9	10
F 值	1.700	0.514	0.257	0.159	0.111	0.082	0.065	0.053

在处理试验数据时,常常会遇到个别的试验值远远偏离其他的试验值,此时需要判断它是否属于由操作上的失误、搅拌设备的瞬时失控、试验过程中误读等非正常的人为因素偶然引起的小概率事件,而予以废弃。这是一个异常数据的取舍问题。

对于怀疑是否为异常的数据,可以用某些统计学上的法则来决定是否应该剔除,最常用的是格拉布斯法,其判据的计算方法如下:

令判据:

$$T = \frac{|x_d - \bar{x}|}{s}$$

式中:x_d——被怀疑的可疑数据;

$\bar{x}$——包括 x_d 在内的试验数据的平均值;

s——包括 x_d 在内的试验数据的标准差。

当 $T > G(\alpha, n)$ 时,可认为是异常数据而剔除,否则应保留。式中 $G(\alpha, n)$ 为格拉布斯系数,它由置信区间 α 和样本数 n 来决定(表9)。

格拉布斯系数 $G(\alpha,n)$ 表9

置信区间 α(%)	样本数 n												
	3	4	5	6	7	8	9	10	11	12	13	14	15
0.05	1.153	1.463	1.672	1.822	1.938	2.032	2.110	2.176	2.234	2.285	2.331	2.371	2.409
0.01	1.155	1.492	1.746	1.944	2.097	2.221	2.323	2.410	2.485	2.550	2.607	2.659	2.705

2.3.7　加强热沥青混合料生产与管理方面的措施

(1)严格控制材料规格、特性的一致性。

(2)正确堆放集料、加强料堆管理。

(3)经常性地检查筛分系统的筛网是否过载或有破洞,并检查2号仓的混仓率。

(4)每天开始工作时用计算机打印1h混合料的组成数据,以检查搅拌设备的计量控制系统是否稳定工作。

(5)定期检查沥青抽提仪的误差是否超出允许范围。

(6)仔细、正确地进行混合料的采样并分析料样的代表性。

(7)严格执行成品料的例行监控测试项目。

(8)有条件时应实行成品料生产的动态质量管理。

成品料质量的动态管理是利用概率统计分析来控制热沥青混合料生产质量的一种管理方法,它通过对混合料生产过程的各种数据进行统计分析获得一系列代表这一生产过程的概率统计特征值,然后将这些统计分析结果随施工进度而变化的情况以图表的形式显示出来。通过这些概率统计特征值的变化可以帮助技术人员判断热沥青混合料的整个生产过程是否正常、如出现异常情况可帮助人们分析问题的原因及如何改正、通过这些统计分析数据的变化趋势预测生产过程是否有偏离正常工艺过程的倾向,以便在成品料质量尚未超差之前就及时采取措施加以纠正。关于成品料质量的动态管理图表的进一步说明见第5节。

3　热沥青混合料在运输和摊铺过程中产生的不均匀性及其质量控制

热沥青混合料在运输和摊铺过程中产生的不均匀主要是由材料离析和温度离析引起的。

热沥青混合料在运输和摊铺过程中的材料离析包括:成品料卸入自卸汽车和自卸汽车中混合料卸入摊铺机料斗造成的离析、混合料在摊铺机料斗中产生的离析、混合料在分料过程中造成的离析。

热沥青混合料在运输和摊铺过程中的温度离析包括:自卸汽车中的温度离析、摊铺机料斗中的温度离析、混合料铺层的温度离析。

关于减少在运输和摊铺过程中产生材料和温度离析的措施与技术见本论文集中《热沥青混合料的不均匀性及连续摊铺新工艺》。

4　热沥青混合料在碾压过程中的不均匀性及其质量控制

热沥青混合料在碾压过程中的不均匀性主要是由两方面的因素造成的;由于材料和温度离析导致的各部位铺层材料可压实性和热稳定性的不一致、由于碾压工艺和碾压参数不一致而导致的对铺层施加的压实作用的不一致。

4.1　热沥青混合料压实性能的特点

热沥青混合料的特性对压实效果的影响主要体现在:混合料抵抗压实的阻力——材料的可压实性;混合料抵抗流动的能力——热稳定性。

热沥青混合料是一种由集料与黏结剂组成的高温状态下的混合物,集料、黏结剂以及混合料的组成和温度的特性决定了材料的可压实性与热稳定性。影响混合料可压实性和热稳定性的集料因素包括:粗细集料的比例、最大粒径的尺寸、集料的棱角性、形状、破碎面、表面纹理、石质的硬度、集料的级配特性。

影响混合料可压实性和热稳定性的黏结剂因素是由沥青的性质决定的,沥青是一种物理性状随温度而发生重大变化的黏结剂,它在高温时是一种润滑剂,在低温时是一种黏结剂,它对混合料可压实性和热稳定性的影响主要表现为沥青的高温劲度和沥青的温度敏感性(黏度随温度而变化的特性)。

混合料本身的组成特性和温度特性对其可压实性和热稳定性的影响主要包括:混合料的油石比、混合料的温度和温度敏感性。粗集料多、沥青少、集料棱角性好、石质硬、间断级配或开级配、混合料温度低的材料可压实性差而热稳定性好,不易发生流动。细集料多、沥青多、集料棱角性差、石质软、连续密级配、混合料温度高的材料可压实性好,而热稳定性差,易发生变形。

4.2　碾压过程的质量管理与控制

加强对碾压过程的质量管理与控制对于减少碾压过程中的不均匀性有着重要作用,主要包括:

(1)严格控制初压、复压和终压的碾压温度,配备足够的压实机械以保证在规定的温度前结束碾压。

(2)严格执行规定的碾压工艺和设定的碾压参数,保持碾压工艺和参数的一致性。

(3)严格控制喷水量,以尽量减少混合料的热量损失。

(4)避免在气温过低的情况下施工。

(5)严格按规定要求监测铺层的密度、空隙率、压实度等指标。

(6)采用先进的压实控制手段对碾压过程进行实时监控和智能化压实,以保证铺层压实度的均匀性。

5 施工质量动态管理方法

施工质量的动态管理是利用概率统计分析来控制热拌沥青混合料施工过程质量的一种管理方法。它通过对施工过程的各种数据进行统计分析获得一系列代表这一施工过程的概率统计特征值,然后将这些统计分析结果随施工进度而变化的情况以图表的形式显示出来。通过这些概率统计特征值的变化可以帮助技术人员判断整个施工过程是否正常,如出现异常情况可帮助人们分析问题的原因及如何改正,还可以通过这些统计分析数据的变化趋势预测施工过程是否有偏离正常工艺过程的倾向,以便在施工质量尚未超差之前就及时采取措施加以纠正。

在沥青面层的施工过程中,沥青混合料生产质量的动态管理是应用最为广泛的领域,监测的参数可以是沥青、粉料的含量,关键筛孔的通过率,成品料的温度,马歇尔试验的结果,搅拌设备生产过程总量控制的数据等等所有感兴趣的、影响混合料生产质量的参数。这种质量的动态管理方法不仅可用于沥青混合料生产中的过程控制,也适用于摊铺和碾压质量的过程控制,例如摊铺层的平整度、厚度和高程、碾压后的现场密实度、空隙率的监测等等。

施工质量动态管理的图表最常用的有以下几种:

(1)个值控制图。

(2)平均值和标准差控制图。

(3)移位平均控制图。

(4)移位极差控制图。

(5)正态分布频率直方图。

5.1 个值控制图

个值控制图是将一组试样的每个试验数据,逐一标在以试验序次为横坐标的图表上,在控制图上一般标有控制目标值、控制的上限和下限以及这一组试样的平均值。对于每一个考察的试验总体(例如以一天生产的成品料为一个考察总体),可以绘制一张控制图,也可以按每组试样为一个单元(例如一天的数据)连续地绘制下去。

个值控制图主要用来直观地判断生产过程是否正常,如果有异常是属于个别点超出了控制范围,抑或整个生产过程偏离了正常的工艺,是由于系统性因素还是随机性因素的失控导致的异常等等。个值控制图虽然很简单,但十分明了有用。图 21 ~ 图 24 显示了四组沥青含量的个值控制图,从这四张图上可以明显地看到由于不同的情况导致的不同类型的偏离。图 21 是生产过程处于正常控制下的情况,此时沥青含量的平均值与设定值非常接近,系统误差很小,随机误差的波动也在容许的范围内。图 22 显示了由于系统误差偏大导致超差的情况,图 23 则是随机误差偏大导致的超差,图 24 显示了系统误差和随机误差都偏大导致严重超差的情况。

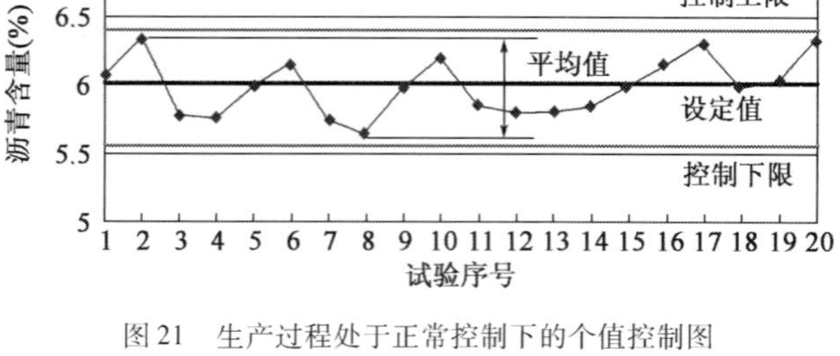

图 21 生产过程处于正常控制下的个值控制图

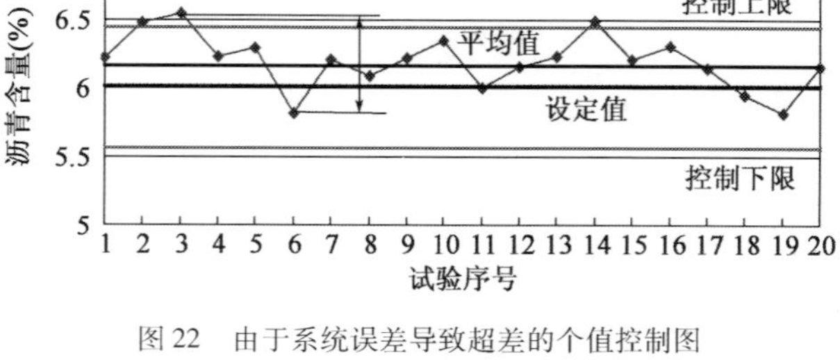

图 22 由于系统误差导致超差的个值控制图

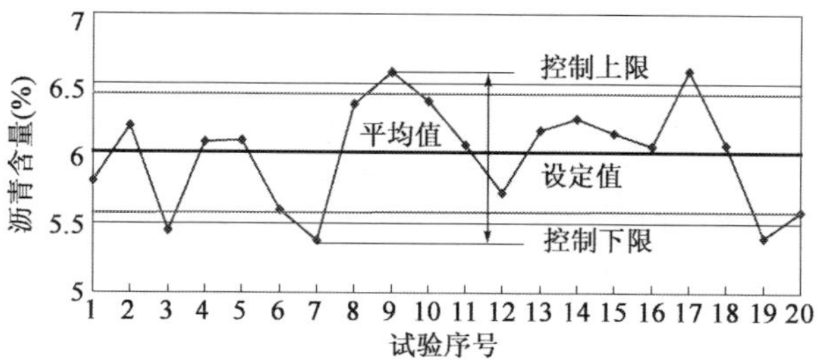

图23　由于随机因素导致超差的个值控制图

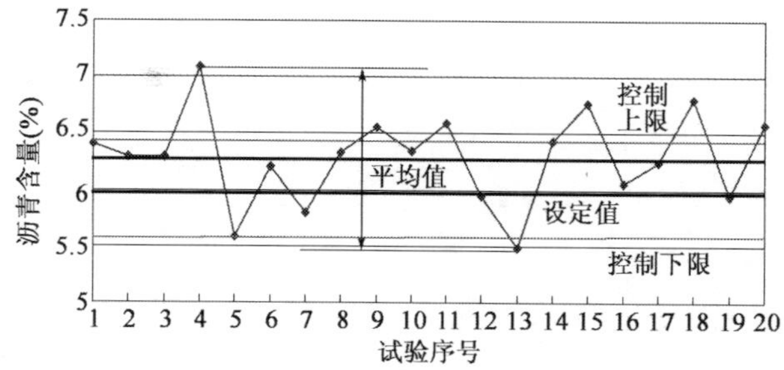

图24　生产过程全面失调状态下的个值控制图

5.2　平均值和方差控制图

个值控制图的一个缺陷是对个别数据的超差往往难于判断是否是工艺过程出现了问题，还是只是偶然的、个别的、暂时的因素引起的。此时用统计特征值做的控制图就更能说明问题，平均值和标准差控制图就是最常用的一种。平均值和标准差控制图是用从每一个试验总体中抽取的样本经统计处理后得到的对总体平均值和标准差的估计值绘制的图表，试验总体通常可以以天为单位，因而图表上的横坐标将以日期的天数为单位。图25为沥青含量的平均值和标准差控制图的实例。在图中标出了平均值和标准差的控制限，平均值的变化提示了过程变化的系统趋势，标准差则代表了过程的稳定性。

5.3　移位平均控制图

移位平均控制图是根据对若干个试验总体的样本的平均值进行移位平均计算后得到的移位平均值绘制的图表。移位平均控制图主要用来监控和预测混合料生产过程的长期稳定性，因而其横坐标通常也是按日期的天数来标记的。图26为一个2.36mm筛孔通过率的移位平均控制图的实例，从图中可看到虽然通过率基本上都在控制的范围内，但存在着逐渐增大的趋势，提示着需要进一步检查矿料级配是否需要适度微调。

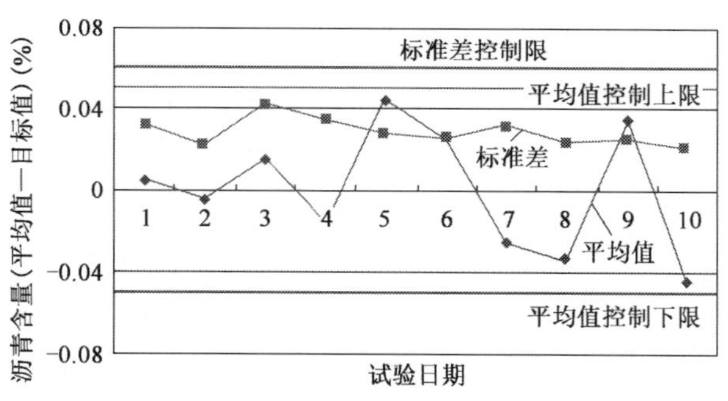

图25　沥青含量的平均值和标准差控制图

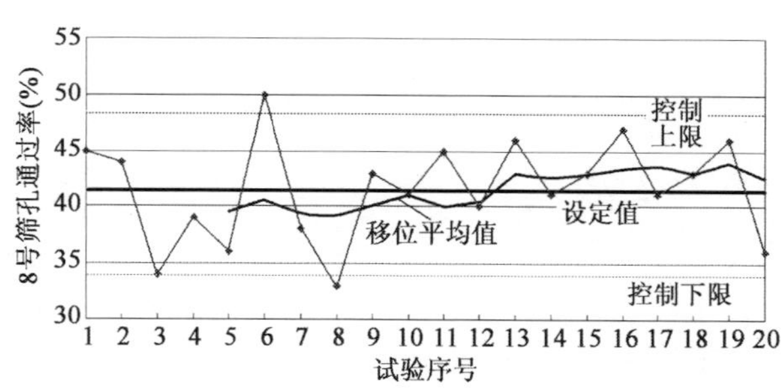

图26　2.36mm筛孔通过率的移位平均图

5.4　移位极差控制图

所谓移位极差，就是将一系列的试验数据按顺序分成由若干相邻试验数据组成的数据组，取每个数据组的最大值与最小值之差作为极差，然后每次移动一步再求极差，这样就可获得一系列的移位极差数据，最常用的是相邻两个数值的移动，移位极差控制图就是根据移位极差数据绘制的控制图，其横坐标通常也是按日期天数来标识的。图27和图28为沥青含量极差和移位极差变化的实例。从图27中可看到沥青含量的分组极差都在控制的范围之内，但从图28中则可看到在10日以后移位极差的变化存在着扩散的趋势，提示着随机误差有增大的风险。

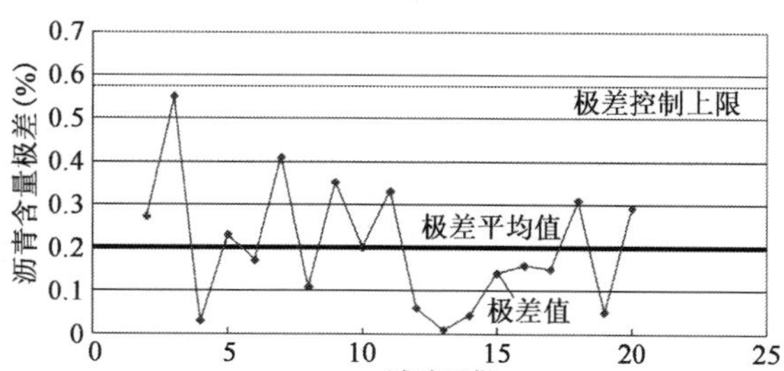

图27　沥青含量的极差图

5.5 正态分布频率直方图

正态分布频率直方图的绘制方法是将试验值的区间(最小至最大值)分成若干组,组的数量应根据试验的次数以突出样本分布的特点为原则选定,计算落在各组区间(组距)内的试验值个数,这一个数除以试验次数即为落在某一组距内的频率(以百分比表示)。图29为根据沥青路面压实密度检测结果绘制的频率直方图。

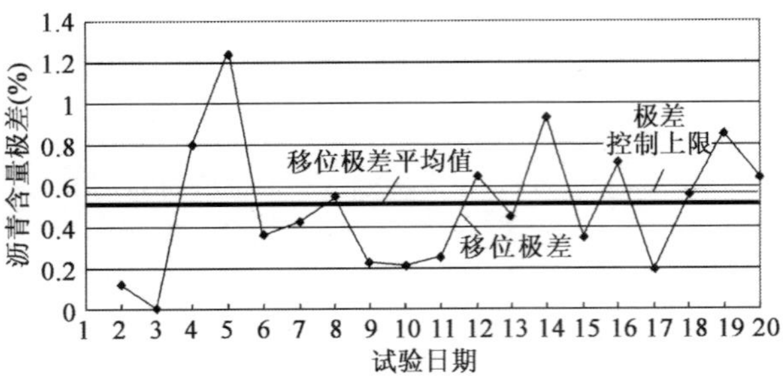

图28 沥青含量的移位极差变化图

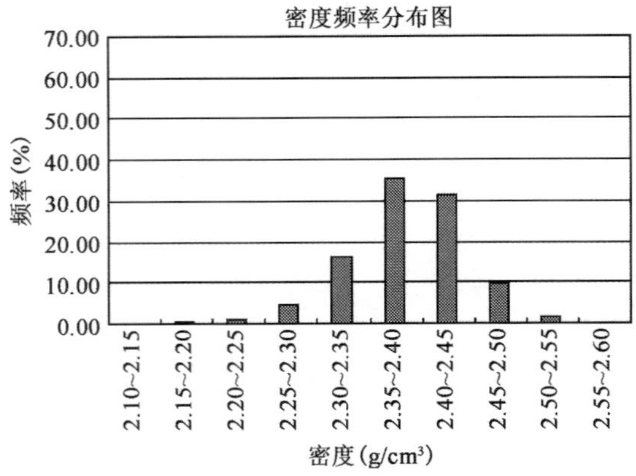

图29 压实密度的正态分布直方图

6 结语

(1)热沥青混合料的不均匀性是贯穿于热沥青混合料生产、运输、搅拌、碾压整个施工过程中的质量问题,要解决这一问题,需要对每一环节都进行严格控制才能取得成效,只解决某一环节的问题是无济于事的。因此,只有对整个施工过程实施全面质量控制才能从根本上解决热沥青混合料施工中的均匀性问题。

(2)应把好集料和热拌沥青混合料生产的质量关,这是保证沥青混凝土均质性的基础。这一关把不好,随后的环节控制得再好也难有成效,因此应十分重视集料和热沥青混合料的生产技术和质量管理。

(3)热沥青混合料的转运车技术是解决混合料运输和摊铺过程中材料与温度离析问题的一种很好的新工艺和新技术。但它解决的只是在混合料装卸、运输和卸入摊铺机料斗内的离析问题,对于其前方和后方环节(包括摊铺机螺旋分料器)中产生的混合料离析问题,它是无能为力的,因而不应将转运车技术看成是解决混合料离析问题的"万用灵丹"。

(4)热沥青混合料的不均匀性是导致我国沥青路面早期损坏的重要原因,解决不均匀性的问题有着重要的现实意义。但是这一问题的解决不应完全依赖设备和技术,在许多场合更重要的是管理和观念方面的问题。再先进的设备,使用不当和对它进行野蛮操作也不可能生产出优质的沥青混合料和铺筑出高质量的沥青路面。因此杜绝为了抢赶工期而违反科学和客观规律,随意加大设备产量,超负荷运转,不按规定养护维修设备,不顾质量地抢时间、拼设备等野蛮施工现象是十分重要的。

滑模混凝土—金属黏附与摩擦性能的试验研究

胡永彪　何挺继　孙祖望　张志友

（本文刊于《西安公路交通大学学报》1996 年第 4 期）

摘　要：在对混凝土—金属黏附与摩擦机理讨论的基础上，试验研究了水灰比、砂灰比、砂率、粗集料形状和最大拉径，外加剂、温度、时间和速度对水平滑模混凝土和金属之间的黏附与摩擦性能的影响。

应用于水平滑模摊铺水泥混凝土路面的低流动性混凝土（这里简称滑模混凝土）要经过滑模摊铺机的布料、刮平、捣实、成型、抹光、纹面等一系列加工工序。在这些加工工序中，螺旋分料器、挡料板、计量闸板、成型板、侧模板、抹光板、纹面装置等不可避免地要与新拌滑模混凝土产生相互作用。相互作用的物理力学性质表现在该混凝土与金属之间存在相对运动时所产生的相互黏附和相互摩擦，从而构成各工作装置的全部或部分工作阻力。很显然，研究滑模混凝土—金属吸附和摩擦性能，对滑模摊铺机的工作阻力和功率估算以及各工作装置的设计计算是至关重要的。

1　吸附与摩擦机理

金属和混凝土之间的吸附和摩擦是通过接触区进行的，因而金属和混凝土各自的性质和形态将起决定性作用。对于金属表面，微观上存在许多“波峰”和“波谷”。由于金属分子引力的作用，使金属表面具有一定的势能，能吸附气体和液体分子，形成吸附分子膜。而新拌混凝土是由水泥浆和集料复合而成，其表面是由水、气、水泥和粗细集料外表面组成。由于范得华力、库仑力和毛细力，使水和气分别以水膜和气泡形式存在。这样金属和混凝土之间的接触区是由水膜、水泥浆胶体、气泡、粗细集料和金属表面分子膜构成。金属和混凝土之间相对滑动的实质是接触区物质的切向应力和应变关系——流变性，也就是新拌混凝土受金属板切向作用时所表现的外部流变性。

对于低流动性的滑模混凝土，由于灰浆和水膜对金属表面的润滑和黏附，混凝土与金属之间的相对滑动不能视为粗细集料外表面和金属表面的干摩擦。同时，由于粗细集料外表面和微观上凹凸不平的金属表面的相互嵌合和犁削作用，混凝土和金属表面之间的相对运动也不能完全看成水泥浆体或水和金属表面之间的黏性流动或无黏流动。实际上，当低流动性混凝土和金属表面发生相对运动时，既有接触区中的水和浆体在接触界面上的流动，也有接触区内的粗细颗粒的转动和平动以及伴随着对金属表面的犁削。产生上述运动的原因归结于界面上的切向黏附力和摩擦力。用切向黏附力和摩擦力可以估算金属工作零件表面和混凝土之间的相对滑动阻力。

测定界面切向黏附力和摩擦力的试验如图 1 所示。在图 1a）所示的试验装置，对于一定的压力 P 和滑动速度 V，可测出某种混凝土和金属表面之间相对滑动时的切向阻力 $R(P)$。图 1b）为典型的 R—S 试验曲线，S 为滑动距离。R—S 试验曲线表明，切向阻力 R 均值不随滑动距离改变而变化（除试件从静止到某一速度 V 加速过渡阶段外），R—S 曲线上的波纹呈现了集料和金属表面的犁削干涉效应。将 $R(P)$ 对不同的垂直力 P 作图得到回归曲线 R—P。图 1c）给出了 R—P 试验回归曲线。该曲线表明了低流动混凝土和金属表面之间的切向阻力和垂直力的关系非常符合库仑摩擦直线规律。图 1c）上的 φ_0 为混凝土与金属表面的外摩擦角，C 除以滑动接触面积为单位切向黏附力 C_0。这样，单位接触面积上的切向阻力 R_0 可表示为 $R_0 = C_0 + \sigma_0 \tan\varphi_0$，其中 σ_0 为单位接触界面上的法向压力。

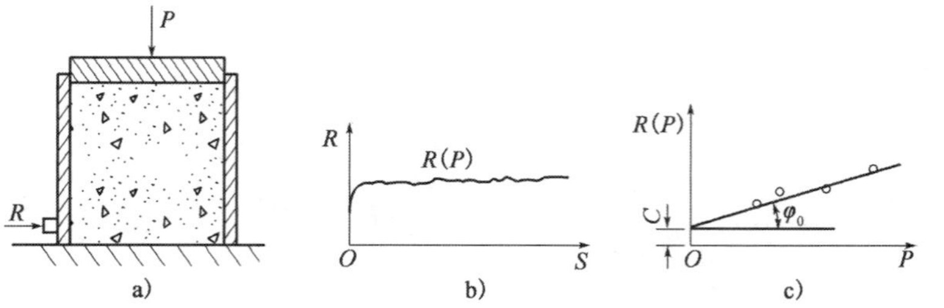

图1　黏附与摩擦试验

2　试验因素和试验方法

2.1　试验因素

由黏附和摩擦机理讨论得出，单位黏附力 C_0 和外摩擦角 φ_0 的影响因素将是金属表面和混凝土接触区的物质成分和性质以及金属表面的形态。由于金属的强度和硬度远远超过新拌混凝土的相应值，因此可以认为使用中的金属零部件的表面形态是稳定不变的，并且接近于试验金属表面形态。同时认定金属性质和成分不会影响到接触区的物质成分和性质。那么，接触区的物质成分和性质的变化归因于新拌混凝土的成分和性质的改变。

新拌混凝土的成分不仅由水灰比、砂灰比、砂率、含气量、外掺剂、粗细集料各自的级配、水泥类型来决定，而且随时间、温度的不同而改变。新拌混凝土的性质既取决于各成分（主要是化学成分和物理成分）的数量，又受制于各成分的性质。因此，影响新拌混凝土的成分和性质的因素繁多且之间存在交互作用，在选取试验因素不可能全部顾及。在试验中只能考虑一些主要因素。这些主要因素包括：①决定水泥浆性能和数量的水灰比和砂灰比以及某些外加剂；②决定粗细集料性能和数量的砂率、最大粒径和形状；③温度、放置时间和滑动速率。

2.2　试验方法

试验采用了单因素试验方法。为了与现场滑模施工相适应，不管因素如何变化，试验时将塌落度控制在 0 ~ 7cm。试样准备包括砂石级配和配合比实施称量。试样制作是用容量为 50L 的小型搅拌机拌和，一次制作 4 个 ϕ190mm × 200mm 的圆柱形试件。混凝土放入圆柱模中，用内部振捣方式振实到表面有充分灰浆。当试件放在金属板上时，圆柱模周边应高出金属表面 2 ~ 3mm，以防止模周边与金属板相接触。碎石或卵石的颗粒级配见表 1。

碎石或卵石的颗粒级配（分计筛余，按重量计%，粒径单位：mm）　　表 1

粒径范围	粒径划分						
	<2.5	2.5 ~ 5	5 ~ 10	10 ~ 20	20 ~ 30	30 ~ 40	40 ~ 50
5 ~ 20		5	25	70	0		
5 ~ 30		2	8	50	40	0	
5 ~ 40		2	8	35	40	15	0

3　试验结果分析

在以下试验分析时，符号 W、C、S 和 G 分别表示单位立方米混凝土所含水、水泥、砂和石的重量。$P_s = S/(S + G)$，表示砂率。

3.1　水灰比

水灰比对新拌滑模混凝土和金属表面之间的黏附与摩擦的影响总结在图 2 上。随水灰比增大，单位黏附力 C_0 明显下降，但当 W/C 超过 0.42 时，变得很平缓，基本上没有变化，这说明水泥浆被稀释到一定浓度后再加水,不会引起黏附力的明显变化。另外,水灰比对外摩擦角 φ_0 没有多大影响,随水灰比增大,φ_0 有轻微降低。

3.2　砂灰比

如图3所示,在水灰比和砂率一定时,砂灰比增加,导致混凝土所含灰浆量减少。随砂灰比增加,外摩擦角 φ_0 变大。而黏附力与砂灰比呈单峰型关系,最大黏附力出现在 S/C 为1.5附近。这说明灰浆过多过少都将使黏附力下降。

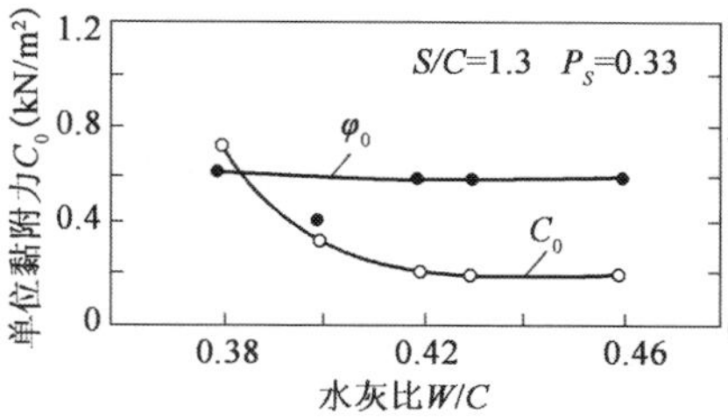

图2　水灰比对黏附与摩擦的影响

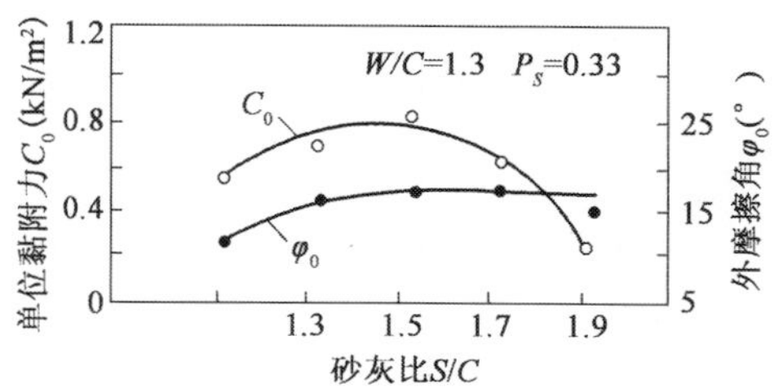

图3　砂灰比对黏附和摩擦的影响

3.3　砂率

如果水灰比和砂灰比不变,增大砂率表明混凝土中定性砂浆的含量升高。如图4所示,随砂率增大,外摩擦角有轻微下降。黏附力 C_0 在砂率小于0.31时随砂率增大而增加。当砂率超过0.31时,不再随砂率增减而改变。这说明定性砂浆含量在超过一定值后,对黏附和摩擦不会产生多大影响。

3.4　粗集料最大粒径

图5给出了粗集料最大粒径对黏附和摩擦的影响。随着最大粒径从20mm增加到40mm,外摩擦角 φ_0 增大,黏附力 C_0 降低。这说明最大粒径增加会导致接触区的粗集料在金属与混凝土界面上的干涉加剧。

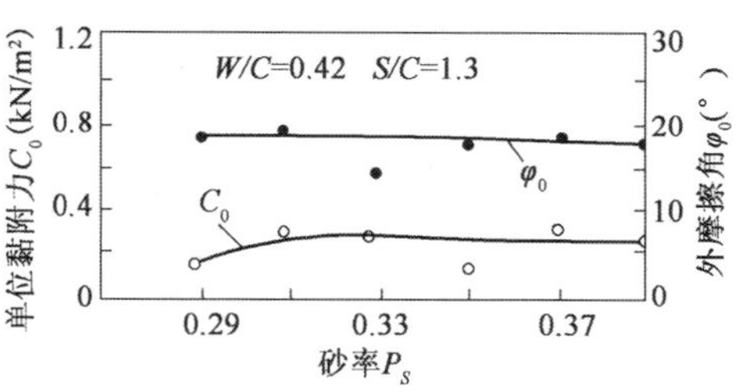

图4　砂率对黏附和摩擦的影响

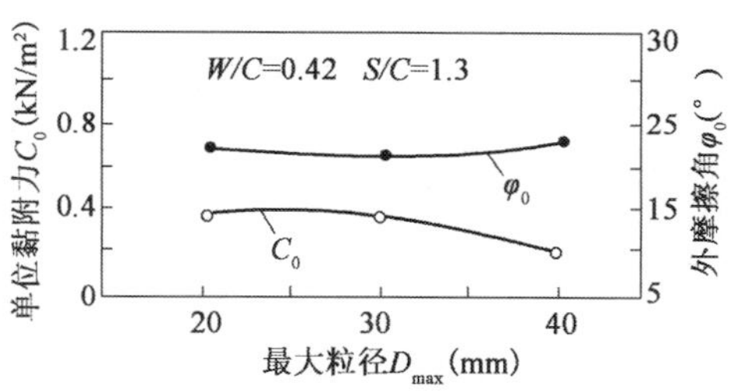

图5　最大粒径对黏附和摩擦的影响

3.5　粗集料形状

试验分别采用级配相同的多棱角碎石和浑圆的河卵石作为粗集料,在相同的混凝土配比、温度、放置时间、滑动速度条件下,试验得出碎石混凝土与金属表面的黏附力 C_0 和摩擦角 φ_0 分别是0.335kN/m^2 和15.6°,而卵石混凝土的 C_0 和 φ_0 分别是0.301kN/m^2 和12.9°。这说明卵石混凝土比碎石混凝土在其他条件相同时,与金属表面的吸附和摩擦更小些。

3.6　含气量

图6表示了黏附力 C_0 和摩擦角 φ_0 与含气量的试验关系曲线。随含气量的增加,C_0 和 φ_0 都有所降低。从而说明含气量较大或松散混凝土具有较小的外部黏附和外部

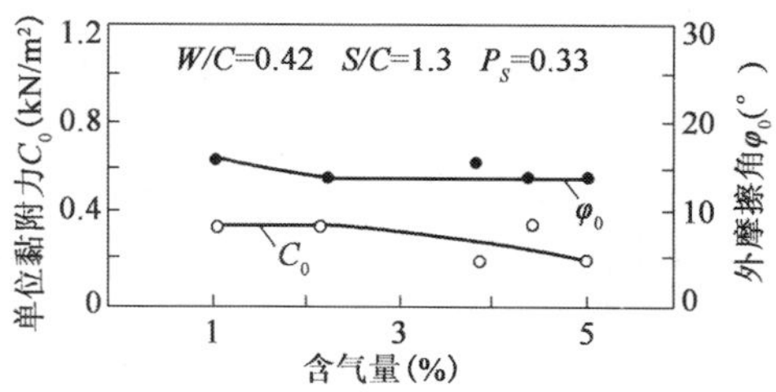

图6　含气量对黏附和摩擦的影响

摩擦。

3.7 温度

图7所示为温度对黏附和摩擦的影响,单位黏附力和外摩擦角 φ_0 将随温度升高而变大。

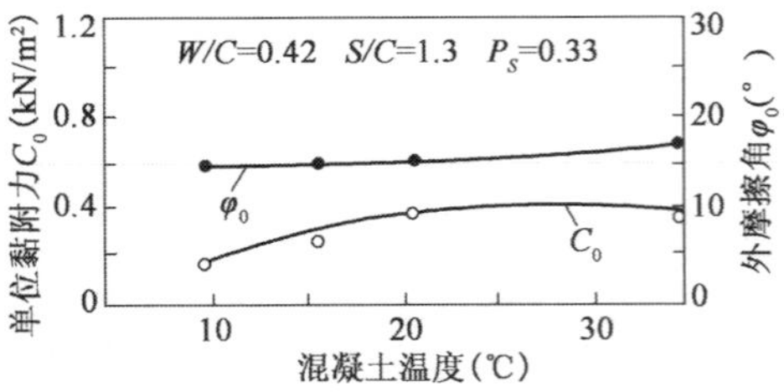

图7 温度对黏附和摩擦的影响

3.8 外加剂

3.8.1 减水剂

表2试验数据表明,添加减水剂TJ-A和木质素磺酸钙的混凝土与相同配合比但不加减水剂的混凝土Ⅰ相比,单位黏附力降低,摩擦角外稍有增加。与相同塌落度的混凝土Ⅱ相比,加减水剂的混凝土的 C_0 有所降低,φ_0 增加较大,但水泥用量比混凝土Ⅰ节约86kg。因此,加减水剂可降低混凝土与金属的黏附力。

3.8.2 粉煤灰

按表2混凝土Ⅱ的配合比为基准进行设计的掺加粉煤灰混凝土,与混凝土Ⅰ相比,黏附力增加,外摩擦角 φ_0 稍有增加。

外加剂对黏附和摩擦的影响 表2

外加剂	实验条件									实验结果		
	$\frac{W}{C}$	$\frac{S}{C}$	P_S	最大粒径(mm)	含气量(%)	放置时间(min)	剪切速度(m/min)	温度(℃)	外加剂	塌落度(cm)	C_0(kN/m²)	φ_0(°)
TJ-A	0.42	1.7	0.33	30	1.2	30	1	13	有	4.2	0.134	19.0
木钙	0.42	1.7	0.33	30	1.3	30	1	16	有	3.2	0.168	19.6
混凝土Ⅰ	0.42	1.7	0.33	30	1.5	30	1	16	无	0.9	0.67	18.6
粉煤灰①	0.39	1.1	0.30	30	1.5	30	1	13	有	1.1	0.502	17.3
混凝土Ⅱ	0.42	1.3	0.33	30	1.3	30	1	13	无	3.0	0.301	16.4

注:①C 为水泥和粉煤灰重量之和。

3.9 拌和后放置时间

放置时间对黏附和摩擦的影响见图8。随着拌和后放置时间的延长,单位黏附力 C_0 和外摩擦角 φ_0 都有增加,不过 φ_0 的增加很缓慢。这样,放置时间延长就会导致滑模摊铺机工作阻力增加。

3.10 滑动速度

从图9中看到,提高滑动速度,黏附力 C_0 和摩擦角 φ_0 都有增加。这归因于混凝土与金属接触区的物质运动加剧。这说明滑模摊铺机运行速度增高以及工作部件对混凝土的作用速度增加,都会增大运动阻力和工作阻力。

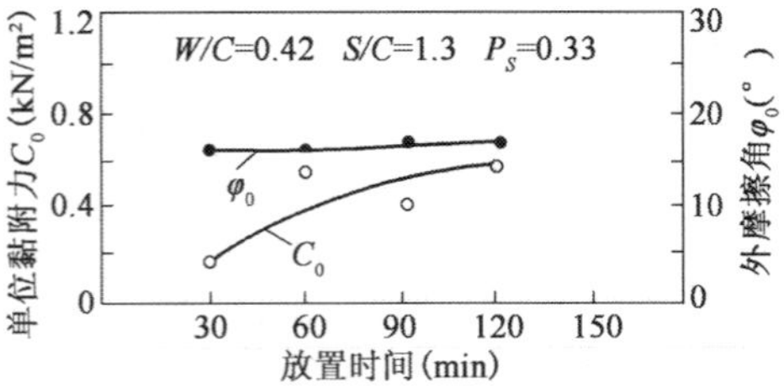

图8 时间对黏附和摩擦的影响

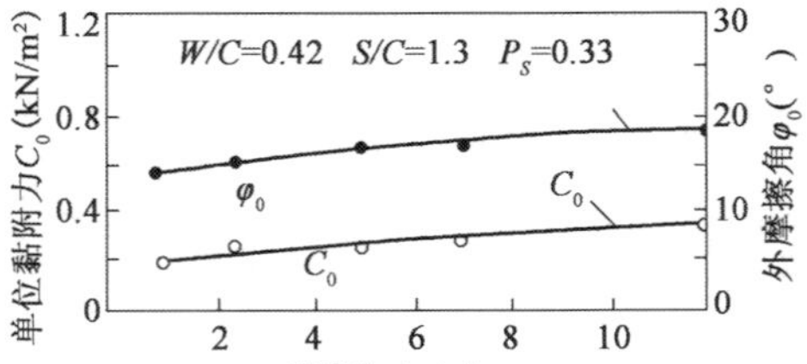

图9 滑动速度对黏附和摩擦的影响

4　结语

新拌滑模混凝土和金属表面之间的黏附和摩擦可以分别由单位黏附力和外摩擦角来估算。影响单位黏附力和外摩擦角的主要因素包括水灰比、砂灰比、粗集料形状和大小、含气量、外加剂、温度、时间和速度。以下结论反映了该项试验研究的成果，这些结论局限于试验所用材料、配合比设计、试样制作和试验程序等。

(1)新拌滑模混凝土与金属表面之间的相对滑动阻力不随滑动距离而改变。滑动阻力由黏附力和摩擦力组成。黏附力不随法向压力改变而变化，摩擦力与法向压力成正比，即滑动阻力符合库仑摩擦直线规律。用此规律可以估算滑模摊铺机各工作装置的滑动工作阻力。

(2)试验结果表明，塌落度在 0 ~ 7cm 范围内变化的滑模混凝土，由于内部成分和外部条件的变化，使得与金属表面相对滑动时的单位切向黏附力在 134 ~ 1000N/m^2 范围内变化；外摩擦角在 10° ~ 20°范围内变化(相当于摩擦系数在 0.176 ~ 0.364 范围内变化)。

(3)单位黏附力随下列因素变化(其他因素不变保持不变)而减小：①水灰比增大；②当砂灰比小于 1.5 时，减小砂灰比；当砂灰比大于 1.5 时，增大砂灰比；③增大最大粒径；④粗集料棱角减少；⑤增大含气量；⑥减小砂率；⑦添加减水剂；⑧缩短放置时间；⑨降低混凝土温度；⑩减小滑动速度。

(4)外摩擦角随下列因素变化(其他因素保持不变)而增大：①增大砂灰比；②减小水灰比；③降低砂率；④增大粗集料最大粒径；⑤增加粗集料棱角；⑥减小含气量；⑦添加减水剂和粉煤灰；⑧混凝土温度升高；⑨延长放置时间；⑩增大滑动速度。

新拌滑模混凝土的抗剪强度

胡永彪　孙祖望　何挺继

（本文刊于《中国公路学报》1996 年第 2 期）

摘　要：水灰比、砂灰比、砂率、粗集料形状和最大粒径、空气含量、外加剂等是新拌滑模混凝土抗剪强度变化的内因，温度、时间和变形速度是其变化的外因。本文通过大量的试验研究，探讨了上述因素对用于水平滑模施工的低流动性新拌混凝土的抗剪强度的影响规律。

目前，水平滑模技术已应用于水泥混凝土路面的铺筑。该技术是使用滑模摊铺机摊铺低流动性混凝土（塌落度一般在 1 ~ 7cm）。这种滑模混凝土路面在摊铺后无需模板支撑而能保持稳定形状。支撑模板的消除节省了时间、人力和成本。生产量的大幅度增加以及完工后的路面质量较高已足以弥补最初投资较高的缺点，使得这种筑路方法更为经济。

在滑模筑路施工中，混凝土拌和料要通过拌和、装料、运输、卸料、布料、刮平、捣实、成型、拌光、纹面、养生等一系列加工工序。混凝土的流变性及其变化规律影响着各工序的质量和进度，最终将导致摊铺成套设备的使用好坏和路面成型质量的优劣。对滑模摊铺混凝土的流变性规律的理解可以推动滑模铺筑技术的广泛应用。

描述混凝土流变性有很多参数，诸如内聚强度、黏度、内摩擦、屈服应力、剪切破坏时的剪应变、刚性模量等。针对路面的成型机理，其中最重要的是边角在无模板时的稳定性，选择了内聚强度的测试试验。为了估算布料阻力和侧模板承受的压力，选择了内摩擦的测试。为了分析路面顶部失模后的塑性膨胀变形，测试了剪切破坏时的剪切位移。在测试这些关于抗剪强度的流变性参数时，考虑了混凝土的内部因素和外部条件的十几种变量的影响。试验结果采用曲线或表格形式给出了内聚强度、内摩擦角、剪切位移随每一种变量变化的规律。

1　抗剪强度指标

在任何场合下，新拌混凝土的应力和应变的流变力学性质都可能产生于下列的相互作用：

（1）集料、细颗粒（包括空气）和水之间的表面效应。

（2）粗集料之间的质量效应。

由于粒径较大的集料的相互干涉，新拌混凝土不能视为像水泥浆体的宾汉姆体。但由于水泥浆体的存在，新拌混凝土又不能看作粉粒散体。在塌落度小于 15cm 时，随塌落度的降低，粉粒效应越来越大。内摩擦角 φ_1 是衡量混凝土流变性的一个主要参数，它反映了颗粒间的摩擦和联锁作用。内聚强度 C_1 是新拌混凝土在发生剪切破坏时剪切面上的垂直应力为零时的剪应力。C_1 的产生归结于颗粒间水膜与相邻颗粒间的分子引力和混凝土中化合物的胶结作用所形成的黏聚力。C_1 可体现水泥浆体对流变性的效应。

用于土力学中的直剪试验如图 1a）所示，可用来测定新拌混凝土的内聚强度 C_1、内摩擦角 φ_1 以及最大剪位移 Δ_m。对每一压力和剪切速度，可测出剪切力 F 和剪切位移 Δ 关系曲线，如图 1b）所示。当剪位移大于 Δ_m 后，拌和料发生剪裂，物料整体沿剪切面 AB 失去连续性，以后的剪切变形不再属于塑性变形。因此，把 Δ_m 看作混凝土塑性变形的极限。将峰值 $F_m(P)$ 对不同的垂直作用力 P 作图得到一条抗剪强度曲线，如图1c）所示。试验表明，振实后新拌低流动性混凝土的强度曲线符合库仑强度直线，如图1c）所示。图中，φ_1 为内摩擦角，c 值除以剪切面积为内聚强度 C_1。

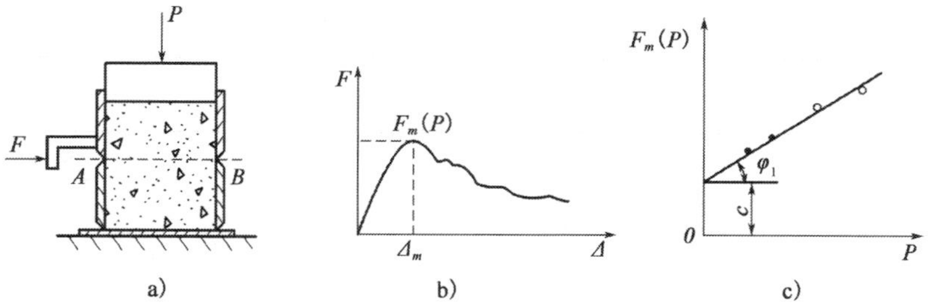

图1　新拌混凝土的直剪试验

试样准备包括砂石级配和配合比设计。混合料制备是使用容量50L的小型搅拌机。一次容量可制作4个 ϕ150mm×200mm的圆柱试样。将新拌混凝土放入上下固定的剪切盒中，用内部振捣方式振实直到混凝土上表面有充分灰浆并具有光亮，随后抹平。加载方式是直接用10kg、20kg、40kg和50kg的砝码加载。新拌混凝土从拌和到滑模成型期间所处的状态接近于不排水情况。如果发生剪切破坏，将是在混凝土滑模成型后马上发生，没有时间使混凝土的含水率发生变化。因此，试验采用了不排水快剪，通常从加载到剪切只用2min左右。对每一组试样，都记录了坍落度、维勃秒、含气量和密度。图1b）所示的剪力—位移曲线为典型的试验曲线，它表示当接近剪切强度时，有一线性部分，剪断后应力突然下降。所有的试样都显示了低流动性混凝土这种脆性破坏形式。图1b）所示的混凝土的应力—应变关系表明，随着应变的增大，出现峰值应力，但在峰值应力以后随应变增大，混凝土能承受的应力在减小，即应力—应变曲线为软化型曲线。软化型曲线表明，混凝土在剪切时出现体积膨胀，即低流动性混凝土具有剪胀性。

2　试验因素和试验方法

2.1　试验因素

新拌混凝土是“复合的复合”材料，加上水泥、集料的变异性和具有特殊性质的界面的存在、水泥水化过程的复杂变化以及加工处理过程中的错综复杂性，使得新拌混凝土的抗剪强度的影响因素繁多，不能也不可能顾及所有因素。在试验中，主要考虑了决定水泥浆性能和数量的水灰比和砂灰比以及某些外加剂；决定粗细集料性能和数量的砂率、最大粒径和形状；影响混凝土性能变化的温度、时间和变形速度。试验用细集料和水泥为同一类型。粗集料除形状、最大粒径和级配不同外，物理性质都相同。表1给出了集料和水泥的主要物理性质。

集料和水泥的物理性质　　表1

材　料	项　目	测　量　值
细集料	视比重	2.60
	吸水率(%)	0.47
	细度模数	2.58
粗集料	视比重	2.82
	吸水率(%)	0.224
	松散密度(kg/cm^3)	1.36
	紧密密度(kg/cm^3)	1.56
水泥	水泥型号	425R
	比重	3.15
	初凝时间(h)	3.10

2.2 试验方法

试验共考虑了影响混凝土抗剪强度指标的12个因素。如果进行全面试验或正交试验,不仅使试验量宏大,而且会使试验变得非常复杂。从时间、经费和操作上考虑都不允许。因此,试验采用了单因素试验方法。也就是选择12个因素的基准水平。在试验某一因素的影响时,将其他因素控制在基准水平上,以考察该因素对抗剪强度指标的影响。试验水平的控制列在表2上。试验中需要考察的抗剪强度指标包括新拌混凝土的内聚强度 C_1 和内摩擦角 φ_1 同时也考察了最大剪位移 Δ_m。为了与现场试验相适应,需要测定混凝土的坍落度,并将其控制在0~7cm。

试 验 水 平 表2

因素	水平	水平代号	水平个数	基准水平
水灰比	0.38,0.40,0.42,0.43,0.46	A_1,A_2,A_3,A_4,A_5	5	0.42
砂灰比	1.1,1.3,1.5,1.7,1.9	B_1,B_2,B_3,B_4,B_5	5	1.3
砂率(%)	0.29,0.31,0.33,0.35,0.37,0.39	C_1,C_2,C_3,C_4,C_5,C_6	6	0.33
最大粒径(mm)	20,30,40	D_1,D_2,D_3	3	30
集料形状	多棱角,浑圆	E_1,E_2	2	多棱
空气含量(%)	1.0,2.1,3.8,5.0	F_1,F_2,F_3,F_4	4	1.0
温度(℃)	5,11,16,29	G_1,G_2,G_3,G_4	4	实验温度
减水剂T7-A	3‰水泥重量	H	1	无
木钙	3‰水泥重量	I	1	无
粉煤灰	水泥代替率14.2%,超量系数1.2	J	1	无
放置时间(min)	30,60,90,120	K_1,K_2,K_3,K_4	4	30
剪切速度(m/min)	1.0,2.5,5.0,7.0,12	L_1,L_2,L_3,L_4,L_5	5	1.0

通过砂浆空隙试验,参考国内外现场施工的应用配合比和配合比设计手册,通过大量的混凝土稠度试验,在保证试验因素变化不会使混凝土稠度超出滑模要求的情况下,选择了混凝土配合比的基准水平。配合比在基准水平上的混凝土(称为基准混凝土)的描述列在表3上。

基 准 混 凝 土 表3

用水量	水泥用量	砂用量	石用量	塌落度	密度	抗折强度	抗压强度
189kg	450kg	585kg	1188kg	3.0cm	2430kg/cm³	5.79MPa	43.4MPa

3 试验结果和分析

在以下分析中,C、S 和 G 分别表示每立方米混凝土所含水、水泥、砂和石的重量,$P_s=S/(S+G)$ 表示砂率,其他符号的意义与如前所述相同。

3.1 水灰比

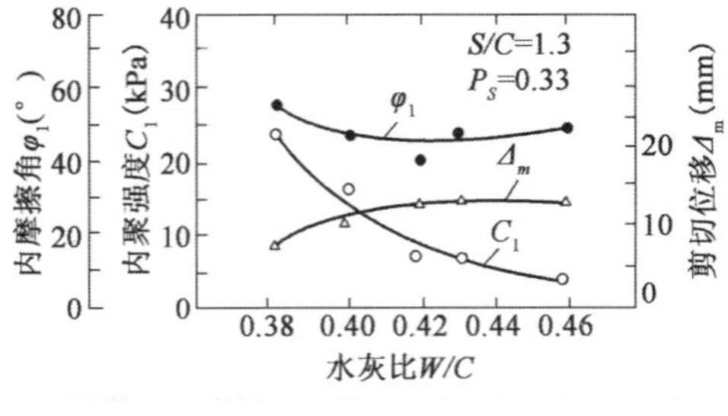

图2 水灰比对抗剪强度指标的影

图2总结了水灰比对滑模混凝土的抗剪强度指标的影响规律。随着水灰比增大,由于水泥浆体的稀释,引起混凝土的内聚强度 C_1 的显著降低。当水灰比小于0.42时,随水灰比增大,内摩擦角 φ_1 减小,剪位移 Δ_m 增加。但当水灰比大于0.42时,水灰比的增加将不再引起 φ_1 和 Δ_m 的明显变化。这说明对于某种水泥浆体,当稀释到一定浓度时再加水,似乎对混凝土的内摩擦和塑性变形能力影响较小。

3.2　砂灰比

保持水灰比和砂率 P_s 不变，减小砂灰比，将使混凝土中灰浆量增加，从而提高混凝土的工作性，但会导致混凝土变富和造价升高。如图 3 所示，当 S/C 从 1.1 升到 1.9 时，混凝土内聚强度 C_1 从9.06kPa增大到 30.0kPa。尽管较大的砂灰比可使混凝土具有较高的内聚强度和较低的造价，但由于工作性变差，就可能给滑模摊铺带来困难。

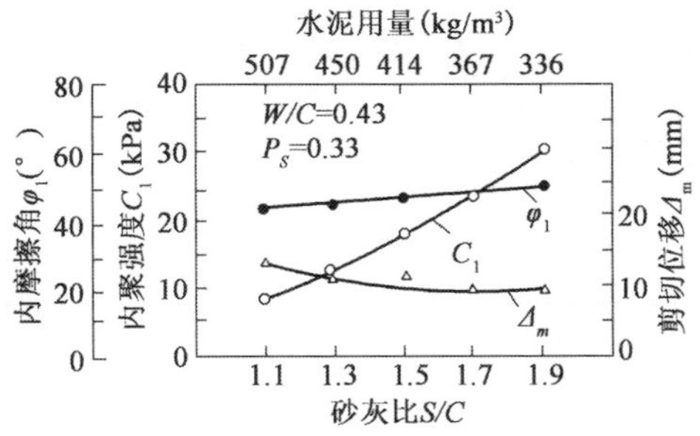

图 3　砂灰比对抗剪强度指标的影响

为方便使用，将砂灰比转化为每立方米混凝土的水泥用量，由图 3 上方横坐标变距表示。当水灰比一定时，新拌混凝土的内聚强度 C_1 随水泥用量增加而降低。图 3 的重要性在于当水灰比不变时，水泥用量是怎样影响新拌滑模混凝土的内聚强度的。从图 3 看出，随砂灰比增加(或水泥用量减少)，内摩擦角 φ_1 适度增大，剪位移 Δ_m 减小，从而说明混凝土内摩擦增加，可塑性变差。

3.3　砂率

砂率 P_S 表示了粗细集料的比例。砂率增大，细集料所占比例增加。如果水灰比、砂灰不变，砂率决定了混凝土中的砂浆含量 M。这由下面 M 表达式可以看出，当 W/C 和 S/C 一定时，砂率 P_S 增大，砂浆含量增高。

$$M = \frac{W + C + S}{W + C + S + G} = \frac{1}{1 + 1/\left[\frac{p_S}{1 - p_S}\left(1 + \frac{C}{S} + \frac{W}{C}\frac{C}{S}\right)\right]}$$

图 4 总结了砂率对滑模混凝土抗剪强度指标的影响。当砂率 0.29 增至 0.39，相应地砂浆含量从 0.46 增大到 0.57(列在图 4 上方横坐标上)，内聚强度 C_1 降低。但当砂率超过 0.33 时，C_1 下降已非常缓慢。内摩擦角 φ_1 在砂率为 0.33 附近出现低谷值。砂率升高，剪位移 Δ_m 有所增大从而说明混凝土可塑能力增强。

由此可见，当水灰比和砂灰比一定时，砂率不宜过大或过小。砂率过小，尽管内聚强度升高，但由于砂浆含量低和内摩擦大，将不利于混凝土滑模密实成型和抹光。砂率过大，虽然内聚强度降低缓慢，但由于砂浆量过高会使混凝土造价升高。砂率的选用原则是以细集料填充粗集料空隙并稍有富余。在接近本项试验条件时，砂率控制在 0.33 附近，相应地砂浆含量在 0.5 左右变化为宜。

3.4　最大粒径

图 5 给出了粗集料最大粒径对滑模混凝土抗剪强度指标的影响规律。随着最大粒径从 20mm 增大到 40mm，内聚强度 C_1 随之降低，而内摩擦角 φ_1 从 38°增大到 53°，最大剪位移 Δ_m 也略有增加。因此，适当地减小最大粒径，有利于滑模路面的边角稳定和混凝土的内部密实成型。

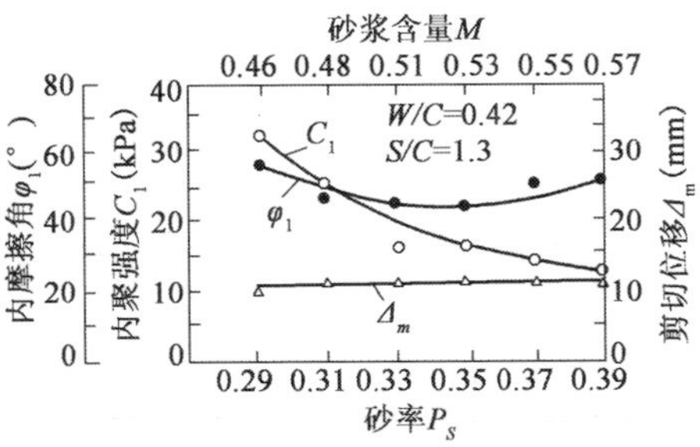

图 4　砂率对抗剪强度指标的影响

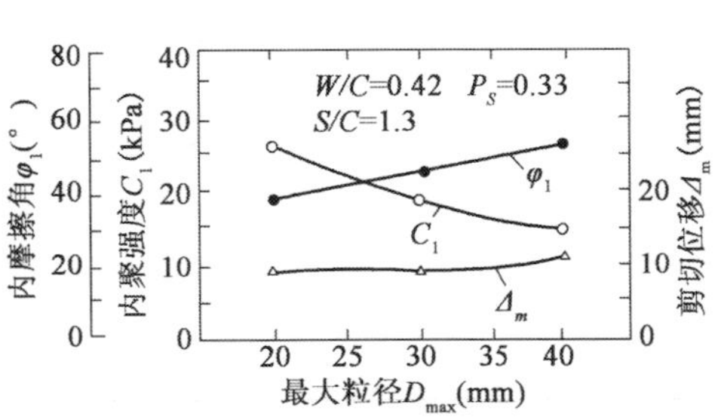

图 5　最大粒径对抗剪强度指标的影响

3.5 粗集料形状

试验时分别采用了多棱角碎石和浑圆的河卵石作为粗集料。试验数据列在表4中。通过对试验结果的对比发现,多棱角碎石作为粗集料的混凝土具有较高的内聚强度和内摩擦角,这将有助于滑模路面的边角稳定。

粗集料形状对抗剪强度指标的影响 表4

集料形状	试验条件									试验结果		
	$\frac{W}{C}$	$\frac{S}{C}$	P_S	最大粒径(mm)	含气量(%)	放置时间(mim)	剪切速度(m/min)	温度(℃)	外加剂	C_1(kN/m²)	φ_1(°)	Δ_m(mm)
碎石	0.42	1.3	0.33	30	1.1	30	1	13	无	17	47.3	12.3
卵石	0.42	1.3	0.33	30	0.95	30	1	13	无	2	44.5	13.5

3.6 含气量

一般地,含气量对硬化混凝土的抗冻性有良好作用。细小气泡的存在可以改善混凝土的工作性但使硬化混凝土强度降低。图6表明了新拌混凝土内聚强度 C_1 随含气量升高而急剧降低,内摩擦角 φ_1 和剪位移 Δ_m 随含气量升高而增大。很明显,低含气量混凝土以及有效地密实有利于滑模成型路面的边角稳定。

3.7 温度

如图7所示,当温度从5℃升至30℃时,混凝土的内聚强度 C_1 增加了75%,内摩擦角增大,剪位移 Δ_m 有所降低。这表明,适当提高新拌混凝土的温度有助于滑模成型路面的边角稳定性。在一定的条件下,用热水拌和混凝土混合料对滑模摊铺有利。

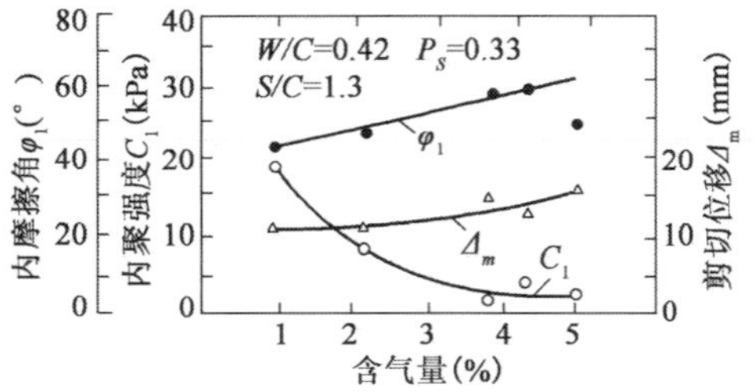

图6 含气量对抗剪强度指标的影响

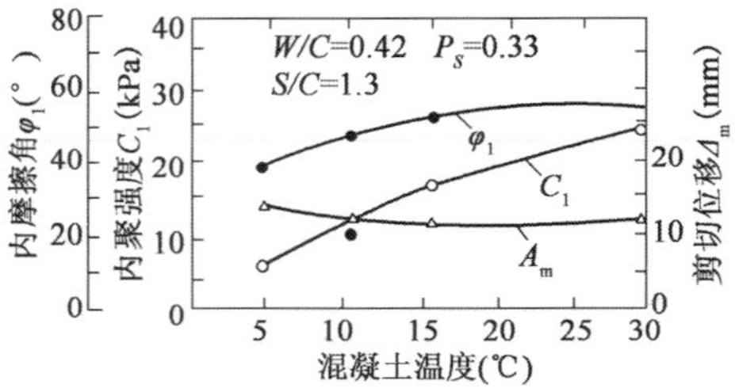

图7 温度对抗剪强度指标的影响

3.8 外加剂

减水剂:

表5的试验数据表明,添加减水剂TJ-A和木质素磺酸钙的混凝土与相同配合比但不加减水剂的混凝土Ⅰ相比,内聚强度 C_1 有所降低,内摩擦增大,但工作性得到较大改善。与相同坍落度但不加外加剂的混凝土Ⅱ相比,加减水剂的混凝土的内聚强度变化不大,但比混凝土Ⅱ可节约水泥83kg。因此,从混凝土的稳定性、易密性和经济性综合考虑,加减水剂更有利于滑模摊铺。

外加剂对抗剪强度指标的影响 表5

外加剂	试验条件									试验结果		
	$\frac{W}{C}$	$\frac{S}{C}$	P_S	最大粒径(mm)	含气量(%)	放置时间(min)	剪切速度(m/min)	温度(℃)	塌落度(cm)	C_1(kN/m²)	φ_1(°)	Δ_m(mm)
TJ-A	0.42	1.7	0.33	30	1.2	30	1	13	4.2	16.5	50.7	9.1
木钙	0.42	1.7	0.33	30	1.3	30	1	15	3.2	12.5	56.1	7.4

续上表

外加剂	试验条件									试验结果		
	$\frac{W}{C}$	$\frac{S}{C}$	P_S	最大粒径（mm）	含气量（%）	放置时间（min）	剪切速度（m/min）	温度（℃）	塌落度（cm）	C_1（kN/m²）	φ_1（°）	Δ_m（mm）
混凝土Ⅰ	0.42	1.7	0.33	30	1.5	30	1	16	0.9	20	45.7	9.7
粉煤灰	0.39	1.1	0.30	30	1.5	30	1	13	1.1	32.5	52.1	8.7
混凝土Ⅱ	0.42	1.3	0.33	30	1.3	30	1	13	3.0	16.5	45.0	11.2

按表5混凝土Ⅱ的配合比为基准进行设计的掺加粉煤灰的混凝土，与混凝土Ⅱ相比，内聚强度 C_1 增加一倍，内摩擦角 φ_1 增大，剪位移 Δ_m 减小，水泥节约64kg，但塌落度有所降低。与坍落度值相近的混凝土比较，内聚强度 C_1 提高了12.5kPa。这说明，掺加粉煤灰不仅节约水泥，而且大大改善了新拌混凝土的内聚性，从而提高了滑模混凝土路面的稳定性。

3.9　拌和后放置时间

图8表明，新拌混凝土的内聚强度 C_1 和剪切位移 Δ_m 随拌和后放置时间延长而增加，内摩擦随时间延长而减小。但在1h内，C_1 和 Δ_m 的增加较缓。这说明，在必要时适当延长放置时间可以增强滑模路面的边角稳定性。

3.10　剪切速度

从图9看出，随剪切速度的增加，新拌混凝土的内聚强度 C_1，增高，内摩擦角 φ_1 降低，剪切位移 Δ_m 稍有增加。这将意味着在其他条件不变时，计量闸板的刮料阻力、成型板的正面阻力将随滑模摊铺机行走速度的提高而增加，螺旋横向分料阻力随螺旋分料器转速的升高而增大。

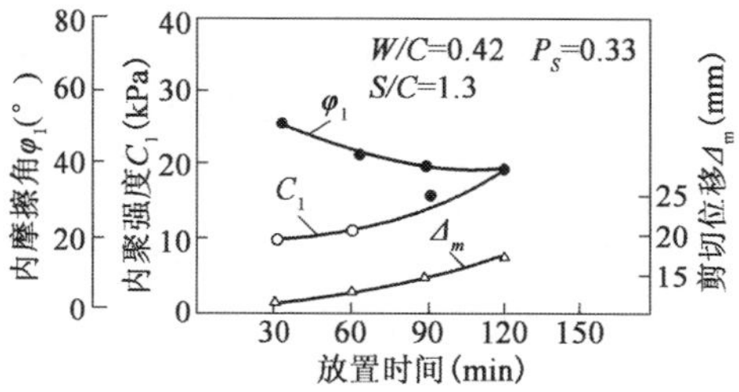

图8　放置时间对抗剪强度指标的影响

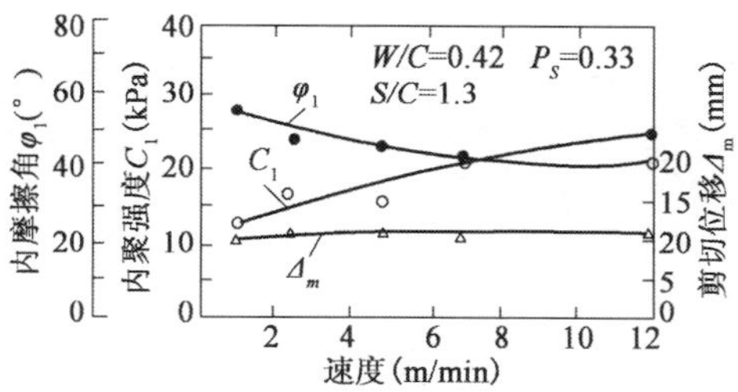

图9　剪切速度对抗剪强度指标的影响

4　结语

下面的结论反映了本项试验研究的规律。这些结论局限在试验所用材料、配合比设计、试件制备和试验程序等。

(1)振实后的滑模混凝土的剪切强度试验曲线符合库仑强度直线规律，其内聚强度和内摩擦角可用来评价滑模成型路面的边角稳定性以及估算侧模板的承受压力和计量闸板的移料阻力。

(2)滑模混凝土的剪切应力—位移曲线是剪胀性的软化型曲线。该曲线表明滑模混凝土接近于一种脆性材料。

(3)试验数据表明，当坍落度在0～7cm范围内变化时，滑模混凝土的内聚强度变化范围为2.0～35.0kN/m²，内摩擦角变化范围为37°～60°，最大剪位移变化范围为7～18mm。

(4)内聚强度随下列因素变化(其他因素保持不变)而增加：①水灰比减小；②砂灰比增加；③砂率减小；④最大粒径减小；⑤粗集料棱角增加；⑥含气量降低；⑦温度升高；⑧放置时间延长；⑨变形速度增加。

(5)内摩擦角随下列因素变化而增大：①最大粒径增大；②粗集料棱角增多；③砂灰比增加；④温度

升高;⑤变形速度减小;⑥放置时间缩短;⑦含气量升高。

(6)最大剪位移随下列因素变化而增大:①水灰比增加;②砂灰比降低;③含气量增大;④放置时间延长;⑤温度降低。

(7)与相同配合比的混凝土相比,掺加减水剂可使内聚强度略有降低和内摩擦角适度增大;掺加粉煤灰可使内聚强度显著提高和内摩擦有所变大。

(8)应用于滑模混凝土的配合比设计依赖于结论(4)~(7)的诸多因素。对于每一工程为达到最佳施工条件应当控制这些因素。

影响碾压混凝土路面表面质量的因素分析

杨士敏　孙祖望

（本文刊于《西安建筑科技大学学报》2000 年第 4 期）

摘　要:研制了大型室内碾压混凝土路面摊铺成型试验设备,采用正交试验法,在室内进行了反复的、大量的碾压混凝土路面实际摊铺试验,研究了摊铺机工作装置的机械参数和碾压混凝土配合比参数对碾压混凝土成型路面表面质量的影响规律,得出了有意义的结论。

碾压混凝土(Roller Compacted Concrete,RCC)是一种含水率低、水泥用量少,通过振动碾压施工工艺达到高密度、高强度的无坍落度超干硬性水泥混凝土。由于 RCC 路面的显著经济效益和社会效益,当今世界上许多国家都在对 RCC 路面技术进行研究。纵观国内外的研究成果可以发现,路面成型质量不高仍然是公认的难题,制约了其在高等级公路上的应用。本课题把施工机械与其作业对象——RCC 混合料看作一个统一的系统,从机械工程和土木材料工程两大学科的结合点着手,进行摊铺机工作装置与 RCC 混合料相互作用过程这一交叉学科的研究,研制了大型室内 RCC 路面摊铺成型试验设备,利用该设备在室内进行反复的、大量的 RCC 路面实际摊铺试验,试图解决 RCC 路面成型质量这一难题。

1　RCC 路面摊铺试验设备工作原理

本课题研制的大型室内 RCC 路面摊铺成型试验设备模拟高效强力压实熨平板,采用双夯梁和定向激振系统,熨平板的振动频率、振幅、静压力、夯梁的振捣频率以及 RCC 路面的摊铺速度都能够在大范围内无级或有级调节,试验设备安装于长安大学工程机械实验中心,为了便于在实验室内模拟 RCC 路面摊铺机工作过程与 RCC 路面成型过程,根据相对运动原理,采用活动路基平台水平移动,而摊铺机工作装置不移动的办法,试验设备基本结构示意如图 1 所示。

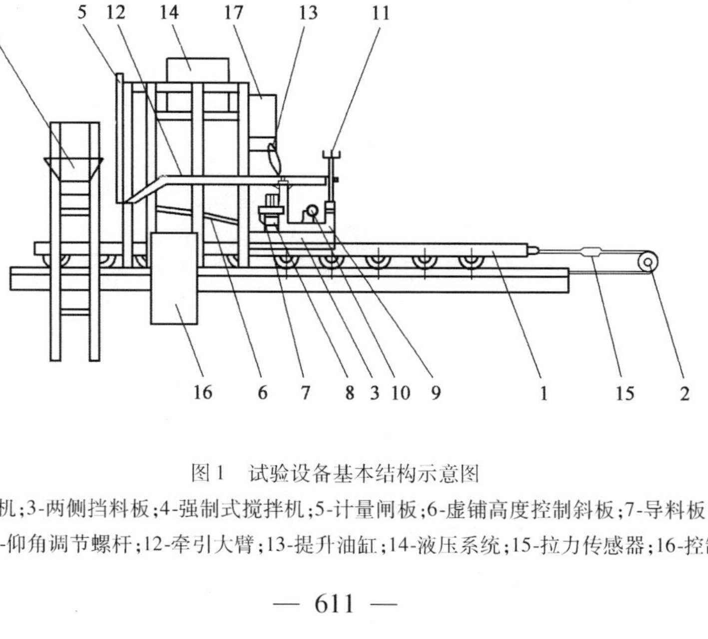

图 1　试验设备基本结构示意图

1-活动路基平台;2-卷扬机;3-两侧挡料板;4-强制式搅拌机;5-计量闸板;6-虚铺高度控制斜板;7-导料板;8-夯梁;9-熨平板箱体;10-偏心激振器;11-仰角调节螺杆;12-牵引大臂;13-提升油缸;14-液压系统;15-拉力传感器;16-控制柜;17-液压油箱

RCC 混合料经搅拌机搅拌后，卸落在活动路基平台上，随着路基平台的移动，经过计量闸板、虚铺高度控制斜板、导料板、双夯梁和熨平板箱体的作用后，RCC 路面密实成型。考虑到 RCC 路面用料太多，所以试验设备上 RCC 路面成型宽度定为 1.5m，长度可达 5m，试验可以反复多次进行。

2 试验方案和考核指标

本课题采用正交试验法，选用的正交表为 $L_9(3^4)$，试验中熨平板静压力 q 为 9.9kPa。RCC 混合料的砂料裕度系数 K_S（即砂料体积与石料空隙之比）在各次试验中均固定为 1.05。水灰比 K 受多种因素控制，取值范围很小，所以在正交试验中固定为 0.42。夯梁的工作频率 f_H 在满足连续夯击并有所重叠的条件下，对 RCC 路面的压实度、提浆性和可碾性影响不是很大，所以正交试验中 f_H 取 17Hz 左右的值，以实测值为准。因此本次正交试验重点考察的因素有 4 个，每个因素取 3 个水平值，取定的因素和水平见表 1。

摊铺试验因素与水平组合表 表 1

水　平	因　素			
	灰浆裕度系数	振动频率 f(Hz)	熨平板名义振幅 A(mm)	摊铺速度 V(m/min)
1	2.1	45.9	0.407	1.32
2	1.9	51.4	0.814	0.81
3	2.0	56.1	0.604	1.61

注：1. 表中熨平板振动频率 f 和摊铺速度 V 均为实测值的平均值。

2. 表中 RCC 混合料的灰浆裕度系数为灰浆体积与砂料空隙之比。

本试验的考核指标为碾压混凝土成型路面的表面质量，用路表面提浆分数来评价。路面成型后，在路面上划出两块面积为 140mm × 55mm 的具有初压实度的 RCC 路面板，依靠底部的钢板将其吊至他处。待全部试验做完后，按照提浆情况（提浆面积、浆的多少和麻坑裂缝数）进行排队，采用百分制评分，提浆情况最好的试样为 100 分，其他试样依次递减。

3 RCC 路面表面质量的影响因素分析

按照正交试验结果分析方法，分别将各因素同一水平下各次试验所得到的反映提浆程度的分数 D 求和并平均，得到各因素中各水平对应的平均提浆分数等，将同一因素中平均提浆分数的最大值与最小值相减，可得出各因素的极差 R。由各因素的平均提浆分数及其对应的水平值，可分别画出平均提浆分数随着各因素变化的趋势图（图 2 ~ 图 4）。

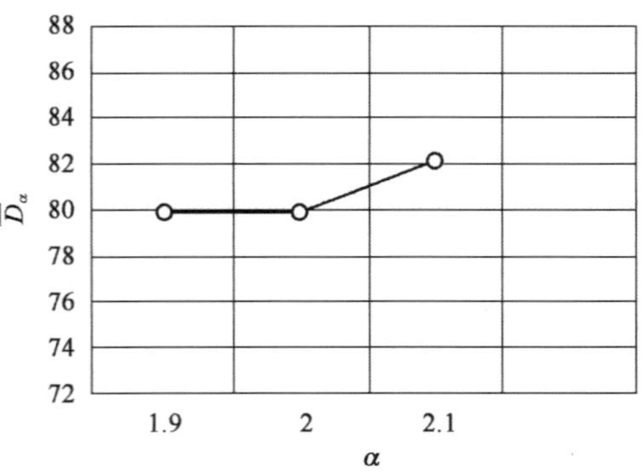

图 2　平均提浆分数 $\overline{D_\alpha}$ 与灰浆裕度系数 α 的关系

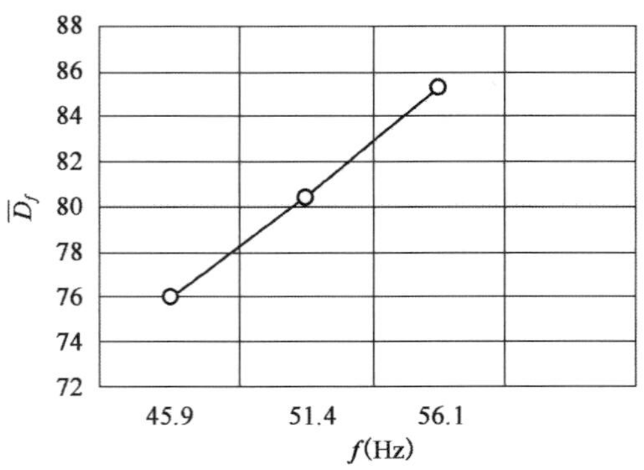

图 3　平均提浆分数 $\overline{D_f}$ 与熨平板振动频率 f 的关系

由图 2 可知，在 α = 1.9 ~ 2.1，灰浆裕度系数 α 对提浆程度影响不大。当 α = 1.9 ~ 2.0 时，RCC 路面提浆程度几乎一样，即混合料中浆体基本能满足提浆要求，当 α = 2.0 ~ 2.1 时，提浆程度有所增加，但这时有可能因浆体过多而影响可碾性。所以，在 RCC 路面施工中，灰浆裕度系数在 1.9 ~ 2.0 取值，能够满足 RCC 路面的提浆要求,从而保证路面的表面质量和平整度。同时,根据上述分析,可推出如下结论:在 RCC 混合料中灰浆量合适的情况下($\alpha = 1.9 \sim 2.0$),RCC 路面能否提浆取决于摊铺机的机械参数:熨平板的振动频率 f、振幅 A 和摊铺速度 V。

平均提浆分数随着振动频率 f 变化的关系见图 3。在高频振动作用下,水泥浆能产生更大的相对运动,有利于破坏水泥浆的网状结构,加速水泥凝聚结构尽快解体,并释放出一些水分,使原来的凝胶体变为溶胶体而达到液化状态。如图 3 中,随着熨平板振动频率 f 的增加,提浆程度呈线性增长趋势,这说明高频振动有利于 RCC 混合料的液化,有利于 RCC 路面的提浆,因而提浆效果显著增大。

图 4 反映了平均提浆分数随熨平板振幅 A 变化的关系。随着振幅 A 的减小,提浆程度增大,但当振幅降低至 0.604mm 后,增大的速率则有所减慢。这说明低振幅振动有利于 RCC 路面提浆,当熨平板振幅过高时,表面被振疏,有少量石子翻出,并产生拉裂裂纹,因此表面质量和提浆效果显著下降。

RCC 路面摊铺速度 V 对平均提浆分数 $\overline{D_V}$ 的影响,从图 5 可以看出,随着摊铺速度 V 的减小,提浆程度增大,当 <1.32m/min 时,增大的速率则有所减慢。这是因为摊铺速度较低时,熨平板对 RCC 混合料作用时间加长,有充足的时间使混凝土充分液化,混凝土的充分液化有利于提浆,因而提浆程度增加。

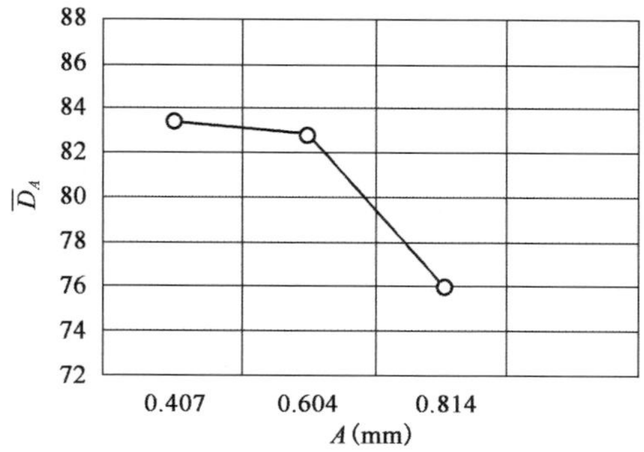

图 4　平均提浆分数 $\overline{D_A}$ 与熨平板振幅 A 的关系

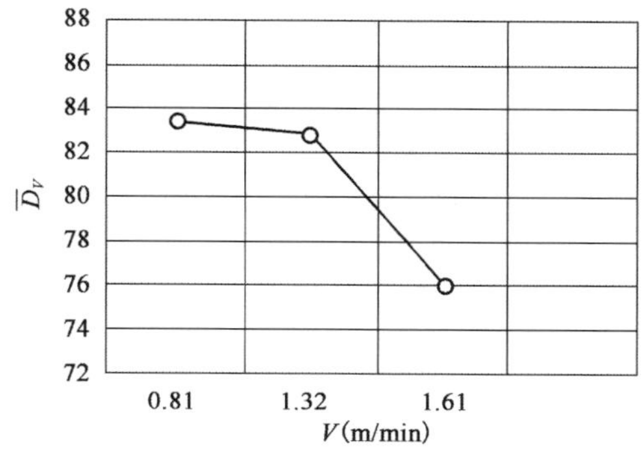

图 5　平均提浆分数 $\overline{D_V}$ 与摊铺速度 V 的关系

根据正交试验分析理论的极差分析法,由各因素平均提浆分数极差 R 的大小,可比较各因素对提浆效果影响的大小,从而确定主要因素和次要因素。由极差值 R 的大小可看出,影响 RCC 路面提浆效果(表面质量)的因素主次顺序为:

熨平板振动频率 > 摊铺速度(熨平板振幅) > 灰浆裕度系数

4　结语

通过本课题的 RCC 路面与摊铺机熨平板相互作用动态特性试验研究,基本摸清了灰浆裕度系数 α、熨平板振动频率 f、振幅 A 和摊铺速度 V 影响 RCC 成型路面表面质量的规律,即当灰浆量合适时,能否提浆取决于机械参数。高频低幅低速摊铺有利于 RCC 路面的提浆,也有利于提高 RCC 路面的初始压实度,从而提高 RCC 路面的表面质量和平整度。

第八篇　沥青路面的养护与维修技术

高速公路沥青路面早期病害机理和养护维修技术发展趋势的研究

孙祖望　王锦平

（本文刊于《高速公路养护技术研究报告集》四川成雅高速公路公司2004年4月，其中部分内容刊于《建设机械技术与管理》杂志2004年第8、9、12期）

1　高速公路沥青路面早期损坏的类型及机理的研究

1.1　沥青路面病害的类型和形成机理

1.1.1　裂缝

裂缝是沥青路面常见的病害，它的成因可以是各种各样的，例如车轮载荷产生的应力、温度变化、下承层的病害等。按照裂缝形成的机理和表现形式，可以分为疲劳裂缝、低温裂缝、反射裂缝、纵向裂缝、块状裂缝和滑移裂缝六种。

1）疲劳裂缝

疲劳裂缝通常表现为间隔紧密的龟裂形式（图1）。从形成机理上来说，疲劳裂缝是由于车轮对路面施加反复载荷的应力超过其疲劳极限而造成的。由于在车轮载荷的作用下沥青面层下沿的拉应力远大于上沿的压应力，而沥青混凝土的抗拉强度又远低于抗压强度，因此沥青路面结构层的疲劳破坏主要是拉应力导致的疲劳破坏，并表现为自下向上的发展进程。沥青面层的应力超过其疲劳极限的情况可以由两方面的原因引起：

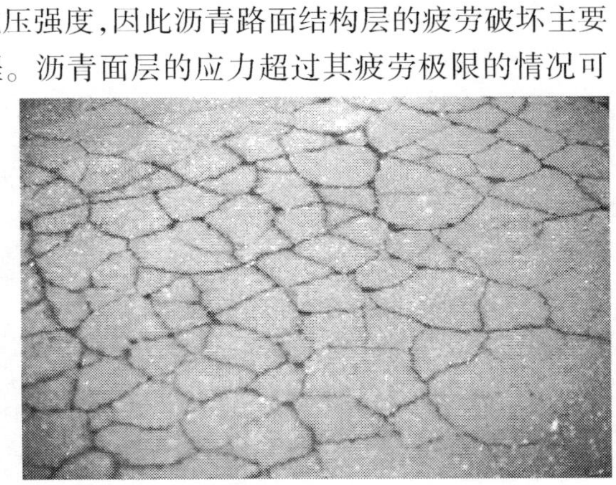

图1　疲劳裂缝

一方面，可以由过大的载荷（例如车辆超载）或过多的重复载荷次数（例如车流量超过设计的规定）造成。

另一方面，也可以是由于路面面层结构层的疲劳强度下降而导致的超载。

路面面层结构层强度下降的原因则可以归纳为以下两方面的因素：由于排水不良、压实不足、路基沉陷等原因造成的基层承载能力减弱而导致面层承受过大的应变；由于施工的质量问题（例如面层厚度不足、混合料压实不足等）而引起的面层自身强度不足。

2）低温裂缝（温度裂缝）

低温裂缝通常表现为与路面纵轴垂直的横向裂缝，而且常常以近似等间隔的形式出现（图2），低温裂缝形成的机理是由于沥青路面表面温度下降而引起的温度收缩应力超过了沥青混凝土的拉伸强度而导致路表面的断裂。

因此，低温裂缝通常是从路表面开始逐渐向下发展至整个面层，并按一定的间隔出现在路面上。从低温裂缝形成的机理中可以看到影响它的因素，一个是气温，一个是沥青黏结剂的温度特性，而人们能控制的只有一个，即黏结剂的温度特性，包括针入度、黏度、延度以及它的温度敏感性。然而，尽管可以在低温地区选择针入度较高、黏度较低的沥青来铺筑沥青路面,但是随着时间的推移,沥青会逐渐变硬、发脆。因此,新铺筑的沥青路面通常是不会有低温裂缝的,但是随着路龄的增加,在气候寒冷地区的沥青路面上出现横向裂缝往往是不可避免的。

3)反射裂缝

反射裂缝是由于下承层的不连续性扩张到面层结构而引起的(图3),它的形成机理是下承层不连续的部位发生相对位移而导致沥青混凝土中的应力超过其拉伸强度而发生断裂。

图2　低温裂缝

图3　反射裂缝

反射裂缝的一个重要特征是完全复制下承层的断裂(不连续)模式,所以它可以是横向的、纵向的、对角的、块状的裂缝。导致反射裂缝的原因主要可归纳为以下四方面:

(1)半刚性基层出现的收缩裂缝反射到面层上。

(2)在水泥路面上铺设沥青面层,水泥路面的纵、横接缝和破损裂缝都会反射到沥青面层上。

(3)在老路面上铺设沥青罩面,原路面的裂缝会反射至罩面。

(4)对于市政道路来说,沥青路面下方的市政设施(管线、排水井等)发生沉陷时也将反射至沥青路面上。

4)纵向裂缝

纵向裂缝表现为与路面纵轴(行车方向)相平行的裂缝(图4、图5),导致纵向裂缝的原因可以是多种多样,其形成机理也各不相同。

图4　纵向裂缝一

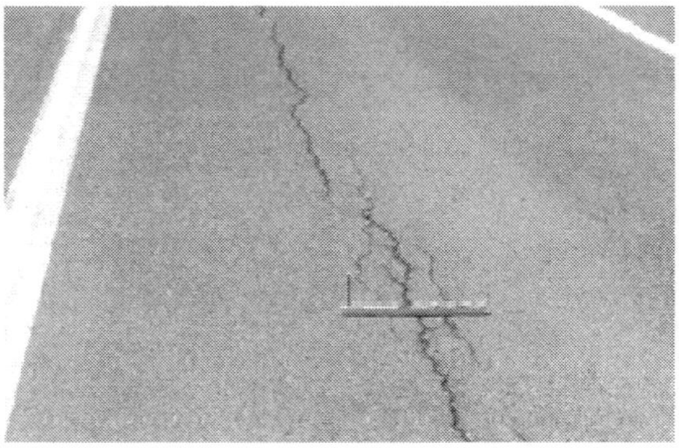

图5　纵向裂缝二

纵向裂缝可以发生在沥青混合料摊铺的纵接缝处,尤其是发生在纵向的冷接缝处,这些部位沥青混合料的压实度通常要比其余的路面低2~3个百分点,因而空隙率相对较高,容易受到水的渗入而导致剥落或松散,或由于温度应力而形成纵向裂缝。

纵向裂缝也可以发生在有严重车辙和侧向推移的混合料鼓起部位,这是由于过高的轮胎压力和负荷造成的。当沥青混合料在轮迹处受到压密后,在邻近轮迹部位的混合料中会产生残余应力,当这些应力超过混合料的抗拉强度,就会产生纵向的裂缝。

纵向裂缝还可能是由于基层或路基发生纵向的不均匀沉降而导致的。

由于温度应力而造成的纵向裂缝通常发生在较宽的沥青路面上。如前所述,纵向裂缝也可由于下承层的断裂向上反射所致。

5)块状裂缝

块状裂缝一般表现为一系列互相连接的1~3m的大块(图6)。

除了由于反射导致的块状裂缝外,引发块状裂缝最常见的原因是温度应力加上混合料变硬、发脆,尤其在使用针入度低而含量高的沥青与细集料的场合。正是这一原因,块状裂缝最常发生在车流量低的道路和停车场等广场上。在其他病害出现之前,低的车流量提供了沥青硬化、变脆的可能性。

6)滑移裂缝

滑移裂缝通常呈现为一种表面材料的U形运动,并伴随着一系列的皱折和裂缝(图7)。

图6　块状裂缝

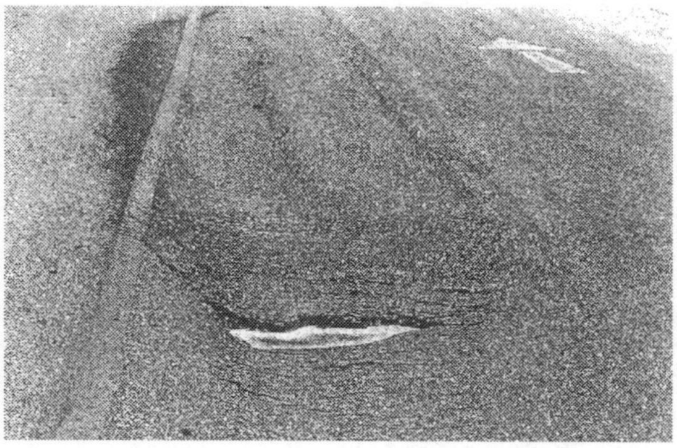

图7　滑移裂缝

滑移裂缝形成的机理是车辆在制动、加速、转向时产生的水平推力超过了表面结构层与下承层之间的黏结强度,使两层之间发生滑移所造成的,其U形的顶点通常指向水平力的作用方向。

严重的推挤会导致表层的应力过大而造成月牙形的坑洞,而在雨水侵入下会很快形成更大的坑槽。从机理上来看,导致滑移裂缝的主要因素是重载车辆在制动、加速时产生过大的水平推力和结构层之间黏结不良两个方面的因素。因此,在施工过程中结构层之间受到污染、没有喷洒黏层油或局部漏洒黏层油都有可能导致滑移裂缝的发生。

1.1.2　变形

1)车辙

车辙是沿着轮迹带上发生的纵向渠道化的沉陷变形,可以呈现在一个轮迹带上,也可出现在两个轮迹带上,是变形类病害中最常见的形式(图8)。车辙是由于在渠道化交通中车轮反复碾压沥青路面和推挤沥青混合料而形成的。在正常情况下,车辙应该仅仅是沥青面层的混合料在车轮的继续压实下发生轻微的变形,通常经过2~3个夏天,混合料中空隙率减少2%~3%(例如从7%~8%降至4%~5%)是完全可能的,但这仅仅会引起3mm左右的轻微车辙。

图8　车辙

造成1cm以上较大车辙的原因可分为以下四类:

(1)沥青面层混合料的稳定性不足

造成沥青混合料稳定性差的原因,从施工和材料方面来说,可以是沥青含量过高、粉料过多、集料的棱角性太差等;从环境作用方面来说,主要是雨水侵入路面结构层,由于水损害导致大量沥青剥落所致。

(2)基层或路基强度不足或承载能力下降

导致基层或路基强度不足可以是基层厚度不够、车轮载荷过大(超载),或基层、路基压实不足。基层或路基承载能力削弱则往往是由于水侵入造成的。

(3)沥青混合料初始压实不足

混合料初始压实不足通常是由于混合料设计不当,碾压工艺不正确,特别是碾压温度过低造成的。

(4)摊铺混合料的带状离析

使用大宽度的摊铺机往往在螺旋分料器的支承处造成带状的离析,在细料集中的部位,沥青含量必然偏高而稳定性变差,就容易导致车辙的产生。

2)推挤和拥包

推挤是由车轮在制动、转向、起步时的水平推力引起的,它造成材料的水平推移而使路面凸起,形成拥包。此类病害多发生在市区交通繁忙、行驶缓慢的路段,尤其是在交叉路口和公共车辆的停车站(图9)。

导致混合料发生剪切流动的原因是沥青混合料的稳定性不足,导致结构层之间发生相对滑移的原因是结构层之间的黏结不良。

3)搓板

搓板也称波浪,是一种紧挨而呈步长规律的纵向起伏,波长通常小于2m(图10)。搓板是推挤的一种形式,它是由于连续的推挤形成的,有着与推挤相同的成因,这种连续的推挤常常发生在交叉路口和公共车辆的停车站。

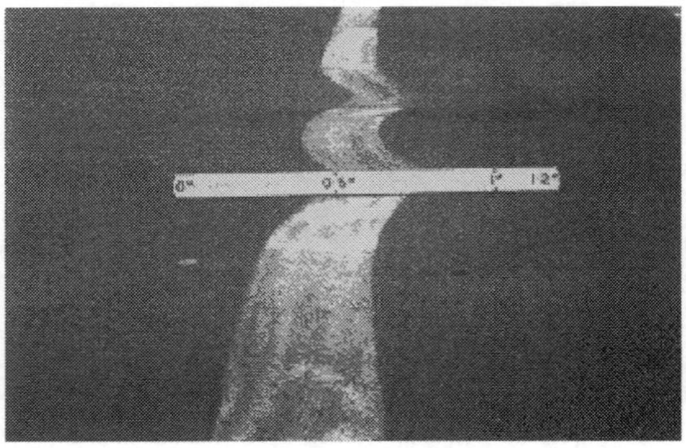

图9 推挤和拥包

图10 搓板

4)沉陷

沉陷表现为路面局部区域低于相邻的区域,通常伴有裂缝。沉陷主要是由于基层、路基的下沉而引起的。这种下沉可以表现为横向的错台(纵向的不均匀沉降,例如桥头沉降),纵向的错台(横向不均匀沉降),也可表现为局部小区域的下陷(盆状沉陷)。盆状沉陷是由于基层局部强度不足引起的,通常发生在轮迹带的唧浆处,伴随着局部的网裂,并很快可扩大为坑洞(图11)。

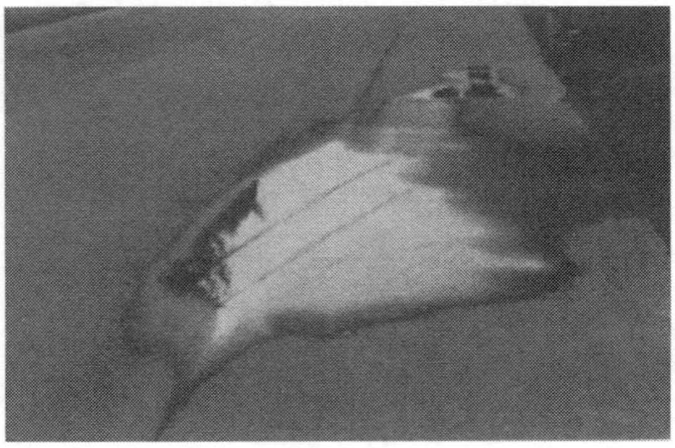

图11 盆状沉陷

1.1.3 崩解

1)松散

松散表现为沥青路面表层由于黏结剂和集料,首先是细集料损失而引起的渐进性的崩解。它是一种自上而下的过程,其特征为集料颗粒之间的裹覆沥青丧失黏结力(图12)。

沥青路面发生松散病害的基本原因可以分为两类：

(1)沥青老化、变脆和细料的磨耗损失。

(2)表层沥青混合料受雨水的冲刷而导致沥青膜的剥落。

a)

b)

图12　裹覆沥青丧失黏结力和局部离析导致的松散

在正常情况下，由于交通载荷和环境的作用，沥青路面表层的黏结剂会逐渐老化、变脆，细料会由于磨耗、冲刷而失落，出现麻面、露骨等缓慢的渐进性的崩解是不可避免的。但是如果由于材料质量不良、混合料配合比设计和控制不正确、施工中发生材料和温度的离析或在湿冷条件下施工等不正常的情况，则崩解的进程会大大加快。

2)剥落

剥落是一种以集料与沥青之间由于水损害而丧失黏结力为特征的病害，它典型地开始于沥青混合料铺层的底部而逐渐向上扩展(图13)。

图13　由于水损害而导致的剥落

剥落可以表现为许多种不同的病害现象：车辙、推挤、泛油、松散、裂缝等。诱发沥青路面发生早期水损害的原因，可归纳为以下几方面的因素：

(1)路面排水不良

由于缺乏良好的路面排水系统而导致水在沥青面层底部的潴留是诱发剥落现象的首要因素。水可以多种方式进入沥青路面的各个结构层：可以从混合料的空隙中，特别是裂缝中进入，也可以从侧面和底部通过毛细作用而渗入。地下水分的渗入通常是由于过高的地下水位而首先以毛细边缘水的形式进入基层或路基。如果基层和路基缺乏良好的排水系统，则毛细水会达到饱和的状态，毛细边缘水的上方将形成水蒸气而进入沥青结构层的空隙内，并冷凝成水滴而潴留在混合料中。当气温升高时混合料空隙中饱和的水分会形成孔隙水压力，尤其是在车轮循环碾压下，会反复地抽唧混合料内部的水分而造成很大的孔隙水压，这些都会加速沥青膜的剥落。

(2)使用OGFC排水型表面层

OGFC是一种开级配的高空隙率(空隙率可高达20%左右)的沥青混合料结构。大的空隙率和较长的水潴留时间，容易使下层沥青路面受到水的侵入，如没有良好的密水性和相应的排水系统，将导致下层混合料中沥青膜的剥落。

(3)施工方面的因素

沥青混合料在搅拌过程中如未能充分地烘干集料，带有较多残余含水量的集料将增大诱发沥青膜剥落的倾向。

沥青混合料如由于各种原因而未能得到充分压实，混合料将达不到要求的密实度，伴随着空隙率的增大，将使水分容易进入沥青混合料内部而导致沥青膜的剥落。

热拌沥青混合料在拌制过程中产生的不均匀性,在运输、摊铺过程中导致的材料离析,压实过程中产生的压实不均匀性都将加剧沥青路面局部的水侵入,这些均将诱发沥青膜的剥落现象。

(4)材料方面的因素

集料中含泥过多,集料颗粒被过多的粉尘包裹,这些都会阻碍沥青与集料的直接接触,削弱两者之间黏结力,从而加剧混合料发生水损害的进程。

使用亲水性的集料常常是导致沥青膜剥离集料颗粒的重要原因。美国 SHRP 计划 A-003B 项目的研究结果表明,矿料表面的物理化学性质对集料颗粒与沥青之间黏附性能的影响远较沥青黏结剂本身性质的影响更大。

(5)使用防水薄膜和封层,而缺乏良好的排水系统

在面层下设封水层是为了不让由面层渗下的自由水侵入基层和隔断基层的毛细边缘水向上渗入至面层的底部。在上述两种情况下缺乏良好的排水系统都将导致不良的影响,前者可能导致由表层渗入的水分潴留在面层底部而引发沥青膜的剥落,后者将在防水层下方形成水分和蒸汽的密封区而损害基层的强度。

图 14　由龟裂引起的坑洞

3)坑洞

坑洞表现为一种相对较小面积的碗状洞穴,通常呈浅盆状(深 25 ~ 50mm),也可贯穿面层直至基层。坑洞常常是其他病害未经及时处理而进一步发展的结果。龟裂、松散、剥落、唧浆、沉陷、推挤、冻胀、翻浆等病害都可发展为坑洞。

单纯由龟裂、松散引起的坑洞通常为渐进性的,深度也较浅(图 14)。如果由于水分通过裂缝,特别是龟裂,浸入面层结构层而导致沥青膜剥落,则会迅速扩展为坑洞,往往一场大雨过后就会出现坑洞。由于唧浆和面层底部发生剥落导致的坑洞往往较深,通常伴随着由于基层变软而发生的局部沉陷。这些坑洞大都是从唧浆开始的(图 15)。

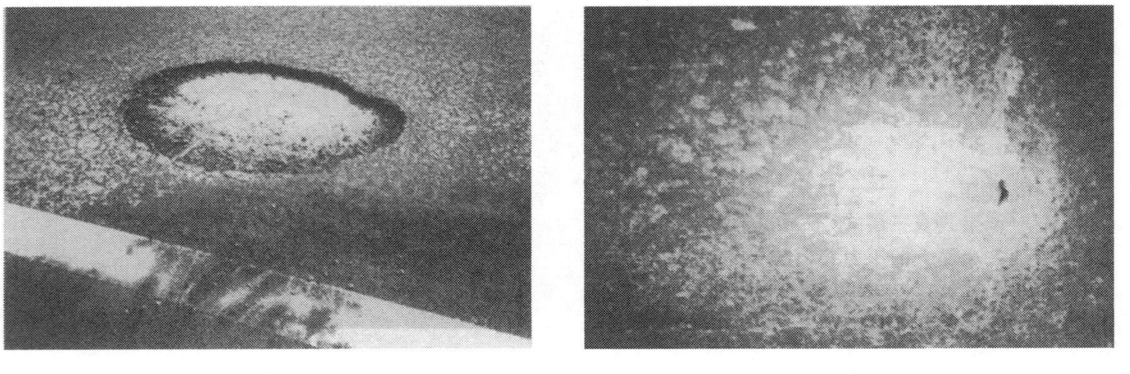

a)　　b)

图 15　由于唧浆和面层底部发生剥落导致的坑洞

由于冻胀、翻浆引起的坑洞是北方寒冷地区最常见的坑洞病害,往往经过一个寒冬,大批出现在春天开冻的季节。冻胀是因基层、路基中的水在冬天结冰,体积膨胀而导致路面向上隆起,并在气温上升融化时向上翻浆,伴随着出现坑洞(图 16)。

4)分层

分层表现为磨耗层局部区域大块剥离下承层,通常磨耗层与下承层间会出现清晰的分界(图 17)。

分层是由于磨耗层与下承层之间丧失黏结力而引起的。导致丧失层间黏结力的基本原因有两类：

(1)在摊铺磨耗层前，下承层表面有严重污染、未喷洒黏层油或黏层油覆盖不全导致局部区域丧失层间黏结力。

(2)由于水分潴留在磨耗层底部的局部区域，而破坏了磨耗层与下承层之间的黏结。

图16　由于冻胀、翻浆引起的坑洞

图17　分层

1.1.4　丧失抗滑阻力

1)泛油

泛油是一种在车轮反复碾压下沥青向上运动的现象，它表现为集料部分或全部浸没在沥青膜中而导致失去构造深度和丧失抗滑能力(图18)。

导致沥青路面泛油的基本原因是面层某一结构层的沥青含量过大。造成沥青含量过大的因素主要有：

(1)混合料中沥青含量过大。

(2)透层、黏层和封层中的沥青用量过大。

(3)沥青混合料的现场空隙率控制过小。

(4)下层路面的沥青膜由于水损害而剥落，在车轮的碾压下向上泛起至表面。

2)磨光

磨光是路表面的粗集料在车轮的摩擦作用下失去纹理而变得光滑的过程，并表现为摩擦阻力的下降(图19)。导致磨光的因素主要是石料质地较软或使用原已磨光的集料，当细料因车轮的磨耗而失落，使粗料露骨时，将加速磨光的进程。

图18　泛油

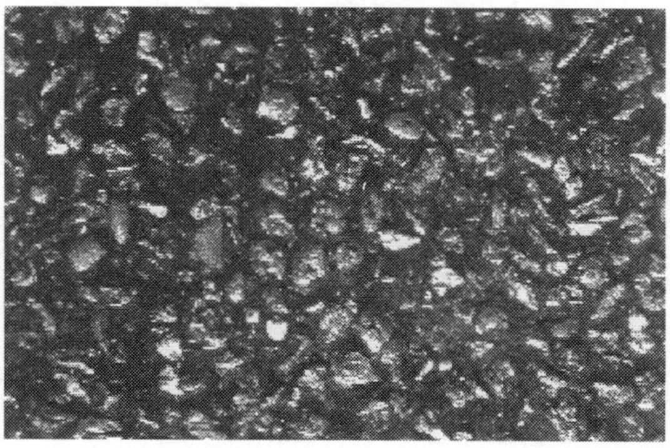

图19　磨光

1.2　沥青路面早期损坏的特点与防治

沥青路面的早期损坏是我国高速公路建设中一个比较突出的质量问题，我国高速公路的沥青路面达不到规定的设计寿命(15年)是一个普遍的现象，好的10年左右、差的6～7年、更差的4～5年，个别的高速公路甚至1年或不到1年就要进行大面积的翻修。出现严重的早期损坏，大大影响了路面的使用性能，也显著地增加了养护维修的成本。因此，研究早期损坏的特点和成因，对于防止高速公路的早期破坏有着重要的现实意义。

对于沥青路面早期损坏这一术语，在国内外都还没有一个严格而确切的定义，一般的理解是指在路龄还远未达到规定使用寿命前，过早出现的严重的、大面积的路面损坏。从这一理解出发，所有呈现为长时间的渐进性的病害都不应属于早期损坏的范畴。因此，沥青路面早期损坏的特点是：

(1)病害的发生、发展迅速，在短时间内就能形成路面较大的损坏。

(2)同一病害在某一路段上会密集地出现，病害的出现具有高密度的特点。

(3)病害的维修工作量大，并会大大缩短路面的使用寿命。

根据本节对各种类型病害机理的分析，可将发生符合上述路面早期损坏特点的原因归纳为以下三方面。

1.2.1　早期水损害

国内多条高速公路早期损坏的实例都表明水损害是沥青路面早期损坏的首要因素。早期水损害可导致车辙、推挤、泛油、龟裂、坑洞等多种病害，而且发生快、扩展迅速，很快就能发展为严重的损坏。沥青路面的早期水损害可以分为两大类：

一类是水分潴留在沥青面层的某一结构层内，而未渗入至基层。如果水分只是停留在表面层内，混合料空隙的水在高速行车产生的动压力的反复作用下会使集料之间损失黏结力而很快形成浅盆形的坑洞。如果水分潴留在中、下面层内则情形往往更加严重，特别是经过冬、春季雨雪的长期浸泡后会有大量的沥青剥离下来，当气温回暖后，这些剥落的沥青将会融化，而在车轮的碾压下泛至路面上，使混合料失去稳定性而形成严重的车辙、拥包、侧向推挤以及大面积的泛油。图20是国内某条高速公路在通车半年后出现的严重的早期损坏(严重的车辙、泛油、拥包和侧向推挤)，图21则是国外类似的实例。

a)　b)　c)

图20　由早期水损害造成的严重的车辙、拥包、侧向推挤和大面积的泛油

第二类是水分通过沥青混合料渗入至基层并滞留在半刚性基层的顶面。这种情况一方面可以使基层承载能力下降而发生局部压陷，另一方面在车轮动压力作用下可以造成压力水对基层表面的冲刷。

基层局部沉陷可以导致盆状的坑洞、表层龟裂(参看图22)。压力水对基层的冲刷可以导致唧浆,并迅速发展为龟裂和坑洞,这种现象往往会成片地出现在路面上(图23)。

图21　水损害造成的路面早期损坏

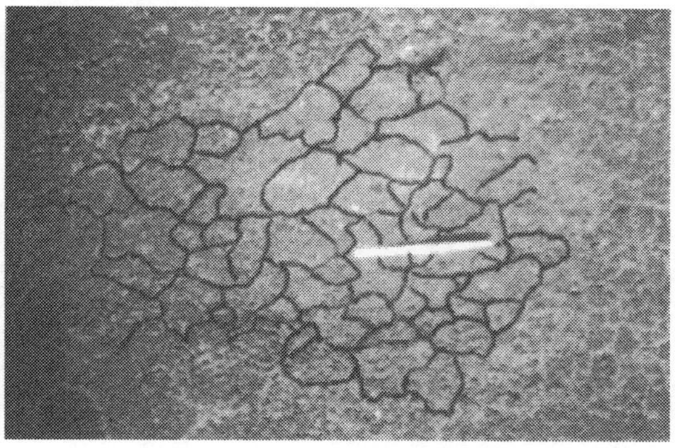

图22　基层局部沉陷导致的龟裂

对于水损害的普遍性和严重性,在我国公路界是有共识的,但是在如何防治水损害的问题上则看法就没有那么一致了。长期以来我们对于治理水损害的方针是以防为主,例如中、下面层混合料均采用密级配的结构、在基层与面层之间设置防水层等。但是如果只是单纯的防水,往往很难奏效,有时甚至可以起反作用。如同以上所讨论的那样,如果将面层渗下的水密闭在面层的底部,则有可能造成严重的沥青膜剥落。图20就是一个典型的实例,该高速公路采用2层ACⅠ型的密级配混合料,而在基层上方敷设了一层改性沥青的防水层。由于面层没有设置顺畅的排水系统,路表面渗下的水被侧面的路缘石和下方的防水层所阻而潴留在重车道面层混合料的空隙内,从而造成了严重的剥落。当挖开、翻修重车道时可以清楚地看到防水层仍保持着完好的状态,而中、下面层大部分集料的沥青膜已完全剥落(如图13)。由此可见,这种防水措施恰恰为水损害创造了某种起破坏作用的条件。近年来虽然已有不少专家呼吁要重视面层内部的排水问题,但我国路面结构设计在防止水损害的观念上与国外仍有很大的差距。在路面结构设计上,考虑疏导水流的措施力度不足,有些甚至在起阻水的作用。最明显例子是路缘石的设置,我国的高速公路绝大多数都要在侧面设置路缘石,而在国外很少见到有设置路缘石的高速公路,为了使水流能顺畅地排入边沟,有些公路的路面往往做成高出路肩(图24)。

图23　水损害导致的唧浆、龟裂和坑洞

图24　路面做成高出路肩有利于排水

为了减少水损害所导致的沥青路面早期损坏,我们的观点是防止水损害的方针应该是以疏为主,防疏结合,而不是以防为主的防疏结合。因为在目前的技术水平下要做到绝对防止降水进入路面是不可能的,因此只有让进入结构层的自由水能顺畅而迅速地排出才能从根本上减少水损害的危害。

1.2.2　基层、路基的不均匀沉降

基层和路基的横向和纵向的不均匀沉降也是导致沥青路面早期损坏的重要因素,是引发桥头跳车和纵向大裂缝的主要原因。

基层和路基的不均匀沉降大多出现在软土基和高填方的场合。对于软地基和高填方来说,都需要一个自然沉降的过程,而对于高填方则还有一个压实不足的问题。在国外对软土基的处理,通常加载预压的时间要在5年左右,我国由于追求建设的速度无法等待很长的时间,因此通常都要采取各种软土基的处理措施。但是花费高昂代价处理的软土基,往往并没取得预期的效果,许多高速公路的软土路段在2~3年,甚至1~2年内就发生很大的沉降,路面呈现出明显的波浪状。软土处理效果之所以不理想,在很大程度上要归咎于人们没有足够的耐心,未给予必要的等待时间,因为不论是何种处理方法,都需要有一定的时间让处理的效果稳定下来。因此,从总结国内在软土地基上修筑高速公路的经验出发,如果不允许有任何等待的时间,则广深高速公路的做法不失为一种可供选择的方案。广深高速公路在全线软土基路段都采用高架桥过渡的方案,虽然当时的建设造价高了,但却大大降低了随后的路面维修成本。一种折中的方案是在经适当处理的软土基上,先铺设简易的路面,待软地基沉降稳定后再重新铺筑正规的路面,此种方案的优点是一方面可以大大节省投资费用,另一方面又兼顾了当前需要与长远效益的矛盾。

对于高填方来说同样存在着自然沉降和压缩、固结变形的问题,这是由于在高填方底部的土壤将承受上部土壤重量产生的恒载压力而引起的。虽然高填方是采用分层压实的方法填筑的,但是土壤颗粒间的空隙不可能压缩至零,在很大的恒载压力下土层继续发生压缩与固结是难以避免的。此外,对于高填方来说,还有一个压实标准的问题,在原有的《公路路基施工技术规范》(JTJ 033—1995)中规定了路堤不同深度的三个压实标准:0~0.8m区,压实度≥95%;0.8~1.5m区,压实度≥93%;≥1.5m区,压实度≥90%。这一规定表明,不论填方的高度为多高,>1.5m以下土壤的压实度都只需达到90%即可通过,显然这是十分不合理的。举例来说,如果在1.5m以下还有5m的填方土,则这5m填方土的压实度每增加一个百分点,就将产生6cm左右的沉陷量。2005年实施的新规范《公路路基施工技术规范》(JTG F10—2006)虽然将上述三个区的压实标准提高为96%、94%和93%,但对1.5m以下区域的压实标准仍保持为相同的要求,而没有为高填方的压实作出更为详细的规定。因此如何合理地来规定高填方土的压实标准问题,仍然是一个需要研究的问题。

为了减少高填方自然沉降对路面的影响,上述采用暂缓铺筑正规路面的方法,同样可以用在高填方的场合。成雅路在软地基和高填方上采取暂缓铺筑沥青面层的实践表明这一措施是行之有效的。

1.2.3 热拌沥青混合料的不均匀性

热拌沥青混合料的均匀性是指热沥青混合料的组成及其性状在其生产、运输、铺筑的过程中始终保持均匀、一致、不变的性质。热拌沥青混合料是一种在材质上极易受外界的影响而变得不均匀的材料。热拌沥青混合料的不均匀性主要表现在:

(1)矿料级配的不均匀——矿料组成比例不能保持均匀一致。

(2)混合料油石比的不均匀——沥青含量不能保持均匀一致。

(3)混合料粗细集料的分离——矿料离析。

(4)混合料温度的不均匀——温度离析。

(5)混合料密度的不均匀——压实度和空隙率不能保持均匀一致。

在导致沥青路面早期损坏的诸多因素中,就施工质量而言,热拌沥青混合料在生产、运输、铺筑过程中出现的不均匀性是最为主要的原因。沥青混合料的不均匀不仅会直接导致泛油、松散、坑洞等病害,而且是水侵入沥青结构层,诱发早期水损害的重要原因。因此,改善热拌沥青混合料的不均匀性是防治沥青路面早期病害的一项重要的措施。

热拌沥青混合料的不均匀性是贯穿在热拌沥青混合料的生产、运输、搅拌、碾压整个施工过程中的质量问题。要解决这一问题,需要对每一环节都进行严格控制才能取得成效。首先是热拌沥青混合料的生产过程,它是导致沥青混合料不均匀性的源头,也是保证沥青混凝土均质性的基础,而在热拌沥青混合料的生产中,保证原材料(特别是矿料)规格、性质的一致性则是第一关。基础的环节的关把不好,随后的环节控制得再好也难有成效。因此要十分重视集料和热拌沥青混合料的生产技术和质量管理。

其次是应尽量减少热拌沥青混合料在装卸、运输和摊铺过程中产生的材料和温度离析,保证摊铺至基层上的沥青混合料的均质性。

第三是应实施正确的碾压工艺，尽可能减少沥青混凝土现场空隙率和压实度的不均匀性。

以上对防治沥青路面早期损坏的讨论虽然是针对施工建设的，但不少防治措施对于已建成高速公路的养护维修也是值得参考的。

2　对高速公路路面养护维修技术的基本要求

高速公路是一种快速的交通运输系统，快速、安全、舒适、高效是它的基本要求。为了适应这些要求，高速公路的养护维修作业就必须具备某些与一般公路不同的特点，它们是：

2.1　复原性

复原性是指经过养护维修后的路面应该完全恢复路面原有的使用性能，亦即其平整度、摩擦性能、承载能力、噪声等使用性能应满足高速公路快速、安全、舒适的基本要求，而不能因养护维修作业而有明显的下降。

2.2　补强性

高速公路的养护维修作业还往往带有弥补原有路面强度不足的要求，这就是所谓的补强作用。补强的要求不仅是由于路面损坏的部分往往反映了原有路面的薄弱环节，而且还常常出于对延长路面的寿命以及满足日益增长的交通流量的考虑。原有路面的设计交通量由于国民经济的迅速增长而很快被突破，是常有的事，有时在设计路面时为了减少初期投资的资金而有意识地减弱路面的强度。这是因为高速公路建成使用的初期交通量一般不会太大，但会随着时间而增加。当交通量增加到一定程度时，再在原有路面上加铺第二层罩面。

2.3　时效性（时间—效益性）

所谓时效性是指在高速公路养护维修作业时交通扰乱持续时间对经济效益的影响。根据美国国家沥青路面协会（NAPA）的估算，一段平均日交通量达 10 万辆车次（70% 客车，30% 货车）的道路如交通被扰乱，每一天的直接经济损失就高达 22 万美元。因此尽可能减少对交通的干扰，缩短交通扰乱的时间是高速公路养护维修作业的一项重要要求。为此就应尽量减少养护作业的时间，快速地准备好作业现场，快速地进行养护作业，在养护维修工作完成后快速地撤离现场，恢复交通。

2.4　安全性

高速公路的车流量大，车速高，在进行养护维修作业时通常只是封闭一个车道，在车辆继续运行的情况下必须确保养护操作人员以及来往车辆司机的安全。这也是高速公路的养护维修所必须考虑的因素。

在高速公路的养护管理中在对如何选择养护项目、选择何种养护技术、需要投入多大的资金等进行决策时，除了根据病害的类型、严重的程度、资金的情况、计划安排等因素外，上述各项因素也是必须考虑的。

3　国内外对沥青路面病害分类与成因的研究

沥青路面在交通载荷、环境条件的作用下，随着时间的推移将会出现各种各样的病害。查明病害形成的原因是作出正确养护维修对策的前提。因此，研究沥青路面损坏的原因和病害的机理一直是国内外沥青路面养护维修领域的一项重要研究课题。

1979 年美国 Kennedy 等人对沥青路面的病害进行了系统的分解并给出了相应定义，Kennedy 的病害定义最大的特点是强调了病害形成的原因。这为提出正确的养护措施提供了依据，这些病害的定义一直沿用至今：

（1）病害是一种降低路面服务能力或导致降低服务能力的路面结构状况。

（2）病害是各种各样病害机制影响的可见结果，它通常导致服务能力的降低。

(3)结构性损坏是一种破裂或变形,它们可立即引起或可不立即引起服务能力的降低,但导致未来服务能力的丧失。

(4)破裂是路面材料处于断裂状态。

(5)变形是路面或路面的部分结构永久性的改变形状。

(6)崩解是路面分解或磨蚀为它的组成元件。

(7)反射裂缝是由于路面下承层裂缝或接缝的相对移动而引起的与之重合的表面裂缝。

(8)低温裂缝是由于沥青混合料收缩而引起的拉应力超过表面材料的拉伸强度而造成的,它们通常是一些横向裂缝。

(9)松散是由于集料颗粒从表面开始逐渐向下被移去而导致沥青混合料铺层的渐进性的崩解,它可以由混合料中黏结剂不足、沥青硬化、潮湿或肮脏的集料、集料表面纹理光滑、压实不足等原因而引起。

(10)车辙是在柔性或复合路面轮迹带上形成的纵向压陷,它是由在交通和环境的作用下造成的一层或几层材料被压缩或横向推移而引起的。

(11)集料磨光是交通对它的研磨作用导致的集料表面磨光,纹理变细,棱角变圆。

(12)路面铺层上的疲劳裂缝是在反复的应变和铺层材料由于疲劳而导致拉伸强度明显下降的复合作用下引起的,这种反复应变通常是由交通载荷引起的,但也可由温度感应或其他原因导致的应变所引起。

在此基础上美国 WelbornJ. Y. 将沥青路面的病害归纳为七大类:载荷裂缝;非载荷裂缝;反射裂缝;变形(推挤、车辙和滑移);崩解、降低抗滑阻力和不平整性。

日本在1981年出版的《道路维持修缮工法》一书中将沥青路面的病害分成路面的功能性破损和路面的结构性破损两大类。对路面的功能性破损又分为局部裂缝、错台(沉陷)、变形、磨耗、崩解、其他(车迹、损伤、表面鼓起)六种,对路面的结构性破损则分为全面的裂缝、其他(唧浆、冻胀)两种(表1)。

沥青路面破损的分类与原因 表1

破损的分类			主要原因
主要与路面性状有关的破损	局部的裂缝	发裂	混合料品质不良,碾压温度不当导致初压出现裂缝
		线状裂缝	施工不良,路基不均匀沉降,基层、路基的反射裂缝
		纵向裂缝和横向裂缝	路床、路基承载能力不均匀
		施工接缝裂缝	摊铺接缝处碾压不良
	错台(沉陷)	构造物附近的凹凸	路床、路基、混合料等碾压不足,地基不均匀沉降
	变形	车辙	大型车超载行驶,混合料品质不良
		纵断方向的凹凸	混合料品质不良,路床、路基承载力不足
		波浪、搓板、推挤	透层、黏层施工不良
		泛油	混合料品质不良(特别是沥青品质不良)
	磨耗	路面标志线磨掉	除雪后防滑链、防滑钉轮胎的持续使用
		集料磨光	混合料集材品质不良、混合料品质不良
		细料失散	混合料品质不良、碾压不足
	崩解	坑洞	混合料品质不良、碾压不足
		剥落	集料与沥青的相容性(亲和力)不良,混合料浸泡水中
		老化	混合料中沥青氧化
	其他	轮迹	异常的高温天气、混合料品质不良
			事故等外部原因造成的损坏
		表面鼓起	混合料品质不良,表面下空气膨胀

续上表

<table>
<tr><th colspan="3">破损的分类</th><th>主 要 原 因</th></tr>
<tr><td rowspan="3">主要与结构有关的破损</td><td>全面的裂缝</td><td>龟裂</td><td>路面厚度不足，混合料、基层路基、路床承载能力不足，交通量超过原设计的流量，地下水</td></tr>
<tr><td rowspan="2">其他</td><td>唧浆</td><td rowspan="2">路面厚度不足，冻胀抑制层厚度不足，地下水</td></tr>
<tr><td>冻胀</td></tr>
</table>

美国沥青研究所(Asphalt Institute)出版的《沥青路面养护手册》(MS-16、第三版)，将沥青路面的病害分为裂缝、变形、崩解、丧失抗滑能力、表面处治的病害等五大类。而将导致这些病害的原因归结为六方面的因素：车轮的载荷；环境的作用；不良的排水；材料的缺陷；施工的缺陷；外部的原因(例如市政工程设施引发的病害等)。对于每一类病害，根据其表现形式和形成机理又进一步分为以下几种。

裂缝类：反射裂缝；边缘裂缝；块状(收缩)裂缝；龟裂(疲劳)裂缝；滑移裂缝；线状裂缝。

变形类：车辙；搓板和推移；沉陷或平面压缩；隆起或冻胀；修补切槽或坑洞失效。

松散类：松散(风化)；坑洞。

丧失抗滑类：泛油或溢油；集料磨光。

表面处治病害类：覆盖集料损失；纵向和横向的条纹。

美国国家沥青技术中心(NCAT)1996年出版的《Hot Asphalt Materials，Mixture Design，and Construction》一书第8章“Performance/Distress of HMA”是当前在沥青路面病害机理研发领域中的一份十分重要的文献。文献在总结前人研究成果的基础上将沥青病害分为裂缝、变形、崩解、丧失抗滑能力四大类，对每类病害的表现形式和形成的机理以及引起原因都进行了详细地分析。

在国内的研究方面，沙庆林院士所著的《高速公路沥青路面早期破坏现象及预防》一书对我国高速公路的早期损坏现象作了详细地分析。书中针对我国的实际，将高速公路沥青路面的早期损坏分为以下十大类：

(1)由软土地基础继续沉降产生的路面沉陷。

(2)路基压实度不够导致路面的早期损坏。

(3)基层质量不好造成的破坏。

(4)水破坏。

(5)辙槽。

(6)泛油。

(7)松散。

(8)横向裂缝。

(9)反射裂缝。

(10)平整度较快变差或不平整度发展较快。

在文献中还对半刚性路面产生破坏的原因作了分析，认为导致水破坏的主要内因是：Ⅱ型沥青混合料的设计空隙率较大，而Ⅰ型沥青混合料的设计空隙率虽然较小，但由于压实度偏小和混合料的不均匀性都会导致现场空隙率较大而透水；沥青与碎石的黏结力不足；我国路面结构习惯上不考虑路面结构层排水和设置有效防水层。

在分析影响车辙深浅的主要因素时，文献将它们分成内因和外因，并将它们归纳为如图25所示的各项因素。

长安大学康敬东老师在其博士论文《沥青路面裂缝和坑槽养护维修技术的研究》中较为详细地分析了裂缝和坑槽的形成机理。论文在分析了沥青面层在车轮载荷作用下的受力情况后，指出沥青路面是否会发生断裂破坏主要是判断其抗拉强度是否足够。在分析路面坑槽形成机理时，论文认为水损害是引起沥青路面坑槽破损最根本的原因，并详细分析了水浸润导致沥青从集料表面剥落的机理。

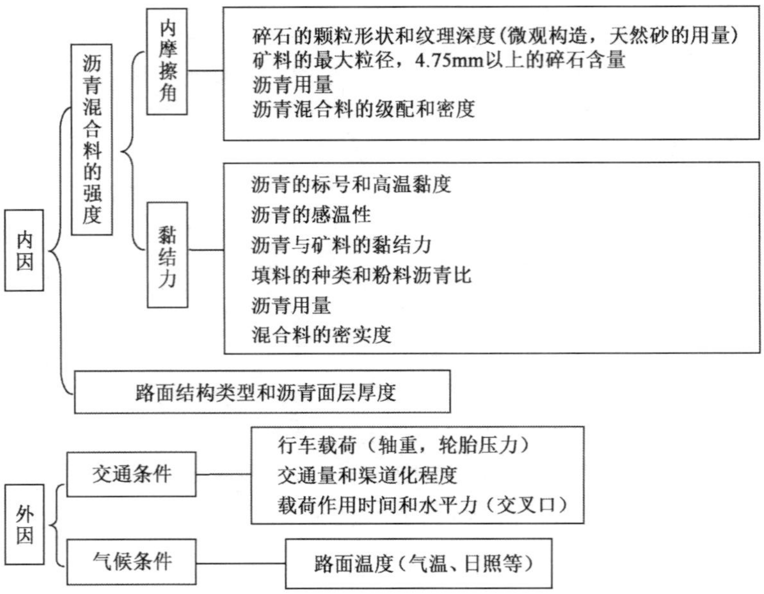

图25　影响车辙深度的主要因素

4　国外发达国家高速公路养护维修技术(材料、工艺、设备、管理)的发展水平，新技术的应用以及今后的发展趋势

高速公路的兴建，虽然在20世纪30年代的欧洲已经开始了，但由于二次大战的破坏，不论是美国、欧洲还是日本等发达国家，大规模的高速公路网建设都是在20世纪50年代开始的。经历了20年左右的使用到20世纪70年代，许多国家的高速公路网开始进入一个养护维修、重建的高潮期。在许多发达国家中用于路面养护维修作业的费用常常要占到总的道路事业费用中的30%～50%，例如美国在20世纪70年代路面养护维修费占联邦公路总经费的1/3左右，到20世纪80年代已占这一经费的50%，并以每年6亿美元的速率在增长。正是在这样的背景下，人们逐步将注意力转移到道路的养护维修上，通过养护、维修、改建来改善现有的路网，使路网保持尽可能好的使用性能和服务水平，成为人们关心的重点。20世纪最后20余年是沥青路面养护维修领域科技进步十分活跃的时期，取得了一系列突破性的成果，它们主要表现在以下方面：

4.1　养护材料的新发展

沥青路面的养护技术是一种在材料、工艺、设备之间有着紧密联系的综合技术，材料方面的创新和突破一直是带动养护工艺和设备发展的重要动力，从历史的发展看，作为养护材料核心的沥青一直在向乳化和改性两个方向发展。乳化沥青的应用使各种预防性养护工作可以从热态施工的方法转变为冷态施工。改性沥青和改性乳化沥青的应用导致出现了改性雾层封层、改性石屑封层、改性稀浆封层、改性薄层罩面，它们的性能都得到了很大提高。自从利用高分子聚合物改进沥青性能的工作取得成功之后，人们对改进沥青黏结剂性能的兴趣和努力一直没有停止过。改性沥青的进一步发展主要可以分成两个大方向：一个是改性的工艺正在逐步从单纯的物理改性向着化学改性或化学和物理结合的工艺发展，以便进一步简化改性沥青的制作过程、减轻改性沥青的分层离析和储存时间，降低生产成本。现在中国市场上已经有多种品牌的化学改性剂在销售，这些化学改性剂的主要特点就是可以不经过胶体磨这样复杂的物理过程，而直接投入到热沥青混合料的搅拌过程中来生产改性沥青的混合料。

另一个方向是寻求新的更能满足养护要求的新材料，如果说材料性能的改善在最初采用改性沥青和改性乳化沥青时只是看重于一般性的对沥青性能的改善，而在随后的发展中新的养护材料就更针对着预防性养护和修复性养护特点来开发了。由于预防性养护是敷设在沥青路面上的一薄层养护层，它不像沥青混凝土那样对抵抗疲劳载荷的破坏和在抗车辙的能力方面有着很高的要求。对养护层来说更为重要的，首先是抵抗车轮磨耗的能力，包括车轮刮落集料的颗粒、对集料颗粒的磨光作用，以及集料与黏结剂之间的相容性（亦即沥青与集料的黏附能力），这些都直接影响养护层的抗滑性能、它的衰减速率以及与原路面之间结合的牢固的程度。第二是养护材料抵抗外部塑性变形的能力，亦即要求养护材料有足够的黏弹性和延展性，以便吸收由于温度变化或原路面传上来的变形和应力。第三是它的密水性能，亦即防止雨水透过养护层渗入路面的能力，这直接影响到养护层抗水损害的性能。第四是在环境因素作用下的耐老化的能力。预防性养护层是一层很薄的表面层，它完全暴露在空气、水、阳光的照射中，所以比沥青混合料的常规面层更容易导致黏结材料的老化，从而影响预防性养护的效果和寿命。

针对上述要求，新的养护材料的开发重点是增强它的黏弹性、坚韧性以及与集料之间的黏附性能。高黏度沥青—橡胶的开发是新型养护材料的一个典型实例。沥青—橡胶（Asphalt-Rubber）是一种将磨细的橡胶屑经特殊的工艺处理后形成的一种沥青与融胀成凝胶状的橡胶颗粒组成的高黏度的黏结剂。橡胶—沥青的制备工艺可以分成干式和湿式处理两大类。橡胶沥青最初的工艺方式是干式处理法“DryProcess”。这种方法是将磨细的橡胶屑直接与集料一起加入到搅拌器中与沥青搅拌而形成混合料。在这一处理过程中，橡胶屑并未与沥青发生任何反应，因而作为黏结剂的沥青，其本身的性能不会获得明显的改善，而橡胶屑只是类似填料在发挥作用。湿式处理法（WetProcess）是将磨细的橡胶屑加入到沥青中去浸泡，然后再与集料拌和而成沥青混合料。湿式处理开始发展时曾采用溶剂浸泡的方法，首先将橡胶屑放入石油溶剂中（例如航空煤油中）加以浸泡，使它在溶剂中膨胀而表面变软，然后再与热沥青一起在高速搅拌状态下进行反应而制成橡胶沥青的黏结剂。由于溶剂法的成本高、有污染、安全性差，因而随后被高温直接浸泡的方法所取代。目前大量使用的制备橡胶沥青的湿式工艺是将磨细的橡胶屑（0.6 ~ 2mm）放在装有高温热沥青（191 ~ 218℃）的反应釜中浸泡数小时，使橡胶颗粒的表面形成一层凝胶体（图26）。湿式处理的工艺通常需要在沥青中加入18 ~22%的橡胶屑，以获得最佳的黏度。现在由湿式处理法制备的黏结剂被命名为沥青—橡胶（Asphalt-Rubber）。

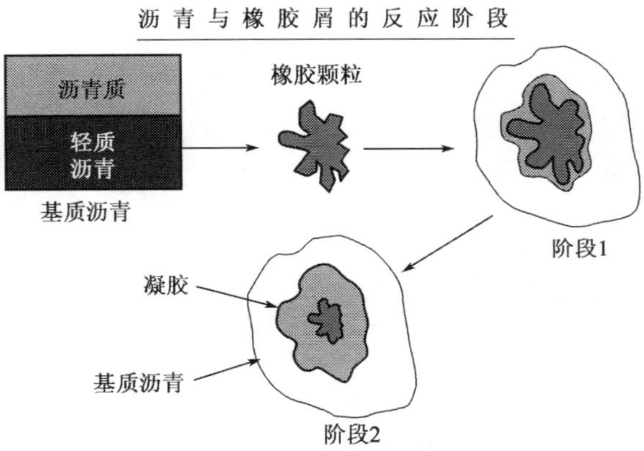

图26　橡胶颗粒的表面形成一层凝胶体

沥青—橡胶是一种高黏度和高黏弹性的黏结材料，其黏度随着橡胶屑含量的增加而增大（图27）。由于沥青—橡胶具有很高的黏弹性，所以它作为一种预防性的养护材料和集料的黏结剂有着一系列的优越性：

（1）具有更强的黏附能力，可以使集料颗粒之间以及养护层和原路面之间黏结得更加牢固，因而表现出更强的抗车轮磨耗的能力。

（2）良好的密水性能，可防止水分透过养护层渗入至沥青路面。

（3）具有高度的弹性恢复能力（图28），可以更好地承受塑性变形和外部传递的应力。

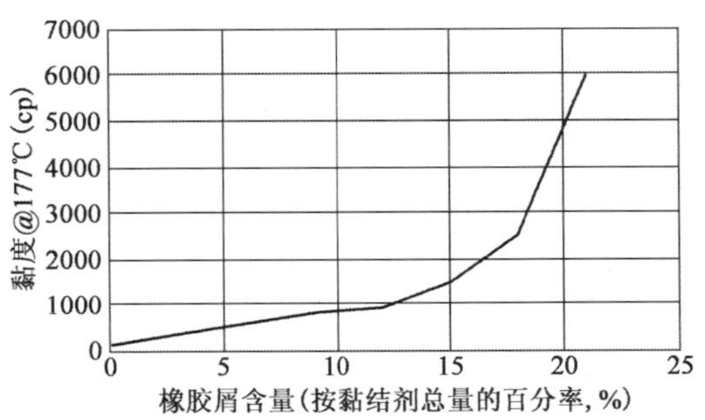

图27　沥青—橡胶黏度随着橡胶屑含量的增加而增大

图28　沥青—橡胶具有高度的弹性恢复能力

(4)可以更多地提高黏结剂在混合料中的含量以增加裹覆集料颗粒的沥青膜厚度而不会导致泛油。

(5)改善混合料的低温抗裂和高温敏感性。

(6)废旧轮胎橡胶中所含有的抗氧化剂还有利于提高黏结剂耐老化的能力。

目前沥青—橡胶已广泛地应用于石屑封层、薄层罩面、应力吸收层、开级配的磨耗层等各种需要黏结剂具有高黏结力的场合,也是制作各种裂缝填封、接缝填封材料和密封胶的主要原料。

沥青—橡胶材料的进一步发展是向橡胶乳化沥青的方向发展,目前已经有一些利用适合的溶剂将橡胶屑胀泡、消融后制成胶乳,然后再进行乳化的尝试,但都还是处在研究的阶段。如果这一努力获得成功,则可以在很多冷态施工的领域内(例如稀浆封层、坑洞冷修补)获得推广应用而成为一种费用—效益更好的新的养护材料。

在坑洞修补材料的发展中,高性能的专用冷补材料的开发是一个明显发展趋势。如果说在开始发展可以长期储存的冷补材料时,主要的对象是应急性修补,则目前专用的冷补材料的性能已经可以使修补寿命提高至1~2年。应急性冷补材料主要是由慢凝型的轻制沥青制作的,而专用的冷补材料则是按专门的配方和拌和工艺生产的,这些材料大多是一些专利产品,例如美国的UPM、Perma-Patch、QPR2000等品牌的冷补料。随着新的高性能的冷补材料的进展,结合冷补工艺的改善,使坑洞冷补的寿命接近半永久性修补寿命是完全可能的。采用专用冷补材料的优越性是十分明显的,不仅是修补寿命有了很大提高,而且对施工气温、坑洞干燥程度的敏感性也大大降低了,从而可以采用所谓"抛了就走(Throw and Go)"的快速修补方式来大大提高坑洞修补的生产率和安全性。

4.2 养护工艺的新发展

4.2.1 预防性养护工艺的新发展

预防性养护工艺未来的发展趋势将沿着以下方向继续取得进展。

(1)随着乳化沥青性能的不断提高,预防性养护工艺将进一步向冷态施工的方向发展。

(2)引入某些新技术来解决养护作业中突出的矛盾和问题。

(3)采用多种工艺的复合,使不同工艺的优势能得到互补而弥补各自的缺点。

在第一个方向上的最新例子可以举出人们对沥青—橡胶进一步乳化所作的努力。如果这种努力能获得成功,橡胶沥青就可以移植到稀浆封层这样的冷态施工技术中去,从而取得更为广泛的应用。

在第二个方向方面,为了解决黏结剂与集料更好裹覆的问题,提出了将细砂在乳化沥青喷洒前先行混合的新概念。目前这一新概念已经在裂缝和坑洞的压力喷补中得到了很好的应用。美国STAR-SEAL公司的沥青养护封涂层也是一个实例。"STAR-SEALSUPREME"是一种以精制煤焦油沥青乳液为主,添加有橡胶类高分子聚合物和表面活性剂的混合物。一般来说,煤焦油具有抵抗汽、柴油等轻质油分的侵入和改善集料湿润性的能力,因而也改善了它们之间的黏附性能,高分子聚合物则增强了黏结剂的黏韧性,而表面活性剂则改善了附着表面的抗水性。将此种乳液与细的石英砂(粒径0.425~0.212mm)搅拌混合后喷洒、涂刷在沥青路面上2~3遍可形成一层极薄的保护层。它对沥青路面具有一种屏蔽保护作用,可以抵抗阳光、空气对沥青黏结剂的老化,阻止水分侵入沥青路面而导致的水损害,保护路面沥青不受泄漏的汽油、柴油、机油等轻质油分的软化作用,防止冬天防冻盐或其他化学品对沥青路面的侵蚀。高黏附性的黏结材料和事先与高耐磨性集料(例如石英砂)的充分裹覆,保证了表面必要的抗滑性能以及它的耐久性。

图29 同步石屑封层

另一个为解决石屑与沥青裹覆问题的新技术可以举出在石屑封层中采用同步喷撒工艺的例子。同步石屑封层(Synchronous Surface Dressing)将黏结剂的喷洒和集料撒布两道工序集中在一台车辆上同步进行(图29)。这样做的好处是使碎石颗粒立即与刚喷洒的黏结剂相接触,此时由于热沥青或乳化沥青的流动性较好而使石屑能更深地埋入黏结剂内,并更好地渗入到路面的裂缝中。对于热沥青来说在温度尚未下降之前沥青的黏度较低,而对于乳化沥青来说则在尚未破乳前,刚喷洒至地面的乳化沥青具有更厚的铺层,这些都有利于增加石屑埋入的深度和由于毛细管作用而增高石屑颗粒间黏结剂吸附的高度(图 30)。同时,较好的流动性也有助于黏结剂更好地渗入到原路面的裂缝中而改善它的封水性能(图 31)。

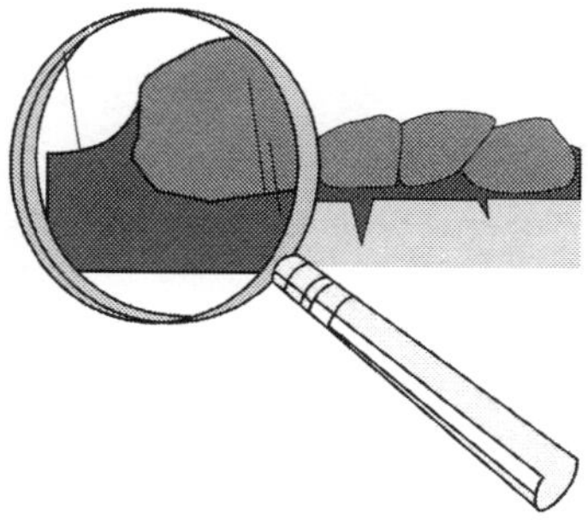

图 30　毛细管作用使集料颗粒像钻石那样被沥青镶嵌

图 31　较好的流动性有助于黏结剂更好地渗入到原路面的裂缝中而改善它的封水性能

在第三个方向上可以举出国外覆盖封层(CapSeal)和三明治封层(Sandwich Seal)等复合封层技术的发展。

(1)覆盖封层。覆盖封层是为解决石屑封层存在的缺陷而发展的一种复合封层技术,它首先在原路面上敷设一层石屑封层,待石屑封层完全凝固后(约需一周时间),再在其上铺设一层稀浆封层或微表封层。图 32 是一组覆盖封层的施工图片,图 32a)是正在进行石屑封层施工,图 32b)是在其上铺设一层稀浆封层,图 32c)是最后成型的覆盖封层表面。覆盖封层的优点是缩短了初期养护时间;改善了石屑封层耐久性、抗滑性、噪声等方面的缺点;可以获得更大的厚度,替代薄层罩面而具有更好的费用—效益。

a)　b)　c)　d)

图 32　一组覆盖封层的施工图片

(2)三明治封层。三明治封层是一种将贯入式工艺与石屑封层工艺结合在一起的封层技术。它的工艺是先将一层粗集料(15~20mm)撒布在所需养护的沥青路面上,然后再喷洒一层改性乳化沥青,并紧跟着撒布一层较细的集料(5~13mm),最后碾压成型。改性乳化沥青用量应比单层的石屑封层高,以便有足够的沥青贯入到粗集料的缝隙中,但其喷洒量又比双层石屑封层低(图33)。这种复合工艺的好处是可以使较小的集料颗粒嵌入到大颗粒中间,以提高抵抗车轮带出石屑的能力,而大颗粒集料的存在则有助于解决表面泛油的问题,在生产效率和材料消耗上则比多层石屑封层为好。三明治封层常用于原路面结合料富余的场合,也可用在炎热气候条件下的公路重车道上。

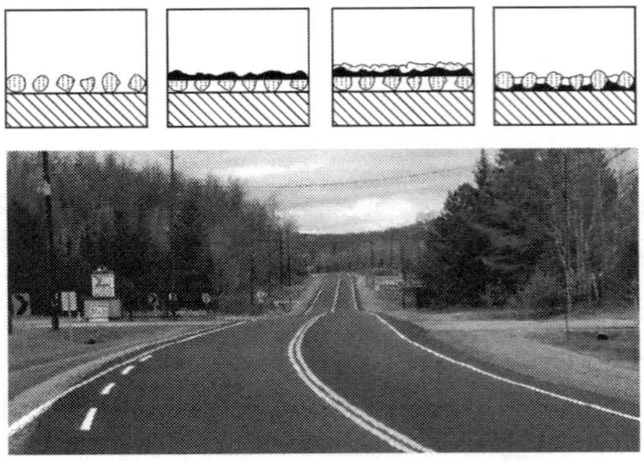

图33 三明治封层

4.2.2 修复性养护工艺的新发展

1)坑洞修补

坑洞修补工艺的发展一直沿着热补工艺和冷补工艺两个方向在发展。

影响坑洞热补寿命的工艺因素主要是:

(1)施工气温。

(2)坑洞内部以及周围薄弱路面是否经过清理、干燥。

(3)坑洞底部、侧壁是否覆盖黏结剂。

(4)修补材料是否充分压实。

(5)修补材料与原路面的接缝是否经封边处理。

坑洞热补工艺在20世纪90年代的新发展是美国热动力公司(已为香港英达公司收购)发明的坑洞加热修补工艺(图34),这一工艺利用丙烷气通过耐火砖的微孔间歇地以辐射加热的方式加温坑洞及周围路面,烘干水分,软化原路面,然后加入热沥青混合料后将它整平、压实。

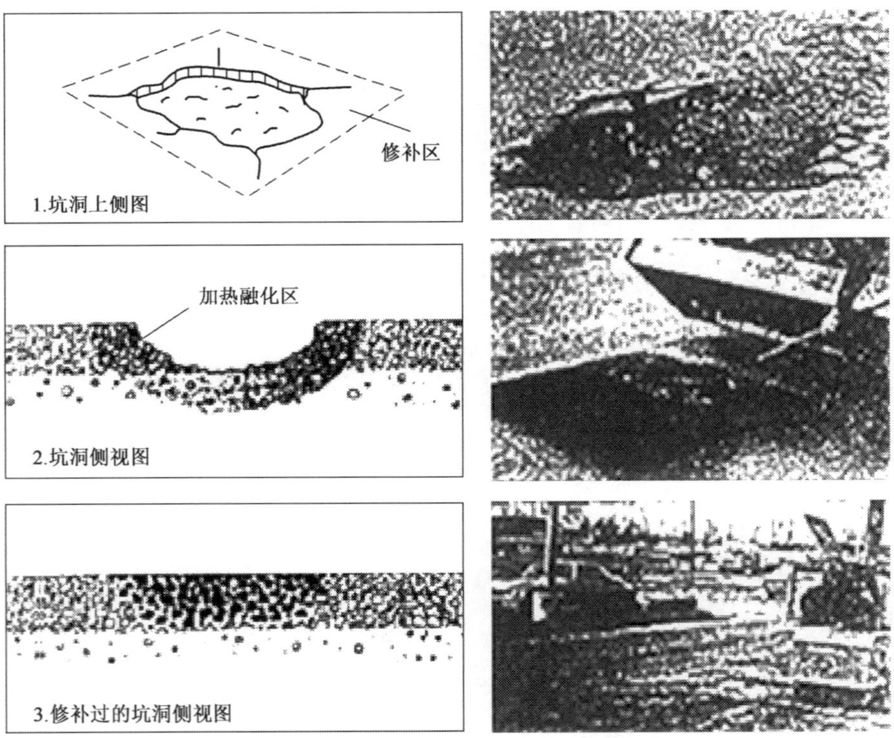

图34 美国热动力公司的坑洞加热修补工艺

图 35 是美国热动力学公司发明的坑洞加热修补机，早期的加热修补工艺原期望能将原路面的沥青混合料加热熔化后与新补的材料能形成牢固的结合。但实践证明，由于坑洞周边的原路面处在半损坏的状态，对坑洞不作处理直接填补新料的方法往往得不到良好的效果。因而，随后开发的坑洞加热修补机，增加了液压驱动或手工操作的钉耙，用来将周边旧料耙松与新料混合后再填补压实。坑洞加热工艺的另一个局限性是由于受沥青混合料导热性差的限制，其加热深度通常只能达到 4 ~ 5cm，因而补坑的深度大都限制在表层的浅坑。

图 35　英达公司的沥青路面热补车

①-加热墙；②-鼓风机；③-沥青料混合料仓；④-双折料仓门；⑤-螺旋输送器延伸部分；⑥-加热墙安全按钮；

A 遥控器；B 再生剂软管和绕盘；C 工具箱；D 箭头板；E 液压疏松耙；F 频闪灯；G 遥控安全按钮

冷补工艺的新发展是根据美国 SHRP 计划研究成果而开发成功的压力喷射修补工艺。这一工艺的特点是将集料与加热至适当温度的乳化沥青在喷嘴部位经混合后，用高压空气喷射至坑洞内直至填满为止，它由图 36 所示的四道工序组成。

压缩空气清洁坑洞　　喷洒黏层油　　高压喷射乳液与集料　　喷砂封面

图 36　压力喷射修补工艺和带有三喷嘴的压力喷补设备

压力喷补工艺节省了碾压的工序，所以修补工作十分简单只需一台机器一人操作即可，一个小面积的坑洞修补工作只需 1 ~2min 即可完成。压力喷补工艺特别适合于小面积坑洞和大裂缝的修补。成功实施压力喷补工艺的一项重要条件是乳化沥青与集料之间必须具有良好的相容性，因此十分重要的是事先必须在实验室对集料与乳化沥青之间的相容性做出评价，以优选相容性良好的原材料。20 世纪 90 年代中期我国曾引进过压力喷补的设备，但这一技术并未获得广泛应用，其原因也在于此。

冷补工艺的另一项新发展是所谓“抛下就走(Throw and Go)”的快速冷补工艺向“半永久性”和“永久性”工艺发展取得趋势。快速性冷补工艺原来主要用于坑洞的应急修补，通常的寿命只有 3 ~6 个月，但随着高性能冷补材料的发展，这种有着良好快速性的冷补工艺的寿命已可达 1 ~2 年，甚至更长。标准的快速冷补工艺只需使用某些简单的手工工具(图 37)，补坑的时间只需数分钟即可。

a)

b) c)

图 37 标准的快速冷补工艺

在当前坑洞修补工艺的发展方向方面，总的趋势是冷补工艺的发展较热补工艺更快。在热补工艺方面提高坑洞修补深度将是加热修补工艺进一步发展需要解决的问题，在这方面微波加热将会是一个值得关注的方向。

微波加热沥青路面的优越性是明显的，因为微波加热依靠增加材料分子运动的动能来使被加热物体升温，因而加热是由内及外的。微波加热具有深部加热、热惯性小、控制容易的特点，特别适宜于导热性能很差的沥青路面的加热。限制微波加热技术用于沥青路面加热领域的原因是高强度微波辐射的防护问题和将燃料能转换成微波能的能量转换效率过低。如果为减少微波辐射强度和能量损失而降低微波加热的强度，则必然将延长微波加热的时间而使其在加热的快速性上失去优势。根据计算以 90kW 的微波功率将一面积为 $1m^2$ 的坑洞在深度 10cm 内平均升温 130℃，大约需要 9min，而产生 90kW 的微波功率大约需要 145kW 的电能。

在冷补工艺方面最具潜力的是通过改进冷补料的性能和增加封边或封面的工序来提高坑洞冷补的寿命。在坑洞的压力喷补工艺方面需要解决的问题是进一步改善坑洞表面的平整度。

2)裂缝填封

中、大裂缝的修补都需要清除裂缝周边已经损坏的材料，因此扩缝处理是必需的工序。对于大裂缝来说，在许多场合其原因常是由基层或路基引起的(例如不均匀的沉降)，因而修复工作往往需要除去整个路面，甚至直达路基，已经属于局部路面全深度翻修的范畴而不是修复性养护作业了。属于修复性养护的裂缝填封主要是针对那些由于低温、推移、反射等引起的，其损坏主要存在于面层内部的裂缝而言的。影响裂缝填封寿命的工艺方面的主要因素是：

①施工气温。

②裂缝是否作清洁、干燥处理。

③裂缝填封的方式。

裂缝填封的方式对填封寿命有着重要的影响，美国 SHRP 计划的研究结果表明对于六种不同的裂缝填封方式，其寿命的差别是十分显著的，寿命最长的是方槽贴封式和浅宽槽的无贴封式两种方式（参看图 67）。

根据美国 SHRP 计划的研究成果，裂缝填封的先进工艺应包括以下工序：

①开槽扩缝。

②高温压缩空气清洁干燥缝壁。

③压力填充补缝材料。

④撒砂封边。

目前先进的裂缝填封设备都是根据上述工序设计制造的（图 38）。

a)　b)　c)

d)　e)　f)

图 38　裂缝填封工艺

a)路面开槽；b)清理开槽缝；c)开槽后效果；d)路面灌缝；e)路面灌缝特写；f)路面灌缝后效果

裂缝填封的寿命与所采用的填封材料的性能也有很大关系。用普通的热沥青或乳化沥青作为填封材料，不如改性沥青与改性乳化沥青，而近些年来裂缝填封效果的大幅度提高则得力于以橡胶沥青为原料的特种裂缝填封胶的成功开发。此类裂缝填封胶有着非常高的黏弹性，可适应裂缝受外力的影响而引起的胀缩，同时又具有极佳的与缝壁黏结和防水的性能。

3）路面局部翻修

路面局部翻修的传统工艺是用铣刨机铣去部分沥青面层深度至病害发生的部位，然后加铺热拌沥青混合料的罩面。对表面层的病害，近些年来的发展趋势是采用就地热再生工艺进行局部的翻修。

4.3　养护设备的新发展

如何更好地满足养护材料和工艺发展的要求一直是推动养护设备技术进步的原动力。养护设备当今和未来的趋势仍将沿着满足新材料、新工艺发展的需要和现代高新技术向传统机械工业渗透、改造的趋势来发展。

养护设备的发展与材料和工艺的发展有着密切的关系，新的养护材料和养护工艺的出现伴随着新设备的产生。从历史上看，出现了乳化沥青材料伴随着就有了乳化沥青的制备设备；有了改性沥青材料，就出现了改性沥青设备。最近的例子是沥青—橡胶制备设备的开发（图39），而同步石屑封层工艺的提出，就出现了同步石屑封层机（图40）。

图39　橡胶—沥青制备设备

图40　同步石屑封层机

4.3.1　预防性养护设备

在预防性养护作业中最主要的施工机械有两类：喷洒黏结剂和撒布集料的机械；摊铺稀浆类混合料的机械。对于预防性养护来说，对这两类机械的一个共同的要求是保持集料、黏结剂以及混合料其他成分（如稀浆混合料中的水、粉料等）之间的恒定的比例关系。

随着现代高新科技的迅速发展，为了更好地满足养护作业的要求，提高作业的质量和效率，预防性养护的施工机械在技术上已取得了巨大的科技进步，它们在技术发展上的一些共同特点是：

（1）要求保持恒定的作业速度导致朝两个方向的发展：

具有很高行驶速度，而作业速度可无级调节的液压驱动底盘；

高精度的车速和原材料供给的恒速调节或比例调节系统。

（2）全自动的计算机监控系统，主要是：

作业质量的自动控制，例如喷洒量或稀浆用量的自动调节、喷洒高度的自动保持、配合比精度的计算机控制、作业过程的屏幕监视等。

机械运转状态的监控，例如运转参数的自动记录、自动报警、故障诊断等。

（3）液压技术的广泛应用，在现代的预防性养护设备上液压传动技术、液压控制和调节技术得到了广泛应用，例如作业宽度无级可调的工作装置、液压伸缩调节技术等。

图41　现代全自动的沥青洒布车

现代全自动的沥青洒布车（图41）通常都装备有以下的系统：

①精确的洒布速度调节。采用恒速调节的方法，通过计算机控制使车速保持在预选的工作速度上，同时使沥青泵的排量在整个工作过程中保持不变（当洒布宽度改变时，电脑会自动调节排量）；或采用比例调节的方式，由雷达测速装置不断地检测行驶速度，通过电脑调节沥青泵的排量以保持恒定不变的单位面积的沥青用量。

②恒定的喷洒高度。在工作之前调节好高度后，在工作中通过超声波传感器和自动找平系统，使喷洒的高度保持不变。

③液压伸缩的喷杆。可在驾驶室内方便地改变喷洒的宽度。

④计算机的集中控制系统。洒布过程中的重要信息，如罐内沥青量、已洒布的面积、沥青的用量以

及每平方米的平均洒布量都可在驾驶室的电脑面板上显示出来，所有操作参数都采集并储存在计算机内，需要时可随时打印出来。

在石屑撒布机械方面，早期大都采用悬挂在自卸车后方的石屑撒布装置，现代的石屑撒布机采用自行式的底盘并带有石屑撒布率的自动控制系统（图42），这种撒布机的石屑撒布装置是安装在撒布机前方的，司机可以很好地在前进时观察到沥青洒布车洒布好的铺层和石屑的撒布情况。

图42　自行式石屑撒布机

在展望稀浆封层机在技术上进一步的发展时，可以指出以下一些主要发展方向：

①在原材料计量方面容积式的计量方式将逐步向计量更精确、标定更方便、能保证更高配合比精度的重量计量方式发展。

②在原材料配合比的控制方面将逐步向各种原材料的独立控制、计算机自动比例调节的方向发展，从而实现在线的实时调节和进一步提高配合比的精度。

③为保持恒定不变的摊铺速度和更为准确地调节车速，有可能进一步向自动测速、自动调节的恒速控制系统和液压驱动的专用底盘方向发展。这一点在技术上是完全可能和已经成熟的，而主要取决于稀浆封层应用技术对它的需求，和市场对价格性能比的接受程度。

④作业过程（包括原材料的计量、配合比的精度、稀浆的用量、作业面积等工作参数）和机器的运转状况将逐步向实时监测、自动控制和智能化的方向发展。

⑤在车载式的稀浆封层机上，宽度可变的、液压伸缩的摊铺箱，和第二刮平器将被更多地采用。为适应大规模的稀浆封层作业，连续式的稀浆封层机（图43）将得到更多的发展。

图43　连续式的稀浆封层机

4.3.2　修复性养护设备

坑洞修补设备未来总的发展趋势是各类修补设备将沿着不断满足新材料和新工艺的发展而取得进展。

对于实施传统热补工艺的综合养护车来说，采用预制的热补混合料，将储存热混合料的容器改为具有加热、升温和搅拌功能的现场搅拌器将是一个重要的发展趋势。

对于坑洞加热修补设备来说，出现了向小型化方向发展的趋势。图44是一种手扶式的坑洞加热修补设备，所用的加热源是红外线。在加热技术方面，随着红外线发射管热效率的提高，加热技术在坑洞热补设备上除了火焰辐射加热方式外，红外线加热技术也将是一个有竞争力的选择。

新的加热技术在坑洞热补设备上的应用，最值得关注的是微波加热技术，图45是广东威特真空电子公司与长沙交通学院共同研制开发的微波加热补坑设备。

图 44　手扶式的坑洞加热修补设备

图 45　微波加热补坑设备

在小坑洞修补和大裂缝填封方面的设备，压力喷射修补机将是一个有竞争力的修复性养护设备，它将进一步围绕改善乳化沥青与集料的混合与裹覆、加强压力喷射的强度以改善填补材料的黏结性能方面取得进展。图 46 和图 47 是压力喷补机的作业工序和工作原理。

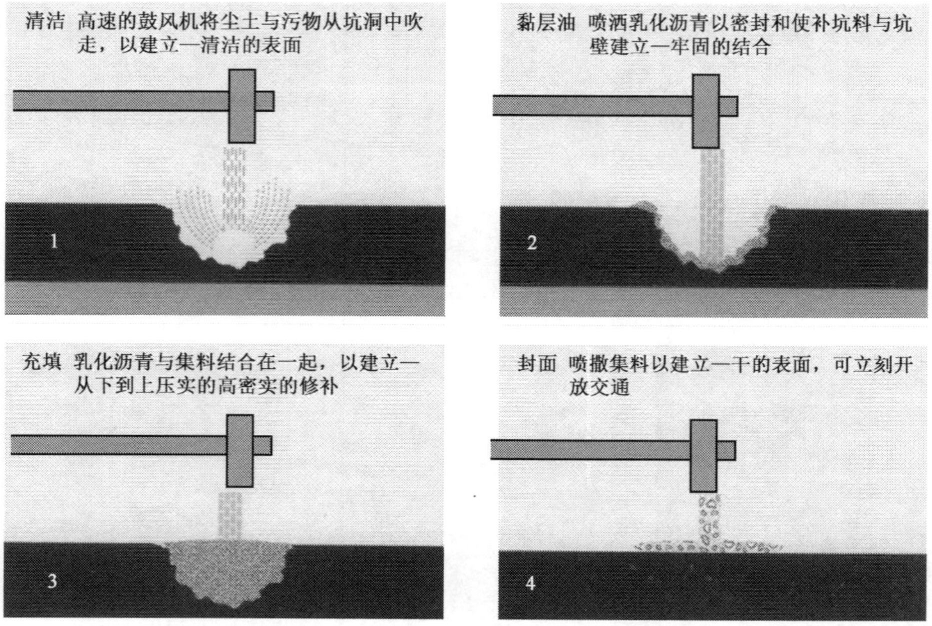

图 46　压力喷补机的作业工序

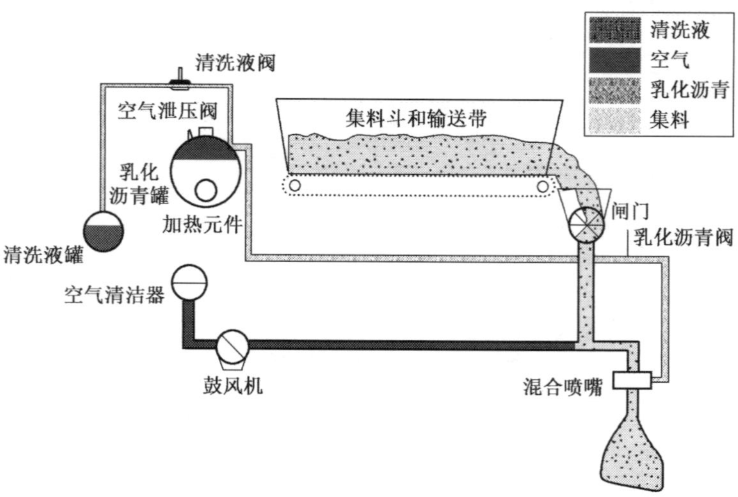

图 47　压力喷补机的工作原理

4.4　养护管理模式的新发展

路面养护维修对保持路面的良好使用性能，延长其使用寿命以及改善噪声、振动等对周边环境的污染有着重要的作用。为了提高养护维修工作的有效性和降低养护维修费用，人们往往首先会从技术的角度来考虑问题。但一个效益好、费用低的养护维修工程，所谓费用—效益（Cost-Effectiveness）最佳的工程并不仅仅取决于技术性的因素，而且还涉及组织、计划、协调、决策等许多管理上的因素，例如及时掌握路面病害的发生和发展、正确选择养护维修方法、组织安排养护维修作业、效益和费用的评价、环境保护方面的考虑等这些都不仅仅是一个技术问题，更不是一个养护设备的配置问题，而需要从技术、经济、管理、社会等各个方面来进行综合考虑和决策的问题。然而在很长一段时间内对沥青路面发生的病害，它们严重程度的评价，对路面性能和服务能力的影响，应该采用何种养护措施，以及对养护维修效果的评价，主要是定性地、主观地、孤立和就事论事地做出判断和进行决策的。随着养护维修工程量和投入养护维修资金的日益增大，养护维修工作传统管理模式的缺陷越来越突显出来。因此早在20世纪的70年代许多国家就提出了要从系统工程的角度来研究路面的养护维修问题，并在管理和技术方面取得了一系列新的突破。

4.4.1　养护作业的定义和分类

养护维修作业的定义和分类是路面养护管理的基础。科学的定义和分类方法对确定防治病害的措施会有很大的帮助，也是进行正确养护决策的基础。

在沥青路面养护维修作业的分类上取得的重要进展是提出了预防性养护的新概念。利用在已有路面上敷设一层防护层来保护原有路面的方法在很早以前就有了，但是预防性养护作为一个完整的概念出现在20世纪的80年代，它是许多国家在公路网的重建过程中总结了以往经验教训的基础上提出来的。预防性养护的重要意义体现在四个方面：保持路面良好的使用性能；延长路面的使用寿命；减少路面寿命周期的成本；节约养护维修资金，是一种费用—效益良好的养护措施。在提出预防性养护概念的基础上美国根据病害、缺陷的类型和损害程度的大小将所需要采取的养护维修措施分成以下四类：预防性养护（Preventive Maintenance）、修复性养护（Corrective Maintenance）、路面翻修（Pavement Rehabilitation）、路面重建（Pavement Reconstruction）。这种分类方法的核心是作业的功能和目的，因而不仅在概念上是十分清晰的，而且有着很强的目的性和针对性。

预防性养护是指那些带有保护路面，防止病害的进一步扩展，和以减缓路面使用性能的恶化速率以及延长路面使用寿命为目的的养护作业，它通常用于没有发生损坏，或只有轻微缺陷与病害迹象的路面。预防性养护没有路面补强的功能，因而不应期望预防性养护具有改善路面强度和承载能力的作用。

修复性养护是指那些用来修复路面的局部损害或某种特定病害的养护作业，它通常用于路面已经发生局部的结构性损坏，但还没有波及全局的场合。

路面翻修是指路面的损坏已经波及路面的大部分面积，使之发生全面性的结构性损坏，从而需要在一定的深度下进行面层的再生和重铺的修理作业。

路面重建是指当路面的损坏由于没有及时进行翻修、补强而进入整个路面各结构层发生结构性破坏时，这时不仅路面的面层，而且它的基层和底基层，甚至于路基也需进行翻修，这样的养护维修作业称为重建。当路基也需翻修时则称为道路的重建。

4.4.2　路面使用性能和服务能力的评价

沥青路面在车辆负荷的反复加载，自然环境的周期性变化等因素综合作用下，随着时间的推移其使用性能将逐渐变坏，路面会变得凹凸不平起来，出现各种各样的损坏，伴随着路面承载能力和抗滑能力的下降，路面的服务能力会变得更差。图48是美国宾夕法尼亚州公路管理局建立的沥青路面服务能力的下降和沥青性能的衰减与路面病害之间的关系。图中沥青性能的衰减是以沥青在15℃（60 ℉）时的延度变化来表征的。从图48中可以看到随着沥青的逐渐变脆，路面病害在逐步发展，首先是细料的失散，随后是粗料露骨、松散，出现微小裂缝，然后是裂缝和坑槽的扩展，路面进入了结构性的破坏期，路面的服务能力变得越来越差，而最终导致服务能力的完全丧失。

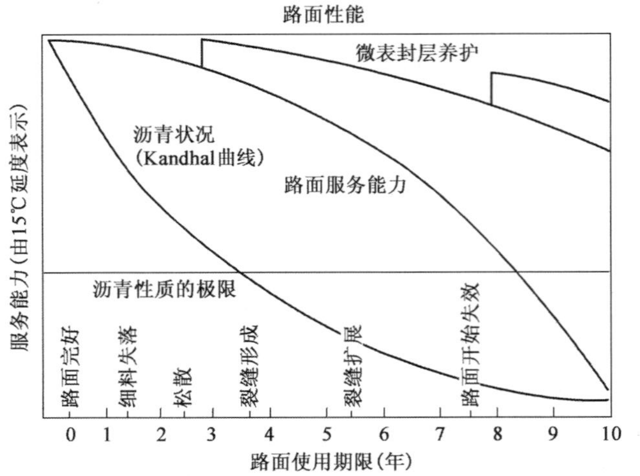

图 48　沥青路面服务能力的下降和沥青性能的衰减与路面病害之间的关系

为了评价路面使用性能恶化和服务能力下降的程度，需要建立某种评价模型来定量化地表示路面服务能力的水平。世界上第一个路面服务能力的评价模型是美国 AASHO 建立的路面现时服务能力指数 PSI(Present Serviceability Index)。这一模型是采用专家评分与路况调查相结合的方法用多元非线性回归方法建立的，它考虑了用四个参数来表示的三种类型的基本损坏，即平整度、路面裂缝和车辙，与路面当前服务能力水平之间的关系，并用以下的数学模型来表示：

$$PSI = 5.03 - 1.91\lg(1 + SV) - 0.01\sqrt{C + P} - 0.21RD^2$$

式中：PSI——路面现时服务能力指数；

SV——轮迹处纵向平整度离散度；

C——裂缝度($m^2/1000m^2$)；

P——修补度($m^2/1000m^2$)；

RD——车辙深度(cm)。

随后加拿大、日本等许多国家大都以 PSI 模型为范本建立了本国的路面使用性能评价模型，例如日本的养护管理指数 MCI、美国陆军的路面状况指数 PCI 等。

路面服务能力评价指标的建立为了解路面的服务水平和状况，确定那些需要维修保养，应该选择何种养护维修措施提供了依据，并为进一步建立沥青路面的养护维修管理系统奠定了基础。

4.4.3　路面养护维修的费用—效益评价和美国 SHRP 计划 H-101 与 H-106 项目的研究成果

路面服务能力评价模型的进一步发展是路面养护维修的费用—效益评价模型。美国在 20 世纪 80 年代开始大规模进行路网的重建工程时，面对未来公路交通日益强化的挑战，于 1987 年启动了一个庞大的战略性公路研究项目(SHRP)，其中第三个子项目“养护费用—效益”(Maintenance Cost-Effectiveness)就是专门从改善费用—效益的角度来研究养护技术的，它包括了两个主要研究课题，H-101 和 H-106，前者的研究对象是四种预防性养护技术，后者的对象则是坑洞修补和裂缝(接缝)填封这两种修复性养护方法。在 1993 年 SHRP 计划结束之后，SHRP 第二个子项目“路面长期性能”仍在 FHWA 的支持下成为一个新的为期 20 年的“路面长期性能研究计划”(Long Term Pavement Performance Program)继续进行，其中有关柔性路面的养护课题 SPS-3 作为 H-101 课题的延伸和 LTPP 计划的一部分已于 1998 年完成了五年的跟踪研究。

SHRPH-101 和 LTPPSPS-3 课题的一个重要研究成果就是明确了预防性养护在延长路面寿命周期、节约寿命周期费用方面的良好费用—效益。图 49 是这一成果的一个总结，在图中可以看到经过三次预防性养护，路面服务能力的评分仍可达到 70 分以上；路面经四次预防性养护而终结其寿命周期，共延长使用寿命 15 年；养护维修工程总费用可节省约 45%。

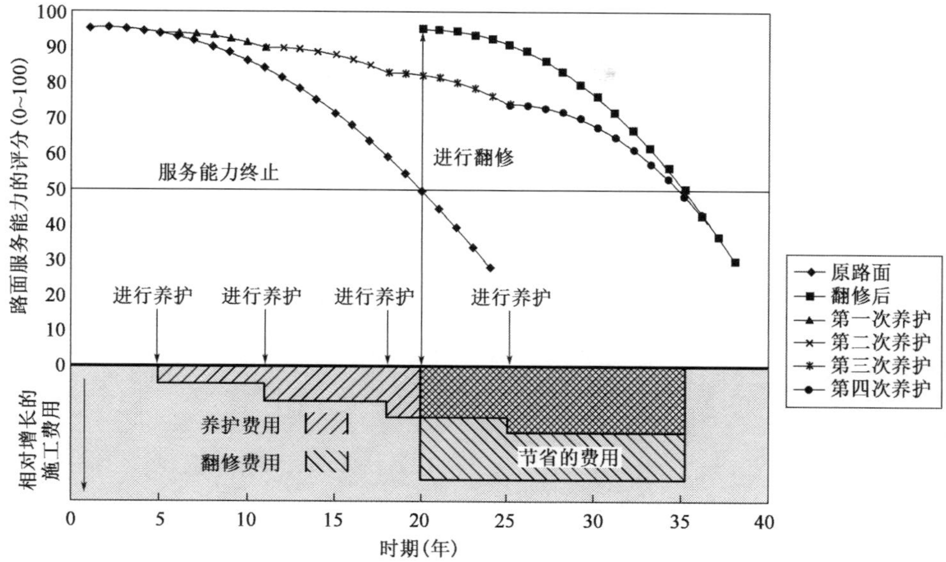

图 49　预防性养护在延长路面寿命周期、节约寿命周期费用方面的良好费用—效益

SHRPH-101 和 LTPPSPS-3 课题的第二个重要成果是建立了一个对采用各种预防性养护措施后路面的服务能力逐步恶化的数量化评分标准 PRS(Pavement Rating Score)和评价各种预防性养护措施费用—效益的综合评价指标——平均年寿命单位成本 AAUC(Average Annual Unit Cost)。这一评价体系将完好的路面定作 100 分,然后按病害的类型(龟裂、纵向裂缝、横向裂缝、坑洞修补、泛油五种不同的病害)、严重的程度和发展的范围对不同病害制订出对龟裂、纵向裂缝、横向裂缝、坑洞修补、泛油五种不同病害进行分级和扣分的标准。当服务能力的评分扣至 50 分时,则认为是该种养护措施服务寿命的终结,而从实施某种养护措施的路面开始使用至服务寿命终结之间延续的时间即为该种养护措施的寿命周期。这样,将养护措施的单位成本(例如单位面积的成本)除以寿命周期就可以得到该种养护措施的单位成本平均至每一寿命周期年的费用指标:平均年寿命单位成本 AAVC。AAVC 是一个包含了效益和费用的综合指标。效益是由能维持多长的服务时间(寿命周期)来反映的,费用是由单位成本来反映的。寿命周期越长,单位成本越低,AAVC 就越低。这一评价指标最大的优点是具有良好的可比性,不论采用何种养护措施,或者虽然采用同一养护措施但由于所用的材料的性能、数量和施工工艺不同而导致的在单位费用的差异都可以通过平均年寿命单位成本这一指标得到平衡而使它们处在同一水平线上来进行比较。AAVC 指标为优化养护决策提供了一个目标函数,这就是“平均年寿命单位成本最低”。

SHRPH-101 和 LTPPSPS-3 课题的另一个重要成果是对各种预防性养护作业在不同使用条件下的效果进行全面的比较和评价,并由此对各种养护作业的最佳实施期、它们费用—效益的比较以及在何种条件下将获得最佳的费用—效益作出了评估。

SHRPH-101 课题选择了石屑封层、裂缝填封、稀浆封层、薄层罩面四种基本的预防性养护方法作为比较的对象。

研究的试验设计按 4 个气候区域、3 种原路面条件、2 种原路面结构强度、3 种交通流量、2 种路基类型在北美地区(美国和加拿大)选择了总共 81 个试验现场、486 个试验路段进行了大规模的试验研究和长期的跟踪监测。在大量的试验数据的基础上采用多元回归分析的方法建立了包含有 6 个自变量和 7 个因变量的数学模型,对于试验的原始数据和分析结果则建立了相应数据库。

多元回归模型的自变量包括了以下 6 个影响参数:

(1)服务年限:

0 ~ 0.7 年;

0.7 ~ 1.4 年;

1.4 ~ 2.5 年;

2.5～4.5 年；

>4.5 年。

(2)原路面条件：

好 (100～86 分)；

较好 (85～70 分)；

差 (69 分以下)。

(3)交通流量：

高 (每车道 ADT>3000)；

中 (每车道 ADT=1000～3000)；

低 (每车道 ADT<1000)。

(4)原路面结构强度：

足够 (结构数 SN 比>1)；

不够 (结构数 SN 比<1)。

(5)气候区域：

潮湿无严寒期；

潮湿有严寒期；

干燥无严寒期；

干燥有严寒期。

(6)路基类型：

细粒式；

粗粒式。

多元回归模型的因变量包括了以下 7 个路面服务能力和病害参数：

(1)路面评价分 PRS。

(2)总纵向裂缝长度。

(3)总横向裂缝长度。

(4)总龟裂面积。

(5)路面车辙。

(6)路面轮廓(高程、横坡)。

(7)路面摩擦系数。

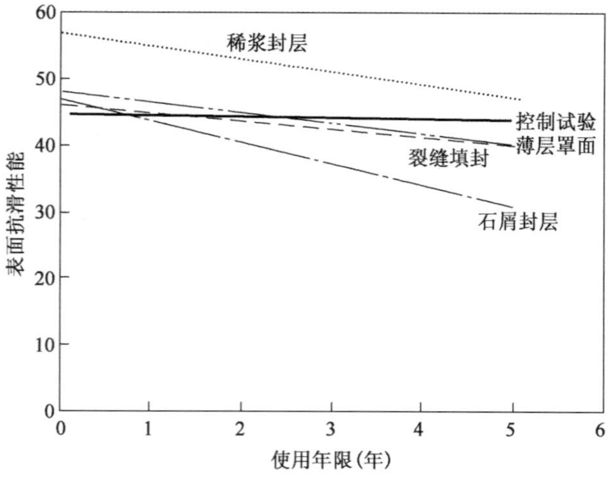

图 50 各种养护方式潮湿而无严寒气候条件下表面抗滑性能随使用年限而衰减的情况

5 年(1994—1998 年)跟踪研究的结果已经公布,它以大量的表格和图表的形式显示了各种预防性养护方法在不同的工况条件下(原路面状况、气修条件、交通流量、路基和基层的结构强度等)的费用—效益、它们的最佳实施时期和最佳的费用—效益及其相应的条件。图 50 是以图表形式显示的各种养护方式在不同气候条件下表面抗滑性能随使用年限而衰减的情况。

SHRPH-101 和 LTPPSPS-3 课题研究得出的结论是：

(1)预防性养护方法,不论原路面处于何种状态(好、较好、差),对路面使用性能的改善和寿命周期的延长都是有效果的。

(2)实施各种预防性养护方法的最好时机是

在原路面处于只有轻度病害的良好状态。

(3)对于潮湿无严寒地区,在原路面处于良好状态时进行预防性养护的效果最为显著,而对原路面处于干燥无严寒地区和干燥有严寒地区也较为显著,对于潮湿有严寒的地区则这一趋势稍差。

SHRPH-101 和 LTPPSPS-3 课题研究对四种基本预防性养护方法得出的分项结论可归纳如下:

(1)裂缝填封。

①裂缝填封与其他方法相比具有最好的费用—效益。

②实施的最好时机是原路面处于良好状态。

③在潮湿无严寒的地区实施效果最佳。

④对改善路面平整度、校正路面轮廓、改善抗滑性能、修补坑槽、车辙基本没有效果。

(2)石屑封层。

①石屑封层对除潮湿有严寒期的区域而原路面条件处于差的状态外的其他各种气候区域均有较好效果。

②石屑封层是除裂缝填封外的一种费用—效益最佳的养护方法,最佳的费用—效益是在潮湿无严寒地区,而原路面处于较好状态下获得的。

③石屑封层对改善路面平整度、校正横向轮廓、修复坑槽、车辙等效果很小。

④石屑封层的路面抗滑性能较差而且衰减较快。

(3)稀浆封层。

①稀浆封层在干燥无严寒地区在各种预防性养护方法中具有最高的评分。

②稀浆封层在费用—效益上好于薄层罩面。

③稀浆封层具有最好的抗滑性能,且衰减也较慢。

④稀浆封层最好的实施时机是在原路面处于良好状态和裂缝较少的区域。

(4)薄层罩面。

①改善路面平整度、校正横向轮廓。

②降低反射裂缝。

③修复或降低车辙和坑槽。

④在多数情况下费用较高,但在潮湿有严寒期的地区而原路面条件处于较好状态下可获得良好的费用—效益。

⑤在原路面条件处于差的状态下可获得比其他养护方法更好的效果。

在 SHRPH-106 课题中对坑洞修补的养护方法作了类似的研究。研究的试验设计在北美地区(美国、加拿大)按照潮湿无严寒期、潮湿有严寒期、干燥无严寒期、干燥有严寒期四种气候条件选择了 8 个试验现场,布置了 1250 个坑洞修补点,采用了由四类 8 种不同的冷补材料和 6 种不同的快速修补方法组成的 16 种材料与修补技术的试验组合,进行了大规模的试验研究和跟踪监测。

在现场试验中所采用的五类材料包括:

(1)3 种高性能的专用冷补材料(UPM 等)。

(2)2 种按州规范生产的冷补料(宾夕法尼亚州)。

(3)用本地廉价石料生产的冷补料。

(4)SBS 改性乳化沥青冷补料。

(5)喷射修补的专用集料和乳化沥青。

在现场试验中所采用的冷修补方法包括以下 6 种:

(1)充填—滚压法(Throw and Roll)。它由以下工序组成:

①冷补料直接填入坑洞,不作清除水、杂物等准备工作。

②用卡车轮胎碾压冷补料 4 ~8 遍。

③检查被压实的补坑表面,使之中间稍稍鼓起,如中间凹陷则应再增加一些冷补料,并重新碾压至

补坑表面稍许高于周围路面。

④转移至另一补坑点。

(2)封边法。它由以下工序组成:

①将冷补料直接填入坑洞,不作清除水、杂物等准备工作。

②用卡车轮胎碾压冷补料 4 ~ 8 遍。

③检查被压实的补坑表面,使之中间稍稍鼓起,如中间凹陷则应再增加一些冷补料,并重新碾压至补坑表面稍许高于周围路面。

④让补坑表面干燥,通常在补坑之后需等待一天的时间,然后沿着补坑的周围喷洒一圈宽 100 ~ 150mm 的黏层油。

⑤在黏层油上撒布一层细集料,例如粗砂。

⑥转移至另一补坑点。

(3)封面法。它是在封边法基础的一个变型,是将封边法的封边工序改为封面工序:

在补坑材料填入并完成压实工序一天后,在整个补坑表面及四周再喷洒一层黏层油,并覆盖一层粗集料,以防止出现轮迹。

(4)半永久性修补法,它由以下工序组成:

①用压缩空气、铁锹或其他工具清除坑洞中的水和其他杂物。

②将坑洞的四边切成方形,使其侧壁与路面保持垂直,方槽周边的路面必须是完整的,损坏的部分必须全部切除(方槽的形状不一定是正方形或长方形,只需侧壁保持垂直即可),切边的工具可以是锯片切割器也可用风镐。

③将冷补料填入清洁过的方形坑槽内,堆成一中间稍高,向四周渐低至与四周路面齐平的料堆。

④用一单轮手扶式振动压路机或振动平板碾压坑槽材料,碾压应从中间开始向四周碾压,使补料挤向四个角落。

⑤转移至另一补坑点。

(5)喷射修补法。它是 SHRP 计划中设备开发课题的一个重要成果,它用专用喷射修补机(图 46、图 47)来完成以下工序(图 36):

①用通过喷管喷出的高压气柱将坑洞中的水分、杂物、破碎的集料等吹走。

②保持适当温度的乳化沥青由喷管按要求分量在坑洞的周边和底部喷洒一层黏层油。

③用压缩空气将集料与乳化沥青同步地输送至喷管,在出口处与乳化沥青混合后形成一均匀的集料与乳液的充填料,利用高压气流将充填物喷射至坑洞内,通过连续地喷射使之均匀地分布在坑洞空间内,直至充填物稍稍高出周围路面。

④关闭乳液输送阀,用喷管在补坑材料表面喷撒一层干集料作为行车时的保护层。

⑤转移至另一补坑点。

(6)喷烧法。它由以下工序组成:

①用扫帚等清扫工具清除坑洞中的水、杂物、破碎的集料。

②对坑洞底和侧壁喷涂一层乳化沥青作为黏层油。

③用丙烷气喷灯加热黏层油使乳化沥青加快破乳。

④用丙烷喷灯加热冷补料使之更容易填布在坑洞内,并更好地得到压实。

⑤用卡车轮胎滚压 4 ~ 8 遍。

⑥检查被压的补坑表面,使之中间稍稍鼓起,如中间凹陷则应再增加一些冷补料,并重新碾压至补坑表面稍许高于周围路面。

⑦转移至另一补坑点。

表 2 显示了 8 个试验现场的交通流量和气候环境,表 3 则列出了 16 种材料和修补方法的试验组合以及实施对比试验所在的现场。

8 个试验现场的交通流量和气候环境　　表 2

序号	试验现场	道　路	车道号	双向日车流量	年降雨量	年气温<0℃的天数
1	加利福尼亚州	US 395	2	1000	0.36m	190
2	伊利诺伊州	I-70	4	15000	0.96m	100
3	新墨西哥州	Rte 518	2	1700	0.36m	120
4	俄勒冈州	US 97	2	5400	0.41m	180
5	得克萨斯州	UM 1570	2	7500	1.02m	50
6	犹他州	I-15 Frontage	2	1500	0.41m	180
7	佛蒙特州	Rte 25	2	2100	0.94m	160
8	加拿大安大略省	Rte 2	2	4500	0.81m	140

16 种材料和修补方法的试验组合以及实施对比试验所在的现场　　表 3

补坑试验组合	材　料	工艺方法	试验现场							
			1 CA	2 IL	3 NM	4 ON	5 OR	6 TX	7 UT	8 VT
A	UPM 高性能冷补料	充填—滚压法	*	*	*	*	*	*	*	*
B		封边法	*	*	*		*	*	*	*
C		半永久性修补法	*	*	*	*	*	*	*	*
D	PennDOT485(宾州规范)	充填—滚压法	*	*	*	*	*	*	*	*
E	PennDOT486(宾州规范)	充填—滚压法	*	*	*		*	*	*	*
F	当地材料	充填—滚压法	*	*	*	*	*	*	*	*
G	HFMS-2 高性能 SBS 冷补料	充填—滚压法	*	*	*	*	*	*	*	*
H	Perma-Patch 高性能冷补料	充填—滚压法	*	*	*	*	*	*	*	*
I	QPR 2000 高性能冷补料	充填—滚压法	*	*	*	*	*	*	*	*
J	喷射修补专用材料	喷射修补法	*	*	*	*		*	*	*
K	QPR 2000 高性能冷补料	封边法					*			
L		半永久性修补法				*	*			
M	PennDOT485(宾州规范)	封边法					*			
N		半永久性修补法				*	*			
X	当地材料	封面法		*						
X	当地材料	喷烧法					*			

注：* 为补坑控制试验组合。

SHRPH-106 课题按上述研究计划所安排的各坑洞修补试验点在经历了 18 个月的连续跟踪监测后得出的总结论可归纳如下：

(1)大约有 69% 的补坑点经受住了整个评价期的考核，有 27% 的补坑点失效了，而有 4% 的补坑点则由于被罩面所覆盖而无法继续试验。

(2)在干燥有严寒地区的补坑成功率(93%)远高于在潮湿寒冷地区的成功率(48%)。而其中 Ontario 最低(只有 39%)。这说明对各种不同材料和不同修补方法的组合绝大部分都可适用于干燥有严寒的地区。但在潮湿有严寒地区却有很大比例的试验组合通不过这种气候的考验，看来这与降雨的多少有着很大关系。

(3)在 80 组试验组合中仅有 4 种修补组合与作为控制标准的试验组合相比有着明显的差距(置信度 $\alpha=0.05$)。所有这些效果差的修补组合都是由于使用廉价的、低质量的地方材料造成的。补坑的过早失效的原因都是由于材料大量松散并被车轮带走而造成的，通常补坑的寿命还不到 1 个月。这表明补坑材料的集料与乳化沥青之间的相容性非常差。

(4)集料与黏结剂的相容性对补坑的效果有着很大的影响,因而在使用何种材料之前进行相容性的预试验是必要的。

(5)喷射补坑法是一种有潜力的补坑技术,虽然它的效果往往要取决于操作手的技巧。

(6)高性能的补坑材料,对降低补坑的复补率有重要影响,虽然使用廉价的低品质材料,补坑的成本较低,但是由于反复的补坑而增加的劳动、设备和交通控制的费用以及由耽误交通的损失将增大,它的经济效益往往比使用高性能材料的场合更低。

(7)对于充填—滚压法而言,当使用好的补坑材料时,它的效果与半永久性修补法并无明显差异(置信度 $\alpha=0.05$)。但后者是一种费工费时、人工和设备费用高而劳动生产率很低的方法,因此采用高性能材料与充填—滚压法组合的补坑方法是一种费用—效益良好的补坑技术。

SHRPH-106 课题的研究成果的分项结论可归纳如下:

(1)气候条件对补坑效果的影响。

图 51 显示了分布在 4 个气候区的 8 个试验现场,补坑失效率的比较。对比图 51 和表 2 可以看到,失效率最高(34% ~60%)的 3 个州都是在潮湿而有严寒的地区。对于其他气候区(干燥而无严寒、干燥而有严寒、潮湿而无严寒)失效率都相对较低。

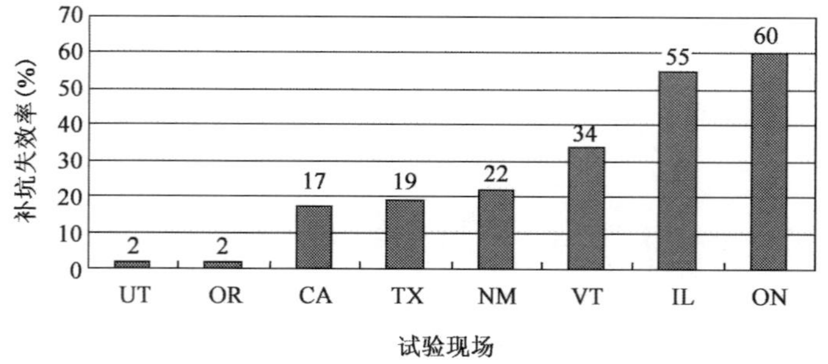

图 51　气候条件对补坑效果的影响

(2)补坑材料对补坑效果的影响。

图 52 显示了 5 类 8 种冷补材料补坑失效率的比较。从图中可以看到 UPM、Perma-Patch、QPR 3 种专用的冷补料的失效率总体上是比较低的,其中 Perma-Patch 的效果最好。图 53 是在失效率最高的 Ontario 试验现场 7 个试验组的平均生存率随时间而变化的图表,图 54 则是效果最好的一组(第 2 组)的图表。从上述两个图表中可以看到,即使在最恶劣的潮湿而有严寒的气候条件下在经历了 44 周后仍然能有平均 37% 的补坑点通过考验而保存下来,而在最好的情况下则有 80% 的补坑点保持下来了。

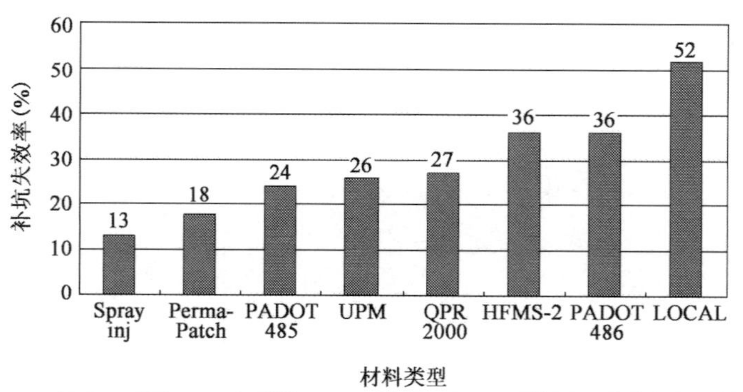

图 52　补坑材料对补坑效果的影响

(3)修补工艺对补坑效果的影响。

图 55 显示了 5 种补坑方法补坑失效率的比较。从图 55 中可以看到,喷射法应是一种有发展潜力的坑洞冷补技术,采用封边的工序对提高充填—滚压法的成功率是有好处的。

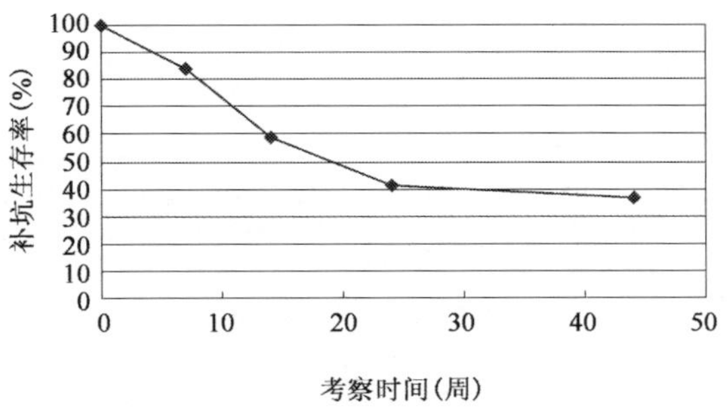

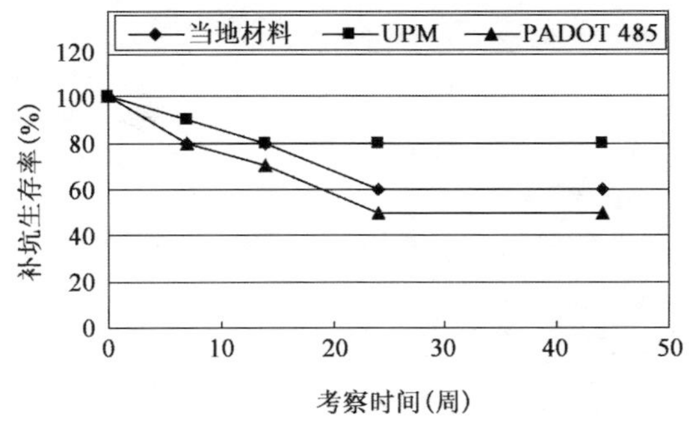

图 53　在失效率最高的 Ontario 试验现场 7 个试验组的平均生存率随时间而变化的图表

图 54　Ontario 试验现场 7 个试验组效果最好的一组

(4)材料与修补方法的组合对补坑效果的影响。

图 56 显示了各种材料与修补方法的组合的补坑失效率的比较。参考表 3 所列各种组合,从图 56 中可以看到,几种失效率较低的(失效率 <20%)大多都是采用了专用的冷补材料的结果。

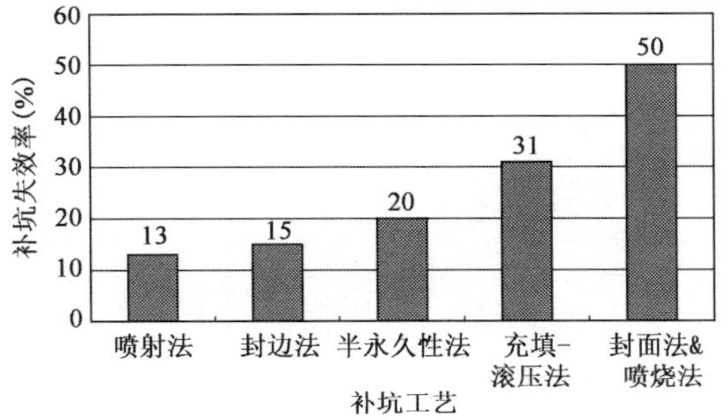

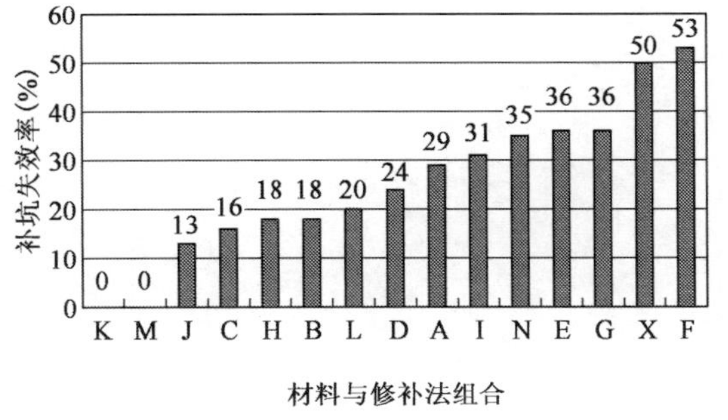

图 55　5 种补坑方法补坑失效率的比较

图 56　各种材料与修补方法组合的补坑失效率比较

4.4.4　路面养护维修管理系统的发展

路面(养护维修)管理系统是从系统工程的角度对路面的养护维修工作进行科学管理的一种信息管理系统。图 57 是路面养护维修管理系统的基本要素和工作流程,虽然路面养护维修管理系统在合理地使用有限的资金,尽可能提高路面的服务水平,获得最佳的费用—效益方面的作用是显而易见的,但要建立和实施这种系统工程的管理方法是有相当大的难度的。美国是最先提出路面管理系统的国家,但是至今也并没有在所有州内都得到完全推广。路面管理系统是建立在大量信息的基础之上,包含有各种信息的数据库是路面管理系统的主要支撑。而建设一个能反映实际情况,为养护维修管理决策提供真实、可靠数据的数据库是建立和运行路面管理系统的第一个难点。首先是反映路面病害、损坏状况和使用性能的信息,不仅是信息量大而复杂、采集起来相当困难,而且这种数据的采集和处理工作必须长期、连续地坚持下去。虽然多年来在发展路况检测手段方面已经取得很大进展,但现有的手段往往是精度比较高的则效率就比较低,效率比较高时精度则不够或费用昂贵。其次如何根据路面调查的数据来合理地评估路面服务能力,得出符合实际的结论也不是非常容易的。第三也是最为困难的是路面使用性能的预测,养护维修决策模型的建立和费用—效益的评估。由于影响路面病害发展的因素极其众多,路面状况恶化的规律十分复杂而带有很大的不确定性,判断、评估其寿命周期和确定正确的养护维修方案常常不是单纯依靠力学模型和常规采用的线性规划、动态规划等优化方法就能解决的,这里在很大程度上需要工程技术人员长期积累的实践经验。路面使用性能的预测模型曾经是美国 SHRP 计划的一个研究重点,虽然在研究过程中曾建立了考虑许多因素的预测模型,但是实际验证的结果并没有达到预期的效果,预测的误差甚至超过了按传统的经验方法取得的结果。因此未来的发展很可能不一定要追求由很多因素组成的复杂而庞大的数学模型,而是需要更多地依靠专家的经验和人工智能的技术。

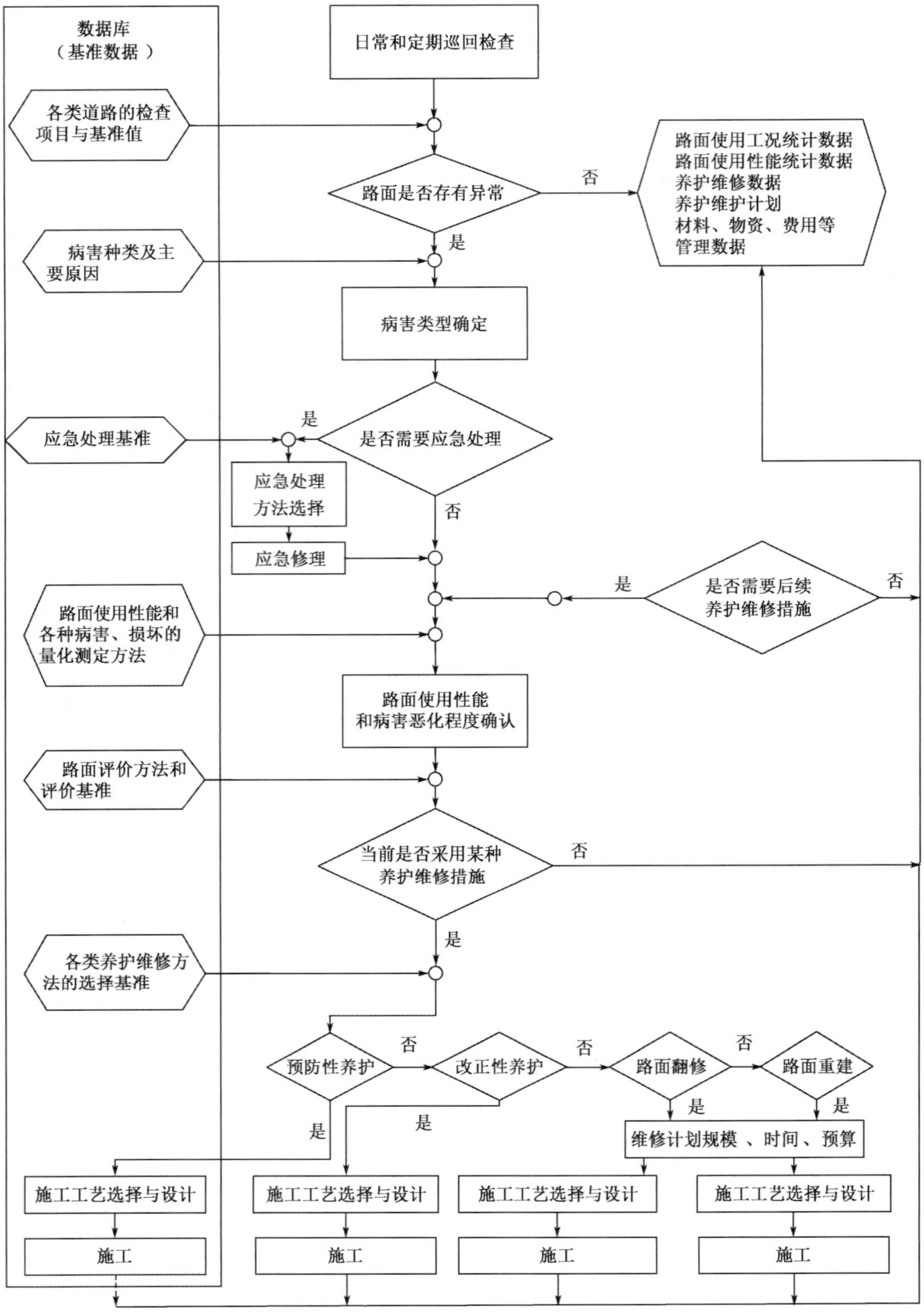

图57　路面养护维修管理系统的基本要素和工作流程

综上所述，路面管理系统的发展虽然已有30余年的历史，但是不论在路面检测、调查的方法和手段、服务能力的评价模型，还是在使用性能的预测技术、养护维修的决策模型等方面仍然还处在一个不断完善的过程之中。

4.4.5　路面检测手段的发展

路面病害和损害状况的数据是进行养护维修决策的基本依据，也是评价路面使用性能和服务能力的基础，因此路面检测技术的发展对于科学管理路面的养护维修工作有着十分重要的意义。

路面检测技术是指在路面竣工后或者在路面使用过程中对路面的结构强度、使用性能、技术参数所进行的现场检测技术。这种检测的目的是为了评价路面的使用性能与服务能力，以及在使用过程中其逐渐恶化和衰减的程度，以便为路面的养护维修决策提供依据。按照检测对象的不同，路面检测技术可以分成以下六类：

(1)路面承载能力的检测。

(2)路面平整度和车辙的检测。

(3)路面抗滑性能的检测。

(4)路面破损的检测。

(5)路面几何参数的检测。

(6)路面密实度和离析的检测。

其中对路面的养护与管理最为重要的是前4项检测。从历史的发展来看，路面检测技术最早都是从个别的、单点的手工取样的检测方式发展而来的。这种费时费工的检测方式显然很难满足高速公路路面检测的需要。随着传感技术、自动化技术、计算机技术的迅速发展，路面检测技术也不断向现代化方向发展。现代化的检测技术应该满足以下普遍要求：

①尽可能大的样本容量，以便检测的结果能有更好的代表性。

②检测的结果大多需要用概率统计规律的特征值来表征。

③尽可能不对被测路面造成破损——无损检测。

④必要的测量准确度和精度。

⑤快速、高效、安全——减少劳动量和时间，保证测量与驾驶人员的安全。

为了满足以上要求，各类检测技术共同的发展趋势是：

①多点化、连续化。

②无损化。

③自动化。

④智能化。

⑤集成化。

⑥多元化(根据不同的目的，发展不同要求的测量设备)。

(1)路面承载能力(弯沉)检测技术的发展

发展得最早的弯沉检测技术是定点的静态弯沉检测(贝克曼梁检测法)。它是在20世纪30年代末由美国加利福尼亚州公路局发明的，目前仍在大量、普遍地使用。它的特点是简单、经济，但是存在许多缺陷，主要是：受人为和环境因素的影响(沥青路面的弹性与温度和载荷作用时间有密切关系)导致它的检测精度较低；不能检测弯沉盆的曲线；人工测量、费工费时，效率很低。

定点弯沉检测的进一步发展是自动弯沉检测车，它检测弯沉的原理虽然与贝克曼梁相同，但是梁端所感受的是后轴车轮对测点路面从加载到卸载的全过程，所以比贝克曼梁已经前进了一大步：

①可以测出弯沉盆的曲线。

②各测点载荷作用时间相等，消除了由于作用时间不均匀引起的误差。

③大大缩短检测的时间，减轻了测试工作的劳动量(测试速度1.5～4km/h)。

④传感器感受的弯沉值可直接输入计算机进行概率统计的分析，减轻了数据处理的工作量。

所有静态弯沉检测的共同缺点是无法模拟车辆高速行驶时对路面的加载过程，因此弯沉检测技术的进一步发展必然将从静态转向动态的检测。落锤弯沉仪(FWD)是20世纪70年代发展起来的一种动态弯沉的检测方法。FWD检测的是对路面施加一个冲击载荷时，路面在一定范围内的弯沉变形量，它排除了自动弯沉检测车慢速行驶过程中车轮对邻近路面加载的影响，它的优点是：

①能模拟车辆高速行驶时对路面的加载过程。

②多个传感器(例如5～7个)同时检测路面的弯沉变形获得弯沉盆曲线。

③测量的重复性高。

④载荷与作用时间可人为控制。

⑤自动化程度高，测量时间短。

落锤弯沉仪经历了数十年的发展在技术上已经成熟，是目前国外普遍推广使用的一种弯沉检测设备，图 58 是丹麦 Dynatest 公司开发的 8000 型落锤弯沉仪。

滚轮式弯沉仪是最新一代的动态弯沉测试仪，它采用高频激光扫描，连续地记录行驶中的测试车轮在路表面上产生的弯沉，测试速度可高达 90km/h，但测试精度不太高，只能满足路网快速调查的需要，这是一种技术还在不断发展和完善中的动态弯沉检测设备。

(2)路面平整度检测技术的发展

平整度检测技术的方法与设备大体上可分成三大类：

①断面法。

②反应法。

③国际平整度法。

断面法中最早应用的是 3m 直尺法，随后发展了移动基准法与连续式平整度仪和惯性基准法与惯性断面仪。在断面法中的固定(静止)基准法，包括了水准仪、梁式断面仪和两脚规式断面仪等，它们具有很高的测量精度，但测量速度很慢，通常用在对其他平整度仪进行标定的场合。适用于高速公路路面平整度检测的是惯性基准法和惯性式断面仪。惯性式断面仪的特点是：

①用安装在测试车上的加速度计经二次积分测定车身的惯性位移作为动态的参考基准。

②用接触式或非接触式的位移传感器测定车身与路面间的垂直距离。

③将两者叠加后得到连续的路表纵断面。

④测试速度快。

⑤采用动态参考基准，要求精密的测试仪器，也增加了参考基准的误差。

⑥用于长距离的平整度测量。

图 59 是美国通用汽车公司开发的 GMR 惯性式断面仪。

图 58　丹麦 Dynatest 公司开发的 8000 型落锤弯沉仪

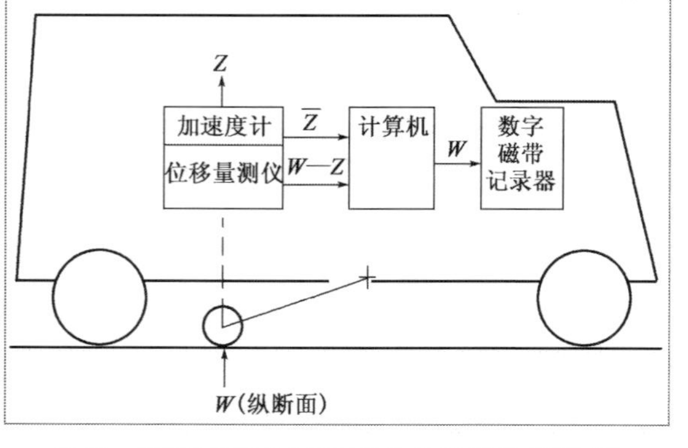

图 59　美国通用汽车公司开发的 GMR 惯性式断面仪

惯性式断面仪的最新发展是激光断面仪，这是一种集成式的惯性断面仪，它不仅可以同时测量路面的纵向和横向断面，还可以测量横坡、纵坡、转弯曲率、平整度和车辙等指标，是目前最先进的平整度和车辙检测设备。激光断面仪的工作原理是利用在车身的横向分布若干个(通常为 5 ~9 个)激光传感器来测试车身距离路面的高度，从而获得一个横断面。从轮迹两边的横断面中可计算出车辙深度。随着车辆的行驶可以得到路面纵向断面，即可计算纵向平整度。车辆振动带来的影响可根据惯性基准的原理，通过加速度传感器(对应左右轮迹各一个)的两次积分来消除。激光断面仪的优点与不足是：

①连续测量，高效快速，测试速度达 80km/h。

②激光断面仪是一种集成式的测试设备，不仅可测量纵、横断面，同时还可以测量横坡、纵坡、转弯曲率等指标。

③测试的精度和可重复性、可再现性不如其他一些断面仪，适宜于路网调查用。

图 60 是丹麦 Dynatest 公司开发的可装 21 个激光传感器的 5051 型激光断面仪。

a)

b)

图 60　丹麦 Dynatest 公司开发的可装 21 个激光传感器的 5051 型激光断面仪

颠簸累积仪(图 61)也是一种适用于路网调查的高效率平整度测试设备。它是按照反应法的原理进行工作的，颠簸累积仪用一钢丝，一端连接在车轴上，另一端连接安装于车身上的鼓轮，以单向测量鼓轮来回摆动的方式测量车轴的垂直位移。这种垂直位移反映了车辆行驶在凹凸不平路面上车身悬挂垂直位移的颠簸特性，并以单位行驶距离的累积颠簸值来表示(m/km)，这是一种间接的动态测量方法。颠簸累积仪的优点是操作简单、测量速度快、可直接反映车辆行驶的舒适性，但也有着一系列缺点，主要是：

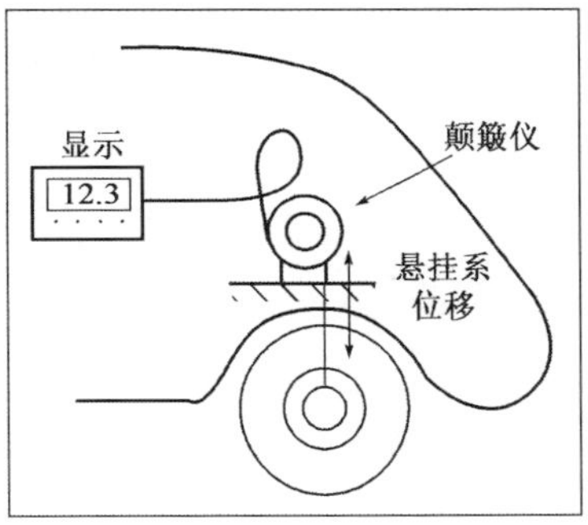

图 61　颠簸累积仪

①测试结果的稳定性差，由于测试车振动系统的特性(悬挂的弹簧刚度、阻尼器的阻尼、轮胎的刚度和阻尼)和测试车的行驶速度对车身颠簸的影响很大，所以同一台仪器在不同时期测试的结果相差较大。

②测试结果的对比性差，不同部门的测试结果很少能为其他部门复制，因而不同部门的测定结果难以对比。

③由于以上原因测试结果的精确性差。

④需要经常性地标定(最好测试前、后立即标定)，标定工作复杂而费时。

⑤不能给出路表面的真实断面，无法利用测试数据对路表特性进行路面谱的分析。

为解决各种平整度测试方法的可比性问题，克服反应类平整度仪的缺点而保留直接反映车辆行驶特性的优点，1982 年世界银行组织了由各国专家参加的国际研究小组在巴西进行了大规模的路面平整度试验，提出了采用国际平整度指数的建议。国际平整度指数法的工作原理是用模拟按规定速度行驶在路表断面上的 1/4 车的数学模型来代替真实车辆的动态系统，而用模拟试验的方法来计算车辆动态仿真系统悬挂系的垂直累积颠簸值，与反应法相似以每公里的累积颠簸值(m/km)来表示。图 62 是国际平整度指标法建立的 1/4 车的仿真模型。

国际平整度指标法的优点是由于统一规定了车辆仿真模型的行驶速度和弹性系统的质量、刚度、阻尼，从而既克服了反应类平整度仪的各种缺点，又能直接反映车辆行驶的舒适性。但需要指出的是国际平整度指数 IRI 的计算应以断面法直接测定的纵断面的高程序列作为输入，不应用颠簸仪测定的结果转换得出，否则会引起重大误差，因为这样做的结果是将颠簸仪的各种误差都引入了 IRI 中，因而也就失去了采用国际平整度指数的意义。国际平整度指数法是国际上普遍接受和最为通用的路网平整度检测方法，它在很大程度上已取代了颠簸累积仪的使用。

(3)路面抗滑性能检测技术的发展

路面摩擦系数的传统检测方法是摆式摩擦系数测定仪(British Pendulum Tester),这是英国在20世纪30年代开发,并在40~50年代已普遍应用的检测路面在潮湿状态下摩擦系数的设备。它虽然简单、价廉,但却有着一系列缺点:

①单点测定,工作量大而费时。

②受测点状况、环境因素、仪器标定的技巧、操作人员熟练程度等因素影响,测试精度较差。

③测试工作的安全性差。

20世纪70年代英国TRRL研究所在早期设备的基础上开发了横向力系数例行调研检测仪SCRIM(Sideway-Force Coefficient Routine Investigation Machine)。SCRIM的工作原理是在测试车的车架上安装一个与车体成20°偏角的测试轮,并对测试轮施加一恒定的2000N垂直载荷,测试车前进时测定测试轮承受的横向力SF,它与路面摩擦系数成正比(参看图63)。通过计算横向力系数SFC(垂直载荷与横向力之比)来表征路面的抗滑性能。

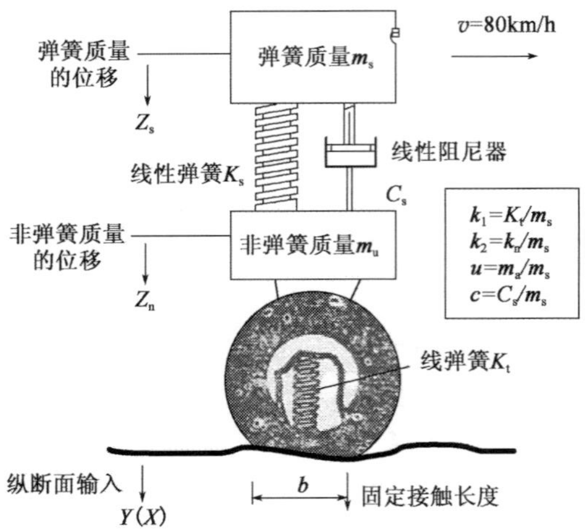

图62　国际平整度指标法建立的1/4车的仿真模型

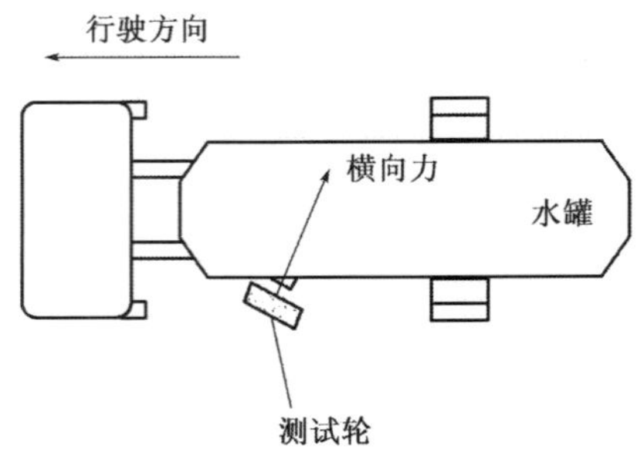

图63　横向力系数例行调研检测仪SCRIM

SCRIM为大规模调研路面在潮湿状态下的抗滑性能提供了一种较好的手段,它的优点可归纳如下:

①连续的高密度检测(5m、10m、20m的采样间隔)。

②通过洒水可测定存在水膜状态下的横向力系数。

③快速、高效和安全(测试速度50~90km/h)。

④自动化的数据采集与处理。

SCRIM的进一步发展是直接测定车轮的纵向摩擦系数。车轮纵向摩擦系数测试车也称刹车式摩擦系数测试车,它的工作原理是在测试车行进中周期性地锁住测试轮,使路面对测试轮产生一个滑动摩擦阻力,通过力传感器(或力矩传感器)来测定这一摩擦阻力,同时在测试轮上施加有恒定的垂直载荷,两者之比即为路面的纵向摩擦系数PFC。刹车式摩擦系数测试车的优点是:

①利用液压缸对测试轮施加垂直载荷能获得一个恒定载荷而不受车轮颠簸的影响。

②直接模拟车轮在制动工况下的滑动过程。

③可在模拟车轮在存在水膜状态下的抗滑性能。

④连续、快速、安全、大容量的测试(测试速度高达110km/h)。

⑤自动化的数据采集与处理。

不完全刹车式纵向摩擦系数测试车是在刹车式摩擦系数测试车基础上发展起来的,也是目前最先进的一种路面抗滑性能例行调研用的检测手段。它是一种类似刹车式的路面纵向摩擦系数测试方法,所不同的是测试轮也是一个驱动轮,它由行驶车轮通过齿轮、链条等带动旋转。测试轮处在一种连滚带滑的运动状态,力传感器将感受测试轮的滑动摩擦阻力。不完全刹车方法的优点是可以更符合实际的模拟车辆在制动时车轮连滚带滑的状态，同时也可以避免测试轮在圆周方向上磨损的不均匀。图64是丹麦Dynatest公司开发的自行式路面摩擦系数测试车，图65是英国Findlay Livine公司开发的拖挂式摩擦系数检测车。

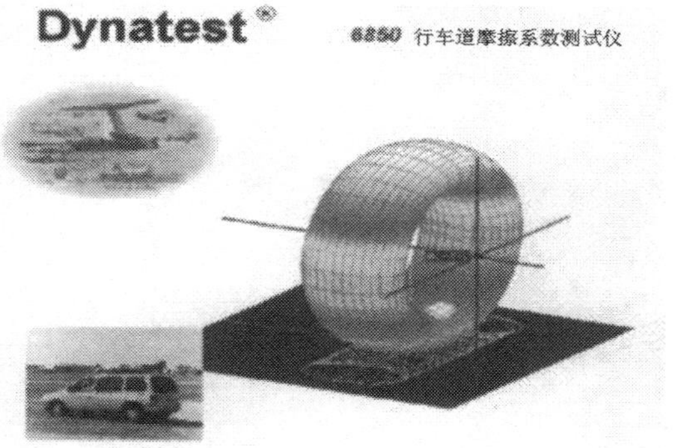

图64　丹麦Dynatest公司开发的自行式路面摩擦系数测试车

图65　英国Findlay Livine公司开发的拖挂式摩擦系数检测车

(4)路面破损检测技术的发展

采用人工的方法来测量和采集路面各种病害和破损的数据是一件工作量非常大的作业，不仅主观性大、效率低下，而且存在着很大的安全问题。因此发展自动化的路面破损检测技术一直是人们关注的热点，但是存在着相当大的难度。此项技术正经历着一个由自动采集、人工处理图像向自动采集、实时图像处理的智能化发展过程。路面破损自动检测技术发展的关键是图像处理技术取得的进展。

路面破损检测技术最早的发展是利用车载式的数字摄像系统连续高速地采集路面的图像，然后再在室内由人工判读各种病害，进行分类和统计处理。路表破损摄像系统极大地提高了病害、破损测量工作的效率，也避免了高速公路人工破损调查的危险性。但人工判读的后处理工作量仍然会很大，而且也存在有某些主观的因素。

进一步的发展是开发某些后处理软件，以替代人工处理。但目前提供的后处理软件在自动识别方面还存在着误判、漏判和难以判定等缺陷，必须辅之以人工处理，人工作业的工作量仍然相当大。因此，未来的发展必然会朝着图像的自动采集、在线实时处理的方向发展。

在路面的各种破损中最容易进行图像实时处理的是裂缝，现在裂缝的实时处理技术已经进入了实用阶段。图66是美国WayLink公司开发的公路多功能检测车，在车上装有二个摄像系统，一个是路表摄像和自动处理系统，专门用来自动实时地对裂缝进行识别，生成包括裂缝位置、长度、宽度、面积等几何尺寸在内的平面裂缝图，并自动按纵向、横向、块状、龟裂等进行分类。另一个摄像系统是路况摄像系统，它能以7帧/s的速率，以设定的间距摄取高分辨率的路况彩色图像，并储存在图像数据库中。

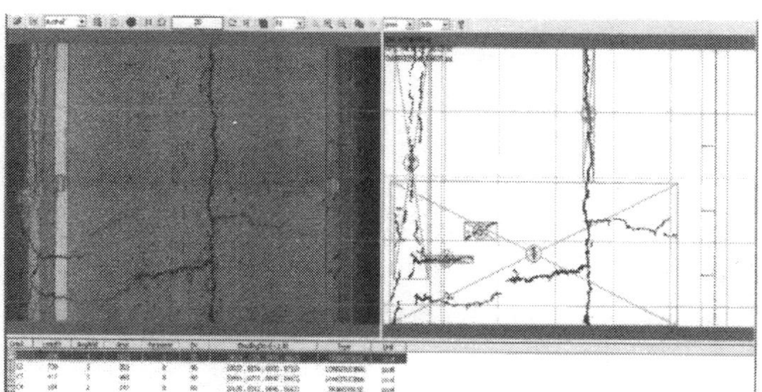

图66　美国WayLink公司开发的公路多功能检测车

路况自动检测技术的进一步发展是向三维可视化、实时化和多功能的方向发展。可以预期未来的多功能路面检测车应该能摄取路面的三维图像,以便不仅从平面上识别坑洞、变形、车辙等病害而且还可判别病害的深度。在实时处理的能力方面,应能实时地对各种病害进行分类,而且能将它们的特征参数(例如坑洞的深度、面积等)经处理后直接储存和自动判别病害的严重程度和影响范围。在功能方面则可增加对路面平整度、车辙、纵坡和横坡等参数进行自动检测和实时处理的功能。

5 我国高速公路养护维修技术的现状,存在的问题和今后改进的方向

5.1 历史的背景

我国在1949年新中国成立初期全国能勉强通车的公路里程仅8万公里,在这8万公里的公路中没有一、二级公路,高级和次高级的路面也仅有300多公里,技术等级和路面铺装率都很低。从1949年至1985年的36年间我国的公路建设基本上属于普及阶段,国家对公路建设的投入很少。据统计,新中国成立后的36年间(1949—1985年)公路建设、养护、管理方面的总资金约650亿元,占国民收入的0.87%,占社会总产值的0.5%,其中用于道路养护维修的就更少了。施工机械化程度也是很低的,除一些部属的施工单位有一部分大型筑路设备外,修筑公路在很大程度上还要靠民工的体力劳动。至于养护的机械化水平就更为低下了,养护维修作业主要靠养路工的手工劳动,扁担箩筐、铁锹洋镐再加上一些小型的机具就是一个养路道班的主要养护作业手段。

在管理体制方面,长期以来实行的是局、段、站的三级管理和以道班为基层作业单位的管理体制。我国自1949年以来至改革开放的初期,国民经济实行的是计划经济体制,公路养护计划制订、任务下达、资金分配、计划实施都是自上而下层层下达的。此外,在新中国成立后很长一段时间内,公路养护的技术标准、管理模式、规章制度在很大程度上是从苏联引进的。

在20世纪80年代修建高速公路是否符合中国国情,曾经是国内争论的焦点,随着改革开放的进展和国民经济的巨大增长,落后的公路建设对国民经济发展的瓶颈制约作用日益明显,我国的第一、二条高速公路沈大路和沪嘉路于在1984年开工建设。1984年国家对公路建设做出了三项重要决策:一是提高养路费的费率、费额;二是开征车辆购置附加费;三是允许贷款公路收费。国家对公路建设的正确方针极大地推动了我国高速公路的发展,20世纪90年代后,我国高速公路的建设进入了一个快速增长的时期。但是公路的养护与建设相比,仍然处在严重滞后的状态,在公路建设的初期存在着重建设、轻养护的现象这是许多国家都经历过的过程。因此,可以说在20世纪90年代中期之前我国的养护与管理还处在十分落后的状态,与建设的速度相比也是极不相称的。在路面管理上主要依靠对路面的定性了解和工程技术人员的经验来进行,缺少系统的检测和科学的评价与养护决策。在体制和技术标准上,受计划经济和苏联的模式的影响很重,在装备上,机械化的水平仍然很低。

5.2 现状和存在的问题

从20世纪90年代中期开始,随着早期建设的一批高速公路开始出现路面的病害与损坏,有些新建的高速公路路面的早期损坏严重,公路的养护与管理开始越来越引起各方面的重视。

在这一时期,养护管理方面最主要的成就是建立和开始推广应用我国自己的路面管理系统CPMS。早在“七五”期间交通部就将“干线公路路面评价养护系统成套技术”的研究作为国家重点攻关项目列入了国家的重点科技攻关计划中。作为研究的成果之一,在引进消化的基础上提出了我国的“干线公路路面评价养护系统”,即CPMS的雏形,并于1991年开始推广应用,随后CPMS经过了多个版本的试用得到了进一步的完善。

CPMS(China Pavement Management System)是由数据采集系统、数据库管理系统、网级路面管理系统等组成,它对路面使用性能的评价、养护决策的方法和使用性能的预测等性能分析和决策优化方面的问题也做出了方法上的说明与规定。2002年交通部颁发的《高速公路养护质量评定办法(试行)》将路面性能的评价模型和路面养护质量指标PQI作为对路面现时使用质量进行评价的基本方法。PQI评价

模型是由考虑路面各种损坏之综合破损率的路面状况指数 PCI、考虑路面承载能力的路面结构强度指数 PSSI、考虑路面平整度的路面行驶质量指数 RQI 和考虑路面抗滑能力的路面抗滑强度指数 SRI 四项指标，取其加权平均而获得的，亦即：

$$PQI = w_{PCI}PCI + w_{PSSI}PSSI + w_{RQI}RQI + w_{SRI}SRI$$

式中：w_{PCI}、w_{PSSI}、w_{RQI}、w_{SRI}——各分项指标的权重。

在上述模型中还对各项指数的计算方法，各种病害的分类、分级，和它们之间的折算方法，各项指数的权重系数等作了规定。

在养护体制的改革方面，1996 年以来许多省市开始将原来管养 25km 的小道班改为管养 50km 的大道班，在高速公路方面则按每条公路建立了养护中心，这些措施无疑都有助于改善路面养护的管理与技术水平。

虽然我国公路的养护与管理水平在改革开放以来，尤其在 20 世纪 90 年代中期以后取得了不少的进步和提高，但是由于传统的管理方式，不论是管理体制、运行机制、资源配置，还是养护计划的制订和实施都是在计划经济的体制下形成的，带有很深的计划经济的烙印，而在养护技术方面，不论是养护作业的分类、技术的标准、设备的配置，还是养护技术的应用、机械化的水平都是建立在小生产的基础之上的。因此，从总体上说，我国目前公路养护与管理的市场化、专业化、现代化的水平仍然是很低的，与发达国家相比不论在管理方面，还是在技术方面都还存在着较大的差距，也远远不能满足我国国民经济和公路建设高速发展的需要。我国养护与管理存在的问题和与国外的差距主要表现在以下方面：

(1)在各级公路管理部门中还没有完全摆脱"重建设、轻养护"、"重修理、轻预防"的倾向。虽然在 1996 年颁发的《公路养护技术规范》提出了"公路养护工作必须贯彻'预防为主，防治结合的方针'"，在 1997 年交通部公布的《公路、水运交通主要技术政策》中提出了"公路发展要实行建设与养护并重的政策"，但是要使中央的方针、政策落到实处，使之真正在资金的分配上、设备和人员的配置上、养护技术和管理水平的提高上体现出来还需要有一个过程和付出巨大的努力。

(2)在养护工作的管理体制和运行机制上，市场化的程度仍然很低。养护任务是由上级下达的，养护工程的施工单位依附于上级领导机关，工程费用、设备购置也是上级给的。这种计划体制的烙印严重制约了养护工程市场的形成，也阻碍了养护与管理方面的技术进步。

(3)养护工作的专业化程度仍然很低。目前以道班为基层作业单位的划分，即使是大道班和高速公路的养护中心仍然是建立在小生产条件上的，这种养护体制必然导致追求小而全的设备配置。高速公路要求有高效率、高质量的养护维修工作，而高效率、高质量的养护作业必须由高技术、高性能的大型设备来保证，这些设备通常购置费用较高，同时又要求实行大规模的连续养护维修作业，如果没有大的养护维修工作量与之相匹配，则必然造成机械先进但利用率却很低，从而导致费用—效益的降低。在目前我国的养护体制下，一方面由于基本作业单位的工作量较小，资金有限，无力购置先进的养护设备。另一方面由于养护作业的种类繁多，但是每种养护作业并不是每天都需进行，往往是相隔很长一段时间才需要集中进行一次，这将使养护设备常常闲置而得不到充分利用。在国外，公路的养护维修作业常常是由一些专业性很强的养护维修公司来承包的，例如专业性的清扫公司、表面处治公司等，专业性强带来的好处是工作量饱满，因而就有可能使用大型高效率的设备，工作人员数量大大减少，效益和质量都得到了提高。

(4)在养护技术方面，不论是技术规范还是某项专门的养护技术都与国外先进水平有着较大差距。首先是在养护作业的分类上，我国现行的沥青路面养护技术规范通常根据工程量的规模大小、技术的难易程度将沥青路面的养护维修作业分为保养小修、中修、大修、改善(改建)四类。这种分类方法的核心是"修理"，它是 20 世纪 50 年代从苏联的规范中引入的，至今已经沿用了数十年。但是随着路面养护维修技术在材料、工艺、设备方面的不断发展和进步，这种分类方法已经很难反映出现代路面养护维修技术的特点和要求，因而也越来越显示出难以与现代养护维修技术的发展相适应了。这一分类方法的主要缺点是没有反映出"预防为主"的方针；也没有反映出各类养护维修作业的性质和功能。

现行分类方法所反映的并不仅仅是一个分类的方法问题，其实质是反映了一种"重修理，轻预防"的观念。更为合理的分类方法是根据病害的类型、路面损害的程度，以及所需采用养护维修措施的性质和功能来对养护维修作业进行分类。如前所述，在美国等西方国家将沥青路面的养护维修作业分为：预防性养护（Preventive Maintenance）、修复性养护（Corrective Maintenance）、路面翻修（Pavement Rehabilitation）、路面重建（Pavement Reconstruction）四类。这种分类方法的核心是作业的功能和目的，因而不仅在概念上十分清晰，而且有着很强的目的性和针对性。

其次是在各种病害的专项养护维修技术方面，现行规范规定的方法大部分仍然是传统的方法，在新材料、新工艺、新技术的应用方面与国外有很大差距。即使是一些在国外已经应用了10年、20年的成熟技术，例如新的裂缝和坑洞修补材料和修补工艺、新的封层技术、再生技术等，在规范中也较少获得应有的反映。

（5）在路面管理的信息化方面，虽然已经建立了我国自己的路面管理系统（CPMS），但是要将它推广应用至全国的基层管理部门，使路面的信息资源能具有良好的可靠性和实用性并能真正实际应用于公路养护管理工作中，以及完善与各级路面管理系统配套的硬件与软件手段（例如路面检测设备、数据的采集与处理软件等）都还要做大量的工作。

（6）在养护技术的开发研究方面缺乏对材料、工艺、设备的综合性研究和缺乏对原创性技术的创新性研究也是我国与国外在养护技术研究方面的重要差距。养护技术是一项材料、工艺、设备联系非常密切的综合技术。许多带有突破性的新技术就是在这种综合技术的研究中诞生的。在我国推广应用某项新的养护技术时没有取得应有的成效，往往也是由于缺乏材料、工艺、设备综合的技术支持造成的。

（7）在人才的培养方面，不论在养护工程的施工企业、养护设备的制造企业，还是在管理、科研、教学部门，缺乏土机结合的复合型人才，都是制约我国养护技术水平提高的重要原因，也是与国外发达国家在人才方面的重要差距。

5.3 今后的发展方向

从历史的发展来看，进入21世纪的头十年应该是我国公路养护管理事业走向现代化的起步时期。2001年5月交通部在江西召开了全国养护工作会议，随后发布了《公路养护与管理发展纲要（2001—2010年）》。纲要在前言中提出了公路养护与管理工作的总体要求："在新的历史时期，必须要重视和加强公路养护与管理工作，努力构筑科学、高效的现代化公路管理体系，发展公平竞争、规范有序的公路养护工程市场，努力实现公路管理的法制化、信息化，公路养护的科学化、现代化"。纲要共分三部分：

第一部分是指导方针与工作原则，明确提出了"公路工作的指导方针是：建养并重，强化管理，深化改革，调整结构，依靠科技，提高质量，依法治路，保障畅通"。八条工作原则分别就加强对养护管理的认识、深化管理体制改革、坚持依法治路、公路养护工作的发展方向、坚持科技兴路、加强西部开发与加强县乡公路的养护管理、实施可持续发展战略、加强精神文明建设八个方面阐述了公路养护管理工作应该遵循的工作原则。

第二部分是主要工作目标，纲要提出了"到2010年公路养护与管理发展的总体目标是：公路网总体技术水平显著提高，服务水平明显改善；公路养护技术进步主导作用显著增强，公路管理的信息化程度与发达国家的差距明显缩小；公路管理法规体系基本健全，公平竞争、规范有序的公路养护工程市场体系基本建立。公路养护与管理工作实现跨越式发展"。在总体目标的基础上还提出了15项具体的发展目标。

第三部分是工作措施，为了使发展纲要的指导方针、工作原则和目标能落到实处，纲要提出了十四个方面的工作措施作为落实各项工作的保证。

发展纲要为我国养护管理事业规定了今后的发展方向，根据纲要的精神可以预期我国养护管理事业可能出现的一些主要的发展趋势如下：

（1）随着对公路养护管理重要性在认识上的不断深化，建养并重方针的逐步落实，公路的养护与管理，尤其是高速公路的养护与管理不论在体制与运行机制的改革上还是在资金的配置和新技术的开发、引进上都会得到加强。养护资金的逐年增长将为养护机械的制造业提供一个更好的市场条件,也将会为国外先进的技术装备在中国的销售提供更多的商机。

(2)随着养护体制市场化改革的深入,原有依附于领导部门的工程单位将会与公路管理机构剥离,虽然还会有一个“扶一把、送一程”的保护时期,但终究要成为一个独立经营、自负盈亏的企业实体,民营的、多种所有制的养护企业也会逐步增多。养护工程市场将逐步地规范化,形成一个法制健全、公平竞争的市场环境。与此同时,养护市场的竞争也会越来越激烈,这种竞争的压力将促使养护企业朝着专业化的方向发展,并导致企业更多地依靠技术和质量来增加自己的竞争实力。

(3)在养护方面的新技术、新材料、新工艺的开发研究和引进将得到加强。在管理方面,信息化的工作将在已有 CPMS 的基础上得到进一步的强化,CPMS 系统将逐步完善,路面检测技术和路面病害图形的采集和处理技术将得到加强,并带动相应行业的发展。

(4)路面养护技术的规范、标准将有望更好地吸收国外的先进技术,传统的已经不适应现代养护作业的分类方法,将有望被更为科学、更能反映养护作业性质的分类方法取代。

(5)随着对预防性养护技术良好的费用—效益,在认识上的深化和技术上的掌握,各类预防性养护技术将得到更好的发展和推广应用。

(6)随着我国朝着建设可持续发展的资源节约型、环境友好型社会的方向发展,资源再生利用、循环经济等政策的实施,各类路面再生技术将得到更快的发展,其中热拌再生技术将有望在近期内得到较好的推广应用。

6 高速公路沥青路面快速预防性养护技术的研究

6.1 高速公路沥青路面预防性养护作业的主要类型及其适用范围

目前广泛应用的沥青路面预防性养护技术主要可分为表面封层、裂缝填封和薄层罩面三大类,其中表面封层根据所用封层材料的不同又可分为多种类型。

6.1.1 表面封层

表面封层是一层用连续方式敷设在整个路表面上的养护层,封层材料可以是单独的沥青或其他封层剂,也可以是沥青与集料组成的混合料。表面封层用于解决的养护问题主要有:复原或延缓表层沥青材料的氧化(老化);重新建立路面的抗滑阻力;密封表面的微小裂缝;防止水从表面渗入路面结构层;防止集料从表面失落、崩解。目前常用的表面封层技术有:雾层封层、还原剂封层、石屑封层、稀浆封层(微表封层)等。

1)雾层封层和还原剂封层

此类封层是将雾状的乳化沥青或专门的再生剂喷洒在老化的沥青路面上(专用的再生剂要求渗入路面至少 6mm 左右),其目的是更新和还原表面已氧化的沥青膏体。雾层封层和还原剂封层都有一些共同的特点:施工后需要较长的时间才能开放交通;必须严格掌握单位面积的喷洒量,过多的喷洒量会在路表面形成一层薄膜而使路面丧失摩擦阻力;必要时需用铺砂的方法来改善其抗滑阻力。由于上述原因,雾层和还原剂封层通常主要用于低交通量、低速的道路和停车场上。

2)石屑封层

单层的石屑封层是最早出现的预防性养护技术,其施工方法是在路面上喷洒一层沥青材料(热沥青、轻制沥青、乳化沥青等),紧接着撒布砂、单粒径或适当级配的集料,并紧跟着进行碾压。石屑封层是一种敷设简单、易行、价格低廉的养护方法。它的缺点是要有较长的初期养护时间,高速行驶时噪声较大,路面上的松散集料还会被高速行驶的车轮带出而撞击、黏附在车身和挡风玻璃上,集料的损失还会导致抗滑能力的衰减,所以一般很少用在大交通流量和高速行驶的道路上。

3)稀浆封层(微表封层)

稀浆封层是一种由乳化沥青、破碎的集料、矿粉、水和添加剂组成的稀浆状的混合物,它在拌和均匀后被摊铺到原有的沥青路面上形成一层与原路面结合牢固、具有抗磨表面结构的均匀养护层。微表封层是在乳化沥青稀浆封层基础上发展起来的,封层材料是由慢裂快凝的高分子聚合物改性乳化沥青、100%破碎的集料、矿粉、水和添加剂组成的稀浆混合料。微表封层的厚度可达10~15mm,抗滑阻力和抗磨耐久性也比普通的稀浆封层更好,并可具有某些修复性的功能,例如用于修补车辙、轻度松散、泛油等病害的矫正。稀浆封层尤其是微表封层由于其良好的抗滑性能、快速凝固成型、早期开放交通、省去了喷洒和碾压工序,一台机械即可连续作业以及简单的施工过程和很高的生产效率,因而更加适用于大交通流量和高速行驶的道路。

6.1.2 裂缝填封

裂缝是沥青路面常见的一种病害,从养护工艺的角度来看,裂缝可按其缝宽分为发裂(2mm以下)、微小裂缝(2~6mm)、小裂缝(6~12.5mm)、中裂缝(12.5~25mm)、大裂缝(>25mm)。对于发裂来说一般不需作处理,除非在单位面积内的发裂十分多,则可以在其上作表面封层的处理。6mm以下的微小裂缝由于尚未发生结构性损坏,通常不对裂缝作更多的处理,而只是在表面上作贴封式的封面,其目的是防止由于雨水、冰雪通过裂缝向下渗入而继续扩大,因而属于预防性养护的范畴。宽度在6~12.7mm的小裂缝因尚未造成严重的结构性破坏而常将它们的处理归入预防性养护。此类裂缝通常需要进行扩缝处理,有时也将其归入修复性处理的范畴。中、大裂缝的出现表明路面已发生较严重的局部损坏,而且往往带有严重的剥落,对它们的修补类似于坑槽的修补,已经属于修复性养护的范畴。

小裂缝的填封是一种经常遇到的沥青路面养护作业,正确的填封工艺对填封的寿命有着很大影响。影响寿命的工艺因素主要是:施工气温;裂缝是否进行清洁、干燥处理;裂缝填封的方式。图67显示了6种裂缝填封的方式,其中方槽贴封和浅槽无贴封的效果最好,效果最差的是无槽贴封式和方槽凹封式。因此,先进的裂缝填封工艺通常是由开槽、热空气清理和干燥、压力灌入填封材料、撒砂封边等工序组成的(图38)。

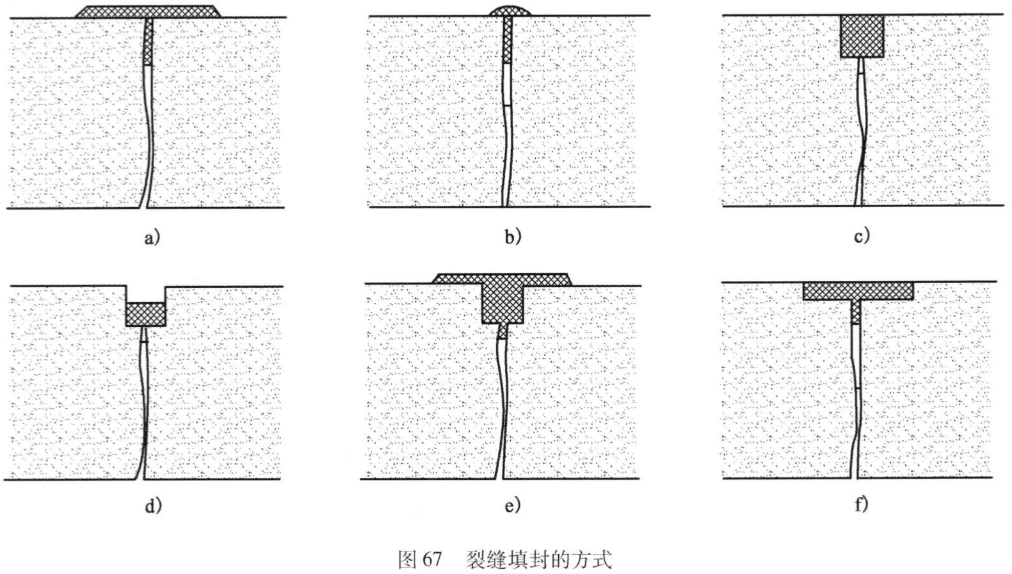

图67 裂缝填封的方式

a)无槽贴封式;b)无槽帽封式;c)方槽无贴封式;d)方槽凹封式;e)方槽贴封式;f)浅槽无贴封式

6.1.3 薄层罩面

薄层罩面也是一种很早采用的传统预防性养护方法,它是在原有路面上加铺一层厚度不超过2.5cm的热沥青混合料,薄层罩面可以有效地防止品质正在下降的路面继续恶化,改善其平整度,恢复它的抗滑阻力,校正路面的轮廓,对路面也有一定的补强作用,但在多数情况下费用—效益较其他预防性养护方法为差。薄层罩面在施工中最大的困难是由于层面较薄、容易冷却又不宜使用振动压路机,因而不易达到较高的密实度,因此正确的混合料设计、温度控制、碾压工艺和压路机选型显得尤为重要。

6.2　几种适用于高速公路预防性养护技术的特点及其采用的材料、工艺和设备

从以上分析中可以看出，能满足高速公路养护技术的快速、高效、安全要求的预防性养护方法主要有以下三种：

(1)微小裂缝的贴封式填封。

(2)稀浆封层(微表封层)。

(3)薄层罩面。

1)微小裂缝的贴封式填封技术

0~5mm裂缝是处在裂缝形成初期的微小裂缝，这些裂缝大部分在气温较高时会自行闭合，它们虽然并不影响当前路面的使用性能，但却为今后病害的扩展留下了隐患。对于5mm以下的微小裂缝，由于普通的黏结剂很难流入缝隙，而表面的封面处理则由于裂缝的热胀冷缩很快就会失效，因此传统的做法是不作处理，直至裂缝扩展至较宽时再作扩缝填封处理。

随着新的高黏弹性修补材料的不断发展，一种以防止雨雪渗入裂缝为主要目的，用高性能的养护材料涂刷于微小裂缝路表面的封面技术得到了迅速的发展。由于封面层较厚，且有很高的弹性可以承受较大的拉伸变形，因而能很好地抵御裂缝的伸缩。这种表面贴封式的微小裂缝填封方法在美国等许多国家获得广泛应用，取得了良好的效果。

贴封式的裂缝填封技术所需的设备十分简单，只需一些小型的机具或手工工具，修补的工艺也很简单，而修补的效率却非常高。这一方法的费用成本主要是修补材料的费用，而通常材料的用量很少，因而总的费用不会很高，是一种费用—效益非常好的预防性养护方法。微小裂缝的贴封修补是一种路面的局部预防性养护，因而不能代替大面积的预防性养护作业，但它可以作为大面积预防性养护工作前的一种辅助手段，用来延长大面积养护工作的间隔周期。

2)稀浆封层(微表封层)技术

稀浆封层在其发展的早期主要是用在车速不高的城镇道路、停车场、停机坪等场合。由于铺层较薄、集料粒径较小，黏结剂的黏附能力也较差，集料抵抗高速车轮的磨耗和抗滑能力都较差，因而很少用在车流量大的高速道路上。

随着慢裂快凝式的改性乳化沥青在性能方面的不断改进，在稀浆封层基础上发展起来的微表封层，在增加封层的厚度、改善稀浆混合料的抗磨耗能力、提高它的抗滑性能和早期开放交通的能力方面都取得了很大的进展，因而被越来越多地应用于高速公路上。

微表封层与普通的乳化沥青稀浆封层在混合料成分上的主要差别是加入了高分子聚合物的改性剂。由于改性剂的作用使作为黏结剂的沥青的性能有了很大改善，从而也大大提高了稀浆混合料的应用性能：

(1)沥青黏度的增大改善了混合料的稳定性，因而使微表封层可以比普通的稀浆封层铺出更厚的铺层，通常它的铺层厚度可达10~15mm。

(2)降低了沥青对温度的敏感性，在合理选择改性剂的条件下沥青的高温性能，例如高温的抗流动性、热稳定性、低温性能，例如韧性和延度均可得到提高。因此混合料的高温抗车辙的能力和低温抗脆裂的性能均能得到改善。

(3)提高了沥青的黏附力，这不仅加强了集料颗粒之间的黏结力，同时也改善了混合料与原有路面之间的黏附性能。

(4)加快了稀浆混合料的凝固—硬化过程，由于改性剂的作用提高了乳化沥青混合料在凝固过程中的黏结强度，在采用快凝型的乳化沥青时，更是大大加快了稀浆混合料的凝固过程，而且混合料早期强度也可得到显著提高。

由于以上一些特点，使微表封层与普通稀浆封层相比具有更大的优越性，它们是：

(1)扩大了养护的功能。

微表封层除了可以用作一般的预防性养护外，还大大加强了矫正路面损坏的功能。由于铺层厚度

增加和黏结力的提高，它也常用来进行小而浅坑槽的填封，路面松散剥落和泛油的矫正，路面横向轮廓和拱度的校正，较深车辙（例如30～40mm）的填补等。

(2)微表封层在改善路面的抗滑性能方面比普通的稀浆封层效果更好，而且不仅可以用于沥青路面也常常用于磨光的水泥路面和桥面，用以更新路面的抗摩擦能力。

(3)微表封层是一个快速开放交通的系统，通常施工后1～2h即可开放交通，这将大大减少由于中断交通而造成的经济损失。

(4)微表封层比普通的稀浆封层具有更好的高温抗车辙、低温抗脆裂的性能和更好的耐久性，在原路面承载能力良好的情况下，寿命可达5～7年。

(5)微表封层与普通乳化沥青稀浆封层一样，不需喷洒黏层油，没有碾压工序，主要的设备就是一台稀浆封层机，施工工艺也比较单一，而且不需要初期养护，因此施工效率高、成本低，而开放交通的时间可以缩短至1～2h。它在养护的快速性方面有着独特的优势，是一种费用—效益非常好的预防性养护技术，因而常常成为高速公路上预防性养护的首选方案。

微表封层虽然是一种费用—效益良好的封层技术，但要成功地实施一个高质量的微表封层还是有一定难度的，这是因为稀浆封层是在冷态的条件下完成沥青对集料颗粒的裹覆，而且由于铺层很薄，交通载荷的传递是靠集料颗粒之间以及它们与原路面之间的黏结力来实现的。因此它在原材料的质量上、集料与黏结剂之间的相容性上以及稀浆混合料的配合比设计上比热拌沥青混合料有着更为严格的要求，这是在微表封层的应用中需要十分重视的问题。

3）薄层罩面技术

薄层罩面也是一种很早就采用的传统预防性养护方法，它可以有效地防止品质已经下降的路面继续恶化，改善其平整度，校正路面的纵向和横向轮廓，恢复它的抗滑阻力，并对路面结构起一定的补强作用。2.5cm左右的薄层罩面是一种较难施工的沥青混合料铺层。它的特点是一方面由于铺层很薄，散热快，尤其是在气温较低、风力较强的场合，混合料的热量很易失散，因而要求摊铺和碾压工序能有很高的效率，以便在较短的时间内将混合料压实到要求的密实度；但另一方面由于铺层薄，在承受较大的冲击力下容易导致集料的压碎，特别是对以粗集料为主的嵌锁型结构的混合料危害更大，因而不能用通常的振动压路机进行碾压。由于上述原因，通常要求薄层罩面的施工最好在炎热的夏季进行，而且往往容易出现压实不足的情况。

薄层罩面的施工，要求全套的热沥青混合料施工设备，因此设备的投入大而施工成本高。由于薄层罩面的压实质量难以保证，所以它的寿命虽然比稀浆封层长，但施工的成本却要高出很多。提高薄层罩面使用寿命的方法之一是采用改性沥青的薄层罩面，由于黏结剂性能的提高，薄层罩面的使用性能也有了相应的改进，但是也更进一步增加了碾压的难度。

就改性沥青的薄层罩面与改性乳化沥青的微表封层相比，前者的使用寿命虽然比后者高，但由于上述原因，从费用—效益的角度来衡量，与其他封层技术相比，薄层罩面是相对较差的一种预防性养护技术，它最适合用于其他封层技术不能替代的场合。

成雅高速公路通车至今已有7年，大部分路段还处在较好的状态，应该说正处于实施预防性养护的较好时机。根据以上对三种适用于高速公路预防性养护技术特点的分析，成雅高速公路管理处提出了"微小裂缝及早进行密封处理，对路面状况较好的路段及时采用稀浆封层进行预防性养护"的养护对策。从2005年开始成雅高速公路采用高性能的专用密封胶对微小裂缝进行密封处理，并对一部分路段试用了稀浆封层的预防性措施，都取得了较好的效果，也积累了不少好的经验。

7 高速公路快速修复性养护技术的研究

7.1 沥青路面修复性养护技术的主要类型及其适用范围

修复性养护主要包括路面的局部修补和中、大裂缝的填封处理两大类。在路面的局部修补中又可分为坑洞修补和局部路面的翻修两种不同类型的作业。通常路面小面积的结构性损坏（例如损坏面积

小于 $1m^2$)宜采用坑洞修补的方法,而较大面积的结构性损坏宜采用路面局部修补的方法。

7.1.1　坑洞修补

坑洞修补是处理路面由于局部承载能力不足而导致的由小面积的载荷裂缝(龟裂)、沥青老化、路面崩解发展而来的坑洞最常用的修补方法。

从修补寿命的长短来分,坑洞修补可分为应急修补、半永久性修补和永久性修补三类,从修补的施工方式来分,则有冷态修补和热态修补之分。

传统的热补工艺(图 68)仍然是永久性修补的主要方法,它是由一系列严格的步骤组成的,这一工艺主要包括以下工序:

(1)用粉笔或油漆划出所需修补的面积,通常为一长方形,每边至少应进入完好路面 300mm。

(2)用切边器或风镐沿划线切出一长方形的割槽,坑的垂直壁面必须尽可能保持与路面垂直,这一点对修补材料与原路面间的充分砌合、相嵌是至关重要的。

(3)去除松散的材料直至达到坚硬的基础,清除坑内的所有物质,包括水和被它浸润的基层、底基层甚至路基材料。如果损坏已达路基,则清除的路基材料可以用碎石回填,或直接用热拌沥青混合料回填。回填的材料应充分压实,压实后的材料应正好到达路基面的顶部。

(4)用黏结油涂覆坑的底部和侧壁,但不允许黏结油在坑底洼积。

(5)分层填放并压实热拌沥青混合料,每层虚方控制在 100mm 左右,用振动平板或小型振动压路机和振动夯充分压实。最后一层应高出原路面若干毫米,并正确估计虚方的压缩量,使之既能使沥青混合料充分压实,又能正好与原路面保持在同一高度上。

(6)用一直尺在修补面积的四周进行检查,以确信与原路面处于同一水平。

(7)用砂或石屑封层的方法在修补面积四周进行封边,封边的宽度应有 150 ~ 200mm,以保证修补面积四周良好的防水性。

(8)清扫所有松散的材料撤除交通管制装置并开通交通。

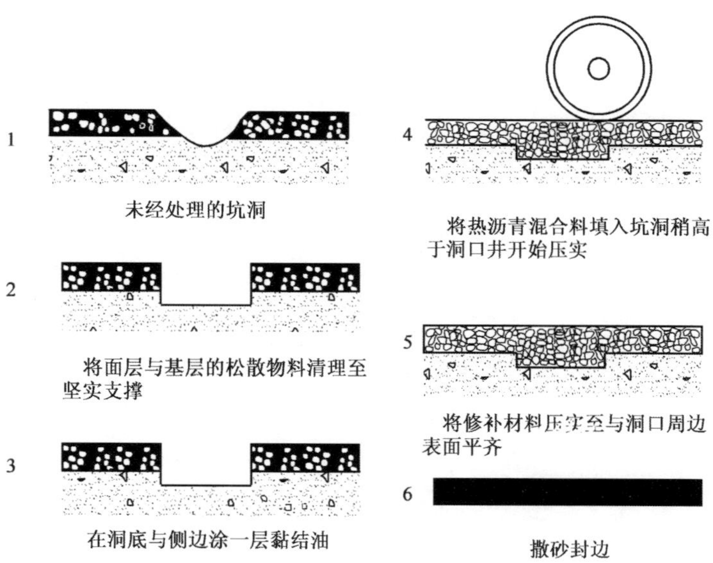

图 68　传统的热补工艺

严格按照上述步骤进行的修补工作,其平均寿命可高达 4 ~ 5 年,所以称为永久性修补方法。永久性修补坑洞的寿命虽然较长,但是手工劳动多,修补 $1m^2$ 的坑洞时间约需 1 ~ 2h,封闭交通的时间长,显然不符合高速公路快速修补的要求。

另一种热补的方法是加热修补的方法,它先将坑洞周围烤热后,将其耙松,然后再与热补料混合、摊平并最后压实(图 34)。这种修补方法在修补较小的坑洞时,修补时间大概可降低到 10min 左右,是目前在国内高速公路上使用较多的方法。加热修补的方法虽然修补时间上比传统的方法缩短了不少，但与冷补方法相比仍然有较多的差距。

在应急修补中采用热补工艺虽然省掉了切边、清洁、压实、封边等工序，但由于需要加热沥青混合料，仍然要有较多的装备，从而降低了修补的快速性要求，而寿命也只能维持 2 ~ 3 个月的时间，因而在应急修补中已很少采用热补工艺。

在坑洞修补的冷补方法中所谓"Throw-and-Go"的方法是快速性最高的方法，它修补一个 $1m^2$ 的坑洞通常只需数分钟的时间，但在使用常规的沥青修补材料时，通常只有 3 ~ 6 个月的寿命，所以在早期主要作为应急修补的方法在使用。

随着高性能的专用冷补材料的迅速发展，在近些年来有着良好快速性的冷补工艺有了很大的发展，不仅成为应急修补坑洞最常用的方法，而且在高速公路小坑洞的修补中逐渐成为一种主要的修复手段。标准的冷补工艺只需使用某些简单的手工工具（图 37），补坑的时间只需数分钟即可。

在坑洞的半永久性修补方面，典型的工艺是所谓"半永久性修补方法"，它是从传统的热补工艺上发展起来的。半永久性修补工艺保留了传统热补工艺的各项主要工序，只是省去了封边工序，并将热补材料改为用冷补材料来替代。半永久性方法的修补寿命通常介于应急性修补方法和永久性修补方法之间，曾经作为一种快速的坑洞修补工艺来应用，但是由于需要切边、清坑、喷黏层油等工序，因而它的快速性也是有限的。

半永久性修补方法与永久性修补方法一样，均手工劳动量大而修补时间和开放交通时间长，但修补的寿命却远低于热补方法，因而同样不适合于高速公路的坑洞修补。

喷射法的冷补工艺是 20 世纪 90 年代发明的一种新的小坑洞修补工艺（参看图 46 和图 47），它也是一种快速性很高的冷补工艺，对于小坑洞的修补通常也只要数分钟的时间，但补坑的寿命则可达 1.5 年左右。

表 4 ~ 表 6 是美国 SHRP 计划对永久性热补方法、半永久性冷补方法和应急性冷补方法在不同的施工气温和不同的坑洞状况下进行寿命调查研究的统计结果。

永久性热补方法寿命调查结果 表 4

修补坑槽寿命（年）				
施工气温	<32 ℉		>32 ℉	
坑槽状况	潮湿	干燥	潮湿	干燥
最高寿命	1	5	5	20
最低寿命	0.01	0.15	0.01	0.75
平均寿命	0.27	1.78	0.89	4.41
标准差	0.3	1.4	1.29	3.45
调查数量	10	14	16	37

半永久性冷补方法寿命调查结果 表 5

修补坑槽寿命（年）				
施工气温	<32 ℉		>32 ℉	
坑槽状况	潮湿	干燥	潮湿	干燥
最高寿命	3	3.5	3	4.5
最低寿命	0.003	0.02	0.02	0.08
平均寿命	0.58	0.97	0.62	1.48
标准差	0.97	1.09	0.95	1.14
调查数量	8	12	8	17

应急性冷补方法寿命调查结果 表6

修补坑槽寿命(年)				
施工气温	<32 ℉		>32 ℉	
坑槽状况	潮湿	干燥	潮湿	干燥
最高寿命	2	4	2	5
最低寿命	0.003	0.02	0.01	0.08
平均寿命	0.31	0.76	0.38	1.15
标准差	0.49	1.01	0.50	1.3
调查数量	27	7	2	29

从这些统计结果中可以看到,热补的方法在气温较高而干燥的条件下能获得很高的补坑寿命,但在寒冷而潮湿条件下的补坑寿命就明显地下降了,只能相当于应急修补的寿命(约3个月)。冷补方法,不论是应急性的修补还是半永久性的修补,虽然在温暖而干燥的条件下它的寿命要比热补方法差得多,但在寒冷而潮湿的条件下其修补寿命却并不比热补方法差,甚至还可能高于热补方法。这就是说冷补材料对恶劣的施工工况比热补方法有更好的适应性。对于高速公路的补坑来说,永久性的热补方法虽然有很高的修补寿命但由于快速性差而并不适用。因此,如能通过提高冷补料的性能来延长冷补方法的修补寿命,则可能使快速的冷补方法成为高速公路坑洞修补的更佳选择。

表7是SHRP计划对专用冷补材料用于坑洞修补寿命的调研结果。从表中可以看到即使在寒冷而潮湿的恶劣条件下,平均修补寿命仍有1年左右,而在干燥的条件下,修补寿命则可高达2年以上。

专用冷补材料修补寿命的调研结果 表7

修补坑槽寿命(年)				
施工气温	<32 ℉		>32 ℉	
坑槽状况	潮湿	干燥	潮湿	干燥
最高寿命	6	6	6	6
最低寿命	0.001	0.01	0.02	0.08
平均寿命	1.08	1.77	1.21	1.88
标准差	1.15	1.99	1.38	1.32
调查数量	47	47	49	50

7.1.2　路面局部翻修

沥青路面较大面积的局部损坏,例如局部的车辙、拥包、推移,较大面积的龟裂、泛油,通常无法用坑洞修补的方法来修复。此类较大面积损坏的修复可以采用两种方法:一种是冷整平—热摊铺的方法(或称冷铣刨—热摊铺法),另一种则是表层就地热再生的方法。

冷整平—热摊铺的方法是用铣刨机按一定的深度将损坏部分铣去(通常是整车道的铣刨),然后用摊铺机在铣刨整平后的原路面上铺设一层罩面并最终压实成型。铣刨下来的废旧材料可根据原路面损伤的情况,分别进行处理。可以进行再生的可送至拌和场进行集中处理和再生利用;不宜进行热再生的,可以作为基层材料进行复拌利用或在低等级的道路上再生利用。

与其他方法相比,冷整平—热摊铺工艺在技术上有着一系列优越性,它们是:

(1)冷铣削后的路面可以重建路面的纵向和横向坡度,为随后摊铺的罩面准备一个平整的底平面,使罩面的厚度保持不变,从而使摊铺的罩面十分均匀,而获得很高的平整度。

(2)消除了由于路面横断面不规矩而带来的摊铺新面层的困难。

(3)可以有效地删除那些不适宜用来再生的经受严重剪切破坏的破损混合料。

(4)铣刨后的路面有着很好的粗糙度和抗滑阻力,这一特点一方面可以保证新旧路面的牢固结合,另一方面也为改作临时通车道路提供了条件。此外薄层的路面铣削也可用来修复磨光的路面,例如在泛油、骨料磨光的情况下使之重新恢复必要抗滑能力。

另一种表层翻修工艺是就地热再生表层翻修工艺。就地热再生翻修工艺的基本工序是：首先加热旧沥青路面至一定深度；翻松旧路面，并重新分布翻松材料；添加新沥青或再生剂（此工序也可放在翻松工序之前或同时进行）；采用复拌成型或重铺成型的方法形成新的再生沥青路面。采用复拌成型法时可加入新的热沥青混合料或新的级配集料，新添加的材料被直接加入到双卧轴的搅拌缸内，而回收的旧料则集中至搅拌缸前方并通过收集器进入搅拌缸。两者在搅拌缸内拌和均匀后，可以直接输入跟随其后的摊铺机料斗中，由摊铺机和压路机摊铺、碾压成型，也可卸至地面形成一个料垄，由安装在再生机上的螺旋分料器与熨平板分料摊铺后，由压路机碾压成型。采用重铺法时先将再生料摊铺成型，然后再在其上铺一层新的混合料，最后用压路机碾压成型。

就地热再生工艺出现在20世纪的70年代末，当时是作为一项革命性的新技术而提出的，但是它在80年代至90年代中期经历了一段曲折和停滞的阶段。在现代，就地热再生工艺被定位为旧路面表层翻修的热再生工艺。

由于受到加热深度的限制，就地热再生工艺的最佳翻修深度是30mm左右，最大的翻修深度一般不宜超过50mm。

就地热再生表层翻修工艺的突出优点是不用来回运输材料，节省了运输费用；非常经济地利用100%的旧沥青混合料而只需添加少量的新混合料；施工时间短，对交通的影响小。

7.2 几种适用于高速公路修复性养护技术的特点及其采用的材料、工艺和设备

7.2.1 坑洞修补

从上节的分析中可以看到，适用于高速公路快速性要求的坑洞修补方法共有三种：采用高性能补坑料的快速冷补法；坑洞加热的热补法；冷料喷射的补坑法。

1）快速冷补法

采用高性能材料的快速冷补法是从应急修补方法上发展起来的，它的特点是：

（1）不做或只做很少量的准备工作，例如用刷把清除坑中的松散物料。

（2）只用少量的手工工具，例如铁锹、刷把、夯板等。

（3）采用黏弹性良好的专用补坑材料，通常是一种软性的、和易性良好的、由细集料组成的冷拌料。

（4）补坑的面积不宜太大，通常不超过$0.5m^2$。

（5）对于小坑洞修补有着最佳的费用—效益。

2）加热热补法

坑洞加热的热补法与传统的永久性热补法最大的区别是减去了切边等准备工作以及喷洒黏层油和封边的工序，而增加了加热坑洞与周围路面材料，耙松已破损的周边材料并与新料混合的工序，它的优缺点是：

（1）新旧材料的融合增强了修补材料与原路面之间的结合强度。

（2）由于新旧材料混合后的级配和油石比不可能做得很准确，拌和也不可能做得很均匀，因此修补材料本身的性能和耐久性会低于传统的热补法。

（3）补坑的深度由于受到加热深度的限制（加热深度只能达到4~5cm）而主要用于修补表层较浅的坑洞，但修补的面积则相对可以较大。

（4）需要有一庞大的加热系统，消耗较大的能源。

（5）补坑设备比较庞大，原始购置费用高。

3）喷射修补法

冷料喷射的补坑法是20世纪90年代美国在执行SHRP计划时开发的坑洞修补设备，它的技术特点是：

（1）保持了半永久性修补法的清洁坑洞和喷洒黏层油的工序，但省去了切边和碾压的工序，因而大大缩短了补坑的时间。

（2）操作比较简单，只需一台机器一个操作手。

(3)较难保持喷补表面的平整度,需要较高的操作技巧。

(4)修补的面积不宜过大,适用于小坑洞的修补作业。

(5)需要专用的喷补设备,原始购置费用较高。

根据以上分析,成雅路对坑洞修补的养护对策是:“小坑洞采用快速冷补法及早进行修补,尽可能避免损坏的进一步扩展”。成雅路还尝试用专用的改性沥青冷补料来修补坑洞,取得了较好的效果,也积累了使用冷补法的经验。

7.2.2　路面局部翻修

1)冷整平—热铺法

冷整平—热铺法是一种传统的沥青路面翻修方法,技术已臻成熟,它的技术特点是:

(1)翻修的深度不受限制,不仅可用于表层翻修,也可用于其他结构层的翻修。

(2)旧路面的材料可以有选择性地送至拌和场进行热拌再生利用,由于热拌再生可以严格地控制再生料的级配和油石比,严格地控制新、旧沥青和再生剂的比例,因而能保证再生混合料的质量。

(3)铣刨后的路面不一定采用原路面生产的再生混合料,而可以立即摊铺新的混合料或再生料,因而路面翻修的快速性是很高的。

(4)翻修作业对原路面材料的适应性很宽,不论是普通沥青路面还是改性沥青路面都能适用,对加铺的罩面材料也没有限制,可以是新的混合料,也可以是再生的混合料。

(5)翻修的工艺比较简单,对环境的污染少。

(6)翻修作业设备主要是铣刨机和自卸卡车,随后的热摊铺作业所使用的沥青混合料摊铺机、运输车辆、碾压设备都是可以通用的,因此原始购置的费用低。

2)就地热再生表层翻修法

就地热再生表层翻修法是在现场用就地热再生机组对旧沥青路面进行加热、翻松、喷洒再生剂现场拌和后就地摊铺碾压成型的再生工艺,沥青路面热再生一般分为复拌型再生和加铺型再生(图8)。

就地热再生施工方法分类　　表8

再生方法	目的及工艺
复拌型	①加入再生剂改善旧路面沥青和沥青混合料的性能; ②加入新的沥青混合料,改善旧路面沥青混合料的级配和性能以及填平车辙或增加面层厚度 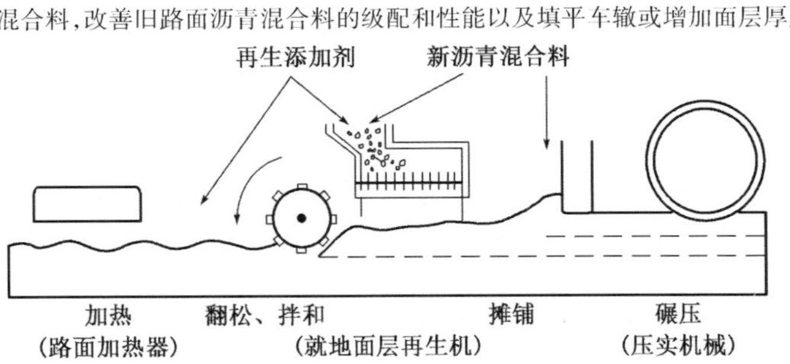
加铺型	①加入再生剂,改善旧路面沥青和沥青混合料的性能; ②加入新的沥青混合料,使新沥青混合料在再生沥青路面上同时形成一层全新的沥青混凝土面层 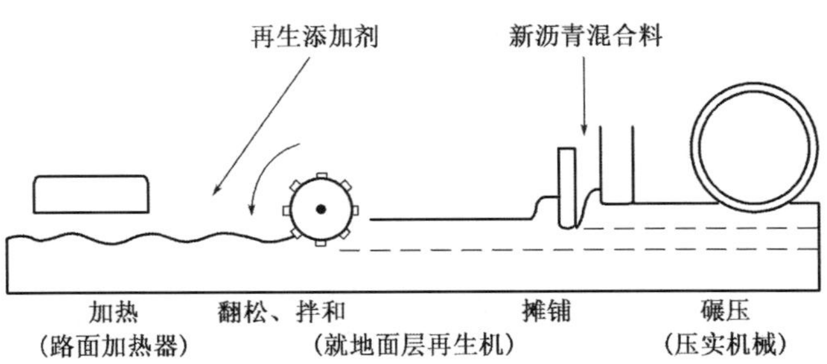

就地热再生表层翻修工艺的技术特点是：

(1)能就地100%地再生利用旧路面的材料。

(2)节省了运输设备和相应的费用。

(3)尽管已经采用了一系列质量控制的方法，但仍然不能像热拌再生技术那样容易达到新沥青混合料同样的质量，和完全符合所要求的混合料特性。

(4)由于加热温度的限制，对改性沥青旧混合料的拌和与碾压质量都会受到一定的影响，因而一般来说不适用于改性沥青路面的翻修。

(5)需要由多台路面加热机和再生机(有时还要摊铺机)组成的庞大机组，原始购置费用高昂。

就地热再生施工时可达到3～5m/min的速度，施工进度快，施工周期短，可以快速开放交通，所以其施工效率通常会比冷整平—热摊铺修复工艺高。但从使用效果上看，冷整平—热摊铺修复工艺由于已把老化破损最严重的表面层清除，即使采用热拌再生料回铺，其质量也基本上可达到新路面的使用效果。

从经济性的角度来分析，根据成渝路的资料，成渝路2005年就地热再生4～5cm的综合单价为39.22元/m^2，因旧路不平整，而要在其上再加铺一层厚度不等的新料，故按重量计价，2005年为355元/t，2006年涨为552.8元/t，约合35元/m^2和54元/m^2(按4cm计)。成渝路冷铣刨12cm后再铺筑12cm沥青混凝土的单价从有限的资料看，2005年上半年的单价为156元/m^2，2005年下半年的单价为165元/m^2，折合成4cm的翻修深度约为52元/m^2和55元/m^2。

虽然上述经济性分析的资料比较粗糙，但是大体上仍可看出，当就地热再生法仅仅采用复拌再生而不再重铺新面层时，它在经济上有着明显的优势。但如在再生料铺层上仍需加铺新混合料的罩面时就完全没有优势了，单位面积的费用，甚至还可能超过冷铣刨热铺法。

对于大面积的局部病害与损坏，成雅路在详细分析了冷整平—热摊铺和就地热再生两种表层翻修工艺的费用效益后，确定了“全车道冷铣刨后进行热料薄层罩面”的局部路面表层翻修对策，并正在探索通过沥青橡胶薄层罩面来对路面的薄弱部分进行补强。

8 高速公路机械化快速养护技术未来发展的探讨

8.1 适用于表层快速冷整平技术的铣刨设备机型之探讨

表层翻修通常是指对4cm厚的磨耗层进行的翻修，而且大都是对整车道进行的翻修作业。这样做的好处是可以使纵向接缝处于车道标志线的位置上，一方面能将纵接缝隐没在标志线下面，使翻修后的路面显得更加美观，另一方面也减少了车轮对纵向接缝的碾压，减轻了这一薄弱环节所承受的载荷。因此对于表层翻修来说，需要铣刨的路面实际上是一宽而浅的路断面。从提高铣刨工序效率的角度来看，最好是能一次铣刨出整个车道的断面。但是目前国内外提供的铣刨机系列都是按多层沥青面层一次翻修的要求来考虑的，所以切削深度都比较深，通常中大型的铣刨机的切深大都在30cm以上，而小型铣刨机的铣削深度虽然较小，但宽度却很窄，主要的用途是修补坑槽。表9列出了WIRTGEN公司的铣刨机系列产品的技术参数。

WIRTGEN公司的铣刨机系列产品的技术参数 表9

机　型	工作宽度(mm)	工作深度(mm)	发动机功率(kW)	工作质量(kg)
W350E	350	0～100	29.5	4400
W35	350	0～60	31.5	2650
W35DC	350	0～110	42.5	4550
W50	500	0～160	60	6490
W50DC	500	0～210	92	7800
W600DC	600	0～300	129	12000

续上表

机　　型	工作宽度(mm)	工作深度(mm)	发动机功率(kW)	工作质量(kg)
W1000L	1000	0 ~ 250	129	13830
W1000	1000	0 ~ 250	154	16600
W1000F	1000	0 ~ 315	190	17450
W1200F	1200	0 ~ 315	190	18400
W1300F	1320	0 ~ 315	190	18750
W1500	1500	0 ~ 320	340	25380
W1900	2000	0 ~ 320	340	26680
W2000	2000	0 ~ 320	421	30000
W2100	2100	0 ~ 320	522	36300
W2200	2200	0 ~ 350	671	43700
2200SM	2200	0 ~ 300	671	47730
2500SM	2500	0 ~ 600	783	100500
3700SM	3700	0 ~ 600	1194	176000
4200SM	4200	0 ~ 800	1194	191400

从表9的数据中可以看到,可按整车道的宽度进行全车道铣削的机型3700SM,其铣宽为3.7m,切深高达60cm,而功率则达1194kW,是供露天矿开采用的。显然,用如此高功率的铣刨机来进行表层翻修是不合理的。小型的铣刨机,例如W35、W350、W50等机型,最大切深为6cm、10cm和16cm,虽然切深较小,但铣刨宽度却只有35cm和50cm,主要是供修补坑槽用的,用作表层翻修,铣刨效率太低,也是明显不合适的。类似的情况也可以在国产铣刨机的系列中看到,国产铣刨机的机型主要集中在0.5m、1m、2m三种宽度上,最大的铣削深度为10~30cm。由此可见,目前能作为表层翻修用的铣刨机主要是铣宽为2m左右的机型,而这些机型的切削深度则都在30cm左右。因此,冷铣刨作业的施工只可能有两种方案:一种是用一台2m宽的铣刨机分两次铣刨一个整车道,第二种方案是用2台2m宽的铣刨机,按阶梯作业的方式,一次铣刨出整车道的横断面,使待铺的工作面一次成型;后一种方案虽然可以一次铣刨成型整车道的横断面,但需要两台铣刨机和两套运输车辆,所需的费用较高。就目前国内的情况而言,主要还是采用第一种方案为多,这一方案的缺点是降低了铣刨工序的效率,一台铣深可达30cm的设备用来铣削5cm左右的表层,从功率利用的角度来看也是一种浪费。正是在这样的背景下提出了是否可以开发一种能更好满足表层翻修需要的大宽度、切深浅的铣刨机型,它在技术上是否可行,在使用成本上是否合理?这就是本节需要探讨的问题。

8.1.1　新机型在切削扭矩和功率上的可行性

在新机型的设计中一个重要的技术关键是如何合理地确定在铣刨宽而浅的断面时所需的铣削功率。这就涉及转鼓的铣削扭矩、转鼓的转速、铣刨机的作业速度之间的关系问题。

在铣刨过程中,转鼓承受的平均切削阻力矩显然是与切削的宽度成正比的,但是它并不一定与铣削的深度成正比,这是铣削和刨削过程最大的不同,在旋转刀具进行铣削时,刀尖所走的轨迹是一条旋轮线,切屑的截面将如图69所示,从功能互换的原理来看,可以认为在转鼓转速不变的情况下,转鼓的切削阻力矩大体上是与切屑的截面积成正比的。因此铣削阻力矩不仅与铣削的宽度和深度有关,而且还与刀具旋转一周的进刀量有关,而这一进刀量在转鼓的直径、转速一定的情况下则取决于铣刨机前进的速度。由此可见,铣削转鼓所消耗的功率不会与铣削的宽度与深度的乘积(铣刨断面积)成正比,而会呈现出某种指数函数的规律。同时,也可以看到为什么在

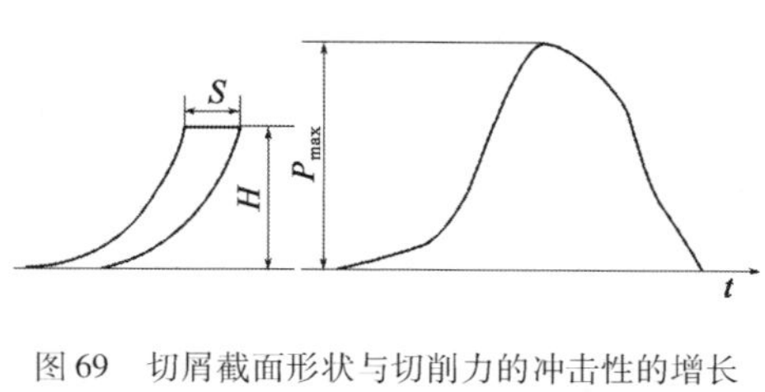

图69　切屑截面形状与切削力的冲击性的增长

同样的铣刨断面积下，例如 WIRTGEN 的 W1900、W2000，可以选择不同的功率，这是因为功率的大小可以通过改变转鼓的进刀量来加以调节。当减少进刀量时，可以降低所需的铣削功率，但同时不仅降低了生产率而且会增大对旧路面集料级配破坏的几率，这从旧路面再生的角度来看显然是不希望的，因此从国外的发展趋势来看，同一宽度的铣刨机，其功率呈上升的趋势。图 70 是根据 WIRTGEN 铣刨机系列的参数绘制的发动机功率与铣刨断面积之间统计关系的回归曲线，从所拟合的曲线中可看到，这一关系大体上呈现为一指数函数的规律。

在确定新机型的功率时，还需注意的是不能根据图 70 的统计曲线按铣刨的断面积来确定所需的发动机功率，例如一台铣削宽度 3.8m，铣深 10cm 的铣刨机，按图中的曲线可定为 200kW。但按这一曲线所确定的功率是偏低的，这是因为在刀具的铣削过程中，切削力的变化呈现为一冲击性的过程（图 69），冲击的高峰载荷的大小主要取决于转鼓及其传动系统的惯量、切削速度、刀具系统的刚度和沥青混凝土路面的形变模量。因此，在同样的铣刨断面积下，宽而浅的断面所需的功率将会大于窄而深的断面。由于没有现有机型可以类比，因此在确定新机型的功率时应该按单刀铣削过程所需的功率，通过合成的方法进行认真的计算来确定，可以估计宽 3.8m，铣深 10cm 所需的功率，大体上仍会超过 300kW。

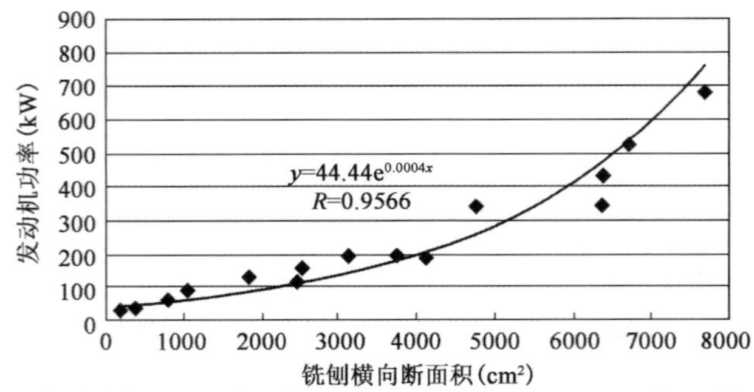

图 70　铣刨机功率随铣刨断面积而增长的统计规律

8.1.2　新机型在适用多种铣刨工况上的可行性

如上节分析中所示，新机型的功率大体上仍会接近现有的宽 2m，切深 30cm 机型的功率，这就为适应不同铣刨工况提供了可能。由于沥青路面的翻修作业将根据路面结构性破坏的程度而确定不同的翻修深度，不仅是表层的翻修，也可能需要对中、下面层进行翻修。因此新机型如能在满足表层翻修要求的基础上同时考虑到深度更大的翻修作业的需要，则将大大扩展新机型适应各种翻修作业的能力。具体来说，就是表层翻修可以按整车道铣刨的方式进行作业，当需要做较大深度的翻修时，则可按分二次铣刨的方式进行作业。新机型如能在功能上满足上述设想，则不论是从节省用户购置设备原始投入的角度，还是从功率的充分利用和降低使用成本的角度来考虑都是十分有利的。

为实现上述设想就必须使铣刨转鼓的宽度是可以调节的，因此新机型在设计时另一个重要的技术关键是如何实现转鼓宽度可变的调节方案。

8.1.3　新机型在转鼓宽度调节上的可行性

为了解决转鼓宽度的调节问题，可以考虑以下两种方案。

1）机械拼装式

机械拼装式还可分为多片式和多节式的方案。所谓多片式的拼装是将转鼓分成若干较薄的刀盘，用机械连接的方式将它们拼装起来。多片式拼装的好处是可以使转鼓宽度的调节接近于无级调节，但是生产比较复杂，使用调整比较麻烦。

所谓多节式的拼装是将整个转鼓分成宽度不等的若干节，根据不同宽度的需要，选择不同宽度的转鼓部件进行拼装，这是一种有级调节的方案，但在生产上比较简单，调整时也比较方便。

从技术和生产成本的层面上来看，机械拼装的方案，技术上比较简单，生产成本也较低。

2）液压拼装式

液压拼装式是采用液压油缸伸缩的方式来调节转鼓的宽度。这种方案必须将转鼓分成两排、三段，一排是固定宽度的，布置在整个铣宽的中央，另一排有左右两个转鼓，它们在宽度方向可以移动，这一方案类似于摊铺机液压伸缩熨平板的方案。为了实现在宽度方向上的移动，左、右两个转鼓必须支承在某种移动支承上，并靠液压油缸来实现它们的伸缩。

液压拼装式的方案显然在技术上要比机械拼装式复杂得多，在生产成本上也会较高，但是可以十分方便、轻巧地实现转鼓宽度的无级调节。

8.2　在薄层罩面中应用沥青—橡胶新材料的探讨

8.2.1　沥青—橡胶的特点和在减少铺层厚度方面的潜力

沥青—橡胶起源于美国，经过30余年的发展在技术上已臻成熟，美国已将沥青—橡胶列入了ASTM的标准中，许多州也都制订有相关的施工技术规范。为了区别目前被广泛采用的McDonald湿式处理法与其他干式和湿式处理法的不同，ASTM D8-88将它命名为沥青—橡胶（Asphalt-Rubber），并将它定义为"沥青—橡胶是由沥青黏结料、回收的废轮胎橡胶和某种添加剂组成，其中至少有总重量15%以上的橡胶成分，并在热沥青黏结料中充分反应从而使橡胶颗粒膨胀"。目前，沥青—橡胶这一新的黏结材料在美国、南非、澳大利亚等国得到了广泛的推广应用。我国也正在引进这一新技术，预计沥青—橡胶在国内也会迅速发展起来。

沥青—橡胶作为一种高黏度、高黏弹性的新黏结材料，它的各种性能特点主要来源于沥青—橡胶的基本特性——黏度随温度而变化的特性。沥青—橡胶在常温时表现为一种具有很好弹性恢复能力的弹性体，当温度在80℃左右时它是一种黏度非常高的半固体（黏度可比普通沥青高出15~20倍），而随着温度的上升，它的黏度将急剧下降，其下降的速率可比普通沥青快5~6倍，正是由于这一原因，沥青—橡胶在温度升高到160°~180°时能呈现出足够的流动性和和易性，以保证它在泵送、搅拌、摊铺、碾压等过程中的施工性能。沥青—橡胶的这种黏度变化特性还可以通过添加不同含量的橡胶屑来加以调节（图27）。从图27中可以看到，15%和18%两个橡胶屑含量是黏度曲线的两个转折点，因而通常橡胶屑的含量大都在18%~20%之间，最高可达22%。

沥青—橡胶的这种优越的黏度性质派生出了沥青—橡胶在性能上的一系列特点，这们是：

（1）高的弹性恢复能力使沥青—橡胶在常温和低温时都呈现出良好的延展性（它在-20℃时的温度应力只有普通沥青的1/3~1/4），因而有着极好的抗低温裂缝以及抗反射裂缝和应力吸收的性能（图71）。

（2）极高的黏度使沥青—橡胶在60~70℃时仍能保持相当大的抵抗剪切变形的能力（软化点可高达70~80℃），因而它同样还具有良好的高温抗车辙的能力。

（3）极高的黏弹性和坚韧性还使沥青—橡胶具有极佳的承受交变载荷的能力，它的疲劳破坏寿命要比普通沥青高出近20倍，比一般的改性沥青也要高5~6倍（图72）。

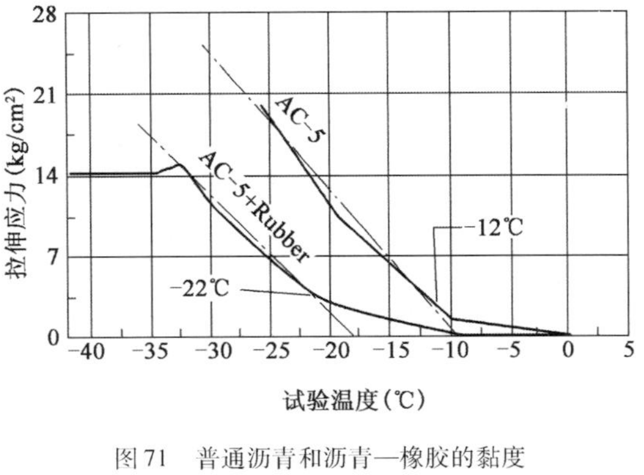

图71　普通沥青和沥青—橡胶的黏度随温度而变化的曲线

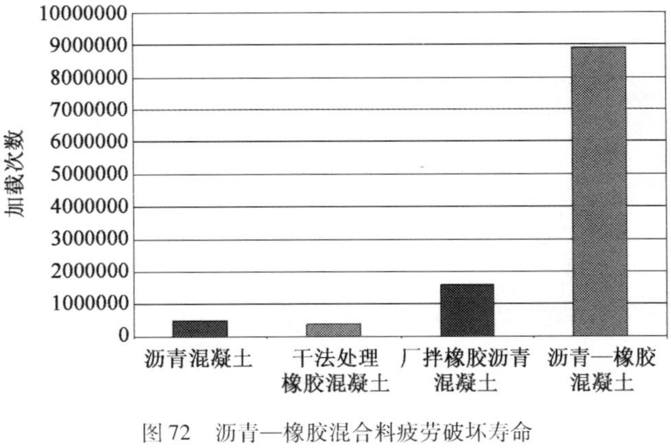

图72　沥青—橡胶混合料疲劳破坏寿命与普通沥青、改性沥青的比较

（4）高的黏性和高的黏结剂含量，使由沥青—橡胶生产的混合料即使在空隙率较高时仍能保持良好的密水性能。

沥青—橡胶的良好性能使采用沥青—橡胶混合料铺筑的路面不仅具有良好的高温和低温性能，而且大大提高了路面抗疲劳破坏的能力，这就意味着使用沥青—橡胶混合料的路面在减小铺层的厚度方面蕴藏着巨大的潜力。为验证沥青—橡胶路面降低铺层厚度的可行性，美国科学与工业研究委员会CSIR（Council on Scientific and Industrial Research）主持了一项规模庞大的工业性试验，试验是在公路现场进行的，选择了75mm的普通沥青（AC）罩面、38mm的沥青—橡胶混合料（ARHM）罩面和25mm的沥青—橡胶混合料（ARHM）罩面三种铺层作为试验对象，采用一台重型模拟加载车（图73）在真实的路面上进行加速疲劳破坏试验。模拟加载车的车架下方安装有专门的负荷轮加载装置，一个实际尺寸的轮胎用来作为负荷轮（图74）。表10显示了此项试验的基本结果，从图中可以看到在负荷轮荷重为40kN的工况下，当反复加载至100000次时AC罩面开始出现细小裂缝，至175000次时AC罩面出现了大裂缝，而两种ARHM罩面均安然无恙。当将荷重增加至80kN后，继续运行至200000次时AC罩面已完全碎裂，试验终止进行，此时25mm厚的ARHM罩面也开始出现细小裂缝，而38mm厚的ARHM罩面仍然完好如初。继续运行至23700次，25mm厚的ARHM罩面完全碎裂，而38mm厚的ARHM罩面仍保持完好。随后将负荷车环境罩的温度调低至-5℃后继续试验，当累计至250000次时38mm的ARHM罩面出现裂缝，至此试验全部结束。上述试验结果充分说明了沥青—橡胶混合料具备着大大降低铺层厚度的可能性，试验的主持单位Caltrans（加利福尼亚州运输管理局）建议沥青—橡胶混合料的铺层厚度至少可比普通沥青混合料降低50%。

图73 重型模拟加载车

图74 负荷轮加载装置

铺层厚度对比试验的基本结果 表10

重复次数	轮荷重(kN)	AC罩面路段(75mm)	ARHM-GG路段(38mm)	ARHM-GG路段(25mm)
0~100000	40	细小裂缝100000	—	—
100000~175000	40	大的裂缝175000	—	—
轮荷重增加到80kN				
175000~200000	80	完全碎裂	—	细小裂缝
200000~237000	80	测试停止	—	完全裂缝
表面温度降低到-5℃				
237000~25000	80	测试停止	测试段的另一半出现裂缝	测试停止

8.2.2 沥青—橡胶用于薄层罩面的优越性和在施工方面的难点

对于2.5~3cm的薄层罩面来说，通常没有太多的修复性养护和补强的作用，因此通常只能作为一种预防性养护的手段来使用。此时对于路面上那些薄弱的部位就可能较早地出现损坏，因此对于原路面承载能力较差或局部结构性损坏较多的情况，2.5cm的薄层罩面的厚度就会显得不足。

沥青—橡胶极好的黏结性能、极高的黏弹性、良好的密水性能以及大大提高的抗疲劳破坏能力，对于薄层罩面所存在的上述结构性缺点，正好可以起到较好的弥补作用。因此，沥青—橡胶混合料在薄层罩面的领域内应该说有着一系列特殊的优越性，它可以在不增加铺层厚度的情况下，大大提高它的承载能力、延长铺层的使用寿命,改善铺层抵抗低温裂缝、高温车辙和反射裂缝的性能。还可以减轻铺层的水损害和加强铺层与下承层之间的结合,是一种具有良好推广应用前景的新材料,也是成雅路在当前的养护对策中值得探索、尝试的一种新技术。

沥青—橡胶虽然有着许多优点,但是在薄层罩面的施工应用中也存在着一些难点,主要是在碾压施工中如何解决好沥青—橡胶混合料的压实性能差与薄层罩面的碾压条件又比较恶劣之间的矛盾。

薄层罩面的压实是沥青路面与压实中的一个特殊领域。薄层路面在压实时,有着一系列特点,主要是:

(1)薄层路面的铺层薄、散热快,尤其是在气温较低和风力较大的场合下(例如桥面铺装),混合料的热量更易失散,因而要求压实设备能有很高的压实效率,以便在较短的时间内将混合料压实到要求的密实度,而采用静作用的压路机则往往达不到规定的要求。

(2)由于铺层薄,在承受较大的冲击力下容易导致表层集料的压碎,特别是对以粗集料为主的嵌锁型结构的混合料(SMA、OGFC、Superpave 等)危害更大。

(3)过度的振动能量会从松铺层下已压实的下承层上反射回来,导致铺层表面振松。

沥青—橡胶混合料也是一种很难压实的材料,这是因为随着混合料温度的下降,沥青橡胶的黏度会急剧上升,而变得很难压实。因而必须在铺层温度下降至 150℃之前尽快地将混合料压实至规定的密实度。因此,如何使沥青—橡胶混合料在运输和摊铺过程中尽可能地保持较高的温度和减少热量的损失,如何提高压实效率、改进碾压工艺、采用新的压实技术(例如振荡压实技术),使沥青—橡胶混合料能在和易性较好的情况下得到充分压实,这些都是在推广应用这一新技术时需要考虑的问题。

8.3　就地热再生技术和冷整平—热拌再生技术适用范围的探讨与比较

在对就地热再生技术与冷整平—热伴再生技术的应用范围进行比较时,首先应指出冷整平—热拌再生技术是一种传统的,经历了长时间实践考验的成熟技术,而就地热再生技术,虽然早在 20 世纪 70 年代已经提出,但如前所述,由于经历了曲折的发展历程,目前仍然处于技术不断发展的过程之中。

就地热再生技术的突出优势是:就地消化所有的回收材料;不需要添加任何新料就可以使面层得到重新整形;很高的生产效率,一次性地完成翻修作业。但是就地热再生技术也有着一系列的局限性:

(1)由于翻松深度的限制,它不可能用来进行结构性的翻修与补强。

(2)尽管已经采用了一系列质量控制的方法,由于不加或加入的新混合料很少,它仍然不能像热拌再生技术那样容易达到新沥青混合料同样的质量或完全符合所要求混合料的特性。

(3)无法除去那些已经不适合进行再生的混合料,例如经受严重剪切流动和破碎的材料。

(4)由于很难对加有高分子聚合物的再生混合料进行充分拌和,以及使之达到很高的温度,因而不能用于对改性沥青的表层路面进行的翻修(这部分废旧材料不宜于再作面层材料使用)。

就地热再生技术的所有局限性都来源于一个基本的事实,就是沥青混合料是一种导热性很差的材料,这是一种本质性的缺陷,因而也是很难改变的,因此在探讨就地热再生技术的适用范围时,应该本着扬长避短的精神来合理地确定它的应用范围,而不是强要它做一些不能发扬它的长处反而会突出它的短处的事情。现在国内的一些用户在引进就地热再生技术时,对它提出了一些过高的要求,例如要求翻修深度大于 5cm,再生混合料的搅拌、摊铺温度要达 150℃以上,要求它在 3m/min 的速度下翻修改性沥青的路面等。对于这样一些要求的合理性是值得商榷的。

为了合理地确定这一技术的适用范围,首先应该确定它的工艺参数的合理范围,包括翻修的深度、再生混合料的加热温度、翻修作业速度以及复拌再生与重铺再生工艺的选择。以下是对这些工艺参数的合理范围进行的讨论。

(1)翻修的深度。

表层翻修的深度不宜要求过高,这是因为:

首先,表层翻修的对象是沥青路面的磨耗层,而磨耗层的厚度通常都在 4cm 左右,而接近 4cm 的翻修深度就可能将下承层的粗集料翻上来,导致再生料中集料级配的混乱。就我国的情况而言,由于铺层厚度控制不严，在许多场合，即使翻修深度设定为3cm，也可能将中面层的粗料翻上来而导致很难看的表面。

其次，从病害的深度来说，如果裂缝、坑洞等病害已经穿透了磨耗层，那么即使翻修深度达到了5cm也是不可能根本解决问题的，因为病害的深度也可能是6cm、7cm，而中、下面层的翻修终究不可能依靠就地热再生来解决。

第三，过分地追求翻修深度的结果只能是加大对旧路面热量的输入，这将不可避免地导致沥青材料的损伤，对于用热风加热的场合只能采取降低速度、加大循环风量的措施，这将导致热量的失散和能源的浪费，显然也是不可取的。

根据以上的分析就地热再生技术合理的翻修深度应该是2～3cm。应该指出，2～3cm的翻修深度是国际公认的合理深度，根据我们在美国的调研以及美国的一些权威出版物的资料，翻修深度大多在3/4～3/2in而最常用的深度是1in。

注：NCAT"Hot Mix Asphalt Materials, Mixture Design and Construction"给出的深度是1in(1996, p554)；美国沥青再生与再利用协会(ARRA)研究报告"An Overview of Recycling and Reclamation Methods"给出的深度是3/4～1½in；ARRA "Basic Asphalt Recycling Manual"给出的深度是3/4～1½in，最常用的是1in(2001, p84)。

(2)再生混合料的加热温度。

再生料的加热温度与翻修深度有着密切关系，要求过高的混合料温度，例如为了翻修改性沥青路面而要求混合料的摊铺温度达到150℃以上是不合理的，过高的温度不仅会损坏、硬化基质沥青，甚至还可能导致表层沥青的焦化，而且还会造成严重的蓝烟污染。当切深为3cm时，混合料的加热温度达130℃是合理的。

(3)翻修作业速度。

翻修作业的速度实际上决定了旧沥青路面加热的时间，过快的作业速度在输给单位面积的热量要求一定的条件下，就必须增大加热的强度，这同样会导致沥青路面的表面过热，但是过低的作业速度则会降低设备的生产效率而减少就地热再生技术的优越性。翻修作业的速度宜定在2～4m/min的范围内。

(4)复拌再生和重铺再生的选择。

就地热再生最大的优势就是一次性地完成翻修作业，如果需要在再生路面上再覆盖一层新路面，就必须要动用沥青搅拌设备、运输车辆以及摊铺和碾压设备，这将大大降低它的生产效率和增大它的生产成本，因而严重地削弱这一技术的竞争能力。因此应该尽可能地不用重铺再生的工艺，少加或不加新的材料。

根据以上的分析，就地热再生技术的适用范围为：

(1)作为一种预防性养护的手段，就地热再生技术适用于在路面尚未发生结构性损坏，而只有某些病害迹象或轻微缺陷的场合，对沥青路面进行周期性的养护。这种作业不需添加任何新料，只需就地重新对2～3cm的表层进行重新拌和，可以添加一些再生剂来改善沥青基质的性能，弥合微小的温度裂缝，消除局部的表面松散、泛油等轻微病害。

(2)作为一种修复性养护的手段，就地热再生技术适用于翻修深度不超过磨耗层的场合，最好控制在3cm之内，而且其他结构层应该有较好承载能力。它可以用来解决以下的养护问题：

①表面病害，例如泛油、浅的表层松散、细料失散、露骨磨光、改善抗滑性能。

②轻度的变形病害，例如3cm以下的浅部车辙、搓板。

③尚未扩展到深部的表层细小温度裂缝和表层的推移裂缝。

④改善路面的不平整。

如前所述，冷整平—热拌再生技术是一种经历了长期实践考验的成熟技术，它的成熟性表现在：

(1)总结有整套的工艺程序，包括：调查原路面；铣刨或翻松；再生料的预处理；再生料的堆放；再生料的给料；再生混合料的配合比设计与实验室评估；热拌再生混合料的生产；热拌再生混合料的重新铺筑等；

（2）制订有相应的技术规范和试验标准，包括：原材料的质量控制；回收料的取样方法和旧沥青的回收方法；混合料的设计；再生料的质量控制与质量认证等；

（3）具备了成熟的热拌再生用的搅拌设备；

（4）积累有长期的施工经验。

冷整平—热拌再生技术有着很宽的应用范围，适用于解决沥青面层的各种养护问题。在许多发达国家，热拌再生技术的应用比例大体上都在75%左右，因此在推广应用再生技术方面，热拌再生技术应该是推广应用的重点对象。

稀浆封层技术与设备的发展

孙祖望

（本文刊于《交通世界》杂志 2006 年第 5 期）

1 稀浆封层技术的历史发展与趋势

稀浆封层是一种由乳化沥青、完全破碎的集料、矿粉、水和添加剂组成的稀浆状的混合物。它在拌和均匀后被摊铺到原有的沥青路面上，形成一层与原路面接合牢固、具有抗磨表面结构的均匀养护层。

稀浆封层技术起源于 20 世纪 30 年代初的德国，它采用非常细的集料和沥青黏结剂、天然乳化剂和水搅成稀浆状的混合料来养护路面，并被证明为一种新颖而有前景的路面养护技术，是封层技术发展中的一项创新性的变革。20 世纪 30 年代后期，世界各地开始了有关此项技术的大量试验。当时稀浆是由一个中心拌和站来制作，通过计量、搅拌制成稀浆后，用带有缓慢旋转搅拌器的搅拌罐车运至工地以供摊铺使用（图 1）。

这样的工艺很难在现场形成高效率的连续施工作业。由于在稀浆的制作工艺和乳化剂性能上远不够完善，因而稀浆封层技术实际上并未得到更多的推广应用。直至 1960 年出现了第一台集搅拌与摊铺于一体的稀浆封层机（图 2），以及随后快凝式乳化沥青的迅速发展，使稀浆封层技术在工业化的应用上取得了突破性进展，成为一种路面养护新技术。

图 1 早期的稀浆封层工艺

图 2 20 世纪 60 年代的稀浆封层设备

稀浆封层技术发展历史上的另一次突破性进展，是与改性乳化沥青的发展紧密相关的。20 世纪 70 年代，欧洲的一些国家开始用改性乳化沥青取代普通乳化沥青来制作稀浆，以获得更厚的封层。德国是这一研究的先驱者。早在 20 世纪 60 年代末至 70 年代初，德国的一些科学家开始寻求某种可以用普通稀浆来摊铺更厚铺层的方法，以便用于修复路面车辙。最后他们选用优质集料和优质沥青，并在沥青中加入了高分子聚合物和乳化剂制成了改性乳化沥青。用这些原料制成的稀浆混合料不但比普通稀浆混合料多几倍的厚度，而且能保持良好的稳定性。这种稀浆混合料在当时被称为微沥青混凝土（Micro Asphalt Concrete）。

20 世纪 70 年代中期，法国一家公司 Screg Route 将其生产的微沥青混凝土定名为封层树胶（Seal-Gum），随后这一技术转移到德国一家公司 Raschig，并以“Ralumac”的商标名于 1980 年卖到美国。20

世纪80年代后期,西班牙一家公司“Elsamex”开发了自己的微沥青混凝土,定名为微封层(Macro Seal)在市场上销售。尽管有多种多样的名称(有些现在还在使用),但最终被定名为一通用的名称“微表封层”(Micro-Surfacing)。微表封层的厚度比普通的稀浆封层厚(可达1.2cm左右),在功能、寿命与快速开放交通方面更优于普通的稀浆封层。

稀浆封层和微表封层的优点是:

(1)不需喷洒黏层,没有碾压工序,一台机器即可连续作业,生产效率高,施工成本低。

(2)快捷、方便,影响交通时间短。

(3)解决预防性养护问题,具有良好的抗滑性能。

(4)微表封层还扩大了修复性养护功能,包括:深度车辙的修补、横向轮廓的校正、较宽裂缝和窄小坑槽的填封、轻中度松散和泛油等病害的矫正。

稀浆封层技术发展到20世纪90年代,技术上已经成熟,在世界许多国家中已成为高速公路预防性养护的主要手段,而且它的应用领域也在不断扩大。稀浆封层技术今后发展的总趋势,仍将围绕着材料、工艺、设备三方面的改进,不断地完善稀浆封层的综合技术。

在材料方面,将围绕着增加铺层厚度、改善乳化沥青与集料的相容性、降低行车噪声水平,研究新材料,如加入纤维材料和其他新的添加剂,研究新的改性乳化沥青、橡胶乳化沥青黏结剂等。

在工艺方面,一方面是稀浆封层自身工艺的不断改进,另一方面是与其他封层工艺的复合使用,以求从工艺上来改善封层的使用性能和寿命。

在设备方面,将进一步向机器作业过程运转状态实时监测、自动控制和智能化操作方向发展。

2　现代稀浆封层机的基本结构与性能及技术发展方向

2.1　基本结构与性能

随着稀浆封层工艺的日益成熟,现代稀浆封层机的基本结构与组成也已定型。图3显示了稀浆封层机的基本结构,它是由集料、乳化沥青、水、填料和外加剂等各种原材料的储存容器、计量控制系统、搅拌缸、摊铺箱以及安装各种上部结构的底盘组成。虽然上述基本组成部分是各种品牌的稀浆封层机都具备的,而且稀浆的生产工艺和摊铺工艺也基本相同,但是各种品牌的稀浆封层机在每一组成部分的性能和技术取向上,还是有不少差别。目前在中国市场上进口稀浆封层机的品牌主要有:美国VSS公司、Akzo-Nobel公司(该公司已被BergKamp公司兼并)、CPM公司、BergKamp公司和德国的Breinning公司等。以下将结合国内外不同品牌稀浆封层机的结构介绍现代稀浆封层机各组成部分的技术特点:

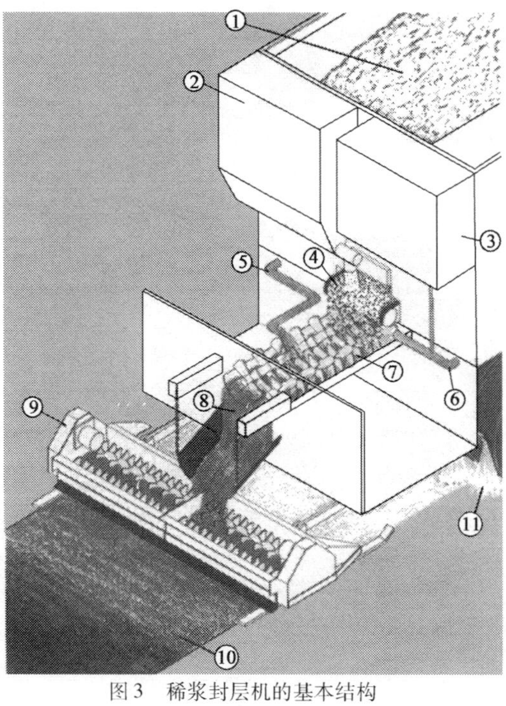

图3　稀浆封层机的基本结构

①-集料仓;②-填料仓;③-添加料仓;④-计量后的集料;⑤-计量后的乳液;⑥-计量后的水和添加剂;⑦-搅拌器;⑧-稀浆混合料;⑨-摊铺箱;⑩-从棕色到黑色;⑪-路面喷水

2.2　底盘类型

安装上部装置的底盘可以分为两种类型,一种是重型卡车底盘(图4),另一种是拖挂式挂车底盘,由单轴或双轴牵引车提供牵引动力(图5)。卡车底盘由于总长小、轴距短、转弯半径小,机动性和灵活性均比拖挂式的好,缺点是由于载重量限制,所能装载的原材料会比拖挂式的少。

图4　车载式稀浆封层机

图5　拖挂式稀浆封层机

2.3　原材料储存系统

原材料储存系统通常包括：集料仓、乳化沥青罐、水箱、填料箱和添加剂容器。随着稀浆封层技术的发展，稀浆混合料的组成成分会更多，所以在一些稀浆封层机上还增加有纤维、矿粉、固体添加剂等容器。

车载式稀浆封层机由于载重量的限制，通常集料仓的容量不超过 $10m^3$，乳液和水罐的容量一般不超过 3000L，如需更大的容量，通常都采用拖挂式底盘，此时乳液、水的容量也将随之增大(图6)。

图6　采用拖挂式底盘，可以增大乳液、水的容量

2.4　计量控制系统

计量控制系统是稀浆封层机重要的核心部分，它对机器的作业性能有很大影响。从计量方式来看，目前稀浆封层机上使用最多的是容积计量方式。集料等固体材料是通过料仓闸门以及给料皮带的速度来进行体积计量的，乳液等则是通过容积流量计来进行体积计量的。所有体积计量的数据，均需要通过标定来转换成重量数据。

更为先进的方式是集料的重量计量方式，它采用安装在集料皮带上的皮带秤以直接称重方式获得每一材料断面的重量流量。不论从计量精度还是从操作方便来看，重量计量方式都比体积计量方式好。目前，某些品牌已经采用了集料的重量计量方式。至于乳液，则仍然是容积式计量，但采用了更为精确和便于标定控制的流量计来进行体积计量。图7是德国 Breinning 公司采用的集料重量计量和泵控乳液流量的示意图。

关于输入搅拌器的各种原材料供给量控制系统，最早、最简单的方式就是不可调节的定量控制方式。各种原材料的供给量都是按配合比的要求手动设定的，一旦设定后在生产过程中就不再调节了(图8)。这种方式的缺点是，由于在稀浆封层生产过程中不可能再改变材料供给的比例关系，一旦实际配合比不合适，就会冒失败风险，因此这种控制方式目前已很少采用。

在定量控制基础上发展起来的是定量控制手动调节控制系统，这是目前广泛应用于体积计量系统中的控制方式，它的特点是：

采用机械连耦的方式保持各种原材料的供料比例。各供料系统的驱动转速是不可调节的，是由一根共同轴进行驱动。改变共同轴的转速可改变稀浆混合料用量，但混合料中各组成成分的比例仍保持不变，由此来实现“共轭”控制。

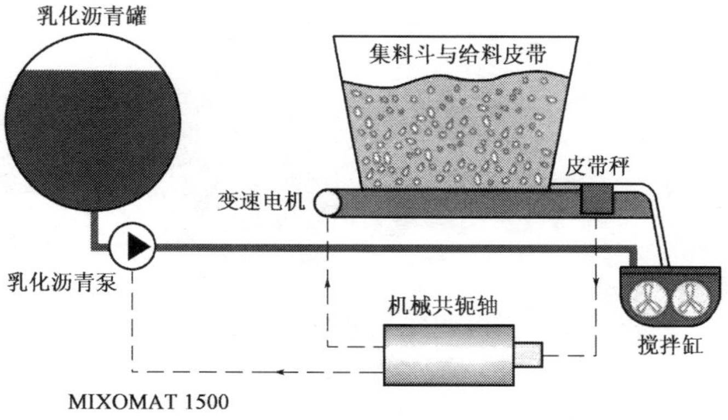

图7　集料的重量计量方式

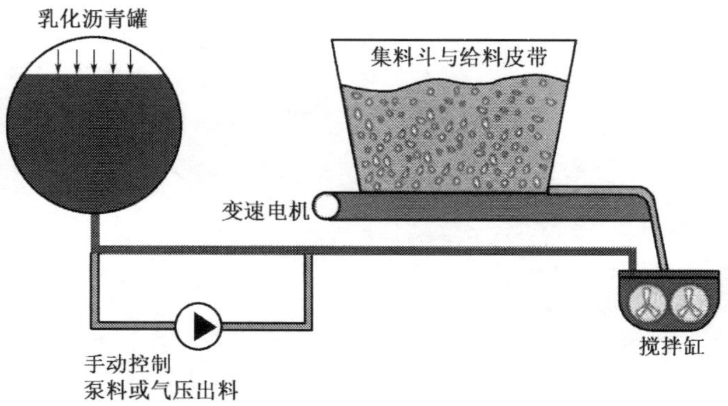

图8　不可调节的定量控制方式

各供料系统上安装有各种计量装置，如闸门和阀门开度计数器、乳化沥青和水流量计等，作为手动调节的依据。

工作中各种原材料的供给量比例一般不作调节，如确有必要，可手动调节闸门、阀门进行微调。

在实现集料重量计量的条件下，就有可能实现乳液与集料供给量之间的主从反馈控制方式，亦即按照集料的称重变化量来调节乳液的供给量，使之时时保持要求的比例关系（图7）。

上述控制方式的进一步发展，则是对各种原材料实现独立的计算机“共轭”控制方式（图9）。

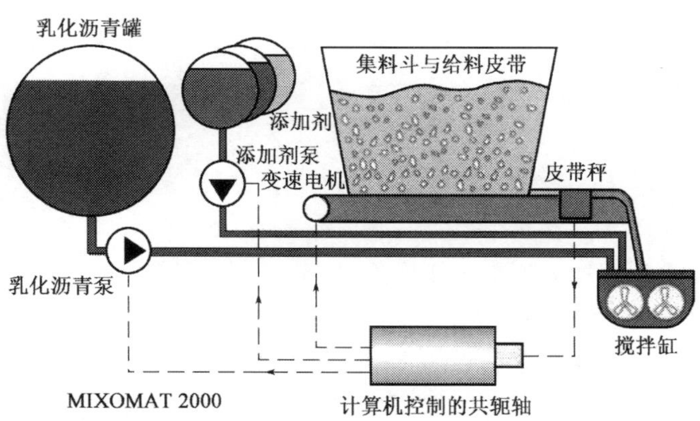

图9　独立的计算机“共轭”控制方式

2.5 搅拌装置

早期的稀浆封层机曾采用过单轴带状螺旋搅拌器，但现在，绝大多数稀浆封层机都采用了双卧轴桨叶式搅拌器，这是一种拌和性能良好的传统搅拌装置。虽然在搅拌器的总体设计上没有多大区别，但是在一些技术细节上，各品牌的搅拌装置仍然做了不少改进，如为增强对不同材料的适应性，许多搅拌器做成转速可变、方向可反、节距可调的桨叶；为方便更换易损零件和便于清洁，有些机型的搅拌装置装有可打开的拌缸底门和可向外拉出的拌缸；为增加拌缸和桨叶的耐磨性，大多采用专门的耐磨材料和可以更换的缸壁衬板等。图 10 是一种节距可调、转速可变的双卧轴桨叶式搅拌装置。

2.6 摊铺箱

摊铺箱的功能是将稀浆混合料均匀地摊铺在原路面上。用于摊铺普通乳化沥青稀浆混合料的摊铺箱通常只有一排，左右装有两根布料轴。布料轴大多数采用螺旋形式，也有叶片式的。随着微表封层技术的发展，摊铺箱的结构有了很大改变，这是因为改性乳化沥青的稀浆混合料稠度大，更难摊铺均匀，上述单轴式摊铺箱不能适应摊铺改性乳化沥青的需要。改性乳化沥青稀浆混合料摊铺箱与普通稀浆摊铺箱的差别为：首先是通常都有两排或三排布料轴，而且这些布料轴都是可以正、反两个方向旋转的，以便更好而均匀地进行摊铺作业；其次是由于铺层厚度增大，通常需要较软的橡胶后刮板；第三，除了左右两个支承滑靴外，还配备有第三个安装在中间的滑靴，以便摊铺更宽的路面和便于正确地调拱。摊铺箱的宽度通常为一个车道的宽度，以便将稀浆封层的纵向接缝隐藏在车道分隔线下面。

图 11 是 VSS 公司的微表封层摊铺箱，它采用了两排带状螺旋叶片的布料器，加强了摊铺过程中的搅拌作用，可以防止摊铺较宽的路面时产生材料离析。

图 10 双卧轴桨叶式搅拌装置

图 11 VSS 公司的微表封层摊铺箱

为了适应摊铺不同宽度的稀浆封层，现代的摊铺箱都做成宽度可调的。改变摊铺宽度比较简单的是采用机械拼装方法。但更为方便和完善的方式是目前在改性稀浆封层摊铺箱上广泛采用的液压伸缩、无级可调的结构，它可在施工过程中改变摊铺宽度，以便更灵活地适应路面宽度的变化。

20 世纪 90 年代，微表封层摊铺箱的一个新改进是在摊铺箱后方增加了一个第二刮平器。它可以抹平刮痕，进一步整平表面，从而获得更加美观平整的封层。图 12 是带有第二刮平器的微表封层摊铺箱。

作为微表封层的一个重要应用领域——车辙修补，需要专供车辙修补用的摊铺箱（图 13）。它由两块刮板组成 V 形槽，刮板内侧分别安装有两根多叶片搅拌轴或两个带状螺旋搅拌器，可以将稀浆混合料导入车辙的中央深凹处。在摊铺箱的后部通常有可以调节拱度的整平板和随后的橡胶刮板。车辙摊铺箱的宽度通常有 1.5m 和 1.8m 两种，有时也可将 V 形刮板的宽度做成可调的，可以从 1.5m 调整成 1.8m（例如 BergKamp 公司的车辙摊铺箱）。

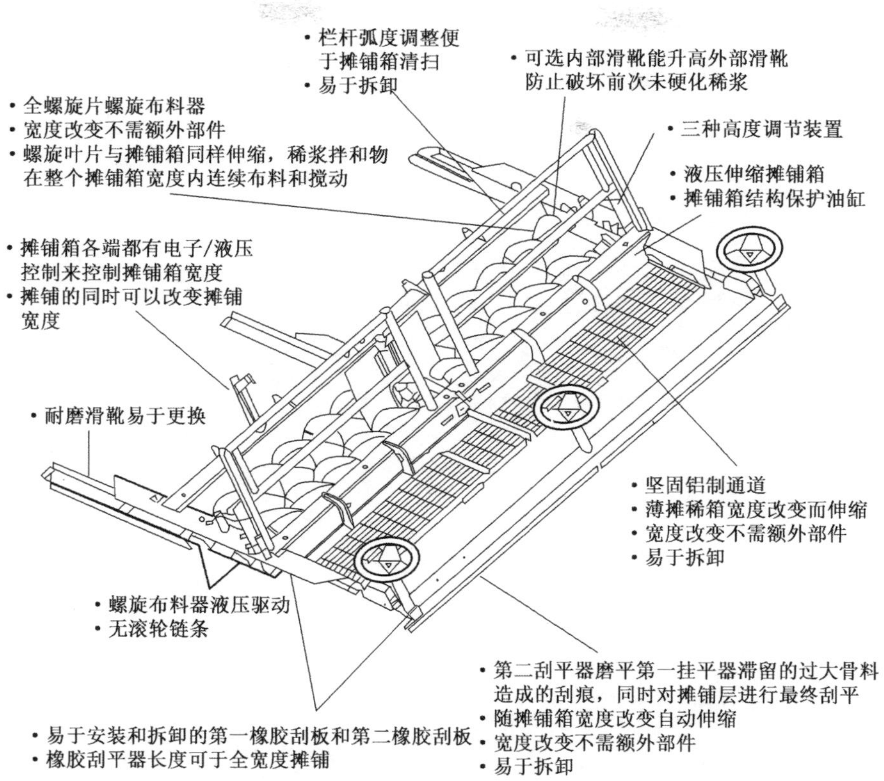

图12　带有第二刮平器的微表封层摊铺箱

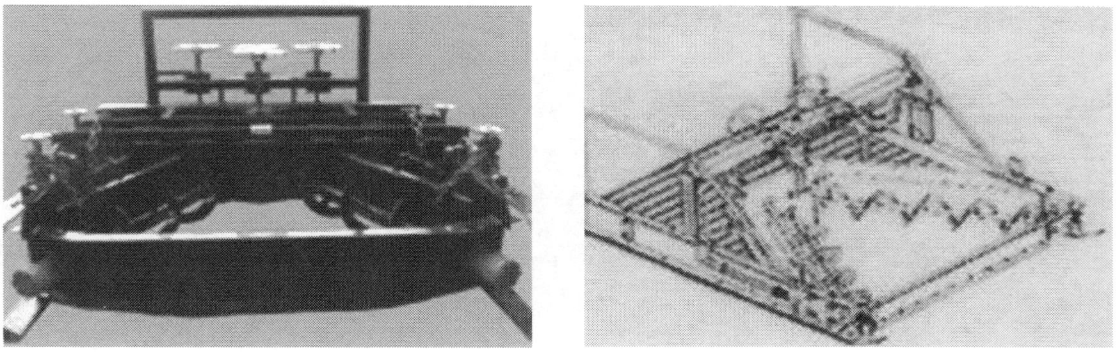

a)　　　　　　b)

图13　专供车辙修补用的摊铺箱

2.7　连续式稀浆封层机

间歇式作业的稀浆封层机，每当摊铺完一车料后，必须驶离现场去料厂加料后再回来继续摊铺。在很多场合下，来回装料的时间远比摊铺作业的时间更多。稀浆封层机的作业利用率很低，因此国外的一些厂商在20世纪70年代就开始研制可以连续作业的稀浆封层机，使集料、乳化沥青、水等原材料可在作业过程中进行加料而不必停止工作。这种连续式稀浆封层机的生产效率，适合于大规模稀浆封层作业。现在一些生产稀浆封层设备的厂商大多有自己的连续式稀浆封层机，如Akzo-Nobel公司的CRM500型、VSS公司的CR-1000型、BergKamp公司的M1型、Breinning公司的EL型等。图14是BergKamp公司的M1型连续式稀浆封层机。图15是连续式稀浆封层机现场作业情况。

2.8　技术发展方向

稀浆封层机技术，可以有以下一些主要发展方向：

(1)在原材料计量方面，容积式计量方式将逐步向计量更精确、标定更方便、能保证更高配合比精度的重量计量方式发展。

(2)在原材料配合比的控制方面,将逐步向各种原材料的独立控制、计算机自动比例调节的方向发展,从而实现在线实时调节和进一步提高配合比精度。

图14　BergKamp公司的M1型连续式稀浆封层机

图15　连续式稀浆封层车在现场作业的情况

(3)为保持摊铺速度恒定不变和更为准确地调节车速,有可能进一步向自动测速、自动调节的恒速控制系统和液压驱动专用底盘方向发展。这一点在技术上是完全可能和已经成熟的,而主要取决于稀浆封层应用技术对它的需求,以及市场对性价比的接受程度。

(4)作业过程(包括原材料计量、配合比精度、稀浆用量、作业面积等工作参数)和机器的运转状况,将逐步向实时监测、自动控制和智能化方向发展。

3　稀浆封层在国内的应用情况和展望

我国是在20世纪80年代后期引进稀浆封层技术的。第一台自行开发试制的稀浆封层机FX－6型诞生在辽宁省,与此同时也陆续进口了一些稀浆封层机。在80年代末至90年代初这一时期内,北方的一些省份,如辽宁、河北、河南等都试铺了一定数量的稀浆封层,引起了人们广泛的兴趣。但在随后的推广应用中,由于材料、施工工艺和设备方面不够完善,特别是对稀浆封层作为一种综合技术,在材料、工艺、设备三者之间紧密联系、相互制约的重要性认识不足,导致了一些失败的例子,出现了脱落、龟裂、泛油等比较严重的质量问题,使得稀浆封层技术的推广停滞了一段时间。20世纪90年代,国家加强了稀浆封层设备的研发工作。在同一时期,许多省份也引进了一批比较先进的稀浆封层设备,再加上多年累积经验的基础,在20世纪90年代后期,稀浆封层技术在我国的应用又进入了一个新的发展时期。稀浆封层的应用已经从县乡道路发展到国省道,进而发展到高速公路主干线。近几年微表封层技术也引入我国,并在京石、石太、太旧、沪宁等高速公路上得到了大量应用。稀浆封层正在全国越来越多的省份得到推广应用。国内一些筑路机械厂生产的稀浆封层机的技术水平也在不断提高，一些产品的性能已可基本满足推广的需要。

虽然我国稀浆封层技术的推广应用取得了很大成绩，但在设计、实验室评估、施工、质量控制与验证等方面与国外相比仍有很大差距，在综合技术的研究和规范化方面还有许多工作需要去开拓，而在实践中多年积累的经验也需从理论上总结和提高。做好这些工作，将推动我国的稀浆封层技术进一步向前发展，在公路建设和养护工作中发挥更大的作用。

沥青路面再生技术的现状与发展

孙祖望

（本文刊于《建筑机械》杂志 2005 年第 4 期，系根据讲课
幻灯片整理，编辑时补充了文字说明）

摘　要：沥青路面再生技术的重大进步和普遍推广是从 20 世纪 70 年代中期开始的，到 70 年代末在许多国家中再生技术成了道路施工的热点。发展沥青路面再生技术是我国可持续发展战略的要求。本文以综述的形式对沥青路面各类再生技术的发展过程及现状作了概要的介绍。

1　沥青路面的翻修

沥青路面在交通载荷与气候影响的作用下，随着时间的推移路面状况、服务能力将逐渐恶化，虽然预防性和修复性养护可以趋缓恶化的速率，但路面必须进行翻修的时刻迟早会到来。最原始的翻修方法是用人工，随后是用松土齿、推土机、装载机或铣刨机将旧的沥青路面除去、移开、整平原结构层，然后重铺新路面。在公路建设发展的初期被翻修的旧沥青路面材料是作为废料被抛弃的，这是一种普遍使用的传统方式。

随着现代公路建设的迅速发展和社会进步要求的日益提高，这种在翻修过程中废弃大量旧沥青路面材料的做法越来越引起公众的关注，而沥青路面的再生技术也日益受到各国的重视。现代沥青路面的翻修技术总是与再生技术联系在一起的。

1.1　翻修作业的分类

按照沥青路面损坏的程度，路面的翻修作业可分为：表面层翻修；面层结构性翻修；结构补强性翻修。

1）表面层翻修

当路面的损坏仅涉及表面的磨耗层时，例如集料露骨、磨光、表面松散、剥落、泛油、抗滑性能恶化、较浅的车辙和变形等表面层病害，可仅仅对路表面进行翻修。表层翻修是一种功能性的翻修，实质上可看做预防性或修复性养护的延续。

2）面层结构性翻修

当路面的承载结构层发生破坏时，则需要对路面的各结构层进行翻修，称为结构性翻修。根据损坏波及的范围，它可以仅仅翻修沥青面层。当路面的损坏涉及路面的基层和底基层时，则需要对基层进行翻修，称为基层翻修。

3）结构补强性翻修

当原路面的交通载荷已经超出设计载荷，翻修的路面需要进行结构性补强时，称为结构补强性翻修。在进行结构性补强时，不仅要对原路面进行翻修，通常还要增加结构层或增加原结构层的厚度。

1.2　翻修时机的选择

通常沥青路面的质量下降 40% 时就应进行翻修。及时进行路面翻修不仅可保持路面较好的行驶性能，而且可节约工程费用。不及时翻修，路面状况将很快恶化，翻修的费用将大大增加。根据世界银行资料，在质量下降 80% 时的翻修费用要比质量下降 40% 时高 4 ~5 倍（图 1）。

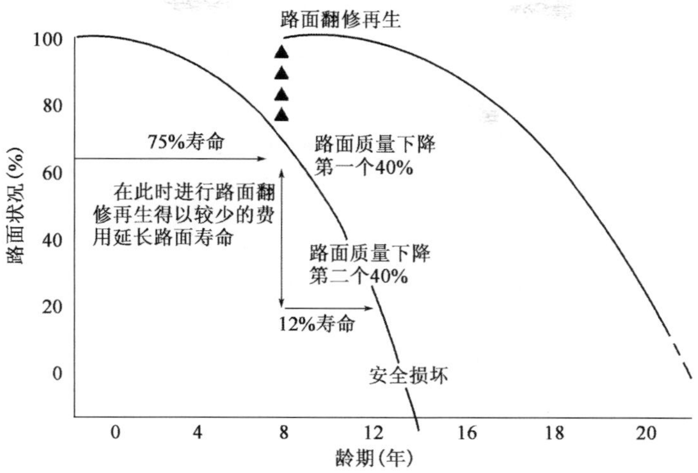

图1　翻修时机的选择

1.3　翻修方法的选择

路面翻修方法的选择是一个养护决策的问题，正确地进行养护决策对于最大限度满足交通服务的需求和合理使用养护维修资金以获得最佳费用—效益有着十分重要的意义。影响正确选择路面翻修方法的因素众多，不仅有诸如原路面的技术状况、病害类型、当前与未来交通量的需求等技术性的因素，还涉及资金来源、材料供应、施工工期、期望的路面性能与寿命等一系列非技术性的因素。因此，很难简单地给出一个最佳的路面翻修方案，而只能通过某种科学的评估程序对若干种初选的方案进行分析比较，才能获得一个在某些约束条件下相对最为合理的方案。图2和图3分别给出了美国国家沥青技术中心(NCAT)编写的《路面再生指南》和沥青再生与再利用协会(ARRA)编写的《沥青再生手册》提供的选择路面翻修再生技术的流程图。

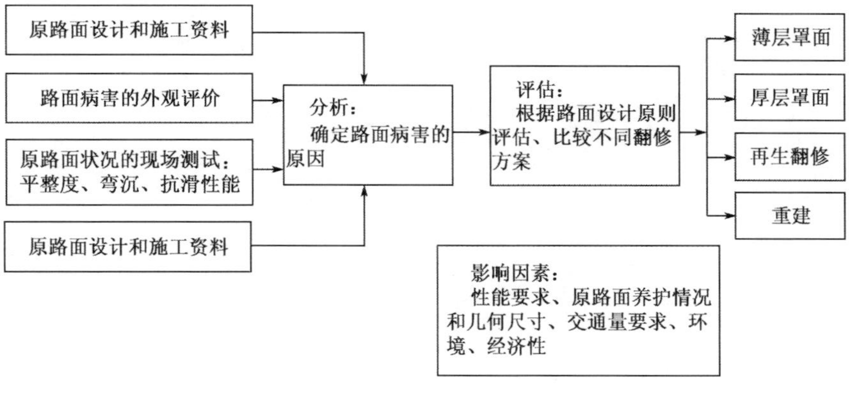

图2　美国NCAT《路面再生指南》给出的选择路面翻修再生技术的流程图

图2和图3所示的流程实际上包含了三项主要的工作：原路面工程条件的调查与评估；对工程项目的约束条件和所期望的路面性能与寿命的评估；对初步选择的若干翻修方案进行费用—效益分析比较，并最终确定优先采用的方案。

1.3.1　原路面工程条件的调查与评估

任何一种沥青路面翻修和再生工程的第一步就是对原路面工程条件的调查与评估。原路面工程条件调查与评估的目的是为翻修工程的设计，包括路面的翻修方案、再生路面的设计、再生方法的选择、再生混合料的设计、施工方案的设计、经济和环境分析等，提供依据。原路面调查与评估的基本内容包括：原路面历史信息的调查；路面病害、破损状况的评估；路面使用性能的评估；原路面材料性能的评估；原路面几何形状的评估。

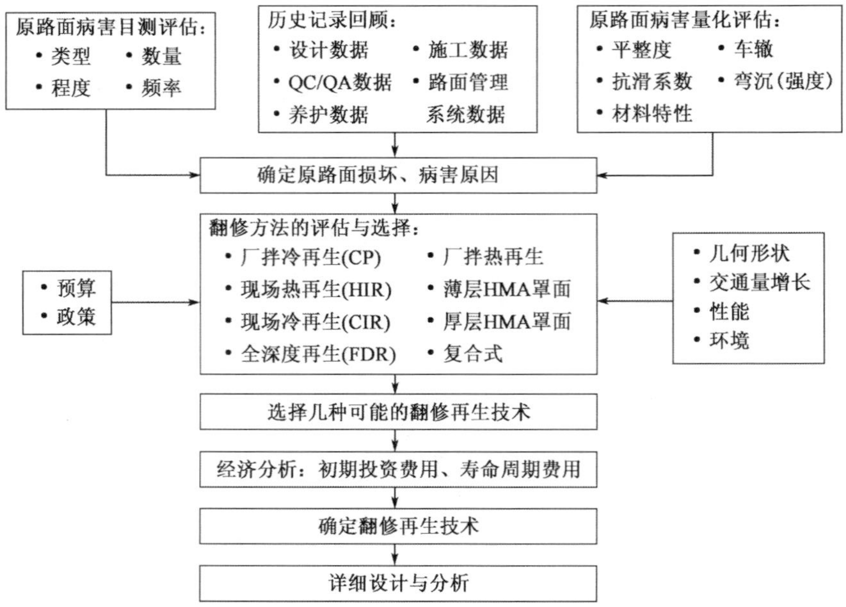

图3 美国ARRA《沥青再生手册》给出的选择路面翻修再生技术的流程图

1)原路面历史信息的调查

原路面历史信息的调查主要包括收集以下各项资料:

(1)原路面的设计、施工、竣工验收的资料。

(2)质量控制和检验数据。

(3)养护活动的资料。

(4)路面管理系统采集的数据等。

2)原路面使用性能和路面病害、破损状况的评估

原路面使用性能和路面病害、破损状况的评估主要包括以下各项内容:

(1)路面病害的外观评估,通过目测对病害的类型、严重程度作出定性的评价。

(2)路面状况、使用性能、服务能力的现场测试,包括路面平整度、车辙深度、破损状况、抗滑性能、承载能力等。

(3)原路面强度的评价,应根据现场检测的结构厚度、弯沉、动态圆锥贯入度等对原路面剩余的承载能力作出评估。

(4)根据设计交通量(ESALs)和预期增加的交通量确定是否需要补强。

3)原路面材料性能的评估

原路面材料性能的评估是各类再生方法原路面调查中最重要的内容。原路面材料的评估,应根据历史资料的分析,外观评估和现场测试的资料,将取样段分成若干具有同质和均匀材料或具有相同性能的取样段,然后分段取样。通过对料样进行实验室分析,对包括铺层厚度、矿料级配、结合料含量及老化程度等材料特性作出分析与评估。材料的取样方法对评估结果的真实性与可靠性有着十分重要的意义。

取样的方法通常可以有两种:

(1)按要求翻修的深度采用短距离的铣刨,取刨松的材料作为实验室分析的样本。

(2)用取芯法按固定间隔或随机地钻取多个芯样,芯样的数量取决于取样段材质的均匀性,均匀性好的数量可少一些,均匀性差的数量应多一些。

取样方法总的要求是必须具有代表性,因此要避免在最好或最差的区域取样,取样点应在整个路宽内选择,避免在一固定的车道上取样;取样的位置和特征应记录,并进行评价,例如在车迹的位置、特定破损的区域等。对于基层材料的取样应挖开面层材料后取样,或将芯样的面层部分去除。

4)原路面几何形状的评价

原路面几何形状的评价主要包括以下各项内容：

(1)对原路面几何线形的评价,做出是否需要改线、加宽、排水设施的改造。

(2)评价是否需要对地下设施、结构进行改进。

(3)是否需要进行纵、横坡的校正。

(4)是否需要对窨井盖等路面公用设施进行改建或提升(降低)高度等作出评估。

所有的地下和地面设施的改建均应在路面再生前进行。

1.3.2　对工程项目的约束条件和所期望的路面性能与寿命的评估

对工程项目的约束条件和所期望的路面性能与寿命的评估包括:对交通条件、气候条件、各项再生技术所能达到的性能等技术性约束条件的评估和预算资金、材料供应、施工条件、环境影响、期望的路面性能与寿命等非技术性约束条件的评估。

1)交通条件的评估

交通条件的评估通常包括两个方面:一是对现有路面的交通载荷与流量以及未来预期交通量的评估,并作出某种再生技术是否适用于这一交通条件的决定;二是对再生过程中交通管制和安排的评估,包括：

(1)需要进行交通管制和控制的区域与时间。

(2)施工标识的安排。

(3)运输车辆通道的安排等。

2)施工条件的评估

施工条件的评估主要包括对原路面及周边的环境是否适用于实施该种再生工艺的评估,例如铣刨后的原路面是否能承受再生设备的重压,是否有必要的停放设备的场地,是否留有必要的材料运输通道,立交桥、地下通道的净高是否能满足施工设备、车辆的通行等。

3)环境条件的评估

环境条件的评估包括：

(1)路面再生过程中发生的废气、烟雾、噪声等污染的评估。

(2)是否需要采取必要防护措施的评估等。

4)再生技术所能达到的性能和期望的路面性能与寿命的评估

再生技术所能达到的性能和所期望的路面性能与寿命的评估通常是一个问题的两个方面。不同的路面再生技术所能达到的再生混合料性能、能解决的路面病害、能到达的翻修后路面的寿命是不同的。而期望的路面性能与寿命则受到预算资金、材料供应来源、业主或主管部门的要求等非技术性因素的约束。因此在选择再生技术时需要对这两方面的约束因素做出平衡的考虑。

1.3.3　翻修方案经济性的评估和费用—效益的分析

经济性评估是对某种再生技术在特定的原路面条件下实施时的费用—效益分析(Cost-Effectiveness Analysis),常用的费用—效益分析方法有：

(1)寿命周期成本分析(Lyfe Cycle Cost Analysis)。

(2)寿命周期价格法(Life Cycle Costing Method)。

(3)现值比较法(Present Worth Comparison Method)。

(4)当量平均年费用法(Equivalent Average Annual Cost Method)。

(5)投资回收率法(Rate-of-Return Method)。

(6)投资收益率法(Benefit-Cost Ratio Method)。

对于项目级的成本—效益分析,在上述各种费用—效益分析方法中,当量平均年费用法是一种最为简单、实用的方法,它简单、明了,不受物价、利率、贴现率等因素的影响。当量年费用也称平均年寿命单位费用,它首先根据大量的工程实践和统计资料确定出各种翻修方法的预期使用寿命,然后将某一种翻修方法的预期使用寿命除以单位费用(例如单位面积的费用)就可以得到该种翻修方法的单位成本平均至使用寿命期内每一年的费用指标——当量平均年费用。

当量年费用可按下式计算:

$$\mathrm{EAC}=\frac{\mathrm{UC}}{\mathrm{ELT}}$$

式中:EAC——当量年费用(元/m^2);

UC——单价(元/m^2);

ELT——预期使用寿命。

当量年费用是一个包含了效益和费用的综合指标。效益是由能维持多长的服务时间(使用寿命)来反映的,费用是由单位成本来反映的。寿命周期越长,单位成本越低,EAC 就愈低。当量年费用法的关键是确定该种翻修方法合理的服务年限。这一评价指标最大的优点是具有良好的可比性,不论采用何种翻修方法,或者虽然采用同一翻修方法但由于所用的材料的性能、数量和施工工艺不同而导致的在单位费用的差异都可以通过当量年费用这一指标得到平衡而使它们处在同一水平线上来进行比较。EAC 指标为优化翻修方法决策提供了一个目标函数,这就是“平均年寿命单位成本最低”。

2 再生技术的背景与历史发展

2.1 再生技术的发展背景

路面翻修过程中产生的大量废弃物面临着两方面的社会问题:环境污染;浪费资源。

任何一个国家的公路建设发展到一定的阶段,提出废旧沥青路面的回收和再生要求是必然的。不仅是沥青路面,而且其他基础设施的翻修、重建(例如:房屋建筑、市政设施、桥梁涵洞等)都会产生大量废弃材料,还有其他许多工业废料(矿渣、粉煤灰、旧轮胎、碎玻璃等)都希望通过沥青路面的翻修和重建进行回收利用。这也是任何一个国家在基础设施建设发展到一定阶段都会面临的问题。

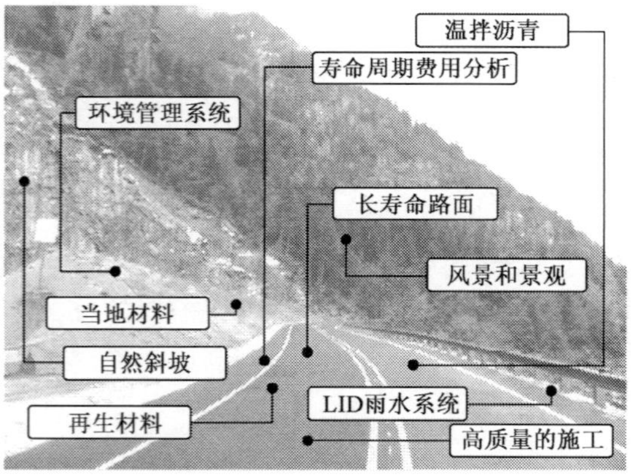

图4 路面再生技术在建设绿色道路中的体现

进入 20 世纪 90 年代,人们越来越认识到气候变暖对地球和人类的威胁。1997 年 12 月,《联合国气候变化框架公约》第 3 次缔约方大会在日本京都召开。149 个国家和地区的代表通过了旨在限制发达国家温室气体排放量以抑制全球气候变暖的《京都议定书》,发展低碳经济的呼声日益高涨。

在公路建设方面提出了“绿色道路”新概念。“绿色道路”成为可持续发展的道路建设的一个形象化的代名词,进一步推动了沥青路面再生技术的发展。现在在美国、欧洲等发达国家中,几乎没有一项道路工程中是不使用再生混合料的(图4)。

发展沥青路面再生技术是在我国公路建设中体现“可持续发展战略”和“建设资源节约型、环境友好型社会”国策的必然要求,它表现在:

(1)保护生态环境。

(2)节约石油和矿山资源。

(3)降低公路翻修和重建成本。

2.2 再生技术的发展历史

2.2.1 热拌再生技术的发展

热拌再生技术是最早出现的沥青路面再生技术,它的发展可追溯到 19 世纪末至 20 世纪的初期。现在可查到的第一个关于热沥青混合料再生技术的专利发表于 1898 年。1915 年美国的 Warren Brothers 公司,在它销售的小册子中指出该公司生产的移动式搅拌设备“可成功地加热和再生现有沥青路面刨下的薄片,并在成品混合料的成本上获得可观的节省”。在随后的 15 ~ 20 年内,在美国东部的城市区域曾生产过可观数量的沥青路面再生料。

随着众多新炼油厂的建立,沥青供应大大增长,价格不断下跌,使生产再生料的趋势逐渐停顿下来。在石油危机之前的年份里,美国现知的生产最大数量沥青路面再生料的公司是 Alleghnery 公司,它在 1953 年至 1969 年间也只生产了数千吨的再生料。虽然用热拌方法生产再生沥青混合料的技术很早就开始发展了,但由于石油沥青的大量供应,此项技术并未引起更多的重视,在石油危机之前的年份里沥青路面再生料的生产是十分有限的。

20 世纪 70 年代初的石油危机重新点燃了对沥青路面再生技术的热情,沥青路面再生技术的重大进步和普遍推广是从 20 世纪 70 年代中期开始的,至 70 年代末在全世界的许多国家中,再生技术成了道路施工的热点。从石油危机中人们看到了沥青路面再生技术富有生命力的前景,并预感到它在今后时代里在材料、能源的节约和经济效益方面的巨大潜力。

1977 年美国的 NAPA 成立了“沥青再生委员会”,出版了第一本系统论述沥青路面再生技术的报告。1984 年美国 Asphalt Institute(AT)出版了“利用回收沥青混凝土的柔性路面混合料设计”。推动再生技术在 20 世纪 70 年代中后期迅速发展的推动力除了沥青价格的不断上涨,使旧沥青路面成为一种宝贵的资源外,还得力于铣刨机械的发展克服了用松土齿破碎沥青路面的缺点;滚筒式搅拌设备的技术进步为更大比例再生混合料的生产提供了可能。

20 世纪 80 年代中期至 90 年代中期是热拌再生技术日趋成熟的时期,这一时期的特征是:

(1)热拌再生工艺日臻完善,再生料的比例已可达 50% ~60% 。

(2)连续式搅拌技术和设备取得了突破性的新进展。

(3)再生混合料的质量已可达到与新混合料相同的性能和特性。

推动这一时期热拌再生技术巨大进步的原动力是:

(1)抑制环境污染、资源浪费等人类社会进步和可持续发展战略的需要。

(2)人类生产和生活活动中日益膨胀的工业与生活废物的压力。

(3)旧沥青路面与各种工业废料回收利用带来的巨大经济效益。

热拌再生技术带来的经济效益主要是从节约材料的成本中获得的,并可按以下公式计算。

$$每吨混合料节约的材料成本 = Y_R[(1 - X_R)R_C + X_RA_C - RP_C] + X_EA_C$$

式中:Y_R——掺入再生废料的百分比(%);

X_R——再生料中沥青的含量(%);

R_C——每吨集料的单价(元/t);

A_C——每吨沥青的单价(元/t);

RP_C——处理每吨再生废料的单价,包括铣刨、运输、破碎、拌和、储存等(元/t);

X_E——在混合料设计中由于加入废料后可以减少的沥青含量(%)。

$$每吨新混合料的材料成本 = (1 - X_V)R_C + X_VA_C$$

式中:X_V——新混合料中的沥青含量。

在 $Y_R = 50\%$、$X_R = 4\%$、$X_V = 5\%$、$X_E = 0\%$、$R_C = 150$ ¥/t、$A_C = 3000$ ¥/t、$RP_C = 15$ ¥/t 的条件下,采用 50% 的旧沥青面层的回收料可节省约 42.6% 的材料费用。

据美国 ASTEC 公司提供的资料,如在混合料中掺入:30% 破碎混凝土;10% 矿渣;3% 粉煤灰;30% 旧沥青路面再生料;5% 沥青层顶板,则每吨混合料的单价可从 $ 10.70/t(新混合料)降低至 $ 2.33/t,节省材料费用的百分比为 86% 。

冷铣刨 - 热拌再生的翻修技术由于翻修深度不受限制、所需机械设备少、应用灵活以及能较好地控制再生混合料的组成等优点,促使它在世界范围内成为占主导地位的路面翻修再生工艺。

2.2.2 就地热再生工艺的出现

就地热再生工艺出现在20世纪的70年代末,当时是作为一项革命性的新技术而提出的。但由于技术上存在的问题,经过10余年的考验它并未像预期那样很快获得推广应用,而经历了一段停顿的时期。

自20世纪90年代开始在北美和北欧一些企业作了很大努力来改进这些缺点,使就地热再生技术在经历了曲折后再次获得发展。在现代,就地热再生工艺被定位为旧路面表层的热再生工艺。

2.2.3 就地冷再生和复拌再生技术的发展

就地冷再生和复拌再生技术是近十年来沥青路面再生技术发展中的又一亮点。就地冷再生技术是从冷铣刨技术的基础上发展起来的。复拌再生技术是从路拌技术的基础上发展起来的。两者共同的特点是全部旧料就地再生利用和节省了再生料的来回运输费用和大幅度地降低了能源消耗和污染排放。

就地冷再生技术的突出优点是它可以极大地节省施工费用,节约的百分比可高达40% ~50%和使原路面的沥青混合料经再生后仍用于沥青面层的铺筑。复拌再生技术的突出优点是它可以解决发生在基层的病害和对原路面补强作用的极大灵活性。

需要指出的是复拌再生技术与就地冷再生技术虽然都属于就地冷施工的范畴,但两者的性质、目的、应用的领域是不同的。前者只是旧路面材料的再利用,而没有沥青循环再生的功能,主要用于基层的翻修;后者则是将旧沥青混合料经再生后重新应用于沥青面层,有着沥青循环再生的功能。从它们的英文名称来看,两者也有着明显的区别,前者称为"Reclaming",有着重新拌和后再利用的含义;后者称为"Recycling",包含着循环重复利用的含义。因此,将复拌再生技术同样称为就地冷再生会引起概念上的混乱,因而也是不妥的。

2.2.4 历史给予的启示

从沥青路面再生技术发展的背景和历史中可得到以下一些启示:

(1)沥青路面翻修和再生技术的发展是不依人们意志为转移的必然趋势,因为推动这一发展的原动力来自人类社会进步的要求和巨大利益的驱动,而且这两方面的因素是长时期起作用的。

(2)沥青路面的翻修技术与废旧材料的再生利用技术是紧密联系和共同发展的。

(3)沥青路面的翻修再生技术是在材料、工艺、设备三者相互作用、相互制约、相互促进的过程中发展起来的,它具有很强的综合技术的特点。

(4)在我国发展这一技术(研究、开发、应用)时应十分重视这一技术的综合性,避免由于材料、工艺、设备三者分离而造成的片面性。

3 沥青路面再生技术的类型与特点

沥青路面的再生技术可分为以下五种类型:

沥青路面厂拌热再生技术(Hot Plant-Mix Recycling)。

沥青路面就地热再生技术(Hot In-Place Recycling)。

沥青路面厂拌冷再生技术(Cold Plant-Mix Recycling)。

沥青面层就地冷再生技术(Cold In-Place recycling)。

全深度复拌再生技术(Full Depth Reclamation)。

3.1 厂拌热再生技术

3.1.1 厂拌热再生技术的基本工艺与特点

厂拌热再生技术的基本工艺由以下工序组成:

(1)旧沥青路面的翻挖和回收。

(2)回收料的预处理。

(3)回收料的脱水、加热及其与新集料、新沥青、再生剂等在沥青搅拌设备内拌制成再生混合料。

(4)再生混合料的运送、摊铺和碾压。

在上述工序中，再生混合料的运送、摊铺和碾压与常规沥青混合料的施工是相同的。沥青路面厂拌热再生的主要技术包含在旧沥青路面的翻挖、回收、预处理，再生混合料的设计及其拌制和质量控制的过程中。

现代热再生的概念是要求再生混合料的质量完全达到新拌混合料的质量，亦即混合料级配、沥青含量和沥青的特性完全与新混合料相同。这是导致热拌再生技术成为世界各国再生料的"标准生产工艺"最重要的原因，然而要实现上述要求，在技术上还存在着一些难点，它们是：

(1)如何保证回收料(RAP)特性的一致性(包括回收料级配、旧沥青含量与老化程度的一致性，这需要通过翻挖回收技术和预处理技术来解决。

(2)如何通过添加适当的再生剂(类型与数量)使老化的旧沥青恢复至要求的结合料特性，以及通过添加新的粗集料使降阶的集料级配恢复至要求的矿料级配，这需要通过再生混合料的设计技术来解决。

(3)再生混合料拌制过程中的技术难点是：

①如何将热量传递给再生料，而并不损害沥青的质量。

②如何引导再生料加热过程中产生的大量水蒸气。

③如何解决旧沥青在水蒸气环境中蒸馏出轻质油分产生的蓝烟问题。

这些需要通过再生混合料的拌制工艺和设备来解决。

3.1.2　热拌再生混合料的拌制工艺与搅拌设备

再生混合料的拌制工艺的第一步是要将回收料烘干、去水并加热到要求的温度。从传热学的观点来看，加热再生料可以有三种热量传递方式：

(1)接触传热(图5)。

(2)对流传热(图6)。

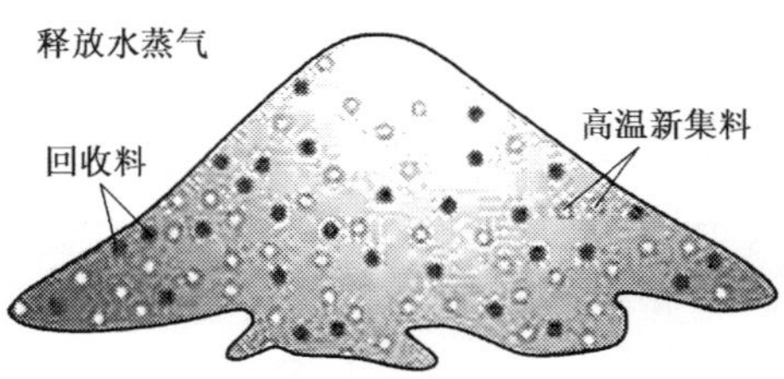

图5　高温的新集料通过与回收料的接触将热量传递给后者

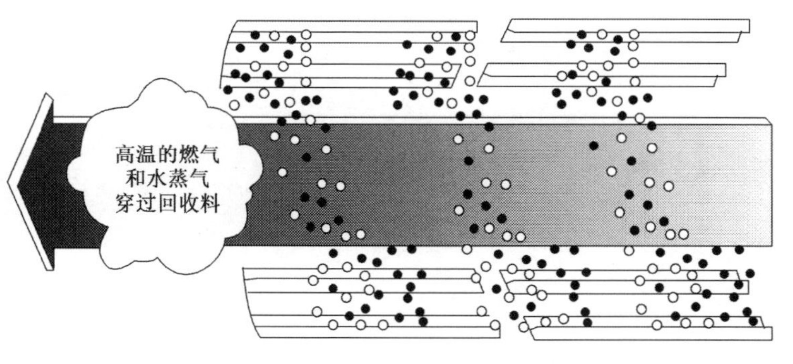

图6　高温的燃气通过对流的方式将热量传递给回收料

(3)辐射传热(图7)。

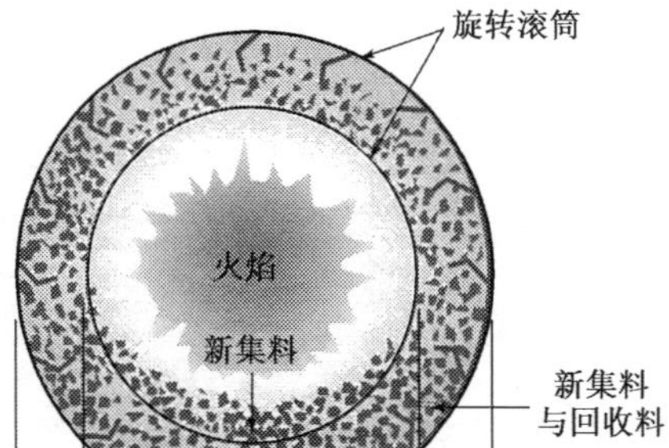

图7　火焰的热量以辐射的方式传递给新集料和回收料

再生混合料的拌制工艺可以在间歇式或连续式沥青搅拌设备上实现。采用间歇式沥青搅拌设备生产再生混合料，在解决传热、水蒸气与烟气污染的技术上比连续式工艺更为困难。在间歇式搅拌设备中生产再生混合料的工艺可分为以下两大类。

1)低比例RAP的间歇式再生料搅拌工艺与设备

在此种工艺中，再生混合料的加热依靠接触传热，再生料加热过程中产生的水蒸气直接通往除尘设备或通至烘干筒，旧沥青在水蒸气中蒸馏出的轻质油分通过烘干筒烧掉。在间歇式搅拌设备中采用超高温加热新集料，依靠接触传热来烘干回收料的水分将受到新集料加热温度和接触传热中释放的水蒸气的限制，再生料的比例不能超过20%。表1展示了在接触传热中对不同比例和不同含水量的回收料，为达到规定温度时，超高温加热的新集料所需达到的温度。表2展示了在不同含水量条件下单位时间释放的水蒸气与每批混合料中回收料数量的关系。

在接触传热中超高温加热的新集料所需的温度 表1

再生料比例(%)	再生料含水率(%)	再生混合料成品料温度(℃)			
		116	127	138	149
10	0	132	144	156	168
	1	134	147	159	171
	2	137	149	162	174
	3	140	152	164	177
	4	143	155	167	179
	5	146	158	170	182
20	0	144	158	172	186
	1	151	164	178	192
	2	157	171	184	198
	3	163	177	191	204
	4	169	183	196	211
	5	175	189	203	217
30	0	162	178	193	209
	1	173	188	204	219
	2	183	199	214	230
	3	194	209	225	241
	4	204	220	236	251
	5	215	231	246	262
40	0	186	203	221	239
	1	218	219	237	256
	2	234	235	253	271
	3	250	251	269	288
	4	266	267	286	304
	5	282	283	302	320
50	0	216	238	260	282
	1	240	262	284	306
	2	264	287	308	331
	3	289	311	333	356
	4	313	336	358	380
	5	338	360	382	404

注：假设集料从干燥至搅拌的温降为6℃，环境温度为21℃。

在间歇式搅拌设备中采用接触传热方式加热回收料的方案最常用的有以下两种：

(1)回收料作为某种添加材料加热到计量料斗中经称量后进入拌缸，与超高温加热的新集料一起拌和成再生沥青混合料(图8)。

(2)回收料独立称量后加入拌缸，与超高温加热的新集料一起拌和成再生沥青混合料(图9)。

不同含水率下回收料单位时间释放的水蒸气　　表 2

每批料中再生料的数量(kg)	在不同含水率下再生料释放出的水蒸气(m^3/min)				
	1%	2%	3%	4%	5%
454	45	93	142	190	241
908	90	187	280	379	478
1362	139	277	422	569	719
1816	184	371	563	758	959
227	229	464	705	948	1197
2724	275	558	843	1138	1438

注:释放水蒸气的时间假定为 10s。

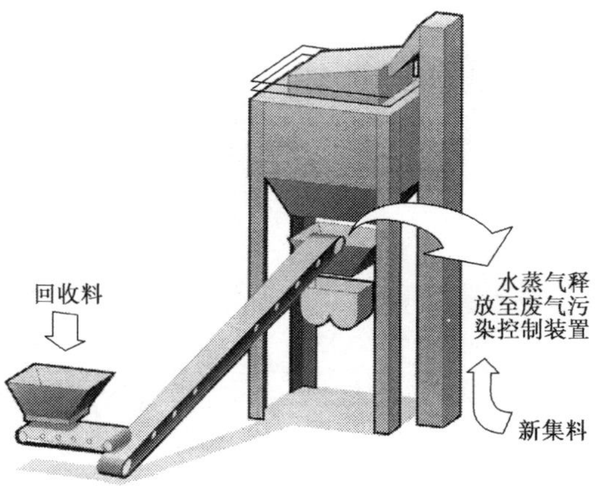

图 8　计量料斗加热再生技术

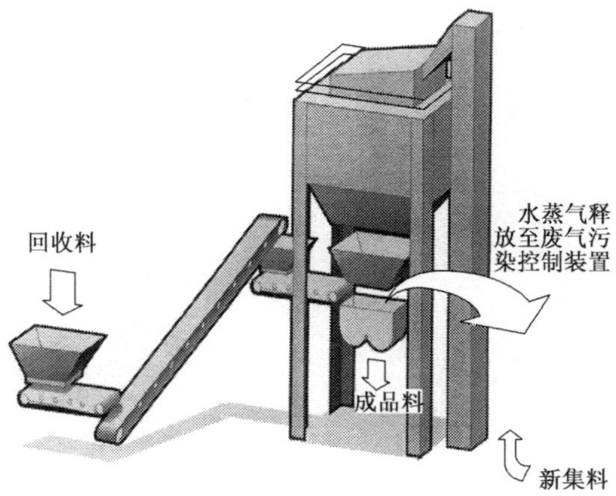

图 9　搅拌缸加热再生技术

2)高比例 RAP 的间歇式再生料搅拌工艺与设备

虽然间歇式搅拌设备在生产再生混合料方面不如连续式搅拌设备,但由于可以利用现有的设备,所以在以间歇式沥青搅拌设备为主的国家里,热拌再生料主要是由间歇式搅拌设备生产的。当回收料的比例较高时需要采取特殊的措施与设备,它们包括:

(1)采用再生料单独烘干技术。

图 10 展示了采用再生料单独烘干筒的方案,再生料比例取决于新集料烘干筒接受再生料排出的水蒸气和待焚烧废气的能力。

(2)采用间接加热技术。

图 11 展示了采用间接加热技术的方案。这一方案采用有夹层的烘干筒或封闭的叶片,将回收料与火焰隔开,利用火焰的辐射热来加热 RAP,废气在烘干筒后部经火焰焚烧后排入烟囱。此种方案回收料的比例可达 40% ~50% 。图 12 是日本新潟铁工所的内、外筒再生料间接加热烘干筒。

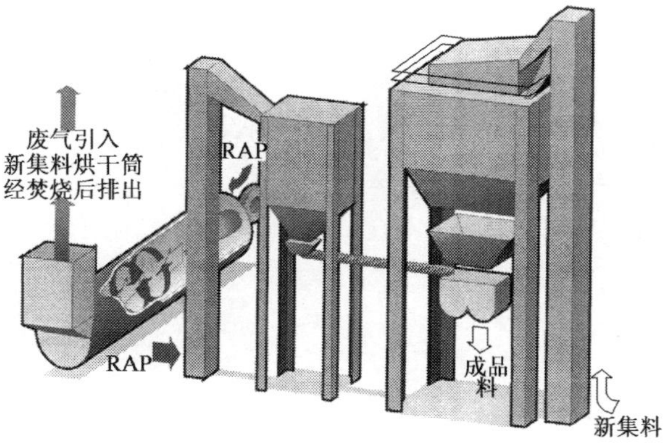

图 10　再生料单独烘干筒的方案

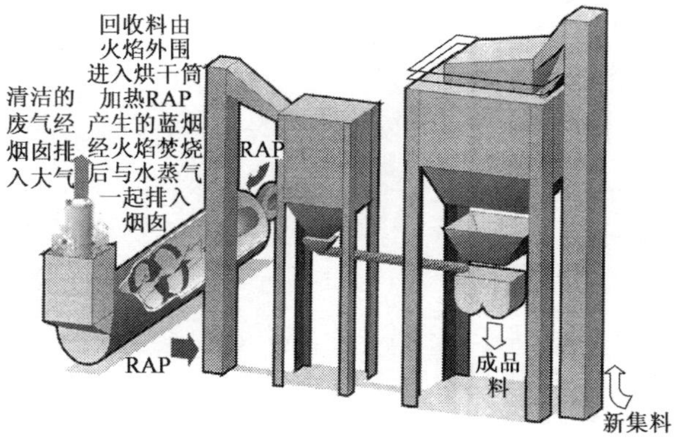

图 11　再生料间接加热技术的方案

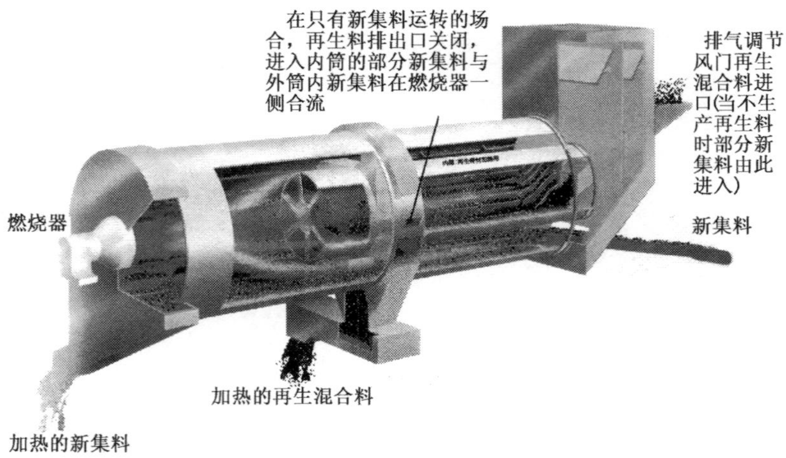

图12　内、外筒再生料间接加热烘干筒

(3)采用废气焚烧炉技术。

当回收料的比例很高时，为解决蓝烟污染问题，常常需要采用专用的废气焚烧炉。图13展示了采用废气焚烧炉的方案，图中回收料加热采用热风炉循环加热的方式，加热回收料产生的废气经除尘装置除尘后，一部分作为循环热风加热回收料，另一部分经热交换器吸收焚烧炉燃气的部分热量后送入废气焚烧炉净化后排入烟囱。

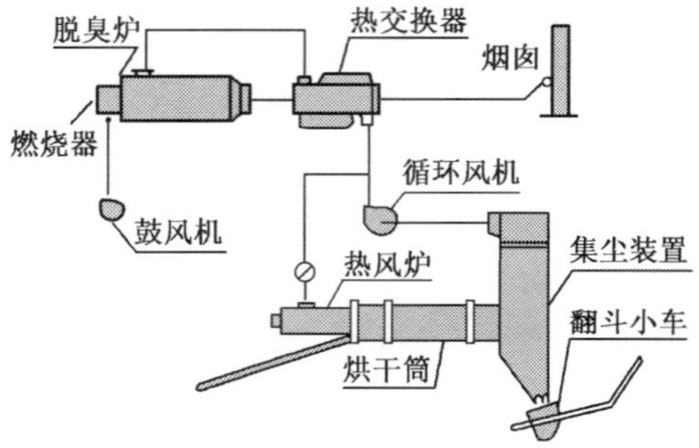

采用脱臭炉方式的再生料拌和站

图13　采用专用的废气焚烧炉技术的方案

也可将热风炉兼做废气焚烧炉用，此时经初级除尘器出口的废气大部分作为循环热风，在热风炉中进行二次焚烧，然后引入袋式除尘器过滤后排入大气(图14)。

在上述两种方案中，回收料的比例理论上可达80%～100%(当对再生料的沥青含量和矿料级配无严格要求时)。

3)连续式再生料搅拌工艺与设备

20世纪70～80年代热拌再生混合料的连续式搅拌工艺采用滚筒式搅拌设备实施，它的特点是：再生料从顺流式烘干筒的中部加入；再生混合料的加热除依靠接触传热外，部分由燃气对流传热获得；再生料中产生的水蒸气和轻质油分直接通往除尘设备。由于无法解决蓝烟的污染问题，回收料的比例通常为25%左右。图15为顺流式滚筒再生料搅拌设备的方案。

为解决回收料的蓝烟污染问题和改善跑粉等顺流式滚筒搅拌设备的缺点，在20世纪80年代中期出现了一系列热拌再生混合料连续式搅拌工艺的改进方案。在顺流式搅拌设备的方案中，主要的改进措施有：

(1)在加长的顺流式滚筒后部隔出一火焰的隔离区作为拌和区，回收料、新集料、新沥青、粉料在这一与火焰的隔离的拌和区内拌和成再生混合料。

(2)将回收料改成从顺流式滚筒的后部逆向进入烘干筒，依靠超高温加热的新集料来传递热量，并拌和成再生料。

(3)采用专门的连续式搅拌器作为裹覆机,回收料直接加入裹覆机与超高温加热的新集料拌和成再生料。

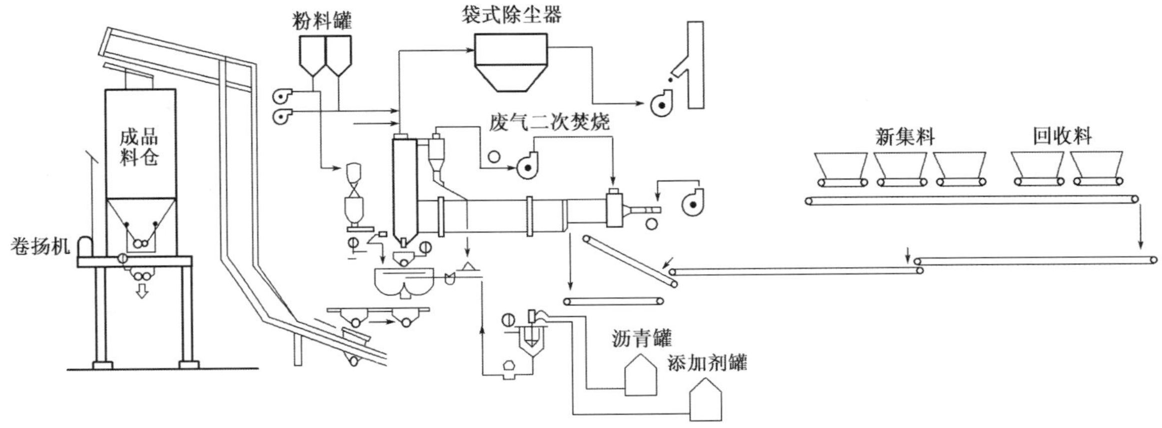

图 14　采用二次焚烧技术的方案

图 16 ~ 图 19 展示了几种顺流式滚筒再生料搅拌设备的改进方案。

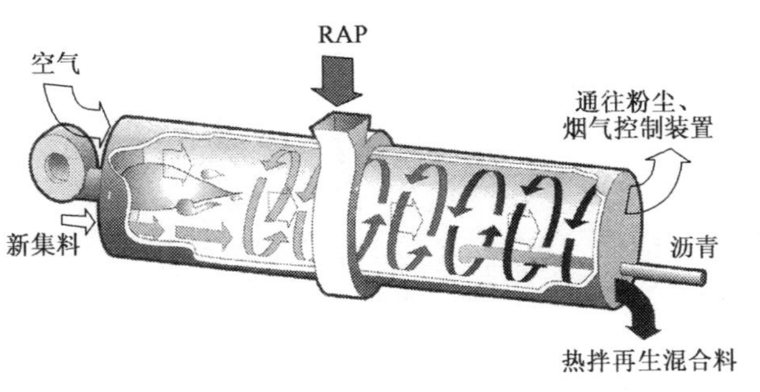

图 15　20 世纪 70 ~ 80 年代热拌再生混合料采用的滚筒式搅拌设备

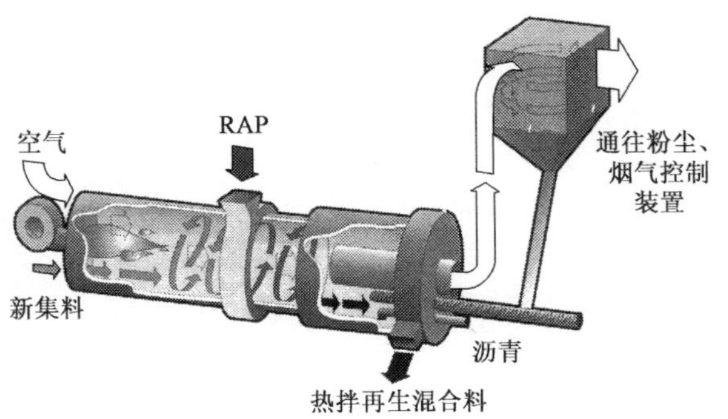

图 16　在顺流式滚筒后部隔出火焰隔离区的方案(再生料比例可达 35%)

在采取上述这些改进方案后,顺流式烘干筒已没有任何优势了,因此进一步的改进就是将顺流式烘干筒改为逆流式烘干筒。图 20 ~ 图 22 展示了几种逆流式滚筒再生料搅拌设备的改进方案。

进入 20 世纪 90 年代后,热拌再生混合料连续式搅拌工艺在 80 年代改进的基础上,获得了某些革命性的进展,主要体现在以下三种机型上:

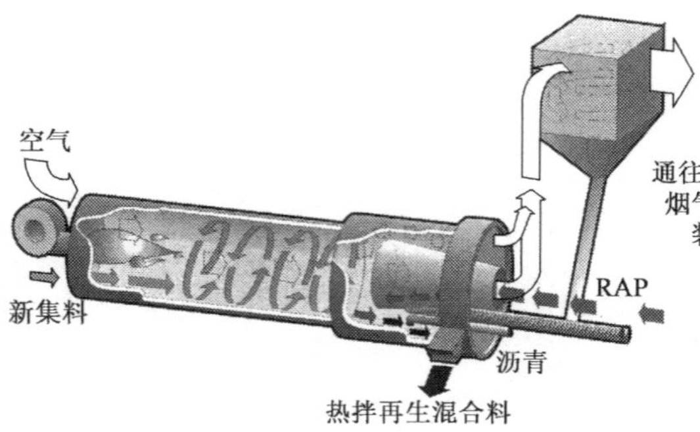

图17　回收料从顺流式滚筒的后部逆向进入烘干筒的方案(再生料比例可达35%)

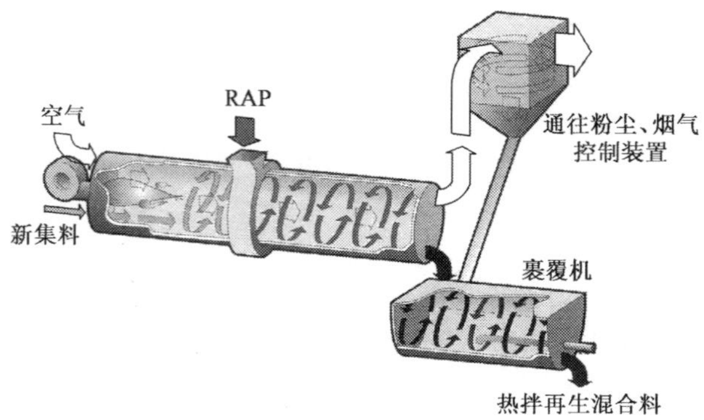

图18　采用连续式搅拌器作为裹覆机,回收料从顺流滚筒中部加入的方案(再生料比例可达30%)

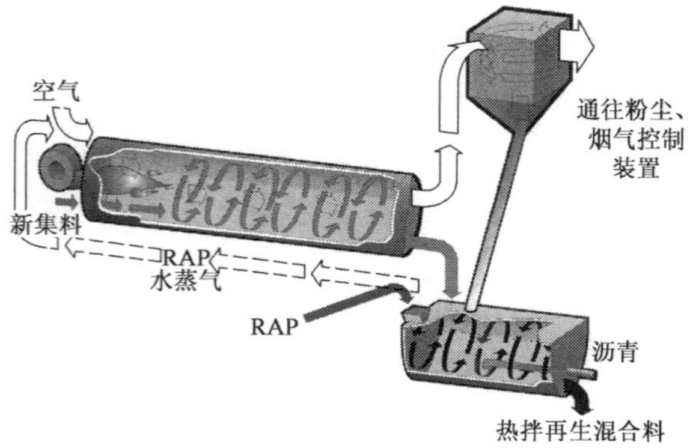

图19　采用连续式搅拌器作为裹覆机,回收料直接加入裹覆机的方案(再生料比例可达35%)

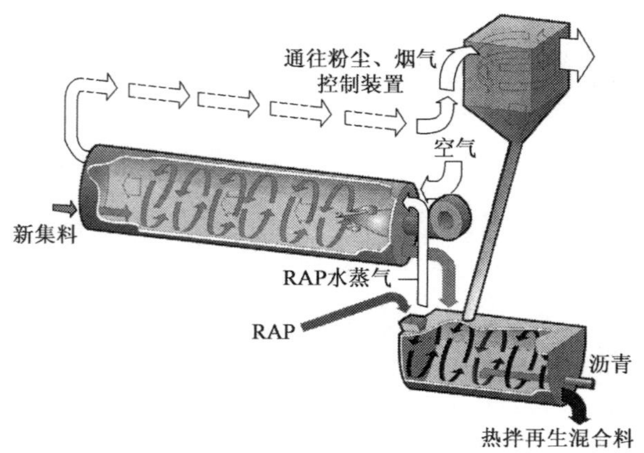

图20　逆流式烘干筒加裹覆机的方案(烘干筒热效率提高,再生料比例可达30%)

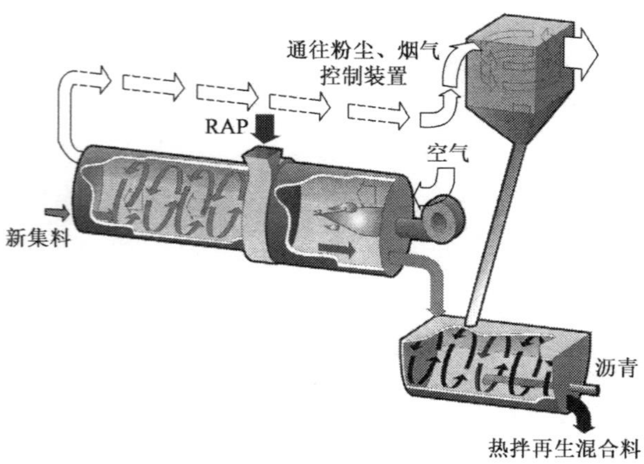

图21　回收料从逆流式烘干筒中部加入,经火焰隔离叶片进入裹覆机的方案(由于吸收了火焰隔离叶片的辐射热,再生料比例可达40%)

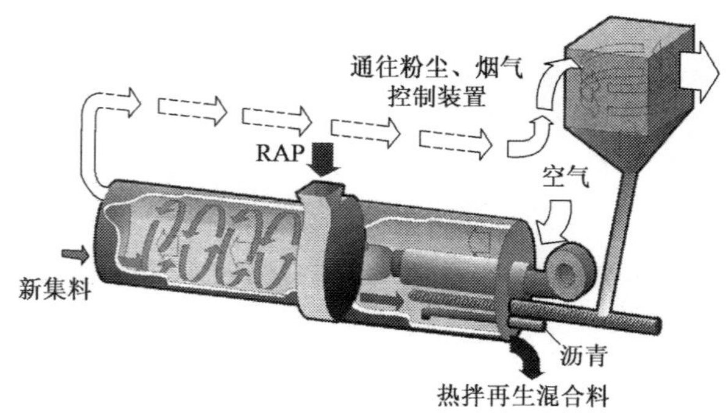

图22　逆流式滚筒,燃烧器伸入滚筒,拌和区与火焰隔离的方案(再生料比例可达40%)

(1)燃烧器伸入滚筒1/3左右、回收料逆向进入、加长隔离区的方案。

此种机型的典型代表可举出MARINI公司在20世纪90年代推出的EMCC型逆流式滚筒搅拌设备(图23)。在这一设备中,烘干—搅拌滚筒比通常的滚筒式搅拌设备要长出1/3,它采用逆流式的烘干筒在其延伸部分隔出了一个专门的搅拌区,从而使整个滚筒划分为a)新集料加热区、b)回收料热交换区和c)搅拌区三个区。在a)区内新集料被超高温加热;在b)区设有一系列特殊的"热回收"叶片,再生料从滚筒中部逆向进入烘干筒的这些屏蔽叶片内,它们将回收料屏蔽起来以避免与火焰和燃气直接接触，并将新骨料和再生料混合在一起，再生料的加热主要依靠与新骨料的接触传热和叶片传递的接触与辐射热来实现；在c）区安装燃烧器部位的横断面上也设有金属屏蔽板将燃烧区和搅拌区隔开，进入搅拌区的再生料与新集料和加入的沥青、矿粉进行充分拌和后成为再生混合料。MARINI的这一连续式搅拌设备可接受40%的再生料。

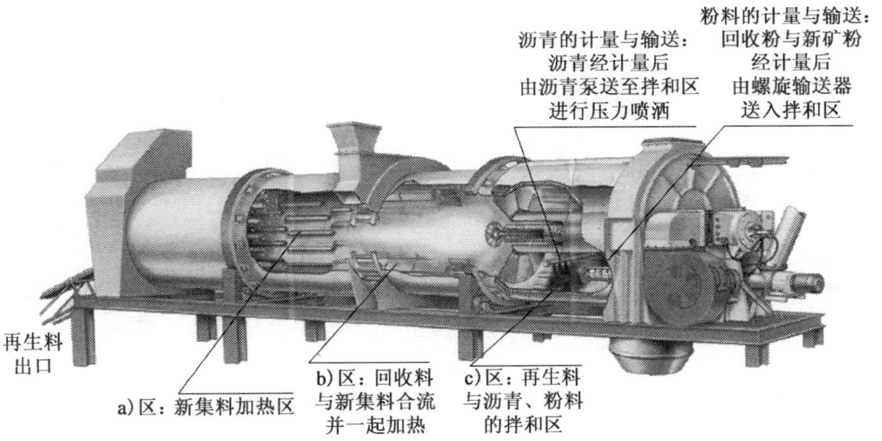

图23　MARINI公司的EMCC型逆流式滚筒搅拌设备

（2）内外套筒式的双滚筒方案。

图24和图25是美国ASTEC为迎接20世纪90年代的挑战而推出的新型双滚筒沥青搅拌设备的方案。在这一方案中内筒是完全和间歇式搅拌设备一样的逆流式烘干筒，只是在它的尾部有格式的窗口，可使超加热的骨料落入外筒。再生料、沥青、粉料和各种添加剂都是从外筒上不同断面的开口进入内外筒夹层的，在这里形成了一个巨大的拌和空间。在烘干筒（内筒）的外壳上安装有一系列桨叶，进入夹层的材料经桨叶的强制搅拌后成为拌和均匀的成品料并从外筒的另一端输出。这种搅拌设备的最大特点是有内外两个滚筒，在内外夹层中形成一浅盆形的强制搅拌空间，搅拌时间可高达60～90s。再生料、沥青、矿粉都是从外筒不同入口处按一定的顺序加入的，它们经充分拌和后在外筒的末端输出。

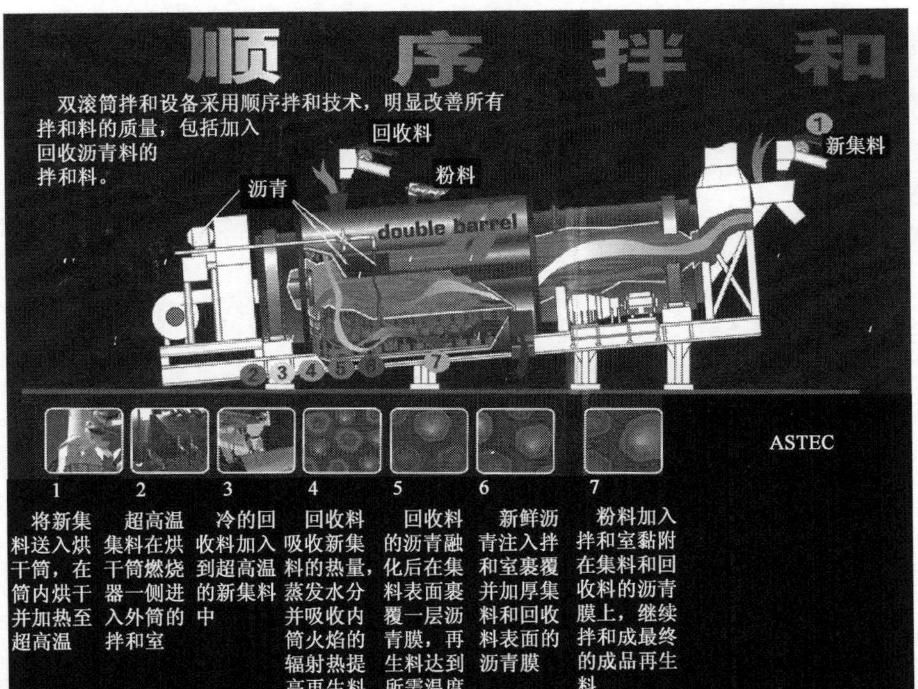

图24　ASTEC公司双滚筒沥青搅拌设备再生料拌制工艺的示意图

图25　ASTEC公司的双滚筒沥青搅拌设备

(3)短火焰三滚筒连续式搅拌设备。

三滚筒连续式搅拌设备的特点是采用短而粗的火焰和加大直径的燃烧室,并在燃气对流传热处形成文氏管效应,从而加大了燃气的速度,在火焰炽烈燃烧的燃烧室外套有外滚筒,从而形成内外滚筒之间夹层,再生料首先从外筒导入这一夹层,使它能充分吸收燃烧室壁传来的热量,然后进入内滚筒通过接触传热的方式吸收超高温加热的新集料的热量。燃烧器伸入滚筒内,在其后方形成隔离的搅拌区(图26)。图27是美国CMI公司开发的三滚筒连续式搅拌设备。

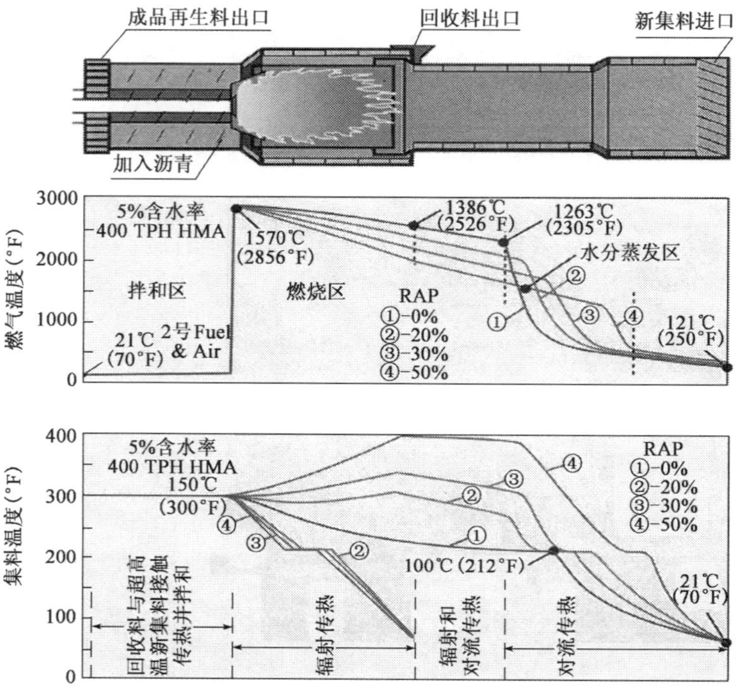

图26　短火焰三滚筒连续式搅拌设备文氏管效应温度场的示意图

这三种被誉为标志着20世纪90年代连续式搅拌工艺具有革命性意义新突破的再生料搅拌设备有着胜过传统间歇式搅拌设备的一系列共同的优点,主要是:可以加入较大比例的再生料(40%~60%);再生料中蒸馏的轻质油分可以获得完全的焚烧而不会产生蓝烟污染;再生料和新集料在烘干过程中产生的大量水蒸气可以与废气一起进入除尘系统并被排入大气;没有庞大的塔楼也不需要第二烘干筒,大大简化了结构,降低了设备的制造和使用成本。它们在目前仍然引领着再生料技术发展的基本趋势。

3.2　就地热再生技术

就地热再生技术是从20世纪70年代末发展起来的,按其再生路面成型的方式可分为:表层再生、重铺再生、复拌再生三类。

3.2.1　就地热再生技术的基本工艺

就地热再生技术的基本工艺包括以下工序:

(1)加热旧沥青路面至一定的深度。

(2)翻松旧路面,重新搅拌并分布松散的材料。

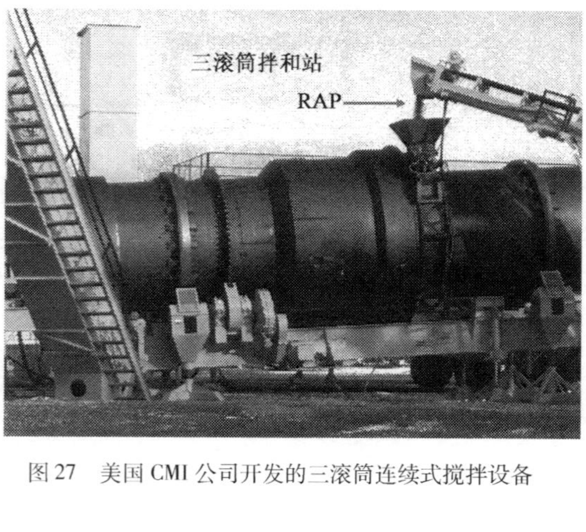

图27　美国CMI公司开发的三滚筒连续式搅拌设备

(3)添加还原剂或再生剂至松散材料(此工序也可放在翻松工序之前进行)。

(4)采用表层再生或重铺成型或复拌成型的方法形成新的再生沥青铺层。

(5)压实成型路面。

采用表层再生法时,不加入新混合料一次成型路面。采用重铺成型法时,先将再生料摊铺成型,然后再在其上铺一层新的沥青混合料罩面。采用复拌成型法时,在翻松的沥青路面材料中加入新混合料搅拌后再成型路面。

图 28 是就地热再生表层翻修工艺的示意图,图 29 是设备作业的示意图,图 30 则展示了施工现场的情景。

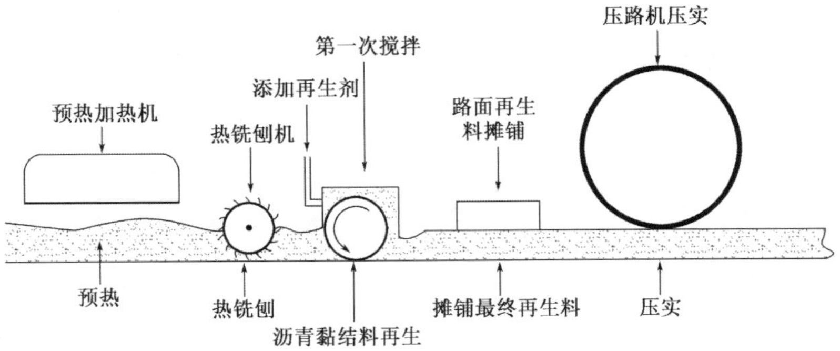

图 28　就地热再生表层翻修工艺的示意图

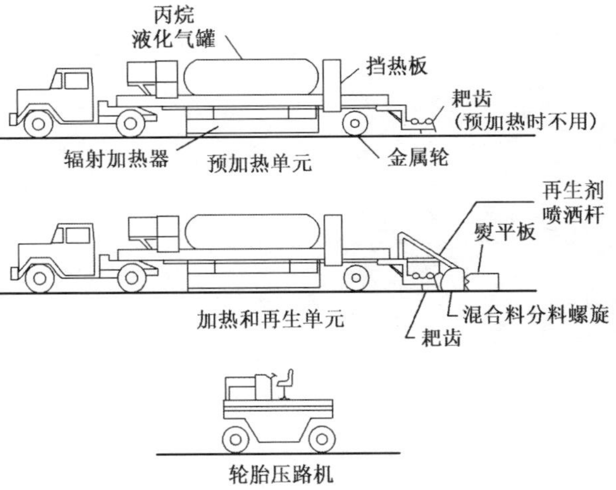

图 29　就地热再生表层翻修工艺的设备作业示意图

图 30　就地热再生表层翻修工艺的施工现场

图 31 是重铺翻修工艺的示意图,图 32 则是重铺翻修的施工作业。图 33 和图 34 分别是复拌翻修工艺的示意图和复拌翻修的施工作业。

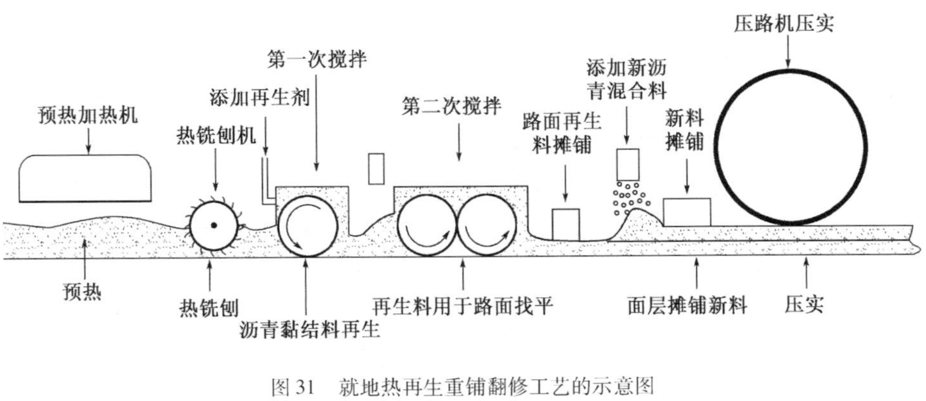

图 31　就地热再生重铺翻修工艺的示意图

图 32　就地热再生重铺翻修工艺的施工现场

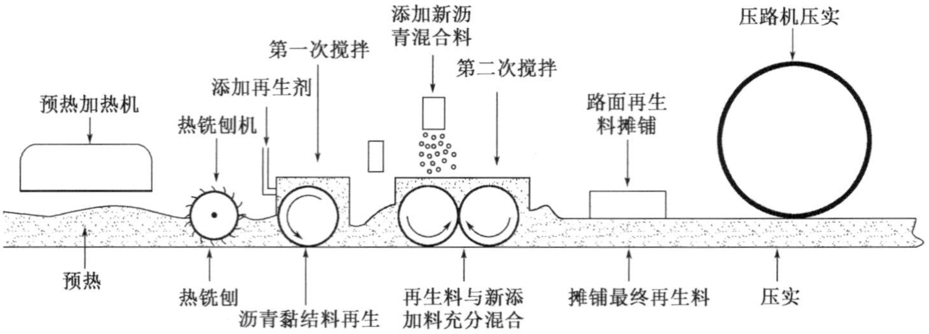

图 33　就地热再生复拌翻修工艺的示意图

图 34　就地热再生复拌翻修工艺的施工现场

就地热再生技术在 20 世纪 70 年代曾被誉为一种革命性的创新技术来解决沥青路面的翻修和再生问题，但是在随后的应用中却因出现了一些问题而遭到人们的非议，这些问题是：

（1）翻修深度受加热深度的限制而只能达到 2 ~ 3cm，这是由于沥青混合料是一种导热性很差的材料，对路面加热的温度过高会导致表面过热，而下面则温度不足，尤其是当沥青路面内部潴留水分时将导致大大降低翻松混合料的温度。由于翻修的深度还达不到磨耗层的全部厚度，这就极大地限制了这一技术的推广应用。

（2）再生混合料的级配与沥青含量的控制较为困难，很难达到新混合料同样的质量，这不仅因为计量、搅拌时间、温度等因素难于精确控制，而且还由于加入新混合料的比例受再生路面厚度的限制而不可能太高，因而依靠新混合料的级配来调整再生料组成的能力也就较差。

（3）无法校正路面的纵向和横向轮廓，这是因为安装在热再生机后部的熨平板只有简单的浮动熨平作用而没有自动找平的功能。

（4）由于路表面加热的温度要达 170℃左右，因而造成严重的蓝烟排放污染问题。

由于以上问题的存在大大影响了就地热再生技术的推广应用，因而在 20 世纪 80 年代初至 90 年代初的十余年间这一技术基本上处于停滞状态。但在此期间人们为解决这些技术问题的努力并未中止，至90年代中期已陆续出现了一些解决上述问题的方案，而且直至目前就地热再生技术还在继续改进和完善之中。而上述这些问题的解决主要是依靠设备的改进与发展来实现的。

3.2.2　就地热再生设备

1）早期就地热再生设备在应用中出现的问题

在早期的发展中，就地热再生技术之所以未能像预期那样达到所希望的效果，与当时实施这一工艺的设备不够完善有着密切的关系。在20世纪80年代，就地热再生设备通常只有一台加热机，加热板的面积也较小，摊铺作业是由复拌再生机后方的熨平板来完成的。图35是20世纪80年代WIRTGEN的就地热再生设备在施工。

图35　20世纪80年代的就地热再生设备

2）就地热再生设备的新进展

最易解决的问题是关于路面轮廓的校正问题，多数厂商在熨平板部分加装了纵向和横向的自动找平装置，有些方案则直接将再生混合料送给常规的沥青摊铺机来摊铺成型再生路面。

最大的努力是集中在解决路面翻修深度的问题上，因为这是影响这一技术推广应用最为重要的原因。陆续出现了几种解决方案。第一种方案是采用多块加热板、增加加热板面积或采用多台加热机来延长对路面的加热时间，以期在保持路表面温度不致过高的情况下逐步将热量传至沥青路面下部。采用这种方案的典型实例是Wirtgen加热—再生机的方案，它在混合料温度达130～140℃下翻修深度约为5cm。第二种方案是采用铣刨转鼓取代耙松器，这样即使路面下部温度较低仍可进行翻松，而用温度较高的新混合料在拌和过程中将热量传给再生料，将第一、二种方案联合使用可使翻修深度达7～8cm。第三种方案是分层加热、分层翻松的方案，即将待翻修的面层分为较薄的几层，每加热一层翻松一层，逐级加热逐级翻松，直至达到要求的翻修深度。由于每层加热的厚度较薄，温度比较均匀，而且翻松层底部的潴留水分在下一级加热时也比较容易蒸发烘干。这种方案最典型的例子是加拿大DYNARIE公司的四级再生系统，它分四层来加热和翻松沥青路面，总的翻松深度可达6cm左右（图36）。

在改善再生混合料的质量控制方面，采用了现代化的测试、计量控制手段，例如普遍安装了翻松深度、路表面加热温度、机器速度的自动控制系统，沥青、再生剂、新混合料的连续计量以及与机器行走速度的同步控制系统等。为了更好地调节、控制再生料的级配和沥青含量，使之不受新、旧混合料比例的限制，MARINI公司的就地热再生设备将滚筒式搅拌设备移至了现场，这样可以从新混合料的级配和加入的比例两方面更容易获得满意的级配和沥青含量（图37）。

图36　加拿大DYNARIE公司的四级就地热再生系统

图37　MARINI公司的就地热再生设备

关于环保型（绿色）就地热再生设备的概念是20世纪90年代中期提出来的，主要解决在加热沥青路面时产生的蓝烟污染问题,目前主要采用烟气收集、循环燃烧的方法,使烟气中所含的轻质油蒸气完全燃烧掉。加拿大MARTEC公司采用了600℃左右的高温热空气并辅以低水平的红外线加热器来加热路面,这样的加热方式可以使旧沥青路面得以均匀地加热和不致发生过热或加热不足。加热机配备有热空气收集和回收再利用的系统,一方面可以回收热量,节约燃料,另一方面收集的轻质烟气可得以再次燃烧而净化蓝烟污染(图38)。

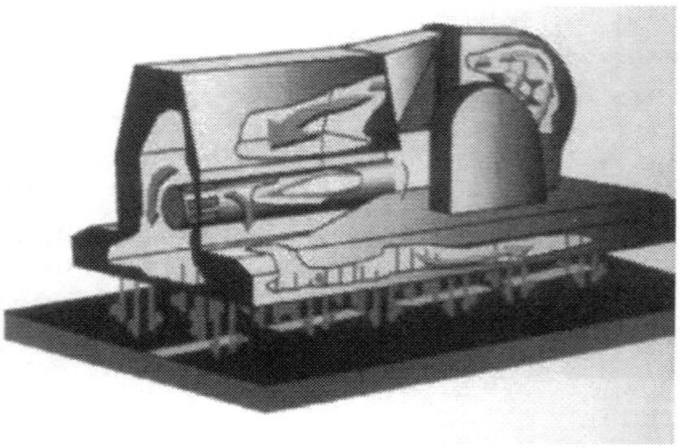

图38 MARTEC公司的热空气加热系统

通过这些改进就地热再生技术在20世纪90年代中期后逐渐恢复了发展活力,特别是在北美和北欧这些地区得到更多的推广应用。这是因为这些地区地处寒带,沥青路面在冬季低温裂缝的病害发生较多,修补裂缝的工作量也很大。如果在裂缝尚未扩展到深部,采用就地热再生技术进行一次表层翻修,在经济上往往是合算的。就地热再生技术经历了20余年的发展目前技术上渐趋成熟,在应用方面也形成了自己适合的领域,并被定位于表层翻修技术而与其他各种沥青路面的再生技术一起在各自的应用范围内不断地向前发展着。

3.3 厂拌冷再生技术

厂拌冷再生技术可分为两大类:一类采用乳化沥青作为再生混合料的结合料,称为乳化沥青厂拌冷再生技术;另一类采用泡沫沥青作为再生混合料的结合料,称为泡沫沥青厂拌冷再生技术。前者回收料中的沥青需要通过再生剂还原恢复已老化的沥青,主要用于沥青面层的中、下面层或柔性基层的翻修;后者回收料是作为"黑色"集料来使用的,主要用于基层的翻修,实质上是一种基层材料的复拌再生技术。

3.3.1 厂拌冷再生技术的基本工艺

厂拌冷再生技术的基本工艺包括:

(1)原路面状况的调查、铣刨或翻松、再生料的预处理、再生料的堆放、再生料的给料等,这些都是和热拌再生工艺相同的。

(2)冷拌再生混合料的拌制,对于两大类厂拌冷再生技术,所用的设备基本上是相同的,但在配合比的设计和拌制的工艺参数上是不同的。

(3)再生混合料的运输和摊铺,冷拌再生混合料的摊铺通常可采用常规的沥青摊铺机来进行,只是对摊铺机的操作要求更为严格,摊铺作业必须尽可能保持恒定速度,乳化沥青混合料的摊铺应在乳化沥青没有破乳前完成,泡沫沥青混合料的摊铺应尽快进行。

(4)再生混合料的碾压,冷拌再生混合料由于压实性能较差,需要采用更大吨位的振动压路机和轮胎压路机进行碾压。

3.3.2 厂拌冷再生混合料的拌制设备

厂拌冷再生混合料的拌制可以用间歇式搅拌设备,也可以用连续式搅拌设备来实现。与热拌再生混合料的搅拌设备相比,冷拌再生混合料的拌制设备更为简单,它没有烘干筒、热料提升、热料筛分系统,图39是间歇式厂拌冷再生混合料搅拌设备,图40是连续式厂拌冷再生混合料搅拌设备。

3.4 就地冷再生技术

就地冷再生技术是在冷铣刨技术的基础上发展起来的。它针对的是沥青面层的翻修,对再生混合料的质量提出了更高的要求。

图39　间歇式厂拌冷再生混合料搅拌设备

图40　连续式厂拌冷再生混合料搅拌设备

3.4.1　就地冷再生技术的基本工艺

就地冷再生工艺主要由以下工序组成：

(1)铣刨旧路面至要求深度。

(2)将铣刨翻松的材料送至筛分—破碎装置，进一步处理至规定的最大粒径。

(3)将经筛分处理后的材料输送至皮带秤称量。

(4)将称量后的材料送入搅拌装置中与经计量的乳化沥青或改性乳化沥青以及沥青再生剂进行搅拌。

(5)将拌和后的材料从搅拌锅直接卸至铣刨后的旧路面上，形成料垄。

(6)冷拌混合料由采集升运机输送至摊铺机料斗。

(7)摊铺机摊铺后，由压路机碾压成型。

3.4.2　就地冷再生技术的设备

就地冷再生工艺通常采用列车式的设备来实现，它由一台铣刨机和分别安装在二台自行式底盘上的筛分、破碎、搅拌装置组成(图41)。

图41　三列式的就地冷再生列车

进一步的发展是将筛分、破碎、搅拌组织在一台机器上成为由铣刨机和筛分、破碎、搅拌联合机组组成二列式就地冷再生列车(图42)。

图42　二列式的就地冷再生列车

最新的技术是将铣刨、筛分、破碎、搅拌集合于一体的就地冷再生联合机组(图43)。

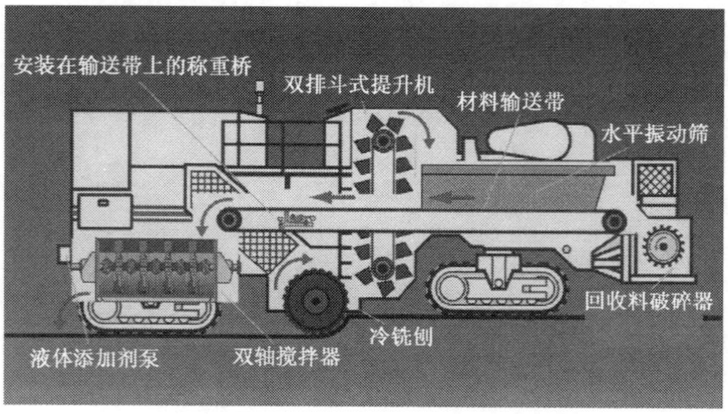

图43 就地冷再生联合机组

3.5 全深度复拌再生技术

全深度复拌再生技术是从路拌技术的基础上发展起来的一种对基层进行重建的翻修技术，它可以将整个旧路面从面层到基层，甚至于底基层，进行全深度的翻松(最常用的翻修深度为200~300mm)，并加入乳化沥青或泡沫沥青和其他添加剂进行就地拌和，整平成型后碾压至要求的压实度。全深度复拌再生技术为加强和改建基层提供了可能性。在处理过程中翻松的基层处于开放状态，工程师可选择各种合适的添加剂，例如水泥、氯化钙、石灰、粉煤灰、泡沫沥青等，也可加入适当的新结合料和集料。复拌再生技术为沥青路面的翻修提供了很大的灵活性，通常在翻修后的基层上还需要加铺面层，它可以作为原基层的补强层，在其上铺设多层结构的沥青混凝土，也可以是一层磨耗层、薄层罩面，对于低交通流量的道路来说甚至可以是微表封层或石屑封层等表面封层。

3.5.1 全深度复拌再生技术的基本工艺

复拌再生技术的基本工艺包括：

(1)工作面准备。

(2)撒布新集料(或成型料垄)、水泥类活性剂(或稀浆)至原路面上(当需要时)。

(3)翻挖与破碎沥青面层和部分或全部基层。

(4)同时加入稳定剂并进行拌和。

(5)压路机初压。

(6)平地机整形。

(7)压路机碾压成型。

图44是全深度复拌再生工艺的流程图，图45展示了现场的施工情况。

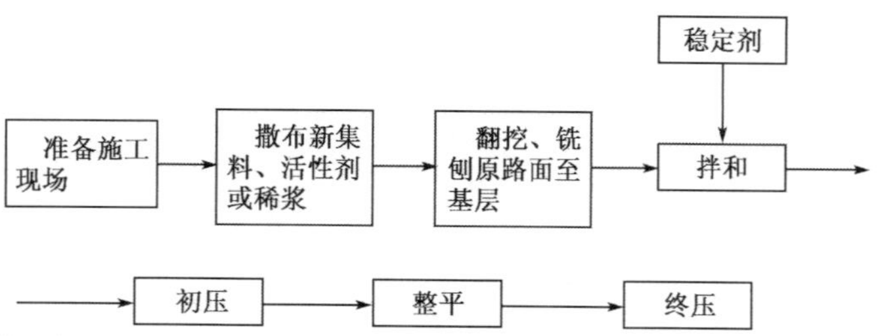

图44 全深度复拌再生工艺的流程图

3.5.2 全深度复拌再生技术的设备

全深度复拌再生的基本施工设备包括复拌再生机、平地机和压实设备，与之配套的辅助机械可以有：

(1)料垄整形机或集料撒布机。

(2)水泥、石灰等干稳定剂的撒布机。

(3)洒水车。

(4)乳化沥青罐车或洒布车。

(5)水泥稀浆洒布机。

(6)后卸式或底卸式自卸卡车等。

图45　采用泡沫沥青的全深度复拌再生技术的施工现场

其中最主要的是复拌再生机。复拌再生机的基本结构有两种形式：一种是工作转子安装在前后轮的中间(图46)的中置式复拌再生机，另一种是工作转子安装在机器的后部(图47)的后置式复拌再生机。前者可提供转子更大的支承反力，稳定性也更好。因此，大功率的复拌再生机大都采用转子安装在机器中间的方案。

图46　中置式复拌再生机

图47　后置式复拌再生机

图48是复拌再生机转子的工作原理。复拌再生机虽对回收料的级配没有十分严格的要求,但对集料的粒径粗细仍需做适当的调整。它是依靠改变转子高速旋转时使翻松的沥青路面材料的颗粒撞击转子罩壳的力度来调节的,而撞击力度的调节则由机器的工作参数来控制:

(1)开启或关小破碎箱的后门。

(2)开启或关小破碎箱的破碎梁。

(3)加大或减小铣刨鼓的转速。

(4)降低或提高机器的工作速度。

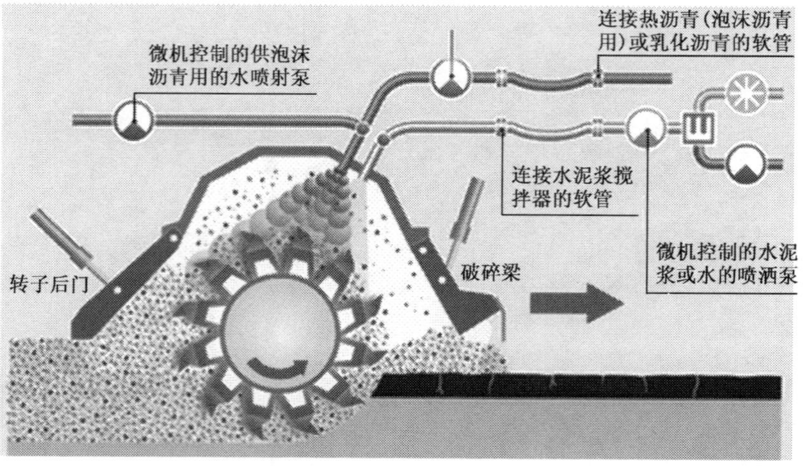

图48　复拌再生机转子的工作原理

3.5.3　复拌再生机的发展趋势。

现代的全深度复拌再生机在技术上大都采用独立液压悬挂、四轮驱动、蟹行转向、旋转或可移动的驾驶室的结构并配备有泡沫沥青发生装置。在发展趋势上一方面为满足更宽、更深的基层翻修需要,机器功率正在不断地增大,大型设备的功率目前已增至700马力左右,并有着继续增长的趋势;另一方面则是机器的自动化和智能化的发展趋势,包括:发动机功率的自适应控制;切削深度、纵坡和横坡、转向的自动控制;乳化沥青、水和其他添加剂的比例控制和自动喷洒系统;机器运行参数的实时监测和故障诊断等。

4　各类再生技术的优缺点比较与应用范围

4.1　各类沥青路面再生技术的推广应用情况

在各类沥青路面再生技术中厂拌热再生是应用最为广泛的一种,在各类沥青路面再生混合料中,热拌再生混合料估计约占60%。根据ARRA的资料,美国每年约产生4500万吨沥青路面回收料,其中约33%用于厂拌热再生,47%用于其余各类沥青路面再生方法和其他非路面的再利用中,而20%则被废弃掉。

在就地再生技术方面,加拿大安大略省运输部的统计资料显示了就地再生技术(包括就地热再生、就地冷再生、全深度复拌再生)的推广应用情况(图49),在图49中可看到,在1997—2001年曾出现过一个应用的高峰期,随后一直处于停滞不前甚至还有减少的状态,直至2009年以后才恢复较快增长的趋势。

在各类就地再生技术中,全深度复拌再生是当前应用最多的一项就地冷再生技术(图50)。

在美国就地冷再生混合料的推广应用,自进入21世纪以来也没有更大的进展。根据FHWA在2011年东南部地区就地再生研讨会上公布的资料,美国曾采用就地冷再生技术的州的数量不足一半,而且从2004年至2011年基本上没有很大变化，而不采用就地冷再生技术州的数量反而有所增加(图51)。

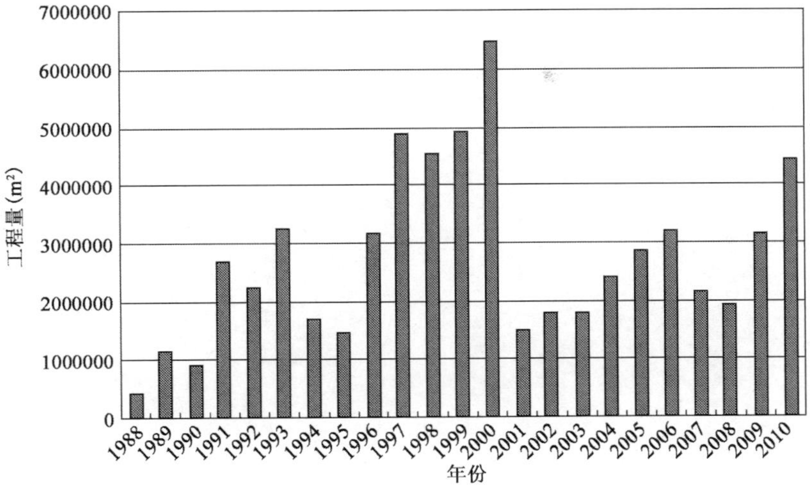

图49　加拿大安大略省就地再生技术推广应用的统计资料

十年工程量总计

项目		工程量
全深度复拌再生	(FDR)	15,579,412m²
就地热再生	(HIR)	324,124m²
就地冷再生	(CIR)	4,150,428m²
FDR(泡沫沥青)		2,664,245m²
CIR(泡沫沥青)		2,486,485m²
2001 to 2010:		25,204,694m²

Ontario　　Ministry of Transportation

图50　加拿大安大略省各类就地再生技术十年工程量的统计资料

加拿大和美国的统计资料是有代表性的，值得我国在发展和应用沥青路面再生技术时参考。就地冷再生是一种“绿色”的筑路技术，有着良好的发展前景，但它在推广应用中也存在着一些问题，值得我们注意。在2011年美国东南部地区就地再生技术研讨会上，ARRA作了一份“就地再生技术为何没有在你州得到更多应用？”的问卷调查。12个州回答的原因归纳起来主要有以下几方面：

(1)规范不完善，各州、企业的规范差异很大，没有统一的规范，无所适从。

(2)就地再生路面的质量达不到所希望的质量要求，缺乏质量控制标准，性能不如新混合料，长期性能需要进一步考核。

(3)缺乏本地的承包商，承包商对就地再生不感兴趣，设备价格太高，承包商不愿购置。

(4)成本—效益不够好，单位产品费用太高。

(5)缺乏必要的经验和技术支持。

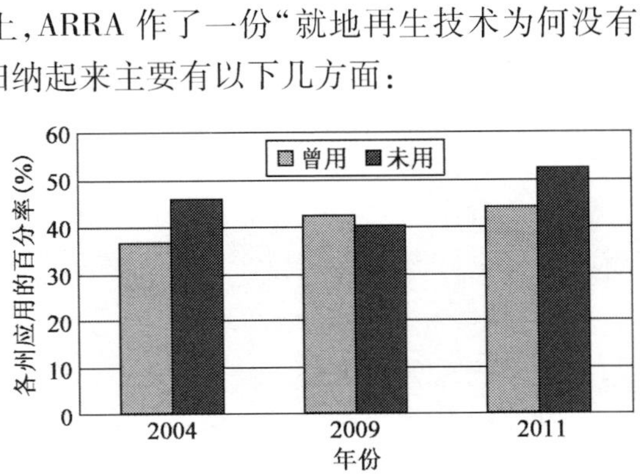

图51　美国就地冷再生技术的推广应用情况

4.2 各类再生技术的优缺点与应用范围

4.2.1 厂拌热再生技术的优缺点与应用范围

厂拌热再生技术的优点是：

(1)热再生的混合料可以通过加入新的集料、沥青与再生剂调节再生混合料的级配、沥青含量和特性,使之完全达到新拌混合料同样的质量。

(2)翻修工艺简单、使用的设备除冷铣刨机外均为常规的沥青路面施工机械。

(3)翻修的深度不受限制、再生混合料的应用对象不受限制,有着很大的灵活性。

(4)能完全修复沥青面层的各种病害缺陷,有着很广的适应性。

(5)能校正路面的纵向与横向轮廓和高程,完全恢复路面的使用性能和服务能力。

厂拌热再生技术的缺点是：

(1)再生过程中消耗的能量较高。

(2)再生过程中所排放的温室气体也相对较高。

厂拌热再生技术适宜和不适宜的应用范围是：

(1)适用于由沥青面层原因导致的各种变形类、裂缝类、崩解类、表面损坏类的病害和损坏,完全恢复路面的使用性能。

(2)不适用于由基层和路基病害导致的面层损坏。

4.2.2 就地热再生技术的优缺点与应用范围

就地热再生技术的优点是：

(1)施工速度快。

(2)不需材料的往返运输,节省了运输费用。

(3)就地再生全部沥青路面材料。

就地热再生技术的缺点是：

(1)受加热深度的限制,翻修深度仍只能局限于表层。

(2)无法除去已经不适合进行再生的混合料(经严重剪切流动和破碎的材料)。

(3)要完全达到与新混合料同等的质量仍有困难。

(4)能耗较大。

(5)施工时不能完全避免烟雾污染。

就地热再生技术适宜和不适宜的应用范围是：

(1)适用于旧沥青路面表面层的翻修和作为一种沥青路面的预防性养护技术,用来解决：裂缝隔断和填封、剥落集料的重新拌和和再裹覆、车辙和坑洞填充、推移和拥包的整平、利用再生剂恢复老化和脆化的沥青路面、改善原路面的抗滑性能等沥青路面病害的防治问题。

(2)不适用于沥青路面结构层和基层的翻修。

4.2.3 厂拌冷再生技术的优缺点与应用范围

厂拌冷再生技术的优点是：

(1)厂拌冷再生是在不对矿料进行加热的条件下,将 RAP、新集料、乳化沥青或泡沫沥青和再生剂或还原剂组合在一起,拌制成再生混合料,与热拌再生一样是一种在中心拌合站进行拌和而集中生产再生混合料的方法,因而再生混合料的质量通常比就地冷再生更好。

(2)良好的经济性和安全性。

(3)拌和设备较为简单。

(4)摊铺和碾压设备可与常规热拌混合料通用。

(5)再生过程消耗的能量较少。

(6)没有烟雾污染,温室气体的排放远低于厂拌热再生。

厂拌冷再生技术的缺点是：

难于达到厂拌热再生混合料同等的质量水平。

厂拌冷再生技术适宜和不适宜的应用范围是：

(1)厂拌冷再生技术最适用于大规模的路面翻修和重建时作为柔性基层或半柔性基层之用。

(2)厂拌冷再生混合料不适宜作为表面层用，通常需要在其上再铺一层热拌沥青混合料的罩面或微表处封层。

4.2.4　就地冷再生技术的优缺点与应用范围

就地冷再生技术的优点是：

(1)不需任何原材料的运输(除少量的乳化沥青添加剂外)，节省了大量运输费用。

(2)不需对原材料进行加热，节省大量能源。

(3)全部旧沥青路面材料就地再生利用，节省了大量宝贵资源。

(4)施工效率高，开放交通快。

(5)工程成本低廉，通常只有新建路面的40%～50%。

(6)粉尘、烟气等环境污染降至最小。

就地冷再生技术的缺点是：

(1)再生混合料的质量不如厂拌热再生混合料。

(2)施工设备的价格昂贵，初置费用高。

就地冷再生技术适宜和不适宜的应用范围是：

(1)适用于由于沥青面层引起的各种结构性损坏，就地冷再生技术可以用于许多场合的沥青路面结构性翻修，包括：一般公路的旧路翻修；高等级公路的中、下面层翻修；各类道路的结构性补强。

(2)不适用于表面层的病害和由于基层和路基病害造成的面层损坏。

4.2.5　全深度复拌再生技术的优缺点与应用范围

全深度复拌再生技术的优点是：

(1)旧沥青路面和基层材料全部就地再生利用不仅节约了资源，也降低了运输费用。

(2)在翻修路面的补强问题上有着很大的灵活性。

(3)没有加热，就地拌和，不需往返运输再生料，节省了大量能源。

(4)可以校正路面的纵向和横向轮廓。

(5)单机施工、生产效率高而装备投资低。

(6)由于资源、能源、运输费用的降低，使之成为一种效益费用比良好的翻修技术。

(7)粉尘和烟气污染很小、废料完全利用，减轻了环境污染。

全深度复拌再生技术的缺点是：

(1)再生混合料的质量不如厂拌冷再生混合料。

(2)沥青面层的回收料只能作为“黑色”集料来使用，回收料中的沥青资源未能得到充分利用。

全深度复拌再生技术适宜和不适宜的应用范围是：

(1)适用于需要对整个路面进行翻修的场合，常与其他沥青路面面层翻修技术联合使用作为对基层进行翻修处理的方法，也可用于一般道路的面层翻修和乡村道路的翻修。

(2)尤其适用于需要对基层进行补强性改建的场合。

(3)可以解决基层和底基层中发生的浸水、沉陷、裂缝等病害。

(4)不适用于面层的翻修。

4.3　各种沥青路面翻修和再生技术适用范围的比较

表3是美国沥青再生与再利用协会(Asphalt Recycling and Reclaiming Association，ARRA)提供的各种沥青路面翻修和再生技术适用范围的比较。

各种沥青路面翻修和再生技术适用范围的比较 表3

沥青路面病害类型	冷整平	冷铣刨热拌再生	就地热再生	就地冷再生	全深度[①]复拌再生
表面损坏					
松散	×	×	×[②]		
泛油	×	×	×[⑤]		
磨光	×	×	×[②]		
变形					
搓板	×[⑤]	×	×[⑤]		
车辙(浅)[③]	×[⑤]	×	×[⑤]		
车辙(深)[④]		×		×[⑥]	×[⑥,⑦]
载荷裂缝					
龟裂		×		×	×
轮迹纵向裂缝		×	×[⑧]	×	×
边缘裂缝		×		×	×
推移裂缝		×	×[⑨]		
非载荷裂缝					
块状裂缝(收缩)		×		×	×
纵向接缝裂缝		×	×[⑩]		
横向裂缝(温度)		×		×	×
反射裂缝		×		×	×
养护性修补					
喷涂修补		×[⑪]		×[⑪]	×
罩面修补		×[⑪]		×[⑪]	×
坑洞修补		×		×	×
深层修补		×		×	×
基层和路基的病害					×
行驶质量(平整度)					
一般不平整	×	×	×		
凹陷(下沉)	×[⑫]	×[⑫]	×[⑫]		×[⑬]
隆起(冻胀)	×[⑫]	×[⑫]	×[⑫]		×[⑭]

注:①一种对沥青路面在路基以上的所有结构层进行翻修和再利用的技术。

②可应用于表层厚度不超过38mm的场合。

③车辙的深度限于38~50mm(至路面顶部)。

④车辙发生于路面的底部(在面层以下,包括基层和路基)。

⑤如影响所及的整个结构层未能除去或未用专门的沥青混合料进行过处理,将只是一种暂时性的修复。

⑥对不稳定的混合料需要添加新的集料。

⑦如土壤湿、软,需要对路基进行化学稳定处理。

⑧可应用于裂缝局限于表面层的场合。

⑨如处理深度可达到发生推移以下的层面。

⑩可应用于裂缝局限于表面层的场合。

⑪在某些场合表面的喷涂层和剥落的坑槽修补处可事先用冷铣刨机铣去(如果沥青过多或有泛油的情况)。

⑫如病害涉及路基时,将只是一种暂时性的修复。

⑬用于在湿、软的路基场合下发生的沉陷。

⑭用于重度的冻胀或由于膨胀性路基土壤引起翻浆所造成的隆起。

4.4　各类再生技术能耗与排放的比较

图 52 展示了加拿大安大略省运输部对沥青路面各类再生技术的能耗所提供的计算资料。

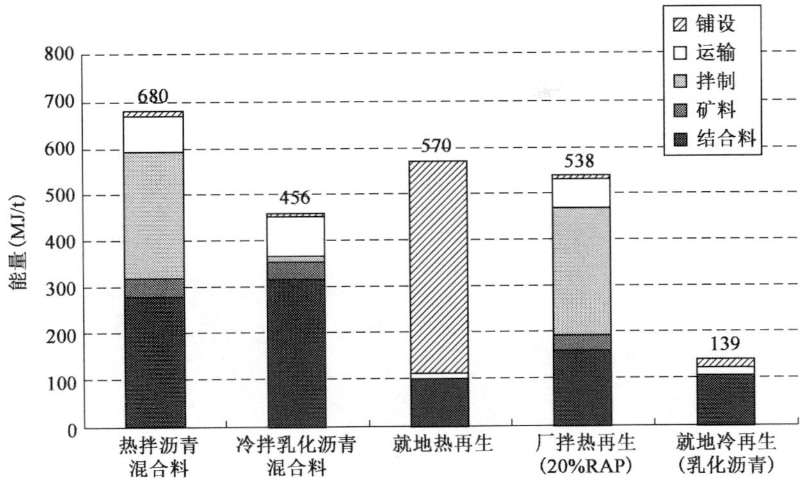

图 52　各类再生技术能耗的比较

图 53 ~ 图 55 是加拿大安大略省运输部对沥青路面各类再生技术的二氧化碳、氮氧化物和二氧化硫污染排放所提供的计算资料。

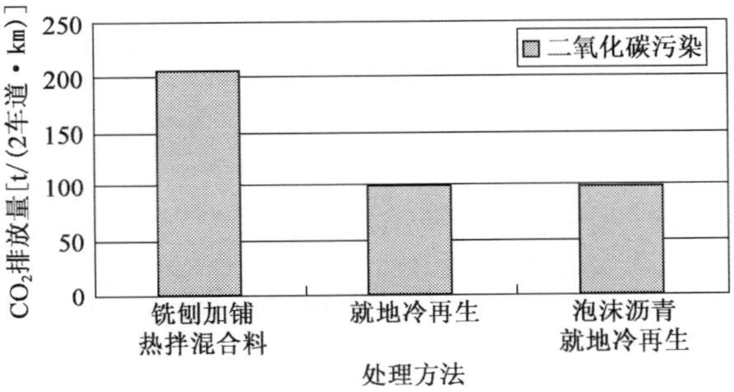

图 53　各类再生技术二氧化碳污染排放的比较

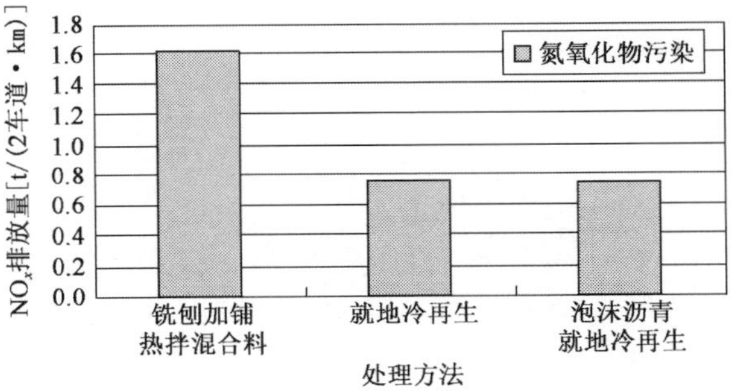

图 54　各类再生技术氮氧化物污染排放的比较

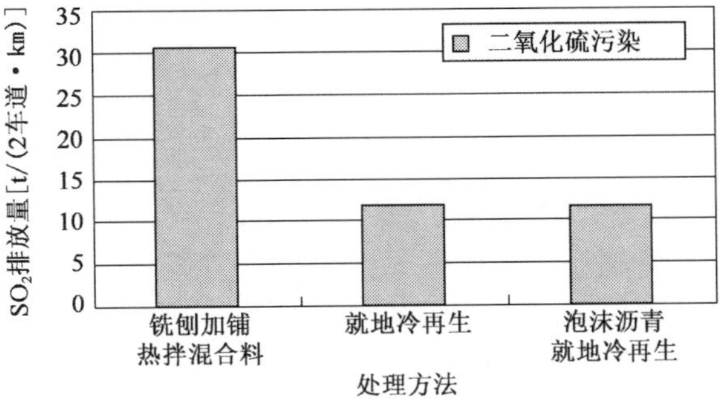

图 55　各类再生技术二氧化硫污染排放的比较

从上述这些图表中可看到，除新集料的热拌沥青混合料外，在四种再生技术中，就地热再生的能耗是最高的，其次是厂拌热再生，而就地冷再生则是最低的。在污染的排放方面，就地冷再生同样是最低的。

沥青路面裂缝和坑槽破损形式分析

康敬东　孙祖望

（本文刊于《筑路机械与施工机械化》杂志 2002 年第 5 期）

摘　要：针对沥青路面最常出现的裂缝和坑槽这两类破损形式按其破损几何形状、产生原因及破损严重程度进行了较全面的分析总结，有助于在养护维修时对不同形式的裂缝和坑槽进行正确识别和分类。

1　概述

裂缝是沥青路面各类破损中最常见、最易发生和最早期产生的病害之一，它几乎伴随着沥青路面的整个用期，并随着路龄的增长而加重。路面出现裂缝不但影响路容美观和行车的舒适性，且易扩展造成路面的结构破坏而缩短路面的使用寿命。沥青路面出现裂缝，应进行及时填封修补，否则雨水及其他杂物就会沿裂缝进入下面层结构及路基，导致路面承载能力下降，加速路面局部或成片损坏。坑槽是沥青路面各类破损中较常出现且危害性较大的一类破损，特别是在降雨后或在冬春季之交雪水的反复冻融后，会产生大量的坑槽破损。随车辆荷载的作用其破损会逐渐加大、加深，这将直接导致沥青路面的平整度降低，严重影响汽车驾驶的舒适性，甚至会危及乘车人员的生命安全。对沥青路面裂缝和坑槽破损形式进行分析，有助于在养护维修时对不同形式裂缝和坑槽的识别，有利于裂缝填缝和坑槽修补工作的开展，并可根据不同形式、不同程度的裂缝和坑槽采取相应不同的养护维修措施。

2　沥青路面裂缝破损形式分析

2.1　按裂缝破损几何形状及成因分类

2.1.1　龟裂

此类裂缝形状呈一连串小多边形（或呈小网格状），一般其短边长度不大于 4cm，如乌龟背壳上的花纹，故俗称为龟裂，而在欧美则被称为鳄鱼皮状裂缝。龟裂是由于路面受交通荷载作用，其变形和挠度过大，在沥青路面的柔性不够及在重载车辆的反复碾压下，由于路面材料的疲劳而形成的一种裂缝，故有时亦将此类裂缝称为疲劳裂缝。龟裂可能是全面性的，也可能是局部性的，且大多数发生在行车道上。在龟裂形成初期，由于裂缝轻微对沥青路面的服务水平影响不大，但由于路面有龟裂而使得路表面的水渗入，造成底面层及路面基层强度的减弱，这样便会加速龟裂而积的扩大以及裂缝的扩展，导致形成坑槽破损。

2.1.2　块裂

此类裂缝形状呈不规则的大多边形（或呈大网格状），其在形状上和尺寸上都有别于龟裂，通常其短边长度大于 40cm，长边长度小于 3m，且棱角较明显。块裂通常是由于铺设沥青路面的沥青混合料采用了大量的低针入度沥青和亲水性集料，或沥青发生老化失去其弹性，而在交通荷载作用下导致或由于在低温作用下使沥青混凝土产生缩裂，故有时亦将此裂缝称为收缩裂缝。块裂在较开阔的广场、停车场和城市道路上时常发生。这类裂缝常常会导致路表水渗入路基和路床，降低路面的结构强度而形成其他的损坏，比如龟裂、车辙等。

2.1.3　纵向裂缝

此类裂缝为沿路面行车方向分布的单根裂缝。一般成熟的纵向裂缝都较长，达到 20 ~ 50m。在路表水渗入路堤下地基范围较小的情况下，可能仅在中央分隔带两侧行车道上，甚至接近硬路肩的一侧产生一条纵向裂缝，在路表水渗入路堤下地基范围较大的情况下，可能在中央分隔带两侧行车道上和超车道上产生两条纵向裂缝，少数路段甚至有三条纵向裂缝。特别是当路基边部压实不足，路堤边部会产生沉降，导致在距路边 30cm 左右处产生纵向裂缝。在沥青混合料摊铺时，由于纵向接缝处理不当，造成路面早期渗水或压实未达到要求，在行车作用下亦会在纵向接缝处形成纵向裂缝。由于地基和填土在横向不可避免的不均匀性，特别是在有路表水渗入地基的情况下，沥青路面产生细而小的纵向裂缝也是不可避免的。但是沥青路面产生纵向裂缝过多过早，裂缝宽度过大和过长，将严重影响路面的使用性能和使用寿命。

2.1.4　横向裂缝

此类裂缝为与路面行车方向垂直分布的单根裂缝。由于地基或填土路堤纵向不均匀沉降，或由于沥青混合料摊铺时横向接缝处理不当，会产生横向裂缝，并伴有错台现象出现。在温度变化大的地区，夏季完好的路面到了冬季会由于路面温度过低或温度变化过大，产生纵向近似等间距的横向裂缝，通常将这类裂缝亦称为温度裂缝。沥青路面出现的绝大部分横向裂缝是温度裂缝，该类裂缝一般从沥青面层表面开裂，逐渐向底面层和基层延伸、扩展，从而形成上宽下窄的裂缝。有时横向温度裂缝会贯通路面的一部分，而大部分横向温度裂缝则是贯通整个路面宽度。一条沥青路面会有多根横向温度裂缝，其纵向间距为 5 ~ 10m 不等。

2.1.5　反射裂缝

这类裂缝是由于下铺层的裂缝向上传递而导致沥青面层产生与下铺层相似的裂缝，一般多发生在加铺层上。由于旧有的水泥路面的接缝和裂缝或旧有沥青路面的纵向裂缝、横向裂缝和块裂等在加铺时，未加以适当的处理而导致加铺层产生与下铺层裂缝相似形状的反射裂缝。另外，在新建的半刚性沥青路面上，半刚性基层受天长日久的温度变化引起的温缩裂缝或受外界环境湿度变化产生的干缩裂缝，也会向路表面扩展形成反射裂缝。由于底层或基层不连续处（接缝或裂缝）的水平运动或垂直运动，会使沥青路面的底面层产生较大的拉应力或剪应力，并最先开裂，然后裂缝逐渐向上延伸、扩展，并穿透整个面层，形成下宽上窄的裂缝。

2.1.6　滑移裂缝

此类裂缝是在车辆刹车、转弯或加速时产生的突然增大的水平力作用下，在路表面上沿行车方向形成的一种新月形状的裂缝，或称为 U 形裂缝。U 形的顶端常指向作用力的方向。滑移裂缝最常发生在车辆刹车、转弯或加速的位置。当滑移裂缝由刹车引起时，滑移裂缝的末端（U 的顶端）指向行车方向；如果滑移裂缝是由车辆加速引起，裂缝的末端（U 的顶端）指向行车的后方。滑移裂缝通常是由于沥青路面表面层与底面层或面层与基层黏结性不好，同时面层受到较大的水平外力时无法有效地传递给底层，而使表面层单独承受，造成的路表面被撕裂破坏。

2.2　按裂缝破损的大小及严重程度分类

2.2.1　线状裂缝（针对纵向裂缝、横向裂缝及反射裂缝）

（1）微裂缝：此类裂缝缝宽 <6mm，裂缝边缘无碎裂或仅有轻微碎裂，无或少支缝，对车辆行驶的平稳性影响不太大。

（2）小裂缝：此类裂缝缝宽为 6 ~ 19mm，裂缝边缘有轻微碎裂，并有少量支缝。裂缝两侧有微量错台，会引起车辆轻微跳动。

（3）中裂缝：此类裂缝缝宽为 19 ~ 25mm，裂缝边缘有中等碎裂，并有少量支缝。裂缝两侧有少量错台，会引起车辆明显跳动。

（4）大裂缝：此类裂缝缝宽 >25mm，裂缝边缘有严重碎裂，并有较多支缝。裂缝两侧有较大错台，会引起车辆剧烈跳动。

2.2.2 不规则裂缝(针对块裂、滑移裂缝)

(1)轻微破损:此类裂缝块度>100cm,裂缝较细,且裂缝边缘无碎裂或仅有轻微碎裂。

(2)中等破损:此类裂缝块度为50~100cm,裂缝较宽,裂缝边缘有中等碎裂,且会引起车辆跳动。

(3)严重破损:此类裂缝块度为50~100cm,裂缝宽,裂缝边缘有严重碎裂,且会引起车辆剧烈跳动。

2.2.3 龟裂

(1)轻微破损:此类裂缝块度为20~50cm,裂缝区并未连片成网,裂缝较细,裂缝边缘无碎裂和散落,裂缝区无变形。

(2)中等破损:此类裂缝块度<20cm,裂缝区已连片成网,裂缝较宽,裂缝边缘有轻度碎裂和散落,裂缝区有变形。

(3)严重破损:此类裂缝块度<20cm,裂缝区成片,裂缝宽,裂缝边缘有严重碎裂和散落,裂缝区变形明显并有松动。

3 沥青路面坑槽破损形式分析

3.1 按坑槽破损形式及成因分类

3.1.1 表面层产生坑槽

由于沥青路面局部表面层混合料空隙率较大、沥青与石料间的黏附力不强,路表水(雨水或雪水)进入并滞留在表面层沥青混合料中,在大量快速行车的作用下,一次一次产生的动水压力(孔隙水压力)使表面层的沥青从石料表面剥落下来,沥青路面便会出现局部松散破损,散落的石料被车轮甩出,路面自上而下逐渐会形成坑槽。这类坑槽通常深度为2~4cm,是各类坑槽中最早产生,也是产生数量最多的一类。由于沥青混合料的不均匀性,坑槽总是首先在局部沥青混合料空隙率较大处产生,因此它常是随机分布的一个个孤立的坑槽。这类坑槽在以半开级配(Ⅱ型)沥青混合料为表面层的沥青路面上出现最多。

3.1.2 表面层和中面层同时产生坑槽

当沥青路面表面层和中面层都是空隙率较大的半开级配沥青混合料,而底面层为空隙率较小的密级配沥青混合料时,路表的自由水较易渗入并滞留在表面层和中面层内;当表面层是半开级配、中面层为密级配沥青混合料时,降水时间较长或路表积水,使自由水透入表面层后有较长时间从中面层的薄弱处渗入中面层,并滞留在表面层和中面层内。大量快速行车使此两面层内的沥青混合料中部分石料上的沥青剥落,使沥青混合料失去黏结强度,导致路表面产生网裂、形变(局部沉陷)和向外侧推挤,并最终出现崩解(粒料分离),大量大块破碎料被行车带离,形成坑槽。此类坑槽完全形成后深度一般为9~10cm。此类坑槽产生数量不是太多,但也不少见。

3.1.3 底面层和基层间产生坑槽

路表面水透过沥青面层(两层式或三层式)滞留在底面层和基层之间,在大量高速行车(特别是重载车辆)作用下,自由水产生很大的压力并冲刷基层混合料表层细料,形成灰白色浆。灰浆又被行车压挤,通过各种形状不一和宽窄不一的裂缝(横缝、纵缝、斜缝、网缝)到路表面。车行驶过后,部分灰浆和自由水又流回底面层和基层之间,如此一上一下,在唧筒的吸排水作用下,反复冲刷裂缝,使裂缝两侧产生新裂缝及碎裂破坏,并出现以缝为中心的局部下陷形变。当卿出的灰浆数量大时,可能立即产生坑槽;在数量小时,可使路面形成网裂或局部变形,这样路表水更容易渗入基层顶面,并形成恶性循环,最终会导致坑槽出现。这类坑槽完全形成后通常深度都大于10cm,并且绝大多数都在车流量较大的行车道上或重载车辆较多的道路上。

3.1.4 刚性组合式路面(含桥面)上产生坑槽

在水泥混凝土刚性板上铺筑薄沥青面层的刚性组合式路面也是沥青路面的一种,为降低噪声和改善雨天行车安全性铺筑的薄沥青面层的厚度常为3.5~4.0cm。而为了提高路面的平整度及改善行车舒适性时,其铺设厚度一般为5~8cm。沥青面层与水泥混凝土刚性板之间黏附性不太好,若路表水透过沥青面层滞留在耐水性较好的刚性板上，在车辆载荷作用下会产生唧水压力，使两者之间的黏附性变得更差并出现分层，由于沥青混合料摊铺厚度的不均匀性，沥青面层局部厚度过薄（<4cm），使得面层在车辆荷载的水平推力作用下推移而形成剥落和脱皮，最终产生坑槽。这类坑槽常出现在桥面上，而且多数是成片出现。虽然桥梁、通道和立体交叉等构造物的总长度不长，沥青混合料面层铺装面积不大，但其单位面积出现坑槽的数量最多。

3.2　按坑槽破损的大小及严重程度分类

（1）轻微破损：沥青表面层局部剥落、松散而产生的小而浅的坑槽，坑深<2.5cm，坑槽面积<$1m^2$。

（2）中等破损：沥青表面层小面积剥落、松散而产生的小面积坑槽，坑深为2.5~4.0cm，坑槽面积为1~$3m^2$。

（3）较严重破损：沥青表面层和中面层出现网裂和局部沉陷而产生的较深的小面积坑槽，坑深为4~10cm，坑槽面积为1~$3m^2$。

（4）严重破损：沥青整个面层出现网裂和局部下陷变形而产生的深坑槽，坑深>10cm，坑槽连成一片成为大面积坑槽，坑槽面积>$3m^2$。

4　结语

随着改革开放的不断深入和国民经济的飞速发展，公路建设作为我国经济建设的重点项目，近十几年来得到了长足的发展，公路等级在不断提高，公路通车里程数也在迅速增加。而与此同时，我国也有大量的沥青路面出现了各种各样的破损现象，为保证其良好的与公路等级相适应的服务水平，对沥青路面必须进行及时、有效的养护维修。裂缝填封和坑槽修补是养护部门的两项日常养护工作，同时也是难度较大且又费工费时的两项工作。对沥青路面裂缝和坑槽破损形式进行深入、全面的分析总结，有助于在养护维修时对不同形式裂缝和坑槽的识别和分类，有助于养护维修工作的顺利开展，并可根据裂缝和坑槽的破损形式和严重程度采取相应的处理措施。

沥青路面裂缝填封机理分析

康敬东　孙祖望

（本文刊于《中南公路工程》杂志2005年第2期）

摘　要：根据沥青路面裂缝填封的最终目的以及裂缝填封材料的受力状况，分析研究了沥青路面裂缝的填封机理，提出了获得理想维修效果的具体要求。

在沥青路面各类破损形式中，裂缝是最常见、最易发生和最早期产生的病害之一，它几乎伴随着沥青路面的整个使用期，并随着路龄的增长而加重。裂缝的形式各种各样，如龟裂、块裂、纵向裂缝、横向裂缝、反射裂缝和滑移裂缝，其成因各有所不同。但不论是哪种形式的裂缝都应进行及时修补，否则雨水及其他杂物就会沿裂缝进入下面层结构及路基，使下面层甚至路基软化，造成其结构强度降低，最终导致沥青路面承载能力下降，进而造成路面局部或成片损坏，不但严重影响路容美观和行车的舒适性，且易扩展造成路面的结构破坏而缩短路面的使用寿命。而裂缝填封是养护部门最常见的一项日常养护工作，同时也是难度较大的一项工作。裂缝填封处理的裂缝主要针对纵向裂缝、横向裂缝、块状裂缝以及反射裂缝。传统的养护维修方法仅仅是满足将裂缝堵住、填平，维修后沥青路面使用性能不高、耐久性差。所以，为使裂缝填封能达到理想的维修效果，必须对沥青路面裂缝的填封机理进行深入的分析研究。同时，沥青路面裂缝填封机理的分析，对裂缝填封材料和填封工艺的研究工作还具有一定的指导作用。

1　裂缝填封的最终目的和效果

沥青路面出现裂缝破损，不仅影响路面的表面功能、影响路面的使用功能，而且还会引发其他类型的路面破损。对于沥青路面出现的裂缝进行填封修补，其最终的目的和效果可归纳为以下四个方面。

1.1　恢复沥青路面行车的平顺性和舒适性

由于沥青路面出现纵向的、横向的、斜向的以及网状的等各种形状的裂缝，将严重影响车辆行驶的平稳性。特别是，当裂缝较大且裂缝两侧出现错台时，会引起车辆的剧烈颠簸，加剧车辆的损坏，同时也增加了对路面的冲击荷载作用。对沥青路面裂缝进行及时填封修补，以恢复其应有的表面功能，即行车的平顺性和舒适性。

1.2　恢复沥青路面局部强度和承载能力

当沥青路面产生裂缝破损时，裂缝两侧的路面材料间将丧失传递水平力和竖向力的作用（即传力功能），如图1所示。这将造成路面局部强度和承载能力下降。故而，对裂缝进行填封修补，来加强裂缝两侧路面材料间的黏结强度，恢复裂缝处路面材料间传递力的功能，恢复路面局部强度和承载能力。

1.3　弥补裂缝处原有沥青路面的强度不足

沥青路面材料产生开裂破损，常常是出现在路面局部较薄弱（如压实度不足、空隙率较大、油石比偏小等）或交通量较大的地方。通过对裂缝处松散、破损材料清除后进行填封修补，来弥补原有沥青路面材料的强度不足。特别是，考虑到延长沥青路面的使用寿命以及满足日益增长的交通流量和交通荷载要求时，裂缝填封修补不仅仅是为恢复原有路面强度，而更应具有一定的补强作用，以确保裂缝填封处不易再次开裂。

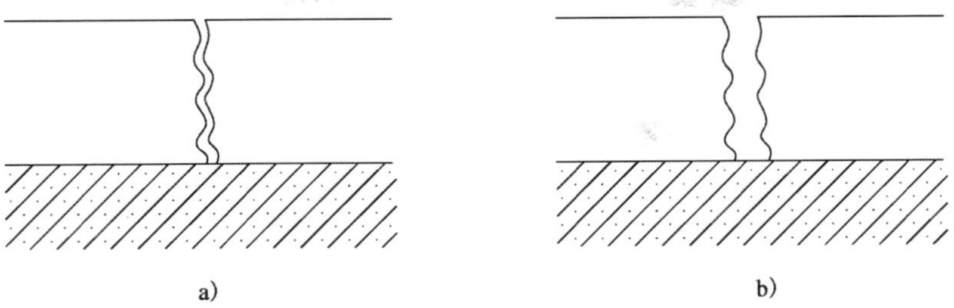

图1　裂缝的传力功能

a）较小裂缝有少量传力功能；b）较大裂缝无传力功能

1.4　避免沥青路面引发进一步的破坏

沥青路面出现裂缝，会使路表水很容易渗入路面结构层中，造成路面面层材料出现松散、剥落，路面基层材料出现软化、承载力下降等现象，最终可能会导致沥青路面产生裂缝扩张、局部沉陷或坑槽破损。沥青路面有裂缝产生时，许多不可压缩材料会进入裂缝缝隙中。在温暖季节或环境温度较高时，裂缝具有弥合的趋势，裂缝宽度会变小，但由于不可压缩材料的侵入阻止了裂缝的弥合，裂缝只可能呈不断扩张的趋势，并受到额外应力的作用，造成裂缝破损加剧。所以，通过裂缝填封修补，来防止水渗入路面结构层中、防止不可压缩材料侵入裂缝缝隙，避免沥青路面引发进一步的破坏。

2　裂缝填封材料受力状况分析

对沥青路面裂缝进行填封修补后，裂缝中的填封材料在交通荷载及外界环境的综合作用下承受着各种外力的作用。通过对裂缝填封材料受力状况的分析，来研究裂缝填封的机理，即提出对裂缝填封的具体要求。

2.1　受拉、压应力作用

在移动车辆荷载作用下，沥青路面结构内各点处于不同的应力应变状态，而裂缝中填封材料起着传递拉、压应力的作用，同时其自身也受到拉、压应力的作用，如图2所示。在拉应力作用下，会促使裂缝有不断扩张及填封料被拉断或填封料与裂缝壁面间被拉脱的趋势；而在压应力作用下，裂缝呈不断弥合及填封料被挤出的趋势。

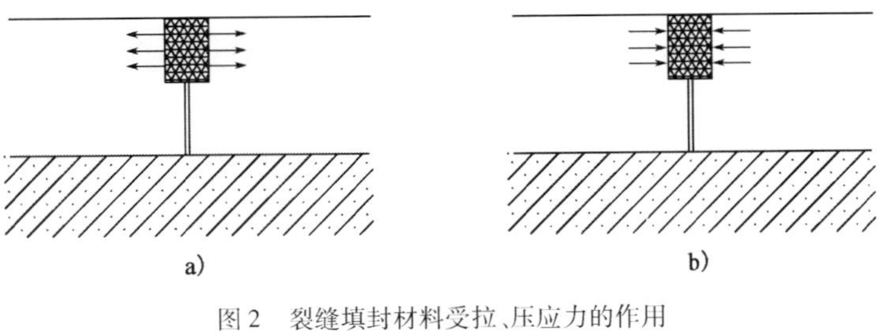

图2　裂缝填封材料受拉、压应力的作用

2.2　受剪应力作用

当行驶的车辆接近裂缝或驶离裂缝时，裂缝中填封材料起着传递剪应力的作用，同时其自身也将受到剪应力作用，如图3所示。在剪应力作用下，会使裂缝两侧出现错台及填封料被剪断或填封料与裂缝壁面间被剪切开的趋势。

2.3　受动水压力和真空吸力作用

当降雨时，或当裂缝填封修补处有积水时，行驶的车辆会对裂缝填封料产生一定的水力冲刷作用。即在轮胎驶近裂缝时，轮胎前面的水受轮胎挤压挤入裂缝，使裂缝填封料受到动水压力作用；在轮胎通过裂缝后，轮胎后方与路面间形成暂时的真空，使裂缝填封料受到真空吸力作用，如图4所示。在动水压力和真空吸力作用下，会造成裂缝填封料自身黏结力下降及填封料与裂缝壁面间黏附强度降低，有使裂缝填封料松散、脱出的趋势。

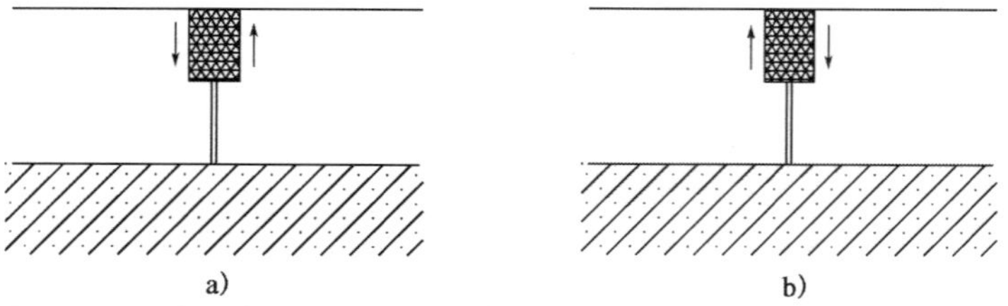

图3　裂缝填封材料受剪应力的作用

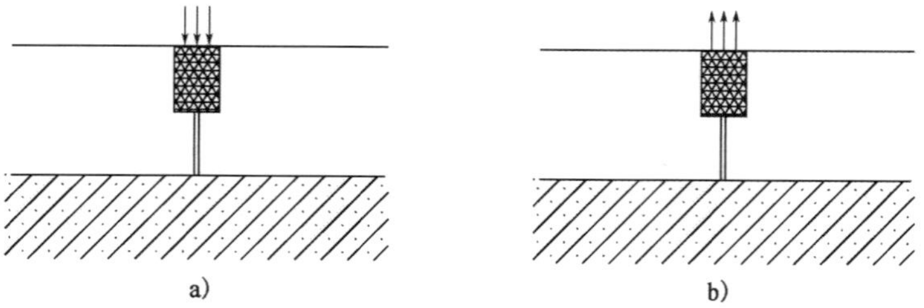

图4　裂缝填封材料受动水压力和真空吸力的作用

3　裂缝填封机理分析

根据裂缝及裂缝填封料的受力状况分析结果，同时考虑到水、温度、紫外线、氧气等环境因素的影响，为了使裂缝填封修补达到最终的目的，并获得理想的维修效果，对裂缝填封提出相应的具体要求，即分析出裂缝的填封机理。

3.1　裂缝壁面的要求

（1）裂缝壁面应坚实无松散料。裂缝壁面坚实，可以避免因裂缝壁面松散而造成填封修补后裂缝抗拉压能力、抗剪切能力及防水能力下降，可使裂缝填封后坚固耐久、承载能力强。所以，在对裂缝填封修补之前，应首先将裂缝处松散的、破损的壁面材料清除掉，直至露出坚实的部分。

（2）裂缝壁面应彻底清洁、完全干燥。裂缝在填封修补前，其壁面应彻底清洁并完全干燥。裂缝壁面彻底清洁，有利于提高裂缝填封料与壁面间的黏附强度，并由此增强填封裂缝的抗拉压能力、抗剪切能力及防水能力。如果裂缝壁面不清洁，有灰尘、不可压缩材料或剥落的旧沥青，则会导致填封料与裂缝壁面的黏附性能下降，减弱了填封裂缝的耐久性和承载能力，并易造成填封料的脱出。以热沥青为基本物质的填封材料大都不亲水，不易黏着于含水、含湿的裂缝壁面；而水溶性填封料也会因裂缝壁面的微缝、孔隙含水而阻碍其更深入的渗透或变得稀薄，使填封料与裂缝壁面间的黏附力大为降低。因此，裂缝壁面同时应保持完全干燥，然后再对裂缝实施填封修补。

（3）裂缝壁面应具有适当温度。为了获得良好的施工条件，保持填封料良好的黏结性，裂缝壁面应具有适当的温度，特别是对热填封料尤为如此。假如热填封料填补在低（冷）温度的裂缝壁面上，则接触于裂缝壁面的填封料必定受其影响而温度急降，填封料黏结性也随即降低，渗透性能也迅速减弱，这样就会造成填封料与裂缝壁面间附着不良、黏附强度降低。所以，应在环境温度较高或对裂缝壁面进行适当加热之后，再对裂缝填封修补。

3.2　填封材料的要求

（1）填封料应具有较高的黏结性。填封于裂缝中的修补材料在交通荷载和水损害的双重影响下，承受着各种应力应变的作用，为了弥补裂缝处原有沥青路面的强度不足，填封料自身及填封料与裂缝壁面间应形成一个整体，使填封料能够起到很好的传递拉压应力、剪应力的作用。故填封料本身应具有足够高的黏结强度,并且具有一定的抗拉强度。

(2)填封料应具有一定的韧性。裂缝中的填封材料在受外力作用时,为防止其变形过大或被挤出,应具有足够抵抗变形的能力;或者在夏季高温环境下,防止砂石、碎屑等不可压缩杂物嵌入裂缝的填封料中,其亦应具有一定抗变形能力,即填封材料应具有一定的韧性。

(3)填封料应具有足够的弹性和延展性。填封料在外力作用下其变形由弹性变形和塑性变形组成,后者是不可恢复的。填封料应具有足够的弹性,使其受拉压应力作用而产生弹性变形后能迅速恢复到原有状态。沥青路面的裂缝宽度会随着季节和环境温度的变化而不断改变,但总体趋势是裂缝不断变宽并伴有竖向位移(即产生错台的趋势)。为了使填封材料始终能够与裂缝壁面贴合并保持对裂缝的封闭作用,填封材料必须具有较好的延展性,亦可称之为“跟踪性”,即填封材料能跟随裂缝伸缩大小,且能追踪其伸缩移动方向。

(4)填封料应具有较强的黏附性。当车辆驶近或驶离裂缝时,裂缝中的填封材料起着传递剪应力的作用;同时,在动水压力和真空吸力的作用之下很容易使填封料从裂缝中脱出。为了使填封材料能传递较大的剪应力和不易从裂缝中脱出,填封料与裂缝壁面间必须具有较高的黏附性,即填封料与裂缝壁面旧料之间应具有良好的“相容性”,同时填封料本身还应具有良好的“根着性”(或称渗透性)。相容性主要是指填封料与裂缝壁面裸露骨料间化学性质相容和极性相容,若两者化学性质相容和极性相容,其黏附性能则大大增强。根着性是指填封料能根深蒂固,渗入到裂缝壁面旧骨料孔隙与微缝中,待填封料固化后,便楔入和锚固在裂缝壁面上。这样填封料与裂缝壁面间就会产生很强的黏附力。

(5)填封料应具有良好的高低温稳定性。在夏季及高温天气,为防止填封料受热而流淌、溢出裂缝而被车轮带走,填封料应具有足够高的高温稳定性,即在环境温度较高情况下,填封料不流淌、塑性变形小。同时,在冬季及低温天气,为防止填封料出现脆裂而使填封裂缝失效,填封材料必须具有良好的低温抗裂性,即在低温环境下填封料仍具有较好的变形能力。

(6)填封料应具有较高的耐老化性。裂缝中的填封材料在使用过程中,由于长期暴露在大气中,在热、氧气、阳光和水等环境因素的综合作用下,填封材料很容易发生性质变化,导致其各项性能劣化。为了提高填封裂缝的耐久性、防止填封裂缝较早失效,填封料应具有较高的耐老化性,在使用期内其各项性能指标应保持稳定或变化较小。

4 结语

近十几年来,我国公路事业得到了长足的发展,公路等级在不断提高,公路通车里程数也在迅速增加。而与此同时,我国也有大量的沥青路面出现了各种各样的破损现象,为保证其良好的与公路等级相适应的服务水平,对沥青路面必须进行及时、有效的养护维修。裂缝填封作为养护部门最常见的日常养护工作,不论在国内还是在国外都受到了有关部门的广泛重视。为了使裂缝填封能达到理想的维修效果,本文对沥青路面裂缝的填封机理进行深入的分析研究,提出了裂缝填封的具体要求。同时,沥青路面裂缝填封机理的分析结果,对裂缝填封材料和填封工艺的研究工作还具有一定的指导意义。

沥青路面坑槽修补松铺量的两种控制方法

康敬东　孙祖望

（本文刊于《筑路机械与施工机械化》杂志 2003 年第 6 期）

摘　要：首次提出了松铺系数控制法和修补料用量控制法，以准确控制沥青路面进行坑槽修补时的投料量，使修补坑槽的密实度和平整度能同时得到保证。

对沥青路面坑槽破损进行修补时，以往对其修补料松铺量的控制都不是很严格，要么松铺系数（即松铺厚度与压实厚度的比值）按 1.25 ~ 1.35 计或按 1.35 ~ 1.45 计，要么就不加以确定，只简单要求所填修补料略高于原有路面。实际上，对于坑槽修补料松铺量的控制应是相当精确的，它不仅与修补材料的级配类型、矿料配合比、沥青用量及各组成材料种类有关，还与修补后坑槽的预期压实度有关。如果修补料松铺量控制不准确，就可能出现已补坑槽平整度虽得到了保证，但修补料压实度却达不到要求，或者，修补料压实度达到要求，坑槽内修补料却要么突出原有路面，要么凹陷下去，严重影响了路面的平整度。所以，只有当坑槽修补料采用准确的松铺量时，才能够同时保证平整度和压实度两项指标的要求。

对于已修补坑槽的压实度，常被人们忽视。而事实上，坑槽内修补材料只有被充分压实达到规定要求的压实度（不低于原有路面与压实度），才能满足强度和稳定性等技术质量要求，从而保证其各项使用性能。通过对预期压实度控制的方法，来确定坑槽修补料松铺量大小，亦即采用计算出的修补料松铺量填补坑槽，当修补料被碾压至与原路面相平时，修补料即达到预期压实度。

1　松铺系数（量）控制法

此方法是通过控制修补料的松铺系数或松铺厚度来控制修补后坑槽的预期压实度。设预期压实度为 $K_{预期}$，修补料理论最大密度（或 Marshall 密度）为标准密度 $\rho_{标准}$，松铺时坑槽修补料毛体积密度为 $\rho_{松铺}$，则压实后修补料毛体积密度 $\rho_{压实}$ 为

$$\rho_{压实} = K_{预期} \cdot \rho_{标准} \tag{1}$$

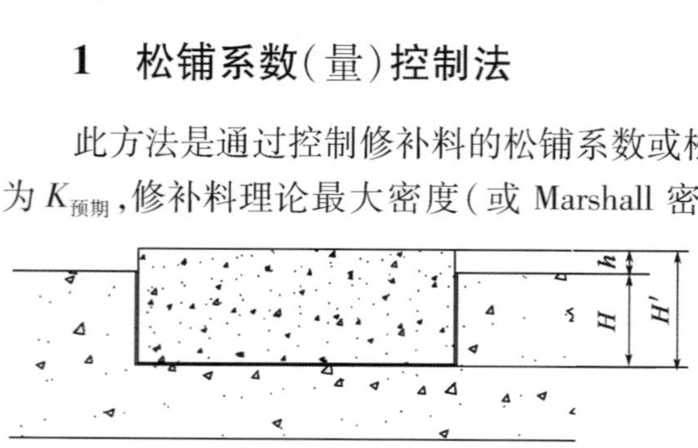

图 1　坑槽深度及修补料厚度尺寸

设坑槽深度及修补料厚度尺寸如图 1 所示，H 为坑槽深度，H' 为松铺厚度，而 $h = H' - H$ 为松铺料超出原有路面高度。

则修补料松铺系数 k 为：

$$k = \frac{H'}{H} = \frac{\frac{V'}{S}}{\frac{V}{S}} = \frac{V'}{V} = \frac{\frac{m}{\rho_{松铺}}}{\frac{m}{\rho_{压实}}} = \frac{\rho_{压实}}{\rho_{松铺}} = K_{预期} \cdot \frac{\rho_{标准}}{\rho_{松铺}} \tag{2}$$

式中：V'——修补料松铺体积；

V——坑槽体积；

S——坑槽面积；

m——修补料用量（质量）。

修补料松铺厚度 H' 和松铺料超出路面高度 h 可分别表示为：

$$H' = k \cdot H = K_{预期} \cdot \frac{\rho_{标准}}{\rho_{松铺}} \cdot H \tag{3}$$

$$h = H' - H = H(k-1) = H\left(K_{预期} \cdot \frac{\rho_{标准}}{\rho_{松铺}} - 1\right) \tag{4}$$

在已知 $\rho_{标准}$、$\rho_{松铺}$ 及 H 时，根据公式(2)、公式(3)、公式(4)可分别计算出达到预期压实度 $K_{预期}$ 时所需的 k 值、H' 值或 h 值，则在修补坑槽时，控制易于测定的 h 值(等效于控制 k 值或 H' 值)，便可使压实后的沥青路面坑槽修补料达到预期压实度 $K_{预期}$。

2 修补料用量控制法

此方法是通过控制修补料用量(质量)来控制修补后坑槽的预期压实度。设坑槽的几何尺寸如图2所示，坑槽长度为 L、坑槽宽度为 B、坑槽深度为 H。

则压实结束时修补料体积 $V_{压实}$ 为

$$V_{压实} = V = L \cdot B \cdot H \tag{5}$$

则填补此坑槽的修补料用量应为

$$m = \rho_{压实} \cdot V_{压实} = K_{预期} \cdot \rho_{标准} \cdot V$$
$$= K_{预期} \cdot \rho_{标准} \cdot L \cdot B \cdot H \tag{6}$$

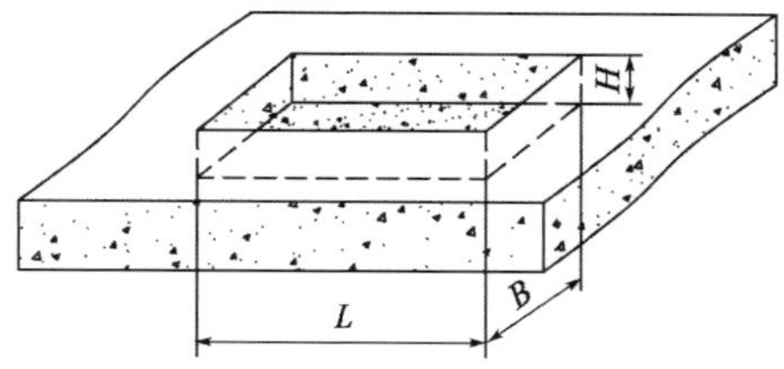

图2 坑槽的几何尺寸

在已知 $\rho_{标准}$、V(即 L、B、H)时，根据公式(6)便可算出达到预期压实度 $K_{预期}$ 时所需的 m 值，则在填补坑槽时，只需控制易于称量的修补料用量 m 值，便可使压实后的坑槽修补料获得预期的压实度 $K_{预期}$。

3 松铺量控制法应用实例

采用 AC-13I 型细粒式沥青混合料作为坑槽修补材料，其中矿质集料为玄武岩，沥青结合料为辽河盘锦 AH-90 重交沥青。首先采用真空法测得坑槽修补料的理论最大密度为 2.518g/cm^3，待修补坑槽尺寸为 30cm×20cm，深为 5cm。若预期压实度 $K_{预期}$ 为 94.76%，则根据公式(6)便可计算出修补坑槽所需的用料量 m 为 7158g。将计量好的修补料投入坑槽中，碾压平整。然后，在修补好的坑槽正中间用钻孔机钻取出 ϕ100 的芯样试件，并采用蜡封法测定芯样试件的毛体积相对密度，则计算出的芯样试件压实度值即为已修补坑槽的实际压实度，其结果列于表1中。因钻孔取芯位置在坑槽正中间，故此处的平均压实度值比预期压实度 $K_{预期}$ 略高些。

控制修补料用量修补坑槽试验结果 表1

测量参数	试样 1	试样 2	试样 3	平均值
试样毛体积相对密度	2.3945	2.4186	2.369	2.394
压实度(%)	95.09	96.05	94.08	95.07

4 结语

本文首次提出了松铺系数(量)控制法和修补料用量(质量)控制法，来准确控制坑槽修补时的投料量，使修补坑槽的密实度和平整度能同时得到保证。比较两种坑槽修补料松铺量控制方法，第一种需通过测定松铺高度 H' 或松铺料超出路面高度 h，来保证 $K_{预期}$ 值，由于松铺时 H' 值或 h 值波动较大，会造成最终获得的压实度与 $K_{预期}$ 存在一定误差，但在无称量装置时，此方法亦不失为一种简单易行的方法。另一种方法为按计算出的修补料用量 m 称取填补材料，若压实至与原路面相平后，可获得较准确的预期压实度 $K_{预期}$ 值。

沥青路面裂缝和坑槽养护技术发展现状

康敬东　孙祖望

（本文刊于《建筑机械》杂志 2002 年第 9 期）

摘　要：在评述沥青路面裂缝填封和坑槽修补重要性的基础上，分析、总结了国内外沥青路面裂缝和坑槽养护维修技术的发展现状，并指出了当前技术的不足和未来的发展趋势。

在沥青路面各类破损形式中，裂缝和坑槽这两类破损所占比重最大，也最为常见。裂缝的形式有各种各样，如龟裂、块裂、纵裂、横裂和反射裂缝，其成因各有不同。但不论是哪种形式的裂缝都应及时进行修补，否则雨水将会通过裂缝进入基层，使基层甚至路基软化，造成基层、路基强度降低，最终导致沥青路面承载能力下降，进而造成路面局部或成片损坏，严重影响行车舒适性，并使路面寿命大大降低。裂缝破损属于沥青路面结构性破坏，更多的是影响沥青路面的耐久性。沥青混合料松散、剥落，直到产生坑槽，将直接导致沥青路面的平整度下降，严重影响汽车驾驶的舒适性，使汽车行驶的安全性下降，并危及乘车人员的生命。若不及时修补和加强，将会使路面破损面加大，造成维修费用成倍增加。坑槽破损属于沥青路面功能性破坏，更多的是影响沥青路面的使用性能。裂缝填封和坑槽修补是养护部门最常见同时也是难度较大的两项日常养护工作。传统的养护维修方法，养护人员劳动强度大、工作效率低，仅仅满足于将裂缝和坑槽堵住、填平，维修后沥青路面使用性能不高、耐久性差，维修质量取决于操作人员的经验。所以，沥青路面裂缝和坑槽养护维修技术的发展，对提高养护维修的质量和效果至关重要。

早在 20 世纪 80 年代中期，国外公路发达国家新建公路速度趋于平缓，公路养护工作已成为公路部门的工作重点。通过投入大量的资金和精力，其沥青路面的养护维修技术和设备有了迅速的发展。裂缝填封和坑槽修补这两项最常见的日常养护工作，不论在国内还是在国外都受到了有关部门的广泛重视。

1　发展现状

1.1　沥青路面裂缝填封技术

裂缝填封处理主要针对纵向裂缝、横向裂缝、块状裂缝以及反射裂缝。通常裂缝的填封工艺为：缝宽在 6mm 以内的，宜将缝隙刷扫干净，并用压缩空气吹去尘土后，采用热沥青或乳化沥青灌缝撒料法封堵；缝宽在 6mm 以上的，应剔除缝内杂物和松动的缝隙边缘，或沿裂缝开槽后用压缩空气吹净，采用砂粒式或细粒式热拌沥青混合料填充、捣实，并用烙铁封口，随即撒砂、扫匀，也可采用乳化沥青混合料填封。有些填封工艺还有所变化，有的在灌缝前，用液化气将压缩空气加热，对裂缝进行吹扫、烘干、预热，待缝壁加热至黏性状态后，再把液态沥青或沥青砂浆喷抹到缝中，最后在缝口表面撒布热砂或石屑加以保护。对细小成熟的裂缝，直接灌浆效果不很理想，所以要用盘式铣刀进行扩缝，然后进行清扫、加热、灌浆等处理。还有的利用再生技术对裂缝处再生，先用加热器在裂缝处宽 5 ~ 10cm 范围内加热数分钟，裂缝处的沥青混凝土便可变软，缝深则加热时间加长，此时再用油壶倒入适量沥青，掺入少量砂子或石屑，人工就地热拌，使裂缝处自上到下左右两边形成含油量较大的新混合料，找平撒砂。此工艺方法可吸收各种因素引起的应力，消除裂缝，但较费工、费时。国外对裂缝填封工艺的研究更深入，比如美国

CRAFCO 公司对裂缝开槽的方式按标准槽非贴封式、标准槽贴封式、浅槽贴封式、简单无槽贴封式 4 种方案进行研究比较，认为标准槽贴封式处理的效果最好，其裂缝填封失效率最低。还有美国 Maine 州交通运输部门(DOT)利用一种称为 GlasGrid8501 的玻璃纤维网来抑制放射裂缝，取得了很好的效果。

目前普遍采用的裂缝填封材料可分成三种类型。第一类是热灌式橡胶沥青，因其价格最为低廉，对施工人员的要求不苛刻而受到广泛采用；第二类是有机硅树脂，由于其黏度太大，不易充分渗入裂缝，且对施工条件要求高，既费时又昂贵，故大多用于密封新建混凝土路面的接缝；第三类是冷灌式填缝料，是以乳化沥青为基本物质的填缝料，其受限制条件较少，不需加热使用，可用在潮湿的路面、有灰尘的壁面，其性能影响较小。近几年，随着沥青改性技术的发展，不断研制出以改性沥青为基本物质的新型填缝料。如 1995 年美国公路部门研究出一种 CRF-PM 聚合物改性乳液，具有很好的弹性、流动性和黏结力，不受季节和气候的影响，填缝后能牢牢地黏附在沟缝壁上，和路面连成一体。施工时只要将 CRF-PM 聚合物改性乳液放到一个专用壶中，由人工浇入裂缝中，再铺砂子，即可开放交通。美国 CRAFCO 公司也研制了适用于不同场合的改性沥青密封胶，有加热施工的，也有只需冷施工的，有适合寒、温、热三种不同气候带使用的。

国外公路发达国家不仅对裂缝填缝材料和工艺有深入细致的研究，而且已形成了系列化的专业设备。一套完整的补缝设备一般包括底盘、灌缝机、扩缝机、扫缝机、喷吹枪、石屑撒布机等，其主要制造商有德国 BREINING 公司和美国 CRAFCO 公司。在美国 SHRP 计划中还研制了一种路面填缝机器人的实验室样机，它可以自动对路面裂缝进行判断、画图、跟踪和填封。补缝设备在我国基本属于空白，裂缝填封大多采用手工进行，费工又费时，且质量不易得到保证。

1.2　沥青路面坑槽修补技术

坑槽修补主要是针对坑槽、局部网裂、龟裂等病害的修补和加强，同时还可对局部沉陷、拥包以及滑移裂缝等病害进行修补。通常沥青路面坑槽修补的施工工艺为：测定破坏部分的范围和深度，按“圆洞方补”原则，划出大致与路中心线平行或垂直的挖槽修补轮廓线(正方形或长方形)。槽坑应开凿到稳定部分，槽壁要垂直，并将槽底、槽壁清除干净，在干净的槽底、槽壁薄刷一层黏结沥青，随即填铺备好的沥青混合料；新填补部分应略高于原路面，待行车压实稳定后保持与原路面相平。具体的坑槽修补方法较多，一般有热补法、喷补法、热再生法三种方式。

(1)热补法：其修补工序是首先用破碎工具铲除需补部位旧路面，然后喷洒沥青黏结层，填充新混合料，并摊平、压实。

(2)喷补法：这种方法利用高压喷射方式，将乳化沥青经过喷管与输送来的骨料相混合，通过控制喷管上的乳液、骨料和压缩空气 3 个开关，把混合料均匀、高速地喷洒到坑槽中，达到密实黏结效果，无需碾压，不需沥青混凝土拌合厂配合，且不受气候变化影响。

(3)热再生法：其修补方法是先将高效热辐射加热板放置到待补区域，使旧沥青路面软化，然后耙松被软化的沥青旧料，喷洒乳化沥青使旧料现场再生，补充新沥青混合料拌合，并摊铺、压实。这种方法可对旧料进行现场再生利用，减少了环境污染、资源浪费，降低了维修成本，进行修补作业时不受气候变化影响。

除了上述几种坑槽修补方法外，还有一些特殊的或新近发展的方法。比如采用沥青混合料预制块修补，沥青路面破损处开槽修补的尺寸应等于预制块的倍数，预制块之间的接缝用填缝料填塞。此种坑槽修补方法较为简单，修补料的配比较易控制，密实度能得到保证。日本研究出一种“荒川式斜削施工法”，是在返上、压平和补铺沥青混合料前，先将被切坑槽的边缘用特制工具切成 45°斜坡形，然后再用喷燃器将边缘烧成粗糙形状，接着再铺压沥青混合料。这样可使新料和旧料紧密吻合在一起，不易出现裂缝。

近些年来，国内外竞相研制能够全天候使用、修补工艺更易于掌握的修补料——常温(冷)拌和沥青混合料。常温拌和混合料是一种预先加热拌和、储存，常温下使用的沥青混合料，通常添加一些特殊的外加剂，以保证其路用性能在储存期间不发生变化。混合料一般袋装或桶装储存，使用方便、修补迅速,特别是在寒冷、多雨季节,在传统热补法不易开展情况下,利用常温拌和混合料修补是一种较适宜的方法。美国SHRP计划进行的坑槽修补研究推荐使用最好的材料,以减少重新修补的工作量。如在修补时使用质量不佳的材料,则重复修补同一个坑槽的费用将很快地抵消购买廉价修补用沥青混合料所节省的费用。因而当前趋向于在修补料中添加改性剂,研制专供补坑用的高性能改性沥青混合料,使其具有极强的抗湿性、低温和易性、与坑洞的黏结力。

沥青路面坑槽修补的工艺方法较多,其相应的修补设备类型也多种多样。国外坑槽修补设备的主要制造商有:热补法——美国AKZO NOBEL公司、加拿大SWEEPRITE公司;喷补法——美国ROSCO公司、美国DURACO公司;热再生法——美国THERMAL POWER公司。国内目前对沥青路面坑槽的修补大都采用热补法,方法单一,且相应的设备品种、规格较少。如镇江路面机械制造总厂的ZJY5100TLQ型沥青路面综合养护车、湖南省湘潭公路机械厂的XTG5071TLY型沥青路面综合养护车。近期热再生法在国内也有了一定发展,如南京英达机械制造有限公司、沈阳北方交通工程公司都生产相应修补设备。

2 当前的不足和未来发展趋势

为了使维修后沥青路面恢复其原有的结构功能和表面功能,甚至弥补原有路面的不足,必须采取精细式的养护维修。当前,裂缝填封料和坑槽修补料种类繁多,养护部门选用时很盲目,而且对于具体的裂缝填封工艺和坑槽修补工艺在国内外研究都很少。比如裂缝开槽填封是否必要,开槽多大为宜,开槽形式怎样,裂缝填封时机的选择以及具体的填封步骤等;坑槽修补时沥青路面破损处是否有必要将其开挖成正方形或长方形,不开槽、开成垂直槽壁或斜坡形坑槽中哪种方式更利于保证修补后的耐久性,不同槽深、不同修补料其松铺量应为多大,具体的修补步骤等。大多数沥青路面养护维修单位,只满足将裂缝填住、填平及坑槽补住、补平,而在维修过程中没有采取相应的质量控制措施,不能保证维修后效果。单纯研制填封料和修补料,或单纯研究填封工艺和修补工艺,都不是一种科学的、完备的、最终的办法。为了彻底搞好沥青路面裂缝和坑槽的养护维修工作,必须从材料、工艺(包括质量控制)、设备三方面进行综合研究,才能取得事半功倍的效果。

当前,沥青路面裂缝和坑槽的养护维修新技术的发展趋势是:通过选择更为适宜的填封和修补材料,同时采用更为合理、正确的养护维修工艺,来保证维修后沥青路面的各项路用性能,并研制出相应的新型养护维修设备。依靠新材料、新工艺和新设备来严格保证养护维修质量。

沥青混凝土路面坑槽修补机理分析

康敬东　孙祖望

（本文刊于《公路》杂志2003年第12期）

摘　要：根据沥青混凝土路面坑槽修补的最终目的以及坑槽修补材料的受力状况，分析研究了沥青混凝土路面坑槽的修补机理，提出了获得理想维修效果的具体要求。

坑槽是沥青混凝土路面各类破损中较常出现且危害性较大的一类严重破损。特别是在降雨后或在冬春季之交雪水的反复冻融后，会产生大量的坑槽破损。沥青混凝土路面出现坑槽破损不仅严重影响路面的平整度和行车的舒适性，而且若不及时对坑槽进行修补，在交通荷载作用下其破损面会逐渐扩大、加深并连成一片，造成维修费用的急剧增多并危及乘车人员的生命安全。而坑槽修补是沥青混凝土路面日常养护维修工作中一项难度很大而又费工费时的工作，其主要包括对坑槽、局部网裂、龟裂等病害的修补和加强，以及对局部沉陷、拥包以及滑移裂缝等病害的修补。本文根据沥青混凝土路面坑槽修补的最终目的，分析研究坑槽修补机理，使坑槽修补能达到理想的维修效果。通过沥青混凝土路面坑槽修补机理的分析，以期对坑槽修补材料和修补工艺的研究具有一定的指导作用。

1　坑槽修补的最终目的和效果

沥青混凝土路面产生坑槽破损不仅严重影响路面的表面功能和使用性能，而且还会引发交通安全问题，对其进行修补的最终目的和效果可归纳为以下4个方面。

1.1　恢复沥青混凝土路面的表面功能

由于沥青混凝土路面出现不同形状、大小、不同深度的坑槽，将严重影响车辆行驶的平稳性及安全性，特别是当坑槽较深时，会引起车辆的剧烈颠簸，易使行车失去控制，危及驾驶人员和乘车人员的生命安全。对沥青混凝土路面坑槽进行及时修补以恢复其原有的平整度，即行车的平顺性和舒适性。同时，应使修补后的路表面具有一定的抗滑能力，以保证行车的安全性。故而，坑槽修补首先应恢复沥青混凝土路面的表面功能。

1.2　恢复沥青混凝土路面的局部强度和承载能力

当沥青混凝土路面产生坑槽时，坑槽处的沥青混凝土路面结构层显著变薄和严重破损，造成路面局部强度和承载能力下降。通过对坑槽进行修补，恢复沥青混凝土路面结构层原有的厚度、密实度和完整性，保持路面原有的强度和承载能力。

1.3　弥补坑槽破损处原有沥青混凝土路面强度和耐水性的不足

沥青混凝土路面出现坑槽破损，通常是出现在路面材料空隙率较大、压实度不足、级配不恰当等承载能力弱和耐水性差的局部较薄弱的地方，或者是出现在车流量较大或重载、超载车辆较多的路段。通过将坑槽内松散、破损材料清除后进行修补，来弥补原有沥青混凝土路面材料的强度不足，同时增加其材料的耐水性，防止修补坑槽再破损。特别是，当考虑到延长沥青混凝土路面的使用寿命以及满足日益增长的交通流量和交通荷载的要求时，坑槽修补不仅仅是为恢复原有路面使用性能，而更应具有一定的补强作用，以提高坑槽破损处沥青混凝土路面的使用性能。

1.4 避免沥青混凝土路面引发更严重的破损

如果沥青混凝土路面表面层出现破损面而形成浅坑槽,若不及时修补,会使路表水很容易淤积在坑槽内,使下面层长期被积水浸泡,这样便使下面层材料松散、剥落,而形成更深、更大的坑槽。若积水渗入路面基层,则会使基层材料软化,路面的整体承载能力将大幅下降,会导致沥青混凝土路面出现严重的结构性破损。而且,沥青混凝土路面一旦出现坑槽破损,坑槽边缘和底部材料会受到骤增的车辆冲击荷载作用,将加速坑槽破损的进一步扩展。所以,通过对坑槽进行修补,可避免沥青混凝土路面更大的破损。

2 坑槽修补材料受力状况分析

对沥青混凝土路面坑槽破损进行修补后,坑槽中的修补材料在交通荷载及外界环境的综合作用下承受着各种外力的作用。

2.1 受压应力作用

在交通荷载作用下,沥青混凝土路面坑槽内修补材料受到较大的压应力(图1)。从某沥青混凝土路面在不同轴载作用下不同深度面层材料的压应力分布图(图2)可以看出:坑槽修补材料上部0~5cm范围内承受的压应力最大,深度超过10cm后其受到的压应力减弱许多;而且轴载越大,修补材料受到的压应力越大。所以,在压应力作用下,坑槽修补材料表面层最容易产生压密形变,且重载或超载会使产生较大压密形变的深度增加。

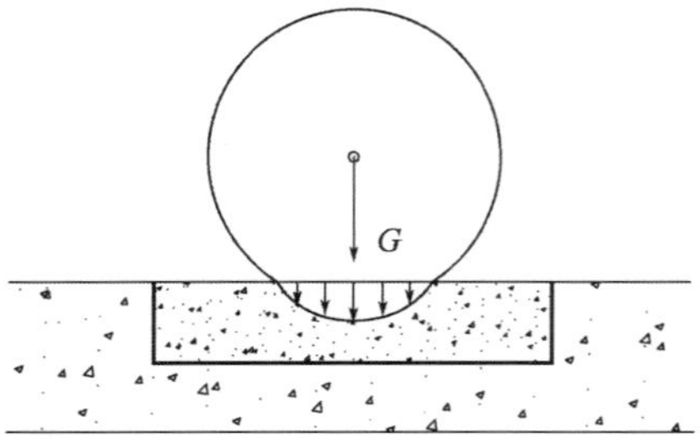

图1 沥青混凝土路面在轴载作用下的压应力

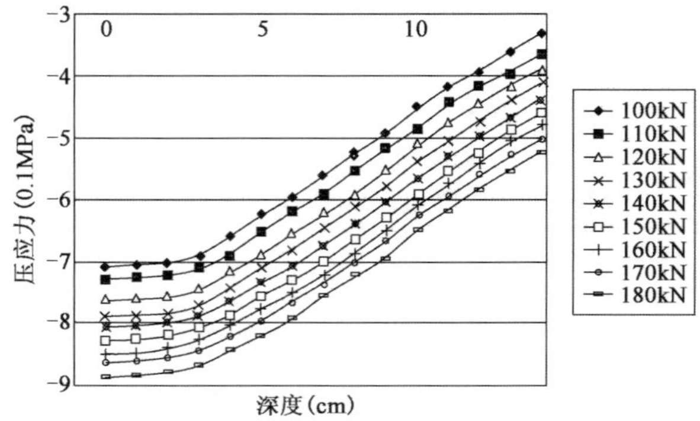

图2 不同轴载作用下面层中压应力分布曲线

2.2 受拉压交变应力和剪应力作用

在移动车辆荷载作用下,沥青混凝土路面坑槽内修补材料各点处于不同应力应变状态。车辆驶过一次,坑槽修补材料就出现一次拉压应力循环,在整个使用过程中其长期处于拉压应力(应变)重复循环变化作用的状态。同时,在车辆荷载作用下,坑槽修补材料在不同深度处受不同大小的剪应力作用,而且轴载越大,材料受到的剪应力越大。故而,在拉压交变应力作用下,坑槽修补材料有不断产生疲劳破坏的趋势;而在剪应力作用下,有被剪切破坏的可能。

2.3 受水侵蚀作用

当沥青混凝土路面坑槽修补处有路表水时,大量的车辆驶过会将水挤入或吸出修补材料表面空隙,使修补材料受到不间断的水力冲刷作用,同时,当修补材料表面封闭孔隙中充满水时,在车辆荷载作用下还会在孔隙中产生压力和负压,如图3所示。在水和交通荷载共同作用下,即在形成的水侵蚀作用下,会造成坑槽修补材料黏结力下降,并有使表面层修补材料松散、剥落的可能。

2.4 壁面接缝受拉应力、剪应力作用

当行驶的车辆接近或驶离新料(坑槽修补材料)与旧料(原有路面材料)的壁面接缝时,壁面接缝将受到拉应力、剪应力作用,如图4所示。在拉应力作用下,新旧料壁面接缝有被拉开并出现破损的可能;

在剪应力作用下,新旧料壁面接缝有被剪开而出现破损的可能。

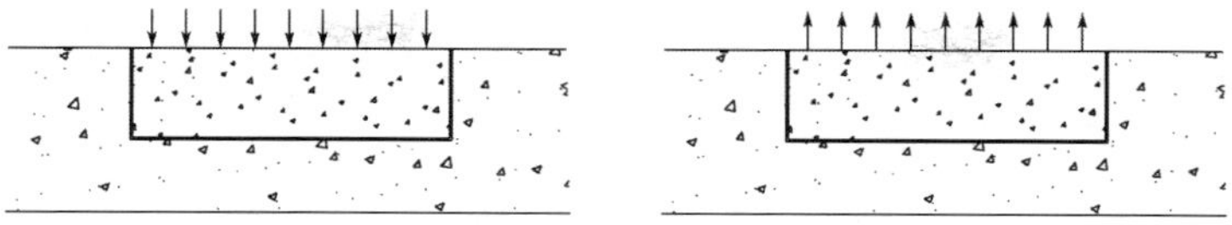

a)　　　　b)

图3　坑槽修补材料受水的侵蚀作用

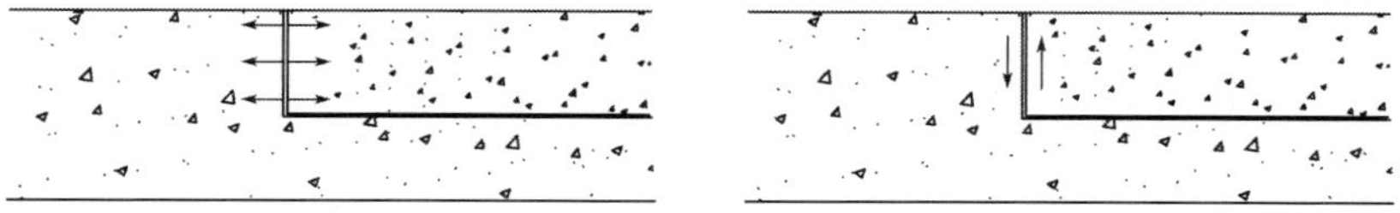

a)　　　　b)

图4　新旧料壁面接缝受拉应力、剪应力作用示意图

2.5　底面接缝受剪应力作用

当车辆行驶在沥青混凝土路面坑槽修补材料表面时,修补材料底部受到拉弯应力的作用,其与坑槽槽底的底面接缝起着传递水平外力的作用,同时底面接缝自身将受到剪应力作用,如图5所示。在此剪应力作用下,底面接缝有被剪开并使新旧料在底面失去黏结的可能。

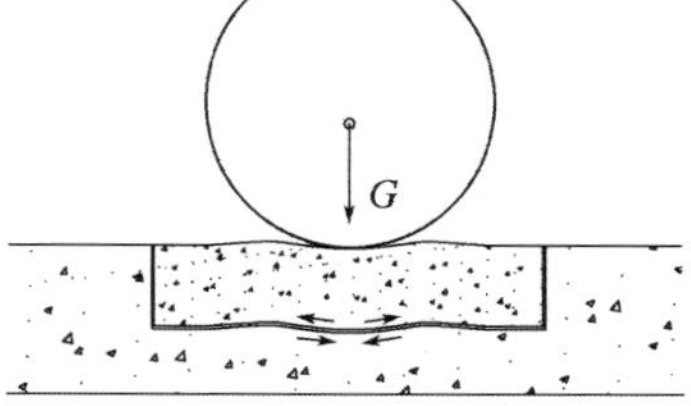

图5　新旧料底面接缝受剪应力作用

3　坑槽修补机理分析

根据坑槽及坑槽修补材料受力状况分析结果,同时考虑到水、温度、紫外线、氧气等自然环境因素的影响,为使坑槽修补达到最终的目的,并获得理想的维修效果,对坑槽修补提出相应具体要求,即分析出坑槽的修补机理如下。

3.1　对坑槽壁面和底面的要求

3.1.1　坑槽壁面和底面应坚实无松散料

坑槽壁面坚实,可以避免因坑槽壁面松散而造成修补后坑槽壁面接缝抗拉能力、抗剪能力及防水能力的下降,可使新旧料壁面接缝坚固耐久、承载力强。而坑槽底面坚实无松散料,会使坑槽修补料受到的压应力和水平外力被有效地向槽底材料传递,保证了坑槽修补后路面的整体强度和承载能力。所以,在对坑槽修补前,应首先将坑槽内松散的、破损的壁面和底面材料清除掉,直至露出坚实的部分。

3.1.2　保证坑槽壁面和底面彻底清洁、完全干燥

坑槽在修补前,其壁面和底面应彻底清洁并完全干燥。坑槽壁面和底面彻底清洁,有利于提高接缝处新旧料间的黏结性能,并增强坑槽壁面的抗拉能力、抗剪能力及防水能力,增强坑槽底面接缝传递水平外力的能力。如果坑槽壁面和底面不清洁,有灰尘、不可压缩材料或松散的碎石、剥落的沥青,则会导致新旧料间的黏结性下降,造成坑槽壁面接缝处修补料过度破损及坑槽底面接缝处新旧料分层。而坑槽壁面和底面若潮湿、含水,则修补料不易黏着于坑槽内表面上,造成接缝处新旧料间的黏附力大为降低。因此,坑槽内表面同时应保持完全干燥,然后再对坑槽进行修补。

3.1.3　坑槽壁面和底面应具有适当温度

为了获得良好的施工条件,保持坑槽修补料与原有路面旧料间的黏结性,坑槽内表面应具有适当的温度,特别是对热补材料,尤为重要。假如热补材料填入低(冷)温度的坑槽中,则接触于坑槽壁面和底面的修补料必定受坑槽旧料影响而温度急降,则新旧料间黏结性也随即降低,造成坑槽壁面和底面接缝黏结力不强。所以,应在环境温度较高或对坑槽内表面进行适当加热之后,再对坑槽修补。

3.2 修补材料的要求

3.2.1 修补料应具有足够的强度

填补在坑槽中的修补材料在交通荷载和水损害的双重影响下,承受着各种应力、应变的作用。为了弥补坑槽处原有沥青混凝土路面强度和承载能力的不足,修补后坑槽中的填补材料应形成一个整体或板块,使修补料能够起到很好的传递外界荷载的作用。故修补料应具有足够高的强度,即修补料中矿质集料间有较大的嵌挤力和摩阻力,而沥青与矿料间有较大的黏聚力。

3.2.2 修补料应具有良好的高低温稳定性

在夏季及高温天气,为了保证坑槽中的修补料在车辆荷载的作用下不致产生诸如波浪、推移、车辙、泛油、粘轮等破坏,修补料应该具有足够的高温稳定性,即在环境温度较高情况下,修补料应具有足够的劲度模量和抵抗塑性流动变形的能力。同时,在冬季及低温天气,修补料易变脆变硬,为防止其产生温度裂缝,坑槽中的修补料应具有足够的低温稳定性,即在低温时应具有良好的应力松弛性能,有较低的劲度和较大的变形适应能力,在降温收缩过程中不产生大的应力累积,在行车荷载和其他因素的反复作用下不致产生脆断开裂。

3.2.3 修补料应具有较强的耐水性

水损害是产生坑槽破损的最根本原因,为了防止水的侵蚀作用造成已修补坑槽再次出现沥青膜从石料表面脱落、修补料掉粒和松散以及坑槽等损坏现象,坑槽内的修补料应该具有足够的水稳定性,即沥青与矿料间具有较强的黏附性和抵抗水对沥青置换作用的能力。因此,为了既保证修补料自身的水稳定性,又防止水渗入基层表面,造成基层表面材料产生唧浆、软化及承载力降低,坑槽内修补料还应具有良好的防渗水能力,即具有较好的耐水性。

3.2.4 修补料应具有良好的耐老化性

坑槽内的修补料在使用过程中,由于长期暴露在大气中,在空气(氧)、阳光(紫外线)、温度和水等环境因素的综合作用下,修补料很容易发生性质变化,导致其各项性能劣化。为了提高已修补坑槽的耐久性,防止修补坑槽过度出现再破损,修补料必须具有良好的耐老化性,即修补料具有保持其使用性能稳定或较小发生质量变化的能力。

3.2.5 修补料应具有一定的抗疲劳性

已修补坑槽在使用期间受车辆荷载的反复作用,坑槽修补料长期处于应力应变交叠变化状态,致使其结构强度逐渐下降。当荷载重复作用一定次数后,在荷载作用下修补料内产生的应力就会超过不断下降的结构强度,使其出现裂纹。为防止已修补坑槽过度出现疲劳断裂破坏,修补料应具有一定的抗疲劳特性和足够长的疲劳寿命。

沥青混凝土路面坑槽修补新方法的理论与试验研究

康敬东　孙祖望

（本文刊于《公路》杂志2004年第5期）

摘　要:针对提出的沥青混凝土路面坑槽修补新方法——静力热压法,根据朗肯土压力理论和流变学理论,分析了在静力热压条件下高温热沥青混合料剪切流变密实的机理,同时建立了高温热沥青混合料的流变模型,并通过坑槽修补密实性验证试验,证明所提方法的可行性和有效性。

目前,在沥青混凝土路面坑槽修补中常用的压实装置主要有小型振动平板夯、小型振动压路机和手扶式振动碾,都是依据振动压实原理设计制造的。在振动能量的激励下,混合料颗粒间发生相对运动而减少了内摩阻力和黏聚力,同时在垂直压力的作用下使裹覆了沥青薄膜的矿料颗粒相互嵌挤重新排列,并将混合料空隙中的空气排出,从而使材料变得更加密实。但是,振动压实所作用的垂直压力很短暂,在滚压过被压材料后这种压实力就消失了,来不及将混合料空隙中的空气完全挤出,而未挤出的空气会恢复自身的体积而保持颗粒间的空隙。因此,振动压实必须有足够大的振动能量和垂直压力,以及经过多遍的碾压过程,才能逐渐挤出混合料空隙内的空气,使材料达到要求的密实程度。但是,用于坑槽修补的压实装置重量和振动能量都较小,很难使修补材料达到原有路面的压实度。因此,本文提出一种新的压实方法——静力热压法。

1　基本原理

沥青混凝土路面坑槽修补静力热压法,是指修补材料在较高温状态下依靠较长时间的静压力作用使混合料一次性达到要求密实程度的方法。作为修补材料的热拌沥青混合料,在较高温(160～165℃)状态下,其黏结材料沥青具有良好的润滑作用,且黏度下降许多,可以有效地减少矿料颗粒间的内摩阻力和黏聚力,再借助较长时间的静压力作用,可使混合料空隙内的空气(包括被沥青薄膜封住的那部分空气)更多地被挤出去,从而大幅度地减少了混合料颗粒间的空隙,使矿料颗粒排列更为紧密,很快使修补材料达到所要求的压实度。由于热拌沥青混合料在高温状态下具有较好的流动性,采用静力热压法,还有一个好处,就是通过静压力作用可以产生较大的、较长时间的侧向压力,使修补材料更好地与坑槽壁面材料挤压砌合在一起,进一步提高了坑槽修补的质量。

2　静力热压法密实机理分析

矿质混合料与热沥青经充分拌和后,沥青会均匀地包裹在矿料颗粒表面,使沥青混合料具有一定的黏聚力。但是在高温条件下,热沥青的黏度很低,可看作牛顿流体。同时,由于高温液态沥青存在于矿料颗粒之间,使矿料颗粒间的摩擦为湿摩擦或滚动摩擦(因沥青裹覆细矿料颗粒而相当于小滚轮),致使高温热沥青混合料的内摩阻力较常温时下降许多,抗剪强度较低。

采用静力热压法对坑槽内热沥青混合料的压实,整体上来看属于有侧限的受压密实,而局部上来讲则应属于无侧限受压密实,这也符合坑槽修补工艺的实际情况(即压实头比坑槽的尺寸小)。这样,热沥青混合料在受压密实的过程中,其空隙内的空气可在较长时间的静压力作用下,从压实头四周排出,由此可获得更高的密实度。

如图1所示，压实头正下方的热沥青混合料在静压力 q 作用下，会被压缩密实，而与此同时，其两侧的热沥青混合料会受到侧向压力的作用。现假设压实头下两侧热沥青混合料为挡土墙，借助朗肯(Rankine)土压力理论可分析出其承受的侧向压力大小。高温热沥青混合料与黏性土相似，而压实头下两侧的沥青混合料会向两边移动、变形，故可按朗肯土压力理论中黏性土的主动土压力，来计算其受到的侧向压力。所以，在混合料表面以下深度 z 处，压实头下面两侧热沥青混合料受到的侧向压力为：

$$p_{az}=qK_a+\gamma zK_a-2c\sqrt{K_a} \tag{1}$$

式中，K_a、γ、c 分别为热沥青混合料的侧向压力系数、重度、黏聚力。在公式(1)中，由于大多数待修补坑槽的深度都小于10cm，故填入坑槽的修补料自重应力产生的侧向压力 γzK_a 可忽略不计；而静压力 q 远大于高温下混合料的黏聚力 c，故混合料黏聚力 c 产生的侧向拉应力 $2c\sqrt{K_a}$ 也可略去，则有：

$$p_a\approx qK_a \tag{2}$$

在静压力 q 作用下，压实头下方的热沥青混合料会产生压缩变形而使中间混合料受压密实，而其两侧的热沥青混合料在侧向压力 p_a 作用下，向两边挤压变形而使两侧混合料也受压密实，这样同时会促使压实头下方的热沥青混合料进一步地向两侧产生剪切滑动，形成更大的压缩变形，使中间混合料不断密实。压实头下方高温热沥青混合料产生剪切滑动的滑动面形状，可用图2表示。

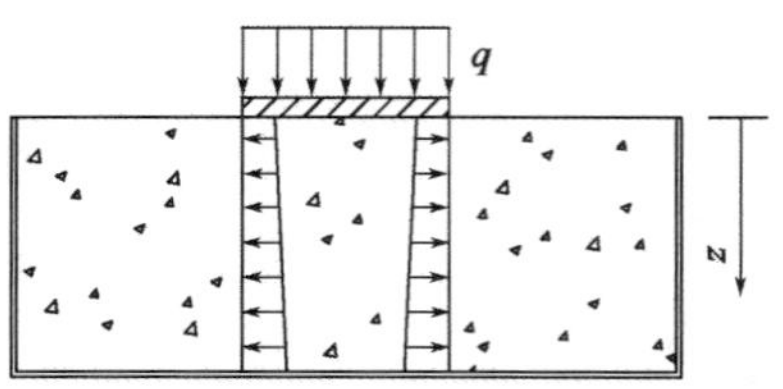

图1　压实头下两侧热沥青混合料受的侧向压力

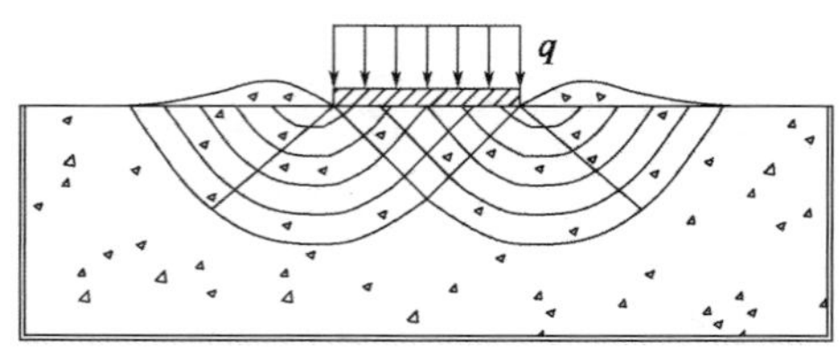

图2　高温热沥青混合料的剪切滑动面形状

在静压力 q 作用下，压实头下方的高温热沥青混合料不断产生剪切滑动，使混合料出现塑性变形。随着静压力的增大，混合料中塑性变形(即剪切变形)区域不断扩展，最后会在热沥青混合料中形成连续的滑动面，压实头下沉，其下方混合料空隙中的空气不断被挤出，而使混合料进一步密实，与此同时，在压实头四周会有少量混合料挤出隆起。

在对坑槽进行实际压实修补时，需多个位置的静力热压来完成一个坑槽的压实。一个位置压实完成后，可移到相邻的另一个位置再进行压实。这样，在压实的同时可使微微隆起的混合料也被压下去，而前一个位置已受压密实的混合料，则可作为这次受压密实的一个侧限，促进并加快了高温热沥青混合料在受静力热压时的密实。

3　静力热压条件下高温热沥青混合料的流变特性分析

在文献中，曾做过关于热沥青混合料的静力加载承压试验，其试验结果如图3所示。

从图3中可以看到，热沥青混合料无论是有侧限压缩还是无侧限压缩，其静压力与变形量的关系曲线均可分为3个发展阶段：在静压力刚开始增大时，由于首先需要克服热沥青混合料的内摩阻力，因而在一定静压力范围内，并不产生压缩变形。而在第二阶段，当静压力继续增大时，混合料的变形量开始随静压力增大而有较大幅度的增加，这表明混合料在受压密实，它的空隙率在减小；当静压力增加到某一临界值时，矿料颗粒已交错排列紧密并连续接触，此时若继续增大静压力，混合料的空隙率已很难再减小，而压缩变形的增长十分微弱。此外，从图3中还可以看到，在卸载过程中静压力与变形量的关系曲线几乎与纵坐标平行，即表明在加载过程中热沥青混合料所产生的压缩变形几乎都是不可逆的永久变形；而卸载后热沥青混合料的弹性变形恢复(即弹性后效)十分不明显。故可以认为热沥青混合料在静力承压条件下无弹性后效。

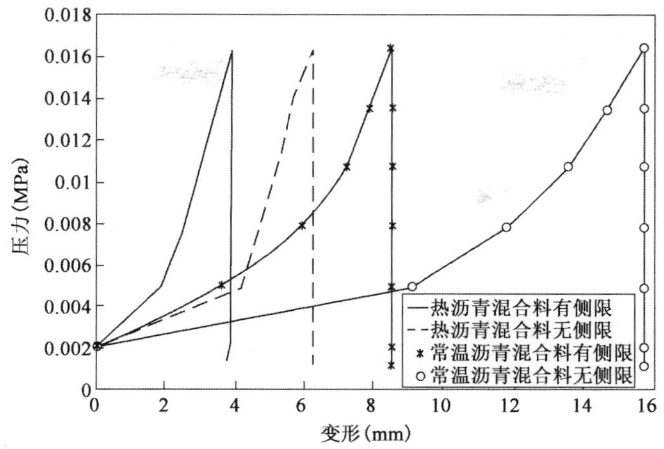

图3　热沥青混合料承压试验结果

对于热沥青混合料来说，在高温条件下，其沥青结合料可看作牛顿流体，具有牛顿流体的特性，故高温热沥青混合料的流变特性与冷却固结后的沥青混合料有很大的区别。依据图3的试验结果，可将其在静力热压条件下的应力与应变关系曲线表示为图4。

沥青混合料中有约95%的材料为矿质集料颗粒，特别是在高温情况下，热沥青混合料在外力作用下明显地呈现出集料型材料的特点(即理想的塑刚体)，它表面随着压力的增加矿料颗粒间的间隙不断减小，而压缩变形则逐步增大，此时材料会变得越来越密实，直至矿料颗粒达到最密实的排列时，继续增加压力将不再引起压缩变形的增长，而且这种压缩变形是不可逆的。故理想的塑刚体可假设为一个弹簧受到活塞压缩，在活塞缸的上部空腔中充满不可压缩的液体，并在其补油口安装一个单向阀，以使卸载时，弹簧变形不能回复。当弹簧被完全压扁而到达变形极限时，继续增大压力将不再产生新的压缩变形。

所以，高温热沥青混合料的流变模型，可以用塑刚体和黏塑性体的并联结构来表示(图5)。黏塑性体简称VP体，它是由黏性体(或称为牛顿体)和塑性体并联组成，其中黏性体表征了高温液态沥青的黏性阻力，而塑性体则反映了因克服矿料颗粒间的摩擦力而在一定压力范围内无压缩变形的情况。

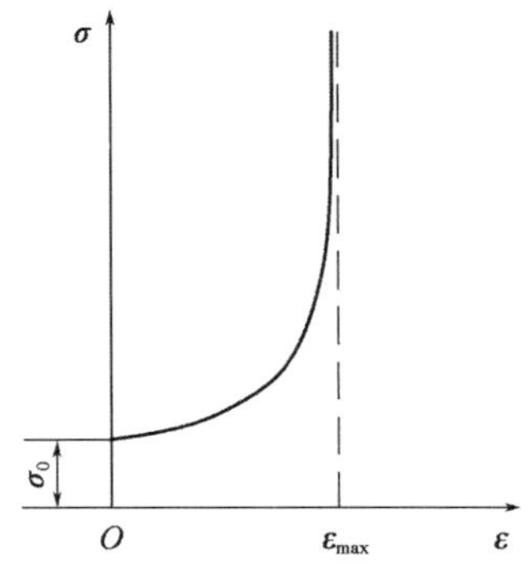

图4　高温热沥青混合料应力与应变关系

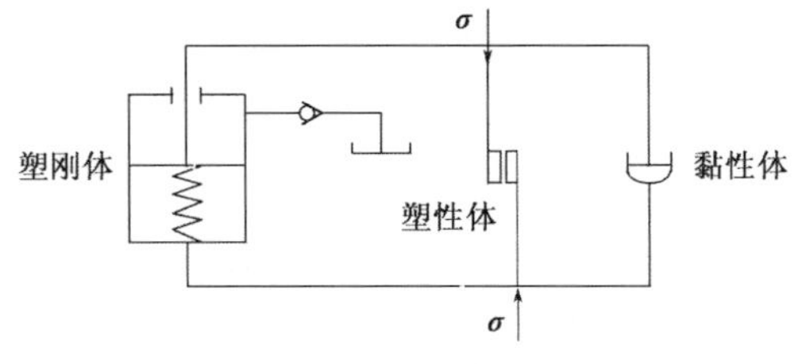

图5　高温热沥青混合料的流变模型

4　坑槽修补静力热压法密实性验证试验

试验重点是验证利用热压头对坑槽修补材料进行的静力热压法是否可行有效，修补材料在较高温状态下，通过静力热压是否能够迅速达到要求的密实程度。试验用修补材料或试样成型材料，均采用AC-13I型细粒式沥青混合料，矿质集料为玄武岩，黏附性等级为4～5级；沥青结合料为AH-90重交通沥青。

4.1 试验方案

为了使沥青混合料在被压实过程中始终保持在160～165℃的较高温度状态，以及保证热压头维持较高温度。故试验采用带有导热油夹层的压实模具和具有能容纳一定量导热油空腔的压头，通过给压实模具夹层和压头空腔中注入较高温导热油，来实现针对较高温度的热沥青混合料并用热压头压实的要求，如图6所示。图6a）为压实前的示意图，图6b）为压实后的示意图，图中 H' 为松铺时混合料高度，H 为压实成型后的混合料高度。

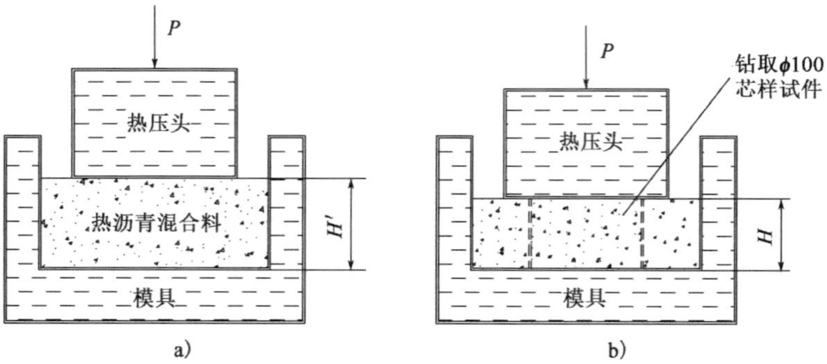

图6 静力热压试验方案

试验是利用 NYL-300 型压力试验机进行加载的，所加荷载 P 分别为 600kg、1000kg、1400kg、1800kg、2200kg。压实完成后，待模具内压实成型的材料完全冷却至室温后（不少于12h），再进行脱模，然后利用钻孔机在其正中间钻取直径为 ϕ100 的芯样试件，如图6b）所示。最后，测定不同荷载下静力热压所获得试样的压实度和空隙率，以及沥青混合料压实后的沉陷量。

4.2 密实性验证试验结果

根据测定的静力热压试样相对密度值，以理论最大相对密度作为试验用沥青混合料的标准密度。对于密实性验证试验测定的沉陷量 h 及压实度 K 和空隙率 VV 的计算结果，皆列于表1中。

密实性验证试验结果 表1

载荷 P (kg)	压实应力 σ (MPa)	沉陷量 h (mm)	试样毛体积相对密度 γ	压实度 K (%)	空隙率 VV (%)
600	0.340	15.5	2.311	91.78	8.22
1000	0.566	16.9	2.324	92.30	7.70
1400	0.792	18.1	2.342	93.01	6.99
1800	1.019	19.2	2.371	94.16	5.84
2200	1.245	20.0	2.407	95.59	4.41

模具内沥青混合料压实后的沉陷量 h 与静力热压所加荷载 P 的关系曲线如图7所示；而静力热压成型试样的压实度 K 与荷载 P 的关系曲线如图8所示。

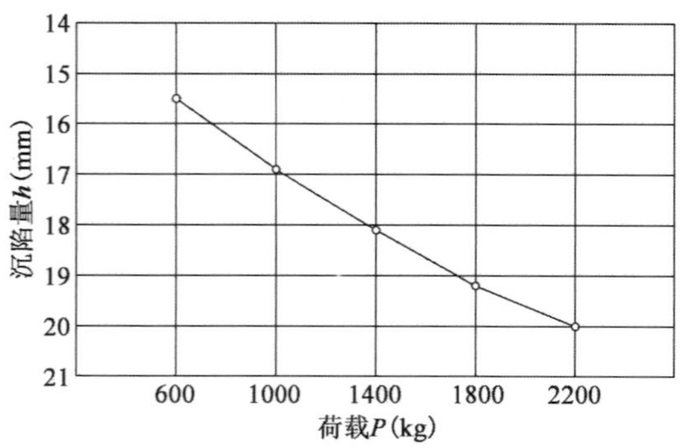

图7 沉陷量 h 与静力热压荷载 P 的关系曲线

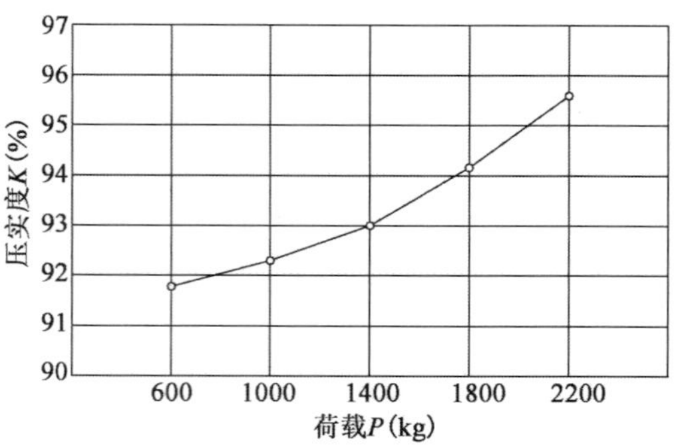

图8 压实度 K 与静力热压荷载 P 的关系曲线

从密实性验证试验的结果可以看出：采用静力热压法，当所加荷载为1000kg（即压实应力为0.566MPa）时，成型试样的压实度便超过了理论最大密度的92%，已符合一般等级公路对压实度的要求；而荷载为2200kg（即压实应力为1.245MPa）时，成型试样的压实度达到了理论最大密度的95.59%，已完全满足高速公路和一级公路对沥青混凝土路面的要求。故通过试验研究证明：采用静力热压方法，对沥青混凝土路面坑槽进行压实修补，完全可以满足坑槽修补密实性评价指标的要求。

沥青路面坑槽修补工艺分析

康敬东　孙祖望

（本文刊于《建筑机械》杂志 2004 年第 7 期）

沥青路面坑槽的修补质量除与修补材料的性能有很大关系外，还在很大程度上取决于坑槽修补的工艺方法，好的、恰当的修补工艺会使修补坑槽的寿命得到极大的提高。为了获得更好的坑槽修补质量，必须遵照严格的修补工艺进行施工，虽其工艺过程较繁琐、初期成本较高，但修补后的寿命却大大延长，减少了重复维修的次数，更重要的是减少了交通中断次数，减少了施工人员在不利施工条件下露人作业的时间。沥青路面坑槽修补工艺主要是针对坑洞、局部网裂、龟裂等病害的修补和加强，以及对局部沉陷、拥包、滑移裂缝等病害的修补。除了美国的专利施工技术——喷补法以及沥青混凝土预制块修补法外，更多的是采用开槽修补的永久性（即耐久性）修补法和不开槽修补的应急性（即临时性）修补法。本文结合国内外现有的坑槽修补工艺，按永久性修补要求，对坑槽修补的主要施工工艺过程进行归纳和分析。

1　坑槽的成型

在对沥青路面局部破损修补前，应将破损处开槽成型。首先确定路面破损部分的边界和深度，按“圆洞方补”原则，划出大致与路中心线（即行车方向）平行或垂直的开槽修补轮廓线，并沿此轮廓线开挖坑槽，要求坑槽壁面尽可能保持与路平面垂直，坑槽底部平整、坚实。通过开槽处理，可将坑洞内不坚固的、松散的壁面材料移走，露出一个坚实、整齐的坑槽壁面和一个稳定、平整的坑槽底面，这非常有利于修补材料的摊铺及修补材料用量的确定，也有利于提高修补材料与坑槽壁面材料间的黏附性能。特别是坑槽槽壁面与路平面垂直，对两者间的充分砌合相嵌非常有益，并可大大提高修补材料的压实效果，使修补坑槽获得更高的强度和承载能力。

坑槽的成型通常利用路面破碎机、混凝土切割机或路面铣刨机等设备。用路面破碎机开挖坑槽，效率较高、使用灵活，但是噪声较大、操作人员劳动强度高，且形成的坑槽边缘参差不齐，还易振松周围路面材料，坑槽底面的平整性不易得到保证。当然，可借助切割机沿划好的修补轮廓线切割出一个整齐的割缝，再用破碎机将坑槽内旧料松散、破碎。而用路面铣刨机开槽是一种较好的方法，不仅效率高，而且不易对坑槽周边路面材料造成破坏，坑槽壁面整齐，更主要的是开槽深度易于控制，坑槽底面也较平整。

如果对坑槽破损的修补是为应急（如在交通高峰期）或施工环境条件非常恶劣（如低温或雨后），按永久性修补工艺过于耗时或无法实施时，为防止坑槽破损进一步扩大及考虑行车的安全，可采取高生产率的应急性修补工艺，省去“坑槽成型”工艺，直接进入第二步“坑槽的清理和干燥”工艺，有时第二步工艺也可能省去，直接对破损坑槽进行填料修补，甚至不作充分压实。这时的坑槽修补大多采用冷拌沥青混合料作为修补材料。

目前，还有一种坑槽修补方法——热再生法，修补时对破损坑洞不开槽成型，坑洞内的旧料也不清除，而是用某种加热方式将坑洞内旧料加热、软化，再喷洒一些黏结料和补充一些新的热拌沥青混合料，然后就地拌和、摊平、碾压。此坑槽修补方法省去了开槽工艺，且将坑洞内旧料重新利用，但是坑洞内的旧料已严重老化，失去了其原有的级配和油石比，仅凭经验再添加一定量的黏结沥青和新料，而新旧料的掺配比例不准、拌和不均匀，不可能确定修补材料的实际用量和保证修补材料的性能质量。虽然经过碾压后坑洞修补表面很平整，坑洞内新旧料间无明显接缝，但其压实度得不到保障，材料性能不佳，耐久性较差。

图1为沥青路面坑槽修补的几种结构形式。图1a）为采用永久性修补法时的坑槽修补结构形式，坑槽内修补材料密实度均匀且较易控制和保证，受力状况较好。图1b）为坑槽壁面为45°斜坡的一种坑槽修补结构形式，其新旧料间的接缝为斜接缝，新旧材料的结合面较大，使两者间的黏附性有较大提高。但开45°斜坡坑槽工艺较复杂，且斜坡上修补材料的松铺厚度不一样，会造成碾平后修补材料的密实度及承载能力不均匀。图1c）为不开槽进行坑洞修补的结构形式，一般为应急性修补法和热再生修补法所采用。

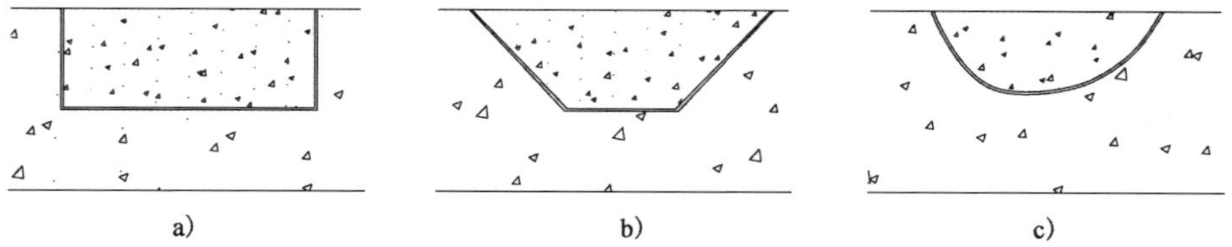

图1　沥青路面坑槽修补的结构形式

a）开垂直坑槽；b）开斜坡坑槽；c）不开槽

2　坑槽的清理和干燥

为使修补材料与坑槽壁面和底面具有良好的黏附性，坑槽壁面和底面必须彻底清理出水分、灰尘、松散颗粒和其他残余物，使坑槽彻底清洁并完全干燥。未清洁和干燥的坑槽壁面和底面会导致其与修补材料的黏附性下降，易造成坑槽壁面接缝破损或修补材料整块脱落，而使修补坑槽失效。

清理坑槽一般采用压缩空气或热空气吹、手动工具清扫等方法，其中压缩空气可以很有效地吹走坑槽中的灰尘、碎屑、杂物和少量水分，热空气吹还能将一些潮气、水分蒸发掉，使坑槽干燥。而人工清扫是作为一种辅助手段，可将较大块的破碎料及其他不易吹出的残余物清理出坑槽。

利用专门的加热装置对坑槽进行加热，可使坑槽壁面和底面材料软化，促进新旧料间相互嵌挤和融合；同时还可使坑槽的修补不受潮湿和低温天气的限制。一般将坑槽壁面和底面材料加热至140～160℃，5cm深处加热至70～80℃较为适宜，加热区域比坑槽外轮廓宽10～15cm。目前常见的路面加热方式有：红外线辐射加热、明火加热、热空气（即燃气）加热。红外线辐射加热方式是依靠辐射传热的方法将热量传递给坑槽壁面材料，其热源本身的温度很高，为不致烧焦原路面材料，加热板与路面要保持一定距离，且需间歇加热。由于红外线辐射加热深入性有限，对较深坑槽的加热可能会出现坑槽上部材料过热，而坑槽底部材料加热不足的情况。明火加热方式，大都是用丙烷喷灯或喷燃器所喷射的强烈火焰，直接加热坑槽壁面和底面的材料，此方法虽使用灵活方便，但其火焰温度过高（接近1200～1300℃），存在烧焦坑槽壁面材料的危险。热空气加热方式，则是利用对流传热方法，用鼓风机将燃烧器产生的热空气吹送到坑槽内，加热其表面材料。

表1为美国SHRP计划中，坑槽处于潮湿或干燥状态下，不同修补材料采用不同修补工艺时坑槽修补的性能对比。从表中的对比数据可以看出：不论施工气温高低，不论采用临时性修补工艺还是永久性修补工艺，在坑槽处于干燥状态下进行修补，其寿命为潮湿状态下坑槽修补的3～6倍；而且总体来说，施工气温高比施工气温低的坑槽修补寿命更长（2～3倍），采用永久性修补工艺要比临时性修补工艺的坑槽修补寿命更长。特别是利用热拌沥青混合料，在施工气温较高时采用永久性修补工艺对完全干燥的坑槽进行修补，其寿命最长（达到4.41年）。可以说，坑槽清理和干燥（包括加热）这步工序在整个工艺过程中显得最为重要。

潮湿和干燥状态下坑槽修补的性能对比 表1

修补坑槽平均寿命(年)				
施工气温	<0℃		>0℃	
坑槽状况	潮湿	干燥	潮湿	干燥
热拌料(临时性修补)	0.3	1.42	0.73	2.33
冷拌料(临时性修补)	0.31	0.76	0.38	1.15
专用冷拌料(多数为临时性修补)	1.08	1.77	1.21	1.88
热拌料(永久性修补)	0.27	1.78	0.89	4.41
冷拌料(永久性修补)	0.58	0.97	0.62	1.48

3 涂黏结层

沥青路面坑洞破损部分用破碎机或铣刨机开槽成型后,在坑槽壁面和底面上可以看到裸露的石料断面,光光的、没有黏结沥青。若这时直接填入修补材料,因坑槽壁面和底面石料缺少黏结剂,会使新旧料接缝处油石比偏低、黏附性不强。所以,在摊铺修补材料前,应先向坑槽壁面和底面上薄薄地、均匀地喷涂一层黏结材料,来浸润坑槽内表面裸露出的石料。热沥青、热改性沥青、乳化沥青及改性乳化沥青都可作为坑槽壁面的黏结层材料。只是对于采用永久性修补的热拌沥青混合料,应以热沥青、热改性沥青为黏结层材料;而对采用应急性修补的冷拌沥青混合料,涂黏结层这步工序可省去。对于黏结层材料的喷涂,一般是采用泵吸或气压的方式将其从储料罐中排出,通过专用的沥青喷洒杆将黏结层材料均匀地喷涂在坑槽壁面和底面上。一般要求黏结层材料喷洒量为0.4~0.6kg/m^2,喷洒量不能过多,不允许在坑槽底部有黏层油淤积,否则坑槽修补后易出现泛油现象,而且反而会使新旧料间的黏结效果下降。

涂黏结层对沥青路面坑槽修补耐久性的提高是非常重要的,在完成这步工艺过程时,应注意始终保持路表面及坑槽内的清洁,避免可能的灰尘、碎屑和杂物进入坑槽中,造成黏结层弄脏、污染,影响新旧料间的黏结。

4 修补材料的准备和摊铺

在开始进行坑槽修补前,修补设备必须提前启动,并装载修补所需的各种材料,如黏结层材料、沥青结合料、骨料或预先拌好的沥青混合料,其装载量应至少满足正常工作日的坑槽修补需求量,而且使各种修补材料保持所要求的使用温度。

坑槽修补设备的组成完全依赖于修补材料的选择。坑槽修补的一种供料方式是,将沥青结合料和骨料现场拌和,形成的混合料就地用于修补中。这种供料方式虽然修补材料制备量易于控制,但修补设备庞大而复杂,且现场拌制的修补材料中矿料级配和油石比都得不到准确控制,造成修补材料性能不佳,影响坑槽修补的效果。另一种供料方式较为简单,采用预先拌好的修补材料,具有良好的级配和恰当的油石比,性能质量较为稳定、可靠。

对于永久性修补工艺来说,坑槽修补材料大多数采用热拌沥青混合料,故需要有具备保温、加热功能的混合料保温箱储存,一般储存时间不宜超过72h。而用于应急性修补的冷拌沥青混合料不需保温和加热,可袋装、桶装或不带保温加热功能的混合料箱装载,若密封得好,储存时间可超过10天甚至1个月。

修补材料备好后,可通过自动卸料装置(多采用螺旋输送器),将料卸入待修补的坑槽中。然后采用人工摊铺的方法,用整平板将修补材料均匀地摊铺整平。注意在摊铺料时应缓慢、均匀、连续,避免料的离析。修补坑槽的用料量一般较少,填入坑槽后料温下降较快,为保证下一步工序中修补材料具有较高的压实温度,摊铺的料温一般以160~165℃较宜。对于新建路面,沥青混合料摊铺温度和压实温度过高会造成料的严重推移,使较大吨位的压实无法进行。而坑槽修补与新建路面不同,大部分修补材料都在挖好的坑槽内，高温压实时不怕修补材料产生推移，且料的推移反而还有利于新旧料的嵌挤和融合。

5　坑槽的压实

将定量投入坑槽内的修补材料摊铺、整平后，需进行正确、充分的压实才能使修补材料中裹覆了沥青的矿料颗粒相互嵌挤，达到一个稳定的密实结构。增加修补坑槽的密实性，不仅可提高其抗压强度和承载能力，防止修补坑槽在交通荷载作用下产生沉陷、松散等破损；而且可使水分和空气不易进入修补材料内部，提高修补坑槽的耐水性和耐老化性。

在对坑槽进行压实时，首先压实坑槽边缘的修补材料，使其填入坑槽中，再压实中间的修补材料，并连续不断地向边缘移动压实，且每次应重叠压实一定宽度。这种压实方法不仅使坑槽边的料不会掉落出坑外，而且还有助于将坑槽内的修补材料向四周挤压，使其与原有路面的壁面压紧。压实装置的压实头应稍小，最好不超过坑槽的尺寸。压实头小一些还有利于增加压实应力，提高压实效果。

在温暖季节施工，热修补材料温度下降较慢，其有效压实时间较长；而在寒冷季节，热修补材料温度下降很快，有效压实时间大大缩短。所以，应提高坑槽压实效率，在要求的温度范围内尽快将修补材料压实到需要的密实度。

新建路沥青混合料分层压实的最大厚度可接近10cm，因其有大吨位的压实机械。但是坑槽修补大多采用小型振动压路机、平板夯或振动碾等，其压实功率较小，所以一般要求当坑槽深度大于4～6cm时，必须进行分层摊铺和压实。

6　封边处理

为了提高坑槽边缘新旧料接缝的耐水性和黏结强度，可对其进行封边处理。坑槽修补的封边材料可以是热沥青、热改性沥青（用于采用热拌料的永久性修补），也可以是乳化沥青、改性乳化沥青（用于采用冷拌料的修补），并需要一种专用的“U”形或“V”形橡胶辊使其成型为一种贴封式的结构形式，即紧贴在坑槽新旧料接缝的上方摊成约2mm厚的带形（图2）。为了防止封边材料出现轮印或引起溜滑问题，可以在其上均匀地、薄薄地覆盖一层干净的细砂或石屑加以保护。通过撒砂处理，可加快封边材料的凝固，提早开放交通时间，并增加路表面的抗滑能力。

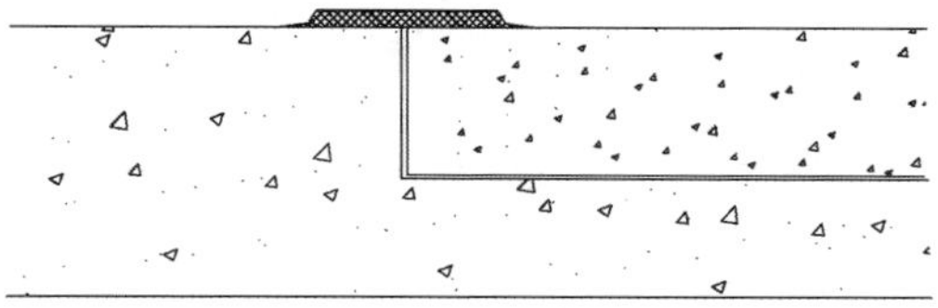

图2　沥青路面坑槽贴封式封边处理结构形式

一种新的沥青混凝土路面坑洞热修补工艺方法及补坑装置

康敬东　孙祖望

（本文刊于《公路》杂志 2011 年第 1 期）

摘　要:结合国内外现有的沥青混凝土路面坑洞修补工艺,分析了传统坑洞修补工艺方案及其结构形式。按永久性修补要求提出了一种采用静力热压法的新的坑洞热修补工艺方法,同时设计出了一种新的坑洞修补装置,并通过室内坑洞热修补模拟试验,证明所提方法的可行性和有效性。

沥青混凝土路面坑洞修补质量的好与坏,除与修补材料的性能有很大关系外,还在很大程度上取决于坑洞修补的工艺方法及设备。在沥青混凝土路面坑洞修补中常用的压实装置主要有小型振动平板夯、小型振动压路机和手扶式振动碾,都是依据振动压实原理设计制造的。在振动能量的激励下,混合料颗粒间发生相对运动而减少了内摩阻力和黏聚力,同时在垂直压力的作用下使裹覆了沥青薄膜的矿料颗粒相互嵌挤重新排列,并将混合料空隙中的空气排出,从而使材料变得更加密实。但是,振动压实所作用的垂直压力很短暂,在滚压过被压材料后这种压实作用就消失了,来不及将混合料空隙中的空气完全挤出,而未挤出的空气会恢复自身的体积而保持颗粒间的空隙。所以,振动压实必须有足够大的振动能量和垂直压力,以及经过多遍的碾压过程,才能逐渐挤出混合料空隙内的空气,使材料达到要求的密实程度。但是,用于坑洞修补的压实装置重量和振动能量都较小,很难使修补材料达到应有的压实度。因此,本文提出一种采用静力热压法的新的坑洞热修补工艺方法,据此设计出一种新的坑洞修补装置,并通过室内坑洞热修补模拟试验对其进行了验证。

1　传统坑洞修补工艺方案及其结构形式

沥青混凝土路面坑洞修补工艺主要针对坑洞、局部网裂、龟裂等病害的修补和加强,以及对局部沉陷、拥包、滑移裂缝等病害的修补。除了美国的专利施工技术——喷补法,以及沥青混凝土预制块修补法外,更多的是采用开槽修补的永久性(即耐久性)修补法和不开槽修补的应急性(即临时性)修补法。其中按永久性修补要求,可将坑洞修补的主要工艺过程归纳为 6 大步:①坑洞的开槽成型;②坑洞的清理和干燥;③涂黏结层;④修补材料的准备和摊铺;⑤坑洞的压实;⑥封边修整。

传统的永久性坑洞修补工艺方法如下。在对沥青混凝土路面局部破损修补前,应将破损处开槽成型。首先确定路面破损部分的边界和深度,按“圆洞方补”原则,划出大致与路中心线平行和垂直的开槽修补轮廓线,并沿此轮廓线开挖坑洞,要求坑洞壁面尽可能保持与路平面垂直,坑洞底部平整、坚实。通过开槽处理,可将坑洞内不坚固的、松散的壁面材料移走,露出一个坚实、整齐的坑洞壁面和一个稳定、平整的坑洞底面,这非常有利于修补材料的摊铺及修补材料用量的确定,也有利于提高修补材料与坑洞壁面材料间的黏附性能。特别是坑洞壁面与路平面垂直,对两者间的充分砌合相嵌非常有益,并可大大提高修补材料的压实效果,使修补坑洞获得更高的强度和承载能力。

临时性坑洞修补工艺方法是:为应急(如在交通高峰期)或施工环境条件非常恶劣(如低温或雨后),按永久性修补工艺过于耗时或无法实施时,为防止坑洞破损进一步扩大及考虑行车的安全,采取的高生产率的应急性修补工艺，省去“坑洞开槽成型”这道工艺，直接进入到第二步“坑洞的清理和干燥”工艺，有时第二步工艺也可能省去，直接对破损坑洞进行填料修补，甚至不做充分压实。这时的坑洞修补大都采用冷拌沥青混合料作为修补材料。

还有一种坑洞修补方法——热再生法，修补时对破损坑洞不开槽成型，坑洞内的旧料也不清除，而是利用红外线辐射、明火、热空气或微波等加热方式将坑洞内旧料加热、软化，再喷洒一些黏结料和补充一些新的热拌沥青混合料，然后就地拌和、摊平、碾压。此坑洞修补方法省去了开槽这道工艺，且将坑洞内旧料重新利用起来。但是坑洞内的旧料已严重老化，失去了其原有的级配和油石比，仅凭经验再添加一定量的黏结沥青和新料，而新旧料的掺配比例不准、拌和不均匀，不可能确定修补材料的实际用量和保证修补材料的性能质量。虽然经过碾压后坑洞修补表面很平整、坑洞内新旧料间无明显接缝，但其压实度得不到保障、材料性能不佳，耐久性会较差。

图1为沥青混凝土路面坑洞修补开槽的几种结构形式，图1a）为采用永久性修补法时的坑洞修补结构形式，坑洞内修补材料密实度均匀且较易控制和保证，受力状况较好。图1b）为坑槽壁面为45°斜坡的一种坑洞修补结构形式，其新旧料间的接缝为斜接缝，新旧材料的结合面较大，使两者间的黏附性有较大提高。但开45°斜坡坑槽，从工艺上实现起来较复杂，且斜坡上修补材料的松铺厚度不一样，会造成碾平后修补材料的密实度及承载能力不均匀。图1c）为不开槽进行坑洞修补的结构形式，一般为应急性修补法和热再生修补法所采用。

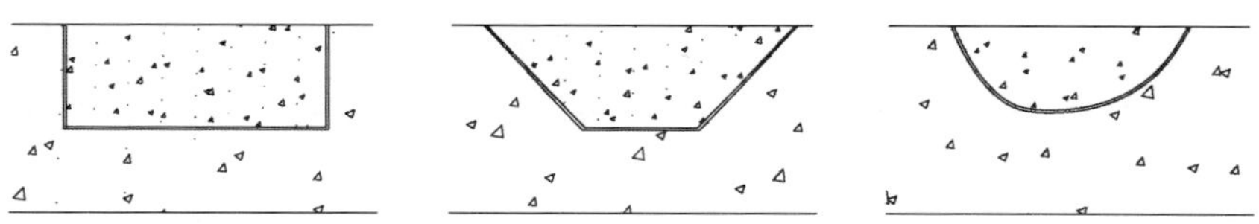

a)　　b)　　c)

图1　沥青混凝土路面坑洞修补的开槽结构形式

a）开垂直坑槽；b）开斜坡坑槽；c）不开槽

2　静力热压坑洞热修补工艺方法

本文提出一种新的压实方法——静力热压法，即修补材料在较高温状态下依靠长时间的静压力作用使混合料一次性达到要求的密实程度。作为修补材料的热拌沥青混合料，在较高温（160～165℃）状态下，其黏结材料沥青具有良好的润滑作用且黏度下降许多，可以有效地减少矿料颗粒间的内摩阻力和黏聚力，再借助较长时间的静压力作用，使混合料空隙内的空气（包括被沥青薄膜封住的空气）更多地被挤出去，从而大幅度地减少了混合料颗粒间的空隙，使矿料颗粒排列更为紧密，很快使修补材料达到所要求的压实度。由于热拌沥青混合料在高温状态下具有较好的流动性，因而采用静力热压法，还有一个好处，就是通过静压力作用可以产生较大的、长时间的侧向压力，使修补材料更好地与坑槽壁面材料挤压砌合在一起，进一步提高了坑洞修补的质量。

如图2所示，在静压力 q 作用下，压实头正下方的热修补材料会产生压缩变形，使中间修补材料受压密实；而在侧向压力作用下，向两边挤压变形而使两侧修补材料也受压密实，这样同时会促使压实头下方的热沥青混合料进一步地向两侧产生剪切滑动，形成更大的压缩变形，使修补材料不断密实。

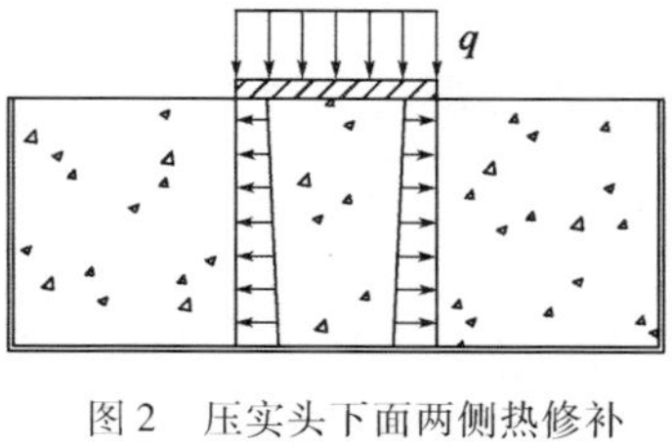

图2　压实头下面两侧热修补材料受到的侧向压力

采用静力热压法的新的沥青混凝土路面坑洞热修补工艺方法（图3），其主要工艺过程可归纳为6大步：①切挖修补坑；②坑内烘干加热；③喷洒热沥青黏层油；④坑内充填热沥青混合料；⑤热压实坑内的沥青混合料；⑥热熨压修补坑表层。静力热压坑洞热修补工艺方法的具体内容如下：

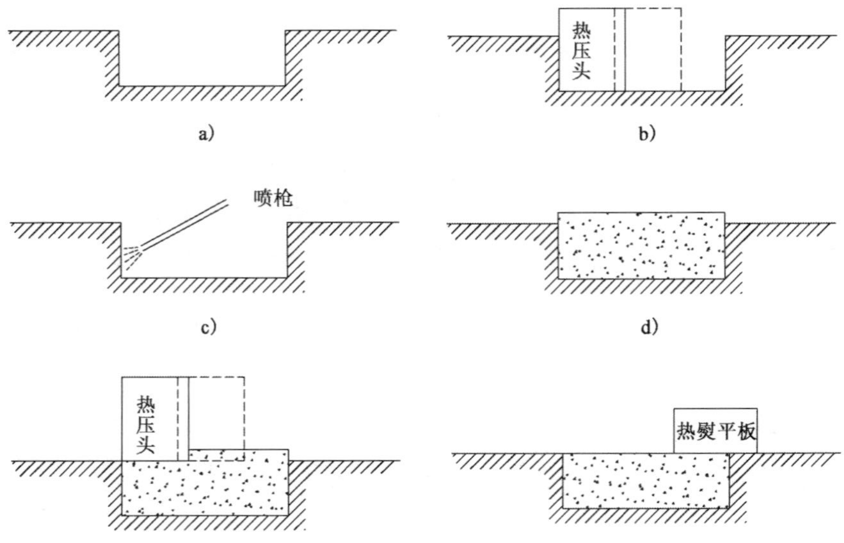

图3　沥青混凝土路面静力热压坑洞热修补工艺

2.1　切挖修补坑

在路面上画出与补坑设备行车方向平行的长方形补坑线，每边应进入完好路面20～30cm；然后，用切边机或风镐沿画线切出侧壁与路面垂直的长方形坑槽；最后，用铣刨机或风镐铲除松散材料，清理坑槽，直至达到坚实的底部。

2.2 坑内烘干加热

将热压头伸入坑内，分段加热坑底和侧壁的沥青混合料，进行烘干并使之软化。

2.3　喷洒热沥青黏层油

对修补坑的侧壁和底部均匀喷洒热沥青黏层油。

2.4　坑内充填热沥青混合料

充填温度达165℃左右的热沥青混合料，并将混合料表面轻轻耙平。

2.5　热压实坑内的沥青混合料

用热压头分块压实热沥青混合料，每块压实区域有一定的重叠度。在分层压实至表面修补层时，应先压边缘，并与原路面有一定的重叠；然后，沿着横坡由低至高压实全部沥青混合料。

2.6　热熨压修补坑表层

用热熨平板加热烫压表层的沥青混合料，使表层集料的颗粒在沥青温度165℃下以及在静压力的作用下重新排列，使修补坑表面变得更为平整密实。同时可完成坑槽壁面接缝的烫压黏合。

3　静力热压坑洞热修补装置

根据沥青混凝土路面静力热压坑洞热修补这种新工艺，专门设计了一种新型坑洞热修补装置。该装置安装在卡车底盘尾部，如图4所示。

该新型坑洞热修补装置有框架部件，框架部件上设有热压头部件以及热熨平板部件，如图5所示。热压头和热熨平板内通有高温导热油，压头处在被加热状态下，完成修补坑内烘干加热工序和压实坑内的修补材料工序；而熨平板也处在被加热状态下，完成熨压修补坑表层及壁面接缝工序。同时，修补材料在较高温状态下，热压头和热熨平板装置能以较低的比压获得较好的压实效果。

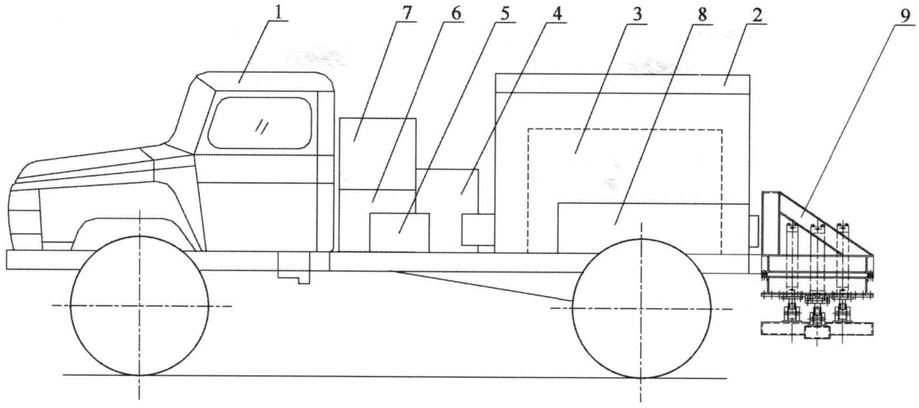

图4　沥青混凝土路面坑洞修补车结构简图

1-片车;2-热沥青混合料仓;3-导热油加热系统;4-沥青罐及喷洒系统;5-液压系统;6-气动系统;7-动力源;8-辅助工具;9-补坑上作装置

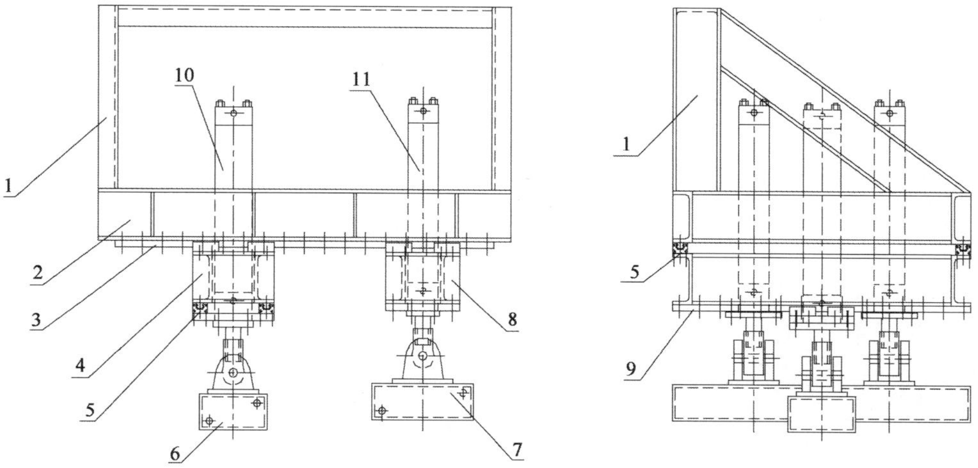

图5　补坑工作装置结构

1-三角支撑架;2-上框架;3-Y 力向导轨;4-热压头支架;5-滑块;6-热压头;7-熨平板;8-熨平板支架;9-X 力向导轨;10-压实油缸;11-熨平油缸

4　静力热压坑洞热修补模拟试验

采用轮碾成型法,将热拌沥青混合料制成 30cm × 30cm × 5cm 的沥青混凝土预制板。压实成型后,盛有预制板的试模置于室温下冷却 12h 以上脱模。然后,用钻孔机在制备好的预制板中央钻取一个 ϕ110mm 的圆形孔洞,来模拟待修补坑洞。

图6 为静力热压坑洞热修补模拟试验各主要步骤成型试样。其中,图 6a) 为轮碾成型机制成的沥青混凝土预制板试样,预制板上粉笔所标箭头为碾压方向;图 6b) 为钻孔机在预制板中央钻有孔洞的试样;图 6c) 为静力热压法热压头修补预制板上孔洞后的试样;图 6d) 为静力热压修补后,再用热熨平板进行加热、加压熨平后的试样。

从图 6c) 可以看出:静力热压修补后的孔洞,其表层材料仍有少量松散,修补材料与预制板孔洞边缘材料有较明显的接缝。而从图 6d) 可看出:经过热熨平板作进一步加热、加压熨平后,孔洞表层材料变得致密、平整。同时,孔洞的修补接缝两侧材料产生了一定的融合,且接缝处较为平顺。

通过该模拟试验,可以得出这样的结论:对修补坑洞进行热压实和热熨平,可使修补材料更为密实、平整,修补接缝融合得更好。这不仅仅能提高修补坑洞的密实性和耐久性,也可提高修补坑洞的平顺性。

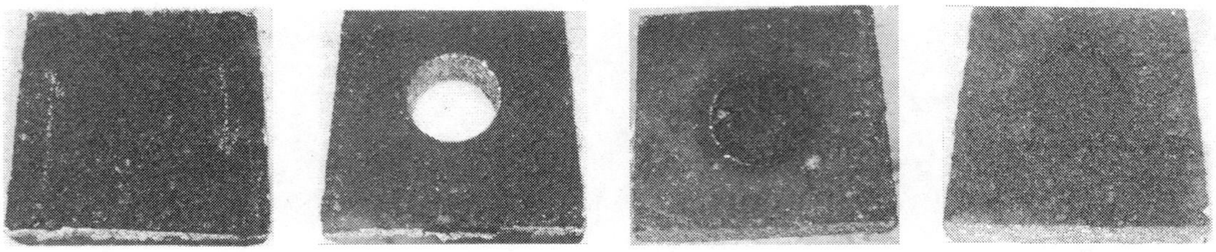

a) b) c) d)

图6 热压实熨平试验成型试样

5 结语

通过探讨国内外现有的沥青混凝土路面坑洞修补工艺存在的问题，分析并总结出传统坑洞修补工艺方案及其结构形式。按永久性修补要求，提出了一种采用静力热压法的新的坑洞热修补工艺方法，即切挖、烘干和加热待修补坑洞，在坑洞内表面均匀喷洒热沥青黏层油，以及在较高温状态下充填、压实和熨平修补材料等6大工艺步骤。根据这一新的坑洞热修补工艺方法，专门设计出了一种新型坑洞热修补装置。最后，通过室内坑洞热修补模拟试验，验证了这一新的工艺方法是可行有效的。